Christel Kasselmann

Aquarienpflanzen

Christel Kasselmann

AQUARIEN-PFLANZEN

500 Arten im Porträt

4., überarbeitete und erweiterte Auflage

830 Farbfotos
8 Zeichnungen
11 Tabellen

Vorwort

Vorwort zur 4. Auflage

Vor Ihnen liegt die 4. Auflage des Farbatlas Aquarienpflanzen. Ich bin dankbar und glücklich, dass mir der renommierte Verlag Eugen Ulmer 24 Jahre nach der Erstpublikation erneut die Möglichkeit zu einer völlig überarbeiteten und erweiterten Auflage gibt. Nur neun Jahre sind seit der 3. Auflage vergangen, die jedoch eine lange Zeit in der Erforschung der Pflanzenkunde sind. Moderne Untersuchungsmethoden, insbesondere molekularbiologische und phylogenetische Analysen, führten zu zahlreichen taxonomischen Änderungen bei Pflanzenfamilien, Gattungen und Arten. Diese mögen dem Leser nicht immer plausibel erscheinen und vielleicht auch zu Frust führen. Jedoch ist die Botanik eine lebendige Wissenschaft und die Systematik durch die Erforschung unseres riesigen Pflanzenreichs im stetigen Wandel begriffen.

Seit der letzten Auflage wurden zahlreiche neue Aquarienpflanzen eingeführt, viele von ihnen nur mit Händlerbezeichnungen. Meine Schwerpunkte für die Überarbeitung des Buches waren deshalb die Bestimmung von neu eingeführten Spezies, das Studium der botanischen Literatur, die Überprüfung wissenschaftlicher Namen und die Erweiterung ökologischer Daten – und natürlich auch die Kultur der neuen Pflanzen in meinen Aquarien, die mir ermöglicht hat, authentisch zu berichten.

Der Farbatlas Aquarienpflanzen umfasst nunmehr über 500 porträtierte tropische Wasser- und Sumpfpflanzen, die fast alle als Aquarienpflanzen in Kultur sind. Zusätzlich werden weitere 250 Arten, Sorten und Wuchsformen erwähnt. Das Buch wurde vom Verlag Eugen Ulmer mit über 800 Fotos konkurrenzlos und sehr großzügig ausgestattet.

Die 4. Auflage von „Aquarienpflanzen“ widme ich meiner Freundin Karen Randall (Boston), die mich in den vergangenen zehn Jahren auf botanischen Studienreisen nach Thailand, Indien, Borneo und Australien begleitete. Ich bedanke mich bei ihr für die ausgiebigen Diskussionen über Pflanzen, die problemlose Zusammenarbeit auf unseren Reisen und die langjährige freundschaftliche Verbundenheit. Alle Ergebnisse sind in gemeinsamer Arbeit entstanden. Sie erweitern unser ökologisches Wissen über Aquarienpflanzen.

Ein großer Dank geht auch an Dr. Josef Bogner und Heiko Muth (Firma Aquasabi) für die wertvolle Unterstützung meiner botanischen Studien und die Überlassung von Pflanzenmaterial.

Mein Ansprechpartner in allen Fragen des Lektorats und der Gestaltung war erneut Michael Kokoscha. Ihm gebührt mein besonderer Dank für die kritische Durchsicht meines Manuskriptes und die stets fachkundige und zuverlässige Betreuung.

Christel Kasselmann, Teltow 2019

Vorwort zu den ersten drei Auflagen

Aquarienpflanzen erfreuen sich heute einer erstaunlichen Popularität. Einerseits haben die zahlreichen Neueinführungen und Züchtungen der letzten Jahre das verfügbare Pflanzensortiment erheblich erweitert, andererseits unterstützt das vielfältige Angebot an technischem und wachstumsförderndem Zubehör den Wunsch nach schön bepflanzten Aquarien. Einer nicht unbeträchtlichen Zahl von Aquarianern dienen die Pflanzen nicht nur als Dekorationsmittel, sondern sie bemühen sich besonders um den Erhalt und die Vermehrung seltener oder durch die Vernichtung ihrer natürlichen Lebensräume bedrohter Arten, auch im Dienste der Arterhaltung und des Natur- und Umweltschutzes.

In dem vorliegenden Buch möchte ich versuchen, eine möglichst breit gefächerte Auswahl von Informationen zu bieten. Im allgemeinen Teil werden die natürlichen Standorte von Wasser- und Sumpfpflanzen ausführlich behandelt, ein Thema, das in anderen Publikationen bisher stark vernachlässigt worden ist. Die vor Ort gewonnenen ökologischen Erkenntnisse lassen Rückschlüsse auf eine optimale Kultur zu. Der Pflanzenteil gibt einen umfassenden Überblick über die derzeit in Kultur befindlichen Arten, Sorten und Wuchsformen. Neben lange bekannten werden auch seltene und schwierig zu pflegende Arten berücksichtigt, die der Neigung vieler Pflanzenfreunde zur Spezialisierung entgegenkommen.

Die Pflanzenbeschreibungen, die in Form eines Nachschlagewerkes die Arten in alphabetischer Reihenfolge berücksichtigen, enthalten alle wesentlichen Bestimmungsmerkmale, die erforderlich sind, um eine eindeutige Identifizierung zu ermöglichen und Verwechslungen zu vermeiden. Ferner sind ausführliche Angaben für die erfolgreiche Kultur und Vermehrung der Pflanzen aufgeführt. Dabei möchte ich betonen, dass ich fast alle der in diesem Buch besprochenen Arten im eigenen Aquarium gepflegt und/oder in ihren natürlichen Lebensräumen untersucht habe.

In den ökologischen Hinweisen, die Teil jeder Einzelbeschreibung sind, finden sich wichtige Informationen über die Lebensansprüche der Pflanzen. Die meisten dieser Angaben beruhen auf eigenen Biotopuntersuchungen, die ich im Laufe von mehr als 40 Tropenreisen in viele Länder der Erde durchgeführt habe. Wichtige Literaturhinweise runden die Einzelbeschreibungen ab und sollen, ebenso wie das umfassende Literaturverzeichnis am Ende dieses Buches, dem Interessierten den Weg zu den weiterführenden Publikationen erleichtern. Ein ausführliches Glossar dient zur Erklärung der verwendeten Fachausdrücke.

Im Mittelpunkt dieses Buches steht die Bedeutung der ökologischen Faktoren für das Wachstum von Wasser- und Sumpfpflanzen an ihren natürlichen Standorten und im Aquarium. In den vergangenen 30 Jahren bestand mein Hauptinteresse darin, die natürlichen Lebensräume von Aquarienpflanzen zu studieren, um das spärliche Wissen über ihre ökologischen Ansprüche zu vergrößern sowie ihren jeweiligen Platz in den natürlichen Lebensgemeinschaften zu studieren, um dadurch Grundlagen für eine optimale Kultur zu finden.

Jede dieser Habitatbeschreibungen ist zwar nur als eine „Momentaufnahme" der gerade vorherrschenden Bedingungen zu werten, doch erlaubt sie dennoch einen grundlegenden Einblick in die Ökologie und Soziologie dieser Pflanzen. Die chemische Zusammensetzung des Wassers unterliegt an den natürlichen Standorten zwar immer gewissen Schwankungen, doch bleibt die grundsätzliche Beschaffenheit des Gewässers im Laufe des Jahres im Allgemeinen erstaunlich konstant.

Biotopuntersuchungen sind notwendig und wegweisend, um das Leben der von uns im Aquarium gepflegten Pflanzen und ihre Bedürfnisse kennen- und verstehen zu lernen. Deshalb war es mein Bestreben, in diesem Werk alle bisher verfügbaren und aussagekräftigen ökologischen Daten möglichst vollständig zu dokumentieren. Ebenso wichtig sind aber auch sorgfältige Beobachtungen im Aquarium, die gleichermaßen dazu beitragen, das Wissen über die Ökologie der Pflanzen zu erweitern.

Der Farbatlas Aquarienpflanzen wendet sich an alle Aquarianer und Botaniker, die Freude und Interesse an Aquarienpflanzen haben. Bei der Erstellung des Manuskriptes war es nicht immer leicht, ein sprachliches und inhaltliches Niveau zu finden, das gleichermaßen dem Neuling als auch demjenigen mit botanischen Vorkenntnissen gerecht wird. Die Konzeption des Werkes und die reichhaltige Illustration ermöglichen einen vielfältigen Anwendungsbereich.

Dem Laien kann der Farbatlas zum einen als Bestimmungsbuch dienen, zum anderen aber auch als Pflege- und Kulturanleitung, denn es werden ausführliche Hinweise zur Kultur und Vermehrung von Aquarienpflanzen sowie ihrer richtigen Auswahl gegeben. Der spezialisierte und besonders interessierte Pflanzenfreund findet in den Einzelbeschreibungen detaillierte Hinweise zur Unterscheidung der Arten sowie ausführliche Literaturhinweise, die eine tiefergehende Beschäftigung ermöglichen. Darüber hinaus enthält das Buch auch für den Fachwissenschaftler aufgrund der sicherlich einmaligen Vielfalt der dokumentierten ökologischen Daten wertvolle Informationen. Schließlich werden viele seltene Pflanzen hier erstmals im Foto dargestellt.

Bei der jahrelangen Vorbereitung zu diesem Buch wurde ich von mehreren Freunden großzügig unterstützt. Ganz besonderen Dank schulde ich meinem Ansprechpartner in vielen biologischen und botanischen Fragen Herrn DR. JOSEF BOGNER, Gersthofen. In einer über 30-jährigen Freundschaft, die durch Hilfsbereitschaft, ausgiebige Diskussionen und einen unermüdlichen Einsatz für die Pflanzen geprägt ist, gab er mir unzählige Anregungen zum eigenen Studium der Pflanzen. Mein besonderer Dank gilt auch meinem verstorbenen Freund HARRY W. E. VAN BRUGGEN (Amersfoort, NL) für die jahrelange freundschaftliche Verbundenheit. Wertvolle Anregungen und Unterstützung durch Informationen zur Gattung *Cryptocoryne* erhielt ich durch PROF. DR. NIELS JACOBSEN (Kopenhagen, DK), JAN D. BASTMEIJER (Emmen, NL), sowie meinen verstorbenen Freunden PIET VAN WIJNGAARDEN (Waddinxveen, NL), HANS EHRENBERG und FRIEDRICH MÖHLMANN. Bei schwierigen Bestimmungen konnte mir häufig PROF. DR. C. D. K. COOK (Zürich, CH) helfen. Nicht nur die Monografien mehrerer aquatischer Gattungen, sondern auch seine herausragenden Bücher über Wasserpflanzen waren für mich wegweisend und in all den Jahren meines eigenen Studiums der Aquarienpflanzen immer erste Nachschlagewerke. HEIKE HÖLSCHER, DR. BIRGIT BURG und DR. GÜNTER RITTER von der Firma Tetra bin ich besonders dankbar für die jahrelange Unterstützung bei der Analyse meiner Wasserproben sowie die ausführlichen Erläuterungen und Diskussionen.

Bedanken möchte ich mich auch bei meinen Reisepartnern in den vergangenen mehr als 30 Jahren für ihre Geduld und Unterstützung, vor allem bei GERD EGGERS, DR. WOLFGANG STAECK, CLAUS CHRISTENSEN (Dänemark) und KAREN RANDALL (USA).

Ich hoffe, dass Ihnen – verehrte Leserin, verehrter Leser – dieses Buch Lust macht, nicht nur die Schönheit und den Formenreichtum der Aquarienpflanzen zu entdecken, sondern auch ihre mannigfaltigen ökologischen Ansprüche zu hinterfragen.

Christel Kasselmann

Inhalt

8

Wasser- und Sumpfpflanzen am natürlichen Standort

Kenntnisse ihrer natürlichen Lebensräume sind für die erfolgreiche Kultur von Pflanzen im Aquarium entscheidend. In diesem Kapitel werden fast 80 verschiedene Wasser- und Sumpfpflanzenbiotope ausführlich vorgestellt. Genaue Daten zu Licht, Wasser und Boden an diesen Orten finden Sie im Serviceteil.

91

Empfehlenswerte Pflanzen Special

Im Kapitel „Einrichtung von Pflanzenaquarien" finden Sie zwei Tabellen, in denen die empfehlenswertesten Stängel- sowie die am besten zu kultivierenden Rhizom- und Rosettenpflanzen vorgestellt werden.

Aquarienpflanzen von A–Z

Den größten Teil dieses Buches nimmt die alphabetisch gegliederte Vorstellung der verschiedenen für die Aquarienkultur geeigneten Pflanzenarten ein. In eigenen Kapiteln finden Sie Informationen zu den aquaristisch wichtigen Gattungen *Aponogeton*, *Bucephalandra*, *Cryptocoryne*, *Echinodorus* und *Vallisneria*.

Service

Wasser- und Sumpfpflanzen am natürlichen Standort

Im Unterschied zu früher besteht heute ein zunehmendes Interesse an den natürlichen Lebensräumen von Aquarienpflanzen. Die Wissenschaft von den Beziehungen der Organismen untereinander und zu ihrer Umwelt bezeichnet man als Ökologie. Aufgabe der Ökologie ist es daher, alle in den natürlichen Biotopen und Lebensgemeinschaften wirksamen Faktoren und deren Funktionen zu analysieren und verstehen zu lernen.

Während die Lebensräume heimischer Sumpf- und Wasserpflanzen in der Vergangenheit häufig als Studienobjekte dienten und dementsprechend eingehend untersucht wurden, sind unsere Kenntnisse über die Vergesellschaftung (Soziologie) und die natürlichen Standorte tropischer Sumpf- und Wasserpflanzen auffällig lückenhaft. Detaillierte ökologische Daten der Habitate jeder einzelnen Aquarienpflanze, beispielsweise durch die Analysen des Wassers und des Bodengrundes, der Fließgeschwindigkeit des Wasser und der Lichtwerte, sind ebenfalls außerordentlich selten oder fehlen bisher völlig. Hinzu kommt, dass die wenigen verfügbaren Angaben in der aquaristischen Literatur oftmals in erschreckender Weise unzutreffende Interpretationen und Verallgemeinerungen enthalten, die dem Aquarianer falsche Eindrücke von der Ökologie tropischer Wasser- und Sumpfpflanzen vermitteln.

Gelegentlich wird sogar der Sinn von Biotopuntersuchungen in Frage gestellt und als bedeutungslos kritisiert, mit der Begründung, dass angeblich daraus einerseits keine Lehren für die Kultur von Aquarienpflanzen gezogen werden können und dass andererseits die Pflanzen ohnehin anpassungsfähig seien. Solche Standpunkte sind natürlich purer Unsinn und schaden der zukunftsorientierten Aquaristik, die als wichtiges Ziel die Erforschung der im Aquarium gepflegten Lebewesen hat.

Bei einer eingehenden Beschäftigung mit den Lebensräumen von tropischen Sumpf- und Wasserpflanzen wird schnell deutlich, dass deren spezielle Ökologie außerordentlich vielschichtig ist und die Zusammenhänge sehr kompliziert sind. Man bedenke ferner, dass nur ein Teil der existierenden Sumpf- und Wasserpflanzen bisher im

Sagittaria guayanensis ist eine reine Wasserpflanze, wird aber nicht im Aquarium kultiviert (natürlicher Standort in Mexiko)

Südbrasilien bildet die Temperaturgrenze für die wärmeliebende *Eichhornia crassipes*, die hier im Guaporé in Konkurrenz zu *Eichhornia azurea* (rechts) wächst

Aquarium kultiviert wird, die weitaus größte Zahl aber noch nicht oder nur kurzfristig gehalten wurde. Einleuchtend erscheint schließlich auch, dass die Gründe für Misserfolge bei der Kultur zumeist in der Unkenntnis der Lebensansprüche der gepflegten Pflanzen zu suchen sind. Niemals war es Zweck von Biotopuntersuchungen, die Habitate zu kopieren, sondern immer nur der Wunsch, die Kenntnisse über die Lebensweise und die Ansprüche der Arten zu vergrößern, insbesondere mit dem Ziel, Kulturfehler zu vermeiden. Für ein Verständnis der Ökologie sind deshalb allgemeine und spezielle Darstellungen von Ökosystemen außerordentlich wichtig, die eine differenzierte Berücksichtigung der Lebensansprüche jeder einzelnen Art zulassen. Aus der Untersuchung der natürlichen Biotope lässt sich viel lernen, und jede Analyse bildet deshalb einen wichtigen Baustein für die genaue Kenntnis der Lebensansprüche einzelner Pflanzen. Es gilt, diese Bausteine zu einem Mosaik zusammenzufügen!

Umweltfaktoren

Temperatur

Die Temperatur hat nicht nur einen wesentlichen Einfluss auf den Stoffwechsel der Pflanzen, sondern auch auf viele andere Lebensprozesse, wie Blütenbildung, Fruchtreife, Keimung usw. Insbesondere ist aber die Photosynthese der Pflanzen in hohem Maße von der Umgebungstemperatur abhängig, denn jede Pflanze benötigt zum Wachstum einen ganz bestimmten Temperaturbereich. Die untere Grenze dieses Bereiches stellt das Minimum, die obere das Maximum dar, bei der die Pflanze noch wächst; unter- bzw. oberhalb dieser Kardinalpunkte stellt die Pflanze das Wachstum ein. Innerhalb der Grenzen erfolgt mit zunehmender Temperatur eine Steigerung der Wachstumsgeschwindigkeit nicht linear, sondern sie sinkt nach dem Erreichen eines für jede Pflanzenart charakteristischen Höhepunktes wieder ab. Dieser Wert, bei dem die Pflanze ihre größte Wachstumsintensität aufweist, bildet das Temperaturoptimum.

Aus diesen Erkenntnissen über das allgemeine Wuchsverhalten lässt sich folgern, dass Wasser- und Sumpfpflanzen an ihren natürlichen Standorten nicht zu allen Jahreszeiten optimal gedeihen. Untersuchungsergebnisse an den Habitaten sind infolgedessen auch unter diesem Gesichtspunkt zu bewerten. Manche Arten reagieren deshalb auf extreme Temperaturen mit einem veränderten Aussehen, beispielsweise durch Bildung kleinerer Blätter oder kürzerer Internodien.

Pflanzen aus wärmeren Gebieten stellen höhere Temperaturansprüche als solche aus Gebieten mit ausgeprägten jahreszeitlichen Schwankungen. Durch Untersuchungen an Landpflanzen ist bekannt, dass die Optimumtemperatur bei Pflanzen der Tropen und Subtropen zwischen 30 und 40 °C verläuft, bei den übrigen Arten zwischen 15 und

Eichhornia azurea **mit erfrorenem Laub während der kalten Jahreszeit in Argentinien**

30 °C (LARCHER 1984). Ferner wurde festgestellt, dass sich die Pflanzen an den natürlichen Standorten an einen Temperaturwechsel zwischen Tag und Nacht angepasst haben.

Für eine erfolgreiche Kultur von Wasser- und Sumpfpflanzen ist es notwendig, die Toleranzgrenzen sowie das Temperaturoptimum jeder einzelnen Art herauszufinden. Um exakte Optimumskurven, die von Aquarienpflanzen bisher nicht bekannt sind, zu ermitteln, sind zwar sorgfältig geplante und durchgeführte Versuchsreihen erforderlich. Wichtige Hinweise auf die Wachstumsgrenzen sowie das ungefähre Temperaturoptimum einzelner Arten können sich aber auch aus Erfahrungswerten ergeben, die aus der täglichen Praxis der Kultur im Gewächshaus und im Aquarium sowie Untersuchungen an den natürlichen Standorten gewonnen werden. Während manche Arten eine große Temperaturtoleranz aufweisen (z. B. *Vallisneria*), besitzen andere dagegen nur sehr enge Wachstumsgrenzen (siehe hierzu die Tabelle „Temperaturtoleranz wichtiger Aquarienpflanzen“ auf S. 586).

Die folgende Schilderung veranschaulicht die komplexen Auswirkungen des Temperaturfaktors auf das Verhalten von Wasser- und Sumpfpflanzen in einem Gebiet mit ausgeprägtem Jahreszeitenklima:

Ich untersuchte im Juli 1993 im Nordosten Argentiniens zahlreiche Standorte von Wasser- und Sumpfpflanzen. Diese Region weist ein ausgeprägtes Jahreszeitenklima auf. Der Monat Juli liegt in der kalten Jahreszeit (Winter). Die Mitteltemperaturen für die Stadt Corrientes betragen 15,7 °C und die Niederschlagsmenge 47 mm. Beide Werte bilden fast die Minima im Jahresverlauf. Die monatlichen Mittelwerte besagen aber nur wenig über die absoluten Temperaturen, die noch erheblich niedriger oder höher sein können. Während des zweiwöchigen Aufenthaltes im Juli lagen die Nachttemperaturen wiederholt um die Frostgrenze. Während dieser Zeit erreichten die Lufttemperaturen am Tag etwa eine Woche lang nur maximal 15 °C. Die tagsüber gemessenen Wassertemperaturen betrugen 6–15 °C.

Die Auswirkungen dieser extrem niedrigen Luft- und Wassertemperaturen auf die Pflanzen waren überall deutlich zu sehen. Große Schwimmpflanzenbestände mit *Eichhornia azurea* und *Pistia stratiotes* wiesen erfrorenes, vertrocknetes Laub auf. Durch das zahlreiche abgestorbene Pflanzenmaterial entstand in vielen Gewässern ein Sauerstoffmangel, der zugleich ein massenhaftes Fischsterben zur Folge hatte (zum Sauerstoffgehalt siehe auch S. 72). Zugleich war aber auch zu beobachten, dass die niedrigen Wassertemperaturen häufig keinen negativen Einfluss auf das Pflanzenwachstum unter Wasser hatten. Ungewöhnlich kräftige submerse Exemplare von *Eichhornia azurea*, dichte Bestände von *Cabomba caroliniana* var. *caroliniana* und var. *flavida*, *Egeria najas*, *Myriophyllum aquaticum* und *Hydrocleys nymphoides* waren zu finden. Einige der Wasser- und Sumpfpflanzen blühten zu dieser kalten Jahreszeit im Kurztag reichlich, wobei die niedrigen Temperaturen in manchen Fällen wichtiger Auslösefaktor für eine Blütenbildung waren (zum Beispiel bei *Echinodorus uruguayensis*).

Licht

Licht ist für viele Wachstums- und Entwicklungsvorgänge der Pflanzen von großer Bedeutung, da es ein unentbehrlicher Energielieferant für die Photosynthese ist. Es hat ferner einen wichtigen Einfluss auf die Morphologie und Anatomie der Pflanzen sowie auf photoperiodische Erscheinungen.

Messungen der Beleuchtungsstärke an den natürlichen Standorten tropischer und subtropischer Wasser- und Sumpfpflanzen sind außerordentlich wichtig, um die Kenntnisse über die Ansprüche der verschiedenen Aquarienpflanzen zu erweitern und sie entsprechend ihren Bedürfnissen optimal pflegen zu können. Zum besseren Verständnis der damit verbundenen Fragestellungen und Probleme soll im Folgenden auf einige grundsätzliche Aspekte des Umweltfaktors Licht, die von allgemeiner Bedeutung sind, näher eingegangen werden. Die Intensität und Dauer der Bestrahlung verläuft in der Natur nicht kontinuierlich wie im Aquarium, sondern sie verändert sich nicht nur im Laufe des Tages, sondern auch jahreszeitlich in Abhängigkeit von der geografischen Breite.

In Gewässern wird die Strahlung stärker abgeschwächt als in der Luft. Die langwelligen Wärmestrahlen werden im Wasser schon in den oberen Millimetern, der größte Teil der infraroten Strahlung in den oberen Zentimetern absorbiert. Schon nach etwa einem Meter ist häufig nur noch die Hälfte der Strahlung vorhanden. Der für die Wasserpflanzen zur Photosynthese nutzbare Bereich liegt zwischen 380 und 780 nm und wird mit zunehmender Tiefe selektiv absorbiert, wobei in klarem Wasser zuerst das rote Licht, danach der gelbe und grüne Spektralbereich und zuletzt das blaue Licht verschluckt wird, das somit auch noch in größere Wassertiefen eindringt.

Ferner beeinflussen die Menge der im Wasser vorhandenen Farb- und Trübungsstoffe (Humusstoffe, Plankton, Algen, Schwebstoffe durch Abschwemmung usw.) die Lichtabsorption sowie das Farbspektrum sehr nachhaltig. Beispielsweise findet in einem durch Humusstoffe stark gelb oder braun gefärbtem Gewässer nicht nur eine sehr starke Lichtabsorption statt, sondern die Färbung des Wassers bewirkt zugleich auch eine Verschiebung der spektralen Zusammensetzung, was zur Folge hat, dass nicht mehr das blaue Licht, sondern der gelbe Spektralbereich am tiefsten in das Wasser eindringt.

Das Strahlungsangebot in den Gewässern hängt infolge der Reflexion an der Wasseroberfläche wesentlich vom Einfallswinkel ab. Bei hohem Sonnenstand ist die Reflexion gering, sodass das Licht fast ungehindert in das Wasser eindringen kann, bei niedrigem Sonnenstand nimmt die Reflexion dagegen so erheblich zu, dass ein großer Teil des Lichtes nicht mehr in das Wasser eintritt. Diese starke Reflexion an der Wasseroberfläche bei niedrigem Sonnenstand bewirkt, dass für Pflanzen unter Wasser ab einer bestimmten Wassertiefe die Tageslänge kürzer ist als für solche Arten, die auf dem Land leben.

Das Lichtklima in den Tropen unterscheidet sich zwar durchschnittlich nicht durch eine höhere Strahlungsbilanz von den Gebieten in mittleren Breiten, aber es gibt dennoch wesentliche Unterschiede. Zum einen steigt und sinkt in den Tropen die Sonne viel schneller, zum anderen ist die Strahlungsintensität im Allgemeinen in den Tropen höher und kann in der Mittagszeit bei klarem Himmel über 150 kLux betragen, während in unseren Breiten nur etwa 100–120 kLux gemessen werden. Ferner schwankt die Tageslänge nahe des Äquators im Laufe des Jahres nur wenig, sondern beträgt mehr oder weniger konstant etwa zwölf Stunden.

Die Beleuchtungsstärke wird wesentlich durch den Grad der Bewölkung beeinflusst. Für die im Wasser wachsenden Arten verringert sich die Beleuchtungsintensität zusätzlich durch die erwähnte Reflexion an der Wasseroberfläche sowie möglicherweise infolge einer Beschattung durch Schwimmpflanzen. Nur verhältnismäßig wenige höhere Pflanzen sind in der Lage, in klaren Süßgewässern bis in Tiefen von 3–10 m vorzudringen. Bis zu einer Tiefe von etwa 30 m finden sich darüber hinaus nur noch Algengesellschaften.

Für die Arten, die in großer Wassertiefe wachsen, verändern sich Quantität und Qualität des Lichtes erheblich. Die meisten Aquarienpflanzen sind aber in ihren natürlichen Habitaten entweder außerhalb des Wassers als Sumpfpflanzen oder in dem Bereich bis 30 cm Wassertiefe zu finden und kommen nur vorübergehend während des Hochwassers in tieferem Wasser vor. Ferner besiedelt eine große Zahl von Aquarienpflanzen in ihren natürlichen Biotopen unbeschattete oder halbsonnige Plätze und nicht, wie gelegentlich in aquaristischer Literatur unrichtig dargestellt, vorzugsweise schattige Gewässer. Obwohl durch die Reflexionen an der Wasseroberfläche sowie zunehmende Wassertiefe Licht absorbiert wird und den im Wasser lebenden Pflanzen folglich weniger Licht zur

„Schlafbewegung" bei *Limnophila* im Aquarium

***Bacopa caroliniana* an einem Standort in Mexiko in intensivem Sonnenlicht**

Photosynthese zur Verfügung steht als den Landpflanzen, sind die Beleuchtungsstärken an den natürlichen Standorten der Aquarienpflanzen aber im Allgemeinen dennoch erheblich höher als im Aquarium (vgl. auch die Messwerte auf S. 610–611).

In diesem Zusammenhang ist es interessant zu wissen, dass sich die Photosyntheseproduktion der Pflanzen nicht beliebig durch eine Steigerung der Lichtintensität erhöhen lässt, sondern dass – entsprechend den Temperatur-Optimumkurven – für jede Pflanzenart durch experimentelle Untersuchungen auch eine artspezifische Licht-Optimumkurve ermittelt werden kann. Diese zeigt bei steigender Lichtintensität nur bis zu einem bestimmten Bereich (Optimum) eine Zunahme der Assimilationstätigkeit, danach nimmt sie nicht mehr zu oder verringert sich sogar wieder, was vermutlich durch eine Wechselbeziehung mit anderen begrenzenden Faktoren, beispielsweise Temperatur oder CO_2-Versorgung, verursacht wird.

Entsprechend ihrem unterschiedlichen Vermögen, Stark- oder Schwachlicht für die Photosynthese zu nutzen, unterscheidet man zwischen Starklicht- oder Sonnenpflanzen und Schwachlicht- oder Schattenpflanzen. Schattenpflanzen haben den Vorteil, dass sie geringe Lichtintensitäten besser ausnutzen können als Sonnenpflanzen. Sie erreichen ihre höchste Assimilation schon bei schwacher Lichtstärke. Aus diesem Grunde können Schattenpflanzen noch relativ dunkle Standorte im Wald besiedeln und gedeihen bei schwachem Licht am besten. Ein charakteristisches Merkmal sind große und breite Blattspreiten, wie sie z. B. bei einigen breitblättrigen *Cryptocoryne*-Arten und *Barclaya motleyi* vorkommen. Schattenpflanzen sterben unter Umständen ab, wenn sie zu starker Bestrahlung ausgesetzt werden. Sonnenpflanzen benötigen dagegen eine intensive Strahlung und nutzen diese durch eine höhere Photosyntheseleistung besser aus als Schattenpflanzen. Sie benötigen mehr Licht und sterben ab, wenn sie zu schwach belichtet werden.

Licht-Optimumkurven bzw. Assimilationskurven von Aquarienpflanzen wurden bisher nur vereinzelt erstellt, sodass erst wenige Arten sicher als Schatten- bzw. Sonnenpflanzen eingestuft werden können. An der Universität Marburg wurden Photosynthesekurven von *Anubias barteri* var. *nana* und *Bacopa caroliniana* ermittelt. Als Ergebnis wurde festgestellt, dass *A. barteri* var. *nana* eine typische Schattenpflanze, *B. caroliniana* dagegen eine Sonnenpflanze ist (SAUER 1989).

Innerhalb dieser beiden Gruppen gibt es zudem noch sehr unterschiedliche Reaktionsformen, die entweder erblich fixiert oder durch die Umwelt modifizierbar sind. GESSNER (1955) untersuchte die Assimilationsleistung mehrerer Wasserpflanzen und fand heraus, dass die für den Versuch verwendeten Populationen von *Aponogeton madagascariensis* (Gitterpflanze) und *Elodea canadensis* (Kanadische Wasserpest) zu den Schattenpflanzen gehörten, aber dennoch unterschiedlich reagierten. Bei einer intensiven Beleuchtung von 110 kLux über mehrere Stunden und bei konstanter Temperatur zeigte *Elodea canadensis* eine gleichbleibende Assimilationsrate. Dagegen war bei *Aponogeton madagascariensis* im gleichen Versuch bereits nach einer Stunde ein ständiger Abfall der Assimilationsleistung zu bemerken.

Vermutlich wird sich die weitaus größte Zahl der Aquarienpflanzen in entsprechenden Experimenten als Sonnenpflanzen erweisen und nur verhältnismäßig wenige Spezies, zu denen insbesondere einige *Cryptocoryne*- und *Anubias*-Arten zählen, werden als Schattenpflanzen identifiziert werden. Solange aber an Aquarienpflanzen keine derartigen wissenschaftlichen Untersuchungen vorliegen, die eine sichere Zuordnung zu den Schatten- bzw. Sonnenpflanzen und ihren Reaktionsformen ermöglichen, bleiben diese Vermutungen subjektiv und hypothetisch.

Kulturerfahrungen und Untersuchungen an den natürlichen Standorten lehren uns aber schon jetzt, dass die meisten Aquarienpflanzen bei intensiver Beleuchtungsstärke deutlich besser gedeihen als bei weniger Licht. Eine Schädigung von Pflanzen durch eine zu hohe Beleuchtung im Aquarium ist daher bei der Mehrzahl der kultivierten Arten kaum zu erwarten. Demgegenüber ist die Gefahr viel größer, dass bei zu geringer Belichtung die Assimilation bei einigen Pflanzen so weit herabgesetzt wird, dass der Kompensationspunkt, an dem CO_2-Aufnahme (Photosynthese) und -abgabe (Atmung) gleich hoch sind, ständig unterschritten wird, was letztlich ein Absterben der Pflanzen zur Folge hat.

Andererseits darf jedoch nicht übersehen werden, dass Pflanzen innerhalb bestimmter Grenzen die Fähigkeit besitzen, sich an verschiedene Beleuchtungsstärken und -qualitäten ihrer natürlichen Standorte anzupassen. So weisen beispielsweise Pflanzen in größerer Wassertiefe im Allgemeinen gegenüber den an der Oberfläche wachsenden Individuen eine herabgesetzte Atmung auf. Auch reagieren höhere Wasserpflanzen auf verschiedene Lichtbedingungen mit der Ausbildung unterschiedlicher anatomischer und morphologischer Formen.

Den Aquarianern gut bekannt ist das Verhalten von *Salvinia*: Werden die Sprosse bei intensiver Beleuchtung kultiviert, bilden sie kräftige boot- und tütenförmige Blätter, während die Blätter der Schattenform viel kleiner sind und flach dem Wasser aufliegen. GESSNER (1955) berichtet ferner über die Ausbildung von Sonnen- und Schattenformen bei mehreren Arten. Zum Beispiel weist die Schattenform von *Lagarosiphon major* im Unterschied zur Sonnenform eine verringerte Verzweigung auf, was sich auch bei anderen höheren Wasserpflanzen beobachten lässt. *Lobelia dortmanna* reagiert bei abnehmender Lichtintensität mit zunehmend längeren Blattspreiten. Lichtmangel unterdrückte bei *Utricularia intermedia* eine Ausbildung von Fangblasen. Viele schnellwüchsige Pflanzen reagieren auf Lichtmangel mit charakteristischen Veränderungen (Vergeilung), die sich beispielsweise in langen Internodien und Blattstielen sowie häufig kleinen Blattspreiten zeigen.

Ich hatte die Möglichkeit, aufgrund der dankenswerten Unterstützung durch Herrn KARLHEINZ SAUER und die Firma Osram, Luxmessungen mit dem Messinstrument Optronik an natürlichen Standorten auf Madagaskar und in Ekuador durchzuführen.

Die Ergebnisse von Messungen der Beleuchtungsstärke zeigen, dass Wasser- und Sumpfpflanzen, die an vollsonnigen Standorten über Wasser oder in geringer Wassertiefe wachsen, im Laufe des Tages einer im Vergleich zum Aquarium sehr hohen, aber in Abhängigkeit von dem Grad der Bewölkung und der Uhrzeit stark schwankenden Strahlung ausgesetzt sind. An halbschattigen Plätzen sind die Durchschnittswerte zwar erheblich herabgesetzt, sie liegen aber meistens immer noch bedeutend über den im Aquarium erreichten Werten (vgl. auch die Angaben der Beleuchtungsstärken auf S. 64). Stark beschattete Biotope weisen dagegen auch bei unbewölktem Himmel an der Wasseroberfläche nur noch eine geringe Beleuchtungsstärke von etwa maximal 3000 Lux auf, die mit zunehmender Wassertiefe weiter abnimmt. In einem stark beschatteten Cryptocorynenbach in Südthailand stellte beispielsweise HORST (1986) an einem hellen Sonnentag gegen 15 Uhr an der Wasseroberfläche 1500 Lux, in 20 cm Tiefe 600 Lux und in 40 cm Tiefe nur noch 120 Lux fest. An einem Biotop von *Cryptocoryne cordata* var. *siamensis* wurden an nur mehrere hundert Meter voneinander entfernt gelegenen Fundorten zwischen 50 Lux in tiefem Schatten und 40 000 Lux in vollem Sonnenlicht gemessen.

Bodengrund als Nährstoffquelle

Nur wenige der kultivierten Aquarienpflanzen stellen echte Wasserpflanzen dar, bei denen eine Nährstoffaufnahme sowohl über die Wurzeln als auch mit der gesamten Oberfläche erfolgt. Den größten Teil der Aquarienpflanzen bilden Sumpfpflanzen, die im Unterschied zu den echten Wasserpflanzen meistens ein kräftigeres Wurzelwerk entwickeln und den Hauptbedarf der zum Wachstum benötigten Nährstoffe dem Bodengrund entnehmen. Dabei verhalten sich nicht alle Pflanzen gleich, sondern die aufgenommene Menge und die Zusammen-

***Helanthium tenellum* in Bolivien (Santa Rosa) auf einem stark lehmigen Bodengrund**

setzung der Nährstoffe sind artspezifisch und in großem Maße abhängig vom Bodengrund. Durch eine chemische Analyse der pflanzlichen Trockensubstanz kann im Labor festgestellt werden, wie groß der Gehalt und die Verteilung einzelner Nährelemente in der Pflanze ist. Sie gibt u. a. Aufschluss über das Vorkommen von Pflanzen auf ganz bestimmten Böden (Zeigerpflanzen) und dient zur Ermittlung des Düngerbedarfs. Werden Pflanzen im Versuch mit Nährlösungen bekannter Zusammensetzung kultiviert und danach mit Hilfe der Trockensubstanzanalyse auf ihren Gehalt an einzelnen Nährelementen untersucht, können auf den Nährstoffbedarf der Pflanzen Rückschlüsse gezogen werden, die bei auftretenden Mangelsymptomen eine gezielte Düngung erlauben.

Die Bodenstruktur wird im Wesentlichen von der Korngröße bestimmt. Von dieser hängt das Porenvolumen ab, das für die Belüftung und Wasserbewegung im Boden eine entscheidende Rolle spielt. Grobkörnige Böden lassen Luft, Wasser und Wurzeln leichter eindringen als feinkörnige. Man unterscheidet u. a. zwischen Sandböden, Tonböden, Lehmböden (Gemisch aus Sand und Ton), Kalkböden und Humusböden. Reine Tonböden sind nährstoffreich und äußerst feinkörnig, sodass sie kaum noch einen Luft- und Wasseraustausch ermöglichen.

Am günstigsten für das Pflanzenwachstum sind Lehmböden (Ton und Sand zu je 20–50 %) mit einem hohen Humusanteil. Durch ein großes Porenvolumen gewährleisten sie eine gute Durchlüftung, die von im Boden lebenden Organismen, im Aquarium beispielsweise Turmdeckelschnecken, zusätzlich unterstützt wird.

Charakteristisch für tropische Gebiete sind lateritische Böden (Roterden) und Lateritböden. Diese zeichnen sich durch eine Rotfärbung und Verhärtung aus, auf die sich auch der Begriff Laterit (later [lat.] = Ziegelstein) bezieht. Sie sind extrem nährstoffarm und meistens reich an Eisen und/oder Aluminium. Dennoch enthalten sie für Wasserpflanzen gewöhnlich ausreichend Nährstoffe, weil durch die schnelle Mineralisierung des abgestorbenen Pflanzenmaterials und die im Allgemeinen niedrige Leitfähigkeit des Wassers die frei gewordenen Nährstoffe sofort wieder von den Pflanzen aufgenommen werden können.

Die saure oder alkalische Reaktion des Bodens (pH-Wert) hat einen großen Einfluss auf die Beschaffenheit des Wassers und die Nährstoffversorgung der Pflanzen. Die meisten Böden in den Tropen haben einen pH-Wert im sauren bis neutralen Bereich, Kalkböden mit alkalischer Reaktion kommen nur in Gebieten mit geringeren Niederschlägen (um 1000 mm). Die einzelnen Pflanzen stellen an den pH-Wert des Bodens und des Wassers sehr unterschiedliche Ansprüche. Die meisten tropischen und subtropischen Wasser- und Sumpfpflanzen wachsen auf sauren bis neutralen Böden, es gibt aber auch einige Arten, beispielsweise Vallisnerien, *Echinodorus uruguayensis* sowie einige *Potamogeton*-Arten, die einen kalkreichen Untergrund und Gewässer mit einem pH-Wert im alkalischen Bereich bevorzugen. Charakteristische aquatische Lebensräume mit hohen pH-Werten sind zum Beispiel die großen afrikanischen Grabenseen Malawi und Tanganjika. Einige der kalkliebenden Arten weisen aber eine große Toleranzbreite auf, sodass ihre Kultur im Aquarium auch noch in einem schwach sauren oder neutralen Milieu zufriedenstellend ist. Weniger anpassungsfähig reagieren dagegen oftmals die kalkmeidenden Arten, die an den natürlichen Standorten in sehr saurem Milieu gedeihen. So gelingt es zum Beispiel nicht, einige *Cryptocoryne*-Arten aus Borneo ohne ein entsprechend saures Milieu im Aquarium am Leben zu erhalten.

Obwohl dem Bodengrund als Nährstoffquelle eine große Bedeutung zukommt, stellt er in der Aquaristik bislang einen viel zu wenig beachteten ökologischen Faktor dar. Dieses zeigt sich insbesondere darin, dass einerseits Bodengrundanalysen natürlicher Standorte kaum vorgenommen wurden, sodass die Kenntnis darüber nur sehr gering ist. Andererseits werden in der täglichen Aquarienpraxis bei Nährstoffmangel gewöhnlich Flüssigdünger eingesetzt, die dem Wasser zugegeben werden, während spezielle Bodendünger viel zu wenig verwendet werden. Durch die Zugabe von Flüssigdüngern wird aber zugleich eine unerwünschte und schlecht kontrollierbare Algenbildung gefördert. Dagegen ermöglicht die Verwendung eines Bodendüngers ganz gezielt nur solche Pflanzen zu düngen, die schlecht gedeihen.

Seit einigen Jahren werden erfreulicherweise zunehmend Bodendünger im Fachhandel angeboten, die – ähnlich den für die Düngung von Topfpflanzen entwickelten Präparaten – eine gezielte und effektive Düngung einzelner Pflanzen erlaubt.

Wasser

Für das Leben von Wasser- und Sumpfpflanzen ist das Wasser ein wesentlicher ökologischer Faktor. Insbesondere Wasserbewegung, Strömungsverhältnisse, Härte, pH-Wert und Nährstoffzusammensetzung beeinflussen das Wachstum der Pflanzen und sind von großer Bedeutung.

Wasser- und Sumpfpflanzen sind sowohl in stehenden als auch fließenden Gewässern zu finden. Der unter-

Eisenausfällungen an *Blyxa aubertii* in einem Biotop auf Sri Lanka

schiedliche Charakter dieser Lebensräume wird im Wesentlichen durch die Wasserbewegung und die Strömungsverhältnisse geprägt, denen die Pflanzen ausgesetzt sind. Die Stärke der Strömung hat wiederum einen Einfluss auf die Bodenbeschaffenheit.

Die Mehrzahl der Aquarienpflanzen lebt in stehenden oder langsam fließenden Biotopen. Ein kleinerer Teil kommt in schnell fließenden Gewässern vor, und nur sehr wenige Arten sind in der Lage, sich einer reißenden Strömung anzupassen. Die Wasserbewegung hat eine sehr große Bedeutung für verschiedene physiologische Stoffwechselvorgänge. Sie ermöglicht Austauschvorgänge und beschleunigt sowohl die Zufuhr von Nährstoffen als auch die Abfuhr von Ausscheidungsprodukten.

In wissenschaftlichen Versuchen (Gessner 1955) wurde die Assimilation bei verschiedenen Pflanzen (u. a. *Ceratophyllum demersum*, *Myriophyllum spicatum*, *Elodea canadensis* und *Potamogeton perfoliatus*) in stehendem und bewegtem Wasser miteinander verglichen. Dabei wurde festgestellt, dass bei einer Stagnation des Wassers ein deutlich langsameres Wachstum zu verzeichnen war als bei einer Wasserbewegung. Denn in stehendem Wasser bildet sich aufgrund der Assimilation der Pflanze um diese herum eine kohlensäurearme Hülle, die ein verlangsamtes Wachstum zur Folge hat. Die positive Auswirkung der Wasserbewegung besteht deshalb darin, dass sie diese Hülle zerstört und dadurch Diffusionsvorgänge fördert.

Dabei muss die Wasserbewegung nur so stark sein, dass sich keine kohlensäurearme Hülle um die Pflanze herum bildet. Eine weitere Steigerung der Wasserbewegung hat nicht notwendigerweise eine Erhöhung der Assimilationsleistung zur Folge, sondern kann ganz im Gegenteil wiederum zu einer Hemmung des Wachstums führen. Aus diesen Gründen sind Untersuchungen über die Stärke der Wasserbewegung und die Strömungsverhältnisse an den natürlichen Standorten unserer Aquarienpflanzen außerordentlich wichtig und müssen für jede einzelne Art differenziert betrachtet werden.

Wenngleich auch viele Wasserpflanzen an den natürlichen Standorten in stehenden Gewässern wachsen, gibt es auch in derartigen Lebensräumen dennoch eine geringe, in ihrer Wirkung aber trotzdem nicht zu unterschätzende Wasserbewegung, die vor allem durch den Wind verursacht wird. Ein Ausschalten des Filters im Aquarium, wie dieses manchmal empfohlen wird, entspricht deshalb keineswegs den natürlichen Bedingungen, sondern führt aufgrund des stagnierenden Wassers zu einer Assimilationshemmung und infolgedessen zu einem schlechten Wachstum der Pflanzen.

Im Unterschied zu Biotopen mit stehendem Wasser wird das Auftreten von Wasserpflanzen in Fließgewässern hauptsächlich durch die Strömungsgeschwindigkeit beeinflusst. Diese unterliegt selbst innerhalb desselben Flussabschnittes großen Schwankungen. Zum Beispiel ist die Strömungsgeschwindigkeit über dem Boden erheblich niedriger als im freien Wasser oder an der Wasseroberfläche. Strömungsliebende Wasserpflanzen sind oftmals derart stark an die heftige Wasserbewegung angepasst, dass sie ohne diese gar nicht mehr gedeihen können.

Manche Wasserpflanzen, beispielsweise die Arten aus den Familien Podostemaceae und Hydrostachyaceae, die ausschließlich in Stromschnellen und Wasserfällen vorkommen, sind in so extremer Weise an das schnell strömende, reißende Wasser ihres Lebensraumes angepasst, dass aus diesem Grunde ihre Kultur im Aquarium bisher noch nicht gelungen ist. Diese Pflanzen weisen vielfältige Anpassungen an die starke Wasserströmung und den felsigen Bodengrund auf, die ihnen sogar eine generative Fortpflanzung in den Stromschnellen ermöglichen.

Die natürlichen Lebensräume unserer Aquarienpflanzen werden ferner durch eine spezifische Wasserbeschaffenheit charakterisiert, die in gewissen Grenzen täglichen und jahreszeitlichen Schwankungen unterliegt. Die meisten tropischen und subtropischen Gewässer, in denen Wasserpflanzen leben, weisen aufgrund ihres mineralarmen Untergrundes ein sehr salzarmes, weiches Wasser mit einem pH-Wert im schwach sauren bis neutralen Bereich auf (ungefähr 6,0–7,0). Gelegentlich lassen sich auch pH-Werte zwischen etwa 5,5 und 6,0 messen; in solchen Gewässern ist aber die Artenzahl schon deutlich reduziert. Nur wenige Wasserpflanzen sind darauf spezialisiert, in einem extrem sauren Milieu zu leben, wie es beispielsweise das Schwarzwasser des Rio Negro darstellt.

Relativ selten sind in den Tropen und Subtropen Gewässer anzutreffen, die ein mittelhartes oder hartes Wasser mit einem mehr oder weniger hohen alkalischen pH-Wert besitzen. Beispiele für derartige Habitate sind die afrikanischen Grabenseen Tanganjika- und Malawisee sowie einige Flüsse und Seen in Mexiko. Auch in diesen durch ungewöhnliche Wasserwerte gekennzeichneten Lebensräumen ist die Artenzahl von Wasserpflanzen auffällig reduziert. Diese Erkenntnis stützt sich nicht nur auf zahlreiche Wasseranalysen von natürlichen Biotopen, die ich durchgeführt habe, sondern sie steht auch im Einklang mit den Messungen anderer Autoren. Die Befunde stehen aber im deutlichen Gegensatz zu den vielen Untersuchungen an einheimischen, echten submersen Wasserpflanzen (siehe Gessner 1959), deren Vorkommen sich fast nur auf alkalische Gewässer beschränkt.

Wesentlich für ein optimales Wachstum der Pflanzen an ihren natürlichen Standorten ist ein vollständiges und konstantes Nährstoffangebot im Wasser. Quellen bringen

oft nährstoffreicheres Wasser in die Bäche und begünstigen daher sichtbar den Pflanzenwuchs.
Die auf S. 595–607 angeführten Wasseranalysen vermitteln einen Eindruck von den chemischen Eigenheiten sowie den Nährstoffverhältnissen in einigen tropischen Gewässern, die sich durch arten- und individuenreiche Pflanzenbestände auszeichnen. Als ergänzende Literatur seien auch die Untersuchungen von HORST (1986) zur Studie empfohlen.

Schwarzwasser – Klarwasser – Weißwasser

Zahlreiche wissenschaftliche Untersuchungen, die in den 1950er-Jahren hauptsächlich im Flusssystem des Amazonas unternommen wurden (u. a. SIOLI 1950, BRAUN 1952, GESSNER 1959, SIOLI & KLINGE 1961), führten aufgrund von physikalischen (Färbung und Trübung) und chemischen Unterschieden zwischen vielen Flüssen zu einer groben Einteilung in drei Gewässertypen. Aufgrund ihrer charakteristischen Merkmale unterscheidet man Schwarz-, Klar- und Weißgewässer, zwischen denen es natürlich auch viele Mischformen gibt, weshalb sich nicht jedes Gewässer in dieses Modell einordnen lässt.

Typische Weißwasserflüsse weisen ein lehmiggelbes, trübes Wasser auf und enthalten im Unterschied zu Klar- und Schwarzwasserflüssen eine große Menge an anorganischen Schwebstoffen, die sich an den Ufern der Flüsse ablagern und einen besonders fruchtbaren Boden bilden. Beispiele für Weißwasserflüsse sind der Rio Solimoes, der Amazonas sowie die in diesem Buch auf S. 33 und 30 genannten Flüsse Sepik in Papua-Neuguinea und Yanayacu in Peru.

Klarwasserflüsse sind dagegen arm an Sedimenten und besitzen ein sehr klares, gelbgrünes bis dunkelolivgrünes Wasser mit einer großen Sichtweite. An den Flussufern bilden sich häufig weiße Sandstrände. Ausführlich behandelte Klarwasserflüsse sind der Rio Guaporé im Südwesten von Brasilien (siehe S. 26) und die Flüsse um Bonito (siehe S. 41).

Die dritte Gruppe bilden Schwarzwasserflüsse, die durch ein klares, transparentes, aber dunkelbraun gefärbtes Wasser gekennzeichnet sind. Die typische tiefbraune Farbe entsteht durch regelmäßige Überschwemmungen des umgebenden Waldes, bei denen Humusstoffe eingeschwemmt werden. Infolgedessen ist das Schwarzwasser

Im Schwarzwasser des Rio Nanay (Peru) leben *Utricularia foliosa* und *Azolla cristata*

außerordentlich sauer und sehr arm an gelösten Mineralien. Aufgrund seiner interessanten Fischfauna ist der Rio Negro (Brasilien) in der Aquaristik der bekannteste Schwarzwasserfluss.

Die Gründe für die Ausbildung verschiedener Gewässertypen sind im Wesentlichen die Beschaffenheit des Bodengrundes sowie klimatische und landschaftliche Verhältnisse. Da zwischen diesen drei Gewässerkategorien große Unterschiede hinsichtlich ihrer physikalischen, chemischen und biologischen Beschaffenheit bestehen, ist auch der Charakter der Wasserflora der jeweiligen Gewässer unterschiedlich.

Die echten **Schwarzwasserflüsse** bieten für das Wachstum von Pflanzen extrem ungünstige Lebensbedingungen. Dazu zählen neben ihrer starken Eigenfärbung insbesondere das sehr saure Wasser sowie der geringe Gehalt an Hydrogenkarbonationen, wodurch die Pflanzen ausschließlich auf freies Kohlendioxid zur Ernährung angewiesen sind. Für den Rio Negro liegt die Zahl für die elektrolytische Leitfähigkeit so tief, dass sie sich der von destilliertem Wasser nähert. In den 1950er-Jahren wurde das Wasser des Rio Negro sogar als das elektrolytärmste der Welt bezeichnet. Auch das Lichtklima ist – infolge der gelösten Humusstoffe – viel schlechter als in Klargewässern und für die Photosynthese ungeeignet. Diese Eigenschaften stellen wichtige begrenzende Faktoren dar und schließen das Gedeihen der meisten Wasserpflanzen im Schwarzwasser aus. Nur sehr wenige hoch spezialisierte Arten konnten sich an diesen ungewöhnlichen Lebensraum anpassen und sind wiederum nicht in der Lage, in einem veränderten Milieu zu leben.

In Südamerika findet man insbesondere in den Ländern Guyana, Surinam, Französisch-Guayana sowie Brasilien große Schwarzwasserareale. Außerhalb Südamerikas sind aquaristisch interessante Schwarzwassergebiete mit dichtem Bewuchs beispielsweise die riesigen Tieflandsumpfgebiete auf der Malaiischen Halbinsel oder Schwarzgewässer Borneos, die den Lebensraum einer Vielzahl interessanter Cryptocorynen (Wasserkelche) bilden.

Der von früheren Autoren in Anlehnung an die Untersuchungen im Amazonas-Flusssystem eng definierte Bereich des pH-Wertes (pH 3,7–4,3) für diesen Gewässertyp muss aufgrund weiterer Untersuchungen in anderen Schwarzwasserflüssen mindestens bis in den Bereich um pH 5 erweitert werden. So liegt der pH-Mittelwert für Tasek Bera (Malaiische Halbinsel), einem Sumpfgebiet, das in wissenschaftlichen Publikationen mit dem Schwarzwasser Amazoniens verglichen wird, bei pH 5,33 (das Minimum beträgt 4,5, das Maximum pH 6,8). Hier befindet sich das wohl größte Vorkommen der Schwarzwasserpflanze *Cryptocoryne* ×*purpurea* (Biotop 11, S. 33).

Die häufigste Wasserpflanze im elektrolytarmen Schwarzwasser des Rio Negro ist die Zeigerpflanze *Tonina fluviatilis*. Sie ist eine Art der Familie Eriocaulaceae, die man aber nicht nur in Brasilien antrifft, sondern die weit im tropischen Mittel- und Südamerika verbreitet ist. *Tonina* ist zugleich eine der wenigen Schwarzwasserpflanzen, die unter bestimmten Bedingungen im Aquarium gehalten werden kann und die somit eine verhältnismäßig hohe Toleranz besitzt. *Tonina* wird in der älteren Literatur auch als Leitart saurer Gewässer beschrieben, dem ich nur zustimmen kann, denn ich habe diese Art sehr häufig in sauren Gewässern der amerikanischen Tropen gefunden.

Im unteren und mittleren Einzugsgebiet des Rio Negro kommt auch ein interessanter *Cabomba*-Typ vor, der als *Cabomba schwartzii* beschrieben wurde, in Wirklichkeit aber eine Form von *Cabomba aquatica* ist. Die Pflanze unterscheidet sich durch zweizählige und ziemlich kleine Blüten von der normalen Form von *Cabomba aquatica*, die deutlich größere und dreizählige Blüten entwickelt. Die Sprosse dieses Typs lassen sich auch in der Kultur nur in weichem, saurem Wasser halten, obwohl auch das recht schwierig und wenig zufriedenstellend ist. Lebensräume der den Aquarianern gut bekannten „normalen“ Form von *Cabomba aquatica* sind u. a. die Schwarzgewässer Surinams und Guyanas, wo sie in prächtigen Beständen zu finden ist. Es verwundert daher nicht, dass diese Schwarzwasserpflanze für gewöhnlich nicht in unseren Aquarien gedeiht.

Außer *Cabomba aquatica* sind weitere Wasserpflanzen im Einzugsgebiet des Rio Negro verbreitet: Es sind dieses *Mayaca fluviatilis* und *Eleocharis fluctuans* sowie der Wasserschlauch *Utricularia foliosa*, den ich auch einmal mit *Azolla cristata* vergesellschaftet im Schwarzwasser des Rio Nanay (Peru) fand. *Utricularia foliosa* bildet in nährstoffarmem Milieu eine sehr große Zahl an Fangblasen aus, mit deren Hilfe sich die Pflanze durch den Fang und die Verdauung von tierischer Zusatzkost einen Vorteil in der Ernährung gegenüber anderen Wasserpflanzenarten verschafft.

Gelegentlich findet man im Schwarzwasser auch Arten aus den großen Familien Cyperaceae und Eriocaulaceae, die aber fast alle schwer zu bestimmen sind. Manchmal ist in Stromschnellen auch der interessante Farn *Trichomanes hostmannianum* anzutreffen.

In Ostbrasilien im Staat Maranhão fand ich in einem Schwarzwasserbiotop zwei interessante Arten der Familie Cyperaceae, die es wert sind, an dieser Stelle genannt zu werden. Sie sind auffällig dekorativ und auch schon vorübergehend im Aquarium kultiviert worden. In einem seeähnlichen, dicht verkrauteten Sumpfgebiet im Einzugsgebiet des Rio Itapicuru wuchs *Eleocharis confervoides* in langsam fließendem, extrem weichem Wasser mit einem

Beeindruckend sind die Bestände von *Eichhornia diversifolia* im Schwimmblattpflanzengürtel des Klarwasser führenden Rio Guaporé

pH-Wert von 5,1 zusammen mit *Eleocharis fluctuans*. Beide Arten gehören zur Familie Cyperaceae.
Eleocharis fluctuans ist auch in der Gran Sabana in Venezuela anzutreffen. In dieser weitläufigen Landschaft fand ich in einem kleinen Schwarzwasserfluss außer der schon genannten *Eleocharis fluctuans* noch *Mayaca fluviatilis*, *Nymphaea rudgeana* und die wohl faszinierendste submerse Aracee in schnell strömendem, tiefem Wasser: *Jasarum steyermarkii*. Sie ist das einzige im Wasser lebende Aronstabgewächs der Neuen Welt. Die monotypische Pflanze entwickelt nur ihre auffälligen Blütenstände über Wasser, während sich die Fruchtstände ausschließlich unter Wasser bilden. Die Art wurde noch niemals erfolgreich kultiviert. Alle genannten Wasserpflanzen wuchsen in diesem Schwarzwasserbiotop bei folgenden Werten: pH 5,0, 23,5 °C, GH < 1 °dH, KH 4 °dH, 60 µS/cm.

In den Stromschnellen von Schwarzgewässern zumeist tropischer Regionen kommen weitere hoch spezialisierte und besonders interessante Wasserpflanzen vor, die meistens zur Familie Podostemaceae gehören. Die Podostemaceae – ein älterer Name ist Podostemonaceae – sind Wasserpflanzen, die in extremer Weise an das schnell strömende, reißende Wasser ihres Lebensraumes angepasst sind.

Die etwa 270 Arten besitzen eine hoch interessante Morphologie und Anatomie sowie eine Blütenbiologie, die noch vielfach unerforscht ist. Ihre Bestimmung gestaltet sich nicht zuletzt deshalb oft als sehr schwierig. Alle sind sie faszinierende Wassergewächse, doch leider dürften sie aufgrund ihrer hohen Spezialisierung an die ökologischen Bedingungen nur im absoluten Ausnahmefall für die Kultur im Aquarium geeignet sein.

Auch wenn den interessanten Gewächsen aus Schwarzgewässern an dieser Stelle ein breiter Raum gewidmet worden ist, sind doch die meisten tropischen und subtropischen Gewässer, in denen Wasserpflanzen leben, **Klarwasserflüsse**. Sie weisen aufgrund ihres mineralarmen Untergrundes ein sehr salzarmes, weiches Wasser mit einem pH-Wert meistens zwischen 4,6 und 6,6 auf. Die Transparenz des Wassers, die ein günstigeres Lichtklima bedingt, ermöglicht vielen Pflanzen eine Anpassung an diese Lebensbedingungen. Klarwasserflüsse sind gewöhnlich durch eine extreme Armut an Mineralien gekennzeichnet und deshalb entsprechend nährstoffarm. Dennoch findet man in ihnen häufig sogar eine große Artenzahl auf engstem Raum miteinander vergesellschaftet. Keineswegs handelt es sich immer um Reinbestände. Der wohl wichtigste begrenzende Faktor für die Besiedlung mit Wasser-

pflanzen ist dagegen der im jahreszeitlichen Wechsel nicht selten erheblich schwankende Wasserstand.
Beispielsweise zeigen die Wasseranalysen der Klarwasserflüsse Guaporé (S. 26) und Roseira (S. 34), dass trotz der Nährstoffarmut ein vollständiges und konstantes Nährstoffangebot vorliegt, das ein vielfältiges Leben von Pflanzen in diesen Gewässern ermöglicht. Beide Flüsse weisen sehr niedrige Leitfähigkeiten und eine nur sehr geringe Härte auf und sind als extrem weich einzustufen. Im Rio Guaporé zählte ich allein elf aquatische Arten sowie fünf Alismataceen (*Echinodorus* und *Helanthium*) auf engstem Raum bei einem pH-Wert von 6,38, im Rio Roseira fand ich etwa 25 aquatische Arten, die bei einem pH-Wert von 5,6 und einer Wassertemperatur von 10 °C prächtig wuchsen.

Relativ selten sind Gewässer anzutreffen, die ein mittelhartes oder hartes Wasser mit einem mehr oder weniger hohen alkalischen pH-Wert besitzen. Beispiele für derartige Habitate sind die auf S. 41 beschriebenen Flüsse rund um die Kleinstadt Bonito im Südwesten Brasiliens. Diese lassen sich charakterisieren durch ein beeindruckend dichtes Pflanzenwachstum, doch die Artenzahl ist trotz hoher Individuendichte aufgrund der hohen Härte (400–500 µS/cm) und des leicht alkalischen Milieus deutlich reduziert. Wesentlich für ein optimales Wachstum der Submersen in solchen Klargewässern ist insbesondere ein vollständiges und konstantes Nährstoffangebot, wie es in Bonito einerseits durch einen sehr nährstoffreichen Bodengrund, andererseits durch Quellwasser gegeben ist.

Auch typische **Weißwasserflüsse** sind meistens sehr weiche Gewässer, die aber im Unterschied zum Schwarzwasser aufgrund ihres fruchtbaren Bodens einen deutlich höheren Gehalt an gelösten Mineralien aufweisen, der sich in einer entsprechend höheren Leitfähigkeit ausdrückt. Ferner weist das Weißwasser einen pH-Wert im schwach sauren bis leicht alkalischen Bereich von pH 6,6–7,2 auf. Der Nährstoffreichtum dieses Wassers lässt zwar prinzipiell ein Wachstum vieler Arten zu, wesentliche begrenzende Wachstumsfaktoren sind aber die starke Trübung und die dadurch bedingte geringe Lichtdurchlässigkeit sowie der in Abhängigkeit von den Jahreszeiten gewöhnlich um mehrere Meter schwankende Wasserstand.

Das bekannteste Beispiel für ein solches Weißgewässer ist der Amazonas, wo es regelmäßige Wasserstandsschwankungen von mehr als 6 m gibt. Submerse Pflanzen fehlen aus den genannten Gründen fast immer im Weißwasser, und die Vegetation beschränkt sich auf ein Schwimmpflanzenwachstum. Die bekanntesten Wasserpflanzen aus den Weißgewässern Südamerikas, die zugleich auch häufig als Aquarienpflanzen kultiviert werden, sind die Farne *Ceratopteris pteridoides* und *C. thalictroides*, die Muschelblume *Pistia stratiotes*, das Wolfsmilchgewächs *Phyllanthus fluitans*, einige Wasserlinsenarten, wie *Wolffiella welwitschii*, die Hornblätter *Ceratophyllum demersum* und *C. submersum*, und natürlich die allgegenwärtige Wasserhyazinthe *Eichhornia crassipes*. Alle genannten Arten fluten oder schwimmen im Weißwasser an der Wasseroberfläche.

Die bekanntesten und zugleich prächtigsten Wasserpflanzen aus Weißwasserbiotopen, die im Bodengrund verwurzelt sind, aber dennoch Wasserstandsschwankungen von mehreren Metern problemlos überwinden können, sind die Riesenseerosen *Victoria amazonica* (Synonym *V. regia*) und *V. cruziana*. Von *Victoria amazonica* ist bekannt, dass diese sogar in bis zu 10 m Tiefe in strömungsarmen Buchten des Amazonas wurzelt und ihre Riesenblätter an die Wasseroberfläche schiebt. Die Art ist nicht zuletzt auch deshalb so gut bekannt, weil ihre Blattspreiten eine sehr hohe Stabilität besitzen, sodass sogar kleine Kinder darauf sitzen können.

Die auf S. 595 dargestellten Wasseranalysen verschiedener brasilianischer und peruanischer Flüsse verdeutlichen die erläuterten Unterschiede zwischen Schwarzwasser, Klarwasser und Weißwasser (brasilianische Flüsse nach Gessner 1959, Sioli & Klinge 1961 sowie eigenen Messungen).

Jahreszeitliche Einflüsse, Vegetationsrhythmik und Gewässertypen

Tropische und subtropische Wasser- und Sumpfpflanzen haben im Laufe der Evolution sehr unterschiedliche Lebensräume erobert. Ihre natürlichen Biotope bilden sumpfige Überschwemmungsgebiete, Tümpel, Weiher, Seen, mehr oder weniger schnell fließende Bäche und Flüsse sowie vom Menschen geschaffene Lebensräume, wie zum Beispiel Reisfelder, Teiche und Stauseen. Diese Ökosysteme unterliegen der für die Tropen charakteristischen Periodik von regenreichen und regenarmen Jahreszeiten und den damit verbundenen Wasserstandsschwankungen sowie jahreszeitlich wechselnden Licht- und Klimaverhältnissen.

Gewässer lassen sich in ständig wasserführende (permanente) und periodisch austrocknende (temporäre) Biotope gliedern. Diese können wiederum stehendes oder fließendes Wasser aufweisen. Innerhalb dieser Gewässertypen bilden sich gewöhnlich nur dann Übergänge, wenn sich die Stärke der Regenfälle oder die Dauer der Trockenzeit aufgrund klimatischer Veränderungen wesentlich verschiebt. So kann ein gewöhnlich periodisch austrocknendes Gewässer bei extremen Witterungsbedingungen gelegentlich auch zur Trockenzeit wasserführend sein, oder ein in der Regel permanenter Biotop bei ungewöhnlich langen Trockenzeiten austrocknen. Im Allgemeinen

Temporärer Biotop auf der Insel Mafia (Tansania) mit dichtem Pflanzenwuchs während der Regenzeit. Derselbe Biotop ist zur regenarmen Jahreszeit vollständig ausgetrocknet.

lassen sich die Biotope aber deutlich in das obige Schema der Gewässertypen einordnen. Obwohl die Pflanzen in gewissen Grenzen anpassungsfähig sind und flexibel auf Umweltveränderungen reagieren können, bilden sich bei großen klimatischen Veränderungen irreparable Schäden innerhalb der über Jahrtausende etablierten Lebensgemeinschaften, und manche Arten können dann an den bisherigen Standorten nicht mehr existieren.

Eine Besiedlung eines bestimmten Gewässers kann nur den Pflanzen gelingen, die sich an die dort bestehenden ökologischen Gegebenheiten anpassen können. So wurden beispielsweise temporäre Gewässer nur von solchen Arten dauerhaft besiedelt, die die Fähigkeit aufweisen, Trockenzeiten durch spezielle Vegetationsorgane oder mit Hilfe austrocknungsresistenter Samen zu überleben. Das Auftreten der einzelnen Pflanzen in Temporärgewässern wird infolgedessen in hohem Maße bestimmt durch die Länge der Trockenzeit, die sich aus den geologischen und klimatischen Gegebenheiten der Regionen ergibt. Die Länge der Trockenzeit ist somit mitentscheidend über die Verbreitung der einzelnen Arten. Ebenso lassen sich umgekehrt aus dem Vorkommen von Pflanzen in bestimmten Gebieten auch Rückschlüsse auf ihren Lebensrhythmus ziehen. Das Auftreten gewisser Arten in temporären Gewässern schließt allerdings nicht aus, dass diese auch in Permanentgewässern zu finden sind.

Im Unterschied zu den Pflanzen aus Temporärbiotopen weisen die Arten aus Permanentgewässern, bei denen es sich meistens um Flüsse, große Seen oder sehr große Sumpfgebiete handelt, einen anderen Lebensrhythmus auf. Für die Besiedlung solcher Gewässer ist im Wesentlichen die Differenz zwischen Hoch- und Tiefwasser maßgebend, die durch den jahreszeitlichen Wechsel von Trocken- und Regenzeiten bedingt wird. Nur wenige Wasser- und Sumpfpflanzen sind in der Lage, sich einem zur Regenzeit erhöhten Wasserstand von mehr als 1,5 m sowie der damit verbundenen Lichtreduzierung anzupassen und mehrere Monate in größerer Wassertiefe zu leben. Hinzu kommt die in vielen Permanentgewässern häufig vorherrschende starke Strömung, in der nur wenige Wasserpflanzen (zum Beispiel die Podostemaceen) wachsen können. Aus diesem Grunde ist diese ökologische Nische nur von wenigen Arten erobert worden.

Permanente Gewässer weisen gewöhnlich nur im flachen Uferbereich oder an der Wasseroberfläche Pflanzenbewuchs auf, in größerer Wassertiefe fehlt er dagegen meistens. Entsprechend sind in Flüssen mit großen Wasserstandsschwankungen von mehreren Metern oder extrem starker Strömungsgeschwindigkeit nur sehr wenige im Bodengrund verwurzelte Wasser- und Sumpfpflanzen zu finden, und stattdessen solche Arten, die auf oder unter der Wasseroberfläche schwimmen und vorzugsweise in strömungsarmen Buchten leben. Eine Ausnahme bildet die Riesenseerose *Victoria amazonica*, die in ruhigen Seitenarmen des Amazonas sogar im trüben Weißwasser in 8–10 m Wassertiefe wurzeln kann.

Klimarhythmik

Einen wesentlichen Einfluss auf die Bedingungen, unter denen tropische und subtropische Sumpf- und Wasserpflanzen gedeihen, haben die Licht- und Temperaturänderungen, die einerseits im Laufe des Tages eintreten, andererseits durch einen periodischen jahreszeitlichen Wechsel bedingt sind.

In den Tropen schwanken Tages- und Nachtlänge im Laufe des Jahres nur wenig, sodass im Allgemeinen eine Erwärmungsphase am Tage sowie eine Auskühlungsperiode während der Nacht von jeweils zwölf Stunden Dauer vorliegen. Die immerfeuchte Äquatorialzone zeichnet sich durch hohe, mehr oder weniger gleichmäßig über das Jahr verteilte Niederschläge aus sowie durch ausgeglichene Temperaturen, wobei die mittleren Jahrestemperaturen zwischen 25 und 27 °C liegen und die des kältesten Monats durchschnittlich 18 °C nicht unterschreiten. Demzufolge gibt es in dieser Klimazone – im Unterschied zu den Subtropen oder gemäßigten Zonen – keine ausgeprägten Jahreszeiten, sondern das Wachstum der Pflanzen wird im Wesentlichen durch die täglichen Temperaturschwankungen zwischen Tag und Nacht (Tageszeitenklima) bestimmt.

Mit zunehmenden Breitengraden verschiebt sich das Verhältnis zwischen Tages- und Nachtdauer im Laufe des Jahres immer stärker. In Abhängigkeit von diesen jahreszeitlichen Schwankungen verändert sich auch die Temperatur, sodass man im Bereich der Subtropen ausgeprägte Jahreszeiten vorfindet, an die sich die Vegetation angepasst hat. Dabei stellt die kalte Jahreszeit mit kurzen Tageslängen im Allgemeinen zugleich die lichtarme Jahreszeit dar.

Nicht nur die Tages- und Nachtlänge, sondern auch die Differenz zwischen Tages- und Nachttemperatur beeinflussen Wachstumsvorgänge (siehe Vegetationsrhythmik), Blühverhalten und Keimung. Zum Beispiel ist von einigen *Echinodorus*-Arten aus der Kultur bekannt, dass sie ein erblich bedingtes photoperiodisches Verhalten besitzen und Blütenstände nur bei einer bestimmten Tageslänge bilden, wodurch eine Anpassung an die geografische Verbreitung deutlich erkennbar wird (siehe auch Einleitung zur Gattung *Echinodorus* auf S. 270).

Insbesondere Pflanzen aus subtropischen Gebieten sind in der Lage, extreme Temperaturschwankungen zu vertragen. So können zum Beispiel in subtropischen Bereichen der Südhalbkugel (Südbrasilien bis Nordargentinien), in denen zahlreiche Aquarienpflanzen vorkommen, die Temperaturen während des Winters gelegentlich nachts bis zur Frostgrenze sinken. Andererseits können die Lufttemperaturen tagsüber wiederum Werte über 35 °C erreichen. Diese extremen Temperaturschwankungen an den natürlichen Standorten wirken sich allerdings keineswegs immer positiv auf das Wachstum aus. Bei Untersuchungen an Landpflanzen (LARCHER 1984) wurde festgestellt, dass sich bei Arten aus den gemäßigten Zonen im Allgemeinen Unterschiede zwischen Tages- und Nachttemperatur von 5–10 °C, bei Tropenpflanzen von etwa 3 °C optimal auf das Wachstum auswirken.

Sicher können diese Untersuchungsergebnisse auch begrenzte Rückschlüsse auf das Wuchsverhalten von tropischen und subtropischen Wasser- und Sumpfpflanzen zulassen, vergleichende Untersuchungen an einzelnen Arten sind mir allerdings nicht bekannt. Ein regelmäßiger Temperaturunterschied zwischen Tag und Nacht entspricht aber einem natürlichen Rhythmus. Es ist allerdings deutlich zu unterscheiden zwischen den Arten, die kleine und stehende Gewässer besiedeln und dementsprechend in Abhängigkeit vom geografischen Vorkommen größeren täglichen Temperaturschwankungen ausgesetzt sind, und jenen, die in ausgedehnten, stehenden oder fließenden Gewässern vorkommen. Bei den letztgenannten Lebensräumen sind in den Tropen die täglichen Temperaturunterschiede nur gering, dagegen können die Temperaturen solcher Gewässer außerhalb der Äquatorialzone im Laufe der Jahreszeiten ebenfalls erheblichen Schwankungen unterliegen.

Einige Aquarienpflanzen, die an den natürlichen Standorten dem periodischen Wechsel von Regen- und Trockenzeiten unterliegen, gelten in der wissenschaftlichen Literatur als einjährig. Bei diesen einjährigen oder annuellen Pflanzen ist die Lebensdauer im Gegensatz zu den ausdauernden oder perennierenden Arten zeitlich begrenzt. In den meisten Fällen wird den als einjährig eingestuften Pflanzen diese kurze Lebensdauer aber nur durch ungünstige Umweltbedingungen (Sommer und Winter, Regen- und Trockenzeit) an den natürlichen Standorten aufgezwungen. Wie sich bei der Kultur häufig herausstellt, ist die Einjährigkeit selten erblich vorprogrammiert.

Von den zahlreichen Aquarienpflanzen sind nur sehr wenige tatsächlich einjährig bzw. kurzlebig: Zu diesen gehören *Heteranthera gardneri*, Rassen von *Echinodorus major*, die in der emersen Kultur nach der Blütenbildung absterben, sowie einzelne wenig bekannte und gepflegte *Eriocaulon*-Arten. Einige andere Aquarienpflanzen, u. a. *Barclaya longifolia* und *Aponogeton*-Arten, weisen aber einen regelmäßigen Wechsel zwischen Ruhe- und Vegetationsperioden auf.

Anpassungserscheinungen bei Wasser- und Sumpfpflanzen

Charakteristisch für viele tropische und subtropische Sumpfpflanzen, die in Temporärgewässern oder in Überschwemmungsgebieten stehender und fließender Gewässer leben, sind ihre besonderen Anpassungserscheinungen an den periodischen Wechsel von regenreichen und regenarmen Jahreszeiten. Die Pflanzen wachsen während der Trockenzeit mehr oder weniger nahe am Rande der Gewässer vollständig emers oder stehen nur wenige Zentimeter tief im Wasser. Bei einem Austrocknen des Gewässers kann es nach einiger Zeit auch zu ihrem völligen Absterben kommen. Zur Hochwasserzeit führen sie dagegen eine

Die schwammig verdickten Tauchblätter erhöhen die Schwimmfähigkeit bei *Salvinia oblongifolia*

Anpassung an starke Wellenbewegung: Nervatur und aufgerichteter Blattrand bewirken bei den Blättern von *Victoria amazonica* eine so hohe Stabilität, dass sogar ein Kind darauf sitzen kann

teilweise oder auch ganz untergetauchte Lebensweise. Die Pflanzen solcher Standorte sind also in der Lage, sich im jahreszeitlichen Verlauf an eine emerse und submerse Lebensweise anzupassen. Sie weisen einen wechselnden Lebenszyklus auf und müssen innerhalb einer Periode, d. h. vom Beginn der Regenzeit bis zum eventuellen völligen Absterben am Ende der Trockenzeit, geblüht und gefruchtet haben, um ihren Fortbestand zu sichern.

Bei Einsetzen der Regenzeit bilden viele Wasser- und Sumpfpflanzen zunächst charakteristische Jugendformen. Aus den während der Trockenzeit im Bodengrund verbliebenen Vegetationsorganen (Rhizom, Knolle, Zwiebel) wachsen häufig zunächst einige meist hinfällige Jugendblätter, die oftmals schmal, bandförmig, weich und transparent sind. Auch bei der Entstehung von Pflanzen durch Samen erfolgen nach der Bildung von ein oder zwei Keimblättern gewöhnlich ebenfalls diese typischen Jugendblätter.

Erst mit zunehmendem Alter und Wachstum der Pflanzen entwickeln sich die für jede Art charakteristischen Unterwasser- und Schwimmblätter. Diese weisen durch ihren anatomischen Bau, der gekennzeichnet ist durch mehr oder weniger fehlende Spaltöffnungen, dünne Epidermisaußenwände sowie weite Luftkanäle, eine besondere Anpassung an das Medium Wasser auf. Dadurch sind die Wasserblätter in der Lage, Sauerstoff, Kohlendioxid und Nährstoffe unmittelbar aus dem Wasser aufzunehmen. In trockener Luft welken die Blätter aufgrund des geringen Festigungsgewebes und Transpirationsschutzes schnell und vertrocknen.

Beginnt der Wasserstand wieder langsam zu sinken, gehen die amphibisch wachsenden Pflanzen in ihr emerses Stadium über, d. h., sie bilden keine submersen Blätter mehr aus, sondern schieben verstärkt Luftblätter über die Wasseroberfläche und wachsen dann auf ihre volle Größe heran. Diese Überwasserblätter weisen bei vielen Arten eine völlig andere Gestalt auf als submers (Heterophyllie = Verschiedenblättrigkeit). Während die Unterwasserblätter häufig zart, dünn, transparent und bandförmig oder zerschlitzt sind, um hierdurch eine vergrößerte Oberfläche zu erreichen, bilden ganzrandige, harte, ledrige und häufig behaarte Blattspreiten charakteristische Merkmale der Luftblätter.

Die Ausbildung verschieden gestalteter Blätter in unterschiedlichen Medien lässt sich besonders gut bei *Hygrophila difformis* sowie verschiedenen *Limnophila*- und *Myriophyllum*-Arten beobachten. Bei zur Trockenzeit weiter sinkendem Wasserstand setzt dann die Blüten- und Fruchtbildung ein. Beginnen die Standorte auszutrocknen, entwickeln die Pflanzen einen immer gedrungeneren Habitus, bis das Laub in Abhängigkeit von der sich verringernden Feuchtigkeit des Bodengrundes häufig ganz vertrocknet. Während bei manchen Arten nur noch das Überdauerungsorgan im trockenen Bodengrund zurückbleibt, sterben andere Arten ganz ab, und nur ihre Samen verweilen in einem Ruhezustand, bis die nächste Regenzeit einsetzt und sie durch günstige Umweltbedingungen zum Keimen angeregt werden.

Bei vielen echten Wasserpflanzen bilden sich bei Erreichen der Wasseroberfläche Schwimmblätter aus, die dem

Wasser flach aufliegen und in ihrem anatomischen Bau ebenfalls charakteristische Anpassungsstrukturen an das Wasser aufweisen. Sie sind besonders reich an Interzellularen, die eine Photosynthese fördern. Zugleich weisen die Schwimmblätter mancher Arten, zum Beispiel bei den Seerosen, zahlreiche Hydropoten („Wassertrinker", drüsenartige Zellen der Epidermis) an der Blattunterseite auf, mit deren Hilfe sie Wasser und Mineralnährstoffe aufnehmen können. Derartige Hydropoten sind auch an den Blättern vieler Wasserpflanzen zu finden.

Einige Wasserpflanzen, wie *Nymphaea*- und *Nuphar*-Arten, sind in der Lage, mit ihren Wurzeln und Rhizomen in schlecht durchlüfteten, sauerstoffarmen Böden zu wachsen. Als morphologische Anpassung an dieses Milieu haben sie ein großlumiges Hohlraumsystem ausgebildet, durch das den im Bodengrund lebenden Pflanzenteilen von den Schwimmblättern Sauerstoff zugeführt werden kann. Diese Hohlräume sind so groß, dass es beispielsweise möglich ist, Luft durch den Blattstiel einer Seerose zu blasen.

Auf besonders dichten Böden sind gelegentlich bei Pflanzen tropischer Gewässer auch oberirdisch wachsende Wurzeln, sprossbürtige Wurzeln (Adventivwurzeln am Spross) und als extreme Spezialisierung an diese Umwelt Atemwurzeln zu beobachten. Gut bekannt ist bei einigen *Ludwigia*-Arten die Bildung solcher Atemwurzeln, die im Allgemeinen in sehr sauerstoffarmem Milieu entstehen und sich von den normalen Wurzeln dadurch unterscheiden, dass sie ein weißes, schwammig verdicktes Gewebe mit großen Interzellularräumen (Aerenchym) aufweisen, das zur Durchlüftung und Luftspeicherung dient. Diese Atemwurzeln wachsen senkrecht in die Luft, nehmen vermutlich Sauerstoff aus der Atmosphäre auf und leiten ihn durch das Durchlüftungsgewebe den submersen Sprossen zu.

Auch Schwimmpflanzen weisen morphologische und anatomische Anpassungserscheinungen auf. So sind beispielsweise bei den *Salvinia*-Arten die beiden Schwimmblätter mit zahlreichen Interzellularräumen ausgestattet, während das in das Wasser hängende Tauchblatt in viele, fadenförmig behaarte Zipfel geteilt ist und die Funktion der fehlenden Wurzeln übernimmt. Auffällig sind die bei *Ceratopteris pteridoides* (Hornfarn), *Eichhornia crassipes* (Wasserhyazinthe) und *Trapa natans* (Wassernuss) schwammig verdickten Blattstiele, die ein reiches Durchlüftungsgewebe aufweisen und hierdurch den Pflanzen auch ermöglichen, an der Wasseroberfläche zu schwimmen. Bei *Limnobium* (Amerikanischer Froschbiss) ist die Blattunterseite auffällig schwammig verdickt, was ebenfalls die Schwimmfähigkeit der Pflanze erhöht.

Besonders erwähnenswert ist der bei Schwimmpflanzen sehr vielfältig ausgeprägte Benetzungsschutz. Dieser hat die Funktion, die über der Wasseroberfläche befindlichen transpirierenden Blattoberseiten bei Regen und Tau trocken zu halten. Gut bekannt ist die Unbenetzbarkeit des Lotosblumenblattes (*Nelumbo nucifera*), das mit zahlreichen Papillen übersät ist. Aber auch bei *Salvinia*-Arten werden die Schwimmblätter durch in Reihen stehende Papillen, auf denen sich wiederum Haare befinden, wirkungsvoll vor Nässe geschützt. Zugleich ermöglicht die bootförmige Gestalt dieser Schwimmblätter ein schnelles Abfließen des Regenwassers. Bei anderen Schwimmpflanzen (z. B. *Pistia stratiotes*) wird ein Benetzungsschutz durch eine starke Behaarung erreicht. Bemerkenswert ist auch die Aufwölbung von Schwimmblättern bei manchen Wasserpflanzen (z. B. *Phyllanthus fluitans*), die ebenfalls dem Zweck dient, Regenwasser schnell von der Oberfläche abfließen zu lassen.

Auch das Vorkommen von bandförmigen und besonders glatten, gewellten oder bullösen Blättern, zum Beispiel bei einigen *Aponogeton*-, *Cryptocoryne*- und *Vallisneria*-Arten, sind auffällige Merkmale mancher Wasserpflanzen. Derartige Blattformen und -strukturen lassen sich sowohl als Anpassungs- als auch als Schutzmaßnahme erklären, da die Blätter infolge ihrer besonderen Form oder Oberflächenstruktur einer starken Wasserströmung möglichst wenig Widerstand entgegensetzen. Schmale oder bandförmige Blätter werden besonders von solchen Arten ausgebildet, die in Fließgewässern leben. Sie sind auch charakteristisch für Rheophyten. Dabei handelt es sich um Pflanzen, die zwischen der Niedrig- und Hochwasserzone vorkommen und häufig kurzzeitig überflutet werden. Ihre Blätter sind fest, ledrig oder derb und haben mindestens ein Verhältnis von Länge zu Breite von 4 : 1.

Bei einigen Wasserpflanzen des Malawi- und Tanganjikasees lassen sich weitere Anpassungserscheinungen an die Umwelt beobachten. Den Aquarianern sind die beiden ostafrikanischen Grabenseen aufgrund ihrer formenreichen Fischfauna gut bekannt. In dem Übergangsbereich von der Geröll- zur Sandzone, in der Röhrichtzone sowie im Sandlitoral leben einige Wasserpflanzen, die sich dort mit Hilfe spezieller Anpassungsformen an die besonderen Lebensbedingungen in diesen Gewässern eine Lebensgrundlage geschaffen haben. So weist *Vallisneria spiralis* auffällig kurze und sehr harte Blätter auf, wodurch die Pflanzen der Wellenbewegung einen größeren Widerstand entgegensetzen können. Auch *Ceratophyllum demersum* (Gemeines Hornblatt) und *Myriophyllum spicatum* (Ähriges Tausendblatt) haben in diesen Seen durch kurze Internodien sowie sehr harte Blatt- und Stängelstrukturen ein von Populationen anderer Habitate völlig abweichendes Aussehen, was sich ebenfalls als Anpassungs- und Schutzein-

***Ceratopteris pteridoides* bildet schwammig verdickte Blattstiele aus, die die Schwimmfähigkeit der Pflanze erhöhen (fotografiert am Rio Yanayacu, Peru)**

richtung gegenüber der starken Wellenbewegung deuten lässt. Bei *C. demersum* sind die Sprosse zudem von derart kompaktem Wuchs, dass sie nicht frei im Wasser schwimmen, wie dies von anderen Populationen bekannt ist, sondern aufgrund ihrer größeren Dichte auf den Bodengrund sinken, wo sie einer geringeren Wellenbewegung ausgesetzt sind als an der Wasseroberfläche.

Eine optimale Anpassungs- und Schutzeinrichtung an den natürlichen Lebensraum hat auch die Riesenseerose, *Victoria amazonica*, ausgebildet. Die Pflanze entwickelt imposante, bis 2,5 m im Durchmesser große Schwimmblätter, an deren Oberfläche sich die für die Atmung und Assimilation erforderlichen Spaltöffnungen befinden. Diese Schwimmblätter weisen eine stark gerippte Blattnervatur sowie einen bis 10 cm hohen, aufgerichteten Blattrand auf, wodurch der Wellenbewegung des Wassers ein großer Widerstand entgegengesetzt wird und infolgedessen die Blätter nicht zerstört werden.

Weitere Anpassungserscheinungen an das Leben im Wasser stellen die Tierfallen bei *Aldrovanda vesiculosa* und die Fangblasen bei *Utricularia*-Arten dar, mit denen die Pflanzen kleine Tiere fangen, verdauen und als zusätzliche organische Stickstoffquelle ausnutzen. Die Ausbildung von Hibernakeln (Winterknospen, Turionen) bei zahlreichen Wasserpflanzen ist als Anpassung an ungünstige Vegetationsperioden zu sehen. Viele einheimische Wasserpflanzen entwickeln solche Hibernakeln, die im Herbst auf den Gewässergrund sinken, wo sie die kalte Jahreszeit überdauern. Im folgenden Frühjahr steigen sie wieder an die Wasseroberfläche empor und bilden neue Sprosse.

Interessant ist in diesem Zusammenhang auch das Verhalten einiger Wasserlinsengewächse (Araceae, Unterfamilie Lemnoideae). Sie entwickeln im Spätsommer veränderte, kleinere Glieder mit stark zurückgebildeten Interzellularen und mehr Stärke, wodurch sich ihr spezifisches Gewicht erhöht. Infolgedessen verlieren die Pflanzen ihre Schwimmfähigkeit und sinken zu Boden. Im Frühjahr beginnen die Glieder wieder zu wachsen und steigen erneut an die Wasseroberfläche.

Außer den hier genannten charakteristischen Anpassungsformen an das Leben im Wasser sind ferner die vielfältigen Bestäubungsmechanismen bei Wasserpflanzen zu erwähnen (siehe auch Seite 75–77), auf die an dieser Stelle nicht weiter eingegangen wird.

Beschreibung ausgewählter natürlicher Standorte

Biotop Nr. 1: Rio Guaporé (Brasilien)

Der Rio Guaporé entspringt im Bundesstaat Mato Grosso (Brasilien) nahe der Grenze zu Bolivien. Nur entlang des Flusses gibt es noch Primärurwald. Ausgangsort der Exkursion im August 1987 war die am Oberlauf des Guaporé gelegene kleine Ortschaft Vila Bela (etwa 60° W, 15° S). Dort weist der Rio Guaporé mit seinen Überschwemmungsgebieten und Nebenflüssen eine große Artenfülle und dichte Pflanzenbestände auf.

Ökologische Daten des oberen Guaporé

Der Guaporé ist im Oberlauf ein Klarwasserfluss. In diesem Gebiet erstreckt sich die Regenzeit über den Zeitraum von Mitte September bis Ende April. Dementsprechend fällt die Hochwasserzeit in unser Winterhalbjahr, die Zeit des Niedrigwassers in unser Sommerhalbjahr. Die höchsten Temperaturen werden während der Regenzeit erreicht. Für die rund 250 km entfernte Stadt S. Luiz de Caceres beträgt das mittlere tägliche Maximum des wärmsten Monats (März) 32,8 °C und das mittlere tägliche Minimum des kältesten Monats (Juli) nur 14,6 °C (absolutes Minimum 3,8 °C). Aus diesen Angaben erklärt sich die im August gemessene erstaunlich niedrige Wassertemperatur des Rio Guaporé von 20 °C. Der Wasseranalyse (Tabelle auf S. 596, Biotop Nr. 1) lässt sich entnehmen, dass der Guaporé ein sehr weiches, nährstoffarmes (oligotrophes) Gewässer darstellt, in dem aber Wasserpflanzen dennoch ein zum Wachstum ausreichendes Nährstoffangebot vorfinden.

An vielen Stellen des Flussbettes ist der Bodengrund ausgewaschen und besteht aus feinem, weißem Sand. Die emersen Pflanzen des Flussufers und der Überschwemmungszonen wachsen dagegen vorwiegend auf schlammig-lehmigem Untergrund. Dichte Pflanzenbestände sind vornehmlich an lichten und seichten Stellen des Flussufers zu finden, wo zugleich eine intensive Sonneneinstrahlung möglich ist.

Zurzeit des Niedrigwassers sinkt der Wasserstand am Rio Guaporé während der Trockenzeit um maximal 1,5 m. Die am Rande des Gewässers wachsenden Pflanzenarten, beispielsweise die großwüchsigen *Echinodorus*-Arten *E. paniculatus* und *E.* cf. *subalatus*, stehen während der Trockenzeit emers oder nur wenige Zentimeter tief im Wasser. Zur Hochwasserzeit wachsen diese Arten dagegen vorübergehend im 1 m bis maximal 1,5 m tiefen Wasser und sind zum Teil in der Lage, sich dem erhöhten Wasserstand und der damit verbundenen Lichtreduzierung anzupassen, indem sie längere Blattstiele entwickeln. Es ist anzunehmen, dass die mehrere Meter vom Flussufer entfernt wachsenden Pflanzen, beispielsweise die kleineren Arten *Helanthium tenellum, H. bolivianum* und *E. grisebachii*, während der Hochwasserzeit in relativ flachem Wasser zu finden sind, wo sie submerse Blätter ausbilden. Diese lichtbedürftigen, kleinbleibenden Schwertpflanzen wachsen in der Natur an solchen Standorten, wo sie auch während der Hochwasserzeit noch genügend Licht für ein ausreichendes Wachstum erhalten, d. h. im Bereich, der bei maximalem Wasserstand gerade noch vom Fluss erreicht wird. Diese kleinen bis mittelgroßen Arten besetzen somit eine andere ökologische Nische als beispielsweise die größeren *Echinodorus*-Arten.

Pflanzengesellschaften und Artenvielfalt

Die Artenfülle an Wasser- und Sumpfpflanzen ist in der Umgebung dieses Flusses außerordentlich hoch. Neben fünf *Echinodorus*- und *Helanthium*-Arten, von denen drei zu den kleinen und mittelgroßen Arten und zwei zu den großen Arten zu zählen sind, wurden noch weitere 15 Arten aus anderen Pflanzengattungen gefunden, von denen elf

Rechte Seite, oben: Schematische Darstellung der Verteilung von Pflanzengesellschaften auf unterschiedliche Lebensräume im Guaporé bei Niedrigwasser (ohne Sumpfzone)
Stellvertretend für die einzelnen Lebensräume und ihre jeweiligen Pflanzengesellschaften wurden folgende Arten ausgewählt: *Helanthium tenellum* (1), *E. grisebachii* (2) und *E. paniculatus* charakterisieren die Uferzone, *Eichhornia azurea* (4) den *Eichhornia*-Gürtel, *Limnophila indica* (5) die amphibisch wachsenden Arten, *Cabomba furcata* (6) und *Ottelia brasiliensis* die submersen, an der Wasseroberfläche blühenden Pflanzen, *Eichhornia diversifolia* (8) den Schwimmpflanzengürtel, *Egeria najas* (9) die submersen, im Wasser frei schwebenden Pflanzen der Freiwasserzone und *Salvinia auriculata* (10) die Schwimmpflanzenzone.

Rechte Seite, unten: Grafische, vereinfachte Darstellung der Lebensräume von Wasser- und Sumpfpflanzen im Guaporé bei Niedrigwasser (ohne Arten der Sumpfzone)
In Bezug auf die obere Abbildung stellen die durchgezogenen Linien den jeweils wichtigsten Bereich des Vorkommens dar, das vom Wasserstand des Flusses bzw. vom Feuchtigkeitgehalt des Bodengrundes abhängig und dementsprechend begrenzt ist. Die Pfeile weisen auf ein Vorkommen auch in benachbarten Lebensräumen hin. Die gestrichelten Linien deuten ein seltenes, begrenztes Vorkommen in dem betreffenden Lebensraum an. Die senkrechte Teilungslinie markiert die Grenze zwischen dem trockenen Bereich bei Niedrigwasser und dem ständig wasserführenden Bereich.

im Fluss und vier in nahen Überschwemmungsgebieten wuchsen.

Bei näherer Untersuchung weist der Fluss eine Anzahl unterschiedlicher Lebensräume auf, in denen bestimmte Arten bevorzugt anzutreffen sind, die sich den jeweiligen ökologischen Bedingungen in besonderem Maße angepasst haben. Im Folgenden werden diese Lebensräume kurz charakterisiert, um eine Einsicht in die Ökologie und Soziologie mehrerer für die Aquaristik interessanter Wasser- und Sumpfpflanzen zu vermitteln. Dabei soll der an vielen Stellen des Guaporé und seiner Überschwemmungsgebiete häufig mehrere Meter breite Seggengürtel außer Betracht gelassen werden.

Einen wichtigen Lebensraum stellt die Zone der **amphibisch wachsenden Arten** dar. Zu diesen zählen am Guaporé die erwähnten fünf *Echinodorus*- und *Helan*-

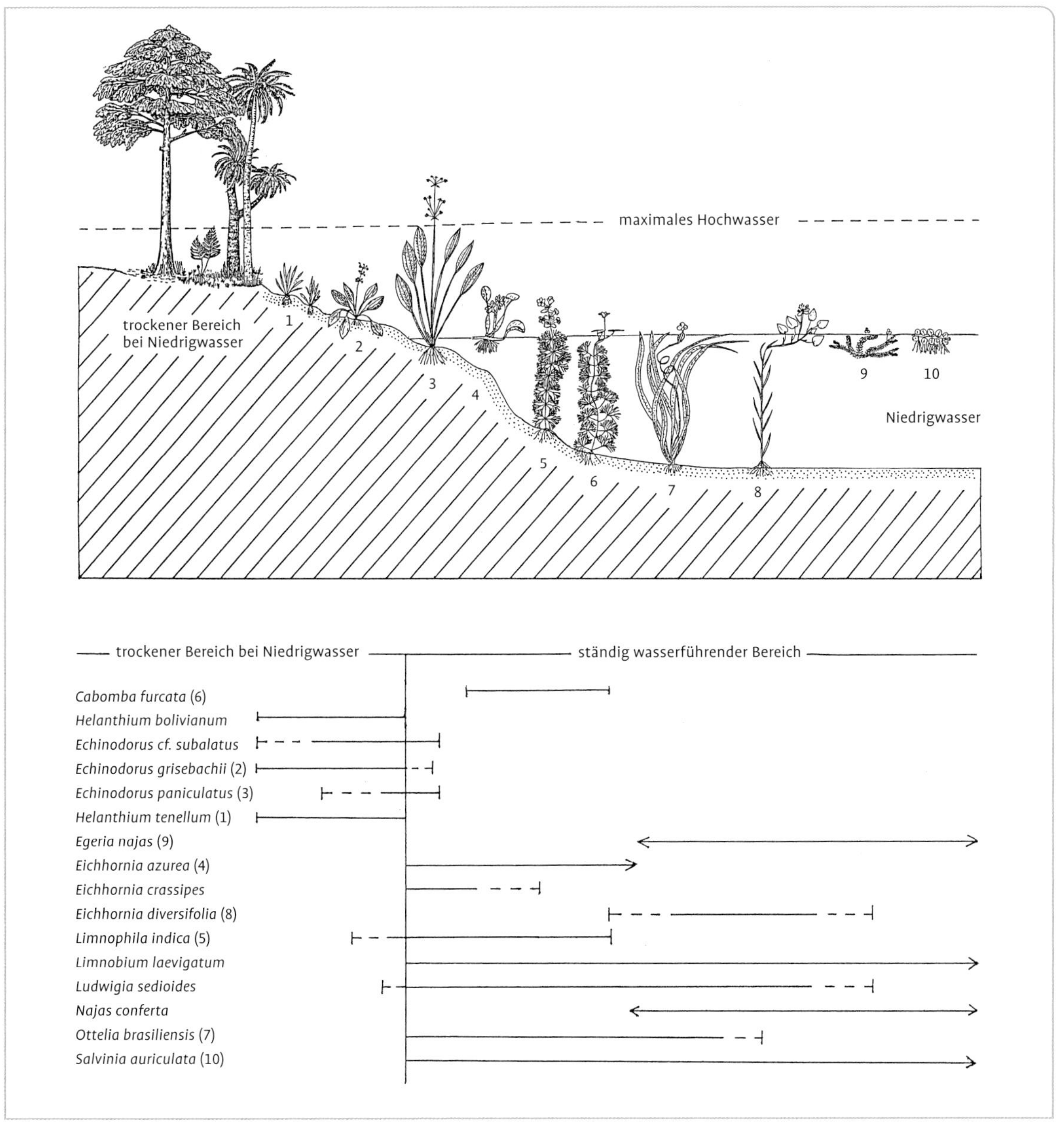

An diesem Uferabschnitt des Rio Guaporé (Brasilien) wachsen *Eichhornia azurea*, *Echinodorus paniculatus* und *E.* cf. *subalatus*

thium-Arten sowie *Limnophila indica* (eingeschleppt), die einerseits zur Zeit des Niedrigwassers in bis etwa 50 cm tiefem Wasser vorkommt, zugleich aber auch häufig emerse blühende Bestände bildet.

An diese Zone schließt sich eine Pflanzengemeinschaft an, die aus **submersen, an der Wasseroberfläche blühenden Pflanzen** gebildet wird. Zu diesen zählt *Cabomba furcata*, die häufig mit *Limnophila indica* vergesellschaftet vorkommt. *Cabomba furcata* wächst in den ruhigen, besonnten Randzonen des Flusses in Wassertiefen von mehr als 50 cm. Vor allem in Seitenarmen und ruhigen Buchten mit langsam fließendem Wasser findet man größere Bestände. Eine häufig anzutreffende Art im Guaporé, die ebenfalls nur submers wächst und lediglich ihre Blüten an die Wasseroberfläche schickt, ist *Ottelia brasiliensis*. Zur Zeit des Niedrigwassers findet man sie sowohl in ganz flachem Wasser, zum Beispiel auf voll besonnten Sandbänken, als auch in einer Tiefe bis knapp 2 m. Es ist zu vermuten, dass diese Pflanzen während der Hochwasserzeit in über 3 m tiefem Wasser stehen. Nach meinen Beobachtungen beansprucht *Ottelia brasiliensis* eine ähnliche ökologische Nische wie *Limnophila indica* und *Cabomba furcata*, allerdings scheint *Ottelia brasiliensis* Stellen mit stark strömendem und weit tieferem Wasser zu bevorzugen, während *Limnophila* und *Cabomba* eher in ruhigeren Zonen des Flachwassers vorkommen. Das schließt jedoch nicht aus, dass beim Vorliegen entsprechender Umweltbedingungen gelegentlich alle drei Arten auch an ein und demselben Standort nebeneinander angetroffen werden können. Offensichtlich ist diesen Arten zudem gemeinsam, dass sie bevorzugt voll besonnte Standorte besiedeln.

Das Bild der Flusslandschaft am Guaporé wird ganz wesentlich durch einen ***Eichhornia*-Gürtel** geprägt, der sich aus *Eichhornia azurea* und *E. crassipes* zusammensetzt und sich an den Uferzonen des Gewässers entlangzieht. Die vorherrschenden ökologischen Bedingungen scheinen allerdings für *E. crassipes* nicht optimal zu sein, denn die Pflanzen sind für tropische Verhältnisse ungewöhnlich schmächtig und kommen zudem nur in kleinen Ansammlungen vor. Dagegen weisen die Exemplare von *Eichhornia azurea* einen erstaunlich kräftigen Habitus auf. Die meterlangen, ineinander verschlungenen Sprosse sind am Ufer verankert und ragen von dort in den Fluss hinein. In strömungsstarken Zonen sind die Bestände kleiner als in ruhigen Randzonen des Gewässers. Der *Eichhornia*-Gürtel grenzt häufig an den Gürtel der Schwimmblattpflanzen oder den Bereich der Schwimmpflanzen (Foto S. 9).

Der **Schwimmblattpflanzen-Gürtel** im Guaporé findet sich in erster Linie in den zahlreichen flachen und ruhigen Randgewässern sowie in den strömungsarmen Uferbuchten. Neben den echten Schwimmblattpflanzen kann er allerdings auch von reinen Wasserpflanzen durchsetzt sein, zum Beispiel von *Egeria najas* und *Najas conferta*. Im Schwimmblattpflanzen-Gürtel des Guaporé finden sich die Arten *Eichhornia diversifolia* und *Ludwigia sedoides*, die diesen Lebensraum während des brasilianischen Winters durch ihre Schwimmblattsprosse mit ihren zahlreichen Blüten prägen. Im Unterschied zu *Eichhornia diversifolia* besiedelt *Ludwigia sedoides* sowohl die Freiwasserzone als auch strömungsarme Bereiche des Ufers. Sie ist in der Lage, auch emerse Blätter zu entwickeln.

Die **Freiwasserzone** mit submersen, im Wasser frei schwebenden Pflanzen wird im Wesentlichen durch *Egeria najas* und *Najas conferta* geprägt. Während die strömungsreichen Stellen in der Mitte des Guaporé frei von jeglichem Pflanzenwuchs sind, findet man dagegen in ruhigen Seitenarmen oder strömungsarmen Buchtungen mit dem Charakter von Stillgewässern häufig massenhafte Ansammlungen dieser beiden Arten. Die zarten Sprosse von *Egeria najas* und *Najas conferta* schwimmen an vollsonnigen Standorten in dichten Beständen unterhalb der Wasseroberfläche.

Im eigentlichen Flussbett des Guaporé fand ich – von den *Eichhornia*-Beständen am Flussufer einmal abgesehen – nur die beiden **Schwimmpflanzenarten** *Limnobium laevigatum* und *Salvinia auriculata*. Beide Schwimmpflanzen sind im Guaporé selten und dann nur vereinzelt anzutreffen, sodass die ökologischen Bedingungen für beide Arten offenbar nicht optimal sind.

Pflanzen der Sumpfzone

Obwohl Sumpfgebiete zumindest zeitweilig mit dem Guaporé in direktem Wasseraustausch stehen, bilden sie dennoch einen besonderen eigenständigen Lebensraum, da sie im Gegensatz zum Fluss kein fließendes, sondern stehendes Wasser enthalten. Während zum Beispiel *Echinodorus paniculatus* und *Ludwigia sedoides* auch in der Sumpfzone anzutreffen sind, fehlen dagegen ausgesprochen strömungsliebende Arten, wie zum Beispiel *Ottelia brasiliensis* oder *Cabomba furcata*, in der Sumpfzone völlig. Stattdessen sind dort einige andere Wasserpflanzen zu finden, die offenbar stehendes Wasser bevorzugen und demzufolge das Flussbett meiden. Zu diesen zählen *Hydrocleys nymphoides* sowie *Utricularia breviscapa* und *U. hydrocarpa*. Die genannten Arten sind an sumpfigen Standorten auf engstem Raum miteinander vergesellschaftet. Der Bodengrund an einem derartigen Fundort ist schlammig und durch umgebende Bäume beschattet.

Biotop Nr. 2: Überschwemmungsgebiet des Rio Sipao (Venezuela)

Der Rio Sipao ist ein rechtsseitiger Nebenfluss des mittleren Orinoko in Venezuela. Untersucht wurde ein großes Überschwemmungsgebiet dieses Flusses, das sich wenige Kilometer von der Stadt Maripa entfernt in Richtung Caicara befindet. In seinen mittleren Bereichen war das Gewässer schnellfließend und lehmigtrüb, an vielen Stellen bildeten sich jedoch kleine ruhige Buchten, in denen dichte Bestände von *Eichhornia diversifolia*, *Bacopa* sp. und *Tonina fluviatilis* bis ins knietiefe Wasser wuchsen (Wasseranalyse S. 596). Die besiedelten Plätze lagen gewöhnlich in der Sonne oder wurden durch Bäume wenig beschattet. Der Bodengrund war sandig, zumeist aber mit einer hohen Schicht von abgestorbenem pflanzlichen Materials bedeckt. Die Fischfauna bestand aus Cichliden (*Apistogramma*, *Aequidens*, *Mikrogeophagus*) und Salmlern (*Aphyocharax*, *Pyrrhulina*).

Biotop Nr. 3: Sumpfgebiet im Flusssystem des Rio Aro (Venezuela)

Dieser Biotop ist in Venezuela etwa 80 km von der Stadt Bolivar entfernt an der Straße nach Maripa gelegen. Es handelt sich um ein Sumpfgebiet im Flusssystem des Rio Aro, einem rechtsseitigen Nebenfluss des mittleren Orinoko. Im stehenden, etwa 30–50 cm tiefen Wasser wuchsen dichte Bestände vieler Wasser- und Sumpfpflanzen, u. a. *Cabomba furcata*, *Ludwigia inclinata* var. *verticillata*, *Bacopa reflexa* und *Sagittaria* sp. Der Bodengrund bestand aus braunem Lehm. Das Sumpfgebiet war von Palmen umgeben, sodass die Pflanzen teils halbschattig, teils vollsonnig standen. Als einzige Fische wurden kleine Salmler (*Copella*) gefangen. Das Wasser dieses Standortes war sauer, weich und zeigte als Besonderheit Anzeichen einer beginnenden Überdüngung (Ammonium, Phosphat, sehr viel Kohlendioxid), die vermutlich durch Kühe verursacht wurde, die auf den umgebenden Wiesen weideten (Wasseranalyse S. 596).

Biotop Nr. 4: See im Einzug des Rio Paraná (Argentinien)

Zwischen den Orten Resistencia und Ramada Paso (Argentinien), etwa 30 km vor der letzteren Stadt, liegt im Einzug des Rio Paraná ein großer See, in den ein kleiner Bach entwässert. Im Juli 1993 bildete dieser einen verlandenden, etwa 1 m breiten, knietiefen Graben mit sehr langsam fließendem, bräunlich gefärbtem, klarem Wasser. Sowohl der Rand des Sees als auch dieser kleine Graben waren dicht verkrautet mit *Limnobium laevigatum*, *Hydrocotyle ranunculoides*, *Myriophyllum aquaticum* und blühenden Pflanzen von *Cabomba caroliniana* var. *flavida*. Die oberste Schicht des Bodengrundes war schlammig, darunter befand sich Sand. Der größte Teil der Pflanzen wuchs an sonnigen Plätzen, durch vereinzelt stehende Bäume waren nur manche Stellen leicht beschattet. Auffällig an den Messergebnissen (Wasseranalyse S. 596), die zur kalten Jahreszeit ermittelt wurden, ist die niedrige Temperatur des sehr weichen und relativ sauerstoffreichen Wassers. Die dortige Fischfauna setzte sich aus Cichliden (*Cichlasoma*, *Crenicichla*, *Apistogramma*), Welsen (*Corydoras*, *Hoplosternum*) und Salmlern (u. a. *Copella*) zusammen.

Biotop Nr. 5: Fluss im Einzug des Rio Uruguay (Argentinien)

Untersucht wurden Pflanzenbestände in einem kleineren Fluss, der sich etwa 30 km hinter der Stadt Santo Tomé in Richtung La Cruz (Argentinien) befindet. Dieses Gewässer sowie das angrenzende Überschwemmungsgebiet zeichneten sich durch dichte Bestände von Wasser- und Sumpfpflanzen sowie eine ungewöhnlich große Artenvielfalt auf kleinem Raum aus. Im schnell strömenden Wasser (Analyse S. 596) wuchsen u. a. *Eichhornia azurea* und *Hygrophila costata* in etwa 1–2 m Wassertiefe, *Nymphoides indica* auch in etwa 3 m tiefem Wasser. Am Rande des Flusses in etwas geringerer Strömung waren *Egeria najas*, *Myriophyllum aquaticum*, *Hedyotis salzmannii*, *Eleocharis* sp. und blühende Pflanzen von *Cabomba caroliniana* var. *caroliniana* in maximal 1 m tiefem Wasser zu finden. An der Wasseroberfläche wuchsen emerse Sprosse von *Myriophyllum aquaticum*, *Hygrophila costata* und *Ludwigia*. Der Bodengrund war am Rande des Flusses lehmig. Alle Pflanzen waren an den untersuchten Stellen dem intensiven Sonnenlicht ausgesetzt, weil der Biotop nicht durch umgebende Ufervegetation beschattet war. Unter anderem wurden dort Zwergbuntbarsche (*Apistogramma*) und Salmler (u. a. *Hyphessobrycon*, *Copella*) nachgewiesen.

Biotop Nr. 6: Rio Yanayacu (Peru)

Der Rio Yanayacu ist ein rechtsseitiger Nebenfluss des Ucayali. Der Biotop, an dem im Juli 1990 die Wasserprobe entnommen wurde, besteht aus einer ruhigen Bucht. Am Ufer gab es in langsam strömendem Wasser eine dichte Schwimmpflanzendecke aus *Ceratopteris pteridoides* (Foto S. 25), *Ceratophyllum demersum*, *C. submersum*, *Azolla cristata*, *Eichhornia crassipes*, *Limnobium laevigatum*, *Ludwigia helminthorrhiza*, *Phyllanthus fluitans*, *Pistia stratiotes*,

Der Rio Uruguay in Argentinien

Ricciocarpos natans, *Salvinia auriculata* und *Utricularia foliosa*. Aufgrund des zu kleinen Probenvolumens war es nicht möglich, den Phosphatgehalt zu bestimmen; aus dem gleichen Grund fehlen auch Angaben zu Eisen- und Mangankonzentrationen. Bemerkenswert ist der extrem niedrige Gehalt an Schwermetallen (Wasseranalyse S. 596). Die dortige Fischfauna bestand u. a. aus Cichliden (*Apistogramma*, *Crenicara*, *Pterophyllum*) und verschiedenen Salmlern.

Biotop Nr. 7: Die ostafrikanischen Grabenseen: Malawi- und Tanganjikasee

Die beiden ostafrikanischen Seen Malawi- und Tanganjikasee bilden mit ihren zahlreichen, farbenprächtigen Buntbarschen ein Fischparadies für Aquarianer. Die folgende Beschreibung verschiedener Biotope und die Aufzählung der von mir in beiden Seen gesammelten Wasserpflanzen zeigen, dass – entgegen der gängigen Meinung – auch dort Pflanzenbestände gar nicht selten sind. Allerdings ist die Artenzahl trotz der Größe der Seen gering.

Ökologische Daten des Tanganjika- und des Malawisees

Der Tanganjika- und der Malawisee liegen im ostafrikanischen Grabenbruch. Ihre Uferzonen sind charakterisiert durch gewaltige Steilküsten sowie Felsen- bzw. Geröll-, Röhricht- und Sandzonen. Im Laufe der Evolution sind in diesen ökologisch verschiedenen Gebieten unterschiedliche Lebensgemeinschaften entstanden. Die interessantesten Biotope für Liebhaber von Malawi- und Tanganjikabuntbarschen befinden sich im Felsen- und Geröll-Litoral. Da dort der Bodengrund für höhere Wasserpflanzen aber ungeeignet ist und auch frei im Wasser schwimmende Pflanzen der starken Wellenbewegung, die manchmal mit der Brandung an Meeresküsten vergleichbar ist, nicht standhalten können, findet man in diesen interessanten Fischbiotopen keine Wasserpflanzen. Biotope mit Pflanzenwuchs befinden sich im Übergangsbereich von der Geröll- zur Sandzone, in der Röhrichtzone und im Sand-Litoral, d. h. überall dort, wo die Wasserbewegung weniger stark ist, zum Beispiel in ruhigen Buchten, und wo die Pflanzen einen Halt im Bodengrund finden können.

Aufgrund der besonderen ökologischen Verhältnisse, d. h. der für tropische Gewässer extremen Wasserwerte (siehe Seite 596, Biotop 7), der starken Wasser- bzw. Wellenbewegung und der großen Wassertiefe, hat in den Seen eine wirkungsvolle Selektion stattgefunden. Es haben nur Arten überlebt, die entweder hochspezialisiert oder sehr anpassungs- und widerstandsfähig sind. Die Wasserprobe aus dem Tanganjikasee hat W. Staeck bei Kalemie an der zentralen Westküste des Gewässers entnommen.

Die Sandzonen im Tanganjikasee sind charakteristische Lebensräume für Wasserpflanzen

Pflanzengesellschaften

Die einzige Schwimmpflanze in den Grabenseen ist die gut bekannte Muschelblume, *Pistia stratiotes*. Sie wächst aber offenbar nur dort, wo Buchten und Inseln vor der Wellenbewegung einen gewissen Schutz bieten. Sie findet aber auch dort keine idealen Lebensbedingungen vor und kann sich aufgrund der Brandung keineswegs so massenhaft vermehren, wie man es aus Sumpfgebieten kennt. Alle weiteren Wasserpflanzen in Tanganjika- und Malawisee wachsen ausschließlich submers und sind entweder im Bodengrund verwurzelt oder schweben frei über dem Gewässergrund.

Sowohl im Tanganjika- als auch im Malawisee findet man Bestände von *Vallisneria spiralis* (früher var. *denseserrulata*) am häufigsten. Lebensräume der Vallisnerien sind die Sandzone sowie der Übergangsbereich zur Geröll- bzw. Felsenzone. Die Pflanzen wachsen in einer Wassertiefe von 0,5–4 m (selten auch bis 6 m) und sind fest im Sandboden verwurzelt. Man findet sie sowohl geschützt zwischen Steinen wachsend, als auch in offenen Sandbuchten, deren Strände nach einem Sturm häufig mit großen Mengen abgerissener Vallisnerien-Blätter übersät sind. Diese Pflanzen haben im Vergleich zu den Exemplaren von *Vallisneria spiralis*, die im Aquarium kultiviert werden, sehr harte Blätter, was vermutlich auf den extremen Wasserchemismus beider Seen zurückzuführen ist. Ich fand Pflanzen von sehr gedrungenem Wuchs mit zum Bodengrund gebogenen Blättern (etwa 5 cm hoch) und solche mit einer Höhe von bis zu 40 cm, wobei die Blattlänge vermutlich mit der Stärke der Wasserbewegung in Zusammenhang steht: Kleine, gedrungene Exemplare wuchsen meistens an ungeschützten, offenen Standorten,

Viele *Eriocaulon*-Arten, hier eine Art im Habitat in Malawi, sind reine Wasserpflanzen, deren Kultur im Aquarium bisher noch nicht gelang

während Pflanzen mit längeren Blättern gewöhnlich vor oder zwischen Steinen, also an mehr geschützten Stellen vorkamen. Auffällig ist die harte Blattstruktur, die auf die extremen Wasserwerte zurückzuführen ist (Wasseranalyse S. 596).

Mitgebrachte Exemplare entwickelten im Aquarium ebenso weiche Blätter wie die in der Aquaristik bekannten Pflanzen, was verdeutlicht, dass *V. spiralis* auf unterschiedliche Umweltfaktoren im Habitus sehr veränderlich reagiert und dass es sich um eine sehr anpassungs- und widerstandsfähige Art handelt. Ich konnte am Cape Chaitika (Südwestküste Tanganjikasee) eine männliche Population finden. Alle anderen untersuchten Bestände in Tanganjika- (8/1986) und Malawisee (3/1988) erwiesen sich als steril.

Zwei weitere Arten, die man in Malawi- und Tanganjikasee sehr häufig antrifft, sind *Ceratophyllum demersum* (Gemeines Hornkraut) und *Myriophyllum spicatum* (Ähriges Tausendblatt). Das Hornkraut dringt von allen in den Seen verbreiteten Pflanzen in die größte Wassertiefe vor: Bis in 10 m Tiefe wachsen noch Bestände dieser Art, während das Tausendblatt nur in einer Wassertiefe bis ungefähr 3 m zu finden ist. Beide Arten stehen häufig an einem Standort in dichten Beständen zusammen, ohne dass sie sich offenbar gegenseitig im Wachstum behindern.

Besonders auffällig bei beiden Spezies waren die kurzen Internodien sowie die schon bei *Vallisneria spiralis* erwähnte harte Blattstruktur, wodurch ein völlig anderes Erscheinungsbild als bei den Kulturpflanzen entsteht. Die Sprosse von *Ceratophyllum demersum* sind am natürlichen Habitat von sehr kompaktem Wuchs. Da ihre Dichte offenbar größer ist als bei den Kulturpflanzen, treiben sie nicht frei im Wasser oder an der Oberfläche, wo sie einer starken Wellenbewegung ausgesetzt wären und bald zugrunde gingen, sondern sinken auf den Bodengrund, wo die Wasserbewegung geringer ist. Dass das ungewöhnliche Aussehen der Pflanzen eine Folge der Anpassung an die besonderen Bedingungen des Lebensraumes ist, wurde deutlich, als sich die mitgebrachten Sprosse nach kurzer Zeit wie die bekannten Kulturpflanzen verhielten und im Aquarium an der Wasseroberfläche schwammen.

Zu den im Malawi- und Tanganjikasee häufig auftretenden Pflanzen gehören auch *Potamogeton pectinatus* und *Potamogeton schweinfurthii*. Beide leben dort vielfach miteinander vergesellschaftet, oder sie bilden häufig auch mit den schon genannten Arten regelrechte Unterwasserwiesen. Die Laichkräuter besiedeln offenbar annähernd dieselbe ökologische Nische. Bevorzugte Lebensräume sind geschützte Sandbuchten oder der Übergangsbereich von der Geröll- zur Sandzone. An der offenen Küste scheinen die Pflanzen dagegen aufgrund ihrer geringen Widerstandskraft gegenüber der starken Brandung völlig zu fehlen. Beide Arten leben in einer Wassertiefe von etwa 0,5–4 m. Die Blätter von *P. pectinatus* sind nur ein Millimeter breit und sehr hart, offenbar wiederum eine Anpassung an die starke Wasserbewegung. *Potamogeton schweinfurthii* ist mit bis zu 3,5 m langen Stängeln die größte Pflanze in den Seen. Auch bei dieser Art sind die harten und derben Blattspreiten bemerkenswert. Besonders auffällig bei *Potamogeton pectinatus* und *P. schweinfurthii* sind Kalkablagerungen auf den Blättern, die auf die extremen Wasserwerte in den Seen zurückzuführen sind.

Besonders interessant war auch der Fund von *Hydrilla verticillata* in der Ndole Bay im südlichen Tanganjikasee. Die Pflanze bildete dort in der Sandzone große, krautige Bestände, die in etwa 1 m Tiefe im Bodengrund verwurzelt waren und bis nahe an die Wasseroberfläche reichten. Die Grundnessel ist aquaristisch gut bekannt, jedoch weicht der Habitus der Pflanzen aus dem Tanganjikasee deutlich vom Aussehen der unter diesem Namen bekannten Kulturpflanzen ab (siehe auch S. 369–370).

Mit *Hydrilla verticillata* vergesellschaftet fand ich in der Ndole Bay auch *Najas horrida*, eine durch ihren ungewöhnlichen Habitus sehr auffällige Pflanze. Im Malawisee wurde ein Standort mit verkrauteten Beständen von *Najas marina* ssp. *armata* in einer Röhrichtzone in der Umgebung von Monkey Bay gefunden. Obwohl *Hydrilla verticillata*, *Najas horrida* und *Najas marina* ssp. *armata* in den Seen vergleichsweise selten sind, scheinen sie dort jedoch weit verbreitet zu sein.

Bei allen in den Seen vorkommenden Wasserpflanzen ist die harte Blatt- und Stängelstruktur bemerkenswert, die als Anpassung an die dortigen besonderen ökologischen Bedingungen zu deuten ist. Im Unterschied zu den zahlreichen endemischen Cichlidenarten findet man in beiden Seen jedoch keine endemischen Wasserpflanzen, sondern ausnahmslos nur solche Arten, die aufgrund ihrer Anpassungsfähigkeit eine sehr weite Verbreitung haben.

Biotop Nr. 8: See auf Mafia (Tansania)

Die kleine Insel Mafia ist dem Festland von Tansania etwa 20 km vorgelagert. Im Norden befinden sich zwei Seen, von denen der größere untersucht wurde. Dieser zeichnete sich durch reiche Pflanzenbestände aus, die aufgrund des niedrigen Wasserstandes nicht nur am Ufer, sondern über das gesamte Gewässer verteilt waren. Der größte Teil des Sees war unbeschattet. Im stehenden Wasser frei schwebend wuchsen dichte Pflanzenbüschel von *Ceratophyllum demersum*, *Utricularia inflexa* und *U. stellaris*. Im Bodengrund verwurzelt gediehen zahlreiche blühende Exemplare von *Nymphaea lotus* und am Uferrand *Ceratopteris cornuta*. An der Wasseroberfläche schwammen viele Muschelblumen, *Pistia stratiotes*, und dichte Bestände von *Salvinia*. Auffällig sind der stark alkalische pH-Wert dieses Sees sowie seine sehr hohe Leitfähigkeit (kalkreicher Untergrund).

Biotop Nr. 9: Sepik-River bei Angoram (Papua-Neuguinea)

Der Sepik-River in Papua-Neuguinea ist ein mehrere hundert Meter breiter Fluss. Wahrscheinlich wegen seines lehmigtrüben Wassers und einer hohen Strömungsgeschwindigkeit wurden in diesem Fluss nur Schwimmpflanzen angetroffen, die vermehrt in strömungsarmen Buchten auftraten. Auf einer Bootsfahrt, die an zwei Tagen flussabwärts von Ambunti nach Angoram erfolgte, wurden immer wieder folgende Arten in mehr oder weniger großen Populationen angetroffen: *Salvinia molesta* (mit Sporokarpien), *Pistia stratiotes* und *Azolla pinnata*, die auf der Wasseroberfläche fluteten, sowie einzelne Exemplare von *Ceratopteris thalictroides* und *Hydrocharis dubia*, die häufig am Flussufer verwurzelt waren. Die Wasseranalyse dieses Biotops (S. 596) zeigt, dass die Pflanzen in einem sehr weichen, elektrolyt- und nährstoffarmen Wasser mit niedriger Leitfähigkeit leben. Während die Belastung mit den Hauptpflanzennährstoffen Stickstoff und Phosphor sehr gering ist, fällt der sehr hohe Gehalt an Zink auf.

Biotop Nr. 10: Flussbiotop mit Aponogeton loriae (Papua-Neuguinea)

Aponogeton loriae ist eine sehr seltene Wasserähre, die in Papua-Neuguinea beheimatet ist. Der untersuchte Biotop befindet sich an der Straße von Port Moresby in Richtung Vaimauri-Plateau, 61 km vom Flughafen Port Moresby entfernt. *A. loriae* wächst dort in dichten Beständen in einem etwa 2–4 m breiten Flüsschen. Das klare Wasser fließt langsam mit einer Geschwindigkeit von etwa 25 cm/s. Während am Rande des Gewässers das Wasser knietief (ohne eine deutliche Flachwasserzone) war, erreichte es in der Mitte eine Tiefe bis zu 1 m. Die Pflanzen wurzelten im schlammigen, lockeren Bodengrund, der mit wenigen Kieseln und Steinen durchsetzt war, sodass sie sich ohne große Schwierigkeiten aus dem Bodengrund ziehen ließen. Der Standort war unbeschattet. Auffällig an der Wasseranalyse (S. 596) ist der relativ hohe Gehalt an Magnesium und Kalium. Die Fischfauna bestand aus Regenbogenfischen (*Melanotaenia papuae*, *M. goldiei*).

Biotop Nr. 11: Tasek Bera (Malaiische Halbinsel)

Tasek Bera ist ein etwa 60 km² großes Tieflandsumpfgebiet auf der Malaiischen Halbinsel im Südwesten des Staates Pahang. Es wird von vielen kanalartigen Wasserläufen durchzogen und bildet einen bedeutenden Lebensraum für Wasser- und Sumpfpflanzen. FURTADO & MORI (1982) untersuchten zahlreiche ökologische Aspekte dieses Biotops und fassten ihre vierjährigen Studien in einer umfangreichen Arbeit zusammen. Obwohl ich Tasek Bera nicht aus eigener Anschauung kenne, sollen einige wesentliche Untersuchungsergebnisse zusammengefasst werden, denn für Aquarianer sind diese ökologischen Daten deshalb besonders interessant, weil dort die wohl

Blühende *Nymphaea lotus* in einem temporären Gewässer

Der Rio Roseira in Südbrasilien

größte Population von *Cryptocoryne* ×*purpurea* nothovar. *purpurea* vorkommt.

Das stellenweise dicht von dem Riedgras *Lepironia articulata* und dem Schraubenbaum *Pandanus helicopus* bedeckte Sumpfareal, das mehrere seeartige Bereiche offenen Wassers enthält, wird von zahlreichen kleinen Wasserläufen und einem Hauptkanal durchzogen, der eine geringe Strömung mit einer Geschwindigkeit von 0,25 m/s besitzt. Das dunkelbraun gefärbte Wasser, das von den Autoren mit dem Schwarzwasser Amazoniens verglichen wird, ist sehr klar und besitzt je nach Jahreszeit eine Sichtweite zwischen 1 m und 2,5 m. Seine Oberflächentemperatur schwankt zwischen 23 und 31 °C, am Boden wurden 23–26,6 °C gemessen.

Das Wasser ist sehr sauer und mineralarm. Als Resultat von pH-Messungen wurde ein Mittelwert von pH 5,33 ermittelt. Das Minimum betrug pH 4,5, das Maximum je nach Messmethode pH 5,2 bzw. 6,8. Mit einem Durchschnittswert von 2,09 mg/l ist der Gehalt an gelöstem Sauerstoff recht niedrig. Der Untergrund ist sandig, jedoch mit einer dicken Torfschicht bedeckt, die mit noch nicht zersetztem pflanzlichem Material, Holz und Schlamm vermischt ist. Unter dem Einfluss heftiger Monsunregen kommt es zu erheblichen Schwankungen des Wasserstandes, die bis zu 5 m betragen können.

Folgende bekannte Sumpf- und Wasserpflanzen konnten in dem untersuchten Areal nachgewiesen werden: *Blyxa aubertii* var. *echinosperma*, *Cryptocoryne* ×*purpurea* nothovar. *purpurea*, *C. cordata* var. *cordata*, *Eleocharis ochrostachys*, *Hydrilla verticillata*, *Ludwigia prostrata*, *Nymphoides indica*, *Potamogeton wrightii*, *Scirpus confervoides*, *Utricularia aurea*. Jacobsen (1986) nennt ferner das Vorkommen von *Barclaya motleyi*. Die in Tasek Bera vorherrschende Wasserpflanze ist *Cryptocoryne* ×*purpurea* nothovar. *purpurea*, die in den Kanälen und im offenen Wasser in dichten Beständen bis in eine Wassertiefe von über 1 m vorkommt. Im Halbschatten sind sie deutlich üppiger als in vollem Sonnenlicht. Die auf S. 596 angegebenen Wasserwerte bilden Mittelwerte aus zahlreichen Messungen.

Biotop Nr. 12: Rio Roseira (Südbrasilien)

Der Rio Roseira zeichnet sich durch seinen ungewöhnlichen Arten- und Individuenreichtum an Pflanzen aus, wie man ihn selten in den Tropen findet. Der untersuchte Flussabschnitt liegt in Südbrasilien etwa 30 km nordwestlich Salto Veloso (S 26° 48', W 51° 35'). Im Winter betrug die maximale Flussbreite bis zu 40 m. Der Wasserstand erreichte in der Flussmitte etwa 2 m Tiefe, an anderen Stellen strömte dagegen das schnell fließende, kristallklare Wasser über großflächige Felsen hinweg und bildete kleine Kaskaden, in denen eine Fülle von Wasserpflanzen wuchs.

Von den etwa 25 Wasser- und Sumpfpflanzen sind besonders erwähnenswert *Echinodorus longiscapus* und *Helanthium bolivianum*, *Heteranthera zosterifolia*, zwei *Hydrocotyle*-Arten, große Mengen an *Isoetes* sp., großflächige Bestände von *Lilaeopsis brasiliensis* in den Kaskaden, am Ufer *Ludwigia*- und *Myriophyllum*-Arten sowie in tieferem Wasser vereinzelte *Ottelia brasiliensis*. In Stillzonen waren *Limnobium laevigatum* und *Azolla* als Schwimmpflanzen anzutreffen. Die umgebende Vegetation des Flusses sowie viele Sumpfpflanzen, beispielsweise *Eichhornia azurea*, zeigten durch erfrorenes Laub an, dass in diesem Gebiet die Nachttemperaturen während dieser Jahreszeit unter 0 °C sinken. Einige Pflanzenarten besiedelten größere Wassertiefen, andere waren wiederum nur nahe der Oberfläche des nur 10 °C kalten Wassers zu finden. Der Bodengrund bestand aus dunkelrotem Lehm und größeren Steinen. Wasseranalyse S. 596.

Biotop Nr. 13: Rio Irani (Südbrasilien)

Der Rio Irani ist ein breiter Fluss im Bundesstaat Santa Catarina. Untersucht wurde ein kurzer Abschnitt zwischen den Orten Palmas und Catanduvas (S 27°, W 51° 55'). Während der kalten Jahreszeit waren kleine Bestände von *Echinodorus uruguayensis* (Typ *E.* „africanus“) in bis etwa 1 m tiefem Wasser zu finden sowie eine großblättrige *Potamogeton*-Art und die Schwimmform von *Eichhornia azurea*. Im Niedrigwasser hatte *Echinodorus uruguayensis* viele Blütenstände mit Adventivpflanzen entwickelt, die von der Strömung gegen den Bodengrund gedrückt wurden und im lehmig-steinigen Bodengrund wurzelten. Bemerkenswert an diesem Standort ist das sehr kalte Wasser (Winter) mit einer Temperatur von 11 °C. Die Analysedaten zeigen eine auffallend hohe Schwermetallbelastung mit Kupfer und Zink (S. 596).

Biotop Nr. 14: Tümpel bei Cordoba (Mexiko)

Echinodorus subalatus ist im Bundesstaat Veracruz (östliches Mexiko) eine relativ häufig anzutreffende Schwertpflanze. Untersucht wurde ein temporärer Tümpel mit einer Größe von etwa 20 × 50 m westlich der Stadt Cardel (N 19° 30'; W 96° 40'). Zum Zeitpunkt meines Aufenthaltes war es in diesem Gebiet sehr heiß und regenreich. Dichte *Echinodorus*-Bestände wuchsen unbeschattet in stehendem bis knietiefem Wasser in dunkelbraunem, lehmigem Substrat. Die Pflanzen besaßen keine Blütenstände, aber viele vertrocknete, herabhängende Fruchtstände, deren Samen in dem lehmig-trüben Wasser keimten. Fast alle *Echinodorus*-Blätter wiesen starke Fraßschäden auf, die durch den Rüsselkäfer *Listronotus echinodori* verursacht worden waren. Ferner war ein starkes Wachstum schleimiger Grünalgen feststellbar, das sicher zu dem hohen Sauerstoffgehalt dieses Biotops beitrug.

Bei den Wasserwerten (Analyse S. 596) ist besonders das Fehlen von Sulfat hervorzuheben, d. h., es liegt praktisch ein reines Kalzium-Magnesium-Karbonatwässer vor. Der hohe CSB-Gehalt wird vermutlich durch die gelösten – und suspendierten, nicht mitgemessenen – Huminstoffe bewirkt. Auffällig ist die hohe Wassertemperatur von über 30 °C, bei der die Echinodoren auch ganz submers wuchsen.

Biotop Nr. 15: Sumpfgebiet im südlichen Pantanal (Westbrasilien)

Untersucht wurde ein sumpfiges Gebiet im südlichen Pantanal etwa 30 km östlich der Stadt Corumba (S 19° 15', W 57° 35'). Der Biotop war mit vielen aquatischen Pflanzen bewachsen und wies eine vielfältige Fischfauna auf. Zu dieser gehörten *Apistogramma trifasciata*, *A. borellii* und *A. commbrae* sowie mehrere Salmler-Arten (u. a. Trauermantel- und Raubsalmler), Schwielenwelse und der Killifisch *Rivulus punctatus*. In lehmigem Ton wuchsen blühende Bestände von *Echinodorus paniculatus* in vollem Sonnenlicht zusammen mit *Cabomba furcata*, *Utricularia foliosa*, *Eichhornia azurea*, *Najas conferta*, *Nymphaea* sp. sowie einigen an der Wasseroberfläche schwimmenden *Eichhornia crassipes*, *Limnobium laevigatum* und *Salvinia auriculata*.

Auffällig an der Wasseranalyse (S. 596) sind der niedrige Sauerstoff- und der hohe CSB-Gehalt. Ferner fallen die hohen Chlorid-, Kalium- und Natriumwerte auf. Im Wasser liegen geringe Mengen an Nitrat, Sulfat und Eisen vor. Überraschend ist der relativ hohe Zinkgehalt in diesem sehr dünn besiedelten, aber zur Trockenzeit landwirtschaftlich genutzten Gebiet.

Biotop Nr. 16: Flüsse mit Myriophyllum mattogrossense (Ekuador und Bolivien)

In Ekuador fand ich das wissenschaftlich nur wenig bekannte Tausendblatt, *Myriophyllum mattogrossense*, im Rio Yanayacu, 20 km nördlich Coca (Biotop Nr. 6 hat denselben Flussnamen, ist aber ein anderer Fluss). Die Pflanzen wuchsen im schnell fließenden Wasser vorwiegend

Standort von *Myriophyllum mattogrossense* im Rio Yanayacu in Ekuador (Biotop 16)

submers, an seichten Stellen auf Sandbänken aber auch emers. Der stark lehmhaltige Bodengrund war oberflächlich sandig-kiesig, am Flussrand auch schlammig. Das Mato-Grosso-Tausendblatt wuchs in voller Sonne oder im Halbschatten. Ich suchte diesen Standort im Januar 1990 und ein zweites Mal im Juli 1996 auf. Beim zweiten Aufenthalt war der Wasserstand etwas höher und die Strömung mit 2 m/s deutlich stärker. Begleitpflanzen waren *Najas guadalupensis* und *Nitella* sp. Wasserwerte: 24–25 °C, pH 6,8–7,3, GH < 1 °dH, KH 2–3 °dH, 30–50 µS/cm. Blühende Pflanzen sind vermutlich das ganze Jahr über anzutreffen.

Im Juli 1999 konnte ich *M. mattogrossense* auch an zwei Standorten in Bolivien nachweisen. Erster Standort 33 km östlich Villa Tunari: 2–3 m breiter Bach, in dem die submers an schattig-sonnigen Plätzen wachsenden Pflanzen mit Mulm und Eisenausfällungen belegt waren. Der Bodengrund war stark lehmig-tonig und oberflächlich steinig. Begleitpflanze *Elodea callitrichoides*. Wasseranalyse: 24,5 °C, pH 6,5, GH 1 °dH, KH 1,5 °dH, 40 µS/cm, O_2 = 90 %, Fe 0,5 mg/l, PO_4 0,1 mg/l, NO_3 1 mg/l, NH_4 0 mg/l. Zweiter Standort 80 km östlich Villa Tunari: In einem 6–10 m breiten, sehr fischreichen Fluss wuchs das Mato-Grosso-Tausendblatt in sehr schnell fließendem bis reißendem, etwa 20 cm tiefem Wasser in sehr dichten Beständen (Wasseranalyse S. 596). Die Pflanzen wuchsen in voller Sonne. Keine Begleitpflanzen, aber viele Fische wie *Ancistrus*, *Rineloricaria lanceolata* und Salmler. Die Bodenanalyse S. 608 weist einen hohen Nährstoffgehalt des Bodengrundes nach. Auffällig hoch sind die Werte von Magnesium, Eisen und Mangan, die bei einem pH-Wert von 5,6 gut verfügbar sind.

Biotop Nr. 17: Rio Aruguaitu (Bolivien)

Der Rio Aruguaitu ist ein kleines Flüsschen im östlichen Tiefland von Bolivien etwa 38 km östlich der Stadt Conception (S 16° 15', W 62°). Am Flussrand wuchsen zur kalten, niederschlagsarmen Jahreszeit in kristallklarem, langsam fließendem Wasser große Bestände von *Echinodorus subalatus*. Die Pflanzen besiedelten bevorzugt sonnige Plätze und kamen nur vereinzelt an halbschattigen Standorten vor. Als einzige Begleitpflanze ist *Nitella microcarpa* zu nennen, die sich im Aquarium zwar massenhaft vermehrt, im Fluss aber nur in kleinen Beständen auftrat.

Die Wasseranalyse (S. 596) ergibt, dass die Echinodoren und *Nitella* in weichem, karbonatreichem Wasser mit geringen Werten an Chlorid, Nitrat und Sulfat gedeihen. Auffällig hoch sind die Natrium- und Kaliumwerte. Ferner wird eine geringe Belastung mit den Schwermetallen Zink und Kupfer festgestellt. Der Bodengrund dieses Standortes (S. 608) besteht aus mittellehmigem Sand mit einem nur sehr geringen Gehalt an organischer Substanz.

Biotop Nr. 18: Tümpel bei San Javier (Bolivien)

Etwa 1 km von dem Ort San Javier entfernt (S 16° 25', W 62° 25') wurden in einem etwa 15 × 40 m großen temporären Tümpel Bestände von *Echinodorus floribundus* gefunden. Das Gewässer befand sich innerhalb einer Kuhweide. Die Schwertpflanzen hatten in dem nährstoffreichen Substrat riesige Blätter sowie Blüten- und Fruchtstände gebildet. Sie standen nur in etwa 30 cm Wassertiefe, weshalb keine Vollanalyse erstellt wurde. Die vor Ort gemessenen Wasserwerte: 24 °C pH 7,8, GH 1,5 °dH, KH 3 °dH, 100 µS/cm, Fe^{2+} 2 mg/l, PO_4^{3-} 0,5 mg/l, NH_4^+ und NO_3^- nicht nachweisbar. *Echinodorus floribundus* wuchs in diesem Biotop in lehmigem Ton. Der Boden (S. 608) besitzt nur einen geringen Kohlenstoffgehalt und ist als schwach humos zu bezeichnen. Auffällig hoch sind Mangan-, Eisen- und Kupfergehalte. Auch die Austauschkapazität liegt verhältnismäßig hoch.

Biotop Nr. 19: Sumpfgebiet bei Santa Rosa (Bolivien)

Etwa 14 km westlich des Ortes Santa Rosa de la Roca (S 16 ° 10', W 61° 30') wurden am Rande eines verlandenden, großen Sumpfgebietes dichte Bestände der kleinsten Schwertpflanze *Helanthium tenellum* gefunden. Die zahlreich blühenden Pflanzen wuchsen in intensivem Sonnenlicht in fast ausgetrocknetem, schon rissigem Boden zusammen mit einer violett blühenden *Bacopa*-Art. Dort, wo noch Restwasser vorhanden war, gab es eine reichhaltige aquatische Flora. An der Wasseroberfläche wuchsen weißblühende *Eichhornia azurea*, *Hydrocleys* sp., *Ludwigia sedoides*, *Salvinia auriculata* und *Utricularia gibba*. Wasserwerte (keine Vollanalyse): 28 °C, pH 7,6, GH < 0,5 °dH, KH 2 °dH, 70 µS/cm, Fe^{2+} 2 mg/l, NH_4^+ und NO_3^- nicht nachweisbar.

Die Pflanzen wachsen in diesem Habitat in mitteltonigem Lehm (Analyse S. 608). Das Substrat ist aufgrund seines Kohlenstoffgehaltes als humos zu bezeichnen. An diesem Standort ist ein extrem hoher Eisengehalt festzustellen, auf den schon vor Ort die rostrote Bodenfarbe hindeutet. Bemerkenswert niedrig ist auch der pH-Wert des Bodens (Foto S. 14).

Biotop Nr. 20: Stausee bei Conception (Bolivien)

Am Ortsausgang des Ortes Conception befindet sich ein großer Stausee (S 16° 20', W 62 °15'), den einige Wasser- und Sumpfpflanzenarten, aber auch größere Salmler und Cichliden besiedeln. In bis zu 70 cm Wassertiefe wuchsen viele Exemplare von *Echinodorus subalatus* zusammen mit blühenden *Potamogeton gayi*, *Eleocharis* sp. und am Uferrand in flachem Wasser *Sagittaria* cf. *subulata* und blühende *Helanthium bolivianum*. Der Biotop war unbeschattet. Folgende Wasserwerte (keine Vollanalyse) wurden festgestellt: 27 °C, pH 8,2, GH 1 °dH, KH 1,5 °dH, 50 µS/cm, Fe^{2+} 0,5 mg/l, PO_4^{3-} 0,1 mg/l, NH_4^+ und NO_3^- nicht nachweisbar.

Die Untersuchung des Bodens (Analyse S. 608) zeigt, dass die Pflanzen an diesem Standort in stark lehmigem Sand wachsen, der nur einen geringen Humusgehalt aufweist. Der Kupfergehalt ist sehr hoch. Auch die Austauschkapazität ist vergleichsweise hoch, insbesondere die des Kations Kalzium.

Biotop Nr. 21: Überschwemmungsgebiet des Rio Verde (Westbrasilien)

Echinodorus paniculatus ist im südlichen Pantanal eine häufig anzutreffende Art. Die Probenahme erfolgte im Überschwemmungsgebiet des Rio Verde, etwa 60 km südöstlich der Grenzstadt Corumbá (S 19° 25', W 57° 35'). Die blühenden Schwertpflanzen wuchsen unbeschattet am Rande des sehr flachen, stehenden Wassers in dunkelbraunem, mitteltonigem Lehm (Analyse S. 608). Die oberste Bodenschicht bestand aus abgestorbenen Pflanzenresten. Aufgrund seines Kohlenstoffgehaltes ist der Boden als humos zu bezeichnen. Da die Echinodoren an diesem Standort überwiegend emers zu finden waren, wurden nur die wichtigsten Wasserparameter vor Ort gemessen. Diese sind: 26 °C, pH 7,4, GH 5 °dH, KH 6 °dH, 280 µS/cm. Mit *Echinodorus paniculatus* in diesem Gebiet häufig vergesellschaftete Wasser- und Sumpfpflanzen waren *Ceratophyllum demersum*, *Eichhornia azurea*, *E. crassipes*, *Hydrocotyle ranunculoides*, *Pistia stratiotes* und *Salvinia auriculata*.

Biotop Nr. 22: Einzugsgebiet des Rio Paraguay (Westbrasilien)

Untersucht wurde ein Überschwemmungsgebiet eines Flusses 20 km östlich des Rio Paraguay (S 19° 27'; W 57° 20'), das sich durch eine große Fülle an Wasser- und Sumpfpflanzen auszeichnete wie *Eichhornia crassipes*, *E. azurea*, *Ceratophyllum*, *Hydrocotyle ranunculoides*, *Pistia stratiotes* und *Salvinia auriculata*. In diesem Lebensraum wuchsen auch junge Pflanzen von *Echinodorus grandiflorus* in der unmittelbaren Nähe von ausgewachsenen und blühenden Exemplaren von *E. paniculatus*. Wasserparameter (keine Vollanalyse): 26 °C, pH 7,6, GH und KH 6 °dH, 220 µS/cm, Fe^{2+} 0,5 mg/l, PO_4^{3-} 0,5 mg/l.

Die Ermittlung der Korngrößen zeigt, dass der Sandanteil des Bodens vergleichsweise hoch liegt, weshalb die Bodenart definitionsgemäß als mitteltoniger Sand bezeichnet wird. Der Boden ist nur schwach humos (Analyse S. 608).

Biotop Nr. 23: Rio Surubim (Ostbrasilien)

Der fischreiche Rio Surubim ist die Typuslokalität von *Echinodorus decumbens*. Der Standort liegt in Ostbrasilien

Ludwigia inclinata **bildet im Pantanal bei Sonnenlicht intensiv rot gefärbtes Laub**

im Bundesstaat Piauí, 52 km östlich der Stadt Teresina (S 4° 56', W 40° 42', 15 m Höhe). Er wurde einmal im April 1994 zur Regenzeit und ein weiteres Mal im Juli 2000 zu Beginn der Trockenzeit aufgesucht. *Echinodorus decumbens* ist in diesem wenig beschatteten Habitat mit vereinzelten *E. scaber* sowie *Ludwigia sedoides* und *Nymphoides humboldtiana* vergesellschaftet.

Der Wasseranalyse (S. 596) ist zu entnehmen, dass die Pflanzen in sehr weichem, mineralarmem und schwach saurem Wasser leben. Die Temperatur scheint das ganze Jahr über mit 29 °C sehr hoch zu sein. Auffällig sind die hohen Kalium- und Natriumgehalte des Wassers. Die Analyse des rötlichbraunen, steinigen Bodengrundes (S. 608) zeigt, dass die Pflanzen in Sand mit nur einem geringen Gehalt an Schluff und Ton wachsen. Auch der Humus-Gehalt ist sehr gering.

Biotop Nr. 24: Transpantaneira, nördliches Pantanal (Westbrasilien)

Entlang der Transpantaneira-Straße, die von Poconé bis Porto Jofre führt, wurden einige Habitate untersucht. Während der Trockenzeit von Mai bis November verlanden die saisonal überschwemmten Flächen. Während dieser Zeit blühen und fruchten die dort beheimateten Schwertpflanzen und ihr Laub verdörrt mit zunehmender Trockenheit. Während von *Helanthium tenellum* nur die Samen überdauern, sichern sich *Echinodorus grandiflorus*, *E. scaber*, *E. paniculatus* und *E. glaucus* den Arterhalt sowohl durch das Rhizom als auch durch Samen. Bei weitestgehend gleichmäßigen Jahrestemperaturen unterliegen die Pflanzen nur dem Einfluss von Regen- und Trockenzeiten.

Etwa 16 km südlich des Rio Pixaim (S 16° 53', W 56° 50', 130 m Höhe) wurde ein Habitat mit *Echinodorus glaucus*, *E. paniculatus* und *Helanthium tenellum* näher untersucht. Die blühenden und fruchtenden Pflanzen waren in einem Restgewässer eines kleinen Flusses unmittelbar nebeneinander zu finden. Bis um 10.30 Uhr wuchsen die Bestände im Schatten einer Brücke, danach in Abhängigkeit des Sonnenstandes in intensivem Sonnenlicht. Die Wasser- und Bodenproben, deren Analysenergebnisse auf S. 598 und S. 608 angeführt sind, wurden an diesem Standort entnommen.

Das weiche bis mittelharte Wasser wies als Besonderheit einen erhöhten Nitratwert auf. Die Ermittlung der Korngrößen zeigt, dass die genannten Pflanzen in lehmigem Ton wachsen, der einen relativ hohen Gehalt an organischer Substanz aufweist. Erwähnenswert sind die hohen Gehalte an Kalium, Magnesium und Eisen. Die Austauschkapazität ist sehr hoch.

Biotop Nr. 25: Arroyo Don Esteban (Westuruguay)

Untersucht wurde ein Überschwemmungsgebiet des Arroyo Don Esteban (Arroyo = Fluss), 17 km südlich der Stadt Young (S 32° 50', W 57° 31'). In stehendem, knietiefem Wasser wuchsen in intensivem Sonnenlicht massenhafte submerse Bestände von *Echinodorus longiscapus* gemeinsam mit vereinzelten *Myriophyllum aquaticum*. Die Nachttemperaturen zur kalten Jahreszeit nahe der Frostgrenze verhinderten eine Bildung von emersen Blättern und Blütenständen. Zugleich bewirkte das kühle Wasser von 15,5 °C eine kräftige Rotfärbung der Wasserblätter.

Alle Wasseranalysen aus Uruguay (S. 598) zeigen eine für südamerikanische Verhältnisse ungewöhnlich hohe Härte und Leitfähigkeit sowie auffällig alkalische pH-Werte bei niedrigen CO_2-Gehalten. Bemerkenswert sind auch die hohen Natriumwerte dieser Gewässer.

Die Pflanzen wachsen im Arroyo Don Esteban in stark tonigem Sand, der aufgrund seines Anteiles an organischer Substanz mit humos zu bezeichnen ist. Auffällig an der Bodenanalyse (S. 608) ist der hohe Mangangehalt.

Biotop Nr. 26: Arroyo Guaviyu (Norduruguay)

Der Arroyo Guaviyu ist ein kleiner Fluss, der etwa 50 km südlich der Grenzstadt Bella Union durch Nordwesturuguay fließt (S 30° 35', W 57° 40'). Das massenhafte Vorkommen von *Echinodorus uruguayensis* in diesem Fluss lässt jedes Aquarianerherz höher schlagen. Die Bestände wuchsen unbeschattet im bis zu 1 m tiefen Wasser in starker Strömung. Am Rande des Gewässers waren auch einzelne *E. longiscapus* zu finden, ferner *Pontederia cordata*, *Potamogeton gayi* und *Gymnocoronis spilanthoides*. Auch diese Wasseranalyse (S. 598) zeigt die für viele Gewässer Uruguays charakteristische hohe Härte und Leitfähigkeit bei einem alkalischen pH-Wert und zugleich niedrigen CO_2-Wert.

Biotop Nr. 27: Arroyo Zanja del Sauce (Norduruguay)

Ein bemerkenswerter Biotop ist der Arroyo Zanja del Sauce, ein kleiner Fluss 65 km östlich der Grenzstadt Bella Union in Norduruguay (S 30° 29', W 57° 08', 100 m Höhe). In diesem Gewässer wuchsen massenhafte Bestände von *Echinodorus uruguayensis* in bis zu knietiefem Wasser in deutlicher Strömung sowie einzelne Sprosse von *Eichhornia azurea* und *Ludwigia* sp. Trotz der kalten Jahreszeit hatten sich einige wenige Blütenstände mit Adventivpflanzen gebildet, die sich aber nicht aus dem Wasser heraushoben. Zur warmen Jahreszeit liegen die Wassertemperaturen deutlich über 30 °C, und die Echinodoren bilden emerse Blätter und Blütenstände.

Die Analyse der Korngrößenfraktion zeigt, dass die Pflanzenbestände – entsprechend der allgemeinen Klassifikation – in stark lehmigem Sand wachsen, der schwach mit organischer Substanz durchsetzt ist. Auffällig im Vergleich zu den anderen Bodenanalysen sind der alkalische pH-Wert sowie die sehr hohen Gehalte an Magnesium und Mangan. Auch die Austauschkapazität ist verhältnismäßig hoch. Wasseranalyse S. 598, Bodenanalyse S. 608.

Biotop Nr. 28: Arroyo Pelado (Norduruguay)

Auch der Arroyo Pelado wies zum Untersuchungszeitpunkt massenhafte Bestände von *Echinodorus uruguayensis* auf, weshalb von diesem Fluss eine Wasserprobe analysiert wurde (S. 598). Der Standort befindet sich 92 km östlich der Kleinstadt Bella Union in Norduruguay (S 30° 26', W 56° 48', 100 m Höhe). Die Bestände wuchsen in schnell fließendem Wasser bis zu einer Tiefe von 50 cm. Aufgrund des niedrigen Wasserstandes wiesen schon einige Pflanzen vertrocknetes Laub auf. Außer *Echinodorus uruguayensis* wurden noch *Hygrophila* sp., *Potamogeton gayi*, *Eichhornia azurea* sowie ein im Wasser wachsendes Moos gefunden. Der Wasserstand kann an diesem Standort um mindestens 1 m ansteigen.

Biotop Nr. 29: Arroyo Toribio (Süduruguay)

Der untersuchte Flussabschnitt des Arroyo Toribio liegt in Süduruguay, 25 km nördlich der Kleinstadt Aigua (S 34° 16', W 54° 47'). Im schnell strömenden Wasser wuchsen am Rand des Gewässers submerse *Echinodorus longiscapus*. Im Unterschied zu allen anderen Biotopen in Uruguay wies dieses Gewässer einen groben Sandboden auf, weshalb eine Wasserprobe analysiert wurde (S. 598). Das Wasser ist bedeutend weicher und mineralärmer als die übrigen Wässer aus Uruguay.

Biotop Nr. 30: Sumpfgebiet bei Campo Maior (Ostbrasilien)

Der seltene *Echinodorus macrocarpus* war bislang nur kurzzeitig in Kultur. Der untersuchte Standort liegt in Ostbrasilien 19 km östlich der Kleinstadt Campo Maior (S 4° 56', W 42° 02', 30 m Höhe). Es handelt sich um ein sumpfiges Permanentgewässer. Das Habitat wurde einmal im April 1994 zur Regenzeit und ein zweites Mal im Juli 2000 zu Beginn der Trockenzeit aufgesucht. Im April wuchsen die voll besonnten Pflanzen in dichten Beständen im knietiefen Wasser, im Juli dagegen waren nur vereinzelte Exemplare am Rande des verlandenden Sumpfes im sehr flachen Wasser oder im nur feuchten Bodengrund zu finden. Mit *E. macrocarpus* waren in unmittelbarer Nähe auch viele blühende und fruchtende *Helanthium tenellum* vergesellschaftet.

Das Wasser dieses Sumpfgebietes (Analyse S. 598) ist äußerst weich, mineralarm und schwach sauer. Ungewöhnlich hoch ist der Natriumgehalt. Die Analyse der Korngrößen des Bodengrundes (S. 608) zeigt, dass *E. macrocarpus* und *Helanthium tenellum* in sandigem Schluff mit sehr niedrigem pH-Wert wachsen. Der Humusgehalt ist sehr gering.

Biotop Nr. 31: Einzugsgebiet des Rio Itapicuru (Ostbrasilien)

Etwa 11 km westlich des Rio Itapicuru, Ostbrasilien, im Bundesstaat Maranhão (S 4° 50', W 43° 27', 10 m Höhe) wurde ein seeähnliches Permanentgewässer untersucht, das aufgrund seines Reichtums an Wasser- und Sumpfpflanzen aber auch an Fischen (kleine Salmler, *Copella*) erwähnenswert ist. Dieses Habitat zeigte sich zu unterschiedlichen Jahreszeiten kaum verändert. Die Ränder waren dicht verkrautet mit *Bacopa reflexa*, *Eleocharis fluctuans*, zwei weitere *Eleocharis*-Arten, mehreren Scrophulariaceen sowie lockeren Beständen von *Helanthium bolivianum*. Während die Echinodoren zur regenreichen Jahreszeit im April ausschließlich submers wuchsen, wiesen sie zu Beginn der Trockenzeit im Juli (Tageslänge 12,5 Stunden) ausschließlich lang gestielte emerse Blätter sowie Blütenstände auf. *Helanthium bolivianum* wuchs sowohl im intensiven Sonnenlicht in bis zu 20 cm Tiefe (Wasseroberfläche 115 000 Lux um 11.30 Uhr) als auch an schattigen Stellen (7000–21 000 Lux) in stehendem bis langsam fließendem Wasser.

Auffällig an der Wasseranalyse (S. 598) ist das sauerstoffreiche, äußerst weiche, saure, mineralarme und unbelastete Wasser, das fast als destilliertes Wasser gelten kann. Eine Ermittlung der Korngrößen zeigt, dass alle Pflanzen in schwach lehmigem Sand mit sehr niedrigem pH-Wert wachsen (Bodenanalyse S. 608).

Biotop Nr. 32: Fluss Abangage (Sri Lanka)

Der untersuchte Biotop befindet sich nördlich von Kandy im Übergangsbereich vom Hochland zum Flachland bei Talagoda. In dem etwa 7 m breiten Fluss Abangage sind riesige Mengen von *Cryptocoryne parva* mit kleinen Beständen von *C. beckettii* vergesellschaftet. Bedingt durch einen Stausee schwankt der Wasserstand täglich um bis zu 1 m. Die Cryptocorynen standen vorwiegend am Flussrand unter einer lichten Baum- und Strauchvegetation. Der Untergrund des Flussbettes war grobsandig bis steinig, während am Ufer ein lehmig-gelber Bodengrund, bedeckt von einer dünnen Humusschicht, zu finden war. Die Pflanzen wuchsen tief und fest im Bodengrund verwurzelt.

Die Wasseranalyse (S. 598) zeigt, dass *C. parva* und *C. beckettii* täglich von weichem bis mittelhartem, alkalischem Wasser überflutet werden. Das Gewässer ist

***Cryptocoryne beckettii* und *C. parva* vergesellschaftet im Fluss Abangage in Sri Lanka (Biotop 32)**

nährstoffarm (oligotroph) und besitzt keine nachweisbaren Mengen an Ammonium, Nitrit und Phosphat, wenig Nitrat, aber Kalium in einer ausreichender Menge. Die Schwermetalle Zink, Blei und Kupfer kommen überraschenderweise in Spuren vor und werden möglicherweise aus dem Bodengrund ausgewaschen.

Cryptocoryne parva und *C. beckettii* wachsen entsprechend der Klassifizierung von Bodenartgruppen in einem mittelschweren, humosen Boden, der als sandiger Lehm bezeichnet wird. Organischer Kohlenstoff (Humus) ist durch die umgebende Vegetation in großer Menge verfügbar, ebenso auch Stickstoff. Während der Grundnährstoff Phosphor nur in einer geringen Menge vorhanden ist, fallen die hohen Gehalte an Kalium und sehr hohen Werte an Magnesium auf. Erheblich sind auch die Werte der Mikronährelemente Kupfer und Zink, ebenso auch die extrem hohen Mengen an Mangan und Eisen. Trotz der gelblichen Färbung des Substrates deuten die festgestellten Mengen an Eisen auf einen lateritischen Boden (Ferralsole) hin. Der mäßig saure pH-Wert des Bodens von 5,7 ermöglicht eine gute Mobilität der vorhandenen Nährstoffe.

Während die Wasseranalyse (S. 598) nur geringe Nährstoffmengen nachweist, zeigt die Bodenanalyse (S. 608), dass die Pflanzen ihren Nährstoffbedarf vorwiegend durch den Bodengrund decken. Die große Pflanzenmasse lässt zusätzlich den Schluss zu, dass sich *Cryptocoryne parva* und *C. beckettii* in einem nährstoffreichen Bodengrund kräftig entwickeln und diesen sicher auch für ihr Wachstum bevorzugen (im Gegensatz zu *C. bogneri*).

Biotop Nr. 33: Typusstandort von Cryptocoryne bogneri (Sri Lanka)

Der untersuchte Typusstandort von *Cryptocoryne bogneri* liegt bei dem Ort Atweltota. Die Pflanzen wachsen dort in einem 0,5–1 m breiten Bach mit mäßiger Strömung in 5–10 cm tiefem Wasser. Der Bodengrund war felsig, das Bachbett zudem durchsetzt mit Kies, Sand, wenig Lehm und Falllaub. Die im Schatten (nur gelegentliche Sonnenstrahlen) wachsenden Exemplare waren sowohl submers als auch emers zu finden.

Das Wasser des Standortes (S. 598), das fast als destilliertes Wasser angesehen werden kann, ist extrem weich, elektrolytarm und schwach sauer. Das nährstoffarme (oligotrophe) Gewässer besitzt keine nachweisbaren Mengen an Ammonium, Nitrit, Nitrat und Phosphat. Die in Spuren vorhandenen Schwermetalle Zink, Blei und Kupfer deuten auf menschlichen Einfluss hin. Die Wassertemperatur wird im Jahresverlauf ziemlich konstant bleiben.

Auch die Bodenanalyse (S. 608) zeigt, dass *C. bogneri* in nährstoffarmem Substrat wächst. Sowohl die Gehalte an Kohlenstoff (Humus) und Stickstoff sind klein, aber auch die Hauptnährelemente Phosphor, Kalium und Magnesium sowie die Mikronährelemente Kupfer, Mangan, Zink und Eisen sind nur in einer geringen Menge vorhanden. Vermutlich nicht unbedeutend für das Wachstum von *C. bogneri* ist ein in unmittelbarer Nähe wachsender Bambusbestand, dessen Wurzeln mit denen der Cryptocorynen dicht verflochten sind.

Cryptocoryne bogneri stammt nicht aus einem extrem sauren Milieu, wie viele Cryptocorynen aus Borneo und der Malaiischen Halbinsel. Der pH-Wert des Bodengrundes von pH 5,2 gilt nach bodenkundlichen Definitionen als mäßig saurer Boden. Zugleich wächst die Art im Klarwasser mit einem pH-Wert zwischen 6,6–6,9. Es ist also keine Schwarzwassercryptocoryne.

Biotop-Nr. 34: Standorte von Nymphaea glandulifera (Ekuador und Costa Rica)

Die Seerose, *Nymphaea glandulifera*, ist aufgrund ihrer produktiven Vermehrung durch Ausläufer eine ausgezeichnete und ungewöhnliche Vordergrundpflanze. In Ekuador untersuchte ich Habitate rund um die Städte Coca und Lagro Agrio. Die Seerosen wuchsen in dichten Beständen in knietiefem bis 1 m tiefem Wasser in leichter Strömung, selten auch in stehendem Wasser. Der Bodengrund bestand aus weichem, lockerem, dunkelgelbem (nährstoffreichem) Lehm, der mit etwas Humus durchsetzt oder sandig und zugleich humusreich war. Die Biotope waren stark beschattet oder auch vorübergehend voll besonnt, die Art meidet aber ständig intensives Sonnenlicht. Bei allen Habitaten handelte es sich vermutlich um Permanentgewässer. Wasseranalysen aus Ekuador (Januar 1990, Juli 1996): 21,5–24,2 °C, pH 6,4–7,3, GH < 0,5–1 °dH, KH < 0,5–2 °dH, 10–60 µS/cm, O_2 75–80 % (gemessen nur an einem Standort). Begleitpflanzen von *Nymphaea glandulifera* waren *Heteranthera reniformis*, *Eichhornia diversifolia* und *Najas arguta*. Fischvorkommen: *Apistogramma payaminonis*.

Im Juli 2005 fand ich *N. glandulifera* auch im äußersten Nordosten von Costa Rica im Grenzgebiet zu Nikaragua in einem Zufluss der Samay-Lagoon. Eine kleine Gruppe wuchs zur Hochwasserzeit stark beschattet in knapp 1 m tiefen Wasser in geringer Strömung. Begleitpflanzen in der Lagune waren *Eichhornia crassipes*, *Salvinia molesta*, *Ceratophyllum demersum*, *Ludwigia helminthorrhiza* und *Utricularia gibba*.

Die Vollwasseranalyse (S. 598) zeigt, dass *N. glandulifera* eine gewisse Salztoleranz besitzt, die sich durch die sehr hohen Chlorid- und Natriummengen ausdrückt (Meeresnähe). Auffällig sind auch die kaum nachweisbaren Mengen an Nitrit, Nitrat, Ammonium und Phosphat, während Kalium in ausreichender Menge nachzuweisen ist. Der hohe CSB-Gehalt deutet auf Humus-Einschwemmungen hin.

Biotop Nr. 35: Seen bei Bamboa (Panama)

Etwa 20–25 km nördlich Panama-City ist bei Bamboa durch das Aufstauen eines Flusses eine Seenlandschaft entstanden. Fährt man mit einem kleinen Motorboot flussabwärts (etwa 20 Minuten), erreicht man die Insel Bohio, wo die Wasserprobe entnommen wurde. Viele Wasserpflanzen prägen hier das Bild. Unter Wasser wuchs *Vallisneria americana* in großen Beständen, deren lange Blätter an der Wasseroberfläche fluteten. Die ruhigen Uferzonen wurden von den echten Wasserpflanzen *Najas* cf. *guadalupensis* und *Ceratophyllum demersum* direkt unterhalb der Wasseroberfläche besiedelt. An der Wasseroberfläche wuchsen in massenhaften Beständen *Salvinia auriculata*, *Pistia stratiotes* und überraschenderweise syntop *Eichhornia azurea* mit *E. crassipes*. Wasseranalyse S. 598.

Biotope Nr. 36–39: Flüsse um Bonito (Südwestbrasilien)

Die Flüsse um die Kleinstadt Bonito im Südwesten Brasiliens sind wahre Pflanzen- und Fischparadiese mit einer ungewöhnlich hohen Populationsdichte. Die folgenden Biotope erlebte ich als Schnorchler während meines Aufenthaltes Ende Dezember 2003.

Schon im Quellgebiet des **Rio Sucuri** (Biotop 36) waren große Pflanzenbestände zu finden. Es wechselten blühende Gruppen von *Echinodorus macrophyllus* mit Feldern von *Helanthium bolivianum*, *Heteranthera zosterifolia*, *Bacopa australis*, *Hydrocotyle verticillata*, *H. leucocephala* und Moospolstern von *Leptodictyum riparium*. Mit einer Strömungsgeschwindigkeit des Flusses von etwa 1,1 m/s wurde ich über große Laichkrautbestände von *Potamogeton illinoensis* hinweggetragen und es folgten Gruppen von *Persicaria hydropiperoides*, *Nymphaea gardneriana* und *Heteranthera zosterifolia*. Die Seerosen und das Trugkölb-

Unterwasseraufnahme aus dem Quellgebiet des Rio Baia Bonito im Südwesten Brasiliens (Biotop 37)

Quellgebiet des Rio Sucuri bei Bonito im Südwesten Brasiliens (Biotop 36)

chen wuchsen in dem 1–2 m tiefen Wasser oftmals in der stärksten Strömung und bildeten niedrige Pflanzenpolster. Nur am Flussrand konnte ich vereinzelt die langen Triebe von *Myriophyllum aquaticum* feststellen, die auch über die Wasseroberfläche hinausragten. Den Flussrand dominierten die riesigen Pflanzen von *Pontederia parviflora*. Beeindruckend waren die vereinzelten Felder von *Helanthium bolivianum*, die auffällig breite und lange Blätter besaßen, sowie die zarten und dunklen Sprosse von *Chara rusbyana*. Bemerkenswert waren auch die vereinzelten Gruppen von *Gymnocoronis spilanthoides* und das gelegentliche Auftreten des Wassernabels *Hydrocotyle verticillata*.

Die Quellen des **Rio Baia Bonita** (Biotop 37) entspringen etwa 7 km südlich der Stadt Bonito. Die Baia ist eine kleine seeähnliche Ausbuchtung mit außergewöhnlichen Pflanzenbeständen und vielen Fischen. Riesige *Echinodorus-macrophyllus*-Bestände, deren zahlreiche Blütenstände über die Wasseroberfläche empor ragten, wuchsen in etwa 1,5–2 m tiefem Wasser. Sie hatten übergroße Unterwasserblätter gebildet, von denen die jungen Herzblätter aufgrund des intensiven Sonnenlichtes leuchtend rosarot gefärbt waren. In der Mitte der Bucht wuchs eine große, dicht gedrängt stehende Wiese von *Helanthium bolivianum* zusammen mit *Echinodorus macrophyllus*, die eine Lebensgemeinschaft bildeten. In der Baia Bonita war *E. macrophyllus* die deutlich dominierende Pflanzenart, deren Bestände mit großen Gruppen von *Chara rusbyana* abwechselten (siehe auch Fotos S. 306).

Schnorchelt man aus der Bucht heraus, wird man an wohl mehr als 2 m hohen Sträuchern von *Gymnocoronis spilanthoides* vorbei getrieben, die viel größere Blätter entwickeln, als man dies in Aquarien jemals gesehen hat. Weiter wurde ich von der Strömung am Nixkraut Najas *guadalupensis* vorbei über atemberaubend dichte Bestände des Laichkrautes *Potamogeton illinoensis* hinweggetragen. Zwischen Laichkräutern und Wasseroberfläche war gerade einmal soviel Platz, dass ich darüber hinweggleiten konnte! Die Sonne schien und bewirkte eine unvorstellbare Assimilation der Pflanzen. Eng gedrängt standen die *Echinodoren* auch am Ufer des Flusses, wo sie aus dem Wasser herauswuchsen und blühten. In der starken Strömung waren sie dagegen nur als einzelne Exemplare oder in kleineren Gruppen zu finden. Auch große Bestände des Brasilianischen Tausendblattes, *Myriophyllum aquaticum*, waren in diesem Fluss anzutreffen. In der Baia Bonita konnte man viele Fische sehen, u. a. großwüchsige Arten, wie *Brycon hilarii* und *Prochilodus lineatus*, aber auch viele kleine Arten, insbesondere Schwärme von (vermutlich) *Serrapinnus kriegi*.

Im Quellgebiet des **Rio da Prata** (Biotop 38) ließen sich beim Schnorcheln die unterirdischen Quellen beobachten. Man fühlte sich wie in einem riesigen Aquarium. Viele große Fische, u. a. *Prochilodus lineatus*, von den Einheimischen als Curimbatá bezeichnet, und *Brycon hilarii*, auch Piraputanga genannt, kamen hier vor, aber auch viele Salmler zogen in kleinen Schwärmen umher. Beeindruckend waren auch die großen Raubfische *Salminus brasiliensis*, ein wohlschmeckender Dourado. Im Fluss fand ich fast ausschließlich Polster von *Heteranthera zosterifolia*, gelegentlich auch größere Wiesen von *Helanthium bolivianum*, die manchmal mit *Hydrocotyle verticillata*, dem Amerikanischen Wassernabel, durcheinander wuchsen. Erstaunlicherweise waren keine weiteren Pflanzenarten zu beobachten, wie beispielsweise Seerosen und Laichkräuter aus den anderen Flüssen. Aber niemals zuvor hatte ich derart riesige Bestände des Trugkölbchens *Heteranthera zosterifolia* gesehen! Selbst in einer Tiefe von etwa 2–4 m konnte man noch die kurzblättrigen Polster des Trugkölbchens erkennen. Gelegentlich entdeckte ich in starker Strömung auf felsig-sandigem Untergrund zusammen mit *Bacopa australis* auch das Brachsenkraut *Isoetes pedersenii*.

Das Quellgebiet der **Ceita Coré** (Biotop 39) befindet sich 41 km nördlich von Bonito. Hier entspringen die Quellen des Chapeninha-Flusses, deren kristallklares Wasser einen künstlich aufgestauten kleinen See bildet. Am Ufer fand ich *Bacopa australis* in großen Beständen und in der starken Strömung des offenen Wassers massenhaft *Helanthium bolivianum* und *Chara rusbyana*.

Wodurch wird dieses ungewöhnlich starke Wachstum in den genannten Flüssen bewirkt? Die Wasser- und Bodenanalysen (S. 598 und 608) geben eindeutig Aufschluss über die Ernährung der Pflanzen. Sie zeigen, dass die in den vier Biotopen festgestellten Arten in für tropische Verhältnisse ungewöhnlich harten, karbonatreichen und elektrolytreichen Gewässern mit hohen Gehalten an Kalzium und variablen Gehalten an Magnesium wachsen, sodass man von Kalzium-Magnesium-Karbonatwässern sprechen kann. Die Hochebene von Bodoquena westlich der Quellen besteht aus kalkhaltigen Felsen, und in der Tat ist in der Region um Bonito viel Karbonatgestein zu sehen. Die auffällig hohen Kohlendioxidgehalte bei den schwach alkalischen pH-Werten beeinflussen maßgeblich die hohe Individuenzahl.

Die Pflanzen wachsen in nährstoffarmen (oligotrophen) Gewässern, in denen keine nachweisbaren Mengen an Ammonium, Phosphat, Nitrit und Chlorid gefunden werden, was diese Wässer deutlich von den üblichen Aquarienwässern unterscheidet. Überraschenderweise sind auch die essenziellen Pflanzennährstoffe Kalium und Natrium nicht bzw. kaum vorhanden. Nur in den Flüssen Sucuri und Baia Bonita, wo die Pflanzen in einer extrem hohen Populationsdichte zu finden sind, sind Nitrat und Sulfat feststellbar. Im Rio da Prata und in der Ceita Coré sind dagegen bei einer nur kleinen Zahl von Pflanzenarten keine bzw. nur sehr geringe Mengen an Nitrat und Sulfat vorhanden. Der CSB sowie das kristallklare Wasser lassen den Schluss zu, dass der Sauerstoffgehalt des Wassers hoch ist. Insgesamt ist das Wasser nur sehr gering mit Schwermetallen belastet.

Bei der Betrachtung der Bodenanalyse (S. 608) aus der Ceita Coré wird schnell klar, dass der Boden eine wesentliche Rolle für die ausgewogene und optimale Ernährung der Pflanzen spielt und ein riesiges Nährstoffdepot bildet. Die Schluff- und Tonanteile sind zusammen so hoch (85 %), wie ich dieses bisher bei nur wenigen tropischen Biotopen (z. B. *Echinodorus*-Böden) feststellen konnte. Der Humusanteil ist mit 2 % (schwach bis mäßig humos) für die Ernährung der Pflanzen mit Kohlenstoff ausreichend. Trotz des schwach alkalischen pH-Wertes sind die Nährstoffe in ausreichendem Maße verfügbar, und die Pflanzen entziehen den Hauptbestandteil ihrer lebensnotwendigen Nährstoffe dem Bodengrund. Die Kaliumversorgung ist somit insgesamt als schlecht einzustufen. Dagegen sind das pflanzenverfügbare Magnesium in einer sehr hohen Menge und Phosphor ebenfalls in einer verhältnismäßig hohen Konzentration vorhanden. Die Mikronährelemente Mangan und Eisen liegen zwar in einer sehr geringen Konzentration vor, aufgrund der niedrigen Mengen von Zink und Kupfer (Ionenantagonismus) ist aber dennoch eine ausreichende Versorgung der Pflanzen mit diesen Nährstoffen und ihr Transport in der Pflanze gewährleistet.
Literaturhinweis: POTT (1999), KASSELMANN (2004 b).

Biotop Nr. 40: Waldtümpel bei Kirindy (Westmadagaskar)

65 km nordöstlich der Küstenstadt Morondava liegt die Forschungsstation des deutschen Primatenzentrums Göt-

Waldtümpel bei Kirindy in Westmadagaskar (Biotop 40)

tingen und der Universität Tana mit dem Namen Kirindy Nord. Untersucht wurde ein etwa 100 × 20 m großes Feuchtbiotop im Trockenwald etwa 5 km nordöstlich dieser Station (S 20° 03,138', E 44° 41,017'). Das stehende Gewässer wird im jahreszeitlichen Verlauf durch ausgeprägte Trocken- und Regenzeiten bestimmt. Dennoch bildet es für einige Monate im Jahr den Lebensraum von zahlreichen interessanten Wasser- und Sumpfpflanzen, die alle in der Lage sind, die Trockenperiode als Samen oder Knollen zu überdauern. In diesem faszinierenden Biotop fand ich u. a. *Aponogeton ulvaceus*, *A. decaryi*, *Lagarosiphon madagascariensis*, *Nymphoides thunbergiana*, *Hydrotriche hottoniiflora*, *Najas madagascariensis*, *Utricularia inflexa*, *Salvinia hastata*, *Ceratopteris cornuta*, *Ceratophyllum demersum*, *Lindernia parviflora* und *Marsilea* sp.

Die zahlreichen aquatischen Arten wuchsen in ständigem Konkurrenzkampf miteinander und standen so dicht gedrängt, wie man es in den Tropen nur selten sieht. Das ganze Habitat bildete während meines Aufenthaltes im April 2000 mit all den prächtigen blühenden Pflanzen ein einziges Blütenmeer. Es wurde im Tagesverlauf nur für wenige Stunden am Tag besonnt. Im Juni ist dieser Biotop vollständig ausgetrocknet.

Die Wasseranalyse (S. 598) zeigt, dass die Pflanzen in diesem Waldtümpel in weichem, salzarmem Wasser wachsen. Das Wasser ist insgesamt als unbelastet einzustufen. Bei der Bodenanalyse (S. 608) lässt der hohe CSB Rückschlüsse auf den vermutlich hohen Gehalt an Huminsäuren zu. Die zahlreichen Pflanzenarten wachsen an diesem Standort in einem leichten, nährstoffarmen, humosen Boden, der als sandiger Ton klassifiziert wird. Aufgrund des niedrigen pH-Wertes von pH 5,2 wird dennoch eine leichte Aufnahme der vorhandenen pflanzenverfügbaren Nährstoffe ermöglicht, die durch das regelmäßige Austrocknen des Gewässers immer wieder in den Kreislauf zurückkehren.

Erwähnenswert ist das Vorkommen von *Heteranthera lutea* unweit dieses Tümpels. Hierbei handelt es sich um eine Art der Familie Pontederiaceae, die *Eichhornia natans* submers sehr ähnlich ist (siehe auch WITTLINGER 2001).

Biotop Nr. 41: Reisfelder mit Aponogeton ulvaceus (Zentralmadagaskar)

Im Umland von Antananarivo, der Hauptstadt Madagaskars, bilden die Reisfelder einen interessanten Lebensraum von *Aponogeton ulvaceus* (S 18° 51,627', E 47° 26,049'). Wenn nach einer langen Trockenzeit Ende Oktober die Regenzeit beginnt, wird von den Einheimischen Reis angepflanzt. Die bis zu diesem Zeitpunkt im trockenen Boden ruhenden Knollen von *A. ulvaceus* beginnen auszutreiben. Aber erst dann, wenn der Reis in den Monaten Februar und März abgeerntet und zugleich der Wasserstand auf mindestens 2,5 m angestiegen ist, nehmen die Wasserähren das gesamte große Gebiet zur vollen Entfaltung für sich ein. Die Sonneneinstrahlung ist jetzt intensiv, wird aber durch den hohen Wasserstand und das leicht trübe und stehende Wasser stark abgeschwächt, sodass nur ein Bruchteil des Sonnenlichtes die Pflanzen im Wasser erreicht. Im April stehen die *Aponogeton*-Pflanzen in voller Blüte.

Vom Monat Mai an beginnt die regenarme Jahreszeit, und das Wasser wird aus den Reisfeldern abgelassen, weshalb schon im Juni der Biotop vollständig ausgetrocknet ist. Der Bodengrund wird für die neue Reisernte umgepflügt, und während dieser Zeit werden auch die *Aponogeton*-Knollen in großen Mengen für den Export geerntet. Die Wachstumszeit dieser Wasserähre dauert somit etwa acht Monate, die Ruhezeit mindestens vier Monate. Begleitpflanze ist *Ottelia ulvifolia*.

Die Wasserähren wachsen in den Reisfeldern (Wasseranalyse S. 600) in weichem, elektrolytarmem, unbelastetem Wasser. Die Probe enthält keine nachweisbaren Mengen an Nitrit, Nitrat und Sulfat sowie nur sehr geringe Mengen an Phosphat. Die essenziellen Pflanzennährstoffe Kalium und Eisen sind nur in geringer bzw. hoher Menge vorhanden. Die riesigen Pflanzenbestände ernähren sich aus dem schweren, nährstoffreichen Boden (lt. Klassifikation lehmiger Sand, Analyse S. 608). Der mäßig saure pH-Wert von pH 5,6 bildet einen sehr günstigen Bereich für die Mobilität der Nährstoffe. Die Hauptnährelemente Phosphor (P), Kalium (K) und Magnesium (Mg) sowie die Mikronährelemente Kupfer (Cu), Mangan (Mn), Zink (Zn) und Eisen (Fe) liegen in einer ausreichenden Menge für die Ernährung der Pflanzen vor. Sehr hoch ist der Magnesium-Gehalt. Die festgestellte Austauschkapazität der Kationen Kalzium (Ca), Magnesium (Mg), Kalium (K) und Natrium (Na) ist dagegen als niedrig zu bezeichnen.

Biotope Nr. 42–44: Flüsse mit Aponogeton boivinianus (Nordmadagaskar)

Lebensraum von *Aponogeton boivinianus* sind schnell fließende, klare Gewässer. Sie sind durch Umweltbedingungen so geprägt, dass den darin lebenden Aponogeten eine periodisch wiederkehrende Ruhezeit aufgezwungen wird, die durch steigenden und fallenden Wasserstand hervorgerufen wird. Während der regenreichen Jahreszeit von Ende November bis Anfang April kann sich der Wasserstand auf mindestens 1 m erhöhen. Im Laufe der regenarmen Jahreszeit sinkt der Pegel, sodass die Pflanzen

Rechte Seite: Dicht bewachsener Tümpel östlich von Morondava (Westmadagaskar) mit *Nymphaea capensis* var. *madagascariensis*. Im Hintergrund der Affenbrotbaum *Adansonia grandidieri*.

am Ende der Trockenzeit nur noch in sehr flachem Wasser wachsen. In extremen Jahren kann das Flussbett auch teilweise oder zumindest für kurze Zeit ganz austrocknen. Ein jährliches Austrocknen dieser Gewässer ist aber sicher nicht gegeben. Im Vergleich zu anderen Wasserähren haben die Knollen von *A. boivinianus* eine viel geringere Widerstandsfähigkeit gegenüber Austrocknung.

Die Wasseranalysen (Biotope 42–44, S. 600) zeigen, dass *A. bovinianus* in deutlich alkalischem Wasser mit pH-Werten zwischen 7,8 und 8,7 und einem niedrigen CO_2-Gehalt und CSB wächst. Ferner sind die Gewässer elektrolytreich mit deutlicher Härte. Bei allen Messungen liegt die Karbonathärte über der Gesamthärte, das Wasser enthält somit Natriumbikarbonat. Auch der Chloridgehalt ist teilweise erhöht, was vermutlich durch einen Meerwassereintrag bewirkt wird. Zwischen Anfang und Ende der Regenzeit sind erstaunlicherweise keine deutlichen Veränderungen der Nährstoffgehalte zu finden; das Wasser ist trotz leicht erhöhter Werte insgesamt nährstoffarm. Der essenzielle Pflanzennährstoff Kalium ist ausreichend vorhanden, dagegen ist der Eisengehalt sehr niedrig oder nicht nachweisbar. Die Wässer weisen teilweise eine schwache Nitrit-, Nitrat- und Phosphat-Belastung auf, die vermutlich durch menschliche Einflüsse verursacht wurde.

Aponogeton boivinianus wächst im Biotop Nr. 42 (Bodenanalyse S. 608) in einem tonigem Lehm, also einem schweren, fruchtbaren Bodengrund (72 % Schluff und Ton). Der Boden ist humos, das organische Material sorgt für eine ausreichende Stickstoffversorgung und eine mikrobielle Tätigkeit. Der ungewöhnlich hohe alkalische pH-Wert deutet auf den kalkreichen Untergrund hin (vergl. die alkalischen pH-Werte des Wassers). Die Austauschkapazität (Mobilität der Nährstoffe) ist niedrig, die Konzentrationen der Kationen Kalzium und Magnesium dagegen hoch. Die Konzentration des Grundnährstoffs Phosphor (P) ist sehr niedrig, die von Kalium (K) als niedrig und die von Magnesium (Mg) als extrem hoch zu bewerten. Die Mikronährelemente Kupfer (Cu), Mangan (Mn), Zink (Zn) und Eisen (Fe) sind teilweise in so großen Mengen vorhanden, dass sie im Allgemeinen schon als toxisch gelten (das gilt insbesondere für Mangan, was aber pH-abhängig ist). Boden- und Wasseranalysen zeigen deutlich auf, dass die Nährstoffversorgung von *Aponogeton boivinianus* im natürlichen Lebensraum im Wesentlichen durch den Bodengrund erfolgt. Dieser bildet insgesamt gesehen ein unerschöpfliches Nährstoffreservoir für das Wachstum der Pflanzen. Folgende Biotope wurden untersucht:

Biotop Nr. 42: Rivière des Caimans, Fluss nahe Flughafen Antsiranana, S 12° 20,395', E 49° 16,895'.

Biotop Nr. 43: Fluss Antsahalatrina, südlich Antsiranana, Kilometerstein 48, S 12°40,908°; E 49°16,071°, Höhe 436 m.

Biotop Nr. 44: Fluss Sakaramy, 35 km südlich Antsiranana, S 12° 27,223°, E 49° 16,192°, Höhe 320 m.

Biotop Nr. 45: Fluss Besaboba (Nordmadagaskar)

Der Fluss Besaboba ist der Typusfundort von *Aponogeton gottlebei*. Er befindet sich südlich von Anivorano Nord im Norden Madagaskars. Der Fluss hat dort eine Breite von etwa 3–20 m. Klimatisch gehört dieses Gebiet zu den tropisch-heißen Zonen Madagaskars. Am Flussrand war gut zu erkennen, dass der Pegel während der Regenzeit für kurze Zeit um durchaus 1 m ansteigen kann. Zwei Drittel des Jahres regnet es sehr wenig, aber gleichmäßig über die Monate verteilt. Während dieser Zeit sinkt der Wasserstand, sodass die Pflanzen am Ende der regenarmen Jahreszeit nur noch in sehr flachem Wasser wachsen. Im Fluss meiden die Pflanzen Stellen mit starker Strömung.

Die Wasseranalysen (S. 600) zu Beginn und Ende der Regenzeit zeigen eine Temperaturtoleranz von 23–28,2 °C. Die Art wächst in mittelhartem bis hartem, elektrolytreichem Wasser; die Gesamthärte-Bildner sind größtenteils an Hydrogenkarbonat gebunden (die Karbonathärte ist fast so hoch wie die Gesamthärte). Der pH-Wert ist auffällig alkalisch (pH 7,8–7,9), was sich durch den natürlichen Untergrund (Kalkgestein und Basalt) erklären lässt. Entsprechend gering ist auch der CO_2-Gehalt. Kalkablagerungen auf den Blättern der Pflanzen zeigten eine biogene Entkalkung an. Nitrit, Nitrat und Sulfat sind erhöht, ebenfalls der Salzgehalt mit Natrium und Chlorid. Insgesamt ist das Wasser als nährstoffarm und deutlich belastet einzustufen. Die Hauptnährelemente Stickstoff, Phosphor und Kalium sind in nur geringer Menge vorhanden, ebenfalls das Mikronährelement Eisen. Auffällig ist die Belastung mit Kupfer und Zink.

Der Untergrund besteht aus einem nährstoffreichen Kalklehm, dessen Nährstoffe aber aufgrund des hohen pH-Wertes (pH 7,6) und des geringen Humusanteiles (geringe Stickstoffversorgung) nur schlecht verfügbar sind. Dieses erklärt die Kleinwüchsigkeit der Pflanzen an der Typuslokalität. Insgesamt gesehen bildet der Bodengrund (Analyse S. 608) aber aufgrund seiner Struktur (hoher Gehalt an Schluff und Ton) und seines Nährstoffangebotes ein reichhaltiges natürliches Nährstoffreservoir.

Biotope Nr. 46–50: Flüsse mit Aponogeton madagascariensis (Zentral- und Ostmadagaskar)

Auf Reisen nach Madagaskar in den Jahren 1987, 2000 und 2006 untersuchte ich zahlreiche Standorte der Gitterpflanze, *Aponogeton madagascariensis*. Dabei lernte ich, dass diese Art in morphologischer Hinsicht eine große innerartliche Variationsbreite, zugleich aber nur eine geringe Anpassungsfähigkeit besitzt. Im Folgenden halte ich mich an die derzeit gültige Systematik, wohl wissend, dass molekulargenetische Untersuchungen in Zukunft neue systematische Erkenntnisse liefern werden.

Allen Standorten ist gemeinsam, dass die Gitterpflanzen immer in mehr oder weniger schnell fließendem Wasser wachsen. Es handelt sich sowohl um kleine Gebirgsbäche als auch größere Flüsse, die im Laufe der Jahreszeit stark schwankende Wasserstände aufweisen. In Abhängigkeit der Regenfälle zeichnen sie sich zudem durch eine geringe bis extrem hohe Fließgeschwindigkeit aus, worauf auch das gelegentlich syntope Vorkommen der Gitterpflanze mit Arten aus der Familie Hydrostachyaceae hinweist. Eine wichtige Gemeinsamkeit aller Habitate ist ferner, dass sie niemals austrocknen. Entsprechend steigender und fallender Wasserstände erfolgen regelmäßige Wachstums- und Ruhephasen, die je nach natürlicher Gegebenheit unterschiedlich ausgeprägt sind und demzufolge auch von Population zu Population differieren. Das Wachstum der Pflanzen ruht in der Natur bei hohem Wasserstand, einer niedrigeren Temperatur aufgrund der erhöhten Fließgeschwindigkeit und einer verringerter Lichtzufuhr.

In der Aquaristik setzte man bislang voraus, dass die Gitterpflanze grundsätzlich niedrige Temperaturen zum Gedeihen benötigt. Die gemessenen Temperaturen an den Standorten zeigen, dass diese bisherige Annahme viel differenzierter zu betrachten ist. Es gibt Standorte, an denen ich Populationen bei 29 (31) °C fand, zugleich aber auch Habitate mit einer Wassertemperatur von nur 17 °C (vgl. Analysen S. 600). Grundsätzlich besitzt die Art also eine extreme Temperaturtoleranz. Die einzelnen ökologischen Rassen sind aber sicher nicht in der Lage, sich diesen Temperaturmaxima anzupassen. Zur Verdeutlichung: Exemplare, die aus einer Höhe von 1500 m stammen und das ganze Jahr über bei niedrigen Temperaturen gedeihen, können sich sicher nicht dauerhaft hohen Aquarientemperaturen anpassen. Umgekehrt gilt das natürlich auch für Exemplare aus dem Küstengebiet, die bei 31 °C gesammelt wurden. Es ist deshalb erforderlich, für eine erfolgreiche Kultur zunächst einmal überhaupt erst zu wissen, woher die Pflanzen stammen; dieses aber herauszufinden, dürfte im Allgemeinen unmöglich sein.

Die ausgewählten Wasseranalysen (Biotope 46–50, S. 600) zeigen, dass die Gitterpflanzen immer in sehr weichem Wasser mit Härten < 1 °dH wachsen. Das Wasser ist sehr elektrolytarm, kann aber in Meeresnähe (Biotop 50) durch Salzwassereintrag einen leicht erhöhten Natrium- und Chloridgehalt aufweisen. Die Messungen weisen eine große pH-Toleranz nach, die auf den natürlichen Untergrund (Kalkgestein, Basalt, Sand-Lehm, Humusanteil) der jeweiligen Habitate zurückzuführen ist. Überraschend weit

Flussbiotop mit *Nymphaea minuta* in Ostmadagaskar

ist auch die Spanne beim CO_2-Gehalt, die von ganz niedrig bis extrem hoch reicht. Alle Habitate sind nicht oder nur sehr gering mit Nitrit, Nitrat und Sulfat belastet. Eisen ist sowohl in geringer Menge als auch in verhältnismäßig hoher Konzentration zu finden. Teilweise ist das Wasser mit geringen Mengen der Schwermetalle Kupfer und Zink belastet. Die Hauptnährelemente Stickstoff (N), Phosphor (P) und Kalium (K) sind in nicht nachweisbarer oder in nur geringer Menge vorhanden. Es sind also extrem nährstoffarme, elektrolytarme Gewässer, die Regen- oder Umkehrosmosewasser ähneln.

Die Ergebnisse der zwei Bodenanalysen (Biotope 48 und 50, S. 608) verdeutlichen, dass *A. madagascariensis* an diesen Standorten in lehmigem Sand und tonigem Lehm wächst. Der prozentuale Anteil an organischer Substanz weist einen humosen bis sehr stark humosen Boden nach und stellt in beiden Fällen eine gute Stickstoffversorgung dar. In den beiden Proben wurde ein niedriger, saurer pH-Wert festgestellt, der eine optimale Verfügbarkeit der Nährstoffe bewirkt. Die Grundnährstoffe Phosphor und Kalium sind nur in sehr geringen Mengen vorhanden, die Magnesium-Versorgung ist teils niedrig, teils aber auch sehr hoch. An beiden Habitaten ist eine ausreichende Ernährung mit den Mikronährelementen Kupfer, Mangan, Zink und Eisen gewährleistet.

Beim Betrachten von Wasser- und Bodenanalyse wird deutlich, dass die Pflanzen nicht durch das nährstoffarme Wasser, sondern im Wesentlichen durch den Bodengrund ernährt werden. Erheblich beteiligt an der Ernährung ist sich zersetzendes organisches Material. Auch die hohe Austauschkapazität (Biotop 50, S. 608) gibt einen klaren Hinweis auf die Mobilität der Nährstoffe. Folgende Biotope wurden untersucht:

Biotop 46: Fluss Beforona.
Biotop 47: Fluss am Kilometerstein 61, zwischen Antananarivo und Andasibé, S 18° 54,764', E 47° 53,574', Höhe 1374 m.
Biotop 48: Bach, 31 km nördlich Akazobé, S 18° 08,551', E 47° 12,854', Höhe 1544 m.
Biotop 49: Fluss, 18 km südlich Tamatave.
Biotop 50: Seeähnlicher Biotop, 52 km südlich Tamatave, Kanäle der Pangalanes, S 18° 31,273', E 49° 14,104'.

Biotop Nr. 51: Fluss Ambodimanga (Ostmadagaskar)

Entlang der Ostküste bis zum Norden Madagaskars zieht sich ein regenreiches und tropisch-heißes Gebiet. Hier regnet es fast gleichmäßig viel über das Jahr verteilt. Es gibt keine deutlich abgegrenzte Trockenzeit, nur in der Zeit von Mai bis Oktober ist die Niederschlagsmenge etwas geringer.

Barclaya longifolia **mit Früchten in Südthailand (Biotop 53)**

Der Fluss Ambodimanga liegt nördlich Tamatave zwischen den Orten Fendrorozana und Andrangazaha (S 16° 49,665', E 49° 43,695'). Er ist etwa 20–30 m breit. Sein tief colafarbenes, leicht trübes Schwarzwasser deutete auf starke Humuseinträge und saures Wasser hin. Im Überschwemmungsbereich des Flusses wuchsen syntop *Myriophyllum mezianum*, *Ammannia capitellata* und *Lindernia parviflora* in voller Sonne. Der Untergrund bestand aus weißem Sand und war nur oberflächlich mit Humus bedeckt. Alle genannten Pflanzen blühten und fruchteten über Wasser.

Die Wasseranalyse (S. 600) zeigt, dass die genannten Arten bei hohen Wasser- und Lufttemperaturen über 30 °C gedeihen, blühen und fruchten. Das Wasser, das aufgrund seiner Färbung an der Grenze zum Schwarzwasser liegt, ist extrem weich und mineralarm, sehr sauer und reich an CO_2. Die Analyse weist ein sehr nährstoffarmes Wasser mit leicht erhöhten Natrium- und Chlorid-Werten nach (Meeresnähe). Das Wasser besitzt keine nachweisbaren Mengen der Stickstoffverbindungen Nitrit und Nitrat und zugleich nur sehr wenig Phosphat.

Den Makronährstoff Stickstoff werden sich die Pflanzen am natürlichen Standort aus dem immer wieder neu angeschwemmten Humus herausziehen, da auch der Quarzsand nur wenig Nährstoffe enthält. Auf die Nähe zum Meer deuten die leicht erhöhten Natrium- und Chloridwerte hin. Diese könnten eine Schlüsselrolle in der Kultur von *Myriophyllum mezianum* spielen.

Biotope 52–63: Pflanzengewässer in Thailand

An der Westküste Südthailands, zwischen den Städten Ranong und der Insel Phuket, gibt es viele Bäche und Flüsse mit aquaristisch interessanten Pflanzen- und Fischvorkommen. Diese Gewässer zwischen dem Tenasserim-Gebirge und der Küste sind allesamt von der Quelle bis zur Mündung nur sehr kurz. Schon vor mehr als 25 Jahren wurden Pflanzengewässer in Südthailand sehr gründlich untersucht (Horst 1986). Einige dieser Pflanzenbäche existieren aufgrund von Umweltveränderungen heute nicht mehr; auch kommerzielle Pflanzensammler haben erheblich dazu beigetragen, dass die Bestände stark dezimiert wurden. Dennoch sind etliche der Bäche auch heute noch ökologisch intakt und weisen ein gesundes Milieu und Pflanzenwachstum auf. Ursache hierfür ist sicher der kurze Weg, den die Gewässer von der Quelle bis zum Meer zurücklegen. Es fließt also immer wieder unbelastetes Wasser nach.

In den Jahren 2008 und 2009 habe ich – auf den Spuren von K. Horst – zu unterschiedlichen Jahreszeiten viele dieser Biotope untersucht und mit den damaligen Veröffentlichungen verglichen. Es ist erfreulich zu sehen, dass die Wasseranalysen kaum Unterschiede zeigen, sich die

Blüte von *Barclaya longifolia* (Biotop 53)

Gewässer somit chemisch nicht verändert haben. In diesem Regenwaldgebiet mit vielen Wasserfällen, Naturschutzgebieten, aber auch einer dichten Besiedelung und regem Tourismus an der Küste, weisen die Gewässer allesamt ein salzarmes, sehr weiches Wasser auf. Schnell fließende, stark beschattete Regenwaldbäche sind der gemeinsame Lebensraum von *Barclaya longifolia* und *Cryptocoryne cordata*. Während *Barclaya* sogar noch in sehr schnell fließendem Wasser zu finden ist, besiedelt *C. cordata* eher die strömungsärmeren Randbereiche, doch beiden Arten ist gemeinsam, dass sie beschattete Stellen bevorzugen, an denen nur gelegentliche Sonnenstrahlen einfallen. Zweifellos handelt es sich um Schattengewächse. Der Bodengrund ist immer stark lehmhaltig und somit nährstoffreich; Eisenausfällungen sind an diesen Standorten häufig zu finden.

Auch zahlreiche andere Wasserpflanzen sind gelegentlich in diesen *Barclaya-Cryptocoryne*-Bächen anzutreffen, wie *Hydrilla verticillata*, *Nitella* sp., *Blyxa aubertii*, *Cryptocoryne albida*, *Crinum thaianum*, *Ceratopteris thalictroides*, *Limnophila rugosa*, *L. indica*, *Microsorum pteropus* und *Cyperus helferi*, doch die meisten dieser Arten besitzen eine viel größere ökologische Amplitude und sind in der Lage, sich auch anderen Gegebenheiten anzupassen. So kommen beispielsweise einige auch in großen Flüssen bei intensiver Sonnenstrahlung vor.

An dieser Stelle möchte ich mich bei Kaspar Horst, Niels Jacobsen und Claus Christensen für die zahlreichen wertvollen Informationen über Pflanzenstandorte in Thailand bedanken sowie bei meiner amerikanischen Reisepartnerin Karen Randall, die mit mir gemeinsam die Biotope untersuchte.

Biotope 52–54

Diese drei ausgewählten Gewässer sind typische *Barclaya*-Biotope. Die Bäche 52 und 53 fließen beide in der Nähe des Sai Rung Wasserfalls. Im Biotop 52 (N 08° 44,835', E 98°15,770') fand ich außer *B. longifolia* noch *Cryptocoryne cordata* var. *siamensis*, *Hydrilla verticillata* und *Nitella* sp. Im Biotop 53 (N 08° 44,971', E 98° 16,236') wuchsen nur *B. longifolia* und *C. cordata*. Viele *Barclaya* blühten und fruchteten sowohl im März 2008 als auch im Januar und Oktober 2009, und am Ufer waren viele Sämlinge zu sehen. Im Biotop 54 (südlich Ranong, Kilometerstein 652, N 09° 38,678', E 98° 33,474') sah ich *B. longifolia* zusammen mit *Ceratopteris thalictroides*. An allen Habitaten war der Bodengrund sandig-lehmig. Die verhältnismäßig hoch temperierten Gewässer besitzen ein sehr weiches und saures Milieu und sind reich an freiem CO_2. Sie weisen alle für das Pflanzenwachstum erforderlichen Nährstoffe in geringer, aber ausreichender Menge auf. Vom Biotop 53 wurde im März 2008 sowie im Januar und Oktober 2009 zu unterschiedlichen Jahreszeiten eine Wasserprobe entnommen und im Labor untersucht. Die Ergebnisse (S. 600–603) zeigen in eindrucksvoller Weise, dass die Wasserparameter im Jahresverlauf nur sehr geringen Schwankungen unterliegen. Deutliche Veränderungen sind nur bei der Temperatur (24,4–28,1 °C), beim pH-Wert (5,8–6,6), beim CO_2-Gehalt (7,7–31 mg/l) und beim CSB-Gehalt (1,2–11,2 mg/l) zu bemerken. Die Bodenanalyse (Biotop 53, S. 608) zeigt eindeutig, dass sich die Pflanzen im Wesentlichen durch den Bodengrund ernähren.

Biotop 55

An diesem Habitat (Kilometerstein 770, N 08° 53,817', E 98° 24,345') wuchsen Bestände von *Hygrophila polysperma*, *Crinum thaianum* und *Ceratopteris thalictroides*. Auffällig an der Wasseranalyse (S. 602) ist der hohe Anteil an Natrium und Chlorid, der die Nähe zum Meer anzeigt. Zur Ende der regenarmen Jahreszeit war das Wasser fast stehend und wirkte ziemlich verschmutzt. Die Wasseranalyse wies aber nach, dass es dennoch nur gering belastet war. Alle Pflanzen wuchsen in intensivem Sonnenlicht.

Biotop 56

Dieser Biotop (Kilometerstein 747, N 09° 04,224', E 09° 26,161') war Lebensraum vieler Pflanzenarten, die aber nur in einer geringen Individuenzahl vorkamen: *Barclaya longifolia*, *Cryptocoryne albida*, *Blyxa aubertii*, *Microsorum pteropus*, *Nitella* sp., *Hydrilla verticillata*, *Crinum thaianum*, *Cyperus helferi*, *Ceratopteris thalictroides* und die 2008 neu eingeführte Aquarienpflanze *Limnophila rugosa*. *Cyperus helferi* und *Limnophila rugosa* wuchsen nur am schattig-sonnigen Ufer, das zur Regenzeit vollständig unter Wasser stehen dürfte.

Biotop 57

Es handelt sich um einen etwa 20 m breiten Fluss, in dem ich eine außergewöhnlich große Arten- und Individuenzahl fand (Kilometerstein 655, N 09° 00,315', E 98° 25,289'). Fast alle der in diesem Gewässer vorkommenden Arten

Der Quelltopf Tahm Sra bei Krabi, Thailand (Biotop 59)

sind als Aquarienpflanzen bestens bekannt: *Crinum thaianum*, *Limnophila indica*, *Hydrilla verticillata*, *Nymphaea* cf. *rubra*, *Cryptocoryne crispatula* var. *balansae* und *C. c.* var. *flaccidifolia*, *Cyperus helferi*, *Hygrophila polysperma* und *Ceratopteris thalictroides*. Aber auch eine reichhaltige Fischfauna wurde festgestellt: u. a. *Aplocheilus panchax*, *Badis siamensis* und *Puntius binotatus*. Alle Pflanzen wuchsen unbeschattet, einige Arten sogar noch in einer Tiefe von bis zu 1,5 m. Beim Vergleich der zu unterschiedlichen Jahreszeiten durchgeführten Wasseranalysen fallen die sehr niedrigen pH-Werte sowie das extrem kohlendioxidreiche Wasser auf. Auch bei der Bodenanalyse (S. 608) ist der niedrige pH-Wert bemerkenswert, der eine leichte Verfügbarkeit der Nährstoffe ermöglicht.

Biotop 58
Flussbiotop mit *Ceratopteris thalictroides*, *Hydrilla verticillata*, *Cyperus* sp. und massenhaften Beständen von *Hygroryza aristata* an der Wasseroberfläche (Kilometerstein 644, N 09° 42,385', E 98° 34,645'). Reichhaltige Fischfauna, u. a. *Dermogenys*, *Rhinogobius*, *Badis siamensis*, *Aplocheilus panchax*, Grundeln und viele Garnelen. Das Wasser ist auffällig sauerstoff- und kohlendioxidreich (Analyse S. 602).

Biotop 59
Der Quelltopf Tahm Sra 20 km nordwestlich der Stadt Krabi (N 08° 10,012', E 98° 48,242') ist Typusfundort von *Betta simplex*. Den Rand des Quelltopfes säumen große Bestände von *Cryptocoryne cordata* var. *siamensis*, die bis in eine Tiefe von mindestens 1,5 m reichen. Das sehr kalkreiche Wasser (Analyse S. 602) strömt aus dem Quellteich in großen Mengen ab und bildet einen Bach, der auch gegen Ende der regenarmen Jahreszeit schnell fließt. Hier findet man dichte Bestände von *C. cordata*, die vergesellschaftet sind mit *Azolla*, *Riccia* und *Microsorum pteropus*, aber auch von Aquarianern ausgesetzten *Echinodorus grisebachii*. Der stark lehm- und eisenhaltige Bodengrund bildet ein sehr nährstoffreiches Substrat für die Cryptocorynen.

Biotop 60
Kleiner See südlich von Krabi nahe Crystal Lagoon mit sehr dichten, blühenden Beständen der 2008 eingeführten *Myriophyllum tetrandrum* (N 07° 55,780', E 99° 13,838'). Das stehende, kalkreiche Gewässer (Analyse S. 602) weist einen stark lehmigen Untergrund auf. Bemerkenswert an der Wasseranalyse sind die hohe Wassertemperatur und das verhältnismäßig nährstoffreiche Wasser.

Biotop 61
Im Khao-Yai-Nationalpark nordöstlich von Bangkok leben unweit des Wasserfalls Haew Narok syntop drei Varietäten von *Cryptocoryne crispatula*: *C. c.* var. *crispatula*, *C. c.* var. *balansae* und *C. c.* var. *tonkinensis* auf engstem Raum miteinander (N 14° 17,671', E 101° 23,715'). Ich suchte diesen Standort zur regenarmen Jahreszeit (Januar 2009) auf. Der Wasserstand war so niedrig, dass nur wenige Pflanzen im flachen, ungewöhnlich kühlen Wasser wuchsen (Analyse S. 602). Größere Gruppen standen emers am beschatteten Flussufer. Als ich diesen Standort zum Ende der Regenzeit im Oktober 2009 erneut aufsuchte, standen alle Cryptocorynen vollständig unter Wasser. Das Wasser war stark lehmig getrübt und so reißend, dass ich mich kaum aufrecht halten konnte. Nur noch an einer Stelle konnte ich die Cryptocorynen überhaupt noch schemenhaft erkennen. Sie erhalten in diesem Habitat zur Hochwasserzeit über mehrere Wochen hinweg extrem wenig Licht, was ihre Assimilation stark einschränkt. Dieses erfolgt paradoxerweise zur wärmeren Jahreszeit, dann nämlich, wenn die Wassertemperatur höher liegt und damit die Photosynthese ansteigt. Im Oktober lag die Temperatur mit 25 °C um 4 Grad deutlich über dem im Januar gemessenen Wert von 21 °C (Wasseranalyse S. 602). Bemerkenswert ist auch die Veränderung des pH-Wertes: Mit einem pH-Wert von 6,5 wurde zur Hochwasserzeit ein deutlich niedriger Wert gemessen als bei Niedrigwasser im Januar mit pH 7,4.

Pogostemon helferi **blüht und fruchtet im Januar überwiegend emers (Biotop 63)**

Biotop 62
Im Khao-Yai-Nationalpark ist am Camp Lam Takong (N 14° 25,405', E 101° 23,249', 705 m Höhe) ein großer Teich angelegt worden, der vom Wasser eines Flusses gespeist wird. Dieses Gewässer ist Lebensraum von *Rotala rotundifolia*, *Utricularia aurea* und *Limnophila indica*. Die Pflanzen wuchsen zur regenarmen Jahreszeit (Januar 2009) in ziem-

Natürlicher Standort von *Pogostemon helferi* in Thailand im Grenzgebiet zu Myanmar

lich kühlem Wasser. Die Wasseranalyse (S. 602) weist ein sehr weiches, saures, kohlendioxidreiches und nährstoffreiches Wasser nach, was auf den stark lehmigen Untergrund zurückzuführen sein dürfte. Als ich den Standort am Ende der Regenzeit im Oktober 2009 erneut aufsuchte, war der Wasserstand des Teiches um etwa 30 cm höher, und alle Pflanzen wuchsen vollständig submers. *Utricularia aurea* und *Limnophila indica* blühten. Beim Vergleich der Vollwasseranalysen (S. 602) zeigt sich erwartungsgemäß, dass zur Regenzeit die Werte noch niedriger liegen als zur regenarmen Jahreszeit. Veränderungen der Parameter sind bei der Temperatur (21,1 und 25 °C), beim pH-Wert (6,0 und 6,5), beim CO_2-Gehalt (41,1 und 12 mg/l) und beim CSB-Gehalt (19,2 und 6,5 mg/l) zu bemerken.

Biotop 63

Eine der schönsten neuen Aquarienpflanzen ist *Pogostemon helferi*. Ökologische Daten sind bisher nur von einem Fundort bekannt. Dieser liegt unweit des Drei-Pagoden-Passes im Grenzgebiet zu Myanmar auf der thailändischen Seite (N 15° 08,469', E 98° 27,486'). Die Pflanzen wachsen in einem 20–50 m breiten Fluss zusammen mit *Cryptocoryne crispatula* var. *crispatula*, die die etwas ruhigeren Stellen im und am Flussrand besiedelt. Zu Beginn der Niedrigwasserzeit bildet *Pogostemon helferi* ausgedehnte Pflanzenteppiche unter Wasser auf und zwischen Kalksteinfelsen (Prasartul et al. 2004; Christensen et al. 2008). Die Bestände stehen in vollem Sonnenlicht und wachsen in kalkhaltigem Boden bevorzugt in reißender Strömung, ohne von dieser zerstört zu werden. Mit sinkendem Wasserstand ab Ende Oktober beginnen die Pflanzen emerse Blütensprosse zu bilden.

Mitte Januar 2009 fand ich fast alle Pflanzen über Wasser blühend und fruchtend inmitten der Stromschnellen, aber es konnten auch blühende Sprosse am Rand des Flusses an nassen Plätzen gefunden werden. Eine Bestäubung der Blüten erfolgt durch Schwebfliegen.

Als ich den Fluss am Ende der Regenzeit im Oktober 2009 erneut aufsuchte, war der Standort völlig verändert: Der Wasserstand war um etwa 2 m höher als im Januar 2009, weshalb es unmöglich war, an das Habitat heranzukommen. Das reißende Wasser war nicht mehr kristallklar, sondern stark lehmig getrübt, sodass die *Pogostemon helferi* während der Hochwasserzeit (vermutlich über mehrere Wochen) kein Licht für ihre Assimilation erhalten. Beim Vergleich der Wasseranalysen (S. 602) wird deutlich, dass *P. helferi* zu unterschiedlichen Jahreszeiten bei weitestgehend konstanten Wasserparametern gedeiht. Nur bei der Temperatur konnte ich Schwankungen von 20,4–24,9 °C messen.

Biotop Nr. 64: Okavango-Delta

Das größte Feuchtgebiet Afrikas, das gewaltige Okavango-Delta in Botswana, ist nicht nur ein Paradies für viele Tierarten, sondern auch ein einzigartiger Lebensraum für Wasser- und Sumpfpflanzen. Der etwa 1400 km lange Fluss Okavango entspringt im Hochland von Angola, fließt Richtung Süden und bildet in Botswana ein pfannenförmiges, riesiges Wasserlabyrinth, das aus unzähligen Flussläufen, Sumpflandschaften, Überschwemmungsgebieten, Trockenzonen und Inseln besteht. Das Wasser versickert und verdunstet schließlich in der Weite der Kalahari-Wüste. Im Delta gibt es große permanente Sumpflandschaften, die nur von vier Pflanzenarten dominiert werden, wie Papyrus

(*Cyperus papyrus*), Schilf (*Phragmites australis* und *P. mauritianus*) und das Sumpfgras (*Miscanthus junceus*). Papyrus produziert etwa 90 % der gesamten Pflanzenbiomasse und hat demzufolge eine äußerst wichtige ökologische Funktion innerhalb dieses beeindruckenden Ökosystems.

Überall dort, wo das Wasser flacher wird und weniger Nährstoffe verfügbar sind, kommen weitere Pflanzenarten hinzu. Diese sind das Riedgras *Pycreus nitidus*, die Zypergräser *Cyperus pectinatus* und *C. articulatus*, aber auch für die Aquaristik interessante Arten, wie die Seerosen *Nymphaea nouchali* und *N. lotus*, die Seekannen *Nymphoides indica* und *N. thunbergiana*, die Schwimmpflanze *Aeschynomene fluitans* mit meterlangen Rhizomen, die Schwimmblattpflanze *Brasenia schreberi* mit purpurfarbenen Blüten, das Laichkraut *Potamogeton thunbergii* und die für botanische Gärten interessante *Caldesia reniformis* mit rötlichen Schwimmblättern.

Drei Arten der Froschbissgewächse sind *Lagarosiphon ilicifolius*, *L. rubellus* und *L. verticillifolius*, die im Delta vorkommen und auf eine Einfuhr warten. Die Familie der Wasserschlauchgewächse ist mit zahlreichen Arten im Okavango-Delta vertreten. Von den zwölf dort verbreiteten karnivoren Utricularien sind die kleinste Art, *Utricularia gibba*, und die imposante *U. stellaris* häufig. Die Fangblasen bildende, sehr seltene *Aldrovanda vesiculosa* ist ebenfalls vertreten. Auch das prächtige Nixkraut, *Najas horrida*, ist in den Flusssystemen des Okavango, Kwando und Zambezi eine häufige Art (Foto S. 475).

Nur wenige aquatische Arten besetzen die ökologische Nische der Permanentgewässer im Okavango-Delta. Schlüsselfaktoren für das Ansiedeln von Wasserpflanzen sind der stark schwankende Wasserstand und die hohe Fließgeschwindigkeit in den Kanälen. Die beiden für die Aquaristik interessantesten echten Wasserpflanzen sind *Ottelia ulvifolia* und *O. muricata*. Auch *Ottelia kunenensis* mit bis zu 50 cm langen, bandförmigen Blättern, aquaristisch unbekannt, soll in den Flüssen Okavango und Zambezi verbreitet sein.

Untersucht wurden Fließgewässer von *Ottelia ulvifolia* und *O. muricata* (S. 604). Die erste Probe wurde aus dem Okavango beim Camp Pom Pom entnommen, die zweite aus dem Fluss Kwando, 22 km südlich von Kongola im Caprivi-Zipfel von Namibia. In beiden Flüssen wuchs *Ottelia ulvifolia*, im Fluss Kwando war die Art syntop mit *Ottelia muricata* zu finden. Die Wasseranalysen zeigen, dass beide Ottelien in weichem, karbonatreichem Wasser mit geringen Chloridwerten wachsen. Der pH-Wert liegt im leicht sauren bis neutralen Bereich. Die Hauptnährstoffe Stickstoff und Phosphor wurden nur in sehr geringer Konzentration nachgewiesen. Dagegen sind die essenziellen Pflanzennährstoffe Kalium und Natrium in ausreichender Menge vorhanden. Auch die CO_2-Versorgung ist gut.

Blick auf das südliche Okavango-Delta

Der hohe CSB-Gehalt deutet auf Einschwemmungen von Humus hin. Das oligotrophe Gewässer besitzt keine nachweisbaren Mengen an Nitrit, Nitrat, Phosphat und Ammonium, was diese Flusswässer deutlich von den normalen Aquarienwässern unterscheidet. Die Schwermetalle Zink, Cadmium, Blei und Kupfer wurden nicht bestimmt, da davon auszugehen ist, dass die Flüsse weitestgehend unbelastet sind. Die Wassertemperatur von 24 °C wird sich im Laufe des Jahres aufgrund der Größe der Flüsse vermutlich nicht wesentlich verändern. Obwohl die Ottelien sicher auch einen Teil der Nährstoffe durch das Wasser aufnehmen, ist davon auszugehen, dass sie sich über den Lehmboden mit Nährstoffen versorgen.

Blüte von *Brasenia schreberi*

Blick auf den Fluss Thodupuzha

Biotop Nr. 65: Fluss Thodupuzha

Der Fluss Thodupuzha (Kerala, Südindien) nahe des gleichnamigen Ortes ist hier etwa 50 m breit. Das klare Wasser ist sehr schnell strömend. Die Wassertiefe betrug zum Zeitpunkt unseres Aufenthalts bis zu 1,5 m. Das Flusswasser wird durch einen Staudamm reguliert, weshalb der Fluss nicht austrocknet. Das Wasser ist mineralarm, sehr weich und sauer (Vollwasseranalyse S. 604).

Im Thodupuzha fanden wir eine ungewöhnlich große Arten- und Individuenzahl an Wasserpflanzen. Große Bestände von *Lagenandra toxicaria* (S. 409) und *Cryptocoryne retrospiralis* (S. 253) dominierten das Bild. Die fest auf Steinen wachsende Podostemaceae *Indotristichia ramosissima* bildete mit ihrer roten Färbung einen prächtigen Anblick. Weitere Wasserpflanzen waren *Blyxa aubertii*, *Limnophila indica*, *Utricularia graminifolia*, *U. gibba*, *Fissidens* sp., *Ceratopteris thalictroides*, *Eleocharis* sp., *Eriocaulon cinereum* und *Hydrilla verticillata*. Die Pflanzen wuchsen voll besonnt. Die Lichtmessungen ergaben um 8.30 Uhr an einem sonnigen Tag 1146 PAR an der Wasseroberfläche und 760 PAR in 10 cm Wassertiefe. Zur Mittagszeit werden diese Werte deutlich darüber liegen.

Überraschenderweise ist *Lagenandra toxicaria* in Südindien häufig submers zu finden. Sie wächst in Bächen und kleinen Flüssen in großer Individuenzahl und besiedelt das gesamte Flussbett. In großen Flüssen wachsen die Bestände dagegen bevorzugt am Ufer, wo die Blütenstände mit fallendem Wasserstand auch eine Chance auf Bestäubung haben und eine generative Vermehrung möglich ist. Die riesigen Gruppen von *Lagenandra toxicaria* im Fluss Thodupuzha bilden vermutlich rein vegetative Klone.

Crinum malabaricum mit blühenden *Eriocaulon dalzelii*

Biotop Nr. 66: Typusstandort von Crinum malabaricum

Der Typusstandort wurde im Februar 2013 zur Trockenzeit und im November 2014 zum Ende der Regenzeit untersucht. Der kleine Fluss nahe dem Ort Periya kommt aus den Western Ghats. Die Hakenlilien wachsen dicht gedrängt auf einer Flussbreite von 3–4 m und einer Länge

von wenigen Hundert Metern. Im September 2011 zählten die Entdecker etwa 1000 Exemplare (s. auch S. 211).
Die Vollwasseranalyse (S. 604) zeigt, dass *Crinum malabaricum* in sehr weichem, saurem, nährstoffarmem Wasser mit niedriger Leitfähigkeit wächst. Auffällig hoch ist der CO_2-Gehalt, der das fantastische Pflanzenwachstum bewirken dürfte. Das klare Wasser ist arm an Kalium und Magnesium. Eisen wurde nicht nachgewiesen und Stickstoff und Phosphor sind in ausreichenden Mengen vorhanden. Die Wassertemperatur ist das ganze Jahr über sehr hoch. Die Lichtwerte am 22.11.2014 um 13.20 Uhr betrugen in voller Sonne an der Wasseroberfläche 759 PAR, in 20 cm Tiefe 650 PAR; im Schatten an der Wasseroberfläche 228 PAR, in 45 cm Tiefe 144 PAR. Die Werte verdeutlichen, dass *C. malabaricum* eine schattenliebende Wasserpflanze ist.

Mit *Crinum malabaricum* vergesellschaftet waren *Eriocaulon setaceum*, *E. dalzelii*, *Eriocaulon sexangulare*, *Rotala macrandra*, *Blyxa aubertii*, *Limnophila aquatica*, *L. aromatica*, *Lagenandra toxicaria* und *Cryptocoryne spiralis* var. *caudigera*.

Biotop Nr. 67: Cryptocoryne cognata

Das Habitat liegt zwischen Vaihavwadi und Lore im Bundesstaat Maharashtra, Indien. Das temporäre Gewässer ist 3–5 m breit und führte zum Zeitpunkt der Untersuchung knietiefes, schnell strömendes, klares Wasser. Das Flussbett war oberflächlich steinig-kiesig (Lateritgestein). Am Ufer hatten sich Schlamm und Laub der umstehenden Bäume abgelagert. Die Pflanzen wurzelten tief und fest in rötlichem, sandigem Lateritlehm. Einige Cryptocorynen waren am Ufer trocken gefallen und hatten vereinzelt emerse Blätter und Blütenstände gebildet (S. 233).

Gegen 16 Uhr verließen unzählige Gnitzen die penetrant stinkenden Blütenstände, die zuvor im Kessel eingeschlossen waren. Bei diesen Mücken handelt es sich nach Niels Jacobsen (pers. Mitt.) wahrscheinlich um Arten der Gattung *Atrichopogon*, Familie Ceratopogonidae.

Die Wasseranalyse (S. 606) zeigt einen extrem hohen CO_2-Gehalt von 36 mg/l sowie Anzeichen einer Überdüngung durch leicht erhöhte Nitrat- und Phosphat-Werte. Der Phosphat-Eintrag wird vermutlich durch Waschmittel sowie aus landwirtschaftlichen Düngern verursacht, die ein deutliches Algenwachstum zur Folge haben. *Cryptocoryne cognata* ist nicht in der Lage, sich stark verändernden Umweltbedingungen anzupassen. Die anthropogenen Einflüsse im Gebiet sind gravierend.

Biotop Nr. 68: Nechamandra alternifolia subsp. alternifolia

Es wurde ein Standort im indischen Maharashtra nahe Mumbai untersucht. Das Habitat war ein temporärer Teich mit lehmigem Untergrund. Die Pflanzen wuchsen in krautigen, dichten Populationen in bis zu etwa 1 m tiefem Wasser und bildeten Blütensprosse an der Wasseroberfläche. Die Wasseranalyse (S. 604) zeigt ein stark alkalisches, mittelhartes, unbelastetes Wasser mit sehr geringem CO_2-Gehalt bei einer Temperatur von 34 °C (in dieser Region gleichbleibend hoch). Lichtwert bei diesigem, leicht wolkigem Wetter an einer offenen Stelle um 15 Uhr an der Wasseroberfläche 470 PAR.

Nechamandra alternifolia (S. 476) ist eine zweihäusige Art mit winzigen Blüten. Die zahlreichen männlichen Blüten bilden an der Wasseroberfläche kleine, zusammenhängende „Ketten“ , die sich an die schwimmenden weiblichen Blüten anlagern, um den Pollen auf die behaarten Narben zu übertragen. Cook fand bei seinen Untersuchungen an einem See in Kota, Bundesstaat Rajasthan, eine erstaunliche Zahl von 64 000 Samen auf einem Quadratmeter.

Biotop Nr. 69: Rotala serpyllifolia

Untersucht wurde ein Gebirgsbach mit guter Strömung in felsiger Landschaft im indischen Maharashtra (S. 535). Kleine Gruppen wuchsen sowohl mit farbenprächtigen Wassersprossen als auch blühend auf Felsen. Die Vollwasseranalyse (S. 604) wies ein nährstoffarmes (oligotrophes) Gewässer nach. Die Ernährung der Pflanzen erfolgt durch angeschwemmte, abgestorbene Pflanzenteile, die in dem dichten Wurzelgeflecht hängenbleiben. Der Fundort liegt im tropisch-feuchten Küstenstreifen westlich der Western Ghats. Überraschend hoch ist die Temperatur von 35 °C. Es ist davon auszugehen, dass sie im Jahresverlauf nur um wenige Grade schwankt. *Rotala serpyllifolia* wächst in dem

Gebirgsbach mit *Rotala serpyllifolia*

Habitat in alkalischem, mittelhartem, völlig unbelastetem Wasser mit niedrigem CO_2-Gehalt. PAR-Werte bei leicht dunstigem Wetter um 16 Uhr: 575 PAR (10 cm Tiefe) bis 990 PAR (Wasseroberfläche).

Biotop-Nr. 70: Barclaya motleyi

Untersucht wurden Bestände von *Barclaya motleyi* im Schwarzwasser des Sungai Mador Meiyu bei Bintangor (Sarawak, Borneo). Die Pflanzen wuchsen an den Ufern des schnell fließenden Flusses überwiegend unbeschattet in einer Tiefe von etwa 30–80 cm. Die Blätter erreichten nicht die Wasseroberfläche. Ferner gab es stark beschattete Gruppen unter einer Brücke. Der Bodengrund war steinig-lehmig. Das Schwarzwasser reduziert die intensive Strahlung erheblich, wie die gemessenen Lichtwerte um 12 Uhr eindrucksvoll belegen: 2100 PAR (Wasseroberfläche), in 5 cm Tiefe 900 PAR und in 10 cm Tiefe 400 PAR. Unter der Brücke wurden in 10 cm Tiefe nur 38 PAR gemessen. *Barclaya motleyi* (S. 177) ist eine schattenliebende Art, wie die Lichtwerte vor Ort zeigen.

Das Schwarzwasser zeichnet sich durch einen hohen Gehalt an Humusstoffen aus und ist sehr arm an Mineralien. Die Vollwasseranalyse (S. 604) zeigt, dass *B. motleyi* optimal in sehr saurem Milieu (pH-Wert 4,5) mit einem extrem hohen Gehalt an CO_2 (109 mg/l) gedeiht. Bei diesen Werten ist es nicht überraschend, dass die Kultur dieser schönen Wasserpflanze nur unter speziellen Bedingungen möglich ist.

Biotop Nr. 71: Bucephalandra bogneri

Von *Bucephalandra bogneri* (S. 190) sind in Sarawak zahlreiche Standorte bekannt. Dennoch ist es nicht einfach, diese zu finden. Die Art wächst im klaren Fließwasser von Flüssen, die durch Bäume stark beschattet werden (Lichtwerte sehr niedrig, 3 PAR mittags ohne Sonne nach einem Regenschauer. Nur sehr kurzzeitig gelangen Sonnenstrahlen durch das dichte Blätterdach. Untersucht wurde ein Standort bei Padawan. Der Fluss war sehr steinig-felsig, und darunter bestand das Substrat aus gelbem Lehm. Die Pflanzen wuchsen auf und zwischen den Felsen. „Alte“ Exemplare besaßen sehr lange, dicke Rhizome. Im September 2017 fanden wir Blüten- und Fruchtstände, wobei auch junge Pflanzen schon blühten. Die Blüten werden durch kleine Fliegen bestäubt. Die Pflanzen von *B. bogneri* wuchsen emers. Der Wasserstand kann jedoch bei starkem Regen kurzzeitig bis zu 2 m höher sein. Vollwasseranalyse des Standorts auf S. 606.

Cryptocoryne keei wächst auf „Inseln“ mitten im Fluss

Biotop Nr. 72: Cryptocoryne pallidinervia

Untersucht wurde ein Schwarzwasser-Biotop beim Dorf Keranji in Sarawak (Borneo) westlich der Stadt Lundu. Im stehenden Restwasser eines 2–3 m breiten Baches wuchsen dichte, blühende Bestände von *Cryptocoryne pallidinervia* überwiegend in tiefem Schatten. Der Bodengrund bestand aus einer dicken Schicht von weichem Humus, der sich aus dem zersetzenden Laub der umstehenden Bäume gebildet hatte. Die submersen Pflanzen standen in bis zu 30 cm tiefem Wasser. Sie waren an manchen Stellen schon trockengefallen und hatten Blütenstände entwickelt. Auffällig waren die langen Blattstiele, die die Pflanzen zuvor bei höherem Wasserstand gebildet hatten.

Lichtmessungen (Oktober 2017, um 13 Uhr) ergaben sehr niedrige Werte: an der Wasseroberfläche im Schatten 16 PAR, in 5 cm Tiefe 9 PAR und in 8 cm Tiefe 5 PAR. Die Vollwasseranalyse (S. 606) zeigt einen für Schwarzwasser charakteristisch niedrigen pH-Wert von 4,8 und ein sehr weiches, CO_2-reiches Wasser bei einer tropisch hohen Temperatur von 30 °C. Bemerkenswert sind die unzähligen Fliegen aus der Familie Ephydridae, die in den Blütenkesseln der Cryptocorynen zu finden waren und die die Bestäubung vollziehen (siehe S. 217 und S. 249).

Biotop Nr. 73: Cryptocoryne keei

Die seltene *Cryptocoryne keei* (S. 244) wächst in der Umgebung von Bau (Sarawak, Borneo) in einem kalkreichen Gebiet, was untypisch für Borneo ist. Es ist keine Schwarzwasser-*Cryptocoryne*, dennoch hat sich die Kultur im Aquarium bisher als schwierig herausgestellt. Die folgende Biotopbeschreibung soll die Lebensweise der dekorativen Pflanze verstehen helfen, um ihre submerse Kultur erfolgreicher zu machen.

Untersucht wurde ein Fluss südöstlich der Stadt Bau, der innerhalb von zwölf Tagen dreimal aufgesucht wurde. Beim ersten Besuch war das Wasser schnell fließend und klar. Die dichten Bestände wuchsen tief verwurzelt in geringer Wassertiefe auf Sand-Kies-Bänken mitten im Fluss in starker Strömung; diese „Inseln“ bewirken eine Reduzierung der Strömung – was die Pflanzen schützt – sowie eine Ablagerung von (nährstoffreichen) Lehmpartikeln und Laub der umstehenden Bäume. Nur oberflächlich bestand der Bodengrund aus Sand und Kies, darunter überwiegend aus gelbem Lehm durchsetzt von Humus. Dieser bildet ein großes Nährstoffdepot.

Cryptocoryne keei ist eine Wasserpflanze, die emers bei hoher Luftfeuchte nur gezwungenermaßen und nicht optimal gedeiht, denn sie bildet dann viel kleinere Blätter. Das Bestreben in der Kultur sollte eine submerse Vermehrung sein, die der natürlichen Lebensweise entspricht und am Standort sehr produktiv ist. Wasserwerte beim ersten Aufenthalt (9/2017): 25,5 °C (15.30 Uhr), pH 7,5, GH 6,5 °dH, KH 5,5 °dH, 180 µS/cm.

Elf Tage später – es hatte zuvor stark geregnet – betrug die Wassersäule 130 cm. Das Regenwasser floss von den umgebenden Karstbergen schnell ab, weshalb in dem lehmig-trüben Flusswasser keine Pflanzen mehr zu erkennen waren. Der pH-Wert war auf 7,0 gefallen, die Temperatur mit 25 °C fast unverändert (siehe Vollwasseranalyse S. 604). Einen Tag später betrug der Wasserstand nur noch 70 cm. Die Pflanzen wuchsen in knietiefem, klarem Wasser und waren erneut gut zu erkennen.

Die Schilderung veranschaulicht den ständigen Wechsel des Pegels im Fluss (in Sarawak regnet es fast täglich), aber auch den der Lichtveränderungen. Lichtmessungen um 10.30 Uhr direkt an den Pflanzen ergaben bei starker Bewölkung sehr geringe Werte: an der Wasseroberfläche 36 PAR, in 5 cm Tiefe 24 PAR und in 30 cm 13 PAR (700 PAR ohne Beschattung). Gelegentliche Sonnenstrahlen, die in Abhängigkeit der Tageszeit durch das dichte Blätterdach der umstehenden Bäume fallen, führen jedoch auch vorübergehend zu höheren Werten. *Cryptocoryne keei* ist zweifellos eine Schattenpflanze.

Biotop Nr. 74: Hygrophila pinnatifida

Untersucht wurden Habitate im südlichen Maharashtra (Indien) entlang der Western Ghats nahe der Küste. *Hygrophila pinnatifida* (S. 389) ist in bis zu 20 m breiten Flüssen mit kristallklarem Wasser nicht selten massenhaft anzutreffen. Sie besiedelt schattig-sonnige oder voll besonnte, offene Plätze, häufig mitten im Flussbett. Die Pflanzen wachsen mit kurzen, kräftigen Wurzeln flach im Bodengrund oder fest auf Felsen haftend. In allen Habitaten war das Flussbett steinig-felsig. Darunter bestand das Substrat aus laterithaltigem, grobem Sand und Kies. Die Autorin fand *H. pinnatifida* auch als Rheophyt im beeindruckenden Nangartaas-Fall bei Amboli inmitten der reißenden Strömung.

Hygrophila pinnatifida **am natürlichen Standort in Indien**

Auch zum Ende der Regenzeit (Oktober) weisen die Gewässer bei Niedrigpegel eine sehr hohe Fließgeschwindigkeit auf. Die fiederspaltigen Blätter sind eine optimale Anpassung an eine starke Wasserbewegung, der sie kaum Widerstand entgegensetzen. Perfekt angepasst sind sie an sich schnell verändernde Wasserstände, denn bei der Umstellung auf die Landform bleibt die fiederschnittige Blattform erhalten. Die Spreite wird kürzer und fester und entwickelt eine mehr oder weniger starke Behaarung, die von der Luftfeuchte abhängig ist.

Die Wasseranalysen von fünf Standorten wiesen ein weiches, mineralarmes Wasser mit tropisch hohen Temperaturen nach. Zusammengefasst: 28,2–29 °C (Lufttemp. 30–35 °C), pH 6,0–7,0, GH < 1–3,7 °dH, KH 1,5–2 °dH, 20–90 µS/cm. Vollwasseranalyse S. 604. Lichtwerte (volle Sonne): Wasseroberfläche 780 PAR, in 5 cm Tiefe 650 PAR, in 15 cm 320 PAR. Verglichen mit Messungen an anderen Habitaten liegen die Werte im mittleren Bereich.

Biotop Nr. 75: Cryptocoryne ferruginea

Untersucht wurde ein Überschwemmungsbereich eines kleinen Flusses westlich der Stadt Bau (Sarawak, Borneo). Dichte Bestände emerser und blühender *Cryptocoryne ferruginea* var. *ferruginea* wuchsen in weichem Humus unter dichtem Baumbestand an Kalkfelsen. Lichtwerte: 50–500 PAR an den Pflanzen. Analyse des Flusswassers (29. 09. 2017): 26 °C (14 Uhr), Lufttemperatur 28 °C, pH 6,6, GH 3,5 °dH, KH 3 °dH, 110 µS/cm. Zur Regenzeit wachsen die Bestände in größerer Tiefe im Fließwasser.

Bastmeijer et al. (2013) berichten über einen natürlichen Standort von *C. ferruginea* var. *sekadauensis*. Am Ufer eines etwa 3 m breiten Baches wurden grün- und braunblättrige Pflanzen gefunden. Der Wasserstand kann bis zu 2 m während des Monsuns ansteigen. Nur während der Trockenzeit

Der untersuchte Flussabschnitt des Howard River

Vallisneria australis im Howard River und weibliche Blüte

wachsen die Pflanzen emers, bilden dann kleinere Blätter und Blütenstände. Der Bodengrund bestand aus sandigem Lehm und verrottetem Laub. Wasserwerte (9/2006 und 9/2009): 26 °C (8 Uhr), pH 5,9–6,1, GH/KH < 1 °dH, 10–33 µS/cm (siehe auch S. 241).

Northern Territory, Australien, Biotope Nr. 76–78

Die Gewässer des Northern Territory (Australien) sind für die Aquaristik sehr interessant. Sie beherbergen einen hohen Artenreichtum an Wasser- und Sumpfpflanzen, von denen bisher nur wenige außerhalb Australiens kultiviert werden. Spezielle Wasserpflanzen sind die stängeligen *Vallisneria rubra* (Syn. *Maidenia*) mit nadelförmigen Blättern und *V. triptera*, die sehr zarte *V. annua* sowie die breitblättrige *V. nana*, die bei intensiver Sonneneinstrahlung rote Blätter bildet. Verschiedene Wuchsformen von *Pogostemon stellatus* sind hier beheimatet, aber auch mehrere noch wenig bekannte *Limnophila*-Arten, wie *L. fragrans*, *L. chinensis*, *L. australis*, *L. brownii* sowie *L. wilsonii*, die in diesem Buch zu Ehren von David Wilson (Howard Springs) beschrieben wird. Wie kein anderer kennt er die Fisch- und Pflanzenwelt des Northern Territory. Auch zahlreiche *Eleocharis*- und *Eriocaulon*-Arten sowie Spezies aus den Gattungen *Fimbristylis*, *Lindernia*, *Rotala*, *Myriophyllum*, *Nymphaea* und *Nymphoides* warten noch darauf, als Aquarienpflanze getestet zu werden.

Gemeinsam mit Karen Randall (Boston) suchte ich die Region um Darwin Anfang August 2018 zur Trockenzeit auf, und mit Unterstützung von D. Wilson fanden wir einige spannende Biotope. Nach der Regenzeit muss die Region für an Wasserpflanzen Interessierte ein wahres Pflanzenparadies sein. Viele aquatische Arten wachsen in Australien in sehr weichem Wasser, andere kommen wiederum in mittelhartem bis hartem, alkalischem Milieu vor. Mit der heutigen Technik ist es kein Problem mehr, auch spezielle australische Weichwasserpflanzen, wie *Vallisneria rubra*, zu kultivieren. Drei sehr unterschiedliche Biotope werden im Folgenden beschrieben.

Biotop Nr. 76: Howard River

Untersucht wurden Pflanzenbestände im Howard River, einem Permanentgewässer östlich von Darwin. Der Fluss war an der untersuchten Stelle etwa 5 m breit und durch umstehende Bäume stark beschattet. Nur wenige Sonnenstrahlen fielen durch das Blätterdach. Das klare Wasser floss mäßig schnell. *Vallisneria australis* wuchs mit teilweise intensiv rot gefärbten, breiten Blättern in 20–30 cm tiefem Wasser und hatte weibliche Blüten an der Wasseroberfläche gebildet. Am Flussrand, überwiegend emers und beschattet, blühten die Sumpfpflanzen *Hygrophila ringens* (S. 393), *Eleocharis geniculata* (S. 338), *Staurogyne leptocaulis* (S. 553) und die ungewöhnlich stark behaarte *Nelsonia campestris*.

Alle Pflanzen wurzelten in humusreichem, sandig-lehmigem Boden. Nur oberflächlich war das Flussbett steinig-kiesig. Während der Regenzeit steigen Pegel und Fließgeschwindigkeit deutlich an und die Pflanzen wachsen vollständig unter Wasser – aber dann sind auch die Krokodile wieder da. Im Fluss lebt der gut getarnte Kardinalbarsch *Glossamia aprion*. Die Vollwasseranalyse (S. 604) weist ein mittelhartes bis hartes, alkalisches und CO_2-reiches Wasser nach.

Hygrophila ringens am Flussrand des Howard River

Nelsonia campestris am feuchten Ufer des Howard River

Biotop Nr. 77: Berry Creek

Im Überschwemmungsbereich des Flusses schlängelten sich 20–30 cm breite Bäche durch bewaldetes Gebiet und hatten eine Sumpflandschaft entstehen lassen. Im flachen, langsam fließenden, klaren Wasser wuchsen an überwiegend beschatteten Stellen im Wald kleine Bestände von blühenden *Vallisneria rubra* und *Cycnogeton* (Syn. *Triglochin*) *dubium*. Die Pflanzen wurzelten oberflächlich in einer dicken Schicht aus weichem Humus, darunter war der Bodengrund lehmig-steinig. Die Lichtwerte betrugen um 13 Uhr zwischen 70 und 500 PAR. An einer offenen Stelle, zum Teil von Bäumen umgeben, fanden wir eine breitblättrige Form von *Pogostemon stellatus* blühend und fruchtend. In einem kleinen Tümpel hatten sich unter Wasser Jungpflanzen an einem verholzten Blütenstängel entwickelt. Die Pflanzen wurzelten in humusreichem Lehm zwischen rötlichen Lavasteinen. Die Lichtwerte an submersen Pflanzen betrugen bei Sonnenschein an der

Vallisneria rubra im Berry Creek

Pogostemon stellatus vom Berry Creek im Aquarium

Pogostemon stellatus im GreenAnt Creek und Blütenstand

Ammannia baccifera mit Früchten

Wasseroberfläche 1570 PAR und in 5 cm Tiefe 1200 PAR, an Landpflanzen (schattig-sonnig) zwischen 130 und 1000 PAR. Die Vollwasseranalyse auf S. 604 zeigt, dass die genannten Arten in sehr weichem, saurem und CO_2-reichem Wasser leben.

Biotop Nr. 78: GreenAnt Creek

In diesem Fluss im Northern Territory (südlich Darwin), der an der untersuchten Stelle 3–4 m breit war, fanden wir größere Bestände einer schmalblättrigen Form von *Pogostemon stellatus*. Die submersen Pflanzen wuchsen in leichter Strömung in knietiefem bis über 1 m tiefem Wasser und hatten an überwiegend besonnten Stellen farbenprächtige Blattquirle gebildet. Einige Sprosse waren über die Oberfläche hinausgewachsen und blühten. Lichtwerte um 13 Uhr (voll besonnt): 1750 PAR an der Wasseroberfläche, 1400 PAR in 5 cm Tiefe und 1220 PAR in 10 cm Tiefe. Der Bodengrund bestand oberflächlich aus einer 5–10 cm dicken Humusschicht. Wasseranalyse: 22,2 °C, pH 6,3, GH/KH < 1 °dH, 20 µS/cm.

Nymphoides spongiosa **mit schwammigen Blattspreiten**

Blühende ***Staurogyne leptocaulis*** **am Howard River**

Bedeutung ökologischer Faktoren für die Kultur von Aquarienpflanzen

Im Kapitel über die natürlichen Standorte von Wasser- und Sumpfpflanzen sind alle Umweltfaktoren ausführlich behandelt worden, die einen wesentlichen Einfluss auf die Photosynthese und das Wachstum von Pflanzen ausüben. Aus diesen Ausführungen lässt sich ablesen, dass die Natur als unsere Lehrmeisterin in vielerlei Hinsicht eine gewisse Vorbildfunktion für die Kultur von Aquarienpflanzen übernehmen kann. Für die Aquarianer ergibt sich die reizvolle Aufgabe, die richtigen Lehren nicht nur aus den Untersuchungen an den natürlichen Habitaten, sondern auch aus den Ergebnissen wissenschaftlicher Experimente in Labor und Freiland zu ziehen. Das Ziel ist die optimale Kultur der Pflanzen im Aquarium.

Im Folgenden wird die Bedeutung der ökologischen Faktoren für die Pflege von Aquarienpflanzen diskutiert, und es wird versucht, in den Fällen, in denen es sinnvoll erscheint, allgemeine Empfehlungen zu geben.

Temperatur im Aquarium

Die Temperatur im Aquarium wird in ihrer Bedeutung als ökologischer Faktor oftmals unterschätzt. Wie auf S. 9–10 ausführlich erläutert, hat sie aber einen wichtigen Einfluss auf den Stoffwechsel der Pflanzen. Wollen manche Aquarienpflanzen nicht so recht gedeihen, wird meistens die Ursache in der Beleuchtung, bei den Wasserwerten oder in der Nährstoffversorgung gesucht, doch nicht selten kommt es vor, dass eine ungünstige Temperatur für das schlechte Wachstum verantwortlich ist. Beispielsweise lässt sich *Cabomba caroliniana* problemlos bei Temperaturen zwischen 20 und 25 °C pflegen. Bei ständig höheren Temperaturen gehen die Sprosse dagegen bald zugrunde. Das schlechte Gedeihen der Haarnixe bei hohen Temperaturen ist insofern nicht überraschend, weil die Art in Gebieten mit ausgeprägtem Jahreszeitenklima verbreitet ist. Dort besiedelt *Cabomba caroliniana* Gewässer, die zu einem großen Teil des Jahres relativ niedrige Temperaturen aufweisen.

Die Frage nach der optimalen Temperatur im Aquarium lässt sich nicht pauschal beantworten, weil jede Pflanze einen ganz bestimmten Temperaturbereich bevorzugt. Zwar lassen sich die meisten Aquarienpflanzen problemlos zwischen 24 und 26 °C pflegen, doch dieser Bereich bildet nicht immer das Optimum. Um die Wahl der richtigen Wassertemperatur für die jeweils im Aquarium gepflegten Arten zu erleichtern, wurde die Temperaturtoleranz der wichtigsten Aquarienpflanzen tabellarisch zusammengefasst. Dieser Tabelle, die Sie auf S. 586 im Serviceteil dieses Buches finden, sind die Minimum-, Optimum- und Maximumtemperaturen zu entnehmen. Die Angaben zu Minimum und Optimum bilden zuverlässige Erfahrungswerte, die auf der Grundlage langjähriger Kulturerfahrungen im Gewächshaus und im Aquarium gewonnen wurden. Den Maximumtemperaturen liegen u. a. zahlreiche Messungen an den natürlichen Standorten zugrunde. Möglicherweise sind die jeweiligen Maxima vieler Arten noch höher als bisher bekannt.

Grundsätzlich ist nach dem bisherigen Kenntnisstand über die natürlichen Lebensräume von Wasser- und Sumpfpflanzen davon auszugehen, dass sich ein mäßiger Temperaturunterschied zwischen Tag und Nacht förderlich auf das Pflanzenwachstum auswirkt. Zugleich ist in Anbetracht der Vielzahl der gepflegten Aquarienpflanzen, die in subtropischen und gemäßigten Zonen beheimatet sind, zu empfehlen, die Aquarientemperatur im Winter um wenige Grade zu senken, was zum Beispiel für eine kontinuierliche Pflege von *Aponogeton*-Arten sogar lebensnotwendig erscheint. Bei der Realisierung dieser Empfehlungen sind natürlich auch die Lebensansprüche der in demselben Aquarium gepflegten Fische zu berücksichtigen, für die aber im Allgemeinen tages- und jahreszeitliche Verschiebungen der Temperatur ebenfalls förderlich sind und in vielen Fällen sogar stimulierend auf das Ablaichverhalten wirken.

Licht im Aquarium

Auf den Seiten 10–13 wurde ausführlich über die fundamentale Bedeutung des Lichtes für viele Wachstumsprozesse der Pflanzen gesprochen. An den natürlichen Standorten haben sich die Arten im Laufe der Evolution an die tages- und jahreszeitlichen Veränderungen des Sonnenlichtes angepasst, um das dort verfügbare Licht möglichst optimal für ihre Photosynthese zu nutzen. Im Unterschied dazu sind die Pflanzen im Aquarium auf künstliche Lichtquellen angewiesen, die zudem den ganzen Tag lang unnatürlich gleichmäßig strahlen. Die meisten der gepflegten Aquarienpflanzen zeichnen sich zwar dadurch aus, dass sie sich diesem stark veränderten Milieu anpassen können. Zu bedenken ist aber, dass es auch Wasserpflanzen gibt, die bisher noch nicht erfolgreich im Aquarium kultiviert wurden. Ein Grund für die Misserfolge könnte die fehlende Anpassung an die Kunstlichtbeleuchtung sein (z. B. *Ottelia mesenterium*).

In den Anfängen der Aquaristik wurden die Aquarien häufig am Fenster aufgestellt, wo die Pflanzen ausschließlich Tageslicht erhielten. Während im Sommer das Wachstum ausgezeichnet war und insbesondere viele Schwimmpflanzen prächtig gediehen, gingen dagegen im Winter aufgrund der zu geringen Beleuchtungsstärke und der zu kurzen Beleuchtungsdauer viele Pflanzen ein. Auch die unwirtschaftliche Verwendung einer Glühlampenbeleuchtung ist längst nicht mehr zeitgemäß. Heute steht dem Aquarianer eine große Anzahl von Lampentypen zur Verfügung, unter denen er für seine Zwecke die richtige Auswahl treffen muss.

Für Aquarianer, die an einem guten Pflanzenwuchs interessiert sind, richtet sich die Wahl der Lampentypen vorrangig nach zwei Gesichtspunkten: Einerseits müssen sie ein für die Photosynthese der Pflanzen geeignetes Farbspektrum aufweisen, andererseits sollen aber auch Fische und Pflanzen in einem für das menschliche Auge angenehmen Licht erscheinen. Worin bestehen die Unterschiede? Zum besseren Verständnis dieser Problemstellung sollen zunächst einige grundsätzliche Erläuterungen zum Licht gegeben werden.

Das sichtbare „weiße" Licht besteht aus allen Spektralfarben (von Violett über Blau, Grün, Gelb, Orange bis Rot), die jeweils durch eine bestimmte Wellenlänge gekennzeichnet sind. Dieses Licht liegt im Bereich zwischen 380 und 780 nm (Nanometer). Schon vor über hundert Jahren erkannte man, dass die verschiedenen Lichtfarben unterschiedliche Wirkungen auf die Pflanzen haben. Festgestellt wurde aber auch, dass die Spektralfarben vom menschlichen Auge anders wahrgenommen werden als von den Pflanzen. Diese benötigen für ihre Photosynthese zwar das gesamte Lichtspektrum, verwerten aber bevorzugt den roten (um 700 nm) und in geringerem Maße den blauen (um 450 nm) Spektralbereich. Demgegenüber liegt die maximale Empfindlichkeit des menschlichen Auges im grüngelben Spektrum bei 555 nm. In diesem Bereich zeigt aber die Photosynthesekurve einen deutlichen Abfall.

Für das Wachstum der Pflanzen ist also nicht allein die Lichtausbeute (Wirkungsgrad) der Lampen maßgebend, sondern insbesondere ihr Farbspektrum. Ältere Typen von Pflanzenstrahlern, beispielsweise Sylvania Gro-Lux oder Osram L-Fluora, sind daher so konzipiert worden, dass sie insbesondere im roten und blauen Spektralbereich Maxima aufweisen. Allerdings wird dieses „rote" Licht von den Menschen häufig als unnatürlich empfunden, weshalb es nur in Verbindung mit anderen Lampentypen für die meisten Anwender akzeptabel war.

Bemerkenswerterweise sind Pflanzen in gewissen Grenzen fähig, sich mithilfe ihrer Assimilationspigmente den Lichtfarben anzupassen (chromatische Adaptation), was in zahlreichen wissenschaftlichen Versuchen mit verschiedenfarbigem Licht gezeigt wurde (siehe GESSNER 1955). Auf eine veränderte Lichtqualität müssen sich die Pflanzen aber erst einstellen, wozu sie vermutlich mehrere Wochen benötigen. Manche Cryptocorynen reagieren sogar nicht selten auf eine Veränderung von Lichtfarbe und -intensität auf extreme Weise mit dem vollständigen Zerfall ihrer Blätter.

Auch wenn viele Pflanzen nachweislich über eine gewisse Anpassungsfähigkeit an die Lichtfarben verfügen, darf daraus dennoch nicht gefolgert werden, dass jede beliebige Lampe gleichermaßen das Wachstum der Pflanzen fördert und dass das jeweilige Lichtspektrum unerheblich sei. Eine solche Meinung würde zu allen bisherigen, aus zahlreichen wissenschaftlichen Untersuchungen gewonnenen Erkenntnissen über die Photosynthese von Pflanzen im völligen Widerspruch stehen. Die Bedeutung von „pflanzenfreundlichen" Lampen wegen ihrer positiven Wirkung sowohl auf das Wachstum als auch auf die Entwicklung des Pigmentsystems (z. B. Förderung der gelben bis roten Farbstoffe, der Karotinoide) ist nach wie vor unumstritten. Aus diesem Grunde sollte bei der Wahl der Lampentypen immer der Schwerpunkt auf die Lichtqualität gelegt und ästhetische Aspekte sollten erst in zweiter Linie berücksichtigt werden.

Wahl der Lampentypen und Lichtfarben

Dem Aquarianer steht für die Beleuchtung von Pflanzen und Fischen eine Vielzahl von Lampentypen zur Verfügung. Für den an einem guten Pflanzenwachstum interessierten Liebhaber besteht zunächst die grundsätzliche Frage, ob Leuchtstofflampen oder LEDs verwendet werden sollen. Die nächste Überlegung betrifft – wie vorstehend erläutert – die Wahl einer Lichtfarbe, die einerseits ein auf die Photosynthese der Pflanzen ausgerichtetes Lichtspektrum mit einem hohen Rotanteil aufweist, zugleich aber auch eine hohe Lichtausbeute und eine gute Farbwiedergabeeigenschaft besitzt.

Leuchtstofflampen

Die Vorteile von Leuchtstofflampen sind insbesondere hohe Lichtausbeute, gute Farbwiedergabe und preiswerte Anschaffung. Kennzeichnend für L-Lampen ist die gleichmäßige Ausleuchtung des Aquariums. Ein Urteil darüber, bei welchem Licht Fische und Pflanzen besser zur Geltung kommen, ist aber rein subjektiv.

Die T8-Lampen mit einem Durchmesser von 26 mm werden zunehmend durch T5-Lampen mit einem Durchmesser von 16 mm ersetzt. Zugleich wurden die Lichtfarben erweitert, der Wirkungsgrad erhöht sowie die Farbwiedergabeeigenschaften der Leuchtmittel verbessert. Im Vergleich zu herkömmlichen T8-Lampen sparen

Dekorativ und wirkungsvoll bepflanztes Aquarium

T5-Lampen bis zu 40 % an Energie ein. Zwei Bauformen von T5-Lampen sind auf dem Markt. Die eine zeichnet sich durch eine hohe Energieeffizienz (hohe Lichtausbeute und Wirtschaftlichkeit) aus, die andere durch eine hohe Lichtleistung. Die letztere Ausführung ermöglicht Lichtstärken, mit denen die Pflege von lichtliebenden Wasser- und Sumpfpflanzen möglich ist.

Für die Kultur von Aquarienpflanzen sind folgende Warmton-Lampen mit sehr hohen Wirkungsgraden empfehlenswert: Von Osram die Lichtfarben Lumilux 840 und 865 und von Philips die Lampen TL-D 840 und 865. Diese können mit neutralweißen L-Lampen kombiniert werden (z. B. Osram Lumilux 940 oder Philips TLD 940) oder mit vergleichbaren Lampen aus dem Aquaristikhandel.

LED-Technologie

Seit etwa 2008 werden in der Aquaristik Leuchtdioden (LED) als Leuchtmittel eingesetzt. Diese Technologie hat in den vergangenen Jahren riesige Fortschritte gemacht. Im Vergleich zu T5-Lampen, die ein hervorragendes Pflanzenwachstum ermöglichen, können LED-Beleuchtungssysteme einen noch höheren Lichtbedarf abdecken, sie benötigen weniger Platz, sind energieeffizienter und besitzen eine höhere Lebensdauer. Zudem lässt sich ihr Spektrum anpassen und sie erzeugen wirkungsvolle Licht- und Schattenspiele, was diese Technik naturnah macht. Inzwischen sind LEDs als alleinige Beleuchtung sehr zu empfehlen, oder man kombiniert mit L-Lampen. Gute Systeme sind jedoch teuer im Vergleich zu den (ebenfalls leistungsstarken und weiterentwickelten) T5-Lampen.

Viele Aquarianer stellen die Beleuchtung allein wegen des geringeren Energieverbrauchs auf LED-Licht um und sparen dabei an der Lichtqualität und -quantität – denn die neuen Lampen dürfen nicht viel kosten. Dieser Weg führt zu schlechterem Pflanzenwachstum und ist der falsche Ansatz.

Beabsichtigt man, LED-Lampen oder ein LED-Beleuchtungssystem zu erwerben, sollte das – neben der Energieeinsparung – wegen der vielen anderen Vorteile erfolgen, die LEDs gegenüber T5-Lampen bieten. Zu den schon genannten Pluspunkten kommt hinzu, dass LED-Beleuchtungssysteme auch über eine Bluetooth-App gesteuert und über das Smartphone oder den Computer programmiert werden können. Auf diese Weise lassen sich der Beleuchtungszyklus, das Spektrum und die Helligkeit nach Bedarf verändern sowie diverse Wettereffekte wie Blitze, Wolkendecke, Mondlicht usw. nachahmen. Die Möglichkeiten der heutigen Technik sind faszinierend. Einige der

„Spielereien" sind jedoch mehr als Spaßfaktor für den Menschen als für die Lebewesen im Aquarium gemacht. Insbesondere die Veränderung des Lichtspektrums kann jedoch helfen, Algenwachstum zu reduzieren.

Wer an einem vielfältigen Pflanzenwachstum interessiert ist, sollte beim Kauf einer LED-Beleuchtung vor allem auf eine hohe Lichtleistung (Lumen/Watt) und ein pflanzenfreundliches Lichtspektrum (Farbtemperatur in Kelvin) achten. Hilfreich ist ferner ein flexibles System, mit dem Lichtintensität und Spektrum variiert werden können (auch begrenzt erreichbar mit der Zuschaltung von L-Lampen). Und gut zu wissen ist auch, dass viele der auf dem Markt befindlichen LED-Lampen im Vergleich zu T5-Lampen keine höhere Lichtleistung aufweisen. Vergleicht man LED-Systeme mit T5-Lampen derselben Lichtleistung, ist eine Energieeinsparung von (nur) etwa 20–30 % zu erreichen.

Und wie werden die Aquarien der Verfasserin beleuchtet? Wegen der vielen Vorteile habe ich meine Pflanzenaquarien überwiegend auf LED-Beleuchtung umgestellt, kombiniere diese jedoch weiterhin mit T5-Lampen. Meine Wahl fiel auf das modulare Daytime-matrix-System der Firma Waltron, da es derzeit eine der lichteffizientesten und leistungsstärksten Beleuchtungssysteme auf dem Markt ist.

Mehrere Gründe waren für die Entscheidung ausschlaggebend: Die Firma vertreibt modulare LED-Elemente (Matrix) mit einer hohen photosynthetisch aktiven Strahlung (PAR). Die verschiebbaren Module ermöglichen, das Licht dort zu positionieren, wo lichthungrige Pflanzen im Aquarium wachsen. Querverstrebungen und mit Schattenpflanzen dekorierte Seitenwände lassen sich so aussparen. Daytime ist die einzige Firma, die Leuchtbalken bis 400 cm Länge individuell auch für große Aquarien zusammenstellt – ein Aneinanderreihen von L-Lampen mit dem Nachteil lichtarmer Zonen an den Übergängen fällt weg. Ferner lässt sich durch sich abwechselnde Module in denselben Lichtfarben (4000 und 6000 K) der gleiche Licht- und Farbeindruck erzielen wie zuvor mit T5-Lampen, zugleich aber – je nach Anzahl der Module – mehr Lichtintensität einbringen. Durch die Umstellung wurde eine etwa 30-prozentige Steigerung der Lichtleistung bei einem vergleichbaren Spektrum erzielt, gemessen mit einem PAR-Meter, bei einer Energieeinsparung von etwa 25 %.

Erforderliche Lichtmenge

Die Beleuchtungsstärke an der Wasseroberfläche eines gut beleuchteten Aquariums beträgt im Allgemeinen zwischen 10 000 und 30 000 Lux oder 300 und 500 PAR. Bereits in einer Tiefe von 40 cm liegt ein Lichtverlust von etwa 70 % und mehr vor. Bei länger eingerichteten Aquarien wird zudem die Beleuchtungsstärke durch die Zunahme von Farb- und Trübungsstoffen im Wasser erheblich reduziert und negativ verändert. Schon allein aus diesem Grund ist ein regelmäßiger Wasserwechsel sinnvoll.

Ferner ist zu bedenken, dass das rote Licht vom Wasser zuerst absorbiert wird, weshalb in sehr hohen Aquarien dieser photosynthetisch wirksame Bereich den Bodengrund nur noch zu einem minimalen Anteil erreicht. Nur wenige Pflanzen, insbesondere die, die an den natürlichen Standorten in tiefem Wasser wachsen, sind diesen Bedingungen optimal angepasst. Folglich ist die Auswahl an geeigneten Arten für Aquarien mit einer Höhe von mehr als 60 cm drastisch reduziert. Für den an einem guten Pflanzenwuchs interessierten Aquarianer lautet deshalb die erste Regel, nicht zu hohe Aquarien zu verwenden, um von Anfang an ein günstiges Lichtklima für die Pflanzen zu schaffen.

Werden die in diesem Buch genannten Messdaten der natürlichen Standorte mit in Aquarien gemessenen Werten verglichen, lässt sich deutlich und zweifelsfrei ablesen, dass Sonnenpflanzen, und das sind etwa drei Viertel der gepflegten Aquarienpflanzen (vgl. Tabelle auf S. 591), eine erheblich höhere durchschnittliche Beleuchtungsstärke im natürlichen Biotop erhalten als im Aquarium. Wird ferner berücksichtigt, dass der überwiegende Teil der Pflanzen in ihren Habitaten in einer maximalen Wassertiefe von 30 cm zu finden ist oder sogar nur auf feuchtem Boden wächst, können diese Arten wohl schwerlich durch eine zu intensive Kunstlichtbeleuchtung im Aquarium geschädigt werden, wie es manchmal behauptet wird – auch nicht durch LEDs.

Allerdings muss bei der Vielzahl der Arten, die im Aquarium auf einem sehr engen Raum zusammen gepflegt werden, deutlich zwischen Pflanzen mit niedrigen Lichtansprüchen (Schwachlicht- oder Schattenpflanzen) und solchen mit hohen Lichtansprüchen (Starklicht- oder Sonnenpflanzen) unterschieden werden, und der Aquarianer muss versuchen, beiden Typen gerecht zu werden. Wie auf S. 12 ausführlich dargestellt wurde, erreichen Schattenpflanzen ihre größte Assimilation bei geringer Lichtstärke. Sie können bei zu starker Bestrahlung geschädigt werden und absterben. Bei der Beleuchtung von Aquarien ist also auch auf die Bedürfnisse der Schwachlichtpflanzen Rücksicht zu nehmen. Durch die Wahl eines beschatteten Platzes im Aquarium, z. B. an Seiten- und Rückwänden, kann man aber dieser Forderung leicht nachkommen.

Die Höhe der Beleuchtungsstärke kann nicht zugleich die Lichtansprüche der Schatten- und Sonnenpflanzen optimal erfüllen. Jeder Aquarianer muss daher individuell entscheiden, wie hoch er die Beleuchtungsstärke wählt. In der Regel wird ein „goldener Mittelweg" erforderlich sein, der den Bedürfnissen vieler Arten gerecht werden muss. Das beinhaltet aber in den meisten Fällen die Gefahr, dass sich extrem lichtliebende Pflanzen nicht optimal entfalten können. Der Pflanzenaquarianer sollte deshalb immer eine möglichst hohe Beleuchtungsstärke wählen und den schattenliebenden Pflanzen einen weniger hellen Platz im Aquarium zuweisen.

Den wichtigsten Hinweis auf ein optimales Wachstum und eine richtige Beleuchtung liefern die Pflanzen selbst. Sie reagieren auf ein günstiges oder ungünstiges Lichtmilieu beispielsweise mit typischen Veränderungen ihrer Gestalt. Überprüfen Sie deshalb, ob die Sprosse ein starkes Streckungswachstum mit verlängerten Internodien (Vergeilung) zeigen, ob die Stängel ihre unteren Blätter verlieren, die Pflanzen sich weniger prächtig entwickeln als auf den Fotos der Artbeschreibungen in diesem Buch zu sehen ist und ob rote Farbstoffe unbefriedigend ausgebildet werden. Wenn Sie diese Fragen grundsätzlich bejahen müssen, sollten Sie unbedingt die Beleuchtungsstärke Ihres Aquariums erhöhen!

Das Geheimnis der typischen Holländischen Aquarien, die durch ihren hervorragenden Pflanzenwuchs berühmt geworden sind, liegt in einer sehr hohen Beleuchtungsstärke, die durch ein Maximum an montierbaren Leuchtstofflampen erreicht wurde. Intensiv ausgeleuchtete Aquarien sind aber sehr pflegebedürftig, weil das schnelle Wachstum der Pflanzen ein regelmäßiges Zurückschneiden und Bepflanzen erforderlich macht. Eine – wie die Praxis zeigt – durchaus praktikable Alternative, bei der man mit weit weniger Lichtenergie auskommt, besteht darin, dass man nur solche Aquarienpflanzen auswählt, die sich mit geringen bis mittleren Beleuchtungsstärken begnügen.

Abschließend sei noch betont, dass sich natürlich nur dann ein befriedigendes Pflanzenwachstum einstellen kann, wenn auch die Wechselbeziehungen zu anderen Wachstumsfaktoren, wie Temperatur, Bodengrund und Nährstoffverhältnissen, beachtet werden.

Lux-Messungen und PAR-Werte

Um die Frage nach der erforderlichen Lichtmenge ausreichend zu beantworten, wurden von mir schon vor vielen Jahren zahlreiche Messungen mit einem Luxmeter der

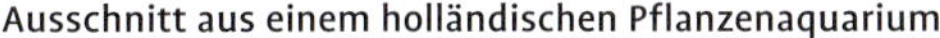

Ausschnitt aus einem holländischen Pflanzenaquarium

Firma Osram (siehe S. 610) an natürlichen Standorten vorgenommen. Die Ergebnisse dieser Untersuchungen spiegeln sich auch in der Tabelle auf S. 591–594 wider. Natürlich sind solche Messdaten nicht exakt auf das Aquarium übertragbar, was auch niemand erwartet. Denn einerseits weist Tageslicht ein anderes Spektrum auf als die künstlichen Lichtquellen, das noch zudem wechselt. Zum anderen kann der für die Photosynthese der Pflanzen wichtige Spektralbereich nicht mit einem auf die Empfindlichkeit des menschlichen Auges abgestimmten Luxmeters erfasst werden. Das ist jedoch mittlerweile mit einem PAR-Meter möglich, der von der Firma Apogee auch für die Aquaristik vertrieben wird.

Ein PAR-Meter (Abk. für **P**hotosynthetically **A**ctive **R**adiation) misst die photosynthetisch aktive Strahlung im Bereich von etwa 400–700 nm mit einem speziellen Sensor. In diesem Buch finden Sie erstmals PAR-Werte, die auf gemeinsamen Reisen mit Karen Randall an zahlreichen natürlichen Standorten von Aquarienpflanzen gemessen wurden. Die Daten liefern Hinweise auf die bevorzugten Standorte vieler Arten und lassen wertvolle Rückschlüsse auf die erforderliche Lichtmenge für die Pflege zu. Natürlich macht die Anschaffung eines PAR-Meters für den Normalaquarianer wenig Sinn. Dennoch liefern die Ergebnisse wichtige Hinweise für eine optimale Kultur oder auch Kulturfehler im Aquarium.

Messungen aus den Aquarien der Verfasserin können als Anhaltswerte für ein optimales Wachstum dienen:

Arten mit geringem Lichtbedarf

- 2–35 PAR: *Bucephalandra*, Moose
- 10–70 PAR: *Anubias barteri*, *Cryptocoryne*-Arten, *Schismatoglottis*, *Microsorum*. Bei mehr Licht werden die Pflanzen geschädigt.

Arten mit mittlerem und hohem Lichtbedarf

- 80–140 PAR: *Crinum*-, *Echinodorus*-, *Hygrophila*-, *Lagenandra*-, *Potamogeton*-Arten, *Vallisneria spiralis*
- 90–250 PAR: *Bacopa*-, *Limnophila*-, *Micranthemum*-, *Nymphaea*-Arten, *Lobelia cardinalis*, *Ludwigia repens*, *Rotala rotundifolia*
- 100–500 PAR (und mehr) *Alternanthera*, *Ammannia*, *Eichhornia*, *Ludwigia palustris*, *Rotala wallichii*, *Pogostemon stellatus*, *Proserpinaca palustris*

Lichtmessungen unter daytime-matrix (4000/6000 K)

- 1000–1300 PAR an der Wasseroberfläche mit 6 cm Abstand (zum Vergleich: 350–400 PAR, T5-Lampen, 6500 K)
- 550–700 PAR in 5 cm Tiefe
- 450–500 PAR in 10 cm Tiefe
- 300–350 PAR in 20 cm Tiefe
- 180–220 PAR in 30 cm Tiefe

Durch intensives Sonnenlicht rot gefärbte Blätter von *Echinodorus macrophyllus* (UW-Foto im Rio Sucuri, Bonito, Südwestbrasilien)

Die Schattenpflanze *Anubias barteri* var. *caladiifolia* wächst hier in Kamerun „soweit das Auge reicht"

Tägliche Beleuchtungsdauer

Die Frage nach der täglichen Beleuchtungsdauer lässt sich am besten beantworten, wenn man sich die Bedingungen vergegenwärtigt, denen Aquarienpflanzen an ihren natürlichen Standorten unterliegen. Fast alle kultivierten Wasser- und Sumpfpflanzen leben in den Tropen und Subtropen zwischen der äquatorialen Zone und einer geografischen Breite von 30°. In Äquatornähe beträgt die tägliche Beleuchtungsdauer ziemlich konstant etwa zwölf Stunden. Bei einer geografischen Breite von 10° schwankt die Tageslänge in Abhängigkeit von der Jahreszeit zwischen 11.30 und 12.40 Stunden, bei 20° zwischen 11.00 und 13.20 Stunden und bei 30° geografischer Breite zwischen 10.12 und 14.05 Stunden. In diesem Bereich unterliegen die Pflanzen unter freiem Himmel also einer täglichen Beleuchtungsdauer von etwa 10–14 Stunden. An diesen Tag-Nacht-Rhythmus haben sich die Pflanzen im Laufe der Evolution in starkem Maße angepasst. Ferner gilt für Arten, die in größerer Wassertiefe leben, dass aufgrund der Reflexionen an der Wasseroberfläche bei niedrigem Sonnenstand die Tageslänge kürzer ist als auf dem Land.

Aus dieser Aussage wurde in der Vergangenheit der Schluss gezogen, dass die Beleuchtungsdauer im Aquarium nur 8–10 Stunden betragen müsse. Dieser Folgerung muss aber energisch widersprochen werden, weil ihre Umsetzung zu erheblichen Pflanzenverlusten führen kann! Die obigen Angaben müssen nämlich viel stärker differenziert werden: Einerseits ist zu berücksichtigen, dass die geringste Beleuchtungsdauer von zehn Stunden bei einer geografischen Breite von 30° nicht kontinuierlich das ganze Jahr über andauert, sondern nur in einer kurzen Zeitspanne von wenigen Wochen im „Winter" besteht und sich danach langsam wieder auf 14 Stunden erhöht. Andererseits lebt nur eine relativ geringe Zahl von Aquarienpflanzen an den Habitaten dauerhaft in größerer Wassertiefe, wo die Reflexionen in der Tat den Unterwassertag erheblich verkürzen. Für alle anderen Arten aber, d. h. also die meisten Aquarienpflanzen, haben die Reflexionen an der Wasseroberfläche keine wesentliche Auswirkung auf die Beleuchtungsdauer.

Wie bei vielen anderen Faktoren müsste deshalb auch bei der Frage nach der optimalen Beleuchtungsdauer von Art zu Art differenziert werden. Weil das aufgrund vielfach unzureichender Kenntnisse der natürlichen Standorte gar nicht möglich ist, ist in dieser Hinsicht ein Mittelweg empfehlenswert, der möglichst allen Pflanzen gerecht wird. Dieser Kompromiss besteht in einem Minimum der Beleuchtungsdauer von zwölf Stunden. Die maximale Beleuchtungsdauer ist weniger kritisch und kann bei etwa 15 Stunden liegen. Allerdings wird die Assimilationsleistung ab einer bestimmten Beleuchtungsdauer nicht weiter gesteigert, weshalb ihre Verlängerung keinen positiven Einfluss ausübt. Ferner ist auch zu beachten, dass eine zu geringe Beleuchtungsstärke niemals durch eine Verlängerung der Beleuchtungsdauer ausgeglichen werden kann. Um möglichst vielen Pflanzen im Aquarium gerecht zu werden, liegt die empfehlenswerte tägliche Beleuchtungsdauer zwischen 12 und 13 Stunden. Eine Absenkung auf bis zu zehn Stunden täglich wird zwar von vielen Pflanzen vorübergehend vertragen. Wie eigene Versuche zeigten, brachen einige Arten unter diesen Bedingungen aber schon nach mehreren Wochen innerhalb weniger Stunden vollständig zusammen.

Der kurios anmutenden, praxisfremden und pflanzenschädlichen Forderung nach einem „Regentag“, also einem eintägigen Ausschalten der Aquariumbeleuchtung pro Woche, muss ebenfalls energisch widersprochen werden. Selbst wenn es in den Tropen – wie bei uns – einmal den ganzen Tag ununterbrochen regnen sollte, verringert sich dabei nicht die Beleuchtungsstärke auf Null.

Bodengrund im Aquarium

Die meisten der kultivierten Aquarienpflanzen sind Sumpfpflanzen, die ihren Nährstoffbedarf zum größten Teil über ein ausgedehntes Wurzelwerk dem Bodengrund entnehmen und nur zu einem kleineren Teil über die Oberfläche der Pflanze decken. Nur bei den echten Wasserpflanzen sind die Wurzeln so weit reduziert, dass ihre Aufgabe im Wesentlichen in der Verankerung und nur zu einem geringeren Maße in der Aufnahme von Nährstoffen besteht. Diese Pflanzen ernähren sich fast ausschließlich durch die im freien Wasser vorhandenen Ionen, die dort allerdings in weitaus geringerer Menge vorhanden sind als im Bodengrund.

Obwohl in der Vergangenheit viel über die Beschaffenheit des Bodensubstrates diskutiert wurde, kann aber grundsätzlich nicht infrage gestellt werden, dass dem Bodengrund eine wichtige Bedeutung für die Ernährung der Aquarienpflanzen zukommt. Besteht der Wunsch nach einem optimalen Pflanzenwachstum, ist deshalb schon bei der Einrichtung eines Aquariums darauf zu achten, dass ein Bodenmaterial gewählt wird, das ausreichend Nährstoffe enthält. Flüssigdünger, die dem Aquarienwasser zugegeben werden, dienen nur als Ergänzung, stellen aber keinen Ersatz für einen nährstoffreichen Bodengrund dar. Bei der Wahl des Bodensubstrates sind folgende Faktoren zu berücksichtigen:

- Der Bodengrund sollte keine oder nur in sehr geringem Maße Stoffe enthalten, die faulen können (z. B. Humus).
- Das Porenvolumen muss so groß sein, dass einerseits die Belüftung und Wasserbewegung im Boden nicht gehemmt sind und andererseits den Wurzeln ein leichtes Eindringen ermöglicht wird. Nur dann ist ein optimaler Stoffaustausch der Pflanzen gewährleistet.
- Es sollte ein nährstoffreiches Substrat verwendet werden.
- Der Bodengrund sollte eine saure bis neutrale Reaktion aufweisen (Überprüfung mit mindestens 6-prozentiger Salzsäure; bei starkem Schäumen enthält das Substrat zu viel Kalk). Nur wenige Aquarienpflanzen (z. B. *Cryptocoryne affinis* oder *Vallisneria*-Arten) reagieren auf einen alkalischen pH-Wert des Bodengrundes mit besserem Wachstum als auf ein saures Milieu.

Im Kapitel über den Bodengrund als Nährstoffquelle (S. 13–15) wurde darauf hingewiesen, dass sich am natürlichen Standort Lehmböden (Gemisch aus Sand und Ton) mit einem hohen Humusanteil am günstigsten auf das Pflanzenwachstum auswirken. Auch Bodengrundanalysen (siehe S. 608–609 und Horst 1986) zeigen, dass das Nährstoffdepot in den natürlichen Gewässerböden meistens sehr groß ist. Allerdings lassen sich aber die Standortverhältnisse nur begrenzt auf das Aquarium übertragen, weil im Unterschied zum natürlichen Habitat im Aquarium einerseits weniger Bodenorganismen für eine gute Durchlüftung sorgen, andererseits eine ausreichende Strömung im Bodengrund fehlt. Zudem ist das Verhältnis von Wasser zu Bodengrund im Aquarium erheblich kleiner als im natürlichen Lebensraum, wo Fäulnisprozesse eine andere Auswirkung haben als im künstlichen Biotop.

In der Tat sind manche Wasserpflanzen in der Lage, sich ihren natürlichen Lebensbedingungen derart anzupassen, dass sie sogar in stark verschlammten, schlecht durchlüfteten und von Sauerstoffarmut geprägten anaeroben Böden ausgezeichnet gedeihen, möglicherweise sogar dieses Milieu bevorzugen. Die Zahl der in solchen Böden vorkommenden Wasserpflanzen beschränkt sich aber nur auf wenige Arten, beispielsweise einige Seerosengewächse und Ludwigien, die aufgrund vielfältiger morphologischer Anpassungen (großlumiges Hohlraumsystem, reiches Durchlüftungsgewebe, Atemwurzeln) dennoch zur Wurzelatmung in der Lage sind. Es muss mit allem Nachdruck betont werden, dass die meisten Wasserpflanzen in einem derartig extremen Milieu nicht gedeihen können. Zwar enthalten die Böden, auf denen viele Aquarienpflanzen an ihren natürlichen Habitaten wachsen, häufig einen Anteil an Humusstoffen, doch lässt sich anhand von Bodenprofilen zeigen, dass dort eine ausreichende Durchlüftung und Sauerstoffversorgung gewährleistet ist, weil es sich gewöhnlich um ein Gemisch aus verschiedenen Bestandteilen handelt.

Dass die Böden natürlicher Standorte häufig Humus enthalten, führte in der Vergangenheit gelegentlich zu dem folgenschweren Trugschluss, dass für ein gutes Pflanzenwachstum im Aquarium dem Bodengrund unbedingt organisches Material in großen Mengen zugesetzt werden muss. Die Kulturerfahrungen, u. a. auch eigene Experimente, haben aber immer wieder gezeigt, dass die Verwendung von viel organischem Material (Maulwurfserde, Wiesenerde, Einheitserde usw.) als Bodensubstrat im Aquarium zwar in den ersten Monaten zu ausgezeichneten Wachstumserfolgen führen kann, dann aber die Pflanzenbestände aufgrund einer starken Verdichtung sowie zu geringer Durchlüftung des Bodengrundes zusammenbrechen. Ebenso ist auch die ausschließliche Verwendung von Lehm, Ton, Laterit oder ähnlichen Bodensubstraten im Aquarium grundsätzlich abzulehnen, weil sie aus den genannten Gründen nach ein paar Monaten unweigerlich zum Absterben der Wurzeln führen.

Als Konsequenz aus den oben diskutierten Zusammenhängen ist grober, ungewaschener, kalkarmer Sand als Hauptbestandteil des Bodengrundes zu empfehlen. Dieser kann mit Quarzkies mit einer maximalen Körnung von 1–3 mm abgedeckt werden. Je nach Nährstoffansprüchen der Pflanzen können dem Sand geringe Mengen an Lehm und Ton sowie die im Zoofachhandel angebotenen Bodengrundmischungen (denen gewöhnlich Spurenelemente zugesetzt sind) oder Soils (gebrannte Erde mit Düngern) hinzugefügt werden, um das Nährstoffdepot zu vergrößern. Bei den Soils der verschiedenen Firmen muss zu Beginn häufiger das Wasser gewechselt werden, weil sich aus dem Substrat viele Nährstoffe lösen, die zu einer Algenblüte führen können. Beim Einsatz derartiger Zusätze besteht immer die Gefahr, dass sie den Bodengrund mit der Zeit verdichten. Um den Folgen der Verhärtung langfristig entgegenzuwirken, gibt es verschiedene Möglichkeiten:

- Empfehlenswert ist der Einsatz einer Bodenheizung unter dem Aquarienboden. Die dadurch bedingte Erwärmung des Grundes bewirkt eine leichte aufsteigende Strömung des Wassers und infolgedessen die Durchlüftung des Bodengrundes.
- Eine Pflege von Turmdeckelschnecken ist sinnvoll. Bei einem guten Bodengrundklima findet die Vermehrung der Schnecken allerdings manchmal derart explosionsartig statt, dass man sie regelmäßig absammeln muss. Das ist zum Beispiel mit einem auf den Boden des Aquariums gelegten und zum leichteren Herausziehen mit einer Schnur versehenen Apfelstück möglich, auf

Aufgrund morphologischer Anpassungen ist *Nymphaea micrantha* in der Lage, auf sauerstoffarmen Böden zu gedeihen (natürlicher Standort im Senegal)

dem sich die Turmdeckelschnecken nach einiger Zeit sammeln.

- Ein gelegentliches und stellenweises Auflockern des Bodengrundes – etwa beim Reinigen oder Bepflanzen – wirkt sich ebenfalls sehr wachstumsfördernd aus.

Diese Maßnahmen verhindern aber nicht, dass im Laufe der Jahre der Bodengrund an Nährstoffen verarmt. Aus diesem Grund sollte der Bodengrund mit geeigneten Düngepräparaten gelegentlich nachgedüngt werden.

Wasser im Aquarium

Neben der Beleuchtung und dem Bodengrund spielen auch die im Wasser gelösten Stoffe eine Rolle für das Gedeihen der Aquarienpflanzen. Wichtig sind vor allem die als Härtebildner fungierenden Salze und die Gase, vor allem Kohlendioxid und Sauerstoff.

Wechselbeziehungen zwischen Kohlenstoffverbindungen, pH-Wert und Karbonathärte

Für die Ernährung von höheren Pflanzen stellt der Kohlenstoff ein lebensnotwendiges Element dar. Im Unterschied zu Landpflanzen, die ihren Kohlenstoffbedarf ausschließlich über den Kohlendioxidgehalt der Luft decken, versorgen sich dagegen die Wasserpflanzen mit diesem Nährelement im Wesentlichen aus den verschiedenen anorganischen Kohlenstoffverbindungen im Wasser, wie CO_2 (Kohlendioxid), H_2CO_3 (Kohlensäure), HCO_3^- (Hydrogenkarbonat), CO_3^{2-} (Karbonat-Ion), $Ca(HCO_3)_2$ (Kalziumhydrogenkarbonat).

Für die Photosynthese der Pflanzen im Aquarium bildet das Kohlendioxid, das durch die Verbindung mit Wasser zur Kohlensäure wird, einen der wichtigsten Nährstoffe. Bei einem niedrigen pH-Wert sind überwiegend freies Kohlendioxid und ein sehr geringer Anteil Kohlensäure vorhanden. Wird nun durch die Assimilationstätigkeit der Pflanzen dem Aquariumwasser Kohlendioxid entzogen, hat dies – von anderen Faktoren, beispielsweise der Atmung der Fische, einmal abgesehen – eine Erhöhung des pH-Wertes zur Folge. Sobald das im Wasser vorhandene freie Kohlendioxid aufgebraucht ist, verhalten sich die Pflanzen sehr verschieden. Während es bei einigen Arten zum Wachstumsstillstand kommt (zum Beispiel bei allen bisher untersuchten Wassermoosen, u. a. *Fontinalis antipyretica*), sind andere Aquarienpflanzen im Unterschied dazu fähig, auch die Hydrogenkarbonat-Ionen zu assimilieren und zu verwerten (biogene Entkalkung), wodurch sich der pH-Wert weiter erhöht. Die Folge ist eine Ausfällung des unlöslichen Kalziumkarbonats ($CaCO_3$), was durch Kalkkrusten auf den Blattflächen dieser Pflanzen sichtbar wird.

Durch wissenschaftliche Experimente ist nachgewiesen, dass der pH-Wert durch den Verbrauch von Hydrogenkarbonat-Ionen von Wasserpflanzen auf etwa pH 11 erhöht werden kann. Viele Arten, die auf das Vorhandensein von freiem Kohlendioxid angewiesen sind, stellen aber schon früher ihr Wachstum ein. Bisherige Fehlschläge mit der Kultur von seltenen, an besondere Milieubedingungen angepassten Arten haben möglicherweise hierin ihre Ursache.

Zahlreiche Untersuchungen natürlicher Biotope zeigen, dass die meisten Aquarienpflanzen in einem schwach sauren, kalk- und salzarmen Wasser leben, das ausreichend freies Kohlendioxid enthält. Obwohl viele dieser Pflanzen in gewissen Grenzen anpassungsfähig sind und eine relativ breite pH-Wert-Toleranz besitzen, bevorzugen sie aber vermutlich das oben geschilderte Milieu. Andere Wasserpflanzen sind aber aufgrund ihrer extremen Abhängigkeit von freiem Kohlendioxid nicht oder nur in geringem Maße fähig, dem Wasser Hydrogenkarbonat zu entziehen. Für ihre Photosynthese ist deshalb im Aquarium vor allem ein ausreichendes Angebot an freiem Kohlendioxid notwendig.

Nur eine relativ geringe Anzahl von tropischen Wasserpflanzen besiedelt Habitate mit kalkreichem Wasser und einem alkalischen pH-Wert. Pflanzen dieser Gewässer zeichnen sich im Allgemeinen dadurch aus, dass sie bei starker Photosynthese das notwendige Kohlendioxid zusätzlich den vorhandenen Kalziumhydrogenkarbonat-Ionen entziehen können. Die Konsequenz aus diesen chemisch-biologischen Zusammenhängen, die sich aus zahlreichen Biotop- und Laboruntersuchungen ergeben, ist die Notwendigkeit, im Aquarium einen pH-Wert einzustellen, der einer möglichst großen Zahl von Pflanzen mit unterschiedlichen Ansprüchen gerecht wird. Ein derartiger pH-Wert sollte ungefähr im Bereich zwischen pH 6,2 und 7,2 liegen.

Stark assimilierende Aquarienpflanzen verbrauchen eine große Menge an CO_2, weshalb es häufig erforderlich ist, diesen Nährstoff zu ergänzen und zusätzlich den pH-Wert in dem genannten Bereich zu halten. Um eine Düngung mit CO_2 zu ermöglichen, bietet der Zoofachhandel verschiedene Geräte an. Es muss aber betont werden, dass nur dann eine Notwendigkeit zur CO_2-Zufuhr besteht, wenn das Aquarium einerseits sehr dicht bepflanzt sowie gut beleuchtet ist und andererseits die natürliche Kohlendioxidproduktion, u. a. durch die Atmung der Fische und Oxidationsprozesse, für die Ernährung der Pflanzen nicht ausreicht, was durch eine Kalkausfällung angezeigt wird. Besonders die Messung des pH-Wertes und seine regelmäßige Kontrolle geben Aufschluss über die Zweckmäßigkeit einer CO_2-Düngung. In diesem Zusammenhang ist es wichtig zu wissen, dass das Kohlendioxid in sehr hoher Konzentration giftig auf die Fische wirkt, und dass es auch Fischarten gibt, die keine niedrigen pH-Werte ver-

Prächtiges Pflanzenaquarium, in dem Farben und Formen der Pflanzen kontrastreich eingesetzt wurden

tragen. Deshalb sind bis zur Einstellung eines optimalen CO_2-Gehaltes regelmäßige Messungen durch CO_2-Tests erforderlich (Herstellerangaben beachten).

Wichtig für die Kultur von Aquarienpflanzen ist aber nicht nur die Kenntnis von den engen Wechselbeziehungen zwischen dem pH-Wert und dem Kohlendioxidgehalt des Wassers, sondern auch das Verhältnis von der Karbonathärte (bzw. Alkalität oder Säurebindungsvermögen, SBV) zum Kohlendioxid. Je höher die Karbonathärte ist, um so mehr Kohlendioxid ist notwendig, um das Kalziumhydrogenkarbonat in Lösung zu halten, also eine Ausfällung von Kalk zu verhindern. Aus diesem Grunde ist es häufig sinnvoll, die meistens hohe Karbonathärte des Leitungswassers zu entfernen. Empfehlenswert ist zum Beispiel die Teilentsalzung durch einen schwach sauren Kationenaustauscher. Das aufbereitete Wasser kann dann durch Mischung mit Leitungswasser auf eine günstige Karbonathärte zwischen etwa 2 und 8 °dH eingestellt werden.

Aquarienwasser mit noch niedrigerer Karbonathärte besitzt eine sehr geringe pH-Stabilität und ist in erster Linie für die Zucht von manchen Weichwasserfischen erforderlich, nicht aber für die Kultur der meisten Aquarienpflanzen. Wässer mit einer Karbonathärte über etwa 15 °dH stellen für ein optimales Pflanzenwachstum in der Regel ein ungünstiges Milieu dar, weil sich der pH-Wert aufgrund seiner hohen Stabilität nur in geringem Maße regulieren lässt. Glücklich können sich diejenigen schätzen, deren Leitungswasser sehr weich ist, sodass sich der pH-Wert durch eine CO_2-Düngung leicht steuern lässt. Für diejenigen, deren Ausgangswasser zu hart ist, bietet der Handel eine breite Palette von Umkehrosmose-Anlagen an, deren Einsatz jedoch sehr teuer ist und gut überlegt sein will.

Nährstoffversorgung im Aquarium

Charakteristisch für natürliche Gewässer mit reichen Pflanzenbeständen ist immer das Vorhandensein aller zum Wachstum lebensnotwendigen Nährstoffe. Fehlt auch nur ein Nährstoff oder ist er nicht in ausreichender Menge vorhanden, so stellt er nach LIEBIGS „Gesetz des Minimums“ (1855) den begrenzenden Wachstumsfaktor dar. Im Unterschied zum natürlichen Wasser sind im Leitungswasser viele der für die Pflanzen essenziellen Nährstoffe wie Eisen, Kalium, Mangan, Natrium usw. nicht oder nur in ungenügenden Mengen enthalten. Andere Nährelemente wie Stickstoff und Phosphor liegen dagegen meistens in zu hoher Konzentration vor. Es ist deshalb gelegentlich notwendig, dem Aquarienwasser einen Dünger zuzusetzen, in dem alle für das Wachstum der Pflanzen verfügbaren Nährstoffe in einer günstigen Kombination vorliegen. Ferner ist es hin und wieder erforderlich, auftretende Mangelerscheinungen – z. B. Eisenmangel – durch einen speziellen Dünger, der Spurennährelemente enthält, zu beseitigen. Das Angebot an Düngemitteln im Fachhandel ist groß, und eine Empfehlung kann deshalb nicht ausgesprochen werden. Grundsätzlich ist aber mit derartigen Präparaten sehr vorsichtig und sparsam umzugehen. Zunächst sollten eine geringere Dosis als vom Hersteller angegeben verwendet und die Reaktionen abgewartet werden. Ein Zuviel an Nährstoffen hat häufig einen verheerenden Algenwuchs zur Folge!

Schließlich sollte auch nicht vergessen werden, dass die Nährstoffe von jeder Pflanzenart in einer unterschiedlichen Menge und Zusammensetzung aufgenommen werden. Um den Nährstoffbedarf einer bestimmten Aquarienpflanze zu ermitteln, sind wissenschaftliche Laborexperimente erforderlich, die bisher aber weitestgehend fehlen. Die Ergebnisse könnten die Grundlage für eine optimale Nährstoffversorgung sein und helfen, auftretende Mangelsymptome bei Aquarienpflanzen leichter zu erkennen. Die zukunftsorientierte Aquaristik ist aufgefordert, sich mit derartigen Fragestellungen verstärkt auseinanderzusetzen.

Wasserbewegung

Wie auf S. 16 ausführlich erläutert wurde, kommt der Wasserbewegung eine wichtige Funktion für die Photosynthese der Pflanzen zu. Aus diesem Grunde ist unbedingt – allen anderslautenden Empfehlungen zum Trotz – darauf zu achten, dass in bepflanzten Aquarien immer für eine ausreichende Wasserbewegung gesorgt ist. Sie wird besonders dann notwendig, wenn das Aquarium nur gering mit Fischen besetzt ist und die Wasserzirkulation stagniert. Zu beachten ist ferner, dass die Ansprüche der einzelnen Aquarienpflanzen auch im Hinblick auf die Wasserbewegung sehr unterschiedlich sind. Rückschlüsse können aus den ökologischen Daten gezogen werden, die sich bei den Beschreibungen der einzelnen Arten finden.

Die erforderliche Wasserbewegung wird in der Regel am besten durch einen Filter mit geringer bis mittlerer Leistung erreicht. In Aquarien ab etwa 500 l Inhalt ist der Einsatz von zwei Filtern empfehlenswert, von denen einer sehr langsam läuft und biologisch arbeitet, während der andere in erster Linie für die mechanische Reinigung des Wassers sorgt und zugleich eine gute Wasserzirkulation bewirkt. Ein Abstellen des Filters während der Nacht, wie dieses gelegentlich empfohlen wird, stellt aufgrund von schnell auftretendem Sauerstoffmangel, vor allem in dicht bepflanzten Aquarien, nicht nur im Hinblick auf die Fische eine Tierquälerei dar, sondern hat aufgrund der Stagnation des Wassers auch eine negative Auswirkung auf den Gasaustausch und den Stoffwechsel der Pflanzen.

Relative Atmungsintensität höherer Wasserpflanzen bei fallendem Sauerstoffgehalt: a) *Fontinalis antipyretica*; b) *Lagarosiphon major* (nach GESSNER und PANNIER 1958)

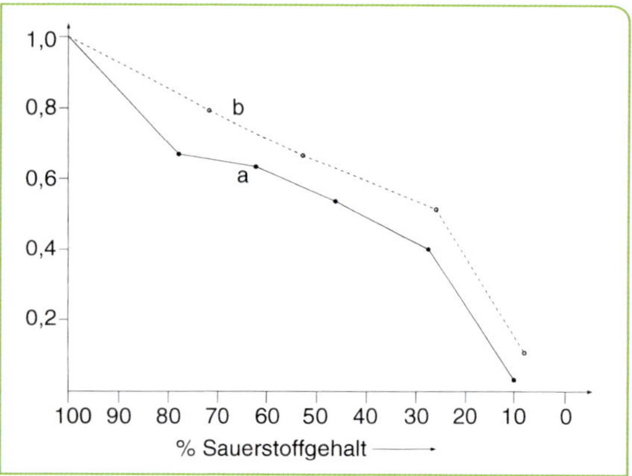

Bedeutung des Sauerstoffs

Ein optimales Pflanzenwachstum bewirkt einen hohen Sauerstoffgehalt, der eine positive Wirkung auf alles Leben im Aquarium hat. Ein niedriger Sauerstoffgehalt ist dagegen für alle Organismen ungünstig. Ein hoher Sauerstoffgehalt kann in erster Linie durch optimal assimilierende Pflanzen erreicht werden. Ferner unterstützen Maßnahmen wie die Entfernung von Mulm und abgestorbenen Pflanzenresten, ein regelmäßig durchgeführter Wasserwechsel usw. dieses Bestreben. Sauerstoffmessungen der Verfasserin zeigen in den für ihren ausgezeichneten Pflanzenwuchs berühmten „Holländischen Aquarien“ einen Anstieg von morgens etwa 70 % auf abends 130 % der Sättigung.

Der Sauerstoffgehalt im Wasser hat für die Aktivität und Vermehrung der Mikroorganismen (z. B. Bakterien) eine fundamentale Bedeutung, denn diese sind für die Selbstreinigung von Gewässern verantwortlich. Bei einem hohen O_2-Gehalt im Aquarium werden pflanzliche und tierische Abfallprodukte (Fischkot, Futterreste, abgestorbenes Pflanzenmaterial) schneller zu unschädlichen Stoffen oxidiert.

Die Atmungsintensität höherer Wasserpflanzen ist abhängig vom Sauerstoffgehalt des Wassers. So sinkt ihre Atmung bei fallender O_2-Spannung, während ein mit Sauerstoff übersättigtes Wasser zu einer deutlichen Atmungssteigerung der Wasserpflanzen führt (GESSNER 1959). Ebenso verhält sich die Atmung der Wurzeln, für die der Sauerstoffgehalt schnell zum begrenzenden Faktor werden kann, weshalb eine gute Durchlüftung des Bodengrundes gewährleistet sein muss. Da die Atmungsintensität einer Pflanze ein Indikator für ihren Stoffwechsel – d. h. auch für ihre Wachstumsgeschwindigkeit – ist, wirkt sich ein hoher Sauerstoffgehalt des Aquariumwassers günstig aus.

Auch für die Verbreitung und Biotopbindung einzelner Arten ist ein hoher Sauerstoffgehalt ein wichtiger Faktor. Beispielsweise beschränkt sich das Vorkommen von Pflanzen aus den Familien Podostemaceae und Hydrostachyaceae auf tropische Wasserfälle, weil ihr Sauerstoffbedarf außerordentlich groß ist. Bei zu niedrigen Sauerstoffwerten gehen die Pflanzen zugrunde, die wichtigste Ursache für das bisherige Scheitern der Kulturversuche im Aquarium.

Blühende Aquarienpflanzen

„In den letzten Jahren ist deutlich zu beobachten, dass bei Aquarianern das allgemeine Interesse an der Blütenbiologie und Blütenmorphologie von Aquarienpflanzen aus unterschiedlichen Gründen stark gestiegen ist. Dabei wird die Blütenbildung einerseits als Höhepunkt einer erfolgreichen Pflege angesehen, und andererseits stellen die Blütenmerkmale auch unentbehrliche Bestimmungshilfen dar. Aus diesem Grunde soll das folgende Kapitel dem Leser eine einfache Darstellung des Blütenbaus und der Blütenstandsformen, die für ein allgemeines Verständnis erforderlich ist, vermitteln.

Blütenaufbau

Vollständige Blüten weisen Kelch-, Kron-, Staub- und Fruchtblätter auf. Die Kelchblätter, die meistens grün gefärbt sind, dienen in erster Linie dem Schutz der inneren Blütenorgane während des Knospenstadiums. Die Kronblätter sind in der Regel von auffälliger Form und Farbe, wodurch sie als Lockmittel für bestäubende Insekten dienen. Kelch und Blütenkrone bilden zusammen die Blütenhülle oder das Perianth. Sind Kelch- und Kronblätter gleich gestaltet, nennt man die Blütenhülle Perigon, ihre Teile Tepalen (z. B. bei *Aponogeton*). Bei einer verwachsenblättrigen Krone unterscheidet man die Röhre, den Saum, der häufig in Abschnitte geteilt ist, und den Schlund (z. B. bei *Bacopa*, *Lindernia*, *Micranthemum*). Kelch- sowie Kronblätter können frei oder miteinander verwachsen sein.

Die Staubblätter bestehen aus dem Staubfaden (Filament) und dem Staubbeutel (Anthere). Der Staubbeutel gliedert sich in zwei Fächer (Theken), jede Theke wiederum in zwei Pollensäcke, in denen der Blütenstaub (Pollen) erzeugt wird. Die beiden Theken sind durch ein Verbindungsstück (Konnektiv) miteinander verbunden; an diesem ist das Filament angeheftet. Im Inneren der Blüte befindet sich der Stempel, der aus Fruchtknoten, Griffel und Narbe besteht. Im Fruchtknoten sind die Samenanlagen, die sich nach der Befruchtung zu Samen entwickeln. Dann schwillt der Fruchtknoten an, und es bildet sich die Frucht.

Blüten, in denen alle Geschlechtsorgane – sowohl Staub- als auch Fruchtblätter – vorhanden sind, nennt

Die Blüten von *Lobelia cardinalis* sind besonders auffällig gefärbt

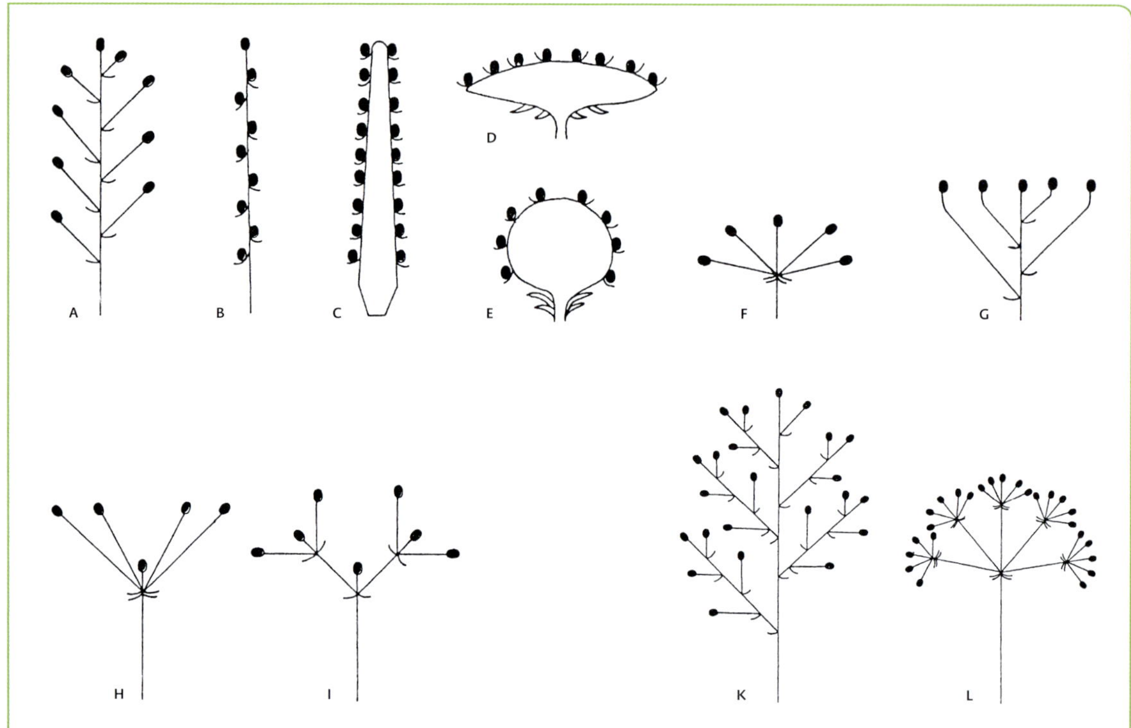

Einfache Blütenstände: A = Traube, B = Ähre, C = Kolben, D = Körbchen, E = Köpfchen, F = Dolde, G = Schirmtraube, H = Pleiochasium, I = Dichasium

Zusammengesetzte Blütenstände: K = Rispe, L = zusammengesetzte Dolde

man *zwittrig*. Fehlen entweder Staub- oder Fruchtblätter, so liegen *eingeschlechtliche* Blüten vor, und man bezeichnet diese Blüten mit *männlich* (ohne Fruchtblätter) und *weiblich* (ohne Staubblätter). Gewöhnlich befinden sich männliche und weibliche Blüten auf einer Pflanze, dann bezeichnet man sie als *einhäusig* (z. B. *Cryptocoryne*). Sind sie aber auf verschiedene Pflanzen verteilt, handelt es sich um *zweihäusige* Arten (z. B. bei *Vallisneria*).

Blütenstandsformen

Meistens sind mehrere Blüten zu Blütenständen vereinigt, nur gelegentlich sind sie einzeln angeordnet. Bei den Blütenständen unterscheidet man zwischen *traubigen (racemösen) Blütenständen* mit einer Hauptachse, sowie den *trugdoldigen (cymösen) Blütenständen* mit mehreren, auseinander hervorgehenden Achsen.

Zu den traubigen Blütenständen zählt die *Traube*, bei der sich an einer Hauptachse einzelne und etwa gleich lang gestielte Blüten befinden. Im Unterschied zur Traube weist die *Ähre* sitzende Blüten auf, von der sich der *Kolben* durch die verdickte Hauptachse unterscheidet. Eine Verkürzung der Hauptachse führt zum *Köpfchen*. Dieses heisst *Körbchen*, wenn es stark verbreitert und von Hüllblättern umgeben ist. Eine Traube, bei der alle Blüten etwa in gleicher Höhe stehen, heisst *Dolden- oder Schirmtraube*. Dagegen entsteht bei verkürzter Hauptachse eine *Dolde*, wenn alle Einzelblüten gestielt und von einem Punkt aus strahlig entspringen. Durch Verzweigung der Seitenachsen wird aus der Traube die *Rispe*. Diese heißt *Doldenrispe*, wenn sich alle Blüten in gleicher Höhe befinden. Werden bei einer Dolde die Einzelblüten gegen Dolden ausgetauscht, entsteht die *zusammengesetzte Dolde*. Eine *zusammengesetzte Ähre* liegt vor, wenn die Nebenachsen wiederum die Form von Ähren aufweisen.

Bei den *trugdoldigen Blütenständen* schließt die Hauptachse mit einer Endblüte ab und ist kürzer als die Seitenachsen, die unterhalb an einem Punkt entspringen und sich weiterverzweigen können. Je nach Anzahl der Seitenachsen unterscheidet man weitere Blütenstandsformen: *Monochasium* mit einer Seitenachse, *Dichasium* mit zwei Seitenachsen und das *Pleiochasium* (häufig mit Trugdolde bezeichnet) mit mehr als zwei Seitenachsen.

Bestäubung

Die Blütenbiologie vieler Wasserpflanzen ist im Pflanzenreich einmalig. Dieses Kapitel soll deshalb dazu dienen, Einblicke in die häufig faszinierenden Bestäubungsmechanismen zu vermitteln und Anreize für eine weitere Beschäftigung mit diesem interessanten Thema zu schaffen.

Unter Bestäubung versteht man eine Übertragung des Pollens auf die Narben der Fruchtblätter. Sie erfolgt im Allgemeinen durch Tiere sowie mithilfe von Wind oder Wasser. Wird eine Blüte mit dem Pollen der Blüte einer anderen Pflanze bestäubt, findet eine *Fremdbestäubung* statt. Eine *Selbstbestäubung* liegt vor, wenn eine Blüte durch ihren eigenen Pollen oder von einer Blüte derselben Pflanze befruchtet wird.

Am häufigsten werden Blüten von Insekten, wie Bienen, Schmetterlinge u. a., bestäubt (*Zoophilie*). Sie werden angelockt durch Blütenfarben und auffällig geformte Blütenorgane (optische Reize) sowie durch Duftstoffe. Bei einem Blütenbesuch finden die Insekten meistens Pollen und Nektar, die ihnen als Nahrung dienen, und vollziehen dabei unbeabsichtigt eine Bestäubung. Die *Windbestäubung* oder *Anemophilie* ist ebenfalls eine häufige Erscheinung im Pflanzenreich, bei der der Pollen durch den Wind übertragen wird. Voraussetzung dafür ist z. B. ein glatter und trockener Pollen, der in großer Menge produziert werden muss, um eine Bestäubung zu gewährleisten.

Bei den meisten Aquarienpflanzen, bei denen es sich ja in der Mehrzahl um Sumpfpflanzen handelt und deren Blüten oder Blütenstände außerhalb des Wassers gebildet werden, erfolgt eine Bestäubung entweder durch Insekten oder/und durch den Wind. Ich konnte an den natürlichen Standorten zum Beispiel häufig Schmetterlinge, Fliegen, Käfer und Bienen beim Bestäuben von Blüten der Gattungen *Echinodorus*, *Nymphaea* und *Sagittaria* beobachten.

Interessant ist auch der Bestäubungsmechanismus bei *Victoria amazonica*. Öffnet man am natürlichen Standort im Amazonasgebiet eine etwa einen Tag alte, noch weiße Blüte (am zweiten Tag ist sie tiefrot gefärbt), so findet man in ihr häufig große Käfer. Diese werden von Duftstoffen, der auffälligen weißen Blütenfarbe sowie von einer durch verstärkte Atmung um 10 °C gegenüber der Umgebungstemperatur erhöhten Temperatur angelockt und kriechen am ersten Abend, wenn sie sich öffnet, in die Blüte hinein. Da sich die Blüte tagsüber schließt und die Käfer somit gefangen sind, können sie erst am folgenden Abend zu einer anderen Blüte fliegen, wo sie den fremden, mitgebrachten Pollen auf die Narben übertragen. Hierdurch wird eine Kreuzbestäubung vollzogen, denn nur in der ersten Nacht sind die Narben empfängnisfähig für Blütenstaub. Der Pollen der eigenen Blüte wird erst dann reif, wenn die Narben bereits ihre Empfängnisfähigkeit wieder verloren haben.

Die Blüten von *Victoria amazonica* werden durch große Käfer bestäubt (fotografiert am Amazonas bei Manaus)

Bei einigen „echten" Wasserpflanzen, zum Beispiel *Potamogeton* (Laichkraut) und *Myriophyllum* (Tausendblatt), die ihre Blütenstände dicht über der Wasseroberfläche ausbilden, findet in der Natur häufig eine Windbestäubung statt. Bemerkenswerterweise sind Blüten und Blütenstände solcher Arten ziemlich unscheinbar und weit weniger auffällig geformt und gefärbt als bei Pflanzen, die auf eine Bestäubung durch Insekten angewiesen sind, wie das beispielsweise bei den Gattungen *Nuphar* (Teichmummel) und *Nymphaea* (Seerose) der Fall ist.

Nur bei wenigen Wasserpflanzen erfolgt eine Bestäubung tatsächlich durch das Wasser (*Hydrophilie*). Als Anpassung an das Medium fand bei diesen Arten im Laufe der Evolution oftmals eine starke Spezialisierung statt, die sich insbesondere darin zeigt, dass Lock- und Reizmittel (Blütenfarbe, -form und -größe) sowie häufig auch Blütenzahl und Blütenorgane stark reduziert sind. Manchmal entsenden die Blüten auch keine Duftstoffe mehr, und sie haben ihre Funktion als Lockmittel für Insekten völlig verloren.

Nur bei ganz wenigen Wasserpflanzen, zu denen *Ceratophyllum* (Hornblatt) und *Najas* (Nixkraut) zählen, wird der im Wasser schwebende Pollen durch das Wasser auf die weiblichen Narben übertragen. Die Blütenhüllen dieser Arten sind entweder stark reduziert (*Ceratophyllum*) oder fehlen vollständig (*Najas*). Bei anderen Wasserpflanzen dient das Wasser nur als Transportmittel für den Pollen oder die männlichen Blüten, die an der Wasseroberfläche schwimmen und vom Wind auf die weiblichen Narben getrieben werden. Bei manchen Arten, die ihre eingeschlechtlichen Blüten über die Wasseroberfläche emporheben, erfolgt eine Bestäubung auch durch Regenwasser.

Bei der Kultur von Aquarienpflanzen im Paludarium oder im Gewächshaus fehlen für gewöhnlich die natürlichen Bestäuber, sodass häufig eine künstliche Bestäubung durchgeführt werden muss, um eine Samenbildung zu erreichen. Eine Übertragung des Pollens ist leicht mit einem Pinsel oder mit den Fingern möglich. Bei verschiedenen *Aponogeton*-Arten wurde auch ein guter Samenansatz durch die Verwendung von Obstfliegen erzielt, die in einer Plastiktüte über dem Blütenstand eingeschlossen waren.

Blüten der Froschbissgewächse

Im Pflanzenreich einmalig ist die geheimnisvolle Blütenbiologie innerhalb der Familie der Froschbissgewächse (Hydrocharitaceae), die den Aquarianern vor allem durch die Gattungen *Egeria, Elodea, Hydrilla, Lagarosiphon, Ottelia* und *Vallisneria* gut bekannt ist. Innerhalb der 17 Gattungen und der mehr als 100 Arten, bei denen es sich ausschließlich um Wasserpflanzen handelt, findet man sehr differenzierte Bestäubungsmechanismen, deren Erforschung bis heute nicht abgeschlossen ist.

Auffällig sind die regelmäßig auftretende Eingeschlechtigkeit der Blüten und das häufige Vorkommen von zweihäusigen Pflanzen. Es gibt aber auch Arten, die entweder männlich oder weiblich sind oder auch Zwitterblüten aufweisen, wie dies bei *Ottelia alismoides* der Fall ist. Obwohl sich die Blüten unter Wasser nicht öffnen, haben die Blüten einiger Arten interessanterweise trotz einer starken Reduktion der Blütenorgane die Fähigkeit, eine Bestäubung durchzuführen (kleistogame Blüten) und Samen zu bilden. Den Aquarianern gut bekannt ist das Auftreten von kleistogamen Blüten bei *Ottelia alismoides* und *Blyxa aubertii*, aber auch bei Arten anderer Familien, z. B. *Barclaya longifolia* (Nymphaeaceae).

Viele Blüten der Froschbissgewächse sind verhältnismäßig klein und unauffällig. Dennoch werden sie häufig von Insekten besucht, die durch Duftstoffe angelockt werden und eine Bestäubung durchführen. Oftmals werden die Insekten mit Nektar belohnt, der aus speziellen Drüsen ausgeschieden wird. Manchmal aber, z. B. bei den Arten der Gattung *Blyxa*, werden die Insekten weder angelockt noch erhalten sie Nektar. Bei fast allen Froschbissgewächsen spielt der Besuch von Insekten bei der Bestäubung eine wesentliche Rolle. Aber nur bei wenigen Pflanzen liegen konkrete Untersuchungen über die Art der bestäubenden Insekten vor. Gelegentlich wurden kleine Fliegen beobachtet, die die Blüten der verschiedenen Arten aufsuchten.

Die wenigen Arten in diesem Verwandtschaftskreis, die nicht durch Insekten, sondern durch den Wind bestäubt werden, sind *Limnobium spongia* und *L. laevigatum*, was durch Beobachtungen in Kultur und an den natürlichen Standorten herausgefunden wurde. Ein Hinweis auf eine Windbestäubung bei diesen Arten ist zudem das Fehlen von Duftstoffen und Nektar sowie ein sehr trockener Pollen, der leicht vom Wind weggeblasen wird.

Die Blüten der Froschbissgewächse sind sehr zart. Damit sie nicht durch starke Wellenbewegung zerstört werden, haben sich die Pflanzen an das Medium Wasser besonders angepasst und spezielle Einrichtungen ent-

Hydrotriche hottoniiflora bildet innerhalb eines Biotops unterschiedliche Blütenfarben aus

Der Blütenstand von _Rotala macrandra_ bildet eine dichtblütige verzweigte Traube

Die winzigen männlichen Blüten von *Lagarosiphon cordofanus*

Weibliche Blüte von *Lagarosiphon cordofanus* (Mikroaufnahme)

wickelt. Geraten zum Beispiel die weiblichen Blüten von *Hydrilla verticillata* unter Wasser, so schließen sich die Kronblätter, und durch eine eingeschlossene Luftblase bleiben die Narben trocken. Dagegen werden bei *Egeria* die Blüten bei starker Wasserbewegung etwas über die Wasseroberfläche emporgehoben.

Auch innerhalb der Froschbissgewächse dient nur bei einigen Arten das Wasser selbst als Transportmittel, um eine Bestäubung zu vollziehen. Bei den *Elodea*-Arten schwimmt der unbenetzbare Pollen auf der Wasseroberfläche und wird durch die Wasserbewegung zu den weiblichen Blüten befördert, die ebenfalls auf der Wasseroberfläche schwimmen. Dabei befindet sich um die weibliche Blüte herum eine kleine Vertiefung, durch die männlicher Pollen angezogen wird.

Bei den aquaristisch gut bekannten Gattungen *Vallisneria* und *Lagarosiphon* stellen die männlichen Blüten selbst das Transportmittel dar und übertragen den Pollen direkt auf die Narben der auf dem Wasser schwimmenden weiblichen Blüten. Das Wasser ist aber indirekt dennoch an dem Bestäubungsvorgang beteiligt. Bei *Vallisneria americana* wird aus einer kurz gestielten Spatha eine Vielzahl von männlichen Blüten entlassen, die als Knospen an die Wasseroberfläche emporsteigen. Sie öffnen sich dort, ihre Hüllblätter biegen sich um, und nun werden die männlichen Blüten durch die Wasserbewegung an die weiblichen herangetrieben. Die weiblichen Blüten schwimmen einzeln an der Wasseroberfläche an einem langen, spiralig gedrehten Stiel. Weil die Narben zur Seite gerichtet sind, sind sie für den Pollen unerreichbar. Erst bei einer Wellenbewegung des Wassers gelangt der Pollen auf die Narben.

Wie bei *Vallisneria* geschildert, schwimmen auch die männlichen Blüten der Gattung *Lagarosiphon* auf den zurückgebogenen Blütenhüllblättern auf der Wasseroberfläche. Drei fertile Staubblätter sind waagerecht angeordnet, drei weitere Staminodien (sterile Staubblätter) bilden in einer aufrechten Position ein „Segel". Mit diesem driften sie zu den weiblichen Blüten, die etwas vertieft im Wasser liegen, und übertragen so den Pollen auf die Narben.

Unter den Wasserpflanzen sind die Bestäubungsmechanismen der monotypischen Gattung *Hydrilla* einzigartig, weshalb sie an dieser Stelle ebenfalls erwähnt werden sollen. Jede männliche Spatha enthält nur eine männliche Blüte. Zur Reife reißt die Spatha auf, die gasgefüllte Knospe steigt an die Wasseroberfläche empor und schwimmt für etwa 1,5 Stunden auf dem Wasser. Dann öffnet sie sich ruckartig durch einen interessanten Entfaltungsmechanismus und schleudert den Pollen in einem Umkreis von etwa 20 cm heraus. Die weibliche Blüte bildet an der Wasseroberfläche einen breiten Trichter, der im Wasserspiegel in der Weise eingesenkt liegt, dass nur seine oberen Ränder die Wasseroberfläche erreichen. Im Inneren dieses Trichters befinden sich die Narben. Wird nun der Pollen aus den Antheren der männlichen Blüte herausgeschleudert, so fällt ein Teil davon direkt in diesen Trichter der weiblichen Blüte hinein und wird so auf die Narben übertragen.

Obwohl die Froschbissgewächse sehr komplizierte Bestäubungsmechanismen ausgebildet haben, sind überraschenderweise an den natürlichen Standorten nur selten Früchte zu finden, was im Allgemeinen mit einer ungleichmäßigen Verteilung der Geschlechter zusammenhängt.

Die hier geschilderten faszinierenden Bestäubungsmechanismen der Froschbissgewächse sind zum Teil noch komplizierter, als aus der knappen Darstellung an dieser Stelle hervorgeht. Deshalb kann die weitere Beschäftigung mit diesem interessanten Thema zusätzliche Einblicke in die geheimnisvolle Vielfalt der Blütenbiologie bei Wasserpflanzen eröffnen. Aus diesem Grund sind die Publikationen von C. D. K. Cook (1982 und 1994/1995) zur Vertiefung wärmstens zu empfehlen.

Vermehrung von Aquarienpflanzen

Der an Wasserpflanzen interessierte Aquarianer wird seine Pflanzen sicher auch vermehren wollen, und das nicht nur, um Geld zu sparen. Nur bei einem Teil der Arten ist jedoch eine generative oder geschlechtliche Vermehrung möglich. Bei Stängelpflanzen und manchen anderen Arten bietet sich daher eine vegetative oder ungeschlechtliche Vermehrung an.

Generative Vermehrung

Unter der generativen Vermehrung versteht man eine Fortpflanzung auf geschlechtlichem oder sexuellem Wege, die bei den Blütenpflanzen oder höheren Pflanzen durch Samen erfolgt. Voraussetzung für eine generative Vermehrung sind Blütenbildung, Bestäubung, Befruchtung sowie Entwicklung von Früchten und Samen. (Siehe hierzu auch das Kapitel „Blühende Aquarienpflanzen".)

Obwohl es nur wenige Aquarienpflanzen gibt, die bei der submersen Kultur im Aquarium gelegentlich Blüten ausbilden, und eine Vermehrung durch Samen vorwiegend in Wasserpflanzengärtnereien praktiziert wird, soll der generativen Vermehrung dennoch ein kurzes Kapitel gewidmet werden, vor allem deshalb, weil sich einige Pflanzen nur generativ vermehren lassen.

Aussaat und Anzucht

Wichtigste Voraussetzung für eine erfolgreiche generative Vermehrung sind natürlich reife und keimfähige Samen. Der richtige Zeitpunkt für das Ernten der Samen ist im Allgemeinen dann erreicht, wenn sich die Früchte öffnen und die meistens braunen Samen entlassen. Aus verschiedenen Gründen ist manchmal eine sofortige Aussaat unerwünscht. In derartigen Fällen ist es notwendig zu wissen, wie lange die Samen ihre Keimfähigkeit behalten. Bei vielen Aquarienpflanzen gibt es jedoch hierüber nur unzureichende Kenntnisse. Vergleichende Untersuchungen, die das Alter der Samen in Relation zur Keimquote setzen, sind bei Aquarienpflanzen bisher nicht bekannt. Man weiß aber, dass beispielsweise mehrere Jahre alte Samen mancher *Echinodorus*-Arten noch keimfähig sind. Dagegen schwimmen die Samen bzw. Früchte von *Aponogeton*- und *Cryptocoryne*-Arten kurze Zeit auf der Wasseroberfläche, wo sie praktisch sofort keimen, anderenfalls verlieren sie

Generative Vermehrung bei *Barclaya longifolia* im Biotop 53 in Südthailand: Die Frucht entlässt die reifen Samen und Sämlinge (Unterwasserfotos)

sehr schnell ihre Keimfähigkeit. Auch die Temperatur ist für die Keimung ein wichtiger Faktor. Bei tropischen Aquarienpflanzen führen hohe Temperaturen von 30 °C und mehr meist zu besseren Keimquoten als niedrigere.

Bei der Vielzahl der Aquarienpflanzen erscheint es erstaunlich, dass nur bei wenigen Arten unter Wasser eine Fruchtbildung kleistogamer Blüten beobachtet werden kann. Den Aquarianern ist am ehesten die Bildung von Früchten bei *Barclaya longifolia* und *Ottelia alismoides* geläufig, sie kommt aber auch bei *Blyxa*, *Heteranthera gardneri* und häufig bei *Ludwigia*-Arten vor. Bei *Barclaya* und *Ottelia* platzen die reifen Früchte plötzlich auf, und die Samen verstreuen sich überall im Aquarium, wo sie aufgrund von Lichtmangel meistens nicht keimen. Mit Hilfe eines Nylonstrumpfes, der über die Frucht gestülpt wird, lassen sich die reifen Samen aber sehr gut auffangen, um dann eine kontrollierte Aussaat durchzuführen. Diese Methode lässt sich natürlich auch bei anderen Arten (z. B. *Aponogeton crispus*) praktizieren.

Es gibt verschiedene Methoden, um eine Aussaat durchzuführen. Bei Sumpfpflanzen werden die Samen im Allgemeinen auf feuchter Erde und bei gespannter Luft ausgesät, der Bodengrund kann aber auch aus einem anderen Substrat bestehen, wenn dies ausreichend Nährstoffe enthält. Zusätzlich ist eine gute Beleuchtung notwendig. Die Samen von Wasserpflanzen lässt man im Wasser keimen. Die reifen Samen von *Barclaya* und *Ottelia* zum Beispiel bilden im Wasser nach wenigen Tagen Wurzeln und Blätter.

Die Keimlinge werden dann in kleine Töpfe oder Schalen mit einem Lehm-Sand-Gemisch gepflanzt und bei guter Beleuchtung in flaches Wasser eingebracht. Mit ein wenig Geschick lässt sich ein kleiner Topf auch an den Rand des Aquariums hängen. Dieser Topf wird mit Gaze oder einem anderen grobmaschigen Gewebe abgedeckt, damit nicht Schnecken und Fische die noch sehr empfindlichen Pflänzchen beschädigen. Mit zunehmender Größe der Pflanzen wird die Gaze entfernt. Häufig lässt sich nach einigen Wochen beobachten, dass das Wachstum der Jungpflanzen, möglicherweise aufgrund von Nährstoffmangel, plötzlich stagniert. In einem solchen Fall konnte ich das Wachstum wieder anregen, indem ich die Pflanzen aus dem Substrat herausnahm und nach dem Kürzen der Wurzeln an einer anderen Stelle wieder neu einpflanzte.

Eine Anzucht von Jungpflanzen durch Samen ist im Allgemeinen langwierig, arbeitsaufwändig und selten rentabel. Aus diesem Grunde wird auch in Wasserpflanzengärtnereien nur bei wenigen Arten eine generative Vermehrung durchgeführt. Sie ist jedoch insbesondere dort sinnvoll, wo eine vegetative Vermehrung nicht ausreichend möglich ist oder nur eine Vermehrung durch Samen erfolgen kann (z. B. *Aponogeton*).

Isoetes velata **wird durch Sporen vermehrt**

Züchtung von Aquarienpflanzen

Unter der Zucht von Pflanzen versteht man eine Auslese von Varianten, die genetisch unterschiedlich sind. Ziel der Züchtung von Aquarienpflanzen ist es, für die Aquaristik neue Pflanzen zu erhalten, die sich in ihrer Färbung und ihrem Aussehen von den ursprünglichen Arten auffällig unterscheiden. Zusätzlich sind bessere Wachstumseigenschaften erwünscht. In der Zier- und Nutzpflanzenzucht sind derartige Methoden schon seit langem Praxis, in der Aquaristik werden sie dagegen erst seit einigen Jahren praktiziert. Häufig werden genetisch unterschiedliche Eltern zur Züchtung von Hybriden verwendet (gut bekannt bei *Echinodorus*). Ferner können neue Pflanzen auch durch natürliche oder induzierte Mutationen entstehen und ausgelesen (selektiert) werden. Aus zufälligen Mutationen hervorgegangen sind zum Beispiel die Sorten *Cabomba caroliniana* 'Silbergrüne' und *Echinodorus* 'Leopard'.

Kreuzungen sollten durch ein Multiplikationszeichen (×) eindeutig gekennzeichnet werden. Auch die Einführung eines Sortennamens ist möglich. Voraussetzung für die Aufstellung einer Sorte ist aber, dass die Eigenschaften der Pflanze genetisch beständig sind, d. h., eine Übertragung aller Merkmale muss von einer Generation auf die andere gewährleistet sein. Sortennamen dürfen nur einer lebenden Sprache entnommen sein und müssen in einfache obere Anführungszeichen gesetzt werden.

Panaschierte Aquarienpflanzen

In der Zierpflanzenzucht ist die Entstehung von panaschierten Pflanzen meistens erwünscht. Panaschierte Formen gibt es zum Beispiel beim Efeu oder der Pelargonie. Was versteht man unter Panaschierung und wie ist die Situation bei Aquarienpflanzen?

Panaschüre leitet sich ab von französisch panacher (= bunt machen oder gefleckt), ein Wort, das der französi-

Cabomba caroliniana **'Silbergrüne' ist eine spontane Mutation**

sche Botaniker DUHAMEL DE MONCEAU im Jahre 1758 erstmals benutzte. Unter Panaschüre/Panaschierung versteht man eine weiße Musterung auf Pflanzenblättern, die durch einen Mangel oder ein Fehlen an Blattgrün (Chlorophyll) in den Farbstoffträgern entsteht. Eine panaschierte Pflanze hebt sich somit deutlich von der Stammform durch einen streifen- oder fleckenförmigen Wechsel der Farben ab, was aber nicht nur bei Blättern, sondern auch bei Blüten auftreten kann. Panaschieren kann man auch mit „buntblättrig machen" übersetzen, und der Begriff Panaschierung wird im allgemeinen Sprachgebrauch synonym für Mehrfarbigkeit verwendet.

Ursachen einer auftretenden Panaschierung können in einer Virusinfektion oder in einer genetischen Veränderung (Chimärenbildung) liegen. Eine Chimäre kann durch Pfropfung, Mutation oder Störungen der Mitose (Teilung des Zellkerns) zustande kommen. Bei verschiedenem Polyploidiegrad (Vervielfachung des Chromosomensatzes) spricht man z. B. von einer Cytochimäre. Eine solche kann bei einer mit Colchicin behandelten Pflanze entstehen. Diese chemische Substanz wird in der Pflanzenzucht zur Vergrößerung von Pflanzen (z. B. bei Erdbeeren) eingesetzt, u. a. aber auch für das Stoppen der Mitose der Zellen von Wurzelspitzen zur Chromosomenzählung verwendet. Chimären werden durch ein Pluszeichen gekennzeichnet. Der Begriff Chimäre wurde von HANS WINKLER (1908) zunächst für einen Spross geschaffen, der durch Pfropfung zwei Längshälften hatte, die die Merkmale verschiedener Arten aufwiesen. Dieser Begriff ist dann später erweitert worden.

Virusinfektionen können nur durch rasterelektronenmikroskopische Untersuchungen oder durch die Übertragung des Zellsaftes auf gesunde Pflanzen zur Erzeugung einer Infektion sicher nachgewiesen werden. Das Erscheinungsbild viröser Pflanzen ist häufig nicht nur durch fehlendes Chlorophyll gekennzeichnet, sondern auch durch starke Verkrüppelungen, wobei man oft die unterschiedlichen Zerstörungsstadien der einzelnen Zellschichten sehen kann. Gegenüber den Infektionen durch Viren ist das spontane Entstehen einer neuen Variation infolge einer Mutation des Erbgutes sehr selten. Je nach Art ist die Mutationsrate mit $1:10^4$ bis $1:10^7$ nur sehr gering. Diese kann sich aber durch äußere Einflüsse, wie beispielsweise Strahlungen aller Art, erheblich erhöhen. Auch bei der Vermehrung von Aquarienpflanzen durch Gewebekultur (In-Vitro-Vermehrung) treten Mutationen häufiger als normal auf.

Geschichte der panaschierten Pflanzen

Die erste panaschierte Aquarienpflanze wurde im Jahre 1972 eingeführt. In einer Importsendung von *Cryptocoryne cordata* an die Wasserpflanzengärtnerei PETER SCHNEIDER (Zuzgen/Schweiz) befand sich ein farblich abweichendes Exemplar mit einer weißen bis hellrosa gefärbten Nervatur. SCHNEIDER kultivierte diese Pflanze vegetativ weiter und die Klone wurden von hier aus in die ganze Welt verbreitet. Aufgrund der Bedeutung in der Aquaristik erhielt diese Pflanze den Sortenstatus als *Cryptocoryne cordata* var. *siamensis* 'Rosanervig'. Allgemein akzeptiert ist die Annahme, dass diese Panaschüre offensichtlich durch eine natürliche Mutation hervorgerufen wird.

Die nächste panaschierte Pflanze tauchte schon kurze Zeit später, nämlich 1976, im Fachhandel auf. Es handelt sich um eine weiß gescheckte Farbform des Indischen Wasserwedels, *Hygrophila difformis*, die im Gegensatz zur Stammpflanze eine mehr oder weniger stark ausgeprägte weiße Zeichnung besitzt, die sich aber nicht nur auf die Nervatur – wie bei *Cryptocoryne cordata* var. *siamensis* 'Rosanervig' –, sondern auch auf andere Teile der Blattspreite bezieht. Zur besseren Unterscheidung erhielt sie den Sortennamen *Hygrophila difformis* 'Weiß-Grün'. Während man bei *C. cordata* var. *siamensis* 'Rosanervig' von einer natürlichen Mutation ausgeht, liegt bei *Hygrophila difformis* eine Virusinfektion vor.

Nach dem Auftreten von *Hygrophila difformis* 'Weiß-Grün' entstanden in kurzen Abständen weitere panaschierte Aquarienpflanzen mit vergleichbaren Scheckungsmustern, so *Hygrophila polysperma* 'Rosanervig', *Shinnersia rivularis* 'Weiß-Grün' (1983) und *Echinodorus cordifolius* 'Tropica Marble Queen' (1991). Es ist naheliegend, dass alle durch dasselbe Virus infiziert wurden.

Bei Besuchen in Wasserpflanzengärtnereien lassen sich immer wieder Aquarienpflanzen mit Chlorophylldefekten finden, so zum Beispiel bei *Anubias barteri*, *Lobelia cardinalis* und *Gymnocoronis spilanthoides*. Diese Pflanzen werden teilweise auch im Fachhandel angeboten und zeigen dann eine Scheckung der Blattflächen, die durch Chlorophyllmangel in den Blattzellen hervorgerufen wird. Ein noch neues Beispiel ist das „Marmorierte Zwergspeerblatt", *Anubias barteri* var. nana 'Marble', das eine in der Tat dekorativ aussehende Zuchtform darstellt.

Häufig zeichnen sich virusinfizierte Pflanzen auch durch Verkrüppelungen aus. Solche krankhaften Veränderungen der Stammform verschwinden unter Wasser meistens (glücklicherweise!) wieder vollständig, somit aber auch die (abnorme) augenscheinlich dekorative Wirkung. Es handelt sich deshalb nicht um wertvolle Pflanzen für die Aquaristik, bei denen es Sinn macht, sie weiter zu vermehren. Grundsätzlich sollte der Gärtner bei einem derartigen Erscheinungsbild (zum Beispiel bei *Echinodorus* 'Grüner Panda') sorgfältig überlegen, ob es vertretbar ist, Pflanzen mit dergestalt unhomogenen Merkmalen zu vermehren. Der Käufer kann zwar über den Erhaltungswert solcher Formen durch sein Kaufverhalten mitbestimmen, doch die Verantwortung für einen sorgsamen Umgang mit verkrüppelten Pflanzen obliegt den Gärtnern und dem Fachhandel.

Diese gutwüchsige Zwergform von *Lobelia cardinalis* entstand in der Kultur

Nach dem Lesen dieses Kapitels stellen sich einige Leser vielleicht die Frage, warum nicht auch andere gemusterte oder gefleckte Aquarienpflanzen, z. B. einige *Echinodorus*-Sorten wie *E.* 'Ozelot' oder *E.* 'Red Flame', bei den hier genannten panaschierten Pflanzen erwähnt werden. Die Antwort hierauf ist eindeutig: Es handelt sich bei diesen Sorten nicht um Panaschierungen im Sinne der Definition, da sich dieser Begriff nur auf weißbunte Pflanzen bezieht.

Vegetative Vermehrung

Unter einer vegetativen Vermehrung versteht man eine Fortpflanzung auf ungeschlechtlichem Wege. Im Folgenden werden die verschiedenen Vermehrungsmethoden vorgestellt, die zur täglichen Praxis der Pflanzenpflege gehören und die auch vom Nicht-Gärtner ohne zusätzliche Einrichtungen leicht durchzuführen sind.

Stecklinge

Ein großer Teil der Aquarienpflanzen bildet kriechende oder aufrecht wachsende Sprosse. Diese Stängelpflanzen gliedern sich in Sprossachse (Stängel), Knoten (Nodien), an denen die Blätter in unterschiedlicher Blattstellung angeordnet sind, und Knotenzwischenstücke (Internodien). Die meisten Stängelpflanzen zeichnen sich im Aquarium durch einen hohen Grad seitlicher Verzweigung aus, die in den Blattachseln ihren Ursprung hat. Diese Seitenäste können abgeschnitten und als Stecklinge verwendet werden, sodass die Vermehrung im Allgemeinen keine Schwierigkeiten bereitet. Zu den Arten mit intensiver Bildung von Seitensprossen zählen beispielsweise *Ludwigia*- und *Hygrophila*-Arten, aber auch viele andere häufig gepflegte Aquarienpflanzen.

Innerhalb der Gruppe der Stängelpflanzen gibt es aber auch solche Arten, die nur selten Seitenäste bilden, bei denen aber oftmals eine produktivere Vermehrung erwünscht ist. Zur Förderung der Bildung von Seitensprossen können kräftige Stängel in Teilstücke (Teil- oder Sprossstecklinge) mit etwa zwei bis vier Knoten zerlegt werden. Zum Teilen der Pflanze schneidet man am besten mit einer Schere oder einem scharfen Messer wenig unterhalb des Knotens, an dem dann später die Wurzelbildung erfolgt. An diesem Knoten werden zudem die Blätter entfernt, um Fäulnisbildung im Bodengrund zu vermeiden. Die Sprossspitze der Mutterpflanze wächst als Kopfsteckling unverzweigt weiter. Die restlichen Teilstecklinge werden in den Bodengrund gepflanzt, wo sie nach wenigen Tagen meistens am obersten Knoten Adventivsprosse bilden.

Ein Kürzen zu lang gewordener Stängelpflanzen lässt sich im Aquarium somit sehr einfach durchführen: Die Sprossspitze wird abgetrennt und wieder eingepflanzt, der Rest des Stängels kann ebenfalls zur Teilung dienen, oder er verbleibt im Bodengrund, wo er sich erneut verzweigt.

Die Arten der Gattungen *Ceratophyllum, Egeria, Elodea, Hydrilla, Lagarosiphon* und *Najas* wachsen an den natürlichen Standorten meistens flutend unter der Wasseroberfläche und bilden keine oder nur wenige Wurzeln, mit denen sie sich im Bodengrund verankern. Bei flutendem Wachstum verzweigen sich die Sprosse gewöhnlich reichlich und vermehren sich durch Fragmentation (Zerfall in Teilstücke), sodass die vegetative Vermehrung der Vertreter der genannten Gattungen ebenfalls unproblematisch ist.

Ableger

Auch die Vermehrung durch Ableger, die an mehr oder weniger langen Ausläufern (Seitentriebe mit verlängerten Internodien) kräftiger Mutterpflanzen entstehen, hat in der Aquaristik eine große Bedeutung. Ableger bilden beispielsweise Cryptocorynen, kleinwüchsige *Helanthium*-Arten sowie Vertreter der Gattungen *Vallisneria* und *Sagittaria*. Auch einige Schwimmpflanzen vermehren sich auf diese Weise. Als Beispiele für eine besonders produktive Vermehrung sind *Eichhornia crassipes* und *Pistia stratiotes*, aber auch *Trapa natans*, *Hydrocleys*- und *Limnobium*-Arten bekannt.

Die Vermehrung durch Ableger stellt den Aquarianer selten vor Probleme. Zu beachten ist aber, dass Ableger nicht zu früh von der Mutterpflanze abgetrennt werden dürfen, da sie sonst nicht oder nur langsam weiterwachsen. Während Cryptocorynen so wenig wie möglich in ihrem Wachstum gestört werden sollten, ist beispielsweise bei *Helanthium*- und *Sagittaria*-Arten regelmäßig ein Auslichten von zu dicht gewordenen Beständen und ein Neupflanzen der Ableger erforderlich.

Teilung

Zahlreiche Aquarienpflanzen bilden ein mehr oder weniger langes und verdicktes Rhizom, d. h. einen Wurzelstock, aus, der an den natürlichen Standorten als Speicherorgan die Überwindung ungünstiger Vegetationsperioden ermöglicht. Das Rhizom bei *Anubias barteri* ist zum Beispiel sehr lang, verhältnismäßig dünn und verzweigt sich regelmäßig. Dagegen sind die Rhizome der meisten großwüchsigen *Echinodorus*-Arten auffällig dick, nur wenige Zentimeter lang, und eine Verzweigung ist nur gelegentlich an kräftigen Mutterpflanzen zu beobachten. Um die Vermehrungsrate zu erhöhen, können lange Rhizome mit einem scharfen Messer in 2–3 cm lange Einzelstücke zerteilt werden, die nach Möglichkeit mehrere Sprossknospen aufweisen sollten. Diese Rhizomstücke können im Aquarium an der Wasseroberfläche bei intensiver Beleuchtung treiben, bis sich neue Pflanzen aus den Reserveknospen entwickeln. Bei *Anubias*-Arten ist die Vermehrung durch Teilung des Rhizoms ziemlich produktiv, bei *Echinodorus*-Arten führt sie dagegen nicht immer zum Erfolg.

Brut- oder Adventivpflanzen

Die Bildung von Adventivpflanzen an Blättern, Blattstielen, Wurzeln und Blütenständen der Mutterpflanzen ist bei Aquarianern gut bekannt. Bei den Farnen *Ceratopteris* (Hornfarn) und *Microsorum* (Javafarn) lassen sich häufig Brutknospen an den Blatträndern, bei den Seerosen *Nymphaea micrantha* und *Nymphaea ×daubenyana* regelmäßig an der Blattbasis beobachten, sodass die vegetative Vermehrung dieser Arten leicht ist. Bei *Microsorum* bilden sich auch in großer Zahl Wurzelsprosse an den im Wasser hängenden Wurzeln.

Auch an der Wasseroberfläche schwimmende, abgebrochene Blätter von *Hygrophila*-Arten, *Gymnocoronis spilanthoides* u. a. bilden an den Bruchstellen Adventivpflanzen, die mit ausreichender Größe abgetrennt werden können. Einige Arten, zum Beispiel *Samolus valerandi*, *Rorippa aquatica* und *Physostegia purpurea*, bilden blattachselständige Brutpflanzen an den Blütenstängeln.

Eine besondere Bedeutung für die produktive Vermehrung hat die Bildung von Adventivpflanzen an den Blütenständen vieler *Echinodorus*-Arten. Diese entstehen je nach Art in unterschiedlicher Zahl an den Blütenquirlen (siehe auch zur Blühinduktion bei *Echinodorus*-Arten auf S. 277). Entwickeln sich Blütenstängel an Schwertpflanzen unter Wasser, so ist es empfehlenswert, diese trotz ihres Bestrebens, über das Wasser hinauszuwachsen, unter die Wasseroberfläche zu drücken. Die Adventivpflanzenbildung erfolgt dann im Allgemeinen intensiver und schneller als über Wasser, wo die Tochterpflanzen bei den gewöhnlich niedrigen Aquarienabdeckungen und der geringen Luftfeuchte leicht vertrocknen und kaum Wurzeln bilden. Mit einer Größe von etwa 5 cm und einigen Wurzeln können die Adventivpflanzen abgetrennt und eingepflanzt werden. Unter den Wasserährengewächsen zeigt nur *Aponogeton undulatus* diese ungewöhnliche vegetative Vermehrung durch Brutknospen, die anstelle der seltenen Blütenstände gebildet werden.

Brutzwiebeln und Brutknollen

In der Zier- und Nutzpflanzenkultur kommt eine Vermehrung durch Brutzwiebeln und Brutknollen sehr häufig vor. Bei den Aquarienpflanzen sind Knollen nur bei den Arten der Gattung *Aponogeton* bekannt. Diese sind aber im Allgemeinen nicht in der Lage, Brutknollen zu bilden. Brutzwiebeln werden gelegentlich an kräftigen Pflanzen der Gattung *Crinum* entwickelt; diese Form der Vermehrung ist aber selten produktiv. Insbesondere bei *Crinum calamistratum* lässt sich im Aquarium häufiger eine Bildung von Brutzwiebeln beobachten.

Zur vegetativen Vermehrung von *Anubias* werden die Rhizome in kleine Stücke geschnitten, die nach mehreren Wochen austreiben

Vermehrung einiger Schwimmpflanzen

Interessant ist die vegetative Vermehrung einiger kleinwüchsiger Schwimmpflanzen, weshalb sie hier gesondert erwähnt werden. *Phyllanthus fluitans* sowie *Azolla*- und *Salvinia*-Arten bilden zahlreiche Seitentriebe, die sich mit entsprechender Länge von der Mutterpflanze lösen (Fragmentation) oder durch das Absterben der älteren Teile in ihre einzelnen Äste zerfallen (Dividuenbildung).

Eine sehr ungewöhnliche Vermehrung weisen die Wasserlinsengewächse *Lemna*, *Spirodela*, *Wolffia* und *Wolffiella* auf, bei denen die Tochterglieder aus seitlichen oder basalen Taschen der Mutterpflanze entspringen. Bei günstigen Wachstumsbedingungen ist die Vermehrungsrate dieser Pflanzen derart hoch, dass die Wasseroberfläche eines Aquariums innerhalb kurzer Zeit zuwachsen kann.

Vermehrung durch Gewebe- oder Meristemkultur

Die inzwischen bedeutendste Methode der vegetativen Vermehrung erfolgt mit Hilfe der Kultur im Reagenzglas. Sie wurde bei vielen Nutzpflanzen (z. B. Erdbeeren, Rüben, Orchideen) zuerst praktiziert, ist aber auch seit einigen Jahren gängige Praxis in den Wasserpflanzengärtnereien.

Gründe, die für eine Gewebekultur auch in Wasserpflanzengärtnereien sprechen, sind einerseits die schnellere

Vermehrung als bei herkömmlichen Verfahren, andererseits der erheblich geringere Platzbedarf. Hinzu kommt, dass sich einige seltene Arten, wie zum Beispiel *Aponogeton-* und *Crinum*-Gewächse, die sich unter gewöhnlichen Kulturbedingungen nicht oder nur in ungenügender Zahl produzieren lassen, in Gewebekultur in so großen Mengen schnell vermehrt werden können, dass in Zukunft auf einen Import von Pflanzen aus natürlichen Beständen verzichtet werden kann.

Ein weiterer wesentlicher Vorteil der Anwendung der Gewebekultur ist, dass die aus Meristemen (Bildungsgewebe) gewonnenen Nachkommen in der Regel erbgleich sind (Klone) und der Ausgangspflanze entsprechen. Hierdurch wird es beispielsweise möglich, besonders dekorative Hybriden, die sich entweder sexuell nicht fortpflanzen oder bei denen eine genetische Aufspaltung bei der Samenvermehrung zu erwarten wäre, in gewünschter Zahl im Reagenzglas vermehrt werden können und auf diese Weise erhalten bleiben. In der Nutzpflanzenzucht (z. B. bei Nelken) ist zudem von großer Bedeutung, dass die aus geeigneten Meristemen gewonnenen Jungpflanzen virusfrei sind.

Die Praktizierung der Gewebekultur erfordert für die Gärtnereien einen enormen finanziellen Aufwand, der bedingt ist durch die Anschaffung komplizierter Apparaturen und Laboreinrichtungen, die für ein steriles Arbeiten erforderlich sind, sowie klimatisierter Räume. Insbesondere ist aber ein umfangreiches biologisches Fachwissen auf dem Gebiet der Gewebevermehrung notwendig, denn die einzelnen Wasser- und Sumpfpflanzen reagieren unterschiedlich auf das quantitative Verhältnis der Zusätze in den Nährmedien, und spezielle Versuchsreihen sind bei jeder Art fast immer eine notwendige Voraussetzung. In den letzten Jahren gab es auf diesem Gebiet erhebliche Fortschritte, weshalb schon heute der Bedarf an Aquarienpflanzen größtenteils aus Gewebekulturen gedeckt wird.

Viele Aquarienpflanzen werden heute durch Gewebekultur vermehrt. Gewebestück einer *Cryptocoryne* mit Austrieb

Praxis der Gewebe- oder Meristemkultur

Der Mutterpflanze wird geeignetes Pflanzengewebe entnommen, das die Fähigkeit zu laufenden Zellteilungen besitzt. Zumeist handelt es sich um Wachstumsgewebe aus den Spross- und Wurzelspitzen. Diese Meristeme werden desinfiziert, damit sie frei von Pilzen und Bakterien sind, und dann auf ein steriles Nährmedium übertragen. Die wichtigsten Bestandteile der Nährlösung sind Wasser, Mineralstoffe, organische Substanzen sowie bestimmte Vitamine und Pflanzenhormone.

Durch den Zusatz von Agar-Agar (eine Zellwandsubstanz aus Rotalgen) wird der Nährboden in eine gelatineartige Form gebracht, sodass die Meristeme nicht zu Boden sinken können. Die Gewebestücke wachsen nun durch Teilung der Zellen heran, und es bildet sich eine als Kallus bezeichnete Anhäufung nicht ausdifferenzierter Zellen (Kallusgewebe). Diese Kalli kann man wiederum durch Übertragen auf neue Nährmedien weiterzüchten. Ist in der Nährlösung ein Pflanzenhormon enthalten, dass die Sprossbildung fördert, entwickeln sich aus diesen vegetativ vermehrten Einzelzellen zahlreiche sehr kleine Pflänzchen, die bei Erreichen einer entsprechenden Größe auf eine andere Nährlösung zur Förderung der Wurzelbildung übertragen werden. Teilweise werden auch Nährmedien verwendet, die verschiedene Pflanzenhormone enthalten, durch die zugleich eine Spross- und Wurzelbildung ausgelöst wird.

Sind die Pflänzchen groß genug, werden sie geteilt, entweder neu angesetzt oder aus den Petrischalen oder Reagenzgläsern genommen und aus der sterilen Umgebung in das Gewächshaus überführt, wo sie bis zur verkaufsreifen Größe weiterkultiviert werden. Die größten Probleme der Gewebekultur sind Infektionen durch Mikroorganismen wie Bakterien und Pilze, die die Kulturen schnell zerstören.

In Gewebekultur werden keineswegs ausschließlich seltene oder durch herkömmliche Methoden nur aufwändig zu vermehrende Arten produziert, sondern auch Stängel- oder Rhizompflanzen, die sich auch vegetativ leicht vermehren lassen. Neben den eingangs erwähnten allgemeinen Gründen für eine Vermehrung in Gewebekultur wird von den Produzenten zusätzlich ein mehr kompakter und buschiger Habitus von Meristempflanzen im Unterschied zu herkömmlichen Kulturmethoden genannt, weshalb sich Meristempflanzen besser vermarkten lassen. Diese Begründung erscheint zwar zunächst nicht rational, doch beim Vergleich von Pflanzen aus herkömmlicher Vermehrung und Meristemkultur sind die Unterschiede aber gut erkennbar.

Richtige Auswahl von Aquarienpflanzen

Das umfangreiche Angebot im Zoofachhandel verleitet dazu, Aquarienpflanzen nach optischen Gesichtspunkten und nicht nach den Ansprüchen der Pflanzen auszuwählen. Infolgedessen kommt es häufig zu Misserfolgen bei der Kultur. Um die richtige Auswahl von Aquarienpflanzen treffen zu können, ist es daher notwendig, sich vor dem Kauf mit den Bedürfnissen und Eigenschaften der einzelnen Arten zu befassen. Um die richtige Entscheidung aus der großen Palette an Aquarienpflanzen zu erleichtern, werden daher im Folgenden einige allgemeine Hinweise gegeben.

Die meisten der im Aquarium gepflegten Pflanzen sind Sumpfgewächse, die für gewöhnlich aus Überwasserkulturen von Gärtnereien stammen und in dieser Form im Zoofachhandel angeboten werden. Bei Aquarianern wird der Verkauf emers kultivierter Pflanzen häufig zu Unrecht sehr negativ bewertet, weil viele dieser Pflanzen bei der Umsetzung unter Wasser die Überwasserblätter abstoßen, was natürlich bei der Neueinrichtung von Aquarien zu Problemen führen kann. Die emerse Kultur von Aquarienpflanzen hat aber gegenüber der submersen Hälterung große Vorteile: Einerseits wachsen die Sumpfpflanzen über Wasser erheblich schneller und sind weniger anfällig beim Transport und nach der Umsetzung in ein anderes Milieu, andererseits bedeuten niedrige Betriebskosten (Heizung, Beleuchtung) der Gärtnereien auch günstige Preise, von denen der Aquarianer profitiert. Hinzu kommt, dass europäische Gärtnereien mit den billigen Massenimporten aus asiatischen und südamerikanischen Ländern konkurrieren müssen.

Weil sich emerse Pflanzen aber erst an die submerse Lebensweise anpassen müssen, ist es sinnvoll, für die Erstbepflanzung eines größeren Aquariums nach Möglichkeit zusätzlich auch bereits eingewöhnte, submers kultivierte, schnell wachsende Arten zu verwenden. Diese kann man sich zum Beispiel bei befreundeten Aquarianern oder auf Pflanzenbörsen besorgen, die von Aquarienvereinen in größeren Städten regelmäßig durchgeführt werden. Bei der Verwendung „echter" Wasserpflanzen gibt es das Problem der Umgewöhnung an die submerse Lebensweise nicht, weshalb sie bei einer Neueinrichtung bevorzugt eingesetzt werden sollten.

Scheuen Sie sich nicht, ein Aquarienpflanzenbuch mit in das Zoofachgeschäft zu nehmen und Ihre Auswahl anhand dieses Buches zu treffen. Der Fachhändler wird Sie besser beraten können, wenn Sie ihm Bilder der gewünschten Arten zeigen und deren wissenschaftliche Namen nennen.

Fast immer werden Aquarienpflanzen gebündelt oder in Töpfen angeboten, und die meisten Wasserpflanzengärtnereien versehen diese Bunde oder Töpfe mit einem Etikett, auf dem Namen und Pflegehinweise genannt sind. Hierdurch kann dem Käufer die Auswahl erleichtert werden.

„Echte" Wasserpflanzen

Nur einige der angebotenen Aquarienpflanzen sind „echte" Wasserpflanzen, die auch am natürlichen Standort ständig untergetaucht leben. Manche blühen sogar unter Wasser, andere wiederum bilden ihre Blütenstände dicht über der Wasseroberfläche aus. Beispielsweise enthält die Familie der Froschbissgewächse (Hydrocharitaceae) mit den Gattungen *Blyxa*, *Egeria*, *Elodea*, *Hydrilla*, *Hydrocharis*, *Lagarosiphon*, *Limnobium*, *Ottelia*, *Stratiotes* und *Vallisneria* nur Wasserpflanzen. Häufig gepflegte Vertreter dieser Familie sind die Arten der Gattung *Vallisneria* (Sumpfschraube), die ausnahmslos zu empfehlen sind. *Egeria densa* (Wasserpest) gehört ebenfalls zum ständigen Angebot des Fachhandels, doch eignet sich diese Art in erster Linie für Kaltwasseraquarien oder für Gartenteiche. Auch *Stratiotes aloides* (Krebsschere), die man manchmal im Handel sieht, ist im Allgemeinen als Kaltwasserpflanze zu verwenden. Alle anderen Arten der hier angeführten Gattungen der Froschbissgewächse sind leider nur selten im Angebot vertreten.

Auch aus der Gattung *Aponogeton* (Wasserähren) werden nur reine Wasserpflanzen angeboten. Einige schnell wachsende, empfehlenswerte Arten sind *Aponogeton crispus*, *A. longiplumulosus* und *A. ulvaceus*, die sich auch für eine Erstbepflanzung des Aquariums eignen, weil sie in kurzer Folge zahlreiche Blätter bilden. Eine Ausnahme stellt die Gitterpflanze *A. madagascariensis* dar, die aufgrund ihrer gitterartigen Blattstruktur zwar sehr gefragt, aber in der Kultur sehr heikel ist.

Zu den häufig angebotenen empfehlenswerten Wasserpflanzen gehören ferner *Crinum thaianum* und *C. natans* (Hakenlilie) sowie verschiedene Seerosen (*Nymphaea*). Einige Schwimmpflanzen, die man gelegentlich im Handel findet, sind dagegen für das Aquarium nur bedingt zu empfehlen, weil sie in der Kultur meistens immer kleiner werden. Hierher gehören *Eichhornia crassipes* (Wasserhyazinthe), *Pistia stratiotes* (Muschelblume) und *Salvinia*-Arten (Büschelfarn).

Eine größere Zahl leicht zu pflegender „echter" Wasserpflanzen, wie *Ceratophyllum* (Hornblatt), *Potamogeton gayi* (Gays Laichkraut), *P. wrightii*, *Utricularia*- (Wasserschlauchgewächse), *Najas*- (Nixkraut) sowie *Nymphoides*-Arten (Seekanne), sieht man bedauerlicherweise nur selten, weil der Aufwand ihrer Vermehrung für Gärtnereien zu groß ist und sie zudem leicht auf dem Transport zerfallen. Wenn sich einmal die Möglichkeit des Erwerbs bietet, sollte sie unbedingt genutzt werden.

Unterschiede von Wasser- und Sumpfpflanzen

Manche Arten, beispielsweise *Ceratophyllum* und *Utricularia*, lassen sich schon beim genauen Hinsehen durch ihre Wurzellosigkeit als „echte" Wasserpflanzen erkennen. Zudem besitzen sie als typisches Merkmal meistens zarte, dünne, häufig zerschlitzte und fein gegliederte Wasserblätter, deren Funktion eine Oberflächenvergrößerung ist. Die untergetauchten Pflanzen besitzen nur eine sehr dünne Epidermis (Oberhaut), die ihnen die Gas-, Wasser- und Nährstoffaufnahme ermöglicht. Entsprechend schwach ist auch meistens das Festigungsgewebe in Stängeln und Blättern. Betrachtet man einmal einen Querschnitt durch einen submersen Stängel – zur Anschauung gut geeignet sind *Ammannia* (Cognacpflanze) oder *Limnophila* (Sumpffreund) –, so fällt die stark ausgeprägte Entwicklung der Interzellularen auf: Deutlich erkennt man Luftkanäle und Luftspeicher, die für eine gute Gasdiffusion sorgen. Auch an diesem Merkmal lassen sich Wasserpflanzen und submers gewachsene Sumpfpflanzen mit ein wenig Übung ziemlich leicht erkennen.

Ein bei Wasserpflanzen auffälliges Merkmal sind auch die häufig transparenten (durchscheinenden) Blattspreiten, zum Beispiel bei verschiedenen *Aponogeton*-Arten. Andere Pflanzen haben sich mit ihrer Blattstruktur an das schnell fließende Wasser natürlicher Standorte angepasst, indem sie bandförmige und bullöse Blätter ausbilden, zum Beispiel einige Arten aus den Gattungen *Crinum*, *Cryptocoryne* und *Vallisneria*.

Schnell wachsende Sumpfpflanzen

Den größten Teil des Aquarienpflanzensortiments machen Sumpfgewächse aus, die am natürlichen Standort sowohl submers (unter Wasser) als auch emers (über Wasser) wachsen. In Abhängigkeit von jahreszeitlichen Wasserstandsschwankungen bilden viele der Sumpfpflanzen unter Wasser als Anpassung an die submerse Lebensweise

Anubias barteri var. _caladiifolia_ an einem Wasserfall in Limbe (Kamerun). Die Pflanze eignet sich ausgezeichnet für große Buntbarschaquarien

anders gestaltete Blätter aus als über Wasser. Ein gutes Beispiel dafür ist der Indische Wasserwedel, *Hygrophila difformis*, dessen emerse Blätter eine ungeteilte Form aufweisen, während die submersen Sprosse völlig verändert aussehen und fiederschnittige Blattspreiten besitzen.

Wie zuvor erwähnt, werden im Zoofachhandel größtenteils emers herangezogene Pflanzen angeboten. Um die richtige Auswahl von Aquarienpflanzen treffen zu können, ist es daher notwendig, die Überwasserformen von den Unterwasserformen unterscheiden zu lernen. Kennt man die einzelnen Arten nicht, scheint diese Aufgabe zunächst außerordentlich schwierig zu sein. Es gibt aber einige Merkmale, die schnell erkennen lassen, ob die betreffende Pflanze unter Wasser gewachsen ist oder nicht. Auf die charakteristische Struktur von Wasserblättern wurde schon im Kapitel „Echte" Wasserpflanzen hingewiesen.

Schnellwüchsige Sumpfpflanzen, die unter Wasser gepflegt worden sind, weisen zudem dünnere und zartere Blätter als die der Landform sowie einen relativ weichen und häufig schwammigen Stängel auf. Werden die im Aquarium herangezogenen Pflanzen aus dem Wasser genommen, lassen die meisten Arten ihre Blätter, bei Stängelpflanzen oft auch den Stängel schlaff herunterhängen. Demgegenüber weisen Landpflanzen gewöhnlich steif aufrechtstehende Blätter und Stängel auf.

Ein weiteres auffälliges Merkmal submers kultivierter Pflanzen ist die fehlende Behaarung. So sind zum Beispiel *Alternanthera reineckii* (Kleines Papageienblatt), *Bacopa caroliniana* (Großes Fettblatt), *Hygrophila difformis* (Indischer Wasserwedel) und *Limnophila aquatica* (Sumpffreund) nur über Wasser deutlich behaart, sonst jedoch kahl.

Schnell wachsende und empfehlenswerte Arten, die häufig im Fachhandel vertreten sind und nur eine geringe Zeit für die Gewöhnung an die submerse Lebensweise benötigen, sind die Vertreter der Gattungen *Bacopa* (Fettblatt), *Ceratopteris* (Hornfarn), *Hygrophila* (Wasserfreund), *Limnophila* (Sumpffreund), *Ludwigia* und *Echinodorus* (Schwertpflanzen). Weitere anspruchslose Aquarienpflanzen sind *Heteranthera zosterifolia* (Seegrasblättriges Trugkölbchen), *Lobelia cardinalis* (Kardinalslobelie), *Rotala rotundifolia* und *Shinnersia rivularis* (Mexikanisches Eichenblatt) sowie einige *Cryptocoryne*-Arten.

Anspruchsvolle, aber gutwüchsige Aquarienpflanzen, die eine längere Eingewöhnungszeit benötigen und bei der Umstellung auf die submerse Kultur zunächst ihre emersen Blätter abstoßen, dann aber bei optimalen Wachstumsbedingungen zügig weiterwachsen, sind *Ammannia*-Arten (Cognacpflanze). Hinzu kommen auch *Alternanthera reineckii* (Kleines Papageienblatt), *Didiplis diandra* (Bachburgel) und *Micranthemum glomeratum* (Perlenkraut).

Biotop auf Bali mit dichten Beständen von *Ottelia alismoides*. Die Pflanzen wachsen unbeschattet in intensivem Sonnenlicht

Langsam wachsende Sumpfpflanzen

Zu den langsam wachsenden Sumpfpflanzen zählen die in den letzten Jahren häufig angebotenen *Anubias*-Arten, die sich aufgrund ihrer harten Blattstruktur bevorzugt für Buntbarschaquarien eignen. Bei dem Befühlen eines emersen Blattes wird der Unterschied zu Wasserblättern schnell deutlich: Es ist ledrig, steif, nicht transparent und ungeteilt. Nimmt man *Anubias* aus dem Wasser heraus, verbleiben die Blätter in ihrer aufrechten Position und hängen nicht schlaff herunter.

Obwohl sich die im Handel befindlichen *Anubias*-Arten gut an die submerse Lebensweise anpassen, sollte beim Kauf beachtet werden, dass die Exemplare langsam wachsen und somit die Eingewöhnung erheblich länger dauert als bei vielen schnellwüchsigen Arten. Dasselbe trifft auch für die relativ langsam wachsenden, beliebten Farne *Bolbitis heudelotii* und *Microsorum pteropus* zu. Bei der Neueinrichtung des Aquariums ist es deshalb zu empfehlen, zunächst mit schnell wachsenden Arten zu beginnen (auch um einer Algenbildung vorzubeugen), die man dann nach und nach gegen langsam wachsende Arten austauschen kann. Gelegentlich bietet der Handel auch *Aglaonema*- und *Spatiphyllum*-Arten an, die vielfach mit der Gattung *Anubias* verwechselt werden. Diese Pflanzen wachsen jedoch nicht unter Wasser.

Nicht geeignete Pflanzen

Obwohl das Sortiment an gutwüchsigen Aquarienpflanzen in den letzten Jahren stetig zugenommen hat, werden dennoch für die Unterwasserkultur weiterhin völlig ungeeignete Arten im Fachhandel angeboten. Sie wachsen submers nicht und gehen schon nach wenigen Tagen oder Wochen zugrunde. Die meisten dieser Pflanzen werden unter exotischen Fantasienamen, beispielsweise „Unterwasserpalme“, gehandelt und fallen durch ihre bunte Färbung auf, weshalb sie von Aquarianern immer wieder gekauft werden. Die Enttäuschung, wenn die Pflanzen nicht im Aquarium wachsen, ist natürlich groß.

Für die submerse Kultur ungeeignete Arten werden aus den Gattungen *Chamaedorea, Chlorophytum, Commelina, Cordyline, Cryptanthus, Dracaena, Fittonia, Hemigraphis, Selaginella* und *Syngonium* angeboten. Einige Arten, wie *Acorus*- (Kalmus), *Alternanthera sessilis* und *Bolbitis heteroclita*, sind zwar für die submerse Kultur vorübergehend geeignet, lassen sich besser im Paludarium (Sumpfaquarium) verwenden. Die folgende Übersicht soll dabei helfen, eine richtige Auswahl von Aquarienpflanzen zu treffen:

Charakteristische Merkmale von „echten“ Wasser- und Schwimmpflanzen oder submers kultivierten Arten:

- Die Blätter sind geschlitzt, fein gegliedert, bandförmig, manchmal zart und dünn, gelegentlich transparent, bullös, genoppt oder gegittert.
- Der Stängel ist meistens weich (lässt er sich zusammendrücken?) und weist, wenn er dickfleischig ist, im Querschnitt deutlich erkennbare Luftkanäle und -speicher auf.
- Blätter und häufig auch Stängel hängen nach dem Herausnehmen aus dem Wasser schlaff herunter.
- Die Pflanzen sind kahl oder minimal behaart.
- Die Pflanzen besitzen Luftpolster (*Eichhornia crassipes*, *Limnobium*), schwimmen auf der Wasseroberfläche oder entwickeln Schwimmblätter.

Charakteristische Merkmale von Landpflanzen, langsam wachsenden Sumpfpflanzen oder für die Aquarienkultur völlig ungeeigneten Arten:

- Die Blätter sind kräftig, ledrig und nicht oder kaum transparent.
- Der Stängel ist hart.
- Blätter und Stängel hängen nach dem Herausnehmen aus dem Wasser nicht schlaff herunter, sondern bleiben aufrecht stehen (nicht bei kriechend wachsenden Arten).
- Die Pflanzen sind häufig behaart.
- Die Pflanzen besitzen eine auffällig bunte Färbung.

Hygrophila corymbosa **mit submersen und emersen Sprossen in einem Fluss auf Sulawesi**

Einrichtung von Pflanzenaquarien

Vor Beginn der Einrichtung eines Pflanzenaquariums sollte zunächst die Überlegung stehen, wie Seitenscheiben und Rückwand gestaltet und bepflanzt werden sollen, denn diese sind für eine harmonische Ausstrahlung des Aquariums besonders wichtig. Zur Begrünung eignen sich beispielsweise die im Fachhandel angebotenen Strukturplatten aus gepresstem Naturkork oder Kunstharz. Empfehlenswert und zudem preisgünstig sind auch Styroporplatten, in die man ein reliefartiges Muster flammt und die man mit einer ungiftigen schwarzen Farbe streichen kann.

Für die Bepflanzung dieser Dekor-Wände lassen sich kleinblättrige Formen und Sorten des Javafarns *(Microsorum pteropus)* und das Zwergspeerblatt (*Anubias barteri* var. *nana*) verwenden. Die Rhizome werden mit kurzen, gebogenen Stücken aus steifem, PVC-beschichtetem Draht auf die Strukturplatten gesteckt. Auch für die Bepflanzung von Steinen und Wurzeln lassen sich *Anubias, Microsorum, Bolbitis,* aber auch Moose und Algenbälle verwenden, die am besten mit dünner Nylonschnur aufgebunden werden. Eine sehr effektvolle Bepflanzung bilden *Riccia*-Polster, die – nach dem Vorbild japanischer Aquarienkunst mit Haarnetzen auf Steinen festgebunden – im Handel angeboten werden (siehe auch Abschnitt „Lebende Steine" und begrünte Wurzeln, S. 94).

Es hat sich bewährt, vor der Auswahl und dem Kauf der gewünschten Pflanzen eine Zeichnung (Pflanzplan) zu erstellen, in die eingetragen wird, wo die einzelnen Arten platziert und wie sie miteinander gruppiert werden sollen. Bei der Erstellung des Pflanzplanes sollte als erstes eine Pflanzenstraße vorgesehen werden, die schräg von vorn bis möglichst weit nach hinten in stufiger Anordnung verläuft. Eine solche Gruppierung erhöht nicht nur auf erstaunliche Weise die Tiefenwirkung des Aquariums, sondern hat auch eine beachtliche optische Ausstrahlung.

In niederländischen Aquarien, die dem Pflanzenfreund oftmals als Vorbild dienen, werden für eine Pflanzenstraße häufig die anspruchslose und langsam wachsende Kardinalslobelie, *Lobelia cardinalis*, und der lichtbedürftige Eidechsenschwanz, *Saururus cernuus*, verwendet. Gelegentlich kommen auch die schnellwüchsigen Spezies *Alternanthera reineckii* (Papageienblatt) und *Hygrophila corymbosa* (Wasserfreund) zum Einsatz. Mit etwas Geschick lassen sich für die Anordnung einer Pflanzenstraße auch solche Arten verwenden, die einen rosettenförmigen Wuchs aufweisen, wie beispielsweise das Brachsenkraut *Isoetes velata* oder Adventivpflanzen von *Echinodorus grisebachii*.

Planen Sie den Beginn einer Pflanzenstraße niemals genau von der Mitte des Aquariums aus, weil dadurch das Aquarium optisch in zwei Hälften zerfällt, was die Gesamtwirkung beeinträchtigen würde. Zu beachten ist ferner eine möglichst dichte und lückenlose Gruppierung. Sparen Sie deshalb nicht an Pflanzenmaterial! Einen ungewöhnlichen und auffälligen Blickfang bildet eine zweite parallel verlaufende Straße, wenn diese aus Pflanzen gebildet wird, die in ihrer Färbung und Struktur deutlich abweichen.

Als Nächstes sollte man überlegen, welche Solitärpflanzen eingesetzt werden. Unter Solitärpflanzen versteht man solche Arten, die einzeln verwendet eine gute optische Wirkung erzielen. Alle übrigen Spezies werden immer als Gruppe gepflanzt. Empfehlenswerte Solitärpflanzen sind insbesondere die großwüchsigen Schwertpflanzen *Echinodorus grisebachii* 'Bleherae' und 'Parviflorus', *E. cordifolius* und *E. uruguayensis*, aber auch einige *Echinodorus*-Sorten, wie *Echinodorus* 'Rubin', 'Ozelot' und 'Rosé'. Dekorativ sind ferner die Farbformen der Tigerlotus, *Nymphaea lotus*, sowie *Crinum*-Arten. Auch aus der Gattung *Aponogeton* haben einige Arten als Solitärpflanzen eine hohe dekorative Wirkung. In sehr kleinen Aquarien mit weniger als 60 l Inhalt wird man in der Regel auf die Verwendung von Solitärpflanzen verzichten müssen, weil sie das Aquarium zu stark dominieren würden. Aber auch in größeren Becken sollte man sich mit wenigen Solitärpflanzen begnügen.

Nun folgt die Begrünung des Vordergrundes, was eine besonders schwere Aufgabe ist, da die Auswahl an schnellwüchsigen und zugleich anspruchslosen Vordergrundpflanzen nicht sehr groß ist. Geeignet sind die Ausläufer bildenden Arten *Helanthium tenellum*, *H. bolivianum* 'Quadricostatus' und *Sagittaria subulata*, die den Bodengrund in kurzer Zeit rasenartig bedecken. Ebenso anspruchslos sind die Nadelsimse, *Eleocharis acicularis*, sowie die verschiedenen *Lilaeopsis*-Arten, von denen immer eine größere Menge gekauft werden sollte, da sich diese Pflanzen nur sehr langsam vermehren. Dekorativ wirken im Vordergrund auch die Wasserkelche *Cryptocoryne parva*, *C. ×willisii*, *C. wendtii* und *C. walkeri*, die ebenfalls nur langsam gedeihen, sich aber mit einer mittleren Lichtintensität begnügen. Eine uneingeschränkt empfehlenswerte Vordergrundpflanze ist schließlich das Zwergspeerblatt, *Anubias barteri* var. *nana*. Sehr lichtbedürftig und deshalb nur für den erfahrenen Pflanzenfreund geeignet ist dagegen das Australische Zungenblatt, *Glossostigma elatinoides*.

Ausschnitt aus einem vorbildlich bepflanzten Aquarium mit vielen seltenen Arten

Das Einpflanzen der kleinen Vordergrundpflanzen bereitet häufig die größten Probleme. Insbesondere bei den zarten *Glossostigma*- und *Marsilea*-Sprossen wird die Geduld auf eine harte Probe gestellt, weil sie immer wieder hochtreiben. Eine „stumpfe“ Pinzette kann sehr hilfreich sein. Spätestens beim Einsetzen der Vordergrundpflanzen wird man merken, dass sich Sand oder feiner Kies viel besser für die Pflanzung eignen als Kies von über 3 mm Körnung. Viel Mühe und Zeitaufwand bereitet auch das Einpflanzen von *Helanthium tenellum*, weil jedes Pflänzchen einzeln, aber dicht neben den anderen in ein Pflanzloch gesetzt werden muss. Das Gleiche gilt auch für etwas größere, Ausläufer bildende Arten, wie beispielsweise *Helanthium bolivianum* 'Quadricostatus' und *Sagittaria subulata*.

Nachdem Pflanzenstraße, Solitär- und Vordergrundpflanzen in einem Pflanzplan ihren Platz gefunden haben, erfolgt die Überlegung, welche Mittel- und Hintergrundpflanzen verwendet werden sollen. Besonders empfehlenswerte, kleinblättrige Stängelpflanzen für die Mittelzone sind *Bacopa caroliniana* und *B. monnieri*, *Hygrophila polysperma*, *Micranthemum glomeratum* und *Heteranthera zosterifolia*. Zu den empfindlichen und sehr lichtbedürftigen Arten zählen *Didiplis diandra* und *Micranthemum umbrosum*. Je nach Aquariengröße eignen sich für die Mittel- und Hintergrundbegrünung besonders *Limnophila*-Arten und *Ludwigia*-Hybriden, *Rotala rotundifolia*, *Hygrophila difformis* sowie die verschiedenen Wuchs- und Farbformen von *Hygrophila corymbosa*. Zu den lichtbedürftigen und empfindlichen Gewächsen zählen *Cabomba*- und *Myriophyllum*-Arten, *Eichhornia azurea* sowie die intensiv rot gefärbten *Alternanthera reineckii*, *Ammannia gracilis* und *A. senegalensis*.

Aus der Vielzahl von Arten mit rosettenförmigem Wuchs sind zur Bepflanzung des Mittel- und Hintergrundes Folgende besonders gut geeignet: die meisten *Echinodorus*-Arten und -Sorten, von denen viele allerdings sehr lichtbedürftig sind, sowie fast alle im Handel erhältlichen Cryptocorynen, die sich zwar mit geringeren Lichtwerten begnügen, aber eine mehrmonatige Anwachsphase im Aquarium benötigen. Uneingeschränkt empfehlenswert sind ferner Vallisnerien und Hornfarne *(Ceratopteris)*.

Auch bei der Gestaltung des Mittel- und Hintergrundes müssen verschiedene Grundregeln beachtet werden. So wirken Stängelpflanzen nur in einer stufig gepflanzten

Die empfehlenswertesten **Stängelpflanzen**		
Pflanzenname	**Wuchs, Färbung, Verwendung, Lichtbedarf**	**Ansprüche**
Alternanthera reineckii Papageienblatt	Großblättrige Pflanze mit kräftig rot gefärbten Blättern für Mittel- und Hintergrund. Lichtbedarf hoch.	hoch
Ammannia gracilis Große Cognacpflanze	Großblättrige Pflanze mit braunroter Färbung für Mittel- und Hintergrund. Lichtbedarf hoch.	hoch
Bacopa caroliniana Großblättriges Fettblatt	Mittelgroße Pflanze mit hell- bis olivgrüner Färbung für Vorder- und Mittelgrund. Lichtbedarf hoch.	gering
Bacopa monnieri Kleines Fettblatt	Kleinblättrige Pflanze mit hellgrüner Färbung für den Vordergrund. Lichtbedarf mittel.	gering
Cabomba caroliniana Carolina-Haarnixe	Zarte Sprosse mit gegliederten, hellgrünen Blättern. Mittel- und Hintergrund. Lichtbedarf mittel bis hoch.	mittelhoch
Ceratophyllum demersum Gemeines Hornblatt	Sprosse mit gegabelten, dunkelgrünen Blättern. Hintergrund oder frei treibend. Lichtbedarf gering bis mittel.	gering
Didiplis diandra Amerikanische Bachburgel	Kleinblättrige, zarte, hellgrüne bis rötliche Sprosse für Vorder- und Mittelgrund. Lichtbedarf hoch.	hoch
Egeria densa Argentinische Wasserpest	Kleinblättrige, brüchige Pflanze mit dunkelgrünen Blättern. Hintergrund. Lichtbedarf mittel bis hoch.	gering
Eichhornia azurea Dünnstielige Eichhornie	Sprosse mit bandförmigen, hellgrünen Blättern für den Mittelgrund. Lichtbedarf hoch.	hoch
Gymnocoronis spilanthoides Falscher Wasserfreund	Großblättrige Pflanze mit hellgrünen Blättern für Mittel- und Hintergrund. Lichtbedarf hoch.	mittelhoch
Micranthemum glomeratum Zierliches Perlenkraut	Zierliche, aufrechte oder kriechende, hellgrüne Sprosse für den Vordergrund. Lichtbedarf hoch.	gering bis mittelhoch
Heteranthera zosterifolia Seegrasblättriges Trugkölbchen	Mittelgroße, zarte, hellgrüne Sprosse für den Mittelgrund. Lichtbedarf hoch.	gering bis mittelhoch
Hydrocotyle leucocephala Brasilianischer Wassernabel	Aufrechte oder flutende Sprosse mit hellgrünen, mittelgroßen Blättern. Lichtbedarf gering bis mittel.	gering
Hygrophila corymbosa Riesenwasserfreund	Großblättrige Pflanze mit unterschiedlicher Färbung für Mittel- und Hintergrund. Lichtbedarf mittel bis hoch.	gering
Hygrophila difformis Indischer Wasserwedel	Großblättrige, hellgrüne Pflanze mit Fiederblättern. Mittel und Hintergrund. Lichtbedarf mittel bis hoch.	gering
Hygrophila polysperma Indischer Wasserfreund	Mittelgroße, hellgrüne bis bräunliche Sprosse für den Mittelgrund. Lichtbedarf gering bis mittelhoch.	gering
Limnophila aquatica Wasser-Sumpffreund	Großwüchsige Pflanze mit hellgrünen Fiederblättern für den Hintergrund. Lichtbedarf hoch.	mittelhoch bis hoch
Limnophila indica Indischer Sumpffreund	Mittelgroß, mit grün bis bräunlichen Fiederblättern. Für Mittel- und Hintergrund. Lichtbedarf hoch.	mittelhoch bis hoch

Die empfehlenswertesten **Stängelpflanzen (Fortsetzung)**		
Pflanzenname	**Wuchs, Färbung, Verwendung, Lichtbedarf**	**Ansprüche**
Limnophila sessiliflora Blütenstielloser Sumpffreund	Mittelgroß, mit hellgrünen Fiederblättern. Für Mittel- und Hintergrund. Lichtbedarf hoch.	mittelhoch
Lobelia cardinalis Kardinalslobelie	Mittelgroße Pflanze mit hellgrünen Blättern für Vorder- und Mittelgrund. Lichtbedarf mittelhoch.	gering
Ludwigia palustris × L. repens Breitblättrige Bastardludwigie	Mittelgroße Pflanze mit olivgrün bis roten Blättern für Mittel- und Hintergrund. Lichtbedarf mittelhoch.	gering
Ludwigia repens Kriechende Ludwigie	Mittelgroße Pflanze meist mit hellgrünen Blättern für Mittel- und Hintergrund. Lichtbedarf mittelhoch.	gering
Myriophyllum aquaticum Brasilianisches Tausendblatt	Mittelgroße Pflanze mit haarfeinen Fiedersegmenten für Mittel- und Hintergrund. Lichtbedarf hoch.	mittelhoch bis hoch
Rotala rotundifolia Rundblättrige Rotala	Kleinblättrige, hochwüchsige, rötliche Pflanze für Mittel- und Hintergrund. Lichtbedarf mittel bis hoch.	gering
Shinnersia rivularis Mexikanisches Eichenblatt	Mittelgroße Sprosse mit hellgrün bis rötlichbraunen Blättern für Mittelgrund. Lichtbedarf mittel bis hoch.	gering

Die empfehlenswertesten **Rhizom- und Rosettenpflanzen**		
Pflanzenname	**Wuchs, Färbung, Verwendung, Lichtbedarf**	**Ansprüche**
Anubias barteri* var. *nana Speerblatt	Rhizompflanze mit dunkelgrünen Blättern für den Vordergrund oder aufgebunden. Lichtbedarf gering.	gering
Ceratopteris thalictroides Sumatrafarn	Rosettenpflanze mit hellgrünen Fiederblättern für Mittel- und Hintergrund. Lichtbedarf mittel.	gering
Crinum thaianum Thailändische Hakenlilie	Zwiebelpflanze mit hellgrünen, bandartigen Blättern für den Hintergrund. Lichtbedarf gering bis mittel.	gering
Cryptocoryne beckettii Becketts Wasserkelch	Mittelgroße Rhizompflanze, grün bis dunkelbraun. Vorder- und Mittelgrund. Licht gering bis mittel.	gering
Cryptocoryne cordata Herzblättriger Wasserkelch	Mittelgroße bis große Rhizompflanze, olivgrün bis bronzefarben. Hintergrund. Licht gering bis mittel.	gering bis mittelhoch
C. crispatula* var. *balansae Grasblättriger Wasserkelch	Langblättrige Rhizompflanze mit hell- bis dunkelgrünen Blättern. Mittel- und Hintergrund. Licht mittel.	gering bis mittelhoch
Cryptocoryne pontederiifolia	Mittelgroße Rhizompflanze mit hell- bis olivgrünen Blättern für den Mittelgrund. Lichtbedarf mittelhoch.	gering
Cryptocoryne undulata Gewellter Wasserkelch	Mittelgroße Rhizompflanze, grün bis dunkelbraun. Vorder- und Mittelgrund. Licht gering bis mittel.	gering

Die empfehlenswertesten **Rhizom- und Rosettenpflanzen (Fortsetzung)**		
Pflanzenname	**Wuchs, Färbung, Verwendung, Lichtbedarf**	**Ansprüche**
Cryptocoryne usteriana Usteris Wasserkelch	Langblättrige Rhizompflanze mit grasgrünen Blättern für Mittel- und Hintergrund. Lichtbedarf mittel.	gering
Cryptocoryne walkeri Walkers Wasserkelch	Mittelgroße Rhizompflanze, grasgrün bis bräunlich. Vorder- und Mittelgrund. Lichtbedarf mittelhoch.	gering bis mittelhoch
Cryptocoryne wendtii Wendts Wasserkelch	Mittelgroße Rhizompflanze, grün bis dunkelbraun. Vorder- und Mittelgrund. Licht gering bis mittel.	gering
Cryptocoryne ×willisii Willis Wasserkelch	Kleinwüchsige Rhizompflanze mit mittelgrünen Blättern für den Vordergrund. Lichtbedarf mittelhoch.	gering
***Echinodorus grisebachii* 'Bleherae'** Blehers Schwertpflanze	Großwüchsige Rosettenpflanze für Mittel- und Hintergrund. Lichtbedarf mittelhoch.	gering
***Echinodorus* 'Osiris'** Osiris' Schwertpflanze	Großwüchsige Rosettenpflanze mit olivgrün bis rotbraunen Blättern. Hintergrund. Lichtbedarf mittel.	gering bis mittelhoch
***Echinodorus* 'Ozelot' und 'Red Flame'**	Mittelgroße Hybriden mit dunkelroter Fleckenzeichnung für den Mittelgrund. Lichtbedarf hoch.	mittelhoch
***Echinodorus* 'Rubin'**	Großwüchsige Hybride mit rubinroten Blättern für den Hintergrund. Lichtbedarf mittel bis hoch.	mittelhoch
Echinodorus uruguayensis Uruguay-Schwertpflanze	Große Rhizompflanze mit fast bandförmigen Blättern für den Hintergrund. Lichtbedarf mittel bis hoch.	mittelhoch
Eleocharis acicularis Nadelsimse	Rasen bildende Pflanze mit fadenförmigen Blättern für den Vordergrund. Lichtbedarf mittel bis hoch.	gering
Helanthium bolivianum Bolivianische Schwertpflanze	Ausläufer bildende Rosettenpflanze mit hellgrünen Blättern für den Vordergrund. Lichtbedarf hoch.	mittelhoch bis hoch
***H. bolivianum* 'Angustifolius'** Schmalblättrige Schwertpflanze	Rosettenpflanze mit bandförmigen, hellgrünen Blättern für Mittel- und Hintergrund. Lichtbedarf mittel.	gering bis mittelhoch
Lilaeopsis mauritiana Mauritius-Graspflanze	Grasartige Rhizompflanze mit mittelgrünen Blättern für den Vordergrund. Lichtbedarf mittelhoch.	gering
Microsorum pteropus Javafarn, mehrere Sorten	Farnpflanze mit dünnem Rhizom und oliv- bis dunkelgrünen Blättern. Lichtbedarf gering bis mittel.	gering
Nymphaea lotus Grüner und Roter Tigerlotus	Große Schwimmblattpflanze mit knolligem Rhizom für Mittel- und Hintergrund. Lichtbedarf hoch.	gering bis mittelhoch
Sagittaria subulata Kleines Pfeilkraut	Ausläufer bildende Rosettenpflanze mit hellgrünen Blättern. Vordergrund. Lichtbedarf mittel bis hoch.	gering bis mittelhoch
Vallisneria spiralis Schraubenvallisnerie	Ausläufer bildende Rosettenpflanze mit bandförmigen Blättern für den Hintergrund. Lichtbedarf gering.	gering

Gruppe als Blickfang. Eine größere Gruppe sieht dabei immer ansprechender aus als eine kleine. Dickfleischige, kräftige Sprosse (z. B. *Ammannia gracilis* und *Pogostemon stellatus*) werden einzeln und mit so großem Abstand voneinander eingesetzt, dass sie sich weder im Wachstum behindern noch gegenseitig stark beschatten. Auch die meisten grundständigen Arten, beispielsweise Cryptocorynen und Ausläufer bildende Froschlöffelgewächse (*Helanthium*), müssen immer in großen Gruppen gepflanzt werden, um eine harmonische Ausstrahlung zu erzielen.

Um eine hohe Kontrastwirkung zu erhalten, dürfen ähnlich strukturierte oder farblich gleiche Arten nicht nebeneinander gesetzt werden. Ungeschickt ist es zum Beispiel, wenn die im Habitus ähnlichen *Myriophyllum*- und *Cabomba*-Arten nebeneinander gepflanzt oder rote *Ammannia gracilis* neben rotbraunen *Cabomba furcata* platziert werden. Die wichtigste Regel bei der Bepflanzung lautet deshalb, möglichst große Kontraste mithilfe des Farb- und Formenreichtums der Pflanzen zu erzielen.

Berücksichtigen Sie bitte beim Kauf, dass für eine dichte Bepflanzung gewöhnlich mehr Geld ausgegeben werden muss als für die Fische! Bedenken Sie ferner, dass die meisten Pflanzenarten (ausgenommen Solitärpflanzen) nur dann einen effektvollen Blickfang bilden, wenn sie in größeren Gruppen gepflanzt werden. Kaufen Sie deshalb immer mehrere Bunde oder Töpfe von jeder Pflanzenart!

Auch kleine Aquarien, wie dieses Aquascape der Autorin, lassen sich dekorativ bepflanzen

„Lebende Steine" und begrünte Wurzeln

Der Begriff „Lebende Steine" ist in der Botanik für die Gattung *Lithops* geläufig. Bei den *Lithops*-Vertretern handelt es sich um Sukkulenten mit kugeliger Gestalt, die Steinen sehr ähnlich sehen. *Lithops*-Arten sind also echte lebende Steine. Der Begriff der „Lebenden Steine" hat sich aber auch in der Seewasseraquaristik schon seit Jahren eingebürgert, obwohl er auf widersprüchliche Weise verwendet wird. Denn das Korallengestein selbst ist tot und wird nur durch die darauf befindlichen Mikroorganismen zum „Lebenden Stein" gemacht.

Natürlich werden auch im Süßwasser Steine, insbesondere solche mit stark poröser und bepflanzter Oberfläche, von vielen Mikroorganismen wie Bakterien, Algen und Pilzen besiedelt, aber auch andere Lebewesen, wie Schnecken, Würmer, Garnelen und Jungfische, halten sich bevorzugt in der Begrünung der Steine auf. Deshalb finde ich es berechtigt, diesen zum festen Bestandteil des deutschen Sprachgebrauchs gewordenen Begriff der „Lebenden Steine" auch auf die Süßwasseraquaristik zu übertragen, wohl wissend um dieses Paradoxon.

In den letzten Jahren haben sich die Ideen zur Gestaltung von Aquarien und naturnahen Begrünung von Einrichtungsgegenständen regelrecht überschlagen. Einen wichtigen Schub hierfür lieferten die ungewöhnlichen Vorschläge zur Einrichtung Japanischer Naturaquarien, die heute bei vielen Aquarianern ihre Fortsetzung in den beliebten Nano-Aquarien finden. Zeitgleich vergrößerte sich im Handel das Angebot an Holzwurzeln unterschiedlicher Herkunft und verschieden aussehenden Steinen für eine moderne Dekoration. Es wurde nach neuen Wegen gesucht, dieses Material ansprechend zu begrünen. Einige der in den vergangenen Jahren neu eingeführten Pflanzenarten eignen sich für die Herstellung von „Lebenden Steinen", aber es wurden auch viele neue Moosarten gesammelt, die neue Möglichkeiten für eine abwechslungsreiche Gestaltung bieten.

Für die Herstellung von bepflanzten Steinen oder begrünten Wurzeln lässt sich unterschiedliches Befestigungsmaterial verwenden. Nicht jedes eignet sich dabei gleichermaßen. Zum Aufbinden von Pflanzen wird meistens dünne Angelsehne verwendet, doch soll diese in dem Ruf stehen, für Welsverluste verantwortlich zu sein (ebenso auch Haarnetze). Anstelle von Angelsehne oder

„Lebender Stein“ mit *Utricularia graminifolia*

Draht lassen sich noch am ehesten brauner oder grüner Bast, schwarze Gummis oder schwarze Kabelbinder verwenden. Auch Unterwasser-Silikonkleber lässt sich für das Anheften von Pflanzenteilen auf Deko-Gegenständen benutzen, was aber ziemlich mühsam ist.

Eine einfachere und preiswertere Möglichkeit ist das Aufkleben mit einem Heißkleber. Allerdings lassen sich mit diesem Kleber nur *Anubias*-Rhizome aufkleben, weil andere Pflanzen zu stark verbrennen. Der Kleber wird auf Lavastein, Holz oder anderes Material aufgespritzt. Man wartet wenige Sekunden, bis sich der Kleber etwas abgekühlt hat und drückt dann das *Anubias*-Rhizom oder auch nur die Wurzeln hinein. Da der Heißkleber keine chemischen Schadstoffe abgibt, kann der bepflanzte Stein umgehend unter Wasser gesetzt werden.

Von allen Aquarienpflanzen eignen sich die kleinwüchsigen *Anubias* am besten als „Aufsitzer-Pflanzen“. Ihre Rhizome müssen nicht in den Bodengrund eingepflanzt werden, sondern sind ideal zum Aufbinden auf Steinen oder Holz geeignet. Störende Wurzeln werden entfernt, und es dauert danach nur wenige Wochen, bis neu gebildete Wurzeln fest mit dem Untergrund verwachsen sind. Durch Teilen der Rhizome in kleine Stücke lassen sich schnell und dekorativ „Lebende Steine“ herstellen.

Für Nano-Aquarien eignet sich am besten das Bonsai-Speerblatt, *Anubias barteri* ‘Bonsai’, das aber aufgrund seiner sehr langsamen Vermehrung sehr teuer ist. Um es möglichst produktiv zu vermehren, schneidet man das erworbene Rhizom in kurze Stücke und bindet diese am besten mit dünner Angelsehne auf einem Lavastein auf. Die kleinen Rhizomstücke treiben zahlreich aus und bilden neue Pflanzen.

„Lebende Steine“ aus dem Teichlebermoos *Riccia fluitans* lassen sich ganz einfach mithilfe von Haarnetzen herstellen. Als Untergrund eignen sich am besten poröse Lavasteine, denn sie bieten Pflanzen und Netz einen optimalen Halt. Das Netz muss ganz straff gespannt sein, damit die Pflanzen nicht verrutschen und sich Fische nicht darin verfangen können. Nicht ratsam ist es, den gesamten Vordergrund eines Aquariums mit *Riccia*-Steinen zu dekorieren, da der Bodengrund unter den Steinen aufgrund mangelnder Wasserzirkulation Fäulnisstellen bildet. „Lebende“ *Riccia*-Steine benötigen sehr viel Licht und eine ständige Pflege. Die Thalli des Teichlebermooses müssen regelmäßig mit einer Schere gekürzt werden, was aber nicht verhindert, dass die Steine nach einigen Wochen erneuert werden müssen, weil das ganze Gebinde an die Wasseroberfläche treibt.

Für das Aufbinden des Lebermooses *Monosolenium tenerum* eignen sich Haarnetze weniger gut, weil die Thalli bei guten Wachstumsbedingungen zu groß werden. Besser verwenden lassen sich Angelsehne, Gummi-Bänder sowie dunkelgrüner oder brauner Bast, wie er in Blumengeschäften verwendet wird. Da die Moosthalli von *Monosolenium* sehr schnell wachsen, ist im Allgemeinen von dem Befestigungsmaterial nach wenigen Tagen ohnehin schon nichts mehr zu sehen.

Die Farnprothallien von *Lomariopsis lineata* muss man zwar grundsätzlich nicht aufbinden, denn sie haben kein Bestreben, nach oben zur Wasseroberfläche zu treiben. Damit sie aber nicht nur zwischen anderen Pflanzen einfach „herumliegen", werden sie besser aufgebunden und platziert. Dieses kann mit Angelsehne oder mit schwarzen Gummis erfolgen, dekorativer und „ordentlicher" sieht es aber aus, wenn sie – wie bei *Riccia* – mit einem Haarnetz aufgebunden werden. Aufgrund des langsamen Wachstums der Farnprothallien benötigt ein auf diese Weise bepflanzter Stein mehrere Wochen, bis die Prothallien durch das Haarnetz hindurch gewachsen sind und man die Maschen nicht mehr sieht. Anschließend hat man allerdings viele Monate Freude an einer solchen Gestaltung.

Auch die fleischfressende Pflanze *Utricularia graminifolia* lässt sich für die Herstellung von „Lebenden Steinen" verwenden. Ein im Handel erworbener Topf wird hierzu in kleine Stücke geteilt und diese werden dann in einen mit Löchern versehenen Lavastein eingebracht. Schon nach wenigen Tagen lassen sich das Weiterwachsen und die Ausbreitung der Pflänzchen beobachten. In der Tat bildet ein auf diese Weise bepflanzter Stein eine prächtige und ungewöhnliche Dekoration. Allerdings muss eine solche Begrünung – ähnlich den *Riccia*-Steinen – regelmäßig erneuert werden.

Auch Algenbälle der Art *Aegagropila linnaei* lassen sich interessanter verwenden, als sie einfach nur auf den Bodengrund zu legen oder zwischen Steinen festzuklemmen. Da Algenbälle aus einer Vielzahl von radiär angeordneten Zellreihen bestehen, schadet es ihnen nicht grundsätzlich, wenn ihre natürlich gebildete kugelige Gestalt verändert wird. Sie lassen sich ebenso wie *Utricularia graminifolia* teilen, und man kann mit ihnen am besten wiederum Lavagestein dekorieren, weil das Algengewirr darauf nicht verrutscht. Sehr wirkungsvoll sieht es zum Beispiel aus, wenn ein Algenball an einer Stelle geöffnet und flächig ausgebreitet wird und dann als eine Art „Perücke" über einen Stein gestülpt wird. Für eine solche Verwendung sollten die *Aegagropila*-Stücke aber nicht zu klein sein, da das Wachstum dieser Alge extrem langsam ist und deshalb kaum eine deutliche Veränderung oder Vergrößerung der begrünten Fläche zu erwarten ist.

Die Japanischen Naturaquarien haben sich in ihrer Gestaltung weiterentwickelt, die Verwendung von Steinen ging zurück und immer mehr Kompositionen aus zierlichen und bizarr anmutenden Holzwurzeln kamen hinzu. Was lag da näher, als Moose für ihre Begrünung zu verwenden? Die Aquarianer in Europa kannten viele Jahrzehnte lang nur zwei tropische Moose, *Vesicularia dubyana*, das Javamoos, und *Taxiphyllum barbieri*, das viele Jahre ebenfalls fälschlich als Javamoos bezeichnet wurde (Kasselmann 2007 b). In den letzten Jahren sammelten vermehrt insbesondere asiatische Aquarianer neue Aquarienpflanzen, darunter auch mehrere neue Moos-Arten. Das Interesse an ihnen ist auf der ganzen Welt sehr groß und steht in direktem Zusammenhang mit der Vielzahl der neu eingeführten Garnelen.

Für die naturnahe Einrichtung von Aquarien sind neue Moose natürlich sehr willkommen. Mit festem Garn, dünner Angelschnur oder Bast auf Wurzeln aufgebunden, sehen sie prächtig aus und bilden schnell eine natürliche Begrünung. Sehr gute Erfahrungen habe ich auch mit der Verwendung von Haarnetzen für die Herstellung von Moos-Steinen gemacht; es dauert zwar länger, bis die Sprosse das Netz durchwachsen haben, aber ein solches Moospolster sieht viel „ordentlicher" aus und behält seine Form lange Zeit durch einen regelmäßigen Schnitt.

Natürlich lassen sich Moose nicht nur für die Herstellung von „Lebenden Steinen" verwenden, sondern sind vielseitig einsetzbar. So lassen sich für Zuchtaquarien oder die schnelle Einrichtung von Aquarien auf Ausstellungen auf schnelle Weise Moosrasen oder Moosrückwände erstellen. Dazu wird Moos zwischen zwei Streifen Kunststoffgaze oder festem Metallgitter in der Art eines „Sandwiches" gleichmäßig verteilt und das Material an den Enden (beispielsweise mit Bast, Angelsehne, Garn) miteinander verbunden. Die Moos-Sprosse überwuchern nun schnell das Gitter. Das Moos-Sandwich aus Kunststoffgaze kann wie ein Rollrasen transportiert und in das Aquarium eingebracht werden. Das stabile Moos-Sandwich aus Metallgitter eignet sich eher für eine Rückwandgestaltung. Ist das Moos erst einmal durch das Material hindurch gewachsen, braucht man nur noch regelmäßig die Sprosse mit einer Schere in Form zu bringen.

Naturgemäß sind für die Herstellung von „Lebenden Steinen" im Süßwasseraquarium nur solche Arten geeignet, die ihre Nährstoffe vorwiegend aus dem Wasser ziehen und auf einen Bodengrund nicht angewiesen sind. Nährstoffzehrende und stark Wurzeln bildende Pflanzen, wie Cryptocorynen und Echinodoren, eignen sich deshalb nur in Einzelfällen hierfür. Aber es gibt auch Ausnahmen, wie zum Beispiel den Kleinen Wasserstern, *Pogostemon helferi*, der eine starke Wurzelbildung aufweist, aber dennoch zur Begrünung von Steinen verwendet werden kann. Auch *Glossostigma elatinoides* und *Micranthemum callitrichoides* beispielsweise überwachsen Lavagestein, wenn sie viel Licht erhalten.

Moose in der Aquaristik

Seit Anfang des neuen Jahrtausends wurde eine Vielzahl neuer Moos-Arten eingeführt, die sich hervorragend für die Kultur im Aquarium eignen. Einige dieser Moose sind sicher bestimmt, von anderen jedoch nur die Gattungsnamen bekannt, aber sie besitzen Handelsnamen. Fast alle stammen aus Asien.

Als Moose bezeichnet man eine sehr große Gruppe von Organismen, für die es leider bis heute keine allgemein anerkannte Systematik gibt. Man unterscheidet meistens Hornmoose, Laubmoose sowie thallose (nur einen nicht funktional unterteilten Vegetationskörper besitzende) und foliose (Blättchen tragende) Lebermoose. Zu den thallosen Lebermoosen gehören zum Beispiel die Familie der Ricciaceae mit den in der Aquaristik bekannten Arten *Riccia fluitans* (Teichlebermoos) und *Ricciocarpos natans* (Schwimmendes Lebermoos), aber auch die Familie Monosoleniaceae mit dem Lebermoos *Monosolenium tenerum* (S. 461). Seit Anfang des Jahrtausends bzw. seit etwa 2005 sind ferner die Lebermoose *Riccardia chamedryfolia* und *R. graeffei* in Kultur (S. 522/523). Zwei weitere Lebermoose, die durch den Moosspezialisten S. R. GRADSTEIN bestimmt wurden, sind *Heteroscyphus zollingeri* (S. 367) und *Solenostoma tetragonum* (LINDENB.) R. M. SCHUST. ex VÁŇA & D. G. LONG (Fotos S. 100). Beide werden in der Aquaristik als Perlenmoos bezeichnet und sehen sich sehr ähnlich. Mit einer Lupe lassen sich die beiden Arten aber gut unterscheiden. Das einfachste Merkmal für den Aquarianer ist dabei die Zähnelung des Blattrandes. Bei *H. zollingeri* befinden sich einzelne winzige Zähnchen an der Blattspitze, die bei *S. tetragonum* fehlen. Auch *Plagiochila* cf. *integerrima* ist ein neues folioses Lebermoos, das interessant für die Aquarienkultur ist (S. 507). Dieses ebenfalls auf den ersten Blick den beiden vorherigen Arten sehr ähnliche Moos besitzt viele Zähnchen am Blattrand (siehe auch H. MUTH auf flowgrow.de).

Interessant und wichtig für die Aquarianer ist die Gruppe der Laubmoose, zu der die Torfmoose mit den bei Terrarianern bekannten *Sphagnum*-Arten gehören, die an feuchten und kalkarmen Stellen mit oft niedrigem pH-Wert vorkommen und flache Polster bilden.

Wie bereits erwähnt, ist die Klassifizierung der Moose so schwierig, dass sich die Botaniker hier keineswegs einig sind. Eine besondere Herausforderung für den Moosspezialisten (Bryologen) ist darüber hinaus die Artbestimmung. Ein wesentliches Bestimmungsmerkmal sind die Form und die Größe der Blattzellen, da sie nur in engen Grenzen variieren. Der Botaniker benötigt in der Regel für eine Identifizierung die Angabe der natürlichen Herkunft sowie fertile Moospflanzen (Sporophyten mit Geschlechtsorganen und Sporenbehältern), aber auch dann gestaltet sich die Bestimmung oft extrem schwierig und sehr aufwendig. Das ist der Grund, weshalb viele der neu für die Aquaristik eingeführten Moose – obwohl sich Bryologen damit befassen – noch nicht sicher bestimmt werden konnten. In diesem Fall ist der wissenschaftliche Name in diesem Buch mit einem „cf." versehen (von lat. conferre = in die Nachbarschaft stellen, was soviel bedeutet wie „ähnlich mit" oder „zu vergleichen mit").

Vesicularia montagnei **(Weihnachtsmoos) im Aquarium**

Die im Folgenden genannten Moosarten gehören alle zu den Laubmoosen. Die meisten von ihnen sind eigentlich Landmoose mit einer guten Anpassungsfähigkeit an das Wasserleben. Einige von ihnen zählen zu den Wassermoosen und reagieren entsprechend empfindlich gegenüber Austrocknung. So kennen wir aus Deutschland seit vielen Jahren das Quellmoos, *Fontinalis antipyretica*, das in Europa gelegentlich in niedrig temperierten Aquarien gepflegt wird. Im Internet findet sich für diese Art auch der Handelsname „Willow Moss". Überraschenderweise wurde *Fontinalis antipyretica* vor einigen Jahren in Asien als geeignete Aquarienpflanze „entdeckt", und es wird dort viel häufiger kultiviert als bei uns.

In Europa gibt es noch weitere Moosarten, die in kalkreichen Gewässern leben, die aber bisher für die Kultur im Aquarium noch nicht ausprobiert wurden, so zum Beispiel die Laubmoose *Eucladium verticillatum* und *Cratoneuron commutatum*.

Das „echte" *Leptodictyum riparium* (Stringy Moss)

Javamoos und Bogormoos

Das „echte" Javamoos (*Vesicularia dubyana*) wurde Anfang der 1930er-Jahre aus dem Botanischen Garten Buitenzorg (Java) eingeführt. Erst 1968 kam *Taxiphyllum barbieri* als *Glossadelphus zollingeri* unter dem deutschen Namen Bogormoos in Kultur. Später wurde es ebenfalls als Javamoos bezeichnet. Das „echte" Javamoos ist leicht daran zu erkennen, dass es unter Wasser regelmäßig Sporenkapseln ausbildet, was das Bogormoos nicht macht. Ferner bildet *Vesicularia dubyana* eine dichte Belaubung, verzweigt sich stark und besitzt oft büschelförmige, rötlichbraune Rhizoide (Wurzelhaare), mit denen es in der Lage ist, auf unterschiedlichen Untergründen festzuwachsen. Bei *Taxiphyllum barbieri* sind die Sprosse dagegen deutlich länger und weniger verzweigt. Ihre Form ist viel schmaler als die des Javamooses. Das Javamoos lässt sich also gut und leicht vom Bogormoos unterscheiden.

Vesicularia-Arten

Es wurden vier neue *Vesicularia*-Arten eingeführt, die allerdings eine Unterscheidung von dem bisher kultivierten Javamoos (*V. dubyana*) schwierig machen. Eine unter dem Handelsnamen „Christmas Moss" (Weihnachtsmoos) neue Art wurde als *Vesicularia montagnei* bestimmt (S. 580). Es ist dem Javamoos so ähnlich, dass es auch als Varietät *abbreviata* beschrieben wurde, das heute aber als Synonym gilt. In Singapur gab man diesem Moos den Namen „Christmas Moss", weil sich die nach unten hängenden Sprosse überlappen wie die Zweige eines Weihnachtsbaumes. Wie beim Javamoos auch, bilden sich bei *Vesicularia montagnei* im Aquarium regelmäßig Sporenkapseln.

Aus China soll das „Weeping Moss" (Weinendes Moos) eingeführt worden sein, bei dem es sich um *Vesicularia ferrieri* handelt (S. 580). Die Sprosse hängen wie die Zweige einer Trauerweide herunter.

Ein weiteres gut für die Aquarienkultur geeignetes Moos dieser Gattung ist *Vesicularia reticulata* (S. 580), das auch als „Erect Moss" (Aufrechtes Moos) bezeichnet wird. Der Handelsname nimmt Bezug auf die im Aquarium streng aufrecht wachsenden Sprosse, die ein gut erkennbares Merkmal dieser Art bilden. Noch eine weitere *Vesicularia*-Art ist in Umlauf, die als „Creeping Moss" (Kriechendes Moos) bezeichnet wird, aber auch bei diesem Moos konnte bisher noch keine Bestimmung erfolgen.

Taxiphyllum-Arten

Außer *Taxiphyllum barbieri* (Bogormoos, S. 558) sind mittlerweile mindestens sieben weitere Arten dieser Gattung eingeführt worden, was die Unterscheidung sehr kompliziert macht. Nur bei zwei Arten, *T. alternans* und *T. taxirameum*, konnte bisher eine Bestimmung erfolgen. *Taxiphyllum alternans* (S. 557) ist in Asien als Taiwanmoos bekannt. Dieses Moos ist dem Bogormoos im Habitus sehr ähnlich. Ohne die Verwendung eines Mikroskops wird man wohl nur dann einen wirklichen Unterschied feststellen, wenn man beide Arten längere Zeit nebeneinander kultiviert. *Taxiphyllum taxirameum* (MITTEN) M. FLEISCHER wurde von JENS KÜHNE aus dem Khao-Sok-Nationalpark (Thailand) mitgebracht und von dem Bryologen B. C. TAN (Singapur) bestimmt. Auch dieses Moos ist *T. barbieri* sehr ähnlich.

Bei weiteren fünf *Taxiphyllum*-Arten, die in den vergangenen Jahren eingeführt wurden, konnte bisher keine Artbestimmung erfolgen, weshalb sie alle als *Taxiphyllum* sp. bezeichnet werden. Ihre Handelsnamen sind „Spiky Moss" (Stachel-Moos, nach B. C. TAN und flowgrow.de identisch mit Peacock Moss), „Giant Moss" (Riesen-Moos), „Flame-Moss" (Flammen-Moos), „Stringy-Moss" (Schnur-Moos) und „Green Sock Moss".

Fissidens-Arten

Besonders interessant für die Aquascaper sind die Arten der Gattung *Fissidens*. Am ehesten werden *Fissidens fon-*

Häufig in Kultur: *Drepanocladus aduncus*, das Krallenblatt-Sichelmoos

Hydropogonella gymnostoma

tanus und *F. crispulus* gehandelt (S. 350/351). Auch sie sind interessante Aquarienpflanzen, mit denen sich ungewöhnliche Dekorationen gestalten lassen. Sie sind allerdings deutlich schwerer als die meisten zuvor genannten Moose im Aquarium zu halten und bisher nur bei den speziellen Pflanzenliebhabern verbreitet. Es ist davon auszugehen, dass weitere Arten in den nächsten Jahren eingeführt werden.

Drepanocladus und Leptodictyum

Seit vielen Jahren wird in der europäischen Aquaristik *Drepanocladus aduncus* (Hedwig) Warnstorf (Krallenblatt-Sichelmoos) kultiviert, das nach den Untersuchungen von Heiko Muth (Braunschweig) irrtümlich als *Leptodictyum riparium* (Hedwig) Warnstorf oder Stringy Moss bezeichnet wird. Es befindet sich häufig unbemerkt an erworbenen Pflanzen.

Auch das „echte" *Leptodictyum riparium* ist gelegentlich in Kultur, sieht jedoch völlig anders aus. Es bildet im Unterschied zu *Drepanocladus aduncus* keine streng aufrechten Triebe im Aquarium (vergl. Fotos S. 98/99).

In Asien wird auch das zarte Nano-Moos, *Amblystegium serpens* (Hedwig) Schimper, kultiviert, das bei uns kaum bekannt ist.

Weitere Moose

Viele der in der Aquaristik verbreiteten Moose sind nicht sicher bestimmt und werden unter den verschiedensten Namen gehandelt. Dazu gehören einzelne Arten aus der Gattung *Plagiomnium* (Kriechstern-Moose), die offenbar nicht einfach zu pflegen sind. Ein von dem Moosexperten Hiroyuki Akiyama im Jahr 2013 bestimmtes, aber seltenes Moos aus Südamerika ist *Hydropogonella gymnostoma* (Schimp.) Cardot ex Le Jol., das auch als Queen Moss bezeichnet wird (Foto S. 99). Es handelt sich um ein echtes Wassermoos und eignet sich gut für die Aquaristik. Nach Heiko Muth (flowgrow.de) soll sich auch das mitteleuropäische Spitzblättrige Spießmoos, *Calliergonella cuspidata* (Hedw.) Loeske, für die Aquarienkultur verwenden lassen. Es soll dem Krallen- oder Sichelmoos, *Drepanocladus aduncus*, ähnlich sein, ist aber wohl kaum im Handel erhältlich.

Das Lebermoos *Solenostoma tetragonum*

Blattstruktur von *Solenostoma tetragonum*

Kultur von Moosen

Moose zählen zu den Schattenpflanzen und wachsen deshalb im Allgemeinen nur bei einer geringen Lichtintensität gut. STRASBURGER (1991) nennt 1–2 % der Strahlung als Existenzgrenze für Farne, die Minimalwerte für Moose liegen mit 0,5 % sogar noch darunter. Das bedeutet für die Kultur von Moosen, dass sie durch ein Zuviel an Strahlung leicht in ihrem Wachstum geschädigt werden können. Bei diesen einfach im Aquarium zu erfüllbaren Lichtbedingungen ist es nicht überraschend, dass es mit der Kultur der in den letzten Jahren neu eingeführten Moose kaum Probleme gibt und sie sich schnell verbreiten. Selbst ein mehrere Wochen dauernder Versand bereitet keine Schwierigkeiten, weshalb es auch einen regen Austausch über das Internet gibt.

Alle neu eingeführten Moose lassen sich mehr oder weniger gleich verwenden. Sehr dekorativ wirken sie aufgebunden auf Wurzeln und Steinen. Mit einigen Arten lassen sich auch dekorativ Rückwände gestalten. Auf Bildern aus Asien kann man gelegentlich sehen, dass ein löchriges Plastikmaterial oder Metallgitter für die Gestaltung solcher Wände verwendet wird, durch das man das Moos hindurchwachsen lässt. Eine geeignete Möglichkeit besteht auch darin, Moose auf Lavasteinen mithilfe eines Haarnetzes festzubinden oder mit Kleber zu fixieren. Es dauert dann allerdings mehrere Wochen, bis der Stein überwachsen ist. Viele Moose kommen als kissenförmiges Moospad oder aus der Gewebekultur in den Handel.

Literaturhinweis: BENL (1958, 1969), KASSELMANN (2007 c), LOH (2007, 2008), TAN & LOH (2008), flowgrow.de.

Invasive Wasserpflanzen

Am 03. 08. 2016 setzte die Europäische Union die „Liste invasiver gebietsfremder Arten von unionsweiter Bedeutung“ in Kraft. Sie wurde am 12. Juli 2017 um zwölf Arten ergänzt, sodass diese „Unionsliste“ 49 Arten umfasst. Bei den gelisteten Neobiota, deren Handel und Kultur nunmehr verboten ist, soll es sich um Spezies handeln, die durch ihre starke Ausbreitung heimische Tiere und Pflanzen verdrängen, Ökosysteme verändern und der Artenvielfalt schaden können. Ziele der EU-Verordnungen sind Vorbeugung, frühzeitige Erkennung, systematische Erfassung sowie Kontrolle und Beseitigung invasiver gebietsfremder Arten.

Die EU möchte – zu Recht – das Thema Bioinvasion regeln. Im Ergebnis kommen aber auch nicht begründete Verbote heraus. Leidtragende sind alle Besucher von botanischen Gärten und Millionen von Aquarianern und Teichbesitzern.

Von den Kultur- und Handelsverboten durch die „Unionsliste" sind die in diesem Buch porträtierten Arten *Cabomba caroliniana, Eichhornia crassipes, Hydrocotyle ranunculoides, Lagarosiphon major, Myriophyllum aquaticum* sowie *Elodea nuttallii* betroffen. Einige der Arten haben seit vielen Jahren eine herausragende Stellung als Aquarien- oder Gartenteichpflanze mit einem hohen wirtschaftlichen und sozialen Nutzen.

Es steht außer Frage, dass die heimische Aquaflora vor invasiven Neophyten geschützt werden muss, aber das muss mit Sachverstand und Sinnhaftigkeit geschehen. Ich habe die Maßnahmen der EU ausführlich und sehr kritisch hinterfragt (KASSELMANN 2017 d). Bei fachlicher Betrachtung zeigt sich, dass die „Unionsliste" erhebliche Schwächen aufweist.

So fehlt eine Differenzierung in europäische Klimazonen, die ein unsinniges Verbot von tropischen Arten, wie *Eichhornia crassipes*, in unserem atlantischen Klima ausschließen würde. (Eine Etablierung erfolgte in den vergangenen 200 Jahren seit der Einfuhr in keinem Gebiet Europas mit atlantischem Klima.) Ein weiterer Mangel der „Unionsliste" ist die fehlende Berücksichtigung intraspezifischer Rangstufen oder regionaler Herkünfte, etwa für *Cabomba caroliniana* und *Myriophyllum aquaticum*. Warum zum Beispiel ist das gesamte Taxon von *C. caroliniana* mit drei Varietäten und einer Sorte vom Handels- und Kulturverbot betroffen, obwohl nur var. *caroliniana* invasiv ist? Auch lässt die Nennung der selbst bei Wissenschaftlern kaum bekannten Samen von *Myriophyllum aquaticum* in der „Unionsliste" als angebliche Gefahr für eine Reproduktion sowie das Nichtwissen um die Zweihäusigkeit peinliche Wissenslücken angeblicher Sachverständiger erkennen.

Aufgeheizte Flüsse rund um Kraftwerke finden immer wieder Eingang in Invasivitätsbewertungen. Eingeschleppte (tropische) Arten, die in solchen Gewässern gefunden werden, dürfen aber nicht berücksichtigt werden, weil die Habitate durch den Menschen verändert wurden und eine Risikobeurteilung falsche Resultate liefert. Auch saisonale Einzelfunde gehören in keine Statistik.

Einige Empfehlungen der EU zur Beseitigung invasiver Wasserpflanzen (Gewässerräumung, Beschattung durch Gehölze, Einsatz von Herbiziden, chemische Bekämpfung durch Graskarpfen) sind als kontraproduktiv und unbiologisch strikt abzulehnen, da sie mehr Schaden als Nutzen anrichten. In der Praxis lässt sich die Entfernung von invasiven Pflanzenbeständen höchstens mechanisch und lokal durchführen und dann nur in einem frühen Stadium der Invasion. Experimente mit der Natur, um fragwürdige Beseitigungsmaßnahmen zu testen, sind als unbiologisch und schädlich abzulehnen.

Bioinvasionen werden nicht durch Aquaristik und Garteneichhandel verursacht, sondern zum Beispiel durch einen hohen Nährstoffeintrag durch intensive Landwirtschaft sowie Veränderung von Habitaten durch anthropogene Einflüsse und effektive Ausbreitungswege. Potenziell invasive Arten profitieren von artspezifischen Verbreitungsstrategien, die mit dem kommerziellen Handel und der Kultur nichts zu tun haben. Diese sind insbesondere die Strömung des Wassers, im und am Wasser lebende Tiere und die Schifffahrt. Dabei verbreiten sich die Pflanzen meistens vegetativ durch Fragmentation oder durch Samen.

Die bisherigen Handels- und Kulturverbote durch die EU helfen nicht, bereits etablierte Populationen in der Natur zu vernichten oder zurückzudrängen. Einige der mit der „Unionsliste" ausgesprochenen pauschalen Verbote sind m. E. nicht gerechtfertigt und sollten revidiert werden.

Gärtnereien und botanische Gärten pflegen Kulturen fremdländischer Pflanzen schon seit Hunderten von Jahren im Freiland, ohne dass in deren Umkreis eine gehäufte Ansiedlung von Neophyten beobachtet wurde. Die Forderung der EU, invasive Neophyten in botanischen Gärten unter Verschluss in geschlossenen Systemen zu halten, ist praxisfremd.

Es steht außer Frage, dass die heimische Aquaflora vor invasiven Neophyten geschützt werden muss. Aber nicht jede Art, die eingeschleppt wird, besitzt auch die ökologische Potenz, um sich dauerhaft etablieren oder explosionsartig verbreiten zu können. Deshalb sollte der Fokus der Europäischen Union sowie nationaler Anstrengungen verstärkt auf einer regelmäßigen Populationskontrolle liegen, denn viele angebliche Erstnachweise sind schon nach kurzer Zeit wieder erloschen.

Sinnvolle Maßnahmen wären eine Intensivierung der Forschung, Beobachtung und Überwachung (Monitoring) sowie eine stärkere Einbindung von Spezialisten im wissenschaftlichen Gremium der EU-Verordnung sowie von allen betroffenen Interessengruppen. Zudem sind Aufklärung und Öffentlichkeitsarbeit erforderlich, damit fremdländische Pflanzen nicht als Kompost in der Natur landen, sondern fachgerecht entsorgt werden.

Aquarienpflanzen von A–Z

In diesem umfangreichsten Kapitel des vorliegenden Buchs werden die Aquarienpflanzen in Form von Steckbriefen vorgestellt. Wichtige Informationen über die aquaristisch bedeutenden Gattungen *Aponogeton*, *Bucephalandra*, *Cryptocoryne*, *Echinodorus* und *Vallisneria* sind jeweils in einem einleitenden Text nachzulesen.

Acorus gramineus var. *pusillus* im Aquarium

Acorus gramineus

SOLANDER (1789)

Grasartiger Kalmus, Graskalmus

Familie: Acoraceae, Kalmusgewächse.
Synonyme: *Acorus calamus* LOUREIRO, *A. humilis* SALISBURY, *A. tatarinowii* SCHOTT; für var. *pusillus* (SIEBOLD) ENGLER: *A. pusillus* SIEBOLD.
Etymologie: *Acorus*: siehe *A. calamus*; *gramineus*: grasartig, bezieht sich auf die grasartigen Blätter; *pusillus:* winzig.
Verbreitung: Ostasien bis Japan; var. *pusillus*: Japan.
Beschreibung: Ausdauernde Pflanze mit einem kriechenden, stark verzweigten, bis 1 cm dicken Rhizom. Blätter zweizeilig, linealisch, 30–50 cm lang und 0,5–1 cm breit, lang zugespitzt, steif, dunkelgrün gefärbt; verschiedene Farbformen mit weißen oder blassgelben Längsstreifen. var. *pusillus*: Blätter bis 10 cm lang und 5 mm breit.

Spatha blattartig, mit Blütenstängel verwachsen und die Fortsetzung des Stängels bildend, aufrecht, bleibend. Spadix bis 5 cm (selten mehr) lang und 3–4 mm dick. Frucht eine grüne Beere.

Kultur: *Acorus gramineus* ist eine regelmäßig im Fachhandel angebotene, sehr langsam wachsende, lichtbedürftige und widerstandsfähige Pflanze. Für die Aquarienkultur eignet sich am ehesten die var. *pusillus*, die nur eine Höhe bis etwa 10 cm erreicht. Allerdings gehen die Pflanzen gewöhnlich nach ein paar Monaten zugrunde. In Aquarien mit pflanzenfressenden Buntbarschen kann aber der Graskalmus zumindest vorübergehend als Bepflanzung dienlich sein. Besser ist allerdings die Verwendung in einem Kaltwasseraquarium, als Teichrandbepflanzung, im Paludarium oder in einem Terrarium mit feuchtem Bodengrund.

Während *Acorus gramineus* var. *pusillus* niedrige Temperaturen von 18–23 °C bevorzugt, vertragen die weiß-grün und gelblich-grün gestreiften Farbformen, die häufig mit dem Händlernamen „variegatus" bezeichnet werden, auch höhere Temperaturen. Diese Farbformen werden gerne zur Dekoration von Pflanzschalen verwendet, mögen aber ebenfalls keine ständige submerse Kultur. Bei der Pflege am Gartenteich müssen die Exemplare von *Acorus gramineus* im Winter mit Laub abgedeckt werden, weil sie nur bedingt winterhart sind. Am Teichrand sollten sie einen besonnten Platz erhalten.

Aegagropila linnaei

KÜTZING (1843)

Echter Seeball, Algenball, Marimo

Familie: Pithophoraceae.
Synonyme: *Conferva aegagropila* LINNÉ (1753), *Cladophora linnaei* Kützing, *Cladophora sauteri* NEES, u. v. a.
Etymologie: *Aegagropila*: von *aigagros* (gr.) = Ziege, *pilos* (gr.) = Haar (soll sich auf Ballen beziehen, die sich im Magen von wilden Ziegen aus den beim Haarwechsel abgeleckten Haaren bilden); *linnaei*: nach CARL VON LINNÉ.
Verbreitung: Mittel- und Osteuropa, Ostasien, Japan (Nordamerika?).
Beschreibung: Grünalge. Der Thallus besteht aus einer bis 3 cm langen, dichten Zellreihe, die stark verzweigt ist. Eine große Zahl von eng gruppierten Einzelpflanzen bildet aufgrund radiärer Verzweigung kugelförmige, dunkelgrüne, bis 21 cm große Bälle, gelegentlich aber auch Watten, Polster und Rasen.
Kultur: Aus Rumänien und Russland gelangen seit einigen Jahren große Mengen von Seebällen mit einem Durchmesser von bis zu 13 cm in den Fachhandel. Diese sagenumwobenen Algenbälle lassen sich gut im Aquarium pflegen und bilden eine ungewöhnliche und dauerhafte Dekoration, wenn folgende Bedingungen beachtet werden: Temperatur möglichst nicht dauerhaft höher als 24 °C, besser mehrere Grade darunter, geringe bis mittlere Beleuchtungsstärke (schattenliebende Art), schwache Wasserbewegung, weiches bis hartes Wasser mit einem pH-Wert über 7. Das Wachstum der Algenbälle ist außerordentlich langsam und nur bei optimalen Bedingungen überhaupt zu bemerken. Bei starker Mulmablagerung lassen sich die Bälle leicht auswaschen; nach Einbringen in das Aquarium saugen sie sich wieder voll Wasser und sinken nach ein paar Stunden auf den Boden. Vegetative Vermehrung durch Zellteilung und Ablösung oder Zerfall der Einzelpflanzen (Fragmentation). Die Bälle sind vielfältig verwendbar. In Japan als Marimo bezeichnet. Siehe auch WAGENKNECHT (2006).
Ökologie: *Aegagropila linnaei* besiedeln als flache Polster und schwimmende Bälle den Seeboden und kommen sowohl in seichtem Wasser als auch – in Abhängigkeit von der Wasserbewegung – in bis zu 25(–35) m Tiefe vor. In einer geringen Strömung rollen die Bälle hin und her und werden auf diese Weise gleichmäßig von allen Seiten beleuchtet. Nur gelegentlich wurde eine Anheftung auf festem Untergrund beobachtet. Die Seebälle leben meistens im sauberen, eutrophen, alkalischen Wasser. Sie benötigen eine gewisse Menge an organischen Nährstoffen und erreichen über schlammigem Seegrund die Größe eines Menschenkopfes. An den natürlichen Standorten wurden schon bei schwachem Licht eine lebhafte Assimilationstätigkeit und ein starker Auftrieb beobachtet, weshalb die Bälle manchmal an der Wasseroberfläche gesehen wurden. *Aegagropila linnaei* besitzt eine hohe Widerstandsfähigkeit gegenüber sehr niedrigen Temperaturen; ferner toleriert sie Salzgehalte von 5–6 ‰. Das jährliche Zellwachstum beträgt 5–10 mm, sodass 20–21 cm große Bälle 14–16 Jahre alt sind! (HOEK 1963).
Sonstiges: DNA-Analysen (HANYUDA et al., 2002) wiesen nach, dass *Cladophora aegagropila* und *C. linnaei* als eine Art zu betrachten sind. Phylogenetische Analysen führten zur Rückführung in die Gattung *Aegagropila* und zur Änderung des Familiennamens. Da der älteste Name *Conferva aegagropila* heißt, müsste die Art folglich als *Aegagropila aegagropila* bezeichnet werden. Dieses Tautonym ist aber in der Botanik nicht zulässig (wohl aber in der Zoologie), weshalb der zweitälteste Artname *linnaei* verwendet wird.

Algenbälle als Dekoration im Aquarium

Flutende *Aeschynomene fluitans*

Aeschynomene fluitans

Peter (1928)

Flutende Schampflanze

Familie: Fabaceae, Schmetterlingsblütler.
Synonyme: *Aeschynomene schlechteri* Bak. f. (1929).
Etymologie: *Aeschynomene*: von *aischynomene* (gr.) = sich schämende Pflanze; *fluitans*: flutend.
Verbreitung: Tansania, Kongo, Sambia, Angola, Namibia, Botswana.
Beschreibung: Ausdauernde Pflanze. Sprosse flutend, mehrere Meter lang, bis 1 cm dick, an den Knoten wurzelnd, stark behaart, hohl, etwas schwammig. Fiederblätter gestielt, wechselständig, bis 8 cm lang und mit 8–13 gegenständigen Fiederblättchen auf jeder Seite. Diese fast sitzend, länglich-linealisch, bis 2,5 cm lang, 6,5 mm breit, ganzrandig oder am Rand sehr fein gezähnt, unbehaart, bläulichgrün gefärbt.

Blüten einzeln, achselständig, bis 10 cm lang gestielt. Kelch 2-lippig, verwachsenblättrig. Die Blüten haben die Form einer typischen Schmetterlingsblüte: Die 5 ungleich großen Kronblätter heißen Flügel, Schiffchen und Fahne und sind gelb gefärbt. 10 teilweise verwachsene Staubblätter. Frucht eine 1,5–5 cm lange Hülse mit 1–5 Samen.
Kultur: Eine für Aquarien mit sehr großer Oberfläche oder in geräumigen Paludarien geeignete Art, in denen sie viel Licht und Wärme benötigt. Empfehlenswert ist am ehesten eine Kultur in warmen Sommern im Gartenteich, wo sich die Sprosse mit ihren kräftigen und schwammigen Wurzeln im Bodengrund verankern und die Wasseroberfläche kleiner Teiche bedecken. Beeindruckend sind die bei Sonnenschein fast täglich zu beobachtenden Blüten. Bevor der erste Frost kommt, müssen die Triebe ins Warmhaus oder Aquarium überführt werden. Früchte und Samen bildeten sich in meinem Gartenteich häufig, allerdings hatte ich keinen Erfolg mit der Aussaat im nächsten Frühjahr. Die Blätter sind berührungsempfindlich und nehmen während der Nacht eine Schlafstellung ein.
Ökologie: Sumpfige, warme Permanentgewässer mit stark schwankendem Wasserstand in 300–1200 m Höhe.
Sonstiges: Die Art wurde 1994 von W. Pagels und J. Pitcairn im Okavango-Delta (Botswana) in die USA eingeführt und über den botanischen Garten München verbreitet.
Literaturhinweis: Milne-Redhead & Polhill (1971); Strössner (2002).

Blühende Sprosse von *Alternanthera aquatica*

Alternanthera aquatica

(PARODI) CHODAT (1926)

Familie: Amaranthaceae, Fuchsschwanzgewächse.
Synonyme: *Mogiphanes aquatica* PARODI (1878), *Alternanthera hassleriana* CHODAT.
Etymologie: *Alternanthera*: *alternus* = abwechselnd, *anthera* = Staubgefäß, in Bezug auf abwechselnd fruchtbare und unfruchtbare Staubblätter; *aquatica*: im Wasser lebend.
Verbreitung: Brasilien, Bolivien, Paraguay.
Beschreibung: Flutende oder im Sumpf kriechende Pflanze. Sprosse bis 3 m lang, an allen Knoten wurzelnd. Internodien bis 10 cm lang, 2,5 cm dick, röhrig, hohl (charakteristisches Merkmal), behaart, an den Knoten rötlich. Blätter bis 7 cm gestielt, gegenständig, kahl. Blattspreite verkehrt lanzettlich bis spatelförmig, ganzrandig, stumpf oder gerundet, Basis keilförmig, 7–10 cm lang, 4,0–5,5 cm breit, mittelgrün.

Blütenstand eine achselständige, kurz gestielte, eiförmige, etwa 1,5 cm lange Ähre. Blüten 5-zählig, 6 mm groß. Brakteen 2 mm lang, weiß. Blütenhüllblätter 6 × 2,5 mm groß, weiß. 5 Staubblätter. Fruchtknoten kugelig. Griffel kurz; Narbe kopfig, papillös.
Kultur: *Alternanthera aquatica* ist eine interessante und anspruchslose Wasserpflanze, die aufgrund ihrer meterlangen Triebe nur für sehr große und gut beleuchtete Aquarien verwendbar ist. Am besten eignet sie sich für die Kultur im Sumpf oder in großen Wasserbecken botanischer Gärten, wo sie auf einem nährstoffreichen Lehmboden und bei viel Licht und Wärme eine stattliche Größe entwickelt.
Ökologie: Die Art besiedelt die Uferzonen großer Flüsse, ist aber auch an den Rändern von Seen oder in Sumpfgebieten anzutreffen. Dort wurzelt sie im Bodengrund und wächst mit ihren langen Sprossen auf das offene Wasser hinaus. Ihre luftgefüllten Internodien, die als ideale Anpassungserscheinung an das Leben an der Wasseroberfläche zu sehen sind, ermöglichen der Pflanze die Schwimmfähigkeit. *Alternanthera aquatica* bildet Pflanzengemeinschaften mit anderen Schwimmpflanzen wie *Azolla filiculoides*, *Limnobium laevigatum*, *Phyllanthus fluitans*, *Eichhornia crassipes* und *E. azurea* sowie *Ludwigia helminthorrhiza*.
Sonstiges: Die Art wurde 1991 von B. Wallach, München, im See Gaiba im bolivianischen Gebiet des Pantanals gesammelt (BOGNER 1996 b).

Alternanthera reineckii im Aquarium

Alternanthera reineckii

Briquet (1899)

Kleines Papageienblatt

Familie: Amaranthaceae, Fuchsschwanzgewächse.
Synonyme: *Achyranthes reineckii* Standley.
Etymologie: *Alternanthera*: siehe *A. aquatica*; *reineckii*: nach E. M. Reineck.
Verbreitung: Südamerika.
Beschreibung: Sumpfpflanze mit aufrechtem, stark behaartem, 10–30 cm langem, rotem Stängel. Blätter sitzend oder bis 0,5 cm gestielt, kreuzweise gegenständig. Blattspreite ganzrandig, eiförmig, spitz, emers 2,5 × 1,2 cm groß, grün, submers 2 × 1 cm groß, oberseits grün bis rötlichgrün, unterseits rosa gefärbt. Blattrand nicht gewellt.

Blütenstände sitzende, achselständige Ähren, in Gruppen von 1–5, mit zahlreichen, dicht stehenden Blüten. Brakteen eiförmig, weiß. 4 Blütenhüllblätter, unbehaart, weiß. 4 Staubblätter. Griffel kurz. Samen zahlreich.
Kultur: Das Kleine Papageienblatt ist eine anspruchsvolle, lichthungrige Aquarienpflanze. Faulen die unteren Blätter bei sonst gesunder Sprossspitze, ist das immer auf einen Lichtmangel zurückzuführen. Nur bei ausreichender Lichtintensität färbt sich die Blattoberseite rötlichgrün. Zum Einpflanzen und Anwurzeln der empfindlichen Stängel eignet sich am besten ein feinkörniger, nährstoffreicher Bodengrund. Der pH-Wert sollte schwach sauer sein. *Alternanthera reineckii* wird nicht höher als 10–30 cm und ist deshalb eine ideale Vordergrundpflanze. Optimale Temperatur 17–25 °C. Blütenstände und Samen in emerser Kultur häufig.
Ökologie: Bewohnt Überschwemmungsgebiete, Flussufer und Teichränder. Zwei Standorte: 1) Bolivien (8/1991), kleiner Bach, Wasser fast stehend, Bodengrund sandig-schlammig, unbeschattet; Temp. 17 °C (Luft 18 °C um 12 Uhr), pH 6,5, GH 4 °dH, KH 11 °dH, 125 µS/cm. 2) Argentinien (7/1993), submers in einem Restgewässer eines Flusses, Wasser fast stehend, Bodengrund lehmig-steinig, sonnig-schattig; Temp. 15,5 °C (Luft 14 °C um 14 Uhr), pH 6,1, GH 2 °dH, KH < 1 °dH, 35 µS/cm.
Sonstiges: Das Kleine Papageienblatt verschwand viele Jahre lang aus der Kultur, wird neuerdings wieder kultiviert. Diese Pflanzen kommen aus dem Botanischen Garten Göttingen.

Alternanthera reineckii 'Grün' im Aquarium

Alternanthera reineckii 'Mini' im Aquarium

Alternanthera reineckii 'Grün' und 'Rot'

Familie: Amaranthaceae, Fuchsschwanzgewächse.
Sortennamen: Die Namen 'Grün' und 'Rot' (international auch 'Green' and 'Red') beziehen sich auf die Färbung der submersen Blattspreiten dieser Sorten von *Alternanthera reineckii*.
Verbreitung: Unbekannt.
Beschreibung: Beide Wuchsformen lassen sich nur durch die Färbung der submersen Blätter voneinander unterscheiden. Emerse Blätter bis 9 mm gestielt. Emerse Spreite länglich bis lanzettlich, zugespitzt, Basis verschmälert, bis 6,5 cm lang, 1,0–1,4 cm breit, oberseits olivgrün, unterseits weißlichgrün gefärbt. Blattrand glatt. Submerse Blattspreite bis 10 × 1,8 cm groß, mit wenig gewelltem Blattrand. Bei der Sorte 'Rot' ist die Blattoberseite rot bis blutrot gefärbt, bei der Sorte 'Grün' olivgrün bis wenig rötlich, jedoch niemals intensiv rot. Blütenbeschreibung wie bei *A. reineckii*.
Kultur: Zwei lichthungrige, dekorative Wuchsformen von *A. reineckii*, die bei guten Lebensbedingungen und ausreichendem Nährstoffangebot rasch wachsen. Die Härte des Wassers ist für ein gesundes Gedeihen von geringer Bedeutung: Das Wasser sollte aber schwach sauer sein. Ein nährstoffreicher, feinkörniger Bodengrund und eine ausreichende CO_2-Versorgung sind bei der Pflege dieser Sorten empfehlenswert. Die Blätter neigen auch bei gutem Wachstum und einer hohen Lichtmenge leicht zur Fäulnis. Deshalb ist ein freier Standplatz wichtig, damit sich die Sprosse nicht gegenseitig im Wachstum behindern. Eine gut wachsende Gruppe ist im Aquarium eine Augenweide und zieht die Aufmerksamkeit der Betrachter auf sich. Am schönsten wirkt eine stufig von der vorderen Bepflanzungszone schräg nach hinten zur Rückwand angeordnete Gruppe. Zur schnellen Vermehrung wird die Sprossspitze abgetrennt und neu gepflanzt. Der im Bodengrund verbleibende Pflanzenrest treibt gewöhnlich mehrere Seitensprosse.
Sonstiges: *Alternanthera reineckii* 'Rot' wurde um 1975 als *A. sessilis* eingeführt. Im Handel wird häufig eine Mini-Form angeboten. Die Sorte 'Grün' tauchte erstmals in der Tschechischen Republik auf und wurde 1976 in der aquaristischen Literatur zuerst erwähnt. Sie wird selten kultiviert.

Blütenstand von *Alternanthera reineckii*

Alternanthera reineckii 'Lila' im Aquarium

Alternanthera reineckii 'Lila'

Familie: Amaranthaceae, Fuchsschwanzgewächse.
Handelsnamen: *Alternanthera* „lilacina", *Telanthera* „lilacina".
Sortenname: Der hier eingeführte Sortenname 'Lila' (international 'Purple') wurde gewählt, um dem ungültigen, aber eingebürgerten Händlernamen, der sich auf die intensiv lila gefärbte Blattunterseite bezieht, möglichst nahezukommen.
Verbreitung: Unbekannt.
Beschreibung: Wuchsform mit einer 50–60 cm langen, aufrechten Sprossachse. Blattspreite bis 1,5 cm gestielt, breit lanzettlich bis eiförmig, spitz, Basis herablaufend, emers bis 7,5 × 1,5 cm groß, oberseits olivgrün, unterseits weißlich gefärbt. Submers sind die an allen Knoten wurzelnden Sprosse gedrungener als emers. Submerse Blattspreite bis 9,5 × 3,1 cm groß, oberseits von hellrot, weinrot bis tief dunkelrot gefärbt, unterseits kräftig lila. Blattrand niemals gewellt. Blütenbeschreibung wie bei *Alternanthera reineckii* angegeben. Blüten bilden sich nur bei emerser Kultur.

Kultur: Eine anspruchsvolle und selbst unter günstigen Bedingungen nur langsam wachsende, häufig kultivierte Sorte, die nicht ganz so lichthungrig ist wie die anderen Wuchsformen von *A. reineckii*. Allerdings ist bei einer hohen Lichtintensität das Wachstum bedeutend besser. Die Internodien sind dann nur wenige Millimeter lang, sodass der Wuchs gedrungen ist und die Sprosse nicht so häufig gekürzt werden müssen. Eine Gruppe dieser Form eignet sich für die Bepflanzung des Vordergrundes. Bei Lichtmangel strecken sich die Internodien, sodass die Pflanzen dann besser für die Gestaltung der mittleren oder hinteren Beckenpartie geeignet sind. Der Bodengrund sollte nahrhaft und locker beschaffen sein. Die vielen feinen, für die Wuchsform ganz typischen Wurzeln, die sich an jedem Knoten bilden, dienen ebenso wie auch die Wurzeln im Bodengrund der Nährstoffaufnahme und dürfen deshalb keineswegs abgetrennt werden. Der pH-Wert sollte im sauren Bereich liegen, da sich bei CO_2-Mangel schnell infolge biogener Entkalkung eine Kalkkruste auf den Blättern bildet, die die Assimilation stark beeinträchtigt. Bei keiner der anderen Wuchsformen ist diese Erscheinung so deutlich. Vermehrung durch Stecklinge.

Alternanthera reineckii 'Rosa' im Aquarium

Alternanthera reineckii 'Rosa'

Familie: Amaranthaceae, Fuchsschwanzgewächse.
Handelsname: *Alternanthera* „rosaefolia".
Sortenname: Der Sortenname 'Rosa' (auch 'Pink') wird in Anlehnung an den gebräuchlichen Händlernamen gegeben.
Etymologie: Wie bei *A. reineckii* angegeben.
Verbreitung: Unbekannt.
Beschreibung: Sprossachse aufrecht, bis 60 cm lang. Blätter bis 1,7 cm gestielt, kreuzweise gegenständig. Blattspreite länglich-elliptisch bis eiförmig, zugespitzt, mit herablaufender Basis. Emerse Spreite bis 10 × 3 cm groß, oberseits olivgrün, unterseits weißlich; Blattrand glatt. Submerse Blattspreite bis 10,5 × 3,5 cm groß, oberseits hellrot bis rot, unterseits kräftig lila gefärbt; Blattrand stark gewellt. Blütenbeschreibung siehe *A. reineckii*.
Kultur: *Alternanthera reineckii* 'Rosa' ist die größte und dekorativste der bekannten Wuchsformen und zugleich auch am leichtesten zu pflegen. Ihr auffälligstes Merkmal sind die intensiv leuchtend rot gefärbten Sprosse, mit denen sich im Aquarium herrliche Kontraste erzielen lassen. Um möglichst kräftige Sprosse zu erhalten, sind ein nährstoffreicher Bodengrund sowie eine mittlere bis hohe Lichtintensität zu empfehlen. Verlieren die Sprosse an den unteren Knoten ihre Blätter oder werden die Internodien zu groß, sollte die Beleuchtungsstärke erhöht werden. Sowohl in weichem als auch in hartem Wasser lassen sich gute Wachstumserfolge erzielen, wobei die Pflanzen in einem leicht sauren Milieu am prächtigsten gedeihen. Erwähnenswert ist auch, dass die Sorte positiv auf eine starke Wasserbewegung reagiert. Temperaturbereich 22–28 °C, Optimum 24–27 °C. Bei zusagenden Lebensbedingungen müssen die Sprosse regelmäßig alle 2–3 Wochen gekürzt werden. Aufgrund dieser Schnellwüchsigkeit genügen zum Bepflanzen der Mittel- oder Hintergrundzone schon 3–5 kräftige Exemplare. Vermehrung durch Stecklinge. Die emerse Kultur kann bei allen Wuchsformen auf der Fensterbank in trockener Zimmerluft erfolgen. Blütenstände erscheinen bei viel Licht und Wärme nur bei der Landform.
Sonstiges: Seit etwa 2007 ist eine Mini-Wuchsform mit stark gestauchten Internodien in Kultur. Diese ist sehr empfehlenswert, aber langsam wachsend, und eine ideale Vordergrundpflanze.

Ammannia capitellata im Aquarium

Blüte von *Ammannia capitellata*

Ammannia capitellata

(C. Presl) S. A. Graham & Gandhi (2013)

Familie: Lythraceae, Weiderichgewächse.
Synonyme: *Nesaea capitellata* C. Presl (1828), *Nesaea triflora* (Linné fil.) Kunth (1823), u. a.
Etymologie: *Ammannia*: siehe *A. gracilis*; *capitellata*: kleinköpfig.
Verbreitung: Komoren, Madagaskar, Mauritius und Réunion.
Beschreibung: Sumpfpflanze mit aufsteigenden Sprossen. Stängel 3–4 mm dick, kahl, zäh, grün bis dunkelrot. Blätter sitzend oder sehr kurz gestielt, kreuzgegenständig. Spreite lanzettlich bis verkehrt lanzettlich, 2–4,5 cm lang, 1–1,5 cm breit, ganzrandig, hellgrün, submers gelblichgrün mit rötlicher Marmorierung. Blattspitze spitz mit winzigem Spitzchen (Lupe!).

Blütenstände einzeln, kurz gestielt. 2 Deckblätter. Blütenstand mit 3 kurz gestielten, 1 cm großen Blüten. Deckblättchen 2 × 0,5 mm groß. 4 (5) Kelchblätter, etwa 3 mm, zugespitzt. 4 (5) Kronblätter, blass- bis kräftig pinkfarben, 3–4 mm groß, abfallend. 8 (10) Staubblätter, etwa 3 mm. 1 Griffel, so lang wie die Staubblätter. Samenkapsel 3 mm, kugelig, transparent; Samen zahlreich.

Kultur: Anfang der 1990er-Jahre wurde die Art durch Eheleute Albers 30 km südlich von Tamatave (Madagaskar) gesammelt. Diese Population eignete sich aber nicht für die Aquarienkultur und verschwand wieder. Im Jahre 2000 erfolgte durch C. Christensen und mich erneut eine Einfuhr aus dem Fluss Ambodimanga (nördlich Tamatave). Dieser Klon weist eine hohe Anpassungsfähigkeit an die Kulturbedingungen im Aquarium auf. Trotz des weichen, sauren Wassers am Standort ist eine Pflege auch problemlos in mittelhartem Wasser auch ohne CO_2-Düngung möglich. Nur intensives Licht lässt die Sprosse kräftig und rötlich werden; schwaches Licht führt zu kleinen Blättern und hellgrünen Trieben. Wachstum langsam bis mittelschnell. Gruppenpflanze. Die steifen und zähen Stängel müssen mit einer Schere geschnitten werden. Blütenstände im Sommer zahlreich bei viel Licht und Wärme.
Ökologie: Wächst im Überschwemmungsbereich des Flusses Ambodimanga (Ostmadagaskar). Siehe Biotop 51 (S. 48).
Sonstiges: Eine Bestimmung erfolgte durch J. Bosser, Paris. Die Art wurde als *Nesaea triflora* in die Aquaristik eingeführt. *Ammannia triflora* R. Br. ex Benth. ist eine andere Art.
Literaturhinweis: Kasselmann (2008 a), Graham & Gandhi (2013).

Blüte von *Ammannia crassicaulis*

Ammannia crassicaulis im Aquarium

Ammannnia crassicaulis

GUILLEMIN & PERROTTET (1833)

Dickstängelige Ammannia

Familie: Lythraceae, Weiderichgewächse.
Synonyme: *Nesaea polyantha* TULASNE, *Nesaea crassicaulis* KOEHNE.
Etymologie: *Ammannia*: siehe *A. gracilis*; *crassicaulis*: dickstängelig.
Verbreitung: Tropisches Afrika, Madagaskar.
Beschreibung: Sumpfpflanze, bis 50 cm hoch. Stängel aufsteigend oder aufrecht, kantig, dickstängelig, fleischig, 3–5(–9) mm dick, grün bis bräunlichrot. Blätter sitzend oder kurz gestielt. Emerse Blattspreite verkehrt eirund bis verkehrt lanzettlich, 4–8 cm lang, 1,0–1,8(–2,5) cm breit, olivgrün. Spitze stumpf oder spitz, Basis herablaufend. Submerse Spreite lanzettlich, 5–11 cm lang (selten länger), 1,0–1,6 cm breit, gelblichgrün bis rötlich.

Blütenstand ein bis 12 mm gestieltes Dichasium mit (1–)5–7(–12) Blüten. Kelch mit 4 kurzen Anhängseln. (3)4 Kronblätter, violett, 4 × 3 mm groß, schnell abfallend. (4–7)8 Staubblätter (davon einzelne Staminodien), gleich lang oder wenig länger als der Kelch. 1 Griffel, gleich lang oder kürzer als der etwa 1 mm große, kugelige Fruchtknoten. Samenkapsel etwa 3,5 × 2 mm groß; Samen zahlreich.
Kultur: *Ammannia crassicaulis* ist eine empfehlenswerte Pflanze mit hohen Lichtansprüchen. Sie ähnelt *Ammannia gracilis* sehr, lässt sich aber im Aquarium durch die gelblichgrünen bis leicht rötlich gefärbten Sprosse gut unterscheiden. Außer einer hohen Lichtintensität wirken sich ein nährstoffreicher, lockerer Bodengrund sowie weiches bis mittelhartes, saures Wasser positiv aus. Die Blätter neigen schnell zum Schwarzwerden. Deshalb ist ein freier, heller Standplatz wichtig. Die Sprosse sollten einzeln gepflanzt werden. Auch für Paludarien geeignet. Schwieriger zu pflegen als *A. pedicellata*. Optimale Temperatur 22–28 °C.
Ökologie: Wächst in Sumpfgebieten, Reisfeldern und Bächen. Ich brachte die Art im Dezember 1980 von der Insel Sansibar mit, wo sie semiemers in einem Graben mit flachem Wasser wuchs (pH-Wert 6,8–7, GH 2 °dH, KH 0,9–2 °dH).
Sonstiges: Genetische Untersuchungen haben gezeigt, dass die Gattungen *Nesaea* und *Ammannia* zu einer monophyletischen Gruppe gehören.
Literaturhinweis: KASSELMANN (1982 b), GRAHAM & BARBER (2011).

Ammannia gracilis im Aquarium

Ammannia gracilis

GUILLEMIN & PERROTTET (1833)

Zierliche oder Große Cognacpflanze

Familie: Lythraceae, Weiderichgewächse.
Synonyme: *Ammannia diffusa* HIERN, non WILLDENOW.
Etymologie: *Ammannia*: nach dem Botaniker P. AMMANN (1634–1691); *gracilis* = zierlich.
Verbreitung: Senegambia.
Beschreibung: Sumpfpflanze mit aufrechtem oder aufsteigendem, fleischigem, kahlem, bis 60 cm langem Stängel. Blätter sitzend, kreuzweise gegenständig, ganzrandig. Emerse Spreite linealisch bis verkehrt eiförmig, emers 2–6 cm lang, 1,0–1,8 cm breit, olivgrün. Submerse Spreite lanzettlich, 7–12 cm lang, 0,7–1,8 cm breit, oberseits olivgrün bis braunrot, unterseits kräftig violett.

Blütenstand ein kurz gestieltes Dichasium mit 3–7 Blüten. Kelch 2 mm lang. 4 Kronblätter, blasslila, 2,5–4 × 2–3 mm groß. 4–8 Staubblätter. Fruchtknoten kugelig, rot. Griffel bis 0,5 mm lang; Narbe kopfig. Frucht eine 2-fächrige, 2–3 mm kugelige Kapsel mit fast runden Samen.

Kultur: Mit ihrer cognacbraunen Farbe ist *A. gracilis* eine begehrte Aquarienpflanze, die am prächtigsten gedeiht, wenn sie gut beleuchtet wird. Ein guter Indikator sind die bei zu geringer Lichtintensität an den unteren Knoten schwarz werdenden Blätter. Für die erfolgreiche Kultur ist auch ein nährstoffreicher Bodengrund erforderlich. Die Art gedeiht am besten in weichem Wasser bei einer Temperatur über 24 °C. Sie wächst mit CO_2-Düngung aber auch in hartem Wasser zufriedenstellend. Als Gruppenbepflanzung genügen drei bis fünf Stängel, die einzeln und mit Abstand stufig gepflanzt werden. Die Sprosse besitzen ein starkes Bestreben, aus dem Wasser herauszuwachsen, sodass die Überführung in die Landform leicht ist. Eine hohe Temperatur und viel Licht beschleunigen die Blütenbildung. Eine Vermehrung durch Samen ist allerdings sehr mühsam.
Ökologie: Wächst auf sandigem Bodengrund an Flussufern und in Überschwemmungsgebieten. In Senegambia fand ich auffällig gedrungene Sprosse als Anpassung an einen sandigen (nährstoffarmen), nur mäßig feuchten Bodengrund, eine intensive Sonnenstrahlung, hohe Temperatur und eine geringe Luftfeuchte im Gegensatz zu den „weichen“, viel größeren Gewächshauspflanzen.

Blüten von *Ammannia pedicellata* und eine Pflanzengruppe im Aquarium (S. 116)

Ammannia pedicellata

(Hiern) S. A. Graham & Gandhi (2013)

Gestielte Ammannia

Familie: Lythraceae, Weiderichgewächse.
Synonyme: *Nesaea pedicellata* Hiern (1871).
Etymologie: *Ammannia*: siehe *A. gracilis*; *pedicellata*: mit kurz gestielten Blüten.
Verbreitung: Tansania (Mafia, Sansibar), Mosambik.
Beschreibung: Sumpfpflanze, bis 50 cm hoch. Stängel niederliegend oder aufsteigend, 2–8 mm dick, grün bis dunkelrot gefärbt. Emerse Blätter sitzend, gegenständig. Spreite länglich, zugespitzt, Basis verschmälert, 1,5–5 cm lang, 0,5–1,0 cm breit, oliv- bis dunkelgrün gefärbt. Submerse Blätter gegenständig, wechselständig oder quirlständig, bis 9 × 1,5 cm groß.

Blütenstand ein bis 7 mm gestieltes Dichasium mit 1–9 Blüten. Kelch etwa 3,5 mm lang mit 4(5) Anhängseln. (3)4(5) lila Kronblätter, 3–4 × 2,5–3 mm groß. 8(–10) Staubblätter, davon 4(5) bis 7 mm lang, die anderen 4(5) so lang wie der Kelch. Griffel 5–8 mm lang. Fruchtknoten elliptisch. Samenkapsel etwa 3 mm im Durchmesser.

Kultur: Eine empfehlenswerte, wuchsfreudige Aquarien- und Paludarienpflanze. Voraussetzungen für kräftige Sprosse sind eine mittlere bis hohe Lichtintensität sowie ein nahrhafter Bodengrund. Stehen die Pflanzen zu dunkel, bleiben sie klein, und die Blätter werden an den unteren Stängelteilen leicht schwarz. Deshalb sollten die Sprosse mit genügend Abstand gepflanzt werden, damit auch die unteren Stängelteile ausreichend Licht erhalten. Günstigster Temperaturbereich 22–28 °C. Die Art lässt sich in weichem und hartem Wasser gut kultivieren, ein saures Milieu wirkt sich jedoch günstiger aus. Vermehrung durch Seitensprosse.
Ökologie: *Ammannia pedicellata* wächst in Tümpeln und an den Rändern von Sumpfgebieten. Ich sammelte die Art im Dezember 1980 auf der Insel Mafia (Tansania) bei folgenden Wasserwerten: Temp. 26–31 °C, pH 5,7, GH 5 °dH, KH 0,5 °dH.
Sonstiges: Meine Aufsammlungen von *A. pedicellata* (Mafia) und *A. crassicaulis* (Sansibar) wurden von A. Fernandes, Coimbra (Portugal) bestimmt. Beide Arten sind leicht mit anderen *Ammannia*-Arten zu verwechseln (vgl. Blütenmerkmale). Nach genetischen Untersuchungen wurden alle *Nesaea*-Arten in die ältere Gattung *Ammannia* überführt.
Literaturhinweis: Kasselmann (1982 a), Graham & Gandhi (2011).

Oben: *Ammannia praetermissa* im Aquarium
Links: Pflanzengruppe von *Ammannia pedicellata* im Aquarium

Blüte von *Ammannia praetermissa*

Ammannia praetermissa

KASSELMANN (2013)

Übersehene Cognacpflanze

Familie: Lythraceae, Weiderichgewächse.
Synonyme: *Nesaea praetermissa* KASSELMANN (2012).
Etymologie: *Ammannia*: siehe *A. gracilis*; *praetermissa* (gr.) = übersehen, vergessen, weil die Art lange Zeit ohne wissenschaftlichen Namen war.
Verbreitung: Unbekannt.
Beschreibung: Sumpfpflanze, 10–15 cm hoch, kahl. Stängel aufrecht, rund, hart, dünn (nicht dickfleischig), dunkelrot. Blätter sitzend, gegenständig, ganzrandig. Spreite sehr schmal elliptisch, 2–4,5 cm lang, 3–7 mm breit, olivgrün bis kräftig weinrot. Blattrand häufig schwach gewellt oder gekräuselt.

Dichasium bis 1 mm gestielt, mit 3–4 Blüten. Blüte bis 2 mm gestielt, 5 mm groß. Deckblätter etwa 1 mm lang, linealisch. Kelch 2,2 mm lang, 1,2 mm breit, mit 4 Kelchlappen und winzigen Anhängseln sowie 8 rötlichen Rippen. Kronblätter 4 (selten 5), blassviolett mit dunkelviolettem Mittelnerv, 2 mm lang, etwa 1,5 mm breit, schnell abfallend. 8 Staubblätter, so lang wie der Kelch. Griffel kürzer als Staubblätter. Kapsel bis 6 mm gestielt, etwa 2 × 2 mm.
Kultur: Diese seit 1974 gelegentlich im Fachhandel – manchmal fälschlich als *Nesaea* (oder *Ammannia*) *crassicaulis* – angebotene zierliche und sehr dekorative Stängelpflanze ist sehr schwer im Aquarium zu pflegen. Sie verlangt weiches, saures Wasser und intensives Licht. Die Pflanzen im Handel stammen von tropischen Exportfirmen, die sie in Gärtnereien offenbar submers kultivieren. Ein dauerhafter Kulturerfolg im Aquarium ist selten.
Ökologie: Über die natürlichen Standorte ist nichts bekannt.
Sonstiges: *Ammannia praetermissa* unterscheidet sich von *A. crassicaulis* durch den viel kleineren Habitus, einen dünnen, runden und harten Stängel sowie kleinere Blattspreiten. Ferner ist das Dichasium von *A. praetermissa* sehr kurz gestielt und entwickelt nur wenige kleine Blüten und Kapseln. Genetische Untersuchungen zeigten, dass die Gattungen *Nesaea* und *Ammannia* zu einer monophyletischen Gruppe gehören, weshalb eine Umkombination erforderlich war.
Literaturhinweis: GRAHAM & BARBER (2011), KASSELMANN (2012 b).

Blüte von *Ammannia senegalensis*

Ammannia senegalensis im Aquarium

Ammannia senegalensis

LAMARCK (1791)

Kleine Cognacpflanze

Familie: Lythraceae, Weiderichgewächse.
Synonyme: *Ammannia diffusa* WILLDENOW (non HIERN), *A. filiformis* DE CANDOLLE, *A. salsuginosa* GUILLEMIN & PERROTTET.
Etymologie: *Ammannia*: siehe *Ammannia gracilis*; *senegalensis*: aus dem Senegal stammend.
Verbreitung: Von Senegambia bis Südafrika, in Ostafrika bis Abessinien und Unterägypten.
Beschreibung: Wie bei *A. gracilis* angegeben. Unterscheidungsmerkmale: Emerser Stängel bis 40 cm hoch. Blattspreite 2–6 cm lang, 0,8–1,3 cm breit. Die Blattränder sind gewöhnlich mehr oder weniger stark nach unten gebogen, sodass die Blattfläche gewölbt ist.

Blütenstand mit 1–3(–5) Blüten, weniger dichtblütig als *A. gracilis*. Einzelblüte mit 4 Kronblättern, konstant 4 Staubblättern und einer fast sitzenden Narbe.
Kultur: *Ammania senegalensis* ist wie *A. gracilis* eine anspruchsvolle, lichtbedürftige Pflanze, die sich auch für kleine Aquarien eignet. Insgesamt ist die Kultur dieser Art problemloser, denn das Wachstum ist rascher und die Vermehrung durch Seitentriebe produktiver. Ein nährstoffreicher Bodengrund und ein heller Standplatz sind aber ebenfalls erforderlich. Die optimale Temperatur liegt bei 22–28 °C. Submerse Exemplare wirken nur als Gruppe dekorativ. Vermehrung durch Stecklinge oder Samen. Trotz ihrer hervorragenden Eignung selten im Fachhandel vertreten.
Ökologie: *Ammannia senegalensis* wächst an feuchten und nassen Standorten, in Überschwemmungsgebieten, als Unkraut in Reisfeldern, manchmal auch auf salzhaltigem Bodengrund.
Sonstiges: Die Literaturangaben über die Anzahl von Kron- und Staubblättern stimmen nicht mit meinen Beobachtungen überein. KOEHNE (1903) nennt für *A. gracilis* 0–4 Kronblätter und 8 Staubblätter, für *A. senegalensis* 0–4 Kronblätter und 4, selten 5–8 Staubblätter (vgl. die Artbeschreibungen). GRAHAM & BARBER (2011) sowie GRAHAM & GANDHI (2013) überführten nach DNA-Analysen und der Untersuchung von Herbarmaterial alle *Nesaea*-Arten in die Gattung *Ammannia*. Als Varietät kommt *A. senegalensis* var. *ondongana* (KOEHNE) VERDCOURT hinzu, die auf der Beschreibung von *Nesaea ondongana* KOEHNE basiert.

Anubias afzelii

SCHOTT (1857)

Afzelius' Speerblatt

Familie: Araceae, Aronstabgewächse.
Synonyme: *Anubias erubescens* SEREBRYANYI.
Etymologie: *Anubias*: nach SCHOTT von Anoubias, einer unbekannten griechischen Pflanze aus dem Altertum; *afzelii*: nach dem schwedischen Botaniker Adam Afzelius (1750–1837).
Verbreitung: Senegal, Guinea, Sierra Leone, Mali.
Beschreibung: Kräftige Sumpfpflanze mit einem kriechenden, über 1 m langen und bis 4 cm dicken Rhizom. Blattstiel bis 70 cm lang, etwa 8–15 mm dick, scheidig. Blattstielgelenk (Genikulum) bis 3 cm lang. Spreite ganzrandig, ledrig, lanzettlich-schmal eiförmig bis elliptisch, bis 44 cm lang und 18 cm breit, kahl oder selten unterseits wenig behaart. Spitze spitz oder stumpf; Basis verschmälert, stumpf oder gestutzt. Blattrand glatt. Färbung hell- bis dunkelgrün, junge Blätter auch manchmal rötlichbraun gefärbt.

Stiel des Blütenstandes bis 35 cm lang. Spatha aufrecht, fleischig, schmal eiförmig bis lanzettlich, stachelspitz, bis 9 cm lang, grün; zur Reife einige Stunden wenig bis zur Hälfte, selten ganz geöffnet. Blütenkolben bis 12 cm lang, mit etwa einem Drittel des männlichen Abschnitts aus der Spatha herausragend. 5–6 verwachsene Staubblätter; Theken an der Seite des Synandriums. Fruchtstand dicht mit 4–8 × 2 mm großen, unregelmäßigen Beeren besetzt. Beere mit 4–17, in reifem Zustand braunen, bis 2,5 × 1,5 mm großen Samen.
Kultur: *Anubias afzelii* ist eine kräftige Sumpfpflanze, die am natürlichen Standort und auch in der Gewächshauskultur bis zu etwa 1 m hoch wird, für gewöhnlich aber kleiner bleibt. Unproblematisch ist die Kultur in einem geräumigen Paludarium. Man kann das Rhizom in den Bodengrund des Wasserteiles einsetzen und die Blätter aus dem Wasser herauswachsen lassen (semi-emerse Kultur) oder die Pflanzen auch ganz emers kultivieren. Eine hohe Luftfeuchte sowie häufiges Besprühen ist für ein gutes Gedeihen vorteilhaft. Im Aquarium wächst *A. afzelii* sehr langsam, aber ausdauernd und ist von allen größeren *Anubias*-Arten am besten für die submerse Kultur verwendbar. Für die Bepflanzung eignen sich am besten kleine Exemplare von 10–20 cm Höhe, die sich besser an die submerse Kultur gewöhnen lassen als große Pflanzen. Optimale Temperatur 22–26 °C. Aus Samen herangezogene, junge Exemplare kann man ebenfalls gut verwenden. Das Lichtbedürfnis von *A. afzelii* ist gering. Für die Pflege empfiehlt sich weiches bis mittelhartes Wasser. Die schnellste Vermehrung erreicht man durch Rhizomteilung. Auch eine geschlechtliche Vermehrung durch Samen ist gut möglich. Die Samen keimen schnell, doch dauert es wenigstens sechs Monate, bis die Jungpflanzen eine Größe von 5–10 cm erreicht haben.
Ökologie: *Anubias afzelii* wächst am natürlichen Standort als Sumpfpflanze gewöhnlich am Rande von Flüssen und Bächen. Ich fand die Art im Senegal (bei Kounkané) in dichten Beständen sowohl am Ufer eines austrocknenden Flusses in tiefem Schatten als auch einige Meter vom Fluss entfernt in vollem Sonnenlicht und sehr trockenem Boden (siehe Foto), wo die Pflanzen prächtige Bestände bildeten.
Sonstiges: Die Art setzt häufig auch durch Selbstbestäubung Samen an.

Anubias afzelii **am Standort bei Kounkané**

Emerse Pflanzen von *Anubias barteri* var. *angustifolia*

Anubias barteri SCHOTT var. angustifolia (ENGLER) CRUSIO (1979)

Schmalblättriges Speerblatt

Familie: Araceae, Aronstabgewächse.
Synonyme: *Anubias lanceolata* forma *angustifolia* ENGLER (1915).
Etymologie: *Anubias*: siehe *Anubias afzelii*; *barteri*: siehe var. *barteri*; *angustifolia*: schmalblättrig.
Verbreitung: Guinea, Liberia, Elfenbeinküste, Kamerun.
Beschreibung: Sumpfpflanze mit einem kriechenden Rhizom. Blätter emers bis 10 cm, submers bis 25 cm lang gestielt, scheidig. Blattstielgelenk etwa 1 cm lang. Blattspreite linealisch bis sehr schmal elliptisch, emers 10–30 cm lang und 1,5–4 cm breit, ledrig, tief dunkelgrün gefärbt, submers bis 15 cm lang und 2,5 cm breit, mittelgrün mit häufig rötlichbraunem Blattstiel. Spitze spitz bis feinspitz, Basis herablaufend. Blattrand nicht gewellt. Blütenbeschreibung siehe *Anubias barteri* var. *barteri*.
Kultur: Eine problemlose, langsam wachsende Sumpfpflanze, die relativ selten im Handel ist. Trotz des langsamen Wachstums ist diese Varietät für die Kultur im Aquarium sehr zu empfehlen, zumal sie sich problemlos an verschiedene Wasserwerte anpasst. Für ein optimales Gedeihen ist eine mittlere Beleuchtungsstärke ausreichend. Bei zuviel Licht veralgen die Blätter leicht. Im Aquarium wird *Anubias barteri* var. *angustifolia* für gewöhnlich nicht höher als 10–15 cm, kann aber auch eine beachtliche Höhe von 40 cm erreichen. Die Verwendung ist daher je nach Beckengröße in der mittleren oder hinteren Bepflanzungszone zu empfehlen. Wie auch andere *A.-barteri*-Varietäten eignet sich var. *angustifolia* aufgrund der lederartigen Blattstruktur ausgezeichnet für die Kultur in Cichlidenaquarien und als Paludarienpflanze. Temperatur 22–26 °C. Vermehrung durch Rhizomteilung. Weitere Kulturangaben siehe auch var. *barteri* und var. *nana*.
Ökologie: Über die spezielle Ökologie ist mir nichts bekannt. Vermutlich ähnliche ökologische Ansprüche wie die anderen Varietäten, also vorwiegend emerses Wachstum an schattig-sonnigen Plätzen.
Sonstiges: Eine Unterscheidung von den anderen *Anubias-barteri*-Varietäten ist anhand der linealischen bis sehr schmal elliptischen Blattspreite, aber auch des häufig rötlichen Blattstiels leicht möglich.

Anubias barteri var. *barteri*

Anubias barteri Schott (1860) var. barteri

Barters Speerblatt

Familie: Araceae, Aronstabgewächse.
Synonyme: Keine.
Etymologie: *Anubias*: siehe *A. afzelii*; *barteri*: nach dem Sammler Charles Barter.
Verbreitung: Südostnigeria, Kamerun, Äquatorial-Guinea.
Beschreibung: Sumpfpflanze, bis 40 cm hoch. Rhizom etwa 0,5–1 cm dick. Blattstiel bis 30 cm lang, scheidig. Blattstielgelenk bis 1,5 cm lang. Blattspreite lanzettlich bis schmal eiförmig, gewöhnlich bis 15 × 7 cm groß, ledrig, mittel- bis dunkelgrün. Blattspitze spitz; Basis rund oder schwach herzförmig. Blattrand häufig gewellt.

Stiel des Blütenstandes 5–40 cm. Spatha zur Reife weit geöffnet, zurückgebogen, später geschlossen, 1,5–6 cm lang. Blütenkolben 1,5–7 cm lang. 3–6(–8) verwachsene Staubblätter; Theken seitlich am Synandrium. Beeren flachkugelig; Samen 0,5–1 × 0,4–0,8 mm groß.
Kultur: *Anubias barteri* var. *barteri* ist – wie die übrigen Varietäten dieser Art – eine langsam wachsende, sehr empfehlenswerte Sumpfpflanze mit guter Anpassung an die submersen Lebensbedingungen. Die Kultur ist in weichem und hartem Wasser gleichermaßen möglich. Wie bei allen *Anubias* sollte eine zu starke Beleuchtung vermieden werden. Das Rhizom kann entweder in Sand oder grobkörnigen Bodengrund eingepflanzt sowie zur Begrünung auf Dekorationsmaterial befestigt werden. Aufgrund ihrer lederartigen Blätter, die von Buntbarschen gewöhnlich verschont bleiben, sind die *A.-barteri*-Varietäten besonders für die Bepflanzung von Cichlidenaquarien zu empfehlen. Optimale Temperatur 22–26 °C. Gute Paludarienpflanze.
Ökologie: Die *Anubias-barteri*-Varietäten besiedeln schattige oder halbschattige Standorte schnell fließender Gewässer, in denen sie emers oder semi-emers und nur gelegentlich völlig untergetaucht zu finden sind. Die Bestände wachsen dabei häufig auf Steinen oder Baumstämmen, seltener im Bodengrund.
Sonstiges: In den vergangenen Jahren entstanden in Gärtnereien Mutationen und virusinfizierte Pflanzen von *A. barteri*. Die Form „Wavy Leaf" besitzt ein leicht gewelltes Blatt. „Variegated" und „Marble" sind weißbunte Pflanzen, deren Zeichnung oftmals unter Wasser verschwindet.
Literaturhinweis: Crusio (1979, 1987, 2009).

Anubias barteri var. *caladiifolia* am natürlichen Standort in Kamerun (Limbe)

Anubias barteri Schott var. caladiifolia Engler (1915)

Caladium-blättriges Speerblatt

Familie: Araceae, Aronstabgewächse.
Synonyme: Keine.
Etymologie: *Anubias*: siehe *Anubias afzelii*; *barteri*: siehe var. *barteri*; *caladiifolia*: *Caladium*-blättrig, bezieht sich auf die Gattung *Caladium*.
Verbreitung: Südostnigeria, Kamerun, Äquatorial-Guinea (Bioko).
Beschreibung: Kräftige Sumpfpflanze mit einem kriechenden, bis 2 cm dicken Rhizom. Blattstiel bis 40(–54) cm lang, bis 4 mm dick, scheidig. Blattstielgelenk bis 2 cm lang. Blattspreite lanzettlich-schmal eiförmig bis eiförmig, bis 24 × 16 cm groß, ledrig, hell- bis dunkelgrün. Spitze stumpf oder spitz; Basis anfangs gestutzt oder schwach herzförmig, bei großen Blättern herzförmig. Blattrand gewöhnlich nicht oder nur wenig gewellt. Blütenbeschreibung siehe *A. barteri* var. *barteri*.
Kultur: *Anubias barteri* var. *caladiifolia* wird von allen Varietäten dieser Art am größten. Sie ist besonders für die emerse Kultur im Paludarium zu empfehlen, wo sich Blätter mit herzförmiger Spreitenbasis bilden. Aber auch eine Kultur im Aquarium ist nicht schwierig, wobei dann allerdings das Wachstum langsamer ist und die Pflanzen gewöhnlich kleiner bleiben. Diese Varietät gedeiht in weichem sowie hartem Wasser, optimal ist aber eine Hälterung in weichem, leicht saurem Milieu. Ihre Verwendung ist nur in sehr hohen Aquarien zu empfehlen, weil sie auch submers sehr groß wird. Diese Varietät eignet sich besonders für große Cichlidenaquarien. Optimaler Temperaturbereich 22–26 °C.
Ökologie: Am natürlichen Standort findet man die Pflanzen häufig semi-emers in großen Beständen in schnell fließendem Wasser, an Wasserfällen, aber auch am Rande von Fließgewässern im Bodengrund oder auf Steinen; nur selten trifft man völlig submerse Exemplare an, die dann kleinwüchsig sind. Die Varietät gedeiht sowohl in vollem Sonnenlicht als auch im Schatten. Am natürlichen Standort in Kamerun (Limbe, Fotos S. 67, 86) maß ich folgende Wasserwerte: 25 °C, pH 7,8, GH 4,5 °dH, KH 3,5 °dH, 22 µS/cm, Fe^{2+}/ Fe^{3+} nicht nachweisbar. Nur vereinzelt konnten dort im Februar Blüten- und Fruchtstände gefunden werden.

Anubias barteri var. *glabra* am natürlichen Standort in Kamerun

Anubias barteri SCHOTT var. glabra N. E. BROWN (1901)

Kahles Speerblatt

Familie: Araceae, Aronstabgewächse.
Synonyme: *Anubias lanceolata* N. E. BROWN (1901), *A. minima* CHEVALIER.
Etymologie: *Anubias*: siehe *A. afzelii*; *barteri*: siehe var. *barteri*; *glabra*: kahl.
Verbreitung: Guinea, Liberia, Elfenbeinküste, Nigeria, Kamerun, Äquatorial-Guinea (Bioko), Gabun, Kongo.
Beschreibung: Sumpfpflanze mit einem kriechenden, bis 8 mm dicken Rhizom. Blattstiel bis 35 cm lang, 2–3 mm dick, scheidig. Blattstielgelenk bis 2 cm lang. Blattspreite sehr schmal elliptisch bis lanzettlich-schmal eiförmig, bis 23 cm lang und 9 cm breit, im Aquarium gewöhnlich viel kleiner bleibend, ledrig, mittel- bis dunkelgrün gefärbt. Spitze spitz oder feinspitz; Basis stumpf, gestutzt oder schwach herzförmig. Blattrand gewöhnlich leicht gewellt. Blütenbeschreibung siehe *A. barteri* var. *barteri*.
Kultur: Im Aquarium wächst *A. barteri* var. *glabra* zwar ziemlich langsam, gehört aber zu den gutwüchsigen und ausdauernden Pflanzen. Die Exemplare können ohne zusätzliche Wasserbewegung gedeihen, doch scheint eine Wasserumwälzung vorteilhaft für ein optimales Wachstum zu sein. Eine mäßige Beleuchtung ist ausreichend. Ein leicht saures, weiches bis mittelhartes Wasser mit Temperaturen von 22–26 °C ist für die Kultur zu empfehlen. Diese Varietät bleibt in der submersen Kultur gewöhnlich niedrig, während die Pflanzen in der emersen Kultur eine Höhe von etwa 60 cm erreichen können. Zur Verwendung siehe Kulturangaben von *Anubias barteri* var. *barteri* und var. *nana*. Die var. *glabra* lässt sich aber auch gut in den Bodengrund pflanzen.
Ökologie: An zwei Standorten in Kamerun stellte ich folgende Wasserwerte fest: Temperatur 24/30 °C, pH 5,5/5,9, GH < 1 °dH, KH < 0,1 °dH, 40 µS/cm, Fe^{2+}/Fe^{3+} nicht nachweisbar. Man findet dichte Bestände von *Anubias barteri* var. *glabra* gleichermaßen in tiefem Schatten oder in vollem Sonnenlicht. Die Pflanzen sitzen häufig sehr fest auf im Wasser liegenden Felsen oder wachsen nur mit dem Rhizom im Wasser. Man kann sie aber auch völlig emers nur auf feuchtem Bodengrund finden. Im Februar sind in den zahlreichen Blüten- und Fruchtständen oft Fliegenpuppen zu finden.

Anubias barteri var. *nana* im Aquarium

Die durch einen Virus infizierte Sorte 'Marble'

Anubias barteri Schott var. nana (Engler) Crusio (1979)

Zwergspeerblatt

Familie: Araceae, Aronstabgewächse.
Synonyme: *Anubias nana* Engler (1899).
Etymologie: *Anubias*: siehe *A. afzelii*; *barteri*: siehe var. *barteri*; *nana*: zwergig.
Verbreitung: Kamerun (Viktoria).
Beschreibung: Sumpfpflanze. Rhizom 5–8 mm dick. Blattstiel 3–8 cm lang, 1–3 mm dick, scheidig. Blattstielgelenk 0,5–1 cm. Blattspreite schmal eiförmig bis eiförmig, etwa 4–8 cm lang, 3–4 cm breit, ledrig, mittel- bis dunkelgrün. Spitze spitz; Basis rund bis schwach herzförmig. Blattrand leicht gewellt. Blütenbeschreibung siehe var. *barteri*.
Kultur: Eine anspruchslose und beliebte, langsam wachsende Sumpfpflanze mit ausgezeichneter Anpassung an die Aquarienbedingungen. Sowohl weiches als auch hartes, schwach saures oder alkalisches Wasser ist gleichermaßen für die Kultur geeignet. Die Pflanzen gedeihen am besten bei schwachem bis mittlerem Licht. Eine intensive Beleuchtung ist nicht empfehlenswert, da aufgrund des langsamen Wachstums die Gefahr einer Veralgung sehr groß ist. Diese Varietät ist mit einer Höhe von 5–15 cm ausgezeichnet als Vordergrundpflanze verwendbar. Wird sie eingepflanzt, sollte darauf geachtet werden, dass sich die Rhizome oberhalb des Bodengrundes befinden, da zu tief gesetzte Exemplare schlecht wachsen. Besonders zu empfehlen ist die Begrünung von Dekorationsmaterial. Ausschließlich mit *Anubias* bepflanzte Cichlidenaquarien können sehr wirkungsvoll sein. Die var. *nana* ist aufgrund ihrer Widerstandsfähigkeit eine ideale Pflanze für Zuchtaquarien ohne Bodengrund, in denen die Exemplare frei im Wasser „schweben" können. Vermehrung durch Rhizomteilung. Der optimale Temperaturbereich liegt zwischen 22 und 28 °C, doch werden weitaus niedrigere und höhere Temperaturen noch vertragen.
Ökologie: Es sind kaum ökologische Daten und Fundorte bekannt. Diese Varietät wächst offenbar in semi-emersen Beständen in einem schnell strömenden Fluss in der Stadt Viktoria (Kamerun). Da dieser Standort ein Naturschutzgebiet ist, wurden aber von mir keine Pflanzen für die endgültige Bestimmung entnommen. Wasseranalyse (Februar): Temp. 25 °C (Lufttemp. 27 °C), pH 7,8, GH 4,5 °dH, KH 3,5 °dH, 220 µS/cm, Fe^{2+}/Fe^{3+} nicht nachweisbar.

Anubias barteri var. *nana* 'Bonsai' im Aquarium

Anubias barteri var. nana 'Bonsai'

Bonsai-Speerblatt

Familie: Araceae, Aronstabgewächse.
Synonyme: Keine.
Etymologie: Der Sortenname 'Bonsai' bezieht sich auf die zwergige Wuchsform.
Verbreitung: Nicht sicher bekannt.
Beschreibung: Blattspreite im Aquarium 1,5–2,5 cm lang und 1,0–1,5 cm breit, schmal eiförmig, sonst wie bei *Anubias barteri* var. *barteri* beschrieben.
Kultur: Diese Sorte zeichnet sich durch einen auffälligen Zwergwuchs aus. Sie ist in der Kultur im Großen und Ganzen so zu behandeln wie *Anubias barteri* var. *nana*. Allerdings ist das Bonsai-Zwergspeerblatt etwas lichtbedürftiger als die Stammvarietät. Aufgrund der sehr kleinen Größe und äußerst langsamen Vermehrung dieses Bonsai-Speerblattes ist es ratsam, die Rhizome auf einen Stein oder einer Wurzel aufzubinden, damit sie im Aquarium nicht verloren gehen. Die Bonsai-Form eignet sich auch gut für die Bepflanzung von Seiten- und Rückwänden.
Sonstiges: Die Herkunft dieser Sorte ist nicht sicher bekannt. Als ich meine ersten Pflanzen durch die Gärtnerei Dennerle etwa 1997 bekam, erhielt ich den Hinweis, dass das natürliche Verbreitungsgebiet Kamerun sei. Nach dem Katalog der Firma Tropica soll die Sorte dagegen eine in der Gärtnerei Oriental in Singapur entstandene Mutation sein. Sie wird unter den Sortennamen 'Bonsai' und 'Petite' im Fachhandel angeboten. Aufgrund der sehr langsamen und somit wenig produktiven Vermehrung ist sie allerdings immer noch relativ selten in Kultur.

Seit Anfang des Jahrtausends entstanden in Gärtnereien neue Wuchsformen (Mutationen) von *A. barteri* var. *nana*, die ausgelesen wurden. 'Narrow Leaf' zeichnet sich durch schmalere und kleinere Blattspreiten aus. 'Variegated' und 'Marble' sind virusinfizierte Pflanzen mit sporadisch auftretenden weißbunten Blättern. 'Golden' besitzt eine gelbgrüne Blattfärbung. 'Wrinkled Leaf' bildet etwas faltige, runzlige Blätter. 'Curly Leaf' entwickelt eingerollte (verkrüppelte) Blattspreiten. 'Star Dust' ist eine bleiche Form mit hellem Mittelnerv, deren Blättern weniger Chlorophyll enthalten. Nicht alle diese neuen Formen sind eine Bereicherung für die Aquaristik, und manche muss man in der Tat als kranke Pflanzen ansprechen.

Anubias barteri var. *coffeifolia* im Aquarium

Anubias „nangi“ im Aquarium

Anubias barteri SCHOTT var. coffeifolia KASSELMANN (2013)

Kaffeeblättriges Speerblatt

Familie: Araceae, Aronstabgewächse.
Synonyme: Keine.
Etymologie: *Anubias*: siehe *Anubias afzelii*; *coffeifolia* = kaffeeblättrig, bezieht sich auf die bräunlich roten Jugendblätter.
Verbreitung: Eine natürliche Verbreitung ist nicht bekannt.
Beschreibung: Von *A. barteri* var. *barteri* gut zu unterscheiden durch die bräunlichroten Blattstiele und Jugendblätter sowie bucklig-blasigen Blattspreiten.
Kultur: Das Kaffeeblättrige Speerblatt wurde lange mit dem Fantasienamen „coffeefolia“ bezeichnet. In der dritten Auflage dieses Buches gab ich dieser Pflanze – entsprechend den anderen Wuchsformen von *A. barteri* – die Rangstufe einer Varietät. Es handelt sich um eine gut zu pflegende, durch Färbung und Gestalt deutlich unterscheidbare, großblättrige Form. Wachstum und Vermehrung sind langsamer als bei der Nominatform, weshalb diese Varietät in Aquarien nicht oft anzutreffen ist.

Anubias „nangi“

Familie: Araceae, Aronstabgewächse.
Synonyme: Keine.
Etymologie: *Anubias*: siehe *Anubias afzelii*; „nangi“ = Fantasiename, gebildet aus den Anfangsbuchstaben der Eltern ***na****na* und ***gi****lletii*.
Verbreitung: Keine natürliche Verbreitung.
Beschreibung: Blattspreite im Aquarium 5–10 cm lang gestielt, lanzettlich, lang zugespitzt, an der Basis schwach herzförmig, 8–11 cm lang und 3–4 cm breit, dunkelgrün gefärbt. Blattrand schwach gewellt.
Kultur: *Anubias* „nangi“ ist eine gutwüchsige und empfehlenswerte Hybride für die Aquarienkultur. Die Kultur erfolgt wie bei *A. barteri* var. *barteri* angegeben. Optimale Temperatur 24–28 °C.
Sonstiges: Diese Kreuzung zwischen *Anubias barteri* var. *nana* und *Anubias gilletii* wurde von R. A. GASSER, Besitzer einer Wasserpflanzengärtnerei in Florida, durchgeführt; seit 1986 wird diese Kreuzung verbreitet. Ein Vertrieb erfolgte auch durch die Gärtnerei P. SCHNEIDER, Zuzgen (Schweiz).

Emerse Pflanzen von *Anubias gigantea*

Anubias gigantea

HUTCHINSON (1939)

Riesenspeerblatt

Familie: Araceae, Aronstabgewächse.
Synonyme: *Anubias gigantea* CHEVALIER var. *tripartita* CHEVALIER (nomen nudum), *A. hastifolia* ENGLER var. *robusta* ENGLER.
Etymologie: *Anubias*: siehe *A. afzelii*; *gigantea*: riesenhaft, in Bezug auf die Blattgröße.
Verbreitung: Guinea, Sierra Leone, Liberia, Elfenbeinküste, Togo, Kamerun.
Beschreibung: Kräftige Sumpfpflanze mit einem kriechenden, 1,5–3 cm dicken Rhizom. Blattstiel bis 65(–83) cm lang, scheidig. Blattstielgelenk 1–2,5 cm lang. Blattspreite ledrig, sehr variabel geformt, von spießförmig bis dreilappig; Mittellappen lanzettlich bis schmal eiförmig, 10–30 cm lang, 6–17 cm breit, Seitenlappen bis 25 cm lang, 0,5–9 cm breit. Blattrand glatt. Färbung mittelgrün.

Stiel des Blütenstandes bis 50 cm lang. Spatha 4,5–13 cm lang, zur Reife für einige Stunden weit geöffnet, nicht zurückgebogen. Blütenkolben 5–19 cm lang, fast gleich lang bis etwa ein Drittel länger als die Spatha. 4–6(7–8) verwachsene Staubblätter. Theken an der Seite des Synandriums. Samen nur einmal untersucht, bis 1,8 × 1,2 mm groß.
Kultur: Eine sehr langsam wachsende Sumpfpflanze mit mäßiger Anpassung an die submerse Lebensweise. Die Art ist selten im Handel. Aufgrund ihrer Größe ist sie vor allem für geräumige Paludarien zu empfehlen und nur bedingt als Aquarienpflanze geeignet. Die Pflanzen benötigen normalerweise eine lange Eingewöhnungszeit. Vermehrung durch Rhizomteilung.
Ökologie: Die Art wächst halb untergetaucht an den Ufern von Bächen oder im Bachbett, meistens an steinigen Stellen. Blütezeit von Februar bis April (CRUSIO 1987, GARTNER 1997).
Sonstiges: Es sind drei Wuchsformen in Kultur, die sich durch konstante Blattformen gut voneinander unterscheiden lassen. Die erste besitzt spießförmige, im Umriss fast dreieckige Blattspreiten, die zweite weist spießförmige, deutlich 3-lappige Blattspreiten mit etwa 8–9 cm breiten Basallappen auf, die dritte bildet lanzettliche Blattspreiten (ähnlich *Anubias heterophylla*) mit bis 14 cm langen und bis 1,5 cm breiten Basallappen.

Emerses Exemplar von *Anubias gilletii*

Anubias gilletii

DE WILDEMAN & DURAND (1901)

Gillets Speerblatt

Familie: Araceae, Aronstabgewächse.
Synonyme: Keine.
Etymologie: *Anubias*: siehe *A. afzelii*; *gilletii*: nach dem Sammler J. Gillet (1866–1943).
Verbreitung: Nigeria, Kamerun, Gabun, Kongo, Demokratische Republik Kongo.
Beschreibung: Sumpfpflanze mit einem kriechenden, bis 1 cm dicken Rhizom. Blattstiel bis 40 cm lang, 2–3 mm dick, kurz scheidig, bei kräftigen Exemplaren mit kleinen Stacheln besetzt. Blattstielgelenk etwa 1 cm lang. Blattspreite ledrig, anfangs schwach herzförmig oder geöhrt, ältere Blätter pfeilförmig bis spießförmig; Mittellappen bis 30 cm lang, 15,5 cm breit, schmal länglich bis länglich, spitz bis feinspitz; Seitenlappen bis 10 cm lang, spitz bis stumpf. Blattrand glatt. Färbung hell- bis mittelgrün.

Stiel des Blütenstandes bis 22 cm lang. Spatha 1–3 cm lang, zur Reife kurz geöffnet. Blütenkolben mit 2,5 cm Länge etwa so lang wie die Spatha. 3–5 verwachsene Staubblätter; Theken am oberen Rand des Synandriums. Samen bis 1 × 0,5 mm.
Kultur: *Anubias gilletii* ist sowohl für die emerse Pflege im Paludarium als auch für die Haltung im Aquarium geeignet. Für die emerse Kultur muss eine hohe Luftfeuchte gewährleistet sein. Während die Pflanzen in der Sumpfkultur sehr groß werden, bleiben sie im Aquarium dagegen bedeutend kleiner, sodass man sie leicht mit Varietäten von *A. barteri* verwechseln kann. Zwar begnügt sich *A. gilletii* auch mit einer geringen Lichtmenge, doch wachsen die Pflanzen besser bei einer mittleren Beleuchtungsintensität. Kräftige Exemplare zeigen deutliche Seitenlappen. Zur Kultur siehe auch *A. afzelii*.
Ökologie: Die Art wächst am natürlichen Standort am Rand von Flüssen gewöhnlich nur mit dem Rhizom im Wasser oder in wenig feuchtem Bodengrund. Ich fand in Kamerun (Februar) manchmal kleine bis mittelgroße Exemplare auch fast ganz untergetaucht. Blütenstände waren selten anzutreffen.
Sonstiges: *Anubias gilletii* kann leicht mit schwachwüchsigen Exemplaren von *A. hastifolia* und *A. pynaertii* verwechselt werden. Zur sicheren Artunterscheidung sind Blütenstände notwendig.

Emerse Pflanzen von *Anubias gracilis*

Anubias gracilis

HUTCHINSON (1939)

Dreieckiges Speerblatt

Familie: Araceae, Aronstabgewächse.
Synonyme: Keine.
Etymologie: *Anubias*: siehe *Anubias afzelii*; *gracilis*: schlank, zierlich.
Verbreitung: Guinea, Sierra Leone.
Beschreibung: Sumpfpflanze mit einem kriechenden, 1–1,5 cm dicken Rhizom. Blattstiel bis 60 cm lang, sehr kurz scheidig. Blattstielgelenk 1–1,5 cm lang. Spreite ledrig, spießförmig, im Umriss gewöhnlich annähernd dreieckig, 10–40 cm lang und 10–20 cm breit, Spitze spitz; Basislappen rund. Blattrand glatt. Färbung mittelgrün.

Stiel des Blütenstandes 6–15 cm lang. Spatha 1,5–3 cm lang, sich weit öffnend, zurückgeschlagen. Blütenkolben bis 3 cm lang, gleich lang oder etwas kürzer als die Spatha. 6–8(9) verwachsene Staubblätter; Theken an der Seite des Synandriums. Männlicher Abschnitt des Blütenkolbens 2- bis 4-mal so lang wie der weibliche. Samen sind nicht bekannt.

Kultur: *Anubias gracilis* ist im Handel sehr selten zu finden, was vor allem darauf zurückzuführen ist, dass die Art recht groß wird und entsprechend geräumige Aquarien benötigt. Sie eignet sich nur bedingt für die dauernde Kultur unter Wasser, ist aber eine sehr empfehlenswerte Paludarienpflanze. Der Bodengrund kann aus Erde oder einer Mischung aus Sand, Lehm und Buchenlauberde bestehen. Auch eine Hydrokultur ist gut möglich. An die Wasserwerte im Aquarium werden nach bisherigen Erfahrungen keine besonderen Ansprüche gestellt. Die Pflanzen wachsen möglicherweise in weichem Wasser am besten, obwohl ein gesundes Wachstum auch in mittelhartem Wasser möglich ist. Das Lichtbedürfnis ist nur gering. Im Aquarium gedeiht *Anubias gracilis* am besten, wenn Rhizome und Wurzeln nicht in den Bodengrund gepflanzt werden, sondern frei im Wasser hängen. So kultivierte Exemplare benötigen aber dennoch viele Monate zur Eingewöhnung. Vermehrung durch Teilung des Rhizoms. Gelegentlich als Jungpflanzen im Handel.
Ökologie: Am natürlichen Standort führt *A. gracilis* während der Regenzeit eine teilweise submerse Lebensweise (ähnlich *Anubias gilletii*).
Literaturhinweis: CRUSIO (1979, 1987, 2009).

Anubias hastifolia am Ufer eines Baches in Kamerun

Anubias hastifolia

ENGLER (1893)

Spießblättriges Speerblatt

Familie: Araceae, Aronstabgewächse.
Synonyme: *A. hastifolia* var. *sublobata* ENGLER, *A. auriculata* ENGLER, *Amauriella auriculata* (ENGLER) HEPPER, *A. haullevilleana* de Wildeman, *A. laurentii* DE WILDEMAN, *Amauriella obanensis* RENDLE, *Amauriella talbotii* RENDLE, *Amauriella hastifolia* (ENGLER) HEPPER.
Etymologie: *Anubias*: siehe *Anubias afzelii*; *hastifolia*: spießblättrig.
Verbreitung: Ghana, Togo?, Nigeria, Kamerun, Demokratische Republik Kongo.
Beschreibung: Sumpfpflanze mit einem kriechenden, bis 1,5 cm dicken Rhizom. Blattstiel bis 63 cm lang, scheidig, bei kräftigen Exemplaren bestachelt. Blattstielgelenk bis 1 cm lang. Blattspreite ledrig, von spießförmig bis nahezu 3-teilig; Mittellappen lanzettlich bis schmal eiförmig oder verkehrt eiförmig, bis 26 × 12 cm groß, spitz bis feinspitz; Seitenlappen bis 21 × 7 cm groß, spitz oder stumpf. Blattrand flach.

Stiel des Blütenstandes 8–24 cm lang. Spatha 2–4,5 cm lang, zur Reife kurz geöffnet, nicht zurückgebogen. Blütenkolben 1,5–4 cm lang. 4–6 verwachsene Staubblätter; Theken die Spitze des Synandriums oder wenigstens die obere Hälfte bedeckend. Samen bis 2,5 × 1,6 mm groß.
Kultur: Kräftige Sumpfpflanze mit nur geringer Anpassung an die ständig submerse Lebensweise im Aquarium. Empfehlenswert ist aber eine Kultur in geräumigen Paludarien. Dort sollten die Pflanzen bei hoher Luftfeuchte nur mäßig beleuchtet werden. Beim Einpflanzen muss beachtet werden, dass das Rhizom oberhalb des Bodengrundes kriechend wachsen kann. Vegetative Vermehrung durch Teilung des Rhizoms. Generative Vermehrung ebenfalls möglich, blüht aber relativ selten.
Ökologie: Besiedelt schattige Standorte an den Ufern kleiner Wasserläufe in Wäldern. In Kamerun fand ich die Art emers am Rande von Bächen im feuchten Bodengrund verwurzelt, aber nicht im Wasser, während zur selben Jahreszeit (Februar) *A. gilletii* auch teilweise submers angetroffen wurde.
Sonstiges: *Anubuas hastifolia* ist in vegetativem Zustand nicht sicher von *A. pynaertii* zu unterscheiden.

Emerse Pflanze von *Anubias heterophylla*

Anubias heterophylla

ENGLER (1879)

Verschiedenblättriges Speerblatt

Familie: Araceae, Aronstabgewächse.
Synonyme: *A. congensis* N. E. BROWN, *A. congensis* var. *crassispadix* ENGLER, *A. affinis* de Wildeman, *A. engleri* DE WILDEMAN, *A. bequaerti* DE WILDEMAN, *A. undulata* hort. (nomen nudum).
Etymologie: *Anubias*: siehe *Anubias afzelii*; *heterophylla*: verschiedenblättrig.
Verbreitung: Kamerun, Äquatorial-Guinea, Gabun, Kongo, Angola (Cabinda), Demokratische Republik Kongo.
Beschreibung: Sumpfpflanze mit einem kriechenden, bis 2 cm dicken Rhizom. Blattstiel bis 66 cm lang, gewöhnlich aber viel kürzer, scheidig. Blattstielgelenk 0,5–2,5 cm lang. Spreite ledrig, schmal elliptisch bis lanzettlich, 10–38 cm lang, 3–13 cm breit. Spitze spitz; Basis spitz bis rund, kurz pfeilförmig oder spießförmig. Basale Lappen kurz oder fehlend, rund. Blattrand glatt oder wenig gewellt.

Stiel des Blütenstandes 5–27 cm lang. Spatha 1,5–4,5 cm lang, zur Reife weit geöffnet, nicht zurückgebogen. Blütenkolben 1,5–4,5 cm lang, wenig bis zur Hälfte aus der Spatha herausragend. 4–6 verwachsene Staubblätter; Theken an der Seite des Synandriums, manchmal nur im oberen Bereich. Samen klein, bis 1,5 × 1 mm groß.
Kultur: *Anubias heterophylla* ist eine langsam wachsende Sumpfpflanze mit gutem Anpassungsvermögen an die Aquarienkultur. Für geräumige Paludarien ist sie sehr zu empfehlen. Im Aquarium bleibt die Art erheblich kleiner als emers. Je nach Beckengröße lässt sich diese *Anubias* für die mittlere oder hintere Bepflanzungszone verwenden. Die Pflanzen wachsen möglicherweise in weichem Wasser am besten, obwohl ein gesundes Wachstum auch in mittelhartem Wasser erfolgreich sein kann. Eine mittlere Beleuchtungsstärke ist zu empfehlen. Vermehrung durch Teilung des Rhizoms. Auch eine generative Vermehrung durch Samen ist möglich.
Ökologie: Am natürlichen Standort führt *A. heterophylla* manchmal eine teilweise submerse Lebensweise. Sie besiedelt schattige Standorte.
Sonstiges: Es sind drei Wuchsformen bekannt, die sich durch ihre Blattform unterscheiden. Die Art ist selten in Kultur.
Literaturhinweis: CRUSIO (1979, 1987, 2009).

Emerse Pflanzen von *Anubias pynaertii*

Anubias pynaertii

DE WILDEMAN (1910)

Pynaerts Speerblatt

Familie: Araceae, Aronstabgewächse.
Synonyme: Keine.
Etymologie: *Anubias*: siehe *Anubias afzelii*; *pynaertii*: nach dem Sammler LÉON A. PYNAERT (1876–?).
Verbreitung: Kamerun, Gabun, Kongo, Demokratische Republik Kongo.
Beschreibung: Sumpfpflanze mit einem kriechenden, bis 1,5 cm dicken Rhizom. Blattstiel bis 35(–45) cm lang, kurz scheidig. Bei kräftigen Exemplaren ist der Blattstiel deutlich bestachelt, sonst fast kahl. Blattstielgelenk 1–2 cm lang. Blattspreite ledrig, spießförmig bis dreiteilig; Mittellappen lanzettlich bis schmal lanzettlich, bis 26 cm lang und 5–6(–14) cm breit, spitz; Seitenlappen bis 16 cm lang und 3–4(–7) cm breit, spitz. Blattrand glatt oder schwach gewellt. Färbung mittel- bis dunkelgrün.

Stiel des Blütenstandes 7–27 cm lang. Spatha 2–3,5 cm lang, zur Reife zurückgebogen, danach wieder schließend. Blütenkolben 2,5–3,5 cm lang. 4–6 verwachsene Staubblätter. Theken sowohl an der Seite als auch an der Spitze des Synandriums. Samen bis 2,4 × 1,5 mm groß.
Kultur: *Anubias pynaertii* besitzt nur eine mäßige Anpassung an die submerse Lebensweise und ist dementsprechend wenig geeignet für eine dauerhafte Kultur im Aquarium. Wie für alle *Anubias*-Arten gilt auch für *A. pynaertii*, dass sie eine dankbare Paludarienpflanze ist, die allerdings ziemlich langsam wächst. Sie sollte nur mäßig beleuchtet werden und benötigt eine hohe Luftfeuchte und Wärme zum guten Gedeihen. Als Bodengrund lassen sich Erde oder eine Mischung aus Sand, Lehm und Buchenlauberde verwenden. Die vegetative Vermehrung erfolgt durch Rhizomteilung. Auch eine generative Vermehrung durch Samen ist möglich, aber sehr aufwändig.
Ökologie: Die Pflanzen besiedeln schattige Standorte an den Rändern von langsam fließenden Bächen und Flüssen.
Sonstiges: *Anubias pynaertii* ist in vegetativem Zustand nicht sicher von *A. hastifolia* zu unterscheiden. Eine sichere Bestimmung ist nur anhand der arttypischen Verwachsung der Staubblätter möglich.
Literaturhinweis: CRUSIO (1979, 1987, 2009).

Apalanthe granatensis

(Humboldt & Bonpland) J. E. Planchon (1848)

Familie: Hydrocharitaceae, Froschbissgewächse.
Synonyme: *Elodea granatensis* Humboldt & Bonpland (1813), u. a.
Etymologie: *Apalanthe*: von *apalos* (gr.) = zart und *anthos* (gr.) = Blüte, zarte Blüte; *granatensis*: aus Neugranada (heute Kolumbien) stammend.
Verbreitung: Tropisches Südamerika.
Beschreibung: Zarte Wasserpflanze mit aufrechten oder an der Wasseroberfläche flutenden, bis 40 cm langen Sprossen. Blätter gegenständig oder in Quirlen von 3–7 (selten mehr), sitzend, linealisch bis schmal dreieckig, 8–20(–30) mm lang, 0,6–1(–1,3) mm breit, hellgrün gefärbt. Blattrand sehr fein gesägt, Blattspitze mit einem spitzen Zähnchen.

Die zweigeschlechtlichen, 3 oder 7 mm großen Blüten entwickeln sich für gewöhnlich oberhalb der Wasseroberfläche und befinden sich einzeln in einer Spatha an einem bis 5 cm langen Hypanthium (Blütenbecher). 3 Kelchblätter, länglich bis schmal länglich, 1,5–2 mm lang, 0,6–1 mm breit, zurückgebogen, grünlich. 3 Kronblätter, verkehrt eirund bis breit verkehrt eirund, größer als die Kelchblätter, 3–3,5 mm lang, 2–2,5 mm breit, weiß. 3 freie Staubblätter; Filamente länger als die Antheren. 3 Griffel, an der Spitze 2- bis 3-fach geteilt. 6–7 Samen pro Frucht (Beschreibung nach Cook 1985.)
Kultur: *Apalanthe granatensis* ist eine auffällig zarte, anspruchsvolle, aber empfehlenswerte Pflanze für die Aquarienkultur. Die im Jahre 1994 aus Ostbrasilien erstmals eingeführten Wasserpflanzen zeichneten sich im Aquarium bei einer mittleren bis hohen Beleuchtungsstärke und einer Temperatur von 22–30 °C durch ein schnelles Wachstum und eine gute Anpassungsfähigkeit auch an mittelhartes, leicht alkalisches Wasser aus. Die Sprosse bildeten im Aquarium häufig (auch submers) Blüten und Früchte. Unter Wasser öffneten sich die winzigen Blüten immer mit einer Luftblase. Leider ging *Apalanthe granatensis* in meinen Kulturen durch Schneckenfraß verloren. Obwohl die Art auch mehrere Jahre lang in verschiedenen botanischen Gärten gepflegt wurde und sich gut vermehrte, verschwand sie auch dort wieder. Eine Wiedereinfuhr dieser interessanten Wasserpflanze ist sehr wünschenswert.
Ökologie: Ich fand *A. granatensis* an mehreren Standorten in Südwestbrasilien im Einzugsgebiet des Rio Guaporé in kleinen Beständen in stehendem Wasser kleiner, voll besonnter temporärer Gewässer. Die Pflanzen fluteten an der Wasseroberfläche über lehmigem Bodengrund. An einem Fundort in Ostbrasilien (64 km südöstlich von Campo Maior, Bundesstaat Piaui) konnten im April 1994 auffällig kleinblütige Sprosse mit nur 3 mm großen Blüten gesammelt und lebend mitgebracht werden; diese Aufsammlung wurde von Prof. C. D. K. Cook anhand von Elektronenmikroskopuntersuchungen aber auch zweifelsfrei *Apalanthe granatensis* zugeordnet. An diesem natürlichen Standort wuchsen und blühten die Pflanzen in knietiefem Wasser in intensivem Sonnenlicht. Der Bodengrund bestand aus Lehm. Begleitflora waren *Hydrocleys martii* und *Eichhornia diversifolia*. Wasseranalyse: 28–30 °C, pH 6,2, GH/KH < 1 °dH, 20 µS/cm. Ein weiterer Standort 10 km südlich Bodoquena: kleiner schattig-sonniger Tümpel mit schlammigem Bodengrund und *Sagittaria guayanensis*. Wasserwerte (12/2003): 28,5 °C, pH 6,4, GH/KH < 1 °dH, 30 µS/cm.

Apalanthe granatensis **im Aquarium**

Gattung Aponogeton

Wasserähren – Familie Aponogetonaceae, Wasserährengewächse

Merkmale der Gattung

Alle *Aponogeton*-Arten besitzen eine Knolle oder ein Rhizom, mit dem sie Reservestoffe speichern können. Unter den kultivierten Pflanzen bilden *A. eggersii* und *A. rigidifolius* in gewissem Sinne eine Ausnahme, denn diese Arten weisen keine Knolle, sondern ein langes Rhizom auf. Die Wasserährengewächse entwickeln submerse und schwimmende Blätter, nur in seltenen Fällen – wie zum Beispiel bei *A. tenuispicatus* oder gelegentlich bei *A. crispus* – auch emerse Blattspreiten. Alle Blätter sind in einer Rosette angeordnet.

Der Blütenstand bildet sich an einem langen Stängel und entfaltet sich über Wasser. Er ist anfangs von einer Spatha umgeben, die aufreißt und eine unterschiedliche Zahl von Ähren freigibt. Diese Ähren sind mehr oder weniger vielblütig. Die Einzelblüten sind klein, sitzend und weisen im Allgemeinen zwei auffällig gefärbte Tepalen (Blütenhüllblätter), sechs Staubblätter und drei Fruchtblätter (Karpelle) auf. Bei wenigen Arten kommen Abweichungen von diesem Aufbau vor. Es sind auch einige zweihäusige Arten (nur weibliche oder nur männliche Pflanzen) bekannt. Die männlichen Pflanzen weisen nur ein rudimentäres und steriles Gynaeceum (Gesamtheit der Fruchtblätter) auf, während bei den weiblichen Pflanzen Blütenhüllblätter und Staubblätter fehlen. Auch Apomixis (Samenbildung ohne Befruchtung) tritt gelegentlich auf.

Obwohl die kultivierten *Aponogeton*-Arten im Aquarium häufig Blütenstände bilden, erfolgt eine Samenbildung nur selten. Das ist bedauerlich, weil eine generative Vermehrung sehr wichtig ist, da zum einen die vegetative Vermehrung kaum möglich ist, zum anderen die importierten Pflanzen noch häufig an den natürlichen Standorten gesammelt werden. (Allerdings werden inzwischen immer mehr Arten in Gewebekultur vermehrt.)

Für eine erfolgreiche Befruchtung muss der reife Pollen auf die Narben übertragen werden. Dieses kann zum

Vegetative Vermehrung: Gitterpflanze (var. *major*), Biotop 49, S. 46

***Aponogeton longiplumulosus*: Die Spatha reißt auf**

Violett blühende Form von *Aponogeton ulvaceus*

Weiblicher Blütenstand von *Aponogeton decaryi*

Beispiel mit Hilfe eines Pinsels erfolgen. Gute Erfahrungen wurden auch mit Obstfliegen gemacht, die in einer geschlossenen Plastiktüte über dem Blütenstand für die Übertragung des Pollens sorgten (z. B. bei *A. boivinianus*). Trotz aller Bemühungen gelingt aber nur selten ein derart massenhafter Fruchtansatz, wie er am natürlichen Standort bei vielen Arten die Regel ist. Dies ist darauf zurückzuführen, dass zahlreiche Spezies selbststeril sind und deshalb für eine Bestäubung Blütenstände zweier Pflanzen benötigt werden. Aber selbst bei der Berücksichtigung aller Umstände bleibt der Erfolg häufig aus. Möglicherweise spielt bei der Befruchtung auch die Luftfeuchte eine größere Rolle als man bisher annahm. Bei der generativen Vermehrung ist zu beachten, dass die Samen von *Aponogeton*-Arten niemals austrocknen dürfen.

Verbreitung und Auftreten in der Aquaristik

Die Familie Aponogetonaceae oder Wasserährengewächse umfasst zurzeit 61 Arten, die in den Tropen und Subtropen der Alten Welt verbreitet sind. Obwohl 19 Arten in Afrika vorkommen, wird von diesen bisher nur *A. distachyos* regelmäßig als Gartenteichpflanze gepflegt. Von den 15 madagassischen Arten wurden in den letzten Jahren einige als neue Aquarienpflanzen eingeführt. Zurzeit sind aus Madagaskar die folgenden Arten in Kultur: *Aponogeton boivinianus, A. gottlebei, A. longiplumulosus, A. madagascariensis* und *A. ulvaceus*. Einige Male wurden *A. bernierianus, A. capuronii, A. decaryi* und *A. tenuispicatus* importiert, doch haben diese Arten bisher keine größere Verbreitung erlangt, da sie schwierig zu pflegen sind. Von den 14 Vertretern dieser Gattung aus Asien, den beiden aus Papua-Neuguinea und den elf aus Australien sind *A. crispus, A. elongatus, A. rigidifolius, A. robinsonii* und *A. undulatus* brauchbare Aquarienpflanzen. Auch *A. jacobsenii, A. natans* und *A. loriae* wurden zwar mehrfach kultiviert, konnten als Aquarienpflanzen aber nicht dauerhaft gehalten werden.

Natürliche Standorte

Fast alle Wasserährengewächse machen am natürlichen Standort Ruhe- und Wachstumsphasen durch, deren Abfolge durch die ökologischen Bedingungen in ihrem jeweiligen Lebensraum ausgelöst wird. Während der Wachstumszeit lagert die Pflanze Eiweiß, Fette, Kohlenhydrate und Mineralstoffe in dem Speicherorgan ab. In der Ruhezeit überdauert die Knolle im Boden, um in der nächsten Vegetationsperiode wieder auszutreiben. *Aponogeton*-Knollen besitzen einen hohen Austrocknungswiderstand. Diese Fähigkeit der Wasserspeicherung wurde zum Beispiel bei den früher jährlich zu Tausenden exportierten

Der Blütenstand von *A. boivinianus* schwimmt in der Natur auf der Wasseroberfläche und wird von Insekten bestäubt

Aponogeton rigidifolius **im Fließgewässer auf Sri Lanka**

Knollen von *A. crispus* ausgenutzt, denn sie wurden in großen Säcken völlig trocken verschickt. Es musste aber unbedingt darauf geachtet werden, dass die Knollen nicht schrumpften. Zugleich durfte der Vegetationspunkt nicht beschädigt werden.

Bisher wurde in der aquaristischen Literatur meist die in dieser Form falsche Behauptung verbreitet, alle kultivierten *Aponogeton*-Arten unterlägen am natürlichen Standort einem periodischen Austrocknen der Gewässer. Entsprechend wird empfohlen, beim Einsetzen der Ruhezeit, was von der Pflanze durch Einziehen der Blätter signalisiert wird, die Knolle aus dem Aquarium zu nehmen und einige Monate kühl und mehr oder weniger feucht aufbewahren. Nach meinen Erkenntnissen, die an zahlreichen Standorten gewonnen wurden, führen diese Ansichten und Schlussfolgerungen häufig zu einer nicht biotopgerechten Pflege, die schließlich ein Absterben der Pflanze zur Folge haben kann.

Vermutlich lassen sich diese bei Aquarianern weit verbreiteten irrigen Vorstellungen auf die ersten Massenimporte von *A. crispus* Anfang der 1950er-Jahre zurückführen, denn auf diese Art treffen obige Angaben in der Tat weitgehend zu. Sie wurden dann irrtümlich auf alle später importierten Arten übertragen. Um zu einer biotopgerechten Haltung zu kommen, muss man die ökologischen Bedingungen, unter denen *Aponogeton*-Arten gedeihen, weitaus differenzierter betrachten, als das bislang getan wurde. Aus diesem Grunde wird hier eine Charakterisierung der Gewässertypen vorgenommen, in denen *Aponogeton*-Arten wachsen. Bei den einzelnen Arten sind die bisher bekannten ökologischen Verhältnisse genannt, wodurch dem Leser eine Einordnung in dieses System ermöglicht wird. Die Angaben von Kulturerfahrungen sollen dann zu einer erfolgreichen, artgerechten Pflege beitragen. Es darf nicht verschwiegen werden, dass es bei manchen Arten aufgrund mangelnder ökologischer Daten zurzeit schwer fällt, sie in das Schema einzuordnen.

Grundsätzlich lassen sich vier verschiedene Kategorien von Gewässertypen unterscheiden, in denen *Aponogeton*-Arten wachsen. Dabei ist zu bemerken, dass einige Arten in mehreren Gewässertypen vorkommen.

1. stehende, temporäre Gewässer (periodisch austrocknend)
2. stehende, permanente Gewässer (gewöhnlich nicht austrocknend)
3. fließende, temporäre Gewässer (periodisch austrocknend)
4. fließende, permanente Gewässer (nicht austrocknend)

Gewässertyp 1 (stehend, temporär)
Bei diesem Gewässertyp handelt es sich um mehr oder weniger große Tümpel oder kleine Seen ohne merklichen Zu- und Abfluss, deren Wasserstand je nach Jahreszeit starken Schwankungen unterliegt. Gewöhnlich trocknen diese Gewässer während der regenarmen Jahreszeit völlig aus, sodass alle oberirdischen Pflanzenteile absterben und nur die Knolle im Bodengrund ruht. Mit Einsetzen der Regenzeit treiben die Knollen aufgrund der gespeicherten Reservestoffe erneut aus. Die Zeitspanne vom Beginn der Regenzeit bis zum vollständigen Austrocknen der Tümpel ist je nach geografischer Verbreitung von Art zu Art sehr unterschiedlich. Entsprechend verschieden lang sind auch die Ruhezeiten.

Kulturempfehlungen für die Arten des Gewässertyps 1
Die Knollen der in den Tropen verbreiteten *Aponogeton*-Arten, die in stehenden, temporären Gewässern vorkommen, unterliegen in der Ruhezeit hohen Temperaturen, weshalb die bisherige Empfehlung, die Knollen während der Ruhezeit bei einer niedrigen Temperatur aufzubewahren, völlig unverständlich ist. Selbstverständlich lassen sich die natürlichen Lebensbedingungen nicht vollständig nachahmen, doch kann man versuchen, die Pflanzen weitestgehend biotopgerecht zu pflegen. Für eine artgerechte Haltung müssen die Knollen eher trocken als feucht bei Temperaturen zwischen etwa 20 und 25 °C gelagert werden, obwohl Temperaturen bis zu etwa 30 °C durchaus den natürlichen Bedingungen entsprechen können. Eine Möglichkeit besteht darin, die Exemplare in Töpfe zu pflanzen, die man mit Beginn der Ruhezeit aus dem Wasser herausnimmt, im geheizten Zimmer aufbewahrt und nach dem weitgehenden Austrocknen nur hin und wieder sehr wenig mit Wasser besprüht. Empfehlenswerter ist die Kultur der Pflanzen im Boden des Aquariums, wo sie gewöhnlich besser gedeihen als bei der Topfkultur.

Mit Beginn der Ruhepause sollten die Knollen aus dem Aquarium genommen und gut gesäubert werden. Bei manchen *Aponogeton*-Arten können sie viele Wochen vollständig trocken aufbewahrt werden. Um aber sicher zu gehen, dass sie nicht völlig austrocknen, kann man sie in einem zum Beispiel mit Erde oder Blähton gefüllten Blumentopf legen und diesen ab und zu ein wenig besprühen. Er darf aber nicht nass gehalten werden, da sonst leicht Fäulnisprozesse einsetzen können.

Folgende der hier besprochenen Arten stammen zweifelsfrei aus diesem Gewässertyp: *A. abyssinicus*, *A. crispus*, *A. decaryi*, *A. natans* und *A. ulvaceus*.

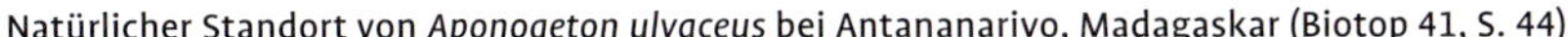

Natürlicher Standort von *Aponogeton ulvaceus* bei Antananarivo, Madagaskar (Biotop 41, S. 44)

Gewässertyp 2 (stehend, permanent)
Dieser Gewässertyp besitzt stehendes Wasser, das zwar den jahreszeitlichen Wasserstandsschwankungen unterliegt, aber nicht völlig austrocknet.

Kulturempfehlungen für die Arten des Gewässertyps 2
Mit Pflanzen aus stehenden, permanenten Gewässern sollte prinzipiell ebenso verfahren werden wie mit den Arten aus permanenten Fließgewässern (Typ 4). Bisher kann ich nur bestimmte Populationen von *A. crispus* sicher diesem Gewässertyp zuordnen.

Aponogeton crispus ist zum Beispiel in den überall auf Sri Lanka künstlich angelegten Wasserspeichern (Tanks) häufig, die gewöhnlich nicht austrocknen. Die Art wächst aber auch in stehenden, temporären Gewässern (Typ 1). Kulturerfahrungen zeigen, dass sie zwar eine Ruhephase durchmacht, aber nach wenigen Wochen, ohne dass die Knolle aus dem Aquarium herausgenommen wird, neue Blätter treibt. Damit sich die Knollen aber nicht zu schnell verbrauchen, ist es besser, sie gelegentlich aus dem Aquarium zu nehmen.

Gewässertyp 3 (fließend, temporär)
Bisher ist nur von wenigen *Aponogeton*-Arten bekannt oder zu vermuten, dass sie in Flüssen wachsen, die in der regenarmen Jahreszeit gelegentlich austrocknen.

Unterwasseraufnahme von *Aponogeton boivinianus* im Fluss Sakaramy, Madagaskar (Biotop 44, S. 46)

Da kaum Beobachtungen aus den Lebensräumen dieser Pflanzengruppe vorliegen, ist eine sichere Zuordnung zu diesem Gewässertyp schwierig, zumal austrocknende Fließgewässer nur selten anzutreffen sind. Ganz sicher kommt *A. boivinianus* in solchen Gewässern vor. In Bezug auf den jahreszeitlichen Wechsel entsprechen die Lebensbedingungen in diesem Gewässertyp in mancher Hinsicht denen, die in stehenden, temporären Gewässern (Typ 1) herrschen.

Kulturempfehlungen für die Arten des Gewässertyps 3
Da zu vermuten ist, dass die Flüsse – je nach Dauer der regenarmen Jahreszeit – nicht in jedem Jahr austrocknen, müssen die Arten dieses Gewässertyps im Aquarium vermutlich nicht notwendigerweise regelmäßig eine Ruheperiode einlegen. Damit sich die Pflanze oder Knolle aber nicht zu schnell verbraucht, sollte man auch bei diesen Arten hin und wieder für eine Ruhezeit sorgen.

Was sich in der Vergangenheit bei der Kultur von *A. boivinianus* gezeigt hat und was uns auch die Beobachtungen an den natürlichen Standorten lehren, benötigt diese Art eine Ruhephase. Vermutlich sind es nicht mehr als drei bis vier Monate (von Januar bis April), was aber von Standort zu Standort variieren kann. Zweifellos findet die Ruhephase bei Hochwasser sowie einer in der Natur um bis zu etwa 4 °C niedrigeren Wassertemperatur und vor allem bei Lichtmangel statt. Im Aquarium sollte die Knolle deshalb möglichst keiner Trockenphase ausgesetzt sein. Es wäre also falsch, sie bei Einsetzen der Ruhephase aus dem Aquarienboden herauszunehmen und abtrocknen zu lassen, wie für den Gewässertyp 1 beschrieben.

Somit bleibt nur die Möglichkeit, die Ruhezeit von *A. boivinianus* im Aquarium durch Verdunkelung und Temperatursenkung (zum Beispiel im Winter) zu simulieren. Ist eine derartige Pflege im Gesellschaftsaquarium nicht durchführbar, bleibt noch die Topfkultur in einem separaten Aquarium. Deutet die Pflanze ein reduziertes Wachstum an, stellt man den gesamten Topf für etwa drei bis vier Monate in ein separat eingerichtetes, stark verdunkeltes und entsprechend niedriger temperiertes Aquarium (siehe auch Biotope 42–44, S. 44).

Gewässertyp 4 (fließend, permanent)
Dieser Gewässertyp bildet für die in Kultur befindlichen *Aponogeton*-Arten den wichtigsten Lebensraum. Dazu im Widerspruch steht jedoch, dass derartige Biotope in früheren Kulturanweisungen praktisch keine Erwähnung fanden. Die bisherigen Empfehlungen anderer Autoren, die Knollen während der Ruhezeit grundsätzlich aus dem Bodengrund herauszunehmen, stehen aber nach meinen Beobachtungen häufig im Gegensatz zu den ökologischen

Verhältnissen am natürlichen Standort. Dies gilt besonders für die Arten, die in permanenten Fließgewässern wachsen. Die Wasserährengewächse, die in diese Gruppe einzuordnen sind, durchlaufen im natürlichen Lebensraum Wachstums- und Ruhephasen, die abhängig von Trocken- und Regenzeiten sind. Diese periodischen Phasen hängen aber bei dieser besonderen Gruppe innerhalb der Gattung nicht mit dem Austrocknen der Gewässer zusammen (vgl. Gewässertyp 1), sondern vielmehr mit dem jahreszeitlich meist stark schwankenden Wasserstand. Während der Regenzeit ist er hoch und die Strömung stark. Zudem dringt zu den Pflanzen durch die oft lehmige Trübung des Wassers kaum noch Licht, sodass das Wachstum aufgrund von Lichtmangel stagniert. Sinkt dann mit dem Ende der Regenzeit nach und nach der Wasserstand, treiben die Pflanzen durch eine zunehmend höhere Lichtintensität wieder aus, blühen und fruchten. Hinzu kommt, dass die vermehrte Zufuhr kühleren Wassers während der Regenzeit aus der Atmosphäre und aus den Bergen eine Verminderung der Wachstumsgeschwindigkeit bei den Pflanzen zur Folge hat.

Die Ruhezeit der Pflanzen fällt also nicht mit der Trockenzeit, sondern – entgegen der in der Aquaristik verbreiteten Meinung – mit der Regenzeit zusammen. Entsprechend liegt die Wachstums- und Vermehrungsphase der Pflanzen in der Trockenzeit. In diesem Zusammenhang ist aber zu bedenken, dass in den Tropen die Ausprägung der Jahreszeiten starken Schwankungen unterliegen kann, sodass Ruhe- und Wachstumsphasen verschieden lang sein können. Es gibt bisher keine Untersuchungen darüber, ob und wie lange die Knollen der verschiedenen *Aponogeton*-Arten, die aus permanenten Fließgewässern stammen, trockenliegen dürfen, ohne Schaden zu nehmen.

Folgende in Kultur befindliche Arten können diesem Gewässertyp eindeutig zugerechnet werden: *Aponogeton bernierianus*, *A. capuronii*, *A. eggersii*, *A. gottlebei*, *A. jacobsenii*, *A. longiplumulosus*, *A. madagascariensis*, *A. rigidifolius* und *A. robinsonii*. *Aponogeton boivinianus* lässt sich sowohl dem Gewässertyp 3 als auch dem Typ 4 zuordnen.

Kulturempfehlungen für die Arten des Gewässertyps 4
Nach meinen Beobachtungen an natürlichen Standorten sollten die Knollen bei den Arten aus permanenten Fließgewässern nicht aus dem Aquarienboden genommen werden. Ein höherer Wasserstand, wie er während der Regenzeit anzutreffen ist, kann im Aquarium nicht nachvollzogen werden. Da aber offensichtlich Lichtmangel und eine niedrigere Wassertemperatur die ausschlaggebenden Faktoren für die veränderte Wachstumsrate während der Ruhezeit sind, kann man versuchen, diese Bedingungen

Riesengitterpflanze (var. *henkelianus*) südlich Tamatave, Madagaskar (Biotop 50, S. 46)

im Aquarium zu simulieren. Infolgedessen empfehle ich, Pflanzen im Aquarium während der Ruhezeit zum Beispiel mit einem dunklen Stück Papier auf der Abdeckscheibe zu beschatten und die Temperatur um wenige Grade entsprechend den Ansprüchen der betreffenden Art zu senken. Ist eine derartige Pflege im Gesellschaftsaquarium nicht durchführbar, bleibt nur noch die Topfkultur, wenn man sich lange Zeit an seinen Pflanzen erfreuen möchte. Für die Topfkultur sollte die Ruhephase in einem separat eingerichteten, stark verdunkelten und entsprechend temperierten Aquarium „erzwungen" werden.

Literaturhinweis
Leser, die an weiteren Informationen über die Gattung *Aponogeton* interessiert sind, seien auf folgende Literatur verwiesen: Bogner (2008), van Bruggen (1985, 1990, 1996, 2007), Hellquist et al. (1998), Jacobs (2007), Jacobs et al. (2000/2001), Kasselmann (2008 c, 2009) und Les et al. (2005).

Weitere Aponogeton-Arten und ihre Verbreitung

Art	Verbreitung
Aponogeton afroviolaceus LYE	Kenia, Tansania, Sambia, Simbabwe
Aponogeton angustifolius AITON	Südafrika (Kap der Guten Hoffnung)
Aponogeton appendiculatus H. BRUGGEN	Indien
Aponogeton azureus H. BRUGGEN	Namibia
Aponogeton bogneri H. BRUGGEN	Dem. Rep. Kongo (Provinz Shaba)
Aponogeton bruggenii S. R. YADAV & GOVEKAR	Indien
Aponogeton bullosus H. BRUGGEN	Australien (Queensland)
Aponogeton cordatus JUMELLE	Madagaskar
Aponogeton cuneatus S. W. L. JACOBS	Australien
Aponogeton dassanayakei MANAW. & YAKAND.	Sri Lanka (Western Province)
Aponogeton decaryi JUMELLE	Madagaskar
Aponogeton desertorum A. SPRENGEL	Weit verbreitet im tropischen Afrika
Aponogeton dioecus BOSSER	Madagaskar (Mandritsara)
Aponogeton euryspermus HELLQUIST & S. W. L. JACOBS	Australien
Aponogeton fotianus RAYNAL	Tschad (Golé)
Aponogeton fugax J. C. MANNING & GOLDBLATT	Südafrika
Aponogeton hexatepalus H. BRUGGEN	Westaustralien (Perth)
Aponogeton junceus LEHMANN	Weit verbreitet im tropischen Afrika
Aponogeton kannangarae DE SILVA, DESHAPREMA & MANAMPERI	Sri Lanka (Rakwana Hills)
Aponogeton kimberleyensis HELLQUIST & S. W. L. JACOBS	Australien
Aponogeton lakhonensis A. CAMUS	Kambodscha, China, Indien, Indonesien, Thailand, Vietnam
Aponogeton lancesmithii HELQUIST & S. W. L. JACOBS	Australien
Aponogeton masoalaensis BOGNER	Madagaskar
Aponogeton natalensis D. OLIVER	Botswana, Südafrika
Aponogeton nudiflorus PETER	Äthiopien, Somalia, Kenia, Tansania
Aponogeton proliferus HELQUIST & S. W. L. JACOBS	Australien
Aponogeton queenslandicus H. BRUGGEN	Australien (Queensland)
Aponogeton ranunculiflorus JACOT GUILL. & MARAIS	Südafrika (Lesotho und angrenzendes Natal)
Aponogeton rehmannii D. OLIVER	Weit verbreitet im tropischen Afrika
Aponogeton satarensis RAGHAVAN, KULKARNI & YADAV	Indien (Satara-Distrikt)
Aponogeton schatzianus BOGNER & H. BRUGGEN	Madagaskar
Aponogeton stuhlmannii ENGLER	Weit verbreitet im tropischen Afrika
Aponogeton subconjugatus SCHUMACHER & THONNING	Kamerun, Tschad, Kongo, Ghana, Mali, Nigeria, Senegal, Sudan, Uganda
Aponogeton tenuispicatus H. BRUGGEN	Madagaskar
Aponogeton tofus S. W. L. JACOBS	Australien
Aponogeton troupinii RAYNAL	Tschad, Dem. Rep. Kongo, Zentralafrik. Republik
Aponogeton vallisnerioides BAKER	Weit verbreitet in den tropischen Gebieten Afrikas.
Aponogeton vanbruggenii HELLQUIST & S. W. L. JACOBS	Australien
Aponogeton viridis JUMELLE	Madagaskar
Aponogeton wolfgangianus S. R. YADAV	Indien (Kerala)
Aponogeton womersleyi H. BRUGGEN	Papua-Neuguinea (Fly-River-Distrikt)

Aponogeton abyssinicus

A. RICHARD (1851)

Abessinische Wasserähre

Familie: Aponogetonaceae, Wasserähren.
Synonyme: *Aponogeton leptostachyus* E. MEYER var. *abyssinicus* (HOCHSTETTER ex A. RICHARD) ENGLER & KRAUSE, var. *minor* BAKER, *A. boehmii* ENGLER, *Ouvirandra hildebrandtii* EICHLER, *A. braunii* KRAUSE, *A. oblongus* A. PETER.
Etymologie: *Aponogeton*: umgebildet aus dem Gattungsnamen *Potamogeton* (Anagramm); *abyssinicus*: aus Abessinien (Äthiopien) stammend.
Verbreitung: Ostafrika, von Äthiopien bis Malawi und Demokratische Republik Kongo.
Beschreibung: Amphibisch lebende Pflanze. Wurzelstock knollig oder länglich, bis 2,5 cm im Durchmesser. Submerse Blätter zunächst bandförmig, bis 12 cm lang und 6 mm breit, dann lanzettlich bis verkehrt eiförmig, bis 8,5 cm lang, 2,6 cm breit und bis 10 cm lang gestielt. Spreite häutig und etwas transparent, mit verschmälerter oder herablaufender Basis und spitzer oder stumpfer Spitze. Folgeblätter schwimmend, bis 50 cm lang gestielt. Schwimmblattspreite linealisch bis eiförmig, selten herzförmig, bis 16 cm lang und 5 cm breit, für gewöhnlich ist sie aber bedeutend kleiner. Emerse Blätter wie die Schwimmblätter geformt, etwas ledrig und kürzer gestielt. Blütenstängel bis 45 cm lang, kantig, dunkelrot bis grün gefärbt, unter Wasser schwach behaart, über Wasser fast kahl, unter dem Blütenstand nicht verdickt. Spatha 1,0–1,6 cm lang, abfallend. Blütenstand mit zwei 1,5–5 cm langen Ähren mit allseitswendigen Blüten. 2 Tepalen, violett oder weiß gefärbt. 6 Staubblätter (bei apomiktischen Pflanzen keine). 3 Fruchtblätter (bei apomiktischen Pflanzen bis 7). Frucht bis 7 × 2,75 mm groß mit (4–)7–10 Samen, die 1–2 × 0,75 mm groß sind, Samenschale doppelt.
Kultur: Bei *Aponogeton abyssinicus* handelt es sich um eine selten eingeführte Wasserähre, deren Hälterung im Aquarium aber durchaus möglich ist. Für die Kultur sind bevorzugt weiches Wasser sowie ein nahrhafter und lockerer Bodengrund zu empfehlen. Die günstigste Wassertemperatur liegt zwischen 24 und 28 °C. Die weiß blühende Form von *A. abyssinicus* bildet im Aquarium eine bis 15 cm breite und 10 cm hohe Rosette aus hellgrünen Blättern, sodass sie nur für den Vordergrund in Betracht kommt. Die nur selten im Aquarium gebildeten Schwimmblätter sollte man entfernen, damit die folgenden Blätter wieder kurz gestielt bleiben. Auch eine emerse oder semi-emerse Haltung ist bei einer hohen Luftfeuchte möglich. Die besten Kulturergebnisse erzielt man in flachem Wasser. Eine Vermehrung kann nur generativ durch die sehr kleinen Samen erfolgen. Zwar keimen diese meistens gut, doch ist die Aufzucht der jungen Pflänzchen äußerst schwierig und sehr mühsam.

Blühendes Exemplar von *Aponogeton abyssinicus*

Ökologie: *Aponogeton abyssinicus* bewohnt flache, gewöhnlich temporäre Gewässer bis in eine Höhe von 2700 m. Im Selous Game Reserve, Tansania, sammelte ich weiß blühende Pflanzen (gewöhnlich violett blühend), wo wenige Exemplare nur an den Rändern eines Permanentgewässers in flachem Wasser, manchmal auch völlig emers auf feuchtem Bodengrund wuchsen.
Literaturhinweis: VAN BRUGGEN (1985, 1990); KASSELMANN (1983 b).

Aponogeton bernierianus auf Madagaskar

Natürlicher Standort von *Aponogeton bernierianus*

Aponogeton bernierianus

(DECAISNE) HOOKER fil. (1883)

Berniers Wasserähre

Familie: Aponogetonaceae, Wasserähren.
Synonyme: *Ouvirandra bernieriana* DECAISNE (1837), *Aponogeton quadrangulare* BAKER.
Etymologie: *Aponogeton*: siehe *A. abyssinicus*; *bernierianus*: nach dem Sammler BERNIER.
Verbreitung: Ostmadagaskar.
Beschreibung: Wasserpflanze mit einer bis 3 cm dicken Knolle oder dickem und verzweigtem Rhizom. Blattspreite bis 13 cm lang gestielt, bandförmig, stark bullös und gewellt, bis 50(–120) cm lang und 1,5–6,5(–10) cm breit, dunkelgrün gefärbt.

Blütenstängel bis 75 cm lang, steif, unter dem Blütenstand verjüngt. Spatha bis 15 mm lang, abfallend. Blütenstand mit 3–15 bis 8 cm langen Ähren mit allseitswendigen Blüten. 2 (3) weiße Tepalen. 6 Staubblätter. 3(4) Fruchtblätter mit je 2 Samenanlagen. Frucht etwa 10 × 7 mm. Samen etwa 7 × 4 mm groß, Samenschale einfach (VAN BRUGGEN 1985).

Kultur: *A. bernierianus* wurde erst wenige Male gesammelt. Die Pflege im Aquarium ist schwierig und gelang bisher nicht über längere Zeit. Vermutlich sind für eine erfolgreiche Kultur die ökologischen Verhältnisse zu berücksichtigen (weiches, kühles und stark bewegtes Wasser).
Ökologie: Die Art wächst in Flüssen und Bächen mit mehr oder weniger schnell fließendem Wasser bis zu einer Höhe von 1200 m an sonnigen und schattigen Standorten. An einem von mir untersuchten Fundort bei Andasibé (Madagaskar) wuchsen blühende Pflanzen zur Trockenzeit in etwa 60 cm tiefem, klarem Wasser. Drei Monate später betrug der Wasserstand an diesem Standort zur regenreichen Jahreszeit (Ruhezeit für die Pflanzen!) mehr als 1,70 m. Das Wasser war nunmehr lehmig-trüb und die Strömung reißend. Eine vor Ort durchgeführte Wasseranalyse im Januar 1987 zur Regenzeit ergab eine Wassertemperatur von 20,6 °C bei einer Lufttemperatur von 24,6 °C, einen pH-Wert von 5,8 sowie eine Gesamt- und Karbonathärte von weniger als 1 °dH. Wasseranalyse eines weiteren Standortes bei Andasibé, S. 606.
Sonstiges: Es sind zwei Formen bekannt, eine mit schmalen und eine mit breiten Blattspreiten. Es wurden in fast jedem Monat blühende Pflanzen gesammelt.

Aponogeton boivinianus im Aquarium

Aponogeton boivinianus

JUMELLE (1922)

Boivins Wasserähre

Familie: Aponogetonaceae, Wasserähren.
Synonyme: Keine.
Etymologie: *Aponogeton*: siehe *A. abyssinicus*; *boivinianus*: nach dem Sammler Boivin.
Verbreitung: Nordmadagaskar, Nosy Bé, Mayotte.
Beschreibung: Wasserpflanze. Knolle bis 3 cm. Blattspreite bis 13(–22) cm gestielt, bandförmig, stark bullös, gewellt, etwas ledrig, bis 30(–60) cm lang, 1,5–5(–8) cm breit, dunkelgrün, junge Blätter hellgrün oder bräunlich.

Blütenstängel bis 70 cm lang, unter dem Blütenstand schwammig verdickt. Spatha bis 4,5 cm lang, abfallend. Blütenstand mit 2 (–3), bis 20 cm langen Ähren mit allseitswendigen Blüten. 2 weiße oder rosa Tepalen. 6 Staubblätter. 3(4) Fruchtblätter mit je (3–)6(7) Samenanlagen. Frucht bis 8 × 4 mm. Samen etwa 3 × 1 mm, Samenschale einfach (VAN BRUGGEN 1985, 1990).
Kultur: *Aponogeton boivinianus* ist eine der schönsten Wasserähren für die Kultur. Empfehlenswert ist ein mittelhartes, alkalisches Wasser ohne CO_2-Düngung. Der Bodengrund sollte nährstoffreich mit Lehm- oder Tonzusatz sein. Entsprechend den natürlichen Bedingungen wirkt sich eine starke Wasserbewegung auch im Aquarium positiv auf das Wachstum aus. Optimumtemperatur 22–26 °C. Die regelmäßige Ruhephase dieser stattlichen Pflanze muss berücksichtigt werden. Deutet sie ein reduziertes Wachstum an, sollte die Ruhezeit im Aquarium durch Verdunkelung und Temperatursenkung (etwa im Winter) simuliert werden. Ist eine derartige Pflege im Gesellschaftsaquarium nicht durchführbar, bleibt noch die Topfkultur. Hierfür stellt man den bepflanzten Topf für etwa 3–4 Monate in ein separat eingerichtetes, stark verdunkeltes und entsprechend niedriger temperiertes Aquarium.
Ökologie: *Aponogeton boinianus* besiedelt fließende, beschattete Permanentgewässer (Schattenpflanze), die in extremen Jahren auch teilweise austrocknen können. Eine längere Trockenzeit ist aber schädlich und wird von vielen Knollen nicht überlebt. Die Ruhephase findet bei Hochwasser (Lichtmangel) statt sowie einer in der Natur um bis zu etwa 4 °C niedrigeren Temperatur und dauert vermutlich maximal 3–4 Monate. Siehe Biotope 42–44 (S. 46) und Bemerkungen zum Gewässertyp 3, S. 138.

Aponogeton capuronii am Standort auf Madagaskar

Natürlicher Standort von *Aponogeton capuronii*

Aponogeton capuronii

H. BRUGGEN (1968)

Capurons Wasserähre

Familie: Aponogetonaceae, Wasserähren.
Synonyme: Keine.
Etymologie: *Aponogeton*: siehe *A. abyssinicus*; *capuronii*: nach R. P. R. CAPURON (1921–1971).
Verbreitung: Südostmadagaskar.
Beschreibung: Wasserpflanze mit einem bis 10 × 2 cm dicken Rhizom. Blattspreite 7–20 cm lang gestielt, etwas ledrig, 20–40 cm lang und 3–4,5(–8) cm breit, flach oder stark bullös und gewellt, dunkelolivgrün gefärbt. Spitze rund; Basis rund, keilförmig oder etwas herzförmig.

Blütenstängel 40–60(–300) cm lang, unter dem Blütenstand verdickt. Spatha bis 1,5 cm lang, abfallend. Blütenstand mit 2, selten 3 bis 14 cm langen Ähren mit allseitswendigen Blüten. 2 weiße Tepalen. 6 Staubblätter. 3–4 Fruchtblätter mit je (2–)4 Samenanlagen. Frucht etwa 6 × 3 mm groß, endständig geschnäbelt. Samen bis 3,25 × 1,5 mm groß, Samenschale einfach (VAN BRUGGEN 1985).

Kultur: Eine dekorative Wasserähre, die aber wenig anpassungsfähig an die Lebensbedingungen im Aquarium ist. Sie wurde einige Male importiert, aber ihre Kultur gelang bislang nur ausnahmsweise. Im Botanischen Garten München wurde von J. BOGNER über 20 Jahre lang ein Exemplar mit bullösen Blattspreiten mit gutem Erfolg kultiviert. Die Hälterung erfolgte in weichem, schwach saurem Wasser an einem schattigen Standplatz. Nach diesen Erfahrungen benötigt *Aponogeton capuronii* keine ausgeprägte Ruhezeit.
Ökologie: Die Art wächst in Flüssen mit schnell fließendem Wasser. BOGNER fand Pflanzen im Februar 1968 im Fluss Mandromondromotra (Madagaskar) in 20–30 cm tiefem Wasser. Als ich im Dezember 1986 diesen Standort aufsuchte, hatte der Fluss eine Wasserhöhe bis knapp 2 m. Die Pflanzen besaßen kaum junge Blätter, was auf eine geringe Wachstumstätigkeit hindeutete. Wasserwerte dieses Standortes: Temperatur 27,3 °C (Luft 30 °C um 13.30 Uhr), pH 6,0, GH/KH < 1 °dH, Fe^{2+} = 0,05 mg/l, NO_2^- nicht nachweisbar. Der Bodengrund bestand aus Sand und Kies vermischt mit grobem, gelbem Lehm.
Sonstiges: Es sind Standortformen mit bullösen, gewellten und flachen Spreiten bekannt.

Aponogeton crispus im Aquarium

Rotbraune Form von *Aponogeton crispus* im Aquarium

Aponogeton crispus

THUNBERG (1781)

Krause Wasserähre

Familie: Aponogetonaceae, Wasserähren.
Synonyme: *Aponogeton echinatum* ROXBURGH.
Etymologie: *Aponogeton*: siehe *A. abyssinicus*; *crispus*: kraus, bezieht sich auf den Blattrand.
Verbreitung: Südindien, Sri Lanka.
Beschreibung: Variable Wasserpflanze. Knolle bis 5 cm groß. Submerse Blattspreite bis 10 cm gestielt, bandförmig, mit gewelltem oder gekräuseltem, selten flachem Blattrand, bis 50 cm lang, 4,5 cm breit, hell- bis dunkelgrün oder rötlichbraun gefärbt. Spreite der Schwimmblätter bis 20 cm lang, 5 cm breit.

Blütenstängel bis 75 cm lang, unter dem Blütenstand verdickt. Spatha bis 2,5 cm lang, abfallend. Blütenstand gewöhnlich mit einer bis 13 cm langen Ähre mit allseitswendigen Blüten. 2 weiße, rosa oder hellviolette Tepalen. 6 Staubblätter. 3 Fruchtblätter mit je 2 Samenanlagen. Frucht bis 18 × 7 mm, Samen bis 12 × 5 mm groß, Samenschale einfach (VAN BRUGGEN 1985, 1990).

Kultur: *Aponogeton crispus* ist eine empfehlenswerte, schnell wachsende Knollenpflanze. Die Art liebt weiches, leicht saures Wasser mit Temperaturen von 25–32 °C, lässt sich aber auch in mittelhartem bis hartem Wasser bei gleichzeitiger CO_2-Düngung pflegen. In einem nährstoffreichen Bodengrund erreicht sie schnell eine Größe von 30–50 cm, sodass geräumige Aquarien zu empfehlen sind. Für eine artgerechte Haltung müssen die Knollen zwar nicht zu jeder Ruhezeit, aber hin und wieder außerhalb des Aquariums bei Zimmertemperatur eher trocken als feucht gelagert werden, da sie sich andernfalls schnell verbrauchen.
Ökologie: Die Art lebt für gewöhnlich in temporären Tümpeln oder kleinen Seen, die in der regenarmen Jahreszeit völlig austrocknen können. Auf Sri Lanka kommt sie auch in den künstlich angelegten „tanks“ vor. An zwei Teichen mit massenhaften Beständen von *A. crispus* stellte ich im Januar 1985 auf Sri Lanka folgende Werte fest:
1) 32 °C, pH 6,6, GH/KH < 1 °dH, 222 µS/cm, E_H 395 mV.
2) 31 °C, pH 7,1, GH 3 °dH, KH 2 °dH, 290 µS/cm, E_H 385 mV.
Der Bodengrund bestand aus festem Lehm, das Wasser war trüb.
Sonstiges: Die Sorte 'Kompakt' ist nicht mehr in Kultur.

Aponogeton crispus × *rigidifolius* im Aquarium

Blütenstand von *A. crispus* × *rigidifolius*

Aponogeton crispus × rigidifolius

Beschreibung: Wasserpflanze, bis 80 cm hoch. Blätter bis 30 cm gestielt. Spreite bis 50 cm lang, 3–4,5 cm breit, etwas ledrig, mittel- bis dunkelgrün. Spitze rund; Basis stumpf oder herablaufend. Blattrand leicht bis stark gewellt.

Blütenstängel bis 80 cm lang, unter dem Blütenstand allmählich verdickt. Spatha etwa 2,5 cm lang, abfallend. Blütenstand eine bis 18 cm lange Ähre mit allseitswendigen Blüten. 2 weiße oder blassviolette Tepalen. 6 Staubblätter. 3 Fruchtblätter. Die Früchte sind leer, bilden also keinen Samen.

Kultur: *Aponogeton crispus* × *rigidifolius* vereint die positiven Wachstumseigenschaften beider Eltern in idealer Weise: Einerseits wächst die Kreuzung so rasch und problemlos wie *A. crispus*, andererseits benötigt sie im Aquarium keine Ruhepause, wie dieses für *A. rigidifolius* zutrifft. Aufgrund ihres raschen Wachstums und mächtigen Umfanges beansprucht die Pflanze im Aquarium einen beträchtlichen Raum. Selbst durch Reduzierung der Blätter wird ihr Wachstum nicht wesentlich beeinträchtigt. Nach meinen Erfahrungen ist die Kultur problemlos in mittelhartem Wasser bei pH-Werten von 7–7,6 möglich. Eine mittlere Beleuchtungsstärke ist ausreichend, allerdings bilden sich bei höherer Lichtintensität kräftigere Blattspreiten. Optimale Temperatur 24–28 °C. Empfehlenswert ist diese Kreuzung nur für größere Aquarien (ab 300 l Beckeninhalt). Eine vegetative Vermehrung erfolgt bei sehr kräftigen Exemplaren gelegentlich durch Jungpflanzen am Rhizom.

Sonstiges: Diese prächtige, aber seltene Kreuzung entstand Anfang der 1990er-Jahre in der Wasserpflanzengärtnerei Tropica (Dänemark). Da unklar ist, welche Art bei der Kreuzung die männliche (Pollen) bzw. die weibliche (Eizelle) Funktion übernahm, wurde bei der Namensgebung entsprechend den Nomenklaturregeln in alphabetischer Reihenfolge vorgegangen. Die Kreuzung ist steril und deshalb nicht generativ zu vermehren. Es bleibt zu wünschen, dass eine vegetative Vermehrung durch Gewebekultur erfolgt, was zusätzlich die Möglichkeit bietet, in Zukunft ganz auf Importe von *A. crispus* und *A. rigidifolius* verzichten zu können, da diese beiden Arten in der Aquaristik problemlos durch ihre Hybriden zu ersetzen sind, die für die Kulturbedingungen im Aquarium weit besser geeignet erscheinen.

Aponogeton distachyos im Sommer im Teich

Aponogeton distachyos

LINNÉ fil. (1781)

Zweiährige Wasserähre

Familie: Aponogetonaceae, Wasserähren.
Synonyme: *Aponogeton distachyum* var. *lagrangei* ANDRÉ.
Etymologie: *Aponogeton*: siehe *A. abyssinicus*; *distachyos*: zweiährig, bezieht sich auf den zweiährigen Blütenstand.
Verbreitung: Südafrika (Kap-Provinz), eingebürgert in vielen Ländern, auch in Südwesteuropa zu finden.
Beschreibung: Amphibisch lebende Pflanze. Knolle bis 6 cm im Durchmesser. Schwimmblätter bis 1 m lang gestielt. Spreite bis 23 cm lang und 7,5 cm breit, mittelgrün gefärbt.

Blütenstängel bis 80 cm lang, unter dem Blütenstand wenig verdickt. Spatha bis 3 cm lang, abfallend. Blütenstand mit zwei sehr auffälligen, bis 4,5 cm langen Ähren. Blüten einseitswendig, in zwei Reihen angeordnet, mit einem sehr großen, weißen Tepalum, 8–16 Staubblättern und 2–6 Fruchtblättern mit je etwa 4 Samenanlagen. Frucht bis 22 × 6 mm, Samen bis 17 × 5 mm groß, Samenschale einfach (VAN BRUGGEN 1985, 1990).

Kultur: Seit vielen Jahren wird *Aponogeton distachyos* regelmäßig in botanischen Gärten kultiviert. Auch ist die Pflanze häufig im Angebot des Fachhandels für Gartenteichpflanzen zu finden. Für die Kultur im Tropenaquarium eignet sich diese Wasserähre allerdings nicht, da sie einerseits hohe Temperaturen auf Dauer nicht verträgt, andererseits nur Schwimmblätter ausbildet. Im Gartenteich ist sie aber eine leicht zu pflegende Pflanze, die häufig (sogar noch im Herbst und in milden Wintern) Blütenstände ausbildet. Am besten pflanzt man die Knolle in einen Topf, der im Winter hereingeholt wird oder der in eine frostfreie Tiefe des Teiches gebracht wird. Eine Vermehrung durch Samen stellt kein Problem dar. *Aponogeton distachyos* ist bedingt winterhart. Schon im zeitigen Frühjahr kann man sich wieder an den zahlreichen Blütenständen erfreuen.
Ökologie: An den natürlichen Standorten wächst *Aponogeton distachyos* häufig in dichten Beständen in stehenden und langsam fließenden Gewässern. Es handelt sich in der Regel um temporäre Gewässer, die völlig austrocknen können. VAN BRUGGEN erwähnt, dass die Pflanzen auch eine Zeit lang als Landpflanzen wachsen und blühen können.

Blütenstand von *Aponogeton eberhardtii* mit abfallender Spatha

Aponogeton eberhardtii im Aquarium

Aponogeton eberhardtii A. Camus (1914)
Aponogeton robinsonii A. Camus (1911)

Familie: Aponogetonaceae, Wasserähren.
Synonyme: Keine.
Etymologie: *Aponogeton*: siehe *A. abyssinicus*; *eberhardtii*: nach P. A. Eberhardt (1874–1942) *robinsonii*: nach C. Robinson (1871–1913).
Verbreitung: Vietnam, Laos (*A. eberhardtii* nur in Vietnam).
Beschreibung: Wasserpflanze. Knolle bis 3,5 cm groß. Blattspreite bis 50 cm gestielt, bandförmig, transparent, bei *A. eberhardtii* bis 29(–40) cm lang, 2,5–3,5(–4,5) cm breit, bei *A. robinsonii* bis 11 × 2 cm groß, oliv- bis dunkel olivgrün, junge Blätter auch rötlich. Blattrand leicht gewellt. Schwimmblätter bis 19 × 4,5 cm groß. *Aponogeton eberhardtii* nur mit submersen Blättern, *A. robinsonii* auch mit Schwimmblättern.

Blütenstängel bis 1,65 m lang, nicht oder wenig verdickt. Spatha 2–4,5 cm lang, abfallend. Blütenstand zweischenklig, Ähre 9–15 cm lang, Blüten einseitswendig. 2 weiße Tepalen. 6 Staubblätter. 3(4) Fruchtblätter mit je 2–4(5) Samenanlagen. Frucht 6–7 × 2–3 mm (*A. eberhardtii*), 7–8 × 4 mm (*A. robinsonii*). Samenschale einfach.

Kultur: Zwei sehr ähnliche, relativ seltene Kulturpflanzen. Negativ sind die langen Blattstiele im Aquarium. Am ehesten eignet sich *A. eberhardtii*, weil dieser nur submerse Blätter entwickelt. Die Art wird seit vielen Jahren von der Verfasserin in weichem und hartem Wasser erfolgreich kultiviert. Ein schwach saures bis neutrales Milieu ist von Vorteil. Der Bodengrund sollte nährstoffreich und locker sein. Eine starke Wasserbewegung (Filternähe!) fördert kräftige Pflanzen. Beide Arten machen im Aquarium keine Ruheperiode durch. Blüten- und Fruchtstände bilden sich häufig. Vermehrung gut möglich durch Samen.
Ökologie: Die Pflanzen wachsen an natürlichen Standorten in Flüssen mit langsam fließendem Wasser in schlammigem oder steinigem Bodengrund. Messungen ergaben eine Gesamthärte von 1 °dH und einen pH-Wert von 6,5.
Sonstiges: Ingo Hertel importierte *A. eberhardtii* 1980 für die Aquaristik. H. W. E. van Bruggen betrachtete *A. eberhardtii* und *A. robinsonii* als konspezifisch und variabel. Nach Bogner (2018 b) soll es sich jedoch um zwei Arten handeln. DNA-Untersuchungen ergaben kein eindeutiges Ergebnis.

Aponogeton eggersii im Aquarium

Blütenstand von *Aponogeton eggersii*

Aponogeton eggersii

BOGNER & H. BRUGGEN (2001)

Eggers Wasserähre

Familie: Aponogetonaceae, Wasserähren.
Synonyme: Keine.
Etymologie: *Aponogeton*: siehe *A. abyssinicus*; *eggersii*: nach dem Sammler GERD EGGERS.
Verbreitung: Ostmadagaskar.
Beschreibung: Wasserpflanze mit knolligem Rhizom, bis 8 × 4 cm dick. Blätter etwa 1 m lang. Spreite bis 55 cm lang, 2–5,5 cm breit, bandförmig, ledrig, hell- bis dunkelolivgrün, junge Blätter auch bräunlich. Blattrand gewellt.

Blütenstängel bis gut 1 m lang, nicht verdickt. Spatha bis 5,5 cm lang, abfallend. Blütenstand 2- bis 5-ährig, bis 17 cm lang, mit allseitswendigen Blüten. 2 Tepalen, weiß oder rosa. 6 Staubblätter. (3)4(5) Fruchtblätter mit je 4 Samenanlagen. Frucht bis 6 × 3,5 mm groß, Samenschale einfach.
Kultur: Eine anpassungsfähige und leicht zu pflegende Wasserähre, deren Kultur hohe und geräumige Aquarien erfordert. Ihre Pflege gelingt sowohl in weichem, mineralarmem als auch in mittelhartem und hartem Wasser gleichermaßen, genügend CO_2 vorausgesetzt. Eine mittlere Lichtintensität ist ausreichend, ein nährstoffreicher Bodengrund mit Lehmzusatz ist für die Entwicklung kräftiger Exemplare zu empfehlen. Die Art wächst ausdauernd im Aquarium, benötigt also keine Ruhezeit. Eine Vermehrung durch Samen ist bei Kreuzbestäubung erfolgreich.
Ökologie: Bisherige Aufsammlungen stammen aus dem Einzugsbereich des Flusses Anove. Ich fand *A. eggersii* in einem Seitenarm vereinzelt oder in kleinen Beständen zusammen mit *Blyxa aubertii* in 60 bis 100 cm tiefem Wasser. Die Pflanzen wuchsen in weichem, nährstoffarmem, unbelastetem Wasser mit einem sauren pH-Wert. Sie besiedelten bevorzugt schattig-sonnige Stellen. Die Ernährung der Pflanzen erfolgt durch den braunen Lehmboden. Eggers fand die Art in einem Waldbach und sogar im Fluss Anove selbst. Siehe Wasseranalyse S. 606.
Sonstiges: Die Art wurde erstmals im Jahre 1987 von der englischen Botanikerin M. Nicoll gesammelt. Gerd Eggers gelang es 1998, diesen *Aponogeton* lebend mitzubringen. Die von Hans Barth, Dessau, durchgeführte Züchtung *A. ulvaceus* × *eggersii* ist nicht mehr in Kultur.
Literaturhinweis: BOGNER & VAN BRUGGEN (2001); Münch (2001); KASSELMANN (2008 c).

Zwei Farbformen von *Aponogeton elongatus* im Aquarium

Aponogeton elongatus

BENTHAM (1878)

Langblättrige Wasserähre

Familie: Aponogetonaceae, Wasserähren.
Synonyme: *A. elongatus* f. *longifolius* und f. *latifolius* H. BRUGGEN.
Etymologie: *Aponogeton*: siehe *A. abyssinicus*; *elongatus*: verlängert, gestreckt.
Verbreitung: Australien (Queensland, New South Wales).
Beschreibung: Wasserpflanze. Knolle bis 4 × 1,5 cm groß. Blätter lang gestielt, sehr schmal elliptisch bis bandförmig, weich, 7–34(–42) cm lang und 0,8–3,7(–6,7) cm breit, von hellgrün bis rötlichbraun gefärbt; Blattrand leicht gewellt. Schwimmblätter bis 19 cm lang und 3,5 cm breit. Blütenstängel bis 0,90 m lang, oben verdickt. Spatha bis 1,5 cm lang, abfallend. Ähre bis 20 cm lang, duftend, Blüten allseitswendig. 2 gelbe Tepalen. 6 Staubblätter. (2)3(–6) Fruchtblätter. Frucht 2,5–5,8 × 1,8–5,0 mm groß, mit je 2–5 Samen. Samen ellipsoid mit einfacher Samenschale. Während die Unterart *elongatus* nur selten Schwimmblätter bildet, ist dieses bei *fluitans* die Regel.
Kultur: *Aponogeton elongatus* war Anfang der 1990er-Jahre noch gelegentlich im Handel zu finden, doch heute wird sie nur noch selten importiert. Die prächtigen Pflanzen benötigen intensives Licht und entwickeln sich insbesondere in Abhängigkeit vom Bodengrund zu mehr oder weniger kräftigen Exemplaren. Ein optimales Wachstum erfolgte in meinen Aquarien in mittelhartem Wasser (GH 10–12 °dH, KH 5–10 °dH) bei pH-Werten zwischen 7 und 8. CO_2-Düngung war nicht erforderlich. Blüten- und Fruchtstände bildeten sich häufig. Eine Ruhezeit scheint nach etwa 6 Monaten Wachstumsphase obligatorisch, da sonst die Knollen verfaulen.
Ökologie: Die Art wächst in Bächen und Flüssen nahe der Küste oder im Regenwald. Sie blüht und fruchtet von Oktober bis März/April.
Sonstiges: *Aponogeton elongatus* wurde früher als weit verbreitete Art in Australien angesehen, die von der Kimberley-Region von Westaustralien bis zur südöstlichen Ecke von New South Wales vorkommt. Mit der Bearbeitung von HELLQUIST & JACOBS (1998) wurden *A. euryspermus* und *A. vanbruggenii* aus dem Artkomplex herausgenommen und als neue Arten beschrieben.
Literaturhinweis: JACOBS et al. (2000/2001).

Aponogeton gottlebei im Aquarium

Aponogeton gottlebei

KASSELMANN & BOGNER (2008)

Gottlebes' Wasserähre

Familie: Aponogetonaceae, Wasserähren.
Synonyme: Keine.
Etymologie: *Aponogeton*: siehe *A. abyssinicus*; *gottlebei*: nach dem Exporteur GUNTER GOTTLEBE (Madagaskar).
Verbreitung: Nordmadagaskar, bisher nur von der Typuslokalität bekannt.
Beschreibung: Wasserpflanze. Knolle bis 2,5 × 3,5 cm. Blattspreite der Pflanzen am Standort 3–6 cm lang gestielt, 15–18 cm lang, 1,5–2,5 cm breit. Im Aquarium deutlich größer, Spreite 10–40 cm lang gestielt, 20–45 cm lang, 4–7,5 cm breit, transparent, zart, hellgrün, stark gewellt. Blütenstängel in Kultur mehr als 1 m lang, unter dem Blütenstand nicht oder kaum verdickt. Spatha 2 cm lang, abfallend. Blütenstand mit 2–3, bis 10 cm langen Ähren mit allseitswendigen Blüten. Blüte mit 2 weißen Tepalen, 6 Staubblättern, (2)3(4) Fruchtblättern mit 1–3 Samenanlangen. Frucht bis 3,5 × 1,5 mm. Samen schmal eiförmig, Schnabel 0,7–0,8 mm lang. Samenschale einfach.
Kultur: Diese prächtige Wasserähre wird im Aquarium deutlich größer als am natürlichen Standort. Sie kommt deshalb nur in geräumigen Aquarien als Solitärpflanze wirkungsvoll zur Geltung. Bei gutem Wachstum erinnert *A. gottlebei* mit seinen hellgrünen, transparenten und gewellten Blättern an *A. ulvaceus*. Gottlebes' Wasserähre wächst hervorragend in mittelhartem und hartem Wasser bei alkalischen pH-Werten. Eine CO_2-Düngung ist nicht erforderlich. Die Art legt im Aquarium regelmäßig Ruhephasen ein, die Knolle sollte hierfür aber im Aquarium verbleiben. Vermehrung durch Samen und Tochterknollen. Die Art wurde erst wenige Male importiert.
Ökologie: Der Besaboba-Fluss ist ein Permanentgewässer, das zur Niedrigwasserzeit nur sehr wenig Wasser führt. Die Wasserähren wuchsen in kleinen Gruppen unbeschattet an strömungsarmen Stellen zu Beginn (Dezember 2006) und Ende der Regenzeit (April 2000) in 15–100 cm tiefem Wasser. Siehe Biotop 45, S. 46.
Sonstiges: DNA-Analysen durch D. LES (USA) haben ergeben, dass *A. longiplumulosus* und *A. gottlebei* nicht näher miteinander verwandt sind.
Literaturhinweis: KASSELMANN & BOGNER (2008); KASSELMANN (2008 c).

Aponogeton jacobsenii am natürlichen Standort (Horton Plains, Sri Lanka)

Aponogeton jacobsenii

H. Bruggen (1983)

Jacobsens Wasserähre

Familie: Aponogetonaceae, Wasserähren.
Synonyme: Keine.
Etymologie: *Aponogeton*: siehe *A. abyssinicus*; *jacobsenii*: nach dem dänischen Botaniker Niels Jacobsen (*1941).
Verbreitung: Sri Lanka (Zentralgebirge).
Beschreibung: Wasserpflanze. Rhizom knollig oder bis 22 cm lang, 4,5 cm dick. Blätter bis 20(–35) cm gestielt, ledrig, submers oder mit Schwimmblättern. Submerse Spreite eiförmig oder abgerundet dreieckig, bis 25(–30) cm lang, 5–8 cm breit, hell- bis dunkelgrün oder kräftig rotbraun gefärbt. Blattrand etwas gewellt. Schwimmblattspreite bis 7 × 2 cm groß.

Blütenstängel bis 80 cm lang, kaum verdickt. Spatha bis 19 mm lang, abfallend. Blütenstand eine bis 18 cm lange Ähre, Blüten allseitswendig. 2 weiße, selten rosa gefärbte Tepalen. 6 Staubblätter. 3 Fruchtblätter mit je 2 Samenanlagen. Frucht bis 13 × 5 mm groß. Samen bis 9 × 3 mm groß, Samenschale einfach.

Kultur: *Aponogeton jacobsenii* gedeiht nicht bei den hohen Temperaturen eines Tropenaquariums, weshalb diese schöne Pflanze für die Aquaristik nur eine geringe Bedeutung hat. Offenbar handelt es sich um eine wenig anpassungsfähige Art, worauf auch das kleine Verbreitungsgebiet hindeutet. Eine vorübergehende emerse Kultur bei hoher Luftfeuchte ist möglich, wobei die Exemplare aber wesentlich kleiner bleiben als submers. Es ist zu vermuten, dass die Art keine Ruhephase benötigt.
Ökologie: Besiedelt Flüsse mit kräftiger Strömung oder Teiche und Seen mit stehendem Wasser, zwischen 1650 und 2300 m. Zwei Standorte (Sri Lanka, Januar 1985):
1) Horton Plains, Savannenlandschaft, Fluss Belihul Oya, dichte Bestände unbeschattet in schnell fließendem Wasser in 30–80 cm Tiefe; Temperatur 16 °C, pH 7,7, GH/KH < 1 °dH, 21 µS/cm, E_H 441 mV. Bodengrund felsig-lehmig.
2) Hakgala Botanic Gardens (ausgesetzt): einzelne Exemplare in fast stehendem Wasser, sonnig/schattig, auch emers; Temperatur 20 °C, pH 7,35, GH/KH < 1 °dH, 100 µS/cm. Bodengrund lehmig, fest.
Sonstiges: *Aponogeton jacobsenii* wurde lange Zeit irrtümlich für identisch mit *Aponogeton crispus* gehalten. Die Sorte 'Lanka' ist eine Hybride beider Arten.

Aponogeton 'Lanka' im Aquarium

Submerse Blattspreite

Aponogeton 'Lanka'

Familie: Aponogetonaceae, Wasserähren.
Etymologie: Der Sortenname 'Lanka' bezieht sich auf die Herkunft der Eltern *Aponogeton crispus* und *Aponogeton jacobsenii*, die beide auf Sri Lanka beheimatet sind.
Beschreibung: Wasserpflanze mit kurzem Wurzelstock, 40–70 cm hoch. Blätter rosettig angeordnet, 15–50 cm lang gestielt. Spreite schmal eiförmig, 15–25 cm lang, 3–8 cm breit, etwas derb, je nach Lichtintensität bräunlich bis kräftig rotbraun gefärbt. Spitze allmählich spitz zulaufend; Basis schwach herzförmig, gestutzt oder rund. Blattrand mehr oder weniger klein gewellt. Mittelnerv deutlich, auf jeder Seite mit 1–2 Seitennerven.

Blütenstängel bis etwa 70 cm lang. Blütenstand einährig, mit allseitswendigen Blüten. Die kleinen Blüten meistens mit 2 weißen Tepalen, 6 Staubblättern und 3 Fruchtblättern. Früchte werden nach den Angaben des Züchters selten gebildet; die Aussaat entspricht aber nicht dem Standard der neuen Sorte, weshalb eine vegetative Vermehrung nur durch Meristeme erfolgt.

Kultur: Diese farbenfrohe und wüchsige Kreuzung benötigt einen freien Standplatz und ein Aquarium mit einer Mindesthöhe von 50 cm. Je nach Lichtintensität entwickelt sich eine lockere Rosette mit mehr oder weniger lang gestielten Blattspreiten. Bei freiem Stand und hoher Lichtintensität bilden sich buschigere Pflanzen mit kürzeren Blattstielen und einer Höhe von 30–50 cm. Werden sehr lang gestielte Blätter ausgeschnitten, bleibt die Pflanze vorübergehend im Wuchs kleiner. Bei kräftigen Pflanzen wird man es aber auf Dauer nicht verhindern können, dass die Blattstiele immer länger werden, was die Eignung dieser vitalen Kreuzung leider sehr einschränkt. Hierin ähnelt sie dem Wuchsverhalten von *A. robinsonii*. In mehr als fünf Jahren mit der Kultur von *Aponogeton* 'Lanka' verzeichnete ich ein gutes Wachstum in sowohl weichem als auch hartem Wasser bei neutralem pH-Wert und einer Temperatur von 22–28 °C.
Sonstiges: Nach den Informationen des Züchters Hans Barth, Dessau, handelt es sich bei *A.* 'Lanka' um eine Kreuzung einer schmalblättrigen, rotbraunen Form von *A. crispus* (♀) mit *A. jacobsenii* (♂). Seit 2002 wird diese Hybride vertrieben.
Literaturhinweis: Barth (2002).

Blütenstand von *Aponogeton longiplumulosus*

Aponogeton longiplumulosus im Aquarium

Aponogeton longiplumulosus

H. BRUGGEN (1968)

Familie: Aponogetonaceae, Wasserähren.
Synonyme: Keine.
Etymologie: *Aponogeton*: siehe *A. abyssinicus*; *longiplumulosus*: *longi-* = lang, *plumulosus:* mit einer Plumula versehen (Sprossknospe).
Verbreitung: Nordwestmadagaskar.
Beschreibung: Wasserpflanze. Knolle bis 2 cm groß. Blattspreite bis 18 cm gestielt, bandförmig, etwas transparent, zerbrechlich, mit stark gewelltem Blattrand, bis 40 cm lang, 1,5–4 cm breit, mittel- bis dunkelgrün.

Blütenstängel bis 150 cm lang, unterhalb des Blütenstandes deutlich verdickt. Spatha bis 2 cm lang, abfallend. Blütenstand mit (1)2(3–4) bis 12,5 cm langen Ähren mit allseitswendigen Blüten. 2 Tepalen, gewöhnlich auffällig rosa bis violett, seltener fast weiß. 6 Staubblätter. 3(4–6) Fruchtblätter mit je 2(4) Samenanlagen. Frucht bis 4 × 1,5 mm groß. Samen bis 3 × 1 mm groß, Samenschale einfach. Siehe Foto S. 134.
Kultur: *Aponogeton longiplumulosus* ist eine empfehlenswerte und leicht zu kultivierende Art, deren Pflege geräumige Aquarien voraussetzt. Durch ihre gewellten Blattränder wirkt sie besonders dekorativ. Im Aquarium werden die Pflanzen am prächtigsten, wenn man sie in weichem bis mittelhartem, saurem bis neutralem Wasser kultiviert. Die Temperatur sollte im Bereich von 22–26 °C liegen. Als Bodengrund eignet sich ungewaschener, grober Sand. Im Gegensatz zum natürlichen Standort ist für die Kultur im Aquarium keine starke Wasserbewegung erforderlich. Blütenstände bilden sich im Aquarium häufig, doch scheint eine Samenentwicklung selten zu sein. Die Art legt im Aquarium regelmäßig Ruhezeiten ein, treibt aber nach einigen Monaten wieder aus. Sie gehört zu den wenigen Wasserähren, die über viele Jahre im Aquarium wachsen kann.
Ökologie: Nach den Angaben von BOGNER wächst *A. longiplumulosus* in ganzjährig wasserführenden Flüssen mit starker Strömung im steinigen Bodengrund. Das Wasser hatte folgende Werte: pH-Wert 5,8–6,2, GH 7,8 °dH, KH 4,6 °dH, Leitfähigkeit 186 µS/cm bei 20 °C, Chlorid 1,6 mg/l.
Sonstiges: BOGNER brachte erstmals 1970 lebende Pflanzen nach Deutschland mit. Erst um 1983 kamen häufiger Exemplare in den Zoofachhandel.

Aponogeton loriae im Aquarium

Aponogeton loriae

MARTELLI (1897)

Lorias Wasserähre

Familie: Aponogetonaceae, Wasserähren.
Synonyme: Keine.
Etymologie: *Aponogeton*: Erklärung bei *A. abyssinicus*; *loriae*: nach LAMBERTO LORIA.
Verbreitung: Papua-Neuguinea (Port Moresby).
Beschreibung: Wasserpflanze. Rhizom bis 4 × 2 cm groß. Blattspreite bis 40 cm gestielt, bandförmig, bis 70 cm lang, 2–4 cm breit, etwas ledrig, mit gewelltem Rand, olivgrün bis rotbraun gefärbt. Ähnelt *A. rigidifolius*.

Blütenstängel bis 90 cm lang, unter dem Blütenstand nicht verdickt. Spatha bis 22 mm lang, bleibend oder abfallend. Blütenstand eine bis 18 cm lange Ähre mit allseitswendigen Blüten. Tepalen 2, gelb. Staubblätter 6. Fruchtblätter 3 mit je 4–8 Samenanlagen. Frucht bis 6 × 3 mm, Same bis 4 × 1 mm groß, Samenschale einfach.
Kultur: Im Juli 1988 sammelte ich *A. loriae* auf Papua-Neuguinea und verteilte sie an Freunde, die sie auf ihre Eignung für die Aquarienkultur testeten. Alle Pflanzen wuchsen anfangs ausgezeichnet, gingen dann jedoch nach 1- bis 2-jähriger Kultur bei allen Pflegern ein. Leider konnten in dieser Zeit weder Samen erzielt werden noch eine Vermehrung durch Gewebekultur erfolgen, sodass die Pflanzen aus den Aquarien wieder verschwunden sind. Nach den Erfahrungen handelt es sich bei *A. loriae* aber um eine zumindest vorübergehend nicht schwierig zu kultivierende und mittelschnell wachsende Pflanze. Was dann zum Zusammenbruch führte, ist nicht geklärt. *Aponogeton loriae* kommt mit einer mäßigen Beleuchtung aus. Der Bodengrund sollte nährstoffreich sein. Eine Kultur gelang gut in mittelhartem Wasser mit pH-Werten im alkalischen Bereich (7,4–7,7).
Ökologie: *Aponogeton loriae* wächst in Bächen und kleinen Flüssen mit schnell fließendem Wasser bei einer Fließgeschwindigkeit von 25–30 cm/s. Die Biotope trocknen vermutlich nicht aus. An dem aufgesuchten Fundort wurzelten die Pflanzen in bis 1 m tiefem Wasser im schlammigen, lockeren Bodengrund, der zum Teil mit Kieseln und Steinen durchsetzt war. Das Wasser war glasklar. Eine ausführliche Wasseranalyse dieses Fundortes siehe S. 33, Biotop Nr. 11.
Literaturhinweis: KASSELMANN (1989 a).

Aponogeton madagascariensis var. *henkelianus* im Aquarium

Aponogeton madagascariensis

(MIRBEL) H. BRUGGEN (1968)

Gitterpflanze

Familie: Aponogetonaceae, Wasserähren.
Synonyme: *Uvirandra madagascariensis* MIRBEL (1803), *A. fenestralis* HOOKER f., *A. henkelianus* H. BAUM, *A. guillotii* HOCHREUTINER, u. a.
Etymologie: *Aponogeton*: siehe *A. abyssinicus*; *madagascariensis*: aus Madagaskar stammend.
Verbreitung: Madagaskar, vermutlich Große Komoren-Insel sowie Mauritius (eingeführt).
Beschreibung: Wasserpflanze. Knolle bis 3 cm im Durchmesser oder längliches Rhizom. Blätter durch fehlendes Blattgewebe unterschiedlich groß gegittert. Spreite bis 60 cm lang und 1,5–16 cm breit. Riesengitterpflanze bis 100 cm lang und 18 cm breit. Zwerggitterpflanze mit runden Blättern, die nur 3–4 cm lang und 1–2 cm breit sind. Blütenstängel bis 1,3 m lang. Spatha bis 2,5 cm lang, abfallend. Blütenstand mit 1–6 Ähren, diese bis 9(–20) cm lang. Blüten allseitswendig, mit 2–3 weißen, rosa bis violetten Tepalen, 6 Staubblättern, 3–6 Fruchtblättern mit je 2 oder 4 Samenanlagen. Frucht bis 8,5 × 5 mm groß. Samen bis 3,5 × 1,25 mm groß, Samenschale einfach.
Kultur: Die Gitterpflanze ist aufgrund ihrer ungewöhnlichen gitterartigen Blattstruktur seit vielen Jahren wohl unumstritten eine der begehrtesten Aquarienpflanzen, obwohl nur äußerst selten eine dauerhafte und befriedigende Kultur im Aquarium gelingt. Deshalb ist sie auch nicht dem „Normalaquarianer“ zu empfehlen, sondern sollte nur von Spezialisten gepflegt werden, die den hohen Ansprüchen der Art dauerhaft gerecht werden können: starke Wasserbewegung, weiches, schwach saures Wasser, nährstoffreicher Bodengrund, mittlere Beleuchtungsintensität, Temperatur je nach Herkunft (ob aus dem Hochland oder der Küste), regelmäßige Ruhezeiten (keine Trockenperiode!). Ein möglichst nährstoffreicher Bodengrund mit Humusanteil ist unerlässlich. Um die Keimbelastung des Wassers möglichst gering zu halten, muss ein regelmäßiger Wasserwechsel erfolgen.

Für die Einhaltung der Ruhezeit sollte die Pflege in einem separaten Aquarium oder in einem Gewächshaus erfolgen, die Wachstumsphasen (bei optimalen Bedingungen) und Ruhephasen (bei niedrigerer Temperatur und weniger Licht) im Wechsel ermöglichen. Oder die Pflanze

Aponogeton madagascariensis var. *madagascariensis* im Aquarium

wird in einen Topf gesetzt und zur Ruhezeit in eine kühlere und dunklere Umgebung (im Wasser verbleibend) gebracht. Die Gitterpflanze kann auch in der Gewebekultur vermehrt werden.

Ökologie: *Aponogeton madagascariensis* ist eine auf den einzelnen Standort hoch spezialisierte Wasserpflanze, die sich anderen Lebensbedingungen nur in engen Grenzen anpassen kann. Die einzelnen Populationen sind extrem unterschiedlichen Bedingungen ausgesetzt, weshalb für jede die ökologischen Ansprüche separat betrachtet werden müssen. Es gibt Populationen, die ausschließlich an schattigen Standorten bei niedrigen Temperaturen (geringe Assimilation) gedeihen. Meistens aber wächst die Gitterpflanze an offenen, intensiv bestrahlten Stellen (vorübergehend bis 146 000 Lux). Doch auch dann haben die Pflanzen aufgrund der schwankenden Wasserstände und der damit verbundenen Gewässertrübung nur vorübergehend hohe Lichtintensitäten zur Verfügung. Grundsätzlich verhält sich die Art wie ein Schattengewächs, dessen Assimilationsleistung nach stundenlanger und intensiver Sonnenstrahlung abnimmt. Die zahlreichen Wasseranalysen (S. 600) zeigen, dass die Gitterpflanze in kalk-, elektrolyt- und nährstoffarmem Wasser wächst. In der Natur ist der Bodengrund der eigentliche Nährstofflieferant (Bodenanalysen S. 608), dem die Pflanzen immer wieder Nährstoffe entziehen können. Siehe Biotope 46–50 (S. 46) und Fotos S. 134 und 139.

Sonstiges: VAN BRUGGEN (1998) beschrieb die drei am meisten kultivierten Formen der Gitterpflanze als Varietäten. Var. *madagascariensis* ist ein schmalblättriger Typ, bei dem das Blattgewebe zwischen den Nerven nicht vollständig verschwunden ist und die Löcher oft eine abgerundete Form besitzen. Var. *henkelianus* und var. *major* sind zwei breitblättrige Formen, bei denen das Blatt bis auf die Nerven reduziert ist. Die Löcher haben eine etwa rechteckige Gestalt. Var. *major* besitzt eine regelmäßige Gitterung, während die von var. *henkelianus* durch Quernerven unregelmäßig ist.

Literaturhinweise: ALBERS (1988); VAN BRUGGEN (1985, 1990, 1998); EGGERS (1996); KASSELMANN (1987 a, 2009); KIENER (1963).

Aponogeton natans am natürlichen Standort auf Sri Lanka

Aponogeton natans

(LINNÉ) ENGLER & KRAUSE (1906)

Schwimmende Wasserähre

Familie: Aponogetonaceae, Wasserähren.
Synonyme: *Saururus natans* L. (1771), *Aponogeton monostachyon* L. f., u. a.
Etymologie: *Aponogeton*: siehe *A. abyssinicus*; *natans*: schwimmend.
Verbreitung: Sri Lanka, Indien, Pakistan.
Beschreibung: Wasserpflanze, selten auch ganz emers. Knolle bis 2 cm groß. Jugendblätter submers, bis 5 cm gestielt; Blattspreite lanzettlich, bis 6,5 × 1,5 cm, hellgrün gefärbt; Blattrand gewellt. Schwimmblätter bis 11,5 × 3 cm groß, mit herzförmiger Basis, hellgrün gefärbt; Blattrand flach. Der Adventivpflanzen bildende Typ mit größeren Schwimmblättern.

Blütenstängel bis 45 cm lang, nicht verdickt. Spatha bis 15 mm lang, abfallend. Blütenstand eine bis 9 cm lange Ähre mit allseitswendigen Blüten. 2 Tepalen, bis 2 × 1 mm groß, weiß, rosa oder violett. 6 Staubblätter. 3 Fruchtblätter mit je etwa 8 Samenanlagen. Frucht bis 4 × 2,25 mm groß, sehr lang geschnäbelt. Samen etwa 1,75 mm × 0,75 mm groß, Samenschale doppelt.
Kultur: Dieser zierliche, seltene *Aponogeton* bildet kaum submerse, sondern vorwiegend schwimmende Blätter, wodurch er wenig für die Aquaristik geeignet ist. Eine Kultur in flachen, intensiv beleuchteten Aquarien in weichem Wasser bei hohen Temperaturen ist aber gut möglich. Die Art benötigt regelmäßige Ruhephasen. Obwohl sich an den Blütenständen durch Apomixis reichlich Samen bilden (*A. natans* besitzt die kleinsten Samen der Gattung), die auch leicht keimen, ist eine Aufzucht der Keimlinge sehr schwierig. Bogner (2018 a) berichtet von einer Kulturpflanze, die anstelle von Blüten Adventivpflanzen bildet.
Ökologie: *Aponogeton natans* wächst in stehenden, temporären Gewässern bei hohen Temperaturen gewöhnlich unbeschattet bis in einer Höhe von 800 m. Gelegentlich findet man einzelne Exemplare auch völlig emers. Wasserwerte der untersuchten Standorte auf Sri Lanka (Januar 1985): 1) Kleiner, permanenter Wasserspeicher mit drei bis vier blühenden und fruchtenden Pflanzen: Temperatur 31 °C, pH 9,3, GH/KH < 1 °dH, 90 µS/cm, E_H 347 mV. 2) Temporärer Tümpel mit stehendem Wasser, dichte Bestände: pH 6,95, GH und KH weit über 10 °dH, 4010(!) µS/cm.

Aponogeton nateshii: Pflanze vom Typusstandort

Fruchtstand und die ungewöhnlichen Embryonen

Aponogeton nateshii

S. R. Yadav (2015)

Nateshs Wasserähre

Familie: Aponogetonaceae, Wasserähren.
Synonyme: Keine.
Etymologie: *Aponogeton*: siehe *A. abyssinicus*; *nateshii*: zu Ehren von S. NATESH (Neu Delhi) für seine Beiträge zur Botanik.
Verbreitung: Indien (Maharashtra, Karnataka, Goa).
Beschreibung: Ausdauernde Wasserpflanze. Knolle bis 2 × 1,7 cm groß. Blattspreite bis 16 cm gestielt, 14–40 cm lang, 3,5–7 cm breit, sehr schmal elliptisch bis lanzettlich, transparent, zart, hellgrün. Blattrand gewellt.

Blütenstängel bis 2 m lang. Spatha etwa 2 cm lang, abfallend. Blütenstand einährig, dichtblütig, allseitswendig. Blüte mit 2 weißen Tepalen, 6 Staubblättern, 3 Fruchtblättern mit je 1–2 Samenanlangen. Embryo kugelig, mit 15–22 spiralig angeordneten Auswüchsen. Chromosomen 2n = 30.
Kultur: *Aponogeton nateshii* wird in Indien erfolgreich von Wissenschaftlern kultiviert. Die Standorte in Maharashtra und Goa sind stark bedroht (Atomkraftwerk, Flughafen). Es ist zu wünschen, dass die Art zumindest in botanischen Gärten vermehrt wird, damit ihre Erhaltung gesichert ist.
Ökologie: Die Art ist nur von drei Aufsammlungen mit etwa 2000 Exemplaren bekannt. Sie besiedelt kleine ausdauernde Monsun-Tümpel auf Lateritplateaus in 75–828 m Höhe. Blütezeit ist von Juni bis Mitte September, Fruchtreife im September/Oktober. Es werden reichlich Früchte angesetzt, aber es entwickeln sich nur wenige Sämlinge. Die Verfasserin untersuchte Mitte Oktober 2015 den Typusstandort in Maharashtra. Die Pflanzen standen an der tiefsten Stelle in dem etwa 20 × 60 m großen Tümpel in 1,40 m tiefem, trübem Wasser. Sie waren zwischen *Cryptocoryne spiralis* fest im steinigen Lateritboden verwurzelt und hatten viele Fruchtstände gebildet. Wasserwerte: 30,1 °C (10 Uhr), 30 µS/cm, pH 6,2, GH/KH < 1 °dH, CO_2 8 mg/l, Fe 0 mg/l, PO_4 < 0,1 mg/l, NO_2 < 0,025 mg/l, Mg = 1 mg/l. Leider gelang der Verfasserin nicht die Anzucht aus Samen.
Sonstiges: Bemerkenswert sind die Auswüchse des Embryos, die möglicherweise bei der Photosynthese eine Rolle spielen. *Aponogeton nateshii* ist eng verwandt mit *A. crispus* und *A. appendiculatus*. Der letztere besitzt ebenfalls Auswüchse am Embryo.
Literaturhinweise: YADAV et al. (2015, 2017).

Aponogeton rigidifolius im Aquarium

Aponogeton rigidifolius

H. BRUGGEN (1962)

Steifblättrige Wasserähre

Familie: Aponogetonaceae, Wasserähren.
Synonyme: Keine.
Etymologie: *Aponogeton*: siehe *A. abyssinicus*; *rigidifolius*: steifblättrig.
Verbreitung: Südwesten von Sri Lanka.
Beschreibung: Wasserpflanze mit langem, dünnem, verzweigtem Rhizom. Blätter bandförmig, bis 60(–120) cm lang, 3 cm breit, oliv- bis dunkelgrün, bei intensivem Licht auch rötlichbraun gefärbt. Blattrand flach oder gewellt. Blütenstängel bis 110 cm lang, nicht oder wenig verdickt. Spatha bis 2 cm lang, abfallend. Blütenstand einährig, bis 15 cm lang, mit allseitswendigen Blüten. 2(3) weiße Tepalen. 6(–8) Staubblätter. 3 Fruchtblätter mit je 2 Samenanlagen. Frucht bis 12 × 6 mm. Samen bis 12 × 5 mm groß, Samenschale einfach.
Kultur: *Aponogeton rigidifolius* lässt sich am besten in weichem bis mittelhartem Wasser kultivieren, wobei ein pH-Wert im leicht sauren Bereich besonders günstig erscheint (CO_2-Düngung). Wesentlich für eine Hälterung ist ferner eine ständige Wasserbewegung, sodass ein Platz in der Nähe des Filters optimal ist. Die Pflanze zählt zu den anspruchsvollen und lichtbedürftigen Arten. Bei der Beurteilung ihrer Eignung ist ein ganz wesentlicher Gesichtspunkt, dass diese Wasserähre ein langes, dünnes Rhizom bildet und keine Ruhephase benötigt. Die Art entwickelt sich im Aquarium zwar langsam, wächst aber im Laufe von vielen Monaten zu einer prächtigen Pflanze heran. Samen konnte ich niemals erzielen (selbststeril?), jedoch gelingt eine vegetative Vermehrung an älteren Exemplaren gut durch Verzweigung des Rhizoms. Beim Erwerb sollte darauf geachtet werden, dass die Pflanzen wenigstens eine Größe von 10 cm besitzen. Das Rhizom entwickelt sich erst im Laufe der Zeit.
Ökologie: Auf Sri Lanka (1/1985) durchgeführte Wasseranalysen (zusammengefasst): Temp. 23–28 °C, pH 6,2–6,9, GH/KH < 1 °dH, 24–43 µS/cm, E_H 417–470 mV. Die Bestände wuchsen immer in langsam fließendem bis schnell strömendem Wasser bis in 1,5 m Tiefe. Die Standorte waren schattig oder sonnig, der Bodengrund sandig oder sandig-kiesig. Siehe Foto S. 136.
Literaturhinweis: KASSELMANN (1991 a).

Violett blühende Form von *Aponogeton ulvaceus*

Weiß und gelb blühende Form von *Aponogeton ulvaceus*

Aponogeton ulvaceus

BAKER (1881)

Meersalatähnliche Wasserähre

Familie: Aponogetonaceae, Wasserähren.
Synonyme: *A. ambongensis* JUMELLE, *A. ulvaceus* var. *ambongensis* JUMELLE, *A. violaceus* LAGERHEIM.
Etymologie: *Aponogeton*: siehe *A. abyssinicus*; *ulvaceus*: meersalatähnlich (*Ulva* = Meersalat).
Verbreitung: Madagaskar.
Beschreibung: Wasserpflanze. Knolle bis 3 cm groß, bestachelt, Knolle oft fehlend. Blattspreite bis 50 cm gestielt, bandförmig, transparent, weich, gewellt, etwas gedreht, selten flach, bis 45 cm lang, 2–8 cm breit, hellgrün.

Blütenstängel bis 80 cm, unter dem Blütenstand stark verdickt. Spatha bis 5 cm lang, abfallend. Blütenstand zweiährig, bis 15 cm, Blüten allseitswendig. 2 weiße, gelbe oder violette Tepalen. 6 Staubblätter. 3 Fruchtblätter mit je 4–6 Samenanlagen. Frucht bis 5 × 3 mm. Samen 3 × 1 mm groß, Samenschale doppelt.
Kultur: *Aponogeton ulvaceus* gehört zu den beliebten und häufig angebotenen Wasserähren. Eine Kultur sowohl in weichem als auch mittelhartem Wasser, das eine schwach saure bis neutrale Reaktion zeigen sollte, gelingt leicht. Regelmäßige Düngung sowie ein nährstoffreicher Bodengrund sind für kräftige Exemplare zu empfehlen. Optimale Temperatur 24–28 °C. Eine mittlere Beleuchtungsintensität ist ausreichend. Gut wachsende Pflanzen weisen für gewöhnlich 30–40 Blätter auf. Ich zählte an einem violett blühenden Exemplar sogar 90 Blätter mit einer Länge von 95 cm sowie eine Vielzahl von Blüten- und Fruchtständen! Während dieses Exemplar mehrere Jahre lang ununterbrochen im Aquarium wuchs, benötigten die weiß und gelb blühenden Pflanzen regelmäßige Ruhezeiten. Eine Befruchtung gelingt bei diesen nur selten (Kreuzbestäubung notwendig), ist aber bei der violett blühenden Form wesentlich leichter (selbstfertil). Die Ruhezeit muss unbedingt beachtet werden, sonst stirbt die Knolle ab (siehe S. 137).
Ökologie: Die Art besiedelt als Schattenpflanze vorwiegend stehende, weiche Temporärgewässer. Ihre Knollen unterliegen ausgeprägten Wachstums- und Ruhezeiten. Die Ruhezeit beträgt vermutlich mindestens vier Monate. Siehe Biotope 40 (S. 43) und 41 (S. 44) und Fotos S. 135 und 137.
Sonstiges: Seit 1981 ist auch eine lebendgebärende Form bekannt, die aber nicht kultiviert wird.

Aponogeton undulatus mit Adventivpflanzen

Blütenstand von *Aponogeton undulatus*

Aponogeton undulatus

ROXBURGH (1832)

Gewellte Wasserähre

Familie: Aponogetonaceae, Wasserähren.
Synonyme: *A. stachyosporus* DE WIT, u. a.
Etymologie: *Aponogeton*: siehe *Aponogeton abyssinicus*; *undulatus*: gewellt.
Verbreitung: Indien (häufig), Bangladesch, Thailand, Vietnam, Borneo, vermutlich auch in Myanmar und Malaysia.
Beschreibung: Wasserpflanze. Knolle bis 2,5 cm groß. Blattspreite bis 35 cm gestielt, bandförmig, bis 25 cm lang, 0,8–4,2 cm breit, mittelgrün gefärbt, mit transparenten Feldern. Blattrand schwach gewellt. Schwimmblätter selten, Spreite bis 70 cm gestielt, bis 20 × 3,5 cm groß.

Blütenstängel bis 55 cm lang, unter dem Blütenstand verdickt. Spatha bis 17 mm lang, abfallend oder bleibend. Blütenstand eine bis 11,5 cm lange Ähre mit allseitswendigen Blüten. 2 Tepalen, weiß oder rosa, relativ groß, abfallend. 6 Staubblätter. (2)3(4) Fruchtblätter mit je 2 Samenanlagen. Frucht 5–8 × 4 mm. Samen bis 8 × 3,25 mm groß, Samenschale einfach.

Kultur: Merkwürdigerweise ist diese Wasserähre nur selten im Fachhandel zu finden, obwohl sie sich besser als die meisten anderen *Aponogeton*-Arten für die Aquarienkultur eignet. Vorzüge dieser Art sind nicht nur das problemlose Wachstum, sondern auch die für Wasserähren ungewöhnliche vegetative Fortpflanzung: Anstelle der seltenen Blütenstände entwickeln sich an bis 35 cm langen Stielen Adventivpflanzen, die schon bald eine kleine Knolle bilden und sich nach etwa 2–6 Wochen lösen oder abgetrennt werden können. Weiches bis mittelhartes Wasser ist optimal für die Kultur geeignet. Eine CO_2-Düngung, viel Licht und ein nährstoffreicher Bodengrund sind zu empfehlen. Temperatur 22–28 °C. Ohne Ruhephase.
Ökologie: Wasserwerte eines 4–5 m breiten, langsam strömenden Flusses bei Talimparamba (Kerala, Indien): 27 °C, pH 6,0, GH < 1 °dH, KH 2 °dH, 100 µS/cm, CO_2 30 mg/l. Standort stark beschattet. Begleitpflanzen waren *Cryptocoryne spiralis*, *Nymphoides hydrophylla*, *Blyxa aubertii*.
Sonstiges: *Aponogeton stachyosporus* DE WIT aus Johore ist eine kleine Form von *A. undulatus* mit schmalen Blattspreiten. GAIKWAD et al. (1998) berichten über Standorte einer vermutlich natürlichen Hybride von *A. appendiculatus* und *A. undulatus* in Indien.

Azolla cristata

KAULFUSS (1824)

Kleiner Algenfarn

Familie: Salviniaceae, Schwimmfarngewächse.
Synonyme: *Azolla caroliniana* auct. non WILLDENOW, *A. microphylla* auct. non KAULFUSS, *A. portoricensis* SPRENGEL, *A. mexicana* PRESL.
Etymologie: *Azolla*: von *azo* (gr.) = Dürre und *ollyo* = töten, deutet auf das Absterben des Farnes bei Trockenheit hin; *cristata*: kammförmig.
Verbreitung: Nord-, Mittel- und Südamerika, eingebürgert in Europa, zwei Funde in Asien.
Beschreibung: Auf der Wasseroberfläche schwimmende oder im Schlamm wurzelnde, 0,7–2,5 cm große Wasserpflanze. Stängel horizontal, wenig gabelig verzweigt. Blätter wechselständig, dicht zweizeilig und überlappend, schuppenförmig. Jedes Blatt ist in 2 Lappen geteilt: Der Oberlappen befindet sich über Wasser und assimiliert, ist dick, 1,5 × 0,7–1,1 mm groß, fast spitz, mit schmalem, farblosen Hautrand, grün oder kräftig rotbraun (Herbstfärbung) gefärbt, oberseits papillös behaart; Haare zweizellig, unbenetzbar. Der Oberlappen besitzt eine nach unten offene Höhle, in der die Blaualge *Anabaena azollae* eine symbiotische Lebensweise mit *Azolla* führt. Der Unterlappen taucht ins Wasser, ist dünn und farblos.

Sporokarpien an den Unterlappen älterer Pflanzenteile. Mikrosporokarpium (männlich, größer als das weibliche) mit 8–40 lang gestielten, kugeligen Mikrosporangien, die viele Sporen enthalten, diese wiederum zu 3–6 Massulae (Sporenballen) vereint. Massulae mit dicht quergefächerten Glochidien (gestielte Widerhaken, die zur Verankerung dienen) besetzt. Makrosporangium nur mit einer Makrospore. Chromosomenzahl 2n = 48.
Kultur: Zur Kultur siehe *Azolla filiculoides*.
Ökologie: *Azolla cristata* ist in heimischen Gewässern viel seltener als die größere *A. filiculoides* anzutreffen, was einerseits auf die mäßige Bildung von Sporen und Früchten zurückgeführt wird, andererseits aber auch mit der zunehmenden Eutrophierung unserer Gewässer zusammenhängt. *Azolla cristata* kommt in Habitaten vor, wo das Wasser ärmer an Nitrat, Phosphat und Karbonat ist als in solchen von *A. filiculoides*. An zwei natürlichen Standorten von *A. cristata* in Peru wurden im Juli 1990 Wasseranalysen durchgeführt: 1) Rio Nanay, wenig bewegtes Wasser, größere Ansammlungen von *A. cristata* mit *Utricularia foliosa*, Wassertemperatur 25 °C, GH und KH < 1 °dH, pH 5,8, 10 µS/cm. 2) Rio Yanayacu (Ucayali-Einzug), Bucht mit wenig bewegtem Wasser, am Ufer eine dichte Schwimmpflanzendecke aus *A. cristata*, *Ceratopteris pteridoides*, *Eichhornia crassipes*, *Limnobium laevigatum*, *Phyllanthus fluitans*, *Pistia stratiotes*, *Ricciocarpos natans*, *Salvinia auriculata*, *Utricularia foliosa*. Eine ausführliche Wasseranalyse siehe Biotop 6 auf S. 30.
Sonstiges: Die mit *Azolla* in Symbiose lebende Blaualge *Anabaena azollae* ist in der Lage, den Luftstickstoff zu binden. Wegen dieser Fähigkeit wird *Azolla* zur Düngung von Reisfeldern verwendet. Zugleich besitzen Algenfarne einen hohen Nährwert und eignen sich daher als Vieh- und Fischfutter. In manchen Gebieten wird *Azolla* eingesetzt, um Moskitoplagen zu verhindern. In Indien isst man Algenfarn frittiert, und in Afrika sollen die Pflanzen manchmal ein Bestandteil von Seife sein. Als Mittel gegen Halsschmerzen wird *Azolla* in Neuseeland benutzt. *Azolla cristata* wurde lange Zeit als *A. caroliniana* und *A. mexicana* geführt.
Literaturhinweis: LUMPKIN & PLUCKNETT (1980), VAN BRUGGEN (2003/2004, 2005 a).

Azolla cristata

Azolla filiculoides

Azolla filiculoides

LAMARCK (1783)

Farnähnlicher Algenfarn, Großer Algenfarn

Familie: Salviniaceae, Schwimmfarngewächse.
Synonyme: *Azolla caroliniana* WILLDENOW, u. a.
Etymologie: *Azolla*: siehe *Azolla cristata*; *filiculoides*: einem kleinen Farn ähnlich.
Verbreitung: Nord-, Mittel- und Südamerika, eingebürgert in Europa, vereinzelt in Südafrika, Australien, China, Japan, Neuseeland.
Beschreibung: Wie bei *A. cristata* angegeben, aber durch folgende Merkmale unterschieden: Stängel fiederig verzweigt. Pflanze 1–2,5 (–10) cm lang, größer als *A. cristata*. Oberlappen 2,5 × 0,9–1,4 mm groß, stumpf, mit breitem, farblosem Hautrand, blaugrün bis kräftig rotbraun, mit einzelligen Haaren.

Mikrosporokarpium mit 35–100 Mikrosporangien. Massulae 5–8. Glochidien nicht quergefächert. Chromosomenzahl 2n = 48.
Kultur: *Azolla filiculoides* und *A. cristata* sind besonders gut als Schwimmpflanzen für Gartenteiche zu empfehlen. Für eine optimale Kultur benötigen sie ein nährstoffreiches, kaum bewegtes Wasser und einen hellen, sonnigen Standort. Während *A. filiculoides* leicht Sporen bildet, aus denen im Frühjahr neue Pflanzen entstehen, muss *A. cristata*, die nur selten Sporen entwickelt, an einem hellen, kühlen Platz überwintert werden. Im Herbst färben sich die Pflanzen bei niedrigen Temperaturen durch die Bildung von Anthozyanen rotbraun. Eine Kultur im Tropenaquarium ist häufig schwierig, da meistens nicht ausreichend Licht und Wärme vorhanden sind.
Ökologie: An drei tropischen Standorten wurden Wasseranalysen vorgenommen: Brasilien (3/1986): Amazonas bei Manaus, Wassertemp. 27–27,5 °C, pH 6,5–7,2, GH/KH < 1 °dH, 20–100 µS/cm. Brasilien (8/1987): Sumpfgebiet, Wassertemp. 27 °C (Lufttemp. 34,5 °C um 14 Uhr), pH 6,9, GH/KH < 1 °dH, 15 µS/cm. Venezuela (8/1989): Großer Tümpel, Wassertemp. 33 °C (Lufttemp. 34 °C um 10.30 Uhr), GH 3 °dH, KH 5 °dH, pH 7,3, 250 µS/cm.
Sonstiges: *Azolla filiculoides* lässt sich von der ähnlichen *A. cristata* gewöhnlich daran gut unterscheiden, dass *A. filiculoides* größer ist, lockerer wächst und die Sprossspitzen über die Wasseroberfläche hinausragen, während *A. cristata* flach dem Wasser aufliegt.

Azolla nilotica

Azolla nilotica

METTENIUS (1867)

Nil-Algenfarn

Familie: Salviniaceae, Schwimmfarngewächse.
Synonyme: Keine.
Etymologie: *Azolla*: siehe *Azolla cristata*; *nilotica*: am Nil wachsend.
Verbreitung: Zentral- und Ostafrika.
Beschreibung: Auf der Wasseroberfläche schwimmende oder im Schlamm wurzelnde Wasserpflanze, die mit einer Stängellänge von gewöhnlich 1,5–6 cm (selten bis 35 cm Länge) wesentlich größer als andere *Azolla*-Arten wird. Auch die büschelig angeordneten Wurzeln unterscheiden sich mit einer Länge von 1,5–5(–15) cm deutlich von den anderen hier beschriebenen Algenfarnen. Stängel horizontal wachsend, unbeblättert, sehr klein beschuppt, wechselständig verzweigt, etwa 1–1,5 mm dick. Blätter an den Seitensprossen wechselständig, zweizeilig, locker angeordnet, wenig überlappend, schuppenförmig. Oberlappen 1–1,3 mm lang, mit einem breiten, farblosen Hautrand, grün bis bläulichgrün (keine Anthozyanbildung); Unterlappen größer als Oberlappen, transparent, in der Mitte grünlich, außen farblos.

Sporokarpien gewöhnlich zu viert. Sporenballen (Massulae) ohne Glochidien (vgl. Beschreibung von *Azolla cristata*).

Kultur: *Azolla nilotica* ist ein seltener, aufgrund seiner Größe besonders auffälliger Algenfarn, der sehr licht- und wärmebedürftig ist. Kulturversuche im Aquarium schlugen bisher immer fehl. Im Gewächshaus ist im Sommer eine Hälterung bei geringem Wasserstand über schlammigem Bodengrund gut möglich. Erforderlich ist ein warmer, sonniger Standort. Die Überwinterung bereitet große Schwierigkeiten.
Ökologie: *Azolla nilotica* besiedelt stehende, flache Gewässer. In Tansania fand ich einmal große Bestände dieses reizvollen Farns in einem unbeschatteten, austrocknenden Tümpel sowohl schwimmend als auch in nassem Schlamm wurzelnd.
Sonstiges: Die Gattung *Azolla* weist fünf Arten und 25 fossile Spezies auf. Außer den hier beschriebenen vier Arten gibt es noch *A. microphylla* KAULFUSS aus Südamerika und von den Galapagos-Inseln. Über die Kultur dieser Art ist mir nichts bekannt.

Azolla pinnata am natürlichen Standort in Papua-Neuguinea

Azolla pinnata

R. BROWN (1810)

Gefiederter Algenfarn

Familie: Salviniaceae, Schwimmfarngewächse.
Synonyme: *Azolla imbricata* (ROXBURGH) NAKAI, *A. africana* DESVAUX, u. a.
Etymologie: *Azolla*: siehe *Azolla cristata*; *pinnata*: gefiedert.
Verbreitung: Afrika, Madagaskar, Asien, Australien, Neuguinea.
Beschreibung: Wasserpflanze, 1,5–2,5 cm groß. Stängel mit gefiederten Seitenzweigen, die zur Spitze hin kürzer werden, Umriss dreieckig. Blätter 1–2 mm lang, spitz oder rund. Oberlappen mit einzelligen Haaren, grün bis kräftig rotbraun gefärbt. Beschreibung sonst wie bei *Azolla cristata* angegeben. Massulae ohne Glochidien.
Kultur: *Azolla pinnata* ist wärmeliebender als *A. cristata* und *A. filiculoides*. Eine Kultur in flachem Wasser über einem schlammigen Bodengrund bereitet im Sommer keine Schwierigkeiten. Eine Überwinterung von *A. pinnata* ist nur an einem sehr hellen, warmen Standplatz möglich.
Ökologie: Die Art besiedelt nährstoffreiche Gewässer (z. B. Tümpel auf Viehweiden) mit stehendem oder kaum merklich fließendem Wasser. Ich untersuchte zwei Standorte in Papua-Neuguinea (7/1988): 1) Sumpfiger See, dichte Bestände: Temperatur 31 °C (um 12.30 Uhr), GH 11 °dH, KH 15 °dH, pH 7,5, 510 µS/cm. 2) Sepik River, einzelne *A. pinnata*: Temperatur 29 °C, GH 5 °dH, KH 6 °dH, pH 7,1, 275 µS/cm. Auf Madagaskar wächst *A. pinnata* häufig in Reisfeldern. Daten eines Standortes (12/1986): Temperatur 27,5 °C (Luft 28 °C, 14 Uhr), GH 3 °dH, KH 2 °dH, pH 6,5, Fe^{2+} 0,2 mg/l. Der Bodengrund war laterithaltig und schlammig-lehmig. Für gewöhnlich sind die natürlichen Standorte voll besonnt.
Sonstiges: Für das Wachstum von *Azolla* sind Phosphor und Eisen die wichtigsten Faktoren (LUMPKIN & PLUCKNETT 1980). Die Pflanzen überleben bei einem pH-Wert von 3,5–10, das Optimum befindet sich aber bei pH 4,5–7. Das maximale Wachstum liegt entweder bei hoher Lichtintensität (60 000 Lux) und hohem pH-Wert (9–10) oder bei geringer Lichtintensität (15 000 Lux) und niedrigem pH-Wert (5–6). Das Temperaturoptimum für *Azolla pinnata* liegt bei 20–30 °C, die Pflanzen sterben unter 5 °C und über 45 °C ab.

Blüten von *Bacopa australis*

Bacopa australis im Aquarium

Bacopa australis

V. C. SOUZA (2001)

Südliches Fettblatt

Familie: Plantaginaceae, Wegerichgewächse.
Synonyme: Keine.
Etymologie: *Bacopa*: siehe *B. caroliniana*; *australis*: südlich, bezieht sich auf das Verbreitungsgebiet.
Verbreitung: Südbrasilien, Nordargentinien.
Beschreibung: Zarte Sumpfpflanze mit emers kriechenden, submers aufrechten Sprossen, stark verzweigt. Stängel bis 1,5 mm dick, rund, emers wollig behaart, submers kahl. Blätter sitzend, kreuzgegenständig, ganzrandig, kahl. Spreite breit eiförmig bis fast rund, 1–1,8 cm lang, 0,8–1,3 cm breit, hellgrün gefärbt, selten auch schwach rötlich.

Blüten einzeln, bis 3 cm gestielt. Blütenstiel schwach behaart. Brakteen fehlen. 5 Kelchblätter, verschieden groß. Krone 2-lippig, 5-zipflig, hellblau mit innen gelber Röhre und im Übergang rot gesäumt, etwa 9 mm; Oberlippe mit 3 gleich großen Lappen, Unterlippe 2-lappig. Staubblätter 4. Narbe deutlich zweispaltig. Kapsel 3,5 mm.

Kultur: *Bacopa australis* übertrifft alle anderen Fettblätter in ihrer Wuchsgeschwindigkeit und Anspruchslosigkeit. Die zarte Stängelpflanze bildet im Aquarium an der Wasseroberfläche einen verfilzten, stark wurzelnden Pflanzenteppich. Sie sollte deshalb regelmäßig gekürzt und als Gruppe neu gesteckt werden. Eine mittlere Beleuchtung ist ausreichend. Die Stängel wachsen in weichem oder hartem, saurem oder alkalischem Wasser gleichermaßen gut, CO_2-Düngung ist nicht erforderlich. Die Temperaturtoleranz ist mit nahe der Frostgrenze bis über 35 °C sehr groß, optimal sind 20–26 °C. Eine Kultur ist vorübergehend auch im Gartenteich möglich, wo sich bei intensivem Licht auch rötliche Sprosse bilden. Vegetative Vermehrung sehr produktiv durch Seitensprosse. Blüht leicht im Sommer auf der Fensterbank.
Ökologie: Die kultivierten Pflanzen wurden von der Gärtnerei Tropica aus Bonito (Südbrasilien) eingeführt. Dort traf ich die Art in semi-emersen Beständen entlang von Bächen und Flüssen sowie Seen in ruhigen Randzonen im intensiven Sonnenlicht an, aber auch submers in Flüssen. Siehe Biotope 36–39, S. 41.
Sonstiges: Ähnelt *Hedyotis salzmannii* und *Lysimachia nummularia*; *Bacopa australis* ist aber deutlich wüchsiger.
Literaturhinweis: KASSELMANN (2003 e, 2004 a).

Emerse *Bacopa caroliniana* mit Blüten

Bacopa caroliniana im Aquarium

Bacopa caroliniana

(WALTER) ROBINSON (1908)

Karolina-Fettblatt, Großblättriges Fettblatt

Familie: Plantaginaceae, Wegerichgewächse.
Synonyme: *Obolaria caroliniana* WALTER (1788), *Monniera amplexicaulis* MICHAUX, *Bacopa amplexicaulis* (MICHAUX) WETTSTEIN, u. a.
Etymologie: *Bacopa*: aus der Sprache der guyanischen Eingeborenen entnommener Pflanzenname; *caroliniana*: aus Karolina stammend.
Verbreitung: Südliche und mittlere USA, Mexiko.
Beschreibung: Bis 60 cm hohe Sumpfpflanze mit kriechenden oder aufsteigenden, wenig verzweigten Sprossen. Stängel bis 4 mm dick, fleischig, emers stark behaart, submers kahl. Blätter kreuzgegenständig, stängelumfassend, ganzrandig. Spreite eiförmig bis breit eirund, 2–3 cm lang, 8–20 mm breit, glänzend, fleischig, hell- bis olivgrün, bei intensivem Licht bräunlich. Pflanze riecht aromatisch. Blüten einzeln, achselständig, blau oder schwach lila, selten weiß. Deckblätter 2 mm. Kelch 5-teilig, 6–8 mm lang; äußere Kelchblätter lanzettlich bis breit eirund, innere schmal lanzettlich. Blütenkrone verwachsenblättrig, glockenförmig, bis 1,1 cm lang. 4 Staubblätter, zwei mit 6 mm, zwei mit 5 mm Länge. Griffel 6 mm lang.
Kultur: *Bacopa caroliniana* zählt zwar zu den lichtbedürftigen Arten, ist aber ansonsten anspruchslos. Sie wächst sowohl im ungeheizten Zimmeraquarium oder Paludarium als auch im Tropenaquarium bis etwa 25 °C. Höhere Temperaturen verträgt sie nur vorübergehend. Als Bodengrund genügt reiner Sand, dem etwas Lehm zugefügt werden kann. Die Art wächst in weichem Wasser besser als in hartem. Um einen guten optischen Eindruck zu erzielen, pflanzt man *B. caroliniana* als Gruppe stufig im Vordergrund oder in der Mittelzone des Aquariums. Blütenbildung im Sommer bei emerser Kultur häufig.
Ökologie: *Bacopa caroliniana* wächst in Sumpfgebieten, an den Rändern kleiner Bäche, manchmal in flachem Wasser submers, aber gewöhnlich semi-emers (Foto S. 12). Wasseranalyse eines Standortes in Mexiko (8/1985): Temperatur 29 °C, pH 6,9, GH 3 °dH, KH 3 °dH, Fe und NO_2^- nicht nachweisbar, NH_4^+ 0,5 mg/l. Bestände semi-emers am Rand eines größeren Teiches.
Sonstiges: Die seltene *B. salzmannii* aus dem tropischen Amerika soll submers *B. carolinana* ähneln (flowgrow.de).

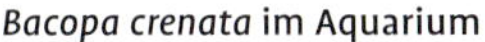
Bacopa crenata im Aquarium

Blüte von *Bacopa crenata*

Bacopa crenata

(Beauvois) Hepper (1960)

Gekerbtes Fettblatt

Familie: Plantaginaceae, Wegerichgewächse.
Synonyme: *Herpestis crenata* Beauvois (1819), *H. calycina* Bentham, *H. thonningii* Bentham, *Bacopa calycina* Engler ex De Wildeman, *Moniera calycina* Hiern.
Etymologie: *Bacopa*: siehe *Bacopa caroliniana*; *crenata*: gekerbt, bezieht sich auf den Blattrand.
Verbreitung: Westafrika von Senegal bis Angola, Tansania, Madagaskar.
Beschreibung: Bis 30 cm hohe, niederliegende oder aufsteigende Sumpfpflanze. Stängel 2–5 mm dick, rund, fleischig, unbehaart. Blätter kreuzgegenständig, bei submerser Kultur selten mit 3- bis 5-zähligen Quirlen. Blattspreite lanzettlich bis eiförmig, sitzend, 1,5–6 cm lang, 0,5–2 cm breit, emers gras- bis dunkelgrün, submers hellgrün gefärbt. Spitze rund; Basis stumpf. Mittelnerv deutlich. Blattrand gezackt bis gekerbt.

Blüten einzeln, 2–4 mm gestielt. Brakteen 1 mm lang. 5 Kelchblätter. Krone weiß bis leicht rosa; Oberlippe 2-lappig; Unterlippe 3-lappig, innen leicht gelblich. 4 Staubblätter. Griffel 2,5 mm lang. Kapsel 2-fächrig, 5 × 2,5 mm groß; Samen zahlreich, dunkelbraun.
Kultur: *Bacopa crenata* ist eine brauchbare, aber sehr anspruchsvolle, langsam wachsende Pflanze, die im Aquarium 10–20 cm hoch wird. Für eine erfolgreiche Haltung ist eine hohe Lichtintensität erforderlich. Ein nicht zu grober, nährstoffreicher Bodengrund unterstützt eine schnelle Wurzelbildung. Am günstigsten ist weiches bis mittelhartes, schwach saures Wasser mit Temperaturen von 23–28 °C. Da die Vermehrung durch Seitensprosse im Aquarium nur sehr spärlich ist, lassen sich Stecklinge für eine Gruppenbepflanzung besser in der unproblematischen emersen Kultur heranziehen. *Bacopa crenata* ist besonders für Paludarien empfehlenswert. Hier blühen und fruchten die Pflanzen leicht. Auf feuchter Erde keimen die Samen nach wenigen Tagen. Leider wird die Art nur selten kultiviert.
Ökologie: *Bacopa crenata* lebt im Sumpf, an feuchten und nassen Standorten, wächst aber auch ziemlich trocken in intensivem Sonnenlicht. Ich fand die Art 1981 auf den Inseln Mafia und Sansibar in sehr weichem, schwach saurem Wasser.

Blüte von *Bacopa lanigera*

Emerser Spross von *Bacopa lanigera*

Bacopa lanigera

(G. Don) Wettstein (1891)

Wollig behaartes Fettblatt

Familie: Plantaginaceae, Wegerichgewächse.
Synonyme: *Bramia lanigera* G. Don, *Herpestis lanigera* Chamisso & Schlechtendal, u. a.
Etymologie: *Bacopa*: siehe *B. caroliniana*; *lanigera*: Wolle tragend.
Verbreitung: Brasilien.
Beschreibung: Sumpfpflanze mit niederliegenden oder aufrechten Sprossen. Stängel 2–5 mm dick, fleischig, dicht wollig behaart. Blätter kreuzweise gegenständig (selten 3-zählige Quirle), sitzend, stängelumfassend, kahl. Blattspreite eiförmig bis breit eirund, 2–3,2 cm lang, 1,7–2,8 cm breit, mit runder Spitze und deutlichem Mittelnerv. Blattrand emers gekerbt, submers fast ganzrandig. Färbung hell- bis mittelgrün mit deutlich weiß gefärbten Nerven, gelegentlich auch ganz grün.

Blüten einzeln, achselständig. Blütenstiel 5–15 mm lang, behaart. Brakteen 1 mm lang. 5 Kelchblätter, behaart. Blütenkrone 2-lippig, 5-zipflig, bis 1 × 0,8 cm groß, tief blauviolett gefärbt. Oberlippe 2-lappig, Unterlippe 3-lappig, innerhalb der Krone mit einem gelben Fleck. 4 Staubblätter, kürzer als die Krone. Griffel etwa 5 mm lang; Narbe 2-spaltig.
Kultur: *Bacopa lanigera* wird seit vielen Jahren kultiviert, ist auch gelegentlich im Fachhandel, eignet sich aber nicht oder wenig für die Kultur im Aquarium. Empfehlenswert ist jedoch eine emerse Haltung im Paludarium, wo die Pflanzen zum optimalen Gedeihen eine intensive Beleuchtung sowie einen nahrhaften Bodengrund benötigen. Blüten bilden sich regelmäßig. Die starke Behaarung kann manchmal zurückgehen, was besonders bei stagnierender, feuchter Luft der Fall ist. Auffällig ist der intensive aromatische Geruch dieses Fettblattes, besonders wenn Stängel oder Blätter zwischen den Fingern zerrieben werden. Obwohl auch andere Fettblätter dieses Merkmal aufweisen können, lässt sich *Bacopa lanigera* gewöhnlich leicht daran erkennen.
Ökologie: Die Art wächst an feuchten und sumpfigen Standorten in stehendem Wasser.
Sonstiges: Es wurden 2 Varietäten beschrieben, die sich nur durch geringe Merkmale (Blattform, Kelch und Krone) unterscheiden.

Bacopa madagascariensis im Aquarium

Blüte von *Bacopa madagascariensis*

Bacopa madagascariensis

(Bentham) Pennell (1946)

Madagassisches Fettblatt

Familie: Plantaginaceae, Wegerichgewächse.
Synonyme: *Herpestis madagascariensis* (1836).
Etymologie: *Bacopa*: siehe *B. caroliniana*; *madagascariensis*: aus Madagaskar stammend.
Verbreitung: Madagaskar.
Beschreibung: Sumpfpflanze mit niederliegenden oder aufsteigenden, bis 1 m langen Sprossen, wenig verzweigt. Stängel bis 4 mm dick, schwach gerieft, fleischig, kahl. Blätter kreuzgegenständig, fast stängelumfassend. Spreite lanzettlich bis schmal eiförmig, 1–3 cm lang, 0,5–1,3 cm breit, hellgrün. Spitze spitz bis stumpf. Blattrand leicht gekerbt (ähnlich *B. crenata*).

Blüten einzeln, bis 2 cm gestielt. Brakteen 2–3 mm lang. 5 Kelchblätter. Krone 5-zipflig, violett, etwa 11 × 10 mm groß. 4 Staubblätter, kürzer als die Krone. Griffel etwa 6 mm lang, die Staubblätter überragend.
Kultur: *Bacopa madagascariensis* ist sowohl im Aquarium als auch im Paludarium eine gute Kulturpflanze. Mit einer submersen Wuchshöhe von 5–15 cm stellt sie eine ideale, dekorative Vordergrundpflanze dar. Eine mittlere bis starke Lichtintensität bildet die wichtigste Voraussetzung für die erfolgreiche Kultur. Werden die Pflanzen zu schwach beleuchtet, verlieren sie mit zunehmender Höhe die unteren Blätter. Obwohl das Madagassische Fettblatt am natürlichen Standort in sehr weichem, saurem Wasser wächst, lässt es sich auch in mittelhartem, leicht alkalischem Wasser noch kultivieren. Die Pflanzen bleiben dann aber merklich kleiner. Als Untergrund ist gewaschener Sand ausreichend. Temperatur 24–28 °C. Die Art wird relativ selten im Fachhandel angeboten.
Ökologie: Ich fand die Art auf Madagaskar häufig in Bächen, Überschwemmungsgebieten oder kleinen Tümpeln und Seen submers oder semi-emers im Wasser oder emers am Gewässerrand. Dabei war der häufig sandige Bodengrund immer feucht oder nass. Vereinzelt bestand die oberste Schicht auch aus schlammigen, torfigen und eisenhaltigen Ablagerungen. Mehrere Wasseranalysen (12/1986, zusammengefasst): Temp. 28 °C (Luft 27 °C), GH/KH < 1 °dH, pH-Wert 4,8–6,0, Fe^{2+} 0,2 mg/l. Die Sprosse wuchsen im intensiven Sonnenlicht (116 400 Lux um 10.30 Uhr).

Bacopa monnieri

(LINNÉ) PENNELL (1946)

Monniers Fettblatt, Kleines Fettblatt

Familie: Plantaginaceae, Wegerichgewächse.
Synonyme: *Lysimachia monnieri* LINNÉ (1756), *Gratiola monnieri* L., *G. monnieria* L., *Herpestis monnieria* KUNTH (nom. ill.), *Bacopa monnieria* WETTSTEIN (als *monniera*, nom. ill.).
Etymologie: *Bacopa*: siehe *Bacopa caroliniana*; *monnieri*: benannt nach dem Botaniker G. L. LE MONNIER, Paris.

***Bacopa monnieri* im Aquarium**

Verbreitung: Weit verbreitet in den Tropen und Subtropen Afrikas, Asiens, Australiens und Amerikas, in Europa vereinzelt eingeschleppt.
Beschreibung: Kriechende oder aufsteigende, bis etwa 40 cm hohe Sumpfpflanze. Stängel und Blätter kahl. Blätter kreuzweise gegenständig, sitzend oder undeutlich gestielt. Blattspreite schmal länglich bis schmal verkehrt oval, meistens aber schmal spatel- oder keilförmig, ganzrandig oder selten schwach gekerbt, mit runder Spitze, 10–25 mm lang und 3–10 mm breit, hell- bis dunkelgrün gefärbt.

Blüten achselständig, 1–3,5 cm lang gestielt. Deckblätter schmal linealisch, 3 mm lang. Die Einzelblüte besitzt einen fünfteiligen, 5–6 mm langen Kelch, eine fünflappige, etwa 10 mm lange Krone, 4 Staubblätter, von denen die beiden längeren etwas aus der Krone herausragen, und einen Griffel mit der kopfigen Narbe, der die Staubblätter überragt. Die breit glockenförmige Blütenkrone ist schwach rosa, weiß oder (seltener) blassblau gefärbt.
Kultur: *Bacopa monnieri* ist eine sehr empfehlenswerte und anspruchslose Aquarienpflanze. Die Art wächst in weichem oder hartem, schwach saurem oder alkalischem Wasser gut; besonders kräftige Exemplare erzielte ich in hartem Wasser mit alkalischer Reaktion. Sogar in leicht brackigem Wasser ist eine Kultur möglich. Eine mittlere Beleuchtungsstärke reicht für ein gesundes Wachstum aus. Für den Bodengrund sind feiner Kies oder Sand zu empfehlen, in dem die Sprosse schneller Halt finden können. Bei einer emersen Kultur in gespannter Luft bilden die Sprosse im Sommer regelmäßig kleine, weiße oder rosafarbene Blüten aus. Eine Vermehrung durch Samen ist sehr mühsam.
Ökologie: Ich fand das Kleine Fettblatt an zahlreichen natürlichen Standorten auf Madagaskar, in Mexiko und Indonesien immer an feuchten und nassen Plätzen meistens semiemers. Auf Java kam es auch in schwach brackigem Wasser vor. Am Lac Elapa, Madagaskar, wuchsen blühende semi-emerse Sprosse unbeschattet am Rande des Sees in leicht trübem Wasser und auf sandigem Bodengrund. Eine Wasseranalyse, durchgeführt im Dezember 1986, brachte folgendes Ergebnis: Wassertemperatur 30 °C (Lufttemperatur 32 °C um 11.30 Uhr), pH 6, GH und KH < 1 °dH, Fe^{2+} und NO_2^- nicht nachweisbar.
Sonstiges: *B. monnieri* wird in asiatischen Ländern, etwa in Vietnam, in der Nudelsuppe „Cao Lai", als ungekochtes Gemüse verzehrt. Als Extrakt werden die Pflanzen in der Medizin als „Brahmi" zur Leistungssteigerung und Gedächtnisförderung vertrieben. Die Art gilt als eine der sichersten Nootropika. Von der polymorphen Art sind mehrere Wuchsformen bekannt: eine kompakte Form als „Compact" mit starker Verzweigung, zwei Formen mit rundlichen oder gezähnten Blättern sowie eine kleinwüchsige Form aus Kuba (mitgebracht von Sven Ploeger).

Bacopa myriophylloides am natürlichen Standort im Pantanal (Brasilien)

Bacopa myriophylloides

(BENTHAM) WETTSTEIN (1891)

Myriophyllum-ähnliches Fettblatt

Familie: Plantaginaceae, Wegerichgewächse.
Synonyme: *Herpestis myriophylloides* BENTHAM (1846).
Etymologie: *Bacopa*: siehe *B. caroliniana*; *myriophylloides*: der Gattung *Myriophyllum* ähnlich.
Verbreitung: Brasilien (Prov. Minas Gerais).
Beschreibung: Zierliche Sumpfpflanze mit einem aufsteigenden oder aufrechten, kahlen oder wenig behaarten, bis 20 cm langen Stängel. Blätter gegenständig, scheinbar quirlständig, sitzend, stängelumfassend, linealisch-pfriemförmig. Blatt mit 5–7 Segmenten, diese 3–6 mm lang, 0,5–1 mm breit, mittelgrün. Submerse Sprosse sehr zart und brüchig. Blattsegmente nadelförmig, weich, hellgrün.

Blüten einzeln, achselständig, 1–2 cm gestielt. Brakteen etwa 1 mm lang. 5 Kelchblätter. Blütenkrone 2-lippig, bis 8 × 8 mm groß, blassblau. 4 Staubblätter, je zwei mit 4 mm, zwei mit 6 mm Länge. Griffel 5 mm lang. Narbe schwach 2-lappig. Kapsel 2-klappig, Samen länglich.

Kultur: *Bacopa myriophylloides* wird sehr selten im Aquaristik-Fachhandel angeboten. Im äußeren Erscheinungsbild ähnelt dieses Fettblatt einer *Myriophyllum*-Art. Es ist im Aquarium eine sehr schwierig zu kultivierende und anspruchsvolle Pflanze. Wichtig für eine befriedigende Kultur sind eine hohe Lichtintensität sowie vermutlich weiches und saures Wasser. Die submersen Sprosse sind leicht zerbrechlich und reagieren auf Nährstoffmangel schnell mit einem Glasigwerden der Blätter und anschließendem Wachstumsstopp. Algen können die Sprosse in kurzer Zeit ersticken. Vorsicht bei der Zugabe von chemischen Präparaten! Für die emerse Kultur sind eine hohe Luftfeuchte und gute Beleuchtung wichtig.
Ökologie: Ich sammelte *Bacopa myriophylloides* im nördlichen Pantanal im Staat Mato Grosso, Brasilien. Die Pflanzen wuchsen in einem Sumpfgebiet in intensivem Sonnenlicht sowohl als Land- als auch in seichtem Wasser als Wasserpflanzen. Der Bodengrund bestand aus laterithaltigem Schlamm. Wasseranalyse von zwei Standorten (3/1986 und 12/2003): Temperatur 28 und 39(!) °C (am Gewässerrand), pH-Wert 5,5 und 8,1, GH/KH < 1 °dH, 18 und 10 µS/cm.

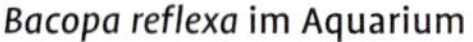

Bacopa reflexa im Aquarium

Blüte von *Bacopa reflexa*

Bacopa reflexa

(BENTHAM) EDWALL (1897)

Gebogenes Fettblatt

Familie: Plantaginaceae, Wegerichgewächse.
Synonyme: *Herpestis reflexa* BENTHAM (1846), u. a.
Etymologie: *Bacopa*; siehe *B. caroliniana; reflexa*; zurückgebogen, bezieht sich auf den Fruchtstiel.
Verbreitung: Kuba, Panama, Belize, Guyana, Venezuela, Brasilien, Kolumbien.
Beschreibung: Feingliedrige, zarte Wasserpflanze. Sprosse bis 50 cm lang, olivgrün bis kräftig dunkelrot gefärbt. Stängel 2 mm dick, kahl. Blätter in 6- bis 8-zähligen Quirlen, unpaarig gefiedert, bis 3 cm lang, 1,5–2 cm breit. Fiederblatt mit 14–20 fadenförmigen, 3–10 mm langen Segmenten.

Blüten einzeln, achselständig, bis 3 cm gestielt. Deckblätter fehlen. Kelch 3 mm lang, Kelchblätter 1 mm breit. Blütenkrone 2-lippig. Oberlippe 2-lappig, 4×2 mm groß, Lappen gleich groß und gerundet, Unterlippe 3-lappig, 9 mm breit, mittlerer Lappen etwas größer. Krone rosaviolett gefärbt, Unterlippe mit gelbem Fleck, Oberlippe mit roten Linien. 4 Staubblätter. Griffel 2 mm. Narbe 2-teilig. Fruchtknoten länglich. Kapsel 3 mm lang.
Kultur: Die Kultur dieser ungewöhnlichen *Bacopa* im Aquarium ist bisher noch nicht gelungen. Weil die zarten Sprosse dieser Wasserpflanze leicht zerbrechen, gelang es mir nur einmal, sie lebend vom natürlichen Standort mit nach Hause zu bringen. Die Kultur misslang aber. Vermutlich ist ein sehr weiches, saures Wasser Voraussetzung für die erfolgreiche Pflege. Tropenreisende Aquarianer sollten versuchen, diese Art einzuführen.
Ökologie: Die Auswertung der bisherigen Untersuchungen (KASSELMANN 1997) an den natürlichen Habitaten zeigt, dass *B. reflexa* eine typische Weichwasserpflanze ist, die Lebensräume mit stehendem bis langsam fließendem Wasser besiedelt. Drei untersuchte Biotope wiesen ein sehr weiches (GH/KH < 1 °dH), saures (pH 5,1–6,1) und salzarmes (5–26 µS/cm) Wasser auf. Der Bodengrund war lehmhaltig. Die gemessenen Wassertemperaturen zwischen 27 und 32 °C zeigen, dass *B. reflexa* wärmeliebend ist. Die natürlichen Habitate waren schattig bis sonnig. Siehe Biotope 3 (S. 29) und 31 (S. 39).
Sonstiges: *Bacopa reflexa* ist *Myriophyllum tuberculatum* täuschend ähnlich (Konvergenz).

Barclaya longifolia 'Rot' im Aquarium

Barclaya longifolia 'Grün' im Aquarium

Barclaya longifolia

WALLICH (1827)

Langblättrige Barclaya

Familie: Nymphaeaceae, Seerosengewächse.
Synonyme: *Hydrostemma longifolium* (WALLICH) MABBERLEY, *Barclaya pierreana* GAGNEPAIN, *B. oblonga* WALL., u. a.
Etymologie: *Barclaya*: nach dem englischen Botaniker Robert Barclay (1751–1830); *longifolia*: langblättrig.
Verbreitung: Myanmar, Andamanen, Süd- und Ostthailand, nördliche Malaiische Halbinsel, Kambodscha, Vietnam, südliches Hinterindien.
Beschreibung: Wasserpflanze mit einem knolligen oder bis 6 cm langen, dünnen, fleischigen Rhizom. Blätter in einer Rosette, 3–10(–20) cm gestielt. Blattspreite länglich, häutig, 10–25(–35) cm lang, 2–5(–10) cm breit, oberseits kahl, unterseits etwas warzig. Jugendblätter mit runder Basis, Folgeblätter tief herzförmig bis leicht spießförmig. Blattrand gewellt. In Kultur sind eine rote und eine grüne Farbform, für die ich hier die Sortennamen 'Rot' und 'Grün' einführe. Bei der häufigeren Sorte 'Rot' sind die Blätter oberseits weinrot bis bräunlichrot und unterseits hellviolett, bei der seltenen Sorte 'Grün' sind sie oberseits olivgrün und unterseits ebenfalls hellviolett gefärbt.

Blütenstängel bis 50 cm lang. 5 Kelchblätter. 7–10 Kronblätter in 2–3 Kreisen, nur im oberen Teil frei, außen olivgrün, innen purpurrot bis dunkelviolett. Sterile Staubblätter in etwa 2 Reihen, fertile, freie Staubblätter in 3–6(–7) Reihen angeordnet. Fruchtknoten unterständig. (8–)10–12 (–14) Fruchtblätter, radiär, ihre Fortsätze zu einer „Scheibe" verwachsen. Diese sind am Ende frei, sodass durch die nach oben entstehende Öffnung Pollen auf die Fruchtblätter fällt (siehe auch STENGEL 1982/83). Frucht eine Beere mit bis 300 etwa 1 mm großen, kugeligen, bräunlichen und dicht mit langen, weichen Stacheln versehenen Samen. Fruchtfleisch anfangs schleimig, klebrig und glasig, zur Reifezeit fest, weiß bis schwach rosa.
Kultur: Eine prächtige, empfehlenswerte, aber anspruchsvolle Aquarienpflanze, die am besten in gut bewegtem, weichem bis mittelhartem, saurem Wasser bei hohen Temperaturen von 25–28 °C gepflegt wird. Ferner ist ein nährstoffreicher Bodengrund (Lehmzusatz) zu empfehlen. Dem Licht fällt weniger Bedeutung zu, doch dürfen die Pflanzen natürlich nicht zu dunkel stehen. Für Schnecken sind die

Schnitt durch eine Blüte von *Barclaya longifolia*

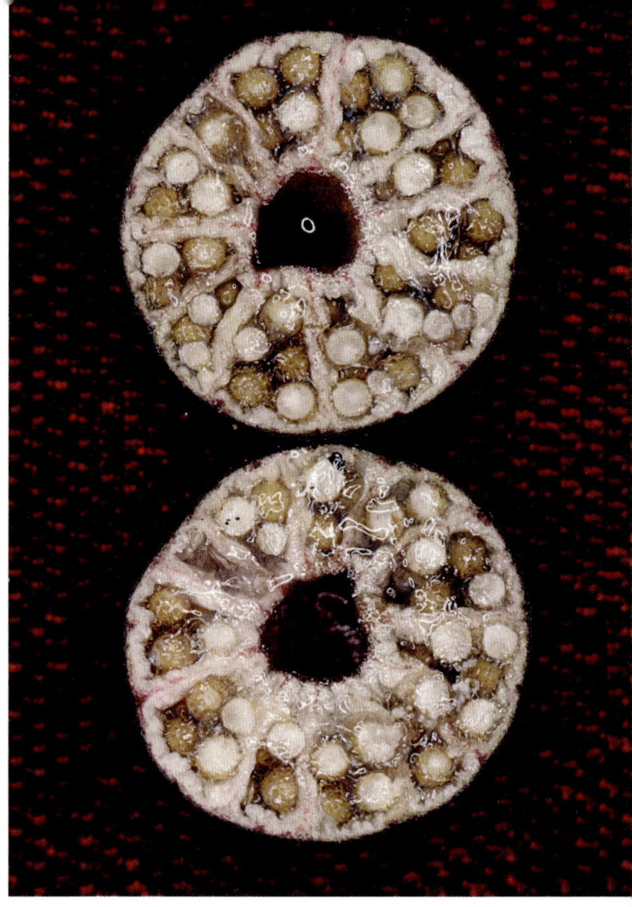

Schnitt durch eine Frucht von *Barclaya longifolia*

zarten Blätter eine willkommene Kost, sodass deshalb Vorsicht geboten ist. Nach einer Zeit guten Wachstums und reichlichen Blühens geht *Barclaya* gewöhnlich im Wuchs zurück, treibt jedoch nach wenigen Wochen wieder aus. Bei guten Kulturbedingungen kann eine Pflanze mehrere derartige Perioden überdauern. Trotzdem sollten aber durch Samen immer wieder neue Pflanzen herangezogen werden. Ist in kleinen Aquarien ein niedriger, langsamer Wuchs erwünscht, empfiehlt es sich, die Pflanzen in einen Topf zu setzen, der in den Bodengrund eingegraben wird. Das Wachstum ist dann bedeutend langsamer, und die Pflanzen bleiben längere Zeit klein. Große Exemplare der Langblättrigen *Barclaya* lassen sich ausgezeichnet als Solitärpflanzen verwenden, kleine Pflanzen kann man vorübergehend auch als Gruppe stufig setzen.

Die generative Vermehrung durch Samen ist sehr produktiv. Im Aquarium entwickeln sich häufig unter Wasser Blüten, die sich nur selten öffnen, aber dennoch Samen ansetzen (Kleistogamie). Nach etwa sieben Wochen Reifezeit fault die Frucht ab und entlässt die Samen. Man lässt sie bei viel Licht keimen, da die Keimquote dann gewöhnlich sehr hoch ist. Die Jungpflanzen werden in einem flachen Aquarium bei guten Lichtverhältnissen aufgezogen. Anfangs wachsen sie schnell, doch tritt häufig nach wenigen Wochen ein Wachstumsstillstand ein. Diese schwierige Phase lässt sich gut überbrücken, wenn die Pflänzchen dann umgesetzt werden. *Barclaya longifolia* verträgt das Umsetzen im Allgemeinen gut und „belohnt" dieses oft mit noch besserem Wachstum. Nur während der Ruhezeit sollte sie nicht umgepflanzt werden. Schon mit einem Alter von etwa einem Jahr sind die Pflanzen blühfähig. Auch die seltene grüne Farbform kann ausgezeichnet im Aquarium wachsen, bleibt allerdings etwas kleiner.

Ökologie: *Barclaya longifolia* wächst in lockeren bis dichten Beständen an schattigen bis halbschattigen Stellen in rasch fließenden, klaren Bächen mit weichem, saurem Wasser. Der Bodengrund ist sandig-lehmig. Siehe ausführliche Biotopbeschreibungen 52–54 (S. 50 und Fotos S. 48, 49 und 78).

Sonstiges: Der Gattungsname *Barclaya* ist ein nomen conservandum (konservierter Name) und hat deshalb Priorität vor dem älteren Gattungsnamen *Hydrostemma*. *Barclaya longifolia* kam viele Jahre lang kaum mehr in den Handel. Inzwischen gelingt die Vermehrung in der Gewebekultur, was natürliche Ressourcen schont.

Literaturhinweis: BADER (1982), HORST (1986).

Barclaya motleyi aus Sarawak

Barclaya motleyi

HOOKER filius (1862)

Motleys Barclaya

Familie: Nymphaeaceae, Seerosengewächse.
Synonyme: *Hydrostemma motleyi* (WALL.) MABBERLEY.
Etymologie: *Barclaya*: siehe *Barclaya longifolia*; *motleyi*: nach dem Entdecker J. MOTLEY (?–1859).
Verbreitung: Sumatra, Malaiische Halbinsel, Borneo (Sarawak), Neuguinea.
Beschreibung: Wasserpflanze. Rhizom knollig, bis 3 cm lang. Blattstiel bis 17 cm lang, 1–2 mm dick, behaart. Blattspreite fast rund bis lanzettlich, Basis herzförmig, 5–10 cm groß, ganzrandig, derb, oberseits kahl, unterseits besonders an den Nerven behaart. Färbung oberseits grün bis rötlich, unterseits hellolivgrün, rötlich oder rostbraun. Blüten ähnlich denen von *B. longifolia*, aber mit kürzerem Blütenstängel, behaarten Kelchblättern und weniger Staubblättern.
Kultur: Die Aquarienkultur von *B. motleyi* ist sehr schwierig. Die Pflanzen benötigen ein sehr weiches, saures Wasser und einen nährstoffreichen, lockeren Bodengrund mit einer sauren Reaktion. Ich konnte die besten Kulturergebnisse an einem freien, hellen Standplatz erzielen. Dort wuchsen einige Exemplare über mehrere Monate, doch wurden die neu gebildeten Blätter mit der Zeit immer kleiner. Jungpflanzen entstehen an langen Ausläufern. Die Blüten sind – wie bei *B. longifolia* – kleistogam. JACOBSEN & IPOR (2007) berichten über große Kulturerfolge und die generative Vermehrung durch Samen in einem separaten Aquarium mit Buchenlauberde. Grundsätzlich wird diese dekorative Art nur den Spezialisten vorbehalten bleiben.
Ökologie: HORST (1986) stellte in Schwarzwasserbächen mit *B. motleyi* neben zahlreichen Spurenelementen folgende Wasserwerte fest: Temperatur 25,5 °C, pH 4,4/5,2, GH 0,25 °dH, 18 µS/cm. Eine Bodengrundanalyse wies ebenfalls den niedrigen pH-Wert von 5,8 nach. Die Autorin untersuchte 2017 einen Standort in Sarawak (Borneo). Biotop 70 (S. 56) und Vollwasseranalyse S. 604.
Sonstiges: Außer *Barclaya longifolia* und *B. motleyi* werden zurzeit noch *B. kunstleri* (KING) RIDLEY und *B. rotundifolia* M. HOTTA als gute Arten angesehen. Über ihre Aquarienkultur ist kaum etwas bekannt. Ihre Einfuhr ist wünschenswert.
Literaturhinweis: SCHNEIDER & WILLIAMSON (1996).

Natürlicher Standort von *Blyxa aubertii* auf Sri Lanka

Blyxa aubertii im Aquarium

Blyxa aubertii

L. C. RICHARD (1814)

Auberts Fadenkraut
Glatt- oder Igelsamiges Fadenkraut

Familie: Hydrocharitaceae, Froschbissgewächse.
Synonyme: *Blyxa echinosperma* (C. B. CLARKE) HOOKER, u. a.
Etymologie: *Blyxa*: von *blyzein* (gr.) = fließen, in Bezug auf die Standorte einiger *Blyxa*-Arten, die in Bächen vorkommen; *aubertii*: nach dem Entdecker der Pflanze LOUIS-MARIE AUBERT DU PETIT-THOUARS (1758–1831); *echinosperma*: igelsamig.
Verbreitung: In Asien weit verbreitet von Indien bis Neuguinea, Japan, Australien, var. *aubertii* auch auf Madagaskar, vereinzelt in Mosambik und Tansania (Mafia), eingeschleppt in Louisiana (USA).
Beschreibung: Einjährige Wasserpflanze. Blätter in einer Rosette an einem kurzen, aufrechten Wurzelstock. Spreite ungestielt, linealisch mit lang verschmälerter Spitze, gewöhnlich bis 65 cm lang, 0,5–0,7 cm breit, weich, zerbrechlich, hellgrün oder rötlich gefärbt. Mittelnerv deutlich, Seitennerven parallel. Blüten zweigeschlechtlich, gewöhnlich lang gestielt und einzeln in einer nicht aufgeblasenen und ungeflügelten Spatha. Blütenbecher (Hypanthium) bis 15 cm lang. Je 3 Kelch-, Kron-, Staub- und Fruchtblätter. Kronblätter weiß oder rötlich. Frucht eine längliche Kapsel mit zahlreichen elliptischen Samen. Var. *aubertii*: Samen 1,25–1,8 mm lang, glatt oder gerippt, unregelmäßig bestachelt, nicht geschwänzt; var. *echinosperma*: Samen 1,5–2,0 mm lang (ohne Anhängsel), gerippt, deutlich bedornt, an einem oder beiden Enden bis zu 5 mm lang geschwänzt.
Kultur: *Blyxa aubertii* ist eine ausgesprochen dekorative Wasserpflanze, die im Handel aufgrund ihrer zerbrechlichen Blätter leider nur selten zu erwerben ist. Von tropischen Reisen konnte ich diese Pflanze regelmäßig mitbringen und immer problemlos kultivieren. Sie entwickelt sich in weichem, saurem Wasser zwar am schönsten, eine zufriedenstellende Kultur gelingt aber auch gut in mittelhartem, schwach alkalischem Wasser bei Temperaturen von 20–28 °C. Ein nährstoffreicher Bodengrund fördert kräftige Exemplare, die mit etwa 50 bis 100 Blättern ein ungewöhnlicher Blickfang sind. Ein heller, freier Standplatz ist für eine optimale Kultur erforderlich. „Unruhige" und pflanzenfressende Fische sollten nicht mit *Blyxa*

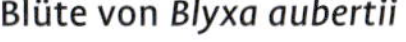

Blüte von *Blyxa aubertii*

Rote Farbform von *Blyxa aubertii* im Aquarium

vergesellschaftet werden, da sie die empfindlichen Blätter beschädigen. Die unscheinbaren Blüten lassen sich auch im Aquarium regelmäßig beobachten. Sie entwickeln sich entweder über der Wasseroberfläche oder bei zu hohem Wasserstand submers und sind dann kleistogam. Samen werden reichlich gebildet. Im Aquarium ist *Blyxa aubertii* nicht selten eine kurzlebige Pflanze, sodass man für eine rechtzeitige Vermehrung durch Samen sorgen muss. Gelegentlich erfolgt auch eine vegetative Vermehrung durch Teilung des Wurzelstockes.

Ökologie: Auf Madagaskar, wo *Blyxa aubertii* var. *aubertii* sehr häufig in Reisfeldern, Sumpfgebieten und kleineren Seen und Bächen mit langsam fließendem Wasser anzutreffen ist, wurden von mir im Dezember 1986 mehrere Wasseranalysen durchgeführt, die hier zusammengefasst wiedergegeben werden: Lufttemperatur 27,5–28,5 °C, Wassertemperatur 27,5– 31,5 °C, pH 6,0–6,6, GH < 1–3 °dH, KH < 1–2 °dH, Fe 0,05–0,2 mg/l, Beleuchtungsstärke an einem Standort 116 400 Lux in intensivem Sonnenlicht. Der Bodengrund war schlammig oder schlammig-lehmig, häufig auch mit Eisenablagerungen bedeckt, die auch auf den Blättern von *Blyxa* zu finden waren. Ich wies *Blyxa aubertii* var. *aubertii* im Juni 1982 erstmals auf der Insel Mafia (Tansania) nach, wo die Pflanzen in temporären Tümpeln und Gräben in flachem Wasser in intensivem Sonnenlicht wuchsen. Auch auf Sri Lanka sind Reisfelder und Sumpfgebiete, die Eisenausfällungen aufweisen, häufig charakteristische Biotope von *B. aubertii* (siehe Foto S. 15). Eine Wasseranalyse eines Baches (5/1985) mit schnell fließendem Wasser ergab folgende Werte: pH 7,4, GH 21 °dH, KH 14 °dH, 1710 µS/cm, E_H 386 mV. Siehe auch Biotop 56 (S. 50) sowie Fluss Anove zusammen mit *Aponogeton eggersii* (Wasseranalyse S. 606).

Sonstiges: COOK & LÜÖND (1983) beschrieben *Blyxa echinosperma*, die in der Aquarienliteratur lange Zeit als eigenständige Art geführt wurde, als Varietät von *B. aubertii*. Hauptunterschiede bilden die bei var. *aubertii* ungeschwänzten und bei var. *echinosperma* mehr oder weniger lang geschwänzten Samen. Seit wenigen Jahren werden auch Pflanzen eingeführt, die bei viel Licht intensiv rot gefärbtes Laub bilden. Zweifelsfrei gehören diese ebenfalls zu *B. aubertii*. Interessant ist die 2016 aus dem indischen Kerala beschriebene *Blyxa kasaragodensis* mit tief purpurnen Blättern. Bei der als *B.* sp. *novoguineensis* gehandelten Pflanze handelt es sich vermutlich um *B. aubertii*. *Blyxa novoguineensis* bildet 3 m lange Stängel.

Blyxa japonica var. *japonica* im Aquarium

Blyxa japonica

(Miquel) Ascherson & Gürke (1889)

Japanisches Fadenkraut

Familie: Hydrocharitaceae, Froschbissgewächse.
Synonyme: *Hydrilla japonica* Miquel (1866), u. a.
Etymologie: *Blyxa*: siehe *B. aubertii; japonica*: aus Japan.
Verbreitung: Von Indien bis Neuguinea, Japan, in Australien fehlend; in Italien eingebürgert.
Beschreibung: Einjährige oder ausdauernde Wasserpflanze mit 10–25 cm langen, aufrechten, verzweigten Sprossen. Blätter wechselständig rosettig, sitzend, linealisch, spitz, weich, transparent, 3–7 cm lang, 2–4 mm breit, hellgrün bis bräunlich, Mittelnerv deutlich, 6–12 Parallelnerven.

Blüten zweigeschlechtlich, gewöhnlich einzeln in einer Spatha. Blütenbecher 2–4,5 cm lang. Je 3 Kelch-, Kron-, Staub- und Fruchtblätter. Samen spindelförmig. Var. *japonica*: Samen glatt, var. *alternifolia*: Samen bedornt oder gerippt.
Kultur: *Blyxa japonica* ist eine sehr anspruchsvolle, leicht zerbrechliche Wasserpflanze, die lange eine ausgesprochene Rarität darstellte. Ein befriedigendes Wachstum gelingt nicht oft; meistens zerfallen die Sprosse schon nach kurzer Zeit. Für eine erfolgreiche Pflege ist unbedingt weiches, salzarmes und saures Wasser erforderlich. Ferner ist eine mittlere bis intensive Beleuchtung empfehlenswert. Der grazile Habitus dieser zarten Pflanze kommt nur im Aquarienvordergrund wirkungsvoll zur Geltung. Zum Einpflanzen der empfindlichen Stängel ist ein Bodengrund aus Sand oder feinem Kies notwendig, in dem die Sprosse leichter Halt finden und wurzeln als in grobem Substrat. Eine ungewöhnliche Dekoration bildet eine „Straße" von *B. japonica* mit *Alternanthera reineckii*. Bei einer erfolgreichen Kultur ist die Verzweigung durch Seitensprosse sehr stark, die aber erst mit einer Länge von etwa 10 cm abgetrennt werden sollten.
Ökologie: Sowohl in stehendem, flachem Wasser von Teichen und Sumpfgebieten als auch in langsam fließenden, eisenhaltigen Waldgewässern zu finden; besonders häufig in Reisfeldern.
Sonstiges: *Blyxa japonica* wurde in den vergangenen Jahrzehnten zwar gelegentlich importiert, meistens gelang ihre Kultur aber nicht. Erst seit der Verwendung von Umkehrosmosewasser gibt es häufiger Erfolgsmeldungen. Beide Varietäten sind in Kultur. Seit 1998 Einfuhr durch die Gärtnerei Tropica.

Blühende *Blyxa japonica* var. *recurvifolia* im Aquarium

Blattspitze von *Blyxa japonica* var. *recurvifolia*

Blyxa japonica var. recurvifolia

KASSELMANN & G. PETERSEN (2011)

Familie: Hydrocharitaceae, Froschbissgewächse.
Etymologie: *Blyxa*: siehe *B. aubertii*; *recurvifolia*: zurückgebogen.
Verbreitung: Unbekannt. Importe aus Asien.
Beschreibung: Zarte Wasserpflanze. Stängel aufrecht, nicht kriechend, brüchig, 10–30 cm lang. Internodien 0,3–1,5 cm. Blätter wechsel- und schraubenständig, nicht in einer Rosette, sitzend, linealisch-schmal dreieckig, etwas transparent, zugespitzt, nach unten zurückgebogen, 1,5–2,5 cm lang, 2–3 mm breit, etwas steif, hellgrün bis intensiv rot. Spreite hellgrün umrandet und gezähnt (Lupe!). Mittelnerv deutlich mit kaum sichtbaren Parallelnerven.

Spatha sitzend, einblütig. Röhre 1,5–2 cm lang. Hypanthium 2,5–3 cm. Blüten 3-zählig. Sepalen 2,5–3,5 mm lang, 0,8–1,0 mm breit. Petalen 3–4 mm lang, 0,6–0,8 mm breit, weiß. Staubblätter 2,5 mm lang. Von var. *japonica* unterschieden durch die zurückgebogenen, kürzeren Blätter sowie den aufrechten, stängeligen Wuchs.

Kultur: *Blyxa japonica* var. *recurvifolia* ist eine anspruchsvolle, leicht zerbrechliche Wasserpflanze für Spezialisten. Ein befriedigendes Wachstum gelingt nur in weichem, sehr saurem, kohlendioxidreichem Wasser mit einem pH-Wert um 6, intensivem Licht sowie allgemein guter Nährstoffversorgung. Die Stängel sind empfindlich und lassen sich schlecht transportieren. Bei einer erfolgreichen Kultur bilden die Pflanzen regelmäßig unter Wasser Blüten. Verwendung im Aquarienvordergrund: var. *japonica* in kompakten rosettenförmigen Büscheln und var. *recurvifolia* als aufrechte Gruppe.
Sonstiges: Var. *recurvifolia* wird seit etwa 2007 gelegentlich aus asiatischen Gärtnereien eingeführt. Beim Betrachten der hier abgebildeten Fotos wird der Leser überrascht sein, dass die recht unterschiedlich aussehenden Pflanzen derselben Art angehören. Molekularbiologische Untersuchungen haben aber gezeigt, dass beide genetisch zu *Blyxa japonica* gehören. Sie sind jedoch in ihren morphologischen Merkmalen deutlich verschieden. Die rötliche Färbung der var. *recurvifolia* vergrünt bei Herbarbelegen.
Literaturhinweis: COOK & LÜÖND (1983), KASSELMANN & G. PETERSEN (2011).

Bolbitis heteroclita „cuspidata" im Aquarium

Bolbitis heteroclita „cuspidata"

Familie: Dryopteridaceae, Wurmfarngewächse.
Synonyme: *Nephrodium cuspidatum* PRESL (1825), *Bolbitis cuspidata* (PRESL) CHING (1934), u. a.
Etymologie: *Bolbitis*: *bolbos* = Zwiebel, Knolle; *heteroclita*: verschieden geborgen; *cuspidata*: zugespitzt.
Verbreitung: Philippinen (Insel Luzon).
Beschreibung: Kleinwüchsige Form von *B. heteroclita*, sterile und fertile Pflanzen emers bis 16 cm, im Aquarium bis 10 cm hoch. Rhizom 1–2 mm dick, bis etwa 10 cm lang, kriechend, verzweigt, beschuppt. Internodien 3–7 mm lang. Blätter wechselständig, mittel- bis dunkelgrün. Fiederblätter 2–6 cm gestielt, Blattstiel unregelmäßig beschuppt. Blattspreite im Umriss 4–10 cm lang, 1,5–2,0 cm breit, lanzettlich, mit etwa 5 unpaarigen Fiedersegmenten. Fiedersegmente sitzend, 1–2 cm lang, 3–5 mm breit, an der Spitze rund, an der Basis herablaufend, am Rand gesägt-gezähnt und deutlich stachelspitzig; die obere Segmente verschmelzen zunehmend und enden in einer lang ausgezogenen Blattspitze.

Fertile (sporentragende) Blätter bis 10 cm lang gestielt. Blattspreite 4–5 cm lang, die seitlichen Fiedern kürzer und runder (bis 0,7 × 0,5 cm). Blattrand unregelmäßig und wenig eingeschnitten oder gebuchtet, zur Blattspitze hin zunehmend verwachsen.
Kultur: Im Unterschied zur Stammform eignet sich die seltene Zwergform *Bolbitis heteroclita* „cuspidata" ausgezeichnet für die Aquarienkultur und ist sehr empfehlenswert. Ich kultiviere sie seit vielen Jahren in meinen Aquarien und habe sie gut durch Adventivpflanzen und Verzweigung des Rhizoms vermehrt. Erfolgreich ist bei mir die Kultur in weichem bis mittelhartem Wasser mit neutralem pH-Wert, einer mäßigen bis mittleren Lichtintensität und einer Temperatur zwischen 23 und 28 °C. Die zügig wachsenden Rhizome werden am besten auf porösen Lavasteinen aufgebunden, wo sie nicht so leicht verrutschen können. Regelmäßig beobachte ich an meinen rein submersen Pflanzen auch sporentragende Blätter sowie Adventivpflanzen an den Blattspitzen. *Bolbitis heteroclita* „cuspidata" wächst auch problemlos im Paludarium.
Ökologie: Diese Wuchsform wurde als eigenständige Art, *Bolbitis cuspidata*, von der Insel Luzon beschrieben, wo sie entlang des Lamao Flusses gefunden wurde. HENNIPMAN (1977) stellte sie in die Synonymie von *Bolbitis heteroclita*.

Emerse *Bolbitis heteroclita* „difformis“

Fiederblätter von *Bolbitis heteroclita* „difformis“

Bolbitis heteroclita „difformis“

Familie: Dryopteridaceae, Wurmfarngewächse.
Synonyme: *Edanyoa difformis* COPELAND (1952).
Etymologie: *Bolbitis*: siehe *B. heteroclita* „cuspidata“; *difformis*: zweiförmig, bezieht sich auf die verschieden gestalteten sterilen und fertilen Blätter.
Verbreitung: Philippinen (Insel Negros).
Beschreibung: Kleinwüchsige Form von *B. heteroclita*, sterile Pflanzen bis 7 cm hoch, fertile bis 15 cm und im Aquarium 5–7 cm hoch. Rhizom 1–2 mm dick, bis etwa 5 cm lang, kriechend, stark verzweigt, beschuppt. Internodien 3–5 mm lang. Blätter wechselständig, hell- bis mittelgrün. Fiederblätter 2–3 cm lang gestielt, Blattstiel unregelmäßig beschuppt. Blattspreite 2–4 cm lang, 1,5–2,5 cm breit, im Umriss verkehrt elliptisch bis schmal verkehrt eiförmig, fiederschnittig mit etwa 4 paarigen Fiederblättern und einem gegabelten kurzen endständigen Blattsegment. Seitliche Fiedern wiederum mehr oder weniger tief eingeschnitten bis fiederschnittig, fein gegliedert, bis 1 cm lang, 3–5 mm breit, Abschnitte an der Spitze 2- bis 3-fach fein gegabelt.

Fertile Blätter bis 10 cm lang gestielt. Blattspreite 2,5–5 cm lang, 1–1,5 cm breit, die seitlichen Segmente kürzer und runder (0,7 × 0,5 cm), kaum eingeschnitten oder gebuchtet, zur Blattspitze hin zunehmend verwachsen.
Kultur: Die seltene Wuchsform „difformis“ weist nicht die hohe Anpassungsfähigkeit an das Leben im Wasser auf wie die Form „cuspidata“ und ist submers sehr langsam wachsend. Damit die zarten Pflanzen nicht verloren gehen, sollten auch sie auf einem Lavastein aufgebunden werden. Die Blattspreite verändert sich unter Wasser deutlich und bildet nicht die feine Gliederung aus wie emers, sondern bleibt gröber im Wuchs und auch deutlich kleiner. Für eine Kultur im Paludarium ist diese Zwergform durch ihre fein zerteilten Blätter besonders dekorativ und empfehlenswert. Fertile Wedel beobachtete ich nur emers das ganze Jahr über. Sowohl unter als auch über Wasser bilden sich gelegentlich Adventivpflanzen an den Blattspitzen.
Ökologie: Die Form wurde nahe des Sees Balinsasayao auf der Insel Negros gesammelt.
Sonstiges: Die beiden Zwergformen „difformis“ und „cuspidata“ stammen aus den Kulturen des Botanischen Gartens Berlin-Dahlem und werden seit etwa 2007 im Aquarium ausprobiert.
Literaturhinweis: COPELAND (1960), HENNIPMAN (1977).

Bolbitis heudelotii im Aquarium

Bolbitis heudelotii emers am Standort in Kamerun

Bolbitis heudelotii

(FÉE) ALSTON (1934)

Heudelots Flussfarn, Kongo-Wasserfarn

Familie: Dryopteridaceae, Wurmfarngewächse.
Synonyme: *Gymnopteris heudelotii* FÉE (1845), u. a.
Etymologie: *Bolbitis*: siehe *B. heteroclita*; *heudelotii*: nach J.-P. HEUDELOT (1802–1837).
Verbreitung: Weit verbreitet in Afrika.
Beschreibung: Amphibisch lebender Farn. Rhizom 3–10 mm dick, bis 25 cm lang, kriechend, dicht mit braunen, bis 10 × 2 mm großen Schuppen besetzt. Blattstiel 2–5 mm dick, 8–40 cm lang, unten locker beschuppt. Emerse Blattspreite gefiedert, bis etwa 50 × 25 cm groß; Fiedern 1. Ordnung wechsel- oder gegenständig, ± eingeschnitten, schwach gezähnt, selten fast ganzrandig, hell- bis dunkelgrün. Submerse Blätter 1. Ordnung fiederspaltig, groß gezähnt, transparent, dunkelgrün.

Sporangientragende Blätter (Sporophylle) bis 100 cm lang; Fiedern fast ganzrandig bis gezähnt. Sporangien gleichmäßig und dicht auf der Unterseite verteilt; Sporen groß.

Kultur: *Bolbitis heudelotii* ist eine dekorative und beliebte Farnpflanze. Im Allgemeinen ist die Kultur nicht schwierig, wenn man nachstehende Hinweise beachtet. Die Art liebt weiches, saures Wasser mit pH-Werten von etwa 6,0–6,8. Eine CO_2-Düngung wirkt sich positiv aus. Befindet sich der pH-Wert im alkalischen Bereich, werden die Blätter oft schwarz und fleckig. *Bolbitis* kann zwar gut im Aquarium ohne starke Wasserbewegung wachsen, doch gedeihen die Pflanzen in bewegtem Wasser (z. B. Filternähe) eindeutig besser. Eine mäßige Beleuchtung ist ausreichend, da es sich bei diesem Farn um eine Schattenpflanze handelt. Die vegetative Vermehrung durch Seitentriebe und Rhizomteilung ist problemlos. Selten wurde auch eine Vermehrung durch Adventivpflanzen beobachtet. Diese entwickeln sich entweder direkt an den Fiederspitzen älterer Blätter oder an verzweigten Gewebeteilen.
Ökologie: Wächst in Flüssen mit sehr schnell fließendem Wasser auf Steinen und Felsen, manchmal auch im Bodengrund, sowohl submers als auch semi-emers im Schatten, selten in vollem Sonnenlicht. An zwei Standorten in Kamerun stellte ich folgende Wasserwerte fest: 24 °C, pH 5,5–5,7/7,2, GH 0,5/4 °dH, KH < 0,1/0,8 °dH, 40/120 µS/cm, Fe nicht nachweisbar.

Gattung Bucephalandra

Nomenklatur

Die Gattung *Bucephalandra* (Familie Araceae, Aronstabgewächse) umfasst 31 Arten (Oktober 2018). Alle sind auf Borneo verbreitet. Bis zum Jahr 2000 gehörten nur vier Spezies der Gattung an: *Bucephalandra motleyana*, *B. catherineae*, *B. gigantea* und *B. magnifolia*. Zahlreiche Aufsammlungen der letzten Jahre führten zu einer umfangreichen Bearbeitung durch die Araceen-Spezialisten SIN YENG WONG & PETER C. BOYCE. 2012 überführten sie *Microcasia pygmaea* nach *Bucephalandra*. In einer ausführlichen Publikation (WONG & BOYCE 2014) beschrieben sie 19 Arten und kombinierten weitere drei aus der älteren Gattung *Microcasia* um. Noch im selben Jahr kamen zwei weitere Arten hinzu. In den Jahren 2016 und 2018 wurden wiederum zwei neue Spezies vorgestellt. Nach den Informationen der Botaniker (pers. Mitt.) warten weitere etwa 20 Spezies auf ihre Beschreibung.

Diese große Zahl neuer Arten, von denen offenbar einige eine große Variationsbreite im Habitus und in der Färbung zeigen, führte in den vergangenen Jahren dazu, dass über 100 Handelsnamen vergeben wurden.

Obwohl viele Bucephalandren in Kultur leicht blühen, gestaltet sich ihre Bestimmung schwierig, weshalb derzeit in der Aquaristik fast nur Handelsnamen gebräuchlich sind. Für die Untersuchung des Blütenstands ist ein Binokular erforderlich, aber auch die intensive Befassung mit der wissenschaftlichen Literatur. Zudem variieren auch die Blütenteile innerartlich (z. B. die Anzahl der weiblichen Blüten in Abhängigkeit der Größe der Pflanzen).

Ich habe versucht, ein möglichst verständliches sprachliches Niveau zu finden. Botanische Fachausdrücke sind jedoch unumgänglich. Bei den Beschreibungen habe ich mich eng an die wissenschaftliche Literatur angelehnt. Es war mir unmöglich (vielleicht auch nicht sinnvoll), das Chaos der sich ständig ändernden Handelsnamen zu entwirren, weshalb sie – um falsche Zuordnungen zu vermeiden – nicht genannt werden.

In diesem Buch werden alle bisher beschriebenen Arten der Gattung mit den wichtigsten Merkmalen behandelt, um eine Bestimmung zu erleichtern. Die aquaristisch häufig angebotenen, kleinwüchsigen Arten befinden sich in zwei Gruppen am Anfang.

Allgemeine Merkmale der Gattung

Alle Arten besitzen ein mehr oder weniger langes, kriechendes Rhizom, das fest auf und in den Ritzen von Felsen wurzelt. Lange Rhizome sind viele Jahre alt. Die Blätter sind zart oder dick lederig und von unterschiedlicher Gestalt (linealisch bis eiförmig). Der Blattrand ist glatt, gewellt oder gekräuselt. Die Blattspitze besitzt ein ± langes Spitzchen. Die Blattunterseite ist häufig gepunktet, die Oberseite dagegen selten. Sehr variabel ist bei einigen Arten die Blattfärbung.

Aufbau des Blütenstands

Der Blütenstand besteht aus einer gestielten Spatha und dem Spadix. Die Spatha ist meistens weiß, selten rosa oder gelb und – im Unterschied zu anderen Aronstabgewächsen – nicht eingeschnürt. Ein besonderes Kennzeichen ist das Abwerfen der Spathaspreite (oberer Teil der Spatha) während der männlichen Anthese. Der Spadix (Blütenkolben) besteht aus mehreren Abschnitten: An der Basis befindet sich eine Zone mit weiblichen Blüten, die in Spiralen angeordnet sind. Der Fruchtknoten ist überwiegend flach kugelig geformt und grün gefärbt. Darunter befinden sich rudimentäre Blüten, sogenannte Pistillodien, die auch fehlen können.

Über dieser weiblichen Zone schließt sich ein Abschnitt von schuppenförmigen beweglichen Staminodien

Lebendsammlung von *Bucephalandra*-Arten bei den Botanikern S. Y. WONG und P. C. BOYCE im März 2016

(unfruchtbare Staubblätter) an. Dieser sterile Zwischenraum wird als Interstitium bezeichnet. Darüber schließt sich eine Zone mit 2–9 Reihen spiralig angeordneter Staubblätter an. Die fertilen (fruchtbaren) Staubblätter bestehen aus dem Filament (Staubfaden) und den Theken (Staubbeutelhälften). An der Spitze der Theken befinden sich kleine, bewegliche Hörner, die sich mit einer Pore öffnen, durch die der Pollen als Tröpfchen herausgedrückt wird. Der Appendix (Fortsatz) mit weiteren Staminodien bildet die Spitze des Spadix.

Bestäubung und die Bedeutung der Staminodien

Zuerst reifen die weiblichen, danach die männlichen Blüten mit dem Ziel der Kreuzbestäubung. Während der weiblichen Anthese bläht sich die Spatha auf und öffnet sich durch einen seitlichen Schlitz. Die Narben werden klebrig und empfängnisfähig für den Pollen und locken durch ihren Geruch Bestäuber an (z. B. kleine Fliegen). Die Zone mit den jetzt nach oben gerichteten, schuppenförmigen Staminodien ermöglicht es den Bestäubern, an die weiblichen Narben zu gelangen, um dort mitgebrachten Pollen abzustreifen. Zu diesem Zeitpunkt sind die männlichen Blüten noch nicht reif. Sobald die Narben nicht mehr

Blütenstand von *Bucephalandra bogneri* (ohne Spatha). Beachte die Pollentröpfchen an der Spitze der Theken-Hörner.

aufnahmefähig sind, senken sich die Staminodien und verschließen den unteren Teil der Spatha. Jetzt beginnt die männliche Anthese: Die Theken richten sich nach oben und ihr Geruch lockt Insekten an. Pollentröpfen treten an der Spitze der Theken-Hörner aus. Der obere Teil der Spatha wird abgeworfen.

Nach der Befruchtung verdickt sich das Interstitium, färbt sich grün und schützt die Früchte im verbliebenen unteren Teil der Spatha. Die vergrößerten, reifen Beeren drücken die Staminodien hoch, Wassertropfen dringen ein und schleudern die Samen heraus. Sie keimen auf den Felsen und in ihren Ritzen, wo sich neue Pflanzen bilden.

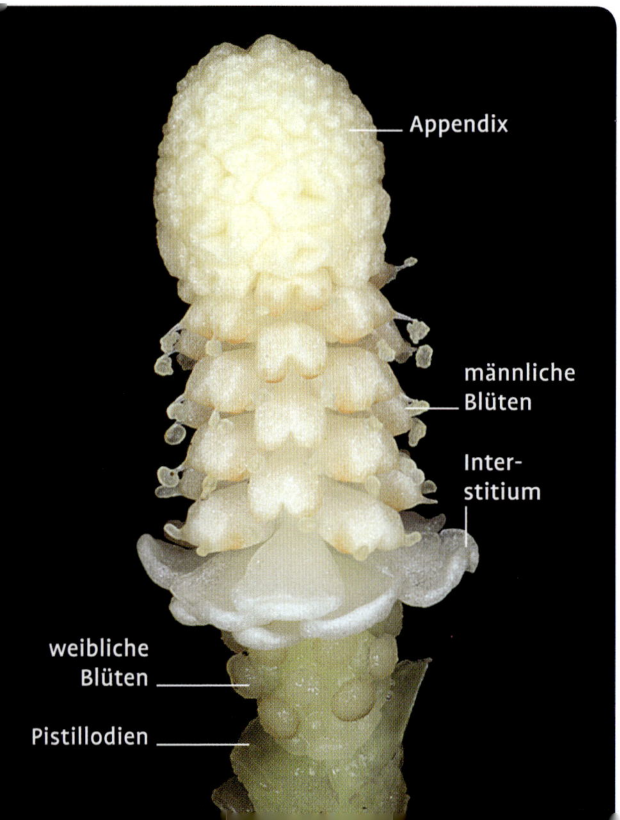

Natürliche Standorte

Bucephalandra-Arten wachsen gewöhnlich als Rheophyten auf Felsen in mehr oder weniger breiten Flüssen im Tiefland des tropischen Regenwalds. Nur vier Arten kommen in über 850 m Höhe vor: *Bucephalandra kishii*, *B. magnifolia*, *B. tetana* und *B. filiformis*. Die Standorte sind überwiegend stark beschattet und nur vorübergehend besonnt. Ökologische Daten, etwa Wasseranalysen und Lichtwerte, sind kaum bekannt. Die meisten Arten dürften jedoch in weichem, saurem, tropisch temperiertem Wasser wachsen und sich schnell an Waserstandsschwankungen anpassen können. Zahlreiche Arten sind bisher nur von ihren Typusfundorten bekannt.

Kultur

Viele Arten lassen sich leicht im Aquarium kultivieren. Sie werden auf Steinen oder Wurzeln aufgebunden. Die strömungsliebenden Pflanzen reagieren positiv auf eine gute Wasserbewegung. Es gibt zügig wachsende Arten, aber auch solche, die sehr langsam unter Wasser gedeihen – und Spezies, die nicht für die submerse Kultur geeignet sind. Entsprechend ihrer Lebensweise am Standort sollten Bucephalandren (bis auf wenige Ausnahmen) als Schattenpflanzen behandelt werden. Sie reagieren bei zu hoher Lichtintensität mit gedrungenem Wuchs, kleineren und heller gefärbten Blättern. In weichem bis mittelhartem Wasser mit CO_2-Düngung fühlen sich die meisten Arten wohl.

Viele Arten blühen im Aquarium. Häufiger entwickeln sie jedoch Blütenstände in der emersen Kultur. Diese gelingt leicht in handelsüblichem Soil im Sommer auf der Fensterbank (Nordseite) oder im Winter unter schwacher LED-Beleuchtung.

Dank

Im März 2016 hatte ich die Gelegenheit, die Bearbeiter der Gattung Sin Yeng Wong und Peter C. Boyce in Kuching zu besuchen. Ich durfte mir ihre Lebendsammlung ansehen und fotografieren. Für alle Arten, die in diesem Kapitel gezeigt werden, wurden von P. C. Boyce die Bestimmungen bestätigt. Ich danke beiden Wissenschaftlern für ihre großzügige Gastfreundschaft und ihre freundliche Unterstützung. Ferner danke ich Claudia Hary für die Überlassung zahlreicher *Bucephalandra*-Typen und Heiko Muth für die ausführlichen Diskussionen.

Literaturhinweis

Bogner & Hay (2000), Boyce, P. C., Bogner, J., & S. J. Mayo (1995), Okada & Mori (2000), Wong & Boyce (2014, 2016, 2018).

Arten mit linealischen Blättern und gekräuseltem Blattrand

Hierzu gehören die aquaristisch gut verbreiteten, kleinwüchsigen *Bucephalandra belindae*, *B. catherinae* und *B. micrantha*.

Bucephalandra belindae S. Y. Wong & P. C. Boyce

Verbreitung: Indonesisches Borneo, West-Kalimantan (Nanga Pinoh). 2014 nur vom Typusfundort bekannt.
Beschreibung: Etwa 3 cm hoch. Blattspreite sehr schmal linealisch, 2,5–3 cm × 2 mm, dunkelgrün, unterseits rötlich; Rand stark gewellt bis gekräuselt; Spitze bis 3 mm. Blütenstängel 4–5 cm. Spatha weiß und ± rötlich (oder rosa). Spadix etwa 6 mm. ♀ Zone mit 1(–2) Quirlen. Pistillodien fehlen. Interstitium mit 1 Reihe. ♂ Zone mit 2(–3) Reihen rötlicher Blüten. Appendix konisch, mit einzelnen großen Staminodien.
Ökologie: Wächst in kleinen Wasserfällen auf Granit.

Bucephalandra catherineae P. C. Boyce, Bogner & Mayo

Verbreitung: Indonesisches Borneo, Nord-Kalimantan (Malinau). 2014 nur vom Typusfundort bekannt.
Beschreibung: Wie bei *B. belindae*, verschieden durch: Pflanzen größer, bis 4 cm hoch. Blattspreite 3–5 cm × 1,5–3 mm. Blütenstängel 1,5–2 cm. Appendix kugelig mit mehreren kleinen Staminodien.
Ökologie: Die Pflanzen wurzeln auf Basaltgestein.

Bucephalandra micrantha S. Y. Wong & P. C. Boyce

Verbreitung: Indonesisches Borneo, West-Kalimantan (Sintang).
Beschreibung: Ähnlich *B. belindae* und *B. catherineae*, verschieden durch: Pflanzen etwa 1 cm hoch. Rhizom sehr kurz, an der Basis viel verzweigt. Blattspreite bis 16 mm × 2 mm, mittelgrün, unterseits rötlich. Blütenstängel etwa 1,5 cm. Appendix kegelförmig. Interstitium mit etwa 3 Staminodien.
Ökologie: Die Art bildet dichte Bestände auf Granit.
Sonstiges: Die Pflanze „Needle Leaf" ist noch kleiner.

Bucephalandra catherineae

Bucephalandra micrantha mit Blütenstand, der obere Teil der Spatha wird abgeworfen

Bucephalandra pygmaea

Bucephalandra diabolica

Bucephalandra tetana

B. sordidula mit rötlicher Spatha, oberer Teil wird abgeworfen

Kleinwüchsige Arten der Bucephalandra-pygmaea-Gruppe

Zu dieser taxonomisch schwierigen Gruppe zählen *B. diabolica*, *B. sordidula*, *B. pygmaea* und *B. tetana* (und vermutlich weitere Arten). Es sind gute, häufig kultivierte Aquarienpflanzen.

Bucephalandra pygmaea (Becc.) P. C. Boyce & S. Y. Wong

Synonym: *Microcasia pygmaea* Beccari (1879).
Verbreitung: Malaiisches und indonesisches Borneo (u. a. Sarikei, Kapit, Sintang, Bukit Kelam).
Beschreibung: Etwa 3 cm hoch. Blattspreite verkehrt eiförmig bis elliptisch, 0,7–2,5 cm × 1–1,5 cm, dick lederig. Färbung von tief dunkelgrün bis braunrot, beidseits gepunktet. Formen mit glattem oder gewelltem Blattrand. Blattspitze bis 1,5 mm. Blütenstängel bis 1,5–2(–3) cm. Spatha etwa 1,5 cm lang. Untere Spatha trichterförmig. Spadix 0,5–1,0 cm. ♀ Zone mit 2–5 Quirlen. Pistillodien 2–4. Interstitium mit 2 Reihen von weißen Staminodien. ♂ Zone mit 2–5 Quirlen, Blüten weiß. Theken-Hörner kurz. Appendix ellipsoid.
Ökologie: Eine relativ häufige, variable Art. Bildet Bestände auf Schiefer oder Sandstein. Blüht häufig.

Bucephalandra tetana S. Y. Wong & P. C. Boyce

Verbreitung: Indonesisches Borneo (Sintang, Serawai, Nanga Pinoh). 2014 nur vom Typusfundort bekannt.
Beschreibung: Wie bei *B. pygmaea*, verschieden durch: Blattspreite 4–5 cm × 2 cm, steif lederig, dunkelgrün, beidseits gepunktet; Rand glatt; Spitze bis 3 mm. Spathaspreite etwa 2 cm. ♀ Zone mit 2–3 unvollständigen Quirlen. Pistillodien fehlen. Interstitium mit 1 Quirl. ♂ Zone mit 2–3 unregelmäßigen Quirlen. Theken-Hörner etwa ¼ so lang wie die Theken. Appendix mehr als halb so lang wie der Spadix. Die Art ist leicht erkennbar an den steifen, gepunkteten Blattspreiten.
Ökologie: Besiedelt Basaltgestein in über 900 m ü. M.

Bucephalandra diabolica S. Y. Wong & P. C. Boyce
Verbreitung: Indonesisches Borneo, West-Kalimantan (Bukit Baka-Bukit Raya). 2014 nur vom Typusfundort.
Beschreibung: Etwa 2 cm hoch. Blattspreite verkehrt eiförmig, 3–5 cm × 1–1,5 cm, dünn lederig, von metallisch bläulich, hell- oder dunkelolivgrün bis tiefrötlichbraun gefärbt; Rand glatt oder schwach gewellt; Spitze bis 1 mm. Blütenstängel etwa 3 cm. Spatha 1,5 cm, weiß, unterer Teil trichterförmig. Spadix 5–8 mm. ♀ Zone mit 1 Quirl. Pistillodien fehlen. Interstitium mit 2 Reihen von blassrosa Staminodien. ♂ Zone mit etwa 3 Quirlen von rötlichen Blüten. Theken-Hörner auffällig lang. Appendix konisch, 1–2 mm, mit wenigen, glatten Staminodien. Die Art lässt sich von *B. pygmaea* und *B. sordidula* durch die langen Theken-Hörner unterscheiden. Von *B. sordidula* ist sie durch die weißen (nicht rötlichbraunen) Theken unterscheidbar.
Ökologie: Auf Granitfelsen am steilen Flussufer.

Bucephalandra sordidula S. Y. Wong & P. C. Boyce
Verbreitung: Indonesisches Borneo, West-Kalimantan (Nanga Pinoh). 2014 nur vom Typusfundort bekannt.
Wie *B. diabolica*, verschieden durch: Blattrand gewellt bis gekräuselt. Blütenstängel 5,5–10 cm. Spadix 6–7,5 mm. Untere Spathaspreite schalenförmig. ♀ Zone mit 2 Quirlen. Interstitium mit 2 unvollständigen Quirlen von weißen Staminodien. Theken rötlich; Theken-Hörner kürzer (etwa 1/3 der Thekenlänge). Appendix kugelig, etwa 3 mm, glatt, weiß. Kürzere Theken-Hörner als *B. diabolica*. Im Unterschied zu *B. pygmaea* besitzt *B. sordidula* einen auffällig langen Blütenstängel, einen langen Spadix, einen kugeligen Appendix und rötlichbraune (nicht weiße) Theken.
Ökologie: Wächst auf Kreide-Granitfelsen.

Weitere Arten (alphabetisch)

Bucephalandra akantha S. Y. Wong & P. C. Boyce
Verbreitung: Malaiisches (Padawan, Siburan) und indonesisches Borneo, West-Kalimantan (Entikong).
Beschreibung: Bis 17 cm hoch. Blattspreite elliptisch, 8–10 cm × 2–2,5 cm. Die Art unterscheidet sich von anderen durch die papillösen Staminodien des kugelförmigen Appendix und die dornähnlichen ♂ Blüten mit steifen Theken-Hörnern. Die Art steht *B. chrysokoupa* nahe. Nichtblühende Pflanzen ähneln denen von *B. bogneri*.
Ökologie: Besiedelt Granit- und Sandsteinfelsen.

Bucephalandra aurantiitheca S. Y. Wong & P. C. Boyce
Bucephalandra chimaera S. Y. Wong & P. C. Boyce
Verbreitung: Indonesien, West-Kalimantan (Sekadau).
Beschreibung: Beide Arten sind sich morphologisch ähnlich. Bis 18 cm hoch. Blattspreite lanzettlich-elliptisch, 7–9 cm × 1,5–2 cm (*B. aurantiitheca*) und 9–12 cm × 2–3 cm (*B. chimaera*). Beide Arten als einzige der Gattung mit orangefarbenen Theken. Sie kommen sympatrisch vor, wachsen auf Granitfelsen in unterschiedlichen ökologischen Nischen (*B. aurantiitheca* an offenen, *B. chimaera* an beschatteten Plätzen). Sie unterscheiden sich durch die ♂ Blüten und die Pistillodien (bei *B. aurantiitheca* fehlend, bei *B. chimaera* wenige vorhanden).

Bucephalandra bogneri S. Y. Wong & P. C. Boyce
Verbreitung: Malaiisches Borneo, Sarawak.
Beschreibung: Bis 15 cm hoch. Blattspreite elliptisch bis lanzettlich, 6–10 cm × 2,3–3,5 cm, dick lederig, dunkelolivgrün, unterseits blasser und rötlich; Rand meist gewellt; Spitze bis 4 mm. Blütenstängel 4–5 cm. Spatha 2,5–3 cm, weiß. Spadix etwa 1,5 cm. ♀ Zone mit 3 Quirlen. Pistillodien in 1 unvollständigen Reihe. Interstitium mit 2 Quirlen. ♂ Zone mit 4–6 Quirlen von kugelförmigen, cremefarbenen Blüten. Theken-Hörner etwa ¼ der Thekenlänge. Appendix mit unregelmäßigen Staminodien.
Bemerkungen: Die Typusaufsammlung von Bogner (südlich Kuching, Sungai Retien) wurde irrtümlich für *B. motleyana gehalten. Bucephalandra bogneri* ist von zahlreichen Fundorten bekannt. Sie wurde sicher gelegentlich eingeführt, aber nicht erkannt. Wächst im Aquarium sehr langsam.

Bucephalandra akantha

Fluss mit *Bucephalandra bogneri* bei Padawan zur regenarmen Jahreszeit (s. auch Biotop Nr. 71, S. 56), Fruchtstand von *B. bogneri*

Ökologie: Die Art wurzelt auf Basalt und Kalkgestein. Die Verfasserin untersuchte einen Standort von *Bucephalandra bogneri* bei Padawan. Siehe Biotop Nr. 71 (S. 56) und Wasseranalyse S. 604.

Bucephalandra chrysokoupa S. Y. Wong & P. C. Boyce

Verbreitung: Indonesisches Borneo, Nord-Kalimantan (Mentarang Hulu). 2014 nur vom Typusfundort bekannt.
Beschreibung: Bis 10 cm hoch. Blattspreite schmal elliptisch, 6–7 cm × 2,0–2,5 cm, hell- bis dunkelgrün. Von anderen Arten durch die goldgelbe Spathaspreite zu unterscheiden. Selten in Kultur.
Ökologie: Auf Granitfelsen wachsend.

Bucephalandra elliptica

Bucephalandra danumensis S. Y. Wong & P. C. Boyce

Verbreitung: Sabah (Danum-Valley). 2018 von zwei Fundorten bekannt.
Beschreibung: Bis 10 cm hoch. Blattspreite elliptisch bis eiförmig, 1,5–14 cm × 1–4 cm, dünn lederig, mittel- bis dunkelgrün; Rand kaum gewellt; Spitze bis 1,5 mm. Blütenstängel 3–7 cm. Spatha rötlich. Spadix 1–1,75 cm. ♀ Zone mit etwa 3 Quirlen. Pistillodien in 1 unvollständigen Reihe. Interstitium mit 2 Quirlen. ♂ Zone mit 4–5 Quirlen. Appendix mit stacheligen/papillösen Staminodien (wie *B. akantha*, *B. chrysokoupa* und *B. yengiae*).
Ökologie: Wächst auf Kreidefelsen in Wasserfällen.

Bucephalandra elliptica (Engl.) S. Y. Wong & P. C. Boyce

Synonym: *Microcasia elliptica* Engler (1879).
Verbreitung: Malaiisches Borneo, Sarawak (Sri Aman).
Beschreibung: Bis 20 cm hoch. Blattspreite elliptisch, 9–13 cm × 3–4 cm, mittelgrün, Rand fast glatt. Die Art ist erkennbar an dem langen, zylindrischen Appendix. Nahe mit *B. spathulifolia* verwandt (s. dort).
Ökologie: Die Art wurzelt auf Sandsteinfelsen.

Bucephalandra filiformis S. Y. Wong & P. C. Boyce

Verbreitung: Malaiisches Borneo, Sarawak, Sabah.
Beschreibung: Bis 8 cm hoch. Blattspreite linealisch, 7–11 cm × 4–6 mm, steif, dunkelolivgrün, unterseits heller; Rand glatt; Blattspitze 2–3 mm. An den steifen, linealischen Blätter gut erkennbar.
Ökologie: Auf Sandsteinfelsen in etwa 850 m ü. M.

Bucephalandra forcipula S. Y. Wong & P. C. Boyce
Großwüchsige, 30 cm hohe Pflanze aus West-Kalimantan.

Bucephalandra gigantea Bogner
Größte Art der Gattung aus Ost-Kalimantan, bis 40 cm.

Bucephalandra goliath S. Y. Wong & P. C. Boyce
Verbreitung: Indonesisches Borneo, West-Kalimantan (Nanga Pinoh, Nanga Taman).
Beschreibung: Bis 15 cm hoch. Blattspreite schmal elliptisch, 10–15 cm × 1–1,5 cm, dick lederig, mittelgrün, unterseits gelblichgrün, am Rand glatt. Die Art ähnelt *B. ultramafica* (aus Sabah) und ist von ihr durch die großen Staminodien am zylindrischen Appendix und die ♂ Blüten zu erkennen. Die schmalblättrige, mittelgroße Art ist gelegentlich in Kultur.
Ökologie: Wurzelt auf Granitfelsen in Wasserfällen.

Bucephalandra kerangas S. Y. Wong & P. C. Boyce
Verbreitung: Malaiisches Borneo, Sarawak (Sri Aman) und indonesisches Borneo, West-Kalimantan (Sanggau).
Beschreibung: Bis 13 cm hoch. Blattspreite lanzettlich, 6–12 cm × 1–4 cm, tiefgrün, unterseits blasser und rötlich; Rand glatt. Appendix abrupt verbreitert, dadurch von der ähnlichen *B. elliptica* zu unterscheiden.
Ökologie: Auf Sandsteinfelsen in Wasserfällen.

Bucephalandra kishii S. Y. Wong & P. C. Boyce
Wächst in West-Kalimantan (Gunung Saran) in etwa 1500 m Höhe. Die Art ist leicht an den purpurnen Blättern mit deutlichen Primärnerven zu erkennen. Verschiedentlich eingeführt, wächst jedoch nicht im Aquarium.

Bucephalandra magnifolia H. Okada & Y. Mori
Verbreitung: Indonesisches Borneo, Ost-Kalimantan (Long Bawan).
Beschreibung: Bis 15 cm hoch. Blattspreite lanzettlich-elliptisch, 6–12 cm × 1–2,5 cm, dunkelgrün, lederig. Die Art steht *B. bogneri* nahe, von dieser durch schmalere Blattspreiten, den weißen Appendix und weniger fertile männliche Blüten (2–3 Quirle) zu unterscheiden.
Ökologie: Auf Felsen am Flussufer in 980–1300 m ü. M.

Bucephalandra minotaur S. Y. Wong & P. C. Boyce
Verbreitung: Indonesisches Borneo, West-Kalimantan (Naga Pinoh). 2014 nur vom Typusfundort bekannt.
Beschreibung: Bis 20 cm hoch. Blattspreite lanzettlich, 9–11 cm × 1,5 cm, olivgrün, lederig. Von anderen Arten u. a. durch den kräftigen Blütenstängel (9–12 cm), den langen Spadix und die großen Staubblätter mit den kleinen Theken-Hörnern zu unterscheiden.
Ökologie: Die Art wurzelt auf Kreidegranitfelsen.

Bucephalandra kishii wächst nicht unter Wasser

Bucephalandra motleyana Schott
Verbreitung: Indonesisches Borneo, Südost-Kalimantan (Meratus-Gebirge?).
Nicht in Kultur, der Name wird missbräuchlich verwendet. Nur von Motley's Originalaufsammlung bekannt.

Bucephalandra muluensis (M. Hotta) S. Y. Wong & P. C. Boyce
Synonym: *Microcasia muluensis* M. Hotta (1965).
Verbreitung: Malaiisches Borneo (Mulu-Nationapark).
Beschreibung: Bis 10 cm hoch. Blattspreite eiförmig bis breit elliptisch, 2–4 cm × 1,5–2 cm, dünn lederig, hellgrün, nicht gepunktet; Rand glatt; Blattspitze bis 2 mm. Blütenstängel etwa 4 cm. Spatha etwa 3 cm, weiß. Spadix 1,3–1,5 cm. ♀ Zone mit 3 Quirlen. Pistillodien 2–4. Interstitium mit etwa 2 Reihen. ♂ Zone mit etwa 4 Quirlen. Die Art ist gut zu erkennen an den hellgrünen Blattspreiten (ähnlich *B. tetana*).
Ökologie: Besiedelt Kalkfelsen.

Bucephalandra oblanceolata (M. Hotta) S. Y. Wong & P. C. Boyce
Synonym: *Microcasia oblanceolata* M. Hotta (1965).
Verbreitung: Malaiisches Borneo (Mulu, Limbang), Brunei. Die einzige aus Brunei bekannte Art.
Beschreibung: Bis 20 cm hoch. Blattspreite schmal lanzettlich bis schmal elliptisch, 10–14 cm × 1,2 cm, lederig, dunkelgrün, Rand gewellt; Spitze bis 1,5 mm. Blütenstängel 8–10 cm. ♀ Zone mit 3–4 Quirlen. Pistillodien 1–3. Intersti-

Bucephalandra pubes

Bucephalandra oncophora

tium mit etwa 2 Reihen. ♂ Zone mit 3–4 Quirlen. Theken-Hörner sehr kurz. Steht *B. motleyana* nahe, deren Theken-Hörner an der Basis jedoch einen Warzenring besitzen.
Ökologie: Die Art wächst auf Schiefergestein.

Bucephalandra oncophora S. Y. Wong & P. C. Boyce
Verbreitung: Indonesisches Borneo, West-Kalimantan (Nanga Taman). 2014 nur vom Typusfundort bekannt.
Beschreibung: Bis 14 cm hoch. Blattspreite elliptisch, 9–11 cm × 2,5–3 cm, lederig, dunkelgrün, Rand gewellt; Spitze bis 5 mm. Neben *B. vespula* einzige Art mit unregelmäßig runden und größeren Staminodien am unteren Appendix; weiteres Merkmal sind die gestielten Narben.
Ökologie: Die Art wächst auf Pentlandit-Gestein.

Bucephalandra pubes S. Y. Wong & P. C. Boyce
Verbreitung: Indonesisches Borneo, West-Kalimantan (Sekadau). 2014 nur vom Typusfundort bekannt.
Beschreibung: Bis 12 cm hoch. Blattspreite schmal elliptisch, 11–12 cm lang, etwa 1,5 cm breit, dünn lederig, hellgrün, Rand wenig gewellt; Spitze bis 3 mm. Einfach zu erkennen an den behaarten ♂ Blüten mit kurzen Theken-Hörnern. ♂ Zone mit 6-9 Quirlen.
Ökologie: Die Art wurzelt auf Granitfelsen.

Bucephalandra spathulifolia Engler ex S. Y. Wong & P. C. Boyce
Verbreitung: Indonesisches Borneo, Ost-Kalimantan. 2014 nur von 2 Standorten bekannt.
Beschreibung: Bis 4 cm hoch. Blattspreite länglich spatelförmig, etwa 3,5 × 5 mm groß, dunkelgrün, unterseits rötlich, Rand wenig gewellt. Die kleine Art ist zu erkennen an den spatelförmigen Blättern und dem kugeligen Appendix.
Ökologie: Wurzelt auf Kreidefelsen.

Bucephalandra ultramafica S. Y. Wong & P. C. Boyce
Verbreitung: Malaiisches Borneo, Sabah (Telupit). 2014 nur vom Typusfundort bekannt.
Beschreibung: Bis 16 cm hoch. Blattstiel gefurcht. Blattspreite verkehrt lanzettlich bis schmal elliptisch, 8–12 cm × 1–1,5 cm, dick lederig, tief dunkelgrün, unterseits blasser mit purpurnen Drüsen, Rand glatt; Spitze bis 1,5 mm. Die Art ist zu erkennen an den gefurchten Blattstielen, den sehr schmalen, dunkelgrünen Blättern und dem kugeligen Appendix (ähnlich *B. goliath*).
Ökologie: Wurzelt auf ultrabasischem Felsgestein.

Bucephalandra vespula S. Y. Wong & P. C. Boyce
Verbreitung: Indonesisches Borneo, West-Kalimantan. 2014 nur vom Typusfundort bekannt.
Beschreibung: Bis 16 cm hoch. Blattspreite elliptisch bis lanzettlich, 9–10,5 cm × etwa 2 cm, lederig, dunkelgrün, Rand leicht gewellt; Spitze bis 5 mm. Blütenstängel 7–13 cm. Spatha 4–5 cm. Spadix 3–4 cm. Die Art ist zu erkennen an den unterschiedlich großen Staminodien am Appendix (s. auch *B. oncophora*). Weitere Merkmale sind der lange Blütenstängel, der lange Spadix und die kürzeren, spatelförmigen Pistillodien.
Ökologie: Die Art wurzelt auf Granitfelsen.

Bucephalandra yengiae S. Y. Wong & P. C. Boyce
Verbreitung: Indonesisches Borneo, Ost-Kalimantan. 2014 nur vom Typusfundort bekannt.
Beschreibung: Bis 10 cm hoch. Blattspreite eiförmig bis breit elliptisch, 7–9,5 cm × 3–4,5 cm, lederig, mittelgrün; Rand leicht gewellt; Spitze bis 1,5 mm. Die Art ist zu erkennen an den langen, aufrechten Theken-Hörnern und den stacheligen Staminodien am Appendix.
Ökologie: Bildet Bestände auf Granitfelsen.

Rötliche Sprosse von *Cabomba aquatica* aus Venezuela

Grüne Form von *Cabomba aquatica* im Aquarium

Cabomba aquatica

Aublet (1775)

Wasser-Haarnixe, Riesen-Haarnixe

Familie: Cabombaceae, Haarnixengewächse.
Synonyme: *Nectris aquatica* (Aublet) Willdenow, *Cabomba schwartzii* Rataj.
Etymologie: *Cabomba*: vermutlich einheimischer Name von guyanischen Eingeborenen; *aquatica*: im Wasser lebend.
Verbreitung: Nördliches und mittleres Südamerika.
Beschreibung: Wasserpflanze, Sprosse bis 150 cm lang. Blätter gegenständig. Blattspreite nierenförmig bis fast kreisförmig im Umriss, 3,0–8,5 cm lang, 4,0–9,5 cm breit, 5-teilig an der Basis, Blattabschnitte mehrfach 2- bis 3-fach gegabelt und in zahlreiche schmale Zipfel auslaufend, sodass jede Spreite bis 500 Segmente aufweist; diese deutlich in verschiedenen Ebenen. Es gibt Populationen mit grünen oder weinrot gefärbten Pflanzen.

Blütenspross mit ± zahlreichen, lang gestielten Schwimmblättern. Spreite ganzrandig, flach, schildförmig, breit elliptisch bis rundlich, 2,5–4 cm lang, 1,3–3,5 cm breit, oberseits grün, teils mit weinrotem Anflug, unterseits weinrot bis rosaviolett. Blüten 3–10 cm gestielt, 5–12 mm groß, 2- und 3-zählig, mit je 2 oder 3 gelben Kelch- und Kronblättern sowie 3, 4 oder 6 Staub- und 1–3 Fruchtblättern. Kronblätter mit orangegelben Basisflecken, deutlich geöhrt. 1–4 Samenanlagen. Samen ellipsoid-eiförmig, warzig, bis 3,5 × 2,5 mm groß. Der Typ „*C. schwartzii*" besitzt gewöhnlich zweizählige Blüten, gelegentlich treten aber auch dreizählige Blüten auf.
Kultur: Von *Cabomba aquatica* gibt es sehr unterschiedliche Formen. Im Fachhandel wird die als Riesen-Haarnixe bekannte grüne, bei intensivem Licht auch schwach rötliche Pflanze angeboten, die einen besonders hohen Dekorationswert besitzt. Sie ist allerdings auf Dauer nicht leicht zu pflegen. Wichtig ist ein möglichst salzarmes, weiches, bewegtes Wasser, das einen pH-Wert im leicht sauren Bereich und eine Temperatur zwischen 23 und 27 °C aufweisen sollte. Die Lichtintensität muss sehr hoch sein. Unter optimalen Wachstumsbedingungen entwickelt die Riesen-Haarnixe nicht selten Schwimmblattsprosse mit dreizähligen Blüten; auch Früchte können dann beobachtet werden. Die als „*C. schwartzii*" bekannten, rötlichen Pflanzen mit zweizähligen Blüten wachsen aufgrund ihrer

Zweizählige Blüte von *Cabomba aquatica*
Blüte von *C. furcata* (Typ „warmingii")

Blüte von *Cabomba palaeformis*
Blüte von *C. caroliniana* var. *flavida*

Cabomba aquatica (Typ „schwartzii") am Unterlauf des Paraná do Ariau, Brasilien

extremen ökologischen Ansprüche in der Kultur nicht zufriedenstellend. Auch eine aus Venezuela stammende Form mit rötlichen Sprossen und dreizähligen Blüten ist recht schwierig zu kultivieren.

Ökologie: Der Typ „*C. schwartzii*" wächst im unteren und mittleren Einzugsgebiet des Rio Negro (Brasilien) sowohl in stark fließenden als auch seeähnlichen Gewässern ohne merkliche Wasserbewegung. Dort zeichnen sich die ökologischen Bedingungen durch ein extrem saures (pH 4,3–5,3) und mineralarmes, sehr weiches (GH und KH < 1 °dH) Wasser aus. WOLFGANG STAECK sammelte im April 1992 rötliche Exemplare von *C. aquatica* im Mündungsdelta des Orinoko in Venezuela (Rio Morichal Largo, Rio Uracoa). Die Pflanzen wuchsen in starker Strömung im klaren, stark braun gefärbten Wasser an voll besonnten Standorten. Der Bodengrund war sandig-schlammig. Wasserwerte: 30 °C, GH/KH < 1 °dH, pH 6, 30–50 µS/cm. Ein untersuchter Standort der als Riesen-Haarnixe kultivierten Pflanze in Ostbrasilien (1/2004): Rio Marituba mit extrem dichten *Cabomba*-Beständen in knietiefem Wasser in voller Sonne. Bodengrund sandig-steinig. Begleitflora *Echinodorus paniculatus* und *Eichhornia azurea*. Wasserwerte: 27 °C, pH 6,3, GH 4 °dH, KH 2 °dH, 210 µS/cm.

Sonstiges: ØRGAARD (1991) stellte in einer Revision der Gattung *Cabomba* die bis dahin selbstständige Art *C. schwartzii* in die Synonymie von *C. aquatica* und begründet dies u. a. mit der Vielgestaltigkeit der Blüten. Sie betrachtet die zweizähligen Blüten von *C. schwartzii* nur als intraspezifische Variablität und Folge einer in wenigen Populationen fixierten Mutation. In ihrer Bearbeitung rechnet sie nur noch 5 Arten zur Gattung *Cabomba*, von denen 4 aquaristisch bekannt sind und im Folgenden ausführlich beschrieben werden. *Cabomba haynesii* WIERSEMA (1989) (Syn. *C. piauhyensis* GARDNER f. *albida* FASSETT) ist zwar schon seit vielen Jahren bekannt, wurde offenbar aber erst wenige Male importiert und ist nicht bei den Aquarianern in Kultur. Die Art ist in Mittelamerika und Südamerika verbreitet, doch gelten diese Angaben als sehr unvollständig. *Cabomba haynesii* zeichnet sich durch gegenständige Blätter sowie weiße oder rosapurpurn gefärbte Blüten mit gewöhnlich drei Staubblättern aus. Die Samen sollen ebenso groß oder etwas größer als die von *C. furcata* sein.

Literaturhinweise: KASSELMANN (1987 b), ØRGAARD (1991, 1992). Interessierte möchte ich auf das Sonderheft Nr. 3, „Die Familie Cabombaceae", des Arbeitskreises Wasserpflanzen hinweisen.

Cabomba caroliniana var. *caroliniana* im Aquarium

Cabomba caroliniana var. *flavida* im Aquarium

Cabomba caroliniana

A. Gray (1837)

Karolina-Haarnixe

Familie: Cabombaceae, Haarnixengewächse.
Synonyme: *Cabomba aubletii* Mich. (nomen nudum), *C. australis* Spegazzini, *C. caroliniana* A. Gray var. *paucipartita* Ramsh. & Florsch., *C. pulcherrima* (Harper) Fassett, u. a.
Etymologie: *Cabomba*: siehe *Cabomba aquatica*; *caroliniana*: aus Karolina stammend.
Verbreitung: Südöstliches Südamerika, in viele Länder eingeschleppt. Invasive Art, siehe S. 101.
Beschreibung: Wasserpflanze, Sprosse bis 1,50 m lang. Blätter gewöhnlich gegenständig, selten in 3-blättrigen Quirlen, 0,5–2,0 cm gestielt. Blattspreite halbkreis- bis nierenförmig im Umriss, 2–3 cm lang, 3–6 cm breit, an der Basis 5-teilig, Blattabschnitte mehrmals 2- bis 3-fach gegabelt, sodass jedes Blatt bis 200 Segmente aufweist. Die Pflanzen sind hell- bis mittelgrün oder blass weinrot gefärbt.

Blütenspross mit wenigen Schwimmblättern. Diese schildförmig, linealisch, 15–20 mm lang, 1,5–2 mm breit, grün. Blüten 3-zählig, 6–15 mm im Durchmesser. Kelchblätter außen grünlich oder weiß, innen weiß, an der Basis grünlichgelb gefärbt. Kronblätter weiß (var. *caroliniana*), blassgelb (var. *flavida*) oder purpurn gefärbt (var. *pulcherrima*), deutlich geöhrt, mit gelben Basisflecken. (3–)6 Staubblätter. 2–4 Fruchtblätter mit 1–3 Samenanlagen. Samen eiförmig bis länglich-ellipsoid, 1,5–3,0 × 1,0–1,5 mm dick, warzig.
Kultur: Von den kultivierten Haarnixen ist *Cabomba caroliniana* am beliebtesten und am leichtesten zu pflegen. Die Art bevorzugt weiches, leicht saures Wasser zum Gedeihen. Dennoch ist auch eine Kultur in mittelhartem oder hartem Wasser möglich. Obwohl die Karolina-Haarnixe von den *Cabomba*-Arten die geringsten Lichtansprüche stellt, sollte man ihren Lichtbedarf nicht unterschätzen. Kräftige Sprosse mit raschem Wachstum wird man nur bei einer mittleren bis starken Beleuchtung erzielen. Häufig werden die Pflanzen zu warm gehalten, weshalb sie sich dann schnell „verausgaben“. Daher sollte die Temperatur möglichst 25 °C nur gelegentlich überschreiten (vgl. Verbreitung und Ökologie). In einem Bodengrund aus Sand oder feinem Kies lassen sich die zarten Stängel von *C. caroliniana* leicht einpflanzen.

Blüte von *Cabomba caroliniana* var. *caroliniana*

Cabomba caroliniana 'Silbergrüne' im Aquarium

Ökologie: *Cabomba caroliniana* wächst in stehenden und langsam bis schnell strömenden Gewässern in bis 1,50 m Tiefe. An verschiedenen Standorten von var. *caroliniana* wurden von mir folgende Wasserwerte gemessen: 1) Sri Lanka (1/1985, Pflanzen ausgesetzt), Standort halbschattig, pH 5,8, GH 3 °dH, KH 2 °dH, 91 µS/cm, E_H 447 mV. Die Pflanzen werden von den Einheimischen als Gemüse gegessen. 2) Bolivien (8/1991): Bach mit stehendem Wasser im Einzugsgebiet des Rio Pirai, unbeschattet, Temperatur 17 °C, pH 6,5, GH 4 °dH, KH 11 °dH, 125 µS/cm. 3) Argentinien (7/1993): Fluss mit schnell fließendem Wasser, ungewöhnlich kräftige Exemplare, Bodengrund lehmig, siehe Biotop Nr. 5, S. 30 und Wasseranalyse S. 596. 4) Brasilien (7/1995): Fluss mit langsam fließendem Wasser, 17 °C, pH 7,9, GH < 1°dH, KH 2–3, 70 µS/cm. 5) Ostbrasilien (12/2003): Rio Curupipe mit schnell fließendem Wasser, 30 °C, pH 6,8, 150 µS/cm.

Cabomba caroliniana var. *flavida* besiedelt ähnliche Lebensräume wie var. *caroliniana*. Ich konnte zwar beide Varietäten im Nordosten Argentiniens im selben Areal antreffen, sie wuchsen aber nicht syntop. Während var. *caroliniana* sowohl in stehenden als auch schnell strömenden Gewässern gefunden wurde, wuchs var. *flavida* nur in fast stehendem Wasser. Die Sprosse waren deutlich kleiner als die von var. *caroliniana*. An zwei Standorten von var. *flavida* wurden Wasseranalysen angefertigt: 1) Tümpel, fast stehendes, klares Wasser, Tiefe bis etwa 1 m, Pflanzen stark veralgt, Bodengrund sandig, Wassertemperatur 12 °C (Lufttemperatur 20,5 °C um 11.30 Uhr), GH < 1 °dH, KH 2 °dH, pH 6, 40 µS/cm. 2) Dichte Bestände in bis knietiefem Wasser in einem kleinem Bach, der einen Zulauf zu einem See bildet, fast stehendes Wasser, Bodengrund schlammig-sandig, Standort sonnig-schattig, Pflanzen dicht belegt mit Mulm und Algen, siehe die Wasseranalyse auf S. 596, Biotop Nr. 4, S. 29.

Sonstiges: ØRGAARD (1991) unterscheidet außer der gewöhnlich kultivierten var. *caroliniana* noch var. *flavida* ØRGAARD und var. *pulcherrima* Harper, die aber nur sehr selten kultiviert werden.

Von *Cabomba caroliniana* var. *caroliniana* existiert auch eine sehr dekorative Form mit gedrehten Blattsegmenten, die mit dem Sortennamen *Cabomba caroliniana* 'Silbergrüne' bezeichnet wird und vor vielen Jahren in der Wasserpflanzengärtnerei H. BARTH, Dessau, entstand. Sie ist selten, neuerdings aber gelegentlich wieder im Fachhandel erhältlich. Die Sorte benötigt intensives Licht und eine gute Nährstoffversorgung (Volldünger).

Cabomba furcata am natürlichen Standort im Rio Guaporé (Brasilien)

Cabomba furcata

SCHULTES & SCHULTES f. (1830)

Gegabelte Haarnixe

Familie: Cabombaceae, Haarnixengewächse.
Synonyme: *Nectris furcata* LEANDRO (nom. nud.), *Cabomba piauhyensis* GARDNER (1844); *C. warmingii* CASPARY, *C. pubescens* ULE.
Etymologie: *Cabomba*: siehe *C. aquatica*; *furcata*: gabelförmig, bezieht sich auf die Blattspreite.
Verbreitung: In den wärmeren Gebieten Südamerikas, vereinzelt in Mittelamerika.
Beschreibung: Wasserpflanze mit 40–100 cm langen Sprossen. Blätter gewöhnlich in dreiblättrigen Quirlen, selten gegenständig, 0,3–2,0 cm gestielt. Blattspreite nierenförmig bis fast kreisförmig im Umriss, 1,5–3,0 cm lang, 2–6 cm breit, 5- bis 7-teilig an der Basis, Blattabschnitte mehrfach 2- bis 3-fach gegabelt und in bis zu 60 haarförmigen Segmenten auslaufend. Pflanzen olivgrün bis rötlichbraun, bei intensivem Licht weinrot gefärbt.
Der Blütenspross besitzt bis zu sechszählige Blattquirle und nur wenige Schwimmblätter. Diese sind schildförmig, linealisch, 13–25 mm lang, 1–3 mm breit (Typ „warmingii" weniger als 1 mm breit), olivgrün gefärbt. Blüten 3-zählig, 6–15 mm groß, mit je 3 blass- bis kräftig rötlich- oder blauvioletten, manchmal fast weißen, an der Basis gelben Kelch- und Kronblättern; Kronblätter schwach geöhrt, mit gelben Basisflecken. (3–)6 Staubblätter. (1)2–3(4) Fruchtblätter mit (1–)5 Samenanlagen. Die Samen sind kugelig, 1–2 mm dick, stachelig, und können vermutlich eine Trockenzeit überstehen.
Kultur: *Cabomba furcata* ist von den im Handel erhältlichen Haarnixen am schwierigsten zu pflegen. Aufgrund der kräftig braunroten Färbung wird der Aquarianer aber immer wieder verleitet, es mit dieser auffällig dekorativen Art zu versuchen. Auf Dauer gedeihen die Sprosse nur gut im Aquarium in sehr weichem, salzarmem Wasser mit einem pH-Wert im neutralen bis stark sauren Bereich. Wichtig sind ferner eine intensive Beleuchtung und völlig klares Wasser. Der Bodengrund sollte nährstoffreich sein. Der optimale Temperaturbereich liegt zwischen 24 und 30 °C. Bei schlechten Wachstumsbedingungen zerfallen die Sprosse innerhalb kurzer Zeit.

Bei gesunden Pflanzen erfolgt eine Vermehrung sehr leicht durch Seitensprosse. Besonders dekorativ wirken

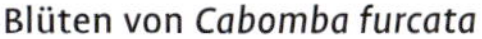

Blüten von *Cabomba furcata*

Cabomba furcata (Typ „warmingii") im Aquarium

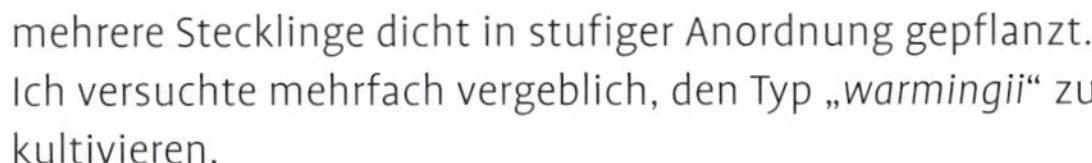

mehrere Stecklinge dicht in stufiger Anordnung gepflanzt. Ich versuchte mehrfach vergeblich, den Typ *„warmingii"* zu kultivieren.

Ökologie: *Cabomba furcata* wächst sowohl in stehenden, temporären Gewässern als auch in Flüssen mit langsam fließendem Wasser an ruhigen Stellen. In den tropischen Gebieten Südamerikas kann man diese typische Weichwasserpflanze sehr häufig antreffen. Ich hatte die Möglichkeit, einige Wasseranalysen natürlicher Standorte vorzunehmen, die hier zusammengefasst wiedergegeben werden:

1) Brasilien (3/1986), Sumpf, stehendes Wasser, Wassertemperatur 28–35 °C, pH-Wert 5,5, GH/KH < 1 °dH, 18 µS/cm. 2) Brasilien, Rio Guaporé, Biotop 1, S. 26. 3) Venezuela, Biotop 3, S. 29 mit *C. furcata* und *Ludwigia inclinata* . 4) Bolivien (8/1991, Analyse W. Staeck): Lago de Mandioré, stehendes, flaches Wasser, Bodengrund sandig-schlammig, vollsonnig, Wassertemperatur 25 °C um 14 Uhr, GH 1 °dH, KH 4 °dH, pH 7,6, 60 µS/cm. In einem Sumpfgebiet im südlichen Pantanal (Westbrasilien) war *C. furcata* mit vielen Wasserpflanzen vergesellschaftet. Auch hier wuchsen die Pflanzen in intensivem Sonnenlicht. Siehe auch Biotop 15 (S. 35).

Der Typ *„warmingii"* wurde im nördlichen Pantanal (Brasilien) in Sumpfgebieten mit stehendem, flachem Wasser an sonnigen Standorten gefunden. Die Sprosse wurzelten im schlammiglehmigen Boden oder trieben frei an der Wasseroberfläche.

Mehrere Wasseranalysen, die im März 1986 zur Regenzeit durchgeführt wurden, ergaben folgende Werte: Wassertemperatur 33–35 °C, pH 5,5, GH/KH < 1 °dH. Zur Trockenzeit (8/1987) wuchsen die Sprosse sehr vereinzelt, weil viele Tümpel ausgetrocknet waren. An einem weiteren Standort bei Vila Bela wurden Pflanzen in einem beschatteten Tümpel mit stehendem Wasser bei folgenden Wasserwerten gefunden: Temperatur 25 °C, pH 6,2, GH/KH < 1 °dH, 5 µS/cm.

Sonstiges: Ørgaard (1991) stellte *Cabomba warmingii* sowie die lange Zeit unter falschem Namen kultivierte *C. piauhyensis* in die Synonymie von *C. furcata*. Chromosomenzählungen ergaben, dass der Typ *„warmingii"* ziemlich sicher eine diploide Form von *C. furcata* bildet, die im Ganzen kleiner ist und eine besondere Anpassungsform an bestimmte Umweltbedingungen darstellt.

Literaturhinweis: Kasselmann (1988), Ørgaard (1991, 1992).

Cabomba palaeformis 'Grün' im Aquarium

Cabomba palaeformis 'Rotbraun' im Aquarium

Cabomba palaeformis

FASSETT (1953)

Mexikanische Haarnixe

Familie: Cabombaceae, Haarnixengewächse.
Synonyme: Keine.
Etymologie: *Cabomba*: siehe *C. aquatica*; *palaeformis*: *palaios* (gr.) = alt, *-formis* = förmig.
Verbreitung: Mittelamerika.
Beschreibung: Wasserpflanze mit bis 1 m langen Sprossen. Schwimmblätter schildförmig, linealisch. Blüten 3-zählig, etwa 6 mm groß. Kelchblätter weiß. Kronblätter an der Basis klein geöhrt, Basisflecken gelb. 1(2) Fruchtblätter. Samen kugelig, 2 mm, mit langen Auswüchsen.
Sorte 'Grün': Blätter gegenständig, grasgrün. Spreite nierenförmig, 2,5–5,0 cm breit, 1,5–2,5 cm lang; 40–90 Segmente. Blütenspross bis 10 cm lang. Schwimmblätter 10–15 mm gestielt, bis 11 × 1,4 mm groß. 2 Samenanlagen.
Sorte 'Rotbraun': Blätter gegenständig oder in bis 4-zähligen Quirlen, rotbraun. Blattspreite nierenförmig bis fast kreisförmig, 2,5–5,5 cm breit, 2,5–4,5 cm lang; 80–180 Segmente. Blütenspross bis 2,5 cm lang. Schwimmblätter bis 10 mm gestielt, bis 9 × 0,8 mm groß, oberseits rotbraun, unterseits leicht rosaviolett. 1(2) Samenanlagen.
Kultur: Von allen *Cabomba*-Arten lässt sich *C. palaeformis* im Aquarium am leichtesten kultivieren. Sie gedeiht am besten in mittelhartem bis hartem Wasser mit leicht alkalischen pH-Werten. Eine CO_2-Düngung ist nicht erforderlich. Die Lichtansprüche liegen im mittleren Bereich. In einem nahrhaften Bodengrund werden aus den unteren Knoten ständig neue Seitensprosse gebildet, sodass die Vermehrung kein Problem darstellt. An der Wasseroberfläche bilden sich regelmäßig Blütensprosse.
Ökologie: Verbreitet in stehenden bis sehr langsam fließenden Gewässern. Ich sammelte die rotbraune Sorte in der Laguna Noh (Mexiko). Die Sprosse wuchsen sonnig und halbschattig im schlammigen Boden bis zu einer Tiefe von 1 m oder schwammen an der Wasseroberfläche. Wasserwerte (8/1985): 33 °C, pH 6,9, GH 5 °dH, KH 6 °dH, Fe nicht nachweisbar, NO_2^- 0,1 mg/l, NH_4^+ 0,5 mg/l. Zwei weitere Standorte in Mexiko bei dem Ort Aqua Fria (7/1997): 27,6 °C, pH 8,2, GH 17 °dH, KH 11 °dH, 370 µS/cm und im Fluss Candelaria (bei Palenque) zusammen mit *Vallisneria spiralis* und *Sagittaria lancifolia*: 26,9 °C, pH 8,4, GH 44 °dH, KH 8 °dH, 1300 µS/cm .

Cardamine lyrata im Aquarium

Cardamine lyrata

BUNGE (1835)

Japanisches Schaumkraut

Familie: Brassicaceae, Kreuzblütler.
Synonyme: Keine.
Etymologie: *Cardamine*: von (gr.) *kardamon* = Kresse; *lyrata*: leierförmig (Blattform).
Verbreitung: Ostsibirien, nördliches China, Japan.
Beschreibung: Emerser Stängel kriechend, bis 60 cm lang, 1 mm dick, kahl, häufig verzweigt, an allen Knoten wurzelnd. Submerse Sprosse aufrecht, bis 40 cm lang. Blätter wechselständig, bis 2 cm gestielt; Nebenblätter klein. Emerse Blattspreite nierenförmig bis fast rund mit herzförmiger Basis und runder Spitze, selten unpaarig gefiedert mit großem Endlappen, bis 3 cm lang, 2–3,5 cm breit. Submerse Spreite hellgrün gefärbt, emerse hell- bis mittelgrün, manchmal schwach rötlich. Blattrand gekerbt, leicht gewellt.

Blütenstand eine Traube mit 10–30 gestielten Blüten. 4 Kelchblätter, etwa 3 mm lang. 4 weiße Kronblätter, 5–8 mm lang. 6 Staubblätter in 2 Kreisen. Frucht eine flache Schote, deren Klappen sich beim Öffnen spiralig aufrollen. Samen zahlreich.
Kultur: Diese häufig im Handel angebotene zarte Pflanze ist auf Dauer nur für die Kultur im Kaltwasseraquarium oder Gartenteich geeignet. Vorübergehend überstehen die Pflanzen aber höhere Wärme (bis 27 °C) ohne Schaden. Allerdings entwickeln sich dann immer kleinere Blattspreiten und längere Internodien, was wenig dekorativ wirkt. Am besten lassen sich die Sprosse an einem sonnigen Standplatz emers in der Sumpfzone oder submers und flutend in flachem Wasser eines Gartenteiches verwenden. Vermehrung durch Seitensprosse und Samen, die aus der Schote herausgeschleudert werden.
Ökologie: Nach WENDT (1952–1959) bewohnt *C. lyrata* als Sumpfpflanze Wiesen, MOORE und Überschwemmungsgebiete. Sie lebt an den Rändern stehender oder fließender Gewässer, wo sie in das Wasser vordringt und sich zur submersen Form entwickelt.
Sonstiges: Ein wichtiges Unterscheidungsmerkmal zur Gattung *Rorippa*: Bei *Cardamine* ist die Schote abgeflacht, und die Klappen rollen sich beim Öffnen auf, bei *Rorippa* ist die Schote rund, und die Klappen rollen sich nicht auf.

***Ceratophyllum demersum* var. *demersum* aus Bolivien: Frucht und Aquarienpflanze**

Ceratophyllum demersum

LINNÉ (1753)

Gemeines Hornblatt

Familie: Ceratophyllaceae, Hornblattgewächse.
Synonyme: *Ceratophyllum apiculatum* CHAMISSO, *C. demersum* var. *apiculatum* (CHAM.). ASCHERSON, var. *apiculatum* (CHAM.) GARCKE.
Etymologie: *Ceratophyllum*: *keras* = Horn, *phyllon* = Blatt; *demersum*: versenkt.
Verbreitung: Weltweit.
Beschreibung: Unter der Wasseroberfläche frei flutende, wurzellose oder mit Rhizoiden im Bodengrund verankerte Wasserpflanze. Stängel über 1 m lang, häufig verzweigt, weich oder hart, leicht zerbrechlich. Blätter in 6- bis 12-zähligen Quirlen, bis 4 cm im Durchmesser, mittel- bis dunkelgrün, gelegentlich rötlich. Blatt gewöhnlich 1- bis 2-mal gegabelt, mit 3–4 Segmenten, unterseits seitlich in 2 Reihen bestachelt.

Pflanzen einhäusig, Blüten eingeschlechtlich, unscheinbar. Männliche und weibliche Blüten einzeln, ± sitzend. Blütenhülle mit 8–13 linealischen Segmenten. Männliche Blüte mit zahlreichen (häufig über 20) Staubblättern. Weibliche Blüte mit 1 Fruchtblatt, oberständigem Fruchtknoten und langem Griffel. Die variable Frucht ist eine einsamige Nuss mit 0 oder 2 basalen (in Nordamerika geflügelt) und 1 endständigen Stachel, häufig auch warzig ohne seitliche Stacheln (dadurch von anderen *Ceratophyllum*-Arten unterscheidbar).

Kultur: *Ceratophyllum demersum* ist eine anspruchslose, empfehlenswerte Wasserpflanze, die – je nach Herkunft – als Teichpflanze (winterhart), im Kaltwasseraquarium oder im Tropenaquarium verwendet werden kann. Sie liebt mittelhartes bis hartes, alkalisches Wasser mit Temperaturen bis etwa 30 °C. Die Lichtansprüche sind bescheiden. Man kann die Sprosse im Aquarium an der Wasseroberfläche fluten lassen, oder – was dekorativer ist – als Bund pflanzen. Allerdings erreichen so verwendete Exemplare sehr schnell die Wasseroberfläche, sodass man sie häufig kürzen muss. Durch das schnelle Wachstum kann das Gemeine Hornblatt gut in mit Algen befallenen Aquarien als Nährstoffkonkurrent eingesetzt werden. Auf einen Zusatz von chemischen Mitteln reagieren die Pflanzen allerdings häufig mit Zerfall. Aufgrund der harten Blattstruktur ist die Art besonders gut für Cichlidenaquarien

Frucht von *Ceratophyllum muricatum* subsp. *australe* (Peru, nach LES 1988/1989)

Staubblatt mit vier Pollensäcken (Mikroskopbild)

geeignet. Blüten werden gelegentlich, Früchte dagegen selten gebildet. Der Pollen wird durch das Wasser übertragen.
Ökologie: Die Art besiedelt stehende und langsam fließende, vorwiegend eutrophe Gewässer, gelegentlich auch Brackwasser. Je nach Standortbedingungen kann das Gemeine Hornblatt im Habitus sehr differieren. So fand ich zum Beispiel in den ostafrikanischen Grabenseen Tanganjika- und Malawisee eine Form mit besonders kompaktem Habitus und extrem harter Blattstruktur, die ideal an den natürlichen Lebensraum (starke Wasserbewegung, hartes, karbonatreiches, alkalisches Wasser, siehe Wasseranalyse S. 596) angepasst ist. In bis 10 m Tiefe gedeihen die Pflanzen aufgrund ihres kompakten Wuchses (größere Dichte, vergleichbar mit den in einheimischen Gewässern gebildeten Wintersprossen) nicht flutend, sondern auf dem Bodengrund der Seen, wo die Wasserbewegung geringer ist als an der Wasseroberfläche. Diese charakteristische Wuchsform bleibt im Aquarium nicht erhalten (KASSELMANN 1989 b). Andererseits gibt es auch Wuchsformen, die nur geringe Modifikationen zeigen. Ausgewählte Standortangaben: 1) Sambia (8/1986): Lake Mweru Wantipa, Wassertemp. 26,5 °C (Lufttemp. 28 °C um 13 Uhr), pH 8,4, GH < 1 °dH, KH 18 °dH. Bodengrund sandig-kiesig. 2) Papua-Neuguinea (7/1988): Fluss mit langsam fließendem Wasser. Bodengrund kiesig-schlammig. Wassertemp. 28 °C (Lufttemp. 28 °C um 12 Uhr), pH 7,6, GH und KH 12 °dH, 500 µS/cm. 3) Papua-Neuguinea: Sumpfiger See, Wassertemp. 31 °C um 12.30 Uhr, pH 7,5, GH 11 °dH, KH 15 °dH, 510 µS/cm. 4) Brasilien, Amazonas bei Manaus (3/1986): Wassertemp. 27–27,5 °C, pH 6,5–7,2, GH/KH < 1 °dH. 20–100 µS/cm. 5) Peru (7/1990): Rio Yanayacu, langsam fließendes Wasser, ausführliche Wasseranalyse auf S. 596. 6) Mexiko (8/1985): Lagune, Wassertemp. 27 °C (Lufttemp. 26 °C), pH 7,5, GH 6 °dH, KH 6 °dH, NO_2^- nicht nachweisbar, NH_4^+ 1,0 mg/l, Fe nicht nachweisbar. 7) Argentinien (7/1993): Fluss, Wassertemperatur 18,9 °C (Lufttemp. 33 °C um 15.30 Uhr), pH 7,6, GH 25 °dH, KH 24 °dH. 8) Insel Mafia (12/1980): Kleiner See, Biotop 8 (S. 33). Siehe auch die ausführlichen Biotopbeschreibungen 21 (S. 37) und 40 (S. 43).
Sonstiges: Es wurden mehr als 30 *Ceratophyllum*-Arten und Varietäten beschrieben. Die Taxonomie der Gattung ist sehr schwierig, weil die Arten morphologisch sehr ähnlich sind und die wichtigsten Unterscheidungsmerkmale, die Bestachelung sowie die Oberflächenstruktur der Früchte, häufig stark variieren. Während WILMOT-DEAR (1985) nur *C. demersum* mit 4 Varietäten und 3 Formen

***Ceratophyllum demersum* „rotstängelig“ im Aquarium und männliche Blüten**

sowie *C. submersum* mit 2 Unterarten und 5 Varietäten anerkennt, kommt LES (1988/1989) in umfangreichen Studien zu anderen Ergebnissen. Danach werden außer *C. demersum* und *C. submersum* noch 4 weitere Arten und 3 Unterarten akzeptiert. Diese besitzen Früchte mit mehr oder weniger ausgeprägten seitlichen und basalen Stacheln, *C. platyacanthum* mit bestachelten, seitlichen Flügeln sowie Stacheln auf der Oberfläche (facial spines).
1.) *Ceratophyllum echinatum* (östliche USA, Kanada), Früchte sehr variabel, manchmal unbestachelt und dann *C. submersum* ähnlich.
2.) *Ceratophyllum tanaiticum* (temperiertes Osteuropa)
3.) *Ceratophyllum muricatum* subsp. *muricatum* (tropisches Afrika, Indien, Neuguinea), subsp. *australe* (südliche USA, Mittel- bis Südamerika) und subsp. *kossinskyi* (temperiertes Asien). Unterscheidung vor allem durch die Fruchtgröße.
4.) *Ceratophyllum platyacanthum* subsp. *platyacanthum* (Westeuropa) und subsp. *oryzetorum* (Ostasien). Die Unterarten unterscheiden sich durch das Fehlen (subsp. *oryzetorum*) oder Vorhandensein (subsp. *platyacanthum*) von bestachelten, seitlichen Flügeln. Morphologisch und genetisch deutlich von *C. demersum* verschieden (*C. demersum* 2n = 24, *C. platyacanthum* subsp. *oryzetorum* 2n = 72.)

Ceratophyllum demersum LINNÉ „rotstängelig“ oder „Mexiko“

Diese Form aus Mexiko zeichnet sich durch einen dunkelroten Stängel und starke Verzweigung aus. Im Aquarium bilden sich häufig männliche und gelegentlich auch die winzigen weiblichen Blüten. Eine Kultur gelingt leicht bei mittleren Beleuchtungsstärken in mittelhartem und hartem Wasser mit pH-Werten zwischen 6,5 und etwa 8,5. Im alkalischen Milieu und bei intensiver Beleuchtung wachsen die Pflanzen rasch. Die Sprosse sind sehr brüchig, kalküberzogen und gedrungen. Verwendung wie *C. demersum*. Optimaler Temperaturbereich 24–29 °C. Dieses Hornblatt bildet im Aquarium Winterknospen.
Ökologie: Das hier beschriebene Hornblatt wurde im Juli 1997 im Catemaco-See an der Ostküste Mexikos gesammelt, wo es in großen Mengen (vermutlich) als Futter für Speisefische (Tilapia) verwendet wird. Eine Wasseranalyse des Catemaco-Sees ergab folgende Werte: Wassertemperatur an der Wasseroberfläche 26,3 °C, pH-Wert 8,2, GH 3 °dH, KH 4 °dH, Leitfähigkeit 140 µS/cm. Siehe auch Biotope 34 (S. 40) und 35 (S. 41).

Ceratophyllum submersum im Aquarium

Ceratophyllum submersum

LINNÉ (1763)

Zartes oder glattes Hornblatt

Familie: Ceratophyllaceae, Hornblattgewächse.
Synonyme: *Ceratophyllum submersum* subsp. *muricatum* WILMOT-DEAR, *C. submersum* var. *echinatum* WILMOT-DEAR.
Etymologie: *Ceratophyllum*: siehe *C. demersum*; *submersum*: untergetaucht, bezieht sich auf die Lebensweise der Pflanze.
Verbreitung: Überwiegend in Westeuropa und Asien, vereinzelt in Afrika und im östlichen Nordamerika.
Beschreibung: Von *C. demersum* durch folgende Merkmale zu unterscheiden: Stängel und Blätter zart, weich, grün oder rötlich. Blattquirl 4–7 cm im Durchmesser. Blätter gewöhnlich 3- bis 4-mal gegabelt und mit etwa 6–8 fadenförmigen Segmenten, die unterseits an der Seite manchmal mit sehr feinen Zähnchen besetzt sind.

Blütenmerkmale wie bei *Ceratophyllum demersum*, aber männliche Blüte häufig mit weniger als 10 Staubblättern. Wichtigstes Unterscheidungsmerkmal ist die Frucht: basale Stachel fehlen oder sind flach und gewöhnlich nicht kräftig; Rand unbestachelt; Oberfläche glatt oder warzig. *Ceratophyllum echinatum* ist morphologisch sehr ähnlich. Die Art besitzt gelegentlich auch unbestachelte Früchte.
Kultur: *Ceratophyllum submersum* ist eine ziemlich seltene Kulturpflanze, die auch in den einheimischen Gewässern nur sehr verstreut auftritt. Die Art ist ebenso wie *C. demersum* anspruchslos und empfehlenswert. *Ceratophyllum submersum* wächst am besten in mittelhartem bis hartem Wasser bei alkalischen pH-Werten. Die Lichtansprüche sind gering. Die Sprosse lassen sich im Aquarium flutend verwenden. Entsprechend ihrer Herkunft ist die Art winterhart und lässt sich als Teichpflanze verwenden. Im Aquarium dürfen die Pflanzen nicht zu warm gehalten werden. Leider brechen die Stängel beim Versand sehr leicht, was wohl der Grund für die Seltenheit im Zoofachhandel ist. Ein Austausch erfolgt am ehesten durch spezielle Wasserpflanzenvereine (z. B. Arbeitskreis Wasserpflanzen e. V.)
Ökologie: *Ceratophyllum submersum* wächst an den natürlichen Standorten gewöhnlich in stehenden, seltener in langsam fließenden, mesotrophen bis eutrophen Gewässern, die auch temporär sein können. Die Art ist wärmebedürftiger als *C. demersum*.

Ceratopteris cornuta

(P. Beauvois) Le Prieur (1830)

Gehörnter Hornfarn

Familie: Pteridaceae, Flügelfarngewächse.
Synonyme: *Pteris cornuta* P. Beauv. (1806), u. a.
Etymologie: *Ceratopteris*: *keras* = Horn, *pteris* = Farn, bezieht sich auf die wie Hörner aussehenden Blattlappen; *cornuta*: gehörnt.
Verbreitung: Afrika (Senegal bis Sudan, südlich bis Tansania), Madagaskar, isolierte Populationen in Jemen (Insel Sokotra), Saudi-Arabien, Irak, Nordostindien, Myanmar, Indonesien, Nordaustralien.

Ceratopteris cornuta **im Aquarium**

Beschreibung: Pflanzen schwimmend, dann nur mit sterilen Blättern, oder an nassen Standorten im Bodengrund wurzelnd und nach ein paar Übergangsblättern fertile Blätter bildend. Rhizom kurz, aufrecht. Blätter sehr unterschiedlich geformt, hellgrün. Sterile Blätter: Stiel 4–18(–30) cm lang, 1,5–5(–8) mm dick. Spreite 7–27 cm lang, 6–20 cm breit, im Umriss gewöhnlich dreieckig, seltener lanzettlich oder dreieckig-verkehrt länglich, anfangs ungeteilt, mit zunehmendem Alter der Pflanze gelappt und gebuchtet, ab einem mittleren Entwicklungsstadium fiederteilig. Zahlreiche Adventivpflanzen am Blattrand.

Fertile Blätter: Stiel bis 31 cm lang, bis 9 mm dick, nicht schwammig. Spreite bis 47 cm lang, bis 28 cm breit, fiederschnittig. Blattränder nach unten eingerollt, mit 1–3 Reihen von Sporangien. Sporangium mit 32 Sporen.
Kultur: Dieser schnellwüchsige, anspruchslose Farn zählt bei den Aquarianern schon seit vielen Jahren zu den beliebtesten Pflanzen. Denn einerseits ist er ausgezeichnet als Schwimmpflanze beispielsweise in Zuchtaquarien geeignet, wo die feingliedrigen Wurzeln und die schwimmenden Blätter von Labyrinthern bevorzugt zum Schaumnestbau verwendet werden, andererseits lässt er sich auch in den Bodengrund eingepflanzt problemlos kultivieren. Härte und pH-Wert des Wassers spielen bei der Kultur keine wesentliche Rolle. Eine mittlere Beleuchtungsintensität ist ausreichend. Optimale Temperatur 22–28 °C. Interessant und einfach durchzuführen ist die generative Vermehrung durch Sporen. Hierzu kultiviert man den Farn auf feuchter Erde und in gespannter Luft, bis fertile Wedel entwickelt werden, die in den nach unten eingerollten Blatträndern zahlreiche Sporenhäufchen aufweisen. Die wie „braunes Pulver" aussehenden Sporen keimen gut auf feuchter Erde und wachsen sehr schnell zu neuen Farnpflanzen heran.
Ökologie: Besiedelt nasse Standorte, nur gelegentlich schwimmend in stehenden oder langsam fließenden Gewässern zu finden. Standortangaben: Sri Lanka (1/1985): Kleiner Fluss mit langsam fließendem Wasser, pH 7,8, GH 3 °dH, KH 2 °dH, 91 µS/cm, E_H 447 mV. Ausführliche Biotopbeschreibungen und Wasseranalysen siehe Biotop 8 (S. 33) und 40 (S. 43).
Sonstiges: Die Unterscheidung der hier beschriebenen drei *Ceratopteris*-Arten ist nicht einfach, weshalb manche Botaniker die Auffassung vertreten, dass es sich nur um eine variable Art (*C. thalictroides*) handelt. Tatsächlich gibt es aber bei vergleichender Kultur Unterscheidungsmerkmale, mit deren Hilfe die Arten getrennt werden können. Eine sichere Bestimmung von natürlichen Aufsammlungen wird dadurch erschwert, dass Hybriden in den überlappenden Verbreitungsgebieten auftreten.

Ceratopteris pteridoides mit sporentragenden Blättern am Rio Yanayacu (Peru)

Ceratopteris pteridoides

(HOOKER) HIERONYMUS (1905)

Schwimmender Hornfarn

Familie: Pteridaceae, Flügelfarngewächse.
Synonyme: *Parkeria pteridoides* HOOKER (1825), u. a.
Etymologie: *Ceratopteris*: siehe *C. cornuta*; *pteridoides*: Adlerfarn-(*Pteridium*)ähnlich.
Verbreitung: Südamerika (Amazonas-Gebiet bis Peru, Kolumbien, Venezuela), Mittelamerika (Panama bis Guatemala); isolierte Populationen in Brasilien, Nordargentinien, Paraguay; Nordvietnam (?).
Beschreibung: Sumpfpflanze. Rhizom bis 3 cm lang, 2 mm dick, aufrecht. Blätter sehr unterschiedlich geformt, hellgrün. Sterile Blätter: Stiel 1–8(–19) cm lang, bis 2,5 cm dick. Spreite 5–13(–19) cm lang, 5–16(–24) cm breit, im Umriss gewöhnlich dreieckig, von fast ungeteilt bis handförmig 3-lappig, mit zunehmendem Alter gebuchtet bis fiederteilig.

Fertile Blätter entwickeln sich an schwimmenden und im Bodengrund wurzelnden Exemplaren. Stiel 4–8(–26) cm lang, bis 3 cm schwammig verdickt. Spreite 8–15(–30) cm lang, fiederschnittig. Blattränder nach unten eingerollt, mit 2–4 Reihen von Sporangien. Sporangium mit 32 Sporen.
Kultur: Im Gegensatz zu *C. cornuta* und *C. thalictroides*, die sich als ausgezeichnete Aquarienpflanzen bewährt haben, ist *C. pteridoides* sehr schwierig zu pflegen und deshalb nur selten in Kultur – im Gegensatz zu vielen aquaristischen Literaturangaben, die auf einer offensichtlichen Verwechslung mit *C. cornuta* beruhen. Eine Hälterung gelingt am besten als Schwimmpflanze über schlammigem Bodengrund, bei intensivem Licht, wenig bewegtem Wasser sowie emers auf mäßig feuchtem Boden, wo sich auch die fertilen Blätter entwickeln. Intensive Adventivpflanzenbildung selten.
Ökologie: Im natürlichen Lebensraum schwimmen die Pflanzen entweder auf der Wasseroberfläche oder wurzeln an nassen Stellen im Bodengrund. Wasseranalysen von zwei Biotopen: Brasilien (3/1986): Amazonas bei Manaus, Wassertemp. 27 °C, pH 6,5–7,2, GH/KH < 1 °dH, 20–100 µS/cm. Peru (7/1990): Rio Yanayacu, siehe Biotop 6 (S. 30) und Foto S. 25. Im Rio Yanayacu bildete *Ceratopteris pteridoides* eine dichte Lebensgemeinschaft aus zahlreichen Schwimmpflanzen.

Ceratopteris thalictroides

(LINNÉ) BRONGNIART (1821)

Sumatrafarn

Familie: Pteridaceae, Flügelfarngewächse.
Synonyme: *Acrostichum thalictroides* L. (1753), u. a.
Etymologie: *Ceratopteris*: siehe *Ceratopteris cornuta*; *thalictroides*: der Gattung *Thalictrum* (Wiesenraute) ähnlich.
Verbreitung: Südostasien, Nordaustralien; isolierte Populationen in Tansania, Florida, Mittelamerika, nördliches bis mittleres Südamerika.
Beschreibung: Gewöhnlich im Bodengrund wurzelnder, amphibisch lebender Farn mit kurzem, aufrechtem Rhizom. Blätter verschieden geformt, hellgrün gefärbt. Sterile Blätter: Stiel bis 15(–31) cm lang, 2–5(–8) mm dick. Spreite 3–20(–41) cm lang, 1,5–10(–20) cm breit, im Umriss lanzettlich, selten lanzettlich-eiförmig und dreieckig, im frühen Entwicklungsstadium der Pflanze fiederteilig und fiederschnittig. Blattrand mit wenigen Adventivpflanzen.

Fertile Blätter: Stiel bis 25(–46) cm lang, 2–8(–11) mm dick, nicht schwammig verdickt. Spreite 10–55(–82) cm lang, 3–25(–48) cm breit, fiederschnittig. Blattränder nach unten eingerollt, mit 1–3 Reihen von Sporangien. Sporangium mit 32 Sporen.

Ceratopteris thalictroides **im Aquarium**

Kultur: Eine Kultur dieser dekorativen, anspruchslosen Farnpflanze ist sehr zu empfehlen. Im Unterschied zu *C. cornuta* ist der Sumatrafarn wüchsiger, wenn er in den Bodengrund eingepflanzt (!) wird. Da er bei gutem Wachstum jedoch innerhalb weniger Wochen einen beachtlichen Raum in Anspruch nimmt und mit seinen kräftigen Wurzeln schnell den Bodengrund durchzieht, müssen die Blätter regelmäßig reduziert und zu große Exemplare durch Jungpflanzen ersetzt werden. Adventivpflanzen bilden sich seltener als bei *C. cornuta*. Die Kultur gelingt sowohl in weichem, als auch hartem, schwach saurem oder leicht alkalischem Wasser. Mittlere Beleuchtungsstärke. Temperatur 22–28 °C. Zur generativen Vermehrung siehe *C. cornuta*.
Ökologie: Einige Wasseranalysen natürlicher Standorte: Papua-Neuguinea (7/1988): Kleiner Fluss, langsam bis schnell fließendes Wasser, submerse Pflanzen an einer schattig-sonnigen Stelle, Wassertemp. 26 °C (Luft 28 °C um 11 Uhr), pH 8,4, GH 17 °dH, KH 25 °dH, 1100 µS/cm. Ferner eine ausführliche Wasseranalyse vom Sepik-River, Biotop Nr. 10 auf S. 33. Brasilien (7/1987): Sumpfgebiet, langsam fließendes Wasser, Wassertemp. 22 °C (Lufttemp. 27 °C um 10 Uhr), pH 6,8, GH und KH < 1 °dH, 10 µS/cm. Venezuela (8/1989): Tümpel, Bodengrund schlammig, Wassertemp. 28 °C (Lufttemp. 31 °C um 12 Uhr), pH 6,6, GH 2 °dH, KH 4 °dH, 100 µS/cm. Siehe auch Biotope 54–58 (S. 50).
Sonstiges: Bei *C. cornuta* und *C. pteridoides* treten die fiederschnittigen Blätter erst in einem späten Entwicklungszustand der Pflanze auf, während sie bei *C. thalictroides* schon sehr früh gebildet werden.

Eine vierte, noch nicht eingeführte Art ist *C. richardii* BRONGNIART, die im Unterschied zu den drei anderen Arten nicht 32 Sporen, sondern nur 16 ziemlich große Sporen pro Sporangium aufweist. Diese Art ist in Afrika (von Senegal bis Liberia, Sudan), Madagaskar, Nordamerika (Louisana, Florida), Mittelamerika (Guatemala) und Südamerika (von Brasilien bis Franz. Guayana, Venezuela) verbreitet. Der gelegentlich verwendete Name *Ceratopteris siliquosa* ist ein Synoym von *C. thalictroides*.
Literaturhinweis: LLOYD (1974).

Clinopodium brownei im Aquarium

Clinopodium brownei

(Swartz) Kuntze (1891)

Karibische Minze, Minziger Wirbeldost

Familie: Lamiaceae, Lippenblütler.
Synonyme: *Thymus brownei* Sw., *Micromeria brownei* (Sw.) Benth., u. a.
Etymologie: *Clinopodium*: (gr.) *kline* = Bett, *podion* = Füßchen; *brownei*: nach Patrick Browne (1720–1790).
Verbreitung: Tropen und Subtropen Amerikas.
Beschreibung: Aromatische Sumpfpflanze. Stängel emers kriechend, ± behaart, submers aufrecht. Blätter gegenständig, bis 1 cm gestielt. Spreite breit eirund, 1,5–2,5 cm, hellgrün, Basis schwach herzförmig, Blattrand gekerbt. Blüten einzeln, bis 2 cm gestielt. Kelch 4 mm lang, 5-lappig, gerippt, innen ringförmig behaart; Kelchlappen spitz. Krone 2-lippig, weiß bis ± lila. Oberlippe mit 2, Unterlippe mit 3 Lappen. Staubblätter 4.
Kultur: Die schnellwüchsige Pflanze ist wegen ihres Pfefferminz-Aromas als Karibische Minze bekannt. Sie wächst unproblematisch. Die Bestimmung wurde überprüft.
Ökologie: Im Sumpf bis 2500 m Höhe (Guatemala).

Emerser Spross von *Crassula helmsii* mit Blüten

Crassula helmsii

(Kirk) Cockayne (1907)

Australisches Nadelkraut

Familie: Crassulaceae, Dickblattgewächse.
Synonyme: *Tillaea helmsii* Kirk (1899), u. a.
Etymologie: *Crassula*: *crassus* = dick, Dickblatt; *helmsii*: nach R. Helms (1842–1914).
Verbreitung: Ursprünglich Australien, Neuseeland.
Beschreibung: Sumpfpflanze mit emers kriechenden, submers aufrechten, häufig verzweigten Sprossen. Blätter kreuzgegenständig, sitzend. Blattspreite linealisch bis lanzettlich, spitz, fleischig, 5–15 mm lang, 0,5–2 mm breit, hellgrün. Blüten einzeln, 2–3 mm gestielt, etwa 3–4 mm groß, 4-zählig. Kronblätter weiß.
Kultur: *Crassula helmsii* ist für das Kaltwasseraquarium, den Gartenteich oder das niedrig temperierte Tropenaquarium (< 23 °C) geeignet. Lichtbedürftig, ansonsten anspruchslos. Bei guten Bedingungen verzweigen sich die Sprosse reichlich. Emerse Kultur auf feuchtem Bodengrund einfach.
Ökologie: In Australien in Sümpfen und an Flussrändern. In mehreren europäischen Ländern invasiv.

Crinum calamistratum im Aquarium

Kräftige Pflanze mit vielen Brutzwiebeln

Crinum calamistratum

BOGNER & HEINE (1987)

Dauerwellen-Hakenlilie

Familie: Amaryllidaceae, Narzissengewächse.
Synonyme: *Crinum natans* „crispus" (Liebhaberbezeichnung).
Etymologie: *Crinum*: von *krinon* = Lilie, Hakenlilie; *calamistratum*: gekräuselt, lockig.
Verbreitung: Westkamerun (nahe Kumba).
Beschreibung: Wasserpflanze mit länglicher, 1–3 cm dicker, bis 10 cm langer Zwiebel. Blätter rosettig, bandförmig, etwas gedreht, 70–100(–200) cm lang, 0,2–0,7 cm breit, dunkelgrün; Blattrand gekräuselt. Mittelnerv deutlich. Blütenstängel bis 80 cm lang, aufrecht. Blütenstand mit 1–3 duftenden Blüten. Brakteen etwa 3,5 cm lang. Blüte mit einer aufrechten, 10–12 cm langen, grünen Perigonröhre, 6 weißen, zurückgebogenen, sehr schmalen, 6–7 cm langen und 0,5–0,8 cm breiten Perigonblättern sowie 6 Staubblättern. Griffel etwa 7 cm lang. Fruchtbildung selten.
Kultur: Die Dauerwellen-Hakenlilie ist mit ihren stark gekräuselten Blättern eine besonders auffällige Zwiebelpflanze, die gelegentlich importiert wird. Die Kulturansprüche sind nicht sehr hoch: Weiches bis mittelhartes Wasser mit einem pH-Wert um 7 ist zu empfehlen. Der Bodengrund sollte eine Höhe von mindestens 8 cm besitzen und nährstoffreich sein (z. B. Lehmzusatz). Eine mittlere Lichtintensität ist ausreichend. Starke Wasserbewegung scheint das Wachstum zu fördern. *Crinum calamistratum* wächst bedeutend langsamer als *C. natans* und *C. thaianum*, sodass einige Monate vergehen, bis ein stattliches Exemplar herangewachsen ist. Auf ein Umpflanzen reagiert die Dauerwellen-Hakenlilie sehr negativ. Für Aquarien mit einer Mindesthöhe von 50 cm geeignet. Nur an älteren und kräftigen Exemplaren ist eine vegetative Vermehrung durch Brutzwiebeln häufig. Generative Vermehrung nur vereinzelt gelungen.
Ökologie: Über die natürlichen Standorte ist praktisch nichts bekannt. Der Sammler H. GREGORY fand die Pflanze im Juni 1948 bei Kumba im Fluss wachsend mit submersen Blättern. Der Standort war wahrscheinlich während der vorhergehenden Monate ausgetrocknet. Die Art scheint nur sehr lokal verbreitet zu sein. Dennoch wird sie gelegentlich eingeführt.
Literaturhinweis: BOGNER & HEINE (1987).

Das Habitat im November 2014 zum Ende der Regenzeit

Typusstandort von *Crinum malabaricum* im Februar 2013 zur Trockenzeit

Crinum malabaricum

LEKHAK & S. R. YADAV (2012)

Malabar-Hakenlilie

Familie: Amaryllidaceae, Narzissengewächse.
Synonyme: Keine.
Etymologie: *Crinum*: siehe *C. calamistratum*; *malabaricum*: nach der Region Malabar im Norden von Kerala (Indien).
Verbreitung: Indien (Kerala, Periya).
Beschreibung: Wasserpflanze mit bis 10 × 8 cm großer Zwiebel. Blätter bandförmig, 2–4 m lang, 2–6 cm breit, mittelgrün. Blüten mit 6 weißen, 5–10 cm langen, 0,7–1,3 cm breiten Perigonblättern. Frucht mit 3–16 Samen, diese etwa 2 × 1,5 cm groß.
Kultur: *Crinum malabaricum* wächst bei der Autorin seit mehreren Jahren erfolgreich in mittelhartem Wasser (250–300 µS/cm) bei pH-Werten von 6,8–7,4. Die Zwiebeln werden zur Ruhezeit nicht aus dem Aquarium genommen, was die Pflanzen allerdings langfristig schwächt. Ein Exemplar blühte und bildete durch Selbstbestäubung einen Samen, der erst nach einer Ruhezeit keimte. Für botanische Gärten ist die Topfkultur empfehlenswert, die die Ruhezeit außerhalb des Wassers ermöglicht. In der Kultur behalten die Pflanzen ihre „innere Uhr" bei und durchlaufen Wachstums- und Ruhezeiten in denselben Monaten wie in der Natur. Es ist zu wünschen, dass es botanischen Gärten gelingt, die größte Süßwasserpflanze der Welt, die am Standort stark gefährdet ist, erfolgreich zu kultivieren.
Ökologie: Gegen Ende April setzt die Regenzeit ein, und die Zwiebeln treiben Blätter in rascher Folge. Das ist zugleich die Zeit für die vegetative Vermehrung durch Tochterzwiebeln. Im Juni und Juli regnet es am stärksten, der Fluss erreicht seinen höchsten Pegel. Nach drei Monaten eines rasanten Wachstums blühen die adulten Pflanzen und bilden keine neuen Blätter mehr. Die Blütezeit dauert von August bis Oktober, die Fruchtreife von September bis November. Mit Ende der Regenzeit im November sinkt der Wasserpegel, bis der Fluss dann etwa Anfang Februar ausgetrocknet ist. Danach ruhen die Zwiebeln drei Monate bis zum Beginn der Regenzeit. Das Substrat ist vulkanischen Ursprungs (rötlicher Lavagrus). Die Zwiebeln stehen in Clustern, was auf eine Vermehrung durch Tochterzwiebeln hinweist. Siehe Biotop 66 (S. 54) und Wasseranalyse S. 604.
Literaturhinweis: KASSELMANN (2014 a, 2015 a), LEKHAK & YADAV (2012).

Crinum natans ssp. *natans* mit stark gewellten Blättern im Aquarium

Crinum natans

BAKER (1898)

Flutende Hakenlilie

Familie: Amaryllidaceae, Narzissengewächse.
Synonyme: Keine.
Etymologie: *Crinum*: siehe *Crinum calamistratum*; *natans*: schwimmend.
Verbreitung: In Westafrika von Guinea bis Kamerun und südlich bis Demokratische Republik Kongo.
Beschreibung: Kräftige Wasserpflanze mit einer fast kugeligen, bis 4,5 cm dicken Zwiebel. Blätter rosettig, bandförmig, dunkelgrün gefärbt, bis 140 cm lang und 2–5 cm breit, gewöhnlich stark gewellt, selten fast flach; Blattrand unregelmäßig gezähnt. Mittelnerv gewöhnlich deutlich.

Blütenstängel bis 75 cm lang, aufrecht. Blütenstand mit bis 5 wohlriechenden Blüten. Brakteen bis 3,5 cm lang. Blüte mit einer aufrechten, 10–18 cm langen, grünen Perigonröhre, 6 weißen, etwas hängenden, schmal lanzettlichen, 5–9 cm langen, 0,9–1,6 cm breiten Perigonblättern sowie 6 Staubblättern. Griffel länger als die Staubblätter. Fruchtstand mit 3–4 Früchten. Frucht kugelig, glänzend, bis etwa 2 cm im Durchmesser groß, dunkelgrün, mit einer etwa 1 cm langen Spitze. Samen unregelmäßig geformt, bis 1,7 cm lang.
Kultur: Eine sehr groß werdende, dekorative Art, die nur selten in Aquarien zu finden ist. Für die Kultur sollten geräumige Becken zur Verfügung stehen, sodass die bandförmigen Blätter an der Wasseroberfläche fluten können. Im Aquarium lässt sich *C. natans* gut in weichem bis mittelhartem Wasser und einem pH-Wert um den Neutralbereich kultivieren. Der Bodengrund sollte entsprechend der großen Zwiebel eine Mindesthöhe von 10 cm haben, grob und nährstoffreich sein. Da die Pflanzen an den Standorten schnell fließendes Wasser bevorzugen, sollte man auch im Aquarium für eine starke Wasserbewegung sorgen. *Crinum natans* vermehrt sich gelegentlich vegetativ durch Brutzwiebeln an kräftigen Mutterpflanzen. Empfehlenswert und produktiv ist die generative Vermehrung. Die Samen keimen gut, und die Jungpflanzen wachsen rasch heran und erreichen schon nach etwa 10 Wochen eine Höhe von etwa 15 cm.
Ökologie: Die Art wächst in sehr schnell fließenden, stark beschatteten Regenwaldbächen und -flüssen, aber auch in voller Sonne, in kiesigem und felsigem oder schlammigem

Crinum natans ssp. *natans* mit fast glatten Blättern im Aquarium

Unten: Sämling von *Crinum thaianum*

Bodengrund in Höhen bis zu 650 m. Meine Wasseruntersuchungen an verschiedenen Standorten in Kamerun hatten folgende Ergebnisse: Temperatur 24–30 °C, pH-Wert 5,5–7,8, GH 0,5–4 °dH, KH < 1–3,5 °dH, 35–220 µS/cm, Fe^{2+}/Fe^{3+} nicht nachweisbar. Beeindruckend sind die im natürlichen Biotop sich über die Wasseroberfläche erhebenden, wunderschönen und wohlriechenden Blüten. Flussläufe sind häufig von einem Blütenmeer übersät, ein bezaubernder Anblick, den man nicht so schnell vergisst.

Sonstiges: Von *Crinum natans* wurden Pflanzen mit unterschiedlich breiten und mehr oder weniger stark gewellten Blättern gefunden. Diese wurden nun in Bjorå et al. (2009) als Unterarten beschrieben: *C. natans* Baker subsp. *natans* mit stark gewellten Blättern, die breiter als 2 cm sind und einen deutlichen Mittelnerv besitzen, sowie *C. natans* Baker subsp. *inundatum* Kwembeya & Nordal mit 1–1,5 cm breiten, nicht gewellten Blättern ohne einen deutlichen Mittelnerv. Von ssp. *natans* sind zwei Formen in Kultur, die hier abgebildet werden. Eine möglicherweise natürliche Hybride zwischen *C. natans* und *C. jagus* wurde als *Crinum amphibium* Bjorå & Nordal beschrieben.

Blühende *Crinum thaianum* am Standort in Südthailand

Crinum thaianum mit gedrehten Blattspreiten

Crinum thaianum

J. SCHULZE (1971)

Thailändische Hakenlilie

Familie: Amaryllidaceae, Narzissengewächse.
Synonyme: Keine.
Etymologie: *Crinum*: siehe *C. calamistratum*; *thaianum*: aus Thailand stammend.
Verbreitung: Südthailand.
Beschreibung: Wasserpflanze mit bis 7 cm dicker Zwiebel. Blätter rosettig, bandförmig, wenig oder stark gedreht, weich, zerreißfest, 1–3 m lang, 1,5–2,5 cm breit, mittelgrün. Blattrand fein gezähnt, nicht gewellt. Nervatur ohne deutlichen Mittelnerv.

Blütenstängel bis 80 cm lang, aufrecht. Blütenstand mit 5–7(–10) duftenden Blüten. Blüte mit einer aufrechten, 12–14 cm langen, grünen Perigonröhre, 6 weißen, zurückgebogenen, 6,5–10 cm langen und 0,8–1,1 cm breiten Perigonblättern sowie 6 Staubblättern. Samen unregelmäßig geformt, bis 2,5 cm groß.
Kultur: Die Thailändische Hakenlilie ist eine besonders anpassungsfähige und schnellwüchsige Art mit nur mäßigem Lichtanspruch. Sie gedeiht in weichem und hartem Wasser bei Temperaturen von 22–27 °C und benötigt einen mindestens 8 cm hohen, nährstoffreichen Bodengrund, in dem sich das kräftige Wurzelwerk ausbreiten kann. Mit *C. thaianum* lassen sich sehr wirkungsvoll Seiten- und Rückwände vor allem hoher Becken dekorieren, indem mehrere Exemplare dicht nebeneinander gepflanzt werden. Aufgrund des schnellen Wachstums entsteht schon nach kurzer Zeit ein dichtes Gewirr von lang flutenden Blättern an der Wasseroberfläche. Eine Vermehrung durch Brutzwiebeln an älteren Pflanzen ist häufiger als bei *C. natans*. Zur generativen Vermehrung siehe dort.
Ökologie: SCHULZE (1971 a) fand die Art in Fließgewässern sehr tief im Bodengrund verwurzelt bei einem Wasserstand bis 2 m. Das Wasser war extrem weich, die Temperatur betrug im April mittags 27 °C. Der Bodengrund bestand aus festem lehmig-kiesigem Sand oder war reich an Lehm und Schlamm. Die Standorte waren gewöhnlich schattig, erhielten aber zeitweise volles Sonnenlicht. Siehe auch ausführliche Beschreibung der Biotope 55–57 (S. 50).
Sonstiges: Gelegentlich wird eine abweichende Form mit stark gedrehten Blattspreiten angeboten (Korkenzieher-Hakenlilie).

Gattung Cryptocoryne

Wasserkelche – Familie Araceae, Aronstabgewächse

Nomenklatur

Die wichtigsten Bearbeitungen der Gattung *Cryptocoryne* erfolgten durch ENGLER (1920), DE WIT (1971, 1982, 1990), RATAJ (1975 b), JACOBSEN (1976, 1980, 1981, 1982, 1985a, 1987a, 1991, 2002, 2006, 2010), JACOBSEN & BOGNER (1986/1987) sowie OTHMAN et al. (2009). Aber auch zahlreiche bedeutende Einzelbeiträge anderer Autoren erschienen, u. a. BASTMEIJER (1996/1997, 2002), BASTMEIJER et al. (1999, 2000, 2001, 2007, 2009, 2012, 2014, 2016), BOGNER (2001, 2009), BOGNER & JACOBSEN (1986), BUDIANTO et al. (2004), HANG (2005), HERTEL & MÜHLBERG (1994), HANG et al. (2010), HUA (2002), IDEI et al. (2010, 2017), IPOR et al. (2006, 2007, 2008, 2015), JACOBSEN et al. (1989, 2015 a/b/c, 2016, 2017), KASSELMANN (2003 d, 2007 b, 2015, 2016 a), KETTNER (1991, 1992), NAIVE & VILLANUEVA (2018), OBERJATZAS (2003), REITEL et al. (2012), SCHULZE (1971 b, 1978), SEREBRYANYI (1991), SUSAKI (2002), VAN WIJNGAARDEN (2002, 2004 a/b), WONGSO et al. (2005, 2016, 2017) und YADAV et al. (1993) (siehe Literaturverzeichnis S. 618). Fast alle genannten Artikel erschienen in der deutschen Wasserpflanzenzeitschrift Aqua Planta des Arbeitskreises Wasserpflanzen e. V.

RATAJs Revision (1975 b) war unzulänglich, und fast alle seiner Neubeschreibungen wurden als Synonyme wieder eingezogen. Auch DE WIT benannte mehrere neue Arten, deren Beschreibungen aus damaliger Sicht im Allgemeinen berechtigt waren.

In den vergangenen etwa 30 Jahren konnten durch Chromosomenzählungen, Pollenuntersuchungen, DNA-Analysen, Beobachtungen an den natürlichen Standorten sowie vergleichende Kultur die komplizierten Verwandtschaftsbeziehungen zwischen den einzelnen Arten genauer erforscht werden, und man begann die Zusammenhänge besser zu verstehen. Infolgedessen wurden gebräuchliche Namen eingezogen, und die Aquarianer mussten sich an viele neue Namen gewöhnen. In diesem Zusammenhang verdienen die sorgfältigen und ausführlichen Publikationen des dänischen Botanikers Prof. Dr. NIELS JACOBSEN große Beachtung, durch die insbesondere viele taxonomische Fragen, aber auch Probleme bei der Kultur geklärt wurden. Es gibt keine Pflanzengattung, in der Aquarianer und Wissenschaftler so fruchtbar zusammenarbeiten wie bei den Cryptocorynen.

Spathaspreite von *Cryptocoryne* ×*willisii*

Spathaspreite von *Cryptocoryne beckettii*

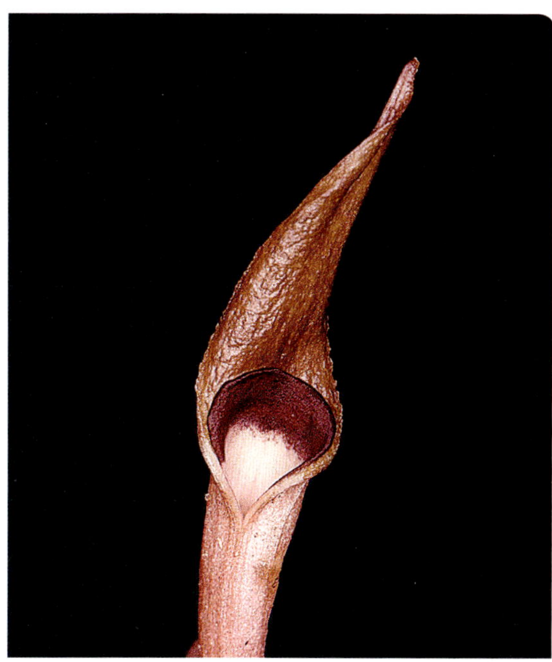

Gelbliche Spathaspreite von *Cryptocoryne crispatula* in Thailand

Spathaspreite von *Cryptocoryne yujii*

Die zahlreichen Aufsammlungen der letzten Jahre und die daraus gewonnenen neuen Erkenntnisse zeigen deutlich, dass die Variationsbreite einzelner Arten sehr groß sein kann. Auch für die Zukunft ist damit zu rechnen, dass Arten als polymorphe Spezies erkannt werden und Namensänderungen notwendig sind. Im Wesentlichen folge ich den taxonomischen Ansichten von JACOBSEN. Publikationen anderer Autoren werden aber ebenfalls berücksichtigt. An dieser Stelle möchte ich auf die ausführliche und sorgfältige Darstellung der Gattung *Cryptocoryne* durch JAN D. BASTMEIJER (NL) im Internet hinweisen: www.xs4-all.nl/~Crypts/Cryptocoryne/index.html.

Von den zurzeit etwa 64 anerkannten Arten und 7 Naturhybriden werden in diesem Buch 39 ausführlich dargestellt. Dabei finden vor allem die Cryptocorynen Berücksichtigung, die sich im Aquarium gut pflegen lassen. Zusätzlich werden einige seltene Arten, über deren Kultur nur sehr wenig bekannt ist und die nur von einer kleinen Gruppe von Spezialisten gepflegt werden, mit aufgenommen. In diesen Fällen existiert meistens keine Abbildung der Pflanzen im Aquarium. Da die Unterscheidung der Cryptocorynen im Wesentlichen anhand von Blütenständen erfolgt, wurden diese in solchen Fällen bevorzugt für den Druck ausgewählt.

Verbreitung der Cryptocoryne-Arten

Die Gattung *Cryptocoryne* ist im tropischen Süd- und Südostasien sowie Neuguinea beheimatet. Die meisten Arten sind nur in einem relativ kleinen Areal zu finden. Die größte Verbreitung nimmt *C. ciliata* mit einem Vorkommen von Indien bis Neuguinea ein. Die Verbreitungsangaben der einzelnen Arten können der Tabelle auf S. 222/223 entnommen werden.

Allgemeine Merkmale der Gattung

Die Gattung *Cryptocoryne* enthält Wasser- und Sumpfpflanzen, die sich in der Regel vegetativ durch unterirdische Ausläufer vermehren. Alle Cryptocorynen weisen ein gewöhnlich kriechendes (selten aufrechtes), mehr oder weniger dickes Rhizom auf, an dem die Blätter in einer Rosette angeordnet sind. Sie sind (mit Ausnahme der Winterblätter von *C. retrospiralis*) in Stiel und Spreite gegliedert und weisen an der Basis eine unauffällige Scheide auf. Im Unterschied zur Gattung *Lagenandra*, bei der die junge Blattspreite von beiden Blatträndern her eingerollt ist (involute Vernation), ist sie bei den *Cryptocoryne*-Arten nur von einer Seite tütenförmig eingerollt (konvolute Vernation).

Blütenstände

Cryptocorynen reagieren auf Umwelteinflüsse in ihrem Aussehen sehr veränderlich; deshalb genügen Habitusmerkmale nur selten für eine sichere Bestimmung. Wichtigstes Kriterium zur Unterscheidung der Arten sind die Blütenstände. Sie lassen sich nur selten an Exemplaren unter Wasser beobachten (Ausnahmen *C. affinis*, *C. cordata*, *C. usteriana*). Deshalb ist es in der Regel notwendig, die Cryptocorynen bei niedrigem Wasserstand oder als Landpflanzen bei hoher Luftfeuchte zu kultivieren. Einige Arten kommen dann sehr leicht zum Blühen (z. B. *C. beckettii*, *C. cordata*, *C. wendtii*), während bei anderen sehr viel Geduld sowie entsprechende Kenntnis über ihre besonderen Lebensansprüche erforderlich sind.

Der Blütenstand besteht aus einer gestielten Spatha, die an der Basis zu einem Kessel erweitert ist. In diesem sind die Blütenorgane verborgen (*kryptos* [gr.] = verborgen und *koryne* [gr.] = Kolben). Darüber setzt sich die Spatha als schmale Röhre fort, und an ihrer Öffnung schließt sich die Spathaspreite an. Eine Ausnahme bildet *C. spiralis* var. *spiralis*, da eine Röhre zwischen Kessel und Spreite fehlt. Der Aufbau des Kessels ist besonders interessant: An einem Kolben (Spadix) sind im unteren Teil 4–8 weibliche Blüten in einem Kreis angeordnet. Direkt darüber befinden sich einige kleine Duftkörper, dann folgt gewöhnlich ein nackter Teil der Spadix, dessen Ende in Quirlen übereinander eine mehr oder weniger große Zahl von männlichen Blüten folgt. Kessel und Röhre sind durch eine bewegliche Verschlussklappe (ein häutiges Blättchen) verschließbar (Kesselfallenblume).

Farbe, Form und Oberflächenstruktur der Spathaspreite bilden die auffälligsten Merkmale des Blütenstandes. Die Spathaspreite kann aufrecht oder geneigt, zugespitzt oder geschwänzt, flach oder gedreht, glatt, warzig oder runzlig sein. Meistens ist die Spathaspreite, die an ihrer Öffnung zur Röhre einen mehr oder weniger deutlichen Kragen oder eine Schlundzone aufweist, auffällig gefärbt und spielt bei der Anlockung von Insekten eine wichtige Rolle. Die Färbung der Spathaspreite wurde lange Zeit als eines der wichtigsten Unterscheidungsmerkmale angesehen, weil man die Variationsbreite einiger Arten noch unzureichend kannte. Die Aufsammlungen der letzten Jahre, z. B. von *Cryptocoryne alba*, *C. minima*, *C. pontederiifolia*, *C. spiralis* und *C. thwaitesii*, zeigen aber, dass die Färbung stark variieren kann und folglich diesem Merkmal eine geringere systematische Bedeutung als bislang angenommen zukommt.

Bestäubung

Während der Anthese öffnet sich die Spatha. Durch einen süßlichen Aasgeruch der Duftkörper sowie die auffällige Färbung der Spathaspreite werden sehr kleine Fliegen angelockt. Sie kriechen durch die Röhre in den geöffneten Kessel hinein und laden dabei den mitgebrachten Pollen auf den empfängnisfähigen und dann feuchten (weiblichen) Narben ab. Zu diesem Zeitpunkt sind die männlichen Blüten des besuchten Blütenstandes noch nicht reif. Nach einigen Stunden bewegt sich die Verschlussklappe nach oben und verschließt für etwa einen Tag lang den Ausgang, sodass die im Kessel befindlichen Insekten eingesperrt sind.

Nun geht der Blütenstand in sein männliches Stadium über, d. h., die männlichen Blüten werden reif, während die weiblichen Blüten nicht mehr empfängnisfähig sind. Beim Umherirren im Kessel bleibt der schleimige Pollen an den gefangenen Insekten hängen. Am dritten Blühtag öffnet sich die Verschlussklappe wieder, und die Insekten können zum nächsten Blütenstand fliegen, in dem sie den mitgebrachten Pollen abstreifen und eine Kreuzbestäubung vollziehen. Diese Angaben zur Bestäubung basieren keineswegs nur auf theoretischer Grundlage, wie es manchmal behauptet wird. Allerdings sind Abweichungen bei einzelnen Arten beobachtet worden.

Um eine künstliche Bestäubung zu erreichen, benötigt man zwei Blütenstände. Man entfernt mit Hilfe einer Rasierklinge bei einem etwa einen Tag alten Blütenstand einen Teil der Kesselwand, um so an die Blütenorgane heranzukommen. Nun wird Pollen eines etwa drei Tage alten Blütenstandes, dessen Kessel ebenfalls aufgeschnitten wird, auf die (weiblichen) Narben des ersten Blütenstandes übertragen. Nach erfolgreicher Bestäubung schwellen die Fruchtknoten an. Bis zur vollen Reife benötigt die Frucht etwa sechs bis neun Monate.

Kurz vor der Fruchtreife verlängert sich bei vielen Arten der Stiel des Fruchtstandes auffällig. Dann platzt das Synkarpium (Sammelfrucht aus verwachsenen Früchten) an der Spitze auf (ein wichtiger Unterschied zur Gattung *Lagenandra*, bei der sich die freien Beeren an der Basis öffnen) und entlässt innerhalb weniger Stunden die Samen, die zuerst auf der Wasseroberfläche schwimmen. Das charakteristi-

Im Kessel von *Cryptocoryne pallidinervia* eingeschlossene Fliegen aus zwei Gattungen der Familie Ephydridae (Habitat Sarawak)

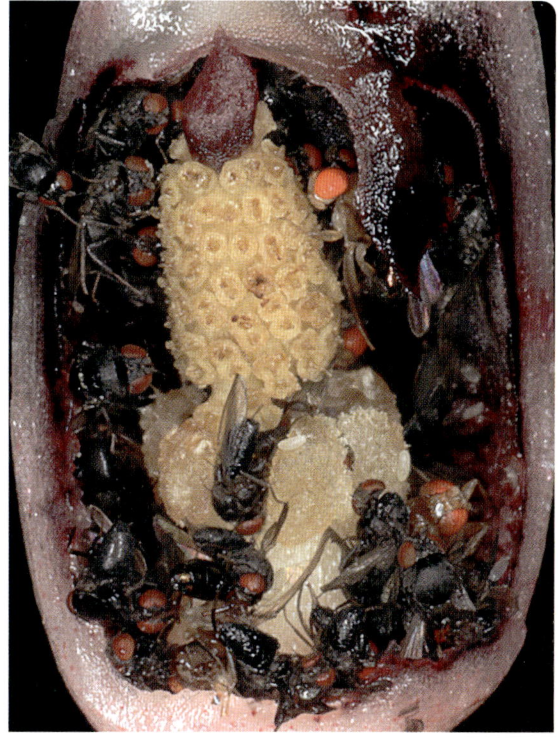

Sämlinge von *Cryptocoryne ciliata*

sche Aussehen der Samen sowie die Oberflächenstruktur der Früchte wurden bislang nur bei einigen Cryptocorynen ausreichend untersucht, nicht zuletzt deshalb, weil von zahlreichen Arten weder Früchte noch Samen bekannt sind.

Weitere Merkmale

Außer den hier genannten wesentlichen Unterscheidungsmerkmalen sind auch die Form der verwachsenen Fruchtknoten und der Narben, die Anzahl der männlichen Blüten sowie die bei bestimmten Arten vorhandenen grübchenartigen Vertiefungen in der inneren Kesselwand, deren Bedeutung nicht sicher bekannt ist, arttypisch.

Erwähnenswert ist ferner, dass es selbst innerhalb einer Cryptocorynen-Art eine große Variationsbreite bestimmter Merkmale geben kann. So variiert beispielsweise die Farbe der Spathaspreite bei *Cryptocoryne undulata* von cremefarben über gelblich bis bräunlich, und die von *C. alba* kann weiß, rosa oder dunkelrot gefärbt sein. Auch weisen die verschiedenen Rassen einer Art nicht selten große Unterschiede im Blüh- und Wuchsverhalten auf. Die zahlreichen Standortformen von *C. wendtii* sind zum Beispiel nicht gleichermaßen gut für die Kultur geeignet. Ebenso gibt es bei *C. spiralis* ökologische Typen, die sich gut im Aquarium pflegen lassen, während andere überhaupt nicht für die Unterwasserkultur verwendbar sind.

Bei den Einzelbeschreibungen kann nicht immer auf alle Unterschiede zwischen den ökologischen Rassen eingegangen werden. Es wird aber versucht, diesem Problem immer dann besondere Aufmerksamkeit zu widmen, wenn es für die Aquarianer von Bedeutung ist.

Chromosomenzahlen

Die unterschiedlichen Chromosomenzahlen der Cryptocorynen sind ein wesentliches Hilfsmittel, um die Verwandtschaft innerhalb der Gattung zu erklären. Zusätzliche Rückschlüsse auf ihre Evolution und verwandtschaftlichen Beziehungen lassen sich aus ihrer Verbreitung, Morphologie und Ökologie ableiten, sodass eine Einteilung in systematische Gruppen erfolgen kann. Die Tabelle auf S. 222/223, in der alle bisher bekannten Chromosomenzahlen von Cryptocorynen angeführt werden, ermöglicht einen guten Überblick über den derzeitigen Stand der Hypothesen über die Verwandtschaft und Systematik der Arten. In Zukunft dürfte auch eine Untersuchung der Erbsubstanz, d. h. der DNA-Sequenzen, wie sie bei anderen Pflanzengattungen schon vorgenommen wurden, zur weiteren Klärung der Verwandtschaftsverhältnisse beitragen.

Natürliche Standorte von Cryptocorynen

Unsere Kenntnis über die natürlichen Standorte von Cryptocorynen ist in den letzten Jahren erheblich gestiegen. Sie zeigen, dass die Cryptocorynen, die vermutlich alle einen gemeinsamen (monophyletischen) Ursprung haben, im Laufe der Evolution sehr unterschiedliche Lebensräume eroberten. Die meisten weisen nur ein eng begrenztes, endemisches Verbreitungsgebiet auf. Lebensräume sind im Allgemeinen mehr oder weniger schnell fließende Gewässer, deren Ufer sowie Restwassertümpel von Überschwemmungsgebieten, die periodisch austrocknen (temporäre Gewässer). Einige Cryptocorynen leben in Meeresnähe in Flüssen, die durch die Gezeiten beeinflusst werden.

Zu den wichtigsten ökologischen Faktoren, die das Auftreten von Cryptocorynen beeinflussen, zählen der Wasserchemismus sowie die Zusammensetzung des Bodengrundes.

Die veröffentlichten Wasseranalysen von natürlichen Standorten veranschaulichen deutlich, dass der Wasserzusammensetzung, insbesondere dem pH-Wert und der Härte, eine ganz besondere Bedeutung für das Wachstum der Pflanzen zukommt. Während die Cryptocorynen von Sri Lanka gewöhnlich in Gewässern angetroffen werden, die einen schwach sauren bis leicht alkalischen pH-Wert sowie überwiegend mittelhartes bis hartes Wasser aufweisen, zeichnen sich die Biotope der Cryptocorynen von Borneo und der Malaiischen Halbinsel größtenteils durch ein sehr weiches, extrem saures Milieu aus. Es verwundert daher nicht, dass sich Arten aus Sri Lanka (ausgenommen *C. bogneri*, *C. thwaitesii*, *C. alba*) besser für die Aquarienkultur eignen als Cryptocorynen aus typischen Schwarzwasserbiotopen Borneos oder der Malaiischen Halbinsel.

Auch die Beschaffenheit des Bodengrundes ist ein wesentlicher ökologischer Faktor, auf den viele *Cryptoco-*

Grüne und braunrote Pflanzen von *Cryptocoryne albida* in Südthailand nebeneinander

ryne-Arten hochgradig spezialisiert sind. Selbst gegenüber minimalen Abweichungen von ihrem Optimum besitzen sie deshalb häufig nur eine geringe Toleranz.

Cryptocorynen wachsen an den natürlichen Standorten in sehr unterschiedlichen Böden. Arten aus Bächen und Flüssen tropischer Regenwälder leben in lehmigem oder schlammigem, eisenhaltigem Boden, der durch abgestorbenes Pflanzenmaterial einen hohen Anteil an Humusstoffen aufweist. Infolgedessen liegen die pH-Werte des Bodengrundes, wie mehrfach dokumentiert, im stark sauren Bereich. In schnell fließenden Bächen und Flüssen mit sandig-kiesigem Bodengrund wurde dagegen gewöhnlich eine schwach saure Reaktion nachgewiesen.

Außer den genannten Einzelfaktoren Wasserchemismus und Bodengrund ist als weiterer wesentlicher Umweltfaktor die Lichtintensität zu nennen. Die meisten Cryptocorynen der Malaiischen Halbinsel, von Borneo und Sumatra wachsen an halbschattigen bis vollschattigen Standorten. Voll besonnte Biotope sind nur gelegentlich bei Cryptocorynen aus Sri Lanka zu finden.

Die natürlichen Standorte der Cryptocorynen sind außerordentlich verschieden, weshalb Verallgemeinerungen bedenklich sind, da sie zu falschen Vorstellungen und Folgerungen verleiten. Deshalb ist eine differenzierte Betrachtungsweise, die die ökologischen Verhältnisse jeder einzelnen *Cryptocoryne*-Art berücksichtigt, unverzichtbar. Aus diesem Grunde wird den natürlichen Lebensräumen dieser hoch spezialisierten Gattung bei den jeweiligen Beschreibungen der einzelnen Arten unter Einbeziehung möglichst aller bisher vorliegenden Informationen große Aufmerksamkeit gewidmet.

Allgemeine Kulturempfehlungen

Von den zahlreichen Cryptocorynen werden nur etwa 10–15 Arten regelmäßig als Aquarienpflanzen angeboten. Obwohl sich auch die übrigen größtenteils in Kultur befinden, werden sie nur Spezialisten vorbehalten bleiben, da die Mehrzahl der selteneren Arten an den natürlichen Standorten unter besonderen ökologischen Verhältnissen gedeiht (z. B. in sehr saurem Milieu) und sich infolgedessen den Aquarienbedingungen nicht befriedigend anpasst.

Cryptocoryne cordata **var.** ***siamensis*** **im Quelltopf Tahm Sra, Südthailand (Biotop 59, S. 51)**

Cryptocoryne consobrina im Fluss Cauvery (Karnataka, Indien)

Spathaspreite von *Cryptocoryne consobrina*

Häufig gedeihen diese Cryptocorynen jedoch erfolgreich in der emersen Kultur, bei der sie den Pfleger sogar nicht selten mit dekorativen Blütenständen erfreuen. So ist es nicht verwunderlich, dass sich eine beträchtliche Zahl von Aquarianern auf die emerse Pflege von *Cryptocoryne*-Arten spezialisiert hat und sich intensiv darum bemüht, die in ihren natürlichen Beständen häufig bedrohten Pflanzen in der Kultur nicht wieder aussterben zu lassen. Diese *Cryptocoryne*-Fans haben sich in der European Cryptocoryne Society (ECS) zusammengeschlossen und treffen sich einmal jährlich an wechselnden Orten in Europa.

Submerse Kultur

Cryptocorynen gehören zum festen Bestandteil der Aquarienflora. Am häufigsten werden *Cryptocoryne affinis*, *C. beckettii*, *C. cordata*, *C. crispatula*, *C. parva*, *C. pontederiifolia*, *C. undulata*, *C. wendtii* und *C. ×willisii* im Fachhandel angeboten. Diese Arten sind im Allgemeinen problemlos im Aquarium zu halten. Gelegentlich werden noch *C. albida* und *C. aponogetifolia* gepflegt, und weiterhin kamen *C. hudoroi*, *C. usteriana* und *C. sivadasanii* hinzu. Alle genannten Cryptocorynen lassen sich in einem Bodengrund aus Sand und Kies, dem beispielsweise etwas Lehm oder Dünger zur Nährstoffanreicherung zugefügt werden kann, zufriedenstellend pflegen. Für eine optimale Kultur ist eine mittlere Beleuchtungsintensität zu empfehlen. Zwar gedeihen die meisten Arten noch bei schwacher Beleuchtung, doch entwickeln sie sich bei hellem Stand wesentlich besser.

Cryptocorynen sind empfindliche Gewächse. Grundsätzlich ist bei der submersen Kultur dieser Pflanzen zu beachten, dass sie so wenig wie möglich umgesetzt werden. Auf Störungen reagieren sie nicht selten mit der sogenannten Cryptocorynenfäule, dem plötzlichen Zerfall der Blätter. Die Cryptocorynenfäule kann auch bei gut wachsenden Pflanzenbeständen auftreten. Hierbei handelt es sich nicht etwa um eine Krankheit, wie in der Vergangenheit vermutet wurde, sondern um eine Reaktion auf veränderte Umweltbedingungen, die zu physiologischen Störungen der Pflanze führt. Dabei können schon geringe Verschiebungen einiger Wasserwerte, beispielsweise infolge eines Wasserwechsels, oder das Austauschen einer defekten Leuchtstoffröhre Auslöser für die Cryptocorynenfäule sein, die einen prächtigen Pflanzenbestand innerhalb weniger Tage zusammenbrechen lässt. Danach ist viel Geduld erforderlich, bis die im Bodengrund verbliebenen Rhizome wieder austreiben. Nicht alle Wasserkelche reagieren in dieser extremen Weise negativ auf Umweltveränderungen. So kann man beispielsweise beobachten, dass *C. undulata* plötzlich zusammenbricht, während *C. wendtii* im selben Aquarium optimal gedeiht. Die beste Maßnahme zur Vorbeugung gegen die Cryptocorynenfäule besteht darin, ein konstant gleichmäßiges Milieu zu schaffen, d. h. zum Beispiel einen Teilwasserwechsel regelmäßig vorzunehmen sowie Dünger nur gering und auf einen größeren Zeitraum verteilt zu dosieren.

Emerse Kultur

Fast alle Cryptocorynen lassen sich über Wasser bei hoher Luftfeuchte in feuchtem Bodengrund kultivieren. Zu diesem Zweck eignet sich ein leeres Aquarium, das mit einer Scheibe abgedeckt wird. Kunstlichtbeleuchtung ist aus-

Cryptocoryne pallidinervia **bei dem Dorf Keranji (Sarawak), siehe auch Biotop 72, S. 56**

reichend. Eine einfache Methode der Kultur besteht nun darin, so viel Wasser in das Aquarium zu füllen, bis die Töpfe mit den Cryptocorynen etwa ein bis drei Zentimeter im Wasser stehen. Mit Hilfe eines Ausströmers, der sich in einem separaten kleinen Gefäß mit Wasser befindet, wird für eine Luftzirkulation und zugleich hohe Luftfeuchte gesorgt. Zusätzlich kann man das Wasser langsam durch einen Filter fließen lassen, um somit eine gleichmäßige Wasserbewegung und Nährstoffzufuhr zu gewährleisten. Die Kultur von Cryptocorynen im Paludarium stellt den Pfleger heute nur noch bei wenigen Arten (z. B. bei *C. bogneri*) vor fast unlösbare Probleme.

Wichtigster Faktor bei der emersen Kultur ist die Zusammensetzung des Bodengrundes. Meist lassen sich die Arten, die leicht im Aquarium zu kultivieren sind, auch ohne größere Schwierigkeiten in einem Sand-Lehm-Kies-Gemisch pflegen. Auch ungedüngter Torf und Merantispäne sind als Beimischungen verwendbar. Einheitserde und Wasserpflanzenerde können nur bedingt empfohlen werden.

Einige Arten wachsen sogar gut in Hydrokultur. In diesem Fall wird als Pflanzsubstrat ausschließlich feiner Kies verwendet und mit Lewatit HD 5, einem speziellen Dünger für Hydropflanzen, gedüngt. Dabei wird der Dünger entweder in den Wasserteil des Aquariums gestreut oder über einen separaten Wasserkreislauf zugeführt (Ehrenberg 1990). Schwieriger sind die Cryptocorynen zu pflegen, die aus Gewässern stammen, deren Bodengrund und Wasser sich aufgrund von Humusstoffen durch einen auffällig niedrigen pH-Wert auszeichnen. Hier hat die Becherkultur unter Verwendung von Buchenlauberde als Bodensubstrat oder als Beimischung zu erstaunlichen Wachstumserfolgen geführt (Jacobsen 1992, Mitschik 2015).

Obwohl in den letzten Jahren große Fortschritte bei der Lösung von Kulturproblemen gemacht wurden, sind keineswegs alle Fragen geklärt. Zudem gelang es bisher selten, die schwierigen *Cryptocoryne*-Arten im Aquarium zufriedenstellend zu pflegen. Somit wird es für den engagierten Cryptocorynenfreund auch in Zukunft noch ein interessantes und vielseitiges Betätigungsfeld geben.

Submerse ***Cryptocoryne albida*** **in Südthailand**

Hybridisierungsprogramme

Die Gattung *Cryptocoryne* wurde in den vergangenen gut 50 Jahren intensiv studiert. Fehler wurden korrigiert, viele neue Arten entdeckt und beschrieben. Von 1978 bis 1983 entstanden durch N. JACOBSEN die ersten *Cryptocoryne*-Hybriden zwischen Arten aus Sri Lanka (JACOBSEN 1981). Zwischen 2005 und 2015 wurden umfangreiche Hybridisierungsprogramme in Kopenhagen durchgeführt (JACOBSEN et al. 2016 a). Dabei zeigte sich, dass Hybridisierung in Südostasien ein häufiges Phänomen ist und es zahlreiche interspezifische (artenübergreifende) und innerartliche Naturhybriden gibt. Die Autoren vertreten die Auffassung, dass die Gattung *Cryptocoryne* mehr interspezifische Hybriden als Arten umfassen könnte. JACOBSEN et al. schlussfolgern, dass, wo immer zwei Arten oder Varietäten in der Natur nebeneinander auftreten, die Wahrscheinlichkeit von Naturhybriden dann groß ist, wenn keine Unterschiede in den Chromosomenzahlen bestehen, die die Hybridisierung behindern könnten. Die Entwicklung der Gattung *Cryptocoryne* bleibt spannend.

Chromosomenzahlen und Verbreitung der Cryptocorynen

Basiszahl	Artname	Chromosomenzahlen	Verbreitung
X = 5	*C. isae* WONGSO	10	Borneo
X = 7	*C. bastmeijeri* WONGSO	14	Borneo
X = 10	*C. striolata* ENGLER	20	Borneo
	C. keei N. JACOBSEN	20	Borneo
	C. hudoroi BOGNER & JACOBSEN	20	Borneo
	C. ideii BUDIANTO	20	Borneo
X = 11	*C. ciliata* (ROXBURGH) SCHOTT	22, 33, 44	Indien bis Neuguinea
	C. spiralis (RETZIUS) WYDLER	33, 66, 88, 110, 132	Indien, Bangladesch
	C. sahalii WONGSO & IPOR	22	Borneo
X = 13	*C. erwinii* WONGSO & IPOR	26	Borneo
	C. aura WONGSO & IPOR	26	Borneo
X = 14	*C. wendtii* DE WIT	28, 42	Sri Lanka
	C. beckettii TRIMEN	28, 42	Sri Lanka
	C. undulata WENDT	28, 42	Sri Lanka
	C. walkeri SCHOTT	28, 42	Sri Lanka
	C. ×willisii REITZ	28	Sri Lanka
	C. parva DE WIT	28	Sri Lanka
	C. nevillii HOOKER f.	28	Sri Lanka
	C. cognata SCHOTT	28	Indien
	C. regina WONGSO & IPOR	28	Borneo
X = 15	*C. pontederiifolia* SCHOTT	30	Sumatra
	C. villosa N. JACOBSEN	30	Sumatra
	C. longicauda ENGLER	30	Malaiische Halbinsel, Sumatra, Borneo
X = 17	*C. annamica* SEREBRYANYI	34	Vietnam
	C. vietnamensis MÜHLBERG & HERTEL	34	Vietnam
	C. bangkaensis BASTMEIJER	68	Sumatra
	C. scurrilis DE WIT	34	Sumatra
	C. wongsoi I. B. IPOR	34	Sumatra
	C. griffithii SCHOTT	34	Malaiische Halbinsel, Borneo, Sumatra
	C. minima RIDLEY	34	Malaiische Halbinsel, Sumatra

Chromosomenzahlen und Verbreitung der Cryptocorynen

Basis-zahl	Artname	Chromo-somenzahlen	Verbreitung
	C. ×purpurea RIDLEY	34, 51	Malaiische Halbinsel, Borneo
	C. ×decus-silvae DE WIT	34	Malaiische Halbinsel
	C. ×zukalii RATAJ	34	Malaiische Halbinsel
	C. elliptica HOOKER f.	34	Malaiische Halbinsel
	C. schulzei DE WIT	34	Malaiische Halbinsel, Sumatra
	C. ×timahensis BASTMEIJER	34 (54)	Malaiische Halbinsel, Singapur, Sumatra
	C. nurii FURTADO	34	Malaiische Halbinsel, Sumatra
	C. affinis HOOKER f.	34	Malaiische Halbinsel
	C. cordata GRIFFITH	34, 68, 85, 102	Malaiische Halbinsel, Sumatra, Borneo
	C. ferruginea ENGLER	34	Borneo
	C. fusca DE WIT	34	Borneo, Sumatra
	C. auriculata ENGLER	34	Borneo
	C. bullosa ENGLER	34	Borneo
	C. pallidinervia ENGLER	34	Borneo
	C. noritoi WONGSO	34	Borneo
	C. uenoi Y. SASAKI	34	Borneo
	C. yujii BASTMEIJER	34	Borneo
	C. ×batangkayanensis IPOR, ØRGAARD & N. JACOBSEN	85	Borneo
	C. matakensis BASTMEIJER, K. NAKAMOTO & N. JACOBSEN	34	Anambas-Inseln Matak und Siantan
	C. usteriana ENGLER	34	Philippinen
	C. pygmaea MERRILL	34	Philippinen
	C. aponogetifolia MERRILL	34	Philippinen
	C. coronata BASTMEIJER & VAN WIJNGAARDEN	34	Philippinen
	C. joshanii NAÏVE & VILLANUEVA	?	Philippinen
	C. versteegii ENGLER	34	Neuguinea
	C. dewitii N. JACOBSEN	34	Neuguinea
X = 18	*C. loeiensis* J. C. BASTMEIJER, T. IDEI & N. JACOBSEN	36	Thailand
	C. albida PARKER	36	Thailand, Myanmar
	C. cruddasiana PRAIN	36	Myanmar
	C. crispatula ENGLER	36, 54	Indien bis Südchina
	C. retrospiralis (ROXBURGH) KUNTH	36, 72	Indien
	C. sivadasanii BOGNER	36	Indien
	C. consobrina SCHOTT	36	Indien
	C. thwaitesii SCHOTT	36	Sri Lanka
	C. bogneri RATAJ	36	Sri Lanka
	C. alba DE WIT	36	Sri Lanka
	C. waseri KETTNER	36	Sri Lanka
	C. lingua ENGLER	36	Borneo
	C. zaidiana IPOR & TAWAN	36	Borneo
	C. mekongensis T. IDEI, BASTMEIJER, N. JACOBSEN	36	Laos, Kambodscha

Submerse Blätter von *Cryptocoryne affinis*

Cryptocoryne affinis westlich von Jerantut (Malaiische Halbinsel)

Cryptocoryne affinis

Hooker f. (1893)

Familie: Araceae, Aronstabgewächse.
Synonyme: *C. haerteliana* Milkuhn, *C. affinis* Hook. f. ssp. *haerteliana* (Milkuhn) Schöpfel.
Etymologie: *Cryptocoryne*: (gr.) *kryptos* = verborgen, *koryne* = Kolben, bezieht sich auf den im Kessel verborgenen Blütenkolben; *affinis*: verwandt.
Verbreitung: Malaiische Halbinsel.
Beschreibung: Sumpfpflanze, submers bis 40 cm hoch, emers viel kleiner. Blätter bis 20 cm gestielt. Spreite lanzettlich bis schmal lanzettlich, bis 23 cm lang, 2–5 cm breit, ± bullös. Färbung oberseits olivgrün, gelegentlich bräunlich, unterseits gewöhnlich weinrot.

Spatha 5,5–32 cm, Röhre 1,5–15 cm. Spathaspreite 3–20 cm lang, aufrecht, lang zugespitzt, 4- bis 15-mal spiralig gedreht, innen glatt, dunkelpurpurn. Ein Kragen fehlt. Weibliche Blüten gewöhnlich 5–7. Männliche Blüten 40–60. Chromosomenzahl 2n = 34.
Kultur: Diese anspruchslose *Cryptocoryne* wird schon seit über 50 Jahren in Aquarien gepflegt. Leider ist *C. affinis* für die emerse Kultur und schnelle Vermehrung in den Gärtnereien nicht gut geeignet, sodass sie immer mehr von den leichter zu kultivierenden Arten *C. undulata*, *C. walkeri* und *C. wendtii* verdrängt wird. Für die Haltung ist eine geringe bis mittlere Beleuchtungsstärke ausreichend. Optimales Wachstum erzielt man in mittelhartem bis hartem, leicht alkalischem Wasser bei einer Temperatur von 22–26 °C. Als Bodengrund genügt gewaschener Sand. Bei ungestörtem Wachstum ist die Vermehrung sehr produktiv. Es sind verschiedene Formen in Kultur, die sich durch Wuchshöhe, Blattbreite und Färbung unterscheiden. Die Art ist sehr anfällig für die Cryptocorynenfäule.
Ökologie: Jacobsen & Bogner (1987) fanden *C. affinis* in dichten Beständen auf Sandbänken kleiner Gewässer mit starker Strömung. Die üppigsten Exemplare wuchsen submers. Die kleineren emersen Pflanzen waren im Schatten rotbraun, in der Sonne bullös und grün. Die Habitate befinden sich zum Teil in Kalksteingebieten. Siehe auch die informativen Daten in der Bodengrundanalyse (Horst 1986). Die Autorin untersuchte im September 2014 (westlich von Jerantut) einen 3–4 m breiten Fluss mit prächtigen, submersen Beständen. Die Pflanzen wuchsen an einem offenen Platz in voller Sonne im schnell strömenden Wasser und blühten. Wasseranalyse: 24,5 °C (10 Uhr), pH 7,5, GH < 1 °dH, KH 3 °dH.

Emerse Pflanzen von *Cryptocoryne alba* mit Blütenstand

Cryptocoryne alba

DE WIT (1975)

Weißer Wasserkelch

Familie: Araceae, Aronstabgewächse.
Synonyme: Keine.
Etymologie: *Cryptocoryne*: siehe *C. affinis*; *alba*: weiß, bezieht sich auf weiß gefärbte Spathaspreiten.
Verbreitung: Südwesten von Sri Lanka.
Beschreibung: Sumpfpflanze, 5–20 cm hoch. Blätter bis 11 cm gestielt. Spreite schmal elliptisch bis lanzettlich oder schmal eiförmig, 3–10 cm lang, 2–3,5 cm breit, oberseits glatt oder rau. Spitze spitz oder rund; Basis rund bis schwach herzförmig. Blattrand glatt, gewellt oder fein gekräuselt. Es sind Farbformen mit sowohl olivgrünen, braunen als auch rötlich marmorierten Blättern bekannt.

Spatha 4–11 cm lang. Röhre 0,3–1,5 cm lang. Spathaspreite 3–7 cm lang, ± lang geschwänzt, meistens gedreht, ± aufrecht, innen glatt oder warzig, weiß, rosa oder dunkelrot gefärbt. Ein Kragen fehlt. Schlund wie die Spreite gefärbt. Weibliche Blüten 4–6. Männliche Blüten 20–50. Chromosomenzahl 2n = 36.

Kultur: Eine seltene *Cryptocoryne*, die nur bedingt für die submerse Kultur im Aquarium geeignet ist. Vermutlich verlangt die Art ein saures Milieu und eine nicht zu starke Beleuchtung. Das Wachstum ist bei emerser Kultur auf nahrhaftem, schwach saurem Boden wie bei *C. thwaitesii* zufriedenstellend. Blütenstände werden regelmäßig gebildet.
Ökologie: *Cryptocoryne alba* wächst gewöhnlich stark beschattet an Bachrändern im tropischen Regenwald auf lehmig-morastigem Boden. Bei Yahawalatta im Südwesten Sri Lankas wurde sie im gleichen Bach wie *C. waseri* (einziger Standort) gefunden.
Sonstiges: *Cryptocoryne alba* ist eng mit *C. thwaitesii* verwandt, und es gibt kaum gute Unterscheidungsmerkmale. Bis vor einigen Jahren galt die Blütenfarbe als ein wesentliches Merkmal. Anfang der 1980er-Jahre wurden dann Pflanzen von *C. alba* eingeführt, die rosa und dunkelrot blühten. Die 1990 von A. Waser gesammelte Pflanze, die eine dunkelpurpurrote Spathaspreite mit einem deutlichen Kragen und einer warzigen Oberfläche aufwies, wurde als *C. waseri* KETTNER beschrieben (BASTMEIJER et al. 2012).

Rotbraune Form von *Cryptocoryne albida* im Aquarium

Cryptocoryne albida

R. N. PARKER (1931)

Weißlicher Wasserkelch

Familie: Araceae, Aronstabgewächse.
Synonyme: *Cryptocoryne retrospiralis* (ROXBURGH) KUNTH ssp. *albida* (PARKER) RATAJ, *C. retrospiralis* var. *costata* (GAGNEPAIN) DE WIT, *C. costata* GAGNEPAIN, *C. hansenii* S. Y. HU, *C. korthausae* RATAJ.
Etymologie: *Cryptocoryne*: siehe *Cryptocoryne affinis*; *albida*: weißlich, bezieht sich auf die Färbung der Spathaspreite.
Verbreitung: Myanmar, Südthailand.
Beschreibung: Sumpfpflanze, emers bis 20 cm, submers bis 30 cm hoch. Blätter 2–15 cm lang gestielt. Die Spreite ist linealisch bis sehr schmal lanzettlich, 10–30 cm lang und 1–2 cm breit, niedergebogen, glatt oder leicht gewellt. Spitze spitz; Blattbasis verschmälert. Blattrand ganzrandig oder wenig gezähnt. Die Blätter sind sehr variabel gefärbt, von hellgrün bis rötlichbraun oder dunkelbraun marmoriert.

Spatha 8–20 cm lang. Röhre 5–15 cm lang. Spathaspreite 1–4 cm lang, zugespitzt, aufrecht oder etwas zurückgebogen, mehr oder weniger spiralig gedreht, innen weiß bis cremefarben mit grauem Rand, selten gelb. Spreite und Schlund fast glatt und gewöhnlich mit vielen kleinen braunroten Flecken versehen. Ein Kragen fehlt. Weibliche Blüten 4–7. Männliche Blüten 80–120. Chromosomenzahl 2n = 36.
Kultur: Sowohl die sehr dekorative rotbraune (Synonym *Cryptocoryne costata* GAGNEPAIN) als auch die grüne Wuchsform von *C. albida* werden selten im Fachhandel angeboten. Beide Formen gedeihen nicht immer zufriedenstellend in der Kultur. Auch unter optimalen Bedingungen wachsen und vermehren sich die Pflanzen nur mäßig und bleiben submers für gewöhnlich viel schmächtiger als an den natürlichen Standorten. Sowohl in weichem als auch in mittelhartem Wasser bei pH-Werten um 7 gelingt eine Kultur, weiches Wasser scheint aber vorteilhafter zu sein. Die Pflanzen begnügen sich mit wenig Licht, wachsen im Aquarium aber besser an freien Plätzen mit mittelstarker Beleuchtung. Als Bodengrund ist grober Sand ausreichend, allerdings wirkt sich ein nährstoffhaltigerer, zum Beispiel mit Lehm angereicherter, etwas saurer Bodengrund wachstumsfördernd aus. Der optimale Temperaturbereich liegt zwischen 22 und 28 °C. Aufgrund

Spathaspreite und Fruchtstände von *Cryptocoryne albida* aus Südthailand

der geringen Wuchshöhe im Aquarium sollte *C. albida* als Gruppe im Vordergrund Verwendung finden. Im Unterschied zur submersen Kultur lassen sich beide genannten Wuchsformen emers leicht kultivieren und blühen auch regelmäßig. Auch über Wasser ist die Vermehrungsrate aber nur gering. Als Bodengrund lässt sich in der emersen Kultur beispielsweise ein Gemisch aus Lehm und Sand gut verwenden.

Ökologie: JACOBSEN (1991) berichtet über einen natürlichen Standort von *C. albida*, der als repräsentativ angesehen wird. In einem etwa 4 m breiten Fluss wuchsen dichte Bestände sowohl am Flussufer in langsam fließendem Wasser als auch außerhalb des Wassers auf Sandbänken. Der Bodengrund bestand aus Sand und kleinen Steinen. Die Wassertemperatur betrug 27 °C. Die Pflanzen, die an freien Plätzen gefunden wurden, hatten dunkelgrüne oder mehr rötliche Blätter, während diejenigen, die in dichten Beständen oder im Schatten wuchsen, hellgrüne Blätter besaßen. Es wurden alle Übergänge angetroffen. Im Schatten waren die Blätter mehr oder weniger aufrecht, in der vollen Sonne lagen sie flach auf dem Bodengrund. Die Blütezeit ist gewöhnlich von Dezember bis Februar.

HORST (1986) berichtet von den tief im Bodengrund verwurzelten Pflanzen, deren Wurzeln trotz Einsatz von Werkzeugen nicht in ihrer vollen Länge ausgegraben werden konnten. Er ermittelte an einem natürlichen Standort folgende Wasserwerte: Temperatur 28,9 °C, pH-Wert 7,2–7,3, GH 0,2 °dH, KH 0,1 °dH, 22,5 µS/cm, O_2 10 mg/l, Fe 0,1 mg/l, Nitrat und Phosphat waren nicht nachweisbar. Eine Bodenprobe ergab folgendes Ergebnis: pH-Wert 4,9, P_2O_5 2 mg/l, K_2O 4 mg/l, Mg 4 mg/l, Fe 78 mg/l, Mn 10,7 mg/l, Cu 0,5 mg/l, Zn 0,9 mg/l. Weitere Standortbeschreibung siehe Biotop 56 (S. 50) sowie Wasseranalyse S. 602 (Biotop mit sehr vielen *C. albida*). Siehe auch die Fotos auf den Seiten 219 und 221.

Sonstiges: JACOBSEN (1980, 1991) zeigte, dass die Variationsbreite von *C. albida* sowohl im Habitus als auch im Aussehen der Spathaspreite so groß ist, dass *C. albida* und *C. costata* nicht zu unterscheiden sind. *Cryptocoryne albida* ist eng verwandt mit *C. crispatula* und *C. retrospiralis*. Wichtige Unterschiede betreffen die Form und Farbe der Spathaspreite.

Cryptocoryne annamica in Sumpfkultur mit Blütenstand

Cryptocoryne annamica

SEREBRYANYI (1991)

Annam-Wasserkelch

Familie: Araceae, Aronstabgewächse.
Synonyme: Keine.
Etymologie: *Cryptocoryne*: siehe *C. affinis*; *annamica*: in Bezug auf den Landesteil Annam, in dem diese Art vorkommt.
Verbreitung: Zentralvietnam (Provinz Quang Nam Da Nang).
Beschreibung: Sumpfpflanze, bis 10 cm hoch. Blätter 2–4 (–5,5) cm lang gestielt und mit breiter, roter Blattscheide. Spreite breit lanzettlich, spitz, mit deutlich herzförmiger Basis, etwa 7 cm lang und 3 cm breit, oberseits hellgrün, dunkelgrün oder -braun gefärbt, unterseits dunkelrot. Manchmal ist die Blattspreite auch etwas bullös.

Spatha 4–5 cm lang. Röhre weniger als 1 cm lang. Spathaspreite bis 2,5 cm lang, lang zugespitzt, einmal spiralig gedreht, außen rau und kirschrot, innen stark runzelig und kräftig gelb gefärbt. Schlund rot gefärbt. Ein Kragen fehlt. Weibliche Blüten 6. Männliche Blüten über 50. Frucht und Samen unbekannt. Chromosomenzahl 2n = 34.

Kultur: Eine emerse Kultur von *C. annamica* gelingt in einem Bodengrund aus Fasertorf oder einer sauren, mineralischen Erdmischung, auch in Buchenlauberde. Bei submerser Kultur bilden sich bullöse Blattspreiten mit dunkelroter Unterseite.
Ökologie: Es gibt bisher drei Aufsammlungen von *C. annamica*. Die Pflanzen wuchsen in einem beschatteten Bach sowohl ganz submers bis 50 cm tiefem Wasser als auch emers im Sumpf. Wasseranalysen sind nicht bekannt.
Sonstiges: Mitte der 1980er-Jahre konnte der russische Herpetologe N. ORLOW aus St. Petersburg diese Pflanze erstmals sammeln. Weitere Aufsammlungen von *Cryptocoryne annamica* sind erforderlich, um die innerartliche Variationsbreite dieser Spezies kennenzulernen. Färbung und Form der Spathaspreite von *Cryptocoryne annamica* ähneln denen von *Cryptocoryne usteriana*.

Die Aufsammlung von CLEMENS aus dem Jahre 1927, die der Erstbeschreibung von *Cryptocoryne annamica* als Paratypus zugrunde liegt, ist *Cryptocoryne vietnamensis* zuzurechnen (siehe auch dort).
Literatur: SEREBRYANYI (1991), BOGNER (2001), WIJNGAARDEN (2002).

Cryptocoryne aponogetifolia im Aquarium

Cryptocoryne aponogetifolia

MERRILL (1919)

Aponogeton-blättriger Wasserkelch

Familie: Araceae, Aronstabgewächse.
Synonyme: Keine.
Etymologie: *Cryptocoryne*: siehe *Cryptocoryne affinis*; *aponogetifolia*: *Aponogeton*-blättrig (in Anlehnung an die Gattung *Aponogeton*).
Verbreitung: Philippinen (Luzon, Panay, Negros).
Beschreibung: Wasserpflanze. Blätter bis 100 cm gestielt. Blattspreite sehr schmal elliptisch bis bandförmig, bis 50 cm lang, 2–4 cm breit, sehr stark bullös, mittel- bis dunkelgrün. Spitze spitz; Basis spitz. Mittelnerv deutlich. Spatha 13–25 cm lang, bis 25 cm gestielt. Röhre 7–17 cm lang. Spathaspreite 4–6 cm, lang geschwänzt, ± gedreht, aufrecht, sehr variabel, innen ± runzlig und ± purpurfarben. Ein Kragen fehlt. Schlundzone glatt, meist purpurfarben. Weibliche Blüten 6–8. Männliche Blüten 60–70. Chromosomen 2n = 34.
Kultur: *Cryptocoryne aponogetifolia* zählt zu den häufig gepflegten und bewährten *Cryptocoryne*-Arten. Die Kultur ist problemlos auch in hartem Wasser und in einem kalkreichen Bodengrund möglich. Die Art benötigt wenig Licht. Aufgrund der kräftigen Rhizome und starken Wurzelbildung ist ein grobkörniger, wenigstens 8 cm hoher Sand-Kies-Bodengrund zu empfehlen. Optimaler Temperaturbereich 21–27 °C. Sind die Pflanzen erst einmal angewachsen, vermehren sie sich rasch durch Ausläufer. Aufgrund der bis über 1 m langen Blätter ist *C. aponogetifolia* besonders gut für die Bepflanzung von Seiten- und Rückwänden in sehr hohen Aquarien geeignet. Blütenstände werden nur an submersen Pflanzen gebildet, sind aber in Kultur sehr selten. Eine emerse Haltung ist nicht empfehlenswert, da die Pflanzen auch bei hoher Luftfeuchtigkeit schlecht gedeihen.
Ökologie: Nach SCHULZE (1978) und BOGNER (1984) gedeiht die Art in Flüssen mit schnell fließendem Wasser in Tiefen bis 2 m. Die Exemplare wachsen gewöhnlich submers in dichten Beständen in kiesig-sandigem Boden aus Basalt oder im Verwitterungsboden von Kalkgestein an schattigen oder sonnigen Stellen.
Sonstiges: Für weniger hohe Aquarien sind die ähnlich aussehenden *C. hudoroi* und *C. usteriana* eine gute Alternative zu *C. aponogetifolia*.

Cryptocoryne beckettii im Aquarium

Cryptocoryne beckettii

TRIMEN (1885)

Becketts Wasserkelch

Familie: Araceae, Aronstabgewächse.
Synonyme: *C. petchii* ALSTON.
Etymologie: *Cryptocoryne*: siehe *C. affinis*; *beckettii*: nach T. W. N. BECKETT (1838–1906).
Verbreitung: Mittleres und südwestliches Sri Lanka.
Beschreibung: Sumpfpflanze, 10–25 cm hoch. Blattstiel bis 15 cm lang, häufig braunrötlich gefärbt. Spreite schmal lanzettlich bis eiförmig, 3–13 cm lang, 1,5–4,0 cm breit, glatt oder etwas gewellt. Spitze spitz; Basis von gestutzt bis schwach herzförmig. Rand gewellt oder schwach gekräuselt. Färbung oberseits von oliv- bis dunkelgrün und rötlichbraun bis dunkelbraun, manchmal marmoriert, unterseits grün, bräunlich oder weinrot.

Spatha 6–12(–20) cm lang. Röhre 3–10(–16) cm lang. Spathaspreite 1,5–4 cm lang, nicht geschwänzt, nicht oder wenig gedreht, aufrecht oder etwas zurückgebogen, innen glatt oder wenig rau, gelblich bis hellbraun mit einer braunen bis dunkelpurpurnen Kragenzone. Schlund weiß oder unregelmäßig purpurn gefleckt. Weibliche Blüten 4–8. Männliche Blüten 40–60. Chromosomenzahl 2n = 28, 42.
Kultur: Seit über 60 Jahren eine der bewährtesten *Cryptocoryne*-Arten. Die Kultur entspricht der von *C. wendtii* (siehe dort).
Ökologie: *Cryptocoryne beckettii* führt an den beschatteten Ufern von Bächen und Flüssen eine amphibische Lebensweise. Die Art soll auch im Quellwasser von Brunnen vorkommen. HORST (1986) berichtet von einem untypischen Cryptocorynenbiotop, einem vollbesonnten Bach zwischen Reisfeldern, in dem *C. beckettii* zusammen mit *C. wendtii* vergesellschaftet war. Wasserwerte dieses Standortes: 26 °C, GH 4,5 °dH, KH 5,2 °dH, pH 7,8, 148 µS/cm, Fe 0,27 mg/l. Ich fand die Art auch sowohl als alleinige Pflanze als auch zusammen mit großen Mengen von *C. parva* vergesellschaftet. Siehe Biotop 32 (S. 39) und Wasseranalyse Kalugelle Oya (S. 606).
Sonstiges: Bei der viele Jahre lang als *C. petchii* kultivierten Pflanze handelt es sich um eine triploide Form von *C. beckettii* mit stark defekten Pollen (JACOBSEN 1987 a). Gesicherte natürliche Standorte der triploiden Form sind nicht bekannt, möglicherweise kommt sie im Südwesten von Kandy vor. Siehe auch Foto S. 215.

Cryptocoryne bogneri mit Blütenstand, Pflanze vom natürlichen Standort auf Sri Lanka

Cryptocoryne bogneri

RATAJ (1975)

Bogners Wasserkelch

Familie: Araceae, Aronstabgewächse.
Synonyme: *Cryptocoryne bogneri* DE WIT (nur zwei Monate nach RATAJS Beschreibung).
Etymologie: *Cryptocoryne*: siehe *C. affinis*; *bogneri*: nach dem Entdecker JOSEF BOGNER.
Verbreitung: Im Südwesten von Sri Lanka.
Beschreibung: Sumpfpflanze, 5–10 cm hoch. Blattstiel 2–5(–12) cm lang. Spreite 3–8 cm lang, 1,5–4 cm breit, glatt oder wenig gewellt, emers eiförmig, oberseits rau, submers lanzettlich, glatt, oliv- bis dunkelgrün oder bräunlich, häufig mit rötlichen Nerven. Spitze spitz oder stumpf; Basis gestutzt, rund bis schwach herzförmig.

Spatha (3–)4–6(–8) cm lang. Röhre 1–3 cm lang, eine neuere Aufsammlung auch mit langer Röhre. Spathaspreite (1–)2–3(–5) cm lang, nicht zugespitzt, nach vorne gebogen, am oberen Rand warzig, sonst glatt, hellgelb. Ein Kragen fehlt. Schlundzone hellgelb. Weibliche Blüten 4–6. Männliche Blüten 20–30. Chromosomen 2n = 36.

Kultur: *Cryptocoryne bogneri* ist eine wenig anpassungsfähige, sehr langsam wachsende Art, deren emerse Kultur bisher nur vereinzelt, aber nicht auf Dauer gelang. Bei einem Kulturversuch mit dieser seltenen Art scheint es mir besonders wichtig zu sein, dass der pH-Wert des Bodengrundes und des Wassers nicht zu sauer sein darf. In reiner Buchenlauberde scheiterten bisherige Versuche. Als Bodengrund sollte ein Gemisch aus Sand und Kies mit wenig Humus verwendet werden. Die Art wächst im Klarwasser bei pH-Werten von 6,6–6,9 und darf nicht wie eine Schwarzwasser-*Cryptocoryne* behandelt werden.
Ökologie: Es sind bisher nur wenige Fundorte mit sehr kleinen Populationen bekannt. Der Typusstandort bei Atweltota, an dem BOGNER 1973 die Art sammelte, wurde von mir im Januar 1985 und Februar 2002 aufgesucht und war unverändert (KASSELMANN 2003 d). Vgl. Biotop 33 (S. 40). Bemerkenswert ist die Variabilität, denn an ein und denselben Pflanzen waren sowohl grüne als auch braun gefärbte Blätter vorhanden.
Sonstiges: *Cryptocoryne bogneri* zählt zu den besonders bedrohten Arten auf Sri Lanka, denn ökologische Veränderungen der Standorte sind mit fortschreitender Kultivierung der Gebiete immer stärker zu befürchten.

Aufplatzende Frucht von *Cryptocoryne ciliata*

Cryptocoryne ciliata am Standort auf Sulawesi

Cryptocoryne ciliata

(Roxburgh) Schott (1857)

Gewimperter Wasserkelch

Familie: Araceae, Aronstabgewächse.
Synonyme: *Ambrosina ciliata* Roxb. (1819), u. a. (Jacobsen 2010).
Etymologie: *Cryptocoryne*: siehe *C. affinis*; *ciliata*: gewimpert (Spathaspreite).
Verbreitung: Von Indien bis Neuguinea.
Beschreibung: Sumpfpflanze, emers bis 90 cm, submers bis 50 cm hoch. Spreite schmal lanzettlich bis eiförmig, 13–50 cm lang, 2–20 cm breit, ledrig, fleischig, steif, senkrecht, glatt, mittelgrün. Diploide Pflanzen (var. *ciliata*) mit langen Ausläufern, triploide (var. *latifolia*) mit kurzen, aufrechten Ausläufern, die vom Rhizom abbrechen. Tetraploide Pflanzen (var. *bogneri*) mit langen Ausläufern und kleineren, eiförmigen Blattspreiten.

Spatha 10–50 cm lang. Röhre 4–40 cm lang. Spathaspreite sehr variabel, 3–10 cm lang, ± zugespitzt, nicht gedreht, ± aufrecht, innen rau bis warzig, von blassgelb bis bräunlichpurpurfarben; Rand der Spreite ± lang gewimpert. Kragen gelb. Schlund blassgelb, rot gepunktet. Weibliche Blüten 4–8. Männliche Blüten 20–50. Chromosomenzahl 2n = 22 (var. *ciliata*), 33 (var. *latifolia*), 44 (var. *bogneri*).
Kultur: Die Varietäten *ciliata* und *latifolia* sind sehr großwüchsige, nur für hohe Aquarien geeignete Pflanzen. Interessant ist die kleinere var. *bogneri* für die Aquaristik, über deren Kultur bisher keine Erfahrungen vorliegen. Auffällig ist der steife, aufrechte Wuchs der Blätter. *Cryptocoryne ciliata* eignet sich sowohl für Süß- und Brackwasseraquarien als auch für Paludarien. Im Aquarium muss der Bodengrund nährstoffreich sein. Ein gut beleuchteter Standplatz ist zu empfehlen. Optimale Temperatur 22–26 °C. Während submers die Vermehrungsrate gering ist, bilden sich emers willig Ausläufer. Blüten- und Fruchtbildung häufig. Vermehrung durch Samen sehr produktiv. Siehe Foto S. 218.
Ökologie: *Cryptocoryne ciliata* besiedelt Standorte im Süß- und Brackwasser im Bereich der Gezeitenzone auf schlammigem Boden. Ich fand die Art an der Ostküste Javas unweit des Meeres in vollem Sonnenlicht, andererseits aber auch an sehr schattigen Plätzen auf Sulawesi.
Sonstiges: Auffällig sind die pfriemförmigen Blätter der Sämlinge. Sie dienen der Verankerung und sind sehr widerstandsfähig, wodurch die weite Verbreitung zu erklären ist.

Natürliches Habitat von *Cryptocoryne cognata* (südlich Jaigarh, Maharashtra)

Blühende *Cryptocoryne cognata* (Maharashtra, nördlich Lore)

Cryptocoryne cognata

SCHOTT (1857)

Familie: Araceae, Aronstabgewächse.
Synonyme: Keine.
Etymologie: *Cryptocoryne*: siehe *C. affinis*; *cognata*: verwandt.
Verbreitung: Indien (Maharashtra, Goa).
Beschreibung: Wasserpflanze mit kriechendem, kurzem Rhizom. Blätter bis 10 cm gestielt. Spreite lanzettlich bis schmal eiförmig, gewöhnlich 7–15 cm lang, 4–7 cm breit, grasgrün. Blattrand glatt oder leicht gewellt. Mittelnerv kräftig, häufig rotbraun.

Blütenstand wenige Zentimeter gestielt. Spatha 9–33 cm, aufrecht. Kessel 0,7–6,5 cm lang. Röhre kurz, bis 4 cm. Spathaspreite wenig spiralig gedreht, lang zugespitzt, 7–23 cm lang. Kragen und Spreite anfangs leuchtend rotbraun, zur Reife tief purpurn; Schlund weiß mit purpurnen Flecken. Chromosomenzahl 2n = 28.
Kultur: *Cryptocoryne cognata* ist eine seltene Kulturpflanze. Nach bisherigen Erfahrungen ist sie nicht oder nur bedingt für die Aquarienkultur geeignet, obwohl sie an natürlichen Standorten überwiegend als Wasserpflanze wächst. In der emersen Kultur wurden dagegen vereinzelt gute Erfahrungen mit Buchenlauberde gemacht, sodass sie mehrfach blühte. Die Art bildet keine Ausläufer und vermehrt sich nur generativ durch Samen.
Ökologie: *Cryptocoryne cognata* wächst im tropisch-feuchten Küstenstreifen westlich der Western Ghats in schnell fließenden Bächen und kleinen Flüssen. Die Art lebt in äußerst weichem, saurem, sehr CO_2-reichem Wasser. Die Verfasserin untersuchte im Oktober 2015 zehn Habitate. Zusammengefasst: Temperatur 27,5–32 °C (Luft 33–35 °C), pH-Wert 6,0–6,5, 20–80 µS/cm, GH/KH < 1 °dH (einmal KH 2,5 °dH), CO_2 16–36 mg/l. Die mit einem PAR-Meter (K. RANDALL) gemessene Strahlung ergab, dass *C. cognata* schattige Gewässer mit gelegentlichen Sonneneinstrahlungen besiedelt. Die Art ist aber auch in der Lage, in gewissen Grenzen eine hohe Strahlung „auszuhalten", jedoch nicht an voll besonnten Standorten zu leben (Abholzung von Schatten spendenden Bäumen). Ausgewählter Biotop 67, S. 55.
Sonstiges: Die Art galt mehr als 140 Jahre lang als verschollen. Sie wurde 1992 für die Kultur eingeführt.
Literaturhinweis: KASSELMANN (2016 a).

Oben: *Cryptocoryne cordata* **im Aquarium und blühend in Südthailand (Biotop 53, S. 50)**

Rechte Seite: *Cryptocoryne cordata* **var.** *siamensis* **im Quelltopf Tahm Sra (Biotop 59, S. 51)**

Cryptocoryne cordata

GRIFFITH (1851)

Herzblättriger Wasserkelch

Familie: Araceae, Aronstabgewächse.

Synonyme: *C. siamensis* Gagnep., *C. blassii* DE WIT, *C. grabowskii* ENGLER, *C. diderici* DE WIT, *C. zonata* DE WIT, u. a.

Etymologie: *Cryptocoryne*: siehe *C. affinis*; *cordata*: herzförmig (Blattspreite).

Verbreitung: Westmalaysia bis Südthailand (var. *cordata*), Thailand (var. *siamensis*), Sumatra (var. *diderici*), Borneo (var. *grabowskii*).

Beschreibung: Sumpfpflanze, emers bis 25 cm, submers bis 60 cm hoch. Blätter 5–45 cm gestielt. Spreite von länglich bis eiförmig, 5–19 cm lang, 1–10 cm breit, glatt oder etwas bullös. Spitze spitz; Basis spitz, stumpf, gestutzt oder herzförmig. Blattrand ganzrandig. Färbung sehr variabel, oberseits olivgrün, bräunlich bis kräftig bronzefarben, marmoriert, glänzend, unterseits grün bis kräftig weinrot.

Spatha 5–35 cm lang. Röhre 2–40 cm lang. Spathaspreite 1,5–5 cm lang, lang zugespitzt, aufrecht oder zurückgebogen, innen glatt bis wenig rau, warzig bei var. *grabowskii*, gelb, auch rötlichbraun gefärbt (entlang des Randes). Ein Kragen fehlt oder ist bei var. *grabowskii* vorhanden. Schlundzone glatt, gelb. Weibliche Blüten 5–8. Männliche Blüten 30–60. Chromosomenzahl 2n = 34 (var. *cordata*), 2n = 68 (var. *grabowskii*), 2n = 102 (var. *siamensis*, var. *diderici*).

Kultur: In Kultur gutwüchsig und am häufigsten sind die früher als eigenständige Arten aufgefassten *C. siamensis* und *C. blassii* mit eiförmigen Blattspreiten ohne herzförmige Basis. Sie lassen sich submers vorwiegend an einer oberseits olivgrünen bzw. bronzebraunen Blattfärbung erkennen. In der Kultur bevorzugt *C. cordata* ein weiches, saures Wasser, schwache bis mittlere Beleuchtungsstärke und einen nährstoffreichen, kalkarmen Bodengrund. Manche Formen, wie die *C.-blassii-siamensis*-Typen, sind aber anpassungsfähig und gedeihen auch noch in mittelhartem, schwach alkalischem Wasser. Der optimale Temperaturbereich liegt zwischen 23 und 27 °C. Nach einer langen Eingewöhnungszeit bilden gut wachsende Exemplare viele Ausläufer. Auch eine emerse Kultur, z. B. in einem Sand-Lehm-Torfgemisch, ist nicht schwierig. Blütenstände bilden sich emers häufig, gelegentlich aber auch im Aquarium.

Ökologie: *Cryptocoryne cordata* besiedelt Bäche und kleine Flüsse mit langsam bis schnell fließendem Wasser. Die

Spathaspreite von *Cryptocoryne cordata*

Cryptocoryne cordata var. *siamensis* 'Rosanervig' im Aquarium

dichten Bestände wachsen sowohl in intensivem Sonnenlicht als auch in tiefem Schatten. JACOBSEN (1985 b) fand Pflanzen in Johore sowohl im schlammigen Bodengrund, der sich aus verrotteten Blättern und Zweigen zusammensetzte, als auch in sandig-kiesigem Substrat, das häufig mit einer hohen Falllaubschicht bedeckt war. Während das Wasser auf der Malaiischen Halbinsel sehr sauer (pH 4,5–6) und weich (0–2 °dH) sowie häufig bräunlich gefärbt war, stellte HORST (1986) in Südthailand höhere pH-Werte (5,5–6,3) fest sowie ein ebenfalls sehr weiches, aber klares Wasser (GH und KH < 1 °dH) mit einem geringen Salzgehalt. Temperatur 25–27 °C. Die bei Horst veröffentlichten Bodengrundanalysen zeigen eine auffällig saure Reaktion (pH 4,4/5,6). Siehe auch Biotope 52–54 (S. 50) und 59 (S. 51).
Sonstiges: JACOBSEN (2002) kombinierte die bis dahin eigenständigen Arten *C. diderici*, *C. grabowskii* und *C. zonata* zu Varietäten von *C. cordata* um. Weitere Aufsammlungen und die daraus resultierenden Erkenntnisse führen dazu, dass var. *zonata* nur eine Farbvariante ist und keinen taxonomischen Stellenwert mehr besitzt. Dagegen lassen sich *C. cordata* var. *grabowskii* und var. *siamensis* deutlich von var. *cordata* abgrenzen. Weitere taxonomische Untersuchungen sind erforderlich.

Cryptocoryne cordata var. siamensis 'Rosanervig'

Im Jahre 1972 fand P. SCHNEIDER (Schweiz) in einer Importsendung ein Exemplar von *C. cordata* mit einer weißen bis hellrosa gefärbten Nervatur, das er vegetativ weitervermehrte. BOGNER & JACOBSEN billigten dieser Pflanze 1985 den Sortenstatus zu. Nach JACOBSEN (pers. Mitt.) gehört die Sorte zu var. *siamensis*. Der korrekte Name lautet somit *C. cordata* GRIFFITH var. *siamensis* (GAGNEPAIN) N. JACOBSEN & D. SOOKCHALOEM 'Rosanervig'. Aufgrund einer allgemein akzeptierten Hypothese geht das Merkmal der weißbunten Zeichnung auf eine Mutation zurück. Kulturerfahrungen zeigen jedoch, dass der Grad seiner Ausprägung in starkem Maße umweltabhängig ist, d. h. durch die Kulturbedingungen beeinflusst wird. Mit welchen Maßnahmen allerdings eine möglichst kontrastreiche Zeichnung gezielt erreicht werden kann, ist zwar viel diskutiert, aber bisher nicht eindeutig geklärt worden. CLAUDIA HARY fand die Sorte in Südthailand etwa 50 km südlich Krabi an einem natürlichen Standort zwischen anderen Pflanzen von *C. cordata* var. *siamensis*.

Cryptocoryne coronata im Aquarium (Mitte) mit *C. usteriana*

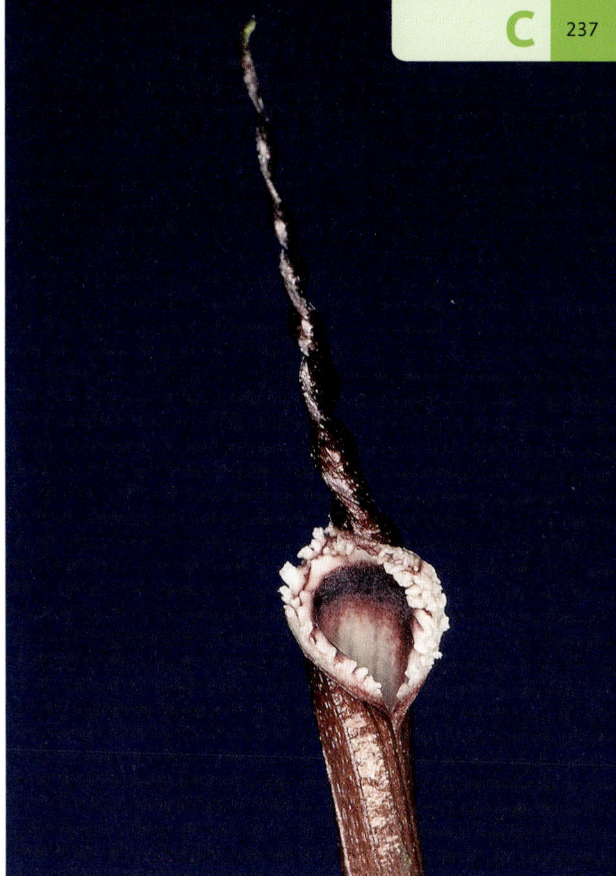

Spathaspreite von *Cryptocoryne coronata*

Cryptocoryne coronata

BASTMEIJER & van Wijngaarden (1999)

Gekrönter Wasserkelch

Familie: Araceae, Aronstabgewächse.
Synonyme: Keine.
Etymologie: *Cryptocoryne*: siehe *C. affinis*; *coronata*: gekrönt, bekränzt, bezieht sich auf den Kranz von Auswüchsen an der Kragenzone.
Verbreitung: Philippinen (nur von der Insel Mindanao bei Zamboanga bekannt).
Beschreibung: Sumpfpflanze, im Aquarium bis 50 cm hoch. Blätter bis 20 cm gestielt. Spreite lanzettlich bis schmal elliptisch, bis 30 cm lang, 4–8 cm breit, bullös, spitz, Basis gerundet. Färbung dunkelgrün, unterseits tief weinrot. Mittelnerv kräftig.

Spatha etwa 12 cm lang. Röhre etwa 7 cm lang, gedreht. Spathaspreite etwa 4 cm, mehr oder weniger gedreht, außen purpurfarben, innen tief purpurfarben und warzig. Die Kragenzone ist mit einem Kranz von weißen, unregelmäßigen Auswüchsen bedeckt. Schlund weiß und zur Kragenzone mehr oder weniger purpurfarben. Weibliche Blüten 6(5–8). Männliche Blüten 30–60. Chromosomenzahl 2n = 34 (BASTMEIJER & Wijngaarden 1999).
Kultur: *Cryptocoryne coronata* ist leider kaum in Kultur, obwohl die Art eine gute und ausdauernde Aquarienpflanze ist. Ich pflegte sie seit fast 10 Jahren in einem Aquarium zusammen mit *C. usteriana*. Dabei war deutlich zu bemerken, dass sich *C. coronata* viel weniger durch Ausläufer vermehrte und somit auch nach Jahren keine großen Bestände im Aquarium bildete. Sie ist leicht von *C. usteriana* durch die deutlich dunkler grün gefärbten submersen Blätter und ihre tief weinrot gefärbten Blattunterseiten zu unterscheiden. Eine erfolgreiche Kultur erfolgte bei mir in hartem, alkalischem Wasser bei mittleren Lichtwerten und einer Temperatur von 24–28 °C.
Ökologie: Es sind keine detaillierten ökologischen Angaben bekannt.
Sonstiges: In ihren Blütenmerkmalen erinnert *C. coronata* an *C. aponogetifolia*, unterscheidet sich von dieser aber durch die tief purpurfarbene Spathaspreite sowie einen deutlichen Kranz von auffällig weißen Auswüchsen an der Kragenzone. Die Art wurde zufällig in einer Importsendung von den Philippinen gefunden und blühte in der niederländischen Gärtnerei Aqua Fleur.

Cryptocoryne crispatula var. balansae im Aquarium und in Südthailand (Biotop 57, S. 51)

Cryptocoryne crispatula

ENGLER (1920)

Grasblättriger Wasserkelch

Familie: Araceae, Aronstabgewächse.
Synonyme: 1.) var. *crispatula*: *C. retrospiralis* (ROXBURGH) KUNTH var. *crispatula* (ENGLER) DE WIT, *C. sinensis* MERRILL, *C. crispatula* ENGLER var. *sinensis* (MERRILL) N. JACOBSEN, *C. bertelihansenii* RATAJ; 2.) var. *flaccidifolia*: keine; 3.) var. *balansae* (GAGNEP.) N. JACOBSEN: *C. balansae* GAGNEP., *C. longispatha* MERRILL, *C. kwangsiensis* H. LI; 4.) var. *yunnanensis* (H. LI) N. JACOBSEN: *C. yunnanensis* H. LI; 5.) var. *tonkinensis* (GAGNEP.) N. JACOBSEN: *C. tonkinensis* GAGNEP., *C. retrospiralis* (ROXB.) KUNTH var. *tonkinensis* (GAGNEP.) DE WIT.
Etymologie: *Cryptocoryne*: siehe *C. affinis*; *crispatula*: etwas gekräuselt.
Verbreitung: Östliches Indien, Thailand, Laos, Südvietnam und Südchina.
Beschreibung: Sumpfpflanze, emers 10–25 cm, submers 20–70 cm hoch. Blätter bis 25 cm gestielt, sehr variabel. Blattspreite schmal linealisch bis lanzettlich, 10–50 cm lang, 0,2–4 cm breit, von glatt, gewellt bis stark bullös, schlaff oder steif, hell- bis dunkelgrün, bräunlich und rötlichbraun. Spitze spitz; Basis verschmälert, selten rund. Blattrand ganzrandig oder fein gezähnt.

Spatha 5–40 cm lang. Röhre 2,5–30 cm lang, etwas gedreht. Spathaspreite mehr oder weniger lang spiralig gedreht, innen glatt, weiß, cremefarben, gelb, blassgrau oder grünlich gefärbt, mit rötlichen bis dunkelpurpurnen Flecken oder Linien, die manchmal die Oberfläche fast vollständig bedecken können oder auch ganz fehlen (siehe Schlüssel). Kein Kragen. Schlund wie die Spathaspreite gefärbt. Weibliche Blüten 4–6. Männliche Blüten 90–130. Chromosomenzahl 2n = 36, 54. Foto S. 216.
Kultur: Die Varietäten von *C. crispatula* eignen sich – abhängig von ihren natürlichen Lebensbedingungen – sehr unterschiedlich für die Pflege. Am besten für die submerse Kultur verwendbar und regelmäßig im Fachhandel zu finden sind var. *balansae* und var. *kubotae* mit sehr schmalen, braunen Blättern. Diese gedeihen gut in mittelhartem und hartem Wasser mit alkalischen pH-Werten und kommen mit schwacher bis mittlerer Beleuchtungsstärke aus. Geeignet sind auch var. *flaccidifolia* und var. *tonkinensis*, die aber seltener kultiviert werden (JACOBSEN et al. 2017).

Emerse Pflanzen von *Cryptocoryne crispatula* var. *crispatula* im Khao-Yai-Nationalpark (Thailand)

Ökologie: Die acht Varietäten und ökologischen Rassen von *C. crispatula* führen eine extrem unterschiedliche Lebensweise. Sie sind stark den natürlichen Lebensbedingungen angepasst, wie wechselndem Wasserstand und Licht. JACOBSEN (1980, 1991, 2010) untersuchte mehrere Fundorte in Thailand. Dabei stellte er fest, dass in Flüssen mit weniger ausgeprägten Wasserstandsschwankungen die mehr aquatischen Formen auftreten, etwa die langen, schmalblättrigen Formen mit gewellter oder bullöser Spreite. In Flüssen mit jahreszeitlich wechselndem Wasserstand sind die mehr amphibischen Formen verbreitet, die kürzere, mehr oder weniger glatte Blätter besitzen. Es wurden jedoch Übergänge zwischen den verschiedenen Formen gefunden. Kultivierte Pflanzen behielten eine ziemlich konstante Blattform bei. Im Fluss Mueak Lek fand JACOBSEN Ende Februar 1977 *C. crispatula* var. *balansae* in kalkreichem Wasser bei einer Temperatur von 24 °C. Siehe auch Biotope 57 (S. 51), 61 (S. 51) und 63 (S. 52).

Bestimmungsschlüssel zu den Varietäten (nach JACOBSEN 2010, vereinfacht und erweitert)

1a. Pflanzen mit langen weichen submersen Blättern (0,1–4 × 20–70 cm) 2
1b. Blätter kurz, ziemlich steif, emers aufrecht (0,6–2 × 10–30 cm), submers kurz, rund, 2–10 cm lang 4
2a. Blätter 0,1–0,2 mm breit, glatt, meist bräunlich . . . . var. *kubotae*
2b. Blätter 0,2–0,8 mm breit, ± gewellt, grün . . . . var. *tonkinensis*
2c. Blätter 0,5–4 cm breit 3
3a. Blätter 0,5–1,2 cm breit, glatt bis gewellt . . . . var. *flaccidifolia*
3b. Blätter 1,5–4 cm breit, ± bullös, Spatha mit purpurnen Zeichnungen . . . . . var. *balansae*
3c. Blätter 1,5–4,5 cm breit, glatt bis leicht gewellt, Spatha weiß . . . . var. *planifolia*
4a. Spathaspreite kurz, dick, gedreht, ± rot gepunktet . . . . var. *yunnanensis*
4b. Spathaspreite ± lang, dünn, spiralförmig gedreht, mit ± regelmäßigen roten bis purpurnen Linien (selten weiß) . . . . var. *crispatula*
4c. Spathaspreite lanzettlich, halb oder einmal spiralig gedreht, weiß mit roten Flecken . . . . var. *decus-mekongensis*

Emerse Pflanze von *Cryptocoryne elliptica* mit Blütenstand

Cryptocoryne elliptica

HOOKER f. (1894)

Elliptischer Wasserkelch

Familie: Araceae, Aronstabgewächse.
Synonyme: Keine.
Etymologie: *Cryptocoryne*: siehe *C. affinis*; *elliptica*: elliptisch.
Verbreitung: Nordwesten der Malaiischen Halbinsel.
Beschreibung: Sumpfpflanze, bis 10 cm hoch. Blattstiel 2–7 cm lang. Spreite breit elliptisch bis rundlich, herzförmig, 2–4 cm lang, 1,5–3 cm breit, flach oder ± bullös, grün, seltener purpurn, unterseits blassgrün. Submerse Pflanzen größer: Blattstiel 5–14 cm lang; Spreite 4–5 cm lang, 3–3,4 cm breit.

Spatha 3–7 cm. Spathaspreite 1–1,5 cm, leicht gedreht, nach vorne gebeugt, fast glatt, gelb mit einer dunkelpurpurnen, breiten Schlundzone oder ganz purpurn mit gelbem Rand. Weibliche Blüten 4–6. Männliche Blüten 20–30. Chromosomenzahl 2n = 34.

Kultur: BOGNER & JACOBSEN brachten diese Art 1985 aus Westmalaysia mit. JACOBSEN (Kopenhagen) vermehrte sie in großer Zahl, wodurch die Art über den Arbeitskreis Wasserpflanzen e. V. in die Hände vieler Cryptocorynen-Freunde gelangte. *Cryptocoryne elliptica* ist nach meinen Erfahrungen in emerser Kultur nicht schwierig in Buchenlauberde und etwas Sand zu pflegen; dort blüht sie regelmäßig. Die Art zeigt innerhalb der Gattung eine einzigartige Vermehrung: An der Basis eines jeden Blattstiels befindet sich eine kleine Knospe, aus der sich wiederum eine neue Pflanze entwickelt (Viviparie). Das Blatt bricht unterhalb der Knospe sehr leicht ab – eine effektive Form der Vermehrung und Verbreitung am natürlichen Standort! Über eine Kultur im Aquarium ist bisher nichts bekannt.
Ökologie: BOGNER & JACOBSEN berichten über ein Vorkommen in einem tiefgründigen Waldsumpf im Gunung Bongsu Forest Reserve. Sie fanden die Pflanzen tief im Schlamm in einem kleinen Flüsschen sowohl submers im Fließwasser zusammen mit *Barclaya motleyi* als auch emers im tiefen Schatten. Im August wurden Blütenstände, aber keine Früchte gefunden. Wasserwerte: etwa 28 °C, pH-Wert (Wasser und Bodengrund) etwa 5, Härte etwa 0 °dH.
Sonstiges: Charakteristische Merkmale sind knotenartige Verdickungen am Rhizom (Reste der Blattbasis), herzförmige Blätter und die ungewöhnliche vegetative Vermehrung.
Literaturhinweis: BOGNER & JACOBSEN (1986), JACOBSEN et al. (1989), OTHMAN et al. (2009).

Cryptocoryne ferruginea: Spatha mit geöffnetem Kessel

Cryptocoryne ferruginea

ENGLER (1879)

Familie: Araceae, Aronstabgewächse.
Synonyme: *Cryptocoryne pontederiifolia* SCHOTT var. *sarawacensis* RATAJ, *C. sarawacensis* (RATAJ) JACOBSEN.
Etymologie: *ferruginea*: rostfarbig (Spathaspreite).
Verbreitung: Borneo (Sarawak, Kalimantan).
Beschreibung: Spreite schmal eiförmig bis eiförmig mit einer gestutzten oder herzförmigen Basis, 3–12 cm lang, 1,5–3 cm breit, variabel in der Färbung, behaart (var. *ferruginea*), kahl (var. *sekadauensis*).

Spatha 10–15 cm, Spreite 8–11 cm lang, lang geschwänzt (fadenförmig bei var. *sekadauensis*), purpurfarben (var. *ferruginea*), weiß (var. *sekadauensis*). Weibliche Blüten 5. Männliche Blüten etwa 30. 2n = 34.
Kultur: Diese seltene Cryptocoryne benötigt weiches bis mittelhartes, saures Wasser. Emerse Kultur einfach.
Ökologie: *Cryptocoryne ferruginea* wächst in schlammigem Boden langsam fließender Gewässer im Bereich der Süßwassergezeitenzone. Sie besiedelt dieselben Habitate wie die eng verwandte *C. fusca*. Siehe Biotop 75 (S. 57).

Cryptocoryne fusca im Aquarium

Cryptocoryne fusca

DE WIT (1970)

Rotbrauner Wasserkelch

Familie: Araceae, Aronstabgewächse.
Synonyme: *Cryptocoryne tortilis* DE WIT.
Etymologie: *Cryptocoryne*: siehe *C. affinis*; *fusca*: rotbraun, bezieht sich auf die Färbung der Spathaspreite.
Verbreitung: Borneo, Sumatra.
Beschreibung: Blattstiel bis 17 cm. Blattspreite schmal eiförmig, bis 10 cm lang, 5 cm breit, oberseits hellgrün, unterseits weißlichgrün. Spitze spitz; Basis geöhrt oder herzförmig. Blattrand und Blattunterseite manchmal auffällig dicht behaart.

Spatha 8–20 cm lang. Spreite aufrecht, lang zugespitzt, wenig bis mehrfach gedreht und mit einem schmalen Spalt öffnend, innen stark warzig, am Rand mit kleinen Zähnchen oder Auswüchsen, dunkelpurpurn. Ein Kragen fehlt. Weibliche Blüten etwa 5–6. Männliche Blüten etwa 40–60. Chromosomenzahl 2n = 34.
Kultur: *Cryptocoryne fusca* wurde relativ häufig in den 1950er und 1960er-Jahren unter dem unzutreffenden

Spatha von *Cryptocoryne fusca*

Emerse Pflanze von *Cryptocoryne griffithii* mit Spatha

Namen *C. longicauda* im Aquarium kultiviert. Danach verschwand die Art wieder vollständig. Erst seit einigen Jahren wird sie wieder vermehrt von *Cryptocoryne*-Liebhabern gepflegt. Die submerse Kultur von *C. fusca* gelingt zwar am besten in weichem, saurem Wasser, doch konnte ich auch zufriedenstellende Ergebnisse in sehr hartem, schwach alkalischem Wasser verzeichnen. Wichtig erscheint dabei die Verwendung eines Bodengrundes mit saurer Reaktion (Torf). Optimale Temperatur etwa 23–27 °C. Bei einer emersen Kultur ist *C. fusca* relativ anspruchslos und lässt sich beispielsweise in einem Gemisch aus Sand und Buchenlauberde leicht pflegen.
Ökologie: *Cryptocoryne fusca* besiedelt die Ufer von Flüssen im Bereich der Süßwassergezeitenzone; sie ist nahe verwandt mit *C. ferruginea*.
Sonstiges: De Wit (1990) hielt *C. fusca* und *C. tortilis* für zwei eigenständige Arten. Seiner Meinung nach sollten deutliche Unterschiede in der Länge der Spatha und Röhre, Färbung der Spathaspreite, Struktur des Kessels, Form der Narben und Duftkörper sowie Anzahl der männlichen Blüten vorhanden sein. Nach den Untersuchungen von Jacobsen (1979) handelt es sich dagegen um nur eine vielgestaltige Art.
Literaturhinweis: Bastmeijer (1993).

Cryptocoryne griffithii

Schott (1856)

Griffiths Wasserkelch

Familie: Araceae, Aronstabgewächse.
Synonyme: Keine.
Etymologie: *Cryptocoryne*: siehe *C. affinis*; *griffithii*: nach William Griffith (1810–1845).
Verbreitung: Malaiische Halbinsel, Borneo, Sumatra.
Beschreibung: Blattstiel 10–15 cm. Spreite breit eirund mit herzförmiger Basis, 5,5–7 cm lang, 4–5 cm breit, oberseits dunkelgrün bis purpurn, unterseits purpurfarben. Spatha 5–15 cm lang. Spreite nach hinten geneigt, nicht gedreht, kurz geschwänzt, innen warzig, purpurn. Kragen schmal. Kragen und Schlund purpurn. Chromosomenzahl 2n = 34.
Kultur: Eine seltene, schwer zu pflegende *Cryptocoryne*-Art, die nur in sehr saurem Wasser wächst. Bei emerser Kultur ist die Verwendung von Buchenlauberde zu empfehlen.
Ökologie: Jacobsen & Bogner (1987) berichten über 2 Standorte, an denen *C. griffithii* zusammen mit *Barclaya motleyi* in langsam fließendem Wasser in humusreichem Boden wächst.

Cryptocoryne hudoroi im Aquarium

Cryptocoryne hudoroi

BOGNER & JACOBSEN (1985)

Hudoros Wasserkelch

Familie: Araceae, Aronstabgewächse.
Synonyme: Keine.
Etymologie: *Cryptocoryne*: siehe *C. affinis*; *hudoroi*: nach dem Sammler FRANS HUDORO.
Verbreitung: Südborneo (Kalimantan).
Beschreibung: Wasserpflanze, 20–50(–70)cm hoch. Blätter 4–26 cm gestielt. Blattspreite sehr schmal elliptisch, 7–30 cm lang, 2–5 cm breit, stark bullös, spitz und mit runder Basis, am Rand etwas gewellt, mittelgrün bis braun, unterseits etwas heller, aber auch braun bis purpurfarben gefärbt.

Spatha 9–30 cm. Röhre 5–20 cm. Spathaspreite 3–6 cm, lang zugespitzt, aufrecht, mehrmals spiralig gedreht, innen gerunzelt, weißlich, blassgelb bis purpurfarben. Kragen fehlt. Schlund gelblich, rötlich punktiert. Weibliche Blüten 4–6. Männliche Blüten (20–)40–60. Chromosomenzahl 2n = 20.
Kultur: *Cryptocoryne hudoroi* ist eine der schönsten und empfehlenswertesten Neueinführungen der 1990er-Jahre. Auffällig sind die stark bullösen Blattspreiten, die man auch von *C. aponogetifolia* und *C. usteriana* her kennt. Verglichen mit diesen Arten ist *C. hudoroi* aufgrund der geringeren Wuchshöhe weitaus besser für die meisten Aquarien geeignet. In weichem und mittelhartem Wasser gelingt die submerse Kultur problemlos. Als Bodengrund ist Kies oder Sand zu empfehlen, wobei eine geringe Lehmzugabe gewöhnlich kräftigeren Wuchs fördert. Die Wassertemperatur kann zwischen 18 und 30 °C liegen. Die Vermehrung durch Ausläufer ist sehr produktiv. Eine emerse Kultur, bei der die Pflanzen wesentlich kleinere Blätter bilden, ist nur bei sehr hoher Luftfeuchte möglich.
Ökologie: *Cryptocoryne hudoroi* ist bisher nur von wenigen Standorten aus Südkalimantan bekannt. IDEI (2006) berichtet eindrucksvoll über die Variationsbreite der Art an ihren Habitaten. Die Pflanzen wachsen in teils sehr dichten Beständen in mehr oder weniger tiefem Wasser (bis etwa 40 cm) schnell fließender Flüsse, die von Kalksteinbergen umgeben sind. Sie wurzeln sehr tief im kiesig-sandigen Bodengrund und wachsen an schattig-sonnigen aber auch voll besonnnten Plätzen. Bei Niedrigwasser bilden sich auch emerse Pflanzen, die zahlreich von Juli bis September blühen. Wasserwerte: 25–29 °C, pH-Wert 7,3–8,5, 46–291 µS/cm, O_2 2–8,9 mg/l, CSB 2–4 mg/l.

Natürlicher Standort von *Cryptocoryne keei* bei Bau (Sarawak)

Blütenstand von *Cryptocoryne keei* im natürlichen Habitat

Cryptocoryne keei

JACOBSEN (1982)

Kees Wasserkelch

Familie: Araceae, Aronstabgewächse.
Synonyme: Keine.
Etymologie: *Cryptocoryne*: siehe *C. affinis*; *keei*: nach dem Sammler HENRY ONG KEE CHUAN.
Verbreitung: Borneo (Sarawak, bei Bau).
Beschreibung: Wasserpflanze, 10–20 cm hoch. Blätter bis 9 cm gestielt. Spreite lanzettlich bis schmal lanzettlich, 3–12,5 cm lang, 1,0–4,0 cm breit, stark bullös. Spitze spitz; Basis rund oder schwach herzförmig. Blattrand fein gewellt. Färbung oberseits dunkelgrün, in den Vertiefungen häufig bräunlich, gelegentlich bronzefarben, unterseits bräunlich bis rötlich. Nerven deutlich, unterseits manchmal rötlich.

Spatha 3–6 cm lang. Röhre 1–2 cm lang. Spathaspreite 1–3 cm, lang zugespitzt, zurückgebogen, ± spiralig gedreht, innen warzig, grünlich, bräunlich oder dunkelrotbraun. Ein Kragen fehlt. Schlund fein gepunktet, oben gelblich oder bräunlich, unten blass purpurfarben. Weibliche Blüten etwa 6, männliche etwa 40. Chromosomenzahl 2n = 20.

Kultur: Eine dekorative, seltene *Cryptocoryne*, deren dauerhafte Kultur im Aquarium nur vereinzelt gelungen ist. Verschiedentlich wurde beobachtet, dass gut wachsende Bestände plötzlich zusammenbrachen (Cryptocorynenfäule), wobei die Belastung des Wassers möglicherweise eine Rolle spielte. Im Unterschied zu anderen Cryptocorynen von Borneo wächst *C. keei* in alkalischem, kalkhaltigem Wasser. Wichtig für ihre Aquarienkultur ist ein hoher Humusanteil im Boden. Eine emerse Kultur gelingt erstaunlicherweise in Buchenlauberde bei sehr hoher Luftfeuchte.
Ökologie: Es sind nur sehr wenige Standorte bekannt. KETTNER (1992) berichtet über dichte Bestände, die in einem 1–2 m breiten Bach mit schnell fließendem Wasser in kiesig-sandigem Bodengrund wuchsen. Es war Niedrigwasser (März); der Wasserstand betrug 20–30 cm. Er kann aber zur Regenzeit auf 2 m ansteigen. Der pH-Wert betrug 6,8–7,3 (wegen Kalkformationen für Borneo ungewöhnlich hoch). Die Autorin untersuchte ein Habitat südöstlich der Stadt Bau. Siehe Biotop 73 (S. 56) und Vollwasseranalyse S. 604.
Sonstiges: Von *Cryptocoryne hudoroi* und *C. usteriana* lässt sich *C. keei* durch die meist bräunliche Färbung in den Blattvertiefungen unterscheiden.
Literaturhinweis: EHRENBERG & BOGNER (1992).

Emerse Pflanze von *Cryptocoryne lingua* mit Blütenstand

Cryptocoryne lingua

ENGLER (1879)

Zungenwasserkelch

Familie: Araceae, Aronstabgewächse.
Synonyme: *C. spathulata* ENGLER.
Etymologie: *Cryptocoryne*: siehe *C. affinis*; *lingua*: Zunge, bezieht sich auf die zungenförmige Blattspreite.
Verbreitung: Borneo (Sarawak).
Beschreibung: Sumpfpflanze, 8–15 cm hoch. Blätter mit einem 4–10 cm langen, fleischigen Stiel. Spreite schmal eiförmig, zungenförmig, 2–7 cm lang, 1–3,5 cm breit, etwas fleischig, glatt. Spitze spitz; Basis stumpf oder keilförmig. Blattrand ganzrandig. Färbung hellgrün. Nerven undeutlich.

Spatha 8–15 cm lang. Röhre 3–8 cm lang. Spathaspreite 3–5 cm lang, ± lang geschwänzt, ± aufrecht, gelegentlich wenig gedreht, innen glatt, im unteren Teil und im Schlund leuchtend gelb und mit purpurroten Punkten übersät, im oberen Teil purpurn gefärbt. Ein Kragen fehlt. Weibliche Blüten 4–6. Männliche Blüten 20–50. Chromosomenzahl 2n = 36.

Kultur: Obwohl *C. lingua* am natürlichen Standort zweimal täglich vom Wasser überflutet wird, ist die Art wenig für die Aquarienkultur geeignet. HORST (1986) versuchte eine submerse Kultur durch Nachahmung der Gezeiten, hatte aber auch damit auf Dauer keinen Erfolg. Demgegenüber gelingt eine emerse Kultur gut in Lehmboden. Wachstum und Vermehrung sind sehr langsam. Blütenstände bilden sich regelmäßig.
Ökologie: *Cryptocoryne lingua* besiedelt in Sarawak fast die gleichen Standorte wie *C. ciliata*, nämlich den Süßwasserbereich von Flüssen, der dem Einfluss der Gezeiten unterliegt. Nach SCHULZE (1971 b) liegen aber die Biotope von *C. lingua* weiter flussaufwärts. Dort wächst die Art stark beschattet in großen Beständen rasenförmig, tief verwurzelt im weichen Lehmboden an den Uferböschungen in der Zone des beginnenden Regenwaldes. HORST berichtet über einen täglich zweimaligen Anstieg und Abfall des Wassers von mehr als 1 m, der durch den Tidenhub des Meeres verursacht wird. Er stellte an einem Standort bei einer Lufttemperatur von 32 °C folgende Wasserwerte fest: 27 °C, GH 0,8 °dH, KH 1,3 °dH, pH 6,6, 32 µS/cm, Fe 1,5 mg/l sowie viele andere Spurenelemente.
Sonstiges: Die Art ähnelt *C. versteegii* aus Neuguinea.

Cryptocoryne longicauda emers mit Blütenstand

Spathaspreite von *Cryptocoryne longicauda*

Cryptocoryne longicauda

ENGLER (1879)

Langschwänziger Wasserkelch

Familie: Araceae, Aronstabgewächse.
Synonyme: *C. caudata* N. E. BROWN, *C. johorensis* ENGLER.
Etymologie: *Cryptocoryne*: siehe *C. affinis*; *longicauda*: langschwänzig, bezieht sich auf die lang geschwänzte Spathaspreite.
Verbreitung: Malaiische Halbinsel (Johore), Sumatra und Borneo (Sarawak).
Beschreibung: Sumpfpflanze, emers bis 20 cm, submers bis 40 cm hoch. Blattstiel 5–30 cm lang. Blattspreite eiförmig, 3–15 cm lang, 3–10 cm breit, glatt bis bullös, olivgrün gefärbt, manchmal schwach purpurn. Spitze spitz; Basis herzförmig. Blattrand ganzrandig bis fein gekräuselt.

Spatha 20–50 cm, Röhre 8–20 cm, Spreite 15–31 cm lang, sehr lang geschwänzt, anfangs aufrecht, später nach vorn geneigt, runzlig, dunkelpurpurn. Kragen heller als die Spreite. Schlund fast glatt. Weibliche Blüten 5–7. Männliche Blüten 30–50. Chromosomenzahl 2n = 30.

Kultur: Die Art ist offenbar wenig anpassungsfähig an die Bedingungen im Aquarium. Vermutlich benötigt sie ein sehr saures Wasser, schwache Beleuchtung und eine verhältnismäßig hohe Temperatur von über 25 °C. Eine emerse Kultur gelingt am ehesten auf einem Boden mit saurer Reaktion, so wurden z. B. mit Buchenlauberde gute Erfahrungen gemacht.
Ökologie: JACOBSEN & BOGNER (1987) berichten über einen 4–6 m breiten, schlammigen Bach mit *C. longicauda*, der häufig dem Sonnenlicht ausgesetzt ist. SCHULZE (1971 b) fand *C. longicauda* an mehreren Standorten in Sarawak: In einem stark beschatteten Fluss, auf sandig-lehmigen Uferbänken, vergesellschaftet mit *C. zonata*; ferner in einem Waldflüsschen in über 1 m tiefem Wasser und in einem schmalen Waldbach, in dem ausgedehnte Bestände in einer Wassertiefe bis zu 15 cm in weichem Lehmboden wuchsen.
Sonstiges: Während *C. longicauda* auf der Malaiischen Halbinsel und auf Sumatra nur wenig gefunden wurde, kommt die Art dagegen auf Borneo häufiger vor. Bei der in den 1950er und 1960er-Jahren unter dem Namen *C. longicauda* kultivierten Pflanze handelte es sich um *C. fusca*.
Literaturhinweis: JACOBSEN (1985 a).

Blütenstände von *Cryptocoryne minima* mit gelber und rötlicher Spathaspreite

Cryptocoryne minima

RIDLEY (1910)

Sehr kleiner Wasserkelch

Familie: Araceae, Aronstabgewächse.
Synonyme: *Cryptocoryne zewaldiae* DE WIT, *C. gasseri* N. JACOBSEN, *C. amicorum* DE WIT & JACOBSEN.
Etymologie: *Cryptocoryne*: siehe *C. affinis*; *minima*: sehr klein.
Verbreitung: Malaiische Halbinsel, Sumatra.
Beschreibung: Blattstiel bis 12 cm lang. Blattspreite sehr variabel, lanzettlich bis eiförmig, 4–7 cm lang, 1,5–5 cm breit, von glatt bis stark bullös, hell- bis dunkelgrün, bräunlich oder purpurfarben. Spitze spitz; Basis spitz, rund oder schwach herzförmig.

Spatha 3,5 cm, Röhre 0,5–2 cm, Spathaspreite sehr variabel, 2 cm lang, lang zugespitzt, nach hinten und weit nach unten gebogen, nicht gedreht, von fast glatt bis stark warzig, sehr unterschiedlich gefärbt, von hellgelb, hell- bis dunkelbraun und purpurn. Spreitenrand meistens mit kleinen Höckern. Kragen deutlich, wulstig. Schlund sehr klein. Weibliche Blüten 4 (5–6) 7. Männliche Blüten 15–35. Chromosomenzahl 2n = 34.

Kultur: *Cryptocoryne minima* ist eine seltene Pflanze, über deren Kultur im Aquarium bisher kaum etwas bekannt ist. JACOBSEN (1982) nennt als wichtige Pflegebedingungen einen nährstoffreichen Bodengrund, eine nicht zu starke Beleuchtung sowie eine Wassertemperatur von 22–28 °C. Emerse Kultur am besten in Buchenlauberde.
Ökologie: JACOBSEN & BOGNER (1986/1987) berichten über mehrere natürliche Standorte von *Cryptocoryne minima* auf der Malaiischen Halbinsel. Nach ihren Angaben wachsen die Bestände in oder an den Rändern langsam fließender Bäche oder Flüsse sowie gelegentlich in Urwaldtümpeln in sandig-schlammigem Bodengrund. Die Biotope lagen innerhalb von Kautschukplantagen oder im Wald. In Abhängigkeit vom jeweiligen Lebensraum zeichneten sich die Pflanzen durch starke Unterschiede in der Größe, Form und Farbe der Blätter aus.
Sonstiges: Die Untersuchungen an den natürlichen Standorten sowie die Kultur der gesammelten Pflanzen zeigen, dass *C. minima* eine polymorphe Art ist, die auf unterschiedliche Lebensbedingungen sehr veränderlich reagiert. Die von JACOBSEN als *Cryptocoryne gasseri* (BASTMEIJER 1996) und die von DE WIT als *C. zewaldiae* beschriebenen Pflanzen werden auch *C. minima* zugerechnet.

Spatha von *Cryptocoryne nurii*

Geöffneter Kessel von *Cryptocoryne nurii*

Cryptocoryne nurii

FURTADO (1935)

Nurs Wasserkelch

Familie: Araceae, Aronstabgewächse.
Synonyme: *Cryptocoryne* „serrulata“.
Etymologie: *Cryptocoryne*: siehe *C. affinis*; *nurii*: nach dem Pflanzensammler NUR.
Verbreitung: Malaiische Halbinsel, Sumatra.
Beschreibung: var. *nurii*: Blattstiel 3–10(–20) cm lang. Blattspreite lanzettlich bis schmal eiförmig, 5–18 cm lang, 1,5–3 cm breit, dunkelgrün bis rotbraun marmoriert, häufig mit kurzen roten Linien. Spitze spitz; Basis rund oder schwach herzförmig. Blattrand mehr oder weniger gekräuselt.

Spatha etwa 5 cm lang. Röhre 1,5 cm, Kessel 1 cm lang. Spathaspreite etwa 2,5 cm lang, breit herzförmig, nach hinten gebogen, kurz geschwänzt, nicht gedreht, innen mit großen unregelmäßigen Auswüchsen versehen, dunkelpurpurn, selten auch gelb. Schlund sehr klein. Kragen wulstig. Weibliche Blüten 5–7. Männliche Blüten 25–30. Chromosomenzahl 2n = 34.

Var. *raubensis* mit runderen Blättern und ± weißen Blattnerven, einer gelben oder tief dunkelpurpurnen Spathaspreite mit randständigen Auswüchsen und je nach Wasserstand variablem Blütenstandsstiel (mehr als 30 cm), längerem Kessel und kürzerer Röhre. Sorte ‘Platinum’ von der Insel Lingga mit konstant weißen Nerven.
Kultur: Die Aquarienkultur der seltenen var. *nurii* ist sehr schwierig. Die Art braucht das sehr weiche, saure Wasser der natürlichen Standorte. Eine emerse Pflege gelingt aber in Buchenlauberde. Für die Aquarienkultur geeignet ist dagegen var. *raubensis*, die in Kalksteingebieten gefunden wurde. Die Pflanzen können jedoch nur über spezielle *Cryptocoryne*-Liebhaber bezogen werden.
Ökologie: *Cryptocoryne nurii* var. *nurii* bewohnt schattige und sonnige Plätze in schnell fließenden Bächen und Flüssen, die einen kiesig-sandigen Bodengrund aufweisen. Wasseranalysen weisen sehr saure Gewässer mit pH-Werten um 5 nach. Dagegen wurde var. *raubensis* auch syntop mit *C. affinis* submers in lehmig-sandigem Bodengrund im Fließwasser gefunden. Wasseranalysen fehlen jedoch. Diese Varietät und die Sorte ‘Platinum’ sind sehr interessant für die Aquaristik.
Literaturhinweis: JACOBSEN et al. (2015 b).

Spathaspreite von *Cryptocoryne pallidinervia*

Cryptocoryne pallidinervia im Aquarium

Cryptocoryne pallidinervia

ENGLER (1879)

Hellnerviger Wasserkelch

Familie: Araceae, Aronstabgewächse.
Synonyme: *C. venemae* DE WIT, *C. pallidinervia* ENGLER ssp. *venemae* (DE WIT) DE WIT.
Etymologie: *Cryptocoryne*: siehe *C. affinis*; *pallidinervia*: mit blassen Nerven; bezieht sich auf die Typuspflanzen; bei kultivierten Pflanzen meist nicht ausgeprägt.
Verbreitung: Borneo (Sarawak, Kalimantan).
Beschreibung: Sumpfpflanze, bis 15 cm hoch. Blätter 5–10 cm gestielt. Spreite eiförmig, 3–7 cm lang, 2–4,5 cm breit, gewöhnlich stark bullös, selten glatt. Spitze spitz; Basis herzförmig. Blattrand manchmal fein gewellt. Färbung oberseits mittelgrün, am Fundort unterseits schwach purpurfarben.

Spatha 5–12 cm (bei Importpflanzen bis 20 cm) lang. Röhre 3–10 cm lang. Spathaspreite etwa 1 cm lang, zugespitzt, aufrecht oder der obere Teil nach außen eingerollt, innen runzlig, purpurfarben. Kragen und Spreitenrand höckrig, purpurfarben, Kragenzone glatt, leuchtend gelb und zum Schlund hin rot gepunktet. Steriler Teil des Blütenkolbens auffällig kurz. Weibliche Blüten 4–7. Männliche Blüten 30–50. Chromosomenzahl 2n = 34 (Foto S. 217).
Kultur: Die submerse Kultur von *C. pallidinervia* gelingt nur bei einem sehr sauren pH-Wert (um 5) in separaten Gefäßen und ist nur etwas für Spezialisten. BASTMEIJER & KETTNER (1991) berichten über eine erfolgreiche emerse Kultur in Töpfen mit einer Mischung aus Quarzsand und Torf.
Ökologie: *Cryptocoryne pallidinervia* kommt in Gewässern mit langsam fließendem Wasser in Sumpfwäldern vor. Die kleinen Bestände wachsen in geringer Wassertiefe zwischen dem Falllaub der Bäume in sehr saurem Milieu. Nach den Angaben von Sammlern soll die Art nicht selten sein. Siehe Biotop 72 (S. 56) und Wasseranalyse S. 604.
Sonstiges: DE WIT (1990) bezweifelt, dass die von ENGLER beschriebene *C. pallidinervia* mit bullösen Blattspreiten identisch ist mit der Pflanze, die heute unter diesem Namen kultiviert wird. Nach den Untersuchungen von JACOBSEN (1985 a) lässt sich die von DE WIT beschriebene *C. venemae*, die sich von *C. pallidinervia* durch glatte Blattspreiten und eine zweiteilige Narbe unterscheiden soll, nicht von *C. pallidinervia* ENGLER trennen.

Pflanze mit Spatha von *Cryptocoryne parva*

Cryptocoryne parva mit Fruchtstand

Cryptocoryne parva

DE WIT (1970)

Kleiner Wasserkelch

Familie: Araceae, Aronstabgewächse.
Synonyme: *C. nevillii* sensu auct., non HOOK. f.
Etymologie: *Cryptocoryne*: siehe *C. affinis*; *parva*: klein.
Verbreitung: Zentrales Sri Lanka.
Beschreibung: Sumpfpflanze, bis 10 cm hoch. Blätter 1–6(–10) cm gestielt. Spreite schmal elliptisch bis lanzettlich, ganzrandig, emers 1,5–2,5 cm lang, 0,4–0,8 cm breit, submers bis 2 cm lang, 0,2–0,3 cm breit, glatt, mittel- bis dunkelgrün gefärbt. Spitze spitz; Basis keilförmig. Nervatur undeutlich.

Spatha 1,5–2,5(–3,5) cm lang. Röhre 0,7–1,5 cm lang. Spathaspreite 0,4–1,2 cm lang, nicht geschwänzt, schief gedreht, innen rau bis warzig, purpurfarben. Kragen und Schlund dunkelpurpurn. Weibliche Blüten 4–6. Männliche Blüten 30–50. Chromosomenzahl 2n = 28.
Kultur: *Cryptocoryne parva* ist der kleinste Wasserkelch. In älterer Literatur ist nachzulesen, dass sich diese Art großer Beliebtheit erfreut, worin ich jedoch eine Verwechslung mit der Naturhybride *C. ×willisii* vermute. *C. parva* zählt zu den unter Wasser sehr langsam wachsenden Pflanzen und besitzt nur eine mittlere Anpassungsfähigkeit an das Leben im Aquarium. Weiches bis mittelhartes Wasser scheint am besten für die erfolgreiche Kultur geeignet zu sein. Dem Bodengrund sollte etwas Lehm zugefügt werden. Im Aquarium breiten sich die Blätter an einem hellen Standplatz waagerecht aus, an einem schattigen Ort wachsen sie dagegen mehr aufrecht. Eine vegetative Vermehrung erfolgt sehr langsam. Optimale Temperatur 23–28 °C. Eine emerse Kultur, in der sich gelegentlich die unauffälligen Blütenstände entwickeln, ist in einem nährstoffreichen Lehm-Sand-Gemisch erfolgreich.
Ökologie: Die Art wächst als Sumpfpflanze an den Ufern schnell fließender Flüsse in dichten Beständen. HORST (1986) fand die Art zusammen mit *C. ×willisii* im Mahaweli-Ganga. Wasseranalyse: 26 °C, GH/KH 0,7 °dH, pH 6,8, 36 µS/cm, Fe 0,1 mg/l sowie viele andere Spurenelemente in einer sehr geringen Konzentration. Der Bodengrund war lehmig, der Biotop sonnig, nur gelegentlich leicht beschattet. Ende Januar 2002 untersuchte ich einen Standort im Fluss Abangage, an dem auch kleine Gruppen von *C. beckettii* zu finden waren (KASSELMANN 2007 b). Siehe Biotop 32 (S. 39).

Blütenstand von *Cryptocoryne pontederiifolia* mit gelber Spathaspreite

Cryptocoryne pontederiifolia im Aquarium

Cryptocoryne pontederiifolia

SCHOTT (1863)

Pontederia-blättriger Wasserkelch

Familie: Araceae, Aronstabgewächse.
Synonyme: *C. sulphurea* DE WIT, *C. moehlmannii* DE WIT.
Etymologie: *Cryptocoryne*: siehe *C. affinis*; *pontederiifolia*: wegen der Ähnlichkeit der Blätter der Gattung *Pontederia*.
Verbreitung: Sumatra.
Beschreibung: Sumpfpflanze, 10–40 cm hoch. Spreite lanzettlich bis schmal eiförmig, 9–14 cm lang, 3–8 cm breit, glatt oder wenig bullös, hell- bis olivgrün, gelegentlich bräunlich oder schwach violett gefärbt. Spitze spitz; Basis gewöhnlich herzförmig.

Spatha 4–7 cm lang. Röhre bis 0,5 cm lang. Spreite 1,5–5 cm, lang zugespitzt, aufrecht oder zurückgebogen, wenig gedreht, rau bis schwach runzlig, innen gelb bis dunkelpurpurn, manchmal fein rot gepunktet. Kragenzone ± breit, glatt bis wenig rau, Färbung wie Spreite. Weibliche Blüten 5–6, männliche 20–35. Chromosomenzahl 2n = 30.
Kultur: Aufgrund der problemlosen Pflege zählt *C. pontederiifolia* zu den häufig gepflegten Wasserkelchen. Ein schattiger Standplatz reicht aus, jedoch erreichen gering beleuchtete Exemplare eine größere Wuchshöhe als bei intensivem Licht kultivierte Pflanzen. In weichem bis mittelhartem, schwach saurem bis neutralem Wasser fühlt sich die Art am wohlsten. Je nach Nährstoffangebot wird der Habitus mehr oder weniger kräftig. *Cryptocoryne pontederiifolia* gedeiht bei Temperaturen von 18 bis 28 °C, wobei der optimale Bereich zwischen 22 und 25 °C liegt. Nach einer Anwachsphase von einigen Wochen gedeihen die Pflanzen relativ schnell und vermehren sich leicht durch Ausläufer. Auf Störungen reagieren die Pflanzen nicht selten mit der sogenannten Cryptocorynenfäule. *C. pontederiifolia* zählt zu den mittelgroßen Cryptocorynen und sollte als Gruppe gepflanzt werden.
Ökologie: Die Art wächst in der Süßwassergezeitenzone zusammen mit *Nypa fruticans* (Nipa-Palme).
Sonstiges: BOGNER & JACOBSEN brachten 1985 *C. pontederiifolia* aus Westsumatra mit. Die an einem einzigen Standort gesammelten Pflanzen entwickelten sowohl gelb als auch rötlich gefärbte Spathaspreiten. Weitere Aufsammlungen belegen Übergänge in den Blütenmerkmalen zwischen *C. moehlmannii* und *C. pontederiifolia*. Der Artstatus von *C. moehlmannii* ist daher nicht mehr zu rechtfertigen.

Blühende emerse *C. ×purpurea* nothovar. *purpurea;* Spathaspreite von nothovar. *borneoensis*

Cryptocoryne ×purpurea

Ridley (1902)

Purpurwasserkelch

Familie: Araceae, Aronstabgewächse.
Synonyme: *C. griffithii* sensu Hooker, non Schott, *C. ×edithiae* De Wit u. a.
Etymologie: *Cryptocoryne*: siehe *C. affinis*; *purpurea*: purpurn (Spathaspreite).
Verbreitung: Malaiische Halbinsel (nothovar. *purpurea*), Borneo (nothovar. *borneoensis*).
Beschreibung: Sumpfpflanze. Blätter 5–25 cm gestielt. Spreite eiförmig bis elliptisch, an der Basis stumpf bis schwach herzförmig, 5–12 cm lang, 2–4 cm breit, submers oberseits dunkelgrün, unterseits hellgrün, mit purpurfarbenen Nerven und Zeichnungen; emers kleiner, oberseits dunkelgrün bis purpurbraun, unterseits rötlich.

Spatha 7–20 cm, Röhre 3–13 cm, Spreite 3,5–5 cm lang, kurz geschwänzt, ± aufrecht, nicht oder wenig gedreht. Schlundzone breit, wie die Spreite gefärbt, aber auch gelb oder orange. Weibliche Blüten 5–8. Männliche Blüten 40–60. Zwei Naturhybriden: nothovar. *purpurea*: Spathaspreite rau bis runzlig, purpurrot oder gelblich, ohne Kragen. Chromosomenzahl 2n = 34. Nothovar. *borneoensis*: Spathaspreite dunkelrot mit deutlichem Kragen.
Kultur: *C. ×purpurea* wurde bisher nur gelegentlich im Aquarium kultiviert. Jacobsen (1987 b) empfiehlt eine Temperatur von 22–26 °C, eine mittlere Lichtintensität und ein weiches, saures Wasser mit einem pH-Wert von 5–6. Zugleich weist er aber daraufhin, dass die Pflanzen anpassungsfähig sind. Für eine emerse Kultur eignet sich ein nicht zu nährstoffreicher Bodengrund, etwa mit Torf und Ton vermischter Sand oder Buchenlauberde.
Ökologie: Jacobsen (1986) berichtet über die wohl größte Population von *Cryptocoryne ×purpurea* in Tasek Bera auf der Malaiischen Halbinsel. Siehe Biotop 11 (S. 33).
Sonstiges: *C. ×purpurea* nothovar. *purpurea* ist aus Kota Tinggii und Tasek Bera bekannt. Sie wurde früher unter dem Namen *C. griffithii* eingeführt und nicht als *C. ×purpurea* erkannt. Der Pollen ist steril und Jacobsen konnte nachweisen, dass sie eine Naturhybride von *C. griffithii* und *C. cordata* var. *cordata* ist. Jacobsen et al. (2002) beschreiben eine weitere Naturhybride von Borneo als *C. ×purpurea* nothovar. *borneoensis*. Die Eltern sind *C. griffithii* und *C.* „zonata“.

Submerse und emerse *Cryptocoryne retrospiralis* bei Thamarassery (Kerala, Indien) und Blütenstand

Cryptocoryne retrospiralis

(Roxburgh) Kunth (1841)

Gedrehter Wasserkelch

Familie: Araceae, Aronstabgewächse.
Synonyme: *Ambrosina retrospiralis* Roxb. (1814), u. a.
Etymologie: *Cryptocoryne*: siehe *C. affinis*; *retrospiralis*: spiralig zurückgedreht, bezieht sich auf die Spathaspreite.
Verbreitung: Indien.
Beschreibung: Wasserblätter bandförmig, 15–40 cm lang, 0,1–1,0(–1,5) cm breit, bullös. Emerse Blätter grasförmig, glatt. Kurztagblätter pfriemförmig, rund, 10–15 cm lang. Färbung hellgrün.

Spatha 10–30 cm lang. Röhre 5–20 cm lang, etwas gedreht. Spathaspreite (1–)3–8 cm lang, aufrecht, spiralig gedreht, nur mit einem Spalt geöffnet, innen glatt, gelblich bis grünlich und mit ziemlich großen, rötlichen Flecken. Ein Kragen fehlt. Weibliche Blüten 4–7. Männliche Blüten 100–140. Chromosomenzahl 2n = 36, 72.
Kultur: Die früher und teilweise heute noch in der aquaristischen Literatur unter dem Namen *C. retrospiralis* angegebenen Kulturhinweise beziehen sich in der Regel auf verschiedene Formen von *C. crispatula*. Die „echte" *C. retrospiralis* wurde nicht oft eingeführt und ist sehr selten. Sie eignet sich wenig für die ständige Pflege im Aquarium. Dagegen ist eine emerse Kultur möglich, wobei auf einem reinen Lehmboden besonders gute Wachstumsergebnisse erzielt werden. Typisch für *C. retrospiralis* ist die Bildung von kurzen, pfriemförmigen „Winterblättern", die sich im Kurztag entwickeln. Eine vegetative Vermehrung ist relativ langsam. Blütenstände bilden sich nur im Sommer.
Ökologie: *Cryptocoryne retrospiralis* ist eine reophile Pflanze strömungsreicher Gewässer, deren bullöse Blätter einer reißenden Strömung standhalten. Die Art wächst meist an vollsonnigen Plätzen in dichten Horsten im lehmig-steinigen Bodengrund entlang der Flussufer und konkurriert oft mit *Lagenandra toxicaria*. Während der Blütezeit (Oktober bis Februar) wachsen die Pflanzen emers und bilden grasartige Blätter. Die Autorin untersuchte sieben Flüsse. Wasserwerte: 23,2–26,2 °C (30,6 °C), GH/KH < 1 °dH, 20–40 µS/cm, pH-Wert 6,0–6,8. Lichtwerte um 11.30 Uhr: 760–1560 PAR (vollsonnig) an der Wasseroberfläche, 450 PAR in 18 cm Tiefe, 200 PAR in 40 cm Tiefe. Siehe auch Biotop 65, S. 54.
Literaturhinweise: Jacobsen (1991), Kasselmann (2014 b).

Cryptocoryne sivadasanii am natürlichen Standort bei Bainduru (Karnataka, Indien) und im Aquarium

Cryptocoryne sivadasanii

BOGNER (2004)

Sivadasans Wasserkelch

Familie: Araceae, Aronstabgewächse.
Synonyme: Keine.
Etymologie: *Cryptocoryne*: siehe *C. affinis*; *sivadasanii*: nach dem indischen Botaniker M. SIVADASAN.
Verbreitung: Indien (Kerala, Karnataka, wenige Standorte).
Beschreibung: Wasserpflanze mit 60–120 cm langen und 3–5 mm breiten, grasgrünen Blättern; Rhizom 3–8 cm lang. Pfriemförmige Landblätter zur Zeit der Blüte.

Spatha kurz gestielt, bis 14,5 cm lang. Kessel bis 2,8 cm, Röhre bis 6 cm lang. Spathaspreite lang zugespitzt, wenig spiralig gedreht, innen warzig, von cremefarben über gelblich bis rötlich mit purpurnen Flecken. Weibliche Blüten meist 4. Männliche Blüten 54–80. Chromosomenzahl 2n = 36.

Kultur: Die im Handel erhältlichen Pflanzen gehen auf eine Einfuhr der Verfasserin aus dem Jahr 2014 zurück. Im Unterschied zu früheren Erfahrungen benötigt *C. sivadasanii* im Aquarium keine Ruhezeit und ist eine empfehlenswerte neue Aquarienpflanze. Die Pflanzen entwickeln sich am besten in weichem bis mittelhartem Wasser und schwach saurem, kohlendioxidreichem Milieu. Geringe bis mittlere Lichtwerte sind ausreichend. Die optimale Temperatur liegt bei 24–28 °C. Die Art besitzt eine interessante Überlebensstrategie und effektive Vermehrung durch Knospenbildung an Wurzeln.
Ökologie: Die strömungsliebende Art besiedelt temporäre Bäche oder kleine Flüsse in schnell fließendem, bis einen Meter tiefem Wasser. Die Cryptocorynen wachsen tief verwurzelt in grobkörnigem, lehmigem Sand, der durchsetzt ist von Steinen und Felsen an überwiegend beschatteten oder leicht besonnten Stellen. Blütenstände entwickeln sich mit dem Austrocknen des Gewässers von Dezember bis März. Die Ruhezeit beträgt 3–4 Monate. Licht- und Wasserwerte von zwei untersuchten Standorten (27. 11. 2014 um 11 Uhr): Temperatur 25–26 °C, GH/KH < 1 °dH, pH-Wert 6,0, 20 µS/cm, Fe 0,2 mg/l, Mg 4 mg/l. PAR-Werte an einer voll besonnten Stelle von 1090 (40 cm Tiefe) bis 1520 PAR (Wasseroberfläche).
Sonstiges: Bis zur Beschreibung der Art hielt man die Spezies für identisch mit *C. consobrina*. Selten gesammelt.
Literaturhinweise: BOGNER (2009 c), KASSELMANN (2015).

Spatha von *Cryptocoryne schulzei*

Gelb blühende *Cryptocoryne spiralis* var. *cognatoides* in Indien

Cryptocoryne schulzei

DE WIT (1971)

Familie: Araceae, Aronstabgewächse.
Synonyme: Keine.
Etymologie: *Cryptocoryne*: siehe *C. affinis*; *schulzei*: nach dem Entdecker der Pflanze J. SCHULZE, Berlin.
Verbreitung: Malaiische Halbinsel (Johore), Sumatra.
Beschreibung: Blattspreite lanzettlich, 4–6 cm lang, 1,5–4 cm breit, Basis rund oder schwach herzförmig, grün oder bräunlich, marmoriert.

Spatha 3,5–11,5 cm lang. Röhre 1–6 cm lang. Spathaspreite 1,0–3,5 cm lang, aufrecht oder nach hinten gebogen, lang zugespitzt, nicht oder wenig gedreht, gelb oder dunkelrot mit gelbem Rand. Kragen deutlich. Schlund breit, hell- oder dunkelpurpurfarben.
Kultur: Dieser seltene Wasserkelch wurde bisher kaum im Aquarium kultiviert. Eine Pflege ist schwierig und gelingt am ehesten in weichem, saurem Wasser, emers in Buchenlauberde.
Ökologie: *Cryptocoryne schulzei* wächst in langsam fließenden, sauren Regenwaldbächen im schlammigen Boden häufig mit *Barclaya motleyi*.

Cryptocoryne spiralis

(RETZIUS) WYDLER (1830)

Spiraliger Wasserkelch

Familie: Araceae, Aronstabgewächse.
Synonyme: *Arum spirale* RETZIUS (1779), *C. cognatoides* BLATTER & MCCANN, u. a.
Etymologie: *Cryptocoryne*: siehe *C. affinis*; *spiralis*: spiralig gewunden (Spathaspreite).
Verbreitung: Südliches Indien, Bangladesch.
Beschreibung: Variable Sumpfpflanze. Blätter 1–37 cm lang gestielt. Spreite emers schmal lanzettlich bis sehr schmal elliptisch, submers linealisch oder bandförmig, 10–70 cm lang, 1–5 cm breit. Spitze spitz; Basis ± keilförmig bis spitz. Blattrand ganzrandig, etwas gewellt. Färbung grün, gelegentlich bräunlich.

Spatha ohne Röhre. Spreite lang zugespitzt, aufrecht, bis 5-mal spiralig gedreht. Spreitenrand mit gezähnten Auswüchsen. Ein Kragen fehlt. Weibliche Blüten 4–6. Männliche Blüten etwa 50–65. Chromosomenzahl 2n = 33, 66/72, 88, 110, 132. Var. *spiralis*: 20–30 cm hoch, Blattspreite 1–2 cm breit. Spatha innen auf der ganzen Länge quer gerunzelt,

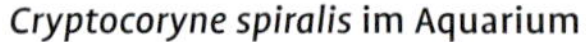

Cryptocoryne spiralis im Aquarium

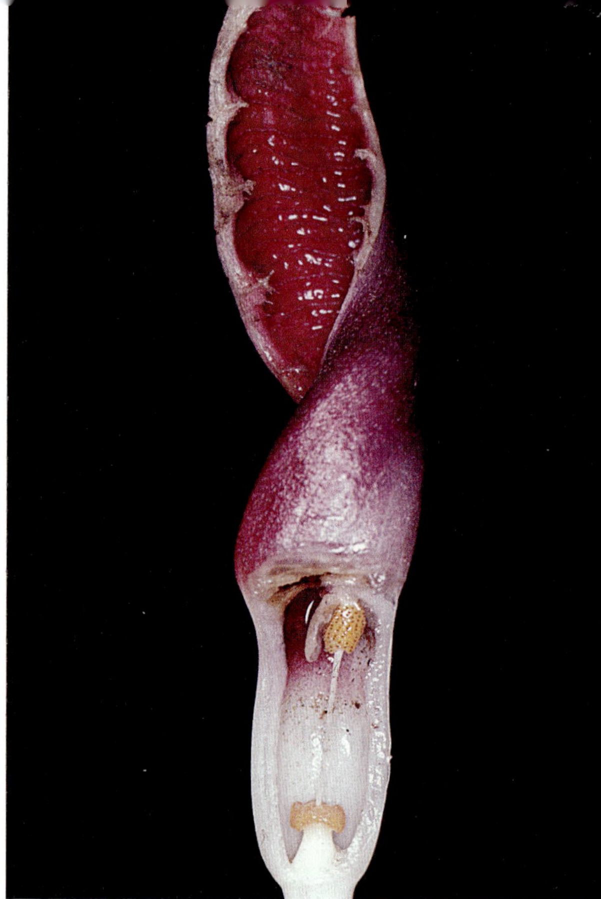

Spatha von *Cryptocoryne spiralis* mit geöffnetem Kessel

purpurn, selten gelb. Var. *huegelii*: über 50 cm hoch, Blattspreite 3–5 cm breit. Spatha innen wie var. *spiralis*, Kessel mit 3 cm relativ lang. Var. *cognatoides*: Blattspreite bis 50 cm lang, 3 cm breit. Spatha innen gelb, nur im unteren Teil rot und quer gerunzelt. Var. *caudigera*: Pflanzen bis 15 cm hoch, Blattspreite 0,5–0,7 cm breit. Spatha im unteren Teil rot und quer gerunzelt, lang geschwänzt.

Kultur: *Cryptocoryne spiralis* ist nicht nur eine polymorphe Art, die einzelnen Typen sind auch sehr unterschiedlich in ihren Kulturansprüchen. Früher wurden nur solche Formen gepflegt, die sich nur bedingt submers kultivieren ließen. In den 1990er-Jahren brachte Prof. COOK eine neue Wuchsform aus Indien mit, die sich dagegen ausgezeichnet für die Kultur im Aquarium eignet und zudem willig vermehrt. Diese Pflanzen wachsen problemlos in mittelhartem Leitungswasser, in einem schwach sauren bis leicht alkalischen Milieu und bei einer Temperatur von 23–27 °C. Ein nährstoffreicher Bodengrund sowie ein mittelheller Standplatz sind zu empfehlen. Die bei vielen anderen Cryptocorynen gelegentlich auftretende Cryptocorynenfäule ist bei *C. spiralis* nicht bekannt. Eine emerse Kultur in einem lehmigen Bodengrund ist ebenfalls problemlos. Die var. *cognatoides* legt unter Kulturbedingungen im Unterschied zu var. *spiralis* eine Ruhezeit ein. Gut geeignet als Aquarienpflanze ist var. *caudigera*, die die Autorin nach mehrjähriger Kulturzeit empfehlen kann..

Ökologie: Die Art besitzt eine beeindruckende ökologische Amplitude. *Cryptocoryne spiralis* var. *spiralis* besiedelt Flussufer sowie feuchte Standorte, die in der Regenzeit vorübergehend überschwemmt werden. BOGNER fand prächtige Horste auch als Unkraut in Reisfeldern. Während var. *spiralis* nur in tieferen Lagen verbreitet ist, wächst var. *cognatoides* entlang von Bächen und Flüssen in Waldgebieten in höheren Lagen von 650–900 m mit hohen Niederschlägen und einem feuchten Klima von Juni bis September. Die Autorin fand var. *caudigera* zusammen mit *Crinum malabaricum* (Biotop 66, S. 54) in einem temporären Fluss. Die *Cryptocoryne* bildete im ausgetrockneten Flussbett vereinzelte kleine Horste und blühte und fruchtete Anfang Februar 2013 reichlich. Vermutlich gehört zur Blühindikation bei var. *caudigera* der Wechsel von Trocken- und Regenzeit.

Sonstiges: BOGNER (1993) kombinierte die als *C. huegelii* SCHOTT beschriebene Art zu *C. spiralis* var. *huegelii* um und beschrieb ferner die variable Zwergform *C. spiralis* var. *caudigera*, die sich durch eine lang geschwänzte Spatha auszeichnet.

Emerse Pflanze von *Cryptocoryne striolata* mit Spatha

Cryptocoryne striolata am natürlichen Standort (Sarawak) in schnell fließendem Wasser

Cryptocoryne striolata

ENGLER (1879)

Gestreifter Wasserkelch

Familie: Araceae, Aronstabgewächse.
Synonyme: *Cryptocoryne gracilis* DE WIT, *Cryptocoryne gracilis* var. *gracilis* (DE WIT) DE WIT, *C. striolata* ENGLER var. *ongii* DE WIT, *Cryptocoryne* „ongii".
Etymologie: *Cryptocoryne*: siehe *C. affinis*; *striolata*: fein gestreift, bezieht sich auf die Färbung der Blattoberseite.
Verbreitung: Borneo (in Sarawak und Kalimantan).
Beschreibung: Blattstiel bis 10(–18) cm lang. Blattspreite lanzettlich bis schmal elliptisch, mit runder oder wenig herzförmiger Basis, 2–12 cm lang und 1–4 cm breit, glatt oder schwach bullös, sehr veränderlich in der Färbung, oberseits von dunkelgrün bis bronzefarben, häufig gestreift oder marmoriert, unterseits mehr oder weniger purpurn oder bräunlich gefärbt.

Spatha 5–10(–20) cm lang. Röhre 2–7(–14) cm lang. Spathaspreite 2–3(–5) cm lang, mehr oder weniger aufrecht, lang zugespitzt oder geschwänzt, von wenig bis mehrfach gedreht, cremefarben, gelblich bis purpurn. Ein Kragen fehlt. Kragenzone deutlich, purpurfarben bis rötlichbraun, manchmal gefleckt. Weibliche Blüten 4–6. Männliche Blüten 30–50. Chromosomenzahl 2n = 20.
Kultur: Die Pflege dieser seltenen *Cryptocoryne* ist im Aquarium außerordentlich schwierig. Vermutlich muss das Wasser entsprechend den natürlichen Bedingungen sehr sauer und weich sein sowie eine Temperatur von etwa 25–28 °C aufweisen. Auch die emerse Kultur ist schwierig; bei dieser bleibt *C. striolata* kleiner als submers. Mit Buchenlauberde als Bodengrund wurden gute Kulturerfahrungen gemacht. Gut wachsende Exemplare bilden gelegentlich Blütenstände.
Ökologie: Die Autorin untersuchte einen 1–3 m breiten, schnell fließenden Bach, in dem kleine Bestände in flachem Wasser stark beschattet wuchsen. Der Bodengrund war steinig, die Pflanzen wurzelten jedoch in gelbem Lehm. Wasseranalyse (10/2017): 25 °C, pH-Wert 5,8–6,0, GH/KH < 0,5 °dH, 10 µS/cm. Lichtwerte: 36 PAR (Wasseroberfläche), in 5 cm Tiefe 26 und in 8 cm 20 PAR.
Sonstiges: Die Chromosomenzahl 2n = 20 hat die Art nur noch mit *C. keei*, *C. ideii* und *C. hudoroi* gemeinsam; alle vier Arten kommen auf Borneo vor.
Literaturhinweis: JACOBSEN (1985 a).

Submerse Bestände von *Cryptocoryne thwaitesii* in einem Bach im Kottawa-Wald (Sri Lanka)

Cryptocoryne thwaitesii

SCHOTT (1857)

Thwaites' Wasserkelch

Familie: Araceae, Aronstabgewächse.
Synonyme: Keine.
Etymologie: *Cryptocoryne*: siehe *C. affinis*; *thwaitesii*: nach G. H. K. THWAITES (1812–1882).
Verbreitung: Südwestliches Sri Lanka.
Beschreibung: Sumpfpflanze, emers 5–10 cm, submers bis 20 cm hoch. Emerse Blattspreite 1–5 cm gestielt, eiförmig, 3,5–12 × 1,5–4,5 cm groß, Rand gekräuselt, oberseits rau, olivgrün bis braun, unterseits blasser. Submers bis 15 cm gestielt, lanzettlich, 5–8 × 2–3 cm groß, ganzrandig bis schwach gezähnt, oberseits glatt, bronzefarben, unterseits rotbraun. Spitze spitz bis stumpf; Basis rund oder schwach herzförmig. Spatha 6–12 cm lang. Röhre 2–4 cm lang; Kessel und Röhre innen rot gefleckt. Spathaspreite 3,5–7 cm lang, meistens geschwänzt, aufrecht oder nach vorne geneigt, innen glatt, rein weiß oder ± rot gepunktet. Ein Kragen fehlt. Weibliche Blüten 4–6. Männliche Blüten 20–30. Chromosomenzahl 2n = 36.

Kultur: *Cryptocoryne thwaitesii* wurde Ende der 1950er-Jahre des Öfteren importiert, ist aber inzwischen sehr selten geworden. Über eine erfolgreiche submerse Pflege wurde zwar gelegentlich berichtet, die Kultur dieser dekorativen Art im Aquarium ist jedoch ein Problem. Weiches Wasser, ein nährstoffreicher Bodengrund und ein nicht zu heller Standplatz gehören zu den Voraussetzungen für ein befriedigendes Wachstum. Eine emerse Kultur gelingt dagegen bei hoher Luftfeuchte an einem schattigen Standort ohne größere Schwierigkeiten. Als Bodengrund kann ein Gemisch aus Sand, Lehm, Kies und Erde verwendet werden.
Ökologie: *Cryptocoryne thwaitesii* besiedelt kleine Fließgewässer. Ich fand verstreut wachsende submerse Bestände mit prächtigen, bronzefarbenen Blättern im flachen Wasser eines schattig-sonnigen Baches im Kottawa-Wald (Sri Lanka). Am Bachrand wuchsen im feuchten Bodengrund einzelne emerse Exemplare sehr stark beschattet. Wasseranalyse dieses Fundortes (1/1985): Temperatur 24 °C, pH 6,92, GH/ KH < 1 °dH, 43 µS/cm, E_H 470 mV. Vgl. dazu die Bodengrundanalyse dieses Standortes (JACOBSEN 1984) und eine Wasseranalyse (Horst 1986). Leider soll dieser Standort heute nicht mehr existieren.

Diploide Pflanzen von *Cryptocoryne undulata* im Aquarium

Cryptocoryne undulata

Wendt (1955)

Gewellter Wasserkelch

Familie: Araceae, Aronstabgewächse.
Synonyme: *C. willisii* Baum, *C. axelrodii* Rataj.
Etymologie: *Cryptocoryne*: siehe *C. affinis*; *undulata*: gewellt, bezieht sich auf die Struktur der Blattspreite.
Verbreitung: Zentrales Sri Lanka.
Beschreibung: Sumpfpflanze, 10–25 cm hoch. Blätter 7–15 cm gestielt. Spreite lanzettlich bis schmal lanzettlich, 4–11(–15) cm lang, 1–3 cm breit, etwas gewellt. Spitze spitz; Basis verschmälert, spitz, gestutzt oder schwach herzförmig. Rand ganzrandig oder gewellt. Färbung oberseits von mittelgrün bis dunkelbraun, manchmal marmoriert, unterseits grün oder braun, häufig mit rötlichen Nerven. Spatha 4–10 cm lang. Röhre 2–6 cm lang. Spathaspreite 1,5–4 cm lang, ± zugespitzt, wenig bis spiralig gedreht, auch etwas schief gedreht, innen wenig rau, Spathaspreite und Kragen cremefarben bis gelblich oder bräunlich. Schlund weiß gefärbt. Weibliche Blüten 4–7. Männliche Blüten 30–70. Chromosomenzahl 2n = 28, 42.

Kultur: *Cryptocoryne undulata* (früher *C. willisii* Baum) gilt seit vielen Jahren als beliebte und problemlose Aquarienpflanze. Sowohl diploide (2n = 28) als auch triploide Pflanzen (2n = 42) gedeihen und vermehren sich schnell; die triploide Form wird submers größer und bildet dekorative dunkelbraun gefärbte, marmorierte Blätter. Beide Formen sind anpassungsfähig an Wasserwerte und Beleuchtung. Als Substrat eignet sich am besten ein sandiger Bodengrund mit einer Lehmzugabe. Optimale Temperatur 22–26 °C. Eine emerse Kultur ist ebenfalls nicht besonders schwierig.
Ökologie: *Cryptocoryne undulata* wächst in Bächen und Flüssen sowohl submers als auch emers. Merkwürdigerweise sind kaum Angaben zu natürlichen Standorten publiziert worden. Auch Wasseranalysen fehlen.
Sonstiges: *Cryptocoryne undulata* unterscheidet sich im Aquarium manchmal von den *C.-wendtii*-Wuchsformen dadurch, dass mit zunehmendem Alter der Pflanzen aufgrund großer Internodienabstände die Rhizome senkrecht aus dem Bodengrund nach oben wachsen.

Jacobsen (1981) äußerte sich ausführlich zu der komplizierten Problematik der Verwendung der Namen *undulata*, *willisii* und *nevillii*.

Cryptocoryne usteriana im Aquarium

Spathaspreite von *Cryptocoryne usteriana*

Cryptocoryne usteriana

ENGLER (1905)

Usteris Wasserkelch

Familie: Araceae, Aronstabgewächse.
Synonyme: Keine.
Etymologie: *Cryptocoryne*: siehe *C. affinis*; *usteriana*: nach A. USTERI (1869–1948).
Verbreitung: Philippinen (Guimaras, Panay, Cebu).
Beschreibung: Wasserpflanze, bis 70 cm hoch. Blätter bis 30 cm gestielt. Spreite lanzettlich bis schmal elliptisch, bis 40 cm lang, 2–6 cm breit, bullös. Spitze spitz; Basis rund oder spitz. Blattrand gewellt. Färbung mittelgrün, unterseits schwach bis kräftig weinrot. Mittelnerv kräftig. Spatha 5–14 cm lang. Röhre 3,5–9 cm lang. Spathaspreite 1,8–3,5 cm, lang zugespitzt oder kurz geschwänzt, wenig gedreht, innen leicht warzig, gelb- oder rotbraun, Rand schmal purpurfarben. Ein Kragen fehlt. Schlund und Schlundzone glatt, gelb oder rotbraun. Weibliche Blüten 5–6. Männliche Blüten 20–50. Chromosomenzahl 2n = 34.
Kultur: *Cryptocoryne usteriana* wächst ausgezeichnet in hartem, alkalischem Wasser, benötigt eine mittlere Beleuchtungsstärke sowie einen lockeren, möglichst nahrhaften Bodengrund. Nach einer kurzen Eingewöhnungsphase bilden sich willig Ausläufer. Optimale Temperatur 22–26 °C. Einen völligen Zusammenbruch der Pflanzen durch die sogenannte Cryptocorynenfäule konnte ich in einer 30-jährigen Kultur niemals beobachten. Gelegentlich blühten meine Pflanzen mit über 40 cm langen Blütenständen.
Ökologie: USTERI sammelte diese *Cryptocoryne* 1903 erstmals bei Buenavista, einem Standort, der heute nicht mehr besteht. Im Sommer 1983 fand J. BOGNER die Art erneut auf der Insel Guimaras im Bigo River beim Dorf Concepcion und konnte klären, dass *C. usteriana* eine eigenständige Art ist (BOGNER 1984). Kleine Bestände wuchsen dort beschattet in seichtem Wasser in kiesig-sandigem Boden. Die Pflanzen stellten eine Hungerform dar. Später wurde die Art auf den Inseln Panay und (vermutlich) Cebu gesammelt. Die von Cebu stammende Population bildet größere Blattspreiten sowie eine rotbraune Spathaspreite mit gelbem Schlund.
Sonstiges: Interessant für die Kultur ist die 2018 beschriebene *C. joshanii* von den Philippinen. Sie steht *C. usteriana* nahe, besiedelt ähnliche Habitate und besitzt kleinere Blattspreiten (bis 12 × 3,7 cm groß).

Cryptocoryne vietnamensis in Sumpfkultur

Blütenstand von *Cryptocoryne vietnamensis*

Cryptocoryne vietnamensis

HERTEL & MÜHLBERG (1994)

Vietnam-Wasserkelch

Familie: Araceae, Aronstabgewächse.
Synonyme: Keine.
Etymologie: *Cryptocoryne*: siehe *C. affinis*; *vietnamensis*: aus Vietnam.
Verbreitung: Zentralvietnam (Provinz Quam Nam Da Nang).
Beschreibung: Sumpfpflanze, bis etwa 30 cm hoch. Rhizom bis 6 cm lang, 0,7–1 cm dick. Blätter 3–15 cm gestielt. Spreite schmal lanzettlich bis lanzettlich, mit herzförmiger Basis, 4–14 cm lang, 1,5–5 cm breit, Blattrand flach oder fein gekräuselt, emers beidseits grasgrün gefärbt und flach, submers bräunlich und etwas bullös.

Spatha bis 1,5 cm gestielt, 3,5–4 cm lang. Röhre etwa 1 cm lang, weiß und ± rötlich. Spathaspreite 1,5–2 cm lang, zugespitzt, gewöhnlich schräg über den Schlund geklappt, außen bräunlich bis grau, innen tief purpurn gefärbt, Schlund glänzend. Ein deutlicher Kragen fehlt. Weibliche Blüten 5–7. Männliche Blüten etwa 40. Chromosomenzahl 2n = 34.

Kultur: *Cryptocoryne vietnamensis* wächst im Aquarium sehr langsam und wenig befriedigend. Bei einem Kulturversuch in meinem Aquarium bildeten sich in mittelhartem Wasser nur kleinblättrige Exemplare. Hilfreich für eine erfolgreiche Pflege könnten Wasseranalysen vom natürlichen Standort sein. Die emerse Kultur und Vermehrung gelingt gut auf einem Bodengrund, der aus einer sauren, mineralischen Erdmischung besteht.
Ökologie: Die Art wurde im Jahre 1927 von Ehepaar CLEMENS am Berg Bana in der Küstengebirgskette 25 km von Da Nang erstmals gesammelt. Aufgrund unvollständiger Herbarbelege (ohne Blütenstände) wurde lange Zeit über die Artzugehörigkeit dieser Aufsammlung gerätselt. *Cryptocoryne vietnamensis* wurde 1991 von HERTEL & MÜHLBERG 24–25 km westlich von Da Nang an einer Furt und am Ufer im „Großen Ba-Na-Fluss" erneut gesammelt und eingeführt. Im Mai wuchsen die nicht blühenden Cryptocorynen teils emers und teils submers im Halbschatten von Gehölzen am Rande des Flusses. J. BOGNER fand blühende Exemplare im März 1997 sowohl in sandig-kiesigem Boden zwischen Granitfelsen als auch im Sand am Flussufer.
Literatur: HERTEL & MÜHLBERG (1994).

Geöffnete Frucht von *Cryptocoryne walkeri*

Cryptocoryne walkeri im Aquarium

Cryptocoryne walkeri

SCHOTT (1857)

Walkers Wasserkelch

Familie: Araceae, Aronstabgewächse.
Synonyme: *C. lutea* ALSTON, *C. lutea* ALSTON var. *minor* ALSTON, *C. legroi* DE WIT, *C. walkeri* SCHOTT var. *lutea* (ALSTON) RATAJ, *C. walkeri* SCHOTT var. *legroi* (DE WIT) RATAJ.
Etymologie: *Cryptocoryne*: siehe *C. affinis*; *walkeri*: nach A. W. WALKER.
Verbreitung: Zentrales Sri Lanka.
Beschreibung: Sumpfpflanze, 10–25 cm hoch. Blätter 5–16 cm gestielt. Blattspreite lanzettlich, eiförmig bis schmal eiförmig, 3–9(–15) cm lang, 1,5–3,5(–6) cm breit, glatt. Spitze spitz; Basis keilförmig, rund bis schwach herzförmig. Rand ganzrandig, manchmal fein gewellt. Färbung grasgrün oder bräunlich. Nerven deutlich, häufig rot gefärbt.

Spatha 5–15(–28) cm lang. Röhre 3–10(–20) cm lang. Spathaspreite sehr variabel, 1,5–5(–6) cm, ± lang zugespitzt, etwas zurückgebogen, ± gedreht, fast glatt oder leicht rau, grünlich oder hellgelb, nach bräunlich wechselnd. Kragen wie die Spreite gefärbt. Schlund grünlich, gelblich oder blasspurpurn. Weibliche Blüten 4–7. Männliche Blüten 40–90. Chromosomenzahl 2n = 28, 42.
Kultur: Im Handel sind grüne und braune Farbformen, die sich alle für die submerse Kultur eignen. Sie lassen sich durch ihren etwas steifen, aufrechten Wuchs gut von *C. wendtii* und *C. beckettii* unterscheiden. Die Vermehrung ist allerdings langsamer als bei diesen Arten. Zur Kultur siehe dort.
Ökologie: HORST (1986) fand die Art am Ufer des Deduru Oya auf morastigem Lehmboden. Er stellte folgende Wasserwerte fest, die aber untypisch für Sri Lanka sind: Temp. 29 °C, GH 13,5 °dH, KH 8,7 °dH, pH 7,8, 760 µS/cm.
Sonstiges: Nach den Untersuchungen von JACOBSEN (1987 a) lässt sich aufgrund von Übergängen nicht zwischen Formen mit einem deutlichen Kragen und Formen mit einer breiten Kragenzone unterscheiden (ursprünglich Hauptunterscheidungsmerkmal), sodass die von DE WIT als eigenständige Art unterschiedene *C. lutea* auch zu *C. walkeri* gerechnet werden muss.

Die frühere *Cryptocoryne legroi* ist eine triploide Form (2n = 42) von *C. walkeri*. Fundorte der triploiden Form sind nicht bekannt.

Grüne Farbform von *Cryptocoryne wendtii* im Aquarium

Cryptocoryne wendtii

DE WIT (1958)

Wendts Wasserkelch

Familie: Araceae, Aronstabgewächse.
Synonyme: *Cryptocoryne wendtii* DE WIT var. *wendtii*, var. *jahnelli* RATAJ, var. *krauteri* RATAJ, var. *nana* RATAJ, var. *rubella* RATAJ.
Etymologie: *Cryptocoryne*: siehe *C. affinis*; *wendtii*: nach ALBERT WENDT (1887–1958), deutscher Liebhaberbotaniker, schrieb das umfangreiche Sammelwerk „Die Aquarienpflanzen in Wort und Bild".
Verbreitung: Zentrales, westliches bis nordwestliches Sri Lanka.
Beschreibung: Sumpfpflanze, 10–30 cm hoch. Blätter 5–20(–25) cm gestielt. Blattspreite elliptisch bis sehr schmal elliptisch oder schmal lanzettlich bis schmal eiförmig, 5–15(–23) cm lang, 1,0–4,5 cm breit, flach oder etwas gewellt. Blattspitze spitz; Basis keilförmig, stumpf oder schwach herzförmig. Blattrand ganzrandig oder gewellt. Färbung sehr unterschiedlich, von verschiedenen Grüntönen bis dunkelbraun, manchmal etwas marmoriert. Spatha 5–12(–17) cm lang. Röhre 3–8(–12) cm lang. Spathaspreite (1–)1,5–3(–5) cm lang, mehr oder weniger lang zugespitzt, wenig gedreht, innen glatt bis etwas rau, Kragen und Spreite dunkelbraun bis purpurbraun, selten auch gelb gefärbt. Schlund weiß. Weibliche Blüten 4–7. Männliche Blüten 35–80. Chromosomenzahl 2n = 28, 42.
Kultur: *Cryptocoryne wendtii* ist wohl unumstritten der empfehlenswerteste Wasserkelch für die Aquarienkultur. Er vereinigt dekoratives Aussehen und optimales Wachstum in geradezu idealer Weise. Im Handel werden mehrere Wuchsformen angeboten, die ausnahmslos für eine submerse Kultur geeignet sind. Für ein gutes Wachstum genügt ein schattiger Standplatz. Die Pflanzen sind anpassungsfähig an die Wasserwerte und gedeihen sowohl in weichem oder hartem als auch schwach saurem oder alkalischem Wasser. Die Vermehrung erfolgt schnell durch Ausläufer, sodass sich in wenigen Wochen dichte Bestände entwickeln. Der optimale Temperaturbereich liegt zwischen 22 und 26 °C, aber auch höhere und niedrigere Temperaturen werden noch über kurze Zeit toleriert.

Auch die emerse Kultur von *C. wendtii* ist problemlos möglich, wenn man für eine hohe Luftfeuchte und einen nährstoffreichen Bodengrund sorgt. Dieser kann zum Bei-

Braune Form von *Cryptocoryne wendtii* im Aquarium

Spathaspreite von *C. wendtii*

spiel aus einem Lehm-Sand-Gemisch bestehen.
Die unscheinbaren Blütenstände bilden sich in emerser Kultur sehr häufig.

Ökologie: *Cryptocoryne wendtii* wächst gewöhnlich in oder an den Rändern von Bächen und Flüssen. Horst (1986) fand Pflanzen an einem untypischen Standort in einem Bach zwischen Reisfeldern im intensiven Sonnenlicht, wo die Pflanzen auffällig bullöse und auf dem Boden aufliegende Blätter entwickelten. Er maß folgende Wasserwerte: 26 °C, GH 4,5 °dH, KH 5,2 °dH, pH 7,8, 148 µS/cm, Fe 0,27 mg/l.

Als weiteren Fundort nennt Horst (1983) einen Bach mit einer braunen und einer grünen Farbform von *C. wendtii*. Zur Trockenzeit stellte er folgende Werte fest: 27,5 °C, pH 6,4, Härte 0,5 °dH, Fe 0,112 mg/l.

Im Januar 2002 untersuchte ich einen Standort von *C. wendtii* (bullöse Form) im Fluss Janoya im Ort Habarana (Sri Lanka). Es war Niedrigwasser und die Pflanzen wuchsen sowohl submers als auch über Wasser am Flussrand. Zur Regenzeit kann der Wasserstand mehr als 1 m höher sein. Die Pflanzen wurzelten im sandig-lehmigen Bodengrund an schattig-sonnigen Plätzen. Das Wasser war schnell fließend und klar. Die Färbung der Blätter zeigte eine erstaunliche Variationsbreite von braun bis grün sowie teilweise marmoriert und mit deutlich hervortretenden Nerven. Wasseranalyse S. 606.

Sonstiges: Von *C. wendtii* sind zahlreiche natürliche Standortvarianten bekannt, die sich in ihrer Größe, Blattform und Färbung unterscheiden. Diese besonderen Merkmale sind jedoch keineswegs durchgängig konstant: Zum Beispiel kann die Blattfarbe mancher Formen unter verschiedenen Kulturbedingungen sehr stark variieren.

Aufgrund dieses unterschiedlichen Aussehens der Pflanzen wurden von Rataj fünf Varietäten (var. *wendtii*, var. *jahnelli*, var. *krauteri*, var. *nana*, var. *rubella*) beschrieben, deren willkürliche Abgrenzung nicht akzeptiert ist. Die verschiedenen Wuchsformen sind nur als Farb- und Formmodifikationen zu betrachten und somit als Synonyme zu *C. wendtii* einzustufen. Möglichkeitweise bestehen auch Naturhybriden.

Es werden mehrere Sorten gehandelt: 'Mi Oya' (der Name bezieht sich auf den Fundort) ist eine braune, gutwüchsige Farbform, 'Tropica' eine Sorte mit dunkelbraunen, stark marmorierten Blättern und 'Flamingo' eine in Kultur entstandene, sehr dekorative Sorte mit bullösen Spreiten und leuchtend rotbrauner Färbung.

Spathaspreite von *Cryptocoryne × willisii*

Cryptocoryne × willisii im Aquarium

Cryptocoryne ×willisii

REITZ (1908)

Willis' Wasserkelch

Familie: Araceae, Aronstabgewächse.
Synonyme: *Cryptocoryne nevillii* sensu auct., non HOOK. f., *C. lucens* DE WIT.
Etymologie: *Cryptocoryne*: siehe *C. affinis*; *willisii*: benannt nach J. C. Willis.
Verbreitung: Zentrales Sri Lanka.
Beschreibung: Sumpfpflanze, emers bis 25 cm, submers 5–15 cm hoch. Blätter 2–12(–20) cm gestielt. Spreite schmal eiförmig bis lanzettlich, 1,5–12 cm lang, 0,6–2,5 cm breit, glatt, mittelgrün gefärbt. Spitze gewöhnlich spitz; Basis spitz oder schwach herzförmig. Blattrand ganzrandig.

Spatha 4–8 cm lang. Röhre 2–5 cm lang. Spathaspreite 0,8–3 cm lang, nicht geschwänzt, aufrecht und kaum gedreht, deutlich rau bis warzig, gewöhnlich bräunlich bis dunkel purpurfarben, selten auch gelblich. Kragen tief purpurfarben oder gelblich. Schlund wie die Spreite gefärbt, rötlich oder gelb. Weibliche Blüten 4–7. Männliche Blüten 40–60. Pollen steril. Chromosomenzahl 2n = 28. Foto S. 215.

Kultur: Eine empfehlenswerte, beliebte Aquarienpflanze, die sich problemlos kultivieren lässt. Je nach Lichtintensität und Wachstum entwickeln sich bis etwa 20 cm hohe dichte Bestände. Diese müssen gelegentlich eingekürzt werden, wofür das aufrecht wachsende Rhizom stark reduziert wird. Die Kultur entspricht im Allgemeinen der von *C. parva* (siehe dort), *C. ×willisii* ist aber erheblich wüchsiger.
Ökologie: Willis Wasserkelch wächst submers und emers in der Uferzone von Flüssen. Weitere ökologische Daten siehe *C. parva*.
Sonstiges: JACOBSEN wies durch Kreuzungsversuche nach, dass es sich bei *C. ×willisii* um eine Naturhybride handelt, die auf eine Kreuzung von *C. parva* mit *C. walkeri* oder *C. beckettii* zurückgeht. Kreuzungen aus den drei genannten Arten bilden einen äußerst variablen Hybridkomplex, zu dem JACOBSEN auch die von DE WIT beschriebene *C. lucens* zählt. Weiteres zu diesem Problem siehe JACOBSEN (1981, 1982, 1987 a) und DE WIT (1990).

C. ×willisii wurde viele Jahre lang fälschlich unter dem Namen *C. nevillii* kultiviert; die echte *C. nevillii* wurde aber erst Mitte der 1970er-Jahre von D. H. NICOLSON eingeführt und eignet sich nicht für die Aquarienkultur.

Cuphea anagalloidea im Aquarium

Cycnogeton dubium (siehe S. 267) im Berry Creek (Biotop 77, S. 59)

Cuphea anagalloidea

A. SAINT-HILAIRE (1833)

Anagallis-Köcherblümchen

Familie: Lythraceae, Weiderichgewächse.
Synonyme: *Cuphea anagalloidea* var. *dumosa* KOEHNE und var. *subsimplex* KOEHNE, *C. mimuloides* var. *guianensis* KOEHNE.
Etymologie: *Cuphea*: von *kyphos* (gr.) = Höcker, Buckel, bezieht sich auf den Ansatz des Blütenstiels; *anagalloidea*: der Gattung *Anagallis* ähnlich. Köcherblümchen bezieht sich auf die Form der Blüte, die wie ein Köcher aussieht.
Verbreitung: Tropisches Brasilien, Guyana.
Beschreibung: Ausdauernde, kleine Sumpfpflanze, bis 40 cm hoch. Stängel kriechend bis aufsteigend, etwas steif, kahl oder wenig behaart, im Aquarium aufrecht wachsend. Blätter kreuzgegenständig, sitzend, kahl, schwach gepunktet, mit ausgerandeter Spitze und deutlichem Mittelnerv. Emerse Blätter linealisch, bis 2 cm lang, 2–3 mm breit, grün, submerse Spreite breiter, hellgrün bis rot gefärbt.

Blüten einzeln in den Blattachseln zusammen mit einem vegetativen Trieb (charakteristisch für die Gattung). Blütenstiel bis 17 mm lang, behaart. Blüten 6-zählig. Kelch 3–6 mm lang, ohne Anhängsel. Kelchröhre zylindrisch, außen gerippt, behaart, grün. Kelchlappen gleich groß, zugespitzt. Kronblätter etwa halb so lang wie der Kelch. Staubblätter 9. Kapsel mit sehr kleinen, fast runden Samen.
Kultur: Die Pflege ist schwierig, obwohl die Art aus Gewebekulturen oder als Topfpflanze angeboten wird. Die submerse Kultur gelingt bei intensivem Licht, weichem Wasser, viel freiem CO_2 und sehr guten Nährstoffverhältnissen. Die vegetative Vermehrung durch Seitensprosse ist gering.
Ökologie: Wächst an sumpfigen Stellen entlang von Flüssen. Weitere ökologische Daten sind nicht bekannt.
Sonstiges: In der dritten Auflage dieses Buches wurde die Art noch als *Rotala* sp. „Araguaia" geführt. Unter diesem Namen kam sie 2009 über asiatische Gärtnereien in die Kultur. CAVAN ALLEN (USA) bestimmte sie als *Cuphea anagalloidea*. *Rotala* und *Cuphea* gehören zur Familie Lythraceae. *Cuphea* ist mit etwa 260 Arten (nur etwa 6 aquatisch) die artenreichste Gattung. Hauptverbreitung in den Tropen und Subtropen Mittel- und Südamerikas. Eine weitere *Cuphea*-Art wird vereinzelt als C. sp. „Red Cross" gehandelt.
Literaturhinweis: Eine sehr schöne Zeichnung befindet sich in der Flora Brasiliensis Vol. 8 (2), Tafel 70. 1840–1906.

Cycnogeton procerum im Aquarium und die länglichen Knollen der australischen *Cycnogeton dubium*

Cycnogeton procerum

(R. BROWN) BUCHENAU (1867)

Langblättriger Dreizack, Wasserband

Familie: Juncaginaceae, Dreizackgewächse.
Synonyme: *Triglochin procera* R. BROWN (1810).
Etymologie: *Cycnogeton*: von *cycnos* (gr.) Schwan, *geiton* = Nachbar, bezieht sich auf die Verwandtschaft zu *Triglochin*; *procerum*: lang, hoch.
Verbreitung: Ost- und Südostaustralien.
Beschreibung: Polymorphe Sumpfpflanze mit langem, dünnem Rhizom; Wurzeln in länglichen Knollen endend (diese wurden früher von den Ureinwohnern Australiens gegessen). Blätter rosettig, lang scheidig, emers aufrecht, bis etwa 50 cm, submers über 2 m lang und je nach Herkunft 6–8(–40) mm breit, bandförmig, schwach verdickt, hellgrün.

Ähre bis 30 cm lang, mit kleinen, fast sitzenden Blüten. Diese mit 6 etwa 2 mm großen Blütenhüllblättern und je einem sitzenden, abfallenden Staubblatt. Fruchtblätter 6.
Kultur: Die Pflanze ist nur für geräumige und sehr hohe Aquarien geeignet. In diesen wächst sie ausdauernd und bildet gelegentlich über der Wasseroberfläche Blüten- und Fruchtstände. Im Habitus erinnert sie an eine Vallisnerie, bildet aber keine Ausläufer. Die Vermehrung erfolgt durch Teilung des Wurzelstocks oder Samen. Schon bei mittleren Lichtwerten sowie in weichem bis mittelhartem, etwa neutralem Wasser und nahrhaftem Bodengrund entstehen sehr kräftige Pflanzen, deren Blätter auch gekürzt werden dürfen. Temperatur 22–28 °C. CLASEN (2001) hatte Erfolg mit der Aussaat von Samen und der Aufzucht von Jungpflanzen.
Ökologie: Die Art besiedelt stehende bis langsam fließende Gewässer. VAN DER VLUGT (1998) fand die Pflanzen in Neusüdwales am nassen Ufer eines kleinen Sees zusammen mit *Marsilea hirsuta* und *Elatine triandra*. Später traf er sie auch in einem schnell strömenden Bach an, wo sie bei grellem Sonnenlicht tief dunkelgrün gefärbt waren.
Sonstiges: *Cycnogeton procerum* gehört zu den acht knollenbildenden Arten Australiens, die 2010 von der Gattung *Triglochin* abgespalten wurden. Die Früchte sowie die Form der Knollen und Blätter im Querschnitt sind wichtige Bestimmungsmerkmale (ASTON 1995). *Cycnogeton procerum* ist seit etwa 1996 vereinzelt in Kultur. Ähnlich sind *C. dubium* mit kleineren Knollen (Biotop 77, S. 59) und kürzeren Blättern sowie die heimische *Glyceria fluitans* (L.) R. BR., die ebenfalls im Aquarium kultiviert werden kann.

Cyperus helferi im Aquarium

Cyperus helferi

BOECKELER (1874)

Helfers Zypergras

Familie: Cyperaceae, Zypergewächse.
Synonyme: Keine.
Etymologie: *Cyperus*: von *kypeiros* = gr. Pflanzenname; *helferi*: nach dem Sammler JOHANN WILHELM HELFER (1810–1840).
Verbreitung: Indien, Birma (Myanmar), Thailand, Kambodscha, Westmalaysia.
Beschreibung: Sumpfpflanze, bis 60 cm hoch. Rhizom kriechend, bis 5 cm lang, 7 mm dick, stark verzweigt. Blätter grundständig, büschelig wachsend, 10–60 cm lang, 2–9 mm breit, bandförmig, lang zugespitzt, grasartig, schlaff, flach, in der Mitte der Spreite mit einer tiefen, kantigen Rinne, grün, am Rand mit winzigen Zähnchen.

Blütenstängel 3-kantig, bis 45 cm lang. Blütenstand endständig, zusammengesetzt, doldenartig, mit 5–9 ungleich langen, bis 14 cm langen Strahlen, mit Adventivpflanzen. Brakteen ausgebreitet. Teilblütenstände 2- bis 7-fingerig. Ährchen gestielt, 8- bis 12-blütig, zweizeilig, 5–10 mm lang, 1,5–2 mm breit. Spelzen eiförmig, zugespitzt, etwas zusammengedrückt, 3 mm lang, grün mit farblosem Rand. 2 Staubblätter. Griffel 3-spaltig. Perigonborsten fehlen. Nuss 3-kantig, länglich, 1,2–1,4 mm lang, 0,8 mm breit, hellbraun.
Kultur: Das 1991 von der Gärtnerei Tropica (Dänemark) aus Südthailand eingeführte Zypergras ist sowohl in weichem als auch hartem Wasser gut für die Kultur im Aquarium geeignet. Voraussetzungen bilden insbesondere eine gute Beleuchtung sowie ein nahrhafter Bodengrund. Der optimale Temperaturbereich liegt bei etwa 22–26 °C. Der grasartige Habitus kommt an einem freien Standplatz gut zur Geltung. Eine vegetative Vermehrung erfolgt durch Rhizomteilung sowie Adventivpflanzen an den emersen Blütenständen. Eine Kultur im Paludarium bei feuchter Luft gelingt leicht im lehmigen Bodengrund.
Ökologie: *Cyperus helferi* wächst an den schattig-sonnigen Ufern schnell fließender, klarer, tropischer Bäche und Flüsse. Während der Regenzeit wachsen die Pflanzen submers in starker Strömung. Es wurden zwei Standorte in Südthailand untersucht. Das mineralarme Wasser war mit pH-Werten von 5,5 und 5,8 sehr sauer und weich und wies einen extrem hohen CO_2-Gehalt von über 60 mg/l auf. Siehe Biotope 56 und 57 (S. 50–51).

Didiplis diandra im Aquarium

Didiplis diandra

(DE CANDOLLE) WOOD (1855)

Amerikanische Bachburgel

Familie: Lythraceae, Weiderichgewächse.
Synonyme: *Peplis diandra* DE CANDOLLE (1828), u. a.
Etymologie: *Didiplis*: *dis* = zweimal, *diploos* = doppelt; *diandra*: zweimännig, bezieht sich auf eine untypische Pflanze mit 2 Staubblättern.
Verbreitung: Östliches Nordamerika.
Beschreibung: Zarte Sumpfpflanze, emers 5–10 cm, submers 10–40 cm hoch. Stängel 1–1,5 mm dick, kahl. Blätter sitzend, kreuzweise gegenständig, stängelumfassend. Blattspreite ganzrandig, emers keilförmig bis lanzettlich, 7–25 mm lang, 2–4,5 mm breit, hellgrün, submers schmal linealisch, 2,2–2,6 cm lang, 1,5–3 mm breit, hellgrün bis leuchtend rot.

Blüten achselständig, einzeln, kleistogam oder chasmogam. Blüte 2 mm groß, mit 4 dreieckigen, grünen bis roten Kelchblättern. Kelchanhängsel und Kronblätter fehlen. 4 Staubblätter. Griffel sehr kurz oder fehlend. Fruchtknoten kugelig. Kapsel mit etwa 0,7 mm großen Samen.

Kultur: Anspruchsvolle, empfindliche, lichtbedürftige Aquarienpflanze. Die Lichtintensität im Aquarium ist erst dann hoch genug, wenn sich die Blätter an den Sprossspitzen rötlich färben und sich die unscheinbaren Blüten bilden. Weiches bis mittelhartes Wasser mit zusätzlicher CO_2-Düngung ist für ein gesundes Wachstum zu empfehlen. Temperaturoptimum 22–26 °C, aber vorübergehend auch höher. Für eine schnelle Wurzelbildung eignet sich ein feinkörniger, nährstoffreicher Bodengrund. Der zierliche Habitus kommt nur bei der Anordnung in einer Gruppe zur Geltung. Jeder Spross muss aber einzeln gesetzt werden, da er leicht bricht und bei Lichtmangel an den unteren Stängeln fault. Prächtige Kontrastpflanze für Vordergrund oder Mittelzone. Vermehrung durch Seitensprosse. Reagiert auf Algenbefall und chemische Zugaben äußerst empfindlich.
Ökologie: *Didiplis diandra* wächst sowohl submers in flachen, stehenden Gewässern als auch emers an den Ufern von Seen und Flüssen.
Sonstiges: *Peplis diandra* ist ein Synonym. Die Abgrenzung der Gattungen beruht auf fehlenden Kelchanhängseln sowie 6-zähligen Blüten bei *Peplis* und 4-zähligen bei *Didiplis*.

Gattung Echinodorus

Schwertpflanzen – Familie Alismataceae, Froschlöffelgewächse

Nomenklatur

Die Gattung *Echinodorus* wurde zuerst von Micheli (1881) ausführlich behandelt, weitere Bearbeitungen erfolgten durch Buchenau (1903) und Fassett (1955). Eine Revision der Gattung publizierte dann Rataj (1975 a). Da dies lange Zeit die einzige neuere Veröffentlichung war, stellte sie für die Aquarianer viele Jahre lang eine wichtige Grundlage für die Bestimmung der Arten dar. Schon früh gab es aber kritische Stimmen, die Rataj vorhielten, dass er leichtfertig zu viele Arten und Varietäten beschrieb.

Nach Rataj befassten sich die beiden Botaniker R. R. Haynes (University of Alabama) und L. B. Holm-Nielsen (University of Aarhus) mit dieser Gattung und veröffentlichten zunächst Vorarbeiten zu einer grundlegenden Monografie (1984, 1986). In diesen Publikationen wird deutlich, dass Ratajs Revision in vielen Teilen unzulänglich und – was die zahlreichen Neubeschreibungen betrifft – als vorschnell einzustufen ist. Viele dieser Beschreibungen erfolgten unkritisch, und die betreffenden Arten wurden als Synonyme wieder eingezogen. Insbesondere für die Aquarianer stellen Namensänderungen ein besonderes Ärgernis dar, wenn sie Arten betreffen, an die man sich im Laufe vieler Jahre gewöhnt hat und die aus der Aquaristik kaum mehr wegzudenken sind.

In der Monografie der Gattung *Echinodorus* durch Haynes & Holm-Nielsen (1994) wurden von den bei Rataj (1975 a) beschriebenen 47 Arten und zahlreichen Varietäten nur noch 26 Arten mit einigen Unterarten anerkannt. Allerdings klammerte diese Bearbeitung in der „Flora Neotropica“ einige wenige Arten aus, die eine dem Florenwerk nicht entsprechende Verbreitung aufweisen.

Zweifellos war diese Revision als sorgfältig und gründlich einzustufen. Dennoch enthielt auch sie Fehler, die nicht hätten geschehen dürfen. Beispielsweise beschrieben Haynes & Holm-Nielsen *Echinodorus teretoscapus* und übersahen dabei, dass diese durch ihre blaugrüne Wachsschicht besonders auffällige Art schon als *E. glaucus* Rataj beschrieben war.

Kasselmann (2001) folgt in ihrem aquaristischen Buch „*Echinodorus* – Die beliebtesten Aquarienpflanzen“ im

Echinodorus grisebachii **am Rand eines Flusses in Venezuela**

Wesentlichen den Ansichten von HAYNES & HOLM-NIELSEN (1994).

Im Jahre 2004 publizierte RATAJ seine „alte" Arbeit von 1975 erneut. Es kamen weitere Neubeschreibungen hinzu, sodass diese Veröffentlichung 62 Arten, 2 Unterarten und 2 Varietäten enthält. Dort, wo für die Publikation Fotos fehlten, wurden sie – zum Teil mit falschen Bildunterschriften – ohne Erlaubnis aus Literatur anderer Autoren übernommen. Fast alles, was andere Bearbeiter zuvor veröffentlicht hatten, wurde in starrsinniger Weise wieder verworfen. RATAJs Einstellung zur Ökologie ist zudem haarsträubend: „Ökologische Studien, beschrieben von vielen Autoren, sind nicht wichtig ...". Weitere Kommentare erübrigen sich.

Seit 2006 erschienen mehrere Vorarbeiten von LEHTONEN und LEHTONEN & MYLLYS zu einer umfangreichen Bearbeitung der Gattung *Echinodorus* (2008). Diese Arbeit zeichnet sich durch sorgfältige Studien von Herbarmaterial und den Einbezug moderner Untersuchungsmethoden aus. Anhand vieler molekularer Analysen gelingt es LEHTONEN, die Gattung *Echinodorus* klar zu strukturieren. Die Ausläufer bildenden *Echinodorus*-Arten (*E. tenellus*, *E. bolivianus*, *E. zombiensis*) werden in die „alte" Gattung *Helanthium* umkombiniert, sicher ein richtiges Vorgehen. Für Aquarianer mag diese Maßnahme zunächst schwer verständlich erscheinen, doch ist sie aufgrund zahlreicher morphologischer Merkmale gut nachvollziehbar. LEHTONEN akzeptiert die von HAYNES & HOLM-NIELSEN bei einigen Arten (*E. cordifolius*, *E. grandiflorus*, *E. macrophyllus*) beschriebenen Unterarten nicht, betrachtet sie entweder als polymorphe Arten oder führt sie getrennt weiter und begründet dieses auch ausgiebig. Der Autor folgt der Auffassung von HAYNES & HOLM-NIELSEN, *Echinodorus grisebachii* als polymorphe Art aufzufassen. Für die Aquarianer bedeutet dies, dass *E. amazonicus*, *E. bleherae* und *E. parviflorus* zu Synonymen von *E. grisebachii* werden. Unberücksichtigt bleibt dabei die unter submersen Bedingungen veränderte Blattform, die sich nur bei der Kultur im Aquarium ausreichend studieren lässt.

Um eine Benennung dieser für den Aquarianer doch deutlich unterscheidbaren Pflanzen zu ermöglichen, führe ich in diesem Buch die bisherigen Artnamen als Sortenbezeichnungen weiter. Ebenso verfahre ich bei *Helanthium bolivianum*, zu der auch *E. quadricostatus* und *E. angustifolius* gestellt wurden. Sicher falsch ist die Auffassung von LEHTONEN (2008), *E. cylindricus* und *E. glaucus* seien als zwei Arten zu führen (siehe bei *E. glaucus*). Nicht nachvollziehbar ist es ferner, warum kleinwüchsige, genetisch fixierte Sippen nicht als Varietäten beibehalten werden können (*E. uruguayensis* var. *minor*). Ich folge dieser Meinung im Sinne der Aquarianer nicht. LEHTONEN hat sicher

Echinodorus paniculatus am Standort in Mexiko

Die Blüten von *Echinodorus* werden häufig von Schmetterlingen aufgesucht

viel Herbarmaterial eingesehen, begründet oft aber nicht einmal, warum er manche Arten in die Synonymie stellt; dieses ist aber für die Glaubwürdigkeit notwendig. Zum Beispiel besitzt *E. macrocarpus* RATAJ keine Behaarung an den Blattstielen. Diese Art stellt LEHTONEN – obwohl er das Herbarmaterial gesehen hat – ohne Begründung zu *E. pubescens*, der aber stark behaart ist (siehe *E. macrocarpus*). Eine Erklärung, warum *E. piauhyensis* zum Synonym von *E. palaefolius* wird, fehlt ebenfalls, obwohl doch eine DNA-Untersuchung hätte erfolgen können.

Die Klärung zahlreicher zweifelhafter Arten (nomina dubia) erfolgte durch LEHTONEN in einer weiteren, für die Aquaristik sehr bedeutenden Publikation (2016). Genetische Analysen ergaben, dass *E. ×barthii*, *E. ×opacus*, *E. ×portoalegrensis*, *E. ×pseudohorizontalis*, *E. ×schlueteri*, *E. ×gabrielii* und *E. ×maculatus* hybriden Ursprungs sind. Ferner zeigten die Molekularuntersuchungen, dass *E. glandulosus* mit *E. palifolius* konspezifisch ist. Die Ergebnisse zeigen auch, dass die Hybriden *E. ×maculatus*, *E. ×barthii*, *E. ×gabrielii* und *E. ×schlueteri* ziemlich sicher ihren Ursprung in der Kultur haben, die Pflanzen also nicht in der Natur gesammelt wurden. LEHTONEN (2016) konnte viele nomenklatorische und taxonomische Probleme klären. Dennoch bleiben viele Fragen offen, zu denen Antworten hoffentlich in weiteren Publikationen erfolgen werden.

In diesem Buch werden fast alle der in der Aquaristik bekannten und kultivierten *Echinodorus*-Arten, Hybriden und die meisten Sorten ausführlich beschrieben. Dabei folge ich im Wesentlichen den Ergebnissen von HAYNES & HOLM-NIELSEN (1994) sowie LEHTONEN (2008, 2016).

Meine Beschreibungen wurden in den meisten Fällen nach herbarisierten sowie kultivierten Pflanzen, die von mir an den natürlichen Standorten gesammelt wurden, angefertigt. Ferner wurden zahlreiche Sorten mit aufgenommen, die in der Aquaristik eine Bedeutung haben und im Fachhandel erhältlich sind.

Gebrauch des deutschen Namens

Der deutsche Trivialname „Amazonasschwertpflanze“ wird zu Unrecht für *Echinodorus*-Arten verwendet, denn er erweckt den Eindruck, dass sie alle im unmittelbaren Bereich des Amazonas oder dessen Einzugsgebiet vorkommen, was jedoch völlig irreführend ist. Ich habe daher für die Gattung *Echinodorus* den deutschen Namen „Schwertpflanze“ gewählt, weil sich dieser Name seit langem eingebürgert hat. Die Übersetzung des wissenschaftlichen Namens „Igelschlauch“, die sich auf die stacheligen Fruchtstände bezieht, ist merkwürdigerweise nicht gebräuchlich. Für die Gattung *Helanthium* führe ich die wörtliche Übersetzung „Sumpfblüte“ ein.

Merkmale der Gattung

Alle *Echinodorus*-Arten sind einjährige oder ausdauernde Wasser- oder Sumpfpflanzen. Während die mittelgroßen und großen Schwertpflanzen mehr oder weniger kräftige Rhizome aufweisen, über die sie sich auch vegetativ vermehren, sind die kleinen *Helanthium*-Arten ausläuferbildend. Manche Arten bilden knöllchenförmige Verdickungen an den Wurzeln. Dieses Merkmal, das offenbar stark von Umweltbedingungen abhängig ist, wurde bisher kaum untersucht und verdient größere Beachtung.

Die Blätter sind in einer Rosette angeordnet und je nach Lebensbedingungen sehr variabel. So verändert sich häufig unter Wasser die Blattform und bildet im Vergleich zu emersen Pflanzen einen völlig verschiedenen Habitus. Der Blattstiel ist meistens dreikantig, gelegentlich aber auch rund. Ein arttypisches Merkmal ist das Fehlen oder Vorhandensein von durchscheinenden Zeichnungen in der Blattspreite, die aus mehr oder weniger langen Linien und/oder Punkten bestehen (siehe Abb. S. 275). Bei diesen Zeichnungen handelt es sich um Milchsafträume, die am besten an emersen Blättern sowie herbarisierten Pflanzen mit einer Lupe im Gegenlicht zu erkennen sind. Bei einigen Arten sind diese durchscheinenden Zeichnungen auch an submersen Blättern zu sehen.

Fast alle bisher untersuchten *Echinodorus*-Arten wiesen eine Chromosomenzahl von 2n = 22 auf. Nur bei wenigen (*E.* ×*opacus*, *E.* 'Osiris', *E.* ×*portoalegrensis*) wurden auch ein triploider und tetraploider Chromosomensatz festgestellt. Ursache hierfür können ein hybrider Ursprung oder eine Mutation sein.

Blütenstände bilden sich je nach Art entweder an submers kultivierten Pflanzen und/oder an Landpflanzen. Der Blütenstand kann einfach oder verzweigt, aufrecht, herabhängend oder kriechend sein, mit oder ohne Adventivpflanzen (Proliferation). Er ist deutlich gestielt, und die Form des Blütenstängels ist rund oder kantig.

Der Blütenstand besteht aus einer unterschiedlich großen Zahl von Blütenquirlen, die wiederum eine mehr oder weniger große Zahl von Blüten aufweisen. Am Grunde des Blütenquirls befinden sich drei Deckblätter, deren Form und Länge zur Unterscheidung der Arten herangezogen werden. Wesentliche Unterscheidungsmerkmale stellen auch die Länge des Blütenstiels sowie die Größe, Form und Struktur der drei grünen Kelch- und der drei weißen Kronblätter dar. Die Blüten sind immer zweigeschlechtlich (im Unterschied zur verwandten Gattung *Sagittaria*). Jede Blüte weist eine mehr oder weniger konstante Zahl von Staubblättern auf sowie eine größere Zahl von Fruchtblättern (Karpellen), die in Spiralen angeordnet sind. Die Fruchtköpfe bestehen gewöhnlich aus zahlreichen Samen. Die Oberflächenstruktur der Samen ist bei den *Echinodorus*-Arten ein besonders charakteristisches Merkmal. Die Nüsschen sind an den Seiten gerippt und besitzen eine mehr oder weniger große Zahl von Drüsen, die bisweilen auch ganz fehlen können. An der Spitze des Samens befindet sich ein arttypischer Schnabel (Griffelrest).

Einige der genannten Merkmale der *Echinodorus*-Arten können in Abhängigkeit von den Umweltbedingungen beträchtlich variieren. So bilden Pflanzen trockener Standorte gedrungenere Rosetten, lederartige Spreiten, kürzere Blütenstände und Blütenstiele sowie kleinere Blüten als Pflanzen nasser oder feuchter Standorte. Nur die gemeinsame Betrachtung aller wichtigen Merkmale ermöglicht bei *Echinodorus*-Arten eine sichere Bestimmung.

In dem vorliegenden Buch werden zwar bei den Pflanzenbeschreibungen alle wesentlichen Artmerkmale genannt, die dem Leser eine Bestimmung seiner Pflanzen ermöglichen. Es darf aber nicht verschwiegen werden, dass die Gattung *Echinodorus* in dieser Hinsicht äußerst schwierig ist, zumal auch viele Hybriden in Kultur sind, und dass die Bestimmung vieler Arten gewisse botanische Spezialkenntnisse voraussetzt.

Oben: Fruchtstand von *Echinodorus* ×*maculatus*
Unten: Nüsschen von *Echinodorus berteroi*

Typusstandort von *Echinodorus uruguayensis* var. *minor* in Südbrasilien

Verbreitung der Echinodorus-Arten

Die Verbreitung der Arten der Gattung *Echinodorus* erstreckt sich ausschließlich auf den amerikanischen Kontinent. Ihre Nordgrenze liegt in den USA, die Südgrenze in Argentinien. RATAJ beschrieb mehrere Arten aus Afrika (Kamerun), die nach LEHTONEN (2016) alle als Synonyme zu *Echinodorus uruguayensis* gestellt wurden. Bei *Echinodorus africanus* konnte ich am natürlichen Standort klären, dass es sich bei den angeblichen Pflanzen aus Kamerun um eine Verwechslung mit *Limnophyton fluitans* handelte.

Natürliche Standorte von Echinodorus-Arten

Über die Ökologie der für die Aquaristik wichtigen Gattung *Echinodorus* ist bisher erstaunlich wenig veröffentlicht worden. Auch in wissenschaftlichen Arbeiten sind kaum Angaben über natürliche Standorte zu finden. Unter den aquaristischen Veröffentlichungen sind besonders die Arbeiten von SCHULZE (1968) als informativ hervorzuheben. Andere Publikationen (DE GRAAF 1988) enthalten dagegen recht merkwürdige Angaben über die natürlichen Habitate. So sollen zum Beispiel die *Echinodorus*-Arten ausnahmslos Rheophyten, d. h. Pflanzen stark strömender Gewässer, sein und grundsätzlich nur an sonnigen Stellen vorkommen. Solche Verallgemeinerungen sind natürlich unsinnig.

Auf zahlreichen Reisen nach Mittel- und Südamerika hatte ich die Gelegenheit, Beobachtungen und Messungen an vielen natürlichen Standorten von *Echinodorus*-Arten durchzuführen. Es ist mir daher ein besonderes Anliegen, die dabei gewonnenen Erkenntnisse im Folgenden zusammenzufassen, um dadurch zum besseren Verständnis der Lebensweisen dieser Pflanzen beizutragen (ausführlich beschrieben in KASSELMANN 2001: *Echinodorus* – die beliebtesten Aquarienpflanzen). Die Beschreibung einzelner Fundorte erfolgt in den Porträts der verschiedenen *Echinodorus*-Arten.

Allgemeine Charakterisierung der Standorte

Die Mehrzahl der *Echinodorus*-Arten wächst entweder in sumpfigen Überschwemmungsgebieten oder im unmittelbaren Uferbereich von stehenden und fließenden Gewässern. Einige Arten leben sogar in Temporärgewässern, die vollständig austrocknen, und in deren Bodengrund die Pflanzen mit ihren kräftigen Rhizomen überdauern. Diese Arten weisen einen in etwa ähnlichen Lebenszyklus auf wie einige *Aponogeton*-Arten.

Nur von wenigen Schwertpflanzen ist bekannt, dass sie vermutlich ganzjährig unter Wasser wachsen, aufgrund ihres Rhizoms aber dennoch ebenfalls eine kurze Trockenzeit überdauern könnten. Nur in dieser Gruppe gibt es als Ausnahme einige wenige Arten, die zumindest zeitweise in stärker strömenden Gewässern auftreten. *Echinodorus*-Arten besiedeln sowohl sonnige als auch schattige Standorte.

Umweltfaktoren

1. Wasserstandsschwankungen in Gebieten mit ausgeprägtem Jahreszeitenklima

Die in tropischen oder subtropischen Gebieten wachsenden *Echinodorus*-Arten sind in ihren Lebensansprüchen an periodische Trocken- und Regenzeiten und die damit verbundenen jahreszeitlichen Wasserstandsschwankungen angepasst. Es sind aber nur wenige *Echinodorus*-Arten in der Lage, Wasserstandsschwankungen von mehr als 1–1,5 m über längere Zeit zu überstehen. Die meisten Arten würden, sobald ihre Blätter aufgrund von Lichtmangel absterben, höchstens kurze Zeit mit Hilfe ihres Rhizoms überdauern. Hierdurch ist leicht zu erklären, weshalb Schwertpflanzen nicht im unmittelbaren Bereich des Amazonas bei Wasserstandsschwankungen von 6–8 m vorkommen können, sondern nur in seinen entfernten Einzugsgebieten.

Viele Arten aus subtropischen Gebieten wachsen während der Trockenzeit (regenarme, kalte Jahreszeit) mehr oder weniger nahe am Rande der Gewässer vollständig emers oder stehen nur wenige Zentimeter im Wasser. Zur Hochwasserzeit (regenreiche, warme Jahreszeit) führen sie dagegen eine teilweise oder auch ganz untergetauchte Lebensweise. Die Pflanzen solcher Standorte sind also in der Lage, sich im jahreszeitlichen Verlauf an eine emerse und submerse Lebensweise anzupassen.

Es kommt nicht selten vor, dass mehrere *Echinodorus*-Arten an einem Standort zu finden sind. Dabei besiedeln kleine und mittelgroße Arten zumeist andere ökologische Nischen als die großen Schwertpflanzen. Die kleinen Arten wachsen während der Trockenzeit mehrere Meter vom Flussufer entfernt und können folglich zeitweise einen sehr trockenen Standort vertragen, während die größeren Spezies, die während der Hochwasserzeit auch einen höheren Wasserstand tolerieren, näher am Flussrand vorkommen.

Interessant im Hinblick auf mögliche Naturhybriden ist, dass auch mehrere Arten in demselben Areal durcheinander wachsen können. Welche Arten dabei miteinander vergesellschaftet sind, ist kaum bekannt, für Schlussfolgerungen in Bezug auf die Artabgrenzung, Variabilität der Pflanzen, Mutationen und Naturhybriden aber von größter Bedeutung.

Bei ökologischen Betrachtungen sind auch die jahrelangen Kulturerfahrungen der Aquarianer von Interesse, die mit den Beobachtungen an natürlichen Standorten im Einklang stehen. Aus der Kultur weiß man, dass größere Arten, wie zum Beispiel *E. macrophyllus* und *E. paniculatus,* ein starkes Bestreben haben, aus dem Wasser herauszuwachsen und nur wenige submerse Blätter ausbilden. Ähnlich wird das Wachstum dieser Arten auch während der Hochwasserzeit sein: Die Pflanzen sind in der Lage, sich dem erhöhten Wasserstand und der damit verbundenen Lichtreduzierung anzupassen, indem sie längere Blattstiele entwickeln. Ferner ist aufgrund von Kulturerfahrungen bekannt, dass kleinbleibende Arten, wie zum Beispiel *Helanthium tenellum, H. bolivianum* und *Echinodorus grisebachii*, lichtbedürftiger sind. In der Natur wachsen sie deshalb nur an solchen Standorten, wo sie auch während der Hochwasserzeit noch genügend Licht für ein ausreichendes Wachstum erhalten, d. h. in dem Bereich, der bei maximalem Wasserstand gerade noch vom Fluss erreicht wird.

2. Klimarhythmik

Einen wesentlichen Einfluss auf die Lebensweise von *Echinodorus*-Arten der subtropischen Gebiete haben auch die klimatischen Veränderungen in den regenreichen (warmen) und regenarmen (kalten) Jahreszeiten. Pflanzen dieser Bereiche sind in der Lage, extreme Temperaturschwankungen zu vertragen. So können zum Beispiel die Temperaturen in den subtropischen Bereichen der Südhalbkugel (Südbrasilien bis Nordargentinien), in denen

Durchscheinende Punkte bei *Echinodorus floribundus* und netzartige Linien bei *E. horizontalis*

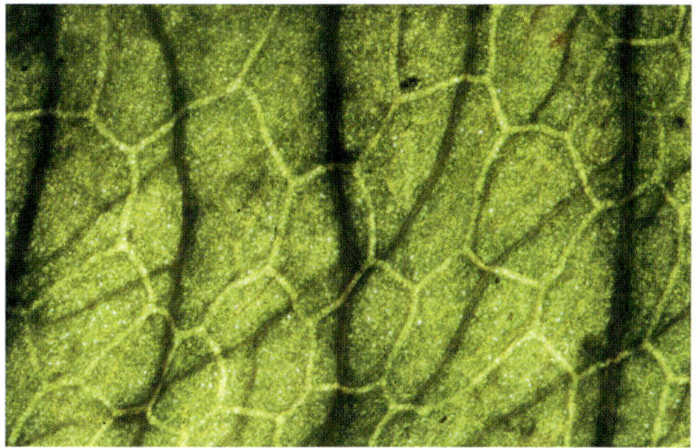

eine größere Zahl von *Echinodorus*-Arten lebt, gelegentlich bis zur Frostgrenze sinken. Andererseits erreichen dort die Lufttemperaturen in der warmen Jahreszeit Werte über 30 °C. Über den Einfluss der Veränderung der relativen Luftfeuchte auf das Wachstum der emersen *Echinodorus*-Arten liegen bisher keine Untersuchungen vor.

3. Sonstige ökologische Faktoren

Außer den Einzelfaktoren Wasserstand und Temperatur sind als weitere wesentliche Umweltfaktoren die Lichtintensität und die Tageslänge, die Zusammensetzung und der Wassergehalt des Bodengrundes sowie der Wasserchemismus zu nennen, die bereits in den einleitenden Kapiteln behandelt wurden.

Vegetationsrhythmus von Echinodorus-Arten

Im Folgenden möchte ich aufgrund meiner Beobachtungen zu unterschiedlichen Jahreszeiten an vielen *Echinodorus*-Habitaten eine Darstellung der Lebensweise von *Echinodorus*-Arten geben.

Amphibische Echinodorus-Arten

Amphibisch wachsende *Echinodorus*-Arten haben sich dem periodischen Wechsel von regenreichen und regenarmen Jahreszeiten, die durch Wasserstands-, Temperatur- und Lichtschwankungen geprägt sind, besonders angepasst. Mit Einsetzen der Regenzeit geraten viele Arten unter Wasser und bilden (je nach Wasserstand) zunächst submerse Blätter. Beginnt der Wasserstand schließlich wieder langsam zu sinken, schieben die Pflanzen verstärkt Blätter über die Wasseroberfläche und wachsen auf ihre volle Größe heran.

Nur bei niedrigem Wasserstand setzt eine Blüten- und Fruchtbildung ein. Beginnen die Standorte auszutrocknen, entwickeln die Pflanzen immer kleinere Blattrosetten und kürzere Blütenstände, bis das Laub in Abhängigkeit von der Feuchtigkeit des Bodengrundes ganz vertrocknet und manchmal nur noch das Rhizom im trockenen Bodengrund überdauert. Die reifen Samen verbleiben vorerst entweder am Fruchtstand oder sie fallen auf den Bodengrund, wo sie in einem Ruhezustand verweilen, bis die nächste Regenzeit einsetzt und sie durch günstige Umweltbedingungen zum Keimen angeregt werden.

Unter Wasser wachsende Echinodorus-Arten

Die in ganzjährig wasserführenden Gewässern vorkommenden *Echinodorus*-Arten sind in erster Linie an die wechselnde Lichtintensität im Wasser angepasst, die sich aus den jahreszeitlich bedingten Schwankungen des Wasserstandes ergibt. Zur regenreichen Jahreszeit ist der Wasserstand hoch, und durch die infolgedessen reduzierte Lichtmenge sind die Pflanzen in ihrer Photosynthese beeinträchtigt und verringern ihre Assimilationstätigkeit. Sinkt der Wasserstand, erhalten sie wieder mehr Licht, wachsen verstärkt und bilden Blütenstände. Ein vorübergehendes Austrocknen des Gewässers infolge extremer

Echinodorus ×*portoalegrensis* im Rio Peixe (Südbrasilien)

Rüsselkäfer, *Listronotus echinodori* (Biotop 14, S. 35)

Witterungsbedingungen könnten die Pflanzen mit Hilfe ihres Rhizoms kurzfristig überstehen.

Interessant bei diesem Lebenszyklus sind die Beziehungen zwischen dem Wasserstand und den Temperaturverhältnissen im subtropischen Bereich der Südhalbkugel: Bei niedrigstem Wasserstand, wenn die Pflanzen am stärksten assimilieren und auch blühen, sind die Wassertemperaturen am niedrigsten. Bei Hochwasser und geringem Wachstum der Pflanzen erreichen die Wassertemperaturen dagegen ihre Höchstwerte! Echinodoren mit diesem Rhythmus sind: *Echinodorus* 'Osiris', *E.* ×*opacus*, *E.* ×*portoalegrensis* und *E. uruguayensis*.

Allgemeine Kulturempfehlungen

Echinodorus-Arten sind beliebte und in der Regel anspruchslose Pflanzen, die für das tropische Aquarium zu empfehlen sind. Viele Arten eignen sich allerdings nur für geräumige Aquarien ab etwa 100 l Beckeninhalt, da sie bei guten Wachstumsbedingungen in einem kleinen Aquarium zu stark dominieren würden. Allerdings können die Blätter größerer Exemplare auch regelmäßig ausgeschnitten werden, was das Wachstum nicht wesentlich beeinträchtigt. Folgeblätter bleiben dann jedoch zunächst wieder kleiner. Zu groß gewordene Exemplare lassen sich gut umpflanzen. Auf ein damit verbundenes Beschneiden der Wurzeln reagieren sie nur kurze Zeit mit verlangsamtem Wachstum.

Fast alle Schwertpflanzen lassen sich in weichem oder hartem Wasser problemlos kultivieren, wobei sich der pH-Wert etwa zwischen 6,5 und 7,5 bewegen sollte. Obwohl viele Arten mit einer mäßigen Beleuchtungsstärke auskommen, wird durch eine höhere Lichtstärke ganz eindeutig ein besseres Wachstum gefördert. Der Bodengrund sollte nährstoffhaltig sein. Bei schnell wachsenden Arten kommt es häufig zu Eisenmangel, was die Pflanzen durch Gelbfärbung der Blätter (Chlorophyllmangel) anzeigen, sodass bei derartigen Mangelerscheinungen gedüngt werden muss. Im Allgemeinen lassen sich *Echinodorus*-Arten bei Temperaturen zwischen 23 und 26 °C optimal kultivieren, einige Schwertpflanzen aus gemäßigten oder subtropischen Gebieten vertragen aber auch viel niedrigere Temperaturen bis etwa 12 °C, vorübergehend sogar bis zur Frostgrenze. Andere Arten aus tropischen Gebieten lassen sich auch noch gut bei Temperaturen um 30 °C im Aquarium pflegen.

Blühinduktion von Echinodorus-Arten

Eine vegetative Vermehrung erfolgt bei den *Helanthium*-Arten (früher *Echinodorus*) durch Ableger an Ausläufern. Bei den *Echinodorus*-Arten entwickeln sich gelegentlich am Rhizom Tochterpflanzen. Am produktivsten ist aber die Vermehrung durch Adventivpflanzen, die bei vielen Schwertpflanzen an den Quirlen der Blütenstände gebildet werden. Diese treten auch gelegentlich an Aquariumpflanzen auf, was immer ein Zeichen guten Wachstums ist. Strebt der Blütenstand aus dem Wasser heraus, wird er zur besseren Adventivpflanzenbildung unter Wasser gedrückt. Sobald die Adventivpflanzen kräftig genug sind und Wurzeln entwickelt haben, können sie durch leichtes Drehen gelöst und eingepflanzt werden. Unter Wasser öffnen sich die Blüten gewöhnlich nicht. Zur Untersuchung der Blüten ist also ein Herauswachsen des Blütenstandes aus dem Wasser notwendig.

Auslösefaktoren für eine Blütenbildung können die Temperatur und die Länge der Beleuchtungsdauer sein. Bei der Kultur fand man heraus, dass manche Schwertpflanzen unabhängig von der zugeführten Energiemenge nur im Sommer, andere dagegen nur im Winter und wiederum andere das ganze Jahr über blühen und dabei ihre häufig charakteristischen Wuchsformen ausbilden. Entsprechend unterscheidet man zwischen Kurztagpflanzen (Pflanzen, die bei einer Beleuchtungsdauer von weniger als zwölf Stunden blühen), Langtagpflanzen (Blütenbildung bei mehr als zwölf Stunden Tageslänge) und tagneutralen Pflanzen (Tagesperiode ohne Einfluss auf die Blütenbildung). Dieses photoperiodische Verhalten kann zum Beispiel in Gärtnereien ausgenutzt werden, um die Produktivität der Vermehrung zu fördern. Bei einigen Arten lassen sich mit Hilfe der Beleuchtungsdauer schon frühzeitig an sehr kleinen Pflanzen Blütenstände mit Adventivpflanzen induzieren, andere Arten benötigen zum Blühen eine vorherige Kälteperiode.

Nicht immer decken sich die publizierten Ansichten über die Blühinduktion einzelner Arten. Dabei steht die Glaubwürdigkeit der Autoren nicht infrage. Vielmehr ist ein unterschiedliches Blühverhalten vermutlich mit der geografischen Herkunft der Pflanzen zu erklären. So ist gut vorstellbar, dass Populationen aus Ländern mit einer großen geografischen Distanz in Nordsüdrichtung sich den verschiedenen natürlichen Bedingungen in ihren Habitaten angepasst haben und unterschiedlich auf die Länge der Beleuchtungsdauer reagieren. Zum Beispiel gilt *Echinodorus berteroi* als Langtagpflanze. VAN DER VLUGT (1993 b) berichtet jedoch glaubhaft, dass sich seine von Curaçao mitgebrachten Exemplare als tagneutral erwiesen haben.

Die bisherigen Beobachtungen zur Blühinduktion von *Echinodorus*-Arten sind keineswegs vollständig, sondern ziemlich lückenhaft, könnten jedoch in Zusammenarbeit mit Wasserpflanzengärtnereien sowie durch Untersuchungen an natürlichen Standorten weiter vervollständigt werden. Für Interessierte bietet sich hier ein weites Experimentierfeld. Soweit das Blühverhalten der jeweiligen *Echinodorus*-Art gut bekannt ist und von mir bestätigt werden kann, wird bei den Beschreibungen darauf eingegangen.

Echinodorus 'Dschungelstar' Nr. 16 im Aquarium

Künstliche Hybriden und Mutationen

Seit vielen Jahren ist bekannt, dass sich einige *Echinodorus*-Arten leicht miteinander kreuzen lassen. Die ersten gezielten Kreuzungsversuche in Wasserpflanzengärtnereien begannen etwa Mitte der 1980er-Jahre. Sinn dieser Experimente war es, für die Aquaristik neue Pflanzen zu erhalten, die sich in ihrer Färbung und ihrem Habitus von den bisherigen Arten auffällig unterscheiden. Zusätzlich sollten sie im Aquarium schnellwüchsig und anspruchslos sein.

Bei diesen Kreuzungsversuchen entstanden in der Tat sehr dekorative Hybriden, von denen inzwischen viele als Sorten im Zoofachhandel ständig angeboten werden. Sehr viele Bastarde, für die bisher ein Sortenname publiziert wurde und die gute Sorten sind, werden daher in diesem Buch berücksichtigt. Auch zahlreiche Mutationen sind darunter.

Seit Beginn dieser Kreuzungsversuche konnte beobachtet werden, dass durch die Züchtung neuer *Echinodorus*-Sorten die ursprünglichen Arten leider immer mehr aus den Aquarien verdrängt werden. Zugleich wurden auch Pflanzen angeboten, bei denen es sich zwar offensichtlich um Hybriden handelte, die aber nicht als solche kenntlich gemacht wurden.

Eine solche Praxis ist zu verurteilen, denn sie führt zu einem heillosen Durcheinander. Grundsätzlich ist gegen eine kommerzielle Vermarktung von Hybriden, wie sie in der Zierpflanzenzucht seit langem erfolgt, nichts einzuwenden, wenn die Kreuzungen als solche zum Beispiel durch ein Muliplikationszeichen (×) ausreichend gekennzeichnet werden. Auch besteht die Möglichkeit, einen Sortennamen zu verwenden.

In den vergangenen Jahren haben die Sorten in der Kultur erheblich an Stellenwert gewonnen, sodass sie mittlerweile häufiger gepflegt werden als die „guten" Arten. Inzwischen (2018) werden über 100 Namen für Sorten angegeben. Diese sind aber keineswegs alle verschieden: Die Händler vergeben für ihre Ware einfach neue Namen. Das führt zu einem massiven Namenswirrwarr. Außer den in diesem Buch ausführlich beschriebenen Sorten sind noch folgende mehr oder weniger rot gefärbte Hybriden vom Züchter Tomas Kaliebe empfehlenswert: 'Altlandsberg', 'Fantastic Color', 'Red Devil', 'Frans Stoffels', 'Lothario', 'Europa', 'Bordeaux', 'Devils Eye', 'Roter Oktober' und die grüngelbe Sorte 'Yellow Sun'. Weitere häufig gehandelte Sorten anderer Züchter sind 'Harbich', 'Elefant', 'Chamäleon', 'Grüner Panda' und 'Foxtail' (die beiden letzten sind allerdings wenig nützlich).

Echinodorus-Sorten im Aquarium: *Echinodorus* 'Bordeaux'
Echinodorus 'Europa'

Echinodorus 'Margaret'
Echinodorus 'Schwarzer Leopard'

Echinodorus 'Apart' im Aquarium

Echinodorus 'Apart'

Familie: Alismataceae, Froschlöffelgewächse.
Etymologie: Der Sortenname 'Apart' nimmt ganz allgemein auf das Äußere der Pflanze Bezug.
Beschreibung: Die Hybride entwickelt unter Wasser einen ähnlichen Habitus wie *E.* ×*portoalegrensis*, wird aber bei gleichen Kulturbedingungen erheblich größer. Sie bildet Rosetten mit einem Durchmesser von 30 cm und einer Höhe von 15 cm. Die bis 7 cm lang gestielten, schmal elliptischen, ledrigen und steifen Blätter erreichen dabei Blattlängen von 10–12 cm und Blattbreiten von 3–4 cm. Im Unterschied zu *E.* ×*portoalegrensis* sind die jungen Blätter mehr oder weniger bräunlich, färben sich aber mit zunehmendem Alter kräftig dunkelgrün. Auffällig ist auch eine leichte Wellung des Blattrandes.
Kultur: Empfehlenswert für die Kultur sind ein nährstoffreicher Bodengrund, eine mittlere Beleuchtungsintensität sowie Temperaturen von 22–29 °C.

Wie auch bei *Echinodorus* ×*portoalegrensis* und *E.* ×*opacus* ist das Wachstum von *Echinodorus* 'Apart' verhältnismäßig langsam, und ein Exemplar benötigt viele Monate, bis es zu einer stattlichen Solitärpflanze geworden ist. Aus diesem Grunde wird diese ungewöhnliche Sorte am besten im Vordergrund verwendet. Bei der Bepflanzung sollte berücksichtigt werden, dass hellgrüne Pflanzen besonders gut kontrastieren. Eine vegetative Vermehrung im Aquarium erfolgt gelegentlich durch Adventivpflanzenbildung am Rhizom.
Sonstiges: Diese Sorte wurde von HANS BARTH, Dessau, aus einer Kreuzung von *E. uruguayensis* (Synonym *E. horemanii* „rot“) mit *E.* ×*portoalegrensis* gezüchtet. *Echinodorus* 'Apart' wird seit 1994 in Aquarien kultiviert.
Mit *Echinodorus* 'Apart' ist es dem Züchter gelungen, eine Sorte zu entwickeln, die einen wesentlichen Beitrag zum Natur- und Artenschutz liefert. Denn aufgrund ihres schnellen und problemlosen Wachstums und ihres ähnlichen Aussehens ersetzt sie in der Aquaristik die an den natürlichen Standorten stark gefährdeten Populationen von *E.* ×*portoalegrensis* und *E.* ×*opacus*. Deshalb ist es wünschenswert, dass *Echinodorus* 'Apart' in großen Mengen durch Gewebekultur vermehrt wird, damit diese prächtige Sorte erhalten bleibt.

Echinodorus 'Aquartica' im Aquarium

Echinodorus 'Bambi' im Aquarium

Echinodorus 'Aquartica'

Familie: Alismataceae, Froschlöffelgewächse.
Etymologie: Der Sortenname bezieht sich auf die gleichname Firma in Dänemark.
Beschreibung: Rhizompflanze. Emerse Blätter elliptisch bis schmal eiförmig, an der Basis auch schwach herzförmig. Submerse Pflanzen mit 5–10 cm langem Blattstiel, dieser am Grund mit einer deutlichen weißen Blattscheide. Submerse Blattspreite 6–11 cm lang, 2–4 cm breit, Blattrand mehr oder weniger schwach gewellt, mittelgrün gefärbt.
Kultur: Diese seit 2006 durch die Fa. Tropica vertriebene Sorte hat mittlere Ansprüche und ist als kompakte Vordergrundpflanze sehr empfehlenswert. Sie wächst langsam, aber stetig und benötigt nur eine mittlere Lichtintensität. Eine Kultur gelingt sowohl in weichem als auch hartem Wasser bei einem pH-Wert auch noch im alkalischen Bereich. Die Bildung eines Blütenstandes konnte ich in einer dreijährigen Aquarienkultur nicht beobachten.
Sonstiges: Nach Angaben von Tropica ist die Sorte eine Kreuzung zwischen verschiedenen Kulturpflanzen, unter anderem *E. uruguayensis* (Typ „horemanii"). Sie wurde von KRISTIAN IVERSEN von der Firma Aquartica entwickelt.

Echinodorus 'Bambi'

Familie: Alismataceae, Froschlöffelgewächse.
Beschreibung: Mittelgroße bis großwüchsige Rhizompflanze, im Aquarium 15–35 cm hoch. Submerse Pflanzen mit 10–15 cm langem Blattstiel. Blattspreite elliptisch mit runder Basis, 10–20 cm lang, 7–12 cm breit, Jugendblätter kräftig braunrot gefärbt.
Kultur: Eine dekorative, aufgrund ihrer braunroten Färbung sehr schöne Sorte. Sie erinnert an *Echinodorus* 'Red Special', bleibt aber ausgewachsen etwas kleiner im Habitus. Die Sorte ist wuchsfreudig, aber nur für Aquarien mit mindestens 200 l geeignet. Schon bei mittlerem Licht wird eine gefällige Farbintensität erreicht.
Sonstiges: Diese neue Kultursorte (Cultivar) wird seit 2008 durch die Gärtnerei OLIVER KRAUSE, Dessau, in kleinen Stückzahlen vertrieben. Eine produktive Vermehrung erfolgt durch Gewebekultur im Labor; dadurch ist die Sorte besser verfügbar. Der Züchter dieser wirkungsvollen Sorte ist HANS BARTH, Dessau. Es handelt sich um eine Kreuzung aus einer roten Form von *Echinodorus* 'Harbich' (♀) und der kleinblättrigen Sorte 'Regine Hildebrandt' (♂).

Echinodorus 'Kleiner Bär'

Echinodorus 'Kleiner Bär'

Familie: Alismataceae, Froschlöffelgewächse.
Beschreibung: Die Sorte bildet bei submerser Kultur eine kompakte, mittelgroße Rosette aus rostrot bis tief dunkelrot gefärbten Blättern, die mit zunehmendem Alter und bei schwacher Beleuchtung etwas vergrünen. Ausgewachsene Exemplare weisen eine Wuchshöhe von 15–25 cm auf. Die 5–10 cm lang gestielten, elliptischen Blattspreiten sind 10–15 cm lang und 4–7 cm breit. Ihre Blattspitze ist stumpf gerundet, die Blattbasis rund.
Kultur: Von den zahlreichen in der Gärtnerei HOECHSTETTER entstandenen Kreuzungen stellt *Echinodorus* 'Kleiner Bär' eine der schönsten und empfehlenswertesten Sorten dar, denn sie vereinigt dekoratives Aussehen und Wuchsfreudigkeit in nahezu idealer Weise. Ferner hebt sie sich durch Gestalt, Färbung und Wuchshöhe von anderen *Echinodorus*-Sorten deutlich ab, sodass sie eine bemerkenswerte Bereicherung für die Aquarienflora ist.

Für eine erfolgreiche Kultur von *Echinodorus* 'Kleiner Bär' im Aquarium sind eine intensive Beleuchtung, ein nährstoffreicher Bodengrund und eine Temperatur von 22–30 °C zu empfehlen. Die Pflege gelingt sowohl in weichem, leicht saurem Wasser als auch in sehr hartem, alkalischem Milieu ohne zusätzliche Kohlensäuredüngung. *Echinodorus* 'Kleiner Bär' bildet im Aquarium bei gutem Wachstum regelmäßig Blütenstände mit einer kleinen Zahl von je zwei bis vier Adventivpflanzen.
Sonstiges: Diese besonders empfehlenswerte Sorte entstand Anfang der 1990er-Jahre bei Kreuzungsversuchen in der Wasserpflanzengärtnerei J. HOECHSTETTER, Trostberg, und wird seit 1995 durch die Gärtnerei DENNERLE vermehrt. Nach Informationen des Züchters ist *Echinodorus* 'Kleiner Bär' eine Kreuzung zwischen *E. grisebachii* 'Parviflorus', *E. ×barthii* und *E. uruguayensis* (Syn. *E. horemanii* „rot"). Unter dem Sortennamen 'Kleiner Bär' werden mittlerweile auch häufig andere Pflanzen verkauft.

Echinodorus 'Großer Bär'

Unter der Sortenbezeichnung *Echinodorus* 'Großer Bär' vertreibt die Gärtnerei DENNERLE eine Kreuzung, die als Landpflanze mittel- bis dunkelolivgrüne Blattspreiten mit rot gefärbten Blattnerven bildet. Unter Wasser entwickelt sich eine dichtblättrige Rosette tief dunkelroten Blättern. Züchter J. HOECHSTETTER.

Echinodorus ×barthii im Aquarium

Echinodorus ×barthii

MÜHLBERG (1986)

Barths Schwertpflanze

Familie: Alismataceae, Froschlöffelgewächse.
Handelsname: *Echinodorus* „osiris doppelt rot".
Etymologie: *Echinodorus*: siehe *E. berteroi*; *barthii:* nach dem Züchter H. BARTH.
Verbreitung: Keine natürliche Verbreitung.
Beschreibung: Hybride, im Aquarium 10–20 cm hoch, 20–40 cm breit. Emerse Spreite bis 50 cm gestielt, elliptisch, schmal eiförmig oder verkehrt schmal eiförmig, bis 17 cm lang, 10 cm breit. Spitze spitz; Basis rund oder schwach herzförmig. Submerse Spreite bis 10 cm gestielt, schmal elliptisch, bis 12 cm lang, 2–4(–6) cm breit, dunkelbraunrot gefärbt. Spitze spitz oder stumpf zugespitzt; Basis spitz oder stumpf. Blattränder schwach gewellt und nach außen eingerollt. Submers 3–5, emers 5–7 Nerven. Durchscheinende lange und mittellange Linien.

Blütenstände an emersen Pflanzen im Kurztag, mit Adventivpflanzen. 5–6 Quirle. Blüten etwa 3,5 cm groß. 18–22 Staubblätter. Nüsschen fertil.

Kultur: Aufgrund der dunkelbraunroten Blattfärbung eine sehr dekorative Hybride, die in der vorderen oder mittleren Bepflanzungszone Verwendung findet. Störend wirken nur die nach außen eingerollten Blattränder. Eine Kultur ist sowohl in weichem als auch hartem Wasser kein Problem. Heller Stand erforderlich. Ein nährstoffreicher Bodengrund ist zu empfehlen. Temperatur etwa 18–26 °C. Vermehrung nur durch Adventivpflanzen, da bei einer Aussaat der durch Selbstbestäubung gewonnenen Samen unterschiedliche Phänotypen entstehen.
Sonstiges: Der Bastard wurde unter dem Handelsnamen *Echinodorus* „osiris doppelt rot" in die Aquaristik eingeführt und 1986 von MÜHLBERG, in der irrtümlichen Annahme, es handele sich um eine gute Art, als *E. barthii* beschrieben. Zweifelsohne handelt es sich aber um eine Kreuzung, die möglicherweise bei einem australischen Pflanzenzüchter entstand. Nach dessen Angaben ist *E. uruguayensis* eine der beiden Elternarten. In der Wasserpflanzengärtnerei J. HOECHSTETTER, Trostberg, hatte ich vor einigen Jahren die Möglichkeit, die F1-Generation von *E. ×barthii* zu sehen, wobei eine deutliche Aufspaltung zu erkennen war.
Literaturhinweis: MÜHLBERG (1986).

Echinodorus 'Dark Beauty' im Aquarium

Echinodorus 'Red Beauty' im Aquarium

Echinodorus 'Dark Beauty'

Familie: Alismataceae, Froschlöffelgewächse.
Etymologie: dark (engl.) = dunkel und beauty = schön, in Anlehnung an Aussehen und Blattfärbung.
Beschreibung: Kleine bis mittelgroße Rhizompflanze. Submerse Pflanzen 10–15 cm hoch. Submerse Blätter 4–7 cm lang gestielt. Blattspreite rundlich, mit runder, stumpfer Spitze und runder Basis, 4–6 cm breit und 5–10 cm lang (möglicherweise noch etwas größer), am Rand nicht gewellt, kräftig braunrot gefärbt.
Kultur: Die hier vorgestellten Züchtungen sind empfehlenswerte Vorder- bis Mittelgrundpflanzen. Durch ihre farbintensiven, rotbraunen Jugendblätter sind sie prächtige Kulturpflanzen. Beide Cultivare, sowohl 'Dark Beauty' als auch 'Red Beauty' sind schnellwüchsig und relativ anspruchslos. Natürlich begünstigt intensives Licht die Ausprägung der ansprechenden rotbraunen Blattfärbung. Zügiges Wachstum zeigten meine Pflanzen in mittelhartem Wasser bei einem neutralen pH-Wert.
Sonstiges: Nach den Angaben des Züchters HANS BARTH, Dessau, handelt es sich um eine Kreuzung aus den Sorten 'Indian Red' (♀) und 'Harbich' (♂).

Echinodorus 'Red Beauty'

Familie: Alismataceae, Froschlöffelgewächse.
Etymologie: red (engl.) = rot und beauty = schön, bezieht sich auf Aussehen und Blattfärbung der Sorte.
Beschreibung: Wie die Sorte 'Dark Beauty', jedoch mit elliptischen Blättern und etwas größer; sehr variabel im Aussehen. Blattstiel 4–8 cm lang. Blattspreite schmal elliptisch bis elliptisch, spitz, an der Basis rund, 3–8 cm breit, 8–20 cm lang, am Rand schwach gewellt und braunrot gefärbt (in der Färbung etwas heller als 'Dark Beauty').
Kultur: Eine rotblättrige Sorte, die die positiven Wuchseigenschaften der Eltern besitzt, nämlich ebenso wüchsig ist wie 'Indian Red' und die intensive und wenig vergrünende Blattfärbung von 'Regine Hildebrandt' besitzt. Sonstige Kultur wie bei 'Dark Beauty' angegeben.
Sonstiges: Die beiden Sorten 'Dark Beauty' und 'Red Beauty' kamen im Jahre 2010 durch die Wasserpflanzengärtnerei OLIVER KRAUSE, Dessau, in den Handel. Bei 'Red Beauty' handelt es sich um eine Kreuzung aus den Sorten 'Regine Hildebrandt' (♀) und 'Indian Red' (♂). Auch diese wurde durch HANS BARTH im Hause KRAUSE produziert.

Echinodorus berteroi submers bei Kurztagbedingungen und mit im Langtag induzierten Blütenständen

Echinodorus berteroi

(SPRENGEL) FASSETT (1955)

Zellophanpflanze

Familie: Alismataceae, Froschlöffelgewächse.
Synonyme: *Alisma berteroi* SPRENGEL (1825), *A. rostratum* NUTTALL, *Echinodorus rostratus* (NUTT.) ENGELMANN, *E. patagonicus* SPEGAZZINI, u. a.
Etymologie: *Echinodorus*: (gr.) *echinos* = Igel, *doros* = Schlauch, Igelschlauch, bezieht sich auf die stacheligen Früchte; *berteroi*: nach J. BERTERO (1789–1831).
Verbreitung: USA und Mittelamerika (häufig); vereinzelt in Venezuela, Guyana, Ekuador, Peru.
Beschreibung: Kräftige Sumpfpflanze, im Aquarium bis 70 cm hoch. Blattstiel bis 50 cm (selten mehr) lang, 3-kantig. Emerse Spreite breit eirund mit stumpfer, runder Spitze, herzförmiger Basis und runden Basislappen, 8–20 cm lang, 5–14 cm breit, mittelgrün. Submerse Spreite sehr variabel: Jugendblätter bandförmig, undeutlich gestielt, bis 40 cm lang, 1,5 cm breit, dünn; Folgeblätter von schmal lanzettlich bis schmal elliptisch mit gewelltem Blattrand und geflügeltem Blattstiel, bis 40 cm gestielt, 20–30 cm lang, 3–4 cm breit, dünn, zerbrechlich, transparent, hellgrün mit dunklen Nerven, sodass ein netzartiges Muster entsteht. Danach folgen lang gestielte Schwimm- und Luftblätter mit herzförmigen Blattspreiten. 3–13 Nerven. Durchscheinende Linien deutlich.

Blütenstände gewöhnlich im Langtag, die Pflanzen überragend, verzweigt, aufrecht, ohne Adventivpflanzen. Blütenstängel bis 60 cm lang, 3-kantig oder fast rund. Blütenstand bis 30 cm lang, mit 2–9 jeweils 3- bis 7-blütigen Quirlen. Stängel zwischen den Quirlen 3-kantig. Deckblätter lanzettlich, 3–10 mm lang, 1–3 mm breit. Blüten 1–2 cm gestielt, etwa 1 cm groß. Kelchblätter 0,9–3,4 mm lang, 1,3–2,9 mm breit. Kronblätter 2,5–4 mm lang, etwa 3,5 mm breit. 12 Staubblätter. Karpelle zahlreich. Nüsschen 2–3 mm lang, 1–1,5 mm breit, geflügelt, mit 3–4 Rippen und 1 Drüse auf jeder Seite; Schnabel 1 mm lang. Chromosomenzahl 2n = 22. Foto S. 273.
Kultur: Obwohl *Echinodorus berteroi* durch die etwas transparenten, auffälligen Blattspreiten eine ungewöhnlich dekorative Schwertpflanze für die Aquarienkultur ist, wird sie leider heute nicht mehr häufig im Fachhandel angeboten. Vielfach ist bei den Aquarianern nicht bekannt, dass die Art bei einer Beleuchtungsdauer von mehr als 12 Stun-

Echinodorus berteroi am natürlichen Standort in Mexiko

den (Langtag) ein starkes Bestreben entwickelt, Schwimm- sowie Luftblätter auszubilden, um danach zu blühen. Dieses photoperiodische Verhalten lässt sich schon an sehr kleinen (ab 5 cm Höhe), emersen Exemplaren beobachten, bei denen durch Langtagbelichtung frühzeitig Blütenstände induziert werden können. Da die Zellophanpflanze keine Adventivpflanzen an den Blütenständen bildet, kann dieses Verhalten für eine produktive Vermehrung durch die gut keimenden Samen genutzt werden. Im Aquarium lässt sich diese augenfällige Solitärpflanze leicht bei einer mittleren bis intensiven Beleuchtungsstärke, in weichem oder hartem Wasser, einem nahrhaftem Bodengrund und bei optimalen Temperaturen zwischen 20 und 27 °C pflegen.

Ökologie: *Echinodorus berteroi* nimmt eine Sonderstellung in Bezug auf die ökologischen Ansprüche ein. Sie durchläuft an ihren natürlichen Standorten eine extreme Abfolge von Ruhe- und Wachstumsphasen. Oftmals beträgt die Wachstumsphase nicht mehr als 2-3 Monate, die Ruhephase ist demzufolge erheblich länger als die Vegetationszeit. *Echinodorus berteroi* besiedelt die Ufer von Flüssen sowie gewöhnlich temporäre Tümpel. In Abhängigkeit von der Jahreszeit bilden sich Wasser-, Schwimm- und Luftblätter sowie Blüten- und Fruchtstände. Je geringer der Feuchtigkeitsgehalt des Bodengrundes wird, umso kleiner werden die Pflanzen, bis sie schließlich ganz zugrunde gehen und bei der nächsten Regenzeit wieder aus Samen heranwachsen. Ich untersuchte dichte Bestände von *E. berteroi* in austrocknenden, voll besonnten Tümpeln in Mexiko (zwischen Tuxpan und Valles) im August 1984 und im Juli 1997. Die Pflanzen wurzelten im dunklen, weichen und verschlammten Lehmboden. Während in flachem Wasser viele Pflanzen mit nur submersen und schwimmenden Blättern zu finden waren, besaßen Exemplare am Rande der Gewässer bereits emerse Blätter und Blütenstände.

Die Wasseranalyse (S. 606) entstammt einem temporären Tümpel bei Cd. Valles im östlichen Tiefland von Mittelmexiko. Sie zeigt eine für tropische Gewässer auffällig hohe Härte. Da es sich bei dem Wasser in diesem Biotop um Regenwasser handelt, ist der hohe Kalzium-Magnesium-Gehalt auf einen besonders karbonatreichen Bodengrund zurückzuführen. Leider konnte von diesem Standort keine Bodenanalyse erstellt werden, die vermutlich einen hohen alkalischen pH-Wert des Bodens nachgewiesen hätte.

Echinodorus cordifolius

(LINNÉ) GRISEBACH (1857)

Herzblättrige Schwertpflanze

Familie: Alismataceae, Froschlöffelgewächse.
Synonyme: *Alisma cordifolia* L. (1753), *Echinodorus ovalis* WRIGHT, *E. fluitans* FASSETT, *E. radicans* ENGELMANN, *E. cordifolius* (L.) GRISEBACH subsp. *fluitans* HAYNES & HOLM-NIELSEN.
Etymologie: *Echinodorus*: siehe *E. berteroi*; *cordifolius*: herzblättrig.
Verbreitung: Östl. USA, Karibische Inseln, Mexiko, Venezuela, Brasilien (?), Kolumbien.
Beschreibung: Kräftige Sumpfpflanze. Blattstiel bis 120 cm lang, kahl. Spreite breit eiförmig, bis 40 × 24 cm groß, mit spitzer, gelegentlich runder Spitze sowie runder, gestutzter oder schwach herzförmiger, gerundeter Basis, mittelgrün, submers häufig mit rötlichen Flecken. 5–9 Nerven. Durchscheinende Linien fehlen oder vorhanden. Blütenstände emers oder submers im Langtag, anfangs aufrecht, dann herabhängend und kriechend, mit Adventivpflanzen. Blütenstängel bis 110 cm. Blütenstand mit 7–12 Quirlen, Stängel zwischen den Quirlen 3-kantig. Jeder Quirl mit 5–22 Blüten. Deckblätter 1,5–2,5 cm lang, zugespitzt. Blüten 1–7 cm gestielt, etwa 2,5–3 cm groß. Kelchblätter etwa 5 × 6 mm. Kronblätter 1,2–1,7 cm groß, fast rund. 15–26 Staubblätter; Filament bis 2 mm. Karpelle zahlreich. Nüsschen etwa 2,5 mm lang, 0,8–1,2 mm breit, auf jeder Seite mit 3–4 Rippen und 1–5 Drüsen; Schnabel bis 1 mm. Chromosomenzahl 2n = 22.
Kultur: *Echinodorus cordifolius* zählt zu den mittelgroßen bis großen Schwertpflanzen, deren Kultur geräumige Aquarien erfordert. Leider neigen die meisten der kultivierten Populationen mit zunehmender Größe und im Langtag (mehr als 12 Stunden Beleuchtung) dazu, mit ihren herzförmigen Blattspreiten aus dem Wasser herauszuwachsen. Um dieses zu unterdrücken, ist es ratsam, die Beleuchtungsdauer auf 11 Stunden zu reduzieren. Wird *E. cordifolius* dennoch im Langtag kultiviert, sollten ein nährstoffarmer Bodengrund und eine nicht zu starke Beleuchtung verwendet werden. Zu groß gewordene Pflanzen lassen sich durch radikales Entfernen von Blättern über längere Zeit klein halten. Für die Bepflanzung eines Aquariums eignen sich am besten Adventivpflanzen, da diese viele Monate benötigen, bis sie zurückgeschnitten werden müssen. Eine Kultur von *E. cordifolius* ist auch im ungeheizten Zimmeraquarium und während der Sommermonate im Freien möglich. Die optimale Temperatur beträgt 20–28 °C. Der Typ „ovalis" von Kuba ist deutlich kleinwüchsiger im Aquarium und besitzt nur eine geringe Neigung, lang gestielte Blätter zu bilden.
Ökologie: *Echinodorus cordifolius* besiedelt sumpfige Standorte. Ich fand Bestände in Mexiko (8/1985) in (vermutlich) temporären Gewässern in flachem Wasser.
Sonstiges: Nach HAYNES & HOLM-NIELSEN (1986, 1994) stellen *E. cordifolius*, *E. ovalis* WRIGHT und *E. fluitans* eine polymorphe Art dar. Die Autoren unterscheiden aufgrund unterschiedlicher Verbreitungsgebiete die Unterarten ssp. *cordifolius* und ssp. *fuitans*; nach LEHTONEN (2008) soll es aber Übergangsformen geben, weshalb die Unterarten in die Synonymie gestellt werden. *Echinodorus ovalis* wurde nicht nur auf Kuba, sondern auch in Mexiko und Venezuela gefunden, weshalb auch diese Formen zu *E. cordifolius* gezählt werden. Phylogenetische Analysen wiesen ferner nach, dass auch *E. fluitans* konspezifisch mit *E. cordifolius* ist, siehe auch MÜHLBERG (2004). Vermutlich gehört auch die in der Aquaristik als *E. aschersonianus* bezeichnete Pflanze zu *E. cordifolius*. Der wissenschaftliche Name *E. aschersonianus* ist allerdings ein Synonym von *E. uruguayensis*.

Echinodorus cordifolius **im Aquarium**

Blattspreite von *Echinodorus cordifolius* 'Tropica Marble Queen' im Aquarium

Echinodorus cordifolius 'Tropica Marble Queen'

Familie: Alismataceae, Froschlöffelgewächse.
Etymologie: 'Tropica Marble Queen' = Sortenbezeichnung (Cultivar), bezieht sich auf die besonders bei emersen Pflanzen stark gefleckten Blätter. Dieses Zeichnungsmuster entsteht durch unterschiedliche quantitative Verteilung des Chlorophylls in den Blattzellen, sodass sich ein Farbmuster aus hellen und dunklen Grün- und Brauntönen bildet.
Beschreibung: Kräftige Sumpfpflanze, bis 50 cm hoch. Blätter lang gestielt, emers schmal eiförmig mit herzförmiger Basis, spitz, 15–20 cm lang und 6–9 cm breit. Submerse Spreite anfangs lanzettlich, 10–20 cm lang und 2,5–5 cm breit, mit zunehmendem Alter so geformt wie emers. Blütenstand mit Adventivpflanzen.
Kultur: *Echinodorus cordifolius* 'Tropica Marble Queen' ist eine problemlose und dekorative Sorte. Die aus emersen Kulturen im Zoofachhandel angebotenen Pflanzen wirken durch die oben beschriebenen Chlorophylldefekte besonders dekorativ und auffällig. Im Gewächshaus kultivierte Pflanzen wachsen unter Wasser gut weiter und sind sehr schnellwüchsig. Die Ausprägung der Fleckung lässt allerdings beim submersen Wachstum nach, sodass das Zeichnungsmuster schließlich nicht mehr so deutlich zu erkennen ist. Bei einer schwachen Beleuchtung scheint die Ausprägung der Fleckung stärker zu sein als bei einer hohen Lichtintensität. Viel Licht fördert aber die Bildung von Anthozyanen, sodass junge Blätter dann einen kräftig rötlichbraunen Anflug aufweisen können.

Gewaschener Sandboden ist als Kultursubstrat ausreichend. Die Pflanzen tolerieren mittelhartes und hartes Wasser sowie pH-Werte im leicht alkalischen Bereich. Die Neigung, emerse Blätter zu bilden, ist sehr groß, weshalb zu kräftig gewordene Exemplare nach einigen Monaten durch kleine Pflanzen ausgetauscht werden müssen.
Sonstiges: Bei dieser Sorte handelt es sich nicht – wie anfangs vermutet – um eine Kreuzung, sondern eindeutig um eine virusinfizierte Pflanze. Das Virus überträgt sich von emersen Pflanzen schnell auf die Schwimmblätter von Seerosen und anderen Pflanzen, die dann nicht mehr so wüchsig sind. Vorsicht ist also angebracht! Ein Sortenschutz wurde nicht erteilt. *Echinodorus cordifolius* „Harbich" ist eine Kreuzung mit häufig verkrüppelten Blättern und wenig empfehlenswert.

Echinodorus decumbens am Typusstandort in Ostbrasilien und im Aquarium

Echinodorus decumbens

KASSELMANN (2000)

Niederliegende Schwertpflanze

Familie: Alismataceae, Froschlöffelgewächse.
Synonyme: Keine.
Etymologie: *Echinodorus*: siehe *E. berteroi*; *decumbens*: niederliegend, bezieht sich auf den Blütenstand.
Verbreitung: Ostbrasilien (Piauí). Nur von der Typuslokalität bekannt.
Beschreibung: Mittelgroße Sumpfpflanze, emers 50–75 cm, submers bis etwa 50 cm hoch. Rhizom knollig, kurz. Blattstiel kantig, bis 45 cm lang. Emerse Blattspreite 15–30 cm lang, 1,5–4,5 cm breit, linealisch bis sehr schmal elliptisch, zugespitzt, Basis spitz, mittelgrün. Submerse Blattspreite 10–20 cm lang, 0,5–1,5 cm breit, hellgrün. Durchscheinende Linien undeutlich.

Blütenstände emers oder submers, bei Landpflanzen niederliegend und kriechend, an submersen Pflanzen aufrecht. Blütenstängel 30–40 cm lang, dreikantig, kahl. Blütenstand bis 2 m lang, mit 8–11 Quirlen, dazwischen dreikantig. Quirl mit 3–9 Blüten. Deckblätter bis 5 cm lang. Blüten bis etwa 1 cm lang gestielt, etwa 2 cm groß. 12 Staubblätter. Nüsschen schmal verkehrt eiförmig, mit 2 Rippen und 1(–2) großen Drüsen. Chromosomenzahl 2n = 22.
Kultur: Eine problemlos im Aquarium zu pflegende Art, die submers lang gestielte Blätter mit schmalen Blattspreiten bildet. Entsprechend ihrer Verbreitung ist sie wärmeliebend und bevorzugt Temperaturen von über 25 °C. *E. decumbens* ist anpassungsfähig an die Wasserwerte, denn eine Kultur gelingt auch in mittelhartem oder hartem, leicht alkalischem Wasser.
Ökologie: Typuslokalität ist der Rio Surubim (Bundesstaat Piauí). Dort wuchsen die blühenden Pflanzengruppen semiemers im April 1994 während der Regenzeit voll besonnt oder halbschattig am Flussrand und in Überschwemmungszonen. Mit Beginn der regenarmen Jahreszeit Ende Juli 2000 fruchteten die Pflanzen. Siehe Biotop 23 (S. 37).
Sonstiges: DNA-Analysen (LEHTONEN & MYLLYS 2008) wiesen eine enge Verwandtschaft mit *E. subalatus* nach. Von dieser lässt sich *E. decumbens* morphologisch zweifelsfrei durch zahlreiche Merkmale unterscheiden: u. a. submerser Habitus, niederliegender Blütenstand, längere Internodien zwischen den Blütenquirlen und mehr Blüten im Quirl.
Literaturhinweis: KASSELMANN (2001 a, 2002 a).

Echinodorus 'Dschungelstar' Nr. 3 im Aquarium

Echinodorus 'Dschungelstar'

Familie: Alismataceae, Froschlöffelgewächse.
Anfang der 1990er-Jahre entstanden in der Gärtnerei Julius Hoechstetter, Trostberg, durch gezielte Kreuzungsversuche sehr viele schöne Hybriden, von denen einige durch die Gärtnerei DENNERLE, Vinningen, vermehrt und vertrieben werden. Die empfehlenswertesten Kreuzungen werden im Folgenden vorgestellt.

Unter der Bezeichnung **'Dschungelstar' Nr. 1** wird eine 40–50 cm hohe Sorte gehandelt, die im Äußeren *Echinodorus uruguayensis* (Syn. *E. horemanii* „rot") sehr ähnelt, sich von dieser aber durch ihre etwas hellere Blattfärbung sowie einen deutlich gezähnten und stark gewellten Blattrand unterscheidet. Die bis 25 cm lang gestielten Blattspreiten sind hart und ledrig und werden bis 30 × 4 cm groß. Die relativ langsam wachsende Sorte bildet im Aquarium eine wenigblättrige Rosette, sodass es empfehlenswert ist, mindestens zwei Pflanzen zu kaufen.

Besonders dekorativ und gutwüchsig ist die von der Gärtnerei Dennerle unter der Bezeichnung **'Dschungelstar' Nr. 3** vertriebene Pflanze. Diese empfehlenswerte Sorte erreicht im Aquarium eine Wuchshöhe von 10–20 cm und eignet sich somit in größeren Becken auch noch für die Vordergrundbepflanzung. Charakteristische Merkmale der submersen Pflanze sind schmal elliptische, etwa 10–15 cm lange und 2,5–3,5 cm breite, olivgrün gefärbte Blattspreiten, die eine dunkelrote, unregelmäßige Fleckenzeichnung aufweisen (ähnlich *Echinodorus* 'Leopard'). Bei intensiver Beleuchtung sind auch die jungen Blätter braunrot gefärbt. Emerse Pflanzen bilden kompakte Rosetten mit hellgrünen, schwach rot gefleckten Blattspreiten, deren Blattrand wenig gewellt ist. Auch als Sorte 'Python' im Handel.

Die Sortenbezeichnung **'Dschungelstar' Nr. 16** bezieht sich auf eine prächtige, gutwüchsige Hybride, die im Aquarium eine 50–60 cm hohe, dichtblättrige Rosette aus tief dunkelroten, fast schwarz gefärbten, schmal elliptischen, ledrigen Blattspreiten bildet. Die 10–25 cm lang gestielten Spreiten erreichen eine Größe von 25–35 × 6–7 cm. Gestalt und Färbung der Sorte erinnern an *Echinodorus* 'Rubin', von der sie sich durch die nur gering hervortretenden Längsnerven und die viel intensiver dunkelrot gefärbten Blätter leicht unterscheiden lässt. Die Sorte wird von anderen Gärtnereien auch als 'Deep Purple' vertrieben. Die im Handel als 'Rote Mamba' bezeichnete Pflanze entspricht nicht der ursprünglichen 'Dschungelstar' Nr. 16 (Foto S. 278).

Echinodorus 'Red Flame' im Aquarium

Echinodorus 'Aflame'

Unter diesem Namen wird eine kleinwüchsige Sorte mit tiefroten Blättern kultiviert. Sie erinnert in ihrer Färbung und Blattform etwas an eine kleine Pflanze von 'Dschungelstar' Nr. 16. Sie benötigt intensives Licht und somit einen exponierten Platz im Aquarium. Diese Sorte ist seit etwa 2005 gelegentlich im Handel.

Echinodorus 'Green Flame'

Aus dem Bestand von *Echinodorus* 'Red Flame' wurde diese Farbform selektiert. Diese besitzt eine etwas geringer ausgeprägte Rotzeichnung auf mehr grünem Blattgrund, worauf der Sortenname 'Green Flame' (= Grüne Flamme) Bezug nimmt. Die Sorte wächst ungewöhnlich schnell und kommt auch mit nur mittleren Beleuchtungsstärken aus. Die Pflanze bildet eine dichtblättrige Rosette mit einer Wuchshöhe von etwa 30–40 cm. Die Sorte wurde von HANS BARTH gezüchtet und ist seit Anfang 2000 in Kultur.

Echinodorus 'Red Flame'

Diese seit Ende 1998 in Aquarien kultivierte Sorte wurde von HANS BARTH, Dessau, gezüchtet. Nach Barths Angaben wurde sie aus einem Bestand von *Echinodorus* 'Ozelot' (siehe S. 311) selektiert. *Echinodorus* 'Red Flame' bildet als wesentlichsten Unterschied zu *E.* 'Ozelot' eine stärkere Fleckenzeichnung, auf die der Sortenname 'Red Flame' (= Rote Flamme) Bezug nimmt. Unterwasserblätter zeigen auf einer leuchtend rotbraunen Grundfärbung eine starke Verdichtung dunkelroter Flecken, was der Sorte ein ausgesprochen dekoratives Erscheinungsbild verleiht. Im Aquarium bildet sich eine bis 30 cm hohe, dichtblättrige Rosette. Die schmal eiförmigen, bis 10 cm lang gestielten Blätter erreichen eine Größe von 20 × 10 cm. *Echinodorus* 'Red Flame' ist eine besonders empfehlenswerte Sorte von hohem dekorativem Wert.

Die Sorten 'Green Flame' und 'Red Flame' sind gut geeignete, ungewöhnlich dekorative Aquarienpflanzen von hohem aquaristischem Wert. Wichtig sind eine intensive Beleuchtung und ein ausreichendes CO_2-Angebot. Bei guten Wuchsvoraussetzungen bilden die Solitärpflanzen mit ihren auffällig gefleckten Blättern einen wirkungsvollen Blickfang. Die Verwendung von Leuchtstofflampen mit hohem Rotanteil fördert die intensive Blattfärbung dieser stattlichen Sorten.

Echinodorus floribundus am Standort in Mexiko

Echinodorus floribundus

(SEUBERT) SEUBERT (1872)

Reichblütige Schwertpflanze

Familie: Alismataceae, Froschlöffelgewächse.
Synonyme: *Alisma floribundum* Seubert (1847), *Echinodorus muricatus* GRISEBACH, *Echinodorus grandiflorus* subsp. *aureus* (FASSETT) HAYNES & HOLM-NIELSEN, u. a.
Etymologie: *Echinodorus*: siehe *E. berteroi*; *floribundus*: reichblühend.
Verbreitung: Mexiko, Kuba, in Südamerika von Venezuela bis Nordargentinien.
Beschreibung: Kräftige Sumpfpflanze. Blattstiel bis 100 cm lang, rund. Spreite bis 40 × 35 cm groß, eiförmig bis sehr breit eirund mit stumpfer, runder Spitze und herzförmiger Basis mit runden Basislappen. Stiel und Blattunterseite an den Nerven mit Warzen und Sternhaaren. (9–)17–21 Nerven. Blattspreite gewöhnlich mit durchscheinenden Punkten.

Blütenstände verzweigt, die Pflanzen überragend, mit (selten) oder ohne Adventivpflanzen. Blütenstängel 60–155 cm, rund. Blütenstand bis 50–120 cm lang, mit 5–16 Quirlen, Stängel zwischen den Quirlen 3-kantig, warzig, behaart. Quirl mit 3–18 Blüten. Blüten 1–4 cm gestielt, bis 3,5 cm groß. Deckblätter 0,8–4 cm lang. Kelchblätter 5–8 mm lang, 4–5 mm breit. Kronblätter 0,6–2 cm lang, 0,5–1,8 cm breit. 25–30 Staubblätter. Nüsschen auf jeder Seite mit 2–3 Rippen und mehreren Drüsen.
Kultur: *Echinodorus floribundus* ist nur bedingt für die submerse Kultur geeignet. Im Aquarium haben die Exemplare mit zunehmender Größe schnell das Bestreben, ihre Blattspreiten aus dem Wasser zu erheben. Man kann dieses Verhalten verzögern, indem plötzlich auftretende lang gestielte Blätter sofort entfernt werden; Folgeblätter bleiben dann zunächst wieder kürzer gestielt. Eine Kultur ist sowohl in weichem als auch hartem Wasser bei Temperaturen zwischen 20 und 28 °C möglich. Bei einer Aquarienhaltung ist die Verwendung eines nährstoffarmen Bodens zu empfehlen, damit die Pflanzen nicht zu schnell zu kräftig werden.
Ökologie: Ich sah *Echinodorus floribundus* in Mexiko und Bolivien immer nur in temporären, kleinen Gewässern. In nährstoffreichem Substrat bildeten die teils sehr großen Bestände riesige Blätter, die von ihren Blüten- und Fruchtständen noch überragt wurden. Siehe auch Biotop 18 (S. 36) und Foto S. 275.

Echinodorus glaucus im brasilianischen Pantanal und ausgewachsene Blattspreite

Echinodorus glaucus

RATAJ (1975)

Blaugrüne Schwertpflanze

Familie: Alismataceae, Froschlöffelgewächse.
Synonyme: *Echinodorus cylindricus* RATAJ, *E. teretoscapus* HAYNES & HOLM-NIELSEN.
Etymologie: *Echinodorus*: siehe *E. berteroi*; *glaucus*: = blaugrün, bezieht sich auf die Färbung der Pflanze.
Verbreitung: Westbrasilien, Ostbolivien (Pantanal).
Beschreibung: Kräftige Sumpfpflanze, bis 1,70 m hoch. Blattstiel bis 1 m lang, rund. Junge Blätter schmal elliptisch bis lanzettlich; ausgewachsene Spreiten breit eirund mit herzförmiger Basis, 35–70 (!) cm lang, 20–35 cm breit. 9–13 Nerven. Durchscheinende Zeichnungen fehlen. Oberfläche der Pflanze mit einer bereiften, blaugrünen Wachsschicht.

Blütenstände steif aufrecht, bis 2,70 m hoch. Blütenstängel rund, kahl. Blütenstand verzweigt, mit bis zu 13 Quirlen, ohne Adventivpflanzen. Quirl mit 6–12 Blüten. Deckblätter 0,7–1 cm lang, 0,7–1,1 cm breit. Blüten bis 2 cm gestielt, 4,5–5 cm groß. Kelchblätter 5–6 × 6–7 mm groß. Kronblätter etwa 2,5 × 2,5 cm. Etwa 30 Staubblätter. Nüsschen 3 mm lang, 0,7–1,5 mm breit, mit 4(–6) Rippen und (0–)2–3(–4) Drüsen; Schnabel 0,2–0,8 mm lang. 2n = 22.
Kultur: Eine beeindruckende Schwertpflanze, deren submerse Kultur nur vorübergehend in der Jugendform möglich ist. Im Gewächshaus ist *E. glaucus* eine imposante, gutwüchsige Sumpfpflanze. Blütenstände werden im Langtag gebildet, möglicherweise auch tagneutral.
Ökologie: Besiedelt sumpfige, voll besonnte Standorte, die gewöhnlich periodisch austrocknen. Gegen Mitte der regenarmen Jahreszeit (Juli 2000) waren größere Flächen im brasilianischen Pantanal schon verdörrt. Meistens handelt es sich bei *E. glaucus* um Reinbestände. Siehe Biotop 24 (S. 37).
Sonstiges: LEHTONEN (2008) führt *E. glaucus* und *E. cylindricus* als zwei eigenständige Arten und nennt als einziges Unterscheidungsmerkmal eine elliptische Blattform bei *E. cylindricus*. Seine Artbeschreibungen sind fast deckungsgleich. DNA-Analysen wurden nicht angefertigt. Ich habe keinen Zweifel, dass *E. cylindricus* nur eine Jugendform von *E. glaucus* ist, die auch schon im juvenilen Alter Blütenstände ausbildet. Entlang der Transpantaneira in Brasilien fand ich sowohl blühende Jungpflanzen (Synonym *E. cylindricus*) als auch ausgewachsene Pflanzen (*E. glaucus*) syntop miteinander (KASSELMANN 2002 c, WANKE 1999).

Echinodorus grandiflorus submers am natürlichen Standort in Argentinien

Echinodorus grandiflorus

(CHAMISSO & SCHLECHTENDAL) MICHELI (1881)

Großblütige Schwertpflanze

Familie: Alismataceae, Froschlöffelgewächse.
Synonyme: *Alisma grandiflorum* CHAM. & Schlecht. (1827), *Echinodorus argentinensis* RATAJ, *E. pellucidus* RATAJ, *E. floridanus* HAYNES & BURKHALTER.
Etymologie: *Echinodorus*: siehe *E. berteroi*; *grandiflorus*: großblütig.
Verbreitung: Zentralbrasilien bis Argentinien und Uruguay, verwildert in Florida.
Beschreibung: Mittelgroße Sumpfpflanze. Blattstiel bis 100 cm lang, rund. Emerse Spreite elliptisch bis eiförmig, 15–50 cm lang, 5,5–30 cm breit, mit spitzer Spitze und runder bis schwach herzförmiger Basis, mittelgrün gefärbt, 5–13 Nerven. Durchscheinende Zeichnungen deutlich als Punkte und Linien.

Blütenstand verzweigt, die Pflanzen überragend, mit und ohne Adventivpflanzen. Blütenstängel bis 60 cm, rund. Blütenstand bis 50 cm lang, mit 5–13 Quirlen, Stängel zwischen den Quirlen rund bis 3-kantig, warzig, behaart. Blütenquirl mit 7–19 Blüten. Blüten 1–6,5 cm gestielt, 3,5–5 cm groß. Deckblätter 1,5–4,5 cm lang, zugespitzt. 21–35 Staubblätter. Nüsschen 2–3 mm lang, 0,5–1,5 mm breit, auf jeder Seite mit 2–3 Rippen und mehreren Drüsen; Schnabel sehr kurz. Chromosomenzahl 2n = 22.
Kultur: *Echinodorus grandiflorus* wurde in den vergangenen Jahren durch die vielen neuen Züchtungen weitestgehend vom Markt verdrängt. Grundsätzlich ist es ein anspruchsloses, gut geeignetes Gewächs für die Pflege in geräumigen Aquarien. Lang gestielte Blätter müssen bei dieser Art, die im Handel auch als *E. argentinensis* oder *E. floridanus* angeboten wird, sofort entfernt werden, damit Folgeblätter wieder kürzer bleiben.
Ökologie: In Argentinien (zwischen La Cruz und Mercedes) untersuchte ich im Juli 1993 submerse und emerse Pflanzen von *E. grandiflorus*. Wasserwerte: Temp. 9,5 °C (Lufttemp. 18 °C um 14.30 Uhr), pH 7, GH < 1 °dH, KH 3 °dH, 150 µS/cm, O_2 11,5 mg/l. Biotope 22 (S. 37) und 24 (S. 37).
Sonstiges: Nach HAYNES & HOLM-NIELSEN (1986) ist der von RATAJ erst später beschriebene *E. argentinensis* mit dem Typus von *E. grandiflorus* identisch. Die Autoren unterscheiden die Unterarten ssp. *grandiflorus* und ssp. *aureus*, dem LEHTONEN (2008) nicht folgt.

Echinodorus grisebachii im Aquarium

Echinodorus grisebachii

SMALL (1909)

Grisebachs Schwertpflanze

Familie: Alismataceae, Froschlöffelgewächse.
Synonyme: *E. gracilis* RATAJ, *E. parviflorus* RATAJ, *E. amazonicus* RATAJ, *E. bleherae* RATAJ, u. a.
Etymologie: *Echinodorus*: siehe *E. berteroi*; *grisebachii*: nach dem deutschen Botaniker H. R. A. GRISEBACH (1814–1879).
Verbreitung: Mittel- und Südamerika.
Beschreibung: Polymorphe Sumpfpflanze. Blattstiel 2–30 cm lang, dreikantig. Emerse Blattspreite von sehr schmal elliptisch bis schmal eiförmig, 5–20 cm lang, 1,5–6 cm breit. Durchscheinende Linien vorhanden. Submerse Spreite bandförmig bis linealisch, bis 50 cm lang, 0,5–9 cm breit.

Blütenstände aufrecht oder herabhängend, einfach oder verzweigt, mit oder ohne Adventivpflanzen. Blütenstängel und Blütenstand zusammen bis 35–50(–70) cm lang. Quirl mit 3–9 etwa 1 cm großen Blüten. Staubblätter 9 (12). Nüsschen geflügelt, mit 3–4 Rippen und 2–8 Drüsen; Schnabel bis 0,3 mm lang. Chromosomenzahl 2n = 22.

Kultur: Die hier abgebildete Pflanze vom Rio Guaporé (Westbrasilien) wurde immer schon als *E. grisebachii* bezeichnet. Sie wurde allerdings nur vereinzelt gepflegt. In Kultur sind vorwiegend die auf den nachfolgenden Seiten beschriebenen Sorten, die lange Zeit als eigene Arten galten. Grundsätzlich stellen die verschiedenen Typen keine besonderen Ansprüche an die Pflege im Aquarium, weshalb sie auch so beliebt sind. Je nach Nährstoffreichtum des Bodengrunds bilden sich mehr oder weniger stattliche Exemplare.
Ökologie: Ich habe natürliche Standorte von *E. grisebachii* am Rio Guaporé im August 1987 zur Niedrigwasserzeit untersucht und eine große Variabilität des Habitus und auch der Blütenstände in Abhängigkeit von der Feuchte des Bodengrunds festgestellt. Siehe Biotop 1 (S. 26).
Sonstiges: HAYNES & HOLM-NIELSEN (1994) und LEHTONEN (2008) stellen *Echinodorus amazonicus*, *E. bleherae* und *E. parviflorus* in die Synonymie der polymorphen *Echinodorus grisebachii*. Auch *E. heikobleheri* gehört nach Molekularuntersuchungen dazu (LEHTONEN 2016). Manche Einteilung bedarf weiterer Klärung. So halte ich nach Untersuchung des Typusmaterials *E. eglandulosus* für eine gute Art. Die unterschiedlichen Kulturformen werden hier als Sorten weitergeführt. Foto S. 270.

Echinodorus grisebachii 'Amazonicus'

Amazonas-Schwertpflanze

Familie: Alismataceae, Froschlöffelgewächse.
Etymologie: *Echinodorus*: siehe *E. berteroi*; *amazonicus*: vom Amazonas stammend.
Verbreitung: Zwei Fundorte im brasilianischen Amazonasgebiet: Rio Jamari (Rondonia), Belém (Pará).
Beschreibung: Mittelgroße Schwertpflanze, submers 30–50 cm hoch. Blattstiel bis 10 cm lang. Blattspreite schmal lanzettlich, häufig etwas seitwärts gebogen, bis 40 cm lang, 1,5–3 cm breit, mittelgrün mit dunklen Quernerven. Blattspitze und -basis spitz. 5 Nerven. Durchscheinende Linien vorhanden.

***Echinodorus grisebachii* 'Amazonicus' im Aquarium**

Blütenstände an submersen Pflanzen im Lang- und Kurztag, die Pflanzen weit überragend, einfach oder verzweigt, mit Adventivpflanzen. Blütenstand mit 4–6 Quirlen. Jeder Quirl mit 3–6(–12) Blüten (öffnen sich nicht unter Wasser). Deckblätter länger als die Blütenstiele. Blüten bis 1 cm gestielt, im Durchmesser etwa 1–1,5 cm. 9(12) Staubblätter. Chromosomenzahl 2n = 22.
Kultur: *Echinodorus grisebachii* 'Amazonicus' zählt zu den mittelgroßen und besonders empfehlenswerten Schwertpflanzen. Viele Jahre lang gehörte diese Sorte, die lange Zeit fälschlich mit *E. brevipedicellatus* bezeichnet wurde, zum Standardsortiment der Aquarienpflanzen. Mittlerweile wurde sie aber durch die vielen neuen Züchtungen vom Markt weitestgehend verdrängt. In Abhängigkeit vom Nährstoffangebot des Bodengrundes entwickeln sich mehr oder weniger kräftige Exemplare. In kleineren Aquarien bis 100 l Inhalt sollte der Bodengrund nur aus Sand bestehen, damit die Pflanzen nicht zu groß werden. In mittelgroßen Aquarien mit einem nährstoffreichen Bodengrund ist eine Verwendung als Solitärpflanze zu empfehlen. In sehr geräumigen Behältern kann auch eine Gruppe dekorativ wirken. Obwohl der Lichtbedarf nur mittelmäßig ist, sollte man darauf achten, dass *E. grisebachii* 'Amazonicus' einen freien, hellen Standplatz erhält. Der optimale Temperaturbereich liegt zwischen 22 und 26 °C. Eine vegetative Vermehrung ist bei dieser Sorte kein Problem, denn kräftige Exemplare entwickeln im Aquarium häufig Blütenstände mit zahlreichen Adventivpflanzen. Diese können bei einer Größe von mehreren Zentimetern abgetrennt und eingepflanzt werden.
Ökologie: Die Pflanzen wurden im langsam fließenden und stehenden Wasser in einer Tiefe von 50 bis 100 cm gefunden.
Sonstiges: HAYNES & HOLM-NIELSEN (1994) und LEHTONEN (2008) stellen *Echinodorus amazonicus* in die Synonymie von *Echinodorus grisebachii*, die sie als polymorphe Art betrachten. Die botanischen Nomenklaturregeln ermöglichen es, diese gut identifizierbare Form als Sorte zur Unterscheidung in der Aquaristik weiterzuführen.

Echinodorus grisebachii 'Bleherae' im Aquarium

Echinodorus grisebachii 'Bleherae'

Blehers Schwertpflanze

Familie: Alismataceae, Froschlöffelgewächse.
Etymologie: *Echinodorus*: siehe *E. berteroi*; *bleherae*: nach Amanda Bleher.
Verbreitung: Unbekannt.
Beschreibung: Mittelgroße Sumpfpflanze, emers bis 40 cm, submers bis 60 cm hoch. Blattstiel 10–20 cm lang, kantig. Emerse Spreite schmal elliptisch, 10–20 cm lang, 2,5–6,0 cm breit, mittelgrün. Spitze spitz oder zugespitzt; Basis spitz und etwas herablaufend. 5 Nerven. Submerse Spreite bis 30 cm lang gestielt, sehr schmal elliptisch, 50 cm lang, 4–9 cm breit, mittel- bis dunkelgrün, am Rand schwach gewellt. Durchscheinende Linien mehr oder weniger lang.

Blütenstände im Lang- und Kurztag, selten submers, häufig emers, die Pflanzen weit überragend, herabhängend, verzweigt, mit Adventivpflanzen. Blüten etwa 0,8 cm groß. 9 Staubblätter. Chromosomenzahl 2n = 33.
Kultur: *Echinodorus grisebachii* 'Bleherae' vereinigt dekoratives Aussehen mit optimalen Wachstumseigenschaften. Im Handel zählt die Sorte daher seit vielen Jahren zum regelmäßigen Sortiment und ist eine der häufigsten Aquarienpflanzen. Innerhalb weniger Monate entwickelt sich im Aquarium ein umfangreicher, dichter Busch mit zahlreichen Blättern, die bei guten Bedingungen eine Höhe von 40–60(–80) cm erreichen. Aufgrund des schnellen Wachstums muss der Bodengrund gelegentlich gedüngt werden; der Zeitpunkt dafür ist leicht am Wuchsverhalten erkennbar: Bilden sich plötzlich kürzere, hellgrüne Blätter, ist ein Nachdüngen erforderlich. Eine mittlere Lichtintensität ist ausreichend. Empfehlenswerte Temperatur 22–28 °C. Im Unterschied zur ähnlichen Sorte 'Amazonicus' entwickelt *E. grisebachii* 'Bleherae' im Aquarium relativ selten Blütenstände mit Adventivpflanzen. In Wasserpflanzengärtnereien werden die Pflanzen emers bei hoher Luftfeuchte und viel Wärme kultiviert und blühen dann leichter.
Ökologie: Genaue Informationen fehlen.
Sonstiges: HAYNES & HOLM-NIELSEN (1994) und LEHTONEN (2008) stellen *Echinodorus bleherae* zu Recht in die Synonymie von *E. grisebachii*, die sie als polymorphe Art betrachten. Ich führe diese millionenfach kultivierte Form als Sorte zur Unterscheidung in der Aquaristik weiter.

Echinodorus grisebachii 'Parviflorus' im Aquarium

Echinodorus grisebachii 'Parviflorus'

Kleinblütige Schwertpflanze
Schwarze Schwertpflanze

Familie: Alismataceae, Froschlöffelgewächse.
Händlernamen: Echinodorus peruensis, E. tocatins.
Etymologie: *Echinodorus*: siehe *E. berteroi*; *parviflorus*: kleinblütig.
Verbreitung: Nicht sicher bekannt; Exporte kamen in den 1970er-Jahren angeblich massenhaft aus Peru und Bolivien.
Beschreibung: Mittelgroße Sumpfpflanze. Blätter bis 15 cm gestielt. Spreite im Kurztag schmal lanzettlich, im Langtag lanzettlich, bis 27 cm lang, 4–6,5 cm breit, mittelgrün, häufig mit dunklen Quernerven, junge Blätter auch bräunlich. Spitze und Basis spitz. Blattoberfläche häufig etwas bullös. 5 Nerven. Durchscheinende Linien ± lang.

Blütenstände an emersen Pflanzen im Langtag, unverzweigt, mit Adventivpflanzen. Blütenstand mit 4–6 Quirlen. An jedem Blütenquirl etwa 5–6 Blüten. Blütenstiel bis 1 cm lang. Blütendurchmesser etwa 0,8 cm. 9 Staubblätter. Chromosomenzahl 2n = 22.

Kultur: Eine anspruchslose und schnell wachsende Sorte, die bei den Aquarianern seit vielen Jahren als „Schwarze Schwertpflanze" gut bekannt ist. Aufgrund der zahlreichen dekorativen *Echinodorus*-Züchtungen sowie ihre etwas anspruchsvolle emerse Vermehrung ging ihr Vertrieb aber erheblich zurück. Im Aquarium entwickelt sich je nach Lebensbedingungen eine 20 bis 40 cm hohe kompakte Rosette aus zahlreichen Blättern. Eine Verwendung in der mittleren oder hinteren Bepflanzungszone ist daher zu empfehlen. Mäßige Beleuchtung sowie Sandboden sind ausreichend. Die Kultur ist sowohl in weichem als auch hartem Wasser gleichermaßen möglich. Temperatur etwa 20–26 °C. Bei einer Beleuchtungsdauer von weniger als 12 Stunden (Kurztag) bilden sich im Aquarium kürzere Blattspreiten sowie Blütenstände mit Adventivpflanzen.
Ökologie: Es sind keine sicheren Informationen über die natürlichen Standorte bekannt.
Sonstiges: Haynes & Holm-Nielsen (1994) und Lehtonen (2008) stellen *Echinodorus parviflorus* in die Synonymie von *E. grisebachii*, dem ich hier folge. Um eine Unterscheidung für die Millionen Aquarianer weiterhin zu ermöglichen, führe ich – was nach den botanischen Nomenklaturregeln möglich ist – diese Form als Sorte weiter.

Echinodorus grisebachii 'Tropica' im Aquarium

Echinodorus grisebachii 'Tropica'

Etymologie: Sortenname 'Tropica' nach der gleichnamigen Wasserpflanzengärtnerei in Dänemark. Der Sortenname 'Tropica' wurde von Holm-Nielsen & Jacobsen (1985) vergeben.
Verbreitung: Nicht bekannt.
Beschreibung: Kleine bis mittelgroße Sumpfpflanze. Blattstiel bis 5 cm lang. Spreite schmal verkehrt eiförmig, bis 12 cm lang, 5 cm breit, derb, etwas bullös, mittel- bis dunkelgrün gefärbt, ohne dunkle Quernerven. Spitze stumpf gerundet, mit einer bis 7 mm langen Spitze. Blattrand leicht gewellt. Durchscheinende Zeichnungen als Linien. Nüsschen mit vielen Drüsen. Die submersen Pflanzen bleiben im Habitus wesentlich kleiner als die Landpflanzen. Chromosomenzahl 2n = 22.
Kultur: Die Sorte 'Tropica' bildet im Aquarium eine kompakte Rosette mit einer Wuchshöhe von nur 5–10 cm, weshalb sie sich ideal für die Bepflanzung des Vordergrundes eignet. Allerdings ist sie nicht nur lichtbedürftiger als die Stammform, sondern auch anspruchsvoller. Das Wachstum ist selbst bei guten Kulturbedingungen extrem langsam. Ein freier Standplatz sowie ein nährstoffreicher Bodengrund sind für eine optimale Entwicklung notwendig. Temperatur etwa 22–24 °C. Im Unterschied zur submersen Kultur ist die Pflege der Landform bei guten Lichtverhältnissen nicht schwierig. Die Exemplare wachsen rasch und entwickeln häufig Blütenstände mit Adventivpflanzen, sodass die vegetative Vermehrung ausgesprochen schnell und produktiv ist. Obwohl zugleich auch reife Nüsschen gebildet werden, erfolgt eine Vermehrung von *Echinodorus grisebachii* 'Tropica' in den Gärtnereien durch Adventivpflanzen. Im Aquarium ist eine Blütenbildung nur sehr selten.
Sonstiges: Anfang der 1980er-Jahre erhielt die Wasserpflanzengärtnerei Tropica mit einer Sendung von Aquarienpflanzen eine abweichende Form von *Echinodorus grisebachii* (Syn. *Echinodorus parviflorus*), die in Singapur und Sri Lanka kultiviert wurde. Diese Pflanze wurde 1985 als Sorte *Echinodorus parviflorus* Rataj 'Tropica' beschrieben (Aqua Planta 10, 3/1985: 15) und hat seitdem in der Aquaristik eine weite Verbreitung gefunden.

Haynes & Holm-Nielsen (1994) und Lehtonen (2008) stellen *E. parviflorus* in die Synonymie von *E. grisebachii*, weshalb auch die Sorte 'Tropica' überführt werden muss und nun korrekt *E. grisebachii* 'Tropica' heißt.

Echinodorus horizontalis im Aquarium

Echinodorus horizontalis

RATAJ (1969)

Horizontale Schwertpflanze

Familie: Alismataceae, Froschlöffelgewächse.
Synonyme: Keine.
Etymologie: *Echinodorus*: siehe *E. berteroi*; *horizontalis*: waagerecht, bezieht sich auf die Stellung der Blattspreite.
Verbreitung: Südamerika: Ostvenezuela, Kolumbien, Ekuador, Peru, Brasilien, im entfernten Einzugsbereich des Amazonas.
Beschreibung: Mittelgroße Sumpfpflanze, emers 20–50 cm, submers bis 35 cm hoch, 35–50 cm breit. Rhizom bis 7 × 2 cm groß. Blattstiel bis 20(–60) cm lang. Blattspreite 10–20(–25) cm lang, 5–10(–15) cm breit, eiförmig, spitz, Basis herzförmig gerundet, hellgrün, junge Blätter hellbraun. Nerven 7–11. Die durchscheinenden Linien bilden ein netzartiges Muster (Foto S. 275).

Die relativ seltenen Blütenstände bilden sich an emersen Pflanzen im Kurztag, sind aber auch gelegentlich submers zu beobachten. Blütenstängel 15–20(–50) cm lang, rund, kahl, 4–5 mm dick. Blütenstand 30–40(–100) cm lang, die Pflanze überragend, niedergebogen, unverzweigt, mit 3–4 Blütenquirlen. Quirl mit 3–4(–6) Blüten und wenigen Adventivpflanzen. Blüte bis 2 cm gestielt, nur kurz und wenig geöffnet, bis 1,5 cm im Durchmesser groß. (2)3 Deckblätter, etwa 2–3(–7,5) cm lang, 7 mm breit, lang zugespitzt. Kelchblätter bis 10 mm breit, 9 mm lang, eng anliegend. Kronblätter bis 5 × 4 mm groß. 20–22 Staubblätter. Nüsschen auf jeder Seite 3-rippig, nicht geflügelt, mit 6–9 Drüsen, 2,5–3,1 mm lang, 0,2–1,1 mm breit; Schnabel 0,4–0,8 mm lang. Chromosomenzahl 2n = 22.
Kultur: *Echinodorus horizontalis* ist eine empfehlenswerte, mittelgroße Schwertpflanze, die viele Jahren zum Sortiment der Wasserpflanzengärtnereien gezählt hat, mittlerweile aber selten angeboten wird; denn im Vergleich zu anderen Arten weist sie eine erheblich geringere vegetative Vermehrung durch Adventivpflanzen auf. Im Aquarium ist das Wachstum relativ langsam, sodass selbst bei optimalen Lebensbedingungen viele Monate vergehen, bis sich ein kräftiges Exemplar entwickelt hat. Die Solitärpflanze benötigt – obwohl sie eine Schattenpflanze ist – einen freien, hellen Standplatz; für ein gesundes Wachstum genügt aber eine mittlere Beleuchtungsstärke. Ein nährstoffreiches Substrat fördert kräftige Exemplare. Die

Echinodorus horizontalis am natürlichen Standort bei der Stadt Coca (Ekuador)

Art wächst am besten in weichem, schwach saurem, CO_2-reichem Wasser. Gelegentlich kommt es zur Eisenchlorose, sodass man bei entsprechenden Mangelerscheinungen ab und zu düngen sollte. Optimaler Temperaturbereich 23–26 °C.

Ökologie: *Echinodorus horizontalis* nimmt innerhalb der Gattung eine Sonderstellung ein. Lebensraum ist der immerfeuchte tropische Regenwald, wo die Art an halbschattigen und stark beschatteten Standorten wächst und nicht, wie die meisten Echinodoren, an sonnigen Plätzen (das gilt auch für *E. tunicatus*). Mit der horizontalen Ausrichtung der Blattspreiten hat sich die Art eine eigene ökologische Nische erobert, die ihr ein konkurrenzloses Leben in Urwaldgewässern ermöglicht. Ich untersuchte Standorte in der Umgebung der Stadt Coca und am Rio Yuturi in Ekuador. Zur Niedrigwasserzeit (Februar 1990) wuchsen alle Exemplare am Rande der Biotope in flachem Wasser, das trübe oder klar war und aufgrund von Humusstoffen häufig eine bräunliche Färbung aufwies. Mit ihrem kräftigen Wurzelwerk wurzelten die Pflanzen im weichen, schlammigen, sandig-lehmigen Boden, dessen oberste Schicht aus Laub bestand. Diese Exemplare waren deutlich kräftiger als aus der Kultur bekannt.

Am Rio Yuturi (Juli 1996) fand ich im Regenwald größere Populationen in riesigen Exemplaren. Einige besaßen Blütenstände und einzelne Adventivpflanzen, die im Wasser und im Schlamm wurzelten. Die Wasseranalysen ergaben immer ein sehr weiches, saures Milieu mit pH-Werten zwischen 6,1 und 6,5, einer GH von 0,5–1 °dH, KH von 0,5–3 °dH, einer Leitfähigkeit von 21–95 µS/cm und einer Temperatur von 23–26 °C (siehe S. 606). Die Art kann sich in erstaunlicher Weise stark schwankenden und zugleich schnell verändernden Wasserständen anpassen (KASSELMANN 2001 b).

Sonstiges: Nicht selten wird unter dem Namen *E. horizontalis* etwas anderes verkauft. Ein leichtes Erkennungsmerkmal ist das netzartige Muster in der Blattspreite, das gegen das Licht gut sichtbar ist (Foto S. 275).

CURT QUESTER sammelte im Jahre 2003 in Ekuador den ähnlichen *E. tunicatus* (QUESTER 2005). Dieser weist einen verwandten Habitus auf, ist aber erheblich vielblütiger und entwickelt einen aufrechten, kurzen Blütenstand. Leider ist diese Art deutlich schwieriger in der Kultur und wird bisher kaum kultiviert. Eine natürliche Vermehrung erfolgt ausschließlich durch Samen. Es wird eine Vermehrung durch Gewebekultur angestrebt.

Echinodorus 'Hot Pepper' im Aquarium

Echinodorus 'Hot Pepper'

Familie: Alismataceae, Froschlöffelgewächse.
Beschreibung: Die Wasserblätter sind kurz gestielt, sehr schmal elliptisch und die Blattspreiten erreichen eine Länge von bis zu 20 × 3 cm. Faszinierend ist die leuchtend hellrote Färbung der Blätter, die noch hellere Längsnerven besitzen.
Kultur: *Echinodorus* 'Hot Pepper' ist eine beeindruckende, bei intensivem Licht prächtig gefärbte und schnellwüchsige Sorte. Sie wächst sowohl in mittelhartem als auch hartem Wasser gut, benötigt aber offensichtlich viel freies CO_2 und intensives Licht. Die Sorte lässt sich im Vorder- oder Mittelgrund verwenden. Seit 2003 ist *Echinodorus* 'Hot Pepper' gelegentlich im Fachhandel zu finden.
Sonstiges: Bei *Echinodorus* 'Hot Pepper' handelt es sich um eine Kreuzung zwischen den Sorten *Echinodorus* 'Red Flame' und *E.* 'Kleiner Bär'. Da die Eltern kleine bis mittelgroße Pflanzen sind, ist es nicht verwunderlich, dass 'Hot Pepper' ebenfalls nur eine mittelgroße Rhizompflanze ist. Diese Sorte entstand in der ehemaligen Wasserpflanzengärtnerei ZOOLogiCa, Altlandsberg.

Echinodorus 'Indian Red' im Aquarium

Echinodorus 'Indian Red'

Familie: Alismataceae, Froschlöffelgewächse.
Etymologie: 'Indian Red' bezieht sich auf die Blattfärbung der Unterwasserblätter und soll „Indianerrot" bedeuten.
Beschreibung: Emerse Pflanzen bilden kurz gestielte, eiförmige, stumpfe, an der Basis schwach herzförmige, mittelgrün gefärbte Blätter. Im Aquarium färben sich die Blätter je nach Beleuchtungsintensität leuchtend rotbraun bis dunkelrot, bei schwachem Licht vergrünen sie. Die Blattspitzen der submersen Spreiten sind schwach gedreht. Ein charakteristisches Merkmal dieser dekorativen Sorte ist auch der leicht gewellte Blattrand. Die Wasserblätter besitzen eine schmal elliptische Form und erreichen eine Größe von 20 × 4 cm. Mit einer Wuchshöhe von etwa 10–20 cm eignet sich die Sorte 'Indian Red' auch zur Bepflanzung kleinerer Aquarien. Sie ähnelt der Kreuzung *Echinodorus ×barthii*, bildet aber nicht wie diese nach außen eingerollte Blattspreiten.
Sonstiges: Nach den Angaben des Züchters, HANS BARTH, handelt es sich um eine Kreuzung zwischen *Echinodorus* „aschersonianus" und *E. uruguayensis* (Syn. *E. horemanii* „rot"). Diese Sorte ist seit Ende 1998 im Fachhandel.

Echinodorus **'Leopard' im Aquarium**

Echinodorus 'Leopard'

Familie: Alismataceae, Froschlöffelgewächse.
Entstehung: Die dekorative Sorte entstand in der ehemaligen Wasserpflanzengärtnerei Hans Barth, Dessau. Nach den Angaben des Züchters (Barth 1988) handelt es sich um eine mutierte Pflanze von *E.* ×*maculatus* (bislang irrtümlich *E. schlueteri*) in einer Aussaat, die weitervermehrt wurde. Die Sorte unterscheidet sich von der normalen Pflanze durch die intensiver braun gefleckten Blätter, worauf sich der Sortenname bezieht. Die Pflanze ist fertil, und die Sämlinge, die durch Selbstbestäubung gewonnen wurden, entsprachen zu 100 Prozent dem neuen Typ. Die spätere Bezeichnung 'Bicolor' ist ungültig.
Kultur: *Echinodorus* 'Leopard' ist eine empfehlenswerte, prächtige Pflanze, die aber nicht häufig im Handel erhältlich ist. Sie wächst relativ langsam und vermehrt sich wenig.
Sonstiges: In den 1980er-Jahren breitete sich eine Pflanze unter dem Namen *E. schlueteri* schnell in der Aquaristik aus. Somogyi (2006) stellte jedoch fest, dass diese nicht der 1981 von Rataj benannten Art entsprach und beschrieb sie als *E. maculatus*. Der echte *E. schlueteri* sollte dagegen selten sein. Grundsätzlich ist bei Arten, die nicht vom natürlichen Standort bekannt sind, Zweifel an ihrem Artstatus angebracht, weil Echinodoren leicht hybridisieren. Wenn dann noch als Herkunft „Gärtnerei Rataj" genannt wird, ist eine besondere Skepsis angebracht. Molekulare Untersuchungen (Lehtonen 2016) haben nunmehr gezeigt, dass es sich um Bastarde handelt, die als *E.* ×*maculatus* und *E.* ×*schlueteri* gekennzeichnet werden können. *Echinodorus* 'Leopard' gehört zu *E.* ×*maculatus*, und es genügt die Bezeichnung 'Leopard'. Auch *E.* ×*schlueteri* ist eine empfehlenswerte und im Aquarium gut geeignete Hybride, die jedoch im Handel falsch als *E. cordifolius* 'Mini' gelabelt ist. Für die Kultur sind eine mittlere bis hohe Beleuchtungsintensität sowie ein nahrhafter Bodengrund empfehlenswert, weiterhin niedrige Temperaturen zwischen 21 und 25 °C (Maximum 30 °C) und eine gelegentliche Eisendüngung. Die Hybride lässt sich sowohl in weichem als auch in hartem, alkalischem Wasser erfolgreich pflegen. Eine Vermehrung erfolgt reichlich durch Adventivpflanzen an Blütenständen, die sich regelmäßig auch unter Wasser bilden.

Echinodorus longiscapus im Aquarium

Echinodorus longiscapus

ARECHAVALETA (1903)

Langschäftige Schwertpflanze

Familie: Alismataceae, Froschlöffelgewächse.
Synonyme: *Echinodorus aschersonianus* GRAEBNER var. *nulliglandulosus* RATAJ, u. a.
Etymologie: *Echinodorus*: siehe *E. berteroi*; *longiscapus*: langschäftig (bezieht sich auf den Blütenschaft).
Verbreitung: Von Südbrasilien bis Uruguay.
Beschreibung: Mittelgroße Sumpfpflanze, 35–45 cm hoch. Blattspreite lanzettlich bis breit eirund, 11–18 cm lang, 9–11 cm breit, spitz, Basis herzförmig, mittelgrün. 11–17 Nerven. Durchscheinende Zeichnungen als Punkte und Linien. Submerse und schwimmende Blätter wie die emersen geformt, hellgrün, in kaltem Wasser auch kräftig rot. Blütenstände an emersen Pflanzen, aufrecht oder herabhängend, verzweigt, mit Adventivpflanzen. Blütenstängel rund. Blütenstand bis etwa 50 cm lang, mit bis 10 Blütenquirlen, diese mit 3–15 Blüten. Blüten bis 4 cm gestielt, 3,0–3,5 cm groß. 21–30 Staubblätter. Nüsschen auf jeder Seite mit 2–3 Rippen und mehreren Drüsen. 2n = 22.

Kultur: *Echinodorus longiscapus* besitzt im Aquarium ein starkes Bestreben, Landblätter zu bilden und über die Wasseroberfläche hinauszuwachsen. Deshalb ist diese Schwertpflanze nur bedingt für die Aquarienkultur geeignet. Nur bei Kurztagbedingungen (weniger als 12 Stunden Beleuchtung) ist es möglich, sie einige Wochen lang submers zu pflegen. Ideale Teichrandpflanze.
Ökologie: *Echinodorus longiscapus* durchläuft periodische Wechsel von regenreicher und warmer sowie regenarmer und kalter Jahreszeit. Im Winter bilden die Bestände nur submerse und schwimmende Blätter aus und kaum Luftblätter und Blütenstände, denn diese würden nachts erfrieren. Die Wasserblätter sind dann oft kräftig rot gefärbt. Biotope 12 (S. 34), 25 (S. 38), 26 (S. 38) und 29 (S. 38).
Sonstiges: HAYNES & HOLM-NIELSEN (1994) stellen *E. longiscapus* in die Synonymie von *E. grandiflorus* ssp. *grandiflorus*. Ich habe zahlreiche natürliche Populationen von *E. longiscapus* in Argentinien, Brasilien und Uruguay untersucht und festgestellt, dass sie sich deutlich von *E. grandiflorus* unterscheiden sowie ein eigenes Verbreitungsgebiet und einheitliche Merkmale besitzen, die nicht variieren. *Echinodorus longiscapus* ist daher eine gute Art (KASSELMANN 2001 a). Dieser Ansicht folgt auch LEHTONEN (2008).

Echinodorus macrocarpus im Bundesstaat Piauí (Ostbrasilien) und Blütenstand

Echinodorus macrocarpus

RATAJ (1975)

Großfrüchtige Schwertpflanze

Familie: Alismataceae, Froschlöffelgewächse.
Synonyme: Keine.
Etymologie: *Echinodorus*: siehe *E. berteroi*; *macrocarpus*: großfrüchtig.
Verbreitung: Brasilien (Ceará und Piauí).
Beschreibung: Mittelgroße Sumpfpflanze, bis 40 cm hoch, kahl. Blattstiel rund, leicht gerieft, 10–25 cm lang, 2–5 mm dick. Blattspreite elliptisch, 8–23,5 cm lang, 4–11 cm breit, Blattspitze stumpf oder spitz, Blattbasis gewöhnlich rund, bei älteren Blättern auch schwach herzförmig, mittelgrün. 5–9 Nerven. Durchscheinende Zeichnungen fehlen. Submerse Pflanzen unbekannt.

Blütenstände steif aufrecht. Blütenstängel und Blütenstand zusammen 30–87 cm lang. Blütenstängel rund, glatt bis schwach gerieft, 17–56 cm lang, 2–8 mm dick. Blütenstand meistens nicht verzweigt, bis 50 cm lang, mit 7–14 Quirlen, ohne Adventivpflanzen. Stängel zwischen den Quirlen dreikantig oder schwach geflügelt, im unteren Teil häufig rund, deutlich behaart. Blütenquirl mit 6–16 Blüten. Brakteen schmal dreieckig zugespitzt, 0,7–1,5 cm lang, 3–6 mm breit. Blüten bis 0,5 cm lang gestielt, 2–3 cm groß. Kelchblätter 6 × 5 mm groß, schwach behaart. Kronblätter verkehrt eiförmig, 1,4 cm breit, 1,5 cm lang. 12 Staubblätter. Nüsschen verkehrt eiförmig, auffällig groß, dick und dunkel, schwach behaart, 3,0–3,3 mm lang, 1,8–2,0 mm breit, auf jeder Seite mit 6 gleichmäßig verlaufenden Rippen und 2–3 undeutlichen Drüsen; Schnabel 0,6–0,9 mm lang. Chromosomenzahl unbekannt.
Kultur: Eine emerse Kultur von gesammelten Pflanzen gelang mir nur vorübergehend, weil sie nach einer Blühperiode keine weiteren Blätter bildeten. Samen keimten vereinzelt, eine Aufzucht misslang aber. Submerse Kulturerfahrungen liegen nicht vor.
Ökologie: Ich untersuchte einen natürlichen Standort in Brasilien im Bundesstaat Piauí. Siehe Biotop 30 (S. 39).
Sonstiges: LEHTONEN (2008) führt diese Art als Synonym von *E. pubescens*. Dieser besitzt aber deutlich behaarte Blattstiele (vgl. HAYNES & HOLM-NIELSEN 1994: 56), während *E. macrocarpus* kahl ist (KASSELMANN 2001); ferner hat er eine andere Blattform. Obwohl LEHTONEN mein Herbarmaterial gesehen hat, übergeht er diese Unterschiede.

Unterwasserfoto von *Echinodorus macrophyllus* im Rio Sucuri, Bonito (Südwestbrasilien)

Echinodorus macrophyllus

(Kunth) Micheli (1881)

Großblättrige Schwertpflanze

Familie: Alismataceae, Froschlöffelgewächse.
Synonyme: *Alisma macrophyllum* Kunth (1841).
Etymologie: *Echinodorus*: siehe *E. berteroi*; *macrophyllus*: großblättrig.
Verbreitung: Südbrasilien.
Beschreibung: Kräftige Sumpfpflanze. Blattstiel bis 1 m lang, rund, kahl. Emerse Spreite 15–40 cm lang, 8–25 cm breit, eiförmig bis breit eirund, mit stumpfer, runder oder eingebuchteter Spitze sowie herzförmig gerundeter Basis. 7–13 Nerven. Blattunterseite mit behaarten Warzen. Submerse Blätter kleiner, manchmal mit bräunlichen Flecken, meist mit 7–9 Nerven. Durchscheinende Zeichnungen fehlen.

Blütenstände emers, verzweigt, mit oder ohne Adventivpflanzen. Blütenstängel bis 120 cm, rund, warzig und behaart. Blütenstand bis 50 cm lang, mit 4–13 Quirlen, zwischen den Quirlen 3-kantig. Jeder Quirl mit 6–9(–20) Blüten. Deckblätter 0,5–1,3 cm lang. Blüten 0,5–2 cm gestielt, etwa 2,3–2,7 cm groß. Kelchblätter etwa 5 × 7 mm. Kronblätter 1,5 × 1,7 cm groß. 20–25 Staubblätter; Filament bis 3 mm. Karpelle zahlreich. Nüsschen 1–3 mm lang, 0,8–1,2 mm breit, auf jeder Seite mit 2–4 seitlichen Rippen, mit 1–5 Drüsen; Schnabel 0,3–1,2 mm. Chromosomenzahl 2n = 22.
Kultur: Wie bei *E. cordifolius* angegeben; nur für sehr große Aquarien. Auch *E. macrophyllus* hat ein starkes Bestreben, aus dem Aquarium herauszuwachsen.
Ökologie: Die Autorin untersuchte zahlreiche Standorte: Südwestbrasilien (3/1986), große, blühende Bestände in flachem Wasser eines Überschwemmungsgebietes des Rio Cuiabá zusammen mit *E. paniculatus*. Wasseranalyse: Temp. 28 °C (Luft 27 °C um 10 Uhr) pH 5,5, GH/KH < 1 °dH, 18 µS/cm. Weitere Beschreibungen siehe Biotope 36–39 (S. 41).
Sonstiges: Haynes & Holm-Nielsen (1986) beschrieben *E. scaber* als Unterart von *E. macrophyllus*. Lehtonen (2008) führt *E. scaber* wieder als eigenständige Art, dem ich hier folge. Insbesondere die verschiedenen Blütenmerkmale, die ich an natürlichen Standorten vergleichen konnte, lassen Zweifel an der Einteilung von Haynes & Holm-Nielsen aufkommen.

Echinodorus major im Aquarium

Echinodorus major

(MICHELI) RATAJ (1967)

Gewelltblättrige Schwertpflanze

Familie: Alismataceae, Froschlöffelgewächse.
Synonyme: *Echinodorus martii* MICHELI var. *major* MICHELI, *E.* „leopoldina“.
Etymologie: *Echinodorus*: siehe *E. berteroi*; *martii*: nach dem deutschen Botaniker K. F. P. von MARTIUS (1794–1868).
Verbreitung: Zentralbrasilien.
Beschreibung: Mittelgroße Schwertpflanze, emers bis 25 cm, submers bis 60 cm hoch. Emerse Spreite bis 5 cm gestielt, verkehrt lanzettlich, bis 20 × 5 cm groß, gewellt, spitz, Basis gestutzt. 3–7 Nerven. Submerse Pflanzen wesentlich größer. Blattstiel 5–20 cm lang. Spreite schmal verkehrt lanzettlich, bis 40 cm lang, 3–5(–10) cm breit, hellgrün. Durchscheinende Zeichnungen fehlen.

Blütenstände die Pflanzen überragend, unverzweigt, mit Adventivpflanzen. Blütenstängel fast rund, mit bis 10 Quirlen; Stängel zwischen den Quirlen schwach kantig. Quirl mit 6–15 Blüten. Deckblätter 1,7–2,5 cm lang, verwachsen, auffällig breit (1 cm), lang zugespitzt. Blüten 0,5–1,5 cm gestielt, 1,5–2 cm groß. 9–12 Staubblätter. Nüsschen mit 4 Rippen und vielen Drüsen. Chromosomenzahl 2n = 22.
Kultur: *Echinodorus major* ist mit den gewellten, hellgrünen Blättern wohl eine der prächtigsten Schwertpflanzen überhaupt. Leider ist ihre emerse Kultur nicht leicht, weshalb sie im Handel nicht mehr häufig angeboten wird. Sie bildet bei der submersen Kultur keine Schwimm- und emersen Blätter. Diese positive Eigenschaft sowie ihre im Allgemeinen problemlose Pflege machen sie zu einer idealen Aquarienpflanze. Kulturschwierigkeiten sind in der Regel durch eine Düngung des Bodengrundes und stärkere Beleuchtung zu beheben. Die Pflege gelingt sowohl in weichem als auch hartem, schwach saurem oder leicht alkalischem Wasser. Empfehlenswerte Temperatur 24–26 °C. Manchmal sterben die Pflanzen nach einer Blüten- und Fruchtbildung ab (einjährige Populationen?).
Ökologie: Die Art soll submers in flachen Flüssen in 500 m Höhe vorkommen. Genaue Informationen fehlen.
Sonstiges: Die Feststellung des Artnamens scheint äußerst schwierig zu sein und wechselt je nach Bearbeiter der Gattung: *E. martii* MICHELI oder *E. major* RATAJ? SOMOGYI (2006) hält *E. major* und *E. martii* für zwei eigenständige Arten. Dem widerspricht LEHTONEN (2008).

Echinodorus ×opacus

RATAJ (1970)

Dunkle Schwertpflanze

Familie: Alismataceae, Froschlöffelgewächse.
Synonyme: Keine.
Etymologie: *Echinodorus*: siehe *E. berteroi*; *opacus*: schattig, dunkel.
Verbreitung: Südbrasilien: Paraná (Ponta Grossa) und Santa Catarina (Tangara).
Beschreibung: Mittelgroße Wasserpflanze mit kurzem Rhizom, bis 30 cm hoch. Blattstiel bis 20 cm lang, fast rund, hart. Spreite schmal eiförmig bis eiförmig, bis 13 cm lang, 8 cm breit, auffällig steif, ledrig, mittel- bis dunkelolivgrün gefärbt. Spitze spitz, stachelspitzig oder stumpf gerundet; Basis an kräftigen Pflanzen herzförmig. Blattrand flach. 5–7 Nerven. Durchscheinende Zeichnungen fehlen.

Echinodorus **×*opacus* im Aquarium**

Blütenstände sehr selten an submersen Exemplaren, unverzweigt, die Pflanzen überragend, mit Adventivpflanzen. Blüten im Knospenstadium verkümmernd. Nüsschen unbekannt. Chromosomen 2n = 33, 44.
Kultur: *Echinodorus ×opacus* ist eine anspruchsvolle, sehr seltene Schwertpflanze. Auffällig sind die lederartigen, steifen Blätter, die anfangs niederliegend, bei älteren Pflanzen aufrecht wachsen. Das Wurzelwachstum ist außerordentlich langsam, weshalb eine gezielte Düngung des Bodengrundes mit Lehm im Wurzelbereich der Pflanze zu empfehlen ist. Da neu gepflanzte Exemplare eine lange Eingewöhnungsphase brauchen, sollten sie so wenig wie möglich umgesetzt werden. Auch bei guten Bedingungen zeigt *E. ×opacus* ein sehr langsames Wachstum. Obwohl der Lichtbedarf nur mäßig ist, sollte man darauf achten, dass die Pflanzen einen freien, hellen Standplatz erhalten. Eine Pflege ist am besten in weichem, schwach saurem Wasser möglich. Optimale Temperatur 18–24 °C. Die vegetative Vermehrung ist nur sehr gering und gelingt durch Rhizomteilung und Adventivpflanzen an den seltenen Blütenständen. Eine emerse Kultur ist schwierig, aber bei hoher Luftfeuchte möglich. Zur Kultur siehe auch WAGENKNECHT (2007).
Ökologie: WANKE & WANKE (1994) beschreiben ein Vorkommen von *E. ×opacus* im Rio Chopim. Oberhalb eines natürlichen Wehrs staute sich das Wasser auf einer Länge von mehreren hundert Metern. Große Bestände von *E. ×opacus* mit herzförmigen Luftblättern wuchsen auf Sandbänken mitten im Fluss. Es wurden sechs große Populationen mit jeweils mehreren hundert Exemplaren festgestellt. Außerhalb dieses aufgestauten Teiles konnten keine *Echinodorus* mehr gefunden werden. Weitere Wasserpflanzen waren *Isoetes* sp., *Mayaca* und *Eichhornia*. Das Wasser hatte eine Leitfähigkeit von 42,1 µS/cm und einen pH-Wert von 6,5 bei einer Temperatur um 23 °C. Ein gemeinsames Vorkommen von *E. ×opacus* mit *E. ×portoalegrensis* und *E. uruguayensis* im Rio Peixe in Videira, über das DE GRAAF (1992) berichtet, können sowohl WANKE & WANKE als auch die Verfasserin nicht bestätigen.
Sonstiges: Bei *Echinodorus ×opacus* und E. ×*portoalegrensis* wurde Triploidie und Tetraploidie festgestellt (DE GRAAF 1981, KASSELMANN & PETERSEN 1999, LEHTONEN 2007). Umfangreiche Molekularuntersuchungen (LEHTONEN 2016) zeigten, dass die Naturhybriden nicht *E. uruguayensis* nahestehen, wie bislang vermutet wurde (HAYNES & HOLM-NIELSEN 1994). Die Untersuchungen durch LEHTONEN deuten darauf hin, dass *E. longiscapus* ein Elternteil von *E. ×opacus* ist. Genetisch und morphologisch stehen sich *E. ×opacus* und *E. ×portoalegrensis* nahe.

Echinodorus 'Oriental' im Aquarium

Echinodorus 'Oriental'

Orientals Schwertpflanze

Familie: Alismataceae, Froschlöffelgewächse.
Etymologie: Der Sortenname bezieht sich auf den Namen der Wasserpflanzengärtnerei Oriental Aquarium Singapur.
Beschreibung: Kleinwüchsige Rhizompflanze, im Aquarium bis etwa 15 cm hoch. Submerse Blattspreite kurz gestielt, sehr schmal eiförmig, spitz, 8–12 cm lang und 2–3 cm breit, schwach transparent, am Rand leicht gewellt. Junge Blätter bei intensiver Beleuchtung kräftig rosa gefärbt, später vergrünend. Die Nerven sind hellgrün und treten dadurch deutlich hervor. Blütenstände besitzen auffällig lange und schmale Brakteen.
Kultur: Im Aquarium entwickelt *Echinodorus* 'Oriental' bei üppigem Wachstum eine kompakte, kleinwüchsige Rosette. Sie ist lichtliebend, weshalb der Sorte ein exponierter Platz im Vordergrund zugewiesen werden sollte. Neben der Färbung verleihen ihr auch die hell hervortretende Nervatur und der gewellte Blattrand ein charakteristisches Äußeres. Damit erinnert sie sehr an die Sorte 'Red Diamond', bei der die Nervatur ebenso deutlich hervortritt, allerdings im Gegensatz dazu einen dunkleren Farbton als die Spreitenfärbung besitzt. Mit ihrer geringen Wuchshöhe ist *E.* 'Oriental' ausschließlich im Vordergrund verwendbar und insbesondere für kleine und gut beleuchtete Aquarien empfehlenswert.

Im Aquarium entwickeln sich annähernd horizontal wachsende Blütenstände, allerdings nur mit einer kleinen Zahl von Adventivpflanzen. Auch in Wasserpflanzengärtnereien erfolgt die Vermehrung durch Adventivpflanzen an Blütenständen.
Sonstiges: *Echinodorus* 'Oriental' wird schon seit 1994 in Aquarien gepflegt und gehört somit zu einer der ersten *Echinodorus*-Sorten überhaupt. Es soll sich um eine spontane Mutation handeln, die bei der Gewebekultur von *E.* 'Rosé' auftrat.

Die Blätter von *Echinodorus* 'Oriental' weisen eine gewisse Ähnlichkeit zu denen von *E.* 'Rosé' auf, allerdings bleibt 'Oriental' in Wuchshöhe und Umfang erheblich kleiner, und auch das Wachstum ist bedeutend langsamer. Beide Sorten wurden in den letzten Jahren etwas durch farbintensivere Sorten vom Markt verdrängt.

Echinodorus 'Osiris'

RATAJ (1970)

Osiris' Schwertpflanze

Familie: Alismataceae, Froschlöffelgewächse.
Handelsnamen: Echinodorus osiris rubra, E. aureobrunneus.
Etymologie: *Echinodorus*: siehe *E. berteroi*; *osiris*: bezieht sich auf die brasilianische Wasserpflanzengärtnerei Lotus Osiris.
Verbreitung: Südbrasilien (wenige Standorte).
Beschreibung: Durch folgende Merkmale von *E. uruguayensis* unterschieden: *Echinodorus* 'Osiris' bildet leicht emerse Blätter. Spreite 40–70 cm gestielt, elliptisch oder schmal eiförmig, 15–25 cm lang, 7–15 cm breit. Submers 10–40 cm gestielt, sehr schmal elliptisch, schmal lanzettlich oder verkehrt schmal lanzettlich, 10–30 cm lang, 3–9 cm breit, olivgrün oder braunrot. (3)5(7) Nerven. Durchscheinende Punkte und Linien deutlich.

Blütenstand über 1 m lang, mit Adventivpflanzen. 6–10 Quirle. Blüten häufig nicht geöffnet. 18(–24) Staubblätter. Chromosomen 2n = 33, 44.

Kultur: *Echinodorus* 'Osiris' ist eine der empfehlenswertesten Schwertpflanzen für die Aquarienkultur. Die sich unter starker Beleuchtung entwickelnden rotbraunen Blätter verleihen der Solitärpflanze ein besonders dekoratives Aussehen. Die Sorte lässt sich in weichem und hartem Wasser problemlos pflegen. Ein nährstoffreicher Bodengrund fördert einen kräftigen Wuchs. Optimale Temperatur 18–26 °C. Die Pflanze ist steril, sodass man auf die Vermehrung durch Adventivpflanzen an den Blütenständen sowie am Rhizom angewiesen ist.

Ökologie: SCHULZE (1968) fand im August 1967 (Winter) westlich von Curitiba und Ponta Grossa in einem rasch strömenden Fluss große Bestände von *Echinodorus uruguayensis* (Syn. *E. horemanii*) und *E.* 'Osiris' sowie einige Pflanzen von *E. ×opacus* und *E. grisebachii* (mit *E. intermedius* GRISEBACH bezeichnet). Das nährstoffarme Wasser wies keine nachweisbare Härte auf, einen pH-Wert von 6,2 und 12–15 °C. *Echinodorus* 'Osiris' wuchs unbeschattet in bis 50 cm tiefem Wasser, im sehr festen, steinig-kiesig-lehmigen Bodengrund. WANKE & WANKE (1994) untersuchten im März 1994 zwei Flüsse bei Guarapuava mit *E.* 'Osiris' und anderen Arten. Wasserwerte: 21 °C/<20 °C, pH-Wert 6,3/6,5, < 20 µS/cm.

Sonstiges: Nach LEHTONEN (2016) ist der Typus von *Echinodorus osiris* RATAJ morphologisch nicht von *E. uruguayensis* zu unterscheiden und gehört somit nicht zu der seit vielen Jahren unter diesem Namen kultivierten Naturhybride. Deshalb sehen sowohl HAYNES & HOLM-NIELSEN als auch LEHTONEN *E. osiris* als Synonym von *E. uruguayensis* an. Dieser Ansicht folge ich. Die seit Jahrzehnten kultivierte Naturhybride kann somit nicht als *E. ×osiris* gekennzeichnet werden, weshalb ich – um den gebräuchlichen Namen in der Aquaristik weiterzuführen – entsprechend der Empfehlung von LEHTONEN die Pflanze als Sorte 'Osiris' bezeichne.

Die obige Standortbeschreibung belegt den natürlichen hybriden Ursprung von *E.* 'Osiris'. Es kommen mindestens vier *Echinodorus*-Arten in unmittelbarer Nähe zusammen vor. Es wurde Tetraploidie bei *E. ×portoalegrensis* (KASSELMANN & PETERSEN 1999) und bei *E.* 'Osiris' nachgewiesen, wodurch sich leicht triploide Bastarde erklären lassen. Auch der Besitz von sowohl durchscheinenden Punkten als auch unterschiedlich langen Linien in den Blattspreiten von *E.* 'Osiris' (bei *E. uruguayensis* fast nur lange Linien) sowie seine Sterilität deuteten schon früh auf eine Hybride hin, weshalb das Ergebnis der Molekularuntersuchungen nicht überrascht.

***Echinodorus* 'Osiris' im Aquarium**

Echinodorus 'Ozelot Grün' im Aquarium

Echinodorus 'Ozelot'

Familie: Alismataceae, Froschlöffelgewächse.
Etymologie: Der Sortenname 'Ozelot' bezieht sich auf die Fleckung der Blattspreiten, die entfernt an das Zeichnungsmuster dieser amerikanischen Großkatze erinnert.
Beschreibung: Im Unterschied zu der gefleckten Farbform von *E.* 'Rosé', die dieser Sorte ähnelt, sind die Flecken bei *E.* 'Ozelot' zahlreicher und großflächiger. Ferner bildet *E.* 'Ozelot' eine etwas kleinere Rosette mit mehr aufrecht wachsenden Blättern. Die Blätter sind kurz gestielt, die schmal elliptischen Blattspreiten 10–15 cm lang und 3–4 cm breit.
Kultur: Auffällig ist die Wuchsfreudigkeit dieser prächtigen Sorte. In schneller Folge entwickeln sich neue Blätter, die anfangs eine bräunlichrote Farbe mit dunkelroten Flecken aufweisen, aber später einen dunkelolivgrünen Farbton mit einem dunkelroten Fleckenmuster annehmen. Eine vegetative Vermehrung durch Rhizomteilung oder Adventivpflanzenbildung an Blütenständen ist im Aquarium selten.
Sonstiges: Diese seit 1995 bekannte Sorte wurde von HANS BARTH, Dessau, gezüchtet. Sie entstand aus der Kreuzung von *Echinodorus* 'Leopard' mit *E. ×barthii*.

Echinodorus 'Ozelot Grün'

Familie: Alismataceae, Froschlöffelgewächse.
Beschreibung: Sie unterscheidet sich von der typischen *Echinodorus* 'Ozelot' nur durch die Blattfärbung, die bei *Echinodorus* 'Ozelot Grün' kräftig hellgrün mit einer bräunlichen Fleckenzeichnung ist. Allerdings können junge Blätter bei intensiver Beleuchtung und Leuchtstofflampen mit hohem Rotanteil auch eine schwach rötliche Grundfärbung annehmen.
Kultur: Beide Farbformen der Sorte 'Ozelot' sind sehr empfehlenswerte und prächtige Aquarienpflanzen, die sich durch gute Wachstumseigenschaften und eine dekorative Erscheinung auszeichnen. Intensive Beleuchtung vorausgesetzt, bilden *Echinodorus* 'Ozelot' und 'Ozelot Grün' durch die gefleckten Blätter einen schönen und ungewöhnlichen Blickfang. Sie eignen sich in kleineren Aquarien für die Bepflanzung des Mittel- und Hintergrundes, in großen Becken auch für die Begrünung des Vordergrundes.
Sonstiges: Diese Sorte wird seit Jahresende 1998 im Zoofachhandel vertrieben.Bei der kommerziellen Vermarktung hat sich eine Vermehrung durch Gewebekultur bewährt.

Echinodorus palifolius im Aquarium: Jugendpflanze und ältere Exemplare

Echinodorus palifolius

(Nees & Martius) MacBride (1931)

Familie: Alismataceae, Froschlöffelgewächse.
Synonyme: *Sagittaria palifolia* Nees & Martius (1823), *Alisma palifolium* (Nees & Martius) Kunth, *A. ellipticum* Martius, *Echinodorus palifolius* var. *latifolius* (Micheli) Rataj, *E. palifolius* var. *minus* (Seubert) Rataj, u. a.
Etymologie: *Echinodorus*: siehe *E. berteroi*; *palifolius*: von *pala* (lat.) = Schaufel, mit schaufelförmigen Blättern.
Verbreitung: Östliches Brasilien.
Beschreibung: Kräftige Sumpfpflanze. Blattstiel bis 75 cm lang, fast rund, gerillt, kahl. Emerse Spreite breit eiförmig, nicht herzförmig, bis 30 cm lang, 23 cm breit, ledrig, dunkelgrün. Spitze stumpf gerundet oder wenig spitz; Basis gestutzt oder stumpf und kurz herablaufend. Submerse Blattspreite ± gestielt, sehr schmal elliptisch, bis 30 cm lang, 2–4 cm breit, hellgrün. 5–11 Nerven. Durchscheinende Zeichnungen fehlen.

Blütenstände im Lang- und Kurztag, einfach oder verzweigt, anfangs aufrecht, dann herabhängend und kriechend, mit Adventivpflanzen. Blütenstängel bis 70 cm lang, 3-kantig. Blütenstand über 1 m lang, mit 7–11 jeweils 6- bis 14-blütigen Quirlen; Stängel zwischen den Quirlen 3-kantig. Deckblätter 1,5–5 cm lang, sehr schmal, lang zugespitzt. Blüten bis 7 cm gestielt, 2–2,5 cm groß. Kelchblätter 5 × 3 mm groß. Kronblätter 1,2 cm lang, 1 cm breit. Gewöhnlich 12 Staubblätter. Filamente etwa 1,5 mm. Nüsschen 2–3 mm lang, 1 mm breit, mit 3–5 Rippen und 1 Drüse auf jeder Seite; Schnabel etwa halb so lang wie das Nüsschen. Chromosomenzahl nicht bekannt.
Kultur: *Echinodorus palifolius* ist bei Aquarianern seit Anfang der 1970er-Jahre in Kultur. Die anspruchslose Art lässt sich leicht im Aquarium pflegen, neigt aber bei optimalen Lebensbedingungen dazu, aus dem Aquarium herauszuwachsen. Werden aus dem Wasser strebende Blätter sofort entfernt, bleiben Folgeblätter zunächst wieder kürzer gestielt. Ich hatte in mittelhartem Wasser mit schwach saurem pH-Wert und intensiver Beleuchtung bei Temperaturen von 23–28 °C gute Kulturerfolge. Für die Bepflanzung eignen sich am besten Adventivpflanzen, die schnell wurzeln und eine mittelgroße Rosette aus elliptischen Blattspreiten bilden.
Ökologie: Genaue Informationen über natürliche Standorte fehlen.

Echinodorus paniculatus im Aquarium

Echinodorus paniculatus

MICHELI (1881)

Rispige Schwertpflanze

Familie: Alismataceae, Froschlöffelgewächse.
Synonyme: *E. paniculatus* MICHELI f. *latifolia* CHODAT & Hassler, *E. paniculatus* var. *brevifolia* HAUMAN und var. *dubius* FASSETT.
Etymologie: *Echinodorus*: siehe *E. berteroi*; *paniculatus*: rispig, bezieht sich auf den Blütenstand.
Verbreitung: Mittel- und Südamerika (von Südmexiko bis Argentinien), häufig.
Beschreibung: Kräftige Sumpfpflanze, über 1 m hoch, mit dickem, kurzem Rhizom. Blattstiel dreikantig, mehr als zweimal so lang wie die Spreite. Blattspreite von linealisch, lanzettlich bis schmal eiförmig, bis 25 cm lang, 1–8 cm breit, zugespitzt, an der Basis spitz oder stumpf, mittelgrün gefärbt, gelegentlich kräftig rot gefleckt. Submerse Blätter mit einem langen, dreikantigen Stiel. Blattspreite linealisch bis bandförmig, 10–20 cm lang, 0,5–1,5 cm breit, hellgrün, manchmal etwas bräunlich. 3–7 Nerven. Durchscheinende Zeichnungen fehlen. Blütenstände an emersen Pflanzen, einfach oder verzweigt, meistens kürzer, selten länger als die Blätter, manchmal mit Adventivpflanzen. Blütenstängel aufrecht (mit Adventivpflanzen herabhängend), bis 1 m lang, dreikantig, kahl. Blütenstand bis 30 cm lang, mit 4–9(–14) Quirlen, zwischen den Quirlen dreikantig. Jeder Quirl mit 6–45 (!) Blüten. Deckblätter 1–2(–5) cm lang. Blüten 1–5,5 cm gestielt, Durchmesser etwa 3–4 cm. Kelchblätter etwa 6 mm lang, 5 mm breit. Kronblätter bis 2,5 cm breit, 2,1 cm lang, fast rund. Etwa 17–22 Staubblätter; Filament bis 1,5 mm lang. Karpelle zahlreich. Nüsschen 1,7–3 mm lang, 0,7–1,5 mm breit, geflügelt, auf jeder Seite mit 4–5(–7) Rippen, ohne Drüsen; Schnabel bis 0,7 mm lang. Chromosomenzahl nicht (!) bekannt.
Kultur: *Echinodorus paniculatus* ist nur bedingt für die submerse Kultur geeignet. Die Art entwickelt im Aquarium lange Blattstiele mit sehr schmalen und kurzen Spreiten, was wenig dekorativ wirkt. Bei zusagenden Wachstumsbedingungen bilden sich zudem schnell Luftblätter. Für die vorübergehende submerse Pflege eignen sich vor allem junge Exemplare. Durch Verwendung eines nährstoffarmen Bodengrundes und einer nicht zu starken Beleuchtung (hier muss man etwas experimentieren) lässt sich

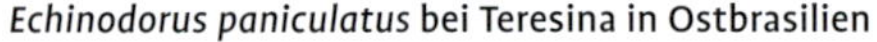

Echinodorus paniculatus bei Teresina in Ostbrasilien

Blüten von *Echinodorus paniculatus*

der Prozess des Herauswachsens jedoch verzögern. Ferner sollten aus dem Wasser herausstrebende Blätter abgeschnitten werden, wodurch Folgeblätter dann meistens kürzer gestielt bleiben. Ansonsten stellt die Art bei der Pflege keine besonderen Anforderungen. Eine Vermehrung erfolgt durch Samen. Optimale Temperatur 20–28 °C.
Ökologie: *Echinodorus paniculatus* besiedelt die Ufer von Tümpeln und Flüssen sowie deren Überschwemmungsgebiete. Am Flussufer des Guaporé (Südwestbrasilien) sah ich während der Niedrigwasserzeit im August 1987 ausgedehnte Bestände an halbschattigen und voll besonnten Standorten zusammen mit anderen *Echinodorus*-Arten. An den zahlreichen Blütenständen wurden merkwürdigerweise keine Adventivpflanzen gefunden (siehe Biotop 1, S. 26).

An drei weiteren natürlichen Habitaten in Mexiko (Foto S. 271) wuchsen im August 1985 in Tümpeln kleine Bestände von *E. paniculatus* in flachem Wasser auf lehmigem Bodengrund. Wasserwerte eines Standortes: Temperatur 27 °C, pH 7,5, GH 4 °dH, KH 5 °dH, NH_4^+ 0,5 mg/l, NO_2^- 0,05 mg/l, Fe nicht nachweisbar. Die Pflanzen aus Mexiko wiesen an den Blütenständen zahlreiche Adventivpflanzen auf. Auch in Westbrasilien konnte ich zahlreiche Standorte von *Echinodorus paniculatus* untersuchen. Dort wuchsen die Pflanzen immer an sumpfigen Standorten stehender Gewässer sowie im Überschwemmungsbereich von Flüssen. Die natürlichen Habitate waren immer voll besonnt. Die Ergebnisse der Wasserproben zeigen, dass die Pflanzen in weichem bis mittelhartem Wasser zu finden sind. Der Untersuchung von zwei Bodenproben ist zu entnehmen, dass die Bestände von *E. paniculatus* in einem nährstoffreichen Substrat wachsen. Siehe auch Biotope 15 (S. 35), 21 (S. 37), 22 (S. 37) und 24 (S. 37).
Sonstiges: *Echinodorus paniculatus* lässt sich von anderen Arten gut durch die gewöhnlich lanzettlichen, an der Basis spitzen (ungelappten) Blattspreiten sowie den aufrechten, vielblütigen, die Pflanzen meistens nicht überragenden Blütenstand unterscheiden.

Haynes & Holm-Nielsen (1994) halten *E. glaucus* für ein Synonym von *E. paniculatus*, was zweifelsfrei falsch ist. *Echinodorus glaucus* besitzt eine bereifte (Wachsschicht), blaugrüne (= *glaucus*) Blattoberseite, runde Blattstiele, 24–28 Staubblätter sowie Nüsschen mit 3 Drüsen auf jeder Seite (Kasselmann 2002 c).

Die von Wendt (1952–55) mit dem Namen *Echinodorus paniculatus* bezeichnete Pflanze wurde von Rataj 1975 als *Echinodorus bleherae* beschrieben.

Echinodorus ×portoalegrensis im Aquarium

Echinodorus ×portoalegrensis

RATAJ (1970)

Derbe Schwertpflanze

Familie: Alismataceae, Froschlöffelgewächse.
Synonyme: Keine.
Etymologie: *Echinodorus*: siehe *E. berteroi*; *portoalegrensis*: nach Porto Alegre.
Verbreitung: Südbrasilien: Rio Grande do Sul, Porto Alegre (Fundortangabe zweifelhaft) und Santa Catarina, Tangara.
Beschreibung: Mittelgroße Wasserpflanze mit langem, dünnem Rhizom. Blattstiel bis 15 cm lang, fast rund, hart. Spreite schmal elliptisch bis elliptisch oder schmal lanzettlich bis verkehrt lanzettlich, 5–16 cm lang, 2–7 cm breit, steif, ledrig, mittel- bis schwarzolivgrün gefärbt. Spitze stumpf zugespitzt bis schwach stachelspitzig; Basis spitz. Blattrand wenig gewellt, Spreite etwas gedreht. 3–5 Nerven. Durchscheinende Zeichnungen fehlen. Chromosomen 2n = 33, 44.

Blütenstände mit Adventivpflanzen. Blütenstand mit etwa 6 wenigblütigen Quirlen. Nüsschen unbekannt.
Kultur: *Echinodorus ×portoalegrensis* zählt zu den mittelgroßen, anspruchsvollen, sehr seltenen Schwertpflanzen. Die Kultur entspricht im Wesentlichen der von *E. ×opacus*. Die steifen Blätter wachsen bei *E. ×portoalegrensis* aber nicht aufrecht, sondern sind leicht nach unten gebogen. In Abhängigkeit vom Nährstoffangebot des Bodengrundes bildet sich im Aquarium eine bis 30 cm breite Rosette mit 10–20 Blättern, die eine Wuchshöhe von 5–15 cm erreichen. *Echinodorus ×portoalegrensis* ist deshalb nur für die Begrünung des Vordergrundes empfehlenswert.
Ökologie: Verschiedentlich wurde über Populationen im Rio Peixe (Foto S. 276) mitten in der Stadt Videira (Brasilien) berichtet. Während meines Besuches zur regenarmen und kalten Jahreszeit im Juli 1995 sahen die Bestände gesund aus, obwohl große Mengen Abwässer in den Fluss geleitet wurden. Auch die Wasseranalyse (S. 606) weist ein wenig belastetes Wasser nach. Die Pflanzen wuchsen in bis knietiefem Wasser in der Mitte des Flusses in einer Strömung von etwa 2 m/s. In dem sandig-lehmig-steinigen Boden hatte sich ein stark verzweigtes Rhizomgeflecht gebildet. Auffällig war das sehr kalte Wasser von 11 °C. Während der warmen Jahreszeit wurden auch Temperaturen von 21 und 24 °C sowie ein pH-Wert von 7,4 gemessen. Siehe *E. ×opacus*.
Literaturhinweis: KASSELMANN (2001 a), WANKE & WANKE (1994), SCHWITZER et al. (1998).

Echinodorus 'Rainers Felix' als Vordergrundpflanze im Aquarium

Echinodorus 'Rainers Felix'

Familie: Alismataceae, Froschlöffelgewächse.
Etymologie: Dedikationsname zu Ehren von RAINER LEIDTHOLDT.
Beschreibung: Kleine bis mittelgroße Rhizompflanze, meistens nur 10–20 cm hoch. Submerse Blattspreite kurz gestielt, sehr schmal elliptisch, bis 10–25 cm lang, 2–4,5 cm breit. Die Färbung ist wie bei *Echinodorus* 'Ozelot Grün' mit bräunlicher Fleckenzeichnung auf hellgrüner Grundfärbung.
Kultur: Diese kleine Wuchsform von *E.* 'Ozelot Grün' ist aufgrund ihrer geringen Größe prädestiniert für die Bepflanzung des Vordergrundes. Es ist eine empfehlenswerte Sorte, die sich nicht nur aufgrund des Fleckenmusters durch eine ungewöhnliche Erscheinung auszeichnet, sondern zugleich auch durch gute Wuchseigenschaften. Die Sorte eignet sich in kleineren Aquarien für die Bepflanzung des Mittelgrundes, in größeren Aquarien für den Vordergrund. Bei einer intensiven Beleuchtung bildet *E.* 'Rainers Felix' einen prächtigen Blickfang.
Sonstiges: Die Sorte ist eine Mutation von *E.* 'Ozelot Grün', die von TOMAS KALIEBE, Altlandsberg, ausgelesen und weitervermehrt wurde. Sie ist seit etwa 2002 im Vertrieb.

Echinodorus 'Rainers Kitty'

Familie: Alismataceae, Froschlöffelgewächse.
Etymologie: Der Sortenname bezieht sich auf den Besitzer der einstigen Gärtnerei ZOOLogiCa, RAINER LEIDTHOLDT, der die Pflanze in einem Bestand von *Echinodorus* 'Ozelot' fand.
Beschreibung: Kleine bis mittelgroße Rhizompflanze, etwa 10–20 cm hoch. Submerse Spreite kurz gestielt, sehr schmal elliptisch, am Rand leicht gewellt, 10–20 cm lang, 2–4 cm breit, mehr oder weniger weinrot mit vielen Flecken, ältere Blätter etwas vergrünend. An emersen Blütenständen entwickeln sich Adventivpflanzen.
Kultur: Die nicht schwierig zu kultivierende Sorte ist als Solitärpflanze empfehlenswert für die Vordergrundbepflanzung kleiner und mittelgroßer Aquarien. Sie entwickelt sich allerdings nur zufriedenstellend, wenn sie gut beleuchtet wird. Ich konnte sie problemlos auch in hartem, alkalischem Wasser kultivieren. Eine Adventivpflanzenbildung im Aquarium konnte ich allerdings nicht beobachten.
Sonstiges: Auch diese Sorte ist eine Mutante von *Echinodorus* 'Ozelot' und wurde durch TOMAS KALIEBE, Altlandsberg, ausgelesen. Sie ist seit etwa 2002 erhältlich. Im Aussehen ähnlich 'Rainers Felix'.

Echinodorus 'Red Diamond' und 'Red Special' im Aquarium

Echinodorus 'Red Diamond'

Familie: Alismataceae, Froschlöffelgewächse.
Etymologie: 'Red Diamond' = Roter Diamant.
Beschreibung: Blattspreite kurz gestielt, schmal eiförmig, etwa 15–20 cm lang, 2–3 cm breit. Die Färbung ist hell- bis dunkelrubinfarben mit dunkelroten Blattnerven (Unterschied zu *E.* 'Oriental') und einem schimmernden Glanz auf der Blattfläche; Blattrand deutlich gewellt.
Kultur: Diese rotblättrige Sorte ist wenig anspruchsvoll, wüchsig und nicht schnell vergrünend. Sehr ansprechend ist die – je nach Lichtintensität – ausgeprägte Färbung, die der neuen Sorte ein charakteristisches Äußere geben. Die nur niedrige Höhe, der lockere Wuchs und ihre Anspruchslosigkeit in Bezug auf die Wachstumsbedingungen prädestiniert sie auch für kleine Aquarien; natürlich lässt sie sich auch als Vordergrundpflanze in größeren Becken pflegen. Ich hatte zufriedenstellende Wuchserfolge in mittelhartem, leicht alkalischem Wasser ohne CO_2-Düngung.
Sonstiges: Nach Angaben von Tropica entstand *E.* 'Red Diamond' in der Ukraine und ist eine Kreuzung aus *E. uruguayensis* (Typ *horemanii* „rot") und *E. ×barthii*. Seit etwa 2006 im Handel.

Echinodorus 'Red Special'

Familie: Alismataceae, Froschlöffelgewächse.
Beschreibung: Blattstiel 5–15 cm lang, Blattspreite 10–30 cm lang, 4–10 cm breit, verkehrt lanzettlich bis schmal elliptisch, 5–7 Nerven. Im Jugendstadium rotbraun bis tief dunkelrot gefärbt mit helleren Nerven, im Alter vergrünend. Junge Pflanzen besitzen unregelmäßig angeordnete, undeutliche Flecke, die bei älteren Pflanzen jedoch vollständig verschwinden.
Kultur: *Echinodorus* 'Red Special' benötigt eine lange Anwachsphase, ist aber nur anfangs kleinbleibend. Bei guten Lichtverhältnissen und einem nährstoffreichen Bodengrund ist sie schnellwüchsig und nur für sehr geräumige Aquarien geeignet. Hartes, alkalisches Leitungswasser ist ebenso für eine erfolgreiche Kultur verwendbar wie weiches, schwach saures. Nach einigen Monaten bildet sich eine dekorative, ausladende Solitärpflanze, die aber keine Neigung zu emersen Blättern besitzt. Als imposantes Gewächs entwickelte sie in meinem Aquarium erst nach drei Jahren auch gelegentlich Blütenstände, allerdings ohne Adventivpflanzen.
Sonstiges: Seit 2005 im Vertrieb der Firma Tropica.

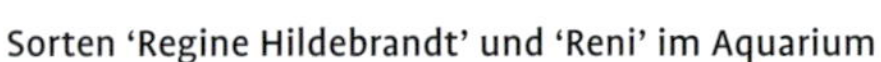

Sorten ‘Regine Hildebrandt’ und ‘Reni’ im Aquarium

Echinodorus ‘Regine Hildebrandt’

Familie: Alismataceae, Froschlöffelgewächse.
Etymologie: Dedikationsname zu Ehren der verstorbenen brandenburgischen Politikerin Regine Hildebrandt.
Beschreibung: Kleinwüchsige Rhizompflanze. Submerse Blattspreite kurz gestielt, schmal eiförmig, leicht in sich gedreht, meistens nicht größer als 10 × 5 cm, kräftig weinrot gefärbt, wenig vergrünend. Blütenstände emers mit Adventivpflanzen.
Kultur: *Echinodorus* ‘Regine Hildebrandt’ ist eine der schönsten Solitärpflanzen und Sorten für den Vordergrund. Gleichzeitig ist sie aber auch eine der anspruchsvolleren Cultivars. Sie benötigt intensives Licht und eine gute Nährstoffversorgung, dennoch ist ihr Wachstum nur langsam. Nach meinen Erfahrungen gelingt die Pflege auch zufriedenstellend in hartem, alkalischem Wasser. Eine Adventivpflanzenbildung, wie sie an emersen Blütenständen häufig auftritt, konnte ich submers nicht beobachten.
Sonstiges: Es handelt sich um eine Kreuzung aus *E.* ‘Ozelot’ und *E. uruguayensis* (Farbform *E. horemanii* rot). Der Züchter Tomas Kaliebe, Altlandsberg, brachte sie 2002 in den Handel.

Echinodorus ‘Reni’

Familie: Alismataceae, Froschlöffelgewächse.
Beschreibung: Mittelgroße Rhizompflanze. Submerse Blattspreite bis 10 cm lang gestielt, breit elliptisch, anfangs bis 10 × 6 cm groß, später auf bis 25 × 8 cm Größe anwachsend, tief dunkelrot gefärbt mit etwas helleren Blattnerven. Blütenstände emers mit Adventivpflanzen.
Kultur: Eine sehr empfehlenswerte, farbenprächtige und wüchsige Sorte, die lange kleinwüchsig bleibt und dekorative kompakte Rosetten im Vordergrund bildet. Erst nach längerer Kulturzeit entwickeln sich die Pflanzen und müssen je nach Beckengröße in den Mittel- oder Hintergrund umgepflanzt werden. Wie fast alle rotblättrigen Sorten benötigt auch diese intensives Licht und hohe Nährstoffgaben zur zufriedenstellenden Entfaltung. Ich konnte gute Kulturerfahrungen sowohl in weichem als auch hartem Wasser machen. Eine häufige Adventivpflanzenbildung an Gewächshauspflanzen ermöglicht die gute Vermehrung und schnelle Verbreitung dieser Sorte.
Sonstiges: Nach Tomas Kaliebe, Altlandsberg, der die Sorte 2003 in den Handel brachte, handelt es sich um eine Kreuzung zwischen den Sorten ‘Großer Bär’ und ‘Ozelot’.

Echinodorus 'Rosé' im Aquarium

Echinodorus 'Rosé'

Familie: Alismataceae, Froschlöffelgewächse.
Etymologie: *Echinodorus*: siehe *E. berteroi*; 'Rosé': Sortenname, bezieht sich auf die Blattfärbung.
Verbreitung: Keine natürliche Verbreitung.
Beschreibung: Mittelgroße Hybride, im Aquarium etwa 10–25 cm hoch, 20–40 cm breit. Emerse Pflanzen: Blattspreite bis 45 cm gestielt, eiförmig, bis 25 × 15 cm groß, dunkelolivgrün, junge Blätter rötlich, gelegentlich mit rötlichen Flecken. Spitze stumpf zugespitzt; Basis rund und kurz herablaufend. Blattrand schwach gewellt oder flach. Submerse Pflanzen: Blattstiel 5–20 cm lang. Spreite sehr schmal elliptisch, 10–25 cm lang, 2–8 cm breit, hell- bis dunkelolivgrün gefärbt, junge Blätter roséfarben, mit oder ohne dunkelroten Flecken. 5–7 Nerven. Durchscheinende Linien zumeist sehr lang.

Blütenstände die Pflanzen überragend, niedergebogen, verzweigt, mit zahlreichen Blütenquirlen und vielen Adventivpfanzen. Quirl mit 12–16 etwa 3 cm großen Blüten. Blütenstiel 1,5–7 cm lang. Brakteen 1–2 cm lang, zugespitzt. Kelchblätter 8–10 mm lang, 4–6 mm breit. Kronblätter 1,8–2,0 cm breit, 1,5 cm lang. 19–24 Staubblätter. Nüsschen fertil.

Kultur: Eine dekorative Hybride, von der zwei Farbformen gepflegt werden. Diese unterscheiden sich durch ein Fehlen oder Vorhandensein von auffälligen, dunkelroten Flecken, die über die gesamte submerse Blattspreite verteilt sind. Kräftige Exemplare von *E.* 'Rosé' bilden eine lockere, ausgebreitete Rosette. Eine mittlere bis intensive Beleuchtung, freier Stand und nährstoffreicher Bodengrund sind zu empfehlen. Temperatur 22–30 °C. Verwendung je nach Beckengröße in der Mittel- bis Hintergrundzone, wo die Sorte als dekorative Solitärpflanze eingesetzt werden kann. Gelegentlich bilden sich auch unter Wasser Blütenstände mit Adventivpflanzen. Eine Vermehrung sollte nur durch Adventivpflanzen vorgenommen werden, da bei einer Aussaat eine Aufspaltung in unterschiedliche Phänotypen erfolgt.
Sonstiges: *Echinodorus* 'Rosé' gehört zu den ältesten Sorten. Nach den Angaben von HANS BARTH (1988), dem Züchter dieser Sorte, handelt es sich bei *E.* 'Rosé' um eine Kreuzung zwischen *E. horizontalis* und *E. horemanii* „rot" (Farbform von *E. uruguayensis*). Eine ähnlich aussehende, aber kleinere Pflanze ist die Sorte *Echinodorus* 'Oriental', bei der es sich um eine Mutation handelt, die bei der Gewebekultur von *Echinodorus* 'Rosé' auftrat.

Submerse *Echinodorus* 'Rubin'

Echinodorus 'Rubin'

Familie: Alismataceae, Froschlöffelgewächse.
Etymologie: *Echinodorus*: siehe *E. berteroi*; 'Rubin': Sortenname, bezieht sich auf die Blattfärbung.
Verbreitung: Keine natürliche Verbreitung.
Beschreibung: Großwüchsige Hybride, bis 60 cm hoch. Submerse Blätter 5–25 cm gestielt. Spreite sehr schmal elliptisch, 15–35 cm lang, 3–5 cm breit, ledrig. Blätter mehr oder weniger kräftig braunrot gefärbt. Spitze spitz oder stumpf zugespitzt; Basis spitz. Blattrand schwach gewellt. 5 hellgrün gefärbte Nerven.

Blütenstände die Pflanzen überragend, mit mehreren Blütenquirlen und zahlreichen Adventivpflanzen.
Kultur: Diese seit Ende 1993 im Handel vertretene Sorte erinnert im Habitus und Färbung sehr an *E. 'Osiris'*, ist aber noch kräftiger braunrot, bei Beleuchtung mit hohem Rotanteil sogar tief dunkelrot gefärbt. Dabei tragen die helleren Nerven zur augenfälligen Erscheinung bei. Bei *E.* 'Rubin' handelt es sich um eine großwüchsige Solitärpflanze für geräumige Aquarien, die hervorragende Wuchseigenschaften besitzt: Sie vereinigt Dekorativität, Schnellwüchsigkeit und Anspruchslosigkeit in idealer Weise, weshalb sie eine der am häufigsten kultivierten Sorten ist. Sowohl in weichem als auch hartem, schwach saurem bis leicht alkalischem Wasser ist eine Kultur nicht schwierig. Eine mittlere Beleuchtungsintensität und ungewaschener Sandboden reichen für eine optimale Pflege aus. Temperaturbereich 20–30 °C. Junge Adventivpflanzen eignen sich zunächst für die Vordergrundbepflanzung, wo sie einige Monate sehr dekorativ wirken. Beim Erreichen einer entsprechenden Größe werden sie dann in den Hintergrund umgepflanzt. Eine Vermehrung kann durch Adventivpflanzen an den Blütenständen sowie Rhizomteilung erfolgen. In einigen Wasserpflanzengärtnereien wird *Echinodorus* 'Rubin' durch Gewebekultur vermehrt.
Sonstiges: Nach den Angaben des Züchters, HANS BARTH, wurde diese Sorte aus einer Population der Kreuzung *Echinodorus horemanii* „rot" (Farbform von *E. uruguayensis*) und *E. ×barthii* selektiert. Im Handel ist auch eine schmalblättrige Form von *Echinodorus* 'Rubin', die deutlich kleiner bleibt, aber ebenfalls vital ist und im Folgenden beschrieben wird.

Erstaunlicherweise konnte sich *E.* 'Rubin', eine der ersten Sorten überhaupt, bis heute gegenüber den vielen Neuzüchtungen behaupten.

Echinodorus 'Rubin' „schmalblättrig" und 'Sankt Elmsfeuer' im Aquarium

Echinodorus 'Rubin' „schmalblättrig"

Familie: Alismataceae, Froschlöffelgewächse.
Beschreibung: Eine schmalblättrige Wuchsform von *Echinodorus* 'Rubin', die zudem im Habitus deutlich kleiner bleibt. Die submerse Spreite ist bis 10 cm lang gestielt, bis 30 cm lang und 2,5 cm breit. Ihre Färbung ist wie die Stammsorte kräftig braunrot gefärbt und mit auffällig heller Nervatur.
Kultur: Zur Entwicklung der prächtigen Blattfärbung ist intensives Licht erforderlich, junge Blätter werden dann auch hell rubinfarben. Auch sollte der Pflanze ein nährstoffreicher Bodengrund mit Lehmzusatz gegeben werden. Grundsätzlich ist diese Sorte ebenso vital und anspruchslos wie die Stammsorte, weshalb ich sie uneingeschränkt empfehlen kann. Aufgrund des niedrigeren Wuchses eignet sich 'Rubin' „schmalblättrig" hervorragend auch schon für mittelgroße, gut beleuchtete Aquarien. Am besten lässt sich die Sorte als Solitärpflanze im Mittelgrund verwenden.
Sonstiges: Seit 2005 durch die Firma Tropica gelegentlich im Fachhandel.

Echinodorus 'Sankt Elmsfeuer'

Familie: Alismataceae, Froschlöffelgewächse.
Etymologie: Der Sortenname bezieht sich auf die Färbung. Ein Elmsfeuer ist eine seltene, durch elektrische Ladungen hervorgerufene Lichterscheinung.
Beschreibung: Mittelgroße bis große Rhizompflanze. Submerse Blattspreite bis 20 cm gestielt, sehr schmal elliptisch, 15–30 cm lang und 3–5,5 cm breit. Färbung je nach Lichtintensität olivgrün bis hellrot geflammt, dabei unregelmäßig und undeutlich gefleckt. Die jungen Blätter sind weinrot gefärbt und vergrünen etwas im Alter.
Kultur: Diese Sorte hat sich in der Aquaristik bewährt, weil sie gute Wuchseigenschaften besitzt. Sie ist verhältnismäßig anspruchslos und begnügt sich mit einer mittleren Lichtintensität. In nährstoffarmem Bodengrund kann man viele Monate lang kleinere Pflanzen heranziehen. Ich hatte gute Wuchserfolge auch in hartem, alkalischem Wasser. Auch im Aquarium bilden sich Blütenstände mit Adventivpflanzen. Prächtige Solitärpflanze im Mittelgrund.
Sonstiges: Nach den Angaben des Züchters Tomas Kaliebe handelt es sich um eine Kreuzung der Sorten *E.* 'Großer Bär' und 'Ozelot'. Seit 2003 gelegentlich im Fachhandel.

Blüte von *Echinodorus scaber*

Echinodorus emersus (nach LEHTONEN 2008) an der Laguna Cocococha, Peru

Echinodorus scaber

RATAJ (1969)

Raue Schwertpflanze

Familie: Alismataceae, Froschlöffelgewächse.
Synonyme: *Echinodorus scaber* RATAJ var. *proliferatus* RATAJ, *E. macrophyllus* (KUNTH) MICHELI subsp. *scaber* HAYNES & HOLM-NIELSEN.
Etymologie: *Echinodorus*: siehe *E. berteroi*; *scaber*: scharf, rau, bezieht sich auf die Behaarung.
Verbreitung: Südnikaragua, Kolumbien, Venezuela, Guyana, Brasilien.
Beschreibung: Kräftige Sumpfpflanze. Von *Echinodorus macrophyllus* durch folgende Merkmale verschieden: Blattstiel warzig mit Sternhaaren. Emerse Spreite deutlich länger als breit, 9–30 cm lang, 5–15 cm breit, 7–9 Nerven.

Blütenstände mit Adventivpflanzen. Jeder Quirl mit 3–6 Blüten. Blüten etwa 1,2 cm im Durchmesser groß. Kelchblätter etwa 5 × 4 mm. Kronblätter etwa 4 × 3 mm, kurz nach dem Öffnen nach hinten umgeschlagen. 13–17 Staubblätter. Nüsschen mit 0–2 Drüsen. Chromosomenzahl nicht bekannt.

Kultur: Wie bei *E. cordifolius* angegeben.
Ökologie: In Ostbrasilien wuchsen im Juli 2000 vereinzelte Pflanzen von *E. scaber* mit größeren Beständen von *E. decumbens* zusammen (siehe Biotop 23, S. 37). Bei den hier abgebildeten, in Peru (8/1992), Laguna Cocococha, Reserva Natural de Tambopata, untersuchten Pflanzen soll es sich um eine neue Art, *Echinodorus emersus* LEHTONEN (2008), handeln. Ich fand kleine, blühende Bestände unbeschattet am Rande des Sees auf lehmigem Bodengrund.
Sonstiges: RATAJ beschrieb *E. scaber*, der sich durch andersartige Früchte von *E. macrophyllus* unterscheiden soll. Nach HAYNES & HOLM-NIELSEN (1986) verwendete RATAJ für seine Beschreibung unreife Früchte von *E. macrophyllus*, weshalb diese Autoren *E. scaber* als Unterart von *E. macrophyllus* darstellen. LEHTONEN (2008) führt beide Arten als eigenständig an und beschreibt zudem *Echinodorus emersus* LEHTONEN. Ich halte *E. macrophyllus* und *E. scaber* ebenfalls für gute Arten, da es deutliche blütenmorphologische Unterscheidungsmerkmale gibt. Die Beschreibung von *E. emersus* ist aus meiner Sicht dagegen zweifelhaft. Die Art wurde häufig in Ekuador, Peru und Bolivien gesammelt und besitzt eine weite Verbreitung. Es ist kaum vorstellbar, dass sie übersehen wurde.

Echinodorus subalatus im Aquarium

Echinodorus subalatus bei Caceres, Brasilien

Echinodorus subalatus

(MARTIUS) GRISEBACH (1866)

Geflügelte Schwertpflanze

Familie: Alismataceae, Froschlöffelgewächse.
Synonyme: *Alisma subalatum* MARTIUS (1830), *Echinodorus andrieuxii* Small, *E. subalatus* subsp. *andrieuxii* HAYNES & HOLM-NIELSEN, u. a.
Etymologie: *Echinodorus*: siehe *E. berteroi*; *subalatus*: schwach geflügelt (Blattstiel).
Verbreitung: In Mittel- und Südamerika weit verbreitet.
Beschreibung: Mittelgroße Sumpfpflanze. Blattstiel kantig, schwach geflügelt. Emerse Spreite schmal elliptisch bis schmal eiförmig, 7–20(–40) cm lang, 2,5–9(–21) cm breit. Submerse Blätter bis 20 cm gestielt. Spreite linealisch bis bandförmig, bis etwa 20 cm lang, 1–2 cm breit, hellgrün. 5–11 Nerven. Durchscheinende Linien deutlich oder fehlend.

Blütenstände aufrecht, die Pflanze überragend. Blütenstängel und Blütenstand bis 70(–100) cm lang, zwischen den Quirlen 3-kantig bis geflügelt. Blütenstand bis 40(–80) cm lang, mit 3–13 Quirlen, mit oder ohne Adventivpflanzen. Quirl mit 3–9 Blüten. Deckblätter auffällig schmal und lang zugespitzt, 1,5–6 cm lang, länger als die Blütenstiele. Blüten 2–10(–15) mm gestielt, etwa 1,5 cm groß. 12 Staubblätter. Nüsschen mit 3–5 Rippen und 1 Drüse auf jeder Seite; Schnabel 0,3–1,4 mm lang. Chromosomenzahl 2n = 22.
Kultur: *Echinodorus subalatus* bildet im Aquarium eine etwa 30–50 cm hohe Rosette aus gestielten, schmalen Blattspreiten. Durch diesen ungewöhnlichen submersen Wuchs weicht sie auffällig von anderen Schwertpflanzen ab. Um eine dekorative Wirkung zu erzielen, benötigt sie einen freien Standplatz, an dem sie gut beleuchtet wird. In weichem und mittelhartem Wasser lässt sich *E. subalatus* zufriedenstellend pflegen. Blühende Pflanzen von *E. subalatus* sind leicht an den auffällig langen und schmalen Deckblättern zu erkennen.
Ökologie: Wächst an sumpfigen Standorten emers in flachem Wasser. Siehe Biotope 14 (S. 35), 17 (S. 36), 20 (S. 36) und Wasseranalyse auf S. 606, Rio Tapanatepec.
Sonstiges: RATAJ beschrieb *E. subalatus* und *E. andrieuxii*, die HAYNES & HOLM-NIELSEN (1986, 1994) als Unterarten von *E. subalatus* begreifen. LEHTONEN (2008) fasst diese zu *E. subalatus* zusammen, obwohl molekulare Untersuchungen fehlschlugen. Mir erscheint diese Einteilung klärungsbedürftig.

Die Sorten 'Feuerfeder' und 'Tricolor' im Aquarium

Echinodorus 'Tanzende Feuerfeder'

Familie: Alismataceae, Froschlöffelgewächse.
Etymologie: Der Sortenname bezieht sich auf eine Tanzgruppe in Löhme.
Beschreibung: Großwüchsige Sorte, bis 70 cm hoch. Spreite sehr schmal elliptisch, bis 30 cm lang, 7 cm breit, am Rand schwach gewellt. Kennzeichen sind die olivgrün bis weinrot geflammten Blätter mit ihren vielen großflächigen dunkelroten Flecken, die unregelmäßig ineinander übergehen und an eine prächtige Feder erinnern.
Kultur: Die Sorte ist eine der beeindruckendsten und wertvollsten *Echinodorus*-Züchtungen überhaupt. Aufgrund ihrer Größe, aber auch ihrer enormen Wuchs- und Vermehrungsfreudigkeit, beansprucht sie viel Platz und demzufolge geräumige Aquarien. Auch bei mittleren Lichtverhältnissen ist die Sorte noch prächtig gefärbt und vergrünt nur wenig. An großen Pflanzen entwickeln sich regelmäßig Blütenstände mit zahlreichen Adventivpflanzen. Sowohl weiches als auch hartes Wasser mit pH-Werten zwischen 6,5 und 8,5 sind gleichermaßen geeignet.
Sonstiges: Züchter ist TOMAS KALIEBE, Altlandsberg. Seit 2002 im Handel.

Echinodorus 'Tricolor'

Familie: Alismataceae, Froschlöffelgewächse.
Etymologie: Der Sortenname bezieht sich auf unterschiedliche Blattfärbungen.
Beschreibung: Mittelgroße Rhizompflanze. Submerse Spreite bis 15 cm gestielt, lanzettlich mit gestutzter Basis, 10–15 cm lang, 5–8 cm breit. Die Herzblätter sind hellgrün gefärbt mit bräunlichen Flecken, leicht gewelltem Blattrand und noch helleren Blattnerven; ältere Blätter färben sich dunkler grün. Blütenstände mit Adventivpflanzen.
Kultur: Es ist eine der wenigen hellgrünen Sorten. Ihr Wachstum ist zügig und stellt den Aquarianer vor geringe Probleme. Schon bei mittleren Lichtwerten gelingt es, kräftige Pflanzen zu erhalten, die zahlreiche Adventivpflanzen bilden. Eine Kultur ist sowohl in weichem und saurem als auch in hartem, alkalischem Wasser möglich. Verwendung als Solitärpflanze im Mittelgrund oder in kleineren Aquarien auch im Hintergrund.
Sonstiges: Die Sorte entstand in der tschechischen Gärtnerei RATAJ und ist seit etwa 2004 im Handel. Unter dem Sortennamen ist auch eine Pflanze in Kultur, die bandförmige Blattspreiten entwickelt.

Breitblättrige Form von *Echinodorus uruguayensis* im Aquarium

Normale Form von *E. uruguayensis* im Aquarium

Echinodorus uruguayensis

ARECHAVALETA (1903)

Uruguay-Schwertpflanze

Familie: Alismataceae, Froschlöffelgewächse.
Synonyme: *Echinodorus aschersonianus* GRAEBNER, *E. horemanii* RATAJ, *E. africanus* RATAJ, *E. janii* RATAJ, *E. osiris* RATAJ, *E. veronikae* RATAJ, *E. viridis* RATAJ.
Etymologie: *Echinodorus*: siehe *E. berteroi*; *uruguayensis*: aus Uruguay stammend.
Verbreitung: Südbrasilien, Uruguay, Chile, Nordargentinien.
Beschreibung: Strömungsliebende, polymorphe Wasserpflanze mit langem, dünnem Rhizom, bis 70 cm hoch. Emerse Pflanzen: Blattstiel 15–35 cm lang, rund. Spreite elliptisch, lanzettlich, verkehrt lanzettlich oder schmal eiförmig, 9–23 cm lang, 3–8,5 cm breit, mittelgrün. Spitze zugespitzt; Basis herablaufend oder spitz. Submerse Pflanzen: Blattstiel 10–30 cm lang. Blattspreite sehr schmal elliptisch oder verkehrt schmal lanzettlich, bandförmig, 30–45 cm lang, 1–4 cm breit, ledrig, hell- bis dunkelolivgrün oder schwarzrot gefärbt. Spitze spitz oder stumpf zugespitzt; Basis herablaufend. Blattrand flach oder gewellt. 3–5(7) Nerven. Durchscheinende Linien (einzelne Punkte) auffällig lang oder fehlen.
Blütenstände submers und emers, aufrecht, die Pflanzen überragend oder herabgebogen, mit 2–3 Adventivpflanzen. Blütenstängel bis 25 cm lang, ± dick, fast rund. Blütenstand 15–25 cm lang, zwischen den Quirlen dreikantig, mit 2–4(–6) Quirlen. Jeder Quirl mit 8–12 Blüten. Deckblätter 1,2–1,7 cm lang. Blüten 1,5–6,5 cm gestielt, 3 cm groß. 17–22 Staubblätter. Nüsschen 1,8–2,3 mm lang, 0,8–1,1 mm breit, auf jeder Seite mit (2–3)4(5) Rippen und (2)3 Drüsen. Schnabel bis 0,3 mm lang. Chromosomenzahl 2n = 22 (Populationen aus Südbrasilien, Uruguay, auch Kulturpflanze vom Typ „horemanii rot").
Kultur: Die Kultur dieser dekorativen, in Färbung und Form variablen Solitärpflanze erfordert geräumige Aquarien ab 300 l Inhalt. Bei optimalen Wachstumsbedingungen bilden sich im Laufe von mehreren Monaten prächtige Exemplare, die nahezu 100 Blätter aufweisen können. *Echinodorus uruguayensis* entwickelt im Aquarium keine Schwimm- und Luftblätter. Am schönsten werden die Pflanzen in weichem bis mittelhartem, schwach saurem Wasser, in nährstoffreichem Bodengrund (Lehm), bei einer

Durchscheinende Zeichnungen bei *E. uruguayensis*

Echinodorus uruguayensis am natürlichen Standort in Norduruguay (Biotop Nr. 27, S. 38)

mittleren bis intensiven Beleuchtung und nicht zu hoher Temperatur (Optimum 16–24 °C). Eine Vermehrung kann durch Rhizomteilung, Adventivpflanzen und Samen erfolgen. Blütenstände bilden sich ziemlich selten gewöhnlich im Kurztag; bestimmte Faktoren, wie niedrige Temperaturen und hohe Lichtintensität, können aber auch eine Blütenbildung im Langtag auslösen.

Ökologie: WANKE & WANKE (1994) fanden in einem Nebenfluss des Rio Peixe nicht nur rein rote und rein grüne, sondern auch gemischte Populationen. Auch SCHULZE (1968) berichtet über einen natürlichen Standort (vgl. Ökologie von *E.* 'Osiris'). Ich untersuchte zahlreiche Standorte von *E. uruguayensis* in Südbrasilien, Nordargentinien und Urugay (KASSELMANN 2003 a). Siehe Biotope 13 (S. 34) und 26–28 (S. 38). Eine Schwimmblattbildung wird nur selten (z. B. in Uruguay) beobachtet.

Sonstiges: Es sind verschiedene Farb- und Wuchsformen in Kultur, die alle zum Formenkreis von *E. uruguayensis* gerechnet werden. Auch der von RATAJ beschriebene *E. horemanii*, der sich durch fehlende durchscheinende Linien in den Blattspreiten unterscheidet, gehört dazu. Bei einer Farbform mit schwarzroten Blattspreiten, die gelegentlich als *E. horemanii* „rot“ oder „schwarzrot“ in der Aquarienliteratur erwähnt wurde, handelt es sich zweifelsfrei um eine Hybride, was in der Wasserpflanzengärtnerei JULIUS HOECHSTETTER, Trostberg, (pers. Mitteilung) durch Selbstbestäubung und Aussaat nachgewiesen wurde. Diese Hybride diente häufig als Ausgangsmaterial für weitere Kreuzungen (zum Beispiel *E.* 'Rubin').

Auch die von RATAJ benannten *E. veronikae*, *E. janii* und *E. viridis* gehören alle zum Formenkreis von *E. uruguayensis*. Der von RATAJ 1981 beschriebene *E. africanus* ist zweifelsfrei eine breitblättrige Wuchsform. Ich suchte den angeblichen Fundort in Kamerun auf und wies nach (KASSELMANN 1984 a/1985 a), dass dort keine *Echinodorus*-Art, sondern nur die zur selben Familie gehörende und sehr ähnliche Art *Limnophyton fluitans* vorkommt. Infolgedessen müssen die an diesem Standort gesammelten Pflanzen von *L. fluitans* später in der Kultur mit einer ökologischen Rasse von *E. uruguayensis* verwechselt worden sein. RATAJ beschrieb diese Pflanzen als neue Art (*E. africanus*), in dem irrigen Glauben, sie stammten aus Kamerun. *Echinodorus osiris* RATAJ wird von HAYNES & HOLM-NIELSEN (1994) und LEHTONEN (2008, 2016) als Synonym von *E. uruguayensis* angesehen (siehe *E.* 'Osiris').

Echinodorus uruguayensis var. *minor* im Aquarium

Echinodorus uruguayensis

ARECHAVALETA **var. minor** KASSELMANN (2001)

Zwerg-Uruguay-Schwertpflanze

Familie: Alismataceae, Froschlöffelgewächse.
Syonyme: Keine.
Etymologie: *Echinodorus*: siehe *E. berteroi*; *uruguayensis*: aus Uruguay stammend; *minor*: kleiner (Wuchsgröße).
Beschreibung: Wasserpflanze, 10–30 cm hoch. Blätter bis 5 cm gestielt, 10–25 cm lang, 1–2 cm breit, hellgrün. Bildet praktisch keine emersen Blätter. Samenbildung nicht bekannt. Chromosomenzahl 2n = 22.
Kultur: Die seltene var. *minor* ist deutlich anspruchsvoller als andere Wuchsformen dieser Art. Für eine optimale Kultur sind ein nährstoffreicher Bodengrund (z. B. Lehmzusatz) und eine intensive Beleuchtung erforderlich. Eine CO_2-Düngung wirkt sich positiv aus, eine Kultur ist gut auch in hartem Wasser möglich. Rätselhaft ist bis heute die schwierige vegetative Vermehrung. Ich konnte in 15 Jahren nur wenige Adventivpflanzen am Rhizom erhalten, niemals aber die Entwicklung eines Blütenstandes beobachten. Vermutlich sind eine jahreszeitlich bedingte Veränderung von Temperatur, Licht und Tageslänge in Südbrasilien Auslösefaktoren, wie sie damals in der Gärtnerei HOECHSTETTER im Winter zufällig praktiziert wurde.
Ökologie: Typuslokalität dieser hellgrünen Zwergform ist der Rio das Flores in Südwestbrasilien im Bundesstaat Paraná. Ich fand sie im Jahre 1995 in wenigen, dicht stehenden Gruppen in schnell fließendem Wasser an zumeist vollsonnigen Stellen. Trotz des Niedrigwassers hatten sich keine emersen Blätter gebildet. Die Pflanzen wurzelten in sandigem Lehmboden, der von größeren Steinen durchsetzt war und wiesen eine starke Verzweigung der Rhizome und eine Adventivpflanzenbildung auf. Der Wasserstand kann zur Regenzeit um 3 m ansteigen. Wasseranalyse siehe S. 606 und Foto S. 274.
Sonstiges: Der Gärtnerei HOECHSTETTER gelang es 1996, die wenigen mitgebrachten Exemplare vegetativ durch Adventivpflanzen an Blütenständen und durch Jungpflanzen am Rhizom auf etwa 50 Stück zu vermehren, von denen ein großer Teil in die Gewebekultur ging, die aber heute nicht mehr praktiziert wird. LEHTONEN (2008) stellt diese Varietät in die Synonymie. Ich sehe keinen Grund, weshalb der Status einer Varietät nicht gerechtfertigt sein sollte.
Literaturhinweis: KASSELMANN (2001 a, 2002 b).

Egeria densa

Planchon (1849)

Argentinische oder Dichtblättrige Wasserpest

Familie: Hydrocharitaceae, Froschbissgewächse.
Synonyme: *Elodea densa* (Planch.) Caspary, u. a.
Etymologie: *Egeria*: nach der Nymphe Egeria; *densa*: dicht, bezieht sich auf die Beblätterung.
Verbreitung: Südostbrasilien, Uruguay, Argentinien, eingebürgert in Chile, Mexiko, Nordamerika, Ostafrika, Australien, Neuseeland, Japan und Europa.
Beschreibung: Ausdauernde, flutende Wasserpflanze mit 2–3 mm dickem, hartem, leicht brüchigem, dicht beblättertem Stängel. Internodien 0,3–1 cm. Blätter sitzend. Vorblätter schuppenähnlich, gegenständig, obere Blätter gewöhnlich in 4-zähligen Quirlen. Bei Verzweigungen sind am Knoten 2 Blattquirle übereinander angeordnet (Gattung *Elodea* mit einfachem Blattquirl). Spreite schmal länglich, 2–3 cm lang, 3–4 mm breit, leicht nach unten gebogen, transparent, blassdunkelgrün, einnervig, manchmal mit rötlichem Mittelnerv. Schuppen an der Blattbasis. Blattrand fein gesägt. Blattspitze mit winzigem Zähnchen (im Unterschied dazu besitzt die Gattung *Lagarosiphon* an der Blattspitze 2 Zähne).

Egeria densa im Aquarium

Pflanzen zweihäusig. Blüten mit Nektarien. Männliche Spatha mit 2–4(–5) Blüten, weibliche mit 1(2) Blüten. 3 grüne Kelchblätter. 3 weiße Kronblätter, mehr als zweimal so groß wie die Kelchblätter. Männliche Blüte mit gewöhnlich 9 Staubblättern; Filamente 0,8–4,5 mm lang, keulenförmig angeschwollen, stark warzig. Weibliche Blüte im Aussehen der männlichen ähnlich, aber etwas kleiner, mit 3 gelben bis organgefarbenen Staminodien, 0,9–2,4 mm lang. 3 Griffel; Narben gewöhnlich 3-lappig.
Kultur: Eine seit vielen Jahren beliebte, anspruchslose Kaltwasserpflanze, die aber nur bedingt winterhart ist. *E. densa* wächst frei schwimmend oder eingepflanzt, ist aber für gewöhnlich nur kurze Zeit bei höheren Temperaturen haltbar. Sie passt sich weichem, saurem Wasser an, gedeiht aber besonders gut in kalkreichem Wasser mit höheren pH-Werten. Bei zusagenden Bedingungen ist die Art aufgrund des raschen Wachstums ein guter Sauerstoffspender.
Ökologie: In stehenden oder langsam fließenden, gewöhnlich tieferen Gewässern sowohl in saurem, humusreichem Milieu als auch in kalkreichem (bis pH 9,2, Japan), eutrophem Wasser. Überdauert im Winter ohne spezielle Überwinterungsorgane. In manchen Gebieten aufgrund des sehr schnellen Wachstums eine Schadpflanze. Zwei Wasseranalysen Sri Lanka (1/1985): 1) Kleiner Fluss mit langsam fließendem Wasser, pH 5,78, GH 3 °dH, KH 2 °dH, 91 µS/cm, E_H 447 mV. 2) Teich: Temp. 30 °C (!), pH 6,04, GH/KH < 1 °dH, 85 µS/cm, E_H 408 mV. Wasseranalyse Argentinien (7/1993): Großer Fluss, langsam fließendes, lehmigtrübes Wasser, Temp. 12 °C (Lufttemp. 13,5 °C um 15 Uhr), pH 7, GH und KH 2 °dH, 50 µS/cm.
Sonstiges: Von *Lagarosiphon major* leicht durch die quirlständigen, weichen Blätter zu unterscheiden. Wesentliche, aber schwierig zu untersuchende Merkmale für die Unterscheidung von anderen Gattungen der Familie (*Elodea*, *Hydrilla*, *Lagarosiphon*) sind u. a. Blattstruktur, Blüten und Nektarien. Für den Aquarianer können aber auch Blattstellung, Blattgröße und -färbung eine Unterscheidungshilfe sein.
Literaturhinweis: Cook & Urmi-König (1984 a).

Egeria najas

PLANCHON (1849)

Nixkrautähnliche Wasserpest

Familie: Hydrocharitaceae, Froschbissgewächse.
Synonyme: *Elodea najas* (PLANCHON) CASPARY, u. a.
Etymologie: *Egeria*: siehe *E. densa*; *najas*: der Gattung *Najas* (Nixkraut) ähnlich.
Verbreitung: Brasilien, Uruguay, Paraguay, Argentinien.
Beschreibung: Ausdauernde, flutende, sehr variable Wasserpflanze mit etwa 1 mm dickem, weichem, leicht brüchigem Stängel. Internodien gewöhnlich 0,1–1 cm lang. Blätter sitzend. Vorblätter schuppenähnlich, gegenständig, die oberen Blätter gewöhnlich in 5-zähligen Quirlen. Bei Verzweigungen sind am Knoten 2 Blattquirle übereinander angeordnet (Gattung *Elodea* mit einfachen Blattquirlen). Spreite linealisch, spitz, gewöhnlich 2–3 cm lang und 1–2 mm breit, ± stark nach unten gebogen, einnervig, hell- bis dunkelgrün gefärbt. Schuppen an der Blattbasis. Blattrand fein gezähnt. Blattspitze mit winzigem spitzem Zähnchen (Gattung *Lagarosiphon* mit 2 Zähnchen an der Blattspitze).

Pflanzen zweihäusig. Nektarien fehlen. Männliche Spatha mit 2–3 Blüten, weibliche mit 1(2) Blüten. 3 grüne Kelchblätter. 3 weiße, auffällige Kronblätter, mehr als zweimal so groß wie die Kelchblätter. Männliche Blüte mit gewöhnlich 9 Staubblättern; Filamente 0,6–1,3 mm lang, nicht keulenförmig angeschwollen, wenig warzig. Weibliche Blüten im Aussehen den männlichen ähnlich, aber etwas kleiner, mit 3 gelben bis organgefarbenen Staminodien, 0,4–1,3 mm lang. 3 Griffel; Narben gewöhnlich 3-lappig.
Kultur: Obwohl *Egeria najas* eine sehr anpassungsfähige Wasserpflanze ist und bei der Pflege im Aquarium kaum größere Probleme auftreten, wird diese Art bisher sehr selten kultiviert. Es handelt sich um eine zierliche Stängelpflanze, die im Unterschied zu *Egeria densa* für die dauernde Kultur im Tropenaquarium geeignet ist und auch bei hohen Temperaturen (optimal sind 15–26 °C) wächst. Weiches und mittelhartes Wasser sind für die Kultur empfehlenswert. Für eine erfolgreiche Pflege ist eine hohe Lichtintensität notwendig. Im Aquarium lassen sich die Pflanzen frei schwimmend und auch eingepflanzt, dann am wirkungsvollsten als Gruppe, kultivieren. Eine Vermehrung gelingt leicht durch Seitensprosse.
Ökologie: Ich untersuchte *Egeria najas* im August 1987 im Rio Guaporé, Mato Grosso (Brasilien). In den ruhigen Seitenarmen oder strömungsarmen Buchten wuchsen massenhafte Ansammlungen an der Wasseroberfläche im intensiven Sonnenlicht. Eine ausführliche Wasseranalyse vom Rio Guaporé befindet sich auf S. 596. Auch im Nordosten von Argentinien wurden an natürlichen Standorten im Juli 1993 mehrere Wasseranalysen durchgeführt, die zusammengefasst wiedergegeben werden: Wasser stehend oder langsam fließend, colafarben oder klar, Biotope unbeschattet, Bodengrund schlammig-sandig oder lehmig, Wassertemperatur 10,5–16 °C, GH < 1–7 °dH, KH < 1–7 °dH, pH 5,2–7,6, 10–240 µS/cm, Fe 0,05–0,1 mg/l. Die Pflanzen wuchsen in bis zu 1 m tiefem Wasser. Siehe auch eine Wasseranalyse eines Standortes aus Argentinien auf S. 596, Biotop Nr. 5, S. 30.
Sonstiges: Zur Unterscheidung zu ähnlichen Gattungen siehe *Egeria densa*.
Literaturhinweis: COOK & URMI-KÖNIG (1984 a).

Egeria najas **im Aquarium**

Eichhornia azurea

(Swartz) Kunth (1843)

Dünnstielige Eichhornie

Familie: Pontederiaceae, Pontederiagewächse.
Synonyme: *Pontederia azurea* Swartz (1788), *Piaropus azureus* (Sw.) Britton.
Etymologie: *Eichhornia*: nach dem preuß. Minister J. A. Fr. Eichhorn (1779–1856); *azurea*: himmelblau, bezieht sich auf die Blütenfarbe.
Verbreitung: Weit verbreitet in den tropischen und subtropischen Gebieten Amerikas.
Beschreibung: Submerse oder flutende Pflanze mit im Bodengrund oder im Wasser wurzelnder, verzweigter, sehr langer Sprossachse. Emerse Blätter wechselständig, lang gestielt, Blattstiele nicht verdickt. Spreite eirund bis kreisförmig, bis 16 cm groß, mittelgrün. Submerse Pflanzen aufrecht. Blätter zweizeilig wechselständig, linealisch, 10–25 cm lang und 10 mm breit, hellgrün gefärbt.

Blütenstand eine bis zu 15 cm lange Scheinähre mit bis zu 50 Blüten (kultivierte Pflanzen wenigblütig). Farbe und Morphologie der Blüte sehr verschieden. Perigon 6-lappig, in 2 Kreisen, weiß, azurblau bis kräftig violett gefärbt; innere Perigonblätter gefranst, davon das obere mit einem kräftig gelben Fleck. 6 unterschiedlich lange Staubblätter. 1 Griffel. Kapsel vielsamig. Der reife Fruchtstand versinkt im Wasser.

Blütenstand von *Eichhornia azurea* (Bolivien)
Rechte Seite: *Eichhornia azurea* im Aquarium

Kultur: Eine anspruchsvolle, dekorative Solitärpflanze. Für die Aquarienkultur ist nur die submerse Wuchsform, die entfernt an einen Palmwedel erinnert, von Interesse. Die Art entwickelt sich in weichem, stark saurem bis neutralem, nährstoffreichem Wasser am schönsten. Die Kulturerfahrungen haben aber gezeigt, dass *E. azurea* eine anpassungsfähige Art ist, die auch in mittelhartem Wasser gut gedeihen kann. Wasserbewegung sowie ein nährstoffreicher Bodengrund (Lehmzugabe) wirken sich vorteilhaft aus. Optimaler Temperaturbereich 15–24 °C. Die Lichtintensität kann gar nicht hoch genug sein. Bei Lichtmangel bleiben die Pflanzen im Habitus schmächtig, und die unteren Blätter werden schwarz und faulen. Unerwünscht sind allerdings die bei gut beleuchteten und kräftig wachsenden Sprosse an der Wasseroberfläche gebildeten emersen Triebe, weshalb die Sprosse rechtzeitig gekürzt werden müssen. Belässt man den unteren Teil des Stängels im Bodengrund, entwickelt er neue Seitensprosse, sodass eine vegetative Vermehrung kein Problem darstellt. Eine besonders wirkungsvolle Dekoration des Aquariums erzielt man, wenn zwei bis drei Sprosse stufig und mit paralleler Anordnung der Blätter gepflanzt werden. Im Sommer auch als emerse Pflanze im Gartenteich haltbar, wo sich an einem hellen Standort die dekorativen Blütenstände bilden.
Ökologie: *Eichhornia azurea* bildet an natürlichen Standorten einen dichten Schwimmpflanzenteppich; submerse Bestände sind selten. Ich fand die Art in sehr unterschiedlichen Biotopen, in stehenden, teichartigen Gewässern oder Sumpfgebieten ohne sichtbare Wasserbewegung sowie in stark strömendem Wasser, immer in intensivem Sonnenlicht. An dieser Stelle folgt eine Zusammenfassung der zahlreichen Wasseranalysen aus mehreren Ländern: Temperatur 9–33 °C, pH 5,4–7,6, GH und KH < 1–8 °dH, 10–360 µS/cm. Siehe Biotope 1 (S. 26), 5 (S. 30), 12 (S. 34), 13 (S. 34), 15 (S. 35), 19 (S. 36), 21 (S. 37), 22 (S. 37), 27 (S. 38), 35 (S. 41).
Literaturhinweis: Kasselmann & Staeck (1990).

Blühende *Eichhornia crassipes* am natürlichen Standort in Venezuela

Eichhornia crassipes

(MARTIUS) SOLMS (1883)

Dickstielige Wasserhyazinthe

Familie: Pontederiaceae, Pontederiagewächse.
Synonyme: *Pontederia crassipes* MARTIUS (1823), u. a.
Etymologie: *Eichhornia*: siehe *Eichhornia azurea*; *crassipes*: dickstielig.
Verbreitung: Weltweit (ursprünglich Brasilien).
Beschreibung: Gewöhnlich frei schwimmende, bis etwa 50 cm hohe Pflanze mit reich verzweigten, bläulichschwarzen Wurzeln. Internodien stark gestaucht, sodass die emersen Blätter eine Rosette bilden. Blattstiele bis 40 cm lang, durch Lufteinlagerung schwammig verdickt. Blattscheide bis 15 cm lang. Spreite rundlich bis rhombisch, bis 25 cm groß, Spitze stumpf, Basis keilförmig bis schmal herzförmig.

Scheinähre mit 20–35 Blüten. Perigon 6-lappig, in 2 Kreisen, hellviolett, der innere obere Lappen mit einem gelben Fleck. 6 Staubblätter, in 2 Höhen. 1 Griffel. Kapsel 1,5 cm lang, vielsamig.

Kultur: Für die Aquarienkultur ist diese Schwimmpflanze nur geeignet, wenn sie intensiv beleuchtet wird, viel Wärme erhält und ein ausreichend hoher Raum mit einer feuchtwarmen, etwas bewegten Luft zwischen Wasseroberfläche und Abdeckung vorhanden ist. Die Art benötigt nährstoffreiches Wasser. Empfehlenswert ist die Kultur in offenen Aquarien, wobei man darauf achten muss, dass die Blätter durch die Lampen nicht verbrennen. Wird *Eichhornia crassipes* im Sommer im Gartenteich gepflegt, werden dort bei viel Wärme und intensivem Licht die prächtigen Blütenstände mit den zahlreichen hellvioletten Blüten ausgebildet. Eine Überwinterung gelingt am ehesten an einem hellen, kühlen Platz. Auch bei guten Kulturbedingungen erreicht die Wasserhyazinthe gewöhnlich nur einen Bruchteil der Größe von Pflanzen natürlicher Standorte.

Ökologie: In den natürlichen Gewässern bildet die Wasserhyazinthe häufig derart große Bestände, dass sie ein Problem für die Schifffahrt darstellt. Zahlreiche Wasseranalysen wurden durchgeführt, die hier zusammengefasst wiedergegeben werden: Wassertemperatur (20)27–33 °C, pH 6,5–7,5, GH < 1–12,5 °dH, KH < 1–6 °dH, 20–785 µS/cm. Auch im Brackwasser (4900 µS/cm). Siehe auch Biotope 1 (S. 26), 6 (S. 30), 15 (S. 35), 21 (S. 37), 22 (S. 37), 34 (S. 40) und 35 (S. 41). *Eichhornia crassipes* ist in Europa invasiv (s. S. 101).

Eichhornia diversifolia im Aquarium (Mitte)

Eichhornia diversifolia

(VAHL) URBAN (1903)

Verschiedenblättrige Eichhornie

Familie: Pontederiaceae, Pontederiagewächse.
Synonyme: *Heteranthera diversifolia* VAHL (1805), u. a.
Etymologie: *Eichhornia*: siehe *E. azurea*; *diversifolia*: verschiedenblättrig.
Verbreitung: Mittelamerika (Antillen), Südamerika (Guyana, Venezuela, Brasilien).
Beschreibung: Krautige Wasserpflanze, im Habitus *Eichhornia natans* sehr ähnlich (mit dieser häufig verwechselt, vgl. die Beschreibungen). Submerse Blätter bis 9 cm lang, 2–5 mm breit. Schwimmblätter 2–6 cm gestielt; Spreite bis 2,3 cm × 1,6(–2,8) cm groß.

Blütenstand bis 5 mm gestielt, mit 2–3(4), hellblauen oder ± blauvioletten, 1–2 cm großen Blüten. Innere Perigonblätter bis 1,5 cm lang, 0,6 cm breit, eines mit einem gelben Fleck, äußere Perigonblätter etwas kleiner. Samenkapsel etwa 1 cm lang und 2 mm dick.
Kultur: *Eichhornia diversifolia* ist wie *E. natans* eine anspruchsvolle, aber besser geeignete Kulturpflanze. Sie ist ebenfalls sehr lichthungrig, doch werden die Blätter an den unteren Sprossteilen nicht so schnell schwarz wie bei *E. natans*. Für ein optimales Wachstum erscheint auch weiches, leicht saures bis neutrales Wasser wichtig zu sein. Temperaturoptimum 20–28 °C.
Ökologie: Im März 1986 und August 1987 untersuchte ich drei Standorte im nördlichen Pantanal, Brasilien: 1) Sumpfgebiet mit stehendem Wasser. Die Pflanzen wurzeln im schlammigen Bodengrund in bis 1 m Tiefe. Wassertemp. 28 °C, Lufttemp. 27 °C um 10 Uhr, pH 5,5, GH/KH < 1 °dH, 18 µS/cm. 2) Tümpel mit stehendem Wasser. Bodengrund lehmig-schlammig. Wassertemp. 35 °C an der Oberfläche, 25 °C in 50 cm Tiefe, Lufttemp. 28 °C um 11 Uhr, pH 7,2–7,3, GH/KH < 1 °dH, 25 µS/cm. 3) Großer See. Wassertemp. 24 °C, Lufttemp. 25 °C (16 Uhr), pH 6, GH/KH < 1 °dH, 30 µS/cm. Siehe auch Biotope 1 (S. 26), 2 (S. 29), 34 (S. 40) und Foto S. 19.
Sonstiges: Zur sicheren Bestimmung sind Blütenstände notwendig. Schmächtige Sprosse von *E. diversifolia* können anhand des Habitus nicht sicher von der kleineren afrikanischen *E. natans* unterschieden werden. Während *E. diversifolia* gelegentlich kultiviert wird, ist *E. natans* eine ausgesprochene Rarität.

Eichhornia heterosperma am natürlichen Standort in Venezuela

Eichhornia heterosperma

ALEXANDER (1939)

Familie: Pontederiaceae, Pontederiagewächse.
Synonyme: *Eichhornia venezuelensis* VELASQUEZ.
Etymologie: *Eichhornia*: siehe *E. azurea*; *heterosperma*: ungleichsamig.
Verbreitung: Mittel- und Südamerika (bis nördliches Brasilien).
Beschreibung: Sumpfpflanze mit im flachen Wasser flutenden oder im Schlamm kriechenden, unbehaarten Sprossen. Stängel, Blattstiele und Blattscheiden auffällig weinrot gefärbt. Emerse Blätter bis 15 cm gestielt; Blattstiel nicht aufgeblasen. Emerse Blattspreite verkehrt lanzettlich bis verkehrt breit eiförmig, 3–10 cm lang, 1,2–6,2 cm breit, kahl. Blattscheide 1,5–6 cm lang. Submerse Blätter wechselständig, linealisch, 6–11 cm lang.

Blütenstand eine 5–6 cm lange Scheinähre mit 4–8(–14) Blüten. Stiel des Blütenstandes 1–5 cm lang. Spatha 1,8–4 cm lang. Blüte etwa 1,5–4 cm groß. Perigon 6-lappig. Perigonröhre 10–20 mm lang, behaart. Perigonblätter ganzrandig, blassblau bis blauviolett, ohne gelben Fleck. 6 unterschiedlich lange Staubblätter; Filamente kahl; Antheren blauviolett. Kapsel 1,5–3 cm lang; Samen gerippt, verschieden groß.
Kultur: *Eichhornia heterosperma* wurde bisher noch nicht für die Aquaristik eingeführt. Interessant wäre ein Kulturvergleich mit der im submersen Habitus offensichtlich kaum zu unterscheidenden *E. azurea*. Pflanzen, die als *E. heterosperma* gelegentlich verkauft werden, entpuppten sich in meinem Aquarium als Wuchsform von *E. azurea*, was deutlich anhand der Schwimmblätter erkennbar war.
Ökologie: Wächst in stehendem Wasser von Teichen und Seen, wo am Ufer bei niedrigem Wasserstand an der Oberfläche lockere, miteinander verkrautete Bestände gebildet werden. An einem natürlichen Standort in Venezuela war der Bodengrund sandig bis lehmig. Wasseranalyse dieses Standortes von W. STAECK (4/1992): Temp. 32 °C (Lufttemp. 34 °C um 12 Uhr), pH 6,1, GH/KH < 1 °dH, 20 µS/cm.
Sonstiges: Wesentliche Unterscheidungsmerkmale zu *E. azurea* sind die bei *E. heterosperma* kräftig weinrot gefärbten Stängel und Blattstiele, die wenigblütigen Blütenstände, die nicht gefransten Perigonblätter sowie der fehlende, für die Gattung charakteristische, gelbe Fleck auf dem mittleren oberen Perigonblatt.
Literaturhinweis: KASSELMANN & STAECK (1993 a).

Blütenstand von *Eichhornia diversifolia*

Blüte von *Eichhornia natans*

Eichhornia natans

(P. BEAUVOIS) SOLMS-LAUBACH (1882)
Schwimmende Eichhornie

Familie: Pontederiaceae, Pontederiagewächse.
Synonyme: *Pontederia natans* P. BEAUVOIS (1810), *Monochoria natans* Thomson, *Eichhornia diversifolia* TROUPIN (non URBAN).
Etymologie: *Eichhornia*: siehe *E. azurea*; *natans*: schwimmend.
Verbreitung: Westafrika, vereinzelt auch Ostafrika (Tansania, Madagaskar).
Beschreibung: Krautige Wasserpflanze. Submerse Blätter wechselständig rosettig oder zweizeilig, sitzend, linealisch, spitz, 3–8 cm lang, 2–4 mm breit, an den Sprossspitzen hellgrün. Schwimmblätter 4–10 cm gestielt, scheidig. Spreite herzförmig, an der Basis etwas überlappt, 2 × 1,5 cm groß, dunkelgrün.

Blüten einzeln, kurz gestielt, etwa 1 cm groß. Blütenhülle (Perigon) in 2 Kreisen, ± blauviolett (ohne gelben Fleck! Vgl. *E. diversifolia*), am Grund zu einer Röhre verwachsen. Perigonblätter bis 5,5 × 3 mm groß, verkehrt eiförmig. 6 verschieden hochstehende Staubblätter. Frucht eine 3-fächrige Kapsel mit 20–60 etwa 1 mm langen Samen.
Kultur: *Eichhornia natans* ist eine seltene, anspruchsvolle und sehr lichtbedürftige Art. Obwohl die Pflanzen am natürlichen Standort in der Regel in vollem Sonnenlicht wachsen, sind die unteren Sprossteile gewöhnlich immer schwärzlich, eine negative Eigenart, weshalb sie für die Kultur auch wenig geeignet erscheint. Auch bei einer hohen Lichtintensität bleiben nur die Blätter an den Sprossspitzen grün. Im Aquarium gedeiht *E. natans* in weichem oder mittelhartem, nährstoffreichem Wasser. Der Bodengrund sollte ebenfalls nahrhaft sein. Kräftige Pflanzen entwickeln auch im Aquarium Schwimmblätter und Blütenstände. Die Samen keimen am besten bei guter Beleuchtung und hoher Temperatur (30–35 °C).
Ökologie: In Westafrika fand ich *E. natans* in sehr flachem oder bis zu 1 m tiefem Wasser in Tümpeln oder langsam fließenden Bächen immer in intensivem Sonnenlicht. Der Bodengrund war meistens schlammig und häufig stark mit Humus durchsetzt.
Sonstiges: *Eichhornia natans* ist leicht mit *E. diversifolia* und *Heteranthera zosterifolia* zu verwechseln (vgl. die Blütenbeschreibungen).

Elatine triandra im Aquarium, eingeblendet die winzige Blüte

Elatine triandra

SCHKUHR (1791)

Dreimänniger Tännel

Familie: Elatinaceae, Tännelgewächse.
Synonyme: *Elatine callitrichoides* (W. NYLANDER) KAUFMANN.
Etymologie: *Elatine*: von *elate* (gr.) = Tanne; *triandra*: dreimännig, mit 3 Staubblättern.
Verbreitung: Europa, weit verbreitet in Asien, Südafrika, vermutlich eingeschleppt in die USA, südliches Südamerika.
Beschreibung: Zarte Sumpfpflanze mit bis etwa 10 cm langen, kriechenden, häufig verzweigten und wurzelnden Sprossen. Nebenblätter unscheinbar. Blätter gegenständig, fast sitzend. Spreite ungeteilt, am Rand sehr schwach gezähnt, lanzettlich bis elliptisch, 4–12 mm lang, 1,5–4 mm breit, mit lang verschmälerter Basis, kahl, hellgrün gefärbt. Blüten etwa 1 mm groß, einzeln in den Blattachseln, dreizählig, kugelig, kleistogam, sitzend oder bis 0,5 mm gestielt, kahl. 3 Kelchblätter, zwei große, ein kleines, vereint an der Basis, weniger als 1 mm lang, hellgrün. 3 weiße Kronblätter, etwas länger als der Kelch. 3 unscheinbare Staubblätter. Kapsel kugelig.
Kultur: Eine seltene, zarte, gewöhnlich anspruchsvolle Vordergrundpflanze, die sich bei optimalen Wuchsbedingungen aber schnell vermehren kann und dann einen dichten Rasen bildet. Allerdings misslingt die Kultur häufig auch aufgrund von Stickstoffmangel und zu hohen Temperaturen. Empfohlen wird eine mittlere bis hohe Lichtintensität, weiches bis mittelhartes, leicht saures bis neutrales Wasser, eine gute Nährstoffversorgung und ein feiner, nährstoffreicher Bodengrund. Vermehrung durch Seitensprosse und Aussaat. Eine emerse Kultur auf einem humusreichen Boden, bei der schon nach wenigen Wochen die unscheinbaren Blüten und Früchte gebildet werden, ist leicht auf der Fensterbank an einem schattig-sonnigen Platz möglich. Meistens öffnen sich die Blüten aber nicht. *Elatine triandra* ist kaum im Handel, vermutlich weil die emersen Sprosse sehr zart und empfindlich sind und sich ähnliche Arten, wie *Micranthemum* und *Glossostigma*, leichter vermehren lassen. Die in der Natur einjährige Art ist im Aquarium ausdauernd.
Ökologie: Im Schlamm entlang von stehenden oder sehr langsam fließenden Gewässern, bis in 2400 m Höhe.
Sonstiges: Gelegentlich wird *E. hydropiper* aus Westeuropa kultiviert. Empfehlenswerter ist *E. gratioloides* aus Australien.

Eleocharis acicularis im Aquarium

Eleocharis acicularis

(LINNÉ) ROEMER & SCHULTES (1817)

Nadelsimse

Familie: Cyperaceae, Ried- oder Zypergräser.
Synonyme: *Scirpus acicularis* L. (1753), u. a.
Etymologie: *Eleocharis*: *helos* = Sumpf, *charis* = Freude; *acicularis*: nadelspitzig (Blätter).
Verbreitung: Europa, Nordafrika, Asien, Sumatra, Australien, Nord- und Südamerika.
Beschreibung: Ausläuferbildende, zarte Sumpfpflanze. Rhizom unterirdisch, fadenförmig, stark verzweigt. Halme einzeln oder rosettig, 5–20 cm (submers selten bis 50 cm) hoch, fadenförmig, flach und kantig, scheidig, hell- bis mittelgrün gefärbt.

Blütenstand ein endständiges, 3–8(–15)blütiges, 2–5 mm langes Ährchen. Blüten zweigeschlechtlich, spiralig angeordnet. Spelzen eiförmig, stumpf, gekielt. Perigonborsten 2–4(–6), schmal, gleich lang oder länger als das Nüsschen, häufig fehlend. 3 Staubblätter. 3 verwachsene Fruchtblätter; Griffel abfallend, Griffelfuß an der Spitze des Nüsschens bleibend, klein, etwa halb so breit wie das Nüsschen, eingeschnürt. Nüsschen 0,7–1,2 mm lang, verkehrt lanzettlich bis verkehrt eiförmig, mit 10 feinen Längsrippen.
Kultur: Zarte, anspruchslose, rasenbildende Vordergrundpflanze. Die im Handel angebotenen Populationen sind bei nicht zu hohen Temperaturen (bis 25 °C) und intensivem Licht mäßig gut im Tropenaquarium haltbar. Ein sandiger Bodengrund eignet sich am besten. Eine Vermehrung erfolgt durch Ausläufer. Die Nadelsimse eignet sich ausgezeichnet für die Bepflanzung von Zuchtaquarien. Auch am Teichrand verwendbar, dort von Juni bis Oktober im flachen Wasser blühend. Winterhart.
Ökologie: Wächst an den Rändern von Sümpfen, Teichen und Flüssen bevorzugt auf kalkarmen, mäßig nährstoffreichen, ± schlammigen Sand-, Kies- und Tonböden. In Asien häufig in Reisfeldern. Im tiefen Wasser steril bleibend.
Sonstiges: SVENSON (1929) beschreibt 5 Formen und 5 Varietäten von *E. acicularis*, die Unterschiede in den Halmen, Ährchen und Perigonborsten zeigen. Neben diesen Merkmalen dienen zur Unterscheidung der etwa 250 *Eleocharis*-Arten insbesondere Anzahl der Blüten, Form der Spelzen, Gestalt und Größe des Griffelfußes sowie des Nüsschens.

Eleocharis caespitosissima im Aquarium

Blühende und fruchtende *Eleocharis geniculata*

Eleocharis caespitosissima

BAKER (1885)

Rasenbildende Nadelsimse

Familie: Cyperaceae, Ried- oder Zypergräser.
Synonyme: *Eleocharis subvivipara* C. B. CLARKE.
Etymologie: *caespitosissima*: stark rasenbildend.
Verbreitung: Nord- und Westaustralien, Madagaskar.
Beschreibung: Lebendgebärende (vivipare), zarte Sumpfpflanze. Emers bis 10 cm, submers bis 25 cm hoch. Halme fadenförmig, hellgrün, an der Spitze mit 1 Quirl. Blattscheide abgerundet, locker. Ährchen mit 1–3 Blüten. 6 Spelzen, zweizeilig verschachtelt, 2–3,5 mm lang. 6–7 Perigonborsten, Staubblätter 2. Griffel 3-spaltig. Griffelfuß pyramidenförmig.
Kultur: Hervorragend für die Kultur geeignet, vermehrt sich zügig durch Viviparie: An der Spitze der Halme entstehen bewurzelte Jungpflanzen. Auch gut für kleine Aquarien. Ausgezeichnetes Wachstum in weichem und mittelhartem Wasser bei mittlerer Beleuchtungsstärke und 25–30 °C.
Ökologie: An flachen Flussufern in sandigem Boden.
Sonstiges: Beide hier dargestellte Arten wurden von mir über die australische Gärtnerei AquaGreen eingeführt.

Eleocharis geniculata

(LINNÉ) ROEMER & SCHULTES (1817)

Gelenkige Nadelsimse

Familie: Cyperaceae, Ried- oder Zypergräser.
Synonyme: *Scirpus geniculatus* LINNÉ (1753), u. a.
Etymologie: *geniculata*: gelenkig.
Verbreitung: In den Tropen und Subtropen nahezu kosmopolitisch, in Europa fehlend.
Beschreibung: Amphibische Pflanze ohne Rhizom. Halme bis 40 cm lang, bis 1 mm dick, fest, mittelgrün. Blattscheide spitz, fest. Blütenstand ein vielblütiges Ährchen mit 5–9 Reihen von Spelzen. Blüte mit 4–8 Perigonborsten, 3 Staubblättern, einem 2-spaltigen Griffel. Griffelfuß kegelförmig.
Kultur: Wird in Australien häufig kultiviert, ist bei uns jedoch neu. Unter Wasser bildet sie bis etwa 40 cm hohe, kräftige Halme, weshalb sie nur für große Aquarien geeignet ist. Gute Wuchsbedingungen sind weiches bis mittelhartes Wasser, mittlere Beleuchtungsstärke, Temperatur 25–30 °C. Die Art lässt sich leicht durch Samen vermehren.
Ökologie: Amphibisch an sumpfigen Gewässerrändern, auch im Brackwasser. Siehe Biotop 76, S. 58.

Eleocharis fluctuans

(L. T. EITEN) ROALSON & HINCHLIFF (2010)

Familie: Cyperaceae, Zypergewächse.
Synonyme: *Egleria fluctuans* EITEN (1964).
Etymologie: *Eleocharis*: siehe *E. acicularis*; *fluctuans*: schwimmend, fließend.
Verbreitung: Nordbrasilien, östl. Kolumbien, Venezuela.
Beschreibung: Feingliedrige Wasserpflanze mit aufrechten oder flutenden, wenig verzweigten, dünnen, im Bodengrund wurzelnden Sprossen. Die haarfeinen, 3–7 cm langen, hellgrünen Halme sind in Büscheln von 15–25 wechselständig am Stängel angeordnet und am Grunde von einer schuppenförmigen Scheide umgeben.

Der Blütenstand besteht aus ein oder mehreren, in quirlähnlichen Büscheln angeordneten Ähren. Ähren bis 15 cm lang gestielt, linealisch, 7–10 mm lang, 1,0–1,5 mm dick, vielblütig (12–15 Blüten). Blüten zweigeschlechtlich, alle fertil (im Unterschied zu anderen *Eleocharis*-Arten). Spelzen fast rechteckig, stumpf. Blüte mit 3 Staubblättern, einem 5 mm langen Griffel und 3 bandförmigen Narben. 5 Perigonborsten, bleibend und Widerhaken bildend. Nüsschen flach dreieckig, etwa 1 mm groß, mit bleibendem, zylindrischem Griffelfuß (nach EITEN 1964).
Kultur: *Eleocharis fluctuans* wurde bisher erst wenige Male von Aquarianern eingeführt. Leider gelang die Kultur dieser zarten Wasserpflanze bisher nur vorübergehend in sehr weichem und mineralarmem Wasser. Eine Einfuhr dieser ungewöhnlichen Pflanze wäre wünschenswert.
Ökologie: Obwohl *E. fluctuans* eine größere Verbreitung besitzt als bislang angenommen wurde, ist über ihre natürlichen Standorte nur wenig bekannt. Die ersten Pflanzen wurden von A. DUCKE im Jahre 1912 in Brasilien in einem Zufluss des Lago Supucua (Bundesstaat Pará) gefunden, in dem sie dichte, flutende Bestände bildeten. 1935 entdeckte DUCKE die Art ein weiteres Mal in Brasilien (Bundesstaat Amazonas) in einem großen Zufluss des Sees José-Assú.

VAN DER VLUGT (1984) fand die Art 1973/1974 in der Gran Sabana (Venezuela) im weichen, salzarmen Wasser des kleinen Rio Morocco, der in den Schwarzwasserfluss Carrao mündet. Zur Niedrigwasserzeit im März betrug der Wasserstand 10–20 cm. Zur Hochwasserzeit im Oktober wuchsen die Pflanzen bei einer Temperatur von 27–28 °C im meist sandigen Boden zusammen mit anderen Cyperaceen (z. B. *Websteria confervoides*).

Im März 1994 sammelte ich *E. fluctuans* in Ostbrasilien im Staat Maranhão, 11 km westlich der Stadt Caxias, in einem seeähnlichen, dicht verkrauteten Sumpfgebiet im Einzugsgebiet des Rio Itapicuru. In langsam fließendem Wasser wuchsen neben *E. fluctuans* noch submerse Bestände von *Bacopa reflexa*, *Helanthium bolivianum* sowie zwei weitere *Eleocharis*-Arten. In diesem Habitat bestand der Bodengrund aus einem lehmhaltigen Sandboden, auf dem sich viel Mulm abgelagert hatte. Eine Wasseranalyse ergab folgende Daten: Temperatur 32 °C, pH-Wert 5,1, GH/KH < 1 °dH, Leitfähigkeit 0–10 µS/cm. Siehe Biotop 31 (S. 39).
Sonstiges: Nach genetischer Untersuchung wurde die Art von HINCHLIFF et al. (2010) aus der monotypischen Gattung *Egleria* nach *Eleocharis* überführt. Die büschelige und wechselständige Anordnung der Halme ist charakteristisch für *E. fluctuans*. Eine Verbreitung der Pflanzen erfolgt vermutlich durch die sich an den Früchten befindlichen Widerhaken, die im Fell von Tieren hängenbleiben.

Eleocharis fluctuans **im Aquarium**

Eleocharis pusilla im Aquarium

Eleocharis pusilla

R. Brown (1810)

Zwergnadelsimse

Familie: Cyperaceae, Ried- oder Zypergräser.
Synonyme: *Scirpus pumilio* Sprengel.
Etymologie: *Eleocharis*: siehe *Eleocharis acicularis*; *pusilla*: winzig.
Verbreitung: Australien, Neuseeland.
Beschreibung: Von *E. acicularis* durch folgende Merkmale verschieden: Halme über Wasser bis 10 cm lang, unter Wasser deutlich kürzer. Ährchen wenigblütig. Perigonborsten wenig oder fehlend, viel kürzer als das Nüsschen. Nüsschen verkehrt schmal eiförmig, etwa 1 × 0,5 mm groß, schwach dreikantig, gerippt und höckrig.
Kultur: *Eleocharis pusilla* ist eine rasenbildende, nur wenige Zentimeter hohe Vordergrundpflanze. Die bisherigen Kulturerfahrungen zeigen, dass *E. pusilla* – ähnlich *E. acicularis* – deutlich schlechter bei dauerhaft hohen Temperaturen über 25 °C wächst. Beste Kulturerfolge erreicht man mit der Zwergnadelsimse in weichem bis mittelhartem, schwach saurem bis neutralem Wasser. Als Bodengrund ist grober Sand am besten geeignet, in dem das Einpflanzen der zarten Halme keine Schwierigkeiten bereitet und sich die dünnen Rhizome zügig verzweigen können. Erworbene Topfpflanzen werden in kleine Stücke geteilt und mit Abstand voneinander eingepflanzt. Auf diese Weise erreicht man schnell eine grasartige Begrünung des Vordergrundes. Die Art reagiert empfindlich auf eine Veralgung. Insbesondere Fadenalgen können einen Bestand in kurzer Zeit vernichten. *Eleocharis pusilla* blüht leicht über Wasser. Empfehlenswert ist im Sommer auch eine Haltung am Rande eines Gartenteiches.
Ökologie: An ihren natürlichen Standorten besiedelt die Zwergnadelsimse nasse Standorte, an denen sie von Dezember bis April blüht.
Sonstiges: Die Art wurde von der dänischen Gärtnerei Tropica aus Australien eingeführt und ist seit 1997 gelegentlich im Handel. Ähnlich ist *E. parvula* aus Amerika und Eurasien. Für eine sichere Unterscheidung sind blühende und fruchtende Pflanzen erforderlich. Interessant sind ferner die als *E.* sp. „*montevidensis*" und „Xingu" vertriebenen Pflanzen mit über 50 cm langen Halmen. Möglicherweise sind sie aber identisch. *Eleocharis montevidensis* ist von Nord- bis Südamerika verbreitet.

Submerse Pflanzen von *Eleocharis vivipara*

Eleocharis vivipara

LINK (1827)

Regenschirmsimse

Familie: Cyperaceae, Ried- oder Zypergräser.
Synonyme: *Eleocharis prolifera* CHAPMAN, *Chlorocharis vivipara* RIKLI.
Etymologie: *Eleocharis*: siehe *E. acicularis*; *vivipara*: lebendgebärend.
Verbreitung: Südliche und südöstliche USA.
Beschreibung: Ausläuferbildende, lebendgebärende (vivipare) Sumpfpflanze. Rhizom kriechend. Halme in Rosetten angeordnet, submers bis 100 cm, emers bis 30 cm lang, fadenförmig, fest, hell- bis mittelgrün gefärbt. Blattscheiden spitz, fest. An den einzelnen Halmspitzen befinden sich 1–3 Quirle übereinander; jeder Quirl weist wiederum 6–8 Halme auf.

Blütenstand ein vielblütiges, vivipares, 3–8 mm langes Ährchen. Blüten zweigeschlechtlich, spiralig angeordnet. Spelzen stumpf, gewöhnlich nicht gekielt, 2 mm lang. 6 Perigonborsten, fast so lang wie das Nüsschen. 3 verwachsene Fruchtblätter; Griffel abfallend, Griffelfuß pyramidenförmig, schmaler als das dreieckige, verkehrt eiförmige, 1 mm lange Nüsschen.
Kultur: Obwohl *Eleocharis vivipara* schon seit 1912 bei den Aquarianern als anspruchslose Pflanze bekannt ist, wird sie ziemlich selten gepflegt. Dieses ist wohl darauf zurückzuführen, dass die Art in flachen Aquarien ein dichtes Gewirr von zarten Halmen bildet, was sehr „unordentlich" aussieht. Für Zuchtaquarien ist die Regenschirmsimse aber gerade deshalb besonders empfehlenswert. Soll aber der regenschirmähnliche Habitus wirkungsvoll zur Geltung kommen, müssen die Pflanzen in möglichst hohen Aquarien kultiviert werden. Zum optimalen Gedeihen ist eine mittlere Beleuchtungsstärke ausreichend. Auf Dauer mögen die Pflanzen keine Temperaturen über 27 °C. Als Bodengrund sind Sand oder feiner Kies am besten geeignet, in dem die feinen Wurzeln gut Halt finden können. Zur vegetativen Vermehrung werden die Halmquirle, an denen sich ebenfalls Wurzeln bilden, abgetrennt und eingepflanzt. Nur emerse Pflanzen bilden Blütenstände.
Ökologie: Die Art lebt amphibisch an den sumpfigen Rändern von Gewässern, häufig auf sandigem Boden.
Sonstiges: Eine ähnliche vivipare Art wurde als sp. „Caño La Pica" aus Venezuela eingeführt (PLOEGER 2010).

Elodea canadensis im Aquarium

Elodea canadensis

MICHAUX (1803)

Kanadische Wasserpest

Familie: Hydrocharitaceae, Froschbissgewächse.
Synonyme: *Udora canadensis* (Mich.) NUTT., u. a.
Etymologie: *Elodea*: *helodes* = sumpfig; *canadensis:* aus Kanada stammend.
Verbreitung: Nordamerika, eingeschleppt nach Europa (weibliche Pflanzen), Australien, Neuseeland.
Beschreibung: Ausdauernde Wasserpflanze. Stängel kriechend oder aufrecht, etwa 1 mm dick, dicht beblättert. Vorblätter gegenständig, die oberen Blätter meist in 3-zähligen Quirlen. Seitensprosse bilden sich an Knoten mit einfachen Blattquirlen (im Unterschied zu *Egeria* mit doppelten Blattquirlen). Blätter sitzend, lanzettlich, gewöhnlich bis 10 mm lang, 3 mm breit, etwas nach unten gebogen, transparent, dunkelgrün, einnervig. Schuppen an der Blattbasis. Blattrand gezähnt. Blattspitze mit 1(2) spitzen Zähnchen (Lupe!).

Pflanzen zweihäusig, selten einhäusig. Nektarien fehlen. Spatha mit 1(2) Blüten, männliche Spatha länger als 6 mm. 3 grüne Kelchblätter. 3 Kronblätter, viel schmaler, aber fast gleich lang wie die Kelchblätter, sehr dünn, unscheinbar, weiß. Männliche Blüten mehr als 15 cm gestielt. Gewöhnlich 9 Staubblätter; Filamente sehr kurz. Weibliche Kelch- und Kronblätter den männlichen ähnlich, aber kleiner. 3 Staminodien. 3 Griffel, gewöhnlich 2-spaltig, 2,6–4 mm lang.
Kultur: Empfehlenswerte Kaltwasserpflanze, die optimal bei Temperaturen von 15–20 °C (vorübergehend auch bis 28 °C) gedeiht. Sie wächst besonders gut in alkalischem, karbonatreichem Wasser. Aufgrund des raschen Wachstums ist sie ein guter Sauerstoffspender. Die Art ist lichtbedürftig.
Ökologie: Wächst in Seen und Teichen sowie in langsam fließendem, meistens eutrophem, gelegentlich auch in schwach brackigem Wasser. In Südostaustralien und Neuseeland gilt die Art noch immer als Plage. Im Herbst werden Wintersprosse und Turione gebildet, die auf den Boden sinken.
Sonstiges: Die Zahl der Blätter je Quirl kann bedingt zur Unterscheidung von den ähnlichen Arten *Elodea nuttallii* und *Hydrilla verticillata* herangezogen werden.
Literaturhinweis: COOK & URMI-KÖNIG (1985).

Elodea nuttallii im Aquarium

Blattspitzen von *Elodea nuttallii* (oben) und *Elodea canadensis* (unten) im Vergleich

Elodea nuttallii

(J. E. Planchon) St. John (1920)

Nuttalls oder Schmalblättrige Wasserpest

Familie: Hydrocharitaceae, Froschbissgewächse.
Synonyme: *Anacharis nuttallii* J. E. Planchon (1848), u. a.
Etymologie: *Elodea*: siehe *E. canadensis*; *nuttallii*: nach dem englischen Botaniker Thomas Nuttall (1786–1859).
Verbreitung: Nordamerika, in Europa und Japan eingeschleppt.
Beschreibung: Ausdauernde Wasserpflanze. Stängel kriechend oder aufrecht, etwa 1 mm dick, locker beblättert, weich. Vorblätter gegenständig, die oberen Quirle gewöhnlich 4- bis 5-zählig. Seitensprosse an Knoten mit einfachen Blattquirlen (im Gegensatz zu denen von *Egeria* mit doppelten Blattquirlen). Blätter sitzend, lanzettlich, gewöhnlich bis 8 mm lang, 2 mm breit, stark nach unten gebogen, an der Sprossspitze nicht wie bei *E. canadensis* dachziegelartig übereinander, transparent, blassdunkelgrün, einnervig. Schuppen an der Blattbasis. Blattrand weniger gezähnt als bei *E. canadensis*. Blattspitze mit 1 spitzen Zähnchen (Lupe!). Pflanzen zweihäusig, selten einhäusig. Nektarien fehlen. Spatha mit 1(–2) Blüten, männliche Spatha nicht länger als 4 mm. 3 Kelchblätter, grün. 3 Kronblätter, viel schmaler und kleiner als die Kelchblätter, sehr dünn, unscheinbar, weiß. Männliche Blüten fast sitzend. Gewöhnlich 9 Staubblätter; Filamente sehr kurz. Weibliche Kelch- und Kronblätter den männlichen ähnlich. 3 Staminodien. 3 Griffel, gewöhnlich 2-spaltig, kürzer als 2 mm.
Kultur: Kaltwasserpflanze, Kultur wie bei *Elodea canadensis*, aber langsamer wachsend.
Ökologie: Wächst in stehenden oder langsam fließenden, kalkreichen Gewässern, gelegentlich auch in schwach brackigem Wasser. Überwintert mit niederliegenden Schösslingen auf dem Gewässergrund. Diese bilden im Frühjahr neue Triebe, die sich an der Wasseroberfläche stark verzweigen. In Nordamerika häufig sympatrisch mit *E. canadensis*.
Sonstiges: In vegetativem Zustand ist *E. nuttallii* schwierig von *E. canadensis* zu unterscheiden. Zur Unterscheidung zu ähnlichen Gattungen (*Egeria*, *Hydrilla* und *Lagarosiphon*) vergleiche die Beschreibungen der einzelnen Arten.
Literaturhinweis: Cook & Urmi-König (1985).

Eriocaulon breviscapum im Aquarium

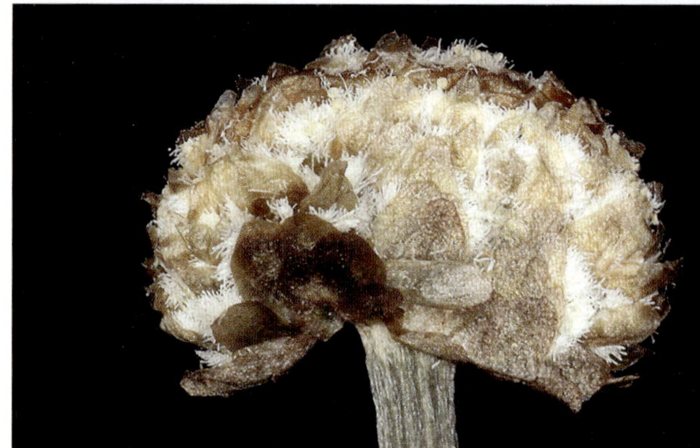

Vegetative Vermehrung durch Teilung sowie Blütenstand

Eriocaulon breviscapum

Körnicke (1854)

Familie: Eriocaulaceae, Wollstängelgewächse.
Synonyme: Keine.
Etymologie: *Eriocaulon*: siehe *E. cinereum*; *breviscapum*: kurzschäftig.
Verbreitung: Zentralindien (Orissa, Madhya Pradesh), Südindien (Kerala), Indochina.
Beschreibung: Wasserpflanze. Blätter büschelig an einem bis zu 3 cm langen, dünnen Rhizom. Spreite linealisch, bis 25 cm lang, an der Basis 4–7 mm breit, lang spitz zulaufend, kahl, im Aquarium fadenförmig, 0,5–2 mm breit. Blütenstände auch im Aquarium, bis etwa 40 cm gestielt. Blattscheide 10–18 cm lang, kürzer als die Blätter. Köpfchen halb kugelig, 7–9 mm. Hüllblätter bis breit eiförmig, etwa 1,75 mm lang, kahl, braun. Deckblätter länglich, etwa 2 mm. Blüten 3-zählig. Deck-, Kelch- und Kronblätter mit langen, weißen Haaren. Männliche Blüten: Kelchblätter unten vereint. Kronblätter länglich, eines etwa 1 mm, die anderen kleiner. 6 Staubbätter, Antheren weiß. Weibliche Blüten: Kelchblätter 1,5–2 mm lang. Kronblätter etwa 2 mm, eins ist größer als die beiden anderen.

Kultur: *Eriocaulon breviscapum* ist eine der wenigen gut geeigneten Spezies für die Aquarienkultur aus der etwa 400 bis 850 Arten umfassenden Gattung; trotzdem gehört sie zu den anspruchsvollen und empfindlichen Aquarienpflanzen. In Kultur ist sie – zumindest viele Monate – ausdauernd (im Unterschied zu *E. cinereum*) und bildet eine Rosette aus sehr zarten Blättern. *Eriocaulon breviscapum* bevorzugt weiches, saures Wasser mit pH-Werten deutlich unter 7, eine gute Strömung, eine Temperatur um 25 °C sowie eine mittlere bis hohe Lichtintensität. In Soils (gebrannte Erde mit Düngern) wachsen die Pflanzen ausgezeichnet. Eine vegetative Vermehrung gelingt leicht durch Teilung. Nur sehr kräftige Exemplare blühen.
Ökologie: Die Art wächst als Wasserpflanze in schnell strömenden Flüssen häufig auf und zwischen Felsen; sie soll laut COOK (1996) meistens um 1000 m Höhe vorkommen. Blütenstände bilden sich von November bis Februar (Trockenzeit) an flutenden Beständen oberhalb der Wasseroberfläche.
Sonstiges: Die Art ist auch unter dem Händlernamen *E.* sp. Malayattoor (= Malayattur, Ort im indischen Kerala) im Verkauf.
Literaturhinweis: COOK (1996).

Eriocaulon cinereum im Aquarium mit Blütenständen

Köpfchen mit Blüten und herausfallenden Samen

Eriocaulon cinereum

R. Brown (1810)

Aschgrauer Wollstängel

Familie: Eriocaulaceae, Wollstängelgewächse.
Synonyme: *Eriocaulon sieboldianum* Siebold & Zuccarini ex Steudel, u. a.
Etymologie: *Eriocaulon*: von *erion* (gr.) = Wolle, *kaulos* (gr.) = Stängel, Wollstängel; alter Name, Bezug unbekannt; *cinereum*: aschgrau.
Verbreitung: Weit verbreitet im subtropischen Asien, Nordaustralien, Afrika, eingeschleppt nach Südeuropa und in die südliche USA.
Beschreibung: Wasserpflanze, bis 5 cm hoch. Blätter büschelig in einer dichtblättrigen Rosette. Spreite linealisch, 2–5 cm lang, bis 0,4 cm an der Basis breit, lang spitz zulaufend, hellgrün.

Blütenstände zahlreich, meist 5–12 cm gestielt. Köpfchen kugelig, 2–4 mm groß, aschgrau. Hüllblätter viel kürzer als das Köpfchen. Deckblätter linealisch. Blüten 3-zählig, sehr klein. Männliche Blüten: Kelchblätter zu einer Spatha vereint, die Kronblätter einschließend. 6 Staubblätter. Die weiblichen Blüten sind stark reduziert. Kelchblätter 0–3. Kronblätter winzig oder fehlend. Griffel 3-spaltig.
Kultur: *Eriocaulon cinereum* lässt sich leicht in der Gewebekultur vermehren. Regelmäßig im Handel zu finden. Jedoch ist es keine Aquarienpflanze für das Normalaquarium. Die Kultur gelingt unter Wasser selten und nur bei speziellen Lebensbedingungen. Diese sind sehr weiches Wasser mit einem sehr hohen Gehalt an freiem CO_2 (pH-Wert unter 6,6), viel Licht und ein nährstoffreiches, leicht saures Substrat. Die Handelspflanzen aus den In-Vitro-Töpfen haben meistens schon Blütenstände gebildet, was in der Natur jedoch die Endstufe des Lebenszyklus einläutet. Danach sterben die Pflanzen ab. Soll eine Pflege vorübergehend gelingen, müssen solche Exemplare erworben werden, die noch nicht blühen, damit sich die dekorativen Unterwasserblätter entwickeln. Die Pflanzen können durch Teilung vermehrt werden. Die emerse Kultur ist dagegen einfach. Die Samen könnten für die Aquaristik interessant sein. Die generative Vermehrung ist in der Natur sehr produktiv.
Ökologie: Als einjährige Pflanze in temporären, flachen Gewässern, häufig als lästiges Unkraut in Reisfeldern. Die Art wird in der Medizin verwendet. Siehe Biotop 65, S. 54.

Submerse *Eriocaulon lividum*

Produktive Vermehrung durch Viviparie an der Spitze des Blütenstands

Eriocaulon lividum

F. MUELLER (1859)

Viviparer Wollstängel

Familie: Eriocaulaceae, Wollstängelgewächse.
Synonyme: Keine.
Etymologie: *Eriocaulon*: siehe *E. cinereum*, *lividum*: bläulich (in bezug auf die Blütenstände).
Verbreitung: Australien (Kimberley, Northern Territory).
Beschreibung: Einjährige, in Kultur ausdauernde, vivipare Pflanze. Blätter in einer niedrigen Rosette. Spreite linealisch, bis 18 cm lang, an der Basis 5–7 mm breit, lang spitz zulaufend, mit 5–7 Nerven, hellgrün.

Blütenstände die Pflanzen überragend, bis 26 cm gestielt. Köpfchen flach kugelig, bis 10 × 8 mm. Hüllblätter verkehrt eiförmig, bis 2 × 1,8 mm, kahl, zur Reife zurückgebogen. Deckblätter spatelförmig, bis 3 × 1,75 mm, weiß behaart. Männliche Blüten: 3 Kelchblätter, zu einer Spatha vereint, die 3 Kronblätter einschließend, an der Spitze lang behaart, 6 Staubblätter. Weibliche Blüten: je 3 fast gleich große Kelch- und Kronblätter, kahl oder wenig behaart. Fruchtknoten 3-fächrig (Blütenbeschreibung nach LEACH 2017).

Kultur: *Eriocaulon lividum* ist eine sehr empfehlenswerte, neue Pflanze für die Aquaristik. Sie bildet schnell wachsende Rosetten, deren kräftige Wurzeln auch frei im Wasser hängen können. Die Exemplare wachsen ausgezeichnet in weichem, saurem Wasser bei viel freiem CO_2, intensiver Beleuchtung und einer Temperatur über 25 °C. Das Besondere an diesem *Eriocaulon* ist die vivipare (lebendgebärende) Vermehrungsstrategie, die die Art für Gärtnereien interessant macht. An der Spitze eines jeden Blütenstands bilden sich Jungpflanzen, die schnell wachsen und wurzeln. Vermutlich handelt es sich um Pseudoviviparie (scheinbar lebendgebärend), bei der sich außer den Blüten auch Brutknospen bilden (echte Viviparie: Keimpflanze entsteht aus dem Samen auf der Mutterpflanze). Die Art sichert sich dadurch ihre Nachkommenschaft am Standort. Wenn die Blütenköpfe schwerer werden, neigen sie sich zum Bodengrund, wo sie wurzeln. Viviparie ist bei den Eriocaulaceae gelegentlich verbreitet, so bei *Leiothrix vivipara*, die Brutknospen am Blütenstand bildet. Die Einfuhr erfolgte durch die Verfasserin über die Gärtnerei Aquagreen (Australien).
Ökologie: An sandigen Ufern ständig Wasser führender Flüsse.

Eriocaulon setaceum im Aquarium

Eriocaulon setaceum

LINNÉ (1753)

Borstenförmiger Wollstängel

Familie: Eriocaulaceae, Wollstängelgewächse.
Synonyme: *E. bifistulosum* VAN HEURCK ex MUELLER, u. a.
Etymologie: *Eriocaulon*: Wollstängel; *setaceum*: borstig.
Verbreitung: Asien, Australien, Südamerika, Afrika.
Beschreibung: Wasserpflanze. Stängel aufrecht, fleischig, weich, bis 2 mm dick, weiß. Blätter borstenförmig, scheidig, 4,5–5 cm lang, 0,5 mm breit, sehr zart, hellgrün.

Blütenstand eine Dolde mit 19–34 Blütenköpfchen; Blütenschaft 6-rippig, bis 9,5 cm hoch. Köpfchen kugelig, bis 3 mm groß. Blüten eingeschlechtlich, 3-zählig, Behaarung variabel. Männliche Blüte mit 3 Kelchblättern, 3 eiförmigen Kronblättern, 6 Staubblättern und schwarzen Antheren. Weibliche Blüte mit 3 freien Kelchblättern, diese außen flach und schwarz, 3 Kronblättern und 1 Griffel mit 3 Narben, diese die Krone überragend. Samen elliptisch bis lang eiförmig (ZHANG 1999).
Kultur: Diese äußerst anspruchsvolle und empfindliche Stängelpflanze ist nur in sehr weichem und saurem Wasser mit einem hohen Gehalt an freiem CO_2 (pH-Wert um 6) und bei viel Licht zu halten. Eine regelmäßige Düngung ist unbedingt zu beachten. Die zarten Pflanzen reagieren äußerst empfindlich auf eine Veralgung und Schneckenfraß sowie Fische, die an ihren Blättern zupfen. Eine Pflege ist nur Spezialisten zu empfehlen. Die Art hat eine große Temperaturtoleranz; gute Wuchsergebnisse wurden bei 25 °C erzielt.
Ökologie: Besiedelt stehende und warme Gewässer, wie Reisfelder und Tümpel, in bis zu 1300 m Höhe. Blütenstände werden in flachem Wasser über der Oberfläche gebildet. Siehe auch Biotop 66, S. 54 und Vollwasseranalyse, S. 604.
Sonstiges: Die Art wurde immer mal wieder von Sammlern mitgebracht und im Aquarium erfolglos ausprobiert. Erst seitdem die Verwendung von Umkehrosmosewasser üblich und die Technik der CO_2-Düngung ausgereift sind, gelingt vereinzelt die Kultur.

Von den etwa 400–850 Arten der Gattung *Eriocaulon* sind viele einjährig; sie sterben nach der Blüten- und Fruchtbildung ab und müssen immer wieder durch Samen herangezogen werden. Die meisten Arten dieser interessanten Familie sind deshalb ungeeignet für die dauerhafte Aquarienkultur (siehe auch Foto auf S. 32).

Eriocaulon dalzelii unter Wasser am Typusstandort von *Crinum malabaricum* (siehe S. 54)

Eriocaulon sp. „Japan Needle Leaf“

Eriocaulon sp. „Vietnam“

Familie: Eriocaulaceae, Wollstängelgewächse.
Beschreibung: Sumpfpflanze, 8–15 cm hoch, im Aquarium ausdauernd. Blätter büschelig in einer grasartigen Rosette, linealisch, 5–20 cm lang, 2–4 mm breit (emers an der Basis bis 8 mm), lang spitz zulaufend, derb, kahl, nach unten gebogen, hell- bis mittelgrün. Blütenstände nicht bekannt.
Kultur: *Eriocaulon* sp. „Vietnam“ ist eine hervorragende neue Aquarienpflanze und nicht nur für Spezialisten geeignet. Sie konnte bisher aufgrund fehlender Blütenstände nicht bestimmt werden. Die Art ist robust und wenig empfindlich. Im Aquarium bilden sich niedrige Rosetten mit zum Bodengrund geneigten, etwas steifen Blättern. *Eriocaulon* sp. „Vietnam“ bevorzugt weiches, saures Wasser mit CO_2-Düngung und pH-Werten um 7, wächst jedoch auch gut in mittelhartem Milieu. Temperatur etwa 24–30 °C. Eine mittlere Lichtintensität ist ausreichend. Die Pflanzen wurzeln ausgezeichnet in handelsüblichen Soils (gebrannte Erde mit Düngern), wo sie sich zügig durch Teilung vermehren.
Sonstiges: Die Art soll lt. AQUASABI in der vietnamesischen Provinz Thanh Hoa gesammelt worden sein.

Weitere Eriocaulon-Arten

Es werden weitere Spezies ohne wissenschaftlichen Namen gehandelt, da Herkunft und/oder blühende Pflanzen fehlen. Empfehlenswert ist sp. „Japan Needle Leaf“ mit bandförmigen, bis 2 mm breiten und 25–35 cm langen, hellgrünen Blättern. Ungewöhnlich ist das aufrechte, etwa 2 cm lange Rhizom mit zweizeiliger Blattanordnung. Jungpflanzen entstehen durch Verzweigung, aber auch durch Bildung von Adventivpflanzen anstelle von Blütenständen. Ähnlich ist die nicht schwierige sp. „Feather Duster“. Beide Arten brauchen weiches, saures Wasser. Im Handel sind ferner zwei grasartige Spezies als „Mato Grosso“ und „Goias“. Sie bilden zarte Blätter und sind nur für Spezialisten geeignet.

Interessant, aber unbekannt in der Aquaristik sind die Wasserpflanzen *Eriocaulon sexangulare* und *E. dalzelii*. Während die breitblättrige *E. sexangulare* im tropischen Südostasien vorkommt, ist die schmalblättrige *E. dalzelii* endemisch an der Westküste Indiens (die Fotos entstanden unter Wasser in Kerala). Gelegentlich wird *Trithuria lanterna* aus der Familie Hydatellaceae (Australien, 1 Art in Indien) als ein *Eriocaulon* vertrieben. Sie ist eine grasartige, niedrige Spezies mit teils roten Blättern.

Eriocaulon sexangulare unter Wasser am Typusstandort von *Crinum malabaricum* (siehe S. 54)

Eriocaulon sp. „Vietnam“ im Aquarium

Fissidens crispulus

Das viel größere *Fissidens nobilis* im Aquarium

Fissidens crispulus

BRIDEL (1819)

Gekräuseltes Spaltzahnmoos

Familie: Fissidentaceae, Spaltzahnmoose.
Synonyme: *Fissidens zippelianus* DOZY & MOLK, *F. julianus* (SAVI ex DC.) SCHIMP., u. a.
Etymologie: *Fissidens*: von *fissus* (lat). = gespalten, *dens* = Zahn, in Bezug auf die bei *Fissidens* gespaltenen Peristomzähne; *crispulus*: fein gekäuselt.
Verbreitung: Tropisches Asien, Malesien und Afrika.
Beschreibung: Zartes, veränderliches Wassermoos. Emerser Spross kriechend, submers aufrecht, bis etwa 3,5 cm lang, einfach oder dichotom verzweigt, ± gekrümmt oder kraus (Bezug des Namens), am Grunde mit achselständigen, durchsichtigen Knöllchen (wichtiges Unterscheidungsmerkmal). Blätter vielpaarig, ± locker angeordnet, die oberen einseitswendig, länglich-lanzettlich, breit zugespitzt, 1,5–2,5 mm lang, hell- bis dunkelgrün. Blattrippe vor der Blattspitze endend. Blattrand fein gekerbt. Blattzellen 4–6 µm lang.

Zweihäusiges Moos. ♂ Blüten (Antheridien) dick, knospenförmig, zahlreich. ♀ Blüten (Archegonien) schlank, zahlreich. Kapselstiel bis 4 mm lang. Kapseldeckel schief geschnäbelt. Peristom typisch (nach FLEISCHER 1900–1902).
Kultur: *Fissidens crispulus* ist ein empfehlenswertes Moos mit mittleren Ansprüchen, dass sich den Aquarienbedingungen ausgezeichnet anpasst. Auf kleinen Holzwurzeln aufgebunden, bildet es ungewöhnliche Dekorationen. Eine im Handel frisch erworbene bepflanzte Wurzel muss monatelang nicht verändert werden, da die Sprosse nur langsam wachsen. In meinen Aquarien gedeiht das Moos in mittelhartem, etwa neutralem Wasser bei mittlerer Lichtintensität ohne Probleme. Obwohl die Triebe sehr zart sind, wird ihr Wachstum nicht einmal durch lebhafte *Corydoras*-Welse gestört. *Fissidens crispulus* ist wärmeliebend; optimaler Temperaturbereich etwa 22–28 °C. Eine vegetative Vermehrung erfolgt durch Verzweigung der Sprosse.
Ökologie: Wächst an Quellen und nassen Standorten.
Sonstiges: Bei Aquarianern seit etwa 2004 als *F. zippelianus* in Kultur. Dieser Name gilt aber in der wissenschaftlichen Literatur schon seit einigen Jahren als Synonym von *F. crispulus*. Der unsinnige Handelsname Zipper Moos sollte nicht verwendet werden (der Sammler hieß ZIPPELIUS). Die Anatomie der etwa 450 Arten umfassenden Gattung ist noch viel komplizierter als hier dargestellt.

Fissidens fontanus im Aquarium

Fissidens fontanus

(Bach.-Pyl.) Steudel (1824)
Quellenliebendes Spaltzahnmoos

Familie: Fissidentaceae, Spaltzahnmoose.
Synonyme: *Skitophyllum fontanum* Bach.-Pyl. (1814), *Octodiceras fontanum* (Bach.-Pyl.) Lindberg, u. a.
Etymologie: *Fissidens*: siehe *F. crispulus*; *fontanus*: quellenliebend.
Verbreitung: Nord- und Mittelamerika, Europa, Nordafrika.
Beschreibung: Ähnlich kleinen Federn aussehendes aquatisches Laubmoos. Spross kriechend, bis etwa 10 cm (und mehr) lang, mit rötlichen Rhizoiden auf dem Untergrund festhaftend. Blätter fiederartig in Paaren angeordnet, linealisch, breit spitz, bis 7 mm lang, 0,6 mm breit, mindestens 10-mal so lang wie breit, zart, weich, hell- bis dunkelgrün. Blattrippe vor der Blattspitze endend. Blattzellen 15–23 µm lang, 10–18 µm breit.

Einhäusig. Sporogone achselständig, in Gruppen von 1–5. Kapselstiel 0,5–0,6 mm lang. Kapsel aufrecht, bis 0,3 mm lang. Peristomzähne (Zahnkranz an der Mündung der Kapsel) reduziert. Filamente kurz oder fehlend.

Kultur: Dieses ungewöhnliche Moos mit mittleren Ansprüchen bildet bei gutem Wachstum eine einzigartige Begrünung. Es bevorzugt weiches bis mittelhartes, leicht saures bis neutrales Wasser. Bei guten Wuchsbedingungen gedeihen die Sprosse zügig und entwickeln herrliche Bestände, die ganze Dekorationen überwachsen. Eine intensive Beleuchtung ist zu empfehlen, weil dann die Sprosse schneller wachsen. Die Art kommt aus kühlen Gewässern, lässt sich aber auch noch gut um 25 °C im Aquarium kultivieren. Am besten bindet man die erworbenen kleinen Moossprosse auf einem Lavastein oder einer Wurzel auf, damit sie im Aquarium nicht verloren gehen. Die Vermehrung erfolgt durch Verzweigung am Spross.
Ökologie: In und an den Rändern von Fließgewässern bis in einer Höhe von 1800 m. Die Art wurde aber auch in über 10 m tiefem Wasser gefunden (Pursell 1987).
Sonstiges: *Fissidens fontanus* wird seit 2004 gelegentlich eingeführt. Die Bestimmung von Pflanzen aus den USA erfolgte durch den Bryologen Benito Tan (Singapur). Pursell (1987, 2007) teilte *F. fontanus* zusammen mit 5 weiteren Arten in die Untergattung *Octodiceras* ein.

Fissidens nobilis ist eine viel größere Art und wird häufig in der Aquaristik mit *F. fontanus* verwechselt.

Glossostigma elatinoides im Vordergrund dieses Aquariums

Glossostigma elatinoides

BENTHAM (1854)

Australisches Zungenblatt

Familie: Phrymaceae, Gauklerblumengewächse.
Synonyme: *Tricholoma elatinoides* BENTHAM (1846).
Etymologie: *Glossostigma*: *glossoides* = zungenähnlich, *stigma* = Narbe; *elatinoides*: der Gattung *Elatine* ähnlich.
Verbreitung: Australien, Neuseeland, Tasmanien.
Beschreibung: Zarte Sumpfpflanze mit kriechenden, häufig verzweigten, an allen Knoten wurzelnden Sprossen. Blätter gegenständig, bis 2,0 cm gestielt. Spreite ganzrandig, kahl, schmal spatelförmig, 0,3–1,2 cm lang, bis 6 mm breit, hellgrün gefärbt. Spitze stumpf oder gebuchtet.

Blüten achselständig, einzeln, etwa 10 mm gestielt. Kelch 4-lappig, grün, etwa 2 mm lang. Blütenkrone weiß, etwa 5 mm groß, mit einer 3-lappigen Unter- und einer 2-lappigen Oberlippe, etwas behaart und am Rand gewimpert. 4 Staubblätter (2 lange und 2 kurze) innerhalb der Krone. Griffel mit einer großen, zungenförmigen Narbe, wenig aus der Krone herausragend. Kapsel mit etwa 20 Samen.

Kultur: Eine zierliche, gut wachsende, rasenbildende Pflanze mit hohen Lichtansprüchen. Bei hoher Lichtintensität wachsen die Sprosse kriechend, bei Lichtmangel streben sie dagegen aufrecht zum Licht. Empfehlenswert für die Kultur sind deshalb flache, gut beleuchtete Aquarien. Weiches, schwach saures Wasser mit einer Temperatur zwischen 22 und 26 °C ist für das Wachstum optimal. Das Einpflanzen der zarten Stängel in einen möglichst feinkörnigen Bodengrund erfordert etwas Geduld und sollte sehr behutsam vorgenommen werden. Empfehlenswert ist hierfür die Verwendung einer Pflanzenpinzette. Es werden immer nur sehr kleine Pflanzenstücke einzeln mit geringem Abstand gesetzt. Vermehrung durch Seitensprosse. Im Sommer lässt sich die Art gut am Teichrand kultivieren, wo sich regelmäßig Blüten bilden. Winterhart.
Ökologie: Wächst in sumpfigen Regionen, an Flüssen und Seen oft völlig submers.
Sonstiges: Interessant ist der Bestäubungsvorgang: Wird die Narbe berührt, klappt sie durch einen Reizmechanismus nach oben und legt die Staubbeutel frei. Bevor ein Insekt an die Staubbeutel gelangt, wird mitgebrachter Pollen an der außen behaarten Narbe abgestreift, wodurch es zu einer Kreuzbestäubung kommt.

Blütenspross von *Gratiola viscidula*

Gratiola viscidula im Aquarium

Gratiola viscidula

PENNELL (1919)

Klebriges Gnadenkraut

Familie: Plantaginaceae, Wegerichgewächse.
Synonyme: *Gratiola viscosa* SCHWEINFURTH.
Etymologie: *Gratiola*: von *gratia* (lat.) = Gnade; *viscidula*: etwas klebrig.
Verbreitung: Östliches Nordamerika.
Beschreibung: Kriechende bis aufsteigende Sumpfpflanze. Stängel 2 mm dick, behaart. Blätter sitzend bis halb stängelumfassend, kreuzgegenständig. Spreite schmal eiförmig, emers 2–2,5 cm lang, bis 1,2 cm breit, am Rand mit scharfen Zähnchen. Submerse Blätter viel kleiner, steif. Blüten einzeln. Blütenstiel 0,5–2 cm, behaart. Brakteen so lang wie der Kelch. 5 Kelchblätter, etwa 5 mm lang, behaart. Krone 8–13 mm lang, weiß. Oberlippe 1-lappig, innen gelb bärtig behaart, Unterlippe 3-lappig. 2 fertile und 2 sterile Staubblätter. Kapsel vielsamig.
Kultur: *Gratiola viscidula* ist als Sumpfpflanze zwar schnellwüchsig und blüht leicht im Sommer, im Aquarium wächst sie jedoch sehr langsam und mit viel kleineren Wasserblättern. Mit ihren steifen Stängeln und Blättern bildet sie nach vielen Wochen niedrige, flächige Gruppen. Am besten werden gleich bei der Bepflanzung größe Portionen aus der In-Vitro-Kultur im Vordergrund platziert und die starren Stängel stufig in Form geschnitten, um die Austriebe und somit kompakte Stängel zu fördern. Die Art ist submers zwar nicht schwierig, ihre Kultur verlangt aber viel Geduld. Empfehlenswert sind eine hohe Lichtintensität, nicht zu hohe Temperaturen, eine gute Nährstoffversorgung und viel CO_2.
Ökologie: *Gratiola viscidula* ist eine gefährdete Art, die entlang von Flüssen an schattig-sonnigen Stellen wächst und von Mitte Juli bis September blüht. In der Natur ist sie ausdauernd und überwintert mit Rhizomen.
Sonstiges: Es wurden die Unterarten *Gratiola viscidula* subsp. *viscidula* und subsp. *shortii* beschrieben, deren Merkmale jedoch innerhalb der Variationsbreite liegen. Zahlreiche weitere Arten der etwa 33 Arten umfassenden Gattung leben an nassen Standorten und könnten für die Aquaristik geeignet sein. Die einzige europäische Art, *Gratiola officinalis*, ist ebenfalls bedingt für die submerse Kultur verwendbar. *Gratiola viscidula* wird seit 2015 in Europa vermehrt gehandelt.

Blütenstände von *Gymnocoronis spilanthoides*

Gymnocoronis spilanthoides

(Hooker & Arnott) De Candolle (1838)

Falscher Wasserfreund

Familie: Asteraceae, Korbblütengewächse.
Synonyme: *Alomia spilanthoides* D. Don (1835), *Gymnocoronis attenuata* DC., *G. subcordata* DC., *Adenostemma gymnocoronis* Schultz-Bip.
Etymologie: *Gymnocoronis*: *gymnos* = nackt, *corona* = Krone; in bezug auf den fehlenden Haarschopf des Kelches; *spilanthoides*: einer *Spilanthes* ähnlich.
Verbreitung: Westbrasilien, Bolivien, Chile, Uruguay, Argentinien.
Beschreibung: Bis 2 m hohe, aufrechte Sumpfpflanze. Stängel ± kantig, hohl, bis daumendick, grün oder weinrot. Blattspreite bis 9 cm gestielt, lanzettlich bis eiförmig, kahl, bis 23,5 cm lang, olivgrün, spitz und mit runder oder herzförmiger, bis 12 cm breiter Basis. Blattrand gezähnt. Submerse Spreite bis 1 cm gestielt, lanzettlich, bis 12 × 4,5 cm groß, hellgrün. Der Saft ist stark aromatisch.

Blütenstand ein Körbchen mit 80–150 Röhrenblüten auf einem etwa 6 mm breiten Blütenboden. Randblüten fehlen. Hüllkelch (Involucrum) mit 25–35 spitzen, grünen Blättchen, je 4 × 0,7 mm groß. Kelch ohne Haarschopf (Pappus). Blütenkrone 5-zipflig, etwa 3,5 mm lang. Griffel gabelig verzweigt, etwa 1 cm lang; Narben keulenförmig verdickt, etwa 1,5 mm. Achäne 2,0–2,3 mm lang, 0,8–1 mm breit, gerippt, hellbraun.
Kultur: *Gymnocoronis spilanthoides* ist eine kräftige Sumpfpflanze mit guter Anpassung an die submerse Kultur. Härte und pH-Wert sind für eine optimale Pflege von untergeordneter Bedeutung. Wichtig ist jedoch eine gute Beleuchtung, da sonst nicht nur die unteren Blätter faulen, sondern sich auch die Internodien zu sehr strecken. Ungewaschener Sandboden reicht aus, da ein nährstoffreicher Bodengrund ein meist unerwünschtes kräftiges Wachstum zur Folge hat. Der optimale Temperaturbereich liegt zwischen 15 und 28 °C. Empfehlenswert ist die Anordnung in einer stufig ansteigenden Gruppe, wobei die dickfleischigen Stängel einzeln gepflanzt werden. Eine Vermehrung gelingt problemlos durch Seitensprosse oder durch einzelne Blätter, die an der Wasseroberfläche treiben.

Die emerse Kultur ist nur in sehr hohen, geräumigen Paludarien empfehlenswert, da die Sprosse sehr schnell

Gymnocoronis spilanthoides: links die Sorte 'Rotstängelig'

Viruskranke Pflanzen von *Gymnocoronis spilanthoides*

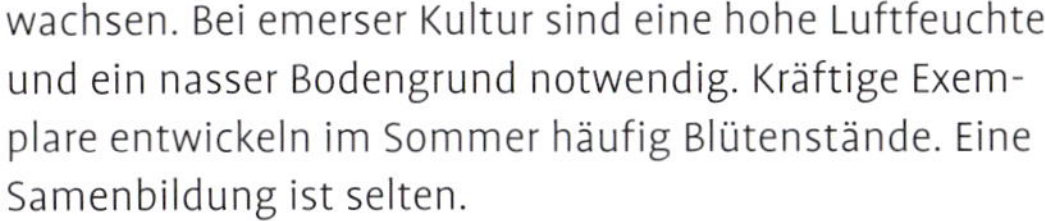

wachsen. Bei emerser Kultur sind eine hohe Luftfeuchte und ein nasser Bodengrund notwendig. Kräftige Exemplare entwickeln im Sommer häufig Blütenstände. Eine Samenbildung ist selten.

Ökologie: *Gymnocoronis spilanthoides* besiedelt die Ränder stehender oder langsam fließender Temporär- oder Permanentgewässer. Wasseranalysen, die an zahlreichen natürlichen Standorten in Bolivien und Argentinien durchgeführt wurden, ergaben ein weiches bis mittelhartes Wasser (GH < 1–4 °dH, KH < 1–12 °dH, 10–410 µS/cm), das gewöhnlich eine alkalische Reaktion besitzt (pH-Werte meistens zwischen 7,5 und 8). In den Monaten Juli und August, d. h. in der kälteren Jahreszeit, wurden bei Lufttemperaturen zwischen 0 °C (nachts) und 34 °C im Wasser Werte zwischen 6,5 und 24 °C ermittelt. Der Bodengrund war sandig, lehmig oder schlammig, die Standorte vollsonnig. Siehe auch Biotope 26 (S. 38), 36 (S. 41) und 36–39 (S. 41–43).

Gymnocoronis spilanthoides 'Rotstängelig'

Diese abweichende Form von *Gymnocoronis spilanthoides* wurde in den Jahren 1991 in Bolivien und 1993 in Argentinien gefunden. Sie zeichnet sich durch ein deutlich langsameres Wachstum und daher bessere Eignung als Aquarienpflanze aus (siehe KASSELMANN & STAECK 1993 b). Im Unterschied zur Nominatform weist diese Sorte einen mehr oder weniger kräftig weinrot gefärbten Stängel auf. Bei der gleichzeitigen Kultur beider Formen ist dieses Merkmal immer so deutlich ausgeprägt, dass die Sprosse leicht zu unterscheiden und problemlos zu identifizieren sind.

Weiß-grüne Pflanzen von Gymnocoronis spilanthoides

Seit etwa 1992 wird auch eine weiß-grüne Pflanze von *G. spilanthoides* im Fachhandel angeboten, die ein teilweises Fehlen von Chlorophyll sowie Verkrüppelungen der Blattspreiten aufweist. Dieses Erscheinungsbild ist charakteristisch für viröse Infektionen. Während diese weiß-grünen Pflanzen in der emersen Kultur gut wachsen, ist ihr Anpassungsvermögen an die submersen Lebensbedingungen nur gering und das Wachstum sehr mäßig.

Hedyotis salzmannii im Aquarium

Blüte von *Hedyotis salzmannii*

Hedyotis salzmannii

(De Candolle) Steudel (1840)

Salzmanns Süßohr

Familie: Rubiaceae, Rötegewächse.
Synonyme: *Anotis salzmannii* DC (1830), *Oldenlandia salzmannii* Benth., u. a.
Etymologie: *Hedyotis*: von *hedys* = süß und *ous*, *otos* = Ohr; *salzmannii*: nach Philipp Salzmann (1781–1851), dem Sammler der Pflanze.
Verbreitung: Südliches Südamerika (Chile, Argentinien, Uruguay, Paraguay, Südbrasilien), eingeschleppt in die USA.
Beschreibung: Emers kriechende, submers aufrechte, zarte Stängelpflanze, bis 50 cm hoch. Stängel kahl, emerse Blätter sehr schwach behaart. Blätter kreuzgegenständig, fast sitzend. Spreite eirund bis breit eirund, ganzrandig, emers 4–10 mm lang, 2–7 mm breit, submers etwas größer.

Blüten achselständig, einzeln, 3–12 mm lang gestielt. Blüten 4-zählig, 5–7 mm groß. Kelch verwachsenblättrig, kahl. Kelchlappen dreieckig, 1,7–2 mm groß. Kronlappen lanzettlich bis schmal dreieckig, 2,5–3,5 mm lang; Kronröhre innen stark behaart. Staubblätter 4 mm lang. In Kultur sind nur kurzgriffelige Blüten (Klon), weshalb sich vermutlich keine Früchte bilden. Die Kapsel soll fast kugelig, behaart und 1,5 mm groß sein.
Kultur: Schnellwüchsige, genügsame Pflanze mit guter Anpassung an die Aquarienbedingungen. Sie benötigt mittlere bis hohe Beleuchtungsstärken. Weiches oder mittelhartes Wasser (pH-Wert um 7) ist gut geeignet. Die Art besitzt eine große Temperaturtoleranz von nahe der Frostgrenze bis etwa 25 °C, bevorzugt aber niedrige Temperaturen (sie meidet die Tropen). Als Gruppenpflanze zwischen rotblättrige oder dunkelgrüne Arten pflanzen. Produktive Vermehrung durch Seitensprosse. Als Landpflanze anspruchslos.
Ökologie: Die im Juli 1993 zur kalten Jahreszeit mitgebrachten Pflanzen stammen aus Argentinien. Die Pflanzen wuchsen in größeren Beständen an der Wasseroberfläche in der Strömung in vollem Sonnenlicht. Der Bodengrund war lehmig. Bemerkenswert war das sehr kalte, weiche und sauerstoffreiche Wasser. Siehe Biotop 5, S. 30.
Sonstiges: Die Bestimmung erfolgte durch C. M. Taylor, Missouri Botanical Garden. Auch als *Oldenlandia salzmannii* in Kultur; mit *Bacopa monnieri* verwechselt. Die Taxonomie ist unklar.
Literaturhinweis: Kasselmann (2003 c).

Helanthium bolivianum im Aquarium

Helanthium bolivianum

(Rusby) Lehtonen & Myllys (2008)

Bolivianische Sumpfblüte

Familie: Alismataceae, Froschlöffelgewächse.
Synonyme: *Alisma bolivianum* Rusby (1927), *Echinodorus bolivianus* (Rusby) Holm-Nielsen, u. a.
Etymologie: *Helanthium*: von *helos* (gr.) = Sumpf und *anthos* = Blüte, Sumpfblüte; *bolivianum*: aus Bolivien.
Verbreitung: Ekuador, Brasilien, Bolivien, Peru, Argentinien, Paraguay.
Beschreibung: Ausläuferbildende, kleine Sumpfpflanze, 10-25 cm hoch. Emerse Spreite bis 20 cm gestielt, linealisch, 2–8 cm lang, 3–10 mm breit, spitz, Basis herablaufend, mittelgrün. Submerse Spreite 1–2 cm gestielt, bis 10 cm lang, 5–7 mm breit, hellgrün. 3(–5) Nerven. Durchscheinende Linien lang.

Blütenstände emers, gleich hoch oder die Pflanzen überragend, bis 13 cm gestielt, ohne Adventivpflanzen. Blütenstand aufrecht, nicht verzweigt, bis 6 cm lang, mit 1–4 Quirlen. Blütenstängel und Stängel zwischen den Quirlen rund, weich. Jeder Quirl mit 6–14 Blüten. Blüten 2–6 cm gestielt, etwa 1,3 cm groß. Deckblätter etwa 5 × 2 mm. 9 Staubblätter. Nüsschen 0,8–1,5 mm lang, 0,5–1 mm breit, auf jeder Seite mit 3–4 Rippen, ohne Drüsen; Schnabel winzig. Chromosomenzahl 2n = 22.
Kultur: *Helanthium bolivianum* zählt zu den kleinwüchsigen, Ausläufer bildenden Arten. Sie wächst und vermehrt sich langsam und gilt als anspruchvoll. Ihre Kultur erfordert eine hohe Beleuchtungsstärke. Der optimale Temperaturbereich liegt zwischen 20 und 26 °C. Sie ist eine sehr dekorative Vordergrundpflanze.
Ökologie: Besiedelt die Randbereiche von Flüssen und Sumpfgebieten. Sie wächst in Abhängigkeit von Regen- und Trockenzeiten sowohl ganz submers mit Ausläufern oder auch noch in austrockendem Bodengrund mit Blüten- und Fruchtständen. Siehe Biotope 12 (S. 34), 20 (S. 36), 31 (S. 39) und 36–39 (S. 41).
Sonstiges: Rataj (1975 a, 2004) führt die Ausläufer bildenden Arten in der Untergattung *Hel(i)anthium* Fassett (1955). Lehtonen (2007) stellt sie aufgrund morphologischer Merkmale in die alte Gattung *Helanthium* Engelmann (1905). Auch Mühlberg (1984) vertrat schon vor 26 Jahren die Auffassung, dass die Ausläufer bildenden Arten eine eigene Gattung darstellen.

Helanthium bolivianum 'Angustifolius' im Aquarium

Helanthium bolivianum 'Angustifolius'

Schmalblättrige Sumpfblüte

Familie: Alismataceae, Froschlöffelgewächse.
Synonyme: *Echinodorus angustifolius* RATAJ.
Etymologie: *Helanthium*: siehe *H. bolivianum*; *angustifolius*: schmalblättrig.
Verbreitung: Brasilien (Mato Grosso).
Beschreibung: Ausläuferbildende, zarte Sumpfpflanze. Emerse Blätter linealisch, 6–15 cm lang, 0,6–1 cm breit. Submerse Blätter kurz gestielt, bandförmig, bis 60 cm lang, 3–4 mm breit, hellgrün. Blattspitze lang zugespitzt; Basis herablaufend.

Blütenbeschreibung siehe *Helanthium bolivianum*. Chromosomenzahl 2n = 33.
Kultur: Obwohl die Sorte 'Angustifolius' zu den empfehlenswertesten und anspruchslosesten Pflanzen gehört, wird sie überraschenderweise kaum für die Aquarienkultur angeboten. Dieses liegt daran, dass sie emers in Wasserpflanzengärtnereien nur schlecht wächst und vermehrt werden kann. Die Pflanze fällt durch ihre unter Wasser gebildeten langen, bandförmigen Blattspreiten auf, wodurch sie leicht mit schmalblättrigen Vallisnerien verwechselt werden kann. Eine Kultur von *Helanthium bolivianum* 'Angustifolius' ist nicht schwierig: Sowohl weiches als auch hartes Wasser sind geeignet. Ein schwach saures Milieu ist von Vorteil. Temperatur 20–28 °C.

Die Schmalblättrige Sumpfblüte bildet willig Ausläufer, sodass die vegetative Vermehrung kein Problem darstellt. Eine Gruppe an einem freien Standplatz oder eine Verwendung an den Seiten- und Rückwänden wirken dekorativ.
Ökologie: WANKE & WANKE (1994) berichten über einen beschatteten Bach mit Beständen von *H. bolivianum* 'Angustifolius' (Syn. *Echinodorus angustifolius*) nahe der Stadt Carolina (Brasilien). Das Wasser hatte eine Temperatur von 24,8 °C, pH-Wert von 7,0 und eine Leitfähigkeit von 56 µS/cm. Weitere Informationen fehlen.
Sonstiges: Diese Pflanze wurde viele Jahre als *Echinodorus angustifolius* kultiviert, Untersuchungen haben aber ergeben (KASSELMANN & PETERSEN 1999), dass es nur eine triploide Form von *Helanthium bolivianum* ist. Zur Unterscheidung in der Aquaristik führe ich diesen lang- und schmalblättrigen Typ als Sorte weiter.

Helanthium bolivianum 'Quadricostatus' im Aquarium

Helanthium bolivianum 'Quadricostatus'

Zwergsumpfblüte

Familie: Alismataceae, Froschlöffelgewächse.
Synonyme: *Echinodorus quadricostatus* RATAJ.
Etymologie: *Helanthium*: siehe *H. bolivianum*; *quadricostatus*: vierrippig (Früchte).
Verbreitung: Mittel- und Südamerika.
Beschreibung: Wie bei *H. bolivianum* angegeben, durch folgende Merkmale verschieden: Rosette mit mindestens 15–30 cm Wuchshöhe deutlich wüchsiger und kräftiger im Habitus als die Stammform. Blattstiel 10–40 cm lang. Blattspreite 5–22 cm lang, 1–3 cm breit, etwas transparent, hellgrün. Chromosomenzahl 2n = 33.
Kultur: *Helanthium bolivianum* 'Quadricostatus' zählt zu den besonders empfehlenswerten, allerdings etwas lichtbedürftigen Vordergrundpflanzen. Das Wachstum ist in weichem und hartem Wasser gleichermaßen gut, allerdings kommt es in weichem Wasser häufiger zu Eisenmangel (Chlorose), sodass ab und zu gedüngt werden muss. Als Bodengrund eignen sich am besten feiner Sand oder Kies. Eine Temperatur zwischen 22 und 28 °C ist zu empfehlen. Bei einem guten Wuchsklima ist die Bildung von Ablegerpflanzen durch Ausläufer so rasch, dass innerhalb weniger Wochen ein dichter „Rasen" entsteht, der regelmäßig ausgelichtet werden muss. Hierzu werden die Ausläuferpflanzen voneinander getrennt und nur kräftige Exemplare zur weiteren Bepflanzung verwendet. Diese werden mit einem geringen Abstand voneinander, mindestens 3 cm von der Frontscheibe entfernt, eingepflanzt. Schon nach kurzer Zeit sind die Exemplare so kräftig, dass sie neue Ausläufer treiben.
Ökologie: Vermutlich gehören die in den Flüssen um Bonito (Biotope 36–39, S. 41) als *H. bolivianum* bezeichneten Pflanzen aufgrund ihrer enormen Wuchsgröße zu dieser Sorte. Eine Klärung konnte nicht erfolgen, da Pflanzen nicht entnommen werden durften.
Sonstiges: Nach KASSELMANN & PETERSEN (1999) handelt es sich bei dieser Sorte um eine triploide Pflanze (2n = 33). Von der Stammform *H. bolivianum* lässt sie sich durch die emerse Wuchsform und den erheblich kräftigeren submersen Habitus deutlich unterscheiden. Deshalb führe ich den bisherigen Artnamen zur Unterscheidung in der Aquaristik als Sortenname weiter.

Helanthium bolivianum 'Vesuvius' im Aquarium

Helanthium bolivianum 'Vesuvius'

Vesuv-Sumpfblüte, Korkenzieherpflanze

Familie: Alismataceae, Froschlöffelgewächse.
Etymologie: Ein Bezug des Sortennamens zum Vulkan Vesuv oder zum Berg Vesuvius ist nicht zu sehen.
Beschreibung: Ausläuferbildende Sumpfpflanze. Emerse Blätter niederliegend, linealisch, 10–20 cm lang, 0,3–1 cm breit, hart und sehr steif, in sich unregelmäßig, fast schon verkrüppelt gebogen und gedreht, hellgrün gefärbt. Submerse Pflanzen sehen völlig verändert aus: Blattspreite bis 3 cm lang gestielt, bandförmig, bis 40 cm lang, 2–4 mm breit, korkenzieherartig gedreht oder geschraubt (wie eine Schraubenvallisnerie), transparent, wenig steif und hart, dunkelgrün gefärbt.
Kultur: Diese empfehlenswerte Sorte erinnert auf den ersten Blick sehr stark an eine schmalblättrige Schraubenvallisnerie. Ihre Kultur im Aquarium ist nicht schwierig, jedoch deutlich anspruchsvoller als die einer Vallisnerie oder die der Stammform (*Helanthium bolivianum* 'Angustifolius'), mit der sie äußerlich nichts gemein hat. Nach meinen Erfahrungen benötigt die Sorte eine mittlere bis hohe Lichtintensität und daher einen exponierten Standort im Aquarium (nicht in den Hintergrund pflanzen!). Sie wächst sowohl in weichem als auch in hartem Wasser gut, eine zusätzliche CO_2-Düngung ist nicht erforderlich, wenn der pH-Wert etwa 7,5 nicht übersteigt. Ein feinkörniger Bodengrund, in den die zarten Wurzeln leicht eindringen und in dem sie Halt finden können, ist zu empfehlen. Temperaturoptimum 22–28 °C. Nach einer längeren Anwachsphase vermehrt sich 'Vesuvius' bei gesundem Wuchs willig durch Ausläufer. Die Vermehrungsrate ist aber deutlich geringer als bei anderen Ausläufer bildenden *Helanthium*-Arten und -Sorten oder bei einer Vallisnerie. Aufgrund ihrer etwas zerbrechlichen Erscheinung eignet sich die Sorte 'Vesuvius' je nach Beckengröße nur für die Bepflanzung des Vorder- und Mittelgrundes.
Sonstiges: Bei *Helanthium bolivianum* 'Vesuvius' soll es sich um eine Mutation von *Helanthium bolivianum* 'Angustifolius' (Syn. *Echinodorus angustifolius*) der Wasserpflanzengärtnerei Oriental Aquarium Singapur handeln. Seit 2006 wird die Sorte im Handel angeboten. Sie erinnert an *Vallisneria spiralis* „tortifolia" und lässt sich leicht mit dieser verwechseln.
Literaturhinweis: STRÖSSNER (2006).

Wuchsform von *Helanthium tenellum* mit hellgrünen, kurzen Blättern im Aquarium

Helanthium tenellum

(MARTIUS) BRITTON (1905)

Zarte Sumpfblüte

Familie: Alismataceae, Froschlöffelgewächse.
Synonyme: *Alisma tenellum* MARTIUS (1830), *Echinodorus parvulus* ENGELMANN, *E. tenellus* (MARTIUS) BUCHENAU, u. a.
Etymologie: *Helanthium*: siehe *H. bolivianum*; *tenellus*: sehr zart.
Verbreitung: In Nord-, Mittel- und Südamerika weit verbreitet.
Beschreibung: Ausläuferbildende, zarte Sumpfpflanze, ohne Rhizom, emers bis 6 cm, submers bis 5 cm hoch. Emerse Blätter 0,5–4 cm gestielt; Spreite schmal lanzettlich, ganzrandig, kahl, 1,5–2,5 cm lang, 2–4 mm breit, mit spitzer Spitze und herablaufender Basis, 1- bis 3-nervig, hellgrün. Submerse Blätter schmal linealisch, 5–10 cm lang, 1–3 mm breit, hell- bis dunkelgrün, auch bräunlich gefärbt. Durchscheinende Zeichnungen fehlen. Blütenstände nur an emersen Rosetten, die Pflanzen gewöhnlich weit überragend. Blütenstängel bis 13 cm lang, dünn, weich, rund, kahl. Blütenstand aufrecht, unverzweigt, mit 1–2 Quirlen, ohne Adventivpflanzen. Jeder Quirl mit 4–16 etwa 0,5–3 cm lang gestielten Blüten. Blütendurchmesser 6–10 mm. Deckblätter bis 5 × 2 mm groß. Kelchblätter etwa 2,5 mm lang und 2 mm breit. Kronblätter etwa 4 × 2,5 mm groß. 9 Staubblätter; Filament 0,5 mm lang. 15–20 Karpelle. Nüsschen verkehrt eiförmig, 1,0–1,5 mm lang und 0,8–1 mm breit, ungeflügelt, auf jeder Seite bis zu 3 Rippen, ohne Drüsen; der Schnabel ist winzig. Chromosomenzahl 2n = 22, 33.
Kultur: Diese noch vielfach als *Echinodorus tenellus* bekannte Pflanze zählt zu den beliebtesten und dekorativsten Vordergrundpflanzen. Bei zusagenden Bedingungen, insbesondere einer intensiven Beleuchtung, bildet sich durch Ausläufer in kurzer Zeit ein dichter und niedriger „Rasen“. Bei über 50 cm hohen Aquarien muss unbedingt auf eine ausreichende Beleuchtung des Vordergrundes geachtet werden, da die zierlichen Pflanzen sonst schnell zugrunde gehen.

Wegen der zarten Wurzeln eignet sich am besten ein feinkörniger Kies- bzw. Sandboden. In weichem bis mittelhartem, schwach saurem Wasser gedeiht *Helanthium tenellum* besser als in hartem, alkalischem Milieu. Die

Wuchsform von *Helanthium tenellum* mit langen, mittel- bis dunkelgrünen Blättern im Aquarium

Temperaturtoleranz ist mit 18 bis 28 °C (vorübergehend auch höher oder niedriger) sehr groß.

Ökologie: *Helanthium tenellum* besiedelt die Ufer von mehr oder weniger großen Flüssen und die Ränder von Sumpfgebieten. Am Rio Guaporé, Südwestbrasilien, wuchs die Art im August 1987 zurzeit des Niedrigwassers einerseits zwischen der Ufervegetation etwa 5 m vom Fluss entfernt auf sehr trockenem Boden, andererseits auch häufig auf den feuchten Sandbänken des Flussufers. An sehr trockenen Plätzen bildeten die kleinen Bestände aufgrund des geringen Feuchtigkeitsgehaltes des Bodengrundes kompakte, nur etwa 3 cm hohe Rosetten mit zahlreichen Blüten- und Fruchtständen. Die Pflanzen besiedelten schattige, bevorzugt aber sonnige Standorte. *Helanthium tenellum* wuchs nicht weit entfernt von *H. bolivianum* und *Echinodorus grisebachii*. Submerse Bestände waren zu dieser Jahreszeit nicht zu sehen, sodass *H. tenellum* am Guaporé vermutlich nur während der Hochwasserzeit in flachem Wasser zu finden ist (Biotop 1, S. 26). In einem verlandenden Sumpfgebiet in Bolivien fand ich dichte blühende Wiesen in vollem Sonnenlicht in austrocknendem, lehmhaltigem Boden. Das Restwasser war sehr weich und alkalisch (Biotop 19, S. 36). Im Pantanal (sowohl in Bolivien als auch in Brasilien) ist *H. tenellum* häufig anzutreffen. Auch hier besiedelt die Art mehr oder weniger große Flächen meistens in voller Sonne, die in Abhängigkeit der Jahreszeit überschwemmt werden. Eine Vermehrung erfolgt häufig durch Samen.

Ausführliche Biotopbeschreibungen, Wasser- und Bodenanalysen siehe Biotope 1 (S. 26), 19 (S. 36), 24 (S. 37) und 30 (S. 39).

Sonstiges: Von *Helanthium tenellum* werden zwei Formen im Aquarium kultiviert, die sich durch Färbung, Blattlänge sowie Wuchshöhe unterscheiden. Während die eine Form (als „*parvulum*“ im Handel) hellgrüne, kurze Blattspreiten bildet und eine niedrige Wuchshöhe im Aquarium aufweist, entwickelt die andere Form mittel- bis dunkelgrüne, häufig auch bräunliche, wesentlich längere Blattspreiten mit einer Wuchshöhe bis 5 cm.

Bei der gelegentlich als „Falsche Tenellus“ im Fachhandel angebotenen Pflanze handelt es sich um *Lilaeopsis brasiliensis*.

Helanthium tenellum wurde viele Jahre lang in der Aquaristik als *Echinodorus tenellus* kultiviert. Zur Nomenklatur siehe *Helanthium bolivianum*. Auch bei dieser Art wurde Triploidie festgestellt (Costa et al. 2004).

Heteranthera dubia

(JACQUIN) MACMILLAN (1892)

Grasblättriges Trugkölbchen

Familie: Pontederiaceae, Pontederiagewächse.
Synonyme: *Commelina dubia* JACQUIN (1768), *Zosterella dubia* SMALL, *Heteranthera longituba* ALEXANDER, u. a.
Etymologie: *Heteranthera*: *heteros* = verschieden, *anthera* = Staubblatt; *dubia*: zweifelhaft (Bezug unklar).
Verbreitung: Mittlere und östliche USA, Mexiko, Kuba.
Beschreibung: Wasserpflanze mit über 1 m langen Sprossen. Internodien bis 5 cm. Blätter wechselständig, sitzend, den Stängel halbumfassend. Spreite linealisch, ganzrandig, bis 15 cm lang, 6 mm breit, grasgrün. Blattscheide etwa 2 cm lang.

Blütenstände an flutenden Trieben. Einzelblüte achselständig, sitzend, scheidig, auf einer etwa 5–10(–25) cm langen Röhre. Blüte etwa 3,5 cm groß. 6 gelbe Perigonblätter, 1,7 × 0,2 cm groß. 3 gleich lange Staubblätter, etwas rückwärts gebogen. Griffel mit Narbe etwa 0,7 cm lang, etwas länger als die Staubblätter. Die Blüte öffnet sich morgens für nur wenige Stunden, schließt sich aber nicht wieder, sondern die Blütenblätter senken sich nach unten. Früchte mit wenigen Samen, selten.
Kultur: Lange Jahre hindurch war *Heteranthera dubia* in der Aquaristik eine beliebte Aquarienpflanze. Heute ist sie jedoch aufgrund ihres grasartigen, wenig auffallenden Wuchses nur noch wenig in den Aquarien vertreten. Ihre Pflege ist problemlos, weshalb sie durchaus mehr Beachtung verdient. Sie ist eine schnell wachsende, ideale und für fast jedes Aquarium empfehlenswerte Art. Allerdings sollte sie nicht an einen zu dunklen Standort gepflanzt werden, da sonst die unteren Stängelteile leicht vergeilen. Öfters zu einer kleinen Gruppe neu gesteckte Sprosse sehen dekorativer aus als lange, unten kahl gewordene Stängel. Offenbar ist das Grasblättrige Trugkölbchen eine kalkliebende Pflanze, denn ein optimales Wachstum erreicht man in mittelhartem bis hartem Wasser mit alkalischen pH-Werten. Die Temperatur sollte möglichst im Bereich von 15–27 °C liegen. Kurzfristig werden aber auch höhere Temperaturen vertragen. Eine Vermehrung durch Seitensprosse ist kein Problem. Die Art ist nur für die Bepflanzung der mittleren und hinteren Beckenzone geeignet. Auch an die Seitenwände lassen sich gut ein paar Sprosse pflanzen. Eine Verwendung im Kaltwasseraquarium oder im Sommer im Gartenteich ist durchaus möglich. Obwohl die Pflanze lange Sprosse entwickelt, ist sie aufgrund ihres krautigen Wuchses auch für kleine Zuchtaquarien empfehlenswert. An der Wasseroberfläche flutende Triebe bilden nicht selten Blüten.
Ökologie: Die Pflanzen besiedeln bevorzugt schnell fließende, alkalische und harte Gewässer. Beim Erreichen der Wasseroberfläche wachsen die Triebe flutend weiter und blühen. Ein Standort in Mexiko bei dem Ort Tula im Fluss Tecolapa (7/1997): Blühende Bestände wuchsen am strömungsarmen, flachen und sonnigen Ufer des schnell fließenden Gewässers, Untergrund felsig. Begleitflora: *Eichhornia crassipes* und *Hydrocotyle verticillata*. Wasseranalyse: 24,2 °C, pH 8,9, GH 7 °dH, KH 11 °dH, 270 µS/cm, O_2 132 %.
Sonstiges: Aufgrund morphologischer Blütenmerkmale (gleichlange Staubblätter) war *H. dubia* in der Gattung *Zosterella* geführt worden. Genetische Untersuchungen (GRAHAM et al. 1998) zeigten, dass die Art zu *Heteranthera* gehört, weshalb der alte Name *H. dubia* gültig ist. Die Art steht *H. seubertiana* am nächsten. Auch *Zosterella longituba* ist ein Synonym.

Heteranthera dubia im Aquarium

Heteranthera gardneri

(HOOKER fil.) M. PELLEGRINI (2017)

Brasilianisches Wasserhaar, Trugkölbchen

Familie: Pontederiaceae, Pontederiagewächse.
Synonyme: *Hydrothrix gardneri* HOOKER fil. (1887).
Etymologie: *Heteranthera*: siehe *H. dubia*; *gardneri*: nach George GARDNER, der die Art entdeckte.
Verbreitung: Ostbrasilien (Bahia, Ceará, Goiás, Piauí).
Beschreibung: Meistens einjährige, zarte, krautige Wasserpflanze mit aufrechten oder flutenden Sprossen. Stängel häufig verzweigt, an den Knoten wurzelnd, kahl, 20–55 cm lang. „Blattquirl" (seitliche Kurztriebe) mit 7–30 fadenförmigen, im Querschnitt ovalen Blättern, scheidig. Spreite 2–4 cm lang, an der Spitze etwas nach unten gebogen, hell- bis dunkelgrün.

Blütenstand achselständig. Blüten immer paarig, von einer Spatha umgeben, geöffnet 6–8 mm groß. Die Blüten öffnen sich über Wasser (chasmogam), unter Wasser bleiben sie geschlossen (kleistogam). Blütenhülle verwachsenblättrig, mit 6 ungleichen, hinfälligen, gelben Kronblättern. 3 Staubblätter, davon nur eines fertil. Griffel 0,5 cm lang. Frucht eine durchsichtige, bis 3,5 mm große Kapsel mit 18–40 Samen. Samen 0,5 mm lang, doppelt so lang wie breit, in reifem Zustand bräunlich.

Heteranthera gardneri im Aquarium

Kultur: *Heteranthera gardneri* bevorzugt weiches, leicht saures Wasser, gedeiht aber auch noch bei mittlerer Härte gut. Optimale Temperaturen liegen zwischen 23 und 25 °C, jedoch wird auch vorübergehend bis 28 °C vertragen. Ausschlaggebend für ein gesundes, rasches Wachstum ist eine hohe Lichtintensität. Bei zu wenig Licht strecken sich die Internodien, die Blätter werden braun, und die Pflanzen kümmern. Bei intensivem Licht bilden sich gedrungene Triebe mit kräftigen „Blattquirlen". Wegen der zahlreichen zarten Wurzeln ist ein feinkörniger Bodengrund zu empfehlen. Er spielt allerdings für die Ernährung der Pflanze nur eine untergeordnete Rolle. Sehr wirkungsvoll kommt der grazile Habitus zur Geltung, wenn eine Gruppe von 5–20 Stecklingen zwischen großblättrige, hellgrüne oder rötliche Arten gepflanzt wird. Das Wasser sollte klar sein, denn *H. gardneri* ist gegen Algen und Verschmutzung sehr empfindlich. Trotz der reichlichen Vermehrung durch Seitensprosse ist man auf die generative Vermehrung angewiesen, da die Art auch im Aquarium einjährig oder zumindest kurzlebig ist und nach der Fruchtbildung die Pflanzen absterben. Samen werden auch dann gebildet, wenn sich die Blüten nicht geöffnet haben. Im Gewächshaus bleiben sie im Substrat, wo sie in der kühlen Jahreszeit überdauern und im Frühjahr wieder keimen. Um zu vermeiden, dass die Samen im Aquarium verlorengehen, können sie im Herbst gesammelt und in feuchtem Substrat warm und dunkel aufbewahrt werden. Im Frühjahr lässt man sie in temperiertem Wasser keimen. Unter den beschriebenen Voraussetzungen ist *H. gardneri* eine dankbare Aquarienpflanze.
Ökologie: Die Art besiedelt Seen, Teiche und langsam fließende Gewässer. BOGNER fand *H. gardneri* 1976 in den Fischweihern bei Icó im Staat Ceará (Brasilien), die ständig von diesen Pflanzen entkrautet werden müssen, und importierte sie für die Aquaristik.
Sonstiges: Phylogenetische und morphologische Untersuchungen führten dazu, dass *Hydrothrix gardneri* und *Scholleropsis lutea* zur Gattung *Heteranthera* gestellt wurden.
Literaturhinweis: RUTISHAUSER (1983), PELLEGRINI (2017).

Blütenstand von *Heteranthera zosterifolia*

Heteranthera zosterifolia (Mitte)

Heteranthera zosterifolia

MARTIUS (1823)

Seegrasblättriges Trugkölbchen

Familie: Pontederiaceae, Pontederiagewächse.
Synonyme: *Schollera zosterifolia* (MARTIUS) KUNTZE, *Heteranthera osteniana* HERTER.
Etymologie: *Heteranthera*: siehe *Heteranthera dubia*; *zosterifolia*: seegrasblättrig (der Gattung *Zostera* ähnlich).
Verbreitung: Südliches Brasilien, Bolivien, Paraguay, Uruguay, Argentinien.
Beschreibung: Submers aufsteigende oder aufrechte, häufig verzweigte Sprosse, an den unteren Knoten stark wurzelnd. Emerse Blätter nur bei hoher Luftfeuchte, den submersen sehr ähnlich, etwas derber und kürzer. Submerse Blätter wechselständig, sitzend, kahl, linealisch oder spatelförmig, bis 5 cm lang, 3–7 mm breit, hellgrün gefärbt. Schwimmblätter bis 2 cm gestielt, lanzettlich, bis 2,5 cm lang, 10 mm breit.

Blütenbildung nach der Entwicklung von Schwimmblättern. Blütenstand achselständig, etwa 2 cm gestielt, am Grunde von einer bis 15 mm langen Spatha umgeben, mit 2 etwa 10 mm großen Blüten, eine Blüte sitzend, die andere kurz gestielt. Perigonröhre bis 12 mm lang; Perigon 6-zipflig, in 2 Kreisen; äußere Perigonblätter wenig größer als die inneren, blauviolett gefärbt; Schlund dunkelblau ohne gelben Fleck. 3 Staubblätter, eines länger als die beiden anderen. 1 Griffel. Frucht eine 3-fächrige Kapsel.
Kultur: Dekorative, anpassungsfähige, aber lichtbedürftige Stängelpflanze, die in weichem und hartem Wasser gut wächst. Als Bodengrund ist Sand ausreichend. Temperaturoptimum 20–25 °C. Je nach Größe des Aquariums werden die Sprosse in die vordere oder mittlere Zone gepflanzt. Eine gut wachsende Gruppe muss etwa alle zwei bis drei Wochen neu stufig gesteckt werden. Durch eine Kombination mit rotblättrigen Arten lassen sich schöne Kontraste erzielen. Wegen der reichlichen Bildung von Seitensprossen stellt die Vermehrung kein Problem dar. Möchte man die kleinen, blauvioletten Blüten beobachten, müssen die Sprosse an der Wasseroberfläche fluten.
Ökologie: Subtropische Pflanze, die in mehr oder weniger schnell fließenden, sowohl sehr weichen und sauren als auch in harten Gewässern in noch über 2 m Tiefe zumeist bei niedrigen Temperaturen vorkommt. Siehe Biotope 12 (S. 34), 36–39 (S. 41), Wasseranalysen S. 596 und 598.

Links: Unterwasserfoto von *Heteranthera zosterifolia* im Rio da Prata (Bonito, Biotop Nr. 38, S. 42)

Oben: *Heteroscyphus zollingeri* im Aquarium

Heteroscyphus zollingeri

(Gottsche) Schiffner (1910)

Perlenmoos

Familie: Lophocoleaceae.
Synonyme: *Chiloscyphus zollingeri* Gottsche (1853).
Etymologie: *Heteroscyphus*: *hetero* = verschieden, *scyphus* (lat.) = Becher (Form des Perianths); *zollingeri*: nach dem Schweizer Botaniker Heinrich Zollinger (1818–1859).
Verbreitung: Weit verbreitet in Südostasien, auch in Papua-Neuguinea und Australien.
Beschreibung: Beblättertes, mittelgroßes Lebermoos. Stängel bis 7 cm lang, kriechend, weich, schlaff, fiederästig, gleichmäßig beblättert. Blätter wechselständig, rund, etwa 2 mm groß, grün, transparent, ganzrandig mit 1–3(4) Zähnchen an der Blattspitze. Bauchblätter sehr klein, an der Spitze tief 2-zipflig gespalten. Blattzellen groß (viel größer als bei der ähnlichen *Chiloscyphus argutus*). Die Ölkörper sind klein, kugelig und transparent.

Archegonien auf sehr verkürzten Ästen. Hüllblätter kleiner als die Stängelblätter. Die fleischige Kalyptra (Kapselhaube) ist frei. Antheridien klein, scheinbar an Seitenästen.

Kultur: Dieses erst seit 2009 kultivierte Moos verbreitete sich schnell und erfreut sich großer Beliebtheit. Nach den ersten Erfahrungen zu urteilen, ist es anspruchslos, wenig lichtbedürftig und vermehrt sich rasch im Aquarium. Die zarten runden Blättchen sehen dabei wie Perlen aus. Die Moossprosse wachsen sowohl kriechend, streben aber auch aufrecht zum Licht und bilden dann dichte Moospolster. Sie können gut in Form geschnitten werden. Temperatur 22–28 °C.
Ökologie: *Heteroscyphus zollingeri* wächst auf feuchten Felsen, im Sand und auf verrottetem Holz im Wald. Es wurde auch zusammen mit *Riccardia graeffei* gefunden.
Sonstiges: Dieses Moos kam mit asiatischen Importen nach Europa. Die Bestimmung erfolgte durch den Bryologen Dr. S. R. Gradstein, Göttingen, unter Vermittlung von H. Muth. Es sind zahlreiche unkorrekte Bezeichnungen im Umlauf. Nach phylogenetischen Analysen wurde die Familie Lophocoleaceae (mit den Gattungen *Chiloscyphus*, *Lophocolea* und *Heteroscyphus*) von der Familie Geocalycaceae getrennt und gilt wieder als eigenständig. Das ähnliche *Heteroscyphus argutus* bildet nur 2–3 cm lange Sprosse aus, und an der Blattspitze befinden sich mehr als 3 Zähne. Beide Arten in Queensland auch syntop.

Hottonia palustris im Aquarium

Hottonia palustris

LINNÉ (1753)

Wasserprimel, Wasserfeder

Familie: Primulaceae, Schlüsselblumengewächse.
Synonyme: *Hottonia millefolium* GILIBERT.
Etymologie: *Hottonia*: nach dem Leidener Botaniker P. HOTTON (1648–1709); *palustris:* sumpfbewohnend.
Verbreitung: Europa, Nordasien.
Beschreibung: Ausdauernde Sumpfpflanze. Rhizom im Bodengrund wurzelnd. Submerser Stängel aufrecht, über 1 m lang und vor der Bildung von Blütenständen an ihrem Grunde mehrfach verzweigt; Sprosse bei sinkendem Wasserstand auch emers. Blätter wechselständig oder scheinbar quirlig, grob kammförmig, 3–6 cm lang, 1–3 cm breit, hellgrün gefärbt.

Blütenstand über der Wasseroberfläche, eine aufrechte Traube mit 2–11 Blütenquirlen; jeder Quirl mit 2–6 Blüten. Deckblätter linealisch, etwa 5 mm lang. Blüten gestielt, 5-zählig, heterostyl (verschiedengriffelig). Kelchblätter etwa 5 mm lang, grün. Krone trichterförmig, verwachsenblättrig, 15–25 mm im Durchmesser, weiß bis blassviolett mit hellgelbem Schlund. 5 Staubblätter, mit den Kronblättern verwachsen.
Kultur: *Hottonia palustris* zählt zum regelmäßigen Angebot des Fachhandels. Sie ist eine problemlose, besonders dekorative Pflanze für die Kultur am Gartenteichrand oder im Kaltwasseraquarium, wo sie einen hellen Standplatz verlangt. Dort lassen sich auch regelmäßig im Mai und Juni die auffälligen Blütenstände beobachten. Die Wasserfeder wird häufig auch im Tropenaquarium kultiviert – nicht selten in dem Glauben, es handelt sich um den nordamerikanischen Vertreter *H. inflata*, der aber nicht in Kultur ist. Im Aquarium fühlt sich *H. palustris* am wohlsten, wenn eine Temperatur von 25 °C nicht über längere Zeit überschritten wird. Ferner sind eine intensive Beleuchtung und ein freier Standplatz im Vordergrund des Aquariums erforderlich. Eine Temperaturabsenkung im Winter um wenige Grade wirkt sich sehr positiv aus. Vermehrung durch Seitensprosse.
Ökologie: Die Art wächst in seichten, kleinen Gewässern, wie Gräben, Tümpel usw. mit stehendem oder sehr langsam fließendem Wasser. Sie bevorzugt mesotrophe Standorte mit schlammigem oder sandigem Bodengrund. Bildet Winterknospen. In Deutschland geschützt.

Normalform von *Hydrilla verticillata*

Wuchsform aus dem Tanganjikasee

Hydrilla verticillata

(Linné fil.) Royle (1839)

Grundnessel

Familie: Hydrocharitaceae, Froschbissgewächse.
Synonyme: *Serpicula verticillata* Linné fil. (1781), u. a.
Etymologie: *Hydrilla*: *hydor* = Wasser, *illein* = sich drehen, Wasserquirl; *verticillata*: quirlständig, bezieht sich auf die quirlige Anordnung der Blätter.
Verbreitung: Weit verbreitet in Asien, Australien, Ostafrika, Europa, Nordamerika, in Südamerika fehlend.
Beschreibung: Vielgestaltige Wasserpflanze mit 1–2 mm dickem, weichem, mehr als 2 m langem Stängel. Internodien gewöhnlich 0,5–2 cm lang. Blätter sitzend, Vorblätter gegenständig, die oberen Blätter in 3–6(–12)zähligen Quirlen. Spreite linealisch bis schmal lanzettlich, gewöhnlich 1–2 cm lang, 1–3 mm breit, transparent, weich, hell- bis dunkelgrün, manchmal mit rotem Mittelnerv. Schuppen an der Blattbasis. Blattrand gezähnt. Blattspitze mit einem spitzen Zähnchen (Lupe!).

Eine abweichende, genetisch fixierte Wuchsform in Ostafrika: Stängel und Blätter steif. Blattspreite schmal eiförmig bis eirund, 5 × 3 mm groß; unregelmäßig doppelte Blattquirle; Blattrand mit einer größeren Zahl von winzigen Zähnen.
Pflanzen einhäusig, gelegentlich zweihäusig. Blüten eingeschlechtlich, unscheinbar, selten. Männliche Spatha mit einer kurz gestielten Blüte, einzeln, kugelig, etwa 1,5 mm groß, mit 8–22 Anhängseln an der Spitze. Zur Reife platzt die Spatha auf und entlässt die männliche Blüte an die Wasseroberfläche, auf der sie schwimmt. Weibliche Spatha mit 1 Blüte, einzeln oder selten 2 in den Blattachseln; weibliche Blüte auf der Wasseroberfläche auf einem bis 10 cm langen Blütenbecher (Hypanthium) schwimmend.
Kultur: Eine anspruchslose und empfehlenswerte Wasserpflanze, die aber aufgrund ihrer unauffälligen Erscheinung nur selten in den Fachhandel gelangt. Den Aquarienbedingungen passt sich die Art hervorragend an, sodass sie sowohl in weichem als auch hartem, schwach saurem oder alkalischem Wasser gepflegt werden kann. Um gedrungene Sprosse zu erhalten, ist eine gute Beleuchtung empfehlenswert, obwohl sich die Grundnessel auch mit sehr wenig Licht begnügt. Werden die Sprosse in den Bodengrund gepflanzt, müssen sie aufgrund des ungewöhnlich raschen Wachstums häufig gekürzt werden.

Hydrilla verticillata am natürlichen Standort in Papua-Neuguinea

Wegen ihres krautigen Wuchses ist *H. verticillata* besonders für kleine Zuchtaquarien sehr zu empfehlen, in denen die Pflanzen einfach auf die Wasseroberfläche gelegt werden. Vermehrung produktiv durch Seitensprosse. Optimale Temperatur: 20–27 °C. Die Grundnessel lässt sich das ganze Jahr über auch im Gartenteich kultivieren. Im Herbst bilden sich Winterknospen, die auf den Boden sinken, dort den Winter überdauern und im Frühjahr wieder austreiben.

Im südlichen Tanganjikasee (Sambia) sammelte ich eine abweichende Wuchsform von *H. verticillata*. Diese gedeiht – entsprechend den dortigen ökologischen Bedingungen – gut in mittelhartem und hartem, alkalischem Wasser. Diese Wuchsform wächst bedeutend langsamer als die meistens kultivierte Form. Ferner lassen sich ihre Sprosse nur eingepflanzt und nicht schwimmend verwenden. Bedingt durch ihren ziemlich steifen Habitus ist eine dekorative Anordnung recht schwierig.

Ökologie: Gewöhnlich wächst die Art in stehenden oder mäßig fließenden Gewässern bis in 1 m tiefem Wasser, gelegentlich wurde sie aber auch in bis 7 m Tiefe gefunden. Sie gedeiht sowohl in saurem als auch alkalischem, oligotrophem bis eutrophem Wasser sowie im Brackwasser. Ich fand sie in Asien häufig in Abwässergräben und in Thailand oftmals als Unkraut. Die Art liebt sonnige oder nur leicht beschattete Standorte. In der Ndole Bay im südlichen Tanganjikasee bildete *H. verticillata* die oben genannte abweichende Wuchsform in der Sandzone krautige Bestände, die in etwa 1 m Tiefe im Bodengrund verwurzelt waren. Wasserwerte des Tanganjikasees siehe S. 596.

Wasseranalysen von zwei tropischen Standorten: Bali (7/1981): Kleiner Fluss, Wassertemperatur 27 °C, pH 6,5–7, GH 3 °dH, 450 µS/cm. Papua-Neuguinea (7/1988): Etwa 10 m breiter Fluss, Wassertemperatur 27 °C (Lufttemperatur 28 °C um 9.30 Uhr), pH 7,4, GH 15 °dH, KH 15 °dH, 1050 µS/cm. Siehe auch Biotope 52–54 (S. 50) und 56–58 (S. 50).

Sonstiges: Die Grundnessel kann leicht mit ähnlichen Arten aus den Gattungen *Egeria*, *Elodea* und *Lagarosiphon* verwechselt werden. Eine Unterscheidungshilfe im vegetativen Zustand können die Blattstellung, die Anzahl von Blättern pro Quirl, die Internodienlänge sowie der Blattrand sein. In manchen Ländern (z. B. in Südthailand) verdrängt die Art die heimische Flora.

Literaturhinweis: COOK & LÜÖND (1982 a).

Hydrocleys martii am natürlichen Standort in Ostbrasilien

Hydrocleys martii

SEUBERT (1847)

Martius' Wasserschlüssel

Familie: Alismataceae, Froschlöffelgewächse.
Synonyme: *Ostenia uruguayensis* BUCHENAU, *Hydrocleys uruguayensis* (BUCHENAU) Pedersen.
Etymologie: *Hydrocleys*: *hydor* (gr.) = Wasser, *kleis* = Schlüssel (Bezug unbekannt); *martii*: nach dem deutschen Botaniker K. F. P. von MARTIUS (1794–1868).
Verbreitung: Brasilien, Argentinien, Uruguay.
Beschreibung: Wasserpflanze mit bis 50 cm langen Ausläufern. Jugendblätter submers, sitzend, linealisch. Folgeblätter flutend oder emers, bis 40 cm gestielt, an der Basis bis 8 cm scheidig. Blattspreite breit eirund bis kreisförmig, bis 12 × 10 cm groß, sattgrün. Spitze stumpf bis stachelspitz; Basis herzförmig. 5–7 Nerven.

Blütenstand mit 1–6 Blüten. Blütenstängel bis 30 cm lang. Am Blütenstand bilden sich häufig Blätter und Ausläufer (Proliferation). Deckblätter elliptisch, bis 4,5 × 1 cm groß. Blütenstiel bis 17,5 cm lang. Blüten etwa 5 cm groß. Kelchblätter grün, mit deutlichem Mittelnerv. Kronblätter kräftig gelb, am Grunde goldgelb gefärbt, länger als Kelchblätter. 12–18 Staubblätter, in zwei oder mehr Kreisen; Staminodien zahlreich. 5–8 Karpelle. Frucht 10–15 mm lang, 2–3 mm dick. Die Samen sind etwa 1 mm lang und dicht drüsig behaart.
Kultur: *Hydrocleys martii* ist eine prächtige Pflanze, die häufig in botanischen Gärten zu sehen ist, leider aber kaum im Handel angeboten wird. Für die Aquarienkultur ist die Art zwar wenig geeignet, weil sie sehr große Schwimmblätter entwickelt. Sie lässt sich aber sowohl im Paludarium als auch in flachen Schalen mit geringem Wasserstand oder nur feuchtem Bodengrund an einem hellen, warmen Standort gut pflegen. Dabei entwickeln sich nicht nur Schwimmblätter, sondern häufig auch emerse Blattspreiten.

Sogar im Winter bilden sich die leuchtend gelb gefärbten Blüten.
Ökologie: *Hydrocleys martii* kommt in flachem Wasser stehender Gewässer vor, wo sie das ganze Jahr über blüht und fruchtet.
Sonstiges: Gelegentlich wird die unrichtige Schreibweise *Hydrocleis* verwendet.
Literaturhinweis: HAYNES & HOLM-NIELSEN (1992).

Blüte von *Hydrocleys nymphoides*

Vegetative Vermehrung von *H. nymphoides* im Aquarium

Hydrocleys nymphoides

(Willdenow) Buchenau (1871)

Nymphaea-ähnlicher Wasserschlüssel

Familie: Alismataceae, Froschlöffelgewächse.
Synonyme: *Stratiotes nymphoides* Willdenow (1805), u. a.
Etymologie: *Hydrocleys*: siehe *H. martii*; *nymphoides*: *Nymphaea*-ähnlich.
Verbreitung: Nord-, Mittel- und Südamerika.
Beschreibung: Wie bei *Hydrocleys martii* angegeben. Unterscheidungsmerkmale: Schwimmblattspreite mit 5–9 Nerven. Keine emersen Spreiten. Kelchblätter ohne deutlichen Mittelnerv. Kronblätter hellgelb bis weiß mit gelber Basis. 20–25 Staubblätter. Wenig Samen; diese sind drüsig behaart.
Kultur: In den 1950er-Jahren zählte *Hydrocleys nymphoides* zu den beliebtesten Wasserpflanzen mit Schwimmblättern. Heute sieht man die Art fast nur noch in botanischen Gärten, wo sie durch ihre großen, dekorativen Blüten auffällt. Im sehr geräumigen Tropenaquarium ist die Kultur gut möglich, doch sind die Pflanzen auch dort nur bedingt geeignet, da die Schwimmblätter zu sehr beschatten und nur die Blattstiele zu sehen sind. Eine Pflege im Paludarium in flachem Wasser und an einem hellen Standort ist ebenfalls gut möglich. Wichtig sind ein nahrhafter Bodengrund und weiches Wasser.
Ökologie: Ich fand *H. nymphoides* in einer stark beschatteten Sumpfzone des Rio Guaporé (Südwestbrasilien) auf schlammigem Boden vergesellschaftet mit *Hydrocleys* sp., *Echinodorus paniculatus*, *Ludwigia sedoides*, *Utricularia breviscapa* und *U. hydrocarpa*. Wasseranalyse (8/1987): Temperatur 24 °C (Luft 25 °C um 16 Uhr), pH 6,0, GH/KH < 1 °dH, 30 µS/cm. An 3 Habitaten in Argentinien wurden folgende Daten ermittelt (7/1993, zusammengefasst): Wassertemperatur 6–12 °C (Luft 12–20 °C), pH 5,5–7, GH < 1 °dH, KH < 1–2 °dH, < 10–45 µS/cm. Dichte Bestände wuchsen in stehendem bis langsam fließendem, bis 1 m tiefem Wasser. Der Bodengrund war sandig-kiesig oder lehmig, die Standorte waren sonnig.
Sonstiges: Außer den beiden hier beschriebenen Arten sind noch *Hydrocleys modesta* Pedersen aus Südamerika, *H. parviflora* Seubert aus Mittel- und Südamerika und *H. mattogrossensis* (Kuntze) Holm-Nielsen & Haynes aus Westbrasilien und Bolivien bekannt. Eine Einfuhr ist wünschenswert.

Hydrocotyle leucocephala im Aquarium und Blütenstand

Hydrocotyle leucocephala

CHAMISSO & SCHLECHTENDAL (1826)

Brasilianischer oder Weißköpfiger Wassernabel

Familie: Araliaceae, Araliengewächse.
Synonyme: *Hydrocotyle leucocephala* var. *truncatiloba* URBAN, u. a.
Etymologie: *Hydrocotyle*: *hydor* = Wasser, *kotyle* = Nabel; *leucocephala:* weißköpfige Blütenstände.
Verbreitung: Südmexiko bis Nordargentinien.
Beschreibung: Amphibische Pflanze mit kriechenden, submers aufrechten oder flutenden, an allen Knoten wurzelnden Sprossen. Blätter wechselständig. Blattstiel kahl oder nur am oberen Teil behaart, bis 15 cm lang, am Grunde mit 5 mm großen Nebenblättern. Blattspreite rundlich bis nierenförmig, selten überlappt, 2–5(–10) cm groß, mit 9(–11) Hauptnerven und einem tiefen Einschnitt bis zum Nabel (Blattmitte). Blattrand unregelmäßig gekerbt. Junge Blätter flach, ältere Blätter buckelig, oberseits hellgrün, unterseits weißlichgrün.

Blütenstand eine 15- bis 30-blütige Dolde. Blütenstängel bis 12 cm lang, stark behaart. Einzelblüte 1–2 mm gestielt, weiß. Blüten 5-zählig. 2 Fruchtblätter. Frucht 1 × 1,5 mm groß.

Kultur: Empfehlenswerte, anspruchslose, widerstandsfähige und schnellwachsende Pflanze. Die Art passt sich schlechten Lichtverhältnissen ausgezeichnet an, sodass sie sich auch für weniger gut beleuchtete Aquarien eignet. Optimaler Temperaturbereich 20–28 °C. Ein gesundes Wachstum ist von der Härte des Wassers und dem pH-Wert weitestgehend unabhängig. Optimal gedeiht die Pflanze in einem nährstoffreichen und stark „belasteten", stickstoffreichen Wasser. Als Stängelpflanze in den Bodengrund gepflanzt, haben die Sprosse schon nach wenigen Tagen die Wasseroberfläche erreicht, wo sie flutend weiterwachsen, sich stark verzweigen und eine dichte Schwimmpflanzendecke bilden können. Blüht häufig.
Ökologie: Besiedelt fast trockene bis nasse Standorte, z. B. feuchte Wiesen oder Flüsse, dort nur an der Wasseroberfläche. Die Standorte können stark beschattet (Urwald) oder vollsonnig sein. Bevorzugter Biotoptyp ist der feuchte, nicht nasse und zugleich schattig-sonnige Standort, in dem der Wassernabel im Bodengrund wurzeln kann. Ich fand die Art sowohl in sehr weichen und sauren Fließgewässern im Pantanal als auch in den harten, leicht alkalischen Gewässern um Bonito (Brasilien). Siehe Biotope 36–39 (S. 41).

Hydrocotyle ranunculoides am natürlichen Standort in Argentinien

Hydrocotyle ranunculoides

LINNÉ fil. (1781)

Hahnenfuß-ähnlicher Wassernabel

Familie: Araliaceae, Araliengewächse.
Synonyme: *Hydrocotyle americana* WALTER, u. a.
Etymologie: *Hydrocotyle*: siehe *H. leucocephala*; *ranunculoides*: der Gattung *Ranunculus* (Hahnenfuß) ähnlich.
Verbreitung: Nord-, Mittel- und Südamerika; eingeschleppt in mehrere Länder.
Beschreibung: Sumpfpflanze mit emers kriechenden, im Wasser flutenden, an allen Knoten wurzelnden Sprossen. Blätter wechselständig, kahl. Blattstiel 2–10(–34) cm lang. Blattspreite nierenförmig, kleinere Spreiten auch fast kreisförmig, 0,7–4(–8) cm breit, 0,5–3 cm lang, mittelgrün. Blattrand mehrfach gelappt, die Lappen unregelmäßig gekerbt.

Blütenstand eine 2–5(–10)blütige Dolde. Blütenstängel kürzer als die Blätter, kahl, 0,5–6 cm lang. Blüten 1–3 mm gestielt, 5-zählig, etwa 2 mm groß. Frucht 1,5–3,2 mm breit, 1–2,3 mm lang, Rippen nicht vorstehend.

Kultur: *Hydrocotyle ranunculoides* ist eine schnellwüchsige, anspruchslose Pflanze, die sich als Paludarien- sowie Teichrandpflanze verwenden lässt. Im Paludarium bilden die kriechenden Triebe in kurzer Zeit eine dichte Begrünung. Am Teichrand wachsen die Sprosse auch in das Wasser hinein, wo sie auf oder unter der Wasseroberfläche flutend gedeihen. Die Art ist sehr temperaturtolerant, Temperaturen von nahe 0 °C bis etwa 30 °C werden vertragen. In Abhängigkeit von Feuchtigkeit und Nährstoffreichtum des Bodengrundes bilden sich Blattspreiten von sehr unterschiedlicher Größe. Als Aquarienpflanze ist dieser Wassernabel nur bedingt geeignet. Invasive Art (s. S. 101).
Ökologie: Die Art besiedelt feuchte und nasse Standorte sowie die Ränder stehender und schnell fließender Gewässer. Die an vielen Biotopen im Juli 1993 von mir im Nordosten Argentiniens durchgeführten Wasseranalysen zeigten sowohl ein sehr weiches, saures als auch ein hartes, alkalisches Wasser. Die Pflanzen wuchsen zur kalten Jahreszeit bei Wassertemperaturen von 10–19 °C. Der Bodengrund war schlammig, sandig oder lehmig. Die Standorte waren schattig-sonnig oder vollsonnig. Auffällig häufig wurde *H. ranunculoides* in Abwässern gefunden. Siehe Biotope 4 (S. 29), 21 (S. 37) und 22 (S. 37).

Emerse Pflanzen von *Hydrocotyle sibthorpioides*

Hydrocotyle sibthorpioides im Aquarium

Hydrocotyle sibthorpioides

Lamarck (1789)

Familie: Araliaceae, Araliengewächse.
Synonyme: *Hydrocotyle rotundifolia* Roxburgh, *H. japonica* Makino, *H. yabei* Makino, *H. rotundifolia* var. *pauciflora* Yabe.
Etymologie: *Hydrocotyle*: siehe *H. leucocephala*; *sibthorpioides*: der Gattung *Sibthorpia* ähnlich.
Verbreitung: Im tropischen Asien weit verbreitet, eingeschleppt in die Neue Welt.
Beschreibung: Kleine Sumpfpflanze mit emers kriechenden, im Wasser auch aufrechten, an den Knoten wurzelnden, dünnen, kahlen Sprossen. Blätter wechselständig. Blattstiel 0,5–11 cm lang. Blattspreite fast kreisförmig, mit einem Einschnitt bis zum Nabel, 0,5–2 cm im Durchmesser, undeutlich gelappt, die Lappen gekerbt.

Blütenstand eine 2- bis 10-blütige Dolde. Blütenstängel kürzer als die Blätter, 0,5–2 cm lang, kahl. Blüten fast sitzend, 5-zählig, sehr klein. Frucht fast kugelförmig, 0,8–1,5 mm im Durchmesser, gelegentlich breiter als lang.
Kultur: Obwohl dieses Doldengewächs im natürlichen Lebensraum auch gelegentlich vollkommen untergetaucht zu finden ist, gelingt nur im Ausnahmefall die submerse Kultur im Aquarium. *Hydrocotyle sibthorpioides* scheint nur eine bedingte Anpassungsfähigkeit für die Aquarienkultur zu besitzen. Das Wachstum im Paludarium und im Freiland ist dagegen auf nur mäßig feuchtem Boden weit besser, sodass regelmäßig Blütenstände gebildet werden. Die Pflanzen lieben einen sonnigen Standplatz sowie einen nahrhaften Bodengrund.
Ökologie: *Hydrocotyle sibthorpioides* wächst sowohl an sehr trockenen als auch an feuchten und nassen Standorten und wird gelegentlich auch völlig submers angetroffen; dann aber wächst es nicht kriechend, sondern frei schwimmend bzw. aufrecht im Wasser. Die im Juli 1981 von mir eingeführten Pflanzen stammen von der Insel Bali und wuchsen in den Quellen bei Ubud ausschließlich submers. *Hydrocotyle sibthorpioides* war vergesellschaftet mit *Ceratophyllum demersum* (Hornblatt) und *Hydrilla verticillata* (Grundnessel). Eine Wasseranalyse erbrachte folgende Ergebnisse: Wassertemperatur 27 °C, pH 6,5–7, GH 3,0 °dH, 450 µS/cm.
Sonstiges: *Hydrocotyle sibthorpioides* ist gelegentlich auch unter den Namen *Hydrocotyle* sp. „Bali" oder „Java" im Handel.

Hydrocotyle tripartita im Aquarium

Blütentrieb von *Hydrocotyle tripartita* mit den sehr kleinen Blüten

Hydrocotyle tripartita

R. Brown ex A. Richard (1820)

Dreiteiliger Wassernabel

Familie: Araliaceae, Araliengewächse.
Synonyme: *Hydrocotyle muscosa* R. Brown ex A. Richard.
Etymologie: *tripartita*: dreiteilig.
Verbreitung: Australien, Neuseeland.
Beschreibung: Stängel kriechend, viel verzweigt, dünn. Blätter wechselständig. Spreite nierenförmig bis rund, 1,5–3 cm groß, tief eingeschnitten bis zum Nabel, undeutlich 3- bis 5-teilig, die Blattsegmente nicht bis zum Blattstiel eingeschnitten, mit je 2–3 Einkerbungen. Pflanze ohne Behaarung.

Blütenstand eine 3- bis 6-blütige Dolde. Blütenstängel kürzer als der Blattstiel. Blüten fast sitzend, 5-zählig. Frucht kahl, 2-rippig (neuseeländische Pflanzen 1 Rippe).
Kultur: *Hydrocotyle tripartita* ist besser für die Submerskultur geeignet als *H. sibthorpiodes*. Im Aquarium pflanzt man die Sprosse in kleinen Büscheln in den Vordergrund, wo sie bei intensiver Beleuchtung einen verfilzten Teppich bilden. Dieser muss bei dichtem Stand und guten Nährstoffverhältnissen regelmäßig neu gesteckt werden. Eine ungewöhnliche Dekoration sind auf Wurzeln oder Lava aufgebundene Kriechsprosse. Im Sommer blühen und fruchten emerse Sprosse zahlreich. Temperatur 20–30 °C.
Ökologie: Bildet dichte Matten entlang von Flüssen.
Sonstiges: Die Art wird seit 2010 als *H.* sp. „Japan" und *H.* cf. *tripartita* bezeichnet. Blüten und Früchte weisen auf *H. tripartita* aus Australien hin. Aber es gibt auch Unterschiede. In der Erstbeschreibung wird die Art als „*pilosa*" (behaart) bezeichnet, die Flora of Australia (1867) schreibt wiederum „glabrous or sprinkled with a few hairs". Die in der Aquaristik gehandelten Pflanzen sind unbehaart und die Blattsegmente nicht bis zum Blattstiel eingeschnitten. Fotos im Atlas of Living Australia zeigen Blattspreiten mit einzelnen Haaren sowie tief eingeschnittene Segmente, aber auch Populationen mit kahlen und undeutlich geteilten Blättern. Vermutlich liegen diese Merkmale in der Variationsbreite der Art. Unbestritten kommt die hier beschriebene Pflanze ursprünglich aus Australien. Ich konnte keine Unterschiede zu einer Aufsammlung aus dem Brisbane River, Queensland, feststellen (pers. Mitt. D. Wilson). Ein zweiter Typ mit kleineren Blättern stammt vom Battle Creek (Queensland).

Hydrocotyle verticillata

THUNBERG (1798)

Amerikanischer Wassernabel

Familie: Araliaceae, Araliengewächse.
Synonyme: *Hydrocotyle vulgaris* var. *verticillata* RICHARD, *H. volckmannii* PHILIPPI, *H. verticillata* THUNB. var. *pluriradiata* URBAN u. a.
Etymologie: *Hydrocotyle*: siehe *H. leucocephala*; *verticillata:* quirlständig, bezieht sich auf die quirlständigen Blütenstände.
Verbreitung: Kühlere Gebiete von Amerika, Südafrika, Madagaskar, Australien (oft eingeschleppt und fehlbestimmt).
Beschreibung: Die Art unterscheidet sich nur in wenigen, nicht eindeutig abzugrenzenden vegetativen Merkmalen von *Hydrocotyle vulgaris* (Habitusfoto S. 378): Die Internodien sind meistens nur bis 10 cm lang. Der Blattstiel bleibt mit 5–20 cm Länge gewöhnlich kürzer. Die Blattspreite misst emers bis 3,5(–6) cm und submers bis 2,5 cm im Durchmesser und besitzt gewöhnlich 9–12 Hauptnerven. Weitere Angaben siehe *H. vulgaris*. Anhand der vegetativen Merkmale lassen sich beide Arten aber nicht sicher unterscheiden. Wesentlichstes Unterscheidungsmerkmal sind die meistens 1- bis 2-fach quirlständigen (*H. vulgaris*) und gewöhnlich mehrfach quirlständigen (*H. verticillata*) Blütenstände.

Blütenstand bei *H. verticillata* bis zu 12 cm lang gestielt, mit 3- bis 5-blütigen Dolden, die in bis zu 7 Quirlen übereinander angeordnet sind. Kronblätter weiß. Früchte fast sitzend oder bis 20 mm lang gestielt, an der Basis mit kleinem Vorsprung, selten flach.
Kultur: Mit den schirmchenartigen Blattspreiten und der nur geringen Höhe von 5–10 cm ist *H. verticillata* eine ungewöhnliche und dekorative Vordergrundpflanze. Für das Tropenaquarium ist sie aber nur bedingt geeignet, da sie kühles Wasser bis maximal 25 °C möchte. Auch dann wächst sie nur langsam. Ein optimales Wachstum hat eine hohe Lichtintensität zur Voraussetzung. Als Bodensubstrat ist ein feinkörniger Sand-Kies-Boden zu empfehlen, in dem die zarten Wurzeln leicht Halt finden können. Die Härte des Wassers ist von geringer Bedeutung. Die Vermehrung gelingt durch Teilung der kriechenden Sprossachse in Abschnitte mit wenigstens zwei Knoten. Im Gegensatz zum relativ langsamen, nicht immer befriedigenden submersen Wachstum, ist die emerse Kultur problemlos. Sie kann auch in unbeheizten abgedeckten Glasgefäßen im Blumenfenster erfolgen, wo in kurzer Zeit der Bodengrund von den Kriechsprossen völlig durchzogen ist. Auch niedrige Temperaturen von 10–15 °C werden vorübergehend noch gut vertragen. Im Sommer erscheinen regelmäßig die zahlreichen, gewöhnlich quirlständigen Blütenstände. Eine generative Vermehrung durch Samen ist nicht schwierig.
Ökologie: Die Art besiedelt feuchte und nasse Standorte; sie ist insbesondere in Überschwemmungsgebieten und auf nassen Wiesen anzutreffen, gedeiht aber auch an den Rändern von Tümpeln, Seen, Bächen und Flüssen. Nur gelegentlich wachsen die Pflanzen an ihren natürlichen Standorten vollständig submers. Siehe Biotope 36–39 (S. 41).
Sonstiges: Von *Hydrocotyle verticillata* sind folgende vier Varietäten beschrieben worden, die sich in der Länge des Blütenstiels und der Behaarung des Blütenstängels unterscheiden sollen: *Hydocotyle verticillata* var. *verticillata*, var. *racemosa*, var. *cubensis* und var. *featherstoniana*. Die Gültigkeit dieser Varietäten ist umstritten.

Unterwasserfoto von *Hydrocotyle verticillata* in Bonito (S. 41)

Hydrocotyle vulgaris

LINNÉ (1753)

Gewöhnlicher Wassernabel

Familie: Araliaceae, Araliengewächse.
Synonyme: Keine.
Etymologie: *Hydrocotyle*: siehe *Hydrocotyle leucocephala*; *vulgaris*: gemein, gewöhnlich.
Verbreitung: Europa, vereinzelt in Nordwestafrika, im Kaukasus und Iran, fraglich in Neuguinea und Australien.
Beschreibung: Stängel kriechend, an allen Knoten wurzelnd. Blätter emers wechselständig, bis 15 cm lang gestielt, submers bis 70 cm lang gestielt. Internodien bis 15 cm. Blattspreite fast kreisrund, schildförmig, in der Mitte nabelartig vertieft, emers bis 5,5 cm, submers bis 3,5 cm im Durchmesser, manchmal leicht gewölbt, mit 7–12(–15) Hauptnerven; Blattrand an jungen Blättern unregelmäßig gekerbt, bei älteren nur schwach erkennbar.

Blütenstand gewöhnlich eine endständige oder mit 2 Quirlen übereinander angeordnete (sehr selten bis 5 Quirlen), achselständige, kurz gestielte, 3- bis 5-blütige Dolde. Kronblätter weiß oder rötlich. Frucht fast sitzend, an der Basis flach oder wenig gekerbt.

Emerse Pflanzen von *Hydrocotyle vulgaris*

Kultur: Diese heimische Art lässt sich nicht nur für Kaltwasseraquarien und die Randbepflanzung von Gartenteichen verwenden, sondern ist auch eine schnellwüchsige Pflanze für die submerse Kultur im Tropenaquarium. Sie bleibt allerdings nur anfangs niedrig, denn bei gutem Wachstum werden die Blattstiele und Internodien wesentlich länger als bei *Hydrocotyle verticillata*, sodass die Sprosse in wenigen Wochen das gesamte Aquarium durchziehen können. Deshalb ist die Art auch besser für die Mittelgrundbepflanzung verwendbar, wo einzelne „Schirmchen" recht apart wirken können. Sollen die Blattstiele nicht bis zur Wasseroberfläche wachsen, müssen länger gestielte Blätter ab und zu ausgeschnitten werden. Dennoch wird es nicht gelingen, die Pflanze ständig niedriger als 10 cm zu halten.

Der Gewöhnliche Wassernabel liebt einen hellen Standort im Aquarium. Als Substrat ist ein nährstoffreicher Sandboden zu empfehlen. Die Wasserwerte scheinen für ein gesundes Wachstum nur eine unwesentliche Rolle zu spielen. Weiches bis mittelhartes, schwach saures Wasser ist gut geeignet. Eine dauerhafte Pflege gelingt bei Temperaturen bis 28 °C. In wärmerem Wasser ist das Wachstum bedeutend schneller als im Kaltwasseraquarium. Das Einpflanzen der Stängel ist manchmal problematisch, da die Pflanzen einen starken Auftrieb haben. Hier können Plastiknadeln gute Dienste leisten. Vermehrung durch Teilung der Sprossachse.

Interessant zu beobachten ist die Fähigkeit junger Blattspreiten, sich einige Minuten vor Abschalten der Beleuchtung oder bei Tageslichteinfall vertikal zum Licht hin zu neigen. Ältere Spreiten besitzen diese Fähigkeit nicht mehr. Im Sommer bilden sich an emersen Pflanzen regelmäßig die zahlreichen, meistens endständigen Blütenstände.

Ökologie: Die Art gedeiht gewöhnlich an sumpfigen Standorten auf mäßig sauren Moor- und Torfböden, an den Rändern nährstoff- und kalkarmer Gewässer. Ich fand sie aber auch ziemlich trocken auf sandigem Boden in der Lüneburger Heide an schattigen und sonnigen Standorten. In flachem Wasser schwimmen die Blattspreiten auf der Wasseroberfläche.

Hydrostachys plumosa in Ostmadagaskar

Hydrostachys plumosa

A. DE JUSSIEU ex TULASNE (1849)

Familie: Hydrostachyaceae.
Synonyme: *Hydrostachys pinnatifolia* ENGLER (1894).
Etymologie: *Hydrostachys*: *hydro* = Wasser und *stachys* = ährig, Wasserähre; *plumosa*: federig, bezieht sich auf die gefiederte Blattspreite.
Verbreitung: Madagaskar.
Beschreibung: Rheophyt mit auf Felsen kriechendem Wurzelstock. Fiederblätter einfach geteilt, schmal lanzettlich. Blattstiel 3–25 cm lang, bei jungen Blättern rot gefärbt. Blattspreite 6–40 cm lang, mit 40–60 dicht angeordneten, schmalen Fiedern auf jeder Seite und zahlreichen Emergenzen (Auswüchse).

Die Arten dieser Gattung sind zweihäusig (bis auf *H. monoica*). Ihre dichtblütigen Ähren stehen in Gruppen am Rhizom und entwickeln sich außerhalb des Wassers. Jede Einzelblüte mit einem Deckblatt; Kelch- und Kronblätter fehlen. Männliche Blüte auf 1 Staubblatt und weibliche Blüte auf einen Fruchtknoten mit 2 Griffeln reduziert. Wichtige Bestimmungsmerkmale bei den *Hydrostachys*-Arten sind u. a. die weiblichen und männlichen Deckblätter mit der Zahl, Größe und Anordnung ihrer Emergenzen. Kapsel mit 2 Klappen öffnend, Samen zahlreich.
Kultur: *Hydrostachys plumosa* wird hier stellvertretend für die zahlreichen Arten der rheophilen Familien Hydrostachyaceae (monotypische Gattung mit 22 Arten) und Podostemaceae (47 Gattungen mit etwa 268 Arten) genannt. Diese Pflanzen leben, blühen und fruchten ausschließlich in Stromschnellen und an Wasserfällen. Sie sind so extrem an das reißende Wasser ihres Lebensraumes angepasst, dass ihre Kultur im Aquarium als unmöglich gilt. Die Familien besitzen eine hochinteressante Morphologie und Anatomie sowie eine Blütenbiologie, die vielfach noch nicht erforscht ist. Ihre Bestimmung gestaltet sich nicht zuletzt deshalb oft als sehr schwierig.
Ökologie: *Hydrostachys plumosa* lebt in Stromschnellen klarer Flüsse. Ich fand diese imposante Wasserpflanze im Hochland Ostmadagaskars in 514 m Höhe in einem 10–15 m breiten Fluss nahe Beforona (siehe Wasseranalyse, S. 606). Die Pflanzen siedelten auf und zwischen großen Felsen in reißendem Wasser.
Literaturhinweis: BOGNER (2005 a/b), CUSSET (1973).

Hydrotriche hottoniiflora

ZUCCARINI (1832)

Hottonia-blütiges Wasserhaar

Familie: Plantaginaceae, Wegerichgewächse.
Synonyme: Keine.
Etymologie: *Hydrotriche*: *hydro* = Wasser und *thrix* = Haar, bezieht sich auf die haarförmigen Wasserblätter; *hottoniiflora*: mit Blüten wie bei der Gattung *Hottonia*.
Verbreitung: Madagaskar.
Beschreibung: Zierliche Wasserpflanze, Sprosse bis 70 cm lang. Blätter in 10- bis 20-zähligen Quirlen, sitzend, nadelförmig, 3–5 cm lang, 0,5–2 mm dick, hellgrün gefärbt. Blattrand an der Spitze mit spitzen Zähnchen.

***Hydrotriche hottoniiflora* im Aquarium**

Blütenstand eine 5–25 cm hohe Traube mit wenigen gestielten Einzelblüten. Blüten kleistogam und chasmogam. 2 Deckblätter, 1–3 mm lang. Kelch etwa 3 mm lang, 5-zipflig. Blütenkrone 2-lippig, 5(–6)lappig, etwa 2 cm groß, bei var. *hottoniiflora* weiß, ± intensiv rosa- oder malvenfarbig oder hellblau gefärbt mit gelbem Schlund, var. *flava* mit rein gelber Krone. Die in Kultur befindlichen Pflanzen blühen gewöhnlich weiß mit gelbem Schlund. 2 fertile Staubblätter; 2 Staminodien. Griffel 5–7 mm lang; Narbe zweispaltig. Frucht (selten) eine 4–8 mm große, zweiklappige Kapsel (siehe Foto auf S. 76).
Kultur: *Hydrotriche hottoniiflora* ist eine seltene Pflanze. Sie benötigt eine gute Beleuchtung und wächst am besten in weichem Wasser. Am natürlichen Standort lebt die Art in weichem, sowohl sehr saurem als auch deutlich alkalischem Wasser. Auch die Temperaturtoleranz ist erheblich höher, als in früheren Jahren angenommen. Es gibt Populationen, die das ganze Jahr über im Hochland bei niedrigen Temperaturen gedeihen, andere wiederum bei über 30 °C an der Westküste. Der Bodengrund im Aquarium sollte nährstoffreich sein (z. B. Lehmzusatz). Auf Veralgung reagiert die Art sehr empfindlich. Gruppenpflanze für den Mittelgrund. Vermehrung durch Seitensprosse. Gelegentlich entwickeln sich auch im Aquarium an flutenden Sprossen Blütenstände.
Ökologie: Zur Regenzeit (Januar 1987) fand ich auf Madagaskar im Hochland bei Andasibé dichte Bestände in sehr schnell fließendem, klarem Wasser in einer Tiefe von 40–80 cm. Wasserwerte: Temperatur um 11.30 Uhr 21,5 °C, pH 5,6, GH und KH < 1 °dH, 30 µS/cm. Der Bodengrund bestand aus einem gelben Lehm-Sand-Gemisch und einzelnen kleinen Felsbrocken. Die Standorte waren meistens sonnig. Völlig verschieden hiervon sind untersuchte Tümpel östlich Morondava, siehe Biotop 40 (S. 43) und Analyse auf S. 606. Die Art besitzt eine extrem hohe ökologische Valenz gegenüber vielen Umweltfaktoren.
Sonstiges: Viele Jahre galt die Gattung *Hydrotriche* als monotypisch. RAYNAL-ROQUES beschrieb 1979 drei weitere Arten, *H. galiifolia*, *H. mayacoides* und *H. bryoides*, die wie *H. hottoniiflora* alle endemisch auf Madagaskar vorkommen, zudem sehr selten sind und bisher für die Aquaristik noch nicht gesammelt wurden. Von *H. hottoniiflora* sind die beiden Varietäten var. *hottoniiflora* und var. *flava* beschrieben worden, die sich nur in der Blütenfarbe unterscheiden. Beide Varietäten kommen auch sympatrisch vor und haben die gleichen ökologischen Ansprüche. Die Typusvarietät besitzt eine wesentlich größere Verbreitung als die var. *flava*. Die Art wurde 1968 von J. BOGNER nach Europa eingeführt.
Literaturhinweis: EGGERS & SCHMIDT (1998), KASSELMANN (2000).

Blühender emerser Spross von *H. balsamica*

Hygrophila balsamica im Aquarium

Hygrophila balsamica

(LINNÉ fil.) RAFINESQUE (1838)

Balsam-Wasserfreund

Familie: Acanthaceae, Bärenklaugewächse.
Synonyme: *Ruellia balsamica* LINNÉ fil. (1781), *Synnema balsamicum* ALSTON, u. a.
Etymologie: *Hygrophila*: *hygros* = feucht, *philein* = lieben, bezieht sich auf die feuchtigkeitsliebenden Standorte; *balsamica:* Balsam (dickflüssige, stark riechende Gemische von Harzen und Ölen).
Verbreitung: Indien, Sri Lanka.
Beschreibung: Verschiedengestaltige Pflanze mit einem bis 40 cm langen, aufrechten oder kriechenden, 3–7 mm dicken Stängel. Emerse Blätter kreuzweise gegenständig, bis 1,5 cm gestielt. Blattspreite länglich, etwas klebrig, gezähnt-gesägt, 7 × 1,5 cm groß, olivgrün. Spitze stumpf; Basis verschmälert. Stängel dicht und kurz behaart, Spreite wenig behaart. Bricht man den Stängel oder zerreibt ein Blatt, so nimmt man einen intensiven Geruch wahr (Name!). Unter Wasser bilden sich kammförmig fiederschnittige, bis 10 × 7 cm große, hellgrüne Blattspreiten. Blütenstand achselständig, bis 0,7 cm gestielt, mit 1–5 Blüten, am Grunde mit zwei 1,0 × 0,25 cm großen Deckblättern. Einzelblüte etwa 1 mm gestielt und mit zwei 5 × 1 mm großen Deckblättchen. Kelch 5-lappig, etwa 8 mm lang, grün, ein Kelchblatt etwas länger. Blütenkrone 2-lippig, blassviolett-weiß gefärbt. Zwei der 4 Staubblätter sind 5 mm, zwei 3,5 mm lang. Griffel etwa 6,5 mm. Fruchtknoten länglich, 2,5 mm lang.
Kultur: Diese schöne Art sieht *Hygrophila difformis* sehr ähnlich, ist aber deutlich anspruchsvoller in der Aquarienkultur. Die zuerst in den 1980er-Jahren eingeführten Sprosse enthielten einen für Fische sehr gefährlichen, konzentrierten Giftstoff. Danach verschwand die Art wieder vom Markt, und die im Jahre 2004 erneut eingeführten Pflanzen, deren Herkunft unbekannt ist, enthalten diesen Giftstoff nicht oder zumindest in unbedenklicher Konzentration. Die Kultur dieser Art ist deshalb heute uneingeschränkt zu empfehlen. *Hygrophila balsamica* wächst am besten in weichem bis mittelhartem, CO_2-reichem Wasser, bei einer hohen Lichtintensität und Temperaturen über 25 °C. Blüht emers häufig. Sehr dekorativ wirkt eine Pflanzenstraße aus zahlreichen Trieben von *Hygrophila balsamica*.

Verschiedene Wuchsformen von *Hygrophila corymbosa* im Aquarium

Hygrophila corymbosa

(BLUME) LINDAU (1895)

Riesenwasserfreund

Familie: Acanthaceae, Bärenklaugewächse.
Synonyme: *Nomaphila corymbosa* BLUME (1826), *Nomaphila stricta* (VAHL) NEES, *Hygrophila stricta* (VAHL) LINDAU, u. a.
Handelsnamen: *Hygrophila* „lacustris", *H.* „siamensis", *H.* „longifolius", u. a.
Etymologie: *Hygrophila*: siehe *H. balsamica*; *corymbosa*: doldentraubig, bezieht sich auf die Blütenstände.
Verbreitung: Weit verbreitet in Südostasien.
Beschreibung: Sumpfpflanze mit aufrechten, verzweigten, bis 5 mm dicken Stängeln. Pflanze kahl (mit Ausnahme einer Wuchsform). Blätter kreuzgegenständig angeordnet, 1–5 cm lang gestielt. Es werden mehrere genetisch fixierte, zum Teil offenbar sterile Wuchsformen kultiviert, deren Blattspreiten in Form und Größe sehr verschieden sind.
Breitblättriger Riesenwasserfreund: Blattspreite schmal eiförmig oder elliptisch, emers 6–8 cm lang, 2,5–3 cm breit, submers 10–20 cm lang, 3–7 cm breit. Es gibt eine olivgrüne und eine rötlichbraune Farbform.
Thailändischer Wasserfreund (Handelsname „*siamensis*"): Emerse Blattspreite schmal elliptisch, 7–10 cm lang, 1,5–2,5 cm breit, submerse Spreite schmal lanzettlich, 10–20 cm lang, 1,5–2 cm breit; eine Farbform mit hellgrünen und eine mit rötlichbraunen Blättern.
Behaarter Wasserfreund: Emerse Pflanze (auch Blattunterseite) flaumig behaart (bei hoher Luftfeuchte fast kahl), stark aromatisch. Emerse Spreite schmal elliptisch, 4–7 cm lang, 1–1,5 cm breit; submerse Spreite linealisch, 10–30 cm lang, 0,5–1,5 cm breit, hellgrün.

Blütenstand ein 0,5–2 cm gestieltes Dichasium mit 3 bis zahlreichen Blüten. Deckblätter 2–2,5 mm lang, 0,5 mm breit. Einzelblüte hellblau bis kräftig blauviolett. 5 Kelchblätter, behaart, 4–8 mm lang, eines 1–3 mm länger als die anderen. Blüte zu einer Röhre verwachsen; Krone 2-lippig, 10–15 mm lang. Oberlippe 2-lappig; Unterlippe 3-lappig, runzlig gewölbt und weiß-blau streifig gemustert. 4 Staubblätter, von denen 2 fast den Rand der Oberlippe erreichen, sowie 2 kürzere mit 3 mm Länge. Griffel bis 1,3 cm lang. Fruchtknoten walzenförmig, 3,5 × 1,5 mm groß. Kapsel 1–1,3 cm lang, mit etwa 20 flachen, fast runden Samen.

Behaarter Wasserfreund im Aquarium

Hygrophila corymbosa „Kompakt" im Aquarium

Kultur: Alle genannten Wuchsformen, die von der Autorin anhand blühender Pflanzen bestimmt wurden, sind sehr empfehlenswerte, schnellwüchsige Stängelpflanzen. Grundsätzlich sind ihre Lichtansprüche zwar nur mäßig, doch werden die Sprosse bedeutend kräftiger und gedrungener, wenn man sie intensiv beleuchtet. Insbesondere die rötlichen Farbformen entwickeln nur dann ihre volle Schönheit, wenn sie an einem freien, hellen Platz wachsen. Als Bodengrund ist Kies oder gewaschener Sand ausreichend, doch werden die Sprosse kräftiger in einem nahrhaften Bodengrund oder mit entsprechenden Düngerzusätzen. *Hygrophila corymbosa* gedeiht ausgezeichnet in mittelhartem bis hartem, leicht alkalischem Wasser, wobei das Temperaturoptimum zwischen 24 und 28 °C liegt. Ein auffällig gutes Wachstum lässt sich in stark strömendem Wasser, z. B. in der Nähe eines Filterauslaufs, beobachten. Dieser Wasserfreund wirkt am besten in einer kleinen, stufig angeordneten Gruppe in der mittleren oder hinteren Zone des Aquariums.

Hygrophila corymbosa wird gewöhnlich aus emersen Kulturen im Fachhandel angeboten und verliert beim Umsetzen in das Aquarium meistens die emersen Blätter; die Pflanzen wachsen aber unter Wasser gut weiter.

Die Sumpfkultur sowie die Pflege auf der Fensterbank in feuchtem Bodengrund oder in Hydrogefäßen sind einfach, wo die Pflanzen leicht blühen. Hierfür benötigen die Pflanzen viel Licht und Wärme.

Ökologie: *Hygrophila corymbosa* besiedelt sumpfige Standorte. Ich sah in Sulawesi zwei sehr unterschiedliche Habitate. Bei Bantimurung (Maros, Foto S. 88) wuchs in einem kleinen Fluss mit schnell fließendem Wasser eine schmalblättrige, wenigblütige Form sowohl submers als auch emers. Wasseranalyse (7/1981): Temp. 28 °C, pH 7,5, GH 7,8 °dH, KH 6 °dH, 300 µS/cm. Bei Angkona wuchs eine breitblättrige, vielblütige Form vollständig emers nur in nassem Boden.

Hygrophila corymbosa „Kompakt"

Diese Wuchsform soll durch Auslese in der niederländischen Gärtnerei Aqua Flora entstanden sein. Sie zeichnet sich durch ein sehr langsames, aber stetiges Wachstum sowie äußerst kurze Internodien aus. Mit zunehmender Höhe verlieren die Sprosse die unteren Blätter. Durch starke vegetative Verzweigung entstehen buschige Triebe, die an eine Bonsai-Kultur erinnern. Das hier abgebildete Foto zeigt einen zweijährigen Trieb im Aquarium.

Hygrophila costata am natürlichen Standort in Venezuela

Hygrophila costata

NEES & T. NEES (1824)

Familie: Acanthaceae, Bärenklaugewächse.
Synonyme: *Hygrophila guianensis* NEES, *H. lacustris* NEES *u. a.*
Etymologie: *Hygrophila*: siehe *H. balsamica*; *costata*: gerippt, gerieft.
Verbreitung: Mittel- und Südamerika, in Ostaustralien invasiv.
Beschreibung: Sumpfpflanze, bis 50 cm hoch. Stängel rund oder kantig, (fast) kahl, 1,5–5 mm dick, wenig verzweigt. Blätter 1–2 cm gestielt, kreuzgegenständig. Blattspreite sehr schmal elliptisch bis schmal elliptisch, mit spitzer Spitze und herablaufender Basis, 6–15 cm lang, 0,8–2,3 cm breit, ganzrandig, oberseits kurz behaart, mittelgrün gefärbt.

Blüten kurz gestielt, zu mehreren in jeder Blattachsel der emersen, kahlen oder behaarten Sprosse. Deckblätter 1,5 mm. 5 Kelchblätter, 4–10 mm lang, bis 1 mm breit. Blütenkrone 2-lippig, 7 mm lang, 4–5 mm breit, weiß. Oberlippe 2-, Unterlippe 3-lappig. 4 Staubblätter. Griffel und Staubblätter kürzer als die Krone. Kapsel 0,8–1,5 cm lang; Samen 0,5–0,8 mm groß, flach. Die Samen sind ungewöhnlich zahlreich.
Kultur: Unter dem Namen *H. costata* sind verschiedene Pflanzen im Handel, bei denen es sich aber zumeist nicht um diese Art handelt. Die echte *H. costata* ist für die Aquarienkultur nur mäßig geeignet. Selbst unter optimalen Bedingungen wächst sie ausgesprochen langsam. Wichtig sind insbesondere eine hohe Lichtintensität, ein nahrhafter Bodengrund und weiches Wasser mit einer optimalen Temperatur von 20–26 °C. Bei der problemlosen emersen Kultur werden häufig Blüten und Früchte entwickelt.
Ökologie: In einem Überschwemmungsgebiet eines Flusses in Venezuela fand ich *H. costata* in dichten, semi-emersen Beständen. Die Sprosse wuchsen in 50 cm tiefem, stehendem Wasser in lehmigem Bodengrund bei intensivem Sonnenlicht. Wasserwerte (8/1989): Temperatur 26,5 °C (Lufttemperatur 27 °C um 10.30 Uhr), pH 7,6, GH/KH < 1 °dH, 35 µS/cm. W. STAECK sammelte submerse Pflanzen in Bolivien am Ufer eines kleinen Baches mit fast stehendem Wasser. Der Bodengrund war sandig-schlammig, der Standort unbeschattet. Wasserwerte (8/1991 um 12 Uhr): Temperatur 17 °C (Lufttemperatur 18 °C), pH 6,5, GH 4 °dH, KH 11 °dH, 125 µS/cm.

Hygrophila difformis im Aquarium

Hygrophila difformis 'Weiß-Grün' im Aquarium

Hygrophila difformis

(LINNÉ fil.) BLUME (1826)

Indischer Wasserwedel

Familie: Acanthaceae, Bärenklaugewächse.
Synonyme: *Ruellia difformis* LINNÉ fil. (1781), *Cardanthera difformis* (L. f.) DRUCE.
Etymologie: *Hygrophila*: siehe *Hygrophila balsamica*; *difformis:* zweiförmig, verschieden gestaltete Blätter.
Verbreitung: Indien bis Malaiische Halbinsel.
Beschreibung: Ausdauernde, sehr veränderliche Sumpfpflanze mit niederliegenden oder aufrechten Sprossen, 30–80 cm lang. Stängel behaart, bis 5 mm dick, grün oder rötlich. Emerse Blätter kurz gestielt, kreuzweise gegenständig, behaart und klebrig. Blattspreite lanzettlich-elliptisch bis elliptisch, bis 6,5 × 4,0 cm groß, mit gesägtem Blattrand, mittel- bis dunkelgrün gefärbt. Submerse Blattspreite anfangs ebenso geformt wie emers, danach entwickelte Spreiten fiederspaltig bis fiederschnittig, bis 15 cm lang, hellgrün gefärbt.

Blütenstand bis 1,4 cm gestielt, mit 1–3 achselständigen Blüten. 2 Deckblätter, behaart, etwa 9 × 4 mm groß. 5 Kelchblätter, behaart, etwa 10 mm lang. Blütenkrone 10–16 mm lang, etwa 7 mm breit, blassviolett gefärbt. Oberlippe 2-, Unterlippe 3-lappig. Schlund dunkelviolett gefärbt, behaart und runzlig aufgewölbt. 4 Staubblätter, davon erreichen 2 den Rand der Oberlippe, 2 bleiben etwas kürzer; Staubbeutel tiefviolett; Pollen gelb gefärbt. Griffel fein behaart, den Rand der Oberlippe erreichend; Narbe winzig. Fruchtknoten schmal und spitz ausgezogen. Kapselfrucht stiellos, etwa 8 mm lang, schwach flaumig behaart; Samen werden in Kultur selten gebildet, weil die Bestäuber fehlen.
Kultur: *Hygrophila difformis* ist zweifellos eine der schönsten und empfehlenswertesten Aquarienpflanzen und zählt zum regelmäßigen Angebot des Fachhandels. Die Pflanzen sind anspruchslos und gedeihen ausgezeichnet sowohl in sehr weichem als auch hartem Wasser (über 30 °dGH). Es genügt eine mittlere Beleuchtungsstärke, kräftigere Exemplare bilden sich jedoch bei intensivem Licht. Als Bodengrund ist ungewaschener oder lehmhaltiger, grober Sand zu empfehlen. Die optimale Wassertemperatur liegt zwischen 24 und 28 °C, doch werden auch Temperaturen weit darunter und darüber vorübergehend toleriert.
Ökologie: *Hygrophila difformis* wächst an sumpfigen Standorten. Wasseranalysen sind nicht bekannt.

Hygrophila triflora im Aquarium und blühender emerser Spross mit bis zu fünf Blüten im Quirl

Hygrophila difformis 'Weiß-Grün'

Diese Pflanze weist im Gegensatz zu der Stammform eine mehr oder weniger stark ausgeprägte weiße Zeichnung auf, die sich vorwiegend auf die Nervatur, aber auch auf andere Teile der Blattspreite bezieht. Es ist gesichert, dass es sich hierbei um eine Virusinfektion handelt, da dieses Merkmal auch bei anderen Pflanzen in der Gewächshauskultur auftritt. Da die Konstanz der weißen Zeichnung nicht gefestigt ist, erscheint es besser, die Pflanze nicht als eigenständige Varietät oder Form, sondern als Sorte 'Weiß-Grün' zu führen (Kasselmann 1981 b, 1983 a).

Hygrophila difformis 'Weiß-Grün' kann auch die weiße Zeichnung in der submersen Kultur beibehalten, wodurch sich dekorative Effekte bei der Bepflanzung des Aquariums erzielen lassen. Die Ausprägung dieses Merkmals ist offensichtlich weder lichtabhängig, noch wird es von der Schnelligkeit des Wachstums deutlich beeinflusst, denn sowohl langsam als auch schnell wachsende Sprosse können Chlorophyllmangel aufweisen. Die Sorte kann unter optimalen Kulturbedingungen ebenso gutwüchsig sein wie die Stammform. Seit etwa 1976 im Handel.

Hygrophila triflora

(Roxburgh) Fosberg & Sanchet (1981)

Familie: Acanthaceae, Bärenklaugewächse.
Synonyme: *Ruellia triflora* Roxb. (1832), *Synnema triflorum* (Roxb.) O. Kuntze u. a.
Verbreitung: Indien, Bangladesch, Guam.
Beschreibung: Nur durch wenige Merkmale von *H. difformis* verschieden. Submerse Blätter lanzettlich bis schmal eiförmig, Blattrand von fast ganzrandig, gesägt, gebuchtet bis fiederspaltig, aber nicht fiederschnittig (Einschnitte nicht bis zur Mitte), hellolivgrün bis ± rotbraun gefärbt. Blüten wie bei *H. difformis*, jedoch bis zu 5 Blüten im Quirl.
Kultur: *H. triflora* ist eine sehr empfehlenswerte, neue Art. Wie *H. difformis* einfach zu kultivieren, wächst aber langsamer. Färbung je nach Lichtintensität mehr oder weniger kräftig rotbraun. Bei zu wenig Licht Verlust der unteren Blätter. Als Gruppenpflanze im Vorder- und Mittelgrund.
Sonstiges: Nach Fosberg & Sachet (1981) sind *H. difformis* und *H. triflora* zwei gute Arten. Pflanzen von *H. triflora*, die ich 2016 von der Firma Tropica erhielt, unterschieden sich emers nur durch die Anzahl der Blüten. Submerse Sprosse sind gut von *H. difformis* zu unterscheiden.

Hygrophila lancea im Aquarium und Blüten

Hygrophila lancea

(THUNBERG) MIQUEL (1865)

Fiederspaltiger Wasserfreund

Familie: Acanthaceae, Bärenklaugewächse.
Synonyme: *Justicia lancea* THUNBERG (1794)
Etymologie: *lancea*: lanzenförmig.
Verbreitung: Weit verbreitet in Süd- und Ostasien.
Beschreibung: Sumpfpflanze mit bis 70 cm aufrechten, submers kriechenden oder aufsteigenden, verzweigten, kahlen Sprossen. Stängel 2–4 mm dick. Blätter kreuzgegenständig, sitzend, ganzrandig, Mittelnerv deutlich. Emerse und submerse Blattspreite sehr schmal elliptisch, 6–10 cm lang, 4–10 mm breit, spitz, Basis herablaufend, emers olivgrün, submers rotbraun.

Blüten in Gruppen, sitzend, Blütenteile behaart. Deckblätter etwa 10 mm lang, 2–3 mm breit. Deckblättchen 4–5 mm lang, 1,5 mm breit. Kelchblätter 10 mm lang. Blütenkrone 10–12 mm lang, blassviolett. Oberlippe 2-lappig, Unterlippe 3-lappig. Kapsel 12–14 mm lang.
Kultur: *Hygrophila lancea* ist eine langsam wachsende, anspruchsvolle, farbenprächtige Aquarienpflanze. Sie ist licht- und wärmeliebend. Die Sprosse gedeihen gut in weichem bis mittelhartem Wasser mit CO_2-Düngung bei pH-Werten von 6,5–7,2. Die Wassersprosse wachsen überwiegend kriechend, weshalb eine Verwendung je nach Beckengröße im Vorder- oder Mittelgrund angezeigt ist. Es ist eine beliebte Pflanze von Aquascapern. Die Vermehrung erfolgt produktiv durch Seitensprosse. In der einfachen emersen Kultur wachsen die Triebe aufrecht, verzweigen sich stark und blühen leicht bei viel Wärme und Licht. Emerse Sprosse benötigen mehrere Wochen zur Umstellung auf die braunroten Wasserblätter. *Hygrophila lancea* ähnelt der schmalblättrigen Wuchsform von *H. polysperma*, wächst aber deutlich langsamer und mit kürzeren Internodien, ist intensiver gefärbt und unter Wasser steifer.
Ökologie: Wächst entlang von Flüssen und an sumpfigen Plätzen.
Sonstiges: In manchen Ländern (Taiwan, China) werden die jungen Sprosse gegessen. Eingeführt wurde *H. lancea* als sp. „Araguaia“ um 2011; mein Herbarmaterial wurde von DIETER WASSHAUSEN (Washington) bestimmt. Auch sp. „Sarawak“ gehört zu dieser Art. *Hygrophila lancea* zählt zum Formenkreis von *H. ringens* (s. dort). Bis zur taxonomischen Klärung behalte ich diesen Namen bei.

Hygrophila odora im Aquarium

Hygrophila odora

(NEES) T. ANDERSON (1864)

Duftender Wasserfreund

Familie: Acanthaceae, Bärenklaugewächse.
Synonyme: *Polyechma odorum* NEES (1847).
Etymologie: *Hygrophila*: siehe *H. balsamica*; *odora* = duftend.
Verbreitung: Westafrika: Guinea, Guinea-Bissau, Sierra Leone, Senegal, Liberia.
Beschreibung: Veränderliche Sumpfpflanze mit aufrechten oder aufsteigenden Sprossen, bis 50 cm (oder mehr) lang. Emerse Pflanze drüsig (samtig) behaart, etwas klebrig, aromatisch. Stängel kantig, verholzt. Internodien 2–4 cm lang. Blätter gegenständig, bis 5 mm gestielt. Blattspreite lanzettlich bis sehr schmal elliptisch, ± ganzrandig, 4–8(–12) cm lang, 1–2 cm breit, mittelgrün. Submerse Blattspreite 7–10 cm lang, 1,0–1,5 cm breit, hellgrün. Blattrand von ganzrandig, tief gesägt bis fiederschnittig.

Blüten in den Achseln der oberen Laubblätter. Kelchblätter etwa 5 mm lang. Blütenkrone etwa 2 cm lang, hellblau bis lila (selten weiß) gefärbt. Unterlippe groß und ausgebreitet, Oberlippe reduziert und kurz. Staubblätter fertil, etwas aus der Krone herausragend; Filamente 4–5 mm lang. Griffel etwa ebenso lang wie die Filamente; Narbe klein.
Kultur: Nach ersten Erfahrungen ist *H. odora* im Aquarium deutlich schwieriger zu pflegen als die ähnliche *H. pinnatifida*. Die seltene, aber mit ihren schmalen fiederschnittigen Blättern sehr dekorative *H. odora* scheint nach bisherigen Erkenntnissen lichtbedürftig zu sein und weiches, schwach saures, CO_2-reiches Wasser zu bevorzugen. Vermutlich ist sie wärmeliebend. Submerses Wachstum und Vermehrung sind unter Wasser sehr langsam, weshalb sie wohl auch in Zukunft zu den Raritäten gehören wird. Um die Vermehrung zu beschleunigen, kann man Sprosse bei viel Licht auf der Wasseroberfläche treiben lassen, wo sich schon nach wenigen Wochen an jedem Knoten Seitentriebe bilden. Die Landpflanzen wachsen dagegen zügig und kommen bei viel Licht und Wärme leicht zum Blühen. Die Blüten sollen nach Moschus duften.
Ökologie: Es sind kaum ökologische Daten bekannt. Die Art kommt im Senegal im Niokolo-Koba-Nationalpark an den Rändern von Flüssen vor.
Sonstiges: Eingeführt wurde *H. odora* etwa Anfang 2009 unter den Bezeichnungen sp. „Guinea" und sp. „Afrika". Die Bestimmung erfolgte durch KAI VOLLESEN (Kew, England).

Auf einem künstlichen Stein aufgebundene *Hygrophila pinnatifida* im Aquarium

Hygrophila pinnatifida, Blütenspross

Hygrophila pinnatifida

(DALZELL) SREEMADHAVAN (1969)

Fiederspaltiger Wasserfreund

Familie: Acanthaceae, Bärenklaugewächse.
Synonyme: *Nomaphila pinnatifida* DALZELL (1851), *Cardanthera pinnatifida* (Dalz.) BENTHAM ex C. D. CLARKE, *Synnema pinnatifidum* (Dalz.) KUNTZE.
Etymologie: *Hygrophila*: siehe *H. balsamica*; *pinnatifida*: fiederspaltig.
Verbreitung: Indien.
Beschreibung: Rhizom dünn, kriechend. Veränderliche Sumpfpflanze mit aufrechten Sprossen, bis 30 cm hoch. Emerse Pflanze mehr oder weniger behaart, submers kahl. Blätter gestielt, kreuzweise gegenständig. Emerse Blattspreite linealisch–lanzettlich, tief fiederspaltig bis fiederschnittig, 5–10 cm lang, beidseits mit 6–8 Lappen, mittelgrün. Submerse Blätter erheblich länger, schmaler und mit bis zu 11 Lappen. Stängel und Blattstiele dunkelrotbraun, Blätter olivgrün bis braun, unterseits rosa gefärbt.

Blüten ungestielt, einzeln in den Achseln. Deckblätter behaart, 6–9 mm lang. Blüten etwa 1,3 cm lang, hellviolett gefärbt. 5 Kelchblätter, bewimpert. Blütenkrone 2-lippig; Oberlippe 2-lappig; Unterlippe 3-lappig, bullös mit netzartiger Zeichnung. 4 Staubblätter, 2 davon länger als die anderen. Kapsel etwa 1,5 cm groß.
Kultur: Als Aquarienpflanze gut geeignet, doch in der Kultur oft problematisch. Weiches, schwach saures bis neutrales Wasser ist wesentlich, ebenso eine kräftige Wasserbewegung. In stehenden Gewässern ist die rheophile Art nicht zu finden. Hohe Lichtstärken führen zu einer rötlichen Blattfärbung, die als Schutzfärbung anzusehen ist. Die Rhizome wachsen auf Steinen fest, wurzeln aber auch im Bodengrund. Im Aquarium lassen sich die Sprosse am besten auf Dekorationsmaterial aufbinden, wo sie festwachsen. Optimale Temperatur 25–29 °C. Vermehrung durch Teilung der Rhizome (die Stängel nicht teilen!).
Ökologie: ALFRED WASER fand die Art im Jahre 2008 im Bundesstaat Goa in einem Bewässerungsgraben. *Hygrophila pinnatifida* ist eine strömungsliebende (rheophile) Art, die auch in Wasserfällen wächst. Die Autorin untersuchte fünf Standorte in Maharashtra. Siehe Biotop 74 (S. 57) und Vollwasseranalyse S. 604.
Literaturhinweis: COOK (1996), MUTH (2009), KASSELMANN (2016 b).

Hygrophila pinnatifida am natürlichen Standort flutend und emers auf Felsen wachsend

Schmalblättrige Wuchsform von *Hygrophila polysperma* aus Thailand im Aquarium

Blühender emerser Spross von *Hygrophila polysperma*

Hygrophila polysperma

(ROXBURGH) T. ANDERSON (1867)

Indischer Wasserfreund

Familie: Acanthaceae, Bärenklaugewächse.
Synonyme: *Justicia polysperma* ROXBURGH (1832), *Ruellia polysperma* WALLICH, *Heliadelphis polysperma* NEES.
Etymologie: *Hygrophila*: siehe *H. balsamica*; *polysperma*: vielsamig.
Verbreitung: Indien, Bhutan, Sri Lanka, Myanmar, Thailand, eingeschleppt in Mexiko.
Beschreibung: Ausdauernde Sumpfpflanze mit niederliegenden oder aufrechten Sprossen, submers 15–50 cm hoch. Stängel kahl, 1–2 mm dick. Blätter kreuzweise gegenständig, sitzend oder kurz gestielt. Blattspreite sehr schmal elliptisch, ganzrandig, bis 7 cm lang und 1,5 cm breit, submers weich und hellgrün, gelblichgrün bis bräunlich, emers derber und mittelgrün gefärbt. Spitze gewöhnlich rund, Basis verschmälert.

Blütensprosse mit kurzen Internodien, untere Blätter etwa 1 cm lang und 0,5 cm breit, behaart, nach oben hin immer kleiner werdend. Blütenstand 5–10 cm lang, mit einzelnen, achselständigen, sehr kleinen Blüten. 2 Deckblätter, etwa 5 × 1 mm groß, behaart. 5 Kelchblätter, behaart, 5–6 mm lang und weniger als 0,5 mm breit. Blütenkrone wenig länger als der Kelch, 2-lippig, weiß oder blassblauviolett; Oberlippe 2-, Unterlippe 3-lappig. 2 Staubblätter, den Rand der Krone erreichend. 1 Griffel. Samen etwa 20 pro Frucht.
Kultur: *Hygrophila polysperma* ist eine äußerst genügsame und empfehlenswerte Aquarienpflanze, die selbst noch Bedingungen toleriert, unter denen viele andere Aquarienpflanzen bereits zugrunde gehen. Sie wächst gut in weichem, bevorzugt aber besonders hartes Wasser mit Temperaturen von 22–28 °C. Bei einer intensiven Beleuchtung entwickeln sich auffällig kräftige und rotbraun gefärbte Sprosse. In schwach beleuchteten Aquarien ist deutlich zu beobachten, dass die Pflanzen zwar noch normal gedeihen, dass das Wachstum aber langsamer ist, die Triebe kleiner bleiben und deshalb weniger dekorativ sind. Der Bodengrund spielt offenbar nur eine untergeordnete Rolle für die Ernährung der Pflanzen. Gewaschener Sand reicht völlig aus. Eine zusätzliche CO_2-Düngung unterstützt zwar im Allgemeinen das Wachstum im Aquarium, ist aber für diese Art nicht erforderlich.

Verwendet wird der Indische Wasserfreund als Gruppe im Vordergrund oder in der mittleren Zone des Aquariums. Die Sprosse müssen aufgrund ihres schnellen Wachstums alle zwei bis vier Wochen gekürzt werden. Eine Vermehrung erfolgt durch Seitensprosse. *Hygrophila polysperma* eignet sich besonders gut für die Erstbepflanzung neu eingerichteter Aquarien. Eine Blütenbildung tritt bei emersen Sprossen nur sehr selten auf.

Ökologie: Besiedelt sumpfige Stellen, Bewässerungskanäle, aber auch langsam fließende Bäche und Flüsse sowohl vollständig untergetaucht als auch semi-emers. Ich fand *H. polysperma* im Norden Mexikos an drei Standorten, wo die Pflanzen vermutlich von Einheimischen angesiedelt wurden.

Standort 1: Kanal der Laguna Media Luna mit prächtigen Pflanzenbeständen sowie Cichliden und lebendgebärende Zahnkarpfen. Wasseranalyse (8/1984): 29 °C, pH 7,9, GH 55 °dH, KH 12 °dH, 1690 µS/cm. Die Pflanzen wuchsen semi-emers und blühten.

Standort 2: 300 km von der Laguna Media Luna entfernt im Ort Mante. Flüsschen mit massenhaften Pflanzen, dazwischen unzählige Lebendgebärende Zahnkarpfen. Bodengrund schlammig, Wasser durch Schmutzwassereinleitungen leicht trüb. Wasserwerte: 37 °C, pH 8,3, GH 30 °dH, KH 12 °dH, 775 µS/cm.

Standort 3: 15 km weiter beim Ortseingang El Limón. Große Bestände mit Lebendgebärenden, Cichliden und Salmler. 2 m breiter Bach mit klarem, fließendem Wasser. Bodengrund schlammig-lehmig. Wasserwerte: 35 °C, pH 8,3, GH 28 °dH, KH 8 °dH, 880 µS/cm. Die Pflanzen besaßen in intensivem Sonnenlicht eine kräftig rotbraune Färbung, im Schatten waren sie grün gefärbt.

Den Typ *H. polysperma* „Sri Lanka" fand ich im März 2008 in Südthailand 10 km nördlich Takua Pa in einem 5–7 m breiten Fluss mit fast stehendem, ziemlich dreckigem Wasser. Begleitflora *Crinum thaianum* und *Ceratopteris thalictroides*. Im Januar 2009 war das Wasser leicht fließend und der Wasserstand etwa 20 cm höher. Siehe Biotop 55 (S. 50) und 57 (S. 51).

Sonstiges: Hauptunterscheidungsmerkmal der Gattungen *Hygrophila* und *Justicia* sind die Anzahl der Staubblätter, bei *Hygrophila* gewöhnlich vier (manchmal davon zwei Staminodien) und bei *Justicia* zwei fertile Staubblätter. Die Wuchsformen von *Hygrophila polysperma* zeigen ein unterschiedliches Blühverhalten. Manche Formen blühen sehr leicht, bei anderen habe ich niemals Blüten erzielt.

***Hygrophila polysperma* 'Rosanervig'** im Aquarium

Hygrophila polysperma 'Rosanervig'

Im Handel wird eine panaschierte, weißbunte Variante von *Hygrophila polysperma* angeboten, die als Sorte *H. polysperma* 'Rosanervig' bezeichnet wird. Die später eingeführten Sortenbezeichnungen 'Marmor' und 'Sunset' (in den USA) sollten entsprechend den Nomenklaturregeln nicht verwendet werden. Die weiße Musterung auf den Pflanzenblättern infolge eines Mangels an Blattgrün wird ziemlich sicher durch die Infektion mit einem Virus verursacht. Dieses Merkmal ist allerdings nicht konstant (siehe auch *H. difformis* 'Weiß-Grün'). Die Sorte 'Rosanervig' ist wie die Stammform eine sehr gutwüchsige und empfehlenswerte Aquarienpflanze. In ihren Ansprüchen unterscheiden sich beide nicht. Eine mindestens mittlere Lichtintensität fördert bei der Sorte 'Rosanervig' braunrot gefärbte Triebspitzen, bei denen die dekorative weiße Aderung deutlich hervortritt. Eine Gruppe dieser Sorte bildet somit eine ungewöhnliche Bereicherung für die Bepflanzung.

Hygrophila ringens im Aquarium (australische Pflanzen)

Blüte sowie aufgeplatzte Kapsel mit Samen

Hygrophila ringens

(LINNÉ) R. BROWN ex SPRENGEL (1825)

Familie: Acanthaceae, Bärenklaugewächse.
Synonyme: *Ruellia ringens* L. (1753), *H. salicifolia* (VAHL) NEES, *H. angustifolia* R. BROWN, u. a.
Etymologie: *Hygrophila*: siehe *H. balsamica*; *ringens*: rachenförmig, bezieht sich auf die Blütenform.
Verbreitung: Häufig im tropischen Asien, Australien.
Beschreibung: Sumpfpflanze mit 40–70 cm aufrechten oder niederliegenden, verzweigten, kahlen oder behaarten Sprossen (australische Pflanzen auch mit samtig behaarter Oberfläche, Mittelnerv mit einzelnen langen Haaren). Stängel 4-kantig. Blätter kurz gestielt, kreuzgegenständig, ganzrandig, gelegentlich leicht gekerbt und gewellt. Spreite linealisch bis schmal elliptisch, herablaufend, bis 15 × 2,5 cm groß, emers mittelgrün, submers hellgrün bis bräunlich.

Blüten sitzend, in dichten Gruppen, Blütenteile ± behaart. Deckblättchen kürzer als der Kelch. Kelchblätter 4–11 mm lang. Blütenkrone 10–12 mm lang, ± violett. Oberlippe 2-lappig, Unterlippe 3-lappig. Kapsel 10–20 mm lang, kahl, mit bis 20 Samen.

Kultur: Zum Komplex von *Hygrophila ringens* gehören auch die als Synonyme geltenden *H. salicifolia* (Weidenblättriger Wasserfreund) und *H. angustifolia*. Diese werden regelmäßig mit Wuchsformen der leicht zu kultivierenden *H. corymbosa* verwechselt. *Hygrophila ringens* lässt sich an den sitzenden, blauen Blüten leicht erkennen. Ihre Formen wachsen submers viel langsamer als die von *H. corymbosa* und bilden linealische, hellgrüne oder je nach Lichtintensität bräunliche Blätter. Sie sind licht- und wärmeliebend und benötigen zum optimalen Wachstum ein weiches bis mittelhartes Wasser mit CO_2-Düngung. Die submerse Vermehrung ist wenig produktiv (im Unterschied zu *H. corymbosa*). Die Landpflanzen blühen und fruchten leicht bei viel Wärme und Licht. Die Samen keimen nach wenigen Tagen und die Sämlinge sind gut für die Submerskultur geeignet.
Ökologie: Wächst an nassen Plätzen entlang von Flüssen. Siehe auch Biotop Nr. 76 (S. 58) und Vollwasseranalyse S. 604.
Sonstiges: Von *Hygrophila ringens* wurden mehrere Varietäten und eine Unterart beschrieben. Auch *H. lancea* (siehe dort) gehört zum *H.-ringens*-Komplex. Eine Revision der Gattung ist dringend notwendig.

Hygrophila serpyllum bei Abloli (Indien) mit emersen und submersen Trieben

Hygrophila serpyllum

(Nees) T. Anderson (1867)

Quendel-Wasserfreund

Familie: Acanthaceae, Bärenklaugewächse.
Synonyme: *Physichilus serpyllum* Nees (1836), *Hygrophila stocksii* T. Anderson.
Etymologie: *Hygrophila*: siehe *H. balsamica*; *serpyllum*: röm. Name des Feldthymians.
Verbreitung: Indien (Westküste und Zentralindien).
Beschreibung: Ausdauernde Sumpfpflanze. Stängel kriechend, stark verzweigt, an allen Knoten wurzelnd, fast kahl. Emerse Blätter kreuzgegenständig, bis 1,5 cm gestielt. Blattspreite elliptisch bis eiförmig, ganzrandig, 2–4 cm lang, 1,5–2,5 cm breit, oberseits dicht mit langen weißen Haaren. Submerse Sprosse mit bis zu 3 cm langen Internodien, überwiegend aufrecht, zart, hellgrün, kahl.

Blütensprosse aufrecht. Blüten dicht gedrängt in endständigen Ähren. Deckblätter blattähnlich, behaart. Deckblättchen linealisch, kürzer als der Kelch. Kelchblätter 5, gleich groß, linealisch, am Rand bewimpert. Blütenkrone 2-lippig, blau, kahl. Oberlippe 2-lappig, Unterlippe deutlich größer, 3-lappig, innen weiß mit blauer Zeichnung. 4 fertile Staubblätter, 2 erreichen den Rand der Oberlippe, 2 sind etwas kürzer. Antheren purpurn. Kapsel 6 mm lang. Samen 10–16.
Kultur: *Hygrophila serpyllum* ist eine bisher noch sehr wenig bekannte, neue Aquarienpflanze. Für ihre Kultur scheint weiches, saures Wasser mit einem hohen Angebot an CO_2 am besten geeignet zu sein. Bei guten Lichtbedingungen ist das Wachstum kriechend. Die Vermehrung gelingt leicht durch Seitensprosse.
Ökologie: An sumpfigen Plätzen und in langsam bis schnell fließenden Bächen und Flüssen. Die Autorin untersuchte einen Standort im indischen Bundesstaat Maharashtra wenige Kilometer nördlich Abloli. Die Pflanzen wuchsen an vollsonnigen Stellen im schnell fließenden Wasser mit lang flutenden Sprossen und kriechend am Bachrand auf Steinen und Felsen. Das Habitat war durch menschlichen Einfluss stark veralgt und es gab unzählige kleine Schnecken. Wasserwerte (10/2015): 28,4 °C um 16 Uhr, pH 6,0, GH/KH < 1 °dH, 20 µS/cm.
Sonstiges: Die submersen Sprosse ähneln denen von *Lysimachia nummularia* (Pfennigkraut).
Literaturhinweis: Cook (1996).

Hygroryza aristata am natürlichen Standort in Südthailand

Hygroryza aristata

(RETZIUS) NEES ex WRIGHT et ARNOTT (1833)
Schwimmgras

Familie: Poaceae, Gräser.
Synonyme: *Pharus aristatus* RETZIUS (1789).
Etymologie: *Hygroryza*: von (gr.) *hygros* = feucht und *Oryza* = Gattungsname arabischer Herkunft für Reis; *aristata*: begrannt (bezieht sich auf die Ährchen).
Verbreitung: Südostasien (Indien, Thailand, Sri Lanka, Südchina).
Beschreibung: An der Wasseroberfläche flutende Schwimmpflanze. Stängel bis 1,5 m lang, schwammig verdickt, stark verzweigt, an den Knoten mit vielen haarfeinen Wurzeln. An der Basis der Blattspreite befindet sich eine stark aufgeblasene, offene Blattscheide. Blattspreite 4–7 cm lang und 1,5–3,0 cm breit, lanzettlich bis schmal eiförmig mit runder oder herzförmiger Basis und deutlichem Mittelnerv, Färbung blassblaugrün. Blattoberfläche wasserabweisend.

Blütenrispe mit 4–5 Verzweigungen, diese bis 8 cm lang und scheidig. Ährchen einzeln, einblütig, gestielt, bis 8 mm lang. Hüllspelzen fehlen. Deckspelzen lanzettlich, häutig, etwa 8 mm lang, verlängert in eine bis 2 cm lange Granne. Vorspelze so lang wie die Granne, häutig. Staubblätter 6. Frucht bis 3,5 mm lang.
Kultur: Eine großwüchsige, wärme- und lichtbedürftige Schwimmpflanze, deren Kultur nur in sehr geräumigen und intensiv beleuchteten Aquarien möglich ist. Im Allgemeinen bleiben die Pflanzen unter Aquarienbedingungen deutlich kleiner als am natürlichen Standort, wo diese Art massenhafte Bestände an der Wasseroberfläche bildet. Gelegentlich kann man diese ungewöhnliche Pflanze in botanischen Gärten oder Wasserpflanzengärtnereien bewundern.
Ökologie: *Hygroryza aristata* bildet an den Rändern von ruhigen Fließgewässern große Bestände in langsamer Strömung. Siehe Beschreibung eines thailändischen Biotops (Nr. 58) auf S. 51. Die Wasseranalyse wies im Januar 2009 bei einer Temperatur von 27,1 °C ein salzarmes, sehr saures (pH 5,8) und kohlendioxidreiches Wasser nach (Vollwasseranalyse S. 602).
Sonstiges: *Hygroryza* ist eine monotypische Gattung (mit nur einer Art). Die gelegentlich anzutreffende Schreibweise „Hygrorhyza“ ist falsch.

Hymenasplenium obscurum im Aquarium, Sori an den Blattunterseiten (oben) und ein Sorus mit den geöffneten Sporangien, deren beide Hälften durch den Annulus (bohnenförmiges Gebilde) miteinander verbunden sind

Hymenasplenium obscurum

(Blume) Tagawa (1938)

Dunkler Streifenfarn (engl. Spleenwort)

Familie: Aspleniaceae, Streifenfarngewächse.
Synonyme: *Asplenium obscurum* Blume (1828), u. a.
Etymologie: *Hymenasplenium*: *hymen* (gr.) = Häutchen; *Asplenium*: bezieht sich auf die in „Streifen" angeordneten Sori; *obscurum*: dunkel, verborgen.
Verbreitung: Afrika (Madagaskar, Malawi), Asien.
Beschreibung: Amphibischer Farn. Rhizom bis 5 mm dick, 4 cm lang, wenig beschuppt. Blattstiel bis 11 cm. Blätter einfach gefiedert, bis 50 cm lang, mit 15–30 Fiederpaaren. Fiederblättchen zweireihig wechselständig, kurz gestielt, halbseitig ausgebildet, hellgrün. Oberer Blattrand gekerbt. Submers bis 30 cm hoch, Fiederblättchen kleiner als emers, bis 2 cm lang, 1 cm breit, dunkelgrün. Adventivpflanzen an den Unterseiten. Sori bis 6 mm lang.
Kultur: *Hymenaspenium obscurum* wächst unter Wasser zwar langsam, ist aber eine problemlose, empfehlenswerte Farnpflanze. Die gestauchten Rhizome müssen aufgebunden werden. Im Aquarium bilden sich häufig Adventivpflanzen, was wissenschaftlich nicht bekannt ist. Die Autorin kultiviert den Farn seit vielen Jahren bei geringer Strömung, mittlerer Lichtintensität, in mittelhartem Wasser bei pH-Wert 6,8–7,0 und niedrigen Nitrat- und Phosphat-Werten.
Ökologie: Wächst auf Steinen entlang von Flüssen an beschatteten, nassen Plätzen in bis zu 1600 m Höhe. Die Autorin fand *H. obscurum* am Phu-Sang-Wasserfall (Nordthailand) in einer Höhe von 650 m. Zur regenarmen Jahreszeit wuchsen kleine Gruppen in den Ritzen des felsigen Untergrunds in der Gischt des noch verbliebenen Wasserstrahls inmitten des Falls. Während der Regenzeit leben die Pflanzen überwiegend submers in starker Strömung. Wasserwerte (Jan. 2012 , 14 Uhr): 22 °C, pH 7,8, GH 3 °dH, KH 2 °dH, 80 µS/cm. Zur Regenzeit steigt die Temperatur deutlich an.
Sonstiges: Ronnie Viane (Belgien) bestimmte mein Herbarmaterial. Erstimporte kamen um 2010 aus Taiwan. Falsch verwendete Namen sind *Crepidomanes auriculatum* und *Asplenium* cf. *normale*. Unter dem Namen *Crepidomanes* cf. *malabaricum* wird eine noch nicht sicher bestimmte, kleine indische Farnart kultiviert. Sie wächst langsam und ist anspruchslos.
Literaturhinweis: Kasselmann (2012 a).

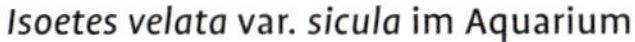
Isoetes velata var. *sicula* im Aquarium

Sporangien mit Makro- (links) und Mikrosporen

Isoetes velata

A. BRAUN var. *sicula* GENNARI (1861)

Verschleiertes Brachsenkraut

Familie: Isoetaceae, Brachsenkräuter.
Synonyme: Nicht *Isoetes sicula* TODARO (1866).
Etymologie: *Isoetes*: *isos* = gleich, *etos* = Jahr, das ganze Jahr im Wuchs gleichbleibend; *velata:* verschleiert; *sicula:* aus Sizilien stammend.
Verbreitung: Sizilien, Sardinien.
Beschreibung: Rhizom knollig, bis 2 cm lang. Bis zu 220 Blätter in einer Rosette, 10–30 cm lang, bogig aufsteigend bis aufrecht, pfriemlich, schwach gedreht, zur Spitze hin allmählich verjüngend, an der Basis 1–3 mm breit, mit deutlichem Hautrand, sonst grasgrün.

Sporangien mit Makro- und Mikrosporen getrennt voneinander an den Blattbasen. Sie sind schmal-länglich, 1–4 mm breit, 1,5–10 mm lang, vom Velum vollständig bedeckt (Bezug des Namens). Makrosporen kugelig, 450–500 µm groß, Mikrosporen ellipsoid, 31 × 21 µm groß.
Kultur: Die Kultur dieser ungewöhnlichen Pflanze gelingt ohne größere Probleme, das Wachstum ist aber sehr langsam. Sie gedeiht sowohl in weichem als auch in hartem Wasser, wobei der pH-Wert im sauren oder alkalischen Bereich liegen kann. Eine mittlere bis intensive Beleuchtung ist zu empfehlen. Als Bodengrund eignet sich ein Gemisch aus Sand und feinem Kies, dem etwas Lehm zugefügt werden kann. Optimale Temperatur 22–26 °C. An ausgewachsenen Pflanzen entwickeln sich im Laufe von einigen Monaten an den anschwellenden Blattbasen Sporenbehälter mit Makro- und Mikrosporen. Die Sporen sind reif, wenn sich die Blätter leicht von der Pflanze ablösen lassen. Die Makrosporen sind noch mit dem bloßen Auge als kleine „Kügelchen" zu erkennen, während die Mikrosporen nur als „braunes Pulver" auszumachen sind. Ich hatte mit folgender Methode der Aussaat den besten Erfolg: Zuerst werden die Sporen in einem kleinen Gefäß gemischt und danach auf feuchter Erde ausgesät. Wenn die Pflänzchen eine Größe von mehreren Zentimetern erreicht haben, können sie umgepflanzt werden (Abb. S. 79). Man kann sie auch im Wasser „keimen" lassen und danach pikieren. Eine regelmäßige Aussaat ist zwar zeitaufwändig, aber notwendig, da ausgewachsene Exemplare nach der Sporenbildung oft absterben.
Literaturhinweis: KASSELMANN (1986).

Frisch gepflanzte *Juncus repens* noch mit Blüten- und Fruchtständen

Juncus repens

MICHAUX (1803)

Kriechende Binse

Familie: Juncaceae, Binsengewächse.
Synonyme: *Cephaloxys flabellata* DESVAUX, *Juncus subincurvus* STEUDEL.
Etymologie: *Juncus*: röm. Pflanzenname, vielleicht von *jungere* = binden, Binse; *repens*: kriechend.
Verbreitung: Süden und Osten der USA, Kuba.
Beschreibung: Niederliegende oder aufrecht wachsende, grasähnliche Sumpfpflanze, bis 20 cm hoch. Seitensprosse bilden an jedem Knoten neue Rosetten. Blätter grundständig oder gegenständig angeordnet, büschelig wachsend, bis 10 cm lang und 3 mm breit, bandförmig, flach, kahl, mit kurzer Blattscheide, hell- bis mittelgrün oder rötlich gefärbt. Blütenstand köpfchenartig mit 8–12 kurz gestielten Blüten. Einzelblüten zwittrig. Äußere Perigonblätter etwa 5 mm, innere Perigonblätter etwa doppelte Länge, dreieckig, dünn, trockenhäutig. 3 Staubblätter, kürzer als das Perigon. Griffel kurz, Narbe klein. Samenkapsel etwas dreikantig, 3–6 mm lang, vielsamig.
Kultur: Bisherige Kulturerfahrungen zeigen, dass *Juncus repens* eine mäßig anspruchsvolle, langsam wachsende Aquarienpflanze ist. Entsprechend den natürlichen Standorten sollte sie am besten in weichem, saurem Wasser mit CO_2-Düngung gepflegt werden. Bei intensivem Licht bilden sich leicht rötliche Pflanzen. Die besten Wachstumserfolge erzielt man in nicht zu hoch temperiertem Wasser (bis etwa 25 °C). Vermehrung produktiv.
Ökologie: Wächst an den natürlichen Standorten sowohl emers als auch submers in flachem Wasser. CLAUS-DIETER JUNGE fand *Juncus repens* in weichem, saurem Wasser, das leicht braun gefärbt war. Bei voller Sonne waren die Pflanzen rötlich, im Halbschatten oder Schatten grün gefärbt. Wasserwerte von zwei Standorten in Florida: 1) Temperatur 20–22 °C, pH-Wert 4,07, 48 µS/cm; 2) Temperatur 16–19 °C, pH-Wert 6,33, 60 µS/cm. Der Bodengrund war schlammig bis sandig, das klare Wasser stark dunkelbraun gefärbt. Begleitpflanzen waren *Hottonia*, *Eleocharis* und *Sagittaria*.
Sonstiges: JUNGE brachte die Art 1996 aus Florida und Georgia für die Aquaristik mit. Aus der etwa 255 Arten umfassenden Gattung sind wissenschaftlich noch zahlreiche Spezies bekannt, die zumindest temporär untergetaucht wachsen.
Literaturhinweis: BOGNER & Junge (1999).

Lagarosiphon cordofanus (Mitte) im Aquarium

Lagarosiphon cordofanus

CASPARY (1858)

Familie: Hydrocharitaceae, Froschbissgewächse.
Synonyme: *Udora cordofana* HOCHSTETTER, u. a.
Etymologie: *Lagarosiphon*: *lagaros* = schlaff, *siphon* = Röhre (bezieht sich auf die weibliche Blüte); *cordofanus*: von Kordofan (Landschaft in Zentralafrika).
Verbreitung: Ost- und Südafrika, Kamerun.
Beschreibung: Wasserpflanze mit weichem, 0,5–1 mm dickem Stängel. Blätter wechselständig, gelegentlich quirlständig, linealisch, etwas nach unten gebogen, 1–3 cm lang, 0,5–1,5 mm breit, weich, transparent, hellgrün. Blattrand auf jeder Seite mit 12–66 Zähnen an dreieckigen Vorsprüngen. Blattbasis mit eirunden oder schmal eirunden Schuppen. Blattspitze mit 2 spitzen Zähnchen (Lupe!). Pflanzen zweihäusig; Blüten eingeschlechtlich. Männlicher Blütenstand mit 7–14 Blüten; männliche Blüten zur Reife auf der Wasseroberfläche schwimmend, mit je 3 weißen, zurückgeschlagenen Kelch- und Kronblättern, 3 fertilen Staubblättern, 3 längeren Staminodien, die ein „Segel" bilden. Weibliche Spatha mit 1 Blüte, die an einem langen Blütenstiel auf der Wasseroberfläche schwimmt; Blütenhülle weiß, eine „Schale" bildend; 3 Staminodien; 3 Griffel. Fruchtknoten mit mehr als 20 Samenanlagen. Kapsel eiförmig, vielsamig (siehe Fotos S. 77).
Kultur: Eine zierliche, empfehlenswerte, aber lichtbedürftige Art. Die Sprosse gedeihen in weichem Wasser mit einem sauren bis neutralen pH-Wert am besten. Eine wesentliche Voraussetzung für ein gutes Wachstum ist eine hohe Lichtintensität. Positiv wirkt sich häufig auch eine zusätzliche CO_2-Zufuhr aus. Dem Bodengrund fällt bei der Nährstoffversorgung nur eine geringe Rolle zu, da die wenigen Wurzeln in erster Linie der Verankerung dienen. Temperatur 22–34 °C, optimal 25–28 °C. Gruppenbepflanzung. Vermehrung durch Seitensprosse. Die von mir aus Tansania eingeführten Pflanzen waren jahrelang gut verbreitet, sind nunmehr aber nur noch selten in Kultur (siehe auch KRAMER 2009).
Ökologie: An natürlichen Standorten in Tansania und Sambia fand ich die Art immer flutend in temporären Gewässern in intensivem Sonnenlicht. Das stehende Wasser war lehmig-trüb oder klar und bis etwa einen Meter tief, häufig aber flacher. R. WILDEKAMP ermittelte folgende Wasserwerte: 22–32 °C, pH 5,9–7,5, GH < 1–8 °dH, KH 2–8 °dH, 80 µS/cm, O_2 3,2–4,5 mg/l.

Lagarosiphon madagascariensis im Aquarium

Blattspitze mit den charakteristischen Zähnen (Mikroskopfoto)

Lagarosiphon madagascariensis

CASPARY (1881)

Madagassische „Wasserpest“

Familie: Hydrocharitaceae, Froschbissgewächse.
Synonyme: *Lagarosiphon densus* RIDLEY.
Etymologie: *Lagarosiphon*: siehe *L. cordofanus*; *madagascariensis*: von Madagaskar stammend.
Verbreitung: Madagaskar.
Beschreibung: Zarte Wasserpflanze mit weichem, 0,5–1 mm dickem Stängel. Blätter wechselständig, fast gegenständig, selten in 3-zähligen Quirlen. Spreite linealisch, etwas nach unten gebogen, gewöhnlich 10–15 mm lang, 0,5–1(–2,2) mm breit, weich, transparent, hellgrün. Auf jeder Seite des Blattrandes 28–80(–150) Zähne (nicht an Vorsprüngen wie bei *L. cordofanus*). An der Blattbasis eirunde oder schmal eirunde Schuppen. Blattspitze mit 2 spitzen Zähnchen (Lupe!). Männlicher Blütenstand mit wenigen Blüten. Fruchtknoten mit 8–14 Samenanlagen. Sonst wie bei *L. cordofanus* angegeben.
Kultur: Eine zierliche, empfehlenswerte Vorder- und Mittelgrundpflanze, die früher häufig, heute nur noch selten im Handel angeboten wird. Benötigt viel Licht und liebt weiches Wasser, gedeiht aber noch zufriedenstellend bei mittlerer Härte und in stark alkalischem Milieu. Empfehlenswert für jede Aquariengröße, selbst für kleine, gut beleuchtete Zuchtaquarien. Vermehrung produktiv durch Seitensprosse. Optimale Temperatur 26–30 °C.
Ökologie: Wächst am natürlichen Standort in stehenden Gewässern frei flutend. Ich fand die Art auf Madagaskar häufig in Reisfeldern und kleinen Tümpeln. Wasseranalyse eines Standortes (12/1986 um 14 Uhr): Temperatur 27,5 °C, pH 6,5, GH 3 °dH, KH 2 °dH, Fe^{2+} 0,2 mg/l. Der Bodengrund war schlammig bis lehmig sowie eisenhaltig. Mehrere Tümpel westlich Kirindy (zusammengefasst, 11–14 Uhr) mit massenhaftem Vorkommen und blühenden Pflanzen (4/2000): Temperatur 35–41 °C, pH 8,5–10,4 (!), GH 2 °dH, KH 1–2,5 °dH, 40–120 µS/cm, O_2 160–180 % (!). Siehe auch Biotop 40 (S. 43).
Sonstiges: Gute Unterscheidungsmerkmale steriler *Lagarosiphon*-Arten sind u. a. die Zähne am Blattrand und die Blattstruktur (SYMOENS & TRIEST 1983). Ähnlich aussehende Arten der Gattungen *Egeria*, *Elodea* und *Hydrilla* besitzen im Unterschied zu *Lagarosiphon* eine quirlige Blattstellung. Zur Blütenbiologie dieser Gattungen siehe COOK 1982.

Lagarosiphon major im Aquarium

Lagarosiphon major

(RIDLEY) MOSS (1928)

Krause oder Größere „Wasserpest“

Familie: Hydrocharitaceae, Froschbissgewächse.
Synonyme: *Lagarosiphon muscoides* HARVEY var. *major* RIDLEY (1886), *Elodea crispa*, nom. nud.
Etymologie: *Lagarosiphon*: siehe *L. cordofanus*; *major*: größer.
Verbreitung: Simbabwe, Südafrika, eingeschleppt in Westeuropa und Neuseeland.
Beschreibung: Wasserpflanze mit steifem, 1,5–3 mm dickem Stängel, im Aquarium bis 40 cm hoch. Blätter wechselständig, selten quirlständig. Spreite linealisch, stark nach unten gebogen, gewöhnlich bis 15 mm lang, 1,5–2 mm breit, dünn, hart, transparent, mittel- bis dunkelgrün. Auf jeder Seite des Blattrandes 50–100 stumpfe Zähne (nicht an Vorsprüngen wie bei *L. cordofanus*). Schuppen an der Blattbasis fehlen. Blattspitze mit 2 stumpfen Zähnchen (Lupe!).

Männlicher Blütenstand mit über 50 Blüten. Kelch- und Kronblätter der männlichen und weiblichen Blüten blassrosa gefärbt. Fruchtknoten mit 10–12 Samenanlagen. Blütenbeschreibung sonst wie bei *L. cordofanus*.
Kultur: Diese schon seit 1906 in der Aquarienkultur beliebte Kaltwasserpflanze besitzt durch ihre auffällig nach unten gebogenen Blattspreiten ein sehr dekoratives Aussehen. Die Sprosse lassen sich schwimmend oder eingepflanzt verwenden. Manche Populationen sind sogar winterhart. Für das Tropenaquarium ist die Art nur bis zu Temperaturen von 25 °C geeignet: In zu warmem Wasser lösen sich die Pflanzen innerhalb weniger Wochen auf. Sehr lichtbedürftig. Bei zu wenig Licht strecken sich die Internodien. Vermehrung durch Seitensprosse.
Ökologie: Wächst in stehenden Gewässern frei flutend und nur mit den Wurzeln im Bodengrund verankert. Liebt kalkarme Gewässer. Bei zusagenden Lebensbedingungen an den Standorten häufig ein lästiges „Unkraut“.
Sonstiges: *Lagarosiphon major* wurde in der Aquaristik viele Jahre lang unter den Namen *L. muscoides* var. *major* (*L. muscoides* HARVEY ist eine andere Art) und *Elodea crispa* kultiviert. Die Art ähnelt *Egeria densa*, ist aber viel „härter“ im Habitus und bildet gewöhnlich wechselständige Blätter.
Literaturhinweis: SYMOENS & TRIEST (1983).

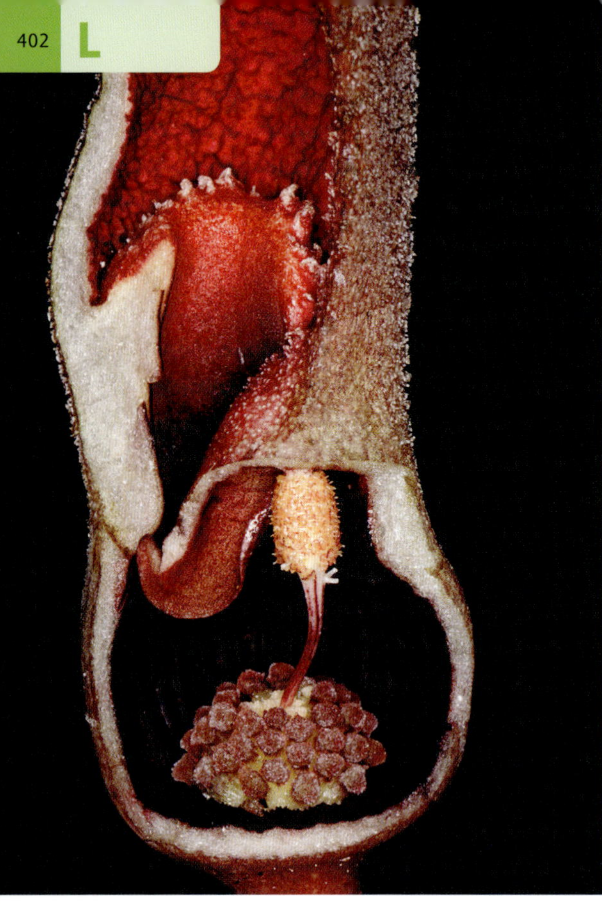

Aufgeschnittene Spatha von *Lagenandra dewitii*

Samen und Früchte von *Lagenandra dewitii*

Gattung Lagenandra

Familie Araceae, Aronstabgewächse

Die Gattung *Lagenandra* ist eng verwandt mit der in der Aquaristik gut bekannten Gattung *Cryptocoryne*, weshalb gelegentlich Arten beider Gattungen miteinander verwechselt werden. Durch folgende einfache Merkmale lassen sich die beiden Gattungen jedoch leicht unterscheiden:

1) *Lagenandra*-Arten bilden keine Ausläufer wie die Cryptocorynen, sondern entwickeln Jungpflanzen direkt am Rhizom. (Eine Ausnahme ist *Lagenandra nairii*).
2) Bei der Gattung *Lagenandra* ist die Blattspreite von beiden Blatträndern her eingerollt (involute Vernation), bei den *Cryptocoryne*-Arten ist sie von einer Seite her tütenförmig eingerollt (konvolute Vernation).
3) Bei *Lagenandra* sind die weiblichen Blüten in mehreren Kreisen angeordnet, während sie sich bei *Cryptocoryne* in einem Kreis befinden. (Ausnahmen sind *Lagenandra gomezii* [weibliche Blüten in einem Kreis stehend] und *L. nairii* [weibliche Blüten in einem Scheinquirl angeordnet]).

Weitere charakteristische Merkmale der Gattung *Lagenandra* sind: Form und Aufbau der Spatha, freie weibliche Blüten und demzufolge freie Beeren, Öffnung der Früchte an der Basis und Zurückrollen der Fruchtwand (Perikarp).

Weitere Lagenandra-Arten

Außer den im Folgenden beschriebenen sieben *Lagenandra*-Arten sind noch weitere neun Spezies bekannt: *L. undulata* SASTRY und *L. gomezii* (SCHOTT) BOGNER & JACOBSEN kommen im Nordosten von Indien vor, *L. keralensis* SIVADASAN & JALEEL und die 2018 beschriebene *L. cherupuzhica* P. BIJU, JOSEKUTTY & AUGSTINE im Südwesten Indiens (Kerala), *L. bogneri* DE WIT, *L. dewitii* Crusio & DE GRAAF, *L. erosa* DE WIT, *L. koenigii* (SCHOTT) THWAITES und *L. lancifolia* (SCHOTT) THWAITES sind im Südwesten von Sri Lanka beheimatet. Diese Arten sind entweder wenig für die submerse Kultur geeignet oder bisher noch nicht erprobt worden; gewöhnlich handelt es sich aber um gute Paludarienpflanzen. Seit 2018 kommt *L. keralensis* aus der Gewebekultur in den Handel.

Literaturhinweise: Ausführliche Informationen über die Gattung bei BOGNER & JACOBSEN (1987), DASSANAYAKE (1988), DE WIT (1978, 1990).

Lagenandra jacobsenii am natürlichen Standort im Kottawa-Wald (Sri Lanka)

Lagenandra jacobsenii

DE WIT (1983)

Jacobsens Lagenandra

Familie: Araceae, Aronstabgewächse.
Synonyme: *Lagenandra insignis* sensu auct., non TRIMEN.
Etymologie: *Lagenandra*: von *lagenos* (gr.) = Flasche, *andros* = Mann; in Bezug auf die flaschenförmigen Staubblätter; *jacobsenii*: nach dem dänischen Botaniker NIELS JACOBSEN (1945–?).
Verbreitung: Südwesten von Sri Lanka.
Beschreibung: An feuchten Standorten lebende, mittelgroße Pflanze. Rhizom kriechend, bis 4 cm dick. Blattstiel 10–20(–30) cm lang, scheidig. Blattspreite lanzettlich bis schmal eiförmig, 13–25(–30) cm lang, 4–10 cm breit, ± waagerecht wachsend (nicht senkrecht wie bei *L. ovata* und *L. praetermissa*), mittelgrün. Spitze spitz bis zugespitzt; Basis gewöhnlich rund. Blattrand ganzrandig. Mittelnerv unterseits deutlich hervortretend.

Blütenstand gestielt. Spatha 13–25 cm lang. Spathaspreite 4–8 cm lang, 4 cm breit, weit geöffnet, oberhalb des Kessels scharf um etwa 90 °zur Seite abgeknickt, lang geschwänzt, außen fein warzig, weiß-rötlich gefärbt, innen schwarzpurpurn, unregelmäßig quer gerippt und mit verzweigten Auswüchsen. Schwanz 5–9 cm lang, während der Blüte seitwärts gebogen, gelegentlich nach hinten gekrümmt. Kragen deutlich. Weibliche Blüten etwa 70–80, in 5–6 spiraligen Kreisen angeordnet; Fruchtknoten warzig; Narbe rund, in der Mitte etwas vertieft. Männliche Blüten etwa 80–100. Chromosomenzahl 2n = 36.
Kultur: Eine seltene, dekorative Pflanze, die sich aufgrund einer Höhe von etwa 20–30 cm besser für die Kultur im Paludarium eignet als die häufiger gepflegten, großwüchsigen *L. ovata* und *L. praetermissa*. *Lagenandra jacobsenii* liebt einen schattigen, feuchten Standplatz sowie viel Wärme. Besonders auffällig sind die Blütenstände mit den weit geöffneten Spathaspreiten. Für die submerse Hälterung im Aquarium nicht zu empfehlen.
Ökologie: Die Art wächst in kleinen Beständen an schattigen, feuchten Plätzen im tropischen Regenwald, so beispielsweise im Kottawa-Wald im Südwesten von Sri Lanka.
Sonstiges: *Lagenandra jacobsenii* wurde lange Zeit fälschlich als *L. insignis* TRIMEN angesehen. Dieser Name ist ein Synonym von *L. ovata*.

Lagenandra meeboldii im Aquarium

Lagenandra meeboldii

(ENGLER) FISCHER (1931)

Meebolds' Lagenandra

Familie: Araceae, Aronstabgewächse.
Synonyme: *Cryptocoryne meeboldii* ENGLER (1920).
Etymologie: *Lagenandra*: siehe *L. jacobsenii*; *meeboldii*: nach dem Entdecker der Pflanze A. K. MEEBOLD (1863–1952).
Verbreitung: Südwesten von Indien.
Beschreibung: Große Rhizompflanze. Blattrosette über 50 cm hoch. Blattstiel 10–25 cm lang, kurz scheidig. Emerse Spreite schmal eiförmig bis schmal elliptisch, 7–25 cm lang 4,5–10 cm breit, spitz, Basis rund bis eng herzförmig. Blattrand fein gekerbt. Submerse Blattspreite bis 20 cm gestielt, lanzettlich mit wenig herzförmiger Basis, etwas größer als emers, bis 20 cm lang, 8 cm breit.

Zwei Farbformen mit olivgrüner oder rötlichbrauner Färbung. Spatha lang gestielt, weit geöffnet, außen glatt, weiß, innen warzig und behaart, purpurfarben, sehr lang geschwänzt. Weibliche Blüten etwa 30, in 3–4 Spiralen übereinander angeordnet, darüber ein Quirl mit Duftkörpern. Männliche etwa 100, klein und dicht aneinander gedrängt.

Kultur: *Lagenandra meeboldii* mit den Farbformen „Pink", „Red" und „Green" ist eine anspruchslose Aquarienpflanze. Das Wachstum ist langsam, sodass man an kleinwüchsigen Pflanzen aus dem Handel lange Zeit Freude hat. Mit zunehmendem Alter bildet *L. meeeboldii* eine lockere Rosette, die aber an Höhe gewinnt. Für die erfolgreiche Kultur sind eine mittlere Lichtintensität, ein nährstoffreicher Bodengrund und weiches bis mittelhartes Wasser mit pH-Werten von 6,8–7,5 zu empfehlen. Eine CO2-Düngung ist nicht zwingend nötig. Die vegetative Vermehrung ist unproduktiv, weshalb man sich am besten gleich mehrere Pflanzen besorgt..
Ökologie: Die Autorin untersuchte im November 2014 ein Habitat von *L. meeboldii* im indischen Hassan-Distrikt. In einem 2–3 m breiten Bach säumten großwüchsige Exemplare die schattig-sonnigen Ufer und wuchsen vereinzelt submers im lehmigen Bodengrund. Wasseranalyse: 24 °C, pH-Wert 7,0, GH < 1 °dH, KH 1 °dH, 20 µS/cm.
Sonstiges: Die Farbform „Pink" von *Lagenandra meeboldii* wurde von M. SUBRAMANIAN (USA) 2002 gesammelt. Die Formen „Rot" und „Grün" haben ihren Ursprung im Botanischen Garten München. J. BOGNER sammelte sie 1973 im Hassan-Distrikt.

Spatha von *Lagenandra nairii*

Lagenandra nairii

Ramamurthy & Rajan (1984)

Nairs Lagenandra

Familie: Araceae, Aronstabgewächse.
Synonyme: Keine.
Etymologie: *Lagenandra*: siehe *L. jacobsenii*; *nairii*: nach dem Botaniker C. Nair, Indien.
Verbreitung: Indien (Kerala).
Beschreibung: Mittelgroße Sumpfpflanze. Rhizom kriechend, 1,5–2 cm dick. Blattstiel 3–28 cm lang, dicht und kurz behaart; Blattscheide 1–6 cm lang. Blattspreite elliptisch-länglich bis eiförmig, 8–17 cm lang, 5–9 cm breit, oberseits mittelgrün und kahl, unterseits hellgrün und schwach behaart, besonders an den Nerven. Spitze spitz; Basis schwach herzförmig oder rund. Blattrand ganzrandig oder wenig gewellt.

Blütenstand 2–5 cm gestielt. Spatha 4–5 cm lang. Spathaspreite 2,5–3,5 cm lang, eiförmig, spitz bis lang zugespitzt, weit seitwärts gebogen, außen warzig und behaart, innen schwach quer gerippt, am Rand ganzrandig oder leicht unregelmäßig zernagt, außen und innen rotbraun. Kragen deutlich, grünlichgelb. Weibliche Blüten 10–15, nebeneinander in einer Ebene in einem Scheinquirl angeordnet; Griffel 1,5–2 mm lang; Fruchtknoten wenig warzig, schwach behaart. Männliche Blüten 45–55. Chromosomenzahl 2n = etwa 72.
Kultur: Diese erst im Jahre 1981 entdeckte Art eignet sich ausgezeichnet für die Sumpfkultur im Paludarium. Die Pflanzen erreichen dort gewöhnlich eine Höhe von etwa 10–20 cm. Eine vegetative Vermehrung ist sehr produktiv durch Ausläufer. Blütenstände bilden sich häufig. Nach meinen Erfahrungen scheint die Art auch als Aquarienpflanze verwendbar zu sein. Genaue Kulturangaben sind aber noch nicht möglich.
Ökologie: *Lagenandra nairii* ist bisher nur von der Typuslokalität, den Athirappally-Wasserfällen im Trichur-Distrikt (Kerala), bekannt. Dort führt sie an den beschatteten Ufern des Chalakkudi-Flusses eine amphibische Lebensweise. Während der Regenzeit stehen die Pflanzen vollständig unter Wasser.
Sonstiges: *Lagenandra nairii* ist die einzige Art der Gattung, die Ausläufer entwickelt. Bei allen anderen Arten entstehen die Jungpflanzen am Rhizom.
Literaturhinweis: Sivadasan (1986).

Zum Vergleich: Spathen von *Lagenandra ovata* (links) und *L. praetermissa*

Lagenandra ovata

(LINNÉ) THWAITES (1864)

Familie: Araceae, Aronstabgewächse.
Synonyme: *Arum ovatum* LINNÉ (1753), *Caladium ovatum* (L.) VENTENAT, *Cryptocoryne ovata* (L.) SCHOTT, *Lagenandra insignis* Trimen.
Etymologie: *Lagenandra*: siehe *Lagenandra jacobsenii*; *ovata*: eiförmig.
Verbreitung: Südwesten von Sri Lanka, Indien.
Beschreibung: Kräftige Sumpfpflanze, über 1 m hoch. Rhizom lang, kriechend, bis 8 cm dick. Blattstiel bis 50 cm lang, fleischig, dick. Spreite schmal elliptisch bis lanzettlich, 25–60 cm lang und 7–15(–20) cm breit, senkrecht stehend, hell- bis mittelgrün gefärbt. Spitze spitz bis zugespitzt; Basis spitz oder stumpf.

Blütenstand bis 20 cm gestielt. Spatha 5–25 cm lang. Spathaspreite lang geschwänzt, einmal gedreht, oberhalb des Kessels kugelig aufgeblasen, außen mit ± großen Warzen oder stark runzlig, purpurn, innen im unteren Teil stark runzlig, im oberen warzig und quer gerippt, dunkelpurpurn. Schwanz bis 8 cm lang, aufrecht. Kragen breit. Weibliche Blüten 20–110, in 4–8 spiraligen Kreisen; Fruchtknoten warzig; Narben annähernd rund, in der Mitte vertieft. Männliche Blüten 90–100. Chromosomenzahl 2n = 36.
Kultur: *Lagenandra ovata* lässt sich zwar im Aquarium kultivieren, ist aber aufgrund der Größe und des starken Bestrebens, aus dem Wasser herauszuwachsen, nur bedingt für die submerse Kultur verwendbar. Am besten eignen sich kleine Exemplare, die auf einem nährstoffarmen Bodengrund ziemlich langsam wachsen. Kräftige Pflanzen benötigen sehr hohe Aquarien.

Empfehlenswerter als die submerse Pflege ist die Hälterung in sehr geräumigen Paludarien, wo das Wachstum im flachen Wasser oder auf feuchter Erde keine Probleme bereitet. Die Exemplare benötigen eine hohe Luftfeuchte und Wärme. Sie stellen nur geringe Lichtansprüche, wachsen aber besser bei intensivem Licht. Eine vegetative Vermehrung gelingt durch Teilung der kräftigen Wurzelstöcke.
Ökologie: Die Art wächst in dichten Beständen an schattigen und sonnigen Plätzen entlang von Ufern schnell fließender Bäche und Flüsse in kiesig-lehmigem Bodengrund. Gelegentlich findet man junge Exemplare auch vollständig submers in der Strömung.

Lagenandra praetermissa am Ufer eines Baches auf Sri Lanka

Lagenandra praetermissa

DE WIT (1983)

Familie: Araceae, Aronstabgewächse.
Synonyme: Keine.
Etymologie: *Lagenandra*: siehe *L. jacobsenii*; *praetermissa*: weggelassen, übersehen (zum Bezug siehe Sonstiges).
Verbreitung: Südwesten von Sri Lanka.
Beschreibung: Kräftige Sumpfpflanze, bis 1 m hoch. Rhizom kriechend, 3–5 cm dick. Blattstiel 30–60 cm lang, scheidig. Blattspreite schmal elliptisch, 30–45 cm lang, (6–)9–12 cm breit, senkrecht wachsend, mittelgrün gefärbt. Spitze spitz; Basis spitz bis fast stumpf. Blattrand teilweise fein gewellt und bräunlich gefärbt. Mittelnerv deutlich.

Blütenstand 7–30 cm lang gestielt. Spatha 8–20 cm lang. Spathaspreite lang geschwänzt und einmal gedreht, schlank, nicht kugelig aufgeblasen wie bei *L. ovata*, einen schmalen Spalt geöffnet, außen mit Warzen versehen und runzlig, längs gestreift, grün bis hellpurpurn gefärbt, innen schwach warzig und quer gerippt, hellpurpurn. Schwanz 1–8 cm lang und aufrecht. Kragen deutlich, dick. Weibliche Blüten etwa 60–70, in 4–6 spiraligen Kreisen angeordnet; Fruchtknoten warzig; Narben rund, in der Mitte vertieft. Männliche Blüten etwa 50. Chromosomenzahl 2n = 36.
Kultur: Wie bei *Lagenandra ovata* angegeben.
Ökologie: *Lagenandra praetermissa* besiedelt dieselben Lebensräume wie *L. ovata*. Die Art wächst für gewöhnlich an halbschattigen Standorten am Rande von Fließgewässern. Nur ab und an kann man vermutlich aus Samen herangewachsene Jungpflanzen auch vollständig untergetaucht finden.
Sonstiges: Obwohl *L. praetermissa* schon im Jahre 1853 von THWAITES gesammelt wurde, erhielt sie erst 1983 ihren heutigen Namen. Lange Zeit wurde sie mit *L. toxicaria* DALZELL aus dem westlichen Indien und *L. ovata* (L.) THWAITES verwechselt. Die Spatha von *L. praetermissa* ist im Unterschied zu *L. toxicaria* außen warzig. Im Vergleich zu *L. ovata* weist die äußere Spatha von *L. praetermissa* nur sehr kleine Warzen auf. Zudem ist die Blattspreite von *L. praetermissa* deutlich schmaler als die von *L. ovata*.

Lagenandra praetermissa und *L. ovata* werden leicht mit *Cryptocoryne ciliata* verwechselt. Beide Arten lassen sich am einfachsten an den jungen Blattspreiten unterscheiden: Bei *Lagenandra* sind die Blattränder von beiden Seiten her eingerollt, bei *Cryptocoryne* tütenförmig von einer Seite.

Lagenandra thwaitesii im Aquarium: links junge Pflanzen, rechts sind diese ausgewachsen

Lagenandra thwaitesii

ENGLER (1879)

Thwaites' Lagenandra

Familie: Araceae, Aronstabgewächse.
Synonyme: Keine.
Etymologie: *Lagenandra*: siehe *L. jacobsenii*; *thwaitesii*: nach dem englischen Botaniker G. H. K. THWAITES (1812–1882).
Verbreitung: Sri Lanka.
Beschreibung: Mittelgroße Rhizompflanze. Blattrosette bis 45 cm hoch. Emerse Blattspreite 10–20 cm gestielt, lang scheidig, schmal lanzettlich, 10–15 cm lang, 3–4 cm breit, lang spitz zulaufend, mit runder oder stumpfer Basis, grün. Blattrand klein gewellt sowie mit einem silbrigen Rand. Submerse Spreite 5–20 cm gestielt, 10–25 cm lang, 2,5–3,0 cm breit, mittelgrün, der silbrige Rand kann ganz verschwinden.

Spatha kurz gestielt, bis 10 cm lang, Spreite außen rötlich, innen tief purpurfarben und warzig. Spathaspreite geschwänzt, aufrecht. Kessel eingeschnürt. Weibliche Blüten 20–25, in 2–3 lockeren Spiralen übereinander und in kleine Duftkörper übergehend. Männliche Blüten etwa 60 (teils nach DE WIT 1990).

Kultur: Auch *L. thwaitesii*, die in botanischen Gärten seit vielen Jahren als Sumpfpflanze kultiviert wird, ist in der Lage, dauerhaft submers zu wachsen. Meine Pflanzen, die ich im Zoofachhandel mit einer Größe von 10 cm erwarb, waren erst nach drei Jahren Kultur ausgewachsen und hatten 45 cm Höhe erreicht, vermehrt haben sie sich bis heute aber nicht. Die Art ist somit extrem langsam wachsend, ist aber – im Gegensatz zur bisherigen Meinung – eine gute Aquarienpflanze. In meinem Aquarium wächst sie unter denselben Bedingungen wie *L. meeboldii*, also bei mittleren Lichtwerten, in einem nahrhaften Bodengrund mit Lehmzusatz sowie in mittelhartem, schwach saurem bis leicht alkalischem Wasser bei pH-Werten zwischen 6,8 und 7,5. Sie bildet eine aufrechte Rosette mit wenigen etwas steifen Blättern. Erworbene Jungpflanzen können viele Monate lang im Vordergrund eines Aquariums kultiviert werden. Eine Umpflanzung in den Hintergrund vertragen sie gut. Empfehlenswert ist auch eine Randbepflanzung. *Lagenandra thwaitesii* ist mit ihren etwas harten Blattspreiten ein gutes Pendant zu *Anubias*-Arten für Buntbarschaquarien. Temperatur 22–28 °C.
Ökologie: Wächst im Regenwald.
Sonstiges: Gelegentlich im Fachhandel angeboten.

Submerse *Lagenandra toxicaria* im indischen Distrikt Kanur mit innen weißer Spathaspreite

Lagenandra toxicaria

DALZELL (1852)

Familie: Araceae, Aronstabgewächse.
Synonyme: *L. toxicaria* var. *barnesii* C. E. C. FISCHER.
Etymologie: *Lagenandra*: siehe *L. jacobsenii*; *toxicaria*: weist auf eine Giftigkeit hin (nach DE WIT, 1990, möglicherweise die Rhizome).
Verbreitung: Im Süden Indiens.
Beschreibung: Kräftige Sumpfpflanze mit bis 3 cm dickem, horizontalem Rhizom. Blattstiel bis 40 cm lang. Blattspreite elliptisch, 12–25 cm lang, 5–12 cm breit.

Spatha bis 3 cm gestielt, etwa 18 cm lang. Spreite von wenig bis weit (selten) geöffnet, außen glatt, innen tief purpurn, selten weiß, lang geschwänzt. Weibliche Blüten etwa 50, in 5–6 Spiralen. Männliche Blüten etwa 100.
Kultur: Diese *Lagenandra* ist als Aquarienpflanze bisher unbekannt, obwohl sie in der Natur eine sehr gute Anpassung an das Wasserleben besitzt. Auch in botanischen Gärten ist sie eine Rarität. Erste Kulturversuche der Verfasserin in weichem bis mittelhartem Wasser deuten darauf hin, dass sie eine gute Aquarienpflanze sein könnte. Die vegetative Vermehrung müsste professionell in der Gewebekultur erfolgen – wie bei *L. meeboldii* –, um die Art der Aquaristik zugänglich zu machen. In der Natur hat *L. toxicaria* einen starken Ausbreitungswillen und ist dominant. Eine Toxizität konnte die Verfasserin bisher nicht feststellen.
Ökologie: *Lagenandra toxicaria* wächst in weichem, leicht saurem, stark strömendem Wasser und ist tief im nährstoffreichen, lehmig-sandigen Bodengrund verwurzelt. Sie besiedelt bevorzugt schattige Standorte. Nur gelegentlich kommt sie an besonnten Stellen vor. Die Art besitzt eine erstaunliche Anpassungs- und Konkurrenzfähigkeit. Während viele Wasser- und Sumpfpflanzen während der Trockenzeit einziehen und nur mithilfe unterirdischer Speicherorgane oder Samen überleben, ist *L. toxicaria* fähig, noch an ziemlich trockenen Standorten zu wachsen. Sie sichert sich dadurch ihre ökologische Nische. Bei fortgeschrittener Trockenzeit stehen die Bestände in Vegetation und voller Blüte. Wasserwerte zahlreicher Habitate: 26,2–30,6 °C, GH/KH < 1 °dH, 40 µS/cm, pH 6,0–6,8. Lichtwerte: 200 Par (40 cm Tiefe) bis 1400 PAR (Wasseroberfläche). Biotope 65 und 66, S. 54.
Sonstiges: Eng verwandt mit *L. ovata*. Von dieser durch die außen glatte Spathaspreite unterschieden.

Lemna gibba **ist unterseits buckelig gewölbt (stark vergrößert)**

Landoltia punctata

(G. F. W. Meyer) D. H. Les & D. J. Crawford (1999)

Gepunktete Wasserlinse

Im Unterschied zu *Lemna*-Arten, die an der Unterseite eines jeden Sprossglieds eine Wurzel besitzen, weist *Landoltia punctata* 2–7 Wurzeln auf. Die Art ist in allen wärmeren Gebieten zu finden und wird häufig mit *Lemna* verwechselt. *Landoltia punctata* ist kleiner als *Spirodela polyrhiza* (siehe dort) und gehörte lange dieser Gattung als *S. punctata* an. DNA-Analysen klärten die Verwandtschaft (siehe *Wolffia*). Die Gattung wurde zu Ehren von Elias Landolt benannt, der die Familie der Wasserlinsen bearbeitete.

Lemna gibba

Linné (1753)

Buckelige Wasserlinse

Familie: Araceae, Lemnoideae, Wasserlinsen.
Synonyme: *Lenticula gibba* Moench, u. a.
Etymologie: *Lemna*: griechischer Pflanzenname; *gibba*: buckelig, in Bezug auf die buckelig gewölbte Unterseite.
Verbreitung: In gemäßigten Gebieten (nicht Australien).
Beschreibung: Glieder blattartig, eiförmig, ganzrandig, 1–8 mm lang, 0,8–6 mm breit, oberseits flach, unterseits buckelig gewölbt, bis 4 mm dick, grün, gelegentlich rot gefleckt, unterseits manchmal rot. Spaltöffnungen zahlreich. Nerven (3)4–5(7). Jedes Glied mit einer Wurzel; diese mit Wurzelscheide und Wurzelhaube. Tochterglieder entspringen aus 2 seitlichen Taschen des Muttersprosses.

Blütenaufbau wie bei *L. trisulca*. Fruchtknoten mit 1–7 Samenanlagen. Frucht symmetrisch, geflügelt. Samen mit 8–16 Rippen.
Kultur: Wasserlinsen sind oft unerwünscht, weil sie sich massenhaft vermehren. Sie können aber als Nährstoffanzeiger dienen. Schlechtes Gedeihen weist auf eine unzureichende Nährstoffversorgung hin. *Lemna gibba* blüht und fruchtet häufig und ist dann ein interessantes Studienobjekt. *Lemna gibba* und *L. minor* bilden Winterglieder (keine Turionen), die nicht auf den Grund des Gewässers sinken.
Ökologie: Besiedelt ruhige, permanente und temporäre Gewässer. In Temporärgewässern überleben die Früchte während der Trockenzeit im Schlamm. Die Art toleriert keine pH-Werte unter 4, mag keine starke Wasserbewegung und wächst nur bei hoher Leitfähigkeit (100–3370 µS/cm).

Lemna minor

Lemna minor

LINNÉ (1753)

Kleine Wasserlinse

Familie: Araceae, Lemnoideae, Wasserlinsen.
Synonyme: Zahlreiche (siehe LANDOLT 1987).
Etymologie: *Lemna*: siehe *Lemna gibba*; *minor*: kleiner (kleiner als *Spirodela polyrhiza*).
Verbreitung: Weltweit in Gebieten mit gemäßigtem Klima, ausgenommen Ostasien, Australien (eingeschleppt).
Beschreibung: Glieder 1–8(–10) mm lang, 0,6–5,0(–7) mm breit, mit 3(4–5) Nerven, niemals unterseits buckelig gewölbt wie bei *L. gibba* (nicht dicker als 1 mm), oberseits grün, gelegentlich rötlich (besonders in der kalten Jahreszeit), unterseits selten rötlich.

Fruchtknoten mit 1 Samenanlage. Samen mit 10–16 deutlichen Rippen. Beschreibung sonst wie bei *L. gibba* (nach LANDOLT 1986).
Kultur: Das Auftreten dieser Wasserlinse ist aufgrund der massenhaften Vermehrung bei zusagenden Bedingungen selten erwünscht. Um die Pflanzen zu dezimieren, hilft nur ein regelmäßiges Abfischen (siehe auch *L. gibba*) oder eine stark bewegte Wasseroberfläche. *Lemna minor* blüht gelegentlich, fruchtet aber sehr selten. Die Winterglieder (keine Turionen) enthalten mehr Stärke als normale Glieder, weshalb sie bei ungünstigen Lebensbedingungen lange Zeit überleben können.
Ökologie: Die Kleine Wasserlinse besiedelt stehende und langsam fließende Gewässer, kann aber auch in Wasserfällen leben (bekannt aus dem Kaukasus). Aufgrund ihrer besonders langen Wurzeln, die dann dicht miteinander verflochten sind, kann *L. minor* diese besonderen Lebensräume besiedeln. Bei Wind dienen die Wurzeln als wichtige Stabilisierungshilfe. Die Glieder tolerieren auch noch sehr niedrige pH-Werte unter 4. Am natürlichen Standort wurden Pflanzen bei einer Leitfähigkeit von 52–435 µS/cm gefunden. In Europa bevorzugt *L. minor* im Gegensatz zu anderen Wasserlinsen Gewässer mit nicht optimaler Nährstoffversorgung in Gebieten mit hohem Niederschlag und kalten Sommern. Temperaturminimum –15 °C, Temperaturmaximum 32,5 °C.
Sonstiges: *Lemna gibba* und *L. minor* sind in vegetativem Zustand nur schwer voneinander zu unterscheiden, vgl. die Beschreibungen. Es sollen auch natürliche Hybriden verbreitet sein.

Lemna trisulca

Lemna trisulca

LINNÉ (1753)

Dreifurchige Wasserlinse

Familie: Araceae, Lemnoideae, Wasserlinsen.
Synonyme: Zahlreiche (siehe LANDOLT 1987).
Etymologie: *Lemna*: siehe *Lemna gibba*; *trisulca*: dreifurchig, bezieht sich auf die 3 Nerven der Glieder.
Verbreitung: Weltweit in Gebieten mit gemäßigtem Klima, nicht in Südamerika.
Beschreibung: Vielgestaltige Wasserpflanze. Die Pflanzen schweben unter der Wasseroberfläche, Glieder blattartig, schmal eiförmig, vorne gezähnt, 3–15 mm lang, 1–5 mm breit, flach, transparent, hellgrün oder rötlich. Basis zu einem 2–20 mm langen Stiel verschmälert. Spaltöffnungen fehlen. (1)3 Nerven. Jedes Glied mit einer bis 2,5 cm langen Wurzel.

Generative (blühende) Pflanzen schwimmen auf der Wasseroberfläche, sind eiförmig, viel kürzer und weniger gezähnt als die vegetativen, mit zahlreichen Spaltöffnungen. 1(2) Blüten, in derselben seitlichen Tasche wie das Tochterglied. Jede Blüte mit einer Hülle, 2 Staubblättern, die sich nacheinander entwickeln und 1 Stempel. Fruchtknoten mit 1 Samenanlage. Frucht symmetrisch, zur Spitze hin seitlich geflügelt. Samen mit 12–18 deutlichen Rippen (LANDOLT 1986).
Kultur: Im Tropenaquarium nur bedingt bei nicht zu hohen Temperaturen haltbar. Empfehlenswerte Wasserpflanze für die Kultur im Kaltwasseraquarium oder Gartenteich. Vermehrt sich im Unterschied zu den meisten „unbeliebten“ Wasserlinsengewächsen nicht massenhaft. Die kreuzweise zusammenhängenden Glieder wirken sehr dekorativ und werden gerne von Fischen als Ablaichsubstrat oder Versteckmöglichkeit benutzt. Im Winter bilden sich kürzere und breitere Glieder, die auf den Bodengrund der Gewässer sinken und dort sehr langsam weiterwachsen (keine Turionen). Blüht gelegentlich und fruchtet selten.
Ökologie: Bewohnt stehende Gewässer mit niedriger Phosphatkonzentration und gewöhnlich einer Leitfähigkeit von über 100 µS/cm. Verträgt keine pH-Werte unter 4. Temperatur von −40 °C bis 22 °C (vorübergehend bis 30 °C). Wasserwerte eines flachen Sees in Griechenland (6/1980): Temp. 25 °C (Luft 26 °C um 13 Uhr), pH 7,2, GH 5,8 °dH, KH < 1 °dH, 81 µS/cm.

Lilaeopsis brasiliensis in emerser Kultur

Große Mengen von *L. brasiliensis* in den Kaskaden des Rio Roseira, Brasilien (Biotop 12, S. 34)

Lilaeopsis brasiliensis

(GLAZIOU) AFFOLTER (1985)

Brasilianische Graspflanze

Familie: Apiaceae, Doldengewächse.
Synonyme: *Crantzia brasiliensis* GLAZIOU (1909), *Lilaeopsis carolinensis* var. *minor* HILL, *Lilaeopsis minor* (HILL) PÉREZ-MOREAU.
Etymologie: *Lilaeopsis*: der Gattung *Lilaea* ähnlich; *brasiliensis:* aus Brasilien.
Verbreitung: Südostbrasilien, Paraguay, Argentinien (Buenos Aires).
Beschreibung: Grasartige Sumpfpflanze mit kriechendem, verzweigtem, 0,2–1,7 mm dickem Rhizom. Jeder Knoten mit ein oder mehreren Blättern. Blätter aufrecht, ganzrandig, kahl, im unteren Teil hohl und elliptisch im Querschnitt, nach oben zu schmal spatelförmig und abgeflacht, gewöhnlich bis 6 cm lang, 2–3 mm breit und mit 6–10 Transversalnerven.

Blütenstand eine achselständige, 2–15(–25) mm lang gestielte Dolde mit 2–8 kleinen Blüten. Blütenstiel 2–10 mm lang. Deckblätter 0,5–1,5 mm. Blüten zwittrig, fünfzählig. Kronblätter weiß. 2 Fruchtblätter. Spaltfrucht breit kugelig bis breit verkehrt eiförmig; Teilfrucht (Merikarp) mit 5 Rippen.
Kultur: *Lilaeopsis brasiliensis* ist eine grasartige, kleinbleibende Pflanze, die sich gut für die Vordergrunddekoration eignet. Die submerse Kultur ist problemlos, allerdings wachsen die Pflanzen nur langsam. Sie können gleichermaßen in hartem oder weichem, saurem oder leicht alkalischem Wasser kultiviert werden. Das Lichtbedürfnis ist zwar nur mäßig, doch wirkt sich eine hohe Lichtintensität eindeutig wachstumsfördernd aus. Als Bodengrund ist ein feinkörniges Substrat zu empfehlen, in dem sich die zarten Sprosse leicht einpflanzen lassen. Optimaler Temperaturbereich 15–24 °C. Die Art eignet sich besonders gut für die Bepflanzung von Paludarien, wo sich in wenigen Wochen ein dichter Rasen bildet. Im Sommer kann *L. brasiliensis* auch am Teichrand kultiviert werden. Blütenstände und Früchte nur in der emersen Kultur.
Ökologie: An Flussufern langsam fließender Flüsse, in Sümpfen, Teichen, bis 1200 m hoch. Siehe Biotop 12 (S. 34).
Sonstiges: *Lilaeopsis brasiliensis* wurde fälschlicherweise in der Aquarienliteratur unter den Namen *L. novae-zelandiae*, *L. attenuata* und *L. polyantha* geführt (PETERSEN 1986).

Lilaeopsis carolinensis in Sumpfkultur

Lilaeopsis carolinensis

COULTER & ROSE (1897)

Carolina-Graspflanze

Familie: Apiaceae, Doldengewächse.
Synonyme: *Crantziola carolinensis* (COULTER & ROSE) KOSO-POLIANSKY, *Crantzia carolinensis* (COULTER & ROSE) CHODAT.
Etymologie: *Lilaeopsis*: siehe *Lilaeopsis brasiliensis*; *carolinensis*: aus Carolina (Nordamerika) stammend.
Verbreitung: Östliches Nordamerika im Küstenbereich, südliches Südamerika in Argentinien, Paraguay, Brasilien, in Europa an den Küsten von Portugal und Nordwestspanien.
Beschreibung: Grasartige Sumpfpflanze mit kriechendem, verzweigtem, etwa 2(–5,5) mm dickem Rhizom, das an allen Knoten wurzelt. Jeder Knoten mit 1(2–3) Blättern. Blätter aufrecht, ganzrandig, kahl, im unteren Teil hohl und fast rund im Querschnitt, nach oben zu schmal spatelförmig, abgeflacht, gewöhnlich 4–20 cm lang, 3–4 mm breit, mit 10–20 Transversalnerven.

In den Blattachseln emerser Sprosse jeweils 2–3 Dolden, die 1–5(–9) cm gestielt sind. Dolde mit 3–14 Einzelblüten. Blütenstiel 1–10(–30) mm lang. Deckblätter 0,5–1,5 mm lang. Blüten zwittrig, fünfzählig. Kronblätter weiß oder blassdunkelrot gefärbt. 2 Fruchtblätter. Spaltfrucht breit verkehrt eiförmig bis breit eiförmig; Teilfrucht mit 5 Rippen.
Kultur: *Lilaeopsis carolinensis* ist ziemlich selten im Fachhandel. Die Art ist in der Kultur ebenso zu behandeln wie *L. brasiliensis*. Aufgrund der etwa doppelt so langen Blätter lassen sich beide Arten bei vergleichender emerser Kultur auch in vegetativem Zustand gut voneinander unterscheiden. Sicherere Bestimmungsmerkmale sind Blütenstände und Früchte, die in der Sumpfkultur häufig entwickelt werden. *Lilaeopsis carolinensis* bildet unter Wasser wesentlich kürzere Blätter als emers, sodass die Pflanze dann leicht mit *L. brasiliensis* verwechselt werden kann. Im Herbst treten kürzere Blätter mit rötlichen Blüten- und Fruchtständen auf.
Ökologie: An sumpfigen und nassen Standorten, häufig in brackigem Wasser.
Sonstiges: Gelegentlich wird auch *L. macloviana* (GANDOGER) HILL kultiviert, die Blattlängen von mehr als 30 cm aufweist.
Literaturhinweis: AFFOLTER (1985).

Lilaeopsis mauritiana im Aquarium

Lilaeopsis mauritiana

G. Petersen & Affolter (1999)

Mauritius-Graspflanze

Familie: Apiaceae, Doldengewächse.
Synonyme: Keine.
Etymologie: *Lilaeopsis*: siehe *L. brasiliensis*; *mauritiana*: von der Insel Mauritius.
Verbreitung: Mauritius.
Beschreibung: Grasartige Sumpfpflanze mit kriechendem, verzweigtem, dünnem Rhizom, bis 13 cm hoch. Jeder Knoten mit 1–3(–4) Blättern. Blätter aufrecht, ganzrandig, kahl, hohl, im Querschnitt rund bis elliptisch, linealisch, zur Spitze hin schmal spatelförmig und abgeflacht, 6–13 cm lang, 0,4–1,3 mm breit, mit 4–9 Transversalnerven.

Blütenstand eine achselständige, 6–26 mm lang gestielte Dolde mit 3–6 kurz gestielten Blüten. Deckblätter 0,4–2,0 mm lang. Blüten zwittrig, 5-zählig. Kronblätter grünlich. Frucht kugelig bis ellipsoid oder verkehrt eirund, mit 6–8 deutlichen, gerundeten Rippen.
Kultur: *Lilaeopsis mauritiana* wurde durch die Gärtnerei Tropica eingeführt und zählt seit 1995 zum regelmäßigen Angebot des Fachhandels. Es ist die am besten geeignete Art ihrer Gattung für die Aquarienkultur.
Die rasenbildende, anspruchslose Vordergrundpflanze wächst – wie die übrigen aquaristisch verwendeten *Lilaeopsis*-Arten – im Aquarium stetig, aber sehr langsam. Ein zufriedenstellendes Wachstum gelingt bei mittlerer Beleuchtungsstärke, in weichem bis mittelhartem Wasser, bei pH-Werten zwischen 6,5–7,5 und einer Temperatur zwischen 23 und 28 °C. Als Bodengrund sollte Sand verwendet werden, in dem das Einpflanzen und die Verzweigung der zarten Rhizome am leichtesten möglich sind.
Ökologie: H. Windeløv und M. Yeung sammelten die Art erstmals im März 1992 im Le Val Nature Park (nahe Le Val) im Südosten der Insel Mauritius. Während der Trockenzeit wuchsen die Pflanzen in sandig-steinigem Bodengrund sowohl emers am Ufer des Flusses als auch an seichten Stellen vollständig untergetaucht in langsam fließendem Wasser.
Sonstiges: Die Verbreitung der Gattung *Lilaeopsis* erstreckte sich bislang auf Amerika, Australien und Neuseeland. Der Fund von *L. mauritiana* unweit von Afrika ist daher von besonderer Bedeutung (Gondwanaland).
Literatur: G. Petersen & Affolter (1999).

Limnobium laevigatum am natürlichen Standort in Argentinien

Limnobium laevigatum

(WILLDENOW) HEINE (1968)

Südamerikanischer Froschbiss

Familie: Hydrocharitaceae, Froschbissgewächse.
Synonyme: *Salvinia laevigata* WILLDENOW (1810), *Hydromystria laevigata* (WILLDENOW) A. T. HUNZIKER, *Limnobium stoloniferum* (G. F. W. MEYER) GRISEBACH, u. a.
Etymologie: *Limnobium*: von *limne* = Sumpf, *bios* = Leben; *laevigatum:* glatt, bezieht sich vermutlich auf die Blattoberseite.
Verbreitung: Mittel- und Südamerika.
Beschreibung: Ausdauernde Wasserpflanze. Blätter in Scheide, Stiel und Spreite gegliedert. 2 schuppenähnliche Blätter an der Basis jeder Rosette. Blattscheide bis etwa 2 cm lang. Emerse Blätter bis 27 cm gestielt, Stiel nicht verdickt. Schwimmblätter gewöhnlich 0,5–1 cm gestielt, Stiel und Spreite häufig schwammig verdickt. Blattspreite ganzrandig, breit elliptisch bis rundlich, etwa 2–4 cm lang, 1–3,5 cm breit, mittelgrün. Basis gestutzt, Spitze gerundet.

Blüten eingeschlechtlich, einhäusig. 1–2 Deckblätter. Männliche Spatha mit bis zu 11 gestielten Blüten. 3 Kelchblätter, zur Reife zurückgebogen. 3 Kronblätter. 6(–9) Staubblätter in 2(3) Kreisen. Weibliche Spatha mit bis 3 gestielten Blüten. 3 Kelchblätter. Kronblätter gewöhnlich fehlend. 2–6 Staminodien. 3–6 Griffel, je 2-lappig, warzig. Frucht mit zahlreichen Samen.
Kultur: Wie bei *Limnobium spongia* angegeben. *Limnobium lavigatum* ist aber wärmeliebender und verträgt höhere Temperaturen bis 35 °C.
Ökologie: Die Art besiedelt stehende und langsam fließende Gewässer. Die Temperaturtoleranz ist außerordentlich groß (bis zur Frostgrenze). Mehrere Biotope wurden untersucht: 1) Brasilien (7/1987): Fluss Guaporé, Biotop Nr. 26, Wasseranalyse S. 596. 2) Peru (7/1990): Rio Yanayacu, langsam strömendes Wasser, Biotop Nr. 6 auf S. 30, Wasseranalyse S. 596. 3) Venezuela (8/1989): Teich, stehendes Wasser, 33 °C, GH 3 °dH, KH 5 °dH, pH 7,3, 250 µS/cm. 4) Argentinien (7/1993): Biotope mit stehendem Wasser, Bodengrund Lehm, 16,5–17,6 °C, GH < 1–6 °dH, KH < 1–10 °dH, pH 5,5–7,6, 200 µS/cm, Fe < 0,05 mg/l. 5) Ekuador (7/1996): Fast ausgetrocknete Fischteiche mit 5–10 cm Wasserstand, 27 °C, pH 9,2, 1020 µS/cm. Siehe auch Biotope 4 (S. 29), 12 (S. 34) und 15 (S. 35).
Literaturhinweis: COOK & URMI-KÖNIG (1983 a).

Limnobium spongia

Limnobium spongia

(Bosc) Steudel (1841)

Nordamerikanischer Froschbiss

Familie: Hydrocharitaceae, Froschbissgewächse.
Synonyme: *Hydrocharis spongia* Bosc (1807), *Limnobium bosci* L. C. Richard, *Hydrocharis cordifolia* Nuttall.
Etymologie: *Limnobium*: siehe *L. laevigatum*; *spongia*: Schwamm, bezieht sich auf die schwammig verdickten Blattspreiten.
Verbreitung: Südöstliche USA, Kanada.
Beschreibung: Im Wesentlichen wie bei *L. laevigatum* angegeben, *L. spongia* ist aber durch folgende Merkmale verschieden: Blattspreite gewöhnlich spitz, an der Basis herzförmig. Männliche Spatha mit bis 25 Blüten. Männliche Blüten mit (3–)9–12(–16) Staubblättern in 3–5(–6) Kreisen. Weibliche Spatha mit bis 6 Blüten. Weibliche Blüten mit 6–9 Griffeln.
Kultur: Früher war *L. spongia* eine häufig verwendete Schwimmpflanze, die inzwischen von anderen Arten verdrängt wurde, sodass sie heute nur noch relativ selten bei Aquarianern in Kultur ist. Die Art ist empfehlenswert für das Kaltwasseraquarium sowie das niedrig temperierte Tropenaquarium (nur vorübergehend über 25 °C). Aufgrund ihrer produktiven Vermehrung durch Ausläufer und der dementsprechend raschen Bildung einer dichten Schwimmpflanzendecke müssen die Rosetten regelmäßig reduziert werden, um eine zu starke Beschattung der darunter wachsenden Arten zu vermeiden. In weichem bis mittelhartem Wasser und bei hoher Luftfeuchte werden die Pflanzen am schönsten. Die lichtbedürftigen Rosetten gedeihen am besten in flachem, wenig bewegtem Wasser über schlammigem Bodengrund. Vorübergehend können die Pflanzen auch im Sommer im Gartenteich an einem schattig-sonnigen Standort kultiviert werden, wo sie viel Wärme benötigen.
Ökologie: Die Art besiedelt nasse Standorte, wie Sümpfe, Teiche, Seen und langsam fließende Flüsse. Detailliertere Angaben über die Ökologie sind bislang nicht publiziert worden. Cook & Urmi-König (1983 a) erwähnen, dass sich die größten Pflanzen von *L. spongia* auf schlammigem Bodengrund bilden, was nach meinen Erfahrungen auch für *L. laevigatum* zutrifft.
Sonstiges: Bei *Limnobium* findet eine Bestäubung durch den Wind statt.

Limnophila aquatica im Aquarium

Limnophila aquatica

(Roxburgh) Alston (1929)

Wasser-Sumpffreund

Familie: Plantaginaceae, Wegerichgewächse.
Synonyme: *Cyrilla aquatica* Roxb. (1798), u. a.
Etymologie: *Limnophila*: *limne* = Sumpf, *philos* = Freund; *aquatica:* im Wasser lebend.
Verbreitung: Vorderindien, Si Lanka, Sulawesi, vermutlich noch weiter verbreitet.
Beschreibung: Sehr veränderliche Sumpfpflanze. Emerser Stängel aufrecht, bis 4 mm dick, rund, kahl oder rau behaart. Blätter ganzrandig, sitzend, gegenständig oder in 3(4)zähligen Quirlen angeordnet. Blattspreite linealisch-lanzettlich bis lanzettlich-elliptisch, 2,5–4,5(–8,0) cm lang, 0,5–1,1(–2,0) cm breit. Blattrand gesägt bis gekerbt. Submerser Spross bis 60 cm lang, aufrecht, 2,5–5 mm dick, flaumig behaart oder glatt. Fiederblätter in 17- bis 22-zähligen Quirlen mit einem Durchmesser von 5–12 cm; jedes Blatt mit etwa 10–50 haarfeinen Segmenten. Diese sind hellgrün, bei intensivem Licht auch leicht rötlichbraun gefärbt. Blüten einzeln oder in dichtblütigen end- oder achselständigen Trauben. 0 oder 2 Deckblätter. Blütenstiel 1–15 mm lang. Kelch kahl oder drüsig, 4–6 mm lang. Blütenkrone trichterförmig, 8–13(–20) mm lang, weiß mit purpurner oder violetter Zeichnung, außen kahl, innen stark behaart. 4 ungleich lange Staubblätter. Griffel 6–7 mm lang. Kapsel 3,5–4 mm groß, kugelig.
Kultur: Wird von allen bisher für die Aquarienkultur bekannten Sumpffreund-Arten am größten. Für ein optimales Wachstum verlangt *L. aquatica* ein weiches bis mittelhartes Wasser mit einer Temperatur von 22 bis 28 °C. Wichtig für gedrungene und kräftige Sprosse ist ferner ein heller und freier Standplatz. Nährstoffreicher Bodengrund fördert die Bildung prächtiger Blattquirle. Vermehrung durch Stecklinge. Flutende Exemplare wachsen – entgegen Literaturangaben – unabhängig von der Beleuchtungsdauer aus dem Wasser heraus. Eine emerse Kultur ist auch im beheizten Blumenfenster möglich. Die weiß-violetten Blüten erscheinen im Allgemeinen im Kurztag. Die Samen keimen gut auf feuchter Erde.
Ökologie: Wächst an nassen, aber auch an ziemlich trockenen Standorten, in Reisfeldern und als Wasser- oder Sumpfpflanze in schnell und langsam fließenden Gewässern.

Emerser Spross von *Limnophila aromatica*

Blüte von *Limnophila aromatica*

Limnophila aromatica

(Lamarck) Merrill (1917)

Aromatischer Sumpffreund

Familie: Plantaginaceae, Wegerichgewächse.
Synonyme: *Ambulia aromatica* Lam. (1783), *Limnophila punctata* Blume, u. a.
Etymologie: *Limnophila*: siehe *L. aquatica*; *aromatica:* würzig, aromatisch riechend.
Verbreitung: Weit verbreitet in Südostasien.
Beschreibung: 30–50 cm hohe Sumpfpflanze. Stängel niederliegend oder aufrecht, 2–5 mm dick, fleischig, schwach gefurcht, kahl bis wenig drüsig, hellgrün bis schwach violett gefärbt. Blätter gegenständig, den Stängel fast halb umfassend, oder in 3-zähligen Quirlen. Blattspreite sitzend, emers lanzettlich-eiförmig, submers schmal lanzettlich, spitz oder stumpf, 2,0–6,5 cm lang, 1,0–2,5 cm breit, mit deutlich gesägtem Blattrand, oberseits hell- bis olivgrün gefärbt, submers auch rötlich, unterseits weißlichgrün.

Blüten gewöhnlich einzeln, achselständig, bis 2 cm gestielt, selten in vielblütigen, endständigen oder achselständigen Trauben. Deckblätter bis 3 mm lang. Kelch 5–8 mm, kahl oder drüsig. Blütenkrone bis 14 mm lang, rosa bis purpurn gefärbt, innen rau behaart. 4 ungleich lange Staubblätter. Griffel etwa 6 mm. Kapsel 3–5 mm groß. Chromosomenzahl 2n = 68.
Kultur: *Limnophila aromatica* ist im Habitus sehr variabel und je nach Herkunftsland auch unterschiedlich für eine Kultur im Aquarium geeignet. Gelegentlich im Handel angebotene Pflanzen aus Asien lassen sich gut für eine ständige submerse Kultur verwenden. Für die Pflege sind vorrangig eine hohe Lichtintensität und weiches bis mittelhartes Wasser mit einer Temperatur von etwa 22–27 °C zu empfehlen. Auch bei optimalen Kulturbedingungen wachsen die Sprosse nur recht langsam. Eine Vermehrung ist durch Stecklinge und Samen möglich.
Ökologie: Wächst an sumpfigen Standorten, aber auch an den Rändern fließender Gewässer. Ich fand *L. aromatica* auf Sri Lanka häufig in Reisfeldern. An einem Standort wuchsen dichte Bestände am Rande eines Flusses bei folgenden Wasserwerten: pH 5,8, GH 3 °dH, KH 2 °dH, 91 µS/cm, E_H 447 mV.
Sonstiges: Submerse Sprosse von *L. aromatica* sind leicht mit denen von *Bacopa crenata* zu verwechseln.

Limnophila aromatica „mini" im Aquarium

Emerser Spross mit Blüten

Limnophila aromatica „mini"

Mini-Sumpffreund

Familie: Plantaginaceae, Wegerichgewächse.
Etymologie: Siehe *L. aromatica*.
Verbreitung: Herkunft nicht bekannt.
Beschreibung: Emers wie *L. aromatica*, im Ganzen aber erheblich kleiner. Sprosse bis 10 cm hoch, kahl. Stängel 2–3 mm dick, hellgrün bis weinrot gefärbt. Blätter gegenständig oder in 3-zähligen Quirlen. Spreite 1–2 cm lang, 0,5–0,9 cm breit, Blattrand gesägt. Submers 10–20 cm hoch. Spreite 1–2,5 cm lang, 3–5 mm breit, hellgrün bis bräunlich gefärbt.

Blüten 3–4 mm gestielt. 2 Deckblätter, 3 mm lang. Kelch 4 mm lang, kahl oder drüsig, mit 5 gleich langen Zipfeln. Blütenkrone 1 cm lang, 8 mm breit, blassviolett, 2-lappig, außen rot gestreift und kahl, innen wenig behaart. 4 Staubblätter, zwei sind 1,5 mm, die beiden anderen 2,5 mm lang. Griffel mit kopfiger, weißer Narbe. Fruchtknoten flaschenförmig.
Kultur: Diese kleine und etwas spröde Pflanze sah ich im Jahre 2008 im Aquarium von Bjorn Hoorelbeke (Belgien) das erste Mal. Dort wuchs sie bei intensivem Licht, in ziemlich weichem Wasser (GH 7 °dH, KH 3,5 °dH) und einem pH-Wert von 5,8 in prächtigen Beständen mit leicht bräunlichem Laub. Nach meinen Erfahrungen sind das intensive Licht und viel CO_2 tatsächlich erforderlich. Bei schlechteren Bedingungen wachsen die Pflanzen zwar noch, bilden aber schmalere und rein grün gefärbte Blätter, und der gesägte Blattrand verschwindet fast ganz. Temperatur etwa 22–26 °C. In der einfachen emersen Kultur blühen die Pflanzen leicht an einem schattig-sonnigen Platz auf der Fensterbank.
Sonstiges: Meine Pflanzen blühten schon nach kurzer Zeit und zeigten überraschenderweise alle charakteristischen Merkmale von *L. aromatica*, weshalb ich sie trotz der im Ganzen viel geringeren Größe für identisch mit dieser halte. Sie wird im Internet auch mit verschiedenen Namen bezeichnet, diese Arten sind es aber nicht: *Limnophila repens* Bentham besitzt nur gegenständige Blätter und behaarte Kelchlappen; *L. punctata* Blume ist ein Synonym von *L. aromatica*, und *L. chinensis* Merrill besitzt einen behaarten Blütenstiel und einen viel längeren Kelch. Ähnlich ist auch die seltene *L. glandulifera* Philcox, die aber nur gegenständige Blätter besitzt.

Limnophila aromaticoides

YANG & YEN (1997)

Familie: Plantaginaceae, Wegerichgewächse.
Synonyme: Keine.
Etymologie: *Limnophila*: siehe *L. aquatica; aromaticoides*: ähnlich *L. aromatica*.
Verbreitung: Taiwan, Japan?
Beschreibung: Veränderliche Sumpfpflanze, stark aromatisch riechend. Stängel niederliegend oder aufrecht, bis 40 cm lang, 3 mm dick, verzweigt, rund, kahl. Emerse Blätter kreuzweise gegenständig, gelegentlich auch in dreizähligen Quirlen, sitzend; Blattspreite lanzettlich, 3–5 cm lang, 1–2 cm breit, spitz, mit lang herablaufender Basis, am Rand deutlich gezähnt, oberseits dunkelgrün, Stängel und Blattunterseite auch schwach dunkelrot gefärbt. Submerse Blätter in 3- bis 8-zähligen Quirlen, schmal lanzettlich, lang zugespitzt, 3–4 cm lang, 0,3–0,8 cm breit, schwach gezähnt, hellgrün gefärbt.

Blüten einzeln, selten zu dritt, achselständig oder in endständigen Trauben, bis 1,5 cm lang gestielt. Deckblätter bis 2 mm lang. Kelch fünflappig, etwa 6 mm lang, schwach drüsig. Blütenkrone zweilippig, 5–10 mm lang, außen schwach, innen rau behaart, weiß oder an den Rändern selten pinkfarben. 2 kurze, 2 längere Staubblätter. Kapsel kugelig (ellipsoid?), 5 mm groß. Chromosomenzahl 2n = 68.

Kultur: *Limnophila aromaticoides* ist eine anspruchsvolle Aquarienpflanze, die am besten gedeiht, wenn ihr ein unbeschatteter, gut beleuchteter Platz im Aquarium zugewiesen wird. Gute Kulturergebnisse wurden bisher in mittelhartem Wasser erzielt. Eine wesentliche Voraussetzung für ein befriedigendes Wachstum der Sprosse ist das Vorhandensein von viel freiem Kohlendioxid (CO_2-Düngung!). Bei einem alkalischen pH-Wert kommt das Wachstum sehr bald zum Stillstand. Die Art ist sehr temperaturtolerant: Im Aquarium werden Temperaturen zwischen 20 und 30 °C vertragen, optimal sind etwa 24–26 °C; emerse Sprosse lassen sich bei 10 °C überwintern. Der grazile Habitus von *L. aromaticoides* kommt nur in einer mehr oder weniger großen Gruppe wirkungsvoll zur Geltung. Eine Vermehrung gelingt leicht durch Seitensprosse.

In der emersen Kultur, die leicht auf feuchtem Bodengrund möglich ist, sehen die Pflanzen völlig verändert aus; sie blühen im Sommer reichlich. Über eine Aussaat ist mir nichts bekannt.

Ökologie: Die Art ist in Teichen, Reisfeldern und Sümpfen zu finden. Weitere ökologische Daten sind nicht bekannt.
Sonstiges: Als wichtigste Unterscheidungsmerkmale zu *Limnophila aromatica* sind die submersen Blätter zu nennen, die bei *L. aromaticoides* in Quirlen angeordnet sind, ferner weiße Blüten, deren Kronröhre an den Rändern auch pinkfarben sein soll, sowie kugelige Früchte. Aufgrund widersprüchlicher Angaben in der Erstbeschreibung sind diese Angaben teilweise nicht eindeutig.

Limnophila aromaticoides kann sehr leicht mit schmächtigen Trieben von *Pogostemon stellatus* verwechselt werden. Ein gutes Unterscheidungsmerkmal ist der bei *Pogostemon* immer lila gefärbte Blattansatz, sodass am Knoten ein deutlicher Ring zu bemerken ist.
Literatur: VAN DER VLUGT (1996), YANG & YEN (1997).

Limnophila aromaticoides **im Aquarium**

Emerser Blütentrieb mit gegenständigen Blättern

Submerser Spross von *Limnophila brownii*

Limnophila brownii

B. S. WANNAN (1986)

Browns Sumpffreund

Familie: Plantaginaceae, Wegerichgewächse.
Synonyme: *L. gratioloides* sensu auct., non R. BROWN.
Etymologie: *Limnophila*: siehe *L. aquatica*; *brownii*: nach ROBERT BROWN (1773–1858), der die Gattung begründete.
Verbreitung: Australien (Queensland).
Beschreibung: Sumpfpflanze, emers bis 30 cm hoch, stark behaart. Landblätter gegenständig oder in 6-blättrigen Quirlen, ± geteilt, aromatisch, behaart. Submers bis etwa 50 cm hoch, Stängel deutlich behaart. Fiederblätter in etwa 6- bis 10-blättrigen Quirlen, diese bis 5 cm groß; jedes Blatt mit haarfeinen Segmenten, hellgrün gefärbt.

Blüten einzeln, (2)10–25 mm lang gestielt. Deckblätter 3–5 mm lang, abstehend. Kelch 4–6 mm; Kelchlappen 2–3 mm. Blütenkrone malvenfarbig mit gelbem Schlund, 11–15 mm lang, außen behaart. Staubblätter mit Anhängseln. Samen schwarz.
Kultur: *Limnophila brownii* wurde seit 1999 einige Male eingeführt und ist neuerdings (2018) wieder im Handel erhältlich. Sie ist eine anspruchsvolle Weichwasserpflanze, die in hartem Wasser auf Dauer nicht erfolgreich wächst. Die Art benötigt hohe CO_2-Gaben, eine gute Nährstoffversorgung sowie intensives Licht. Im mittelharten Wasser und bei schlechter Nährstoffversorgung vergeilen die Sprosse und die Blattquirle bleiben weit unter den möglichen Ausmaßen. Die Sprosse sind bestrebt, nach einer submersen Phase schnell über die Wasseroberfläche hinauszuwachsen, um zu blühen und zu fruchten.
Ökologie: Die Art ist gewöhnlich als Landpflanze an nassen Standorten zu finden, seltener als Wasserpflanze. Sie blüht und fruchtet von Juni bis August.
Sonstiges: *Limnophila indica* galt lange als polymorphe Art mit einer sehr großen Verbreitung von Afrika, Asien bis Australien. Die australischen Pflanzen wurden von WANNAN (1986) abgespalten und als *L. brownii* beschrieben. Diese lässt sich von *L. indica* durch eine stärkere Behaarung unterscheiden; ferner sind Blütenstiele, Kelchlappen und Brakteen länger. *Limnophila brownii* ist submers *L. australis* und *L. wilsonii* ähnlich. Die beiden letzteren Arten bilden jedoch deutlich größere Blattquirle. Emerse *L. australis* entwickeln im Unterschied zu *L. brownii* Blüten ohne Deckblätter.

Limnophila dasyantha im Aquarium

Blütenstand am Standort in Tansania

Limnophila dasyantha

(ENGLER & GILG) SKAN (1906)

Raublütiger Sumpffreund

Familie: Plantaginaceae, Wegerichgewächse.
Synonyme: *Ambulia dasyantha* ENGLER & GILG (1903).
Etymologie: *Limnophila*: siehe *Limnophila aquatica*; *dasyantha*: raublütig, bezieht sich auf die Behaarung der Blüte.
Verbreitung: Afrika (Mali, Guinea Bissau, Guinea, Sierra Leone, Gabun, Tansania, Sambia, Angola).
Beschreibung: Veränderliche Sumpfpflanze. Stängel niederliegend oder aufrecht, bis 70 cm lang, fleischig, dicht behaart oder kahl, grün bis weinrot. Submerse Blätter gefiedert, in 8- bis 11-zähligen Quirlen; Segmente haarfein, hellgrün bis kräftig rotbraun. Emerse Blätter nach einigen quirlig angeordneten Übergangsblättern kreuzgegenständig, sitzend. Emerse Blattspreite lanzettlich bis schmal eiförmig, 1,0–1,5 cm lang, 0,3–0,5 cm breit, schwach behaart oder kahl, grün. Blattrand gekerbt oder undeutlich gesägt, zur Sprossspitze hin zunehmend ganzrandig. Blüten sitzend, dicht in einer kurzen Ähre angeordnet. Deckblätter fehlen. Kelch etwa 3,5 mm lang, kahl, grün. Blütenkrone etwa 14 mm lang, leuchtend gelb, mit undeutlichen bräunlichen Flecken, außen kurz, innen dicht behaart. Oberlippe 3-lappig, Unterlippe 2-lappig. 4 ungleich lange Staubblätter. 1 Griffel. Kapsel 3 × 2 mm groß, zusammengedrückt, breit elliptisch. Samen zahlreich.
Kultur: Über eine erfolgreiche Kultur dieser dekorativen *Limnophila*-Art ist bisher noch nichts bekannt. Von mir in Tansania gesammelte Sprosse konnten in mittelhartem Wasser nur vorübergehend gehalten werden. Es ist aber gut möglich, dass *L. dasyantha* in weichem, saurem Wasser bei intensiver Beleuchtung und hohen Temperaturen im Aquarium zufriedenstellend gedeiht.
Ökologie: Über den natürlichen Lebensraum ist kaum etwas bekannt. An dem oben erwähnten Standort wuchsen Sprosse von *L. dasyantha* bei intensivem Sonnenlicht in flachem Wasser auf eisenhaltigem, schlammigem Bodengrund.
Sonstiges: Mit ihren großen gelben Blüten und den fiederschnittigen Blättern ist *L. dasyantha* eine besonders dekorative Pflanze, deren Einfuhr eine Bereicherung darstellen würde.

Limnophila helferi im Aquarium

Limnophila helferi

HOOKER fil. (1884)
Helfers Sumpffreund

Familie: Plantaginaceae, Wegerichgewächse.
Synonyme: *Terebinthina helferi* (HOOK. f.) KUNTZE (1891).
Etymologie: *Limnophila*: siehe *L. aquatica*; *helferi*: nach dem Sammler JOHANN WILHELM HELFER (1810–1840).
Verbreitung: Myanmar (Tanintharyi, Tenasserim).
Beschreibung: Kleinblättrige Stängelpflanze. Stängel kriechend bis aufsteigend, 15–20 cm lang, viel verzweigt, kahl. Internodien 1–2 cm. Blätter in 3–5(–7) zähligen Quirlen, auch gegenständig. Emerse Spreite linealisch, schmal elliptisch bis verkehrt schmal lanzettlich, 1,0–1,7 cm lang, 2–4 (5) mm breit, getüpfelt, spitz, Basis herablaufend. Blattrand beidseits mit 3–4 Zähnchen. Mittelnerv deutlich. Submerse Spreite linealisch, 1,5–2,5 cm lang, 2 mm breit, zart, hellgrün (wenig bräunlich).

Blüten sehr klein, zahlreich in gestielten achselständigen Trugdolden, Blütenteile kahl. Blütenstiel 0,5–1,5 (–2) mm. Deckblättchen etwa 1 mm. Kelch (1,5–)2–2,5 mm lang. Krone 2,5 mm lang. Kapsel 2 mm (Blütenbeschreibung nach PHILCOX 1970).

Kultur: Diese zartblättrige Pflanze ist nur dem fortgeschrittenen Aquarianer zu empfehlen. Die Stängel sind transportempfindlich und nicht einfach auf die submerse Kultur umzustellen, da sich schlecht Wurzeln bilden. Insbesondere die Stängelchen aus der Gewebekultur faulen schnell. Gelingt jedoch die Umstellung, ist *L. helferi* eine dekorative Kriechpflanze im Vordergrund. Bei der Verfasserin ist die submerse Kultur in mittelhartem, leicht saurem Wasser mit CO_2-Düngung bei intensivem Licht zufriedenstellend. In der nicht einfachen emersen Kultur (Schatten oder Sonne? Nass oder feucht? Temperatur?) blieb eine Blütenbildung bisher aus. Bei Sonneneinstrahlung und hoher Wärme bilden sich kompakte Triebe, die kriechend wachsen. Bei Temperaturen unter 22 °C und an schattigen Standorten wachsen die Sprosse überwiegend aufrecht und mit langen Internodien.
Ökologie: Es ist nichts bekannt.
Sonstiges: Nach dem Vergleich mit dem Holotypus (Kew) halte ich die seit 2010 als *Limnophila* sp. „Vietnam“ kultivierte Pflanze für *Limnophila helferi*. Die Art ist bisher nur von der Typuskollektion bekannt. Als Fundort wird „Tenasserim“ (heute Tanintharyi) genannt. Die Händlerbezeichnung „Vietnam“ sagt nichts über den Fundort aus.

Limnophila heterophylla im Aquarium

Limnophila heterophylla

(ROXBURGH) BENTHAM (1835)

Verschiedenblättriger Sumpffreund

Familie: Plantaginaceae, Wegerichgewächse.
Synonyme: *Columnea heterophylla* ROXBURGH (1832), *Limnophila heterophylla* (ROXB.) BENTH. var. *reflexa* (BENTH.) HOOK. f., u. a.
Etymologie: *Limnophila*: siehe *L. aquatica*; *heterophylla*: verschiedenblättrig.
Verbreitung: Weit verbreitet in Asien (von Pakistan bis China, Borneo).
Beschreibung: Kleine Sumpfpflanze mit aufrechten Sprossen. Emerser Stängel bis 20 cm hoch, drüsig bis fast kahl. Emerse Blätter gegen- oder quirlständig, bis 20 mm lang und 3,5 mm breit, sitzend, verkehrt länglich mit gesägt-gekerbtem Rand, 3- bis 5-nervig. Submerser Spross bis etwa 70 cm lang. Fiederblätter in 8- bis 14-zähligen Quirlen, bis 55 mm lang, jedes Blatt mit zahlreichen, haarfeinen, mittelgrün gefärbten Segmenten.

Die sitzenden oder bis 2 mm lang gestielten Blüten befinden sich einzeln in den Achseln der emersen Sprosse. Blütenstand manchmal eine lockere, endständige Ähre bildend. Deckblätter fehlend. Kelch etwa 3 mm lang, wenig drüsig; Kelchlappen etwa 1,5 mm lang. Blütenkrone etwa 5 mm lang, kahl, weiß, im Schlund blassviolett gefärbt. 4 ungleich lange Staubblätter.
Kultur: Wie bei *L. indica* angegeben.
Ökologie: Über den natürlichen Lebensraum dieser Art gibt es merkwürdigerweise kaum Angaben. Ich fand *L. heterophylla* auf Sri Lanka häufig in Reisfeldern sowie kleinen Fließgewässern. Von zwei Standorten wurden im Januar 1985 Wasseranalysen angefertigt: 1) Bach mit schnell fließendem, klarem Wasser: pH 7,4, GH 21 °dH, KH 14 °dH, 1710 µS/cm, E_H 386 mV. 2) Tümpel, stehendes Wasser, Wassertemperatur 30 °C, pH 6,0, GH < 1 °dH, KH < 1 °dH, 85 µS/cm, E_H 408 mV.
Sonstiges: *Limnophila heterophylla* ist im submersen Habitus *L. indica* und *L. sessiliflora* sehr ähnlich. Nur anhand von emersen und blühenden Sprossen kann eine sichere Bestimmung erfolgen (vgl. die Beschreibungen der beiden anderen Arten). Der gelegentlich verwendete Name *L. heterophylla* var. *reflexa* (BENTHAM) HOOKER fil. ist ein Synonym.
Literaturhinweis: PHILCOX (1970).

Limnophila hippuridoides im Aquarium

Blüte von *Limnophila hippuridoides*

Limnophila hippuridoides

PHILCOX (1970)

Tannenwedelähnlicher Sumpffreund

Familie: Plantaginaceae, Wegerichgewächse.
Synonyme: Keine.
Etymologie: *Limnophila*: siehe *L. aquatica*; *hippuridoides*: der Gattung *Hippuris* (Tannenwedel) ähnlich.
Verbreitung: Malaiische Halbinsel (Malakka).
Beschreibung: Sumpfpflanze. Stängel aufrecht, fleischig, steif, bis 60 cm lang. Submerse Blätter in 6–8(–14?)-zähligen Quirlen, sitzend. Blattspreite linealisch, bis 6 cm lang und 4 mm breit, am Rand deutlich gezähnt, rötlich bis kräftig dunkelrot gefärbt, unterseits auch rötlich bis lila. Blüten einzeln oder in endständigen Trauben, 4–15 mm lang gestielt. 2 Deckblätter, etwa 1 mm lang. Kelch drüsig, etwa 5 mm lang. Blütenkrone bis 10 mm lang, außen kahl, innen zottig behaart, kräftig blauviolett. 4 Staubblätter, ungleich lang. Kapsel etwa 3,5 mm, zusammengedrückt-kugelig.
Kultur: Eine anspruchsvolle, aber wunderbar farbenprächtige Aquarienpflanze, die am besten bei intensivem Licht, in weichem bis mittelhartem Wasser mit viel freiem CO_2 wächst. Auch bei zusagenden Bedingungen ist das Wachstum nur langsam bis mittelschnell. Für einen ungewöhnlichen Blickfang benötigt man mindestens drei kräftige Sprosse. Temperaturoptimum etwa 24–28 °C. Im Fachhandel werden gewöhnlich emers kultivierte Pflanzen angeboten, weshalb die Schönheit der submersen Sprosse meistens nicht erkannt wird.
Ökologie: Über die natürlichen Standorte ist nichts bekannt. Die Art wurde bisher nur wenige Male gesammelt.
Sonstiges: Die Art ist eng verwandt mit *Limnophila aromatica* und *Limnophila aromaticoides*. Beide Arten lassen sich gut durch die Anzahl der Blätter im Quirl unterscheiden. Zur Unterscheidung von *L. aromaticoides* und *L. hippuridoides* kann der Aquarianer die submerse Blattfärbung als gutes Merkmal verwenden. Diese ist bei *L. aromaticoides* rein grün, bei *L. hippuridoides* immer rötlich bis kräftig dunkelrot.

Ähnliche Arten sind auch *Pogostemon stellatus* und *Ludwigia inclinata* var. *verticillata*. *Limnophila hippuridoides* ist seit etwa 1998 in Kultur.
Literaturhinweis: PHILCOX (1970).

Limnophila indica

(LINNÉ) DRUCE (1914)

Indischer Sumpffreund

Familie: Plantaginaceae, Wegerichgewächse.
Synonyme: *Hottonia indica* LINNÉ (1762), u. a.
Etymologie: *Limnophila*: siehe *Limnophila aquatica*; *indica*: aus Indien stammend.
Verbreitung: Weit verbreitet in den tropischen Gebieten von Afrika und Asien, in Amerika fehlend, aber in Südwestbrasilien (Rio Guaporé) eingeschleppt.
Beschreibung: Sumpfpflanze mit aufrechten Sprossen. Emerser Stängel 5–15 cm hoch, kahl, drüsig oder wenig behaart. Emerse Blätter gewöhnlich in 6- bis 11-blättrigen Quirlen, von schmal elliptisch mit gekerbtem bis gesägtem Rand bis fiederteilig, selten gegenständig und ungeteilt, 1- bis 3-nervig. Spreite 3–20 mm lang, 1–3 mm breit. Submerser Spross bis 80 cm lang. Fiederblätter in 6- bis 20-zähligen Quirlen, Blatt 10–40 mm lang, jedes Blatt mit zahlreichen haarfeinen Segmenten, hellgrün, bei intensivem Licht schwach rötlichbraun gefärbt.
Die gestielten Blüten befinden sich einzeln in den Achseln der emersen Sprosse. Blütenstiel 0–12 mm lang, manchmal behaart. 2 Deckblätter, 1,5–3 mm lang. Kelch 3–4 mm lang, drüsig oder wenig flaumig behaart; Kelchlappen kurz, 1–3 mm. Blütenkrone 2-lippig, 4–12 mm lang, weiß, dann an der Basis häufig blassgelb, oder rosa und im Inneren mit blassvioletten Streifen. 4 ungleich lange Staubblätter. 1 Griffel, bis 4,5 mm lang. Chromosomenzahl 2n = 34, 68.
Kultur: Eine sehr schöne und empfehlenswerte Aquarienpflanze, die regelmäßig im Fachhandel angeboten wird. Benötigt viel Licht und einen nahrhaften Bodengrund. Wasserströmung von Vorteil. Wächst gut in hartem, alkalischem Wasser. Optimale Temperatur 25–28 °C. Verträgt keine Veralgung.
Ökologie: *Limnophila indica* besiedelt sowohl Fließgewässer, dann wachsen die Pflanzen gewöhnlich submers in der Strömung in Ufernähe, als auch stehende oder kaum merklich fließende Gewässer, in denen man die Sprosse häufig semi-emers oder ganz emers blühend findet. Ich untersuchte mehrere, sehr unterschiedliche Standorte:

1) Papua-Neuguinea im Juli 1988: Pflanzen submers in einem etwa 5 m breiten Fluss mit langsam fließendem, klarem Wasser. Bodengrund sandig-kiesig (vulkanisches Gestein) vermischt mit etwas Lehm und Schlamm. Lufttemperatur 28 °C um 12 Uhr, Wassertemperatur 26 °C, pH 8,3, GH 7 °dH, KH 10 °dH, 310 µS/cm.

2) Papua-Neuguinea im Juli 1988: Submers und semiemers wachsende Pflanzen in stehendem, klarem, besonntem Restgewässer eines Baches, etwa 20 × 3 m groß. Bodengrund schlammig. Wassertemperatur 29 °C um 11 Uhr, pH 7,6, GH 19 °dH, KH 28 °dH, 730 µS/cm. Siehe auch Biotope 1 (S. 26), 57 (S. 51) und 62 (S. 52).

Sonstiges: *Limnophila indica* ist eine sehr variable Art, die *L. sessiliflora* sehr ähnlich ist. Zur Unterscheidung siehe dort. Von *L. indica* wurden verschiedene Varietäten beschrieben, deren Merkmale sich in der Kultur als nicht konstant herausstellten und demnach keinen taxonomischen Stellenwert besitzen. In älterer Aquarienliteratur (WENDT) wird eine Giftigkeit des Saftes erwähnt. Für die heute in Kultur befindlichen Pflanzen trifft dies allerdings nicht mehr zu.

Limnophila indica **aus Papua-Neuguinea im Aquarium**

Limnophila rugosa im Aquarium

Blühender Spross am Standort in Thailand

Limnophila rugosa

(ROTH) MERRILL (1917)

Runzliger Sumpffreund

Familie: Plantaginaceae, Wegerichgewächse.
Synonyme: *Herpestis rugosa* ROTH (1821), u. a.
Etymologie: *Limnophila*: siehe *L. aquatica*; *rugosa*: sehr runzlig.
Verbreitung: Südostasien, von Indien bis zu den Philippinen und Neuguinea.
Beschreibung: Sumpfpflanze, bis 50 cm hoch. Stängel aufrecht, viel verzweigt, stark behaart. Blätter kreuzgegenständig, bis 3 cm gestielt, dicht behaart, klebrig. Spreite ganzrandig, schmal elliptisch, bis 9 × 4 cm groß.

Blüten (der hier beschriebenen thailändischen Population) ± sitzend, einzeln, achselständig, Blütensprosse mit nach oben hin kleiner werdenden, brakteenähnlichen Blättern. 2 Deckblätter. Kelchzipfel ungleich, bis 7 × 1 mm groß, drüsig behaart. Krone etwa 10 mm lang, 5-lappig, Lappen rund, fast gleich groß, Röhre weiß, Krone blasslila mit lila Streifen, innen kahl, außen schwach behaart. 4 Staubblätter, in der Krone verborgen, 2 × 6,5 mm, 2 × 5 mm lang; Filamente behaart; Staubbeutel weiß. Narbe klein, kopfig. Kapsel bis 5 mm.
Kultur: Diese wenig anspruchsvolle, aufgrund ihres hellgrünen Laubes sehr dekorative Art ist in weichem bis mittelhartem Wasser mit einem hohen CO_2-Gehalt und allgemein guter Nährstoffversorgung am wüchsigsten. Eine mittlere Beleuchtungsintensität ist ausreichend, zu viel Licht ist sogar schädlich (Schattenpflanze). Bemerkenswert ist die sehr starke Verzweigung; Seitentriebe lassen sich leicht lösen und als Stecklinge verwenden. Das Wachstum ist langsam, sodass die Art trotz ihrer erreichbaren Größe auch in einer Gruppe vom Vorder- bis zum Mittelgrund gepflanzt werden kann. Eine Eigenart der Pflanze sind die nach unten gewölbten, leicht runzligen Blattflächen. Bei schlechter Nährstoffversorgung bilden sich kleine Löcher in den Blättern, was auch am natürlichen Standort beobachtet werden konnte.
Ökologie: KAREN RANDALL (USA) und ich fanden *L. rugosa* am schattig-sonnigen Ufer eines größeren Baches in Südthailand. Im März 2008 wuchsen die Pflanzen ausschließlich emers, im Januar und Oktober 2009 war der Wasserstand um 20 cm höher. Das Wasser war langsam fließend (siehe Biotop 56, S. 50). KASSELMANN (2010).

Limnophila sessiliflora im Aquarium

Blühender emerser Spross von *L. sessiliflora*

Limnophila sessiliflora

(VAHL) BLUME (1826)

Blütenstielloser Sumpffreund

Familie: Plantaginaceae, Wegerichgewächse.
Synonyme: *Hottonia sessiliflora* VAHL (1791), u. a.
Etymologie: *Limnophila*: siehe *Limnophila aquatica*; *sessiliflora*: mit sitzenden Blüten.
Verbreitung: Weit verbreitet in Asien, von Indien bis Japan.
Beschreibung: Sumpfpflanze mit aufrechten Sprossen. Emerser Stängel bis 20 cm hoch, wenig rauhaarig bis fast kahl. Emerse Blätter in 3- bis 8-zähligen Quirlen. Spreite anfangs gefiedert, später linealisch bis elliptisch mit gesägtem bis gekerbtem oder gezacktem Rand, 5–20 mm lang und 1–3 mm breit, kahl. Submerser Spross bis 70 cm lang. Fiederblätter in 9- bis 12-zähligen Quirlen, Blatt 15–30 mm lang, mit zahlreichen, feinen Segmenten, hellgrün gefärbt.

Blüten sitzend oder selten bis 1,5 mm lang gestielt, einzeln in den Achseln der emersen Sprosse. Gewöhnlich keine Deckblätter, wenn vorhanden, dann niemals größer als 1,5 × 0,1 mm. Kelch 4–7 mm lang, drüsig bis rauhaarig, Kelchlappen 2–4 mm lang. Blütenkrone 2-lippig, 5–12 mm lang, weiß oder blassblauviolett gefärbt. 4 ungleich lange Staubblätter. 1 Griffel, 3 mm lang. Chromosomenzahl 2n = 51, 68.
Kultur: Die Kultur entspricht der von *L. indica*. Allerdings gedeihen die Pflanzen besser bei niedrigeren Temperaturen von 20–26 °C.
Ökologie: Über die Ökologie dieser Art ist kaum etwas bekannt. Ich entdeckte *Limnophila sessiliflora* einmal auf Sulawesi in submersen Beständen in einem kleinen Bach mit schnell fließendem Wasser und sandigem Bodengrund.
Sonstiges: *Limnophila sessiliflora* ist *L. indica* sehr ähnlich. Nach PHILCOX (1970) lässt sich *L. sessiliflora* nur durch den fehlenden Blütenstiel, die fehlenden Deckblätter, den behaarten Kelch, die langen Kelchlappen, den emers behaarten Stängel sowie die Chromosomenzahl unterscheiden. Allerdings sind die genannten Merkmale je nach Herkunft der Pflanzen in gewissem Umfang variabel und nach meiner Auffassung nicht immer gut als Unterscheidungsmerkmale geeignet (vgl. die Beschreibung von *L. indica*). In Louisiana kommt eine verwilderte Hybride beider Arten vor.

Submerse Sprosse von *Limnophila wilsonii*

Emerser Blütentrieb von *Limnophila wilsonii*

Limnophila wilsonii

KASSELMANN, sp. nov.

Wilsons Sumpffreund

Limnophila wilsonii differt a *L. indica* foliis submersis majoribus, foliis caulibus aeriis omnibus verticillatis et dissectis, pedicelli 2–3 cm longi, bracteae 4–6 mm longae, calyx 6–9 mm longus, corolla 12–15 mm longa, capsula 4–5 mm longa.
Holotypus: Australien, Northern Territory, Moyle River, S 14°26'22.1'', E 130°04'55.5''. DAVID WILSON, 18. Juli 2007. Holotypus WILSON, s. n. (DNA), Isotypus KASSELMANN 1014 (B).

Beschreibung: Emerse Sprosse aufrecht, bis 20 cm hoch, steif, drüsig oder wenig behaart, nicht aromatisch. Emerse Blätter fiederteilig, in 8- bis 12-blättrigen Quirlen, mittelgrün. Submerse Fiederblätter in 13- bis 14-zähligen, 5,0–9,4 cm großen Quirlen; jedes Blatt bis 4-mal gabelig geteilt, mit haarfeinen Segmenten, hellgrün.

Blüten achselständig, einzeln (meist 2 pro Nodium). Stiel 2–3 cm lang, steif. Deckblätter 4–6 mm lang. Kelch 6–9 mm lang. Blütenkrone 2-lippig, 12–15 mm lang, blasslila, Unterlippe mit 2 lila Flecken, innen behaart; Röhre grünlichgelb. Blütenstiel, Deckblätter, Kelch und Krone drüsig und ± schwach behaart. 4 Staubblätter, 4–5 mm lang, Konnektiv verbreitert. Griffel 4–6 mm. Frucht kugelig, 4–5 mm. Samen zahlreich, schwarz, 0,5 mm lang.
Kultur: Bisher nur in Australien in Aquarien kultiviert (als *L. australis*, die jedoch eine andere Art ist). Bei der Autorin wachsen die Sprosse zufriedenstellend in guter Strömung in weichem, saurem Wasser bei 27–29 °C. Intensives Licht und ein nahrhafter Bodengrund fördern kräftige Pflanzen.
Ökologie: DAVID WILSON fand die neue Art in klarem, sehr weichem Fließwasser im Moyle-Fluss. Die dichten Bestände wuchsen unbeschattet submers in über 1 m Tiefe bei folgenden Werten: 21,8 °C, < 0,5 °dH, pH-Wert 7,6.
Sonstiges: Submers ähnlich sind die australischen Arten *L. australis* und *L. brownii*. Diese bilden jedoch emers auch ganzrandige, gegenständige Blätter (*L. wilsonii* stets mit Fiederblättern). Ferner besitzt *L. australis* keine Deckblätter. *Limnophila wilsonii* ist am engsten verwandt mit *L. indica*.
Literaturhinweis: PHILCOX (1970), WANNAN & WATERHOUSE (1985), WANNAN (1986, 1992), KASSELMANN (Aqua Planta 2019, im Druck).

Limnophyton fluitans aus Kamerun

Blütenstand von *Limnophyton fluitans*

Limnophyton fluitans

GRAEBNER (1908)

Flutende Sumpfpflanze

Familie: Alismataceae, Froschlöffelgewächse.
Synonyme: Keine.
Etymologie: *Limnophyton*: *limne* = Sumpf, *phyton* = Pflanze; *fluitans:* flutend.
Verbreitung: Westafrika (Kamerun, Nigeria).
Beschreibung: Ausdauernde Wasserpflanze. Rhizom bis 7,5 cm und länger, bis 5 mm dick. Blätter 10–22 cm lang gestielt, am Grunde kurz scheidig. Blattspreite linealisch-schmal lanzettlich bis bandförmig, gitternervig, 30–66 cm lang, 2,5–4,5 cm breit, grün, etwas transparent. Basis schmal keilförmig; Spitze spitz und in einem 2–5 mm langen Spitzchen endend. Blattrand leicht gewellt. Mittelnerv kräftig, beidseits je 1(–2) Längsnerven.

Blütenstängel 25–40 cm lang, bis 7 mm dick. Blütenstand 4–6 cm lang, mit (2–)3(–4) blütentragenden Quirlen, am untersten Quirl selten verzweigt; Quirl mit 3–12 Blüten. Blüten polygam (zwittrig und männlich); zwittrige Blüten nur am untersten oder an beiden unteren Quirlen, darüber männliche Blüten. 3 Deckblätter, lanzettlich bis dreieckig, geschwänzt, 1–2 cm lang. Einzelblüte gestielt, mit 3 grünen Kelchblättern und 3 weißen Kronblättern; Kelchblatt 4–5 mm lang, 3–4 mm breit; Kronblatt etwa 7 mm lang, 4 mm breit. Zwittrige Blüte: Staubblätter etwa 1 mm lang; Fruchtblätter zahlreich, flaschenförmig, 1,8–2 mm lang, mit kurzem Griffel und mit annähernd kopfiger, papillöser Narbe. Männliche Blüte: 6 Staubblätter, 2,5–3 mm lang. Fruchtstand mit 30–35 Nüsschen. Nüsschen breit flaschenförmig, 4–5 mm lang und 3–3,5 mm dick (siehe KASSELMANN 1984 a/1985 a).
Kultur: Die Kultur dieser seltenen Pflanze ist sehr schwierig und gelang im Aquarium bisher noch nicht dauerhaft.
Ökologie: Ich sammelte die Art an einem natürlichen Standort in Kamerun, wo die Pflanzen in einem Bach mit schnell fließendem, klarem, bis zu 50 cm tiefem Wasser wuchsen. Sie bildeten dichte Bestände mit submersen, flutenden Blättern; nur vereinzelt entwickelten sich im Flachwasser emerse Blätter. Der Bodengrund bestand aus Geröll, Sand, Schlamm und viel Laub. Wasserwerte: Temperatur 29 °C, pH-Wert 5,9, GH < 1 °dH, KH < 0,1 °dH, 45 µS/cm.

Lindernia parviflora

(ROXBURGH) HAINES (1922)

Kleinblütiges Büchsenkraut

Familie: Linderniaceae, Büchsenkrautgewächse.
Synonyme: *Gratiola parviflora* ROXBURGH (1819), *Ilysanthes parviflora* (ROXB.) BENTHAM, *I. radicans* PILGER, *I. capensis* (THUNBERG) BENTH., *Lindernia capensis* THUNB.
Etymologie: *Lindernia*: nach dem Straßburger Botaniker Fr. BALTH. V. LINDERN (1682–1755); *parviflora*: kleinblütig.
Verbreitung: Afrika, Madagaskar, Vietnam, Thailand, Sri Lanka, Indien, eingeschleppt in Peru.
Beschreibung: Kleine Sumpfpflanze mit niederliegendem oder aufsteigendem, häufig verzweigtem Stängel. Submerse Sprosse aufrecht, bis 30 cm hoch. Blätter kreuzweise gegenständig, sitzend, ganzrandig, 0,7–1,2 cm lang, 0,5–0,8 cm breit. Spreite eiförmig bis rundlich; Spitze rund. Blüten einzeln, 0,7–1,5 cm gestielt. 5 Kelchblätter, grün, behaart, 3 mm lang. Blütenkrone röhrenförmig, verwachsenblättrig, 0,5–1,2 cm lang, Oberlippe 2-lappig, Unterlippe 3-lappig. Kronblätter rund, bis 3 mm lang, weiß mit blauvioletten Flecken; Schlund schwach blauviolett. 4 Staubblätter, die beiden hinteren 3–4 mm lang, die vorderen zu Staminodien reduziert und etwas aus der Blütenkrone herausragend. Antheren blauviolett. Fruchtknoten 1 mm lang. Griffel 5 mm lang. Frucht eine 2–3 mm große Kapsel.

Lindernia parviflora „Variegated"

Kultur: Eine anspruchslose und schnellwüchsige Aquarienpflanze. Wasserhärte, pH-Wert und Bodengrund spielen für das Wachstum nur eine unwesentliche Rolle. Wichtig für kräftige Exemplare ist eine hohe Lichtintensität. Bei schlechten Lichtverhältnissen bilden sich nur schmächtige, wenig dekorative Pflanzen. Für eine Gruppenbepflanzung sind etwa 10–20 Sprosse notwendig. Diese sollten im Vordergrund aus verschieden langen Stecklingen stufig gesteckt werden, wo sie zu großblättrigen Arten einen guten Kontrast bilden. Optimale Temperatur 22–26 °C. Die emerse Kultur auf der Fensterbank in abgedeckten Glasgefäßen ist ebenfalls problemlos. Die kleinen weißblauvioletten Blüten werden an flutenden Exemplaren und in der emersen Kultur gebildet. Eine Vermehrung durch Samen ist äußerst produktiv, weshalb *L. parviflora* in den Wasserpflanzengärtnereien als „Unkraut" berüchtigt ist und daher teilweise auch wieder verschwand. Seit etwa 2004 ist auch eine weißbunte Form als *L. parviflora* „Variegated" in Kultur; diese ist sehr lichtbedürftig.
Ökologie: *Lindernia parviflora* bewohnt völlig untergetaucht oder semi-emers zumeist temporäre Gewässer. In Sansibar (12/1980) wuchsen die Sprosse bei einem pH-Wert von 6,8, GH 2 °dH, KH 2 °dH. Ich fand die Art überraschenderweise auch in Peru (Santa Ana), wo sie offenbar verwildert auftritt. Siehe auch Biotop 40 (S. 43) und 51 (S. 48).
Sonstiges: FISCHER (1992) überführte die Arten der Gattung *Ilysanthes* in die ältere Gattung *Lindernia*, sodass die unter dem Namen *Ilysanthes parviflora* gepflegte Art nunmehr *Lindernia parviflora* heißen muss. Den in Kultur befindlichen Pflanzen von *Lindernia parviflora*, die auf meine Aufsammlung aus Sansibar zurückgehen, fehlt die große Variabilität der Blätter, die FISCHER beschreibt. Die sehr ähnliche *Lindernia rotundifolia*, die von JACOBSEN aus Sri Lanka mitgebracht wurde, ist ebenfalls gelegentlich in Kultur. Sie unterscheidet sich von *L. parviflora* im Wesentlichen durch die breitovalen bis kreisrunden, am Rande schwach gekerbten Blätter und die kürzer gestielten Blüten. Gattung mit etwa 30 Arten, viele davon in Indien.

Lobelia cardinalis als „Straße" angeordnet im Aquarium

Lobelia cardinalis

LINNÉ (1753)

Kardinalslobelie, Scharlachrote Lobelie

Familie: Campanulaceae, Glockenblumengewächse.
Synonyme: Keine.
Etymologie: *Lobelia*: nach M. DE L'OBEL (1538–1616); *cardinalis*: kardinal- oder scharlachrot.
Verbreitung: Mittleres und östliches Nordamerika.
Beschreibung: Über 1 m hohe Sumpfpflanze. Stängel fleischig, 0,2–3 cm dick. Blätter wechselständig, 1–4 cm lang gestielt. Emerse Spreite sehr schmal elliptisch, bis 18 cm lang, 4 cm breit. Blattrand gekerbt bis gesägt. Submerse Spreite bis 11 cm lang, 4,5 cm breit, gewöhnlich aber kleiner, hellgrün.

Blütenstand eine bis 20 cm lange Traube mit einseitswendigen, kardinalroten Einzelblüten. 5 Kelchblätter. Kronröhre 2-lippig, bis 2 cm lang; Unterlippe 3-lappig; Oberlippe 2-lappig. 5 Staubblätter, zu einer Röhre verwachsen, weit aus der Krone herausragend. Frucht nicht gesehen.
Kultur: *Lobelia cardinalis* ist aufgrund der problemlosen Pflege eine beliebte Aquarienpflanze. Die langsam wachsende Art stellt geringe Ansprüche an Wasserwerte, Bodengrund und Temperatur (optimal 22–26 °C). Je nach Beleuchtungsstärke entwickeln sich mehr oder weniger kräftige Pflanzen. Die Kardinalslobelie lässt sich sowohl im Vordergrund als auch im mittleren Bereich platzieren. In geräumigen Aquarien sieht es besonders dekorativ aus, wenn eine größere Anzahl von Stecklingen in Form einer „Straße" schräg von vorn nach hinten in stufiger Anordnung gepflanzt wird. Verwendung auch am Teichrand, wo sich regelmäßig die dekorativen Blütenstände entwickeln (Foto S. 73). Nicht winterhart. Seit 2004 ist die Zwergform „Mini" in Kultur (Foto S. 81), die sich noch besser eignet – vor allem für Nanoaquarien – als die bisherigen Pflanzen. Auch wird eine virusinfizierte Form kultiviert.
Ökologie: *Lobelia cardinalis* wächst an den Ufern von Flüssen und Seen sowie im Sumpf und blüht von Juli bis September. Ein Standort in Mexiko (7/1997): Ufer eines schnell fließenden Flusses, vollsonnig, Bodengrund steinig-sandig. Begleitpflanzen: *Ludwigia palustris*, *Bacopa monnieri*, *Hydrocotyle vulgaris* und *Rorippa aquatica*. Wasseranalyse: 22,6 °C, pH 7,8, GH 15 °dH, KH 14 °dH, 310 µS/cm.
Sonstiges: Durch die zurückgenommene Unterlippe wird ein Bestäuben durch Vögel ermöglicht (Vogelblume).

Farnprothallien von *Lomariopsis lineata* im Aquarium

Sonnenform

Lomariopsis lineata

(PRESL) HOLTTUM (1968)

Farnprothallien, „Süßwassertang“

Familie: Lomariopsidaceae.
Synonyme: *Olfersia lineata* PRESL (1836), u. v. a.
Etymologie: *Lomariopsis*: ähnlich der Gattung *Lomaria*; *lineata*: gestrichelt.
Verbreitung: Tenassserim, Südthailand, Südvietnam, Malesien (außer Papua-Neuguinea).
Beschreibung: Jugendblätter einfach, bis 30 cm lang, 6 cm breit. Adulte Blätter gefiedert, bis 100 cm lang, mit bis 20 Paar Fiedern, diese bis 20 × 5 cm groß, 2–3 cm lang geschwänzt. Fertile Fiederblätter 8–15 cm, 3–6 (10) cm breit.

Prothallien sehr variabel, stark verzweigt, Thallusenden von linealisch (Schattenform) bis sehr breit verkehrt eiförmig (Sonnenform), transparent, ohne Mittelnerv (im Gegensatz zu *Monosolenium*), dunkelgrün.
Kultur: Aquaristisch bekannt sind nur die Prothallien dieses Farnes. Diese sind anspruchslos, leicht zu kultivieren und zu vermehren. Es werden keine speziellen Wasserwerte verlangt, eine CO_2-Düngung ist nicht erforderlich. Die Prothallien bilden in schlecht beleuchteten Aquarien eine viel verzweigte, locker wüchsige Schattenform, bei viel Licht eine kompaktere, deutlich veränderte Sonnenform. Die Vermehrung erfolgt vegetativ, ist aber deutlich langsamer als die von *Monosolenium*. Grundsätzlich müssen die Farnprothallien nicht aufgebunden werden, denn sie haben kein Bestreben, zur Wasseroberfläche zu treiben.
Ökologie: Die Farnpflanze besiedelt feuchte Plätze im Wald in bis zu 1200 m Höhe. Sie wurde auch kriechend auf Steinen in regelmäßig trocken fallenden Flüssen gefunden.
Sonstiges: Die Farnprothallien wurden von mir vermehrt und in Umlauf gebracht. Leider kann ich über die Herkunft nur rätseln. Vermutlich erhielt ich sie unbemerkt mit anderen Pflanzen oder brachte sie von einer Tropenreise mit. Ich „entdeckte“ sie 2001 in einem meiner Aquarien und gab sie 2003 an Aquarianer in den USA weiter. Durch den Verkauf im Internet verbreiteten sich die Pflanzen inzwischen weltweit. Die Prothallien erhielten den unsinnigen Namen „Süßwassertang“, aber mit Tangen (große, vielzellige Algen, fast alle sind Meeresalgen) haben sie nichts gemeinsam. Durch vergleichende DNA-Analysen konnte im Jahre 2007 die Bestimmung durch Wissenschaftler erfolgen (LI, WANG, TAN, MORAN und ROUHAN).

Ludwigia arcuata im Aquarium

Blüte von *Ludwigia arcuata*

Ludwigia arcuata

WALTER (1788)

Gebogen- oder Schmalblättrige Ludwigie

Familie: Onagraceae, Nachtkerzengewächse.
Synonyme: *Ludwigia pedunculosa* MICHAUX, *Isnardia pedunculosa* DE CANDOLLE, *Isnardia arcuata* KUNTZE, *Ludwigiantha arcuata* SMALL.
Etymologie: *Ludwigia*: nach dem Botaniker C. G. LUDWIG (1709–1773); *arcuata*: gebogen.
Verbreitung: Östl. USA (Carolina bis Florida).
Beschreibung: Sumpfpflanze mit emers kriechendem, submers aufrechtem, verzweigtem, wenig behaartem Stängel, bis 50 cm lang. Blätter gegenständig, kurz gestielt. Emerse Blattspreite ganzrandig, lanzettlich, 1,0–1,8 cm lang, 3–5 mm breit, manchmal nach unten gebogen (Name!), grün. Spitze spitz; Basis verschmälert. Blattrand mit kleinen spitzen Zähnchen (Lupe!). Submerse Blätter sitzend, schmal linealisch, bis 4 cm lang, 3 mm breit, grün bis rot gefärbt.

Blüten achselständig, einzeln, bis 3,5 cm gestielt. Deckblätter linealisch, etwa 3 mm lang. Kelch 12 mm lang, hellgrün, mit 4 dreieckigen, wenig behaarten Kelchlappen. Die Art besitzt von allen Ludwigien mit gegenständiger Blattstellung die größten Kronblätter. Sie sind bis 11 mm lang, 7 mm breit, nach innen gewölbt, verkehrt eiförmig und leuchtend gelb. 4 Staubblätter, wenig länger als der Griffel. Kapsel 4-fächrig, etwa 10 × 3,5 mm groß. Chromosomenzahl 2n = 16.
Kultur: Lichtbedürftige, etwas anspruchsvolle und dekorative Ludwigie, die in weichem bis mittelhartem Wasser am schönsten wird. Optimale Temperatur 24–26 °C. Eine hohe Lichtmenge fördert eine intensive Rotfärbung der Sprosse, die bei zu wenig Licht schnell vergrünen. Die Art eignet sich zur Bepflanzung der vorderen und mittleren Zone des Aquariums. Vermehrung durch Seitensprosse. Auch für die Bepflanzung von Paludarien verwendbar. Im Sommer kann *L. arcuata* am Teichrand kultiviert werden, wo sie leicht blüht und fruchtet.
Ökologie: Die Art besiedelt feuchte und nasse Standorte und bevorzugt sonnige Plätze.
Sonstiges: Zur Bestimmung der einzelnen *Ludwigia*-Arten sind blühende Sprosse notwendig (vgl. die Beschreibungen). Submerse Sprosse von *L. arcuata* ähneln denen von *Didiplis diandra*.

Ludwigia brevipes im Aquarium

Blüte von *Ludwigia brevipes*

Ludwigia brevipes

(Long) E. H. Eames (1933)

Kurzstielige Ludwigie

Familie: Onagraceae, Nachtkerzengewächse.
Synonyme: *Ludwigiantha brevipes* Long (1913).
Etymologie: *Ludwigia*: Erklärung bei *L. arcuata*; *brevipes:* kurzstielig.
Verbreitung: Südostküste der USA (Virginia, Carolina).
Beschreibung: Zierliche Sumpfpflanze mit einem emers kriechenden, submers aufrechten, häufig verzweigten, kahlen Stängel. Blattspreite sitzend oder bis 10 mm lang gestielt, gegenständig, schmal elliptisch bis verkehrt lanzettlich, kahl, emers 5–30 mm lang, 2–10 mm breit, grün, gewöhnlich spitz und mit verschmälerter Basis, submers bis 30 mm lang und 4 mm breit, rötlich.

Blüten einzeln, achselständig, bis 1,8 cm lang gestielt. Deckblätter bis 2 mm lang. 4 Kronblätter, elliptisch, 4–6 mm lang, 2–3 mm breit, blassgelb. Kelchlappen schmal dreieckig, etwa so lang wie die Kronblätter. 4 Staubblätter, bis 3 mm lang. Griffel 2 mm. Frucht 6–10 mm lang. Chromosomenzahl: 2n = 24.

Kultur: *Ludwigia brevipes* ist im Aquarium eine anspruchsvolle, zierliche Pflanze mit hohen Lichtbedürfnissen. Viel Licht fördert Sprosse mit einer intensiven Rotfärbung.
Die Pflanze wird in weichem bis mittelhartem Wasser bei Temperaturen im Bereich von 22–26 °C am schönsten. Die Kurzstielige Ludwigie ist eine unauffällige Pflanze, mit der man nur eine gute optische Wirkung erzielt, wenn man sie je nach Beckengröße im Vordergrund oder in der Mittelzone des Aquariums in einer großen Gruppe stufig pflanzt. Die Vermehrung ist leicht durch Seitensprosse, aber auch durch Samen möglich. Bei der problemlosen emersen Kultur erscheinen im Sommer häufig die kurzlebigen Blüten. Gelegentlich wird seit 2010 die aus den östlichen USA bekannte Naturhybride L. ×*lacustris* (Eltern *L. brevipes* und *L. palustris*) kultiviert. Sie ist etwas wüchsiger als *L. brevipes*.
Ökologie: Besiedelt sumpfige Standorte in Küstennähe. Diese weisen in Abhängigkeit der Jahreszeit wechselnde Wasserstände auf. Standorte schattig-sonnig.
Sonstiges: Eine sichere Bestimmung von *L. brevipes* und *L. arcuata* kann nur mit Hilfe von blühenden Sprossen erfolgen (vergleiche die Blütenbeschreibungen). Eine Hilfe ist bei emersen Pflanzen auch die Behaarung des Stängels, der bei *L. brevipes* kahl und bei *L. arcuata* wenig behaart ist (Lupe!).

Ludwigia glandulosa (Mitte) im Aquarium

Blüte von *Ludwigia glandulosa*

Ludwigia glandulosa

WALTER (1788)

Familie: Onagraceae, Nachtkerzengewächse.
Synonyme: *Ludwigia cylindrica* ELLIOT u. a.
Etymologie: *Ludwigia*: siehe *L. arcuata*; *glandulosa:* drüsig.
Verbreitung: Nordamerika.
Beschreibung: Sumpfpflanze mit niederliegenden oder aufrechten, kahlen Sprossen. Stängel kantig, holzig, häufig verzweigt, 2–5 mm dick. Blätter wechselständig, 1–2 cm lang gestielt. Blattspreite ganzrandig, lanzettlich, 3–11 cm lang, 0,7–2 cm breit, oberseits olivgrün bis weinrot, unterseits weinrot gefärbt. Spitze spitz; Basis herablaufend.

Fertile Sprosse bis 1 m hoch. Blüten achselständig, klein. Brakteen linealisch. 4 Kelchlappen. Keine Kronblätter. 4 Staubblätter. 1 Griffel. Kapsel 4-fächrig, sitzend. Chromosomenzahl: 2n = 16.
Kultur: *Ludwigia glandulosa* zählt zu den problematischen Aquarienpflanzen. Hält man die Sprosse im Aquarium unter ungeeigneten Kulturbedingungen, u. a. bei schwacher Beleuchtung, nährstoffarmem Bodengrund und Wasser sowie hoher Temperatur, lösen sie sich innerhalb kurzer Zeit auf. Ein deutliches Anzeichen ist zunächst das Abwerfen der unteren Blätter. Aber auch unter günstigen Wachstumsbedingungen, u. a. bei intensiver Beleuchtung, ausreichend freier Kohlensäure, nährstoffreichem Bodengrund und Wasser sowie einer Temperatur unter 25 °C, wächst die Art nur ausgesprochen langsam. Für die erfolgreiche submerse Kultur scheint eine intensive Beleuchtung am wichtigsten zu sein. Dekorativ wirkt eine Gruppenbepflanzung von wenigstens drei stufig gepflanzten Sprossen in der Mittelzone des Aquariums. *Ludwigia glandulosa* gedeiht am besten über Wasser in feuchtem Substrat. Im Sommer werden blühende Sprosse gebildet, die nach der Fruchtreife im Herbst absterben. Die Pflanzen treiben aber von der Basis her wieder kräftig durch.
Ökologie: Besiedelt feuchte und nasse Standorte.
Sonstiges: Wurde 1988 unter dem Namen *L.* „perennis“ eingeführt. Unterscheidungsmerkmale zu anderen *Ludwigia*-Arten: fehlende Blütenkrone, wechselständige Blattstellung. Gelegentlich ist auch *Ludwigia ovalis* MIQ. aus Ostasien in Kultur, die eiförmige und ebenfalls wechselständige Blätter besitzt. Sie ist anspruchsvoll und wird bei viel Licht rötlich.
Literaturhinweis: KASSELMANN (1991 b).

Ludwigia helminthorrhiza mit Atemwurzeln

Ludwigia helminthorrhiza

(MARTIUS) HARA (1953)

Familie: Onagraceae, Nachtkerzengewächse.
Synonyme: *Jussiaea helminthorrhiza* MARTIUS (1839), *J. natans* HUMBOLDT & BONPLAND (nicht *Ludwigia natans* ELLIOTT), *Jussiaea natans* var. *emersa* HASSLER.
Etymologie: *Ludwigia*: siehe *L. arcuata*; *helminthorrhiza*: mit wurmförmiger Wurzel.
Verbreitung: Südmexiko bis Paraguay.
Beschreibung: Flutende oder im Sumpf kriechende Pflanze, an allen Knoten wurzelnd und mit zahlreichen, fleischigen, 4–5 mm dicken und 1–2 cm langen Atemwurzeln. Stängel über 1 m lang, kahl, häufig verzweigt. Blätter 1–2 cm gestielt, wechselständig. Blattspreite fast kreisrund, ganzrandig, mit stumpfer Spitze und stumpfer Basis, 2–4 cm groß, hellgrün, rötlich oder weinrot gefärbt. Blüten einzeln, 1–3,5 cm gestielt. Kronblätter weiß, an der Basis gelb. Filamente ungleich lang. Griffel 4–7 mm lang. Kapsel zylindrisch, etwa 3 cm lang, 2–3 mm dick.
Kultur: Eine besonders dekorative Ludwigie, deren Kultur nur im Gewächshaus oder vorübergehend an warmen Sommertagen im Gartenteich zu empfehlen ist. Für die Aquarienkultur ist diese Art nicht verwendbar, da sie unter Wasser wenig anpassungsfähig und zudem außerordentlich lichtbedürftig ist. Als Paludarienpflanze lässt sie sich bedingt bei sehr hellem Stand und viel Wärme in flachem Wasser pflegen. Im Sommer, wenn die Sprosse besonders kräftig werden und sich die Blätter intensiv rot färben, entwickeln sich auch die auffälligen, weißen Atemwurzeln. Sie bestehen aus einem luftgefüllten Gewebe (Aerenchym), das einen Gasaustausch mit Pflanzenteilen im sauerstoffarmen Schlamm ermöglicht. *Ludwigia helminthorrhiza* ist gelegentlich in botanischen Gärten zu bewundern. Die Sprosse gehen im Winter aufgrund von Lichtmangel meistens stark zurück und treiben im Frühjahr verstärkt aus.
Ökologie: Die Art wurzelt an besonnten und teilweise beschatteten Uferzonen von Gewässern im Schlamm. Einige Fundortdaten: Brasilien (3/1986): 1) Amazonas bei Manaus, 27 °C, pH 6,7, GH/KH < 1 °dH, 100 µS/cm. 2) 18 km südlich Poconé, 20 bis 30 m breiter Fluss mit starker Strömung, 30 °C, pH 6,2–6,8, GH/KH < 1 °dH, 18 µS/cm. 3) Peru, Rio Yanayacu, Biotop 6 (S. 30). 4) Costa Rica, Biotop 34 (S. 40).

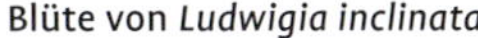

Blüte von *Ludwigia inclinata*

Ludwigia inclinata mit wechselständigen Blättern

Ludwigia inclinata

(LINNÉ fil.) RAVEN (1963)

Familie: Onagraceae, Nachtkerzengewächse.
Synonyme: *Jussiaea inclinata* (1781), u. a.
Etymologie: *Ludwigia*: siehe *L. arcuata*; *inclinata*: nach innen geneigt, Bezug unklar.
Verbreitung: Mittel- und Südamerika.
Beschreibung: Emerse Sprosse niederliegend bis aufsteigend, häufig verzweigt. Sprosse emers schwach behaart, submers kahl, bis 5 mm dick. Blätter wechselständig, 0,2–2 cm gestielt. Blattspreite länglich bis schmal verkehrt eiförmig, ganzrandig, 1,0–5,5 cm lang, 0,3–1,5 cm breit. Emerse Sprosse hellgrün, submerse olivgrün bis rotbraun.

Blüten achselständig, einzeln. Blütenstiel bis 4 cm lang. Blütenröhre (Hypanthium) 4-kantig, bis 2 cm lang, am Grunde mit 2 winzigen Brakteen. 4 Kelchblätter, 8–12 mm lang, 3–5 mm breit. 4 gelbe Kronblätter, größer als die Kelchblätter, breit eirund, an der Spitze herzförmig eingeschnitten, abfallend, etwa 15 mm lang, 12 mm breit. 8 etwa gleich lange Staubblätter; Filamente 1–3 mm. Griffel etwa 3 mm lang; Narbe kopfig. Kapsel mit vielen kleinen Samen.

Kultur: *Ludwigia inclinata* ist eine typische Weichwasserpflanze, die im Aquarium in kalkarmem und saurem Wasser am besten zu pflegen ist. Ihre zarten Blätter erreichen submers nur bei intensivem Licht eine so kräftige Rotfärbung wie am natürlichen Standort. Bei schwachem Licht verlieren die unteren Triebe frühzeitig ihre Blätter und vergrünen. Ein nahrhafter Boden sowie eine gute Wasserbewegung unterstützen das Wachstum. Bei hoher Luftfeuchte und intensivem Licht ist auch eine emerse Kultur gut möglich. Sehr selten wird auch die grüne Farbform „Green“ kultiviert, die noch anspruchsvoller ist.
Ökologie: Ich konnte *L. inclinata* im März 1986 aus dem nördlichen Pantanal (Foto S. 37) im Staat Mato Grosso, Brasilien, mitbringen, wo sie eine häufige Art ist. Sie bevorzugt schnell fließende Gewässer, kleine Bestände wachsen aber auch in stehendem Wasser. Wasseranalysen: 1) Biotop mit stehendem Wasser, 28 °C, pH 5,5, GH/KH < 1 °dH, 18 µS/cm. 2) 20–30 m breiter Fluss mit starker Strömung, 30 °C, pH 6,2–6,8, GH/KH < 1 °dH, 18 µS/cm. Die Pflanzen besiedelten sonnige oder halbschattige Standorte. 3) Biotop in Venezuela: *Ludwigia inclinata* wuchs in etwa 1 m tiefem, schnell fließendem Wasser. Wasseranalyse (8/1989): 27,5 °C, pH 7,3, GH/KH < 1 °dH, 40 µS/cm.

Ludwigia inclinata mit quirlständigen Blättern am Standort in Venezuela und im Aquarium

Ludwigia inclinata

(LINNÉ fil.) RAVEN var. *verticillata* KASSELMANN (2003)

Quirlständige Ludwigia

Familie: Onagraceae, Nachtkerzengewächse.
Synonyme: *Ludwigia verticillata* MUNZ (1944).
Etymologie: *verticillata*: quirlständig, bezieht sich auf die Blattstellung.
Verbreitung: Mexiko, Honduras, Panama, Kuba, Venezuela.
Beschreibung: Die var. *verticillata* unterscheidet sich durch eine quirlige Blattstellung unter Wasser. Submerser Stängel 3–7 mm dick, fleischig. Sprosse mit (3–)8–12 Blättern im Quirl, Spreite linealisch, ganzrandig, 2–4 cm lang, 1–2,5 mm breit. Spitze spitz, Basis verschmälert. Emerse Pflanzen und Blüten wie bei *Ludwigia inclinata* beschrieben.
Kultur: Auch die var. *verticillata* stellt an die Wasserbeschaffenheit sehr hohe Ansprüche. Sie benötigt zum optimalen Gedeihen ein möglichst weiches Wasser, eine ausgewogene Nährstoffversorgung und ein hohes Angebot an freiem Kohlendioxid. Intensives Licht fördert eine prächtige Rotfärbung der zarten Blätter. Es ist eine anspruchsvolle Art für den fortgeschrittenen Aquarianer.
Ökologie: Im August 1989 fand ich *L. inclinata* var. *verticillata* in einem Überschwemmungsgebiet des Rio Aro in 30–50 cm tiefem Wasser in braunem Lehm. Begleitpflanzen waren *Cabomba furcata*, *Bacopa reflexa* und *Sagittaria* sp. Das Sumpfgebiet war von Palmen umgeben, sodass die Pflanzen teils halbschattig, teils vollsonnig wuchsen. Das Wasser war sauer, weich und zeigte Anzeichen einer beginnenden Überdüngung (Ammonium, Phosphat, viel Kohlendioxid) sowie eine leichte Schwermetallbelastung. Siehe Biotop 3 (S. 29), Vollwasseranalyse S. 596. Die Sprosse dieser Population konnte ich damals nicht dauerhaft pflegen. Im Jahre 2002 sammelte HOLGER WINDELØV *L. inclinata* var. *verticillata* erneut auf der Isla de la Juventud bei Cayo Piedra in Kuba, worauf die heute kultivierten Pflanzen zurückzuführen sind. Die Kultursorte 'Curly' weist spiralig gedrehte Blätter auf. Die Formen „Araguaia", „Cuba" und „Pantanal" liegen innerhalb der Variationsbreite. Sortennamen sind nicht berechtigt.
Sonstiges: In Färbung und Aussehen erinnert diese Varietät an *Pogostemon stellatus*. Unterscheidungsmerkmal sind die ganzrandigen Blätter bei *Ludwigia*, während diese bei *Pogostemon* deutlich gezähnt bis gesägt sind.
Literaturhinweis: KASSELMANN (2003 b), SOLINGER (2004).

Ludwigia palustris

(LINNÉ) ELLIOTT (1817)

Sumpfheusenkraut, Tiefrote Ludwigie

Familie: Onagraceae, Nachtkerzengewächse.
Synonyme: *Isnardia palustris* L. (1753), u. a.
Etymologie: *Ludwigia*: Erklärung bei *L. arcuata*; *palustris:* sumpfbewohnend.
Verbreitung: Eurasien, Nord-, Mittelamerika, Kolumbien, Venezuela, Nordafrika, eingeschleppt in Südafrika, Namibia, Kolumbien, Venezuela, Hawaii, Neuseeland, Australien.
Beschreibung: Sumpfpflanze mit emers kriechenden, submers aufrechten oder flutenden Sprossen. Blätter gegenständig, kahl, bis 1 cm lang gestielt. Emerse Blattspreite eiförmig, bis 3,0 cm lang, 2,2 cm breit, olivgrün bis weinrot, submers bis 2,5 cm lang, 1,0–1,5 cm breit, blutrot bis olivgrün gefärbt. Blattspitze spitz oder stumpf, Basis keilförmig.

Im Sommer entwickeln sich die achselständigen und unscheinbaren, sitzenden, 4-zähligen, etwa 2–4 mm großen Blüten, die als besonderes Merkmal das Fehlen von Kronblättern aufweisen. Hierdurch ist *L. palustris* eindeutig von allen im Aquarium kultivierten *Ludwigia*-Arten mit *gegenständigen Blättern* zu unterscheiden. 4 Staubblätter. Frucht eine vielsamige Kapsel. Chromosomenzahl: 2n = 16.
Kultur: *Ludwigia palustris* ist im Aquarium eine mäßig anspruchsvolle, gutwüchsige Pflanze, wobei eine hohe Lichtintensität der wichtigste Faktor für ein gesundes Wachstum ist. Entsprechend ihrer Verbreitung ist eine große Variationsbreite nicht überraschend. Es sind grüne und rote Farbformen in Kultur. Am schönsten ist eine seit 2013 kultivierte und mit „Super Red" bezeichnete Form mit tiefroten Blättern, deren Herkunft unbekannt ist (ein Sortenname ist nicht gerechtfertigt, da die Färbung in der Variationsbreite der Art liegt). Ein nährstoffreicher Bodengrund sowie regelmäßige Eisenzugaben fördern kräftige Sprosse. Die Art ist sehr temperaturtolerant, wobei im Aquarium der günstigste Bereich zwischen 22 und 26 °C liegt. *Ludwigia palustris* eignet sich am besten für die Bepflanzung der vorderen und mittleren Zone des Aquariums. Um emerse Pflanzen zu erhalten, können Sprosse zum Beispiel einfach auf die Wasseroberfläche gelegt werden, wo sie dann über den Aquarienrand problemlos herauswachsen. So erzielte emerse Exemplare können auf feuchtem Bodengrund in Gefäßen auf der Fensterbank, in den Sommermonaten aber auch am Teichrand schnell vermehrt werden.
Ökologie: *Ludwigia palustris* besiedelt Überschwemmungsgebiete mit wechselndem Wasserstand. Man findet sie in intensivem Sonnenlicht und auf nährstoffreichem Bodengrund. Vermutlich ist es eine stickstoffliebende Pflanze. In Westeuropa ist die Art offenbar sehr selten geworden. Ich fand sie vor einigen Jahren noch vereinzelt in flachen Gräben in den Niederlanden.

An einem Standort in Griechenland, an dem große Bestände am Rand und im flachen Wasser eines Sees wuchsen, wurden im Juni 1980 um 13.15 Uhr folgende Wasserwerte gemessen: Temperatur 25 °C (Lufttemperatur 26 °C), pH 7,2, GH 5,8 °dH, KH < 1 °dH, 81 µS/cm.
Sonstiges: Es wurden vier Varietäten von *Ludwigia palustris* beschrieben, deren Unterscheidungsmerkmale aber nicht konstant sind, sodass die Varietäten keinen taxonomischen Stellenwert besitzen.

Ludwigia palustris **'Super Red' im Aquarium**

Ludwigia palustris × *L. repens* im Aquarium

Blüte von *Ludwigia palustris* × *L. repens*

Ludwigia palustris × L. repens

Breitblättrige Bastardludwigie

Familie: Onagraceae, Nachtkerzengewächse.
Verbreitung: Eine in Kultur entstandende Kreuzung. Naturhybriden (ohne Kronblätter) sind aber auch in Chiapas, Mexiko, gefunden worden.
Beschreibung: Blätter kreuzweise gegenständig, 0,5–1 cm lang gestielt. Spreite elliptisch bis breit elliptisch, 2–5 cm lang und 1–3,5 cm breit, mit stumpfer Spitze und herablaufender Basis (Beschreibung sonst wie bei *Ludwigia repens* angegeben).

Blüten einzeln in den Achseln, sitzend oder sehr kurz gestielt. Brakteen bis 2 mm lang. Kelchlappen etwa 2 mm lang. 0–4 Kronblätter, gleich groß oder kleiner als die Kelchlappen, schnell abfallend, gelb. 4 Staubblätter. Griffel mit Narbe kürzer als die Staubblätter. Frucht verkümmert, etwa 1 mm groß.
Kultur: Die Breitblättrige Bastardludwigie besitzt von allen kultivierten *Ludwigia*-Arten die besten Wachstumseigenschaften. Zudem wirkt sie durch ihr rötliches Laub besonders dekorativ. Sie gedeiht sowohl in weichem als auch sehr hartem, saurem oder alkalischem Wasser. An Licht sollte nicht gespart werden, obwohl die Sprosse auch noch bei mäßiger Beleuchtung wachsen. Besonders kräftige und rötlich gefärbte Exemplare werden aber nur bei einer intensiven Beleuchtung gebildet. Der optimale Temperaturbereich liegt zwischen 23 und 28 °C. Bei guten Lebensbedingungen ist das Wachstum so schnell, dass die Sprosse alle zwei bis drei Wochen neu gesteckt werden müssen. Etwa drei bis fünf Stängel sind für eine dekorative Gruppenbepflanzung in der Mittelzone oder im Hintergrund des Aquariums ausreichend. Eine Vermehrung durch Seitensprosse ist problemlos und produktiv. Wie bei allen anderen kultivierten Ludwigien ist die emerse Kultur der Breitblättrigen Bastardludwigie, bei der bei viel Licht und Wärme auch häufig Blüten beobachtet werden können, kein Problem. Im Sommer können die Sprosse auch vorübergehend am Rande eines Gartenteiches gehalten werden. Dort wachsen sie kriechend als Bodendecker.
Sonstiges: Eine Zählung der Chromosomen zur Überprüfung der Bestimmung von *Ludwigia palustris* × *L. repens* wurde bislang nicht vorgenommen.
Literaturhinweis: SCHMIDT (1967).

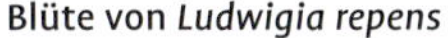
Blüte von *Ludwigia repens*

Ludwigia repens im Aquarium

Ludwigia repens

FORSTER (1771)

Kriechende Ludwigie

Familie: Onagraceae, Nachtkerzengewächse.
Synonyme: *Ludwigia natans* ELL. (1821), u. a.
Etymologie: *Ludwigia*: siehe *Ludwigia arcuata*; *repens:* kriechend.
Verbreitung: USA, Mexiko.
Beschreibung: Sumpfpflanze mit emers kriechenden, submers aufrechten, an den Knoten wurzelnden Sprossen. Blätter gegenständig. Spreite bis 1,2 cm gestielt, sehr variabel, emers gewöhnlich breit elliptisch, submers von sehr schmal bis breit elliptisch, 2–3,5 cm lang, 0,5–1,4 cm breit, oberseits olivgrün oder rötlich, unterseits grün oder weinrot.

Blüten einzeln, achselständig, sitzend oder bis 5 mm gestielt. Brakteen linealisch, 3–5 mm lang. Kelchlappen dreieckig, bis 4 mm. Kronblätter wenig kleiner oder so lang wie die Kelchlappen, bald abfallend, gelb. 4 Staubblätter, etwa 1 mm lang. Griffel mit Narbe etwa so lang wie die Staubblätter. Frucht 5–8 mm lang, 2–3 mm dick; Samen zahlreich. Chromosomenzahl 2n = 24.

Kultur: Von *Ludwigia repens* sind zurzeit mehrere Wuchsformen in Kultur, die in der Blattform und Färbung etwas voneinander abweichen, aber keinen taxonomischen Stellenwert besitzen. Alle Wuchsformen lassen sich problemlos im Aquarium kultivieren. Sie gedeihen sowohl in weichem als auch in hartem Wasser, benötigen für eine optimale Pflege eine mittlere Beleuchtungsstärke und möglichst eine Temperatur unter 26 °C. Auch höhere Temperaturen werden aber kurzfristig gut vertragen. Ein nahrhafter Bodengrund fördert kräftige Pflanzen. Das Wachstum ist sehr rasch, sodass die Sprosse regelmäßig gekürzt werden müssen. Eine Verwendung ist nur als Gruppe in der Mittel- oder Hintergrundzone des Aquariums zu empfehlen. Eine Vermehrung erfolgt durch Seitensprosse, die reichlich entwickelt werden. Zur sicheren Bestimmung sind Blüten erforderlich, die in der emersen Kultur (gelegentlich auch submers) häufig gebildet werden.
Ökologie: Besiedelt sumpfige Gebiete.
Sonstiges: Es wurden mehrere Varietäten beschrieben, die aber alle Übergänge zeigen (MUNZ 1965). *Ludwigia* „Mesakana" ist ein *repens*-Typ. *Ludwigia* 'Atlantis' (= „Dark Orange") ist eine Kultursorte der Gärtnerei Atlantis mit emers hellgelben Nerven und submers gelbrotem Farbton.

Ludwigia repens × L. arcuata

Schmalblättrige Bastardludwigie

Familie: Onagraceae, Nachtkerzengewächse.
Verbreitung: In Kultur entstandene Kreuzung.
Beschreibung: Sumpfpflanze mit emers kriechendem, submers aufrechtem, wenig behaartem Stängel, bis 2,5 mm dick, dunkelrot. Blätter gegenständig, bis 1 cm gestielt. Emerse Spreite 1,5–2,8 cm lang, 1,0–1,5 cm breit, oberseits dunkelgrün, unterseits schwach rötlich; submerse Spreite 2–5 cm lang, 0,5–1,5 cm breit, schmal elliptisch bis elliptisch, Spitze spitz, Blattrand etwas gewellt, oberseits olivgrün bis rot. Stängel und Blätter unterseits schwach bis kräftig rotlila gefärbt.

***Ludwigia repens* × *L. arcuata* im Aquarium**

Blüten achselständig, einzeln, bis 1 cm lang gestielt. Deckblätter linealisch, 2–5 mm lang und 0,5–1 mm breit. Kelch verwachsenblättrig; Kelchzipfel 4–5 mm lang, dreieckig, an der Basis 2,5 mm breit, Rand der Kelchblätter mit sehr feinen, nach oben gerichteten Zähnen. Immer 4 Kronblätter, 2,3–2,4 × 1,1–1,2 mm groß. 4 Staubblätter. Frucht 4-fächrig; Samen zahlreich, etwa 0,5 mm lang. Chromosomenzahl: 2n = 40.
Kultur: Werden *Ludwigia repens* und *L. arcuata* miteinander gekreuzt, entsteht der Bastard *Ludwigia repens* × *L. arcuata*. Diese Kreuzung wächst problemloser und schnellwüchsiger als die Eltern, eine Erscheinung, die in der Botanik mit dem Begriff Heterosis gekennzeichnet wird. *Ludwigia repens* × *L. arcuata* stellt weniger Ansprüche an die Lichtintensität als *L. arcuata*, doch sollte das Lichtbedürfnis nicht unterschätzt werden. Bei ausreichendem Licht färben sich die Blattflächen blutrot. Hohe Temperaturen beschleunigen das Wachstum, wobei der günstigste Temperaturbereich zwischen 24 und 28 °C liegt.

Die Schmalblättrige Bastardludwigie ist außerordentlich anpassungsfähig an die Wasserwerte. Sie wächst sowohl in weichem als auch besonders gut in hartem Wasser mit pH-Werten im alkalischen Bereich. Ein nährstoffreicher Bodengrund sollte für die Entwicklung kräftiger Sprosse vorhanden sein. Bei guten Lebensbedingungen ist diese Kreuzung eine ausgezeichnete und sehr empfehlenswerte Pflanze, die alle zwei Wochen neu gesteckt werden muss. Eine Gruppenbepflanzung in der mittleren Zone des Aquariums ergibt ein dekoratives Bild. Auch eine Bepflanzung im Paludarium, wo sich kriechende Sprosse bilden, ist sehr gut möglich.

Die Pflanzen wachsen leicht aus dem Wasser heraus und können im Sommer problemlos auch auf der Fensterbank oder am Teichrand gepflegt werden. Viel Licht und hohe Temperaturen beschleunigen die Blütenbildung. Die Blüten bestäuben sich selbst. Die kleinen, braunen Samen sind aber nicht keimfähig.
Sonstiges: Diese Hybride ist schon viele Jahre in Kultur, wurde jedoch zunächst als solche nicht erkannt. Eine Chromosomenzählung, die Arends (Wageningen) 1982 an konservierten Wurzelspitzen meiner Pflanzen vornahm, ergab eine Chromosomenzahl von 2n = 40 und die Bestimmung als *L. repens* × *L. arcuata* (siehe Kasselmann 1985 b). Wichtig ist das Geschlecht der Eltern. Bei dem Bastard *L. repens* × *L. arcuata* wurde die Narbe einer Blüte von *L. repens* mit dem Pollen von *L. arcuata* bestäubt. Das umgekehrte Kreuzungsprodukt (*Ludwigia arcuata* × *L. repens*) ist eine andere Pflanze.

Von allen kultivierten Ludwigien wachsen die beiden Bastarde zweifelsohne am besten im Aquarium.

Ludwigia „Rubin" im Aquarium

Ludwigia „Rubin"

Rubin-Ludwigie

Etymologie: Rubin = bezieht sich auf die Färbung der submersen Pflanzen.
Beschreibung: Blätter im Aquarium bis 1 cm lang gestielt, Blattspreite bis 5 cm lang und 3 cm breit, oberseits bei intensivem Licht kräftig rot bis rubinfarben, unterseits weinrot.
Kultur: *Ludwigia* „Rubin" ist eine prächtig gefärbte und empfehlenswerte Aquarienpflanze. Die kräftige Rotfärbung wird nur bei intensivem Licht ausbildet, denn eine zu geringe Lichtintensität führt schnell zum Verlust der unteren Blätter. Nur in dieser Hinsicht ist sie deutlich anspruchsvoller als andere Ludwigien. Die Rubin-Ludwigie wächst sowohl in weichem als auch hartem Wasser gut, eine CO_2-Düngung ist empfehlenswert. Sie ist eine prächtige Kontrastpflanze, die sich aufgrund ihres mittelschnellen Wachstums auch im vorderen Bereich des Aquariums verwenden lässt. Die emerse Kultur ist einfach, zum Beispiel als Sumpfpflanze auf der Fensterbank in einem feuchten Substrat.
Sonstiges: *Ludwigia* „Rubin" tauchte im Jahre 2002 erstmals im Handel auf. Über ihre systematische Stellung wurde anfangs in Aquarianerkreisen viel spekuliert, weil die Blattstellung, die ein wichtiges Unterscheidungsmerkmal der in Aquarien kultivierten Ludwigien ist, wechselständig sein sollte. Sie wurde zunächst als *Ludwigia* sp. „weinrot" bezeichnet. In der Kultur lässt sich beobachten, dass sich Triebe mit wechselständiger als auch gegenständiger Blattstellung in unregelmäßiger Folge und in Abhängigkeit von der Geschwindigkeit des Wachstums bilden können. Bei einem sehr langsamen Wuchs, bei dem nur sehr kurze Internodien entwickelt werden, entsteht sogar der Eindruck von Blattquirlen. Dagegen bilden emerse Sprosse meistens gegenständige Blätter. Nach KRAMER (2006) ist diese Pflanze verwandt mit *L. glandulosa*. M. E. deuten aber auch Merkmale auf eine Verwandtschaft mit *L. repens* hin. Möglicherweise handelt es sich um eine Hybride beider Arten. *Ludwigia repens* gilt ohnehin als sehr variable Art und leicht hybridisierbar, und es werden sowohl rote als auch grüne Farbformen schon seit Jahren im Aquarium kultiviert.

Da die Sprosse unter Wasser eine kräftige Rotfärbung ausbilden, ist der Händlername „Rubin" sehr passend gewählt. Der Status einer Sorte ist in keinem Fall gerechtfertigt.

Ludwigia sedoides am natürlichen Standort in Venezuela

Ludwigia sedoides

(Humboldt & Bonpland) Hara (1953)

Sedum-ähnliche Ludwigie

Familie: Onagraceae, Nachtkerzengewächse.
Synonyme: *Jussiaea sedoides* Humb. & Bonpl. (1805), *J. sedioides* H. B. K. (1823).
Etymologie: *Ludwigia*: siehe *L. arcuata*; *sedoides*: der Gattung *Sedum* ähnlich.
Verbreitung: Mittel- und Südamerika, weit verbreitet und häufig.
Beschreibung: Gewöhnlich auf der Wasseroberfläche flutende Wasserpflanze mit dünnem, an den Knoten wurzelndem, rötlichem Stängel. Blätter rosettig angeordnet, wechselständig, 1–5(–10) cm gestielt. Blattspreite rhombisch, etwa 1 cm groß, oberseits kahl, unterseits behaart, mittelgrün bis kräftig dunkelrot. Blattrand in der oberen Hälfte gesägt bis gekerbt, in der unteren Hälfte ganzrandig.

Blüten einzeln, etwa 2 cm groß, bis 3,5 cm gestielt. 4(5) Kelchblattzipfel, 8 mm lang. 4(5) Kronblätter, 1,4 cm lang, 1,3 cm breit, leuchtend gelb. 6–10 Staubblätter, etwa 3 mm lang, so lang oder etwas kürzer als der Griffel. Kapsel 1 cm lang. Chromosomenzahl n = 8.
Kultur: Eine dekorative, an die Wassernuss *Trapa* erinnernde Ludwigie (Konvergenz). Als Aquariumpflanze hat sich diese Art leider aufgrund ihrer hohen Pflegeansprüche nicht durchgesetzt, da sie ausgesprochen licht- und wärmebedürftig ist. Am besten lässt sie sich in flachem, ruhigem Wasser über schlammigem Bodengrund im Gewächshaus oder in intensiv beleuchteten Paludarien verwenden. Das Überwintern ist aufgrund des extremen Lichtbedürfnisses sehr problematisch.
Ökologie: Wächst in massenhaften Beständen in Gräben und Teichen mit stehendem Wasser, besiedelt aber auch die Freiwasserzone sowie strömungsarme Uferbereiche von Flüssen. Einige Wasseranalysen natürlicher Standorte: Mexiko (8/1985), dichte Bestände in Gräben und Tümpeln, verwurzelt in lehmigem Bodengrund: Wassertemp. 29 °C (Luft 30 °C um 9 Uhr), pH 6,3, GH/KH 2 °dH, O_2 4 mg/l, Fe und NO_2^- nicht nachweisbar, NH_4^+ 0,5 mg/l. Mexiko (8/1985): Wassertemp. 34 °C (Luft 32 °C um 10 Uhr), pH 6,9, GH 2,5 °dH, KH 2 °dH, NH_4^+ 0,5 mg/l, Fe und NO_2^- nicht nachweisbar, CO_2 8 mg/l. Siehe auch Biotope 1 (S. 26), 19 (S. 36) und 23 (S. 37).

Ludwigia senegalensis

(De Candolle) Trochain (1940)

Senegal-Ludwigie

Familie: Onagraceae, Nachtkerzengewächse.
Synonyme: *Prieurea senegalensis* De Candolle (1828), *Jussiaea prieurea* Guillemin & Perrottet, *Ludwigia prieurea* (Guillemin & Perrottet) Trochain, *Jussiaea senegalensis* (De Candolle) Brenan, *Ludwigia pulvinaris* Gilg.
Etymologie: *Ludwigia:* siehe *L. arcuata*; *senegalensis*: aus dem Senegal stammend.
Verbreitung: Tropisches Afrika: Senegal, Guinea Bissau, Mali, Sierra Leone, Sudan, Kongo, Angola und Simbabwe.
Beschreibung: Kleinblättrige Sumpfpflanze mit emers kriechenden und an allen Knoten wurzelnden Sprossen, bis etwa 35 cm lang, fast kahl. Blätter meistens wechselständig, aber auch gegenständig oder 3 Blätter im Quirl, fast sitzend, lanzettlich bis elliptisch mit runder Spitze und schmal keilförmiger Basis, 1,5–3 cm lang, 0,5–0,8 cm breit, kahl, olivgrün gefärbt, Blattrand und Mittelnerv bei intensivem Licht auch rot. Submerse Sprosse aufsteigend bis aufrecht, viel verzweigt, 10–30 cm hoch, etwas steif. Blattspreite bis 2 cm lang und 0,8 cm breit, leicht bullös, hell- bis blutrot gefärbt, mit dunkler Nervatur und auffällig hellgrünem, deutlichem Mittelnerv.

Blüten einzeln in den Blattachseln, selbstbestäubend. Einzelblüte mit gewöhnlich 3 (selten 4 oder 5) zugespitzten, schmal dreieckigen Kelchblättern, diese 1–2,5 mm lang. Kronblätter gelb, elliptisch, bis 3 mm lang, 1,5 mm breit. Staubblätter entsprechend der Zahl der Kelchblätter. Griffel 2 mm lang, etwa so lang wie die Filamente. Narbe kugelig. Kapsel 3,5–9 mm lang, 1,3–2 mm dick, dünnhäutig, blassbraun, unregelmäßig aufspringend. Samen zweireihig angeordnet.
Kultur: Diese seltene Ludwigie ist sehr schwierig im Aquarium zu pflegen und daher nur Spezialisten zu empfehlen. Sie benötigt intensives Licht, wächst am besten bei niedrigen pH-Werten sowie in weichem Wasser mit sehr hohem Gehalt an freien CO_2. Nur selten sieht man diese Art (so z. B. bei Bjorn Hoorelbeke in Belgien) zufriedenstellend wachsen. Dann aber bildet *L. senegalensis* aufgrund ihrer roten Färbung, ihres steifen Habitus und ihres langsamen Wachstums einen ungewöhnlichen Blickfang in der Vorder- oder Mittelzone des Aquariums. Nur als Gruppenpflanze verwendbar. Temperatur etwa 22–28 °C. Bei einer emersen Kultur entwickeln sich deutlich längere Internodien und größere Blattspreiten.
Ökologie: Die Art besiedelt nasse Standorte und wächst dann kriechend; gelegentlich ist sie auch untergetaucht zu finden.
Sonstiges: Raven (1963) stellte *L. senegalensis* zusammen mit *L. pulvinaris* Gilg in die eigene Sektion *Prieurea*. Beide Arten gelten heute als konspezifisch (eine Art). Charakteristische Merkmale, die diese Sektion von anderen der Gattung unterscheidet, sind Zahl der Kelch- und Staubblätter sowie Merkmale von Kapsel und Samen. So ist *L. senegalensis* die bisher einzige aquaristische Art mit dreizähligen Blüten.

Ludwigia senegalensis wurde in der Aquaristik als *Ludwigia* sp. „Guinea“ eingeführt. Ob sie wirklich in Guinea gesammelt wurde und wer sie mitgebracht hat, konnte ich nicht herausfinden.

Ludwigia senegalensis **im Aquarium**

Submerser Trieb von *Ludwigia sphaerocarpa*

Ludwigia polycarpa im Aquarium

Ludwigia sphaerocarpa

ELLIOTT (1817)

Kugelfrüchtige Ludwigie

Familie: Onagraceae, Nachtkerzengewächse.
Synonyme: *Isnardia sphaerocarpa* (ELLIOTT) DE CANDOLLE (1828).
Etymologie: *Ludwigia*: siehe *L. arcuata*; *sphaerocarpa*: kugelfrüchtig.
Verbreitung: Südliche und östliche USA.
Beschreibung: Krautige, vielgestaltige Sumpfpflanze mit bis 1 m aufrechtem Stängel, viel verzweigt, kahl oder behaart. Basale Ausläufer (Stolonen) zahlreich, kriechend, bis 90 cm lang, 3,5 mm dick. Emerse Blätter wechselständig. Spreite linealisch bis verkehrt lanzettlich, bis 12 cm lang, 10 mm breit, ganzrandig, mit herablaufender Basis. Submerse Blätter (der Ausläufer) mit völlig anderem Aussehen, rosettenartig, schmal eiförmig, bis 4,5 cm lang, 2,5 cm breit, am Rand gezähnt, olivgrün bis orangerot gefärbt.

Blüten einzeln, achselständig, fast sitzend. Deckblätter sehr klein. Kelchblätter 2,5–3 mm lang, innen gelblich. Kronblätter fehlen. Kapsel fast kugelig, etwa 4 mm groß.

Kultur: *Ludwigia sphaerocarpa* ist eine anspruchsvolle Art für spezielle Pflanzenliebhaber. Sie benötigt viel Licht, weiches oder mittelhartes, saures Wasser und gute Nährstoffverhältnisse, um kompakte, farbenprächtige Rosetten zu entwickeln. Allerdings ist auch bei optimalen Bedingungen das Wachstum sehr langsam. Nur gelegentlich bilden sich Seitentriebe an älteren Pflanzen, meistens nahe der Basis, weshalb empfohlen wird, wenigstens drei bis fünf Sprosse für eine dekorative Gruppe zu erwerben. Die Rosetten werden am besten im Vordergrund verwendet, wo sie eine ungewöhnliche Bepflanzung bilden. Schnellwüchsiger ist die leichter zu kultivierende *Ludwigia polycarpa* SHORT & PETER aus Nordamerika, die 2018 von der Verfasserin aus den USA nach Deutschland gebracht wurde. Temperatur 20–28 °C.
Ökologie: An sumpfigen Standorten entlang von Flüssen und Seen.
Sonstiges: *Ludwigia sphaerocarpa* und *L. polycarpa* wurden von Aquarianern gesammelt. CAVAN ALLEN (USA) bestimmte sie. *Ludwigia sphaerocarpa* hybridisiert in überlappenden Gebieten mit anderen *Ludwigia*-Arten. Es wurden die Varietäten *deamii*, *jungens* und *macrocarpa* beschrieben, die aber keinen taxonomischen Stellenwert haben.

Submerse Sprosse von *Lysimachia nummularia*

Lysimachia nummularia

Linné (1753)

Pfennigkraut

Familie: Primulaceae, Primelgewächse.
Synonyme: *Nummularia repens* Gilibert, *Lysimachia rotundifolia* F. W. Schmidt, u. a.
Etymologie: *Lysimachia*: nach dem König Lysimachos; *nummularia*: münzenartig, bezieht sich auf die Blattspreite.
Verbreitung: Mitteleuropa, eingebürgert in den gemäßigten Gebieten der ganzen Welt.
Beschreibung: Ausdauernde Sumpfpflanze. Emerse Sprosse kriechend, an den unteren Knoten wurzelnd, wenig verzweigt, bis 60 cm lang; submerse Sprosse aufrecht, bis etwa 40 cm hoch. Blätter gegenständig, kurz gestielt. Emerse Spreite ganzrandig, breit eirund mit runder bis schwach herzförmiger Basis, bis 3,0 cm lang und 2,7 cm breit, emers grün oder gelblichgrün, submers hellgrün gefärbt.

Die 5-zähligen, kurz gestielten, leuchtend gelben Blüten entwickeln sich gewöhnlich einzeln in den Blattachseln der emersen Sprosse. Früchte selten.

Kultur: Das Pfennigkraut zählt zu den regelmäßig im Zoofachhandel angebotenen Kaltwasserpflanzen. Es gibt verschiedene Farbformen, wie die gelbe Zuchtform 'Aurea'. Im Allgemeinen handelt es sich um eine anspruchslose und anpassungsfähige Art, die aber nur bei guter Beleuchtung und Wassertemperaturen bis 20 °C optimal gedeiht. Bei zu hohen Temperaturen vergeilen die Sprosse, indem sich lange Internodien und sehr kleine Blattspreiten bilden. Gute Beleuchtung sowie nährstoffreicher Bodengrund sind Voraussetzung für die Hälterung im Paludarium. Am besten lässt sich das Pfennigkraut aber als Randbepflanzung von Gartenteichen verwenden, wobei die kriechenden Sprosse auch noch auf ziemlich trockenem Boden wachsen. Blütezeit: Mai bis August.
Ökologie: Die Art besiedelt feuchte und nasse Standorte, wächst aber auch auf relativ trockenen Wiesen, an den Ufern von Bächen, Teichen und Seen.
Sonstiges: Von den etwa 150 Arten der Gattung *Lysimachia* leben nur wenige an feuchten und nassen Standorten. Außer *L. nummularia* sind noch *L. nemorum*, *L. punctata*, *L. thyrsiflora* und *L. vulgaris* bekannte Teichrandpflanzen, die im Fachhandel angeboten werden. Keine von ihnen wächst unter Wasser.

Marsilea sp. im Aquarium

Marsilea sp.

A. Braun (1870)

Zwergkleefarn

Familie: Marsileaceae, Kleefarngewächse.
Synonyme: Keine.
Etymologie: *Marsilea*: nach dem ital. Botaniker G. Marsili, 18. Jahrhundert.
Verbreitung: Australien.
Beschreibung: Amphibisch lebende Farnpflanze mit kriechender, verzweigter, an allen Knoten wurzelnder Sprossachse, kahl oder wenig behaart, 0,5 mm dick. Emerse Blätter bis 12 cm lang gestielt, mit 4-blättriger Spreite, diese im Durchmesser 1–2 cm groß. Blattsegmente ganzrandig, dreieckig-keilförmig, Spitze rund, weich, mittelgrün gefärbt. Submerse Blattspreiten sehr variabel, kurz gestielt, ungeteilt, gelegentlich zwei oder dreiteilig, oft hartblättrig und spröde, mittel- bis dunkelgrün.

Fruchtstiel kürzer als die Frucht. Sporokarpien einzeln, bohnenförmig, 3 mm lang, 2,5 mm breit, 2 mm dick, mehr oder weniger stark behaart, gerippt, Spitze rund, mit zwei stumpfen, gleichgroßen Zähnen.

Kultur: *Marsilea* sp. ist schon seit mehreren Jahrzehnten in Kultur, verschwand aber in den 1980er-Jahren fast vollständig. Seit wenigen Jahren ist diese Art wieder populär und gelangt unter den Namen *M. crenata* und *M. exarata* in den Zoofachhandel. Es handelt sich um eine kriechend wachsende, nur wenige Zentimeter hohe Vordergrundpflanze, die im Aquarium langsam gedeiht, aber im Allgemeinen nicht schwierig zu pflegen ist. Neu gepflanzte Triebe benötigen eine lange Eingewöhnungsphase. *Marsilea* sp. lässt sich sowohl in weichem als auch hartem, schwach saurem bis leicht alkalischem Wasser bei einer geringen bis mittleren Beleuchtungsstärke und einer Temperatur von 20–26 °C pflegen. Dauerhaft höhere Temperaturen schaden dem Wachstum. Schwimmblätter werden im Aquarium nicht gebildet. Abgestorbene Pflanzenteile sollten regelmäßig entfernt werden.
Sonstiges: Die hier beschriebene Art ist noch nicht eindeutig bestimmt. Nach meinen Untersuchungen deuten ihre Fruchtmerkmale nicht auf *M. minuta* (Syn. *M. crenata*) oder *M. exarata* hin. Gelegentlich werden noch *M. hirsuta*, *M. quadrifolia* und *M. drummondii* im Sumpf kultiviert. Im Handel soll auch *M. angustifolia* aus Australien vertreten sein. Alle Bestimmungen sind sehr unsicher.

Mayaca fluviatilis

Aublet (1775)

Fluss-Mooskraut

Familie: Mayacaceae, Mooskrautgewächse.
Synonyme: *Mayaca aubletii* Michaux, *M. vandellii* Schott & Endlicher, u. a.
Etymologie: *Mayaca* (oder Mahica): bezieht sich auf eine Überschwemmungsebene bei Santarem in Brasilien; *fluviatilis*: im oder am Fluss lebend.
Verbreitung: Südöstliche USA, Mittel- und Südamerika.
Beschreibung: Ausdauernde, zarte Sumpfpflanze. Emerse Sprosse kriechend bis aufsteigend, 5–20 cm lang; submerse Sprosse aufrecht, 20–40(–60) cm lang. Blätter wechselständig, sehr dicht in Quirlen angeordnet, einnervig. Blattspreite sitzend, linealisch, emers 2–4 mm, submers bis 8 mm lang, weniger als 1 mm breit, hellgrün. Blattspitze ganzrandig oder mit 2 spitzen Zähnchen (Lupe!).

Die etwa 1 cm im Durchmesser großen, bis 12 mm lang gestielten Blüten befinden sich einzeln in den Blattachseln emerser Sprosse. 3 grüne Kelchblätter. 3 Kronblätter, weiß oder blassviolett mit weißer Basis. 3 Staubblätter; Antheren mit einer Spalte öffnend. 1 Griffel. Frucht eine 3-klappige Kapsel; Samen zahlreich.
Kultur: Leider wird diese grazile, anspruchsvolle, „moosähnliche" Stängelpflanze nur selten im Fachhandel angeboten. Ihre Kultur gelingt am besten in gut beleuchteten Aquarien mit weichem, saurem Wasser bei einer Temperatur von 23–25 °C. Eine CO_2-Düngung sowie eine mittelstarke Wasserbewegung wirken sich wachstumsfördernd aus. Um ein leichtes Einpflanzen der zarten Sprosse zu ermöglichen, ist die Verwendung eines feinkörnigen Bodengrundes (z. B. Sand) zu empfehlen. *Mayaca fluviatilis* neigt häufiger als andere Pflanzen zur Chlorose (Chlorophyllmangel), was sich durch ein Verblassen der Sprossspitzen bemerkbar macht. Sie wird durch die Zugabe eines handelsüblichen Eisendüngers behoben. Bei optimalem Wachstum sieht ein kleiner Busch Mooskraut im Vordergrund oder in der mittleren Zone des Aquariums recht ansprechend aus. Die vegetative Vermehrung erfolgt leicht durch Seitentriebe. Eine emerse Kultur der zarten Pflanzen gelingt nur an einem warmen, feuchten Standort bei intensivem Licht, an dem sie gelegentlich auch blühen.
Ökologie: *Mayaca fluviatilis* wächst im und am Rande von kleinen, mehr oder weniger schnell fließenden Gewässern. Die zahlreichen, von mir in Venezuela untersuchten Biotope werden hier zusammengefasst: Temperatur 23–30 °C, pH 5,0–6,7, GH < 1–2 °dH, KH < 1–5 °dH, 10–105 µS/cm. Die Pflanzen wuchsen häufig im Schwarzwasser. Der Bodengrund war meistens sandig-kiesig. Wasseranalyse eines Fundortes in Argentinien (7/1993): Temperatur 11,5 °C (Lufttemp. 12 °C um 11.30 Uhr), pH 5,5, GH und KH < 1 °dH, < 10 µS/cm.
Sonstiges: Wesentliche Unterscheidungsmerkmale der *Mayaca*-Arten sind die Blüten sowie die Form und Öffnung der Antheren. Lourteig (1971) nennt neben der Typusform von *M. fluviatilis* noch die forma *kunthii* (Seubert) Lourteig, die im Unterschied an der Antherenöffnung ein bis zwei Lappen aufweist. Das Fluss-Mooskraut war viele Jahre lang unter dem Synonym *M. vandellii* in Kultur. *Mayaca fluviatilis* besitzt eine gewisse Ähnlichkeit mit *Rotala wallichii*, die aber eine quirlige Blattstellung hat.

Sehr selten wird auch das „echte" *Mayaca sellowiana* Kunth kultiviert, meistens aber mit anderen Arten (wie *Rotala* sp. „Nanjenshan") verwechselt. Nur einmal sah ich die Art in einem niederländischen Aquarium.

Mayaca fluviatilis **im Aquarium**

Micranthemum callitrichoides im Aquarium

Micranthemum callitrichoides

(GRISEBACH) C. WRIGHT (1870)

Callitriche-ähnliches Perlenkraut, Zwergperlenkraut

Familie: Linderniaceae, Büchsenkrautgewächse.
Synonyme: *Hemianthus callitrichoides* GRISEB. (1862), *Globifera callitrichoides* (GRISEB.) KUNTZE.
Etymologie: *Micranthemum*: *mikros* = klein, *anthemon* = Blüte; *callitrichoides*: der Gattung *Callitriche* (Wasserstern) ähnlich.
Verbreitung: Kuba, Bahamas, Puerto Rico.
Beschreibung: Sehr zarte Sumpfpflanze mit kriechenden, viel verzweigten, kahlen Sprossen, die einen dichten Pflanzenteppich bilden. Blätter gegenständig, sitzend; Blattspreite ganzrandig, elliptisch bis breit eiförmig, 2–4 mm lang, 1–3 mm breit, hellgrün.

Blüten achselständig, einzeln, sehr klein, 1–3 mm gestielt. Kelch 4-lappig, etwa 1 mm lang, kahl, grün. Blütenkrone weiß, etwa 1 mm lang, Oberlippe fehlend, Unterlippe 3-lappig, Mittellappen am größten. 2 Staubblätter, aus der Krone herausragend. Griffel etwa gleich lang wie die Staubblätter; Narbe 2-lappig. Kapsel kugelig, etwa 1 mm groß.

Kultur: *Micranthemum callitrichoides* ist die kleinste bisher bekannte Aquarienpflanze. Sie besitzt sehr gute Wuchseigenschaften und ist anpassungsfähig an die Wasserhärte, benötigt aber ausreichend CO_2 (pH-Wert um 7) und ist etwas lichtbedürftig. Schwierig ist das Einpflanzen der zarten Sprosse: Die in Töpfen angebotenen Pflanzen müssen weitestgehend von der Steinwolle befreit werden. Beim Umpflanzen in das Aquarium sterben die emersen Blätter aber nicht ab, sondern die Pflänzchen wachsen schnell kriechend weiter, sodass sich schon nach kurzer Zeit ein Pflanzenteppich bildet. Bei gutem Wachstum entsteht eine mehrfache Pflanzenschicht übereinander. Schneckenfraß konnte ich trotz der Zartheit der Sprosse nicht beobachten.
Ökologie: Die Art wächst an nassen Standorten und ist gelegentlich auch auf nassen Felsen zu finden. Sie blüht von Februar bis Juni.
Sonstiges: Die Gattung *Hemianthus* wurde nach phylogenetischen Analysen mit *Micranthemum* vereint. *Micranthemum callitrichoides* wurde als *Hemianthus callitrichoides* durch die Gärtnerei Tropica aus Kuba eingeführt. Die Art ist seit etwa 2004 im Handel.

Micranthemum glomeratum im Aquarium, eingeblendet die winzige Blüte

Micranthemum glomeratum

(CHAPMAN) SHINNERS (1964)

Zierliches oder Quirlblättriges Perlenkraut

Familie: Linderniaceae, Büchsenkrautgewächse.
Synonyme: *Micranthemum nuttallii* var. *glomeratum* CHAPM. (1892), *Hemianthus glomeratus* (CHAPM.) PENNELL.
Etymologie: *Micranthemum*: siehe *M. callitrichoides*; *glomeratum*: geknäuelt.
Verbreitung: USA (Florida, häufig).
Beschreibung: Zarte Sumpfpflanze mit kriechenden oder aufrechten, kahlen, viel verzweigten Sprossen. Blätter kreuzweise gegenständig oder in 3- bis 4-zähligen Quirlen, sitzend, ganzrandig, lanzettlich bis elliptisch, 3–9 mm lang, 2–4 mm breit, hellgrün.

Blüten chasmogam, achselständig, einzeln, sehr klein, bis 1,5 mm gestielt. Kelch grün, etwa 1,5 mm lang, kahl, mit 4 spitzen Zähnchen. Blütenkrone weiß, etwa 1,5 mm breit, 2 mm lang, mit einer unbedeutenden Oberlippe und einer 3-lappigen Unterlippe, deren Mittellappen am größten ist. 2 Staubblätter, aus der Krone herausragend. Griffel kurz; Narbe 2-lappig. Kapsel kugelig, 1,5 mm groß.

Kultur: Eine lichtbedürftige, aber anspruchslose, grazile Vordergrundpflanze. Sowohl in weichem als auch sehr hartem Wasser wachsen die Sprosse gleichermaßen gut. Wesentlich für ein gutes Wachstum ist ein saures bis neutrales Wasser, denn bei alkalischen pH-Werten bildet sich leicht eine dünne Kalkschicht auf den Blattflächen, worauf die Pflanzen mit Wachstumsrückgang reagieren. Ein feinkörniger Bodengrund ist für das Einpflanzen der zarten Sprosse zu empfehlen, wobei seine Zusammensetzung geringe Bedeutung hat. Sogar Sprosse, die auf die Wasseroberfläche gelegt werden, wachsen gut weiter und bilden schnell ein dichtes Pflanzenpolster. Optimaler Temperaturbereich 24–26 °C. Vermehrung durch Seitentriebe. Beim Kürzen lassen sich die Sprosse mit einer Schere leicht stufig schneiden. Auch für die Vordergrundbepflanzung von Paludarien geeignet. Blütenbildung bei viel Licht und Wärme.
Ökologie: An nassen Standorten.
Sonstiges: Die Art war lange als *Hemianthus micranthemoides* bekannt [jetzt *Micranthemum micranthemoides* (NUTT.) WETTSTEIN], wurde aber falsch bestimmt (ALLEN 2015). *Hemianthus* wurde nach phylogenetischen Analysen mit *Micranthemum* vereint (FISCHER et al. 2013). Die Gattung bedarf einer Revision.

Micranthemum tweediei im Aquarium mit Blüte

Micranthemum tweediei

BENTHAM (1846)

Tweedies Perlenkraut

Familie: Linderniaceae, Büchsenkrautgewächse.
Synonyme: *Micranthemum orbiculatum* var. *tweediei* SCHMIDT.
Etymologie: *Micranthemum*: siehe *M. callitrichoides*; *tweediei*: nach dem Sammler JOHN TWEEDIE.
Verbreitung: Südamerika (südlich der Iguaçu-Wasserfälle).
Beschreibung: Zarte Sumpfpflanze mit kriechenden, verzweigten, kahlen Sprossen, die einen dichten Pflanzenteppich bilden. Blätter gegenständig, sitzend. Blattspreite ganzrandig, rundlich, 3–7 mm groß, hellgrün.

Blüten achselständig, einzeln, sehr klein, 5–6 mm gestielt (Unterscheidungsmerkmal zu *M. umbrosum*). Kelch 4-lappig, kahl, wenig verwachsen; Kelchlappen die Blütenkrone etwas überragend. Blütenkrone 2-lippig, weiß; Oberlippe 1-lappig, Unterlippe 3-lappig mit größerem Mittellappen. 2 Staubblätter mit verbreiterten, gelben Anhängseln. Griffel wenig länger als die Staubblätter. Kapsel mit vielen, sehr kleinen Samen.

Kultur: *Micranthemum tweediei* bedeckt bei guten Nährstoffverhältnissen und mittelstarker Beleuchtung rasch den Vordergrund eines Aquariums und breitet sich flächig aus. Die Kriechsprosse verzweigen sich häufig und sind gut verwurzelt. Als Bodengrund sind deshalb feinkörniger Kies oder Sand zu empfehlen. *Micranthemum tweediei* ist auch eine ideale Pflanze für das Aquascaping, wo Polster auf Holz und Steinen aufgebunden werden. Die zarten Sprosse wachsen mit langen Internodien und einer deutlich zweizeiligen Beblätterung kriechend nach unten, was die Art von der kleineren *M. callitrichoides* unterscheidet. Tweedies Perlenkraut ist einfacher zu kultivieren und robuster als *M. callitrichoides* und *M. umbrosum*.
Ökologie: *Micranthemum tweediei* wächst im schattig–sonnigen Uferbereich sowohl emers kriechend auf steinigem Untergrund als auch submers in flachem Wasser.
Sonstiges: Die Art wurde 2010 von Japanern im Nordosten Argentiniens gesammelt und wird seit 2013 in Europa kultiviert. Die Autorin bestimmte die Art (KASSELMANN 2017 c). Falsche Bezeichnungen sind „Monte Carlo", *Elatine hydropiper* und „Bacopita". Zwei weitere Arten der Gattung sind *Micranthemum procerorum* (Mexiko) und *M. standleyi* (Guatemala).

Micranthemum umbrosum im Aquarium

Micranthemum umbrosum

(GMELIN) BLAKE (1915)

Rundblättriges Perlenkraut

Familie: Linderniaceae, Büchsenkrautgewächse.
Synonyme: *Globifera umbrosum* J. F. GMELIN (1791) u. a.
Etymologie: *Micranthemum*: siehe *M. callitrichoides*; *umbrosum*: stark schattig.
Verbreitung: USA, Mexiko, vereinzelt Südamerika.
Beschreibung: Zarte Sumpfpflanze mit kriechenden, verzweigten, an den Knoten wurzelnden, 10–20 cm langen Sprossen. Stängel etwa 0,5 mm dick, kahl. Blätter gegenständig, sitzend. Blattspreite rundlich, etwa 4–7 mm groß, hellgrün.

Blüten einzeln, achselständig, klein, kurz gestielt. Kelch 4-lappig, 1,5–2 mm lang. Blütenkrone 2-lippig, weiß; Oberlippe sehr kurz, Unterlippe 3-lappig, mit großem Mittellappen. 2 Staubblätter; Filamente kurz. 1 Griffel; Narbe zweispaltig. Kapsel kugelig, etwa 1 mm.
Kultur: Diese zierliche Aquarienpflanze benötigt zum guten Gedeihen vor allem eine intensive Beleuchtung, weiches bis mittelhartes, leicht saures Wasser und eine nicht zu hohe Temperatur bis etwa 24 °C. Eine CO_2-Düngung ist zu empfehlen. Weil die Art recht anspruchsvoll ist, sieht man sie bei uns leider nur selten in Kultur, in den gut beleuchteten niederländischen Pflanzenaquarien ist sie dagegen öfters als Vordergrundpflanze zu bewundern. Bei optimaler Kultur wächst *M. umbrosum* relativ rasch und muss regelmäßig neu gepflanzt werden. Vermehrung durch Seitensprosse. Eine emerse Kultur, bei der gelegentlich die unscheinbaren, winzigen Blüten gebildet werden, ist leicht bei hoher Luftfeuchte und guter Beleuchtung.
Ökologie: Besiedelt sumpfige Standorte.
Sonstiges: Im Unterschied zu *Micranthemum glomeratum* besitzt *M. umbrosum* mehr runde und immer gegenständige Blätter sowie eine anders gestaltete Blütenkrone. Nach phylogenetischen Untersuchungen wurden die Gattungen *Hemianthus* und *Micranthemum* vereint (FISCHER et al. 2013). Die frühere Trennung beruhte auf den unterschiedlichen Blütenkronen, die bei *Micranthemum* deutlich zweilippig, bei *Hemianthus* gewöhnlich einlippig oder nur mit einer unbedeutenden Oberlippe war. Der Gattungsname *Micranthemum* ist ein nomen conservandum (konservierter Name).

Microcarpaea minima im Aquarium

Microcarpaea minima

(J. G. KÖNIG ex RETZIUS) MERRILL (1912)

Familie: Phrymaceae, Gauklerblumengewächse.
Synonyme: *Paederota minima* J. G. KÖNIG ex RETZIUS (1789); *Microcarpaea muscosa* R. BROWN, *Ammannia dentelloides* S. KURZ.
Etymologie: *Microcarpaea*: von *mikros* (gr.) klein und *karpos* (gr) = Frucht, bezieht sich auf die kleinen Früchte dieser Gattung; *minima*: sehr klein.
Verbreitung: Südostasien, Japan, Nordaustralien.
Beschreibung: Zarte Sumpfpflanze, bis etwa 20 cm lang. Emerse Sprosse kriechend bis aufsteigend, polsterbildend, submers aufrecht und krautig wachsend. Stängel sehr dünn. Blätter kreuzweise gegenständig, ganzrandig, linealisch, kahl; emers 3–5 mm lang, 1 mm breit, submers bis 20 mm lang und 1–2 mm breit.

Blüten an emersen Sprossen, einzeln und sitzend in den Achseln, etwa 3–3,5 mm groß. Brakteen fehlen. Kelch 5-zipflig, am Rand gefranst. Blütenkrone blassviolett, mit 5 Lappen, von denen einer deutlich länger und breiter ist, gefranst. 2 Staubblätter, in der Krone verborgen. Griffel kurz, Narbe kopfig. Kapsel elliptisch bis kugelig, etwa 1,5 mm groß, mit vielen Samen.
Kultur: Eine sehr zarte, etwas unauffällige, aber nicht besonders schwierig zu kultivierende, seltene Aquarienpflanze. Während bei einer emersen Kultur dichte Polster gebildet werden, die schnell zum Blühen und Fruchten kommen, wachsen die zarten Triebe im Aquarium mehr aufrecht und krautig durcheinander. Ein Einpflanzen der dünnen Sprosse bereitet manchmal etwas Mühe. Ein bestes Wachstum erfolgt in sehr gut beleuchteten Aquarien und in weichem bis mittelhartem, CO_2-reichem Wasser. *Microcarpaea minima* ist sehr wärmeliebend. Eine Vermehrung erfolgt durch Seitensprosse oder Samen. Kaum im Handel, aber durch Pflanzenliebhaber erhältlich.
Ökologie: Besiedelt als Sumpfpflanze saisonale, flache, sehr warme Gewässer, wie z. B. Reisfelder und Tümpel, ist aber auch an den Ufern von Flüssen zu finden.
Sonstiges: W. A. TOMEY brachte die Art 2001 aus Westkalimantan mit. In niederländischen Aquarien kann man diese ungewöhnliche Pflanze gelegentlich sehen. *Microcarpaea* ist eine monotypische Gattung (mit nur einer Art).
Literaturhinweis: VAN DER VLUGT (2002).

Kleinblättrige Wuchsform von *Microsorum pteropus*

Microsorum pteropus 'Windeløv' im Aquarium

Microsorum pteropus

(Blume) Copeland (1929)

Javafarn, Schwarzwurzelfarn

Familie: Polypodiaceae, Tüpfelfarngewächse.
Synonyme: *Polypodium pteropus* Bl. (1829), *P. tridactylon* Wallich, *Pleopeltis pteropus* Moore, *Colysis pteropus* (Blume) Bosman.
Etymologie: *Microsorum*: *mikros* = klein, *soros* = Haufen (kleine Sporenhäufchen); *pteropus*: geflügelt (Blattstiel).
Verbreitung: Weit verbreitet im trop. Asien.
Beschreibung: Amphibischer, polymorpher Farn mit einem kriechenden, dicht beschuppten Rhizom. Blattstiel etwa bis zur Hälfte schmal geflügelt, beschuppt. Blätter anfangs lanzettlich, einfach, kurz gestielt, oder mit 1–2(–5) seitlichen Lappen, die fast bis zur Basis frei sind; mittlerer Lappen länger als die seitlichen, bis 30 cm lang, 5,5 cm breit; seitliche Lappen bis 21 × 3,5 cm groß, spitz oder gerundet, oft mit gewelltem Rand, oliv- bis dunkelgrün. Mittelnerv ± beschuppt.

Sporenhäufchen (Sori) ohne Schleier (Indusium), vereinzelt, manchmal miteinander verwachsen, unregelmäßig auf den Blattunterseiten; meist fast rund, dann etwa 2 mm groß, selten länglich.
Kultur: Langsam wachsende, aber problemlose und beliebte Farnpflanze. Gedeiht in weichem oder hartem Wasser, in gut oder mäßig beleuchteten Aquarien. Bestes Wachstum aber bei mittlerer Lichtintensität, in weichem bis mittelhartem Wasser, bei guter Wasserbewegung und einem pH-Wert im schwach sauren Bereich. Der optimale Temperaturbereich liegt zwischen 20 und 28 °C, aber auch weitaus niedrigere oder höhere Werte werden noch vertragen. Bei zu hohen Temperaturen scheinen allerdings die für diese Art charakteristischen schwarzen Flecke vermehrt aufzutreten. Im Aquarium werden die Rhizome am besten auf Dekorationsmaterial, wie Stein, Korkrinde, Holz usw., derart angebracht, dass die Wurzeln darauf festwachsen können. Auf diese Weise lassen sich auch Seiten- und Rückwände sehr gut dekorieren. Ein Einpflanzen ist nicht empfehlenswert, da die Rhizome im Aquarienboden schlecht weiterwachsen. Bei emerser Kultur gedeiht der Wurzelstock dagegen auch gut in einem lockeren Bodengrund. Für die Bepflanzung von Süßwasseraquarien und Paludarien, bedingt auch für Brackwasseraquarien geeignet. Vegetative Vermehrung durch Rhizomteilung und Adventivpflanzen, die sich an Wurzeln und

Microsorum pteropus 'Tropica'

Microsorum pteropus 'Philippine' im Aquarium

Blättern bilden. Auch eine generative Vermehrung durch Sporen ist möglich. Sporenhäufchen findet man an emersen Kulturpflanzen (selten auch an submersen) auf den Blattunterseiten. Reife, wie braunes Pulver aussehende Sporen lassen sich auf feuchter Erde aussäen. Die Aufzucht ist nicht schwierig, erfordert aber Zeit und Geduld.

Ökologie: Am natürlichen Standort wächst der Javafarn nicht nur in Gebirgen und Wäldern in Flüssen und steinigen Bächen, wo er nur zeitweise überflutet wird, sondern auch im Flachland, häufig auf felsigem Bodengrund und auf Wurzeln von im Wasser stehenden Bäumen. Ich sah sehr unterschiedliche Standorte: 1) Beschatteter Fluss auf Sri Lanka mit felsigem Untergrund. Die Pflanzen wuchsen zwischen den Steinen in starker Strömung. 2) Papua-Neuguinea (kleinblättrige Wuchsform, Syn. *M. brassii*), Waldbach, kleine semi-emerse Exemplare verwurzelt an Steinen oder am Rand im schlammigen Bodengrund. Wasseranalyse (7/1988): Temperatur 23 °C (Luft 27 °C), pH 7,9, GH/KH < 1 °dH, 20 µS/cm. 3) In Thailand ist der Javafarn eine häufige Pflanze, die bevorzugt in der Nähe von Wasserfällen anzutreffen ist. Am Huay-Toh-Wasserfall im Panom Benja Nationalpark (nahe der Stadt Krabi) fand ich eine Form mit rötlichbraunen Blättern (entsprechend der Sorte 'Red'), die am Fuße des Wasserfalls im Schatten auf felsigem Untergrund wuchs. Die Pflanzen standen vollständig über Wasser, sie werden sicher zur Regenzeit aber auch überflutet sein. Siehe Biotope 56 (S. 50) und 57 (S. 51).

Sonstiges: Bis Anfang der 1990er-Jahre gab es nur eine groß- und eine kleinblättrige Wuchsform in Kultur. Die großblättrige Form (auch als „latifolius“ bezeichnet) wurde 1957 unter dem Namen *Gymnopteris* eingeführt, später fälschlicherweise als *Leptochilus decurrens* angesehen. Erst 1961 erfolgte in Kew die richtige Bestimmung. Nach umfangreichen phylogenetischen Untersuchungen (Fraser-Jenkins 2008) ist *Microsorum pteropus* ein Synonym von *Leptochilus pteropus*. Ich führe den Namen *M. pteropus* für den Javafarn jedoch so lang weiter, bis die Einordnung völlig geklärt ist. In der Pteridophyte Phylogeny Group I (2016 Journal Systematics and Evolution) wird (bisher) die Gattung *Microsorum* beibehalten (pers. Mitt. Harald Schneider, Natural History Museum, London).

Sorte 'Windeløv': Eine kleinblättrige Sorte mit charakteristischer, mehrfach dichotomer Verzweigung. Blattspreite bis 15 cm lang, 1,8 cm breit, an der Blattspitze dichotom verzweigt, jeder Ast ist wiederum mehrfach gegabelt, der in zahlreiche Enden ausläuft, die verschachtelt in mehreren

Microsorum pteropus 'Red' am Standort in Südthailand
Sporenhäufchen an Blattunterseite (Mikroaufnahme)

Groß gelappte Sorte *Microsorum* 'Thors Hammer' im Aquarium
Adventivpflanzenbildung bei der Sorte 'Trident'

Blatt von *Microsorum pteropus* 'Red' im Aquarium

Die Sorte *Microsorum pteropus* 'Narrow' im Aquarium

Ebenen stehen. Gegabelte Blattspitze 3–5 cm lang, bis 8 cm breit, im Umriss verkehrt dreieckig. Seit 1994 in Kultur.
Sorte 'Tropica': Eine großblättrige Sorte. Blattstiel bis 2 cm breit geflügelt. Blattspreite bis 30 cm lang, bis 15 cm breit, im Unterschied zur Stammform im Umriss schmal dreieckig, fiederteilig, tief gebuchtet. Seit 1994 in Kultur. Beide Sorten sollen aus Kulturen stammen, deren Ursprungspflanzen auf Java gesammelt wurden. Die Sortennamen beziehen sich auf den Namen der Wasserpflanzengärtnerei Tropica sowie deren früheren Besitzer H. WINDELØV.
Sorte 'Narrow' (Schmalblättrig): Eine seit 1996 kultivierte, schmalblättrige Form. Blattspreite 5–15 cm lang, 3–5 mm breit, nicht gelappt, sehr selten an der Blattspitze mit dichotomer Verzweigung (ähnlich 'Windeløv'). Diese Wuchsform benötigt eine längere Anwachsphase und ein gut bewegtes Wasser möglichst in Filternähe. Bei wenig Licht bleiben die Blätter kürzer und schmaler, bei höheren Lichtintensitäten werden sie länger und breiter. Diese Sorte ist deutlich anspruchsvoller, langsamer wachsend und nicht so vermehrungsfreudig wie die anderen Formen des Javafarns. Weitere Bezeichnungen sind „angustifolius" und „schmalblättrig". Eine abweichende Form mit noch schmaleren Blättern heißt „Needle Leaf".
Sorte 'Philippine': Eine kleine Wuchsform, die sich gut erkennen lässt an den stark buckligen, blasigen Blattspreiten. Diese Pflanze ist besonders schnellwüchsig. Einfuhr von der Insel Panay durch C. CHRISTENSEN.
Sorte 'Red': Die neuen Blätter dieser Sorte bilden vorwiegend an den Blattspitzen eine schwach rötliche Färbung, die aber ziemlich schnell im Aquarium vergrünt. Die Einfuhr erfolgte durch die Gärtnerei Tropica aus Südthailand.
Sorte 'Orange Narrow': Blattspitzen orange, schmalere Blätter als 'Red'.
Sorte 'Undulata': Mit dem Handelsnamen wird eine aus Thailand stammende, großwüchsige Form mit leicht gewellten Blatträndern bezeichnet. Es ist eine stattliche, gutwüchsige Pflanze, die im Äußeren am ehesten der Stammform ähnelt. Emerse Blattspreiten bis 30 cm lang, bis 5 cm breit, im Aquarium deutlich kleiner.
Sorte 'Trident' oder **'Fingers':** Die Blätter der bis etwa 10 cm hohen Sorte sind fiederschnittig und besitzen meistens 3 Segmente auf jeder Seite, worauf sich der Name bezieht.
Sorte 'Thors Hammer': Große, sehr wüchsige, häufige Form mit stark gelappten, gewellten Blattspreiten und starker Vermehrung. Schon vor 2006 durch die Firma Tropica als namenlose Sorte eingeführt.

Das Lebermoos *Monosolenium tenerum* im Aquarium und Vegetationsorgane (kleines Foto)

Monosolenium tenerum

GRIFFITH (1849)

Zartes Lebermoos

Familie: Monosoleniaceae.
Synonyme: *Dumortieropsis liukiuensis* Horikawa.
Etymologie: *Monosolenium*: von *monos* (gr.): einzeln und *solenidion* (gr.) = Röhrchen; bezieht sich auf das gestielte Archegonium; *tenerum*: zart, weich.
Verbreitung: Indien, China, Taiwan, Japan.
Beschreibung: Lebermoos mit dichotom verzweigten, transparenten, mittel- bis dunkelgrünen Vegetationsorganen (Thalli), bis 10 cm lang, Äste 1–2,5 cm lang, 1–5 mm breit. Rhizoide an der Unterseite entlang der breiten Mittelrippe; 2 Typen von Rhizoiden, diese glatt oder warzig, dazwischen zwei Reihen mit kleinen Schuppen (Unterschied zu *Pellia*). Zahlreiche Ölzellen.

Einhäusig. Sporenbildung nur bei Landpflanzen. Geschlechtsorgane auf der Thallusoberseite. Archegonien groß und gestielt, Antheridien klein und sitzend.
Kultur: Ein hervorragend für die Aquarienkultur geeignetes Lebermoos mit nur geringen bis mittleren Ansprüchen. Es bildet bei guten Wuchsbedingungen rasch dunkelgrüne, filigrane Polster, mit denen sich schöne Blickfänge gestalten lassen. Es kann aber auch lästig werden, wenn die Thalli sich durch Verzweigung so schnell vermehren, dass sie sich zwischen anderen Pflanzen unkontrolliert ausbreiten. Zum kräftigen Wachstum benötigt *Monosolenium* mittleres bis intensives Licht und hohe Nährstoffgaben (Stickstoff und Phosphor, gute Fütterung); am besten gedeiht es in leichter Strömung. Bei wenig Licht entwickeln sich nur schmale, vergeilte Sprosse. Das Lebermoos wächst sowohl in weichem als auch hartem Wasser gut, ausreichend CO_2 vorausgesetzt. Für ein kontrolliertes Wachstum wird *Monosolenium* mit Nylongarn auf Lavasteinen oder Wurzeln aufgebunden. Es sinkt aber auch allein auf den Boden. Wächst auch im Paludarium.
Ökologie: Besiedelt feuchte bis nasse Standorte, an denen es sich generativ fortpflanzt. In der Natur ist die Art selten, weshalb es keine detaillierten Informationen gibt.
Sonstiges: *Monosolenium tenerum* wurde im Jahre 2001 aus Taiwan unter dem Namen *Pellia endiviifolia* (DICKS.) DUM. eingeführt. Die Gattung *Monosolenium* ist monotypisch (einzige Art). „Monoselenium" ist eine falsche Schreibweise.
Literaturhinweis: GRADSTEIN et al. (2003).

Murdannia keisak im Aquarium

Murdannia keisak

(HASSKARL) HANDEL-MAZZETTI (1936)

Tagblume

Familie: Commelinaceae, Tagblumengewächse.
Synonyme: *Aneilema keisak* HASSKARL (1870) u. a.
Etymologie: *Murdannia*: nach dem Sammler MURDAN ALY, Botanischer Garten Saharanpur, Indien; *keisak*: japanischer Pflanzenname.
Verbreitung: Ostasien, eingeschleppt nach Europa und Nordamerika.
Beschreibung: Ausdauernde Sumpfpflanze. Stängel kriechend oder auf der Wasseroberfläche flutend, etwa 5 mm dick. Internodien 2–8 cm lang. Blätter wechselständig, zweireihig, parallelnervig, an der Basis mit einer häutigen, geschlossenen, etwa 1 cm langen, bärtigen Blattscheide, die in die Spreite übergeht. Blattspreite ganzrandig, schmal lanzettlich bis lanzettlich, den Stängel umfassend, 3–8 cm lang, 0.8–1,3 cm breit, zugespitzt, kahl, mittelgrün gefärbt.

Blüten 1–3 in den Blattachseln, kurz gestielt. Kelchblätter 3. Kronblätter 3, blauviolett. 6 Staubblätter, 3 fertile und 3 sterile, pfeilförmige Staminodien. Kapsel dreiklappig.

Kultur: Als Aquarienpflanze ist *Murdannia keisak* nur bedingt geeignet. Mit ihrem grasartigen Wuchs erreicht sie in wenigen Tagen die Wasseroberfläche. Ihrer Natur entspricht es, wenn sie an der Wasseroberfläche kultiviert wird, wo sie viel wüchsiger ist als unter Wasser. Wird sie dennoch submers im Aquarium gepflegt, benötigt sie sehr viel Licht an einem freien Standplatz und gedeiht in saurem, weichem Wasser am besten. Bei Lichtmangel verlieren die Sprosse zunehmend die unteren Blätter. Die Art ist sehr temperaturtolerant und in gemäßigten Regionen, wo sie eingeschleppt ist, sogar winterhart. Mir gelang problemlos eine emerse Kultur in einem nassen Blumentopf im Wintergarten, wo sie lange Kriechsprosse mit sehr festen, derben Blättern bildete.
Ökologie: Besiedelt sumpfige Standorte und die Ränder von Bächen und Flüssen, wo sie flutend auf das Wasser hinauswächst. Die Art gilt auch als Unkraut in Reisfeldern.
Sonstiges: Die Familie Commelinaceae umfasst etwa 50 Gattungen, von denen nur *Commelina*, *Cyannotis*, *Floscopa* und *Murdannia* einige wenige aquatische Vertreter besitzen. Die Gattung *Murdannia* ist pantropisch und besitzt wiederum etwa 50 Arten. *Floscopa scandans* ist eine ähnliche Art mit schraubiger Blattstellung.

Submerse männliche Sprosse von *Myriophyllum aquaticum*

Männlicher blühender Spross von *M. aquaticum*

Myriophyllum aquaticum

(VELLOZO) VERDCOURT (1973)

Brasilianisches Tausendblatt

Familie: Haloragaceae, Seebeerengewächse.
Synonyme: *Enydria aquatica* VELLOZO (1825), *Myriophyllum brasiliense* CAMBESSEDES, *M. proserpinacoides* HOOK. & ARN.
Etymologie: *Myriophyllum*: *myrios* = unzählig, *phyllon* = Blatt, in bezug auf die unzähligen Fiedersegmente; *aquaticum*: im Wasser lebend.
Verbreitung: Südamerika; weibliche Pflanzen in viele Gebiete der Welt eingeschleppt.
Beschreibung: Amphibisch wachsende Pflanze. Stängel bis 2 m lang, 1–6 mm dick. Submerse Quirle mit 4–6 gefiederten Blättern, bis 5 cm lang, mit 16–40 haarfeinen Fiedersegmenten, diese 3–7(–20) mm lang, hellolivgrün bis rötlich. Emerse Blätter in 5- bis 7-zähligen Quirlen, gefiedert, 1–4 cm lang, hell- bis bläulichgrün gefärbt, mit 14–36 Fiedersegmenten, diese 4–6 mm lang, breiter als submers. Pflanzen zweihäusig; Blüten eingeschlechtlich, achselständig, einzeln. Deckblätter linealisch, 1–1,5 mm lang. Männliche Blüten 4-zählig, weiß oder rötlich, anfangs sitzend, zur Blütezeit bis 4 mm gestielt. Je 4 Kelch- und Kronblätter. 8 Staubblätter. Kein Griffel. Weibliche Blüten 4-zählig, weiß, sehr kurz gestielt, 1–2 mm groß. 4 Kelchblätter. Ohne Kron- und Staubblätter. 4 Griffel; Narbe behaart. Früchte selten.
Kultur: Weibliche Pflanzen von *M. aquaticum* werden schon viele Jahre lang von Aquarianern gepflegt. Um 1989 kamen männliche Pflanzen als *M. elatinoides* in den Handel. Weibliche und männliche Populationen sind bei intensivem Licht und guten Nährstoffverhältnissen geeignete Aquarienpflanzen. Weiches bis mittelhartes, leicht saures bis neutrales, nicht zu warmes Wasser (10–25 °C) ist zu empfehlen. Seit 2010 wird eine braune Farbform (männliche Population) als sp. „Roraima" kultiviert. Empfehlenswert ist auch die kleinblättrige sp. „Guyana", die vielleicht *M. aquaticum* angehört (seit 2011 im Handel).
Ökologie: Besiedelt Tümpel, Reisfelder, Ränder kleiner Fließgewässer, bis 1500 m hoch. Einige ökologische Daten aus Argentinien (7/1993) und Brasilien (7/1995): Wassertemperatur 10,6–16 °C, pH 5,5–7,6, GH < 1–7 °dH, KH < 1–7 °dH, 5–240 µS/cm, Fe < 0,05–0,2 mg/l, Biotope sonnig, Bodengrund sandig-lehmig, steinig. Siehe Biotope 4 (S. 29), 5 (S. 30), 25 (S. 38), 36–39 (S. 41). Invasive Art (siehe S. 101).

Myriophyllum aquaticum var. *santacatarinense* im Aquarium

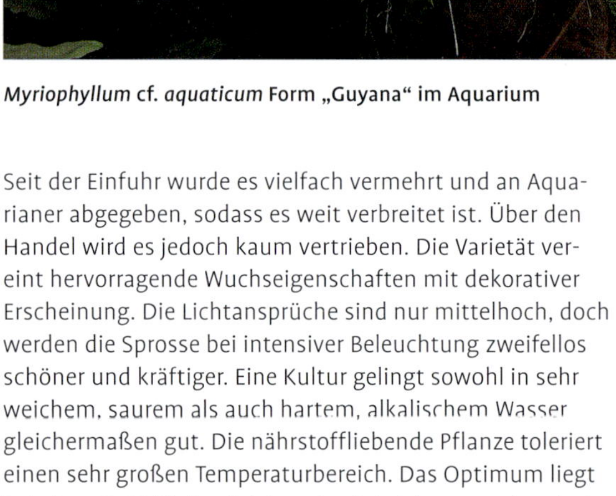

Myriophyllum cf. *aquaticum* Form „Guyana“ im Aquarium

Myriophyllum aquaticum var. santacatarinense

KASSELMANN (2011)

Santa-Catarina-Tausendblatt

Familie: Haloragaceae, Seebeerengewächse.
Synonyme: siehe *M. aquaticum*.
Etymologie: *santacatarinense*: nach Santa Catarina.
Verbreitung: Südbrasilien (Bundesstaat Santa Catarina).
Beschreibung: Submerse Sprosse gröber gegliedert als bei var. *aquaticum*, robuster und steifer, immer hellgrün. Submerse Quirle mit 4–5 gefiederten Blättern. Fiederblatt 4–6 cm lang, mit 8–9 Segmenten auf jeder Seite; Segmente 10–30 mm lang, 0,5–0,6 mm breit, hellgrün (nicht rötlich). Emers wie bei *M. aquaticum* beschrieben. Var. *santacatarinense* unterscheidet sich durch den submers steifen und kräftigen Habitus mit 4–5 hellgrünen Fiederblättern im Quirl sowie weniger und breitere Fiedersegmente. Es handelt sich um eine weibliche Population von *M. aquaticum*. Blüten nicht von der Normalform verschieden.
Kultur: *Myriophyllum aquaticum* var. *santacatarinense* zeigt im Aquarium eine hohe Vitalität und Anpassungsfähigkeit. Seit der Einfuhr wurde es vielfach vermehrt und an Aquarianer abgegeben, sodass es weit verbreitet ist. Über den Handel wird es jedoch kaum vertrieben. Die Varietät vereint hervorragende Wuchseigenschaften mit dekorativer Erscheinung. Die Lichtansprüche sind nur mittelhoch, doch werden die Sprosse bei intensiver Beleuchtung zweifellos schöner und kräftiger. Eine Kultur gelingt sowohl in sehr weichem, saurem als auch hartem, alkalischem Wasser gleichermaßen gut. Die nährstoffliebende Pflanze toleriert einen sehr großen Temperaturbereich. Das Optimum liegt bei etwa 13–25 °C. Am Teichrand zeigt sich var. *santacatarinense* weniger vital als die Stammform. Deshalb geht von ihr keine Gefahr für die Umwelt aus.
Ökologie: Die Autorin sammelte die Varietät im Überschwemmungsgebiet des Rio Canoas nahe des Ortes Ponte Alta do Sul im Bundesstaat Santa Catarina. Die kräftigen Sprosse wuchsen submers in sehr weichem, schwach saurem, etwa 13 °C kaltem Wasser (Winter).
Sonstiges: Molekularbiologische Untersuchungen zeigten die genetische Zugehörigkeit. *Myriophyllum aquaticum* var. *santacatarinense* unterscheidet sich durch ein einzelnes Nukleotid im Genom.
Literaturhinweis: KASSELMANN (2011).

Myriophyllum mattogrossense im Aquarium

Myriophyllum mattogrossense

HOEHNE (1915)

Mato-Grosso-Tausendblatt

Familie: Haloragaceae, Seebeerengewächse.
Synonyme: Keine.
Etymologie: *Myriophyllum*: siehe *M. aquaticum*; *mattogrossense*: aus dem Mato Grosso.
Verbreitung: Ekuador, Brasilien, Peru (selten), Bolivien.
Beschreibung: Sprosse 30–60 cm lang. Luftblätter in 3- bis 4-zähligen Quirlen, 10–13 mm lang, 4–5 mm breit, gefiedert, mit etwa 7 fadenförmigen Fiedersegmenten auf jeder Seite. Submerse Blätter hellgrün, in (2)3–4(5)zähligen Quirlen, 20–50 mm lang, 10–35 mm breit, 7–10 Fiedersegmente.

Blüten zweigeschlechtlich, einzeln in den Achseln. Brakteen fehlend. Blüten 4-zählig, 0,2–0,3 mm gestielt. 0 Kelchblätter. 0 oder 4 Kronblätter. 4 Staubblätter; Filamente bis 0,1 mm lang oder fehlend; Antheren dunkelrot. 4 Griffel, rötlich. Fruchtknoten kugel- bis würfelförmig, in 4 Merikarpe (Teilfrüchte) aufspaltend.
Kultur: Das „echte" *M. mattogrossense* wurde von mir in Ekuador gesammelt und ist erst seit 1990 in Kultur. Es handelt sich um eine anspruchsvolle, bei guten Wuchsbedingungen aber für die Kultur geeignete und sehr dekorative Pflanze. Für ein gesundes Wachstum benötigen die Sprosse einen nährstoffreichen Bodengrund, eine mittlere bis hohe Lichtintensität und eine gute Wasserbewegung. Sie wachsen sowohl in weichem als auch in mittelhartem Wasser gut. Ungewöhnlich hoch ist der Nährstoffbedarf, sodass häufig gedüngt werden muss. Optimale Temperatur 23–25 °C. Die Sprosse blühen reichlich im Aquarium.
Ökologie: *Myriophyllum mattogrossense* besiedelt sonnige oder halbschattige Plätze in sehr schnell fließenden, klaren, relativ kühlen Gewässern mit Wasserstandsschwankungen von mindestens 50 cm. Meine Analysen wiesen immer ein sehr weiches und salzarmes, schwach sauer bis leicht alkalisches Wasser nach. Der nährstoffreiche Bodengrund bestand zu mehr als 50 % aus Schluff und Ton. Biotopbeschreibung 16 (S. 35), Wasser- und Bodenanalysen S. 596 und 608.
Sonstiges: Der Name *M. mattogrossense* wurde in der Aquaristik 20 Jahre lang fälschlich für *M. tuberculatum* (siehe dort) verwendet.
Literaturhinweise: ORCHARD & KASSELMANN (1992); KASSELMANN (1992, 1994 b, 2000).

Myriophyllum mezianum am Standort in Ostmadagaskar und im Aquarium

Myriophyllum mezianum

SCHINDLER (1905)

Mez' Tausendblatt

Familie: Haloragaceae, Seebeerengewächse.
Synonyme: Keine.
Etymologie: *Myriophyllum*: siehe *M. aquaticum*; *mezianum*: nach dem deutschen Botaniker C. C. MEZ (1866–1944).
Verbreitung: Madagaskar.
Beschreibung: Amphibisch wachsendes, sehr zartes Tausendblatt. Emerse Sprosse bis 10 cm hoch, kleiner als die Wassertriebe. Emerse Blätter wechsel- oder gegenständig, 3- bis 5-teilig, bis 0,5 cm lang. Submerse Blätter fein gefiedert, wechselständig oder scheinbar in 3- bis 4-zähligen Quirlen, bis 2 cm lang, Blatt mit 7–9 sehr schmalen Segmenten.

Pflanzen einhäusig, Blüten eingeschlechtlich, achselständig, einzeln, kleiner als 1 mm groß. Untere Blüten weiblich, obere männlich. Weibliche Blüte mit 2 kleinen Deckblättern, keine Kronblätter und 2 Griffel mit behaarten, kopfigen Narben. Männliche Blüte mit nur 1 Staubblatt und 2 sehr schmalen Kronblättern. Früchte 0,8 mm lang, aufspaltend in 2 mit Stacheln versehene Teilfrüchte.

Kultur: Dieses bisher kleinste Tausendblatt ist sehr anspruchsvoll für die Kultur im Aquarium und eine interessante Herausforderung für Pflanzenfreunde. Eine intensive Beleuchtung sowie sehr weiches, CO_2-reiches Wasser sind für den Kulturerfolg unerlässlich. Diese vorwiegend im Wasser lebende Art ist wenig anpassungsfähig; eine Pflege in mittelhartem, neutralem Wasser gelingt nicht gut. *Myriophyllum mezianum* bevorzugt hohe tropische Temperaturen von über 25 °C. Grazile Vordergrundpflanze. Bepflanzung in einer kleinen Gruppe.
Ökologie: *Myriophyllum mezianum* wurde bisher erst wenige Male und dann immer in Meeresnähe gesammelt. Am Rande des Flusses Ambodimanga (Ostmadagaskar) wuchsen die Pflanzen sowohl am Ufer im Übergangsbereich vom Land zum Wasser als auch bis in eine Tiefe von etwa einem Meter. Im Überschwemmungsbereich des Flusses fanden wir dieses Tausendblatt auch in dichten emersen Beständen mit *Ilysanthes parviflora* und *Nesaea triflora*. Im Dezember 2006 blühten alle Pflanzen. Siehe Biotop 51, S. 48.
Sonstiges: C. CHRISTENSEN und ich brachten die Art im Jahre 2006 aus Ostmadagaskar mit. Sie ist seit 2008 im Handel.
Literatur: KASSELMANN (2008 b).

Weibliche Blüten von *Myriophyllum pinnatum*

Myriophyllum pinnatum im Aquarium

Myriophyllum pinnatum

(WALTER) BRITTON, STERNS & POGGENBURG (1888)

Rotstängeliges Tausendblatt

Familie: Haloragaceae, Seebeerengewächse.
Synonyme: *Potamogeton pinnatum* WALTER (1788), *Myriophyllum scabratum* MICHAUX.
Etymologie: *Myriophyllum*: Erklärung bei *M. aquaticum*; *pinnatum*: gefiedert (Blattspreite).
Verbreitung: Östliches Nordamerika.
Beschreibung: Submerse Sprosse bis 2 m lang. Stängel 2–4 mm dick, grün bis dunkelrot gefärbt. Emerse Blätter linealisch, gefiedert, wechselständig oder mit gewöhnlich 5 Blättern in Scheinquirlen, 1,0–1,7 cm lang, etwa 1 mm breit, mit 8–12 Fiedersegmenten, Segmente viel kürzer als submers, bis 3 mm lang, olivgrün gefärbt. Submerse Blätter wechselständig oder in Scheinquirlen mit 3–5 gefiederten Blättern, bis 3 cm lang, mit 4–5 haarfeinen Segmenten auf jeder Seite, diese 1,0–2,5 cm lang, hell- bis olivgrün.

Pflanzen einhäusig. Blütenstand gewöhnlich mit eingeschlechtlichen (selten zweigeschlechtlichen) Blüten. Deckblätter dreieckig, weniger als 1 mm lang. 4 Kelchblätter, sehr klein, transparent. 4 Kronblätter, weiß bis purpurn, 2 mm lang. 4 Staubblätter; Antheren etwa 1,5 mm lang. 4 Narben, purpurn mit weißen, kurzen Haaren. Früchte braunrot, knollig, etwa 1,5–2 mm lang, die Teilfrüchte mit flachen Seiten und 2 rückenständigen Nähten.
Kultur: Im Unterschied zum Roten Tausendblatt (*M. tuberculatum*) zeichnet sich *M. pinnatum* im Aquarium durch grünes Laub und einen rötlichen Stängel aus. Im Zoofachhandel wird die Art gewöhnlich unter dem Namen *M. hippuroides* angeboten. Die Pflanzen sind ebenso schwierig im Aquarium zu kultivieren wie das Rote Tausendblatt. *Myriophyllum pinnatum* lässt sich auch leicht im Sommer im Gartenteich pflegen, wo die Sprosse gelegentlich zum Blühen kommen. Eine intensive Beleuchtung sowie eine nicht zu hohe Temperatur (bis etwa 25 °C) sind zu empfehlen.
Ökologie: *Myriophyllum pinnatum* wächst an den natürlichen Standorten in Sumpfwäldern, Seen und Tümpeln an schlammigen Ufern oder im flachen Wasser. Die Art blüht dort in den Monaten März bis Juni.
Sonstiges: Blühende Sprosse wurden von der Bearbeiterin der nordamerikanischen *Myriophyllum*-Arten, SUSAN AIKEN, (Kanada) bestimmt.

Myriophyllum simulans

ORCHARD (1986)

Täuschendes Tausendblatt

Familie: Haloragaceae, Seebeerengewächse.
Synonyme: *Myriophyllum propinquum* auct. non A. CUNNINGHAM, *M. variifolium* auct. non J. HOOKER.
Etymologie: *Myriophyllum*: siehe *M. aquaticum*; *simulans*: täuschend, bezieht sich auf die Ähnlichkeit zu *M. gracile* und *M. variifolium*.
Verbreitung: Östliches Australien.
Beschreibung: Amphibisch wachsende Pflanze. Stängel 1–5 mm dick. Submerse Sprosse bis 40 cm lang, hellgrün. Submerse Blätter in 4- bis 5-zähligen Quirlen, 20–30 mm lang, gefiedert, mit 1–6 fadenförmigen Segmenten auf jeder Seite. Emerse Blätter in 3- bis 5-zähligen Quirlen, ganzrandig, nadelförmig bis linealisch, steif, bis 35 mm lang, 1 mm breit.

Submerser Spross von *M. simulans*

Pflanzen einhäusig, Blüten eingeschlechtlich; männliche Blüten in den oberen Achseln des Blütenstandes, weibliche darunter. Seltener auch Blütensprosse mit nur männlichen oder nur weiblichen Blüten. Brakteen weiß bis rötlich, eiförmig, bei den männlichen Blüten 0,8–1,2 mm lang, bei den weiblichen kleiner. Männliche Blüten 4-zählig, sitzend. 4 Kelchblätter. 4 Kronblätter, bis 3 mm lang. 8 Staubblätter; Filamente etwa 1 mm. Keine Griffel. Weibliche Blüten 4-zählig, sitzend. Ohne Kelch-, Kron- und Staubblätter. 4 Griffel. Früchte mehr oder weniger würfelförmig; 4 Merikarpe, eiförmig, etwa 1 mm lang.
Kultur: *Myriophyllum simulans* ist eine lichtbedürftige, anspruchsvolle Aquarienpflanze. Sie lässt sich bei Temperaturen von 20–28 °C pflegen. Weiches bis mittelhartes Wasser ist besonders für die Kultur geeignet. Bei Lichtmangel verlieren die unteren Stängel schnell ihre Blätter. Bei optimalen Wachstumsbedingungen müssen die Pflanzen aufgrund des raschen Wachstums regelmäßig zurückgeschnitten werden. Wie für alle anderen Tausendblatt-Arten gilt auch für *M. simulans*, dass das Wachstum durch eine Veralgung der Sprosse sehr beeinträchtigt wird. Die Pflanzen wirken am schönsten als kleine Gruppe in der mittleren Zone des Aquariums zwischen größerblättrigen, grünen und rötlichen Arten. Das Täuschende Tausendblatt ist im Sommer auch eine hervorragende Pflanze für die Freilandkultur. Die Sprosse wachsen leicht aus dem Wasser heraus und eignen sich für die Randbepflanzung von Gartenteichen, wo sie auch reichlich blühen.
Ökologie: An den natürlichen Standorten wächst *M. simulans* in Sumpfgebieten, Teichen sowie in Flüssen mit langsam fließendem Wasser. Die Pflanzen werden häufig emers auf schlammigem Bodengrund gefunden und kommen nur selten submers vor. Vereinzelt auch an brackigen Standorten. *Myriophyllum simulans* wurde 1983 von P. J. VAN DER VLUGT aus Australien mitgebracht und zunächst unter dem Namen *M. propinquum* in der Aquarienliteratur vorgestellt. Er fand die Pflanzen in einem Bach bei Wallacia in New South Wales, wo sie in flachem, langsam fließendem Wasser im Uferbereich ausgedehnte Bestände bildeten. Alle Exemplare wuchsen emers und blühten üppig. Es gab sowohl beschattete als auch voll besonnte Biotope. Die Wassertemperatur betrug im Oktober 17 °C, die Lufttemperatur 20 °C.
Sonstiges: Die Art lässt sich nur anhand von Blütenständen und Früchten sicher bestimmen.
Literaturhinweise: ORCHARD (1986), VAN DER VLUGT (1987).

Myriophyllum tetrandrum vom Standort in Thailand und spätere Färbung im Aquarium

Myriophyllum tetrandrum

ROXBURGH (1820)

Thailändisches Tausendblatt

Familie: Haloragaceae, Seebeerengewächse.
Synonyme: *Myriophyllum indicum* WALLICH non ROXB.
Etymologie: *Myriophyllum*: siehe *M. aquaticum*; *tetrandrum*: mit 4 Staubblättern.
Verbreitung: Indien, Indochina (Laos, Vietnam, Kambodscha), Thailand, Malaiische Halbinsel.
Beschreibung: Wasserpflanze. Stängel bis 2 m lang. Submerse Quirle mit 4–7 (meist 6) Fiederblättern; diese sind 2–3 cm lang und besitzen 8–14 fadenförmige Segmente auf jeder Seite; Segmente bis 10 mm lang, hellgrün bis bräunlichrot.

Pflanzen einhäusig. Blüten einzeln, sitzend. Männliche Blüten in den oberen Achseln des Blütenstandes, zwittrige darunter. Nach wenigen Blattquirlen mit Fiederblättern folgen linealische, wechselständige oder einzelne Luftblätter, in deren Achseln je eine Blüte sitzt. Emerse Blätter mit abnehmenden Einschnitten am Blattrand, 0,5–2 cm lang, 1–2 mm breit. 2 winzige Deckblättchen. Kelch 4-lappig. 4 Kronblätter, bis 1,3 mm lang. 4 Staubblätter, 2 mm lang. Frucht kugelig, 2,5 mm groß, in 4 Merikarpe aufspaltend, warzig.
Kultur: Ein anspruchsvolles Tausendblatt, das auch bei intensivem Kunstlicht in meinen Aquarien rein grün gefärbt ist (im Unterschied zum Standort). Es hebt sich von anderen Tausendblättern durch den etwas steifen Habitus sowie das nur mittelschnelle Wachstum ab. Bisherige Erfahrungen zeigen, dass *M. tetrandrum* auch bei einer nur mittleren Lichtintensität gut wächst. Es ist sehr nährstoffbedürftig, aber eine CO_2-Düngung ist nicht unbedingt erforderlich, solange ausreichend freies Kohlendioxid vorhanden ist. Hartes, alkalisches Wasser mag die Pflanze nicht. Sehr wärmeliebend.
Ökologie: Die hier beschriebene Population wurde in einem kleinen See südlich Krabi gefunden. Das Wasser war mittelhart, nährstoffreich und mit 34,2 °C an der Wasseroberfläche sehr warm. Die massenhaften Bestände wuchsen in vollem Sonnenlicht und wiesen eine rötliche Blattfärbung auf. Siehe Biotop 60 (S. 51).
Sonstiges: Im März 2008 brachte ich dieses Tausendblatt aus Südthailand mit. Die Art steht *M. tuberculatum* sehr nahe. Aquarianer können beide Arten aber auch leicht anhand der Blattfärbung unterscheiden.

Myriophyllum tuberculatum

ROXBURGH (1820)

Rotes Tausendblatt

Familie: Haloragaceae, Seebeerengewächse.
Synonyme: *Myriophyllum tetrandrum* GRAHAM (non ROXBURGH), *M. indicum* GRIFFITH, *M. spathulatum* BLATT. & HALLBL.
Etymologie: *Myriophyllum*: siehe *M. aquaticum*; *tuberculatum*: knollig, bezieht sich auf die Frucht.
Verbreitung: Indien, Pakistan, Indonesien.
Beschreibung: Wasserpflanze. Stängel bis 2 m lang, etwa 1 mm dick. Submerse Quirle mit 4–7 gefiederten Blättern; jedes Blatt gewöhnlich 2–2,5 cm lang, mit 14–27 fadenförmigen Segmenten, diese 5–10 mm lang, braunrot gefärbt. Pflanzen einhäusig. Blüten ein- und zweigeschlechtlich, einzeln, sitzend, vierzählig, in den Achseln der emersen Blätter. Emerse Blätter zunächst quirlständig und fiederschnittig, zur Spitze des Blütenstandes häufig wechselständig und mit abnehmenden Einschnitten am Blattrand, 3–10 mm lang, 1 mm breit. Untere Quirle mit 4–6 weiblichen Blüten, danach folgen mehrere Quirle mit weiblichen und Zwitterblüten, darüber Quirle mit unregelmäßig verteilten männlichen Blüten. Brakteen winzig. Kelch mit sehr kleinen Kelchlappen. 4 Kronblätter, blasspurpurn, zur Reife umgeschlagen. 4 Staubblätter; Filamente und Antheren je etwa 1 mm lang. 4 Narben, blasspurpurn, weiß gefranst, 1,5 mm im Durchmesser groß. Frucht etwa 3 × 3 mm groß, knollig, im Querschnitt viereckig, gewölbt.

Myriophyllum tuberculatum im Aquarium

Kultur: Diese populäre, aber sehr anspruchsvolle Aquarienpflanze zeichnet sich durch eine auffällig braunrote Färbung von Stängel und Blättern aus. Es scheint sich um eine typische Weichwasserpflanze zu handeln, die freies Kohlendioxid zum guten Gedeihen unbedingt benötigt. Die besten Wachstumsergebnisse werden in kalk- und salzarmem Wasser mit einem pH-Wert im schwach sauren Bereich erzielt. Ferner ist eine hohe Lichtintensität eine wichtige Voraussetzung für eine erfolgreiche Haltung. Optimale Temperatur 22–28 °C. Eine Kultur ist nur in nahezu algenfreien Aquarien mit klarem Wasser zu empfehlen, da sowohl Mulm als auch Blau- oder Fadenalgen die Sprosse in kurzer Zeit ersticken. *Myriophyllum tuberculatum* eignet sich für die Bepflanzung der mittleren Zone im Aquarium. Je nach Behältergröße genügt schon eine kleine Gruppe von drei bis zehn Sprossen, die stufig angeordnet werden. Als Bodengrund ist ein lockerer Sandboden gut geeignet, in dem das Einpflanzen keine Probleme bereitet. In sehr grobem Kies brechen die zarten Stängel dagegen leicht, und außerdem finden sie nur schlecht Halt. Eine Vermehrung durch Seitensprosse ist problemlos. Blütenstände erheben sich an flutenden Sprossen über die Wasseroberfläche. Wem es gelingt, dieses anspruchsvolle, aber schöne Tausendblatt im Aquarium zu kultivieren, der kann diese Pflanze verwenden, um im Aquarium dekorative Blickpunkte zu schaffen. Die Art kann im Sommer vorübergehend im Gartenteich gehalten werden. Kälteempfindlich, nicht winterhart.
Ökologie: An den Rändern von Gewässern in flachem, stehendem Wasser.
Sonstiges: Diese Art wurde in der Aquaristik mehr als 20 Jahre lang irrtümlich unter den Namen *M. hippuroides* und *M. mattogrossense* geführt. Erst 1994 gelang dem *Myriophyllum*-Spezialisten A. E. ORCHARD die Bestimmung (siehe KASSELMANN 1994 b).

Myriophyllum ussuriense

(Regel) Maximowicz (1874)

Japanisches Tausendblatt

Familie: Haloragaceae, Seebeerengewächse.
Synonyme: *Myriophyllum verticillatum* Linné var. *ussuriense* Regel (1861).
Etymologie: *Myriophyllum*: siehe *M. aquaticum*; *ussuriense*: vom Ussuri-Fluss (Ostasien).
Verbreitung: Japan, Ostasien (Mandschurei).
Beschreibung: Submerse Sprosse über 1 m lang, verzweigt, mittelgrün gefärbt. Wasserblätter in 4-zähligen Quirlen, 2–3,5 cm lang, 1,5–2,0 cm breit, unpaarig gefiedert, mit 5–12 fadenförmigen Segmenten auf jeder Seite. Emerse Blätter gefiedert, mit kürzeren und breiteren Segmenten als submers. Winterknospen 0,5–3,0 cm lang, walzenförmig.

Pflanzen einhäusig. Blütenstand aufrecht über der Wasseroberfläche, etwa 20 cm lang, mit 15–20 Blütenquirlen. In den unteren Quirlen befinden sich wenige weibliche Blüten, dann folgen einzelne Zwitterblüten und an der Sprossspitze zahlreiche männliche Blüten. Tragblätter kammartig fiederteilig, 0,5–1,5 cm lang. 2 Vorblätter, 0,6 mm groß, unregelmäßig gezipfelt. Männliche Blüten: Kelch 2 mm lang, grün; 4 Kelchlappen, 0,7 mm lang, dreieckig spitz. 4 Kronblätter, schmal verkehrt lanzettlich, 3,5 × 1,2 mm groß, weiß, Spitze rund. 8 Staubblätter; Filament 0,5 mm, Anthere 2 mm lang; Pollen gelb. Weibliche Blüten: Kronblätter fehlen. 4 weiß behaarte Narben. Frucht nicht gesehen.
Kultur: *Myriophyllum ussuriense* ist sehr leicht im Aquarium zu pflegen. Sie vereinigt dekoratives Aussehen mit optimalen Wachstumseigenschaften. Eine Kultur gelingt problemlos in mittelhartem bis hartem Wasser mit pH-Werten von 6–8. Nach meinen Erfahrungen werden extrem hohe Temperaturen bis 32 °C vertragen. Vermutlich sind die Kulturpflanzen winterhart, sodass auch eine dauerhafte Pflege im Gartenteich möglich ist. Geringe bis mittlere Beleuchtungsstärken sind zwar ausreichend, die Sprosse werden aber kräftiger und gedrungener in gut beleuchteten Aquarien. Gelegentlich werden im Aquarium Winterknospen beobachtet, die nicht abfallen. Leider wird dieses sehr empfehlenswerte und schöne Tausendblatt bisher nur in speziellen Lieberhabervereinigungen (VDA-Arbeitskreis Wasserpflanzen) gepflegt. Da es emers schlecht gedeiht, ist es für die Wasserpflanzengärtereien nur von geringem Interesse.
Ökologie: Nach Wendt (1952–59) besiedelt *M. ussuriense* die Ufer von Flüssen, Seen und anderen Gewässern. Dort sollen die Sprosse in seichtem Wasser 5–20 cm hoch werden und nur Luft- und keine Wasserblätter bilden.

Myriophyllum ussuriense **im Aquarium**

Sonstiges: *Myriophyllum ussuriense* wurde schon im Jahre 1907 eingeführt. Nach Wendts Angaben warfen die damals kultivierten Pflanzen mit der Bildung von emersen Sprossen sowie bei Temperaturen über 10 °C die submersen Blätter ab. Offenbar verschwanden sie wieder aus der Kultur. Eine Wiedereinfuhr erfolgte im Jahre 1992 durch die Firma Dennerle. Die hier beschriebenen Pflanzen weisen im Aquarium nicht das damals beobachtete Wuchsverhalten auf.

Myriophyllum ussuriense blüht nur sehr selten, weshalb es mir erst nach mehreren Jahren gelang, die Art zu bestimmen. Eine Unterscheidung von der sehr ähnlichen Art *M. verticillatum* gelingt leicht anhand der bei *M. ussuriense* konstant vierzähligen Blattquirle.

Najas conferta

(A. BRAUN) A. BRAUN (1868)

Familie: Hydrocharitaceae, Froschbissgewächse.
Synonyme: *Najas arguta* H. B. K. var. *conferta* A. BRAUN (1864), *N. hoehnei* KOCH.
Etymologie: *Najas*: nach den griech. Quellnymphen (Najaden); *conferta*: dicht gedrängt.
Verbreitung: Florida (Milton), Mittelamerika (Panama, Kuba), Südamerika (Bolivien, Brasilien, Peru).
Beschreibung: Wasserpflanze. Stängel bis 60 cm, kahl, häufig verzweigt. Blätter sitzend, scheinbar in 3-zähligen Quirlen, linealisch-lanzettlich, 1,5–2,5 cm lang, 0,5–1,3 mm breit, flach, zurückgebogen, ± steif, dunkelgrün. Blattrand mit je 10–11 Zähnen. Blattbasis scheidig verbreitert, etwa 3 × 2 mm groß, Schultern der Scheide rund, auf jeder Seite 6–8 Zähne.

Pflanzen einhäusig; Blüten eingeschlechtlich, klein, einzeln in den Blattachseln. Blütenhülle fehlt. Männliche Blüte etwa 2 mm groß, mit 1 Staubblatt, das von einer transparenten Spatha umgeben ist. Weibliche Blüte sitzend, etwa 3 mm lang, mit 1 einfächrigem, grünem Fruchtknoten und 2-lappiger Narbe. Fruchtknoten umgeben von einer Spatha, an deren Spitze sich 2 Stachelschenkel befinden. Frucht einsamig; Samen gerade oder wenig gebogen, elliptisch-spindelförmig, 2,0–3,1 mm lang, etwa 0,6 mm dick; Samenschale mit 20–36 Längsreihen von netzförmigen, dreimal so langen wie breiten Zellen.

Najas conferta im Aquarium

Kultur: *Najas conferta* ist ein auffällig dekoratives Nixkraut, das seit 1992 im Aquarium gepflegt wird. Im Habitus erinnert es an *N. indica*, von der es durch die steiferen, dunkelgrünen Stängel und Blätter leicht zu unterscheiden ist. *Najas conferta* ist eine anspruchslose Pflanze, die sowohl in weichem als auch mittelhartem Wasser gut wächst. Schwach saures bis neutrales Wasser ist optimal. Der Temperaturbereich von 20–28 °C spricht für eine große Anpassungsfähigkeit, obwohl offenbar niedrigere Temperaturen bevorzugt werden. Optimale Wachstumsergebnisse erzielt man bei einer mittleren bis intensiven Beleuchtung, die zu besonders dichten Pflanzenbüscheln an der Wasseroberfläche führt. Bei guten Nährstoffverhältnissen begnügen sich die Pflanzen aber auch noch mit relativ schlechten Lichtverhältnissen. Die Sprosse vertragen nur eine geringe Wasserbewegung. Auch im Aquarium bilden sich regelmäßig die unscheinbaren Blüten und Früchte.
Ökologie: Ich sammelte *N. conferta* an zwei Standorten: 1) In den strömungsarmen Uferbuchten des Rio Guaporé (Brasilien), ökologische Daten S. 26; 2) Laguna Cocococha, Reserva Natural de Tambopata (Peru, 8/1992): See mit mäßig klarem Wasser und sandig-lehmigem Bodengrund; vereinzelte Bestände in bis 1,20 m tiefem Wasser. Wasserwerte: Temperatur 24 °C, GH/KH < 1 °dH, pH 7,0, 20 µS/cm. Siehe auch Biotop 15 (S. 35).
Sonstiges: Von den etwa 40 bekannten *Najas*-Arten werden nur wenige kultiviert. Für den Handel sind sie uninteressant, da sie auf dem Tranport leicht zerbrechen. Wichtigste Bestimmungsmerkmale sind die Zähnelung der Blattspreite und Blattscheide sowie die Oberflächenstruktur der Samen (Mikroskop!). Außer den hier ausführlich beschriebenen Arten wird auch selten *N. madagascariensis* kultiviert (BOGNER 2004 a), die aber aufgrund ihrer langen Internodien wenig dekorativ ist. CURT QUESTER brachte 2003 *N. arguta* aus Ekuador mit; diese ähnelt *N. conferta*, ist aber viel brüchiger und daher nur bedingt für das Aquarium geeignet.

Najas guadalupensis im Aquarium

Najas guadalupensis

(SPRENGEL) MAGNUS (1870)

Guadeloupe-Nixkraut

Familie: Hydrocharitaceae, Froschbissgewächse.
Synonyme: *Caulinia guadalupensis* SPRENGEL (1825); *N. microdon* A. BRAUN, u. a.
Etymologie: *Najas*: siehe *N. conferta*; *guadalupensis*: nach Guadeloupe („Guadalupa").
Verbreitung: USA, Mittel- und Südamerika.
Beschreibung: Ausdauernde Wasserpflanze. Stängel bis 1 m lang, kahl, weich, an den unteren Knoten mit wenigen Wurzeln, häufig verzweigt. Blätter sitzend, wechselständig, scheinbar gegenständig, linealisch-lanzettlich, 1,5–3 cm lang, 1–2 mm breit, flach, zurückgebogen, weich, olivgrün. Blattrand mit bis zu 100 Zähnchen auf jeder Seite (Mikroskop!). Zähnelung einzellig. Scheide an der Blattbasis bis 3,4 mm breit, rund bis etwas geöhrt, mit 4–10 winzigen Zähnchen auf jeder Seite. Mittelnerv manchmal rötlich.

Pflanzen einhäusig; Blüten eingeschlechtlich, 1–3 in den Blattachseln. Männliche Blüte mit einer Spatha, Staubbeutel 1- oder 4-fächrig. Weibliche Blüte ebenfalls mit einer Spatha, Narbe 4-lappig. Samen 1,2–2,5(–3,8) mm lang, spindelförmig; Samenschale mit 4- bis 6-eckigen, breiter als langen Zellen, die in 10–60 Längsreihen angeordnet sind.
Kultur: *Najas guadalupensis* ist eine ausgesprochen anspruchslose und raschwüchsige Pflanze, die in kurzer Zeit verkrautete Bestände bildet und sich daher besonders gut in Zuchtaquarien verwenden lässt. Die Sprosse haben die negative Eigenschaft, dass sie leicht an den Knoten abbrechen und dann zahlreich als Fragmente an der Wasseroberfläche umhertreiben und dort weiterwachsen; wohl aus diesem Grund sind die Pflanzen nicht für den Handel geeignet. Weil die Art aber weder an Bodengrund und Licht noch an die Wasserbeschaffenheit besondere Ansprüche stellt, wird es dennoch seit vielen Jahren gelegentlich kultiviert. Temperatur 20–30 °C.
Ökologie: *Najas guadalupensis* lebt sowohl in stehenden Gewässern, wie Sümpfen und Seen, als auch in Bächen und Flüssen mit langsam fließendem Wasser. Im Verbreitungsgebiet häufig. Siehe Biotope 16 (S. 35) und 36–39 (S. 41).
Sonstiges: Aufgrund der intraspezifischen Variabilität wurden von LOWDEN (1986) 2 Formen und von HAYNES (1979) 4 geografische Varietäten beschrieben.

Najas indica im Aquarium

Najas indica

(Willdenow) Chamisso (1829)

Indisches Nixkraut

Familie: Hydrocharitaceae, Froschbissgewächse.
Synonyme: *Caulinia indica* Willdenow (1801), *Najas kingii* Rendle, u. a.
Etymologie: *Najas*: siehe *N. conferta*; *indica*: aus Indien.
Verbreitung: Weit verbreitet im tropischen Asien, Japan.
Beschreibung: Ausdauernde Wasserpflanze. Stängel bis 50 cm lang, kahl, mit wenigen Wurzeln, häufig verzweigt. Blätter sitzend, wechselständig, linealisch, gewöhnlich 2–3 cm lang, bis 1 mm breit, flach, fast rund oder dreieckig im Querschnitt, wenig zurückgebogen, etwas spröde, ± steif, hell- bis dunkelgrün. Blattrand mit je 1–15(–40) deutlich sichtbaren Zähnen. Zähnelung vielzellig. Blattbasis scheidig verbreitert; Blattscheide meistens etwa 2,5 × 3 mm groß, Öhrchen fehlend oder sehr kurz, ganzrandig, gezähnt oder gelappt, selten zerrissen.

Blüten gewöhnlich einzeln in den Blattachseln. Männliche Blüte von einer Spatha umgeben. Staubbeutel 4-fächrig. Weibliche Blüte gewöhnlich ohne Spatha. Narbe meistens 2-lappig. Samen etwa 2 mm lang; Samenschale gewöhnlich mit 16–20 Längsreihen von fast quadratischen oder 5- bis 6-eckigen Zellen, meist etwas breiter als lang.
Kultur: Dieses noch vor einigen Jahren gelegentlich von Aquarianern kultivierte anspruchslose Nixkraut wird heute recht selten gepflegt. Weil die Sprosse an den Knoten leicht abbrechen, eignet sich diese Art wenig für den Handel, sodass man sie nur auf Börsen oder bei befreundeten Aquarianern erwerben kann. Die Kultur ist nicht schwierig und entspricht der von *N. conferta*. Allerdings wächst *N. indica* bedeutend langsamer, benötigt eine gute Beleuchtung und eine Temperatur von über 22 °C.
Ökologie: Die Art ist in stehenden und langsam fließenden Süßwasserbiotopen, gelegentlich aber auch im Brackwasser zu finden. Sie besiedelt meistens flache Gewässer, wächst aber auch noch in 5 m Tiefe. In einem breiten Fluss in Sulawesi fand ich *N. indica* mit *Ceratophyllum demersum*, *Potamogeton wrightii* und *Hydrilla verticillata*.
Sonstiges: Selten kultiviert wird *N. madagascariensis*, die zwar schnellwüchsig ist, aber unschöne, lange Internodien bildet. Interessant ist das anspruchsvolle *N.* sp. „Roraima“ mit braunroter Färbung der Blattzähne, durch die die Blätter rötlich gepunktet erscheinen (flowgrow.de).

Najas marina ssp. *armata* aus dem Malawisee

Najas horrida aus dem Okavango-Delta (Botswana)

Najas marina

LINNÉ (1753)

Meeres-Nixkraut

Familie: Hydrocharitaceae, Froschbissgewächse.
Synonyme: Zahlreiche (siehe HAYNES 1979, LOWDEN 1986).
Etymologie: *Najas*: siehe *Najas conferta*; *marina*: meerbewohnend.
Verbreitung: Kosmopolitisch, in Mittel- und Südamerika nur vereinzelt.
Beschreibung: Vielgestaltige, einjährige (in den Tropen ausdauernde?) Wasserpflanze. Stängel bis 100 cm lang, kahl oder mit zahlreichen Stacheln besetzt, mit wenigen Wurzeln, gering verzweigt. Blätter sitzend, scheinbar gegenständig oder quirlig, linealisch-lanzettlich, 1–4(–6) cm lang, 0,5–2,5 mm breit (gemessen ohne Zähne), steif, zerbrechlich, mittel- oder dunkelgrün. Mittelnerv ± bestachelt. Blattrand mit (0–)4–17 Stacheln an dreieckigen Vorsprüngen. Blattscheide rund, mit je 1–6 Zähnen.

Pflanzen zweihäusig; Blüten eingeschlechtlich, einzeln. Männliche Blüte mit Spatha. Staubblatt mit 4-fächrigem Staubbeutel. Weibliche Blüte nackt (ohne Spatha). Narbe (2)3(4)-lappig. Samen elliptisch oder eiförmig, 1,9–7,5 mm lang; Samenschale mit vielen Reihen aus unregelmäßig geformten Zellen.
Kultur: Von dieser polymorphen und kosmopolitischen Art werden gelegentlich Pflanzen aus heimischen Gewässern (in Deutschland gefährdet) im Gartenteich gepflegt. Ich hatte die Möglichkeit, Exemplare von Populationen aus Mexiko und Malawi zu kultivieren; in beiden Fällen waren aber die Versuche erfolglos. Wenn es gelänge, die besonderen Lebensansprüche herauszufinden, könnte *N. marina* aus tropischer Herkunft eine ungewöhnliche Bereicherung der Aquarienflora sein.
Ökologie: *Najas marina* besiedelt Süß- und Brackwasserbiotope, insbesondere große Seen. Ich fand *N. marina* var. *mexicana* in Mexiko in einem Kanal der Laguna Media Luna in sehr hartem Wasser (8/1984 und 7/1997): Temp. 29 °C, pH 7,9, GH 55 °dH, KH 12 °dH, 1690 µS/cm. Im Tanganjika- und Malawisee leben *N. horrida* und *N. marina* ssp. *armata* (Biotop 7, S. 31). *Najas horrida* kommt auch im Okavango-Delta vor (Biotop 64, S. 52).
Sonstiges: Aufgrund der Vielgestaltigkeit von Blattgröße, Bestachelung und Samen wurden zahlreiche Varietäten beschrieben.

Nechamandra alternifolia subsp. *angustifolia*

Weibliche, blühende Pflanzen von subsp. *alternifolia* (Maharashtra)

Nechamandra alternifolia

(ROXBURGH ex WIGHT) THWAITES (1864)

Familie: Hydrocharitaceae, Froschbissgewächse.
Synonyme: *Vallisneria alternifolia* ROXBURGH ex WIGHT (1831), u. a.
Etymologie: *Nechamandra*: bezieht sich auf die männlichen Blüten; *alternifolia*: wechselständig; *angustifolia*: schmalblättrig.
Verbreitung: subsp. *alternifolia*: Indien und angrenzend; subsp. *angustifolia* KASSELMANN & G. PETERSEN (2014): China, Thailand, Myanmar.
Beschreibung: Wasserpflanze, verzweigt, brüchig. Blätter wechsel- und schraubenständig, linealisch, bis 6 cm lang, gezähnt. Subsp. *alternifolia*: Spreite 2–6 mm breit, olivgrün bis kräftig rot (in der Natur). Subsp. *angustifolia*: Spreite 0,7–2 mm breit, hellgrün.

Zweihäusig. Männl. Blüte mit 3 Kelchblättern, 1 winzigen Kronblatt (auch fehlend), 2 Staubblättern, 1 Staminodium. Weibl. Spatha fast sitzend, an fadenförmigem Hypanthium (Unterschied zu *Vallisneria*). Weibl. Blüte mit 3 weißen Kelchblättern, 3 behaarten Narben. Kronblätter fehlen.

Kultur: Die Unterarten von *N. alternifolia* sind sehr verschieden in der Pflege. Subsp. *angustifolia* wird seit 2005 gelegentlich aus asiatischen Gärtnereien importiert. Im Aquarium bilden sich verwurzelte Ausläufer. Die Unterart benötigt weiches, nährstoffreiches Wasser, viel CO_2, Licht und Wärme. Sie reagiert empfindlich auf Änderungen der Lebensbedingungen. Die Autorin führte weibliche Pflanzen der Stammform (subsp. *alternifolia*) im Jahr 2015 aus Maharashtra ein. Sie bilden einen krautigen Wuchs an der Wasseroberfläche und blühen regelmäßig. Die Pflanzen sind anspruchslos in mittelhartem, leicht saurem Wasser, hoher Temperatur und mittlerer Beleuchtung. Jedoch bilden sie keine Ausläufer und Wurzeln. Leider ist die Stammform weniger dekorativ als ssp. *angustifolia*.
Ökologie: In einem temporären Gewässer (Thailand) wuchsen bei intensiver Sonne massenhafte Bestände von subsp. *angustifolia* im lehmigen Boden. Wasserwerte am 11. 01. 2012 um 13.30 Uhr: 170 µS/cm, 2 °dGH, 6 °dKH, pH-Wert 7,5, 29,7 °C. Siehe Biotop 68, S. 55.
Sonstiges: *Nechamandra* ist eng verwandt mit *Vallisneria*. Sub. *angustifolia* wurde als *Blyxa* cf. *vietii* eingeführt.
Literatur: COOK (1982 b), KASSELMANN & G. PETERSEN (2014), KASSELMANN (2017 a).

Nitella furcata

(ROXBURGH ex BRUZELIUS) C. AGARDH (1824)

Gegabelte Nitelle

Familie: Characeae, Armleuchtergewächse.
Synonyme: *Chara furcata* ROXBURGH ex BRUZELIUS (1824), *Nitella microcarpa* A. BRAUN, u. a.
Etymologie: *Nitella*: von *nitor* (lat). = Glanz, Schönheit, bezieht sich auf die äußere Erscheinung; *furcata*: gegabelt.
Verbreitung: Asien, Australien, südl. Südamerika.
Beschreibung: Einhäusige, vielgestaltige Armleuchteralge, bis 40 cm hoch, stark verzweigt, dicht buschig wachsend, dunkelgrün. Stängel dünn, biegsam, aufrecht. Blätter in etwa 4- bis 6-zähligen Quirlen, jedes Blatt wiederum 2- bis 4-fach gegabelt, mit haarfeinen 2- bis 3-spitzigen Segmenten.

Antheridien einzeln, sitzend. Oogonien einzeln oder paarig, rund, mit 5–6 Rippen.

Kultur: *Nitella furcata* ist bei zusagenden Lebensbedingungen eine ungewöhnlich schnellwüchsige Armleuchteralge, die im Aquarium dichte, verkrautete Büschel entwickelt. Diese müssen regelmäßig ausgelichtet werden, damit andere Pflanzen nicht überwuchert werden. Die Sprosse bilden keine Wurzeln, sondern stattdessen wurzelähnliche Gebilde, so genannte Rhizoide, mit denen sich die Pflanzen im Bodengrund verankern. Die Art ist wenig lichtbedürftig, weshalb sich die Algensprosse mit ihren zarten, viel verzweigten Sprossen auch ideal für die Verwendung in kleinen Zuchtaquarien eignen. *Nitella furcata* gedeiht sowohl in weichem als auch hartem Wasser mit sauren und alkalischen pH-Werten. Empfindlich reagiert dieses Armleuchtergewächs allerdings auf abrupte Wasserveränderungen. So musste ich bei der Neueinrichtung eines Aquariums und einem dadurch bedingten vollständigen Wasseraustausch einen Totalverlust meines Bestandes hinnehmen. Häufig lassen sich an den Blättern die winzigen Geschlechtsorgane, die männlichen Antheridien und die weiblichen Oogonien, beobachten. Diese sehen wie kleine Bläschen aus und verleihen den Sprossen ein ungewöhnliches Aussehen.
Ökologie: Im August 1999 untersuchte ich Bestände von *N. microcarpa* im südlichen Pantanal in Brasilien, wo sie in weichem, salzarmem Wasser an schattig-sonnigen Stellen teilweise zusammen mit *Eichhornia azurea* vergesellschaftet war.
Sonstiges: B. WALLACH (München) brachte diese Art Anfang der 1990er-Jahre aus dem bolivianischen Teil des Pantanals mit (WALLACH 2001). Sie wurde unter dem Synonym *N. microcarpa* A. BRAUN eingeführt. WOOD (1965) reduzierte in einer Monographie die 204 beschriebenen *Nitella*-Arten auf 53 und fasste mehrere Arten zur polymorphen *N. furcata* zusammen. Für den Vertrieb ist die Armleuchteralge nicht geeignet, weil die Sprosse auf dem Transport zerbrechen oder faulen würden. Ein Bezug von *N. furcata* gelingt daher am ehesten über engagierte Pflanzenfreunde (Arbeitskreis Wasserpflanzen e. V.).

In den 1950er-Jahren, als die Auswahl an Aquarienpflanzen noch nicht so reichhaltig war wie heute, wurden mehrere Arten aus den Gattungen *Chara* und *Nitella* kultiviert. WENDT (1952–1959) nennt *Nitella flexilis*, *N. gracilis*, *N. opaca* und *N. syncarpa* sowie *Chara foetida*, *C. fragilis*, *C. polyacantha* und *C. hispida* als Kulturpflanzen. Allerdings konnte ich in den vergangenen 30 Jahren keines dieser Gewächse jemals bei Aquarianern in Kultur sehen.
Alle Arten der Characeae beinhalten den Stoff Characin, wodurch ein charakteristischer, mehr oder weniger starker Geruch entsteht.

Nitella furcata **im Aquarium**

Nuphar japonica im Aquarium

Nuphar japonica 'Rubrotincta' im Aquarium

Nuphar japonica

DE CANDOLLE (1821)

Japanische Teichmummel, Teichrose

Familie: Nymphaeaceae, Seerosengewächse.
Synonyme: *Nymphaea lutea* THUNBERG, u. a.
Etymologie: *Nuphar:* arab. nunfar; *japonica*: aus Japan.
Verbreitung: Japan.
Beschreibung: Schwimmblattpflanze mit kräftigem, kriechendem Rhizom. Blattstiel rund, kahl. Submerse Blätter pfeilförmig, bis 20 cm lang, 12 cm breit, sehr weich, am Rand transparent und gewellt, hellgrün oder bräunlich. Schwimm- und emerse Blätter länglich bis breit eiförmig-pfeilförmig, ledrig, dunkelgrün. Spitze rund oder stumpf zugespitzt; Basislappen spitz gerundet.

Blüte lang gestielt, 4–5 cm groß. Kelch 5-blättrig, kronblattartig. 10–18 unscheinbare Kronblätter, nicht ausgebreitet wie bei *Nymphaea*. Staubblätter zahlreich. Kelch-, Kron- und Staubblätter gelb, bei der Sorte 'Rubrotincta' Filamente und die Basis der zurückgeschlagenen Kelchblätter ± dunkelrot gefärbt. Narbenscheibe 9- bis 16-strahlig, tief gekerbt. Frucht flaschenförmig, vielsamig.

Kultur: Mit ihren hellgrünen, pfeilförmigen Blättern ist *N. japonica* eine besonders dekorative und auffällige Aquarienpflanze. Sie ist anspruchslos und lässt sich sowohl in weichem als auch hartem Wasser sowie bei einer mittleren Beleuchtungsstärke problemlos pflegen. Es ist nicht ratsam, einen zu nahrhaften Bodengrund zu verwenden, da die Pflanzen dann sehr groß werden und unerwünschte Schwimmblätter ausbilden. Optimale Temperatur 20–28 °C. Die Sorte 'Rubrotincta' (als var. *rubrotincta* beschrieben) wurde schon Anfang dieses Jahrhunderts als Zierpflanze kultiviert und aufgrund ihres kräftig rotbraun gefärbten Laubes als „rote" *Nuphar* bezeichnet. Die seltene Sorte ist anspruchsvoller als die Stammform. Insbesondere muss das hohe Lichtbedürfnis beachtet werden, weil sonst die rotbraune Blattfärbung nicht erhalten bleibt, sondern nach Olivgrün umschlägt. Winterhart. DIETRICH (2009) berichtet über eine regelmäßige Blütenbildung im Gartenteich. Die Sorte 'Rubrotincta Gigantea' wird größer, und 'Variegata' ist ein grünblättriger Typ mit Panaschüre.
Ökologie: Die Art besiedelt Tümpel, Seen und Flüsse. In Japan werden die Rhizome gegessen und die jungen Blätter als Tee verwendet.

Nymphaea ×daubenyana im Aquarium

Nymphaea ×daubenyana

W. T. Baxter ex Daubeny (1864)

Daubenys Seerose

Familie: Nymphaeaceae, Seerosengewächse.
Synonyme: *Nymphaea* „stellata prolifera“ hortorum, *N.* „stellata bulbifera“ hortorum.
Etymologie: *Nymphaea*: siehe *N. glandulifera*; *daubenyana:* nach Prof. Daubeny, Direktor des Bot. Gartens Oxford. Es handelt sich um eine Gartenhybride.
Verbreitung: Keine natürliche Verbreitung.
Beschreibung: Schwimmblattpflanze mit knolligem Rhizom. Submerse Jugendblätter ganzrandig, eiförmig, schildförmig, zart, Basislappen spitz gerundet, bis etwa 20 × 15 cm groß, ± grün bis braunrot gefärbt und mit ± intensiv dunkelroten Flecken. Schwimmblätter eiförmig bis rund, ganzrandig oder wenig gezähnt, bis 30 cm lang, mittelgrün, unterseits oft rötlich. Adventivpflanzen an der Blattbasis, an denen sich wiederum kurz gestielte, kleinere Blüten entwickeln. Primärnerven 5–15.

Blüten 5–18 cm groß, wohlriechend, Tagblüher. 4 Kelchblätter. 10–18 Kronblätter, blasslila oder hellblau gefärbt, am Grunde weiß oder gelblich. Bis 100 Staubblätter, Filamente und Narbenscheibe gelb; Antheren mit blassvioletten Konnektivanhängseln. Keine Bildung von Samen, da die Hybride steril ist.
Kultur: Diese Kulturhybride wird zwar in den botanischen Gärten aufgrund der Blühwilligkeit regelmäßig kultiviert, ist aber unverständlicherweise nur gelegentlich im Handel. Die rasche Vermehrung durch Adventivpflanzen an den Blattbasen, die auch bei kräftigen, submersen Blattspreiten regelmäßig auftritt (siehe auch *N. micrantha*), macht diesen Bastard zu einer empfehlenswerten Aquarienpflanze. Die Hybride benötigt zum optimalen Gedeihen einen nährstoffreichen Bodengrund, eine hohe Lichtintensität und Wärme (optimale Temperatur ab 25 °C). Weiches oder mittelhartes Wasser mit pH-Werten im sauren bis neutralen Bereich ist empfehlenswert. Förderlich wirken sich regelmäßige Gaben von Eisendünger sowie CO_2-Zufuhr aus. Die Schwimmblätter müssen im Aquarium regelmäßig entfernt werden, damit die Seerose nicht zu groß wird. Allerdings wird auf diese Weise auch eine Blütenbildung unterdrückt.
Sonstiges: *N. ×daubenyana* ist eine Kreuzung zwischen *N. micrantha* Guill. & Perr. und *N. caerulea* Savigny.

Nymphaea glandulifera im Aquarium

Nymphaea glandulifera

RODSCHIED (1794)

Familie: Nymphaeaceae, Seerosengewächse.
Synonyme: *Nymphaea blanda* G. MEYER, *Castalia blanda* (G. MEYER) Lawson, u. a.
Etymologie: *Nymphaea*: von (gr.) *Nympha* = Name einer Göttin; *glandulifera*: drüsentragend (Bezug nicht bekannt).
Verbreitung: Mittel- und nördl. Südamerika.
Beschreibung: Kleinblättrige Seerose. Rhizom eiförmig, klein. Blattstiel im Aquarium gewöhnlich 1,5–2 mm dick, 5–20 cm lang, kahl oder behaart. Jugendblätter pfeil- oder spießförmig, etwa 6 cm lang. Folgeblätter breit elliptisch bis kreisförmig, etwa 5–8 cm breit, 4–8 cm lang, ganzrandig, an der Spitze rund, Basislappen meistens stumpf bis rund, weit gespreizt, oberseits glänzend hellgrün, unterseits blassgrün. Schwimmblätter im Aquarium selten, am Standort bis 21 × 19 cm groß. Hauptnerven 9–15.

Blüten weiß, gewöhnlich etwa 5–7 cm groß und bis 25 cm gestielt. 4 grüne Kelchblätter. 12–20 Kronblätter. 45–98 Staubblätter, mit Anhängseln. Narbenscheibe 19- bis 39-strahlig. Fruchtbildung häufig. Samen zahlreich, mit langen Haaren, Samenoberfläche glatt.

Kultur: Diese kleinblättrige Seerose eignet sich aufgrund ihrer produktiven Vermehrung durch Ausläufer ausgezeichnet für die Kultur im Aquarium, insbesondere für kleinere Behälter. Die etwa 5–15 cm hohen Rosetten aus hellgrünem Laub lassen sich am besten im Vordergrund verwenden. Sowohl in weichem als auch mittelhartem Wasser gedeiht diese *Nymphaea* gut. Ein schwach saures bis neutrales Milieu wirkt sich vorteilhaft auf das Wachstum aus. Als Bodengrund genügt ungewaschener Sand, allerdings werden die Exemplare in lehmigem Boden dichtblättriger und dekorativer. Die Lichtansprüche sind nur gering. Aufgrund ihrer tropischen Herkunft liebt diese Seerose höhere Temperaturen: optimal sind 24–28 °C. Bei nicht erwünschter Blütenbildung müssen die nur gelegentlich auftretenden Schwimmblätter sofort entfernt werden.
Ökologie: *Nymphaea glandulifera* besiedelt schattig-sonnige Gewässer mit mäßig starker Strömung. Siehe Biotop Nr. 34 (S. 40) und Wasseranalyse S. 598.
Sonstiges: Die 1990 von mir aus Ekuador nahe der Stadt Coca gesammelten Pflanzen sind bei Aquarianern inzwischen gut verbreitet.
Literaturhinweis: KASSELMANN (2006), WIERSEMA (1987).

Nymphaea lotus 'Grün' im Aquarium

Nymphaea lotus

LINNÉ (1753)

Grüner und Roter Tigerlotus
Weiße Lotusblume

Familie: Nymphaeaceae, Seerosengewächse.
Synonyme: *Nymphaea thermalis* DC., *N. zenkeri* GILG, u. a.
Etymologie: *Nymphaea*: siehe *N. glandulifera*; *lotus*: griech. Pflanzenname.
Verbreitung: Weit verbreitet im tropischen Afrika, Madagaskar, in Europa in Thermalgewässern eingebürgert, in Nord-, Mittel- und Südamerika verwildert; asiatische Pflanzen gehören anderen Arten an (VERDCOURT 1989).
Beschreibung: Kräftige Schwimmblattpflanze mit knolligem Rhizom, das bei Aquarienpflanzen häufig fehlt. Submerse Jugendblätter dreieckig, spießförmig, danach eiförmig bis fast rund, schildförmig, ganzrandig, an der Basis tief eingeschnitten, mit spitzen oder runden Basislappen, zart, bis etwa 25 cm im Durchmesser; bei kräftigen submersen Blättern ist der Blattrand buchtig gezähnt. 2 Farbformen sind als Grüner und Roter Tigerlotus regelmäßig im Handel. Zur besseren Unterscheidung werden hier Sortennamen eingeführt: **Sorte 'Grün'** mit kräftig hellgrün gefärbten Blattspreiten und bräunlichen Flecken, **Sorte 'Rot'** mit kräftig dunkelrot gefärbten Spreiten, die ± dunkel gefleckt sind. Schwimmblätter kreisförmig, schildförmig, Basislappen rund, wenig gespreizt, ± lederartig, bis 50 cm groß, buchtig gezähnt, oberseits kahl, unterseits kahl oder schwach behaart, dunkelrot gefärbt. Nervatur kräftig, 11–15 Primärnerven.

Blüten 8–17(–25) cm groß, wohlriechend, nachts geöffnet. 4 Kelchblätter, grün, häufig mit cremefarbenen Nerven. Etwa 12–20 weiße Kronblätter, bei der Sorte 'Rot' gelegentlich etwas rötlich. 40–90 gelbe Staubblätter; Antheren stumpf, gewöhnlich ohne Konnektivfortsätze. Narbenscheibe 20- bis 30-strahlig, gelb, bei *N. lotus* 'Rot' Narbenfortsätze außen mit einem kräftig rot gefärbten Ring (immer?). Frucht kugelig, groß, mit unzähligen Samen.
Kultur: *Nymphaea lotus* ist eine bei Aquarianern häufig gepflegte und beliebte Seerose, von der regelmäßig mindestens zwei Farbformen (Sorten 'Grün' und 'Rot') angeboten werden. Beide zeichnen sich durch ein rasches, problemloses Wachstum aus. Bei optimalen Kulturbedingungen werden diese Solitärpflanzen sehr groß und benötigen geräumige Aquarien. Die Entwicklung von uner-

Nymphaea lotus 'Rot' im Aquarium

wünscht kräftigen Exemplaren lässt sich aber gut durch die Verwendung eines nährstoffarmen Bodengrundes unterbinden (z. B. ungewaschener Sand) sowie durch das Einpflanzen in einen Topf, der dann in den Bodengrund versenkt wird. Wichtig ist ein freier Standplatz mit intensiver Beleuchtung, denn bei zu dichtem Pflanzenwuchs sowie zu geringer Beleuchtung bilden sich schnell die unerwünscht langen Blattstiele. Die Tigerlotus gedeiht in weichem und hartem Wasser gut, am günstigsten ist aber weiches, schwach saures Wasser. Optimaler Temperaturbereich 22–28 °C (nicht nur bis 24 °C, wie manchmal angegeben). Eine vegetative Vermehrung erfolgt an kräftigen Pflanzen durch kurze Ausläufer. Die Bildung von Schwimmblättern lässt sich lange unterdrücken, indem immer wieder zu große Blätter entfernt werden. Blüten bilden sich aber nur nach der Entwicklung einiger Schwimmblätter. Blüten treten im Aquarium relativ selten auf (Nachtblüher). Samen werden leicht gebildet und keimen gut.

Ökologie: *Nymphaea lotus* wächst im natürlichen Lebensraum in sehr unterschiedlichen Gewässern. Einerseits werden flache, temporäre Tümpel und kleine Seen besiedelt, in denen die Pflanzen riesige Blattspreiten entwickeln. Solche Biotope sah ich sowohl in Tansania als auch in Senegal und Gambia sehr häufig. Andererseits wächst die Grüne Tigerlotus in Westkamerun in Fließgewässern (diese Fließwasserform wurde auch mit *N. zenkeri* bezeichnet). Ob auch die Rote Farbform von *Nymphaea lotus* in Fließgewässern vorkommt, konnte bisher nicht sicher nachgewiesen werden. Es wurden Vermutungen geäußert, nach denen beide Farbformen auch syntop auftreten sollen. An einem Standort der Grünen Tigerlotus in Westkamerun zwischen Kribi und Campo maß ich folgende Wasserwerte: Temperatur 24–25 °C (Lufttemperatur 27 °C um 14 Uhr), pH 5,5–5,7, GH 0,5 °dH, KH < 0,1 °dH, 40 µS/cm, Fe nicht nachweisbar.

Sonstiges: Bei *N. lotus* handelt es sich offenbar um eine polymorphe Art, deren Formen sehr unterschiedliche Standorte besiedeln. Ob diese auch in Zukunft als eine einzige Art betrachtet werden, bleibt abzuwarten. Leider blieben REM-Untersuchungen von Pollen meiner Herbarbelege zur Klärung von verwandtschaftlichen Beziehungen ergebnislos. Schon innerhalb eines einzigen Herbarbeleges zeigte sich hinsichtlich Pollenstruktur und -größe eine hohe Variabilität, weshalb eine grundsätzliche Aussage über die innerartliche Variationsbreite nicht möglich war.

***Nymphaea micrantha* mit jungen Adventivpflanzen im Aquarium**

Nymphaea micrantha

GUILLEMIN & PERROTTET (1830)

Kleinblütige Seerose

Familie: Nymphaeaceae, Seerosengewächse.
Synonyme: *Nymphaea caerulea* GUILLEMIN & PERROTTET (non SAVIGNY), u. a.
Etymologie: *Nymphaea*: siehe *Nymphaea glandulifera*; *micrantha:* kleinblütig.
Verbreitung: Tropisches Westafrika (östlich bis Sudan).
Beschreibung: Schwimmblattpflanze. Rhizom bis 4 × 2 cm groß. Submerse Blätter ganzrandig, transparent, bis 18 cm lang, 14 cm breit, oberseits grün oder rötlich bis tief rotbraun, ± gefleckt, unterseits ± lila. Schwimmblätter kleiner als die submersen Blätter, oberseits hellgrün, unterseits violett. Spreite rund bis herzförmig oder schildförmig. Basislappen spitz bis lang zugespitzt, wenig gespreizt.

Blüten weiß oder bläulich, 5–10 cm groß, wenig riechend. 4 Kelchblätter. Bis 16 Kronblätter, bis 5 cm lang, gleich lang oder etwas kürzer als die Kelchblätter. Staubblätter zahlreich, gelb, Konnektivfortsätze weiß. Narbenscheibe 15- bis 20-strahlig, gelb.

Kultur: Eine empfehlenswerte und dekorative, mittelgroße Seerose, die gut in weichem und mittelhartem Wasser mit pH-Werten von 6,5–8 und bei einer Temperatur von 24–28 °C gedeiht. Der Bodengrund sollte nährstoffreich sein (z. B. Lehmzugabe). Die Vermehrung von *N. micrantha* ist – im Gegensatz zu vielen anderen Seerosen – leicht und produktiv durch Adventivpflanzen, die bei intensivem Licht an der Basis der Blattspreiten gebildet werden. Damit sie im Aquarium nicht an den Schwimmblättern vertrocknen, dreht man die Blattunterseiten nach oben. Kräftige Blätter können auch abgeschnitten werden. Manchmal werden keine submersen, sondern nur noch schwimmende Blätter entwickelt, was durch eine Reduzierung der Beleuchtungsdauer auf 12 Stunden verhindert werden kann. Diese Maßnahme führt aber bei anderen *Nymphaea*-Arten zu einer verstärkten Entwicklung von Schwimmblättern.
Ökologie: Besiedelt stehende und sehr langsam fließende Gewässer. Ich fand *N. micrantha* weiß blühend und fruchtend in Senegal und Gambia meistens in intensivem Sonnenlicht sowie in schlammigem, stark nach Schwefelwasserstoff riechendem, fauligem Bodengrund (siehe Foto S. 69).

Gefleckte Form von *Nymphaea micrantha* im Aquarium und Adventivpflanzenbildung

Nymphaea micrantha „Gefleckt"

GUILLEMIN & PERROTTET (1830)

Gefleckte Seerose

Beschreibung: Von den Pflanzen aus Senegambia durch folgende Merkmale verschieden: Wasserblätter hellgrün mit intensiv rotbrauner Fleckenzeichnung. Blütenfarbe ± blau.

Kultur: Für die Kultur der Gefleckten Seerose sind mittlere bis hohe Beleuchtungsstärken, Temperaturen von 23–28 °C, nährstoffreicher Bodengrund (Lehm) sowie mittelhartes Wasser mit pH-Werten zwischen 6,5 und 8 gute Wachstumsvoraussetzungen. Bei einer täglichen Beleuchtungsdauer von deutlich über 12 Stunden lässt sich eine vermehrte Bildung von Schwimmblättern und Adventivpflanzen feststellen. Dieses Verhalten im Aquarium verwundert nicht, denn auch am natürlichen Standort der Art bilden sich mit zunehmender Tageslänge und während der Trockenzeit Schwimmblätter und Blüten, um die Vermehrung zu garantieren. Die Länge der Beleuchtungsdauer ist somit auch eine Möglichkeit des Aquarianers, eine unerwünschte Bildung von Schwimmblättern zu verhindern oder zumindest ihren Zeitpunkt deutlich zu verzögern. Allerdings entwickeln sich im Kurztag auch viel weniger Adventivpflanzen. Mit zunehmender Kräftigung der Pflanzen lässt sich beobachten, dass Größe der Blattspreite und ihre Entfernung zur Wasseroberfläche in Relation zur Produktivität der Adventivpflanzen stehen. Jedes an die Wasseroberfläche gelangte Blatt bildet eine Jungpflanze. Lang gestielte Schwimmblätter sehen aber wiederum im Vordergrund eines Aquariums wenig dekorativ aus, weshalb ich, sobald der Anblick nicht mehr schön ist, radikal sämtliche lang gestielten Blätter bis auf wenige kurze reduziere. In den Folgewochen kann ich mich dann wieder an einer kleinen dekorativen Seerosenpflanze erfreuen. Diese Farbform reagiert nach meinen Erfahrungen negativ auf eine zu hohe Dosis von Spurenelementdüngern.

Sonstiges: Die Farbform erhielt ich Ende 1995 durch die Gärtnerei Dennerle aus einem Import aus Westafrika. Ihre genaue Herkunft war aber nicht bekannt. Möglicherweise kam sie aus Burkina Faso, denn dort sind Pflanzen mit Fleckenzeichnung verbreitet (centralafricanplants.senckenberg.de). Mittlerweile ist sie bei Liebhabern gut etabliert, im Fachhandel jedoch gewöhnlich nicht erhältlich – trotz der problemlosen vegetativen Vermehrung.

Blühende *Nymphaea minuta* im Aquarium und Blüte

Nymphaea minuta

K. LANDON, R. A. EDWARDS & P. I. NOZAIC (2006)

Zwergseerose

Familie: Nymphaeaceae, Seerosengewächse.
Synonyme: Keine.
Etymologie: *Nymphaea*: siehe *Nymphaea glandulifera*; *minuta*: sehr klein.
Verbreitung: Ostmadagaskar.
Beschreibung: Kleinblättrige Seerose. Schwimmblätter fast rund, oberseits olivgrün bis braunrot, unterseits kräftig rot, am Standort bis 10 cm groß, am Rand schwach gezähnt. Basislappen wenig gespreizt. Jugendblätter rundlich. Submerse Spreite breit elliptisch bis kreisförmig, ganzrandig, dünn, im Aquarium gewöhnlich nicht größer als 10 cm, olivgrün bis leuchtend braunrot gefärbt.

Blüten 2,5–4 cm groß. 4 Kelchblätter. 6–8 Kronblätter, hellrosa bis weiß. Staubblätter 8–32, gelb; Konnektivfortsätze hellrosa bis weiß. Narbenscheibe 5- bis 15-strahlig, gelb. Frucht kugelig, etwa 3 cm. Samen zahlreich, eirund, behaart.
Kultur: Eine gutwüchsige, an Licht, Temperatur und Wasserbeschaffenheit sehr anpassungsfähige Seerose. Rötliche Blätter bilden sich nur bei intensiver Beleuchtung. Die Art ist sehr wärmeliebend: Optimumtemperatur 24–28 °C. Obwohl diese Seerose am Standort in sehr weichem Wasser wächst, hatte ich gute Pflegeerfolge auch in mittelhartem Wasser. Die Art ist pH-tolerant, wächst aber deutlich besser bei ausreichend freiem Kohlendioxid. Einzigartig ist die regelmäßige Bildung von Blüten und Früchten unter Wasser, ohne dass zuvor Schwimmblätter gebildet wurden. Die Blüten öffnen sich für einige Stunden und sind selbstbefruchtend (kleistogam), was bei *N. minuta* erstmals beobachtet wurde. Die Samen sind nach 3–4 Wochen reif. Für die mühsame Aufzucht sind eine hohe Temperatur und viel Licht erforderlich. Kulturpflanzen können deutlich größer werden als die am Standort gefundenen Exemplare.
Ökologie: Die Art ist bisher erst zweimal gesammelt worden. Ich fand sie 2006 bei Anove in fast stehenden bis schnell fließenden, kleinen Gewässern mit submersen Blättern sowie in Reisfeldern in flachem Wasser, nur mit Schwimmblättern bei über 45 °C. Die Pflanzen wurzelten im Lehmboden. Das Wasser war nährstoffarm, sehr weich, mineralarm und sauer (Foto S. 47). Wasseranalyse S. 606.
Literaturhinweis: KASSELMANN (2008 a); LANDON et al. (2006).

Nymphaea rudgeana im Aquarium

Nymphaea rudgeana

G. MEYER (1818)

Rudges Seerose

Familie: Nymphaeaceae, Seerosengewächse.
Synonyme: *Nymphaea ampla* var. *rudgeana* (G. MEYER) DE CANDOLLE, u. a.
Etymologie: *Nymphaea*: siehe *N. glandulifera*; *rudgeana*: nach dem Botaniker E. RUDGE (1763–1846).
Verbreitung: Mittelamerika, östliches und nördliches Südamerika.
Beschreibung: Schwimmblattpflanze mit kräftigem Rhizom; ohne Ausläufer. Blattspreite im Aquarium meistens bis etwa 25 cm gestielt und 15 cm groß, fast kreisförmig, ganzrandig, rosa gefärbt. Spitze rund; Basislappen spitz gerundet, weit gespreizt. Schwimmblätter an den natürlichen Standorten bis 45 cm groß, am Rand unregelmäßig gezähnt. Hauptnerven (11–)15–23.

Blüten cremefarben, gelblich oder schwach purpurfarben, etwa 7–10 cm groß. 4 Kelchblätter. 12–29 Kronblätter. 39–186 Staubblätter, mit Konnektivanhängseln. Narbenscheibe 11- bis 31-strahlig.

Kultur: *Nymphaea rudgeana* ist bisher eine seltene Seerose, die aber nicht schwierig zu kultivieren ist. In weichem bis mittelhartem Wasser mit schwach saurem bis leicht alkalischem pH-Wert gelang eine problemlose Hälterung. Für ein zufriedenstellenes Gedeihen sind eine gute Beleuchtung sowie ein nahrhafter Bodengrund (Lehm) die wichtigsten Voraussetzungen. Im Aquarium bilden sich mittelgroße, kompakte Rosetten mit auffällig rosa gefärbten Blattspreiten. Schwimmblätter wurden bisher nicht beobachtet, weshalb diese Art prädestiniert ist für eine Aquarienkultur. Temperatur 23–29 °C. Leider misslang eine produktive Vermehrung.
Ökologie: *Nymphaea rudgeana* besiedelt stehende und fließende, auch brackige Gewässer. Zwei Standorte in der Gran Sabana in Venezuela: 1) Kleiner Fluss, dichte Bestände in weichem Lehm in 1–2 m tiefem, langsam fließendem Wasser. Wasseranalyse (8/1989): Temp. 23,5 °C (Lufttemp. 24,5 °C um 14 Uhr), pH 5, GH < 1 °dH, KH 4 °dH, 60 µS/cm. 2) Rio Cucurital im Einzugsbereich des Rio Caroni. Kleiner Fluss, einzelne Exemplare in flachem Wasser, unbeschattet. Wasseranalyse (4/1992): Temp. 29 °C (Lufttemp. 32 °C) pH 6,0, GH/KH < 1 °dH, < 10 µS/cm.
Literaturhinweis: WIERSEMA (1987).

Nymphoides aquatica im Aquarium

Nymphoides aquatica

(WALTER) O. KUNTZE (1891)

Wasserbanane

Familie: Menyanthaceae, Fieberkleegewächse.
Synonyme: *Anonymos aquatica* WALTER (1788), *Villarsia aquatica* GMELIN, *Menyanthes trachysperma* MICHAUX, *Limnanthemum aquaticum* BRITTON.
Etymologie: *Nymphoides*: Gattungsname *Nymphaea* und *eidos* (gr.) = Gestalt, Seekanne; *aquatica*: im Wasser lebend.
Verbreitung: USA (New Jersey, Florida, Texas).
Beschreibung: Kleine Schwimmblattpflanze. An einem kurzen Rhizom zahlreiche, etwa 2–5 cm lange und bis 6 mm dicke Wurzelknollen, die entfernt an eine „Bananenstaude" erinnern, sowie fleischige Wurzeln. Submerse Jugendblätter 4–8 cm groß, im Aquarium etwa 5 cm lang gestielt, etwas steif, fleischig, schwach gewellt, gelblichgrün bis schwach bräunlich gefärbt, Langtrieb und Blattunterseite rot gepunktet. Schwimmblätter breit eiförmig bis kreisförmig, tief eingeschnitten, fleischig, 5–12 cm groß.

Blütenstand vielblütig. Blütenstiel bis 8 cm lang. Kelchblätter 4–5 mm lang, purpurn gepunktet. Kronlappen weiß, 10–14 mm lang. Griffel fehlend; Narbe 2-lappig. Kapsel 10–14 mm lang, vielsamig. Samen deutlich warzig.
Kultur: Während bei anderen *Nymphoides*-Arten, die sehr zarte und gewöhnlich leicht vergängliche submerse Jugendblätter haben, schon nach kurzer Zeit die Schwimmblattphase eintritt, weist *N. aquatica* im Aquarium ein vollkommen anderes Verhalten auf. Die Jugendblätter befinden sich an sehr kurzen Trieben und sind relativ langlebig. Schwimmblätter und Blütenstände bilden sich gewöhnlich nicht im Aquarium. Aufgrund dieser Eigenschaften ist *N. aquatica* eine häufig kultivierte Art, die für die Bepflanzung des Vordergrundes geeignet ist, wo sie viele Monate wächst. Allerdings habe ich die Erfahrung gemacht, dass die auffällig verdickten Wurzeln („Bananen"), die als Nährstoffspeicher dienen, nach einigen Monaten regelmäßig abbrechen oder verfaulen und danach das Wachstum nachlässt. *Nymphoides aquatica* ist lichtbedürftig. Für die Entwicklung von Schwimmblättern sind flache Aquarien erforderlich. Temperatur etwa 20–26 °C.
Ökologie: *Nymphoides aquatica* besiedelt ruhige Gewässer im Küstenbereich.

Nymphoides cristata „Taiwan“ im Aquarium

Wasserblatt von *Nymphoides cristata* „Taiwan“

Nymphoides cristata „Taiwan“

(ROXBURGH) O. KUNTZE (1891)

Familie: Menyanthaceae, Fieberkleegewächse.
Synonyme: *Menyanthes cristata* ROXBURGH (1798), u. a.
Etymologie: *cristata*: kammförmig.
Verbreitung von *N. cristata*: Indien, China, Sri Lanka, Taiwan, eingeschleppt in Florida.
Beschreibung des Typs „Taiwan“: Schwimmblätter breit eiförmig bis kreisförmig, Basis tief herzförmig eingeschnitten, Spitze rund, grün oder mit ± dunkelroten Flecken und dunkelrotem Blattrand. Blütenbildung extrem selten. Schwimmblätter unterseits drüsig. Wasserblätter nierenförmig, 5–10 cm groß, Basallappen rund, hellgrün. Blüte mit gelbem Zentrum, Kronlappen breit verkehrt eiförmig.
Kultur: *Nymphoides cristata* „Taiwan“ wächst schnell und ist eine empfehlenswerte Wasserpflanze, die im Aquarium keine Schwimmblätter bildet. Mit Erreichen der Oberfläche müssen lange Triebe entfernt werden, damit die Folgeblätter kürzer bleiben. Die Art gedeiht in weichem oder hartem, saurem oder leicht alkalischem Milieu. Temperatur 18–32 °C. Jungpflanzen bilden sich zahlreich an kräftigen Blättern unterhalb der Basis.
Sonstiges: Diese rätselhafte Form von *N. cristata* wurde 1994 von der Fa. Dennerle aus Taiwan importiert und als sp. „Flipper“ oder „Taiwan“ vertrieben. Eine DNA-Analyse durch GITTE PETERSEN weist auf *N. cristata* hin (pers. Mitt.), die auf Taiwan natürlich verbreitet ist. Sie ist *N. hydrophylla* sehr ähnlich, mit der sie häufig synonymisiert wird. TIPPERY & LES (2011) betrachten *N. hydrophylla* und *N. cristata* nach morphologischen Merkmalen jedoch als zwei Arten, eine Ansicht, der ich hier folge. Genanalysen liegen bisher nur von *N. cristata* vor. HO & ORNDUFF (1995) nennen als Unterschied zu *N. hydrophylla* eine drüsige Schwimmblattunterseite von *N. cristata*, was für den Typ „Taiwan“ zutrifft. Im Sommer 2018 gelang R. PELLEGRINI (Italien) erstmals eine Blütenbildung bei der Aquarienpopulation. Durch seine Fotos war mir ein Vergleich mit *N. hydrophylla* und *N. cristata* aus dem indischen Kerala möglich. Beide blühen in der Natur häufig. Die Schwimmblätter von *N. cristata* „Taiwan“ stehen morphologisch offenbar zwischen beiden Arten. Vielleicht ist die Kulturpflanze eine natürliche Hybride oder ein genetisch fixierter, vegetativer Klon.

Nymphoides ezannoi

BERHAUT (1967)

Ezannos Seekanne

Familie: Menyanthaceae, Fieberkleegewächse.
Synonyme: *Limnanthemum senegalense* auct. non (G. DON) N. E. BROWN, *Limnanthemum indicum* auct. non (L.) THWAITES, *Nymphoides indica* auct. non (L.) O. KUNTZE.
Etymologie: *Nymphoides*: siehe *N. aquatica*; *ezannoi*: nach dem Sammler PÈRE EZANNO.
Verbreitung: Senegal, Mali, Niger, Tschad, Sudan.
Beschreibung: Schwimmblattpflanze mit kurzem Rhizom und intensiver Ausläuferbildung. Nach einigen submersen, zarten, hellgrünen, bis 5 × 5 cm großen Jugendblättern entwickeln sich nur noch Schwimmblätter, die an einem bis 80 cm langen Langtrieb stehen. Blattstiel 0,5–1 cm lang. Spreite breit eiförmig bis kreisförmig, ganzrandig, an der Basis tief herzförmig eingeschnitten, 5–10(–14) cm groß, oberseits olivgrün, unterseits schwammig, weißlichgrün oder weinrot gefärbt.

Blütenstand scheinbar aus dem Stiel des Schwimmblattes entspringend, mit etwa 10–25 nacheinander aufblühenden, zweigeschlechtlichen, kurzlebigen Blüten. Blüten bis 5 cm gestielt, 5-zählig, nicht verschiedengriffelig. Kelch 5 mm lang. Krone 5-lappig, trichterförmig, weiß, im Schlund gelblich, fast kahl, 0,8–2 cm groß; Kronlappen an den Rändern breit geflügelt sowie in der Mitte mit einem aufrechten Flügel, gelegentlich eingeschnitten, wenig gefranst, an der Basis etwas zottig behaart. 5 Staubblätter; Filamente sehr kurz. 1 sehr kurzer Griffel; Narbe 2-lappig. Kapsel fast würfelförmig, mit 2–20 Samen; diese 1,5–1,9 mm groß, fast kugelig, warzig-bestachelt.
Kultur: *Nymphoides ezannoi* ist eine besonders empfehlenswerte, schnell wachsende Schwimmblattpflanze, die den Aquarianer mit ihrer großen Blühwilligkeit erfreut. Nicht eingepflanzte, nur auf der Wasseroberfläche treibende Sprosse degenerieren zusehens, weshalb es unbedingt erforderlich ist, die Pflanzen in den Bodengrund zu setzen. Werden die sich entwickelnden Schwimmblätter regelmäßig entfernt, bilden sich einige Monate lang nur die submersen kleinen Jugendblätter. Mit dem Eintritt in das Schwimmblattstadium entstehen auch die Blütenstände und an deren Basis Adventivsprosse mit Wurzeln, die abgetrennt und neu gepflanzt werden können. Auch einzelne Schwimmblätter, die auf feuchten Bodengrund gelegt und mit einer Glasscheibe abgedeckt werden, bilden schnell Adventivsprosse. Nicht selten besitzt eine Pflanze nahezu 30 Schwimmblätter, und die zahlreichen Blüten sind ein prächtiger Anblick. Ein regelmäßiges Entfernen von zu stark beschattenden Schwimmblättern schadet der Pflanze nicht. Sowohl ein nahrhafter Bodengrund als auch eine gute Beleuchtung sind zu empfehlen. *Nymphoides ezannoi* wächst in weichem und hartem Wasser gleichermaßen gut. Die Art verträgt keine starke Wasserbewegung. Temperatur 24–30 °C.
Ökologie: *Nymphoides ezannoi* besiedelt stehende Permanent- und Temporärgewässer. Im November 1983 sah ich im Senegal bei dem Ort Kaolack einen großen, temporären Tümpel mit dichten Beständen, die in flachem Wasser bei intensivem Sonnenlicht wuchsen. Die Art war vergesellschaftet mit *Nymphaea lotus*, *Lemna* und *Salvinia* (KASSELMANN 2002 d).
Sonstiges: Seit etwa 1988 in Kultur.

Blüten von *Nymphoides ezannoi*

Blüte von *Nymphoides fallax*

Nymphoides fallax

ORNDUFF (1969)

Familie: Menyanthaceae, Fieberkleegewächse.
Synonyme: Keine.
Etymologie: *Nymphoides*: siehe *N. aquatica*; *fallax*: trügerisch, täuschend, bezieht sich vermutlich auf die Ähnlichkeit zu *N. indica*.
Verbreitung: Mexiko, Guatemala.
Beschreibung: Ausdauernde (auch einjährige?), kleine Schwimmblattpflanze. Langtrieb bis etwa 75 cm. Blattstiel 0,5–2,5 cm lang. Blattspreite fast kreisförmig, 4–12 cm im Durchmesser groß, oberseits grün, unterseits manchmal bräunlich gefärbt.

Blütenstand 5- bis 20-blütig. Blüten fünfzählig, zweigeschlechtlich, verschiedengriffelig. Blütenstiel 2–5(–7) cm lang. Kelchblätter 6–7(–10) mm lang. Kronlappen geflügelt, kräftig gelb gefärbt, zottig behaart, 12–15 mm lang. Kapsel eiförmig-kugelig mit 10–25 Samen; Samen 2–2,5 mm im Durchmesser, beulig oder fast glatt, etwas zusammengedrückt.
Kultur: Über die Kultur von *Nymphoides fallax* ist bisher nichts bekannt. Es ist aber zu vermuten, dass es sich um eine im Aquarium gutwüchsige Art handelt, deren Einfuhr wünschenswert wäre. Vermutlich ist diese Pflanze wärmeliebend.
Ökologie: *Nymphoides fallax* lebt am natürlichen Standort in stehenden Gewässern wie Überschwemmungsgebieten, Seen und Teichen sowie in langsam fließenden Flüssen in Höhen von 1600 bis 2500 m über dem Meeresspiegel. In Mexiko sah ich an der Straße von San Cristobal las Casas nach Palenque im Gebirge dichte und blühende Bestände in einem austrocknenden Tümpel in intensivem Sonnenlicht.
Sonstiges: *Nymphoides fallax* wurde viele Jahre lang für *N. indica* (LINNÉ) O. KUNTZE oder *N. humboldtiana* (KUNTH) O. KUNTZE gehalten, da beide Arten in vegetativen Merkmalen übereinstimmen. Sie unterscheiden sich aber deutlich in ihren Blütenmerkmalen sowie den Samen und besitzen zudem eine unterschiedliche Höhenverbreitung. Während *Nymphoides indica* im Allgemeinen in tropischen Bereichen in niedrigen Höhen vorkommt, besiedelt *N. fallax* größere Höhenlagen. Allerdings kommt *N. fallax* im Hochland von Südguatemala sympatrisch mit *N. indica* vor.
Literaturhinweis: ORNDUFF (1969), KASSELMANN (2002 d).

Blüte von *Nymphoides forbesiana*

Nymphoides forbesiana

(GRISEBACH) O. KUNTZE (1891)

Forbes' Seekanne

Familie: Menyanthaceae, Fieberkleegewächse.
Synonyme: *Limnanthemum forbesianum* GRISEBACH (1839), u. a.
Etymologie: *Nymphoides*: siehe *N. aquatica*; *forbesiana*: nach dem engl. Gärtner und Sammler der Pflanze J. FORBES (1773–1861).
Verbreitung: Weit verbreitet im tropischen und subtropischen Afrika mit humidem Klima.
Beschreibung: Einjährige oder ausdauernde, ausläuferbildende Schwimmblattpflanze mit kurzem Rhizom. Schwimmblätter an langen Trieben. Blattstiel 5–10 (–30) mm lang. Spreite fast kreisförmig, ganzrandig, tief eingeschnitten, bis 12 cm groß, oberseits hellgrün, unterseits etwas schwammig, dunkelrot gefärbt.

Blütenstand mit etwa 10–20 nacheinander aufblühenden, kurzlebigen, etwa 3–7 cm gestielten Blüten. Blüten zweigeschlechtlich, fünfzählig, 1,5–2,0 cm groß. Kelchblätter 3–5 mm lang. Kronlappen 1 cm lang, leuchtend gelb, zottig behaart. Griffel mit Narbe länger (5–6 mm) oder kürzer als die Staubblätter (verschiedengriffelige Blüten, Heteromorphie); Narbe 2-lappig. Kapsel eiförmig, mit 2–10 Samen; diese fast kugelig, 2 mm groß, glatt bis stark bestachelt.
Kultur: *Nymphoides forbesiana* wurde bisher erst einmal im Aquarium kultiviert. Von der Insel Mafia eingeführte Exemplare ließen sich einige Monate lang problemlos pflegen, gingen dann aber ein. Möglicherweise handelte es sich um kurzlebige (einjährige) Pflanzen, die aus diesem Grunde im Aquarium nicht auf Dauer zu pflegen sind. Eine Einfuhr dieser interessanten und fleißig blühenden Art ist wünschenswert.
Ökologie: Ich fand *N. forbesiana* auf Mafia im Juni 1982 in kleinen, temporären Tümpeln, die regelmäßig austrocknen. Etwa 6 Wochen nach der Regenzeit boten die großen Bestände mit ihren zahlreichen gelben Blüten einen beeindruckenden Anblick. Die Pflanzen wuchsen in flachem Wasser auf sandigem Boden in intensivem Sonnenlicht. Diese Standorte, die erneut im Dezember 1980 und 1981 aufgesucht wurden, waren in der regenarmen Jahreszeit vollständig ausgetrocknet. Es ist zu vermuten, dass die Samen eine große Widerstandsfähigkeit gegen Austrocknung besitzen.

Nymphoides hydrophylla am natürlichen Standort auf Sri Lanka

Nymphoides hydrophylla

(LOUREIRO) O. KUNTZE (1891)

Wasserblättrige Seekanne

Familie: Menyanthaceae, Fieberkleegewächse.
Synonyme: *Menyanthes hydrophylla* LOUREIRO (1790).
Etymologie: *Nymphoides*: siehe *Nymphoides aquatica*; *hydrophylla*: wasserblättrig.
Verbreitung: Indien, China, Laos, Thailand, Vietnam, Sri Lanka.
Beschreibung: Ausdauernde Schwimmblattpflanze mit kurzem Rhizom. Langtrieb bis 85 cm. Schwimmblätter bis 2,5 cm lang gestielt, eirund bis kreisförmig, tief herzförmig-pfeilförmig eingeschnitten, schwach gekerbt, die Lappen rund, bis 13 cm im Durchmesser groß, oberseits grün, unterseits purpurn gefärbt.

Blütenstand mit mehr als 20 nacheinander aufblühenden, kurzlebigen Blüten. Blüten 2,8–6,0 cm lang gestielt, fünfzählig, nicht verschiedengriffelig, 1,4–2,0 cm groß. Kelch bis 5 mm lang. Kronlappen 5–6, weiß, an der Basis schwach gelblich, an den Rändern etwas gewellt und oberseits mit einem gewellten Kamm. Filamente kurz. Griffel sehr kurz; Narbe 2-lappig. Kapsel breit eiförmig, mit 5–10 Samen; diese kugelig oder linsenförmig, 2 mm im Durchmesser groß.

Kultur: *Nymphoides hydrophylla* wurde vereinzelt eingeführt, hat aber in der Aquaristik keine Verbreitung gefunden. Die Art ist jedoch offenbar nicht schwierig zu kultivieren. Ausführliche Pflegeangaben liegen aber nicht vor.

Ökologie: *Nymphoides hydrophylla* besiedelt, wie auch von anderen *Nymphoides*-Arten bekannt, ruhige Gewässer, wie Tümpel, Teiche und Seen, bis 150 m über dem Meeresspiegel. Auf Sri Lanka ist die Art sehr häufig anzutreffen. Ich sah *N. hydrophylla* zusammen mit *Nymphoides indica* vergesellschaftet in massenhaften Beständen in einem See unweit des Ortes Beliatta. Im Januar 1985 wurden folgende Wasserwerte festgestellt: Temperatur 32 °C, GH und KH 4 °dH, pH 7, 482 µS/cm, E_H 390 mV.

Sonstiges: Bei der im Handel als *Nymphoides hydrophylla* „Taiwan“ vertriebenen Art dürfte es sich um eine Form von *N. cristata* handeln. Diese Art ist *N. hydrophylla* sehr ähnlich und wird mit dieser auch häufig in der wissenschaftlichen Literatur synonymisiert.

Literaturhinweis: CRAMER (1981), KASSELMANN (2002 d).

Nymphoides indica mit Blüten

Nymphoides indica

(LINNÉ) O. KUNTZE (1891)
Indische Seekanne

Familie: Menyanthaceae, Fieberkleegewächse.
Synonyme: *Menyanthes indica* L. (1753), u. a.
Etymologie: *Nymphoides*: siehe *N. aquatica*, *indica*: aus Indien stammend.
Verbreitung: Afrika, Asien, Australien (nicht in Amerika).
Beschreibung: Langtrieb bis 2 m. Blattstiel meistens 1,5–6 cm. Spreite bis 30 cm groß, im Aquarium etwa 10 cm, oberseits grün, unterseits auch rötlich gefärbt, manchmal schwammig.

Blütenstand mit 20–30 Blüten. Blütenstiel 2–12 cm. Blüten 1,2–3 cm groß. Kelch bis 7 mm lang. Kronlappen (4–)5(–7), zottig behaart, weiß mit ± intensiv gelber Basis. Blüten mit langem (7–11 mm) oder kurzem (2–4 mm) Griffel (Heterostylie, Hydromorphie). Kapsel eiförmig, mehr als 10 Samen; diese linsenförmig, glatt oder warzig, 1,5–2,2 mm lang.
Kultur: Kultur wie bereits bei *Nymphoides ezannoi* angegeben.
Ökologie: *Nymphoides indica* wächst in stehendem Wasser von Sumpfgebieten, Seen und Teichen. Einige Standortangaben: 1) Papua Neuguinea (7/1988): Sumpfiger See mit dichten Beständen. Temperatur 31 °C, pH-Wert 7,5, GH 11 °dH, KH 15 °dH, 510 µS/cm. 2) Sri Lanka (1/1985): See. Temperatur 32 °C, pH-Wert 7, GH/KH 4 °dH, 482 µS/cm, EH 390 mV. 3) Bali: Beratan-See, große Bestände. pH-Wert 5,7–5,9, GH/KH 1 °dH, 100 µS/cm. 4) Sulawesi (7/1981): Matana- und Towutisee. Auffällig kleinblättrige Pflanzen. Temperatur 29 °C, in 2 m Tiefe noch 28,5 °C, pH-Wert 6,5–7,2, GH 6,0/3,4 °dH, KH 1,8/1,4 °dH, 185/125 µS/cm.
Sonstiges: Nach ORNDUFF (1970) wurde die neuweltliche *Nymphoides humboltiana* (KUNTH) O. KUNTZE mit einem tetraploiden Chromosomensatz lange Zeit als Synonym der diploiden *N. indica* (alte Welt) angesehen. TIPPERY & LES (2011) wiesen in monophyletischen Analysen nach, dass es sich trotz ihrer großen morphologischen Ähnlichkeit doch um zwei Arten handelt. *Nymphoides humboldtiana* steht nach diesen Untersuchungen *N. fallax* verwandtschaftlich besonders nahe. RAYNAL (1974) beschrieb die Unterart *N. indica* subsp. *occidentalis* aus Afrika. Ferner ist eine Hybride, *N. brevipedicellata* × *indica* subsp. *occidentalis*, aus Kamerun bekannt.

Nymphoides microphylla am natürlichen Standort im Staat Mato Grosso (Brasilien)

Nymphoides microphylla

(St. Hilaire) O. Kuntze (1891)

Kleinblättrige Seekanne

Familie: Menyanthaceae, Fieberkleegewächse.
Synonyme: *Villarsia microphylla* St. Hilaire (1833), *Limnanthemum microphyllum* Griseb.
Etymologie: *Nymphoides*: siehe *Nymphoides aquatica*; *microphylla*: kleinblättrig.
Verbreitung: Brasilien, Bolivien (?), Paraguay (?).
Beschreibung: Schwimmblattpflanze mit intensiver Ausläuferbildung. Blattstiel 5–6 cm lang. Schwimmblattspreite breit eiförmig bis kreisförmig, ganzrandig, an der Basis breit herzförmig eingeschnitten mit runden Lappen, bis 11 cm im Durchmesser groß, oberseits gelblichgrün gefärbt, unterseits etwas heller, gepunktet und schwammig.

Blütenstand mit 9–15 nacheinander aufblühenden, zweigeschlechtlichen, kurzlebigen Blüten. Blütenstiel bis 7 cm lang. Blüten 5-zählig, etwa 1,5 cm im Durchmesser groß. Kelch 5–7 mm lang, länger als die Kapsel. Krone 5-lappig, trichterförmig; Kronlappen etwa 8 mm lang, gelb, zottig behaart. 5 Staubblätter; Filamente etwa 3 mm, Antheren 2 mm lang. Griffel mit Narbe 4 mm lang; Narbe zweilappig. Fruchtknoten eiförmig, 3 mm lang. Kapsel verkehrt eiförmig, etwa 5 mm lang, mit etwa 6 Samen; diese fast kugelig, schwach zusammengedrückt, fast glatt, hellbraun mit dunklen Flecken, 1,5 mm groß.
Kultur: Über die Kultur dieser interessanten Pflanze ist bisher nichts bekannt.
Ökologie: Im Mato Grosso (nördlich des Pantanals in Südwestbrasilien) untersuchte ich einen natürlichen Standort von *N. microphylla*. Dieser Fundort befindet sich zwischen Caceres und S. Antonio, 53 km vor S. Antonio. Im März 1986 wuchsen dichte Bestände in einem temporären Tümpel im flachen Wasser in intensivem Sonnenlicht. Der Bodengrund war lehmig. Im südlichen Pantanal (Brasilien), 30 km nördlich von Miranda, fand W. Bock (Berlin) im September 1992 dichte Bestände von *N. microphylla* in einem temporären Teich in flachem Wasser. Auch an diesem Standort wuchsen die Pflanzen unbeschattet und in lehmigem Boden.
Sonstiges: Obwohl diese Art schon 1833 als *Villarsia microphylla* beschrieben wurde, ist sie bis heute auch wissenschaftlich kaum bekannt. Eine Einfuhr wäre wünschenswert.

Blühende Pflanzen von *Nymphoides thunbergiana* in Westmadagaskar

Nymphoides thunbergiana

(GRISEBACH) O. KUNTZE (1891)

Thunbergs Seekanne

Familie: Menyanthaceae, Fieberkleegewächse.
Synonyme: *Limnanthemum thunbergiana* GRISEBACH (1839), u. a.
Etymologie: *Nymphoides*: siehe *Nymphoides aquatica*; *thunbergiana*: nach C. P. THUNBERG (1743–1828).
Verbreitung: Südafrika, Simbabwe, Mosambik, Madagaskar, Mauritius.
Beschreibung: Ausdauernde, wenige ausläuferbildende Schwimmblattpflanze. Jugendblätter im Aquarium etwa 5 × 5 cm groß. Blattstiel bis 6 cm lang. Blattspreite kreisförmig, tief eingeschnitten, etwas steif, bis 20 cm groß, in Kultur etwa 10 cm, oberseits grün, unterseits grün oder schwach bräunlichrot gefärbt.

Blütenstand gewöhnlich mit mehr als 10 Blüten. Diese 4–8 cm gestielt, gewöhnlich 5-zählig, verschiedengriffelig, 2–3 cm groß. Kelchblätter 4–6,5 mm lang. Kronlappen zottig behaart, hellgelb. Bei kurzgriffeligen Blüten Griffel etwa 2 mm, bei langgriffeligen bis 5 mm lang und die Staubblätter weit überragend. Narbe 2-lappig. Kapsel eiförmig; Samen wenig, kugelig, fast glatt, 1,3–1,8 mm groß.
Kultur: Nach bisherigen (wenigen) Kulturerfahrungen kann diese seltene Pflanze ohne Probleme im Tropenaquarium kultiviert werden. Die Exemplare lassen sich lange im submersen Jugendstadium halten, wenn sie aus Samen herangezogen werden und alle sich entwickelnden Schwimmblätter regelmäßig entfernt werden. Der Bodengrund sollte nahrhaft sein, denn gute Erfahrungen wurden mit einer Lehmzugabe gemacht. Eine Kultur ist auch im Gartenteich möglich. Die Art verträgt Temperaturen zwischen 15 und 30 °C, ist aber nicht winterhart.
Ökologie: *Nymphoides thunbergiana* wächst in stehenden oder langsam fließenden Gewässern. VAN DER VLUGT fand sie in der Provinz Natal in Südafrika. In einem kleinen See unweit des Mhlang-Flusses im Vernon-Crookes-Nationalpark wuchsen die Pflanzen in etwa 50 cm tiefem Wasser im Oktober bei einer Wassertemperatur von 21 °C. In Ostmadagaskar fand ich die Art in dichten Beständen. Siehe Biotop 40 (S. 43) sowie Wasseranalyse S. 606 (Tümpel östlich Morondava).
Literaturhinweis: VAN DER VLUGT (1993 a), KASSELMANN (2002 d).

Ottelia alismoides im Aquarium

Ottelia alismoides

(LINNÉ) PERSOON (1805)

Froschlöffelähnliche Ottelie

Familie: Hydrocharitaceae, Froschbissgewächse.
Synonyme: *Stratiotes alismoides* L. (1753), u. a.
Etymologie: *Ottelia*: bezieht sich auf einen malabarischen Volksnamen; *alismoides*: der Gattung *Alisma* (Froschlöffel) ähnlich.
Verbreitung: Asien, Australien.
Beschreibung: Einjährige, in Kultur mehrjährige Wasserpflanze, bis 75 cm hoch. Jugendblätter linealisch. Folgeblätter bis 50 cm gestielt. Spreite breit eirund, herzförmig, tütenförmig eingerollt, transparent, zerbrechlich, etwas bullös, bis 20 × 15 cm groß, hellgrün.

Blütenstängel bis 60 cm lang, nach der Anthese spiralig gedreht. Blüten gewöhnlich zweigeschlechtlich (nach COOK & URMI-KÖNIG 1984 b auch weibliche und männliche Blüten), chasmogam oder kleistogam. Spatha (15–)20–40(–50) mm lang, transparent, grün, geflügelt, gerippt, mit (3–)4–10(–12) Flügeln oder Rippen. Kronblätter weiß. Samen zahlreich.

Kultur: Eine lichtbedürftige, sonst aber problemlose und schnellwüchsige Pflanze, deren Kultur geräumige, hohe Aquarien erfordert. Die Pflege ist sowohl in weichem als auch hartem Wasser möglich. Kräftige Exemplare erzielt man auf einem nährstoffreichen Bodengrund und bei regelmäßigen Düngerzugaben sowie CO_2-Zufuhr. Eine Vermehrung muss durch Samen erfolgen. Blüten, die sich selbst bestäuben, werden auch im Aquarium sehr häufig gebildet. Nach etwa 2 Wochen sind die Samen reif. Eine Anzucht in einem separaten Gefäß ist nicht schwierig und sehr produktiv, aber auch zeitaufwändig. Vorsicht vor Schneckenfraß! Leider wird diese prächtige Pflanze wegen ihrer leichten Zerbrechlichkeit eine Rarität bleiben. Optimale Temperatur 22–26 °C.
Ökologie: Wächst in stehenden und fließenden Gewässern. Ich kann über 2 Standorte berichten. Bali (8/1981, Foto S. 87): Sumpfgebiet, dichte Bestände auf schlammigem Boden. Standort sonnig, pH 7,5, GH 5,3 °dH, 785 µS/cm. Papua-Neuguinea (7/1988): Kleiner Fluss mit starker Strömung. Wenige *Ottelia* am Rand in schlammig-sandigem Bodengrund. Standort sonnig-schattig. Wassertemp. 26 °C (Luft 28 °C um 15 Uhr), pH 8,2, GH 8 °dH, KH 14 °dH, 470 µS/cm.

Weibliche Blüte von *Ottelia acuminata*
Blüte von *Ottelia ulvifolia*

Blüte von *Ottelia brasiliensis*
Männliche Blüte von *Ottelia mesenterium*

Ottelia brasiliensis am natürlichen Standort im Rio Guaporé (Brasilien)

Ottelia brasiliensis

(Planchon) Walpers (1852)

Brasilianische Ottelie

Familie: Hydrocharitaceae, Froschbissgewächse.
Synonyme: *Damasonium brasiliensis* Planchon (1849), *Beneditaea brasiliensis* (Planchon) Toledo.
Etymologie: *Ottelia*: siehe *Ottelia alismoides*; *brasiliensis*: aus Brasilien stammend.
Verbreitung: Südbrasilien, Paraguay, Nordostargentinien.
Beschreibung: Wasserpflanze mit bis 2 m langen Blättern in einer Rosette. Blätter sehr lang gestielt; Spreite bandförmig, transparent, linealisch oder etwas spatelförmig bis verkehrt lanzettlich, elliptisch oder verkehrt eiförmig, hellgrün oder rötlich gefärbt. Basis herablaufend; Rand ganzrandig, etwas gewellt; Spitze spitz bis zugespitzt. Blüten zweigeschlechtlich, an einem bis 2 m langen, nicht geflügelten Blütenstängel, spiralig nach der Anthese. Spatha transparent, 30–65 mm lang, 6–18 mm breit, glatt oder mit 2 länglichen Rippen oder kleinen Flügeln. Krone 4,0 × 3,5 cm groß, gelb. 6–9(–17) Staubblätter. 3 zweispaltige Griffel. Frucht mit wenigen, großen Samen.
Kultur: Eine interessante und sehr dekorative Wasserpflanze, die bisher noch nicht eingeführt wurde. Ich versuchte eine Kultur in mittelhartem Wasser, was aber misslang. Vermutlich benötigt die Art – wie am natürlichen Standort – ein sehr weiches, stark strömendes Wasser.
Ökologie: Über die Ökologie ist kaum etwas bekannt. Ich sammelte *O. brasiliensis* im Mato Grosso (Brasilien) im Oberlauf des Rio Guaporé, wo die Art in großen Beständen auftritt. Der Wasserstand schwankt um etwa eineinhalb Meter. Zur Trockenzeit wachsen die Pflanzen sowohl am Rande des Flusses im flachen Wasser, auf Sandbänken aber auch in einer Tiefe bis knapp 2 m, zur Hochwasserzeit vermutlich sogar in über 3 m tiefem Wasser. Im Juli 1987 (Trockenzeit) fluteten die Blätter und Blüten an der Wasseroberfläche unbeschattet in intensivem Sonnenlicht. Die Pflanzen waren an den Flussrändern immer einer starken Strömung ausgesetzt und wuchsen niemals in stehendem Wasser. Der Bodengrund bestand aus feinem Sand. Siehe Biotope 1 (S. 26) und 12 (S. 34).

Noch nicht eingeführt wurde *Ottelia cordata* mit herzförmigen, stark buckligen Blättern. Ich fand sie in Thailand an der Grenze zu Burma unweit des *Pogostemon-helferi*-Standortes. Die Einfuhr wäre eine Bereicherung für die Aquaristik.

Ottelia mesenterium

(HALLIER fil.) HARTOG (1957)

Gekräuselte Ottelie

Familie: Hydrocharitaceae, Froschbissgewächse.
Synonyme: *Boottia mesenterium* HALL. f. (1915), *B. crispifolia* SARASIN (nom. illeg.).
Etymologie: *Ottelia*: siehe *Ottelia alismoides*; *mesenterium*: Gekröse; bezieht sich auf die stark gekräuselte Blattspreite.
Verbreitung: Sulawesi, endemisch in den Seen Matana, Towuti und Mahalona.
Beschreibung: Mehrjährige, ständig submers lebende Pflanze, 15–25 cm hoch. Rhizom kräftig, bis 6 × 1,5 cm groß, aufrecht oder horizontal wachsend. Blätter bis 10 cm lang scheidig. Blattspreite linealisch, ledrig, stark gekräuselt, bis 20 cm lang, 7–15 mm breit, an der Spitze gerundet, anfangs hell-, später dunkelgrün gefärbt.

Blüten eingeschlechtlich, an einem bis etwa 1,50 m langen, gedrehten Blütenstängel. Männliche Spatha mit 10–16 Blüten. Männliche Blüte mit 3 weißen, kahnförmigen Kelchblättern, 3 verkehrt eiförmigen bis kreisrunden, weißen Kronblättern, 12 fertilen Staubblättern, 3 Staminodien (sterile Staubblätter) und 3 Pistillodien (sterile Stempel). Weibliche Spatha mit nur einer Blüte. Kelchblätter lanzettlich, bleibend und zurückgeschlagen. Weibliche Kronblätter wie die männlichen. 6, selten 7 oder 8 Staminodien. 3 Nektarien. Frucht mit etwa 80 glatten, hellbraunen, bis 2,4 × 0,8 mm großen Samen.
Kultur: *Ottelia mesenterium* ist eine auffällig dekorative, sehr langsam wachsende Pflanze, die nur vereinzelt gesammelt und etwa 1974 erstmals in Italien importiert wurde. Bisher gelang es nicht, die Art als Aquarienpflanze dauerhaft erfolgreich zu pflegen. Vermutlich verfügt sie über eine zu geringe Anpassungsfähigkeit an die Kulturbedingungen.
Ökologie: Am natürlichen Standort wächst *O. mesenterium* gewöhnlich einzeln oder in wenigen Exemplaren zusammen in lehmig-sandigem Bodengrund in einer Tiefe von 0,80–3 m (jahreszeitliche Schwankungen des Wasserstandes etwa 0,80 m). Die Rhizome sind bis weit über den Wurzelhals tief und fest im Bodengrund verwurzelt. Im Juli 1981 stellte ich an sonnigen bis bewölkten Tagen am Matana- und Towutisee folgende Wasserwerte fest: GH 6,0/3,4 °dH, KH 1,8/1,4 °dH, pH-Wert neutral bis schwach alkalisch, Leitfähigkeit 185/125 µS/cm, Temperatur Matana- und Towutisee 29 °C an der Oberfläche, 28,5 °C in 2 m Tiefe. Die Vermehrung erfolgt durch Rhizomteilung und Samen. Zur Blütezeit ist bei Windstille der Rand der Seen frühmorgens mit Blüten übersät, die meistens im Laufe des Tages durch die Wasserbewegung zerstört werden, sodass abends nur noch wenige geöffnet sind. Sie werden von etwa 1,5 cm großen, grauen Wasserschmetterlingen (Zünslern) besucht, die ihre Eier in ihnen ablegen und vielleicht auch die Bestäubung übernehmen. Die gelbe, etwa 2 cm lange Larve verpuppt sich außen an der Frucht. Nur selten sind die Früchte nicht angefressen. Kurze Zeit im Wasser aufbewahrte Samen keimen gut, und die Keimlinge entwickeln sich in den ersten Tagen schnell. Das weitere Wachstum ist jedoch sehr langsam, und die Aufzucht gestaltet sich äußerst schwierig. Ein Jahr alte Pflanzen besaßen in meinem Aquarium erst eine Höhe von 5 cm. Trocken gelagerte Samen keimten nicht.
Sonstiges: Eine ebenfalls sehr seltene Art ist *Ottelia acuminata* aus China, deren Kultur im Botanischen Garten München über viele Jahre gelang (BOGNER 1996 a).
Literaturhinweis: COOK & URMI-KÖNIG (1984 b).

Ottelia mesenterium aus dem Matanasee

Blühende Pflanzen der seltsam bestachelten *Ottelia muricata* im Fluss Kwando (Botswana)

Ottelia muricata

(C. H. Wright) Dandy (1934)

Stachelige Ottelie

Familie: Hydrocharitaceae, Froschbissgewächse.
Synonyme: *Boottia muricata* C. H. Wright (1897), *B. aschersoniana* Gürke.
Etymologie: *Ottelia*: siehe *Ottelia alismoides*; *muricata*: stachelig.
Verbreitung: Nördliche Grenze ist der Fluss Luapula (Kongo), südliche sind der Caprivi-Zipfel (Namibia) und das Okavango-Delta (Botswana).
Beschreibung: Wasserpflanze mit langem Rhizom, auffällig bestachelt. Blätter bandförmig, bis 2 m lang, 0,5–2 cm breit, dunkelgrün.

Zweihäusig. Männliche Spatha mit bis 12 Blüten (oder mehr), diese weiß mit gelbem oder orangem Schlund, 12 Staubblätter. Weibliche Spatha mit 1 weißen Blüte, 6 Staminodien, 3 Griffel.
Kultur: *Ottelia muricata* ist vereinzelt mitgebracht worden. Über eine erfolgreiche Haltung wurde jedoch bislang nichts publiziert. Es wäre wünschenswert, diese eigenartig bestachelte Ottelie wenigstens für botanische Gärten einzuführen und ihre Bedürfnisse zu ergründen.
Ökologie: Der Lebensraum sind große Flüsse mit schnell strömendem Wasser und schwankendem Wasserstand. Die Autorin sah *O. muricata* in den Einzugsbereichen der Flüsse Sambesi, Kwando und Okavango, wo sie als nicht bedroht gilt. Die Pflanzen wachsen in lehmigem Bodengrund in der stärksten Strömung in bis mindestens 3,50 m Tiefe. Mehrere Schutzmechanismen greifen ineinander, die die Eroberung der Extrem-Habitate ermöglichen. Optimale Anpassungsformen und Schutz vor Zerstörung bieten die bandförmigen Blätter, die dem Wasser kaum Widerstand entgegensetzen, das verdickte Festigungsgewebe des im Querschnitt dreieckigen Blattes, das Fehlen von Blattstielen und die einzigartige Bestachelung der ganzen Pflanze, die verhindert, dass sie von Fischen oder Großwild gefressen wird. Die mit Luft gefüllte Spatha, die sich über die Wasseroberfläche erhebt, bietet Schutz vor dem Nasswerden der Blütenorgane. *Ottelia muricata* wächst in denselben Flusssystemen wie *O. ulvifolia*, die jedoch an stärker geschützten Stellen in geringerer Wassertiefe vorkommt. Siehe Biotop Nr. 64 (S. 52) und Wasseranalysen (S. 604).
Literaturhinweis: Symoens (2009).

Ottelia ulvifolia aus Madagaskar im Aquarium und prächtige Pflanze im Hochland

Ottelia ulvifolia

(PLANCHON) WALPERS (1852)

Meersalatblättrige Ottelie

Familie: Hydrocharitaceae, Froschbissgewächse.
Synonyme: *Damasonium ulvifolium* PLANCHON (1849), u. a.
Etymologie: *Ottelia*: siehe *Ottelia alismoides*; *ulvifolia*: meersalatblättrig (*Ulva* = Meersalat).
Verbreitung: Tropen Afrikas, Madagaskar.
Beschreibung: Wasserpflanze mit rosettig angeordneten Blättern. Jugendblätter bandförmig, bis 32 cm lang und 0,5–2 cm breit. Folgeblätter 5–20 cm lang gestielt; Blattspreite länglich bis elliptisch, gewöhnlich bis 20 cm lang und 8,5 cm breit, transparent, tütenförmig. In stehendem Wasser werden auch vereinzelt lang gestielte Schwimmblätter entwickelt. Färbung hell- bis mittelgrün, bei intensivem Licht auch kräftig rotbraun.

Beschreibung der Farbform aus dem Okavango-Delta, Botswana: Pflanze bis 75 cm groß. Blätter 10–30 cm lang gestielt. Blattspreite 30–45 cm lang, 6–10 cm breit, am Rand groß gewellt, hellgrün gefärbt, mit einer mehr oder weniger stark ausgeprägten braunroten Flecken- und Strichzeichnung, die besonders intensiv an den Blatträndern ist.

Blüten zweigeschlechtlich, an einem 7–20(–60)cm langen Blütenstängel. Spatha zusammengedrückt, ungeflügelt oder mit 2 Flügeln, gerippt, etwas transparent, 2–5 cm lang. Kronblätter bis 3 × 1 cm groß, gelb (auch weiß?). 3–6 Staubblätter. 3–6 zweispaltige Griffel. Frucht mit relativ großen Samen.
Kultur: *Ottelia ulvifolia* ist sehr lichtbedürftig und benötigt geräumige Aquarien. Die Pflanzen sind schnellwüchsig und gedeihen gut sowohl in weichem als auch in mittelhartem Wasser mit pH-Werten im schwach alkalischen Bereich. Ein nährstoffreicher Bodengrund ist zu empfehlen. Mittelgroße Exemplare wachsen besser an als kleine. Leider sind die Blätter dieser empfindlichen Pflanze so zerbrechlich, dass ein Transport sowie ein Umpflanzen im Aquarium schnell zum Verlust führen können. Wohl aus diesem Grunde wird *Ottelia ulvifolia* nur sehr selten im Zoofachhandel angeboten.

Die Okavango-Farbform mit deutlicher Strichzeichnung hat eine gute Verbreitung unter den Pflanzenliebhabern gefunden. Dieser Typ ist besonders schnellwüchsig und empfehlenswert für die Aquarienkultur. Mittlere bis hohe Beleuchtungsstärken, nährstoffreicher Bodengrund,

Okavango-Farbform von *Ottelia ulvifolia* mit deutlicher Strichzeichnung

weiches bis mittelhartes, schwach saures Wasser sowie Temperaturen um 25 °C sind geeignete Voraussetzungen für das Wohlbefinden. Als prächtiger Blickfang wirkt diese leicht zerbrechliche Solitärpflanze besonders in geräumigen und hohen Aquarien (ab 55 cm Höhe). Sie blüht und fruchtet leicht. Vermehrung durch Teilung des Wurzelstocks oder Samen. Vertrieb seit 1994 durch HANS BARTH/ OLIVER KRAUSE, Dessau.

Ökologie: Die Art wächst im natürlichen Lebensraum an sehr unterschiedlichen Standorten, nämlich sowohl in stehendem Wasser in kleinen Tümpeln und Sumpfgebieten als auch in schnell fließenden Gewässern. Folgende Wasseranalysen wurden an natürlichen Habitaten erstellt: Sansibar (12/1980): Kleiner See mit schlammigem Bodengrund, pH 6,7, GH und KH 7 °dH. Madagaskar (12/1986): 1) Reisfeld. Lufttemperatur um 13 Uhr 28,5 °C, Wassertemperatur 31,4 °C, pH-Wert 6,6, GH und KH < 1 °dH, Fe 0,05 mg/l. 2) Schnell fließendes Gewässer mit besonders prächtigen Exemplaren in 50 cm tiefem Wasser. Lufttemperatur um 11.30 Uhr 25,5 °C, Wassertemperatur 21,5 °C, pH-Wert 5,6, GH und KH < 1 °dH, 30 µS/cm. Der Bodengrund bestand aus gelbem, festem Lehm, vermischt mit etwas Sand und einzelnen kleinen Felsbrocken. 3) Bach mit schnell fließendem Wasser. Lufttemperatur 26,2 °C, Wassertemperatur 22 °C, pH-Wert 5,3, GH und KH < 1 °dH. Die Exemplare wuchsen teilweise in mehr als einem Meter Tiefe. Der Bodengrund bestand aus gelbrötlichem Lehm. Malawi (3/1988): Fluss mit langsam fließendem, klarem Wasser. Lufttemperatur 30 °C, Wassertemperatur 27 °C, pH 7,4, GH 3 °dH, KH 4 °dH, 220 µS/cm. Die blühenden Pflanzen wuchsen in kiesig-lehmigem, festem Bodengrund. Siehe auch ausführliche Beschreibung Biotop 41 (S. 44). Die Autorin untersuchte Standorte im Okavango-Delta in Botswana. Die Ottelien wuchsen mit ihren kräftig rot gefärbten Rosetten in der Strömung der Wasserkanäle in stark lehmhaltigen Bodengrund in bis 1,5 m Tiefe. Biotop Nr. 64, S. 52. Blätter und Blüten von *Ottelia ulvifolia* sollen als Medizin Verwendung finden.

Sonstiges: Die von dem Wasserpflanzengärtner HANS BARTH in Dessau vermehrte Farbform aus dem Okavango-Delta wurde von CLAUS CHRISTENSEN, Dänemark, aus Botswana eingeführt. Dieser sammelte im Jahre 1991 Pflanzen, die er auch an HANS BARTH weitergab (nunmehr Gärtnerei OLIVER KRAUSE). Auch heute noch bemüht sich die Gärtnerei um die Vermehrung und den Vertrieb dieser prächtigen Wasserpflanze. Ihre Bestimmung erfolgte durch J.-J. SYMOENS.

Penthorum sedoides im Aquarium (rechts) und Blüte (oben) sowie aufplatzende Früchte mit den sehr kleinen Samen

Penthorum sedoides

LINNÉ (1753)

Sumpfdickblatt, Fetthenne

Familie: Penthoraceae, Steinbrechgewächse.
Synonyme: *Penthorum sedoides* subsp. *chinense* (PURSH) S. Y. LI & ADAIR.
Etymologie: *Penthorum*: *penthos* (gr.) = Trauer; *sedoides*: der Gattung *Sedum* (Fetthenne) ähnlich.
Verbreitung: USA, Kanada.
Beschreibung: Ausdauernde, 40–70 cm hohe, aufrechte Staude. Stängel wenig verzweigt, fast kahl, hellgrün mit rötlichem Anflug. Blätter wechselständig. Spreite 5–10 (–24) cm lang, 1–3(–5,5) cm breit, lanzettlich–schmal elliptisch, fast kahl, mittelgrün, im Herbst mit rötlichem Laub. Blattrand gesägt. Submerse Blätter viel kleiner, meist nicht größer als 7 × 2,5 cm.

Blütenstand eine verzweigte Rispe mit einseitswendigen, cremefarbenen, kurz gestielten Blüten. Kelchblätter meist 5. Kronblätter fehlen oder sehr klein. Staubblätter 10. Stempel mit meist 5 Fruchtblättern. Balgfrucht mit sehr vielen Samen. Blütezeit Juni bis Oktober.

Kultur: *Penthorum sedoides* lässt sich als Aquarienpflanze kultivieren, auch wenn sie emers viel größer wird und auch noch an ziemlich trockenen Standorten vorkommt. Sie wird gewöhnlich als zarte Stängelpflanze aus der In-vitro-Kultur angeboten und bleibt im Aquarium weit hinter der natürlichen Größe zurück. Sie wird je nach Nährstoffbedingungen nicht höher als 20 cm, sodass eine Gruppe am besten im Vordergrund platziert wird. Auch im Aquarium bleibt der steife Stängel gewöhnlich unverzweigt, weshalb die vegetative Vermehrung schlecht ist. Eine emerse Vermehrung durch die winzigen Samen ist dagegen äußerst produktiv. Auf diese Weise lassen sich viele Jungpflanzen heranziehen.
Ökologie: An sumpfigen und sehr trockenen Standorten, an den Rändern von Teichen und Seen sowie entlang von Flüssen. Auch als Teichrandpflanze im Handel. Den Winter überdauert *P. sedoides* mit Rhizomen.
Sonstiges: Eine Gattung mit nur zwei Arten. *Penthorum chinense* aus Russland und Südostasien besitzt deutlich kleinere Blätter und gelbe Blüten. Das Laub wird in Asien gegessen und in der Medizin genutzt. Genetische Studien zeigen, dass die Gattung *Penthorum* der Familie Haloragaceae (Tausendblattgewächse) nahesteht. *Penthorum sedoides* wurde zuerst in den USA als Aquarienpflanze ausprobiert.

Persicaria sp. im Aquarium

Persicaria sp. „Kawagoeana“ im Aquarium

Persicaria sp.

Familie: Polygonaceae, Knöterichgewächse.
Etymologie: *Persicaria*: von *persica* (lat.) Pfirsich und *aria*; bezieht sich auf die Ähnlichkeit der Blätter mancher *Persicaria*-Arten.
Verbreitung: Unbekannt.
Beschreibung: Blattspreite schmal lanzettlich, mit einem Fleck in der Mitte, bis 10 × 2 cm breit, kahl, emers grün, submers rotbraun. Ochrea bis 1 cm, dunkelrot, borstig behaart, bewimpert.

Scheinähre bis 2,5 cm lang. Blüte 1,5–2 mm. 5 weiße Perigonblätter. 5 Staubblätter. 2 Fruchtblätter. Frucht linsenförmig, etwas gewölbt, 1 mm.
Kultur: Von den etwa 20 aquatischen *Persicaria*-Arten war der hier beschriebene Knöterich der erste für die Kultur im Aquarium. Grundsätzlich handelt es sich um eine anspruchsvolle Art, die nur bei intensivem Licht die auf dem Foto erkennbaren rotbraunen Blätter bildet. Sie wächst sowohl in weichem als auch in mittelhartem Wasser mit viel freiem Kohlendioxid. Optimale Temperatur 23–27 °C.
Sonstiges: *Persicaria* sp. kam über Oriental Singapore nach Europa und wurde seit 1998 durch die Firma Tropica vertrieben. Mittlerweile ist dieses Knöterichgewächs kaum noch in Kultur.

Weitere Persicaria-Arten

Die meisten Spezies der artenreichen Gattung sind nicht für die Aquaristik geeignet. Sie wurzeln an den Ufern stehender oder langsam fließender Gewässer und wachsen als schwimmende Wiesen von dort in das offene Wasser hinaus. Im Aquarium bilden die Stängel lange Internodien und treiben schnell zur Wasseroberfläche, wo sie flutend wachsen wollen. Interessant ist die als *Persicaria* sp. „Kawagoeana“ verkaufte Art. Sie wächst buschig und bildet submers kräftig rot gefärbte Blätter, benötigt aber viel Licht und CO_2. Der Name *Persicaria kawagoeana* (Makino) Nakai trifft aber wegen seiner behaarten Blätter für diese Art nicht zu. Eine weitere submerse rötliche Art wird als *Persicaria* sp. „Sao Paulo“ vertrieben. Wenig interessant erscheint der unauffällige Knöterich *P. hydropiperoides* (Michaux) Small, der von Nord- bis Südamerika verbreitet ist. Möglicherweise ist auch *P. praetermissa* (Hooker f.) H. Hara aus dem Himalaya in Kultur. *Persicaria* galt lange als Synonym der Gattung *Polygonum*. Beide sind heute jedoch eigenständig. Die Bestimmung der zahlreichen Arten ist sehr schwierig.

Phyllanthus fluitans

Phyllanthus fluitans

MUELLER ARGOVIENSIS (1863)

Schwimmende Wolfsmilch

Familie: Phyllanthaceae.
Synonyme: Keine.
Etymologie: *Phyllanthus*: *phyllon* = Blatt, *anthos* = Blüte, mit Blüten an den Blättern/Zweigen; *fluitans*: schwimmend, flutend.
Verbreitung: Mexiko, Brasilien, Peru, Paraguay, vermutlich in Ekuador und Bolivien.
Beschreibung: Frei flutende Schwimmpflanze mit 5–15 cm langen, viel verzweigten, stark wurzelnden Sprossen. Internodien kurz. Blätter sitzend, wechselständig, in 2 Reihen angeordnet. Spreite fast rund, 1–2 cm groß, gewölbt, oberseits samtig behaart, von hellgrün bis kräftig rotbraun gefärbt.

Pflanzen einhäusig; Blüten eingeschlechtlich, kurz gestielt, etwa 2 mm groß. Gewöhnlich 6 weiße Perigonblätter, alternierend in 2 Kreisen. Männliche Blüte mit 3 Staubblättern. Weibliche Blüte mit 3 zweispaltigen Griffeln. Frucht eine kugelige, grüne Beere.

Kultur: Die Kultur dieser reizvollen, kleinen Schwimmpflanze gelingt im Aquarium sehr selten, weshalb sie auch kaum im Fachhandel zu finden ist. Sie ist äußerst lichthungrig sowie wärmeliebend (Temperatur 25–28 °C) und verträgt nur eine mäßige Wasserbewegung. Weiches, schwach saures bis neutrales Wasser ist optimal. Am besten gelingt eine Hälterung im Gewächshaus in flachen Schalen über schlammigem Bodengrund an einem sonnigen, warmen Standort. Im Herbst entwickeln sich die unscheinbaren Blüten und Früchte. Aufgrund von Lichtmangel gehen die Pflanzen im Winter stark zurück. Vermehrung durch Seitensprosse, generative Vermehrung bisher nicht bekannt.
Ökologie: Ich sammelte *P. fluitans* an verschiedenen Standorten im Amazonas sowohl in Brasilien als auch erstmals in Peru. Die Pflanzen wuchsen geschützt zwischen anderen Schwimmpflanzen jeweils in großen Flüssen mit starken Wasserstandsschwankungen. Wasserwerte bei Manaus (3/1986): Temp. 27–27,5 °C, GH/KH < 1 °dH, pH 6,5–7,2, Leitfähigkeit 20–100 µS/cm. Siehe ausführliche Wasseranalyse Rio Yanayacu, Biotop 6 (S. 30).
Sonstiges: Es ist nur noch eine zweite aquatische Art, *P. leonardianus*, aus dem tropischen Afrika bekannt.

Physostegia purpurea im Aquarium

Blüte von *Physostegia purpurea*

Physostegia purpurea

(WALTER) BLAKE (1915)

Purpurfarbene Gelenkblume, Blasenkelch

Familie: Lamiaceae, Lippenblütler.
Synonyme: *Prasium purpureum* WALTER (1788), *Dracocephalum purpureum* (WALT.) GLEASON, u. a.
Etymologie: *Physostegia: physa* = Blase, *stegein* = bedecken, bezieht sich auf den blasig aufgetriebenen Kelch; *purpurea:* purpurfarben. Gelenkblume: beschreibt die Eigenschaft der Blüten, in einer Position zu verharren.
Verbreitung: Nordamerika.
Beschreibung: Sumpfpflanze. Blätter in einer grundständigen Rosette, bis 8 cm gestielt, kahl. Spreite lanzettlich oder verkehrt lanzettlich, bis 17 cm lang, 5 cm breit, dunkelgrün. Spitze rund; Basis stumpf. Blattrand deutlich gebuchtet. Submerse Pflanzen etwa 10 cm hoch. Blattrand undeutlich gebuchtet.

Fertile Pflanzen bis 1 m hoch. Blätter am Blütenstängel kreuzgegenständig, sitzend, fast stängelumfassend, nach oben kleiner werdend. Blütenstand eine bis 60 cm lange lockere Ähre mit bis zu 80 Blüten. Einzelblüte sitzend oder 1–2 mm gestielt. Brakteen etwa 7 × 2 mm groß. Kelch 5-zipflig, 8 mm lang. Blütenkrone 3 cm lang, 2-lippig, kräftig rötlichviolett; Unterlippe 3-lappig, mit dunkelvioletten Nerven sowie violett gepunktet, Oberlippe ganzrandig. 4 Staubblätter. Griffel die Staubblätter etwas überragend.
Kultur: Im Aquarium sehr langsam wachsende, relativ anspruchslose Vordergrundpflanze. Bei Nährstoff- und Lichtmangel entwickeln sich nur schmächtige, sehr kleine Rosetten. Daher sind ein nahrhafter Bodengrund sowie eine gute Beleuchtung empfehlenswert. Für die submerse Haltung sind am besten emers herangezogene kräftige Exemplare geeignet. Auch lassen sich die Adventivpflanzen, die sich am Blütenstängel sowie an abgetrennten, im Wasser treibenden Blättern bilden, für die submerse Kultur verwenden. Die Art stellt keine besonderen Ansprüche an die Wasserwerte. Eine CO_2-Düngung ist zu empfehlen. Temperatur nicht über 25 °C. Im Sommer auch als Teichrandpflanze verwendbar. Milde Winter überlebt *P. purpurea* auch im Freien.
Ökologie: Besiedelt feuchte Stellen im Tiefland sowie in der Küstenebene. Blütezeit gewöhnlich Mai bis August.
Sonstiges: Auch als *Armoracia* im Handel.

Die Triebe von *Pilotrichaceae* sp. haften fest am Aqua Soil

Plagiochila cf. *integerrima*

Pilotrichaceae spp.

Eine Familie mit 23 Gattungen in den Tropen und Subtropen. Die Arten besitzen einen kriechenden Stängel mit abgeflachten, zweizeilig beblätterten Trieben mit kleinen Niederblättern, die sich mit Rhizoiden am Untergrund festklammern. Ein Merkmal der Pilotrichaceae sind zwei kräftige Blattrippen, die aus homogenen Zellen gebildet werden. Sie sind rechteckig, quadratisch und ± dünnwandig. Der Blattrand ist gezähnt oder gesägt, selten ganzrandig.

Drei ähnliche Moose werden hier kurz vorgestellt. Als Pilotrichaceae sp., auch Pilo-Moos, wird ein seltenes Moos gehandelt. Es ist einfach zu kultivieren, wächst jedoch langsam. Informationen über Verbreitung und Einfuhr sind unbekannt. Nach flowgrow.de gehört es wohl zur Gattung *Cyclodictyon*. Die Moostriebe haften ungewöhnlich fest am Substrat. Aus der Gattung *Callicostella* wurde *C.* cf. *prabaktiana* aus Thailand eingeführt. Die Bestimmung ist noch unsicher (pers. Mitt. HEIKO MUTH). Das Moos ist gut zu pflegen, wächst aber sehr langsam. Eine weitere anspruchsvolle Art wird durch die Firma Aquasabi als *Callicostella* sp. Pancuraji vertrieben. Das Moos stammt vermutlich vom Wasserfall Pancur Aji (Sanggau, Kalimantan).

Plagiochila cf. integerrima

STEPHANI (1886)

Ganzrandiges Schiefmund-Moos

Familie: Plagiochilaceae, Schiefmund-Moosgewächse.
Etymologie: *Plagiochila*: *plagios* (gr.) = seitwärts, *chilos* = -lippig; *integerrima*: ganzrandig.
Verbreitung: Tropisches Afrika, Madagaskar.
Beschreibung: Kriechendes oder flutendes, wenig verzweigtes Lebermoos. Kräftige Sprosse bis zu 12 cm lang. Blätter zweizeilig wechselständig angeordnet, Flankenblätter schräg angewachsen, rundlich, hell- bis dunkelgrün. Seitenränder zurückgerollt. Ohne Bauchblätter. Blattrand mit kleinen Zähnchen (nicht ganzrandig!).
Kultur: *Plagiochila* cf. *integerrima* ist ein sehr dekoratives, aber seltenes Moos. Es wächst sehr langsam und ist anspruchsvoll. Weiches, saures Wasser ist empfehlenswert.
Ökologie: An feuchten und schattigen Standorten.
Sonstiges: Die Art soll 2007 aus Guinea eingeführt worden sein (flowgrow.de). Die Bestimmung ist unsicher, da die hier beschriebene Pflanze kleine Zähnchen am Blattrand besitzt.
Literaturhinweis: STEPHANI (1886).

Pistia stratiotes

LINNÉ (1753)

Muschelblume, Wasserkohl, Wassersalat

Familie: Araceae, Aronstabgewächse.
Synonyme: Zahlreiche (siehe ENGLER 1920).
Etymologie: *Pistia*: *pistos* = wässrig; Herleitung nicht sicher bekannt; *stratiotes:* an die Gattung *Stratiotes* erinnernd.
Verbreitung: Pantropisch.
Beschreibung: Pflanze mit sehr langen, bläulichschwarzen, verzweigten Wurzeln, gewöhnlich auf der Wasseroberfläche schwimmend, an den Rändern der Gewässer und bei sinkendem Wasserstand auch im Bodengrund wurzelnd. Blätter rosettig angeordnet, sitzend, zumeist aufrecht. Blattspreite verkehrt eiförmig bis spatelförmig, an der Spitze schwach gekerbt, bis 25 cm lang und 12 cm breit, gewöhnlich aber kleiner, samtartig behaart, hellgrün gefärbt; Unterseite mit bis 11 stark hervortretenden Nerven. Es sind auch Formen bekannt, die schwammig verdickte Blattspreiten aufweisen.
Blütenstand unscheinbar, kurz gestielt. Spatha gewöhnlich etwa 10 mm lang, eingeschnürt, außen behaart, innen weiß und außen grünlich. Spadix kürzer als die Spatha. Blüten nackt. Nur 1 weibliche Blüte vorhanden, darüber (2–)5–8 ringförmig angeordnete männliche Blüten. Jedes Synandrium aus 2 verwachsenen Staubblättern bestehend. Frucht eine vielsamige Beere mit bleibendem Griffel. Samen zylindrisch.

Pistia stratiotes* am Ufer des Malawisees

Kultur: Diese prächtige Schwimmpflanze wird im Fachhandel regelmäßig im Frühjahr und Sommer für den Gartenteich angeboten. Die Muschelblume lässt sich aber auch im Aquarium als Schwimmpflanze gut halten, bleibt dann jedoch erheblich kleiner. Sie entwickelt sich in stark belastetem, nitratreichem Wasser am schönsten und kann Rosetten mit einem Durchmesser bis 80 (!) cm bilden. Die Pflanzen gedeihen sowohl in weichem als auch hartem Wasser gleichermaßen gut und kommen sogar mit einer geringen bis mittleren Beleuchtungsstärke aus. Wärme und intensive Beleuchtung fördern aber kräftigere Exemplare. Optimale Temperatur 22–30 °C. Die Muschelblume bildet aufgrund der produktiven Vermehrung durch Ausläufer schnell eine dichte Schwimmpflanzendecke, die regelmäßig ausgelichtet werden muss. Blütenstände entwickeln sich häufig. Eine Anzucht durch Samen ist möglich (Samen feucht aufbewahren). Bei der Pflege im Gartenteich ist zu beachten, dass die Pflanzen nicht winterhart sind. Auch Gewächshausexemplare gehen im Winter sehr zurück, da ihnen die intensive Beleuchtung fehlt.
Ökologie: Aufgrund der raschen Vermehrung und guten Anpassungsfähigkeit an die Bedingungen der natürlichen Standorte stellt die Muschelblume in stehenden und langsam fließenden Gewässern der Tropen und Subtropen nicht selten ein lästiges „Unkraut" dar. Zudem bietet sie Moskitos günstige Lebensbedingungen. Gelegentlich auch im Brackwasser zu finden. Zahlreiche Wasseranalysen natürlicher Standorte werden hier zusammengefasst: Wassertemperatur 15–28 °C, pH 5,9–8,4, GH < 1–25 °dH, KH < 1–24 °dH, 20–785 µS/cm. Siehe Biotope 6 (S. 30), 21 (S. 37), 22 (S. 37) und 35 (S. 41).
Sonstiges: ENGLER beschrieb 4 Varietäten, die aber keinen taxonomischen Wert besitzen. In der Literatur kann man manchmal lesen, dass *P. stratiotes* kein Schwitzwasser verträgt. Diese Behauptung ist jedoch unzutreffend!

Emerser Spross von *Pogostemon deccanensis*

Pogostemon deccanensis

(PANIGRAHI) PRESS (1982)

Indischer Wasserstern

Familie: Lamiaceae, Lippenblütler.
Synonyme: *Eusteralis deccanensis* PANIGRAHI (1976), u. a.
Etymologie: *Pogostemon*: siehe *P. helferi*; *deccanensis*: geografische Bezeichnung; *erectus*: aufrecht.
Verbreitung: Indien (Tamil Nadu, Karnataka, Maharashtra).
Beschreibung: Stängel aufrecht, rund, bis 4 mm dick. Blätter linealisch, in 6- bis 10-zähligen Quirlen. Emerse Spreite 1,0–3,0 cm lang, 1–2,5 mm breit, nicht gezähnt. Wasserblätter 2,0–4,6 cm lang, 0,9–1,3 mm breit, hellgrün.

Blütenstand einfach, Ähre bis 5 cm. Äußerer Kelch kurz behaart. Kronblätter pink. 4 Staubblätter, 3,2–3,5 mm lang; 2 Filamente von der Mitte bis zum Konnektiv und 2 Filamente nur in der Mitte behaart (siehe Foto S. 510).
Kultur: Bei intensiver Beleuchtung, CO_2-Düngung, guten Nährstoffverhältnissen und Temperaturen über 25 °C ist die empfehlenswerte Art schnellwüchsig. Produktive Vermehrung nach Abtrennen der Sprossspitze.
Sonstiges: Die Art wurde falsch als *P. erectus* bestimmt.

Submerse *Pogostemon erectus* in einem Laterittümpel (Udupi, Karnataka); nicht im Handel erhältlich

Pogostemon erectus

(DALZELL) KUNTZE (1891)

Aufrechter Wasserstern

Synonyme: *Dysophylla gracilis* DALZELL (1850), u. a.
Verbreitung: Indien (Kerala, Karnataka, Maharashtra).
Beschreibung: Unterschiede zu *P. deccanensis*: Wasserblätter kürzer (bis 2 cm), Ähre länger (bis 6,5 cm), äußerer Kelch stärker behaart und mit längeren Haaren, Filamente kürzer (2,5–2,7 mm), von der Mitte bis zum Konnektiv behaart.
Kultur: Der „echte" *P. erectus* ist wohl nicht im Handel. Die Art ist wenig anpassungsfähig. Ich konnte Pflanzen aus Maharashtra in mittelhartem Wasser nicht kultivieren.
Ökologie: Während des Monsuns wächst *P. erectus* submers. Mit zunehmender Trockenheit bilden sich wiesenartige Bestände auf austrockendem, steinigem Lateritboden, die nach der Blüte absterben. Ich fand *P. erectus* auf dem Küstenplateau Madayipara (Kerala) und bei Udupi (Karnataka) in und am Rand von Laterit-Tümpeln in weichem, salzarmem Wasser (pH 5,5, KH/GH < 1 °dH, 26 µS/cm). Begleitplanzen waren *Nymphoides parvifolia* und *Eriocaulon*-Arten.
Literaturhinweis: BHATTI & INGROUILLE (1997).

Blühende *Pogostemon helferi* in Thailand (Biotop 63, S. 52)

Emerse *Pogostemon erectus* (bei Udupi, Karnataka)

Blütenstand von Pogostemon erectus (Indien)

Teil eines Blütenstands von *P. deccanensis* (unten) und Blüte (ganz unte

Pogostemon helferi im Aquarium

Pogostemon helferi

(HOOKER fil.) PRESS (1982)

Kleiner Wasserstern

Familie: Lamiaceae, Lippenblütler.
Synonyme: *Dysophylla helferi* HOOKER fil. (1885), *Eusteralis helferi* PANIGRAHI.
Etymologie: *Pogostemon*: von *pogon* (gr.) = Bart und *stemon* (gr.) = Faden, bezieht sich auf die behaarten Staubfäden; *helferi*: nach dem Sammler JOHANN WILHELM HELFER (1810–1840).
Verbreitung: Indien, Myanmar, Thailand.
Beschreibung: Stängelpflanze mit submers gestauchten Internodien, scheinbar Rosetten bildend, kahl. Seitensprosse stark verzweigt. Blätter in 3- bis 5-zähligen Quirlen, 6–9 cm groß. Blattspreite schmal lanzettlich, hart, bis 4 cm lang, 8 mm breit, grün bis rotbraun, mit braunrotem Mittelnerv. Blattrand stark gewellt bis gekräuselt.

Blütentriebe an emersen aufrechten Trieben. Internodien 1–6 cm lang, Blattquirle nach oben kleiner werdend, mit 1–4 Blütenständen. Ähre bis 3 cm lang. Deckblätter etwa 1 mm lang. Kelch 5-zipflig, bis 3 mm lang, behaart, grün. Blütenkrone 4-zipflig, bis 3 mm lang, violett. 4 lang behaarte, violette Staubblätter, etwa 3 mm aus der Krone herausragend. Griffel zweispaltig, so lang wie die Staubblätter. Nüsschen länglich, hellbraun, 0,3 × 0,25 mm.
Kultur: *Pogostemon helferi* bildet im Vordergrund des Aquariums durch horizontal wachsende Seitensprosse einen dichten Pflanzenteppich aus vielen scheinbaren Rosetten. Die Art wächst nur zufriedenstellend bei intensivem Licht. Bei schlechten Lichtverhältnissen vergeilen die Rosetten, bleiben kümmerlich und streben aufrecht. Temperaturoptimum 20–25 °C. Das Wachstum ist am besten in mittelhartem Wasser mit neutralem bis alkalischem pH-Wert. Zum Einpflanzen die Sprosse trennen und einzeln setzen. Wachstum langsam bis mittelschnell.
Ökologie: Bisher nur von einem Fundort im Grenzgebiet zwischen Myanmar und Thailand bekannt, wo die Art in einem schnell fließenden Fluss in Stromschnellen wächst. Siehe Biotop 63 (S. 49 und Fotos S. 51, 52 und 510).
Sonstiges: NONN PANITVONG sammelte die Art 1992 erstmals für die Aquaristik. Die Bestimmung erfolgte 2003 durch Niels JACOBSEN.
Literaturhinweis: PRASARTKUL & JACOBSEN (2004); KASSELMANN (2007 a); CHRISTENSEN et al. (2008).

Pogostemon quadrifolius im Aquarium

Blühender Spross von *Pogostemon quadrifolius*

Pogostemon quadrifolius

(Bentham) Kuntze (1891)

Vierblättriger Wasserstern

Familie: Lamiaceae, Lippenblütler.
Synonyme: *Dysophylla quadrifolia* Bentham (1830), u. a.
Etymologie: *Pogostemon*: s. *P. helferi*; *quadrifolius*: vierblättrig.
Verbreitung: Bisher nur aus Indien und Bangladesch bekannt. Die hier beschriebene Pflanze stammt aus Laos.
Beschreibung: Kräftige Sumpfpflanze, bis 70 cm hoch. Stängel fast kahl. Emers ziemlich konstant 4 Blätter im Quirl, submers 4 (5–6). Wasserblätter linealisch bis bandförmig, 10–20 cm lang, 2–5 mm breit, oberseits grün, unterseits schwach lila. Mittelnerv deutlich.

Blütenstand nicht verzweigt, bis 12 cm lang, unterhalb der Ähre mit einem abgesetzten Blütenquirl. Einzelblüte etwa 4,5 mm lang. Staubblätter nur im oberen Teil lang behaart. Nüsschen 0,5 × 0,4 mm.
Kultur: Die anspruchslose Stängelpflanze vermehrt sich im Aquarium extrem schnell und unproblematisch und zeigt eine große Variabilität. Alte Bestände, die man im Bodengrund belässt und an denen nur die Triebe abgeschnitten werden, verholzen und bilden verdickte Rhizome, aus denen grundständige Sprosse nachwachsen. Werden nur Kopfstecklinge verwendet, wachsen diese so kräftig, dass sie sich nur für große Aquarien eignen. Das Zurückschneiden ist dann etwas lästig. Werden die zarten Seitensprosse genommen, lassen sie sich auch in Nano-Aquarien verwenden. *Pogostemum quadrifolius* besitzt eine sehr hohe Anpassungsfähigkeit an Temperatur (Optimum 22–28 °C) und Wasserwerte (weiches bis hartes Wasser, pH-Wert 6,5–7,5). Emerse Pflanzen lassen sich leicht auf die submerse Kultur umstellen. In der Strömung des Filterauslaufs wachsen die Pflanzen besonders dekorativ. Blütenbildung im Kurztag.
Ökologie: An feuchten und nassen Standorten.
Sonstiges: Claus Christensen sammelte die Art in Laos, die Verfasserin bestimmte sie. Die Einfuhr erfolgte 2010 unter dem Handelsnamen „Octopus“. Die Art ist eng verwandt mit *P. stellatus*. Das Merkmal der Stängelbehaarung ist variabel. Unterschiede zur Beschreibung bei Bhatti & Ingrouille (1997) sind der nicht verzweigte Blütenstand und die Behaarung der Staubblätter.
Literaturhinweis: Bhatti & Ingrouille (1997), Kasselmann (2013).

Pogostemon sampsonii im Aquarium (Mitte)

Pogostemon sampsonii

(HANCE) PRESS (1982)

Sampsons Wasserstern

Familie: Lamiaceae, Lippenblütler.
Synonyme: *Dysophylla sampsonii* HANCE (1866), u. a.
Etymologie: *Pogostemon*: siehe *P. helferi*; *sampsonii*: nach dem Sammler der Pflanze, THEOPHILUS SAMPSON.
Verbreitung: China (Guangdong, Guangxi, Guizhou, Hunan, Jiangxi).
Beschreibung: Sumpfpflanze mit kantigem, hartem, stark verzweigtem Stängel. Emerse Blattspreite bis 5,5 cm lang, 1 cm breit, Blattrand gesägt. Im Aquarium 10–30 cm hoch. Blätter in 3-zähligen Quirlen (selten 4). Spreite linealisch-lanzettlich, sitzend, 3–7 cm lang, 0,5–1 cm breit, hellgrün, Blattknoten rötlich. Ähre endständig, etwa 2 cm lang. Kelch 1,5 × 2,3 mm groß, symmetrisch, Röhre und Kelchzipfel außen behaart. Blütenkrone 1,6–1,8 mm lang. Staubblätter 3,3 mm, die Krone um 2,2 mm überragend, in der Mitte behaart. Griffel 3,2 mm. Nüsschen 0,65 × 0,45 mm.
Kultur: *Pogostemon sampsonii* ist eine empfehlenswerte Vordergrundpflanze mit mittelhohen Ansprüchen und langsamem Wachstum. Es werden nur die kräftigsten Sprosse verwendet und die schwachen Seitentriebe entfernt, um die Entwicklung des Hauptstängels zu fördern. Eine gute Beleuchtung ist erforderlich, da sonst die Stängel die unteren Blätter verlieren. Die Art besitzt eine gute Anpassungsfähigkeit an Temperatur (22–28 °C) und Wasserwerte (weich bis mittelhart, pH-Wert 6,8–7,3). Eine CO_2-Zugabe ist empfehlenswert. Die regelmäßige Düngung des Bodengrundes fördert deutlich das Wachstum. Unter Wasser bilden sich gelegentlich Blütenansätze. Im Gewächshaus ist die Vermehrung erheblich schneller als im Aquarium. Landpflanzen lassen sich problemlos auf die submerse Kultur umstellen.
Ökologie: *Pogostemon sampsonii* besiedelt sumpfige Gebiete in Wassernähe. In China wird die Art dazu benutzt, Fliegen zu vergiften.
Sonstiges: Die Art wurde zuerst in Asien und den USA als *Limnophila punctata* und später als *Pogostemon* cf. *pumilus* verbreitet. Sie ist seit 2012 in Europa in Kultur. Die Autorin bestimmte die Art. *Pogostemon pumilus* ist kleiner, besitzt mehr Blätter im Quirl und hat eine kleinere Blütenkrone mit kürzeren Staubblättern.
Literaturhinweis: BHATTI & INGROUILLE (1997), KASSELMANN (2014 c).

Pogostemon stellatus

(Loureiro) Kuntze (1891)

Sternpflanze

Familie: Lamiaceae, Lippenblütler.
Synonyme: *Mentha stellata* Loureiro (1790), *M. verticillata* Roxburgh, *Dysophylla stellata* Bentham, *Eusteralis stellata* Panigrahi, u. a.
Etymologie: *Pogostemon*: siehe *P. helferi*; *stellatus:* sternförmig, bezieht sich auf die Anordnung der Blätter.
Verbreitung: Weit verbreitet in Asien und Australien.
Beschreibung: Sumpfpflanze mit aufrechtem, bis 50 cm langem Spross. Stängel kahl oder wenig behaart, ± gefurcht. Internodien 3–7 mm dick, bis 5,5 cm lang. Blätter quirlständig, emers 3–6, submers 3–14 sitzende oder fast sitzende Blätter im Quirl. Blattspreite schmal lanzettlich bis linealisch, 4–9 cm lang, 3–6 mm breit (Form „Berry Creek" 1,0–1,5 cm breit); Blattrand gezähnt bis gesägt, bei Landsprossen deutlicher ausgeprägt. Emerse Blätter oberseits grün bis dunkelgrün, unterseits grün bis rötlich gefärbt; submers grün, rötlich oder weinrot, Unterseite schwach rötlich, am Knoten lila.

Pogostemon stellatus* im Aquarium

Blütenstand eine 1–3(–6) cm lange Ähre, dicht mit fast sitzenden, etwa 2 mm großen Blüten besetzt. Deckblätter 1–2 mm lang und 0,5–1 mm breit. Kelch 5-zipflig, etwa 2 mm lang, außen flaumig behaart. Blütenkrone 4-zipflig, blassrosa oder pink, selten weiß. Staubblätter von der Mitte bis zur Basis behaart. Nüsschen 0,6 × 0,35 mm, elliptisch, blassbraun.
Kultur: *Pogostemon stellatus* ist eine dekorative, schnellwüchsige, wärmeliebende Pflanze, die sich gut durch Stecklinge vermehren lässt. Es werden morphologisch verschiedene Formen mit unterschiedlichen Ansprüchen kultiviert. Die schmalblättrige Form, die hier im Bild gezeigt wird, war die erste in Kultur. Sie ist anspruchsvoll und benötigt zum gesunden Wachstum eine sehr hohe Lichtintensität, einen nährstoffreichen Bodengrund und weiches bis mittelhartes Wasser. Mit Erreichen der Wasseroberfläche wächst sie flutend weiter. Eine zweite Form wird als „Broad Leaf" bezeichnet und soll aus Papua-Neuguinea stammen. Dieser Typ bildet wesentlich breitere Blätter und wächst schnell aus dem Wasser heraus. Die Pflanzen erinnern an *Limnophila hippuridoides*. Im Vergleich zur schmalblättrigen Form ist die breitbrättrige anspruchsloser, benötigt aber viel Licht und CO_2. Ein zweiter breitblättriger Typ wurde mit „Adelaide River" bezeichnet. Es ist mir nicht bekannt, ob dieser noch kultiviert wird.

In Australien wird eine dritte breitblättrige Form aus dem Berry Creek kultiviert, die durch David Wilson (AQUAGREEN) verbreitet wird. Diese unterscheidet sich durch eine submers besonders intensive weinrote Färbung, 4- bis 6-zählige Blattquirle und sehr breite (bis zu 1,5 cm) Blätter. Die Form ist seit August 2018 bei uns in Kultur. Die Pflanzen wachsen bei der Verfasserin ausgezeichnet in weichem, CO_2-reichem Wasser (Foto S. 59).
Ökologie: Siehe Biotope 77 und 78, S. 59/60.
Sonstiges: Bhatti & Ingrouille (1997) überführten die viele Jahre lang als *Eusteralis stellata* kultivierte Art zurück in die Gattung *Pogostemon*. Gelegentlich soll auch die großwüchsige *P. yatabeanus* in Kultur sein, die in japanischen Naturaquarien verwendet wurde (wird?) und grüne Blätter bildet. Diese Art kenne ich nicht aus eigener Anschauung.

Potamogeton gayi

A. Bennett (1892)

Gays Laichkraut

Familie: Potamogetonaceae, Laichkräuter.
Synonyme: Keine.
Etymologie: *Potamogeton*: (gr.) *potamos* = Fluss, *geiton* = Flussnachbar; *gayi*: nach dem franz. Botaniker J. Gay (1786–1864).
Verbreitung: Südliches Südamerika.
Beschreibung: Wasserpflanze mit einem unterirdischen, dünnen, häufig verzweigten Rhizom. Stängel aufrecht, dünn, weich, bis etwa 1 m lang. Blätter wechselständig, zweireihig, ungestielt, ganzrandig. Blattspreite linealisch, sitzend, 4–12 cm lang, 2–5 mm breit, transparent, zart, grün, bei intensiver Beleuchtung an der Sprossspitze auch bräunlich gefärbt. Spitze spitz bis zugespitzt. Mittelnerv deutlich sichtbar, bräunlich. Am Grunde der Spreite befindet sich ein 8–24 mm langes, häutiges, kurzlebiges Nebenblatt.

Blütenstand an flutenden Sprossen, sehr selten im Aquarium, 1,5–6 cm lang gestielt. Schwimmblätter fehlen. Ähre bis 1,5 cm lang, mit etwa 6 Blüten. Einzelblüte zwittrig, ohne Blütenhülle, stattdessen 4 rundliche Konnektivanhängsel, an deren Grunde sich je ein sitzendes und zweifächeriges Staubblatt befindet. Früchte unbekannt.
Kultur: Leider wurde dieses anspruchlose, grazile Laichkraut in den letzten Jahren immer mehr von zahlreichen dekorativen Neueinführungen verdrängt, sodass es heute nur noch selten im Fachhandel erhältlich ist. *Potamogeton gayi* ist eine ideale Aquarienpflanze. Härte und pH-Wert des Wassers spielen zwar nach bisherigen Kulturerfahrungen nur eine untergeordnete Rolle, doch könnten die an dem unten genannten natürlichen Standort ermittelten Wasserwerte darauf hindeuten, dass die Sprosse möglicherweise in weichem, schwach alkalischem Wasser am besten gedeihen. Eine mittlere Beleuchtungsstärke ist für die Pflege ausreichend. Der optimale Temperaturbereich liegt zwischen 16 und 26 °C, doch werden auch kurzfristig höherere oder niedrigere Temperaturen toleriert. Nach einer häufig langen Eingewöhnungsphase erfolgt eine reichliche Vermehrung durch Verzweigung des kriechenden Rhizoms. Leider kann diese schnelle Vermehrung auch lästig werden, weil die Rhizome bei optimalem Wachstum in kurzer Zeit den Aquarienboden durchziehen und er dann regelmäßig „entkrautet" werden muss. Wirkt als Gruppe am dekorativsten. Gays Laichkraut eignet sich auch ausgezeichnet für die Bepflanzung von kleinen Zuchtaquarien.

Ökologie: Über die natürlichen Standorte von *P. gayi* ist bisher kaum etwas bekannt. Ich fand kleine Bestände dieser Art im Juli 1993 (kalte Jahreszeit) in Argentinien in einem großen Weiher zwischen den Städten Mercedes und San Roque, 44 km vor dem letztgenannten Ort. Das Wasser war milchigtrüb, und die Pflanzen waren dicht mit Mulm und Algen überzogen. Wasseranalyse dieses Standortes: 16 °C, pH 7,2, GH und KH < 1 °dH, Leitfähigkeit 30 µS/cm. Die auffällig kräftigen Sprosse von *P. gayi*, die in intensivem Sonnenlicht wuchsen, aber nicht blühten, besaßen eine Blattlänge von 10–12 cm bei einer Breite von 4–5 mm. Der Bodengrund bestand aus Sand. Eine Bestimmung des Herbarmaterials erfolgte durch Prof. Dr. G. Wiegleb. An einem weiteren Standort in Südbrasilien (7/1995) wuchs *Potamogeton gayi* im Fließwasser von Flüssen zusammen mit *Cabomba caroliniana*, *Myriophyllum aquaticum* und *Eichhornia azurea*. Wasserwerte zusammengefasst: 17 °C, pH 7,0–7,3, GH < 1 °dH, KH 2–12 °dH, 70–130 µS/cm. Siehe auch Biotope 20 (S. 36), 26 (S. 38) und 28 (S. 38).

***Potamogeton gayi* im Aquarium**

Potamogeton octandrus im Aquarium

Normaler Wuchs von *Potamogeton perfoliatus* im Aquarium

Potamogeton octandrus

Poiret (1816)

Familie: Potamogetonaceae, Laichkräuter.
Synonyme: *Potamogeton javanicus* Hasskarl, u. a.
Etymologie: *Potamogeton*: siehe *P. gayi*; *octandrus*: mit 8 Staubblättern (was falsch ist, denn alle Laichkräuter besitzen 4-zählige Blüten).
Verbreitung: Tropisches Afrika, Asien, Nordostaustralien.
Beschreibung: Variable Wasserpflanze. Stängel aufrecht, dünn, weich. Blattspreite linealisch, 3–6 cm lang, 1–10 mm breit (Importpflanzen 1–3 mm), sehr zart, hellgrün. Nebenblatt abfallend. Schwimmblätter gestielt, lanzettlich, 1,5–3,5(–4) cm lang, 0,3–8 mm breit. Ähre 1–1,5 cm lang.
Kultur: Dieses Laichkraut kommt aus asiatischen Gärtnereien und wird seit 2005 gelegentlich im Handel vertrieben. Nach meinen Erfahrungen ist es nur vorübergehend für die Aquarienkultur geeignet. Meistens brechen oder zerfallen die zarte Sprosse schon nach kurzer Zeit.
Ökologie: Die Art wird auch im Brackwasser gefunden.
Sonstiges: Von den 80–90 Arten und etwa 40 Hybriden eignen sich nur sehr wenige Laichkräuter für die Aquarienkultur – obwohl es sich um reine Wasserpflanzen handelt.

Potamogeton perfoliatus

Linné (1753)

Durchwachsenes Laichkraut

Familie: Potamogetonaceae, Laichkräuter.
Synonyme: Keine.
Etymologie: *perfoliatus*: mit durchwachsenen Blättern.
Verbreitung: Fast kosmopolitisch (nicht in Südamerika).
Beschreibung: Variable Wasserpflanze. Stängel aufrecht, weich, bis 6 m lang (im Aquarium viel kürzer). Blätter wechselständig, ganzrandig. Blattspreite 2,5–6 cm lang, 1–3,5(–6) cm breit, transparent, hellgrün, rund bis herzförmig an der Basis, den Stängel halb bis ganz umfassend. Mittelnerv deutlich. Nebenblatt 0,5–2 cm lang. Schwimmblätter fehlen. Ähre bis 3 cm lang.
Kultur: Auch dieses Laichkraut wird seit 2005 über asiatische Gärtnereien importiert und eignet sich – wie *P. octandrus* – nur bedingt für die Kultur im Aquarium. Die Pflanzen degenerieren zunehmend, bilden längere Internodien und schmalere und kürzere Blätter. Das charakteristische Merkmal der stängelumfassenden Blätter ist dann nur noch undeutlich zu erkennen.

Blühende Bestände von *Potamogeton schweinfurthii* im Malawisee (Unterwasseraufnahme)

Potamogeton schweinfurthii

A. BENNETT (1901)

Schweinfurths Laichkraut

Familie: Potamogetonaceae, Laichkräuter.
Synonyme: *Potamogeton lucens* BAKER, non LINNÉ, u. a.
Etymologie: *Potamogeton*: siehe *Potamogeton gayi*; *schweinfurthii*: nach dem deutschen Botaniker G. A. SCHWEINFURTH (1836–1925).
Verbreitung: Tropisches Afrika, Azoren.
Beschreibung: Wasserpflanze mit einem unterirdischen, häufig verzweigten Rhizom. Stängel aufrecht, bis etwa 3,5 m lang, 1,5–3 mm dick. Blätter wechselständig, sitzend oder bis 2 cm gestielt. Blattspreite sehr schmal elliptisch bis schmal lanzettlich, gewöhnlich bis 16 × 2 cm groß, transparent, weich oder hart, olivgrün bis bräunlichrot. Blattbasis spitz; Spitze zugespitzt. Blattrand glatt oder fein gekräuselt. Bis zu 5 Nerven auf jeder Seite des deutlichen Mittelnervs. Nebenblatt frei, häutig, 3–6 cm lang.

Blütenstand lang gestielt. Ähre 2–6 cm lang, vielblütig. Sonst wie bei *P. gayi* angegeben. Früchte 3–4 mm lang, kurz geschnäbelt.

Kultur: *Potamogeton schweinfurthii* ist eine seltene, aber dennoch anspruchslose und anpassungsfähige Kulturpflanze. Allerdings bleiben die Sprosse im Aquarium erheblich kleiner als am natürlichen Standort. Pflanzen aus dem Tanganjika- und Malawisee wachsen besonders gut in hartem, alkalischem Wasser. Eine Vermehrung gelingt mühelos durch kriechende Rhizome und Seitensprosse. Temperatur 20–26 °C.
Ökologie: Im Malawi- und Tanganjikasee wächst die Art häufig syntop mit *P. pectinatus* L. und bildet in bis 4 m Tiefe regelrechte Unterwasserwiesen. Bevorzugte Lebensräume sind geschützte Sandbuchten oder der Übergangsbereich von der Geröll- zur Sandzone. An der offenen Küste scheinen die Pflanzen aufgrund ihrer geringen Widerstandskraft gegenüber der starken Brandung völlig zu fehlen. Besonders auffällig sind die harten und derben Blattspreiten als Anpassung an die dortigen ökologischen Bedingungen sowie die Kalkablagerungen auf den Blättern, die auf die extremen Wasserwerte in den Seen zurückzuführen sind (Analyse S. 596). Im März 1988 blühten im Malawisee große Bestände unter Wasser, dagegen waren die Pflanzen im August 1986 im Tanganjikasee steril.

Potamogeton wrightii

MORONG (1886)

Wrights Laichkraut

Familie: Potamogetonaceae, Laichkräuter.
Synonyme: Zahlreiche, siehe WIEGLEB (1990).
Etymologie: *Potamogeton*: siehe *Potamogeton gayi*; *wrightii*: nach C. WRIGHT (1811–1885).
Verbreitung: Ostasien.
Beschreibung: Wasserpflanze mit unterirdischem, dünnem, verzweigtem Rhizom. Aufrechter Stängel bis 3 m lang, rund. Internodien 3–40 cm lang. Blätter wechselständig, bis 8 cm gestielt. Blattspreite linealisch, 5–23 cm lang, 1–3 cm breit, mit 9–13 Nerven. Spreite transparent, zerbrechlich, gewellt, am Rand fein gekräuselt und gezähnt, mit einer 5–8 mm langen aufgesetzten Spitze, die bei manchen Populationen auch fehlt. Basis spitz oder gestutzt. Färbung hell- bis dunkelgrün, manche Rassen auch mit rötlichen Blättern. An der Basis des Blattstiels ein auffälliges, bis 9 cm langes, steifes und zerbrechliches Nebenblatt. Schwimmblätter sehr selten, rundlicher als die submersen Spreiten, etwa 5–12 cm lang, 1–2,5 cm breit. Blütenstände an flutenden Sprossen, bis 10 cm gestielt. Ähre bis 4(–5,6) cm lang, mit bis 40 allseitswendigen Blüten. Die zwittrige Einzelblüte besitzt 4 freie Konnektivanhängsel, an deren Grunde je ein sitzendes und zweifächriges Staubblatt angeheftet ist. Pollen weiß. Früchte selten, 2–3 mm lang, 1 mm dick, rautenförmig, abgeflacht, manchmal mit 1–3 rückenständigen Rippen.

Submerse Sprosse von *Potamogeton wrightii*

Kultur: *Potamogeton wrightii* ist eine problemlose, empfehlenswerte Art mit geringen Ansprüchen. Ihre Kultur gelingt sowohl in mäßig als auch gut beleuchteten Aquarien. Mittelhartes bis hartes, alkalisches Wasser sowie eine gute Beleuchtung fördern die Entwicklung kräftiger Blattspreiten. Optimale Temperatur 22–28 °C. Wenig dekorativ wirken die langen Internodien, sodass man am besten immer mehrere Stecklinge als Gruppe pflanzt. Auf der Wasseroberfläche flutende Sprosse sehen sehr ansprechend aus, doch entziehen sie leicht den darunter wachsenden Pflanzen zu viel Licht. Seitensprosse bilden sich an jedem Knoten des unterirdisch kriechenden Rhizoms. Auch kann man einen zu lang gewordenen Stängel teilen; der Rest des Sprosses treibt neu aus. Flutende, kräftige Pflanzen entwickeln im Aquarium sowohl im Lang- als auch im Kurztag häufig Blütenstände.
Ökologie: Die Art wächst gewöhnlich in bis zu 3 m tiefem, schnell strömendem Wasser von Flüssen, kommt gelegentlich aber auch in Tümpeln, Reisfeldern und Seen in Höhen bis über 2000 m vor. Wasseranalysen deuten auf eine Bevorzugung von Gewässern mit hartem, salzreichem, alkalischem Wasser hin.
Sonstiges: *Potamogeton wrightii* wurde 1954 als *P. javanicus* in den Handel eingeführt, verschwand aber kurze Zeit darauf wieder aus den Aquarien. Trotz des großen Verbreitungsgebietes wurden erst 1981 von mir erneut Pflanzen auf der Insel Sulawesi gesammelt, die als *P. malaianus* bestimmt und unter diesem Namen in den Handel kamen. Nach weiteren Untersuchungen (WIEGLEB 1990) ist jedoch *P. wrightii* der richtige Name für die in Kultur befindliche Art. *Potamogeton malaianus* ist ein Synonym von *P. nodosus* POIRET. Die als *Potamogeton* sp. „Vietnam" gehandelten Pflanzen sind ebenfalls *P. wrightii*. Vor einigen Jahren wurde die Art auch aus Japan eingeführt.
Literaturhinweis: WIEGLEB (1990).

Proserpinaca palustris im Aquarium

Proserpinaca palustris

LINNÉ (1753)

Amerikanisches Kammblatt

Familie: Haloragaceae, Seebeerengewächse.
Synonyme: Keine.
Etymologie: *Proserpinaca*: von *proserpere* (lat.) = hervorkriechen (in bezug auf das Wuchsverhalten) oder Proserpina = Göttin der Unterwelt; *palustris*: sumpfbewohnend.
Verbreitung: Nord- und Mittelamerika, Westindische Inseln.
Beschreibung: Veränderliche Sumpfpflanze mit niederliegenden oder aufrechten Sprossen. Submerse Blätter wechselständig, spiralig angeordnet, von gebuchtet, mehr oder weniger kammförmig bis gefiedert, schmal eiförmig, 3–5 cm lang, 2–3 cm breit, steif, hellgrün bis leuchtend rot gefärbt. Emerse Blätter zunehmend ganzrandig und mit gesägtem oder gekerbtem Blattrand, kleiner als submers, hell- bis dunkelgrün, glänzend.

Blüten zwittrig, einzeln, achselständig, sehr klein, grün. 3 Kelchblätter. Kronblätter fehlen (stark reduziert). 3 Staubblätter. 3 Fruchtblätter. Frucht nussähnlich, 3-kantig, bis 5 × 4 mm groß, mit gewöhnlich 3 Samen.

Kultur: Das Kammblatt ist eine anspruchsvolle, langsam bis mittelschnell wachsende Kulturpflanze. Im Aquarium erreichen die Sprosse die hier gezeigte dekorative Rotfärbung nur bei intensiver Beleuchtung und ausgewogenem Nährstoffverhältnis. Die Art bevorzugt weiches Wasser, kann aber auch noch gut in mittelhartem Wasser mit CO_2-Düngung wachsen. Je nach Herkunft liebt die Art niedrige Temperaturen von 15–22 °C (WENDT 1952–1983); die aus Kuba eingeführten Pflanzen wachsen aber auch gut um die 25 °C. Die Sprosse streben leicht aus dem Wasser heraus und bilden durch Selbstbestäubung die winzigen Blüten und Früchte. Vorübergehend im Gartenteich verwendbar.
Ökologie: In stehenden oder langsam fließenden Gewässern (JUNGE 2006). Ich fand *Proserpinaca* in Mexiko in einem flachen Hochlandtümpel mit stehendem Wasser bei 14 °C.
Sonstiges: Die Art wurde 1909 erstmals für die Aquaristik gesammelt. 1932 wurden Wildpflanzen aus Guatemala eingeführt. Danach verschwand *Proserpinaca* für mehrere Jahrzehnte aus der Aquaristik und wurde erneut durch die Firma Tropica aus Kuba (Isla de la Juventud) eingeführt; seit 2002 ist sie im Handel. *Proserpinaca pectinata*, die auch auf Kuba beheimatet ist, besitzt vollständig gefiederte Blätter.

Submerse Pflanzen von *Ranalisma rostratum* mit langen Ausläufern

Blüte von *Ranalisma rostratum*

Ranalisma rostratum

STAPF (1900)

Familie: Alismataceae, Froschlöffelgewächse.
Synonyme: *Echinodorus ridleyi* STEENIS, *E. rostratus* (STAPF) GAGNEPAIN, not (NUTTALL) ENGELMANN ex A. GRAY.
Etymologie: *Ranalisma*: bezieht sich auf die Blüten und Früchte von *Ranunculus*; *Alisma*: griech. Name einer Wasserpflanze; *rostratum*: geschnäbelt (Früchte).
Verbreitung: Tropisches Süd-China, Vietnam, Malaysia (selten).
Beschreibung: Ausläuferbildende, kleine Sumpfpflanze, in Kultur emers bis 10 cm, submers etwa 3 cm hoch. Blätter in einer Rosette. Emerse Spreite 2,5–4,0 cm lang, 2,5–3,0 cm breit, breit elliptisch bis rundlich, zugespitzt, Basis schwach herzförmig, mittelgrün. Submerse Blätter schmal linealisch, bis 4 cm lang, 2 mm breit, hellgrün.

Der Blütenstand ist doldenähnlich, mit 1–3 gestielten, zweigeschlechtigen Blüten. Der Blütenstängel ist kürzer als die Blätter. Blütendurchmesser etwa 1 cm. Je 3 Kelch- und Kronblätter, etwa gleich groß, Kronblätter weiß. Staubblätter 9. Fruchtblätter zahlreich, spiralförmig in einem fast kugeligen Kopf angeordnet. Die Nüsschen sind seitlich abgeflacht, mit 1 Flügel, Schnabel bis 5 mm lang.
Kultur: *Ranalisma rostratum* wurde vor 1980 gelegentlich im Aquarium ausprobiert, hatte sich aber nicht durchgesetzt. Seit wenigen Jahren wird sie erneut aus Gärtnereien angeboten, obwohl sie hohe Ansprüche stellt und nur Spezialisten zu empfehlen ist. Submers besser geeignet ist die sehr ähnliche *Helanthium tenellum* (hellgrüne Form). Mit der heutigen Technik kann die Kultur von *R. rostratum* jedoch durchaus gelingen: Wichtige Voraussetzungen sind viel CO_2, gute Lichtverhältnisse und ein nährstoffreicher Bodengrund. Am besten gelingt sie, wenn die Pflänzchen frei im Wasser bei viel Licht wachsen. Dann vermehren sie sich leicht durch Ausläufer und bilden lange kräftige Wurzeln. Die emerse Kultur gelingt gut an einem schattig-sonnigen Platz, wo die Pflanzen leicht blühen und sich auch durch Samen vermehren.
Ökologie: Sumpfige Standorte im bewaldeten Tiefland.
Sonstiges: Die zweite Art der Gattung ist *Ranalisma humile* aus dem tropischen Afrika, die ebenfalls gelegentlich kultiviert wurde. Korrekte Schreibweise ist *rostratum* (Erstbeschreibung *rostrata*), da der Wortstamm *Alisma* neutrum ist.

Ranunculus inundatus im Aquarium und Blüte

Ranunculus inundatus

R. BROWN ex DE CANDOLLE (1817)

Fluss-Hahnenfuß

Familie: Ranunculaceae, Hahnenfußgewächse.
Synonyme: *Ranunculus rivularis* var. *inundatus* RODWAY, var. *major* BENTHAM, var. *subfluitans* BENTHAM.
Etymologie: *Ranunculus*: von lat. *rana* = Frosch; Hahnenfuß: die Blätter einiger Arten ähneln den Zehen eines Hahnes; *inundatus*: überschwemmt.
Verbreitung: Südöstliches Australien.
Beschreibung: Sumpfpflanze mit kriechendem, verzweigtem Stängel. Jeder Knoten mit mehreren Blättern. Blattstiel aufrecht, bis 25 cm lang, im Aquarium meistens kürzer. Submerse Blattspreite rund im Umriss, handförmig geteilt und an den Enden wiederum mehrfach gegabelt, bis 6 cm groß, kahl, hellgrün; Segmente 2–6 mm breit. Emerse Blätter mittelgrün, oberseits fast kahl und glänzend, unterseits schwach behaart.

Blütenstand mit 2–4 lang gestielten Blüten. Einzelblüte zwittrig, 1–1,5 cm groß. 5 Kelchblätter, verkehrt länglich bis eiförmig, kahl. 5–9 Kronblätter, elliptisch bis verkehrt lanzettlich, gelb, Nektarien in einer Tasche, basal, etwa 1 mm lang. 22–30 Staubblätter. 20–45 Fruchtblätter. Achäne bis etwa 2 mm lang, mit dünnem Schnabel.
Kultur: Eine durch ihre zumeist fünffach geteilten Blätter ungewöhnliche Aquarienpflanze. Nur bei intensivem Licht bleiben die Blätter kurz gestielt und bilden eine ansprechende Dekoration im Vordergrund. Die anspruchsvolle Art wächst am besten in weichem bis mittelhartem Wasser bei hohem CO_2-Gehalt. Temperatur 22–28 °C. Eine Vermehrung erfolgt durch Teilung der Ausläufer, über Wasser auch durch Samen. Das emerse Wachstum ist problemlos.
Ökologie: Wächst an feuchten Standorten wie an den Rändern von Tümpeln und Seen sowie in flachem Wasser, ist aber auch noch an ziemlich trockenen Plätzen zu finden. Die Art ist sehr lichtliebend und frostunempfindlich.
Sonstiges: Aus Australien sind etwa 35 *Ranunculus*-Arten bekannt. Häufig mit der ähnlichen *R. papulentus* verwechselt. Diese besitzt jedoch Nektarien, die oberhalb der Basis der Kronblätter angeordnet sind. Anhand von Blüten konnte die Verfasserin die Bestimmung verifizieren. Eine weitere Art ist *R. limosella* aus Neuseeland, die 1998 eingeführt wurde, aber wieder aus der Aquarisitik verschwand.
Literaturhinweis: ASTON (1973).

Riccardia graeffei im Aquarium

Riccardia graeffei

(Stephani) Hewson (1970)

Graeffes Riccardimoos

Familie: Aneuraceae.
Synonyme: *Aneura graeffei* Stephani (1893), u.a.
Etymologie: *Riccardia*: nach Octavius Riccardi; *graeffei*: nach dem Sammler E. O. Graeffe (1833–1916).
Verbreitung: Weit verbreitet im tropischen Asien und Australien.
Beschreibung: Kriechend bis wenig aufsteigendes, sehr vielgestaltiges, mittelgroßes bis großes Lebermoos, meistens dunkelgrün gefärbt. Thallus 1–3 cm lang, 0,5–1,2 mm breit, ± unregelmäßig 2- bis 3-fach gefiedert. Hauptachse 5–10 Zellschichten dick (etwa 2 mm), unterseits flach, oberseits etwas nach außen gewölbt, ganzrandig bis schwach gekerbt, nicht durchsichtig. Thallusäste ungleich lang, verschmälert zur Basis, etwa gleich breit wie die Hauptachse; die letzten Äste bis 0,5 cm lang, 0,3–0,6 mm breit, 3–5 Zellschichten dick, am Ende zungenartig verbreitert und zweispaltig, rundlich, undurchsichtig. Epidermiszellen (äußere Zellen) kleiner als die inneren Zellen. Ölkörper kugelig bis eiförmig und mit kleinen deutlichen Körnern. Gewöhnlich 1–5(–8) kleine, braune Ölkörper in den äußeren Zellen, 1–3(–5) Ölkörper in den inneren Zellen. Die Ölkörper können bei rein submersen Pflanzen auch fehlen. Bei diesem Lebermoos befinden sich die männlichen und weiblichen Geschlechtsorgane getrennt auf verschiedenen Geschlechtsästen. Die männlichen Geschlechtsorgane (Antheridien) sind sehr klein und rundlich, die weiblichen Archegonien sind flaschenförmig und ebenfalls sehr klein (Mikroskop erforderlich). Die weiblichen Äste sind in Form eines Bechers ausgebildet, der als so genanntes Perigynium die Archegonien umschließt und dessen Rand deutlich gefranst ist (auf dem Foto auf S. 523 sind viele dieser weißen fransigen Gebilde zu erkennen). Die Antheridien befinden sich in Einsenkungen (Loculi) an kurzen seitlichen Ästen. In den Antheridien entwickeln sich die Spermatozoiden, die zu den Eizellen schwimmen und diese befruchten. Nach der Befruchtung entwickelt sich der Sporophyt: Das Archegonium, in dem sich der Embryo befindet, vergrößert sich, wird dick und fleischig. Die bis 4 mm lange Kalyptra (Kapselhaube) umgibt den sich entwickelnden Sporophyten. Auf dem Foto S. 523 sind einige dieser Kalyptren mit jungem Sporophyten gut zu sehen (längliche, gelbliche,

Emerse *Riccardia graeffei* mit Sporophyten

warzige Gebilde mit dunkler Spitze). Nach Streckung der bis 2 cm langen Seta (Kapselstiel) reißt die Kalyptra am oberen Ende auf und die Sporenkapsel wird herausgeschoben. Nach Öffnung der Kapsel und dem Entlassen der Sporen stirbt der Sporophyt schon nach kurzer Zeit ab.

Kultur: *Riccardia graeffei* ist ein extrem variables Lebermoos, das auf unterschiedliche Aquarienbedingungen mit sehr veränderlichem Habitus reagiert. Bei spezialisierten Pflanzenfreunden ist dieses Moos besonders gefragt. Im Aquarium kommt es mit einer mittleren Lichtintensität aus; es wächst sowohl in weichem als auch hartem, schwach saurem Wasser gut und ist insgesamt mäßig anspruchsvoll. Leider wächst es nur sehr langsam und wird nicht selten von lebhaften Fischen im Wachstum gestört. Eine emerse Kultur an einer sehr feuchten Stelle im Paludarium bringt oftmals bessere Erfolge als submers. An meinen Pflanzen traten nach einjähriger Kultur auf der Fensterbank in einem feucht-nassen Milieu an einem schattigen Platz die sehr kleinen Geschlechtsorgane auf (Lupe!).

Ökologie: Dieses Lebermoos wächst an ständig nassen, schattigen bis halbschattigen Standorten von Quellen und Fließgewässern, nicht selten ist es auch ganz submers zu finden. Es besiedelt nasse Felsen, umgestürzte Bäume; gleichwohl wächst es aber auch auf Erde, Lehm und Sand.

Sonstiges: *Riccardia graeffei* wurde in den 1990er Jahren von Holger Windeløv auf der thailändischen Insel Phuket am Namtok-Ton-Sai-Wasserfall für die Aquaristik gesammelt und von dem Bryologen Benito Tan (Singapur) bestimmt. Dieses Lebermoos ist seit etwa 2001 im Handel. *Riccardia graeffei* wird leicht mit der sehr ähnlichen *R. chamedryfolia* verwechselt, und eine Unterscheidung ist nur mithilfe eines Mikroskops möglich. Auch *R. chamedryfolia* ist bei Aquarianern in Kultur.

Riccardia chamedryfolia ist verbreitet in Nordamerika, Europa, Nordafrika und Asien. Es ist ein autözisches Moos, d. h., die Geschlechtsorgane stehen getrennt voneinander auf derselben Pflanze. Bei dieser Art entwickeln sich Antheridien (♂) und Archegonien (♀) an kurzen seitlichen Ästen. Der Kapselstiel ist 2 cm lang. Die Kapselhaube ist keulenförmig, bis 3 mm lang, und papillös.

Die Anatomie der *Riccardia*-Arten ist äußerst komplex. Deshalb wurden diese Beschreibungen auf wesentliche Merkmale reduziert. Die unsinnigen Handelsnamen Korallenmoos und Mini-Pellia sollten nicht verwendet werden.

Literaturhinweis: Smith (1990), Furuki (1991).

Polster von *Riccia fluitans* „Dwarf“ im Aquarium

Riccia fluitans

LINNÉ (1753)

Teichlebermoos

Familie: Ricciaceae, Sternlebermoosgewächse.
Synonyme: *Riccia canaliculata* HOFFMANN, u. a.
Etymologie: *Riccia*: nach P. F. RICCI; *fluitans*: flutend.
Verbreitung: Kosmopolitisch.
Beschreibung: Schwimmende oder auf feuchtem Bodengrund wurzelnde Pflanze, die aus gabelig verzweigten Vegetationsorganen, sog. Thalli, besteht. Äste schmal linealisch, dünn, an den Spitzen etwas verbreitert, bei schwimmenden Pflanzen schmaler als bei Landpflanzen, bis 2 mm breit und 10–40 mm lang, mehrfach regelmäßig dichotom verzweigt, Gabelungswinkel 45–80°, hell- bis mittelgrün gefärbt. Schwimmform fast ohne Rhizoide. Landform oberseits mit schwacher Rinne, unterseits mit Bauchschuppen an den Thallusenden und Rhizoiden.

Einhäusiges Moos. Sporangien an der Thallusunterseite. Sporen 80 µm, mit Feldern.

Kultur: Als Schwimmpflanze bei nicht zu starker Wasserbewegung ausgezeichnet haltbar. Das Teichlebermoos ist anpassungsfähig an die Wasserwerte, benötigt aber intensives Licht, um kräftige Thalli zu entwickeln. Es bildet dichte Polster an und auf der Wasseroberfläche, weshalb es als ideale Ablaichpflanze zum Beispiel für Labyrinthfische verwendet werden kann, bietet aber zugleich auch Jungfischen einen sicheren Schutz vor Feinden. Optimale Wassertemperaturen liegen zwischen 20 und 27 °C, es werden aber auch vorübergehend weit niedrigere und höhere Temperaturen toleriert. Werden die Pflanzen auf feuchtem Bodengrund kultiviert, entwickeln sich breitere und kürzere Thalli. Eine Sporenentwicklung tritt nur bei der Landform auf. Die Wuchsform „Dwarf“ (= Zwerg) bildet deutlich kürzere und schmalere Thalli als die Normalform aus, besitzt aber den gleichen Gabelungswinkel. Mehrfach konnte ich eine absinkende Form kultivieren (Form „Japan“), deren Thalli in meinen Aquarien aber nach einigen Wochen wieder an die Wasseroberfläche strebten.
Ökologie: *Riccia fluitans* besiedelt eutrophe Gewässer.
Sonstiges: Eine Unterscheidung der *Riccia*-Arten kann in vegetativem Zustand im Allgemeinen durch die Form des Thallus und der Größe des Gabelwinkels erfolgen. *Riccia rhenana* (auch als Synonym von *R. fluitans*) bildet breitere Thalli und stumpfe Gabelungswinkel (> 90 °).

Ricciocarpos natans am natürlichen Standort in Argentinien

Ricciocarpos natans

(LINNÉ) CORDA (1829)

Schwimmendes Lebermoos

Familie: Ricciaceae, Sternlebermoosgewächse.
Synonyme: *Riccia natans* LINNÉ (1759), u. a.
Etymologie: *Ricciocarpos*: von *Riccia* (siehe *R. fluitans*) und *karpos* = Frucht; *natans*: schwimmend.
Verbreitung: Kosmopolitisch.
Beschreibung: Auf der Wasseroberfläche schwimmende oder auf feuchtem Bodengrund wurzelnde Pflanze. Thallus herzförmig, 4–10 mm lang, fast ebenso breit, 1- bis 3-mal geteilt, etwas schwammig, Äste an der Spitze ± gekerbt, dunkelgrün, am Rand bräunlich. Oberseite mit deutlicher Furche, die sich kurz vor dem Thallusende spitzwinklig gabelt. Unterseite mit auffälligen, linealischen, dunklen Schuppen.

Vermutlich zweihäusiges Moos. Sporangien auf der Oberseite des Thallus in der erwähnten Furche. Sporen 45–86 µm.

Kultur: Eine seltene und schwierig zu kultivierende Schwimmpflanze. Nach WENDT (1952–1959) wurden die besten Kulturergebnisse mit im Freien gehaltenen Pflanzen gemacht, die in flachen Glasschalen auf Aquarienmulm und etwas Lehm kultiviert wurden. In der kalten Jahreszeit müssen sie an einem hellen, kühlen Platz überwintern. Bei den damaligen Kulturpflanzen handelte es sich aber wohl um einheimische, an niedrige Temperaturen gewöhnte Pflanzen. Vermutlich sind tropische Formen besser für die Aquarienkultur geeignet, Erfahrungen darüber liegen aber bisher nicht vor. Bei einem Kulturversuch sollte auf eine intensive Beleuchtung sowie wenig bewegtes Wasser geachtet werden.

Ökologie: *Ricciocarpos natans* lebt auf der Wasseroberfläche stehender und sehr langsam fließender Gewässer an sonnigen Stellen. 4 Standorte wurden untersucht. 1) See (Griechenland, 6/1980): Wassertemperatur 25 °C (Luft 26 °C um 13.15 Uhr), pH 7,2, GH 5,8 °dH, KH < 1 °dH, 81 µS/cm. 2) Überschwemmungsgebiet des Rio Paraguay (Brasilien, 8/1987): Wassertemperatur 27 °C (Luft 34,5 °C um 14 Uhr), pH 6,9, GH/KH < 1 °dH, 15 µS/cm. 3) Rio Yanayacu (Peru, 7/1990): eine ausführliche Wasseranalyse vom Biotop Nr. 6 auf S. 30. 4) Tümpel (Argentinien, 7/1993): Wassertemperatur 13 °C, pH 5,5, GH/KH < 1 °dH, 10 µS/cm, Fe 0,05 mg/l.

Rorippa aquatica im Aquarium

Blütenstand von *Rorippa aquatica*

Rorippa aquatica

(EATON) PALMER & STEYERMARK (1935)

Wassermeerrettich

Familie: Brassicaceae, Kreuzblütengewächse.
Synonyme: *Cochlearia aquatica* EATON (1829), *Armoracia aquatica* (EATON) WIEGAND, u. a.
Etymologie: *Rorippa*: anscheinend von „Rorippen", niederdeutscher Pflanzenname, abgeleitet; *aquaticum*: im Wasser lebend.
Verbreitung: USA (Minnesota bis Florida, Texas).
Beschreibung: Kleine Sumpfpflanze mit aufrechtem, bis 2 cm dickem Rhizom. Blätter steriler Pflanzen in einer grundständigen, bis 10 cm hohen Rosette angeordnet, gelegentlich mit aufrechtem Spross und wechselständigen Blättern. Blattstiel bis 3 cm lang. Blattspreite verkehrt lanzettlich, entweder ungeteilt, dann mit verschmälerter Basis, spitzer Spitze und gekerbtem Rand, oder ± gefiedert, bis 13 × 3 cm groß, kahl, weich, dunkelgrün gefärbt. Submerse Blätter hart und zerbrechlich.

Fertile Pflanzen im Langtag, bis etwa 70 cm hoch. Blätter am Blütenstängel wechselständig, ungeteilt, mit gekerbtem Rand, kurz gestielt oder sitzend, nach oben kleiner werdend, bis 9 × 2 cm groß, leicht abfallend. Blütenstand eine Traube mit vielen 0,5–1,5 cm gestielten Blüten. Blüte etwa 1 cm groß. 4 grüne Kelchblätter, 3 mm lang. 4 weiße Kronblätter, spatelförmig, 5 mm lang. 6 Staubblätter, etwa 3 mm lang. Griffel mit Narbe wenig länger als Staubblätter, bleibend. Fruchtknoten 3 mm, länglich. Frucht eine 5–8 mm lange Hülse.
Kultur: *Rorippa aquatica* ist eine ziemlich anspruchslose, submers sehr langsam wachsende Pflanze, die mit einer Wuchshöhe von etwa 10 cm nur für die Bepflanzung des Vordergrundes geeignet ist. Für eine optimale Kultur im Aquarium sind eine mittlere bis intensive Beleuchtung, ein nährstoffreicher Bodengrund sowie eine Temperatur zwischen 20 und 25 °C zu empfehlen. Eine Vermehrung in Sumpfkultur ist durch Ableger am Rhizom möglich. Zur vegetativen Vermehrung im Aquarium lässt man einzelne Blätter an der Wasseroberfläche schwimmen, an denen sich Adventivpflanzen bilden. Als Teichrandpflanze bedingt winterhart.
Ökologie: *Rorippa aquatica* besiedelt schlammige Ufer ruhiger Gewässer. Dort wächst sie an schattig-sonnigen Plätzen.

Rotala hippuris im Aquarium

Die seltene *Rotala floribunda* lebt in Wasserfällen (bei Mahabaleshwar, Bundesstaat Maharashtra, Indien)

Rotala hippuris

MAKINO (1898)

Tannenwedel-Rotala

Familie: Lythraceae, Weiderichgewächse.
Synonyme: Keine.
Etymologie: *Rotala*: von *rota* = Rad, in Bezug auf die quirlige Blattstellung der Typus-Art *Rotala verticillaris* LINNÉ; *hippuris*: In Anlehnung an das Aussehen der Gattung *Hippuris*, Tannenwedel.
Verbreitung: Mittleres und südliches Japan.
Beschreibung: Zarte Wasserpflanze mit im Aquarium aufrechten, feingliedrigen, mehr als 40 cm langen Sprossen. Blätter fadenförmig, in 5- bis 12-zähligen Quirlen, bis 3 cm lang, rötlichbraun gefärbt; Blattspitze geteilt, stachelspitzig.

Blütenstand an flutenden Sprossen sowohl submers (Blüten dann kleistogam) oder nach einigen quirlständigen emersen Blättern. Luftblätter linealisch, bis 10 × 1 mm groß. Einzelblüte sitzend, meistens einzeln im Quirl, vierzählig. Deckblättchen kürzer als Kelch. Kelchlappen bis 1 mm lang. Kronblätter mit 0,2–0,6 mm Länge sehr klein, Kron- und Kelchlappen bei kleistogamen Blüten rudimentär. Staubblätter den Kelch nicht überragend. Griffel sehr kurz. Kapsel kugelig, bis 1,5 mm groß, mit 2 Klappen öffnend.
Kultur: Eine sehr anspruchsvolle und empfindliche Aquarienpflanze, die nach bisherigen Kulturerfahrungen nur in weichem bis mittelhartem, CO_2-reichem Wasser gedeiht. Intensives Licht und eine gute Wasserbewegung sind für ein zufrieden stellendes Wachstum absolut notwendig. Wie auch bei der sehr ähnlichen, aber gewöhnlich deutlich kleineren *Rotala wallichii* sehen pflanzenfressende Fische die zarten Blätter als willkommene Kost. Die Art eignet sich nur als Gruppenpflanze für den Mittelgrund des Aquariums. Eine Vermehrung erfolgt produktiv durch Seitensprosse, die als Kopfstecklinge verwendet werden können. Bei zusagenden Bedingungen ist *Rotala hippuris* eine sehr dekorative Stängelpflanze mit hohem Kontrastwert. Eine Veralgung vertragen die Pflanzen nicht.
Ökologie: Detaillierte Informationen über natürliche Standorte sind mir nicht bekannt. Die Art blüht im Oktober.
Sonstiges: *Rotala hippuris* ist seit 2006 in Kultur. Die Art wird auch falsch als *Pogostemon stellatus* 'Superfine' bezeichnet. *Rotala* sp. „Vietnam“ ähnelt *R. hippuris*, bildet aber gebuchtete Blattspitzen und viel längere Internodien.
Literaturhinweis: COOK (1979).

Rotala indica im Aquarium

Blühender Spross von *Rotala indica*

Rotala indica

(WILLDENOW) KOEHNE (1880)

Indische Rotala

Familie: Lythraceae, Weiderichgewächse.
Synonyme: *Peplis indica* WILLDENOW (1799), u. a.
Etymologie: *Rotala*: siehe *R. hippuris*; *indica*: aus Indien.
Verbreitung: Häufig in Südostasien, vereinzelt im mittleren Osten, eingebürgert mit Reis in Südeuropa (Italien, Portugal), im Kongo und den USA (Kalifornien, Louisiana).
Beschreibung: Einjährige, kleinblättrige Sumpfpflanze, 15–40 cm hoch. Stängel niederliegend bis aufsteigend, wenig verzweigt; im Aquarium aufrecht. Blätter sitzend, kreuzgegenständig, verkehrt schmal eiförmig bis verkehrt breit eirund, bis 2 cm lang, 1,5 cm breit; Blattrand knorpelartig. Blätter im Aquarium meist nicht größer als 12 × 8 mm, gelblichgrün bis rötlich.

Blüten achselständig, 4-zählig, sehr klein. Deckblättchen linealisch, 2 mm lang. Kelch weiß bis rötlich, 2 mm lang, ohne Kelchanhängsel. Kronblätter bleibend, halb so lang wie die Kelchlappen, pink. Staubblätter und Griffel innerhalb der Blüte, effektiv selbstbestäubend.

Kultur: *Rotala indica* ist in der Natur und Sumpfkultur eine einjährige Pflanze. Im Aquarium ist sie überraschenderweise ausdauernd. Jedoch ist sie anspruchsvoll und wächst sehr langsam. Die steifen Triebe werden meist aus der In-Vitro-Kultur im Handel angeboten und sind sehr schmächtig. Erst nach vielen Wochen erreichen die farblich ansprechenden Sprosse eine Höhe von etwa 15–20 cm, verlieren aber mit zunehmener Länge die unteren Blätter. Ein zufriedenstellendes Wachstum gelingt nur bei einer hohen Lichtintensität sowie guten Nährstoffverhältnissen und CO_2-Düngung. *Rotala indica* wird zwar häufig im Handel angeboten, ist dennoch nur bedingt für Normalaquarien geeignet, auch, weil die vegetative Vermehrung minimal ist.
Ökologie: Als kurzlebige Pflanze häufig in Reisfeldern.
Sonstiges: Wird gelegentlich mit *R. rotundifolia* verwechselt, die eine ganz andere Art ist. Als *Ammannia* sp. „Bonsai" eingeführt und 2009 von CAVAN ALLEN bestimmt. Wesentliche Artmerkmale sind der knorpelartige Blattrand (Lupe), die sitzenden Blüten mit den winzigen Kronblättern und Staubblätter und Griffel, die den Kelch nicht überragen.
Literaturhinweis: COOK (1979).

Rotala macrandra im Aquarium

Rotala macrandra 'Green' im Aquarium

Rotala macrandra

KOEHNE (1880)

Dichtblättrige oder Großmännige Rotala

Familie: Lythraceae, Weiderichgewächse.
Synonyme: *Ameletia rotundifolia* WIGHT.
Etymologie: *Rotala*: siehe *Rotala hippuris*; *macrandra*: großmännig, in Bezug auf die langen Staubblätter.
Verbreitung: Südindien.
Beschreibung: Sumpfpflanze. Emerse Blätter wie bei *R. rotundifolia*. Submerse Sprosse aufrecht, bis 60 cm lang, verzweigt. Blätter kreuzweise gegenständig. Spreite sitzend, den Stängel halbumfassend, lanzettlich bis breit eirund, zart, 2–4(–5) cm lang, 1,5–2,5(–3) cm breit, olivgrün bis kräftig braunrot. Blattspitze spitz gerundet, Basis manchmal schwach geöhrt. Blattrand bei kräftigen Blättern etwas gewellt und schwach gezähnt-gekerbt. Blütenstand wie bei *R. rotundifolia*, Deckblättchen jedoch 0,5 mm lang. Staubblätter länger als Kelchlappen und Kronblätter. Griffel etwa 3,5 mm lang. Siehe Foto S. 76.
Kultur: Eine sehr dekorative, auffällige, aber auch anspruchsvolle und schwierige Aquarienpflanze, die nur selten optimal gedeiht. Am schönsten werden die Sprosse in weichem bis mittelhartem, saurem Wasser (CO_2-Zufuhr), bei intensiver Beleuchtung und kalkarmem Bodengrund. Ein ausgewogenes Nährstoffangebot (u. a. Eisen) scheint ebenso notwendig zu sein wie eine gute Wasserbewegung. Temperaturoptimum 24–28 °C. Die Art soll empfindlich auf Kälteschocks reagieren (BENL 1972). Aufgrund der hohen Lichtansprüche ist zu beachten, dass die Sprosse einzeln und mit ausreichendem Abstand voneinander gepflanzt werden. Einige gut wachsende, kräftige Sprosse ergeben einen wirkungsvolleren Blickfang als eine große Gruppe von kleinblättrigen, kümmernden Pflanzen.
Ökologie: Die Autorin untersuchte zahlreiche Standorte von *R. macrandra* im Südwesten Indiens zu verschiedenen Jahreszeiten. In Küstennähe besiedelt die Art nährstoffreiche, feinkörnige, lehmige Böden, in die die Sprosse mit ihren feingliedrigen Wurzeln gut eindringen können. Bei zusagenden Bedingungen tritt *R. macrandra* dominant auf. Die Art zeigt deutliche Präferenzen an bestimmte ökologische Bedingungen. Bevorzugte Biotoptypen sind sonnige Standorte in Überschwemmungszonen von Flüssen (siehe Biotop 66, S. 54), stark gedüngte Reisfelder, aber auch permanente Fließgewässer. Während die Pflanzen

Oben: Kleinwüchsige, rotblättrige Form von *R. macrandra*
Linke Seite: Stammform von *R. macrandra* im Aquarium

Blühende *Rotala macrandra* in einem indischen Reisfeld

in temporären Habitaten absterben, kurzlebig (einjährig) sind und einen periodischen Lebenszyklus mit generativer Vermehrung und trockenresistenten Samen durchlaufen, wächst *R. macrandra* in permanenten Fließgewässern als mehrjährige Wasserpflanze mit überwiegend vegetativer Vermehrung durch Seitentriebe. In Reisfeldern bildet *Rotala macrandra* in intensivem Sonnenlicht wechselnde Pflanzengesellschaften mit blühenden *Nymphaea nouchalii*, *Nymphoides indica* und *Utricularia* sp. Lichtwert in einem Reisfeld (2/2013) um 13 Uhr in voller Sonne 1620 PAR. In permanenten Fließgewässern wächst *R. macrandra* oft zusammen mit *Blyxa aubertii*. Der Wasserstand kann während der Regenzeit um mehr als einen Meter ansteigen. Lichtwerte um 12 Uhr (bewölkt) an der Wasseroberfläche 250–500 PAR. Alle Wasseranalysen ergaben ein sehr weiches, saures Wasser (um pH 6,0) mit niedriger Leitfähigkeit bei hohen Wassertemperaturen. Limitierende Faktoren in permanenten Fließgewässern sind insbesondere Licht und Strömungsgeschwindigkeit. Während der Regenzeit bildet *R. macrandra* lange submerse Sprosse.

Sonstiges: Emerse und blühende Sprosse von *R. macrandra* sind nur in wenigen Merkmalen von *R. rotundifolia* verschieden, sodass man beide anfangs für nur eine Art hielt.

Neue Wuchs- und Farbformen

In den letzten 20 Jahren wurden mehrere Wuchsformen von *R. macrandra* eingeführt. Sie werden als 'Green', 'Green Narrow Leaf' (= „Magenta“ und „Florida“), „Pointed Leaf“ und „Pearl“ bezeichnet. 'Variegated' ist eine in Kultur entstandene virusinfizierte Pflanze. 'Narrow Leaf' ist nach flowgrow.de eine Kulturform mit schmalen Blättern. Außerdem wird eine rotblättrige, kleinwüchsige „Mini-Form“ gehandelt, die schwierig zu pflegen ist. Obwohl meines Wissens bisher nur die Sorte 'Green' geblüht und tatsächlich als *R. macrandra* determiniert werden konnte, gehe ich davon aus, dass es sich bei all diesen neuen Pflanzen nur um neue Wuchs- und Farbformen von *R. macrandra* handelt, die in der Kultur oder an natürlichen Standorten entstanden sind. *Rotala macrandra* muss somit als polymorphe (vielgestaltige) Art angesehen werden. Die Formen sind jedoch in ihren Ansprüchen sehr unterschiedlich. So ist die Sorte 'Green' leichter zu kultivieren, wüchsiger und vermehrungsfreudiger als die bisher gepflegte *R. macrandra*. Bei intensivem Licht bleiben ihre Blätter jedoch nicht hellgrün, sondern färben sich rötlich. Unbestimmt sind die Formen „Pointed Leaf“ und „Pearl“. Sie sind kleinblättrig und nicht einfach zu kultivieren.

Rotala mexicana „Araguaia“ im Aquarium

Rotala mexicana „Goias“ (oben) und eine Form aus Australien

Rotala mexicana

CHAMISSO & SCHLECHTENDAL (1830)

Mexikanische Rotala

Familie: Lythraceae, Weiderichgewächse.
Synonyme: *Rotala pusilla* TULASNE, u. a.
Etymologie: *Rotala*: siehe *Rotala hippuris*; *mexicana*: nach Mexiko (der Typus kommt aus Mexiko).
Verbreitung: Wärmere Gebiete der Erde; häufig gesammelt.
Beschreibung: Amphibische, sehr variable Sumpfpflanze mit submers aufrechten (Form „Araguaia“) oder mehr kriechenden (Form „Goiás“) Sprossen. Wasserblätter in 3- bis 8-zähligen Quirlen (Form „Araguaia“ 4-zählig, Form „Goiás“ meist 3-zählig, Formen aus Australien mit bis zu 8-zähligen Blattquirlen), emers auch kreuzgegenständig. Spreite sitzend, linealisch, spitz, 1,5–2,0 cm lang, etwa 1 mm breit, hellgrün bis rötlich. Emerse Spreite kürzer und breiter.

Blüten achselständig, einzeln, sitzend. Deckblättchen 2, linealisch, so lang wie der Kelch. Kelch meist 4-lappig, kugelig, < 1 mm, ohne Anhängsel. Kronblätter fehlen. Staubblätter 1–4. Kapsel mit 3 Klappen öffnend (Blütenbeschreibung nach COOK 1979).

Kultur: Es sind Populationen unterschiedlicher Herkunft in Kultur. Die Form „Araguaia“ soll aus Brasilien vom Rio Araguaia stammen, die Form „Goias“ aus dem gleichnamigen Bundesstaat. Sie werden zumeist in Asien vermehrt und von dort exportiert. Sehr dekorativ ist auch eine Form aus Australien. Im Aquarium sind alle anspruchsvoll und benötigen für ein optimales Wachstum insbesondere eine sehr hohe Lichtintensität sowie ein weiches, sehr saures Wasser mit viel freiem CO_2 (20–30 mg/l). Entscheidend für den Kulturerfolg ist eine ausgewogene Ernährung. Die Pflanzen reagieren umgehend auf verschlechterte Wuchsbedingungen. *Rotala mexicana* ist, obwohl die Art schon um 2005 eingeführt wurde, sehr selten in Kultur, was ein Hinweis auf ihre nicht einfache Pflege ist.
Ökologie: Die Art wächst an ihren natürlichen Standorten sowohl vollständig untergetaucht als auch emers als zarte Landpflanze. Gelangen Wassersprosse (z. B. durch Wellen) an Land, sterben die submersen Blätter ab und es entwickeln sich an der Spitze des Stängels zahlreiche aufrechte (emerse) Sprosse. *Rotala mexicana* soll sich häufig auch durch Samen vermehren. Wasserwerte von natürlichen Habitaten sind mir nicht bekannt.

Rotala rotundifolia

(ROXBURGH) KOEHNE (1880)

Rundblättrige Rotala

Familie: Lythraceae, Weiderichgewächse.
Synonyme: *Ammannia rotundifolia* BUCHANAN-HAMILTON (1820), u. a.
Etymologie: *Rotala*: siehe *Rotala hippuris*; *rotundifolia*: rundblättrig.
Verbreitung: Südostasien (Indien bis Japan).
Beschreibung: Sumpfpflanze mit kriechenden, aufsteigenden oder flutenden Sprossen, bis etwa 70 cm lang. Emerse Blätter kreuzweise gegenständig, sitzend oder kurz gestielt, ganzrandig, verkehrt eirund bis rund, etwa 1(–2) cm lang, oberseits olivgrün, unterseits leicht rötlich. Submerse Blätter gegenständig oder in 3- bis 4-zähligen Quirlen. Spreite bis 2,2 cm lang, oberseits olivgrün bis rötlich, unterseits blass- bis kräftig violett.

Blütenstand eine dichtblütige Traube. An jedem Knoten 2 Blüten mit einem herzförmigen oder fast runden, bis 6 mm langen Deckblatt. Einzelblüte kurz gestielt. Kelch mit 4 dreieckigen Kelchlappen ohne Anhängsel. Deckblättchen etwa 1 mm. 4 Kronblätter, blasslila (selten weiß), verkehrt eirund, etwa 1,5 mm lang. 4 Staubblätter, etwa 1,5 mm lang, nicht länger als die Kelchlappen. Griffel 0,5–1,5 mm lang; Narbe kopfig. Fruchtknoten kugelig. Kapsel etwa 1,5 mm groß, mit 4 Klappen öffnend.
Kultur: Eine besonders empfehlenswerte, anpassungsfähige, dekorative und schnellwüchsige Stängelpflanze. Um kräftige, rötliche Sprosse zu erhalten, ist eine gute Beleuchtung erforderlich. Die Art toleriert große Härte- und pH-Unterschiede. Temperaturoptimum 22–28 °C. Vermehrung problemlos durch Seitensprosse. Die Pflanzen wachsen schlecht aus dem Wasser heraus, sodass die Anpassung an die emerse Kultur nicht einfach ist.
Ökologie: Die Art wächst an sumpfigen Stellen und häufig in kühlen Bergregionen, in China bis in Höhen von 2650 m. Siehe Biotop 62 (S. 52). Die Sorte 'Periya' stammt aus der Umgebung des gleichnamigen Ortes im indischen Kerala, der 730 m hoch liegt. Die Pflanzen wuchsen in einem Reisfeld gemeinsam mit *Blyxa aubertii*. Sie wurzelten im nährstoffreichen Lehm vollsonnig als auch stark beschattet. Lichtwerte um 13.30 Uhr (2/2013): 1300 PAR (vollsonnig), 100 PAR (beschattet). Wasserwerte: 28 °C, pH 8, GH/KH < 1 °dH, 40 µS/cm.

Farb- und Wuchsformen

In den letzten Jahren ist auch bei *Rotala rotundifolia* eine sehr große Variationsbreite bekanntgeworden. Die Sorte 'Khao-Yai' aus dem thailändischen Nationalpark besitzt kreuzgegenständige und auffällig blutrote Blätter, wächst langsam und ist anspruchsvoll. Die grasgrüne Sorte 'Green' wächst problemlos. Ihre Sprosse wachsen häufig horizontal oder herabgebogen. Die anspruchsvolle Sorte 'Periya' (siehe Ökologie) besitzt bis 1,5 mm breite und 2 cm lange Blätter. Diese sind meist gegenständig, gelegentlich auch in bis zu 4-blättrigen Quirlen angeordnet. Ihre Färbung ist gelblichgrün mit leicht rötlichem Anflug. Die grazile Form „Gia Lai" stammt aus Zentralvietnam oder wird nach dem Ort „H'Ra" bezeichnet. Weitere Farbformen, wie „Colorata", „Sri Lanka" oder „Pink" sowie die Kulturform „Orange Juice" zeichnen sich nur durch eine mehr oder weniger kräftige Rotfärbung aus, weshalb Sortennamen nicht gerechtfertigt sind. Die Autorin sah im März 2018 in Vietnam zwei völlig unterschiedliche Wuchsformen: kleinblättrige Pflanzen mit kleinen, weißen Blüten im kühlen Norden in 1600 m Höhe und großblättrige Stängel mit „normalen" Blütenständen im tropischen Zentralvietnam.

Rotala rotundifolia **im Aquarium**

Rotala rotundifolia ‘Green’ im Aquarium

Rotala rotundifolia ‘Khao Yai’ (Thailand)

Rotala rotundifolia ‘Periya’ (Indien) im Aquarium

Blütenstand von *Rotala rotundifolia* ‘Periya’

Rotala serpyllifolia im Aquarium

Rotala serpyllifolia am Standort in Maharashtra (siehe auch S. 55)

Rotala serpyllifolia

(ROTH) BREMEKAMP (1954)

Thymianblättrige Rotala

Familie: Lythraceae, Weiderichgewächse.
Synonyme: *Micranthus serpyllifolius* ROTH (1821), u. a.
Etymologie: *Rotala*: siehe *Rotala hippuris*; *serpyllifolia*: die Kriechsprosse erinnern an verholzte Thymian-Gewächse.
Verbreitung: Indien, Pakistan, Bangladesch.
Beschreibung: Stark veränderliche Pflanze. Emers auf Felsen kriechend und Polster bildend. Blüten- und Wassersprosse aufrecht, bis 25 cm lang. Landblätter eiförmig, bis 1 cm lang, 6 mm breit, olivgrün. Wasserblätter gegenständig, linealisch, 4–8 cm lang, 1,5–3 mm breit, leuchtend rot.

Ährenförmige Blütentraube mit 4-zähligen, 3 mm großen, pinkfarbenen Blüten. Kelchanhängsel fehlen. Staubblätter in der Krone verborgen. Blütenbildung auch im Aquarium über der Wasseroberfläche.
Kultur: *Rotala serpyllifolia* ist eine außergewöhnliche neue Pflanze mit guter Anpassung an die Aquarienbedingungen. Sie wird als Gruppe frei im Wasser hängend verwendet (nicht einpflanzen!) oder an Dekorationsmaterial fixiert, wo sie festwächst. Ich empfehle, die Sprosse etwa 20 cm unterhalb der Wasseroberfläche bei viel Licht und hohen Temperaturen in der Filterströmung zu positionieren. Die Art ist nicht nährstoffbedürftig (siehe Biotop 69, S. 55). Die Rotfärbung bleibt auch bei wenig Licht erhalten. Schon eine kleine Gruppe ist ein fantastischer Blickfang. Das Wachstum ist langsam bis mittelschnell. Die Vermehrung erfolgt durch Seitensprosse. Die Verfasserin hatte beste Erfahrungen in mittelhartem, schwach saurem Milieu (pH 6,6–7,2) und bei 25–32 °C.
Ökologie: Die Art besiedelt sonnige und warme Standorte entlang von Bächen und Flüssen. Sie wächst kriechend auf sehr trockenen Felsen und entwickelt zur Regenzeit rotbraune Wasserblätter. Die Art besiedelt neue Habitate durch Abbrechen der Stängel, die in Spalten von Felsen hängenbleiben und darauf festwachsen. Dadurch ist *R. serpyllifolia* konkurrenzlos in Gewässern mit felsigem Untergrund. Blüte- und Fruchtzeit Oktober bis Januar (s. S. 55).
Sonstiges: Die Verfasserin führte die Pflanze 2015 aus Maharashtra ein.
Literaturhinweise: COOK (1996), KASSELMANN (2016 c).

Rotala sahyadrica im Aquarium

Rotala sp. „Nanjenshan" im Aquarium

Rotala sahyadrica

S. P. Gaiwad, Sardesai & S. R. Yadav (2013)

Familie: Lythraceae, Weiderichgewächse.
Etymologie: *sahyadrica*: nach dem Sahyadri-Gebirge.
Verbreitung: Indien (Maharashtra, Kas-Plateau).
Beschreibung: Zarte Wasserpflanze, im Aquarium bis zu 30 cm hoch, wenig verzweigt. Submerse Blätter kreuzgegenständig, ganzrandig, linealisch-länglich, sitzend, Spitze und Basis rund, 4,0–6,5 cm lang, 0,6–1,0 cm breit, zart, gelblichgrün bis schwach rötlich. Emerse Blätter verkehrt eiförmig, bis 1,5 × 1,0 cm groß.

Blüten achselständig, einzeln, sitzend, 4-zählig, sehr klein, submers selbstbestäubend. Wichtige Merkmale (lt. Erstbeschreibung): Kelchröhre mit Nektardrüsen, Behaarung in den Achseln der Deckblätter.
Kultur: Die 2018 in die USA eingeführte, sehr dekorative, schnellwüchsige Aquarienpflanze erinnert im submersen Habitus an *Rotala macrandra*. Nach ersten Erfahrungen benötigt die buschig wachsende Art weiches bis mittelhartes, schwach saures, nicht zu hoch temperiertes Wasser.
Ökologie: Der Typusstandort ist ein Süßwassersee in 900 m Höhe auf einem Lateritplateau der Western Ghats.

Rotala sp. „Nanjenshan"

Familie: Lythraceae, Weiderichgewächse.
Synonyme: Keine.
Etymologie: *Rotala*: siehe *R. hippuris*; Nanjenshan: nur aus der Umgebung dieses Ortes bekannt.
Verbreitung: Taiwan.
Beschreibung: Zarte Stängelpflanze, bis 50 cm hoch. Blätter gegenständig oder in 3- bis 6-blättrigen Quirlen, ganzrandig, emers elliptisch oder lanzettlich, 5–10 mm lang, 2–4 mm breit, submers sehr schmal linealisch, bis 2 cm × 1 mm, hellgrün, unterseits oft rötlich.

Blüten achselständig, einzeln, kurz gestielt, 4-zählig. Kelch 2 mm groß. Kronblätter blasslila, etwa 1 mm. Staubblätter kürzer als die Krone. Samen unbekannt.
Kultur: Anspruchsvolle, empfehlenswerte Pflanze. Kultur am besten bei guter Beleuchtung in weichem bis mittelhartem, schwach saurem Wasser. Vermehrung durch Seitensprosse. Blüht leicht am Teichrand; bedingt winterhart.
Ökologie: Die Früchte, hier ein wichtiges Bestimmungsmerkmal, sind unbekannt. Vielleicht handelt es sich um eine Naturhybride oder eine unbeschriebene Art.
Sonstiges: Einfuhr 1993 durch die Gärtnerei Dennerle.

Rotala wallichii im Aquarium

Blütenstand von *Rotala wallichii*

Rotala wallichii

(HOOKER fil.) KOEHNE (1880)

Wallichs Rotala, Feinblättrige Rotala

Familie: Lythraceae, Weiderichgewächse.
Synonyme: *Hydrolythrum wallichii* HOOKER fil. (1867), *Ammannia wallichii* (HOOKER fil.) Kurz, *Ammannia myriophylloides* S. T. DUNN.
Etymologie: *Rotala*: siehe *Rotala hippuris*; *wallichii*: nach N. WALLICH (1786–1854).
Verbreitung: Tropisches Südostasien, von Nordostindien bis Malaysia, Südostchina.
Beschreibung: Kleine, zarte Sumpfpflanze. Stängel bis 40 cm lang, aufrecht, schwach gefurcht, bräunlich gefärbt. Emerse Blätter in (3–)6–9(–12)zähligen Quirlen, selten kreuzweise gegenständig. Blattspreite linealisch, bis 1 cm lang und 1,5 mm breit, olivgrün gefärbt. Blattspitze stumpf oder leicht gebuchtet; Blattbasis verschmälert. Submerse Sprosse sehen völlig verändert aus. Stängel deutlich gefurcht. Blätter fadenförmig, sehr zart, in bis zu 15-zähligen Quirlen, bis 2,5 cm lang, gewöhnlich rötlichbraun gefärbt. Blütenstand eine Traube. Deckblatt 6 mm lang. Einzelblüte sehr kurz gestielt. Kelch 4-lappig, etwa 1,5 mm lang, am Grunde mit 2 bis 0,5 mm langen Deckblättchen. 4 Kronblätter, blassviolett (selten weiß), etwa 2,5 × 1,5 mm groß. 4 Staubblätter, den etwas kürzeren Griffel überragend. Narbe weiß, kopfig. Frucht nicht gesehen.
Kultur: Diese feingliedrige, dekorative *Rotala* ist eine empfindliche Aquarienpflanze. Vor allem an die Lichtintensität stellt sie hohe Ansprüche, wenn sich die Sprossspitzen rötlich färben sollen. Weiches, saures Wasser ist für ein gesundes Wachstum wesentlich. Optimale Temperatur 24–28 °C. Der Bodengrund ist von untergeordneter Bedeutung. Die Art ist nur in nahezu algenfreien Aquarien mit klarem Wasser lange Zeit haltbar. Auf chemische Zusätze reagiert die Pflanze ebenfalls sehr empfindlich. Mit Vorliebe verzehren pflanzenfressende Fische die zarten Blättchen. Vermehrung durch Seitensprosse. Blütenstände bilden sich im Sommer an emersen Sprossen.
Sonstiges: Als *Rotala* sp. „Enie“, sp. „Vietnam“ und sp. „Bangladesh“ sind Pflanzen im Handel, deren Zuordnung wegen fehlender Blüten nicht erfolgen konnte. Weitere Arten mit quirlständigen Blättern sind *R. verticillaris*, *R. occultiflora* und *R. cookii*.

Sagittaria platyphylla im Aquarium

Sagittaria platyphylla

(ENGELMANN) J. G. SMITH (1894)

Breitblättriges Pfeilkraut

Familie: Alismataceae, Froschlöffelgewächse.
Synonyme: *Sagittaria graminea* var. *platyphylla* ENGELMANN (1867), *S. recurva* ENGELMANN ex PATTERSON, *S. mohrii* J. G. SMITH.
Etymologie: *Sagittaria*: *sagitta* = Pfeil, Pfeilkraut, bezieht sich auf die Blattform einiger Arten dieser Gattung; *platyphylla*: breitblättrig.
Verbreitung: Südliche USA, Mittelamerika, eingeschleppt in Australien, Westjava und Italien.
Beschreibung: Sumpfpflanze mit kurzem Rhizom. Blätter in einer Rosette, submers bis 20 cm hoch, bandförmig, ausgebreitet, bis etwa 25 cm lang, 1,5–2,0 cm breit, derb, hellgrün. Emerse Blätter bis 40 cm lang gestielt, elliptisch bis schmal eiförmig, selten mit kleinen Basislappen, 8–15 cm lang, 2,5–10 cm breit, ledrig, grün.

Pflanzen einhäusig; Blüten eingeschlechtlich. Blütenstängel bis 30 cm lang. Blütenstand mit 3–6(–8) dreiblütigen Quirlen, die unteren mit weiblichen, die oberen mit männlichen Blüten. Blütenstiel der weiblichen Blüten 1–3 cm lang, zur Fruchtzeit verdickt und zurückgebogen. 3 verwachsene Deckblätter. 3 zurückgeschlagene, grüne Kelchblätter. 3 weiße Kronblätter. 15–21 Staubblätter; Filament behaart. Fruchtblätter zahlreich. Fruchtköpfchen 1–1,5 cm groß; Nüsschen schwammig-runzelig, 1,2–2 mm lang, Schnabel 0,3–0,6 mm lang.
Kultur: Obwohl *S. platyphylla* schon seit vielen Jahrzehnten gepflegt wird, ist sie nur gelegentlich im Handel. Es handelt sich um ein submers ziemlich langsam wachsendes, anspruchsloses Pfeilkraut. Für eine erfolgreiche Kultur sind eine nicht zu hohe Temperatur (etwa 20–24 °C), eine intensive Beleuchtung an einem freien Standplatz und ein nährstoffreicher Bodengrund (z. B. Lehmzugabe) wichtig. Offenbar fördert eine gute Wasserbewegung das Wachstum. Optimal ist ein weiches oder mittelhartes, schwach saures Wasser. *Sagittaria platyphylla* kann als Gruppe oder Solitärpflanze verwendet werden. Eine Ausläufervermehrung ist selten. Im Sommer auch gut als Teichrandpflanze zu halten.
Ökologie: In stehendem oder fließendem Wasser über schlammigem Boden.
Sonstiges: *Sagittaria graminea* Michaux und *S. teres* S. WATSON sollen nach flowgrow.de nicht in Kultur sein.

Sagittaria subulata im Aquarium

Sagittaria subulata

(LINNÉ) BUCHENAU (1871)

Kleines oder Flutendes Pfeilkraut

Familie: Alismataceae, Froschlöffelgewächse.
Synonyme: *Alisma subulatum* LINNÉ (1753), *S. natans* MICHAUX, *S. pusilla* NUTTALL, u. a.
Etymologie: *Sagittaria*: siehe *S. platyphylla*; *subulata*: pfriemförmig, bezieht sich auf die submersen Blätter.
Verbreitung: Östliche USA, Südamerika (?).
Beschreibung: Ausläuferbildende Sumpfpflanze. Blätter in einer Rosette. Die im Handel befindlichen Pflanzen erreichen submers 5–60 cm lange und bis 6 mm breite, linealische oder bandförmige, hellgrüne Blätter. Emerse Wuchshöhe 5–10 cm. Schwimmblätter im Aquarium selten, wie emerse Blätter 2–6 cm lang, 0,5–2,5 cm breit, meistens eiförmig.

Blütenstängel bis über 1 m lang, mit 1–10 Quirlen von männlichen und weiblichen Blüten. Brakteen verwachsen. Stiele der weiblichen Blüten etwas verdickt, zurückgebogen, 1–15 cm lang. 3 ausgebreitete, grüne Kelchblätter. 3 weiße Kronblätter. Männliche Blüten 1–3,5 cm lang gestielt. 7 oder 9–15 Staubblätter. Fruchtköpfchen 0,5–0,7 cm groß; Nüsschen verkehrt eiförmig, 1,5–2 mm lang, Schnabel pfriemförmig, 0,15–0,4 mm lang.
Kultur: *Sagittaria subulata* ist eine schnellwachsende, sich produktiv durch Ausläufer vermehrende Art, die innerhalb weniger Wochen einen dichten, etwa 5–7 cm hohen „Rasen" bildet. Bei sehr gedrängt angeordneten Exemplaren erreichen die Blätter aber auch eine Länge bis 60 cm, sodass sie dann in der mittleren oder hinteren Beckenpartie sehr dekorativ wirken. Dabei fördert eine intensive Beleuchtung schwach rötliche Blattspitzen. Solche langblättrigen Exemplare bilden auch im Aquarium Schwimmblätter und die unscheinbaren Blütenstände. *Sagittaria subulata* wächst am besten in mittelhartem bis hartem Wasser mit einem pH-Wert im leicht sauren oder alkalischen Bereich. Eisenmangel ist häufig. Optimale Temperatur 18–28 °C.
Ökologie: Die Art bildet in Flüssen ausgedehnte Bestände. Im Süß- und Brackwasser. Siehe Biotop 20 (S. 36).
Sonstiges: Es ist unsicher, ob *Sagittaria subulata* tatsächlich in Kultur ist. DNA-Untersuchungen zum Komplex *S.-subulata-filiformis-kurziana* sind erforderlich. Bis zur Klärung behalte ich den Namen bei.

***Salvinia auriculata* am natürlichen Standort in Ostbrasilien**

Salvinia auriculata

AUBLET (1775)

Kleinohriger Schwimmfarn

Familie: Salviniaceae, Schwimmfarngewächse.
Synonyme: *Salvinia hispida* HBK, u. a.
Etymologie: *Salvinia*: nach dem ital. Prof. A. M. SALVINI (1633–1720); *auriculata*: kleinohrig.
Verbreitung: Tropisches Mittel- und Südamerika.
Beschreibung: Auf der Wasseroberfläche frei schwimmender, wurzelloser Farn. Stängel verzweigt, dünn. Blätter in 3-zähligen Quirlen, 2 sind als Schwimmblätter ausgebildet; das dritte ist untergetaucht (Tauchblatt), in fadenförmig behaarte Zipfel geteilt und übernimmt die Funktion der fehlenden Wurzeln. Schwimmblätter bootförmig, an beiden Enden tief gekerbt, breiter als lang, mittelgün gefärbt. Auf der Blattoberseite sind zahlreiche, in Reihen stehende Papillen vorhanden, auf denen sich wiederum 3–4 Haare (Lupe!) befinden, die an den Enden miteinander verwachsen sind (charakteristisch für den *S.-auriculata*-Komplex). *Salvinia natans* und *S. minima* besitzen büschelig angeordnete Haare, die nicht verwachsen sind. An den Tauchblättern entwickeln sich die Sporokarpien an einer gewöhnlich kurzen, verzweigten Achse. Diese sind eingeschlechtlich, kugelig, gestielt, einfächrig und meistens fertil (im Unterschied zu *S. molesta*). Mikrosporangien zahlreich, lang gestielt, jedes mit 64 Mikrosporen. Makrosporangien wenig, kurz gestielt, jedes mit einer einzelnen großen Makrospore. Chromosomenzahl n = 54.
Kultur: Zur Kultur siehe *Salvinia cucullata*.
Ökologie: *Salvinia auriculata* wächst in stehenden und schwach fließenden Gewässern. Die Art bildet zwar dichte Bestände, tritt aber nicht so massenhaft auf wie *S. molesta*. Ich untersuchte verschiedene Standorte, an denen *S. auriculata* zusammen mit vielen anderen Schwimmpflanzen wuchs. Brasilien (3/1986): Amazonas bei Manaus, Wassertemp. 27 °C, pH 6,7, GH/KH < 1 °dH, 100 µS/cm. Brasilien (8/1987): Sumpfgebiet bei Caceres, Wassertemp. 27 °C (Lufttemp. 34,5 °C um 14 Uhr), pH 6,9, GH/KH < 1 °dH, 15 µS/cm. Weitere Biotope 6 (S. 30), 15 (S. 35), 19 (S. 36), 21 (S. 37), 22 (S. 37) und 35 (S. 41).
Sonstiges: Zur Unterscheidung von ähnlichen Arten des *S.-auriculata*- Komplexes (*S. biloba* RADDI, *S. molesta* D. S. MITCHELL) ist die Zellstruktur der Blätter wichtig. *Salvinia herzogii* DE LA SOTA ist ein Synonym von *S. biloba*.

Salvinia cucullata an einem Standort in Thailand

Salvinia cucullata

BORY (1833)

Kapuzenartiger Schwimmfarn

Familie: Salviniaceae, Schwimmfarngewächse.
Synonyme: Keine.
Etymologie: *Salvinia*: siehe *S. auriculata*; *cucullata*: kapuzenartig, bezieht sich auf die Blattform.
Verbreitung: Tropisches Asien.
Beschreibung: Wie bei *S. auriculata* angegeben, *S. cucullata* unterscheidet sich jedoch durch folgende Merkmale: Schwimmblätter bei kräftigen Pflanzen auffällig tütenförmig eingerollt, am Rande aufwärts gerichtet, nur mit dem am Stiel befindlichen Blattteil in das Wasser eintauchend, länger als breit. Blattoberseite bedeckt mit vielen Haaren, die unregelmäßig und einzeln über die ganze Oberfläche verteilt sind (nicht wie bei *S. auriculata* und *S. molesta* auf Papillen und in Reihen stehend). Blattunterseite mit kurzen Borstenhaaren.

Die Sporokarpien entwickeln sich an einer kurzen Achse der Tauchblätter. Zunächst bilden sich meistens zwei längliche, stark behaarte Makrosporokarpien, danach folgen 6–7 kugelige und wenig behaarte Mikrosporokarpien. Es bilden sich etwa 20 Makrosporangien, jedes mit einer großen Makrospore, und zahlreiche Mikrosporangien mit je 32 Mikrosporen.
Kultur: *Salvinia auriculata*, *S. molesta* und *S. cucullata* sind zwar prinzipiell im Aquarium nicht schwierig zu halten, eine optimale Pflege gelingt aber kaum. Selten erreichen die Pflanzen den kräftigen Wuchs von Exemplaren natürlicher Standorte, da *Salvinia*-Arten außerordentlich licht- und wärmebedürftig sind und ein sehr nährstoffreiches, kaum bewegtes Wasser lieben. Unter Aquarienbedingungen degenerieren die Pflanzen meistens nach kurzer Zeit und bilden keine boot- oder tütenförmigen Schwimmblätter mehr, sondern nur noch sehr kleine, flache Blattspreiten, die dem Wasser aufliegen. Derartige Kümmerpflanzen von *S. cucullata* können leicht mit denen von *S. auriculata* und *S. molesta* verwechselt werden. Am ehesten gelingt eine befriedigende Kultur im Sommer bei intensivem Tageslicht und Wärme in flachem Wasser über schlammigem Bodengrund. Im Winter gehen die Pflanzen stark zurück.
Ökologie: *Salvinia cucullata* wächst ausschließlich an sonnigen Standorten.

Zum Vergleich die Anordnung der Sporokarpien bei *Salvinia molesta* (links) und *S. auriculata*

Salvinia molesta

D. S. Mitchell (1972)

Lästiger Schwimmfarn

Familie: Salviniaceae, Schwimmfarngewächse.
Synonyme: Keine.
Etymologie: *Salvinia*: siehe *S. auriculata*; *molesta*: lästig, schädlich.
Verbreitung: Südostküste von Brasilien, eingeschleppt in Asien, Südafrika, Australien.
Beschreibung: Wie bei *Salvinia auriculata* beschrieben, aber durch folgende Merkmale zu unterscheiden: *Salvinia molesta* entwickelt eine große Zahl von Sporokarpien, die an 2–4 langen Achsen angeordnet sind. Die Sporokarpien sind sitzend bis sehr kurz gestielt, bis 1 mm im Durchmesser groß, eiförmig, zugespitzt und meistens leer (ohne Sporen, Hybride!). Chromosomenzahl n = 45.

Ein wichtiges morphologisches Merkmal zur Unterscheidung von *S. molesta* und *S. auriculata* ist die Zellstruktur der Blätter (siehe Forno 1983).

Kultur: Bei den Aquarienpopulationen handelt es sich in den meisten Fällen nicht um *Salvinia auriculata*, sondern um *S. molesta*. Über die Kultur beider Arten siehe *S. cucullata*.

Ökologie: *Salvinia molesta* gilt in den Verbreitungsgebieten häufig als ein lästiges Unkraut. Die Pflanzen besiedeln in dichten Populationen stehende und langsam fließende, nährstoffreiche Gewässer, so zum Beispiel Reisfelder, Tümpel, Seen und Flüsse. Ich sah dichte Bestände mit vielen sporentragenden Pflanzen auf dem Sepik Fluss in Papua-Neuguinea (Juli 1988) zusammen mit einzelnen Pflanzen von *Pistia stratiotes*, *Azolla pinnata* und *Ceratopteris thalictroides*. Eine Wasseranalyse ergab folgende Werte: Wassertemperatur 29 °C, pH 7,1, GH 5 °dH, KH 6 °dH, 275 µS/cm. Siehe Biotop 34 (S. 40).

Sonstiges: Es ist davon auszugehen, dass es sich bei *S. molesta* um eine Hybride handelt. Ein wesentlicher Hinweis darauf sind die häufig leeren Sporenbehälter. Mitchell (1972) vermutet eine Kreuzung zwischen *Salvinia biloba* Raddi und *S. auriculata* Aublet, die im botanischen Garten von Rio de Janeiro entstanden sein könnte und von dort in die ganze Welt verschleppt wurde. Es ist anzunehmen, dass *S. molesta* – sowohl in der aquaristischen als auch in der wissenschaftlichen Literatur – häufig fälschlich als *S. auriculata* bezeichnet wurde.

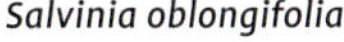

Salvinia oblongifolia

Papillen und Haare auf der Blattoberseite

Salvinia oblongifolia

MARTIUS (1827)

Langblättriger Schwimmfarn

Familie: Salviniaceae, Schwimmfarngewächse.
Synonyme: Keine.
Etymologie: *Salvinia:* siehe *S. auriculata; oblongifolia:* länglichblättrig.
Verbreitung: Ostbrasilien.
Beschreibung: Wie bei *S. auriculata* angegeben, jedoch durch folgende Merkmale zu unterscheiden: Sprosse bis 50 cm lang. Schwimmblätter 3- bis 4-mal so lang wie breit, bis 6 × 2,5 cm groß, flach ausgebreitet, Spitze gekerbt, Basis herzförmig. Ein auffälliger Kiel an der Blattunterseite (erhöht die Schwimmfähigkeit der Pflanze), dieser 2,5–4,5 cm lang, 1–2 cm breit, 0,5 cm dick, borstig behaart. Papillen sehr dicht in Reihen angeordnet. Haare auseinander stehend (Foto S. 23).

Tauchblätter bis 20 cm lang. Makrosporokarpium 2 mm groß, mit 20–25 Makrosporangien, mit je einer Makrospore. Mikrosporokarpium mit vielen Mikrosporangien, diese mit 32 Sporen.

Kultur: *Salvinia oblongifolia* benötigt als Sonnenpflanze intensives Licht zum optimalen Gedeihen. Im Aquarium bildet dieser Schwimmfarn gewöhnlich – als Anpassung an lichtarme Standorte – eine Schatten- bzw. Kümmerform aus und bleibt wesentlich kleiner als Pflanzen, die in botanischen Gärten bei intensivem Tageslicht gepflegt werden. Dennoch ist die Vermehrungsrate dieser größten *Salvinia*-Art im Aquarium sehr hoch und das Wachstum zufriedenstellend. Das Länge-Breite-Verhältnis der Blätter ändert sich auch bei der Schattenform nicht wesentlich, weshalb sich *S. oblongifolia* immer gut von anderen *Salvinia*-Arten unterscheiden lässt. Für eine erfolgreiche Kultur sind ein gering bewegtes Wasser sowie viel Wärme notwendig. Gute Wachstumserfolge konnte ich in mittelhartem, karbonatarmem Wasser erzielen. Sporenfrüchte werden nur an sehr kräftigen Pflanzen beobachtet.
Ökologie: Prof. DE LA SOTA fand die Art schwimmend in flachem, trübem und lehmigem Wasser mit viel organischer Substanz bei einem pH-Wert von 6,9.
Sonstiges: *Salvinia oblongifolia* wurde schon in den Jahren 1910 bis 1926 kultiviert, verschwand dann aber wieder. 1995 wurde sie erneut eingeführt.
Literaturhinweis: KASSELMANN (1996).

Samolus valerandi

LINNÉ (1753)

Salzbunge, Bachbunge

Familie: Primulaceae, Primelgewächse.
Synonyme: *Samolus floribundus* HUMBOLDT, BONPLAND & KUNTH, *S. parviflorus* RAFINESQUE, *S. valerandi* ssp. *parviflorus* (RAF.) HULTÉN, u. a.
Etymologie: *Samolus*: röm. Pflanzenname, Bunge; *valerandi*: nach Douvez Valerand.
Verbreitung: Kosmopolitisch.
Beschreibung: Sumpfpflanze mit einer 10–15 cm hohen und 10–20 cm breiten, grundständigen Rosette. Blätter bis 4 cm lang gestielt, kahl. Blattspreite ganzrandig, verkehrt lanzettlich bis verkehrt schmal eiförmig, 2–9,5 cm lang und 1–3,7 cm breit, hellgrün oder gelblichgrün gefärbt. Spitze spitz oder stumpf; Basis herablaufend.

Blütenstängel 10–50 cm hoch, mit wechselständigen, kurz gestielten oder sitzenden Blättern, die nach oben hin kleiner werden. Blütenstand eine vielblütige Traube. Blütenstiel bis 10 mm lang. 1 Deckblatt, etwa 1 mm lang. Blüten 5-zählig. Kelch 2 mm lang. Krone 2–5 mm im Durchmesser, weiß. Kapsel kugelig, sich mit 5 Klappen öffnend; Samen zahlreich, klein.

Samolus valerandi im Aquarium

Kultur: *Samolus valerandi* ist eine häufig im Fachhandel angebotene, langsam wachsende Vordergrundpflanze, die nur selten zufriedenstellend im Aquarium gedeiht. Eine intensive Beleuchtung, ein nährstoffreicher Bodengrund, hartes Wasser sowie Temperaturen unter 26 °C sind für ein optimales Wachstum zu empfehlen, bei dem submerse Exemplare eine Höhe und Breite von 15 cm erreichen können. Eine Kultur ist auch im Kaltwasseraquarium möglich. Die Art weist eine große Salzverträglichkeit auf. Meine Versuche mit Aquarienpflanzen ergaben, dass eine Salzkonzentration von 30 g/l noch vertragen wird, was reinem Meerwasser entspricht. Im Gegensatz zur häufig problematischen Pflege im Aquarium ist eine emerse Kultur im Paludarium oder eine Hydrokultur auf der Fensterbank sehr leicht. Vom Frühjahr bis zum Herbst lässt sich *Samolus valerandi* auch sehr gut am Rand eines Gartenteiches verwenden. Bei einer emersen Kultur entwickeln sich im Frühjahr regelmäßig Blüten- und Fruchtstände. Eine vegetative Vermehrung gelingt in geringem Maße durch Rhizomteilung und Adventivpflanzenbildung am Blütenstängel. Einfacher und produktiver ist aber die generative Vermehrung durch Samen. Diese werden auf feuchter Erde ausgesät und mit entsprechender Größe pikiert.
Ökologie: Die Salzbunge gedeiht an feuchten und nassen Standorten im Süß- und Brackwasser. Ich untersuchte die Art auf der Insel Korfu an einer Lagune, wo sie in großen Mengen vorkam. Die Pflanzen wuchsen in intensivem Sonnenlicht sowohl auf feuchtem Sand-Lehm-Boden als auch in flachem (Süß-)Wasser bei folgenden Wasserwerten: Temp. 26,5–35,5 °C (Lufttemp. 26 °C um 13 Uhr), pH 8, GH 32 °dH, KH 12 °dH. Am Standort war eine reiche Vermehrung durch Samen zu beobachten.
Sonstiges: *Samolus parviflorus* und *S. floribundus*, die manchmal in der aquaristischen Literatur erwähnt werden, müssen in die Synonymie von *S. valerandi* gestellt werden, da die angeblichen Unterschiede in den Blüten- und Fruchtgrößen durch Umweltfaktoren wie Licht, Feuchtigkeit des Bodengrundes und Temperatur zu erklären sind (KASSELMANN 1981 a). Die Familie Samolaceae gehört wieder zu den Primulaceae.

Saururus cernuus, die „Leidener Pflanze", im Vordergrund dieses Aquariums

Saururus cernuus

LINNÉ (1753)

Amerikanischer Eidechsenschwanz

Familie: Saururaceae, Eidechsenschwanzgewächse.
Synonyme: *Saururus lucidus* DONN, *Mattuschkia aquatica* GMELIN.
Etymologie: *Saururus*: sauros = Eidechse, oura = Schwanz; *cernuus*: nickend, beide Namen beziehen sich auf den Blütenstand.
Verbreitung: Östliches Nordamerika, eingeschleppt nach Oberitalien.
Beschreibung: Kräftige Sumpfpflanze mit langem, kriechendem, verzweigtem Rhizom. Stängel etwa 1 m hoch, 2–8 mm dick, hart, rund, ± behaart. Blätter wechselständig, 3–5 cm gestielt. Blattstiel scheidig, zusammengerollt, etwa 1 cm breit. Über dem Blattansatz ein unscheinbares, 2 mm langes Nebenblatt. Spreite ganzrandig, eiförmig bis breit eirund, 10–13 cm lang, 5–9 cm breit, im Aquarium viel kleiner, mittelgrün. Spitze spitz oder lang zugespitzt; Basis herzförmig. Emers ober- und unterseits flaumig behaart, submers kahl. Leicht aromatisch. Blütenstand ährenähnlich mit zahlreichen Einzelblüten, 15–20 cm lang, nickend, cremefarben, schwach duftend. Blüten 2 mm gestielt. Deckblatt 1–3 mm lang, 1 mm breit, weiß bis grün. Kelch- und Kronblätter fehlen. (5)6–7(8) Staubblätter, 6 mm lang. (3)4(5) Fruchtblätter, 2 mm lang. Im Unterschied zum hängenden Blütenstand ist der Fruchtstand aufrecht. Frucht einsamig.
Kultur: In den 1950er-Jahren wurde der Eidechsenschwanz als Teichrandpflanze verwendet, wo er als unverwüstlich beschrieben wird und aufgrund der starken Verzweigung der Rhizome sogar lästig werden kann. Im Tropenaquarium ist der Eidechsenschwanz sehr lichtbedürftig. Ferner sollte er nicht über längere Zeit zu hohen Temperaturen (bis etwa 25 °C) ausgesetzt sein. In niederländischen Aquarien sieht man nicht selten eine Gruppe des Eidechsenschwanzes („Leidener Pflanze") stufig in Form einer Straße gepflanzt. Für die Bepflanzung werden Sprossspitzen und Seitensprosse verwendet. Bei entsprechendem Schutz winterhart. Eine weitere Art, *S. chinensis* (LOUREIRO) BAILLON, ist als Aquarienpflanze wenig geeignet.
Ökologie: An sumpfigen Standorten und in langsam fließendem Wasser, in Oberitalien im Schilfgürtel von Seen. Sehr anpassungsfähig an Temperatur- und pH-Werte.

Schismatoglottis prietoi **im Vordergrund des Aquariums und aufgeschnittene Spatha**

Schismatoglottis prietoi

P. C. BOYCE, MEDECILO & S. Y. WONG (2015)

Prietos Schismatoglottis

Familie: Araceae, Aronstabgewächse.
Synonyme: Keine.
Etymologie: *Schismatoglottis*: siehe *S. roseospatha*; *prietoi*: nach dem Sammler ESQUERION P. PRIETO.
Verbreitung: Philippinen (Cebu, Typusstandort, und Luzon).
Beschreibung: Im Aquarium 5–12 cm hoch. Rhizom bis 2 mm dick. Ausläufer bis 5 cm lang. Blätter in einer lockeren Rosette. Blattstiel 2–9 cm lang. Spreite lanzettlich bis schmal eiförmig, submers bis 4 cm × 2,3 cm groß, hellgrün, spitz, an der Basis keilförmig; Blattrand schwach gewellt. Die Pflanzen von Luzon sind deutlich größer.

Blütenstand kurz gestielt. Spatha 2 cm lang, auch submers; Spreite nur wenig öffnend, abfallend. Blütenkolben 1,2 cm lang. Weiblicher Teil 3 mm, männlicher Teil 5 mm lang, an der Spitze Staminodien.
Kultur: *Schismatoglottis prietoi* von der Insel Cebu ist eine für die Aquaristik hervorragend geeignete neue Aquarienpflanze mit beeindruckender Vermehrungsrate. Die Kultur gelingt leicht in lehmigem Sand. Weniger erfolgreich ist das Aufbinden auf Steinen. Mittelhartes Wasser und pH-Werte von pH 6,6–7,0 sind zu empfehlen. Die schattenliebende Art vermehrt sich produktiv durch die Bildung zahlreicher Jungpflanzen am Rhizom und durch Ausläufer. Alle etwa sechs Monate können die Bestände geteilt werden. *Schismatoglottis prietoi* ähnelt der Bonsai-*Anubias*, besitzt aber deutlich weichere und größere Blätter mit einer helleren Grundfärbung. Wachstum und Vermehrung sind bei *S. prietoi* schneller und die Lichtansprüche etwas höher.
Ökologie: Die Art wächst als einzige der Gattung vollständig submers. PRIETO (pers. Mitt.) fand auf Cebu dichte Bestände im schnell fließenden, flachen Wasser, einzelne Pflanzen auch in bis 1,20 m Tiefe bei 20–22 °C und einem pH-Wert von 7,8. Auf Luzon wuchsen größere Pflanzen zumeist amphibisch entlang der Ufer eines felsigen Flusses (Basaltgestein). Beide Standorte waren überwiegend beschattet.
Sonstiges: Die Gattung *Schismatoglottis* ist im tropischen malaiischen Archipel und im nördlichen Südamerika verbreitet. Zwölf Arten leben auf den Philippinen.
Literaturhinweis: BOYCE et al. (2015), KASSELMANN (2017b).

Schismatoglottis roseospatha im Aquarium

Blattspreiten von *Schismatoglottis roseospatha*

Schismatoglottis roseospatha

BOGNER (1988)

Familie: Araceae, Aronstabgewächse.
Synonyme: Keine.
Etymologie: *Schismatoglottis*: von *schismatos* (gr.) = Teil und *glotta* = Zunge, geteilte Zunge, in Bezug auf die abfallende Spathaspreite nach der Blüte; *roseospatha*: bezieht sich auf die Färbung der oberen Spathaspreite.
Verbreitung: Borneo (Sarawak).
Beschreibung: Sumpfpflanze mit kriechendem Rhizom. Blattstiel 6–24 cm lang, dunkelgrün oder weinrot. Blattscheide mit einem 3–4 cm langen, freien Blatthäutchen (Ligula). Spreite sehr schmal elliptisch, 9–22 cm lang, 1,5–4,5 cm breit, olivgrün, etwas glänzend, fein punktiert. Spitze lang zugespitzt und mit einem 3–6 mm langen, grannenartigen Spitzchen; Basis keilförmig. Blattrand sowie Mittelnerv und Seitennerven rötlich.

Blütenstand 10–15 cm lang gestielt. Spatha bis 7 cm lang, eingeschnürt; unterer Abschnitt etwa 2 cm lang, eingerollt, olivgrün bis rötlich; oberer Abschnitt 3,5–4,0 cm lang und zugespitzt, rosa gefärbt und nach der Blüte abfallend. Blütenkolben 3,0–3,5 cm lang, im unteren Teil die weiblichen Blüten, darüber folgen 3–4 Reihen mit sterilen männlichen Blüten (Staminodien) und oben befinden sich die fertilen männlichen Blüten. Der Pollen wird aus den Staubbeuteln (Theken) in „Würstchen" herausgedrückt. Chromosomenzahl 2n = 26 (nach BOGNER 1988).
Kultur: Die Art wächst am besten bei sehr gespannter Luft in einem Paludarium, wo sie anspruchslos ist. Sie kann aber auch vollständig als Aquarienpflanze unter Wasser kultiviert werden und wird dann nicht größer als 8 cm. Unter Wasser wächst *S. roseospatha* ausgesprochen langsam und bildet dunkelgrüne, deutlich kleinere Blätter. Entsprechend ihrem rheophilen Vorkommen sollte sie in der Strömung stehen, zum Beispiel unterhalb des Filterauslaufes. Oder sie wird auf einem Stein oder einer Wurzel aufgebunden, wo die Wurzeln festwachsen können. Nach BOGNER (1988, 2004 b) bevorzugt die Art weiches Wasser bei einer Temperatur von 22–26 °C. Es ist eine schattenliebende Art.
Ökologie: Wächst als Rheophyt auf Felsen in Flüssen in der Zone zwischen Niedrig- und Hochwasser.
Sonstiges: *Schismatoglottis roseospatha* wurde von JÜRGEN KNÜPPEL und HORST LINKE aus dem Gaad River in Sarawak (Borneo) für die Aquaristik mitgebracht. J. BOGNER sammelte die Art im Sungai Lelang.

Shinnersia rivularis im Aquarium

Blütenstand von *Shinnersia rivularis*

Shinnersia rivularis

(A. GRAY) R. M. KING & H. ROBINSON (1970)

Mexikanisches Eichenblatt

Familie: Asteraceae, Korbblütengewächse.
Synonyme: *Trichocoronis rivularis* A. GRAY, (1849).
Etymologie: *Shinnersia*: nach dem Botaniker L. H. SHINNERS; *rivularis*: an Bächen wachsend.
Verbreitung: Nördliches Mexiko, Texas.
Beschreibung: Stängel bis 1 m lang, reich verzweigt, emers stark behaart, submers kahl. Blätter kreuzgegenständig, sehr variabel, verkehrt lanzettlich bis verkehrt eirund. Spreite bis 7,5 × 3 cm groß, hellgrün bis bräunlich. Blattrand ± gebuchtet.

Blütenstand mit 90–100 Röhrenblüten. Hüllblätter bis 14(–30), in 2–3 Kreisen. Kelch ohne Haarschopf (Pappus). Blütenkrone 5-zipflig, weiß; Randblüten fehlen.
Kultur: Das Mexikanische Eichenblatt wächst sehr schnell und ist anspruchslos. Allerdings sollte das hohe Lichtbedürfnis beachtet werden, auch wenn die Pflanzen noch mit wenig Licht wachsen. Bei ausreichendem Licht bilden sich kräftige Blattspreiten mit tiefen Einbuchtungen. *Shinnersia rivularis* lässt sich in weichem und in hartem Wasser, bei pH-Werten im sauren und alkalischen Bereich und bei Temperaturen von 18–30 °C erfolgreich pflegen. Der Bodengrund ist wenig von Bedeutung. Sogar nicht eingepflanzte, auf die Wasseroberfläche gelegte Sprosse wachsen schnell weiter und bilden zahlreiche Seitensprosse. Durch die rasche Vermehrung und das gute Wachstum ist *S. rivularis* bei den Aquarianern nicht immer beliebt, weshalb es mittlerweile auch – zu Unrecht – selten geworden ist. Auch das emerse Wachstum im Paludarium und im Sommer am Teichrand ist gut möglich. Blütenstände bilden sich an Landpflanzen reichlich, doch sind keine Früchte beobachtet worden.
Ökologie: Wächst in Bächen und Flüssen mit langsam fließendem Wasser.
Sonstiges: ERICH HNILICKA sammelte *S. rivularis* im nördlichen Mexiko im Rio Alamos. Die Pflanze wurde unter dem älteren Namen *Trichocoronis rivularis* in die Aquaristik eingeführt. Eine virusinfizierte Sorte 'Weiß-Grün' unterscheidet sich durch eine weiße oder gelbe Aderung der Blattspreiten. Das Virus überträgt sich emers auf andere Arten (*Hygrophila*, *Anubias*) und kann große Schäden verursachen.
Literaturhinweise: KASSELMANN (1983 a); KING & ROBINSON (1970).

Blütenstand von *Spiranthes graminea*

Blütenstände von *Spiranthes odorata*

Spiranthes graminea

LINDLEY (1840)

Grasartige Wasserorchis

Familie: Orchidaceae, Orchideengewächse.
Synonyme: *Gyrostachys graminea* (Lindl.) KUNTZE.
Etymologie: *Spiranthes*: Wendelähre, *speira* = Gewinde, *anthos* = Blüte; *graminea*: grasartig.
Verbreitung: Arizona, Mexiko, Guatemala.
Beschreibung: Im Sumpf oder ganz untergetaucht lebende Orchidee, 10–20 cm hoch. Wurzeln 2–5 mm dick, fleischig. Rosette mit 3–6 Blättern, die zur Blütezeit vorhanden sind. Blattspreite sehr schmal elliptisch, 10–20 cm lang, 0,7–1,0 cm breit. Blätter fleischig, weich, mittelgrün gefärbt, etwas glänzend.

Blütenbeschreibung wie bei *S. odorata* angegeben, aber mit kleineren Blüten. Blütenähre und oberer Teil des Blütenstängels dicht behaart. Lippe etwa 8 mm lang, 4 mm breit, im Inneren schwach gelblich. Chromosomenzahl 2n = 44 (für die hier beschriebene Aufsammlung).
Kultur: Obwohl *S. graminea* am natürlichen Standort zumindest zeitweise völlig untergetaucht zu finden ist, gelang eine zufriedenstellende Kultur im Aquarium unter verschiedenen Bedingungen bisher nicht. Dagegen ist eine Pflege dieser Orchidee sowohl im Paludarium als auch auf der Fensterbank in feuchter Erde oder in Hydrokultur sehr zu empfehlen. Regelmäßig entwickeln sich Blütenstände. Nach der Blütenbildung erfolgt – wie bei *S. odorata* beschrieben – eine vegetative Vermehrung durch Wurzelableger.
Ökologie: *Spiranthes graminea* besiedelt sumpfige Standorte. Die hier beschriebenen Pflanzen sammelte ich im August 1985 im Hochland von Mexiko zwischen den Ortschaften Toluca und Villa Victoria. Die Orchidee wuchs in großen Beständen in etwa 1 m tiefem Wasser. Die Wasseroberfläche war dicht zugewachsen mit blühenden *Eichhornia crassipes* und den zahlreichen, über die Wasseroberfläche herausragenden Orchideen-Blütenständen. Obwohl der Biotop fast unbeschattet war, wuchsen die Pflanzen, die nur locker in dem sehr weichen und schlammigen Bodengrund wurzelten, infolge der Schwimmpflanzen bei äußerst wenig Licht.
Sonstiges: Von *S. odorata* lässt sich *S. graminea* durch die schmaleren Blätter und deutlich kleineren Blüten unterscheiden.

Spiranthes odorata

(NUTTALL) LINDLEY (1840)

Wasserorchis

Familie: Orchidaceae, Orchideengewächse.
Synonyme: *Neottia odorata* NUTTALL (1834), *Spiranthes cernua* (LINNÉ) L. C. RICHARD var. *odorata* (NUTTALL) CORRELL, u. a.
Etymologie: *Spiranthes*: siehe *S. graminea*; *odorata*: wohlriechend.
Verbreitung: Im Osten und Südosten der USA.
Beschreibung: Im Sumpf lebende Orchidee, 10–20 cm hoch. Wurzeln bis 5 mm dick, fleischig. Rosette mit 4–6 Blättern. Blattspreite sehr schmal elliptisch oder verkehrt schmal lanzettlich, 10–30 cm lang, 1,5–3 cm breit. Blätter fleischig, weich, mittelgrün, fettig glänzend.

Blütenstängel 50–80 cm hoch, drüsig behaart, mit 5–8 Scheidenblättern. Blütenähre 10–15 cm lang, mit 20–35 spiralförmig oder in senkrechten Reihen dicht angeordneten, weißen Blüten. Deckblätter bis 2,1 cm lang, lang zugespitzt, drüsig behaart. Lippe 1,2 cm lang, 0,5 cm breit, vorne nach unten gebogen, im Inneren grüngelblich gefärbt. Alle Perianthblätter neigen sich zusammen. Säule 4 mm lang, grün. Kapsel 1 × 0,4 cm groß; Chromosomenzahl 2n = 30.
Kultur: Eine langsam wachsende, anpassungsfähige Orchidee, die ständig submers leben kann. Entsprechend den dickfleischigen Wurzeln sollte auch im Aquarium ein grobkörniger Bodengrund verwendet werden. Die Lichtansprüche sind nur gering. Optimale Temperatur 22–26 °C. Härte und pH-Wert sind für ein gesundes Wachstum von geringer Bedeutung. Auch unter Wasser entwickelt die unscheinbare Rosette nicht mehr als sechs Blätter, sodass für eine dekorative Bepflanzung mehrere Exemplare verwendet werden müssen. Für die emerse Kultur auf der Fensterbank, im Paludarium oder auch im Gewächshaus ist *S. odorata* sehr zu empfehlen. Ein großer blühender Bestand bildet einen prächtigen Anblick! Als Bodensubstrat eignet sich zum Beispiel Blumenerde, die nass gehalten werden muss, eine Hydrokultur ist aber auch möglich. Auf das Umsetzen in ein anderes Milieu (Luftfeuchte, Licht) reagiert die Wasserorchis häufig empfindlich mit dem Verlust von Blättern. Werden die Pflanzen im Wachstum nicht gestört, erscheinen regelmäßig Blütenstände, die sich auch im Aquarium entwickeln können. Nur bei einer entsprechend hohen Abdeckung oder einem offenen Aquarium kann sich die Blütenähre frei entfalten. Zurzeit der Blütenbildung werden über die Wurzelspitzen bis zu acht Ableger geschoben, die mit einer Größe von etwa 5 cm abgetrennt werden können. Auch im Aquarium bilden sich regelmäßig Wurzelableger, selbst dann, wenn die Blütenbildung ausblieb. Also keinesfalls die Wurzeln beschneiden! Selten entwickeln sich auch Ableger am Blütenschaft. Nach der Blütenbildung stirbt die Mutterpflanze ab. Eine Aufzucht der winzigen Samen auf künstlichem Nährboden ist in der Aquaristik unbekannt.
Ökologie: *Spiranthes odorata* besiedelt Sümpfe, Sumpfwälder, Permanentgewässer, kommt aber auch im Süß- und Brackwasser von Fließgewässern vor, die dem Einfluss der Gezeiten unterliegen. Die Orchidee wächst sowohl in tiefem Schatten als auch bei intensivem Sonnenlicht in einem Bodengrund aus Ton, Torf, Schlamm und Sand.
Sonstiges: Die bei uns kultivierten Pflanzen sind geruchlos. *Spiranthes odorata* wurde lange Zeit unter dem Namen *S. cernua* geführt.

Emerse blühende Pflanzen von *Spiranthes odorata*

Spirodela polyrhiza

Spirodela polyrhiza

(Linné) Schleiden (1839)

Vielwurzelige Teichlinse

Familie: Araceae, Lemnoideae, Wasserlinsen.
Synonyme: *Lemna polyrhiza* Linné (1753), u. a.
Etymologie: *Spirodela*: *speira* (gr.) = Gewinde, *delos* = deutlich, bezieht sich auf die deutlichen Spiralgefäße in den Nerven der Glieder; *polyrhiza*: vielwurzelig.
Verbreitung: Weltweit in Gebieten mit gemäßigtem Klima, nur vereinzelt in Südamerika.
Beschreibung: Auf der Wasseroberfläche schwimmende, kleine Wasserpflanze. Glieder blattartig, unterseits mit einer Schuppe an der Basis. 7–21 Wurzeln, häufig rot gefärbt, 1 oder (selten) 2 Primärwurzeln durchbohren die Schuppe an der Basis. Das einzelne Glied ist rund bis eiförmig, zugespitzt, 1,5–10 mm lang, 1,5–8,0 mm breit, dünn oder (selten) blasig gewölbt, oberseits grün gefärbt, häufig mit einem roten Fleck, unterseits meistens purpurn gefärbt. 7–16(21) Nerven. Die Tochterglieder entspringen aus zwei seitlichen Taschen an der Basis des Muttergliedes. 1–2 Blüten, in denselben seitlichen Taschen wie die Tochterglieder. Jede Blüte von einer durchsichtigen Hülle umgeben, mit 2 (3) Staubblättern, die sich nacheinander entwickeln und 1 Stempel. Fruchtknoten mit 1–2 Samenanlagen. Frucht geflügelt. 1 (selten 2) Samen, mit 12–20 deutlichen Rippen.
Kultur: Gut geeignet für die Kultur an einem sonnigen Standort im Gartenteich, aber auch bei geringer Oberflächenbewegung und guter Beleuchtung im Aquarium. Blüht sehr selten.
Ökologie: *Spirodela polyrhiza* besiedelt gewöhnlich stehende Gewässer. Die Art toleriert noch sehr saures Wasser mit einem pH-Wert von 4 und kommt bei höheren Leitfähigkeitswerten vor. Die Wurzeln spielen keine wichtige Rolle bei der Nährstoffaufnahme, sondern sie dienen vor allem als Stabilisierungshilfe (Wind, starke Wasserbewegung). *Spirodela polyrhiza* ist in der Lage, mit Hilfe von Turionen einerseits Temperaturen bis −40 °C zu überstehen, andererseits in temporären Gewässern Trockenzeiten im Schlamm zu überdauern. Die größte Wachstumsrate wurde bei einer Temperatur von 30 °C festgestellt, ein Wachstumsstopp setzte bei 38 °C ein.
Literaturhinweis: Landolt (1986).

Staurogyne repens im Aquarium

Staurogyne repens, blühender Spross

Staurogyne repens

(NEES) O. KUNTZE (1891)

Familie: Acanthaceae, Bärenklaugewächse.
Synonyme: *Ebermaiera repens* NEES (1847).
Etymologie: *Staurogyne*: von *stauros* (gr.) = Pfahl, Kreuz und *gyne* (gr.) = Frau, Bezug unklar.
Verbreitung: Die Aufsammlung stammt aus Brasilien.
Beschreibung: Sumpfpflanze mit aufrechten bis niederliegenden, dicht beblätterten, vollständig behaarten Sprossen, bis 20 cm hoch. Emers: Stängel dunkelrotbraun, hart, bis 1,5 mm dick. Blätter gegenständig, sitzend, elliptisch, ganzrandig, 3–4,5 cm lang, 1,5–2,0 cm breit, grasgrün. Submers: 3–7 cm hoch, Blätter deutlich kleiner, schmaler, zarter und gelblichgrün gefärbt.

Blütensprosse mit sehr kurzen Internodien, viel verzweigt und zunehmend mit kleineren Blättern. Blütenstand bis 8 cm lang, mit vielen, achselständigen, bis 1 mm gestielten Einzelblüten. Brakteen 6 × 2 mm groß, behaart. 5 Kelchblätter, 3 größere äußere, 2 kleinere innere, behaart, etwa 5 mm lang. Krone 2-lippig, weiß, kahl, 7 mm breit; Oberlippe 2-lappig, Unterlippe 3-lappig. 4 Staubblätter (davon 2 längere), den Rand der Krone erreichend.

Kultur: Diese erst seit 2008 kultivierte Pflanze entwickelt durch starke Verzweigung einen flächigen Wuchs. Es handelt sich um eine sehr langsam wachsende, zarte, anspruchsvolle Pflanze, die bei intensivem Licht und guter Nährstoffversorgung eine dekorative und wenig pflegebedürftige Vordergrundpflanze darstellt. Bei zu wenig Licht vergeilen die Sprosse, bis sie – allerdings erst nach Wochen – ganz absterben. Im Handel erworbene Stängel werden am besten auf eine Länge von maximal 5 cm gekürzt und einzeln dicht nebeneinander gesetzt. Ich empfehle, zusätzlich die Sprossspitzen abzuschneiden, um den Neuaustrieb an den Knoten zu fördern. Die Pflanzen entwickeln ein intensives Wurzelgeflecht, weshalb der Bodengrund nährstoffreich sein sollte. Weitere Kulturbedingungen: Weiches bis mittelhartes Wasser, pH etwa 6,5-7,5, 22-28 °C. Blüht leicht auf der Fensterbank.
Ökologie: *Staurogyne repens* wurde im Rio Cristalino bei Alta Floresta (Mato Grosso) auf (zwischen) Felsen wachsend in vollem Sonnenlicht gefunden. Wasserwerte (C. CHRISTENSEN): 25 °C, 33 µS/cm, pH 6,9 KH/GH < 1 °dH.
Sonstiges: Mein Herbar wurde durch D. WASSHAUSEN bestimmt. Mehrere neu eingeführte *Staurogyne*-Arten konnten bisher noch nicht bestimmt werden.

Staurogyne leptocaulis im Aquarium und Blüte

Staurogyne sp. „Porto Velho“ im Aquarium

Staurogyne leptocaulis

BREMEKAMP subsp. *decumbens* R. M. BARKER (1986)

Beschreibung: Stängelpflanze mit kriechenden oder aufrechten Sprossen, viel verzweigt, drüsig behaart. Spreite bis 1 cm gestielt, schmal elliptisch bis lanzettlich, bis 5 × 2,5 cm, hellolivgrün, submers deutlich größer, hellgrün.

Ähre beblättert, Blütenteile behaart. Deckblätter bis 10 × 4 mm. Kelchlappen fast frei, ungleich geformt. Krone etwa 10 mm lang, blasslila, innen purpurn gestreift. Staubblattpaare fast gleich lang, Staminodien vorhanden. Griffel 6 mm, kahl. Kapsel 5–8 mm lang, vielsamig.

Kultur: Die dünnstängelige *Staurogyne* ist im tropischen Nordaustralien verbreitet und bei uns bisher nicht bekannt gewesen. Meine Aufsammlung (8/2018) stammt vom Howard River (Biotop 76, S. 58). In Australien wird die Art von DAVID WILSON (Aquagreen) als Aquarienpflanze vertrieben. *Staurogyne leptocaulis* wächst ausgezeichnet als zarte, hellgrüne Kriechpflanze mit guter Verzweigung in weichem, CO_2-reichem Wasser. Sie wird sicher auch bei uns eine schnelle Verbreitung finden. Die Unterart *Staurogyne leptocaulis* subsp. *leptocaulis* kommt in Neuguinea vor.

Staurogyne sp. „Bihar“

Viel verzweigte, behaarte Stängelpflanze. Emerse Spreite kurz gestielt, elliptisch, bis 5 × 1,5 cm, rau, dunkelgrün, Blattrand gekerbt. Submers mit ± behaartem Stängel, Blätter schmaler, olivgrün bis bräunlich, ganzrandig bis deutlich gelappt. Blüten blau.

Eine kräftige, gutwüchsige Stängelpflanze mit starker Verzweigung. Sehr empfehlenswert. Bei intensivem Licht sind die Blätter bräunlich gefärbt und gelappt. Der Händlername „Bihar“ könnte auf das Vorkommen im gleichnamigen Bundesstaat Nordindiens hindeuten.

Staurogyne sp. „Porto Velho“

Sprosse viel verzweigt, behaart. Spreite kurz gestielt, sehr schmal elliptisch bis lanzettlich, bis 5 × 2 cm, ganzrandig oder schwach gewellt, hell- bis dunkelgrün, submers auch bräunlich, mit behaartem Stängel. Blüten weiß.

Gutwüchsige, anspruchsvolle Kriechpflanze. Bestes Wachstum in weichem, CO_2-reichem Wasser bei mittlerer Lichtintensität. Der Händlername „Porto Velho“ könnte auf Porto Velho im Bundesstaat Rondônia (Brasilien) hindeuten. Auch als *Hygrophila* sp. „Roraima“ bezeichnet.

Stratiotes aloides im Aquarium

Stratiotes aloides

LINNÉ (1753)

Krebsschere

Familie: Hydrocharitaceae, Froschbissgewächse.
Synonyme: *Stratiotes alismoides* L., u. a.
Etymologie: *Stratiotes*: Soldat, bezieht sich auf die schwertförmigen Blätter; *aloides*: Aloe-ähnlich.
Verbreitung: Europa.
Beschreibung: Wasserpflanze, frei flutend oder mit unverzweigten, langen, im Bodengrund verankerten Wurzeln. Blätter in einer grundständigen Rosette, sitzend, linealisch oder schmal dreieckig, schwertförmig, steif, bis 60(110) cm lang, 1–4 cm breit, mit stachelig-gesägtem Blattrand, hell- bis mittelgrün.

Pflanzen zweihäusig; Blüten eingeschlechtlich, von einer Spatha umgeben. Männlicher Blütenstand 3- bis 6-blütig. 3 weiße Kelch- und Kronblätter. Bis 41 Staubblätter, die inneren 5–17 fertil, die äußeren steril. Weiblicher Blütenstand mit 1(2) Blüten. 3 Kelch- und Kronblätter. 15–30 Staminodien. (3–)6 Griffel. Kapsel mit großen Samen.

Kultur: Die Krebsschere wird häufig als dekorative Wasserpflanze im Gartenteich kultiviert. Dort verlangt sie ein stehendes, nährstoffreiches Wasser und einen sonnigen Standplatz. Eine starke Verschmutzung verträgt sie nicht. An höhere Temperaturen (bis etwa 28 °C) gewöhnte Pflanzen lassen sich auch im Tropenaquarium dauerhaft kultivieren. Für die Dekoration eines (großen) Aquariums genügt ein Exemplar, das unter der Wasseroberfläche flutet. Dabei darf die Wasserbewegung nur gering sein. Bei optimalen Wachstumsbedingungen entwickelt sich eine prächtige Rosette, die ihre langen, weißen Wurzeln im Aquarienboden verankert. Die Pflanzen wachsen gut in mittelhartem Wasser bei pH-Werten um den Neutralpunkt, wobei sich eine CO_2-Düngung positiv auswirkt. Vermehrung durch Ausläufer.
Ökologie: Die Krebsschere sinkt im Herbst auf den Gewässergrund, wo sie im Schlamm überwintert. Zu Beginn der wärmeren Jahreszeit steigen die Exemplare wieder an die Wasseroberfläche. Im Herbst werden auch zahlreiche Winterknospen gebildet, die im Frühjahr als kleine Rosetten im Wasser schweben.
Sonstiges: Geschützte Art.
Literaturhinweis: COOK & URMI-KÖNIG (1983 b).

Syngonanthus cf. *inundatus* im Aquarium

Syngonanthus cf. inundatus

(KÖRNICKE) RUHLAND (1903)

Familie: Eriocaulaceae, Wollstängelgewächse.
Synonyne: *Paepalanthus inundatus* Körnicke (1863), *Dupatya inundata* O. KUNTZE.
Etymologie: *Syngonanthus*: *syngonus* (gr.)= zusammen geboren (bezieht sich auf die inneren Hüllblätter der ♀ Blüten, die in der Mitte verwachsen sind); *anthos* = Blüte; *inundatus*: überschwemmt.
Verbreitung: Brasilien (Goias).
Beschreibung: Wasserpflanze mit aufrechtem, kahlem, dicht beblättertem Stängel. Blätter wechselständig, spiralig. Blattspreite sitzend, ganzrandig, schmal linealisch-borstig, lang spitz zulaufend, 2,5–3,5 cm lang, 1–2 mm breit, gefenstert (Lupe), flach, sehr zart, Blattspitzen nach oben gerichtet, hellgrün. Blüten und Früchte nicht gesehen.
Kultur: Wie *Syngonanthus macrocaulon* zu kultivieren. Ebenso schwierig und nur für Spezialisten.
Ökologie: In fließendem Wasser und blühend im August bei Chapadão de S. Marcos (RUHLAND 1903). Weitere Angaben sind nicht bekannt.
Sonstiges: Die Familie Eriocaulaceae umfasst 13 Gattungen, von denen *Eriocaulon* (S. 344), *Tonina* (S. 561), *Mesanthemum*, *Syngonanthus*, *Leiothrix* und *Paepalanthus* aquatische Arten enthalten. Die über 1000 Arten der Familie (bisher kaum Aquarienpflanzen) sind fast immer sehr schwer zu bestimmen, da umfassende Monografien fehlen. Merkmale der Eriocaulaceae sind lang gestielte, kopfige Blütenstände mit vielen kleinen Einzelblüten. Sie sind meist einhäusig, selten zweihäusig, aber immer eingeschlechtlich. Die Blüten der Gattung *Syngonanthus* sind 3-zählig. Ihre Blütenhülle besteht aus 2 Kreisen. Die äußeren Hüllblätter sind frei, die inneren der ♂ Blüten sind verwachsen und bilden eine Röhre; die der ♀ Blüten sind an der Basis und oben frei und in der Mitte verwachsen. Die ♂ Blüten besitzen 3 Staubblätter, die ♀ haben Staminodien und 3 Narben. Die Frucht bildet eine Kapsel.

Viele Arten besitzen eine grundständige Rosette, wie auch *S. hygrotrichus* aus Brasilien, die submers wächst.

Syngonanthus cf. *inundatus* wird als sp. „Manaus" gehandelt. Nach Vergleich mit dem Isotypus im Botanischen Museum Berlin-Dahlem halte ich diese Pflanze für *S. inundatus*. Allerdings konnte aufgrund fehlender Blüten- und Fruchtstände keine endgültige Bestimmung erfolgen.

Syngonanthus macrocaulon im Aquarium

Syngonanthus macrocaulon

RUHLAND (1903)

Familie: Eriocaulaceae, Wollstängelgewächse.
Verbreitung: Brasilien, Kolumbien.
Beschreibung: Wasserpflanze. Stängel aufrecht, kurz wollig behaart, weiß, 1,5 mm dick, an der Sprossspitze stark verzweigt, dicht beblättert. Blätter unregelmäßig wechselständig oder gegenständig und spiralig angeordnet. Blattspreite sitzend, ganzrandig, linealisch, 2–3 cm lang, 2–3 mm breit, gefenstert (Lupe), flach, zart, hellgrün gefärbt. Die Blattspitzen sind nach unten gerichtet und etwas nach innen gedreht. Blüten- und Fruchtmerkmale konnten nicht untersucht werden.
Kultur: Diese Art wird gelegentlich aus Asien importiert, kommt vermutlich aber aus Brasilien, worauf die Handelsbezeichnung *Syngonanthus* sp. „Belem" hindeutet. Sie ist extrem schwer zu kultivieren und benötigt ein stark saures Milieu mit pH-Werten um 6, sehr viel freies CO_2, eine hohe Lichtintensität und eine Temperatur um 25 °C. Nur selten gelingt die Kultur dieser zarten Stängelpflanze; sie ist eine echte Herausforderung für spezialisierte Pflanzenfreunde und für den Normalaquarianer nicht zu empfehlen. Auf dem Wochenendmarkt Chatuchak in Bangkok (Thailand) mit dem berühmten Aquaristikmarkt konnte ich die Art in sehr weichem, mit CO_2-gedüngtem Wasser mehrfach in prächtigen Beständen sehen.
Ökologie: Die selten gesammelte Art wurde in Brasilien bei Cunani in einem Waldsumpf gefunden. Weitere Angaben sind mir nicht bekannt.
Sonstiges: Die Gattung *Synonanthus* umfasst etwa 200 Arten, die im tropischen Südamerika, Afrika und in Madagaskar verbreitet sind. Meistens leben sie im Wechsel von Regen- und Trockenzeiten einen Teil des Jahres unter Wasser und blühen, sobald der Wasserstand sinkt. Die Biotope trocknen oft danach aus. Deshalb sind viele von ihnen in der Natur einjährig und sterben nach der Fruchtreife ab. Nur wenige von ihnen sind Stängelpflanzen.

Nach Vergleich mit Herbarmaterial im Botanischen Museum Berlin-Dahlem halte ich diese von Aquarianern kultivierte Art aufgrund ihres charakteristischen Habitus ziemlich sicher für *Syngonanthus macrocaulon*. Allerdings konnte ich Blüten- und Fruchtmerkmale nicht vergleichen. Eine Bestimmung der zahlreichen *Syngonanthus*-Arten ist sehr schwierig, da keine vollständige, neuere Bearbeitung der Gattung vorliegt.

Sprosse von *Taxiphyllum alternans*

Vesicularia dubyana (links, Javamoos) und *T. barbieri* (rechts, Bogormoos)

Taxiphyllum alternans

(CARDOT) Z. IWATSUKI (1963)

Taiwanmoos

Familie: Hypnaceae, Schlafmoosgewächse.
Synonyme: *Isopterygium alternans* CARDOT (1904), u. a.
Etymologie: *Taxiphyllum*: von *taxus* = röm. Name für Eibe, *phyllus* = Blatt, eibenblättrig; *alternans* = abwechselnd.
Verbreitung: Nordamerika, Russland, Asien, Japan.
Beschreibung: Zweihäusiges, ausdauerndes Moos, das mittel- bis dunkelgrüne, lockere Polster bildet. Sprosse bis 6 cm lang. Seitenäste unregelmäßig angeordnet, ungleich lang, flach beblättert. Blätter zweizeilig, eiförmig-lanzettlich, ± asymmetrisch, zugespitzt, häufig an der Spitze gedreht, etwa 1,5–2 mm lang, 0,8–1,4 mm breit, mit kurzer Doppelrippe. Spitze und oberer Blattrand gezähnt. Mittlere Blattzellen sehr lang und schmal (linealisch), 84–156 µm lang, 9–12 µm breit, am Rand kleiner.

Zweihäusiges Moos, sonst wie bei *T. barbieri*.

Kultur: Das vermutlich aus Taiwan eingeführte Moos wird relativ selten kultiviert. Die Kultur ist problemlos und wie bei *T. barbieri* angegeben.

Sonstiges: *Taxiphyllum alternans* lässt sich von dem ähnlichen *T. barbieri* durch die Zähnelung am Blattrand unterscheiden. Bei *T. alternans* ist nur die Spitze fein gezähnt, bei *T. barbieri* der ganze Blattrand. Nicht sicher ist, ob das Taiwanmoos tatsächlich auf Taiwan vorkommt.

Weitere Taxiphyllum-Arten

Außer *T. barbieri*, *T. alternans* und *T. taxirameum* (aus Thailand) sind weitere 5 Arten dieser Gattung eingeführt worden. Sie sind sehr schwer zu unterscheiden (die Anatomie ist hier vereinfacht dargestellt) und nicht bestimmt. Ihre Handelsnamen sind Spiky Moss (Stachel-Moos, identisch mit Peacock Moss), Giant Moss (Riesen-Moos), Flame-Moss (Flammen-Moos), Stringy Moss (Schnur-Moos) und Green Sock Moss. Besonders Stachel- und Flammenmoos (S. 559) sind inzwischen gut in unseren Aquarien verbreitet, weil sie sich deutlich von den anderen Moosen unterscheiden lassen. Das Flammenmoos bildet aufrechte, etwas steife, in Wellen verlaufende Sprosse, die als dichte Büschel sehr schöne Dekorationen bilden. Um aufrecht zu wachsen, muss dieses Moos aber aufgebunden werden. Es wächst langsam, aber kontinuierlich, und ist wohl das ungewöhnlichste und dekorativste Moos der letzten Jahre.

Oben: *Taxiphyllum barbieri* (Bogormoos) im Aquarium

Rechte Seite: Stachelmoos (Spiky Moss, oben) und Flammen-Moos (Flame Moss, unten) im Aquarium

Taxiphyllum barbieri

(CARDOT & Coppey) Z. IWATSUKI (1982)

Bogormoos oder Barbiers Moos

Familie: Hypnaceae, Schlafmoosgewächse.
Synonyme: *Isopterygium barbieri* CARDOT & Coppey (1911).
Etymologie: *Taxiphyllum*: siehe *T. alternans*; *barbieri*: nach dem Missionar R. P. BARBIER.
Verbreitung: Asien.
Beschreibung: Zweihäusiges, ausdauerndes Moos, dass dunkelgrüne lockere Polster bildet. Sprosse bis 30 cm lang, mit wenigen Rhizoiden. Seitenäste unregelmäßig angeordnet, ungleich lang, flach beblättert. Blätter streng zweizeilig, an Stängel und Ästen gleich aussehend, länglich bis lanzettlich, spitz (nicht lang zugespitzt oder mit aufgesetzter Spitze), 1–1,4 mm lang, 0,6–0,7 mm breit, mit kurzer Doppelrippe. Blattrand fast rundum gezähnt. Mittlere Blattzellen lang und schmal, bis 30–60 µm lang, 4–6 µm breit.

Zweihäusiges Moos. Kapsel aufrecht bis horizontal, länglich-eiförmig, mit langem, deutlich abgesetztem Hals. Deckel geschnäbelt.

Kultur: Das Bogormoos wird von allen Moosen mit Abstand am häufigsten im Aquarium kultiviert. Es ist sehr anspruchslos, kommt noch mit wenig Licht aus und wächst bei allen Wasserverhältnissen gleichermaßen schnell. Der optimale Temperaturbereich liegt bei etwa 20–30 °C. Die Art verträgt aber durchaus auch niedrigere oder höhere Temperaturen vorübergehend gut. Kultur sonst wie bei *Vesciularia dubyana* angegeben. Eine Bildung von Sporenkapseln habe ich beim Bogormoos in einer über 30-jährigen Kultur noch niemals beobachtet.
Ökologie: An feuchten Plätzen entlang von Flüssen.
Sonstiges: Das Bogormoos wurde in Europa 1968 als *Glossadelphus zollingeri* eingeführt. Es verdrängte in den Folgejahren aufgrund seiner schnellen Vermehrung das „echte" Javamoos (*V. dubyana*) fast unbemerkt aus den Aquarien. Obwohl schon 1982 durch Z. IWATSUKI die Bestimmung als *T. barbieri* erfolgte, wurde der wissenschaftliche Name bei uns erst durch TAN & LOH (2008) bekannt. *Taxiphyllum barbieri* wird oft falsch als Javamoos bezeichnet (KASSELMANN 2007). Im Vergleich zum echten Javamoos (*V. dubyana*) sind bei *T. barbieri* die Sprosse länger und weniger verzweigt, die Blätter sind zweizeilig angeordnet und auffällig flach und viel schmaler.

Stachel-Moos (Spiky Moss)
Stachel-Moos (Spiky Moss) aus der Gewebekultur

Flammen-Moos (Flame Moss)
Blattstruktur von *Taxiphyllum barbieri* (Mikroaufnahme)

Tonina fluviatilis submers an einem natürlichen Standort in Venezuela und im Aquarium

Tonina fluviatilis

AUBLET (1806)

Familie: Eriocaulaceae, Wollstängelgewächse.
Synonyme: *Eriocaulon amplexicaule* ROTTBOLL, *Hyphydra amplexicaulis* SCHREBER.
Etymologie: *Tonina* = nach einem einheimischen Namen in Französisch-Guayana; *fluviatilis* = im oder am Fluss lebend.
Verbreitung: Trop. Mittel- und Südamerika.
Beschreibung: Amphibisch lebende Sumpfpflanze mit niederliegendem, 20–40 cm langem, dünnem, häufig verzweigtem Stängel. Blätter wechselständig rosettig, sitzend, schmal lanzettlich, Spitze spitz, häufig zurückgebogen, Blattrand und Basis behaart, 1,0–1,5 cm lang, 1–2,5 mm breit, hellgrün gefärbt.

Blüten eingeschlechtlich, beide Geschlechter zusammen in dichten Köpfchen angeordnet. Köpfchen einzeln, achselständig, kurz gestielt. Hüllkelch (Involukrum) und Deckblätter behaart. Perigon 3-zählig, äußere Blätter verwachsen. Männliche Blüte: innere Perigonblätter röhrig verwachsen, 3 zweifächrige Staubblätter, Fruchtknoten rudimentär. Weibliche Blüte: innere Perigonblätter frei, Griffel mit 3 Narbenästen.

Kultur: *Tonina fluviatilis* ist eine typische Weichwasserpflanze, die in sehr engen Grenzen zum Wachstum auf das Vorhandensein von freiem Kohlendioxid angewiesen ist. Liegen diese Bedingungen nicht vor, stellt sie das Wachstum ein. Für eine erfolgreiche Kultur muss somit ein salzarmes, saures, kohlendioxidreiches Wasser verwendet werden, ferner eine intensive Beleuchtung sowie ein Bodengrund mit einer schwach sauren Reaktion (keinen kalkreichen Sand). Aufgrund dieser Wuchsbedingungen und der nur geringen Anpassungsfähigkeit wird diese dekorative kleine Stängelpflanze wohl eher etwas für den spezialisierten Pflanzenfreund bleiben.
Ökologie: *Tonina fluviatilis* besiedelt ruhige Ufer von klaren Fließgewässern mit sandigem Untergrund. Sie ist eine Zeigerpflanze weicher und sehr saurer Gewässer; beispielsweise findet man sie häufig in den Schwarzwasserbiotopen Guyanas zusammen mit *Mayaca fluviatilis* bei pH-Werten zwischen 3,9 und 4,2. Sie besiedelt aber auch Gewässer mit pH-Werten bis etwa 6,0. Siehe Biotop 2 (S. 29).
Sonstiges: *Tonina fluviatilis* ist die einzige Art dieser Gattung (monotypisch). Häufig werden andere Arten der Eriocaulaceae fälschlicherweise mit *Tonina* bezeichnet. Die Einfuhr erfolgte durch die Gärtnerei Tropica.

Trapa natans

Trapa natans

Linné (1753)

Schwimmende Wassernuss

Familie: Lythraceae, Weiderichgewächse.
Synonyme: Zahlreiche.
Etymologie: *Trapa*: von *calcitrappa* = Fußangel, vermutlich wegen der gehörnten Früchte; *natans*: schwimmend.
Verbreitung: Polymorphe Art, weit verbreitet in Eurasien, Afrika, eingebürgert in Nordamerika, Australien (vgl. Sonstiges).
Beschreibung: Flutende Wasserpflanze. Jugendblätter submers, sitzend, gegenständig, linealisch, vergänglich. Schwimmblätter wechselständig rosettig. Blattstiel 5–20 cm lang, 3–4 mm dick, häufig weinrot, mit einem bis 3 cm langen und 1,5 cm dicken, schwammigen Luftpolster, das auch völlig fehlen kann. Blattspreite rhombisch, 4–7 cm breit, 3–5,5 cm lang, am oberen Blattrand gezähnt, im unteren Teil ganzrandig. Färbung oberseits hell- bis dunkelolivgrün, unterseits grün, rötlich bis kräftig weinrot.

Blüten zweigeschlechtlich, unscheinbar, einzeln, kurz gestielt. 4 Kelchblätter (an der Frucht als Hörner bleibend). 4 weiße, hinfällige Kronblätter. 4 Staubblätter. Nuss mit 2 bis 4 Hörnern.
Kultur: Aufgrund der auffälligen Erscheinung wird der Aquarianer gern verleitet, es mit der Kultur der Wassernuss im Tropenaquarium zu versuchen. Leider ist die dauerhafte Pflege aber ausgesprochen schwierig und gelingt nur selten. Beim Erwerb sollte der Käufer versuchen, herauszufinden, ob es sich um eine Pflanze aus tropischen oder heimischen Gewässern handelt, die demgemäß temperiert gehalten werden muss. Unabhängig von der Herkunft ist aber zu beachten, dass die Wassernuss sehr lichthungrig ist, zudem weder eine hohe Belastung des Wassers noch eine starke Wasserbewegung verträgt. Vegetative Vermehrung durch Ausläufer, generative durch Samen (Nüsse).
Ökologie: Besiedelt unterschiedliche Standorte, wächst aber im Allgemeinen in ruhigen oder langsam fließenden, wenig belasteten Gewässern. In vielen Ländern werden die Nüsse als Gemüse gegessen.
Sonstiges: Aufgrund der vielgestaltigen Früchte werden bis zu 20 Arten unterschieden, die andere Autoren jedoch als eine polymorphe (vielgestaltige) Art (*Trapa natans*) auffassen.

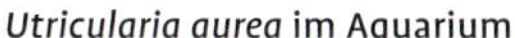
Utricularia aurea im Aquarium

Blüte von *Utricularia aurea*

Utricularia aurea

LOUREIRO (1780)

Goldgelber Wasserschlauch

Familie: Lentibulariaceae, Wasserschlauchgewächse.
Synonyme: *Utricularia flexuosa* VAHL, u. a.
Etymologie: *Utricularia*: von *utriculus* = kleiner Schlauch (schlauchartige Fangvorrichtung); *aurea:* golden (goldgelbe Blüten).
Verbreitung: Asien, Australien, an die Ostküste Madagaskars eingeschleppt.
Beschreibung: Wurzellose, flutende Wasserpflanze, bis 1,50 m lang. Rhizoide bis 6 cm lang. Blätter wechselständig, mehrfach sehr fein gefiedert; jedes Blatt mit 2–4 verschieden langen Lappen, der längste bis 7 cm lang und 2 cm breit. Fangblasen kurz gestielt, 1–4 mm groß. Mundöffnung seitlich mit zwei kleinen, wenig verzweigten Wimpern oder ohne Wimpern.

Blütenstand 15–25 cm hoch, mit 3–7 kurzlebigen Blüten, häufig auch im Aquarium. Kelch zweiteilig, 0,5 cm lang. Blütenkrone verwachsenblättrig, 10–15 mm lang, leuchtend gelb. Unterlippe etwas größer als die Oberlippe, innen rot gestreift. Samenkapsel 4–5 mm groß; Samen zahlreich, schwarz.
Kultur: Eine schnellwüchsige Pflanze, die in kurzer Zeit die Wasseroberfläche zuwuchern kann. Sie wächst sowohl in weichem als auch hartem, schwach saurem bis leicht alkalischem Wasser mit einer Temperatur von 22–30 °C. Am natürlichen Standort findet man häufig kräftige, gedrungene, leicht brüchige Sprosse, die tief dunkelrot gefärbt sind und 4 mm große, fast schwarze Fangblasen besitzen. Aquarienexemplare sind nur bei hoher Lichtintensität leicht rötlich gefärbt. Die Fangblasen werden nur noch 1–2 mm groß oder fehlen völlig. Vorsicht bei kräftigen Pflanzen mit großen Fangblasen! Sie können kleiner Fischbrut gefährlich werden. Auch im Aquarium entwickeln sich Blüten- und Fruchtstände. Nach meinen Beobachtungen benötigen die Samen von *Utricularia aurea* zum Keimen eine Trockenperiode von mindestens ein paar Tagen. Auch nach einem Jahr keimten sie noch gut.
Ökologie: Die Art bewohnt stehende Gewässer wie Teiche, Reisfelder und Sümpfe bis in 1500 m Höhe. Zwei Wasseranalysen, Sri Lanka (1/1985): 1) pH 7,36, GH 21 °dH, KH 14 °dH, 1710 µS/cm, E_H 386 mV. 2) Temperatur 30 °C, pH 6, GH/KH < 1 °dH, 85 µS/cm, E_H 408 mV. Siehe auch Biotop 62 (S. 52).

Utricularia gibba

Blüte von *Utricularia gibba*

Utricularia gibba

LINNÉ (1753)

Zwergwasserschlauch

Familie: Lentibulariaceae, Wasserschlauchgewächse.
Synonyme: *Utricularia gibba* L. subsp. *exoleta* (R. BROWN) P. TAYLOR, und viele andere.
Etymologie: *Utricularia*: siehe *Utricularia aurea*; *gibba*: höckerig (Bezug nicht bekannt).
Verbreitung: Pantropisch, in vielen Ländern Europas eingeschleppt.
Beschreibung: Sehr zarte Wasserpflanze. Rhizoide fehlen oder sind sehr kurz. Stängel bis über 20 cm lang, häufig verzweigt, sehr dünn. Blätter wechselständig, zahlreich, 0,5–1,5 cm lang, gabelig verzweigt und dann wiederum in bis zu 4 (selten bis 8) haarfeine Segmente verzweigt. Fangblasen gestielt, 1–2,5 mm lang; Mundöffnung seitlich, mit verzweigten Wimpern.

Blütenstand bis 20(–30) cm hoch, gewöhnlich mit 2–4 (selten bis 12) Blüten. Kelchblätter fast rund, 1–3 mm groß. Krone gelb, häufig mit rötlichbraunen Nerven, 4–25 mm lang. Oberlippe fast kreisförmig, ± deutlich 3-lappig. Unterlippe etwas kleiner, elliptisch bis kreisförmig. Samenkapsel kugelig, 2–3 mm groß.
Kultur: Dieser unauffällige Wasserschlauch, den man gelegentlich mit anderen Wasserpflanzen unbeabsichtigt „einschleppt", lässt sich im Aquarium sehr leicht kultivieren. Er benötigt zum guten Gedeihen eine kaum bewegte Wasseroberfläche, ein nährstoffreiches, saures Wasser sowie eine gute Beleuchtung. Bei optimalen Bedingungen bildet *Utricularia gibba* verfilzte Polster, die unterhalb der Wasseroberfläche treiben und gelegentlich auch Blütenstände aufweisen. Am ehesten entwickeln sie sich an Pflanzen, die auf nasser Erde kultiviert werden. Manchmal kann dieser Wasserschlauch auch lästig sein.
Ökologie: Besiedelt stehende oder sehr langsam fließende Gewässer, deren Wasserstand starken jahreszeitlichen Schwankungen unterworfen ist. Die Pflanzen blühen gewöhnlich in flachem Wasser, nicht selten findet man sie auf nassem Schlamm. Siehe Biotope 19 (S. 36) und 34 (S. 40).
Sonstiges: TAYLOR (1989) fasst in seiner Monographie der Gattung *U. gibba* als eine Art mit sehr variablen Blüten auf, weshalb er auch seine früher erfolgte Unterscheidung in Varietäten nicht mehr aufrechthält.

Utricularia graminifolia im Aquarium

Utricularia graminifolia

VAHL (1804)

Grasblättriger Wasserschlauch

Familie: Lentibulariaceae, Wasserschlauchgewächse.
Synonyme: Zahlreiche, siehe TAYLOR (1989).
Etymologie: *Utricularia*: siehe *U. aurea*; *graminifolia*: grasblättrig.
Verbreitung: Südostasien von Indien bis China (Yunnan).
Beschreibung: Grasähnliche Sumpfpflanze mit kriechenden, ausläuferbildenden, stark verzweigten Sprossen. Rhizoide mehrere Zentimeter lang. Blätter gestielt. Blattspreite linealisch bis schmal verkehrt lanzettlich, bis 4 cm lang, 6 mm breit, dünn, hellgrün gefärbt. 0,5–2 mm große Fangblasen an den Rhizoiden, Ausläufern und Blättern.

Blütenstand bis 30 cm hoch. Kelchblätter ungleich, das obere zuspitzt, das untere schmaler und 2-zipflig. Krone blass pinkfarben; Unterlippe größer als Oberlippe und mit violetter Zeichnung, lang zugespitzt, meistens nach unten gebogen, bis 1,5 cm lang. Kapsel elliptisch, etwa 2,5 mm.
Kultur: Eine fleischfressende Pflanze, die sich für die flächige Begrünung des Vordergrundes eignet. Am besten wird der Inhalt der im Handel angebotenen Töpfe in kleine Stücke geteilt und in Sand mit etwas Abstand in den Vordergrund gesetzt. Nach dem (manchmal schwierigen) Anwachsen breiten sich die Kriechsprosse flächig aus und bilden einen Teppich. Finden sie keinen Halt, verlieren sie ihre Blätter, und es entsteht ein unansehnliches Gewirr – ähnlich *U. gibba*. Die Kultur gelingt am besten in weichem oder mittelhartem Wasser bei mittleren Lichtwerten. CO_2-Düngung nicht unbedingt erforderlich. Eine Gefährdung der Fischbrut oder von Garnelen durch die Fangblasen konnte nicht beobachtet werden. Die Kultur gelingt anfangs meistens gut, die Art ist aber auf Dauer anspruchsvoll.
Ökologie: Wächst an sumpfigen Stellen, an Quellen und entlang von Flüssen vollständig submers oder auf nassem Boden bis in eine Höhe von 1500 m. PEDERSEN et al. (2008) fanden die Art in weichem Wasser an schattigen Plätzen, selten in voller Sonne. Blüht vermutlich das ganze Jahr. Siehe auch Biotop 65, S. 54.
Sonstiges: Seit etwa 2007 durch die Firma Tropica im Handel. Es gibt mehrere sehr ähnliche Arten, wie etwa *U. uliginosa*. Eine sichere Unterscheidung erfolgt durch blühende und fruchtende Pflanzen (siehe auch Foto S. 95).
Literaturhinweis: TAYLOR (1989); PEDERSEN et al. (2008).

Utricularia inflexa: Blütenstand mit Schwimmkörpern und Fangblase (Mikroskopaufnahme)

Utricularia inflexa

FORSKÅL (1775)

Familie: Lentibulariaceae, Wasserschlauchgewächse.
Synonyme: *Utricularia thonningii* SCHUMACHER, *U. stellaris* var. *inflexa* C. B. CLARKE, *U. inflexa* var. *inflexa*, u. a.
Etymologie: *Utricularia*: siehe *Utricularia aurea*; *inflexa*: einwärtsgebogen, bezieht sich auf die aufgeblasenen Schwimmkörper.
Verbreitung: Tropisches und subtropisches Afrika, Madagaskar.
Beschreibung: An der Wasseroberfläche flutende, wurzellose Wasserpflanze. Stängel bis 1,50 m lang, hellgrün oder dunkelrot gefärbt. Rhizoide bis 15 cm lang. An kräftigen Blättern bis zu 6(–15) mm große Blattschuppen, die gezähnt, gewimpert oder ± eingeschnitten sind. Blatt mit 3–6 Fiederblättern, diese 4–10 cm lang, im Aquarium aber meistens kleiner. Fangblasen bis 2 mm groß, kurz gestielt und mit seitlicher Mundöffnung, Oberlippe mit zwei Wimpern.

Blütenstand etwa 10–15(–33) cm hoch, am Grunde mit 6–9 schmal zylindrischen, luftgefüllten Schwimmkörpern, die im Quirl oder auch etwas versetzt angeordnet sind. Nacheinander öffnen sich 4–16 leuchtend gelbe, im Schlund weiß gefärbte Blüten (nach TAYLOR auch weiße und malvenfarbige Blüten). Kelchlappen grün, bis 19 mm lang, 16 mm breit. Blüte mit einer 7 mm langen, gerundeten Oberlippe und einer gleichgroßen oder größeren Unterlippe. Blütenkrone ± dicht behaart, gewöhnlich deutlich rot gestreift. 2 Staubblätter. Griffel wenig länger als die Staubblätter. Fruchtknoten 1 mm groß, kugelig. Kapsel 5 mm groß; Samen ein- bis zweimal so breit wie hoch. Zellen der Samenschale relativ klein (etwa 0,06 mm lang) und länglich.
Kultur: *Utricularia inflexa* ist ein gutwüchsiger, sehr großer Wasserschlauch, der sich problemlos im Aquarium vermehrt. Bemerkenswert sind die Schwimmkörper am Grunde des Blütenstandes, die als Anpassung an bewegtes Wasser zu sehen sind. Sonst wie bei *U. stellaris* angegeben.
Ökologie: *Utricularia inflexa* bewohnt flache, stehende oder langsam fließende Gewässer bis 1700 m Höhe. Ausführliche Beschreibungen siehe Biotope 8 (S. 33) und 40 (S. 43).
Sonstiges: Ich konnte die Art 1980 aus Tansania für die Aquaristik mitbringen. Die Bestimmung aller hier genannten *Utricularia*-Arten erfolgte durch P. TAYLOR, Kew.
Literaturhinweis: TAYLOR (1989).

Blühender Spross von *Utricularia stellaris* im Aquarium und Blüte

Utricularia stellaris

LINNÉ fil. (1781)

Familie: Lentibulariaceae, Wasserschlauchgewächse.
Synonyme: *Utricularia inflexa* var. *stellaris* TAYLOR, u. a.
Etymologie: *Utricularia*: Erklärung bei *Utricularia aurea*; *stellaris:* sternförmig, bezieht sich auf die Anordnung der Schwimmkörper.
Verbreitung: Tropisches Afrika, Madagaskar, Mauritius, Komoren, Asien bis Nordaustralien.
Beschreibung: Unterschiede zu *Utricularia inflexa*: Schwimmkörper elliptisch oder eiförmig, bis 10 × 5 mm groß. Kelchlappen etwa 7 × 7 mm groß. Ober- und Unterlippe der gelben Blütenkrone etwa gleich groß, nur wenig rot gestreift. Samen 2- bis 3-mal so breit wie hoch. Zellen der Samenschale relativ groß (etwa 0,1 mm lang). Sonst wie bei *U. inflexa* angegeben.
Kultur: Dieser seltene, gutwüchsige Wasserschlauch bleibt im Aquarium gewöhnlich etwas kleiner als am Standort. Unter natürlichen Verhältnissen wachsen die Sprosse in weichem bis mittelhartem, flachem Wasser mit saurem bis schwach alkalischem pH-Wert. Wesentlich für eine erfolgreiche Kultur sind eine hohe Lichtintensität, ein algenfreies Aquarium und ein bestimmtes Nährstoffangebot. Welche Nährstoffe die Pflanze für ein gutes Wachstum benötigt, ist noch zum großen Teil unbekannt. Neben Stickstoff gehören auch Kalium und Magnesium zu den wichtigsten Elementen in der Nährstoffkette. Wie wissenschaftliche Versuche bewiesen, machte sich in einem nahezu optimalen anorganischen Nährmedium eine Zusatzernährung mit Pantoffeltierchen nicht bemerkbar, während sich in einem unvollständigen Nährmedium die tierische Kost auf das Wachstum positiv auswirkte und die Bildung von Fangblasen förderte. Dies zeigt, unter welchen Bedingungen Fangblasen entstehen und dass sie für die Entwicklung kräftiger Sprosse nicht notwendig sind. Aussaat wie bei *U. aurea*.
Ökologie: Wie bei *U. inflexa* angegeben. Wasseranalyse aus Sambia (8/1986): Temporärer Tümpel, Temperatur 30 °C, pH 7,5, GH < 1 °dH, KH 2 °dH, 585 µS/cm. Siehe auch die Biotopbeschreibung 8 (S. 33).
Sonstiges: Bei *U. stellaris* wurde nachgewiesen, dass die Blütenbildung durch eine organische Zusatzernährung gefördert wird.

Gattung Vallisneria

Wasserschrauben – Familie Hydrocharitaceae, Froschbissgewächse

Nomenklatorische Änderungen

Die Taxonomie der zahlreichen beschriebenen *Vallisneria*-Arten ist sehr problematisch, da die vegetativen Merkmale der einzelnen Spezies auf unterschiedliche Wachstumsbedingungen mit einer großen Variabilität reagieren. Aus einer Bearbeitung der Gattung durch LOWDEN (1982) ergaben sich für die Aquarianer weitreichende nomenklatorische Veränderungen. Die Problematik einer Bearbeitung der Gattung bestand darin, verlässliche Unterscheidungskriterien zu finden. Als relevante taxonomische Merkmale erwiesen sich vor allem die Anordnung der Fruchtblätter bei weiblichen und die Anzahl der Staubblätter bei männlichen Blüten.

Die Taxonomie wurde vereinfacht und alle bisher in der Gattung beschriebenen Arten wurden *Vallisneria spiralis* LINNÉ und *V. americana* MICHAUX mit jeweils zwei Varietäten zugeordnet, wobei die australischen Arten unberücksichtigt blieben. Dies hatte für die Aquaristik weitreichende Konsequenzen, und ich folgte in der 1. Auflage meines Buches diesen nomenklatorischen Änderungen. Molekulare Untersuchungsmethoden machten es inzwischen möglich, die Gattung *Vallisneria* eingehender zu studieren. Es wurden mehrere wissenschaftliche Arbeiten publiziert (u. a. JACOBS & FRANK 1997, JACOBS 1999, LES et al. 2008, JACOBSEN & MCCOLL 2011), die sowohl morphologische als auch genetische Merkmale einbeziehen. Daraus ergeben sich für die Aquarianer erhebliche Konsequenzen: Von den nunmehr 17 lebenden Arten (als fossile Art wurde *V. janecekii* BOGNER & Kvacek [2009] beschrieben) sind nur *V. spiralis* und *V. australis* als polymorphe Arten sowie *V. caulescens* und *V. gracilis* aus Australien in Kultur. Hinzu kommen seit 2018 *Vallisneria erecta*, *V. nana* und *V. rubra*. Allerdings gehe ich davon aus, dass auch *V. americana* von Aquarianern kultiviert wird. Aquarienexemplare fehlten

Vallisneria spiralis **in Zentralthailand**

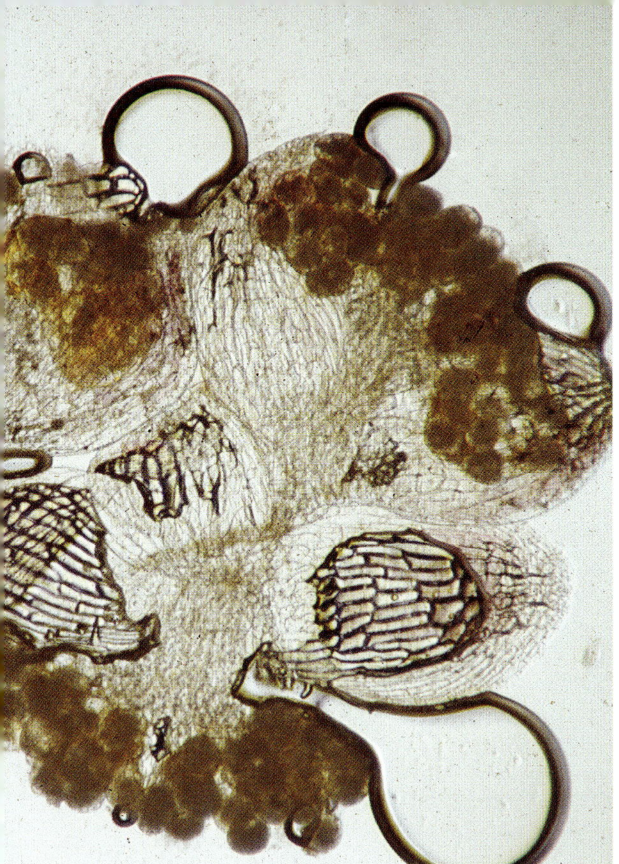

Mikroskopaufnahme einer männlichen Blüte von *Vallisneria australis* mit zwei Staubblättern

Männlicher Blütenstand von *Vallisneria australis*

aber offensichtlich bei den genetischen Untersuchungen. Auch *Vallisneria asiatica* var. *biwaensis* ist schon seit einigen Jahren in Kultur.

Nur die kultivierten Arten werden bei den folgenden ausführlichen Beschreibungen berücksichtigt. Alle Vallisnerien, die im Fachhandel als *Vallisneria gigantea*, *V. neotropicalis*, *V. natans* sowie unter den Handelsnamen „Narrow", „Dwarf", „Serpanta Rubra", „Marmor" und „Rubra" vertrieben werden, sind nur Formen der polymorphen *Vallisneria australis*. *Vallisneria neotropicalis* MARIE-VICTORIN und *V. natans* (LOUR.) HARA sind zwar gute Arten, sollen aber nicht in Kultur sein.

Von den 17 anerkannten Arten sind *Vallisneria americana* MICHAUX, *V. neotropicalis* MARIE-VICTORIN und eine noch unbeschriebene Art (*V.* sp. mit doldigen Blütenständen) amerikanische Arten. *Vallisneria asiatica* MIKI mit zwei Varietäten, *V. denseserrulata* MAKINO, *V. natans* (LOUREIRO) HARA und *V. spinulosa* S. Z. YAN sind in Asien verbreitet. *Vallisneria gigantea* GRAEBNER kommt in Neuguinea vor und könnte ein Synonym von *V. nana* R. BROWN sein. Die Zuordnung von JACOBSEN & MCCOLL (2011) ist nicht sicher („may possibly a synonym"). Pflanzen aus Neuguinea, die von JOHANNES GRAF bei Ayamaru (Vogelkop-Halbinsel) gesammelt wurden, bilden bei der Verfasserin über 2 m lange Blätter und deutlich breitere Blattspreiten als *V. nana*, weshalb ich den Namen *V. gigantea* beibehalte. *Vallisneria spiralis* LINNÉ ist in Europa, Afrika und möglicherweise auch Asien beheimatet. *Vallisneria denseserrulata* kommt möglicherweise nicht nur in Asien, sondern auch in Afrika vor.

Die meisten Vallisnerien leben in Australien. Diese sind *Vallisneria annua* S. W. L. JACOBS & K. A. FRANK, *V. australis* S. W. L. JACOBS & D. H. LES, *V. caulescens* F. M. BAILEY & F. MUELLER, *V. erecta* S. W. L. JACOBS & D. H. LES, *V. gracilis* F. M. BAILEY, *V. nana* (LOUREIRO) HARA, *V. rubra* (RENDLE) D. H. LES & S. W. L. JACOBS (Syn. *Maidenia rubra*) und *V. triptera* S. W. L. JACOBS & K. A. FRANK. Es ist zu erwarten und zu wünschen, dass einige von diesen neu beschriebenen Arten in den nächsten Jahren für die Aquaristik eingeführt werden.

Ergänzen möchte ich noch einen Standort mit weiblichen Pflanzen von *V. gigantea*, den ich im Juli 1988 in Papua-Neuguinea untersuchte. Die Pflanzen wuchsen in dichten Beständen in starker Strömung im bis 80 cm tiefen Wasser eines Flusses. Der Bodengrund war schlammig-lehmig, der Standort schattig-sonnig. Wasseranalyse: 26 °C, pH 8,2, GH 8 °dH, KH 14 °dH, 470 µS/cm.

Vallisneria americana

Michaux (1803)

Amerikanische Wasserschraube

Familie: Hydrocharitaceae, Froschbissgewächse.
Synonyme: *V. spiralis* L. var. *americana* (Mich.) Torrey, u. a.
Etymologie: *Vallisneria*: nach A. Vallisneri (1661–1730); *americana*: aus Amerika.
Verbreitung: Nord- und Mittelamerika.
Beschreibung: Ausläuferbildende Wasserpflanze mit kurzem Rhizom. Blätter rosettig, bandförmig, schlaff, spröde, bis 2,3 m lang. Spreite 10–15 mm breit, mit 5–9 Nerven und ± deutlichen Querstrichen. Parallelnerven verlaufen fast bis in die Blattspitze hinein. Blattrand gewöhnlich mit Zähnchen. Pflanzen zweihäusig; Blüten eingeschlechtlich.

Charakteristisch ist der gezähnte Blattrand bei Vallisnerien

Männliche Pflanze: Blütenstängel dick, kurz, 1,5–5,0 mm dick, 3–16 cm lang. Blüten 1,0–1,4 mm breit, zahlreich, weiß, von einer transparenten, 2-klappigen Spatha umschlossen; Blüte mit 3 Kelchblättern (2 große, 1 kleines), 1 sehr kleinen Kronblattrudiment, 1 Staminodium und 2 fertilen, aufrechten Staubblättern, deren Filamente auf etwa Dreiviertel der Länge verwachsen sind; Basis des Androeceums (Gesamtheit der Staubblätter) behaart (bei *V. australis* ohne Behaarung).
Weibliche Pflanze: Blüten an langen, spiralig gedrehten Stielen, einzeln, 2–3 mm groß, weiß. Blüten mit 3 großen Kelchblättern, 3 kleinen Kronblattrudimenten, 3 großen, bis zu den Griffeln verwachsenen Staminodien, 3 zweispaltigen, nicht gefransten Narben. Frucht länglich, etwa 10 cm lang. Samen zahlreich, elliptisch, gefurcht, 1,8–2,6 mm lang, 0,6–1 mm dick.
Kultur: Als *Vallisneria americana* verstand man lange Zeit (Lowden 1982, Cook 1982) einen Formenkreis aus mehreren schmal- und breitblättrigen Wuchsformen. Nunmehr werden nur noch die in Amerika verbreiteten, lang- und breitblättrigen Pflanzen dieser Art zugerechnet. Beim Erwerb von derartig großwüchsigen Exemplaren sollte man bedenken, dass die Blätter in zu niedrigen Becken auf der Wasseroberfläche fluten und so die Lichtmenge stark reduzieren. Man kann auch die Blätter etwas kürzen, doch verringert sich hierdurch das Wachstum der Pflanzen. In stark bewegtem, mittelhartem bis hartem, alkalischem Wasser fühlen sich die Pflanzen am wohlsten. Da sie ein kräftiges Wurzelwerk ausbilden, sollte man sie in einen mindestens 7 cm hohen sandigen Bodengrund einpflanzen. In sehr großen Schauaquarien kommt *V. americana* am besten zur Geltung. Selbst in diesen hohen Aquarien ist die Lichtmenge für das Wachstum der Pflanzen ausreichend.
Ökologie: Die Art wächst meistens in mehr oder weniger schnell fließenden Gewässern. Ich fand sie in Mexiko im Fluss Candelaria (bei Palenque) bei folgenden Wasserwerten: Temperatur 26,9 °C, pH 8,4, GH 44 °dH, KH 8 °dH, 1300 µS/cm. Die Begleitflora bestand aus *Cabomba palaeformis* 'Rotbraun' und *Sagittaria lancifolia*. In Panama untersuchte ich große Bestände von *Vallisneria americana* nördlich von Panama-City in einer Seenlandschaft. Siehe Biotop 35 (S. 41) und Wasseranalyse (S. 598).

Vallisneria asiatica var. *biwaensis* im Aquarium

Vallisneria asiatica
MIKI **var. biwaensis** MIKI (1934)

Biwa-See-Vallisnerie

Familie: Hydrocharitaceae, Froschbissgewächse.
Synonyme: *Vallisneria biwaensis* (MIKI) OHWI, *V. gigantea* GRAEBNER var. *biwaensis* (MIKI) KITAMURA, *V. natans* (LOUREIRO) HARA var. *biwaensis* (MIKI) HARA.
Etymologie: *Vallisneria*: siehe *V. americana*; *biwaensis*: nach dem Biwa-See in Japan, der den Typusfundort darstellt.
Verbreitung: Japan (endemisch im Biwa-See).
Beschreibung: Blätter vielfach spiralig gedreht, auffällig schmal, 3–5 mm breit und 5–50 cm lang. Blattspreite mit undeutlichen Längs- und Quernerven. Blattrand mit vielen kleinen Zähnchen (mit dem bloßen Auge gut sichtbar), die zur Blattspitze hin immer dichter werden.

Im Unterschied zur Stammform von *Vallisneria asiatica* sind bei der var. *biwaensis* die Staminodien der weiblichen Blüten frei und nicht bis zu den Griffeln verwachsen.
Kultur: *Vallisneria asiatica* var. *biwaensis* wurde im Jahre 1991 von der Wasserpflanzengärtnerei Dennerle aus dem Biwa-See (Japan) nach Deutschland eingeführt. Meine damaligen Kulturerfahrungen zeigten, dass es sich um eine empfehlenswerte, zierliche, durch die spiralig gedrehten, schmalen Blätter besonders dekorative Aquarienpflanze mit mittleren Kulturansprüchen handelt. In meinem Aquarium erreichten die Exemplare nur eine Wuchshöhe von 20–40 cm, sodass sie sich für die Pflege in größeren Becken sogar noch als Vordergrundpflanze eignen dürfte.

Vallisneria asiatica var. *biwaensis* ist lichtbedürftiger als andere Vallisnerien, sodass man ihr einen hellen Standplatz geben sollte. Die Pflanzen gedeihen besonders gut in mittelhartem oder hartem Wasser. Optimale Temperatur etwa 22–28 °C.
Ökologie: Nach den damaligen Informationen der Gärtnerei Dennerle besiedelt *V. asiatica* var. *biwaensis* im Biwa-See sonnige Stellen in flachem Wasser. Die Pflanzen sollen dort in großen Beständen vorkommen.
Sonstiges: Während die Stammform nicht in Kultur sein soll, wurde die var. *biwaensis* mehrfach eingeführt. Sie wurde lange Zeit als Varietät von *Vallisneria americana* angesehen. Ob sie heute noch eingeführt wird, ist mir nicht bekannt.

Vallisneria australis

S. W. L. Jacobs & D. H. Les (2008)

Australische Vallisnerie, Riesenvallisnerie

Familie: Hydrocharitaceae, Froschbissgewächse.
Synonyme: *Vallisneria spiralis* var. *procera* Rodway (?), *V. gigantea* auct. non Graebner, *V. neotropicalis* auct. non Marie-Victorin, *V. natans* auct. non (Lour.) Hara.
Etymologie: *Vallisneria*: siehe *V. americana*; *australis*: südlich, australisch.
Verbreitung: Australien (Queensland, New South Wales, Südaustralien, eingeschleppt in Westaustralien, Tasmanien).
Beschreibung: Ausläuferbildende, sehr variable Wasserpflanze mit kurzem Rhizom. Blätter rosettig, bandförmig, bis zu 3 m lang, 1,0–3,5 cm breit, mit stumpfer, runder Spitze und 5–7 Hauptlängsnerven. Färbung normalerweise olivgrün, gelegentlich aber auch rötlich; einzelne Formen mit rötlicher Querzeichnung.
Männliche Pflanze: Spatha eiförmig, 10–25 mm lang. Blüten kleiner als 0,5 mm, mit 3 Kelchblättern, 2 Staubblättern (bis zu 75 % verwachsen) und unscheinbaren Staminodien. Basis des Androeceums (Gesamtheit der Staubblätter) ohne Behaarung.
Weibliche Pflanze: Spatha mit 1(–4) sitzenden Blüten. Blüte mit 3 Kelchblättern, 0 oder unscheinbaren Kronblättern, 3 zweispaltigen Narben (50–70 % frei), ohne oder mit sehr kleinen Staminodien. Frucht zylindrisch, 2–16 mm lang, 2–5 mm breit. Samen 1,5–2 mm lang, (0,2–)0,4–0,8 mm dick, glatt und dicht behaart.

Vallisneria australis im Aquarium

Kultur: *Vallisneria australis* und ihre Wuchsformen gehören zusammen mit *V. spiralis* zu den am meisten kultivierten Vallisnerien. Es gibt schmal- und breitblättrige, kurz- und langblättrige Typen. Je nach Größe der Pflanzen lassen sich diese auch in unterschiedlich großen Aquariem verwenden. Langblättrige Formen können aber auch etwas eingekürzt werden, wodurch sich das Wachstum jedoch etwas verlangsamt. In gut bewegtem, mittelhartem bis hartem, alkalischem Wasser wachsen die Pflanzen am besten. Sie sind genügsam und schnellwüchsig und kommen mit einer geringen bis mittleren Beleuchtungsintensität aus. Bei zu wenig Licht verschwindet die rötliche Strichzeichnung der Wuchsform „Marmor".
Ökologie: In mehr oder weniger ständig Wasser führenden Bächen, Flüssen, Stauseen. Blüten und Früchte werden während der Sommermonate gebildet. Siehe Biotop 76, S. 58.
Sonstiges: Viele Jahre lang (Lowden 1982, Cook 1982, u.v.a.) wurde *V. americana* als weit verbreitete Art aufgefasst (Amerika, Asien, Ozeanien). Noch im Jahre 1999 schrieb Jacobs nach ausführlichen morphologischen Untersuchungen, „wir waren nicht imstande, die australischen Pflanzen von *Vallisneria americana* zu unterscheiden". Das zeigt die Problematik der Bestimmung. Erst nach molekularen Untersuchungen trennten Les & Jacobs et al. (2008) die australischen Aufsammlungen ab und beschrieben sie als neue Art *V. australis*. Ihre Untersuchungen zeigen überraschenderweise auch, dass alle Vallisnerien, die in der Aquaristik als *Vallisneria gigantea*, *V. neotropicalis*, *V. natans* und unter den Handelsnamen „Narrow", „Dwarf", „Serpanta Rubra", „Marmor" und „Rubra" verkauft werden, nur Variationen einer einzigen Art sind und *Vallisneria australis* angehören. *Vallisneria neotropicalis* Marie-Victorin und *V. natans* (Loureiro) Hara sind zwar gute Arten, sollen aber jedoch nicht in Kultur sein. *Vallisneria gigantea* Graebner ist dagegen vereinzelt eingeführt worden. Meines Erachtens ist es sehr unwahrscheinlich, dass in der Aquaristik nur australische Pflanzen (*V. spiralis* ausgenommen) gepflegt werden, zumal einige Wuchsformen schon seit Jahrzehnten kultiviert werden – und die ganz sicher nicht aus Australien importiert wurden. So schreibt Wendt (1952–1959) über Importe von *Vallisneria gigantea* in den Jahren 1924/25 und nennt als Verbreitungsgebiet Neuguinea und die Philippinen. *Vallisneria americana* aus Nord- und Mittelamerika soll angeblich ebenfalls nicht in Kultur sein; auch das ist sehr zweifelhaft und klärungsbedürftig.
Literaturhinweis: Les et al. (2008), Jacobs & McColl (2011).

Vallisneria caulescens im Aquarium mit hellgrüner und rötlicher Blattfärbung

Vallisneria caulescens

F. M. Bailey & F. Mueller (1888)

Stängel-Vallisnerie oder Sumpfschraube

Familie: Hydrocharitaceae, Froschbissgewächse.
Synonyme: Keine.
Etymologie: *Vallisneria*: siehe *V. americana*; *caulescens*: stängeltreibend, in Bezug auf den stängeligen Wuchs.
Verbreitung: Nordostaustralien.
Beschreibung: Wasserpflanze, Ausläufer bildend. Blätter meist nicht in einer Rosette, sondern an einem aufrechten Stängel, meistens gegenständig. Internodien 1–6 cm lang. Blattspreite bis 30 cm lang, 4,5–15 mm breit, gewöhnlich hellgrün. Spitze stumpf. Blattrand ganzrandig, meist nur in der oberen Hälfte fein gezähnt. 3 Hauptlängsnerven.
Männliche Pflanze: Spatha mit 1–4 sitzenden oder kurz gestielten Blütenständen. Blüten kleiner als 0,5 mm, mit 3 Kelchblättern und 2 Staubblättern; Staubblätter bis zur Basis frei. **Weibliche Pflanze** mit ein bis mehreren Blütenständen in den Blattachseln. Blüte mit 2 Kelchblättern und deutlichen Staminodien, 2 gabelige Narben. Frucht abgeflacht, zweiflügelig, bis 4 cm lang.
Kultur: *Vallisneria caulescens* ist eine anspruchsvolle, recht schwierig zu pflegende Art. Im Gegensatz zu allen anderen kultivierten Vallisnerien, die hartes, alkalisches Wasser bevorzugen und darin bestens gedeihen, benötigt *V. caulescens* ein weiches bis mittelhartes, CO_2-reiches Wasser mit pH-Werten im deutlich sauren Bereich. Meistens werden die Pflanzen nach dem Kauf schnell glasig und verfaulen. Gelingt das Anwachsen im Aquarium, entwickeln sich an langen Ausläufern unkontrolliert neue Stängel, was in dicht bepflanzten Aquarien störend ist und nicht jedem gefällt. Der Lichtbedarf ist mittel bis hoch. Temperatur etwa 22–28 °C.
Ökologie: *Vallisneria caulescens* wächst im Unterschied zu anderen Vallisnerien (meistens im Fließwasser) in temporären Tümpeln oder in toten Seitenarmen von Flüssen (Billabongs). Die Art blüht von Dezember bis April und fruchtet von April bis August. In Abhängigkeit vom Standort kann sie auch einjährig sein.
Sonstiges: Zu den Stängel bildenden Arten (morphologisch falsch ist die deutsche Bezeichnung „Gestielte Vallisnerie“) gehören neben *V. caulescens* auch *V. triptera* und *V. rubra* (Syn. *Maidenia rubra*).
Literaturhinweis: Jacobs (1999).

Vallisneria erecta im Aquarium

Männlicher Blütenstand von *Vallisneria erecta*

Vallisneria erecta

S. W. L. Jacobs (2008)

Aufrechte Vallisnerie

Familie: Hydrocharitaceae, Froschbissgewächse.
Synonyme: Keine.
Etymologie: *Vallisneria*: siehe *V. americana*; *erecta*: aufrecht, bezieht sich auf die emersen Blätter.
Verbreitung: Australien (Queensland, Daintree River).
Beschreibung: Ausdauernde, ausläuferbildende Vallisnerie mit submersen und emersen, dann steif aufrechten Blättern. Blätter rosettig, bandförmig, bis 80 cm lang, 5,5–10(–17) mm breit, etwa 5 Hauptlängsnerven, nicht rötlichbraun quer gestreift. Blattspitze spitz, Zähnchen sehr klein. Blattrand flach, ganzrandig oder mit sehr kleinen Borsten. Färbung hellolivgrün bis bräunlich.
Männliche Pflanze: Spatha eiförmig, 7–8 mm lang. Blüten < 0,5 mm, 3 Kelchblätter, 2 Staubblätter, Filamente frei.
Weibliche Pflanze: Spatha etwa 1 cm lang. Blüte 2–3 mm lang mit 3 Kelchblättern, 3 rudimentären Kronblättern, 3 kurz zweispaltigen Narben, sehr kleinen oder fehlenden Staminodien. Frucht und Samen unbekannt.

Kultur: *Vallisneria erecta* wurde erst vor wenigen Jahren beschrieben. Die Verfasserin führte Pflanzen über die Gärtnerei Aquagreen (Australien) ein, die nach ersten Kulturerfahrungen hervorragend in weichem, saurem Wasser bei Temperaturen von 25–27 °C wachsen und sich zügig vermehren. Die ungewöhnliche Art ist von anderen Vallisnerien durch die dickeren, auch submers etwas steifen Blätter gut zu unterscheiden. Spannend verlaufen die bisherigen Versuche mit der emersen Kultur. Ein Erfolg würde diese Vallisnerie sehr interessant für den Handel machen. Sehr dekorativ ist auch die Blattfärbung.
Ökologie: Nach Jacobs & McColl (2011) leben die Bestände im Fließwasser von Permanentgewässern an verschlammten Ufern. Die Pflanzen passen sich dem schwankenden Wasserstand durch die Bildung von emersen, steif aufrechten Blättern an, eine Eigenschaft, die innerhalb der Gattung *Vallisneria* einmalig ist. In tieferem Wasser entwickeln sich längere und schlaffe Blattspreiten, die jedoch etwas dicker sind als die von anderen Vallisnerien. Die Blüten (und vermutlich auch die Früchte) bilden sich in der Trockenzeit.
Sonstiges: Nahe verwandt mit *Vallisneria annua* und *V. gracilis*.

Vallisneria gracilis

F. M. BAILEY (1889)

Zierliche Vallisnerie

Familie: Hydrocharitaceae, Froschbissgewächse.
Synonyme: Keine.
Etymologie: *Vallisneria*: siehe *V. americana*; *gracilis*: zierlich.
Verbreitung: Australien (Queensland, Fluss Mulgrave).
Beschreibung: Ausdauernde, ausläuferbildende Wasserpflanze. Blätter rosettig, hellgrün, nach dem Typusbeleg 4–13 cm lang, 1 mm breit, im Aquarium bis 80 cm lang, 1–2,5 mm breit, bandförmig, dünn, schlaff. Blattspreite spitz. Längs- und Quernerven nur schwach erkennbar. Zähnchen am oberen Blattrand, besonders zahlreich an der Blattspitze (Lupe!). Blühende Pflanzen kaum bekannt. Weibliche Blüten (nach JACOBS & MCCOLL 2011) 1,5 mm lang, mit 3 Kelchblättern, 3 Kronblättern, Staminodien und 3 kurz zweispaltigen Narben.
Kultur: *Vallisneria gracilis* ist eine anspruchslose und schnellwüchsige Aquarienpflanze. Sie gedeiht problemlos in mittelhartem, alkalischem Wasser bei Temperaturen zwischen 24 und 29 °C. Vermutlich ist der Toleranzbereich der genannten Parameter für diese Art aber noch wesentlich größer. Diese sehr schmalblättrige Vallisnerie benötigt eine längere Anwachsphase als andere. Sind die Pflanzen aber gut verwurzelt, bilden sich zügig Ableger. Sie lässt sich am besten als kleine Gruppe in der Mittel- oder Randzone des Aquariums verwenden. Bei intensiver Beleuchtung ist aber auch vorübergehend eine Verwendung im Vordergrund möglich, wo sich zunächst ein nur wenige Zentimeter hoher „Rasen“ entwickelt. Sobald dieser dicht zugewachsen ist, treiben sich die Exemplare gegenseitig in die Höhe und reagieren mit längeren Blättern. Eine Blütenbildung habe ich in Aquarien bisher nicht gesehen.
Ökologie: *Vallisneria gracilis* wurde 1890 in ruhigem Wasser sowie in der Strömung am Rande des Mulgrave-Flusses (südlich von Cairns) im schlammigen Bodengrund gefunden. Die Pflanzen werden mit einer Blattlänge von 4–13 cm bei einer Breite von 1 mm als zwergwüchsig beschrieben. Auch die Importpflanzen, die H. W. E. VAN BRUGGEN (NL) im Jahre 1994 aus Queensland erhielt, waren nur etwa 10–15 cm groß und hatten auffällig steife Blätter. Diese Exemplare (die auch die Verfasserin erhielt) wurden in der Aquaristik verbreitet. Sie veränderten in der Aquarienkultur schnell ihr Äußeres und bildeten die beschriebenen viel längeren und weicheren Blätter. Möglicherweise passt sich diese wenig bekannte Art – ähnlich *V. erecta* – mit einem veränderten Habitus an Schwankungen der Wasserwerte an.
Sonstiges: LES et al. (2008) führen nach genetischen Untersuchungen *V. gracilis* und *V. nana* wieder als getrennte Arten. Bis dahin wurde *V. gracilis* als Synonym von *V. nana* betrachtet. JACOBS & MCCOLL (2011) publizierten einen Bestimmungsschlüssel der australischen Spezies. Danach sind die Blätter von *V. nana* 3–10 mm breit und die von V. *gracilis* weniger als 3 mm. In Australien (Northern Territory) sah ich im August 2018 große Bestände von *V. nana*. Diese Art ist nicht identisch mit der hier beschriebenen, sehr seltenen und endemischen *V. gracilis*. Weitere Untersuchungen sind wünschenswert.

Vallisneria gracilis lässt sich leicht mit *Helanthium bolivianum* 'Angustifolius' verwechseln. Gute Unterscheidungsmerkmale sind die bei *V. gracilis* deutlich „verdickte“ Blattspreite (im Blattquerschnitt erkennbar) und die bei starker Vergrößerung gut sichtbaren kleinen Zähnchen an der Blattspitze und am oberen Blattrand. *Vallisneria gracilis* ist am nächsten verwandt mit *V. annua* und *V. erecta*.

Vallisneria gracilis im Aquarium

Vallisneria nana in den Billabongs Corrobbe (Mary River) und weibliche Blüte

Vallisneria nana

R. Brown (1810)

Familie: Hydrocharitaceae, Froschbissgewächse.
Synonyme: *V. spiralis* auct. non Linné, *V. gracilis* auct. non F. M. Bailey.
Etymologie: *Vallisneria*: siehe *Vallisneria americana; nana*: zwergig.
Verbreitung: Im Osten und Norden Australiens (Queensland, New South Wales, Northern Territory).
Beschreibung: Ausdauernde, ausläuferbildende Wasserpflanze. Blätter rosettig, über 1 m lang, meist 7–15 mm breit, hellgrün bis kräftig rot. Blattrand fein gezähnt. Spitze spitz. 3 (–5) Hauptlängsnerven.
Männliche Pflanze: Spatha eiförmig, 8–15 mm lang. Männliche Blüten < 0,5 mm, 3 Kelchblätter, 2 Staubblätter, Filamente frei oder bis zu 50 % verwachsen.
Weibliche Pflanze: Spatha 9–18 mm lang, mit meist 1 sitzenden Blüte. Blüte 2–3 mm lang mit 3 Kelchblättern, sehr kleinen Kronblättern, deutlichen Staminodien, 3 Narben. Frucht 10–90 mm lang, 1,5–3,3 mm dick (nach Jacobs & McColl 2011).
Kultur: Wie *V. spiralis*. In Australien ist *V. nana* weit verbreitet und häufig. Sie wird dort von allen Vallisnerien am häufigsten kultiviert und ist unproblematisch in der Pflege.
Ökologie: *Vallisneria nana* lebt überwiegend in permanenten Flüssen, Billabongs und Seen tropischer und subtropischer Zonen. Die Pflanzen blühen von November bis August und fruchten von Dezember bis August. Bei einem Aufenthalt im Northern Territory sah ich *V. nana* in großen Beständen in mehreren Gewässern. In den Billabongs Corrobbe (Mary River) wurden folgende Wasserwerte festgestellt: 28,5 °C, pH-Wert 6,6, GH < 1 °dH, KH 2 °dH, 40 µS/cm, etwa 8 mg/l CO_2.
Sonstiges: *Vallisneria nana* und *V. gracilis* sind nach phylogenetischen Untersuchungen (Les et al. 2008) wieder zwei getrennte Arten. *Vallisneria gracilis* ist eine selten gesammelte, sehr schmalblättrige Art. Sie ist auch als *V. nana* im Handel. Die „echte“ (hier abgebildete) *V. nana* ist morphologisch *V. spiralis* ähnlich. Lowden (1982) ordnete australische Aufsammlungen *V. spiralis* zu, was die schwierige Bestimmung veranschaulicht. Die gehandelten Farbformen „Tiger“, Marmor“ oder Striped“ (die ich selbst lange für *V. spiralis* hielt), gehören auch zu *V. nana*. Der Name Zwergvallisnerie ist angesichts der Größe der Art nicht sinnvoll.

Vallisneria rubra am natürlichen Standort (Berry Creek, Australien)

Vallisneria rubra

(RENDLE) LES & S. W. L. JACOBS (2008)

Rote Vallisnerie

Familie: Hydrocharitaceae, Froschbissgewächse.
Synonyme: *Maidenia rubra* RENDLE (1916).
Etymologie: *Vallisneria*: siehe *V. americana*; *rubra*: rot.
Verbreitung: Northern Territory, Westaustralien.
Beschreibung: In der Natur einjährige, ausläuferbildende, bis 60 cm hohe, sehr zarte Wasserpflanze. Stängel im flachen Wasser kriechend, sonst aufrecht, unverzweigt, an der Basis mit feinen Wurzeln. Blätter zahlreich, fadenförmig, dicht gedrängt, unregelmäßig schraubig angeordnet, 2–5 cm lang, hellgrün bis rötlich. Blattrand fein gezähnt.

Die Pflanzen sind ein- oder zweihäusig, die Blüten eingeschlechtlich. Bei einhäusigen Pflanzen befinden sich die weiblichen Blüten am oberen Stängel, die männlichen am unteren. Weibliche Blüten einzeln in einer Spatha, mit 3 kleinen Blütenhüllblättern und 3 tief zweispaltigen Narben. Männliche Blüten zahlreich in einer Spatha, mit nur 1 Staubblatt. 3–5 Spathen in einem Scheinquirl angeordnet.

Kultur: *Vallisneria rubra* ist eine sehr ungewöhnliche, extrem zarte Stängelpflanze, die bislang aufgrund ihrer Transportempfindlichkeit nicht außerhalb Australiens kultiviert wurde. Seit August 2018 vermehrt die Verfasserin einige Sprosse bei gutem Wachstum in Umkehrosmosewasser bei hoher CO_2-Düngung, guten Nährstoffverhältnissen, einer mittleren Lichtintensität sowie einer starken Strömung. Die Pflanzen sind jedoch nur hellgrün (nicht rötlich) gefärbt. Nach D. WILSON (Aquagreen, Australien) ist die Art in Kultur ausdauernd. Damit besteht die Chance, sie – zumindest speziellen Pflanzeninteressierten – zugänglich zu machen.
Ökologie: *Vallisneria rubra* lebt in temporären Bächen und Billabongs. Sie besiedelt beschattete Standorte im Wald und offene, voll besonnte Plätze in tiefem Wasser, wo sich die Triebe – als Schutz vor der Sonne – rot färben. Siehe Biotop 77, S. 59, und Vollwasseranalyse S. 604.
Sonstiges: LES et al. (2008) stellten nach genetischen Untersuchungen die bis dahin monotypische *Maidenia rubra* in die Gattung *Vallisneria*. Nur *V. rubra*, *V. caulescens* und *V. triptera* bilden beblätterte Stängel. Die Bezeichnung *V. rubra* wurde in der Aquaristik falsch (vermutlich für *V. spiralis*) verwendet.
Literaturhinweis: ASTON (1973).

Vallisneria spiralis im Hagenbecks Tierpark (Hamburg)

Vallisneria spiralis „tortifolia“ im Aquarium

Vallisneria spiralis

Linné (1753)

Schraubenvallisnerie

Familie: Hydrocharitaceae, Froschbissgewächse.
Etymologie: *Vallisneria*: siehe *V. americana*; *spiralis*: spiralig, bezieht sich auf den Blütenstängel der weiblichen Pflanzen.
Verbreitung: Europa, Afrika, Südwestasien (nicht Australien), in Texas eingeschleppt.
Beschreibung: Ausläuferbildende Wasserpflanze. Blätter rosettig, bandförmig, dünn, schlaff, glatt oder gedreht, 8–15 mm breit, über 1 m lang. Spreite mit 3–5 Nerven und Querstrichen. Blattrand ganzrandig oder gezähnt.

Pflanzen zweihäusig; Blüten eingeschlechtlich. Männliche Pflanze: Blüten zahlreich in einer Spatha. Blüte 0,9–1,1 mm breit. Die beiden Staubblätter sind frei und schräg zur Seite gerichtet. Weibliche Pflanze: Blüten einzeln. Staminodien sehr klein. Narbenlappen tief geteilt, Narben gefranst. Sonst wie bei *V. americana*.
Kultur: *Vallisneria spiralis* ist eine anspruchslose Wasserpflanze, die alkalisches, mittelhartes bis hartes, karbonatreiches Wasser bevorzugt. Als Bodengrund ist feinkörniger Sand zu empfehlen. Eine vegetative Vermehrung ist durch zahlreiche Ausläufer gewährleistet. Temperatur 20–28 °C. Es gibt schmalblättrige und breitblättrige Formen, die über 1 m lange Blätter bilden können. Sehr gut lassen sich die langblättrigen Formen von *V. spiralis* für die Bepflanzung von Seiten- und Rückwänden verwenden. Sehr dekorativ ist die in Kultur etwas anspruchsvolle, gedrehte Wuchsform „tortifolia“, die nach Wendt (1952–1959) aus Nordamerika (Kalifornien und Nevada) stammt. Andere Handelsnamen sind „Contortionist“ oder „torta“. Eingeführt wurde die gedrehte Form 1906/07 aus Kalifornien.
Ökologie: *Vallisneria spiralis* besiedelt nährstoffreiche, stehende oder langsam fließende Gewässer. Sie ist auch in den afrikanischen Grabenseen Tanganjika und Malawi verbreitet. Siehe Biotop 7 (S. 31).
Sonstiges: Zur Unterscheidung der Vallisnerien von Sagittarien: Die Längsnerven der Blätter verlaufen bei Vallisnerien fast bis in die Blattspitze hinein parallel; bei den Sagittarien verschwinden die beiden äußeren Längsnerven kurz vor der Spitze im Blattrand. Vallisnerien haben meist an der Blattspitze feine Zähnchen, die Sagittarien fehlen.

Vesicularia dubyana (Javamoos) im Aquarium

Beblätterung von *Vesicularia dubyana* (Mikroaufnahme)

Vesicularia dubyana

(C. MÜLLER) BROTHERUS (1908)

Javamoos

Familie: Hypnaceae, Schlafmoosgewächse.
Synonyme: *Hypnum dubyanum* C. MÜLL. (1851), u. a.
Etymologie: *Vesicularia*: *vesicularis* = mit Bläschen bedeckt; *dubyana*: nach J. E. DUBY (1798–1885).
Verbreitung: Sundainseln, Philippinen.
Beschreibung: Einhäusiges, ausdauerndes Moos. Stängel weich, häufig verzweigt, bis 17 cm lang, oft mit büschelförmigen, rötlichbraunen Rhizoiden (Wurzelhaaren). Seitenäste ungleich, ein- oder mehrfach, 5–22 mm lang, mit einer allseitig runden bis scheinbar zweizeiligen, verflachten Beblätterung. Blätter etwas aufrecht, hohl, leicht asymmetrisch, lanzettlich bis eiförmig, zugespitzt oder mit langgezogener Spitze, etwa 1 mm lang. Blattspreite gezähnt. Blattzellen 5–10 µm breit, bis 10-mal so lang.

Sporenbildende Pflanze. Kapselstiel 1,5–3 cm lang, rot, gedreht; Kapsel waagerecht bis nickend, mit Deckel und kurzer Spitze, 1–1,5 mm lang, 0,5–0,7 mm breit, zur Reifezeit rotbraun. Sporen grün, glatt und rundlich.

Kultur: Das Javamoos wächst verhältnismäßig langsam, aber überall problemlos, bei guten oder schlechten Lichtverhältnissen, in weichem oder hartem, saurem oder alkalischem, sogar leicht brackigem Wasser, bei Temperaturen von 15–30 °C. Schädlich wirkt sich ein Befall durch Algen aus, dem vorübergehend durch Umdrehen des Moospolsters entgegengewirkt werden kann. Sporenkapseln werden submers und emers gebildet (charakteristisch für das „echte" Javamoos!). Die Reifezeit der Sporen kann bis zu zwei Monate dauern. Ihre Entwicklung lässt sich mit einem Mikroskop in einem separaten Gefäß beobachten.
Ökologie: Das Javamoos wächst an feuchten Stellen, auf dem Erdboden, an Baumstämmen und Felsen, häufig an den Ufern von periodisch überschwemmten Flüssen.
Sonstiges: Die Bezeichnung Javamoos wurde 1933 eingeführt und erstmals 1954 für *Vesicularia dubyana* publiziert. *Taxiphyllum barbieri*, das Bogormoos (siehe auch dort), verdrängte das „echte" Javamoos, und die Aquarianer bezeichneten viele Jahre lang fälschlicherweise *Taxiphyllum barbieri* als Javamoos. Die Verwirrung wurde komplett durch die Einführung der in Unwissenheit vergebenen Bezeichnung Singapurmoos; diese ist falsch und sollte für *V. dubyana* nicht verwendet werden (KASSELMANN 2007 c).

Vesicularia ferrieri im Aquarium

Vesicularia ferrieri

(Cardenas & Thériot) Brotherus (1909)

Weinendes Moos, Weeping Moss

Synonyne: *Ectropothecium ferrieri* Card. & Thér. (1908).
Etymologie: *ferrieri*: Dedikationsname.
Verbreitung: Asien.
Beschreibung: Stängel ± regelmäßig gefiedert. Seitenäste etwa 5 mm lang (n. Abb. bei Tan & Loh [2008] bis 25 mm). Blätter eiförmig mit einer kurzen, nicht abgesetzten Spitze. Blattzellen etwa 5- bis 8-mal so lang wie breit.
Sonstiges: Die Sprosse wachsen nach unten und erinnern an die Zweige einer Trauerweide.

Vesicularia montagnei (Foto S. 99)

Ein häufig kultiviertes Moos ist *V. montagnei* (Belang) Brotherus (1908) von den Sundainseln, das nach J.-P. Montagne benannt ist. Der Handelsname Christmas Moss bezieht sich auf herabhängende Sprosse. Die Belaubung ist locker und verflacht, die Blätter sind breit eiförmig bis rundlich mit kurzer, deutlich abgesetzter Spitze. Die Blattzellen sind 12-15 µm breit und 3-5mal so lang wie breit.

Vesicularia reticulata

(Dozy & Molkenboer) Brotherus (1908)

Aufrechtes Moos, Erect Moss

Syonyme: *Hypnum reticulata* (1844).
Etymologie: *reticulata*: netzartig.
Verbreitung: Asien.
Beschreibung: Stängel verzweigt, regelmäßig gefiedert. Seitenäste kurz, meist nicht mehr als 5 mm lang (nach Abb. bei Loh [2008] bis 20 mm). Blätter ganzrandig, ± asymmetrisch, eiförmig-lanzettlich, lang zugespitzt. Blattzellen etwa 5-mal so lang wie breit.
Kultur: Die hier genannten Moose sind alle nicht schwierig im Aquarium zu kultivieren. Siehe *V. dubyana* sowie Kapitel „Moose in der Aquaristik“ (S. 98).
Ökologie: Gattung mit etwa 90 Arten, die an Baumstämmen und Felsen wachsen und ausschließlich in den tropischen und subtropischen Regionen vorkommen. Viele Arten sind feuchtigkeitsliebend.
Sonstiges: Eine weitere, unbestimmte *Vesicularia*-Art wird mit „Creeping Moss“ oder „Kriechendes Moos“ bezeichnet.

Familie Araceae, Unterfamilie Lemnoideae, Wasserlinsen

DNA-Analysen haben gezeigt, dass die Wasserlinsengewächse eine eigene systematische Gruppe bilden. Zu dieser Unterfamilie Lemnoideae zählen die Gattungen *Lemna* mit 14 Arten, *Spirodela* mit 2 Arten, *Landoltia* mit 1 Art sowie *Wolffia* mit 12 und *Wolffiella* mit 11 Arten. Wichtige Unterscheidungsmerkmale sind Wurzeln, Nerven, Spaltöffnungen, Entstehung von Tochtergliedern, Blütenaufbau, Früchte und Samen (vgl. dazu die Beschreibungen der einzelnen Arten).

Die Blüten werden unterschiedlich interpretiert. Bei den Lemnoideae sind die Blütenstände extrem reduziert und bestehen nur aus einem Stempel und 1–2(3) Staubgefäßen, die bei *Spirodela* und *Lemna* noch von einer häutigen Hülle (Spatha) umgeben sind, die aber bei *Wolffiella* und *Wolffia* fehlt. Bei den beiden zuletzt genannten Gattungen befinden sich zudem die Blüten in einer kleinen Grube auf der Oberfläche der Glieder. Andere Autoren, wie E. LANDOLT, dem ich hier folge, interpretieren die reduzierten Blütenstände als Einzelblüten.

Im Volksmund werden vor allem die zur Gattung *Lemna* zählenden Spezies häufig als „Entengrütze" bezeichnet. Ein Auftreten von Arten aus dieser Familie im Aquarium ist im Allgemeinen aufgrund der häufig massenhaften Vermehrung selten erwünscht. Eine intensive Beschäftigung mit den kleinsten Blütenpflanzen der Welt ist aber schon aufgrund der ungewöhnlichen Vermehrung und der faszierenden Blütenbiologie lohnend. Dem an dieser Familie Interessierten sei zum Studium die Monographie „The family of Lemnaceae – a monographic study" (LANDOLT 1986) wärmstens empfohlen. Über die Gattung *Landoltia* siehe LES et al. (1999) und BOGNER (2006, 2009 b).

Wolffia neglecta

LANDOLT (1994)

Übersehene Zwergwasserlinse

Familie: Araceae, Lemnoideae, Wasserlinsen.
Synonyme: Keine.
Etymologie: *Wolffia*: nach dem Arzt J. F. WOLFF (1778–1806); *neglecta*: übersehen, vernachlässigt (Bezug siehe Sonstiges).
Verbreitung: Indien, Pakistan, Sri Lanka.
Beschreibung: Sehr kleine, auf der Wasseroberfläche schwimmende, wurzellose Wasserpflanze. Glieder elliptisch bis bootförmig, 0,6–0,9 mm lang, 0,4–0,6 mm breit, 1,5- bis 2-mal so dick wie breit, oberseits intensiv grün, Rand transparent. 8–20 Spaltöffnungen. Blüten bilden sich gelegentlich, Früchte selten. Weitere Beschreibung wie *Wolffia arrhiza*.
Kultur: Über die Aquarienhaltung der zweitkleinsten Blütenpflanze der Welt (die kleinste ist *W. angusta* LANDOLT) ist bisher nicht viel bekannt. Die von mir erstmals auch auf Sri Lanka in einem temporären Gewässer nachgewiesenen Pflanzen ließen sich ohne Schwierigkeiten im Aquarium bei intensivem Licht und geringer Wasserbewegung kultivieren.
Sonstiges: *Wolffia neglecta* unterscheidet sich nur in wenigen Merkmalen von *Wolffia angusta*, mit der sie seit 1980 vereinigt war. Im Jahre 1994 spaltete LANDOLT *W. neglecta* als eigenständige Art ab. Die Glieder von *W. angusta* besitzen im Unterschied zu denen von *W. neglecta* eine weißlichgrüne Oberfläche mit intensiv grünen Rändern, sind 0,5–0,8 mm lang, 0,2–0,4 mm breit und 2- bis 3-mal so dick wie breit.
Literaturhinweis: LANDOLT (1994).

Blühende Pflanzen von *Wolffia neglecta*

Wolffia arrhiza

Wolffia arrhiza

(LINNÉ) HORKEL (1857)

Wurzellose Zwergwasserlinse

Familie: Araceae, Lemnoideae, Wasserlinsen.
Synonyme: *Lemna arrhiza* LINNÉ (1771), u. a.
Etymologie: *Wolffia*: siehe *Wolffia neglecta*; *arrhiza*: wurzellos.
Verbreitung: Europa, Afrika, vereinzelt Westasien, Brasilien (Rio de Janeiro); gemäßigte, subtropische und tropische Gebiete mit milden Wintern und nicht heißen Sommern.
Beschreibung: Sehr kleine, auf der Wasseroberfläche schwimmende, wurzellose Wasserpflanze. Glieder kugelig bis elliptisch, ganzrandig, 0,5–1,5 mm lang, 0,4–1,2 mm breit, dick, unterseits bauchig, nicht transparent, hellgrün. 10–100 Spaltöffnungen. Nerven fehlen. Tochterglieder entstehen nur in einer kegelförmigen Tasche an der Basis des Muttergliedes.

Blühende Glieder im Habitus unverändert. Blüten oberseits auf oder nahe der Mittellinie in einer eigenen Grube. 1 Blüte pro Glied. Blüte nur mit 1 Staubblatt und 1 Stempel. Fruchtknoten mit 1 Samenanlage. Samen glatt.

Kultur: Eine in botanischen Gärten gelegentlich gepflegte, winzige Wasserlinse, die für die Aquaristik nur eine geringe Bedeutung hat. Sie lässt sich am besten in kleinen Aquarien mit schwach bewegter Wasseroberfläche, intensiver Beleuchtung und guter Nährstoffversorgung pflegen. Wachstumsstopp bei 32–33 °C, optimale Temperatur 20–28 °C.
Ökologie: *Wolffia arrhiza*, die zu den kleinsten Blütenpflanzen der Welt zählt, besiedelt stehende, windgeschützte Gewässer mit einer vorübergehend unzureichenden Nährstoffversorgung, in denen sie gegenüber anderen Wasserlinsengewächsen Wachstumsvorteile durch die Bildung von Turionen besitzt. Sie bevorzugt sonnige Standorte.
Sonstiges: Die Turionen, die im Winter auf den Gewässergrund fallen, sind ebenso empfindlich gegenüber sehr niedrigen Temperaturen wie die normalen Sprossglieder. Es werden jedoch Temperaturen von −2 °C über 4–10 Tage toleriert. Die Turionen besitzen mehr Stärke als die normalen Glieder, einen niedrigeren Chlorophyllgehalt, und die Intensität von Atmung und Photosynthese ist schwächer. Außerhalb des Wassers sterben sie innerhalb weniger Stunden ab (LANDOLT 1986).

Blühende Pflanzen von *Wolffiella welwitschii* aus dem Senegal

Wolffiella welwitschii

(Hegelmaier) Monod (1949)

Welwitschs Wolffiella

Familie: Araceae, Lemnoideae, Wasserlinsen.
Synonyme: *Wolffia welwitschii* Hegelmaier (1865), *W. conguensis* Trimen, *Wolffiopsis welwitschii* den Hartog & van der Plas.
Etymologie: *Wolffiella*: Verkleinerungsform des Namens *Wolffia*; *welwitschii*: nach dem österreichischen Botaniker und Entdecker der Pflanze F. Welwitsch (1806–1872).
Verbreitung: Tropische Gebiete von Afrika, Mittel- und Südamerika.
Beschreibung: Kleine, an der Wasseroberfläche schwimmende, wurzellose Wasserpflanze. Glieder einzeln oder 2–3 zusammenhängend, blattartig, zungen- bis sattelförmig, ganzrandig, 3–7 mm lang, 2,5–5,0 mm breit, dünn, hellgrün. Die Basis berührt die Wasseroberfläche, die runde Spitze ist abwärts gebogen. 0–12 Spaltöffnungen. Nerven fehlen. Tochterglieder entstehen aus einer flachen Tasche an der Basis.

Gewöhnlich 2 Blüten pro Glied oberseits seitlich der Mittellinie in je einer eigenen Grube. Jede Blüte nur aus einem Staubblatt und einem Stempel bestehend. Fruchtknoten mit 1 Samenanlage. Samen fast glatt.
Kultur: Eine im Aquarium leicht zu kultivierende Wasserlinse, die sich bei guten Wachstumsbedingungen ausgezeichnet vermehrt, aber nicht wie bei *Lemna*-Arten zu einer „Plage“ wird. Eine Kultur gelingt in weichem oder hartem, schwach saurem oder leicht alkalischem Wasser. Empfehlenswert sind eine nicht zu starke Wasserbewegung, hohe Lichtintensität und eine Temperatur ab 24 °C. Reagiert empfindlich auf Algenbekämpfungsmittel. Blüht und fruchtet relativ häufig.
Ökologie: Die Art lebt in Permanent- und Temporärgewässern. Trockenzeiten können mithilfe von Früchten, die im Schlamm liegen, überdauert werden.

Ich untersuchte verschiedene Standorte in Brasilien, Senegal, Venezuela und Ekuador. Drei Beispiele: 1) Amazonas bei Manaus (Brasilien, 3/1986), ruhige Bucht: 27 °C, GH/KH < 1 °dH, pH 6,7, 100 µS/cm. 2) Fernando de Apure (Venezuela, 8/1989), großer Teich mit dichten Beständen: 33 °C, GH 3 °dH, KH 5 °dH, pH 7,3, 250 µS/cm. 3) Ekuador (7/1996): Fischteiche bei Tonchigue, 27 °C, pH 9,2, 1020 µS/cm; Begleitpflanzen waren *Pistia stratiotes* und *Limnobium laevigatum*.

Service

Im Serviceteil finden Sie Tabellen mit den Daten der im ersten Kapitel vorgestellten Biotope. Im Anschluss an das Glossar mit den im Buch vorkommenden Fachbegriffen werden die wichtigsten Blattformen vorgestellt, deren Kenntnis Ihnen bei der Bestimmung der Pflanzen hilft.

Tabellen

Temperaturtoleranz bedeutender Aquarienpflanzen bei submerser Kultur (in Zusammenarbeit mit der Wasserpflanzengärtnerei J. Hoechstetter)			
Pflanzenname	**Minimum °C**	**Optimum °C**	**Maximum °C**
Acorus gramineus	bedingt winterhart	18–23	28
Aegagropila linnaei	bedingt winterhart	15–24	28
Aeschynome fluitans	4	22–28	32
Alternanthera reineckii	4	17–25	30
Ammannia crassicaulis	15	22–28	31
Ammannia pedicellata	15	22–28	31
Ammannia gracilis/senegalensis	12	22–28	32
Anubias afzelii	12	22–26	30
Anubias barteri und Varietäten	12	22–26	30
Aponogeton boivinianus	5 (Knolle)	22–26	33
Aponogeton crispus	15	25–32	34
Aponogeton gottlebei	12	23–27	30
Aponogeton longiplumulosus	12	22–26	28
Aponogeton madagascariensis	5	17–27 (33)	33
Aponogeton rigidifolius	12	23–28	30
Aponogeton robinsonii	12	22–28	30
Aponogeton ulvaceus	18	24–28	34
Aponogeton undulatus	17	22–28	30
Bacopa australis	bedingt winterhart	20–26	35
Bacopa caroliniana	4	20–25	29
Bacopa madagascariensis	15	24–28	30
Bacopa monnieri	15	18–28	30
Barclaya longifolia	18	24–28	30
Blyxa aubertii	15–17	20–28	32
Bolbitis heudelotii	18	22–25	27
Cabomba aquatica	bedingt winterhart	23–27	30
Cabomba caroliniana	bedingt winterhart	20–25	27
Cardamine lyrata	winterhart	18–23	27
Ceratopteris cornuta	18	22–28	30
Ceratopteris thalictroides	18	22–28	30
Crassula helmsii	winterhart	18–23	25
Crinum calamistratum	12	23–26	30
Crinum natans	12	24–28	30
Crinum thaianum	15	22–29	32
Cryptocoryne affinis	12	22–26	30

Temperaturtoleranz bedeutender Aquarienpflanzen bei submerser Kultur (in Zusammenarbeit mit der Wasserpflanzengärtnerei J. Hoechstetter) (Fortsetzung)			
Pflanzenname	**Minimum °C**	**Optimum °C**	**Maximum °C**
Cryptocoryne albida	6	22–29	30
Cryptocoryne aponogetifolia	15	21–27	30
Cryptocoryne beckettii	15	22–26	30
Cryptocoryne ciliata	20	22–26	28
Cryptocoryne cordata	17	23–28	30
Cryptocoryne crispatula	8	20–26	30
Cryptocoryne hudoroi	18	25–29	30
Cryptocoryne keei	22	25	27
Cryptocoryne parva	15	23–26	28
Cryptocoryne pontederiifolia	18	22–25	28
Cryptocoryne undulata	15	22–26	28
Cryptocoryne usteriana	15	22–26	28
Cryptocoryne walkeri	15	22–26	29
Cryptocoryne wendtii	15	22–26	30
Cryptocoryne ×willisii	15	22–28	30
Cyperus helferi	15	22–29	30
Didiplis diandra	bedingt winterhart	22–26	30
Echinodorus ×barthii	4	18–26	30
Echinodorus berteroi	4	20–27	30
Echinodorus cordifolius	15	20–28	30
E. cordifolius 'Tropica Marble Queen'	5	22–26	30
Echinodorus decumbens	18	24–28	30
Echinodorus grisebachii und Sorten	18	22–26	30
Echinodorus horizontalis	18	23–26	28
Echinodorus major	18	24–26	28
Echinodorus ×opacus	8	18–24	27
Echinodorus 'Osiris'	8	15–26	28
Echinodorus palaefolius	15	23–28	30
Echinodorus paniculatus	15	20–28	30
Echinodorus parviflorus 'Tropica'	12	22–24	26
Echinodorus ×portoalegrensis	8	18–24	27
Echinodorus subalatus	15	20–28	30
Echinodorus uruguayensis	bedingt winterhart	16–24	30
Egeria densa	bedingt winterhart	20–24	30
Egeria najas	15	15–26	30
Eichhornia azurea	6	15–24	33
Eichhornia crassipes	12	25–30	33

Temperaturtoleranz bedeutender Aquarienpflanzen bei submerser Kultur (in Zusammenarbeit mit der Wasserpflanzengärtnerei J. Hoechstetter) (Fortsetzung)			
Pflanzenname	**Minimum °C**	**Optimum °C**	**Maximum °C**
Eichhornia diversifolia	18	20–28	35
Eleocharis acicularis	winterhart	20–25	27
Eleocharis pusilla	12	20–25	27
Eleocharis vivipara	5	20–27	29
Elodea canadensis	winterhart	15–20	28
Glossostigma elatinoides	bedingt winterhart	22–26	30
Gymnocoronis spilanthoides	bedingt winterhart	15–28	30
Hedyotis salzmannii	bedingt winterhart	15–25	27
Helanthium bolivianum und Sorten	10	20–26	30
Helanthium tenellum	10	18–28	36
Heteranthera dubia	5	15–27	30
Heteranthera gardneri	18	23–25	28
Heteranthera zosterifolia	10	20–25	30
Hottonia palustris	winterhart	18–25	30
Hydrilla verticillata (normale Form)	bedingt winterhart	20–27	30
Hydrocotyle leucocephala	5	20–28	30
Hydrocotyle verticillata	winterhart	18–23	27
Hydrocotyle vulgaris	winterhart	20–28	30
Hydrotriche hottoniiflora	18	(21–)25–34	34
Hygrophila balsamica	18	24–28	30
Hygrophila corymbosa	18	24–28	30
Hygrophila difformis	18	24–28	30
Hygrophila polysperma	4	22–28	35
Hygroryza aristata	18	25–28	32
Isoetes velata	5	22–26	28
Juncus repens	bedingt winterhart	18–25	28
Lagarosiphon madagascariensis	18	24–28	30
Lagarosiphon major	winterhart	20–23	25
Lagenandra meeboldii	12	22–26	28
Lagenandra ovata	12	22–26	30
Lagenandra praetermissa	12	22–26	30
Lagenandra thwaitesii	12	22–28	28
Lilaeopsis brasiliensis	bedingt winterhart	15–24	28
Limnobium spongia	winterhart	18–24	27
Limnophila aquatica	15	22–28	30
Limnophila heterophylla	15	25–28	30
Limnophila indica	15	25–28	30

Temperaturtoleranz bedeutender Aquarienpflanzen bei submerser Kultur (in Zusammenarbeit mit der Wasserpflanzengärtnerei J. Hoechstetter) (Fortsetzung)			
Pflanzenname	**Minimum °C**	**Optimum °C**	**Maximum °C**
Limnophila rugosa	15	22–28	30
Limnophila sessiliflora	15	20–26	28
Lindernia parviflora	bedingt winterhart	22–26	34
Lobelia cardinalis	bedingt winterhart	22–26	30
Lomariopsis lineata	15	22–28	30
Ludwigia arcuata	12	24–26	28
Ludwigia glandulosa	10	22–25	27
Ludwigia helminthorrhiza	15	25–30	32
Ludwigia inclinata / *var. verticillata*	18	24–28	30
Ludwigia palustris	winterhart	22–26	28
Ludwigia palustris × repens	4	23–28	30
Ludwigia repens × arcuata	4	24–28	30
Ludwigia „Rubin“	6	18–28	32
Lysimachia nummularia	winterhart	18–20	25
Mayaca fluviatilis	18	23–25	30
Micranthemum callitrichoides	18	24–26	28
Micranthemum glomeratum	5	24–26	30
Micranthemum umbrosum	4	22–24	26
Microsorum pteropus	4	20–28	30
Monosolenium tenerum	15	22–28	32
Myriophyllum aquaticum (weiblich)	winterhart	15–25	28
Myriophyllum mattogrossense	18	23–25	28
Myriophyllum mezianum	18	25–28	30
Myriophyllum pinnatum	bedingt winterhart	20–25	27
Myriophyllum simulans	bedingt winterhart	20–28	30
Myriophyllum tetrandrum	18	26–32	34
Myriophyllum tuberculatum	4	18–24	28
Najas conferta	12	20–28	32
Najas guadalupensis	4	20–30	32
Najas indica	18	22–28	30
Nesaea triflora	18	24–30	32
Nuphar japonica	winterhart	20–28	30
Nymphaea ×daubenyana	5	25–28	32
Nymphaea glandulifera	18	24–28	30
Nymphaea lotus	15	22–28	30
Nymphaea micrantha	18	24–28	32
Nymphaea minuta	18	24–28	30

Temperaturtoleranz bedeutender Aquarienpflanzen bei submerser Kultur (in Zusammenarbeit mit der Wasserpflanzengärtnerei J. Hoechstetter) (Fortsetzung)			
Pflanzenname	**Minimum °C**	**Optimum °C**	**Maximum °C**
Nymphoides aquatica	15	20–26	28
Nymphoides indica	15	24–31	32
Ottelia alismoides	18	22–26	30
Ottelia ulvifolia	15	21–30	32
Phyllanthus fluitans	18	24–28	30
Physostegia purpurea	winterhart	22–24	25
Pistia stratiotes	15	22–30	35
Pogostemon helferi	15	20–25	28
Pogostemon stellatus	15	24–28	32
Potamogeton gayi	bedingt winterhart	18–26	28
Proserpinaca palustris	10	(15–)20–25	28
Riccardia graeffei	18	22–26	28
Riccia fluitans	winterhart	20–27	32
Rorippa aquatica	bedingt winterhart	20–25	27
Rotala macrandra	18	24–28	30
Rotala rotundifolia	4	22–28	32
Rotala wallichii	15	24–28	30
Sagittaria platyphylla	winterhart	20–24	25
Sagittaria subulata	winterhart	18–28	30
Salvinia molesta	10	24–28	32
Salvinia oblongifolia	18	24–28	32
Samolus valerandi	winterhart	22–26	35
Saururus cernuus	winterhart	20–25	27
Schismatoglottis roseospatha/prietoi	18	22–26	28
Shinnersia rivularis	4	18–30	32
Spiranthes odorata	15	22–26	28
Spirodela polyrhiza	winterhart	28–30	38
Stratiotes aloides	winterhart	22–26	30
Taxiphyllum barbieri	12	20–30	34
Tonina fluviatilis	18	25–29	29
Utricularia aurea	18	22–30	32
Utricularia gibba	winterhart	18–30	32
Vallisneria americana	10	22–26	30
Vallisneria asiatica var. *biwaensis*	4	22–25	28
Vallisneria australis	4	18–28	32
Vallisneria nana	15	24–29	30
Vallisneria spiralis	5	20–28	30
Vesicularia dubyana	4	15–30	32

Die folgende Übersicht über die bevorzugten Standorte von Aquarienpflanzen in ihren natürlichen Verbreitungsgebieten soll dem Aquarianer wesentliche Informationen über die Lichtansprüche einzelner Arten liefern. Daraus lassen sich wiederum Rückschlüsse auf optimale Kulturbedingungen ziehen. Der Tabelle liegen meine Beobachtungen auf etwa 50 Reisen in zahlreiche tropische Länder zugrunde, bei denen die meisten der im Aquarium gepflegten Pflanzen in ihrem natürlichen Lebensraum untersucht wurden. Derartige Angaben sind leider noch nicht für alle Arten möglich, weil über die Habitate einiger Aquarienpflanzen keine oder nur unzuverlässige Informationen vorliegen.

Lichtbedarf von Aquarienpflanzen

Pflanzenname	stark beschattet	beschattet	schattig-sonnig	vollsonnig
Aegagropila linnaei	•	•		
Aeschynome fluitans			•	•
Alternanthera reineckii			•	•
Ammannia crassicaulis			•	•
Ammannia pedicellata			•	•
Ammannia gracilis/senegalensis				•
Anubias afzelii	•	•	•	•
Anubias barteri und Varietäten	•	•	•	
Anubias gigantea	•	•		
Anubias gilletii	•	•	•	
Anubias gracilis	•	•		
Anubias hastifolia	•	•		
Anubias heterophylla	•	•		
Anubias pynaertii	•	•		
Aponogeton bernierianus		•	•	•
Aponogeton boivinianus			•	•
Aponogeton capuronii		•	•	•
Aponogeton crispus			•	•
Aponogeton decaryi				•
Aponogeton distachyos			•	•

Lichtbedarf von Aquarienpflanzen (Fortsetzung)

Pflanzenname	stark beschattet	beschattet	schattig-sonnig	vollsonnig
Aponogeton eggersii			•	
Aponogeton elongatus		•	•	•
Aponogeton gottlebei				•
Aponogeton jacobsenii			•	•
Aponogeton longiplumulosus		•	•	
Aponogeton loriae			•	•
Aponogeton madagascariensis	•	•	•	•
Aponogeton natans				•
Aponogeton rigidifolius		•	•	•
Aponogeton robinsonii			•	•
Aponogeton tenuispicatus		•		
Aponogeton ulvaceus		•	•	•
Aponogeton undulatus		•		
Azolla-Arten			•	•
Bacopa australis			•	•
Bacopa caroliniana			•	•
Bacopa crenata			•	•
Bacopa madagascariensis			•	•
Bacopa monnieri				•
Bacopa myriophylloides				•
Bacopa reflexa			•	•
Barclaya longifolia		•	•	
Barclaya motleyi	•	•	•	
Bucephalandra-Arten	•	•		
Blyxa aubertii			•	•
Blyxa japonica			•	
Bolbitis heteroclita		•		
Bolbitis heudelotii		•	•	
Cabomba aquatica				•
Cabomba caroliniana			•	•
Cabomba furcata			•	•
Cabomba palaeformis			•	•

Lichtbedarf von Aquarienpflanzen (Fortsetzung)

Pflanzenname	stark beschattet	beschattet	schattig-sonnig	vollsonnig
Ceratophyllum demersum	•	•	•	•
Ceratopteris cornuta			•	•
Ceratopteris pteridoides			•	•
Ceratopteris thalictroides			•	•
Crinum calamistratum		•	•	
Crinum natans	•	•	•	•
Crinum thaianum		•	•	
Cryptocoryne affinis		•	•	
Cryptocoryne alba	•	•	•	•
Cryptocoryne albida	•	•	•	•
Cryptocoryne aponogetifolia		•	•	
Cryptocoryne beckettii	•	•	•	
Cryptocoryne bogneri	•	•		
Cryptocoryne ciliata		•	•	•
Cryptocoryne cordata	•	•	•	•
Cryptocoryne crispatula	•	•	•	
Cryptocoryne elliptica	•	•		
Cryptocoryne hudoroi		•	•	•
Cryptocoryne keei		•	•	
Cryptocoryne lingua	•	•		
Cryptocoryne longicauda	•	•	•	
Cryptocoryne minima	•	•		
Cryptocoryne nevillii				•
Cryptocoryne nurii		•	•	
Cryptocoryne pallidinervia	•	•		
Cryptocoryne parva		•	•	
Cryptocoryne pontederiifolia		•	•	
Cryptocoryne ×purpurea	•	•	•	
Cryptocoryne retrospiralis			•	•
Cryptocoryne spiralis		•	•	
Cryptocoryne striolata		•		
Cryptocoryne thwaitesii	•	•	•	

Lichtbedarf von Aquarienpflanzen (Fortsetzung)

Pflanzenname	stark beschattet	beschattet	schattig-sonnig	vollsonnig
Cryptocoryne undulata		•	•	
Cryptocoryne usteriana		•		
Cryptocoryne walkeri		•	•	
Cryptocoryne wendtii		•	•	•
Cryptocoryne ×willisii		•	•	
Cyperus helferi		•	•	
Echinodorus berteroi			•	•
Echinodorus cordifolius			•	•
Echinodorus decumbens			•	•
Echinodorus floribundus			•	•
Echinodorus glaucus				•
Echinodorus grandiflorus			•	•
Echinodorus grisebachii		•	•	•
Echinodorus horizontalis			•	•
Echinodorus longiscapus			•	•
Echinodorus macrocarpus			•	•
Echinodorus macrophyllus			•	•
Echinodorus ×opacus		•	•	
Echinodorus 'Osiris'			•	•
Echinodorus paniculatus			•	•
Echinodorus ×portoalegrensis		•	•	
Echinodorus scaber			•	•
Echinodorus subalatus			•	•
Echinodorus uruguayensis		•	•	
Egeria densa				•
Egeria najas				•
Eichhornia azurea				•
Eichhornia crassipes			•	•
Eichhornia diversifolia			•	•
Eichhornia heterosperma				•
Eichhornia natans				•
Elodea canadensis			•	•

Lichtbedarf von Aquarienpflanzen (Fortsetzung)

Pflanzenname	stark beschattet	beschattet	schattig-sonnig	vollsonnig
Eriocaulon-Arten			•	•
Fissidens crispulus / fontanus	•	•		
Gymnocoronis spilanthoides				•
Hedyotis salzmannii				•
Helanthium bolivianum und Sorten		•	•	•
Helanthium tenellum		•	•	•
Heteranthera dubia			•	•
Heteranthera gardneri				•
Heteranthera zosterifolia			•	•
Hottonia palustris			•	•
Hydrilla verticillata		•	•	•
Hydrocleys martii			•	•
Hydrocleys nymphoides		•	•	•
Hydrocotyle leucocephala		•	•	•
Hydrocotyle ranunculoides			•	•
Hydrocotyle tripartita		•	•	•
Hydrocotyle verticillata			•	•
Hydrocotyle vulgaris		•	•	
Hydrotriche hottoniiflora			•	•
Hygrophila corymbosa			•	•
Hygrophila costata				•
Hygrophila difformis			•	•
Hygrophila pinnatifida		•	•	
Hygrophila polysperma			•	
Hygrophila ringens		•	•	
Hygroryza aristata				•
Juncus repens		•	•	
Lagarosiphon cordofanus				•
Lagarosiphon madagascariensis				•
Lagenandra jacobsenii	•	•		
Lagenandra meeboldii	•	•	•	
Lagenandra nairii	•	•		

Lichtbedarf von Aquarienpflanzen (Fortsetzung)

Pflanzenname	stark beschattet	beschattet	schattig-sonnig	vollsonnig
Lagenandra ovata		•	•	
Lagenandra praetermissa		•	•	
Lagenandra thwaitesii	•	•		
Lemna-Arten			•	•
Lilaeopsis brasiliensis			•	•
Limnobium laevigatum			•	•
Limnophila aquatica			•	•
Limnophila aromatica			•	•
Limnophila dasyantha				•
Limnophila heterophylla				•
Limnophila indica				•
Limnophila rugosa		•	•	
Limnophila sessiliflora				•
Limnophila wilsonii			•	•
Limnophyton fluitans		•	•	
Lindernia parviflora			•	•
Lobelia cardinalis			•	•
Lomariopsis lineata	•	•		
Ludwigia glandulosa			•	•
Ludwigia helminthorrhiza			•	•
Ludwigia inclinata / var. *verticillata*			•	•
Ludwigia palustris			•	•
Ludwigia repens			•	•
Ludwigia sedoides			•	•
Lysimachia nummularia			•	•
Mayaca fluviatilis			•	•
Micranthemum glomeratum			•	
Micranthemum umbrosum		•	•	
Microsorum pteropus und Sorten	•	•		
Myriophyllum aquaticum (weiblich)				•
Myriophyllum mattogrossense			•	•
Myriophyllum mezianum				•

Lichtbedarf von Aquarienpflanzen (Fortsetzung)

Pflanzenname	stark beschattet	beschattet	schattig-sonnig	vollsonnig
Myriophyllum simulans		•	•	•
Myriophyllum tetrandrum				•
Najas conferta		•	•	•
Najas guadalupensis		•	•	
Najas horrida		•	•	•
Najas indica			•	•
Najas marina		•	•	
Nuphar japonica				•
Nymphaea glandulifera			•	•
Nymphaea lotus			•	•
Nymphaea micrantha				•
Nymphaea minuta			•	•
Nymphaea rudgeana			•	•
Nymphoides ezannoi				•
Nymphoides fallax				•
Nymphoides forbesiana				•
Nymphoides hydrophylla				•
Nymphoides indica				•
Nymphoides microphylla				•
Nymphoides thunbergiana				•
Ottelia alismoides			•	•
Ottelia brasiliensis				•
Ottelia mesenterium		•	•	
Ottelia ulvifolia			•	•
Phyllanthus fluitans			•	•
Pistia stratiotes			•	•
Pogostemon helferi				•
Pogostemon stellatus			•	•
Potamogeton gayi			•	•
Potamogeton schweinfurthii		•	•	
Potamogeton wrightii			•	•
Proserpinaca palustris			•	
Ranunculus inundatus			•	•

Lichtbedarf von Aquarienpflanzen (Fortsetzung)

Pflanzenname	stark beschattet	beschattet	schattig-sonnig	vollsonnig
Riccardia graeffei	•	•		
Riccia fluitans		•	•	•
Ricciocarpos natans			•	•
Rorippa aquatica			•	•
Rotala macrandra			•	•
Rotala rotundifolia			•	•
Rotala serpyllifolia			•	•
Salvinia auriculata				•
Salvinia cucullata				•
Salvinia molesta				•
Salvinia oblongifolia				•
Samolus valerandi			•	•
Schismatoglottis prietoi	•	•		
Shinnersia rivularis				•
Spiranthes graminea	•	•		
Spirodela polyrhiza			•	•
Stratiotes aloides			•	•
Trapa natans			•	•
Utricularia aurea			•	•
Utricularia gibba			•	•
Utricularia graminifolia		•	•	
Utricularia inflexa				•
Utricularia stellaris				•
Vallisneria americana			•	
Vallisneria asiatica var. *biwaensis*			•	
Vallisneria australis		•	•	
Vallisneria nana			•	•
Vallisneria spiralis		•	•	
Vesicularia dubyana und andere Moose	•	•		
Wolffia neglecta				•
Wolffia arrhiza			•	•
Wolffiella welwitschii				•

Wasserwerte einiger ausgewählter Schwarz-, Klar- und Weißwasserbiotope						
	Schwarzwasser		Klarwasser		Weißwasser	
Biotop	**Rio Negro (Brasilien)**	**Rio Copal (Peru)**	**Rio Tapajoz (Brasilien)**	**Rio Chinipo (Peru)**	**Amazonas, Solimoes (Brasilien)**	**Rio Ucayali (Peru)**
Datum	–	Juni 1983	–	Juni 1983	–	Juni 1983
Wassertemperatur in °C	26–29,5	27,5	–	26	27–28	25
pH-Wert	3,7–4,3	6,0	4,6–6,65	7,2	6,5–7,5	7,1
Leitfähigkeit (bei 20 °C) in µS/cm	6–9	17	10–16	142	10–127	154
Karbonathärte (KH) in °dH	< 0,1	0	0,15–0,4	4,7	0,6–1,8	3,9
Gesamthärte (GH) in °dH	< 0,1	0,12	0,13–0,82	4,9	0,64–1,27	2,9
Kalziumhärte in °dH	0,26	0,07	0,21	3,6	1,08–1,2	2,9
Magnesiumhärte in °dH	Spuren	0,05	0,03	1,3	0,03–0,14	0
Kohlendioxid (CO_2) in mg/l	viel	~1	0,71–3,5	10	3,95	10
Sauerstoff (O_2) in %	n. b.	n. b.	86–117 (27 °C)	n. b.	< 91	n. b.
Natrium (Na) in mg/l	0,75	1,9	1,26	3,9	2,60–3,35	9
Kalium (K) in mg/l	0,35	1,1	0,5	0,5	0,90–1,10	1,8
Eisen ($Fe^{2+/3+}$) in mg/l	< 0,24	n. b.	0–0,3	n. b.	0,22	n. b.
Ammonium (NH_4^+) in mg/l	n. b.	n. b.	0,07–0,18	n. b.	Spuren	n. b.
Chlorid (Cl^-) in mg/l	1,2	< 7	0,05–1,60	< 5	0–3,40	< 5
Sulfat (SO_4^{2-}) in mg/l	4,81	n. n.	0–2	n. n.	0–4,94	n. n.
Nitrat (NO_3^-) in mg/l	n. b.	1,6	0–0,08	0,8	0,16–0,28	0,8
Nitrit (NO_2^-) in mg/l	n. b.	< 0,1	n. b.	n. b.	n. b.	n. b.
Phosphat (PO_4^{3-}) in mg/l	< 0,157	n. b.	< 0,1	< 0,7	< 0,145	0,7
Zink (Zn) in µg/l	n. b.	5	n. b.	11	n. b.	7
Kadmium (Cd) in µg/l	n. b.	n. n.	n. b.	n. n.	n. b.	n. n.
Blei (Pb) in µg/l	n. b.	n. n.	n. b.	n. n.	n. b.	n. n.
Kupfer (Cu) in µg/l	n. b.	7	n. b.	27	n. b.	13
Huminsäuren	viel	viel	Spuren	Spuren	0	0

n. n. = nicht nachweisbar, n. b. = nicht bestimmt

Wasserwerte einiger ausgewählter natürlicher Standorte mit Biotopbeschreibungen, S. 26–60

Standort	Datum	Wassertemperatur in °C	Lufttemperatur in °C	Uhrzeit	pH-Wert	Leitfähigkeit in µS/cm	Karbonathärte (KH) in °dH	Gesamthärte (GH) in °dH	Kalziumhärte in °dH	Magnesiumhärte in °dH	Kohlendioxid (CO_2) in mg/l
1) Rio Guaporé, Südwestbrasilien	Juli 1987	20	–	–	6,38	22	0,69	0,41	0,41	< 0,01	10
2) Rio Sipao, Venezuela	14.08.1989	27	29,5	–	5,99	12,2	< 0,5	< 1,0	0,13	0,1	19,3
3) Rio Aro, Venezuela	13.08.1989	28	30,5	12.00	6,06	22,6	1,0	< 1,0	0,51	0,07	32,4
4) Rio Paraná, Argentinien	12.07.1993	13	15	12.00–14.00	7,02	33	0,76	0,51	0,51	< 0,01	2,5
5) Rio Uruguay, Argentinien	15.07.1993	10,6	13	12.00	6,78	18	0,33	0,31	0,31	< 0,01	1,9
6) Rio Yanayacu, Peru	01.08.1990	25	–	–	7,5	205	5,5	6,0	5,11	0,77	5,9
7) Tanganjikasee (Kalemie), Dem. Rep. Kongo	Juli 1982	27	–	–	9,5	593	18,4	11,03	n. b.	n. b.	< 2
8) See auf Mafia, Tansania	Januar 1981	30	32	14.00	7,8	1054	31	< 30	n. b.	n. b.	10
9) Sepik-River, Papua-Neuguinea	06.07.1987	–	–	–	6,5	84	2,5	2,5	1,8	0,7	33,7
10) Flussbiotop, Papua-Neuguinea	22.07.1988	27	30	12.30	6,7	82	2,4	2,4	1,1	1,3	18,7
11) Tasek Bera, Malaiische Halbinsel	–	23–31	–	–	5,33	14,2	0,17	n. b.	0,05	0,06	14,9 (7 Uhr)
12) Rio Roseira, Südbrasilien	23.07.1995	10	14	16.00	5,6	16	0,4	0,2	0,2	0,1	49,5
13) Rio Irani, Südbrasilien	22.07.1995	11	13	17.30	6,5	33	0,7	0,8	0,5	0,3	10,7
14) Tümpel bei Cordoba, Mexiko	21.07.1997	32,1	33	14.30	7,5	84	2,5	2,3	1,6	0,7	3,3
15) Sumpfgebiet im südl. Pantanal, Westbrasilien	21.07.1999	22	25	11.30	6,9	86	1,6	1,5	0,8	0,7	8,4
16) Fluss östlich Villa Tunari, Bolivien	27.07.1999	23,5	26	14.15	7,0	37	0,7	0,4	0,3	0,2	11,5
17) Rio Aruguaitu, Bolivien	01.08.1999	21,5	27	11.00	7,7	120	3,1	1,7	1,2	0,5	2,6
23) Rio Surubim, Ostbrasilien	24.07.2000	29	35	12.00	6,7	112	1,5	1,1	0,8	0,3	12,1

n. n. = nicht nachweisbar; n. b. = nicht bestimmt, CO_2 berechnet; *im Labor; + Störung durch Huminsäuren.

Sauerstoff (O_2) in %	CSB (chem. Sauerstoff-bedarf) in mg/l	Natrium (Na) in mg/l	Kalium (K) in mg/l	Eisen ($Fe^{2+/3+}$) in mg/l	Ammonium (NH_4^+) in mg/l	Chlorid (Cl^-) in mg/l	Sulfat (SO_4^{2-}) in mg/l	Nitrat (NO_3^-) in mg/l	Nitrit (NO_2^-) in mg/l	Phosphat (PO_4^{3-}) in mg/l	Zink (Zn) in µg/l	Kadmium (Cd) in µg/l	Blei (Pb) µg/l in	Kupfer (Cu) in µg/l
n. b.	–	1,69	0,35	0,21	n. b.	n. b.	n. b.	< 3	n. b.	< 0,01	n. b.	n. b.	n. b.	n. b.
n. b.	–	0,83	0,5	n. b.	0,07	1	< 0,01	< 0,01	< 0,16	< 0,01	7,1	n. n.	2,6	1,9
n. b.	–	1,26	1,54	n. b.	0,32	0,7	0,2	< 0,01	< 0,16	0,12	21,6	n. n.	6,2	4
70	–	1	3,4	n. b.	Spuren	0,9	1,2	< 0,01	< 0,01	0,1	24	n. n.	3	10
90–99	–	1,1	0,2	n. b.	0,1	0,4	< 0,1	0,6	< 0,01	< 0,01	27	n. n.	1	10
n. b.	–	3,9	2,2	n. b.	0,14	4,3	4,4	< 0,01	< 0,01	n. b.	7	n. n.	n. n.	0,1
50,8*	–	61	31	< 0,01	< 0,01	31	Spuren	< 0,01	n. b.	0,09	n. n.	n. n.	n. n.	n. n.
n. b.	–	5,56	0,44	0,05	0,1	6,9	1,2	n. b.	n. b.	n. b.	n. b.	n. b.	n. b.	n. b.
n. b.	–	4,3	0,7	0,02	0,10	Spuren	Spuren	5	< 0,05	< 0,05	365	n. b.	5	18
n. b.	–	4,7	1,3	0,02	0,10	Spuren	Spuren	7	< 0,05	< 0,05	6	n. b.	n. n.	12
26	–	0,86	0,56	0,64	0,304	1,93	3,19	0,11	0,01	0,62	n. b.	n. b.	n. b.	n. b.
n. b.	–	0,7	1,5	n. b.	< 0,01	0,3	< 0,01	< 0,01	< 0,01	< 0,01	2	n. n.	2	3
n. b.	n. b.	1,3	0,9	n. b.	n. b.	0,3	< 0,1	2,2	< 0,01	< 0,01	13	n. n.	2	36
130	24,5	1,3	1,4	n. b.	< 0,01	0,5	< 0,1	< 0,1	< 0,01	0,03	n. b.	n. b.	n. b.	n. b.
55	46	5,0	5,4	0,21	< 0,01	6,4	ca. 2+	2,3	< 0,01	< 0,001	5	n. n.	n. n.	n. n.
n. b.	5	5,1	0,7	0,02	< 0,01	1,2	2,1	0,7	< 0,01	< 0,01	< 5	n. n.	n. n.	10
n. b.	23	14	3,4	0,31	< 0,01	2	ca. 2+	0,5	< 0,01	0,01	< 5	n. n.	n. n.	< 5
50–60	23	12,5	7,3	0,53	0,1	17	0	1,2	< 0,01	< 0,01	10	< 1	3	3

Alle Wasserproben (außer den Biotopen Nr. 8 und 11) wurden im Labor der Firma Tetra analysiert.

Wasserwerte einiger ausgewählter natürlicher Standorte mit Biotopbeschreibungen, S. 26–60 (Fortsetzung)

Standort	Datum	Wassertemperatur in °C	Lufttemperatur in °C	Uhrzeit	pH-Wert	Leitfähigkeit in µS/cm	Karbonathärte (KH) in °dH	Gesamthärte (GH) in °dH	Kalziumhärte in °dH	Magnesiumhärte in °dH	Kohlendioxid (CO_2) in mg/l
24) Transpantaneira, nörd. Pantanal, Westbrasilien	29.07.2000	28	34	12.30	7,1	149	3,5	3,4	2,4	1,0	11,4
25) Arroyo Don Esteban, Westuruguay	03.08.2000	15,5	17	14.30	7,8	411	10,0	10,8	9,5	1,3	7,0
26) Arroyo Guaviyu, Norduruguay	04.08.2000	16	19	14.30	8,3	379	9,5	9,1	6,1	3,0	2,1
27) Arroyo Zanja del Sauce, Norduruguay	05.08.2000	13	22	11.00	8,2	378	10,0	10,2	6,4	3,8	2,7
28) Arroyo Pelado, Norduruguay	05.08.2000	13	24,9	13.30	7,9	194	5,0	4,6	3,1	1,5	2,6
29) Arroyo Toribio, Süduruguay	09.08.2000	14	25,7	12.30	7,9	70	1,5	1,1	0,8	0,3	0,7
30) Sumpfgebiet bei Campo Maior, Ostbrasilien	24.07.2000	36	34	14.00	6,2	71	1,0	< 0,1	< 0,1	< 0,1	25,1
31) Rio Itapicuru, Ostbrasilien	26.07.2000	28	31	12.00	6,5	13	1,0	< 0,1	Spuren	Spuren	12,0
32) Fluss Abangage, Sri Lanka	31.01.2002	25,5	28	10.00	7,9	181	4,0	3,8	2,3	1,5	2,1
33) Typusstandort von *C. bogneri*, Sri Lanka	09.02.2002	24	28	12.00	6,9	22	< 1	< 0,2	< 0,1	< 0,1	2,4
34) Standorte von *N. glandulifera*, Ekuador, Costa Rica	26.07.2005	27	28	16.00	7,2	222	2,5	2,5	1,3	1,2	7
35) Seen bei Bamboa, Panama	30.07.2005	30	28	11.00	7,2	117	2,5	2,2	1,4	0,8	6
36) Rio Sucuri Bonito, Südwestbrasilien	21.12.2003	24	28	14.00	7,2	415	10	12,6	11,7	0,9	28
37) Ceita Coré Bonito, Südwestbrasilien	22.12.2003	24–28	30	12.00	7,1	501	12	14,9	8,9	6	43
38) Rio Baia Bonita, Bonito, Südwestbrasilien	23.12.2003	24	28	10.00	7,5	412	10	11,8	8,6	3,2	14
39) Rio da Prata, Bonito, Südwestbrasilien	25.12.2003	24	29	11.30	7,1	335	7	9,4	6,3	3,1	24
40) Waldtümpel, Kirindy, Westmadagaskar	13.04.2000	25–34	34	10.00	7,4–7,8	91,3	2,0	1,9	1,3	0,6	3,2–1,3

n. n. = nicht nachweisbar; n. b. = nicht bestimmt, CO_2 berechnet; *im Labor; + Störung durch Huminsäuren.

Sauerstoff (O_2) in %	CSB (chem. Sauerstoff-bedarf) in mg/l	Natrium (Na) in mg/l	Kalium (K) in mg/l	Eisen ($Fe^{2+/3+}$) in mg/l	Ammonium (NH_4^+) in mg/l	Chlorid (Cl^-) in mg/l	Sulfat (SO_4^{2-}) in mg/l	Nitrat (NO_3^-) in mg/l	Nitrit (NO_2^-) in mg/l	Phosphat PO_4^{3-}) in mg/l	Zink (Zn) in µg/l	Kadmium (Cd) in µg/l	Blei (Pb) µg/l in	Kupfer (Cu) in µg/l
90	3	3,2	5,7	0,06	0,1	3	< 0,1	4,6	< 0,01	0,19	22	< 1	2	1
n. b.	19	13,7	1,5	0,02	0,05	3	6	< 0,1	1,03	0,21	19	< 1	1	< 1
115	5	19,6	0,8	0,02	0,05	1	3	< 0,1	0,21	< 0,01	6	< 1	< 1	< 1
98	6	12,5	0,8	0,01	0,05	1	1	< 0,1	0,20	< 0,01	4	< 1	< 1	< 1
115	4	8,7	3,1	0,03	0,05	2	1	< 0,1	0,06	< 0,01	9	< 1	< 1	3
n. b.	7	7,5	0,0	0,18	0,05	7	2	< 0,1	< 0,01	< 0,01	13	< 1	< 1	3
n. b.	22	10,8	2,9	0,17	0,8	10	< 0,1	< 0,1	< 0,01	< 0,01	8	< 1	2	1
120	4	1,1	0,0	0,03	0,2	2	< 0,1	< 0,1	< 0,01	< 0,01	8	< 1	< 1	10
92	< 5	7,0	1,2	< 0,01	< 0,1	9	< 4	2	< 0,01	< 0,01	2	n. n.	2	< 1
91	< 5	2,0	< 0,5	< 0,01	< 0,1	2	< 0,1	< 0,1	< 0,01	< 0,01	2	n. n.	2	< 1
n. b.	9,1	23,2	2,2	n. b.	< 0,1	40,8	9,2	< 0,1	< 0,01	0,05	n. b.	n. b.	n. b.	n. b.
n. b.	< 5	7,3	0,79	n. b.	< 0,1	7,2	3,8	1,3	< 0,01	0,09	n. b.	n. b.	n. b.	n. b.
n. b.	< 5	< 0,1	< 0,1	n. b.	<0,1	1,1	1,8	1,4	< 0,01	< 0,01	2	n. n.	1	3
n. b.	< 1	< 0,1	< 0,1	n. b.	< 0,1	0,4	< 0,1	0,9	< 0,01	< 0,01	2	n. n.	1	6
n. b.	< 5	0,7	< 0,1	n. b.	< 0,1	0,7	1,1	0,8	< 0,01	< 0,01	2	n. n.	1	9
n. b.	< 1	<0,1	1,1	n. b.	< 0,1	0,3	< 0,1	< 0,1	< 0,01	< 0,01	1	n. n.	n. n.	7
17–65	56	1,6	6,7	0,05	0,7	2,6	< 0,01	< 0,01	< 0,01	0,06	10,7	0,2	3,3	5,2

Alle Wasserproben (außer den Biotopen Nr. 8 und 11) wurden im Labor der Firma Tetra analysiert.

Wasserwerte einiger ausgewählter natürlicher Standorte mit Biotopbeschreibungen, S. 26–60 (Fortsetzung)

Standort	Datum	Wassertemperatur in °C	Lufttemperatur in °C	Uhrzeit	pH-Wert	Leitfähigkeit in µS/cm	Karbonathärte (KH) in °dH	Gesamthärte (GH) in °dH	Kalziumhärte in °dH	Magnesiumhärte in °dH	Kohlendioxid (CO_2) in mg/l
41) Reisfelder Antananarivo, Zentralmadagaskar	11.12.2006	32	28	14.45	6,9	58	1,5	0,61	0,35	0,26	6,9
42) Rivière des Caimans, Nordmadagaskar	18.04.2000	32	26	16.00	8,7	507	11,9	9,7	4,3	5,4	1
43) Fluss Antsahalatrina, Nordmadagaskar	19.04.2000	31	24	12.00	7,8	136	3,4	2,7	0,95	1,7	2,2
43) Fluss Antsahalatrina, Nordmadagaskar	14.12.2006	33	23,3	11.00	7,8	146	4	2,6	1,1	1,5	2,6
44) Fluss Sakaramy, Nordmadagaskar	20.04.2000	24	23	11.00	7,9	307	8,1	6,7	2,7	4	4,4
44) Fluss Sakaramy, Nordmadagaskar	12.12.2006	26,8	29	15.00	7,9	267	7	5	2,1	2,9	3,7
45) Fluss Besaboba, Nordmadagaskar	19.04.2000	23	29	13.00	7,9	425	11	11,8	9,1	2,7	6,1
45) Fluss Besaboba, Nordmadagaskar	13.12.2006	28,2	29	14.00	7,8	303	7	7,4	5,8	1,6	4,6
46) Fluss Beforona, var. *madagascariensis*, Ostmadagaskar	03.01.1987	27,5	23,2	10.00	6,45	30	0,75	0,53	n. b.	n. b.	10
47) Fluss (km 61), var. *madagascariensis*, Ostmadagaskar	03.12.2006	28	25	11.30	7,9	12	< 1	0,32	0,26	0,06	0,2
48) Bach nördl. Akazobé, var. *madagascariensis*, Zentralmadagaskar	17.04.2000	27	17	11.30	7,3	15,7	0,3	0,1	0,1	Spuren	0,6
49) Fluss südl. Tamatave, var. *major*, Ostmadagaskar	05.12.2006	33	27	14.00	5,5	35	< 1	0,47	0,26	0,21	60,8
50) Pangalanes var. *henkelianus*, Ostmadagaskar	06.12.2006	28	29	10.00	6,5	191	< 1	0,89	0,36	0,53	6,3
51) Fluss Ambodimanga, Ostmadagaskar	10.12.2006	30	31,5	09.30	6,0	37	< 1	0,35	0,24	0,11	18,5
52) Sai-Rung-Wasserfall, km-Stein 71, Südthailand	17.03.2008	27,1	28	11.30	6,2	33,9	1	0,3	0,2	0,1	24,4

n. n. = nicht nachweisbar; n. b. = nicht bestimmt, CO_2 berechnet; *im Labor; + Störung durch Huminsäuren.

Sauerstoff (O_2) in %	CSB (chem. Sauerstoffbedarf) in mg/l	Natrium (Na) in mg/l	Kalium (K) in mg/l	Eisen ($Fe^{2+/3+}$) in mg/l	Ammonium (NH_4^+) in mg/l	Chlorid (Cl^-) in mg/l	Sulfat (SO_4^{2-}) in mg/l	Nitrat (NO_3^-) in mg/l	Nitrit (NO_2^-) in mg/l	Phosphat PO_4^{3-}) in mg/l	Zink (Zn) in µg/l	Kadmium (Cd) in µg/l	Blei (Pb) µg/l in	Kupfer (Cu) in µg/l
n. b.	n. b.	4,8	1,1	3,23	< 0,1	5	< 0,1	< 0,1	< 0,01	0,1	n. b.	n. b.	n. b.	n. b.
130	2	44	0,5	0,04	0,12	31,7	12,4	< 0,1	0,36	< 0,01	7,3	n. n.	0,2	4,1
80	0	8,6	3,2	< 0,01	0,1	4,4	0,8	1,1	< 0,01	0,09	10,2	n. n.	0,5	10,3
n. b.	n. b.	10	2,9	< 0,01	< 0,01	4	1,6	1	< 0,01	0,19	10	n. n.	n. n.	5
83	2	18,4	1,7	0,04	0,12	10,7	1,8	3,1	0,17	0,12	11,3	n. n.	0,7	11,3
n. b.	n. b.	19	0,8	0,07	< 0,01	13	2,7	< 0,1	< 0,01	0,14	< 3	n. n.	n. n.	< 2
100	2	8,3	1,4	0,01	0,14	6,9	21,9	2,8	0,44	< 0,01	13,6	n. n.	1,1	12,7
n. b.	n. b.	6,4	1,1	0,05	< 0,01	7	16	2,3	< 0,01	0,03	< 6	n. n.	n. n.	< 2
n. b.	n. b.	3,3	0,6	0,05	0,1	n. b.	n. b.	5	0,05	0,3	7	n. n.	8	12
n. b.	n. b.	1,1	< 0,1	0,11	< 0,01	2	2,4	< 0,01	< 0,01	0,05	< 2	n. n.	n. n.	< 1
85	0	2,0	0,1	0,25	< 0,01	2,5	< 0,01	< 0,01	< 0,01	< 0,01	13,1	0,2	1,5	3,8
n. b.	n. b.	3,7	< 0,1	0,48	< 0,01	5	1,3	< 0,01	< 0,01	0,01	< 2	n. n.	n. n.	< 2
n. b.	n. b.	26	0	0,21	< 0,01	50	7	< 0,01	< 0,01	0,03	< 1	n. n.	n. n.	< 1
n. b.	n. b.	3,6	1,4	0,22	< 0,1	5	0,9	< 0,01	< 0,01	0,02	n. n.	n. n.	n. n.	< 2
76,8*	3,0	4,1	1,5	0,07	< 0,1	5,7	2,3	1,4	< 0,01	0,07	< 40	< 0,2	< 5	3,16

Alle Wasserproben (außer den Biotopen Nr. 8 und 11) wurden im Labor der Firma Tetra analysiert.

Wasserwerte einiger ausgewählter natürlicher Standorte mit Biotopbeschreibungen, S. 26–60 (Fortsetzung)											
Standort	**Datum**	**Wassertemperatur in °C**	**Lufttemperatur in °C**	**Uhrzeit**	**pH-Wert**	**Leitfähigkeit in µS/cm**	**Karbonathärte (KH) in °dH**	**Gesamthärte (GH) in °dH**	**Kalziumhärte in °dH**	**Magnesiumhärte in °dH**	**Kohlendioxid (CO_2) in mg/l**
53) Sai-Rung-Wasserfall, Südthailand	17.03.2008	28,1	28	14.00	6,6	32,1	1	0,3	0,2	0,1	7,7
53) Sai-Rung-Wasserfall, Südthailand	04.01.2009	24,4	25,6	11.00	6,2	31,8	1	0,31	0,2	0,1	24,5
53) Sai-Rung-Wasserfall, Südthailand	28.10.2009	26,8	29	10.00	5,8	31	< 0,5	0,3	0,2	0,1	31
54) Bach, km-Stein 652, Südthailand	05.01.2009	25,5	29,5	14.00	5,5	23,3	0,5	0,17	0,1	0,1	61,2
55) Fluss, km-Stein 770, Südthailand	20.03.2008	29,5	30	12.00	6,7	193,2	1,5	1,7	0,7	1	12,5
56) Bach, km-Stein 747, Südthailand	21.03.2008	28,4	28	11.30	5,8	33,2	1	0,6	0,3	0,3	61,5
57) Fluss, km-Stein 655, Südthailand	21.03.2008	29	30	13.00	5,5	31,7	0,5	0,6	0,4	0,2	62
57) Fluss, km-Stein 655, Südthailand	04.01.2009	27	31	15.30	5,8	59,7	1,5	0,96	0,6	0,4	91,7
58) Fluss, km-Stein 644, Südthailand	06.01.2009	27,1	28	13.00	5,8	22,2	0,5	0,21	0,1	0,1	29,8
59) Tahm Sra, Krabi, Südthailand	22.03.2008	28,4	29	16.00	7,2	529	12,5	16,5	11,4	5,1	7,2
60) Kleiner See, Crystal Lagoon, Südthailand	23.03.2008	34,2	27	15.00	6,9	297	2,8	7,2	5,2	2,0	15,2
61) Fluss Khao-Yai-Nationalpark, Zentralthailand	13.01.2009	21	20	16.00	7,4	64,8	2	1,47	1,0	0,5	3,3
62) Teich, Khao-Yai-Nationalpark, Zentralthailand	14.01.2009	21,1	18	10.00	6,0	45,3	1	0,73	0,5	0,2	41,1
62) Teich, Khao-Yai-Nationalpark, Zentralthailand	25.10.2009	25	27,2	11.30	6,5	29	< 1	0,7	0,5	0,2	12
63) Fluss mit *Pogostemon helferi*, Westthailand	10.01.2009	20,4	22,8	15.00	8,3	207,7	5,5	5,82	5,0	0,8	1,2
63) Fluss mit *Pogostemon helferi*, Westthailand	19.10.2009	24,9	30	14.30	8,2	222	5	6,6	5,8	0,8	1

n. n. = nicht nachweisbar; n. b. = nicht bestimmt, CO_2 berechnet; *im Labor; + Störung durch Huminsäuren.

Sauerstoff (O_2) in %	CSB (chem. Sauerstoff-bedarf) in mg/l	Natrium (Na) in mg/l	Kalium (K) in mg/l	Eisen ($Fe^{2+/3+}$) in mg/l	Ammonium (NH_4^+) in mg/l	Chlorid (Cl^-) in mg/l	Sulfat (SO_4^{2-}) in mg/l	Nitrat (NO_3^-) in mg/l	Nitrit (NO_2^-) in mg/l	Phosphat PO_4^{3-}) in mg/l	Zink (Zn) in µg/l	Kadmium (Cd) in µg/l	Blei (Pb) µg/l in	Kupfer (Cu) in µg/l
85,4*	1,2	3,7	1,4	0,14	< 0,1	3,5	0,4	< 0,01	< 0,01	0,06	< 40	0,22	< 5	< 2
98,1*	11,2	4,2	1,3	0,24	< 0,1	24,3	4,5	< 0,01	< 0,01	0,004	< 40	0,38	< 5	< 2
n. b.	3,2	3	1,2	0,29	< 0,1	4	1,4	1	< 0,01	0,03	n. b.	n. b.	n. b.	n. b.
95,7*	17,5	2,9	1,9	0,08	< 0,1	3,0	0,4	< 0,01	< 0,01	0,023	< 40	< 0,2	< 5	< 2
61,2*	2,8	23,9	1,5	0,17	<0,1	40,4	5,2	< 0,01	< 0,01	0,09	< 40	< 0,2	< 5	< 2
79,5*	1,5	2,0	0,6	0,12	< 0,1	3,2	< 0,1	< 0,1	< 0,01	0,05	< 40	< 0,2	< 5	< 2
62,3*	2,5	2,4	0,9	0,15	< 0,1	2,7	1,3	< 0,1	< 0,01	0,07	< 40	< 0,2	< 5	< 2
26,3*	72,8	4,2	1,4	0,2	< 0,1	5,0	3,4	< 0,1	< 0,01	0,032	< 40	< 0,2	< 5	< 2
95,8*	7,8	2,6	0,6	0,04	< 0,1	3,3	1,5	0,8	< 0,01	0,002	< 40	0,43	< 5	2
89,7*	1,1	2,1	< 0,1	< 0,01	< 0,1	3,2	1,2	1,7	< 0,01	0,06	< 40	0,49	< 5	< 2
75,7*	7,8	4,5	4,4	0,06	< 0,1	9,6	62,9	< 0,1	< 0,01	0,06	< 40	< 0,2	< 5	< 2
95,4*	10,8	3,1	0,7	0,14	< 0,01	1,1	1,5	< 0,1	< 0,01	0,011	< 40	0,23	< 5	< 2
49,7*	19,2	3,6	0,9	0,09	0,127	4,2	1,4	4,3	< 0,01	0,006	< 40	< 0,2	< 5	9,36
n. b.	6,5	1,6	0,3	0,09	< 0,1	1,3	1,5	< 0,1	< 0,01	0,02	n. b.	n. b.	n. b.	n. b.
94*	4,9	1,3	0,7	0,02	< 0,01	0,8	2,2	0	< 0,01	0,017	< 40	0,53	< 5	< 2
n. b.	7	3,4	0,7	0,10	< 0,1	1,9	2	1,2	< 0,01	0,02	n. b.	n. b.	n. b.	n. b.

Alle Wasserproben (außer den Biotopen Nr. 8 und 11) wurden im Labor der Firma Tetra analysiert.

Wasserwerte einiger ausgewählter natürlicher Standorte mit Biotopbeschreibungen, S. 26–60 (Fortsetzung)

Standort	Datum	Wassertemperatur in °C	Lufttemperatur in °C	Uhrzeit	pH-Wert	Leitfähigkeit in µS/cm	Karbonathärte (KH) in °dH	Gesamthärte (GH) in °dH	Kalziumhärte in °dH	Magnesiumhärte in °dH	Kohlendioxid (CO_2) in mg/l
64) Okavango-Delta bei Pom Pom, Botswana	01.10.2011	24	22,5	09.30	6,5	72	2	1,4	1,0	0,5	25,1
64) Okavango-Delta, Fluss Kwando, Namibia	09.10.2011	24	34,2	14.00	7,0	126	3	2,6	2,0	0,6	12,2
65) Fluss Thodupuzha, Kerala, Südindien	04.02.2013	26,2	27	17.00	6,0	49	<1	0,9	0,55	0,35	19
66) Typusstandort *Crinum malabaricum*, Kerala, Südindien	22.11.2014	27	28	13.20	5,5	21	<0,5	0,3	0,17	0,14	48
67) Fluss mit *Cryptocoryne cognata*, Maharashtra, Südindien	16.10.2015	32	30	16.00	6,0	48,9	1	1,7	1,06	0,64	36
68) Teich mit *Nechamandra alternifolia*, Maharashtra, Südindien	26.10.2015	34	36	15.00	7,6	212,7	4,7	10,4	6,95	3,49	4,4
69) Bach mit *Rotala serpyllifolia*, Maharashtra, Südindien	26.10.2015	35	36	16.00	7,6	193,2	4,7	7,1	4,00	3,06	4,4
70) *Barclaya motleyi*, Sarawak, Borneo	05.10.2017	28	29	12.00	4,5	45,7	0	0,8	0,53	0,30	109
71) *Bucephalandra bogneri*, Sarawak, Borneo	08.10.2017	30	32	16.00	7,3	118,3	3,2	3,6	2,77	0,80	6,5
72) *Cryptocoryne pallidinervia*, Sarawak, Borneo	09.10.2017	30	32	13.00	4,8	23,1	0	0,3	0,19	0,10	26,9
73) *Cryptocoryne keei*, Sarawak, Borneo	09.10.2017	25	27	10.00	7,1	130,8	3,5	4,2	4,10	0,10	11,3
74) Fluss mit *Hygrophila pinnatifida*, Maharashtra, Südindien	14.10.2015	28,2	30,7	15.00	7,0	90,3	2	3,7	2,70	0,95	7,5
76) Howard River, Northern Territory, Australien	05.08.2018	27,2	26	11.40	7,5	260	8	11,3	3,6	7,7	10,5
77) Berry Creek, Northern Territory, Australien	06.08.2018	23,7	24	11.30	6,0	10	<0,5	0,4	0,2	0,2	19,2

n. n. = nicht nachweisbar; n. b. = nicht bestimmt, CO_2 berechnet; *im Labor; + Störung durch Huminsäuren.

Sauerstoff (O_2) in %	CSB (chem. Sauerstoff-bedarf) in mg/l	Natrium (Na) in mg/l	Kalium (K) in mg/l	Eisen ($Fe^{2+/3+}$) in mg/l	Ammonium (NH_4^+) in mg/l	Chlorid (Cl^-) in mg/l	Sulfat (SO_4^{2-}) in mg/l	Nitrat (NO_3^-) in mg/l	Nitrit (NO_2^-) in mg/l	Phosphat PO_4^{3-}) in mg/l	Zink (Zn) in µg/l	Kadmium (Cd) in µg/l	Blei (Pb) µg/l in	Kupfer (Cu) in µg/l
n. b.	12,7	3,8	2,4	0,08	0	2,3	0,8	0,6	0	0	n. b.	n. b.	n. b.	n. b.
n. b.	22,8	4,5	3,8	0,11	0	2,8	2,1	0,0	0	0	n. b.	n. b.	n. b.	n. b.
n. b.	6,8	3,2	n. b.	0	0	5,3	3,4	1,3	0	0,04	n. b.	n. b.	n. b.	n. b.
n. b.	n. b.	4,0	0,3	0	0,13	3,4	1,4	0,6	0	0,04	n. b.	n. b.	n. b.	n. b.
n. b.	n. b.	3,9	0,1	0	0,2	5,1	4,2	1,4	0	0,14	n. b.	n. b.	n. b.	n. b.
n. b.	n. b.	7,3	4,3	0,03	0,4	5,3	8,4	0,0	0	0,06	n. b.	n. b.	n. b.	n. b.
n. b.	n. b.	7,2	0,8	0,05	0,07	3,8	3,9	0,0	0	0,06	n. b.	n. b.	n. b.	n. b.
n. b.	n. b.	0,8	1,2	2,1	0,2	2,1	0,9	1,0	0	0	n. b.	n. b.	n. b.	n. b.
n. b.	n. b.	2,8	2,4	0,02	0,09	0,8	1,4	0,8	0	0,02	n. b.	n. b.	n. b.	n. b.
n. b.	n. b.	1,4	1,3	0,55	0,49	1,7	0,0	0,0	0	0,02	n. b.	n. b.	n. b.	n. b.
n. b.	n. b.	0,7	0,5	0,05	0	1,0	1,7	0,9	0	0	n. b.	n. b.	n. b.	n. b.
n. b.	n. b.	3,6	0,5	0,01	0	4,1	2,5	0,0	0	0,04	n. b.	n. b.	n. b.	n. b.
n. b.	<5	7,5	0,2	0,0	0,0	22,1	3,6	0,0	0,0	0	n. b.	n. b.	n. b.	n. b.
n. b.	9,2	2,3	0,5	0,32	0,04	2,4	0,0	0,0	0	0	n. b.	n. b.	n. b.	n. b..

Alle Wasserproben (außer den Biotopen Nr. 8 und 11) wurden im Labor der Firma Tetra analysiert.

Wasserwerte einiger ausgewählter Standorte ohne Biotopbeschreibungen														
Ökologische Daten	Standort	Datum	Wassertemperatur °C	Lufttemperatur °C	Uhrzeit	pH-Wert	Leitfähigkeit µS/cm	Karbonathärte (KH) °dH	Gesamthärte (GH) °dH	Kalziumhärte °dH	Magnesiumhärte °dH	Kohlendioxid (CO_2) mg/l	Sauerstoff (O_2) in %
S. 315	Rio Peixe, *E. ×portoalegrensis*, Südbrasilien	24.07.1995	11	18	14.00	5,9	109	1,0	1,4	0,9	0,6	n. b.	n. b.
S. 327	Rio das Flores, *E. urug.* var. *minor*, Südbrasilien	01.08.1995	21	32	13.00	7,2	102	2,2	2,3	1,4	0,9	n. b.	n. b.
S. 300	Rio Yuturi, *E. horizontalis*, u. a. Ekuador	13.07.1996	23	25	15.00	6,18	21,7	0,5–1	0,5	0,3	0,2	n. b.	50–55
S. 285	Tümpel Cd. Valles, *E. berteroi*, Mexiko	07.07.1997	30,3	33,4	12.00	7,9	293	8,9	8,5	7,7	0,8	6,3	100
S. 323	Rio Tapanatepec, *E. subalatus*, Mexiko	17.07.1997	32,1	36	13.00	8,4	103	2,9	2,4	1,7	0,7	0,5	125
S. 380	Tümpel Morondava, div. Wasserpflanzen, Westmadagaskar	14.04.2000	28	36	12.00	7,4	2151	5,6	29,5	18,9	10,6	12,8	95–125
S. 363	Fluss Janoya, *C. wendtii*, Sri Lanka	30.01.2002	27	27	13.00	7,5	382	8,0	8,3	4,4	3,9	n. b.	35–44
S. 230	Kalugelle Oya, *C. beckettii*, Sri Lanka	30.01.2002	26,2	27	15.00	8,0	394	9,5	9,7	5,9	3,8	n. b.	90–95
S. 142	Fluss bei Andasibé, *A. bernierianus*, Zentralmadagaskar	04.12.2006	22	n. b.	09.30	6,5	33	< 1	0,4	0,25	0,15	6,3	n. b.
S. 379	Fluss bei Beforona, *H. plumosa*, Ostmadagaskar	04.12.2006	25	n. b.	14.00	7,0	44	1,5	0,55	0,31	0,24	5,8	n. b.
S. 149	Fluss Anove, *A. eggersii*, u. a., Ostmadagaskar	09.12.2006	27	31	13.00	6,0	33	< 1	0,28	0,15	0,13	19	n. b.
S. 226	Kleiner Fluss, *C. albida*, Südthailand	13.03.2008	29,2	30	11.00	7,8	56,4	1,5	0,9	0,5	0,4	0,9	84,4*

n. n. = nicht nachweisbar, n. b. = nicht bestimmt, * im Labor. Alle Wasserproben wurden im Labor der Firma Tetra analysiert.

CSB mg/l	Natrium (Na) mg/l	Kalium (K) mg/l	Eisen gesamt mg/l	Ammonium (NH_4^+) mg/l	Chlorid (Cl^-) mg/l	Sulfat (SO_4^{2-}) mg/l	Nitrat (NO_3^-) mg/l	Nitrit (NO_2^-) mg/l	Phosphat (PO_4^{3-}) mg/l	Zink (Zn) µg/l	Kadmium (Cd) µg/l	Blei (Pb) µg/l	Kupfer (Cu) µg/l
n. b.	9,2	2,5	n. b.	< 0,01	5,1	7,2	15,5	< 0,01	1,5	16	n. n.	4	9
n. b.	3,1	2,0	n. b.	< 0,01	2,1	Spuren	5,2	< 0,01	0,02	5	n. n.	1	4
28,7	1,6	0,4	n. b.	< 0,01	0,5	0,7	0,4	< 0,01	0,04	n. b.	n. b.	n. b.	n. b.
32	3,8	5,3	n. b.	< 0,01	3,3	Spuren	< 0,1	< 0,01	0,03	n. b.	n. b.	n. b.	n. b.
20,8	5,3	1,5	n. b.	< 0,01	Spuren	< 0,1	< 0,1	< 0,01	0,35	n. b.	n. b.	n. b.	n. b.
38	171	29,9	0,01	0,06	607	18,8	7,6	1,9	0,11	7,1	0,2	3,1	1,3
n. b.	19,0	2,0	< 0,01	< 0,01	29	4	< 2	< 0,01	< 0,01	3	n. n.	1	n. n.
< 5	12,0	1,7	< 0,01	< 0,01	12	4	< 2	< 0,01	< 0,01	4	n. n.	< 1	< 1
n. b.	2,4	0,9	0,19	< 0,01	3	1,3	0,9	< 0,01	0,03	< 1	n. n.	n. n.	< 1
n. b.	3,7	1,4	0,04	< 0,01	3	< 0,1	< 0,1	< 0,01	0,02	< 1	n. n.	n. n.	< 2
n. b.	5,5	0	0,29	< 0,01	6	1,3	< 0,1	< 0,01	0,04	< 3	n. n.	n. n.	< 3
3,0	4,2	1,1	0,02	< 0,01	2,6	1,6	0,6	< 0,01	0,04	< 40	< 0,2	< 5	< 2

Bodenuntersuchungsergebnisse einiger ausgewählter Standorte mit Biotopbeschreibungen

Biotop Nr.	Standort	Datum	Farbe	Sand (0,063–2,0 mm) %	Schluff (0,002–0,063 mm) %	Ton (<0,002 mm) %	pH-Wert
16, S. 35	Fluss östlich Villa Tunari, Bolivien	27.07.1999		46,6	42,3	11,1	5,6
17, S. 36	Rio Aruguaitu, Bolivien	01.08.1999	hellbraun	77,3	11,4	11,3	4,2
18, S. 36	Tümpel bei San Javier, Bolivien	31.07.1999	rostrot	7,8	42,4	49,8	4,8
19, S. 36	Sumpfgebiet bei Santa Rosa, Bolivien	01.08.1999	rostrot	23,0	38,9	38,1	4,1
20, S. 36	Stausee bei Conception, Bolivien	02.08.1999	hell- bis dunkelbraun	59,2	26,6	14,2	4,8
21, S. 37	Rio Verde, Westbrasilien	19.07.1999	dunkelbraun	18,1	41,1	40,8	5,3
22, S. 37	Rio Paraguay, Westbrasilien	19.07.1999	hellbraun	76,4	8,7	14,9	7,4
23, S. 37	Rio Surubim, Ostbrasilien	24.07.2000	rötlichbraun	91,5	5,3	3,2	5,6
24, S. 37	Transpantaneira, nördliches Pantanal, Westbrasilien	29.07.2000	dunkelbraun/ rötlich	9,2	34,8	56,0	5,2
25, S. 38	Arroyo Don Esteban, Westuruguay	03.08.2000	fast schwarz	69,5	12,9	17,6	6,6
27, S. 38	Arroyo Zanja del Sauce, Norduruguay	05.08.2000	fast schwarz	49,1	33,0	17,9	7,4
30, S. 39	Sumpfgebiet bei Campo Maior, Ostbrasilien	24.07.2000	hellbraun	39,4	53,1	7,5	4,3
31, S. 39	Rio Itapicuru, Ostbrasilien	26.07.2000	hellbraun	85,4	9,8	4,8	4,2
32, S. 39	Fluss Abangage, Sri Lanka	31.01.2002	dunkelbraun	47,7	32,3	20,0	5,7
33, S. 40	Typusstandort von *C. bogneri*, Sri Lanka	09.02.2002	hellbraun	94,7	4,0	1,3	5,2
37, S. 41	Ceita Coré Bonito, Südwestbrasilien	22.12.2003	dunkelbraun	15	77,6	7,4	7,4
40, S. 43	Waldtümpel Kirindy, Westmadagaskar	01.04.2000	mittelbraun	81,1	11,8	7,1	5,2
41, S. 44	Reisfelder Antananarivo, Zentralmadagaskar	11.12.2006	braunrot	43,1	16,5	40,4	5,6
42, S. 44	Rivière des Caimans, Nordmadagaskar	18.04.2000	mittelbraun	28,2	43,8	28,0	7,4
45, S. 46	Fluss Besaboba, Nordmadagaskar	19.04.2000	hellbraun	50,9	27,4	21,7	7,6
48, S. 46	Bach nördl. Akazobé, var. *madagascariensis*, Zentralmadagaskar	17.04.2000	hellbraun	78,5	14,2	7,3	4,7
50, S. 46	Pangalanes, var. *henkelianus*, Ostmadagaskar	06.12.2006	dunkelbraun	25,5	36,1	38,4	4,9
53, S. 49	Sai Rung Wasserfall, Südthailand	04.01.2009	dunkelgelb	69,5	21,3	9,2	4,5
57, S. 51	Fluss, km-Stein 755, Südthailand	04.01.2009	gelbbraun	88,1	8,4	3,5	5,0

n. b. = nicht bestimmt

Humus (C-Gehalt) %	Gesamtstickstoff (N) %	Phosphor (P_2O_5) mg/100 g	Kalium (K_2O) mg/100 g	Magnesium (Mg) mg/100 g	Kupfer (Cu, EDTA) mg/kg	Mangan (Mn, EDTA) mg/kg	Eisen (Fe, EDTA) mg/kg	Zink (Zn, EDTA) mg/kg	AK (Austauschkapazität) mval/100 g	Ca-AK mval/100 g	Mg-AK mval/100 g	K-AK mval/100 g	Na-AK mval/100 g
1,2	0,12	4	15	15	3,54	705	940	9,02	n. b.	n. b.	n. b.	n. b.	n. b.
0,5	0,05	2	3	2	1,46	32,5	575	1,37	n. b.	n. b.	n. b.	n. b.	n. b.
1,9	0,17	2	16	14	6,23	155	1540	2,82	17,7	5,66	1,17	0,50	0,47
3,3	0,30	1	12	7	2,47	22,2	1800	1,68	n. b.	n. b.	n. b.	n. b.	n. b.
1,6	0,14	3	5	8	6,62	170	800	2,20	10,5	3,88	0,74	0,33	0,33
2,2	0,20	3	12	58	3,32	112	805	1,01	n. b.	n. b.	n. b.	n. b.	n. b.
0,4	0,04	4	6	19	3,94	60,2	169	1,78	7,14	7,09	1,69	0,16	0,61
0,3	0,02	2	2	1	1,63	7,69	60,5	1,00	n. b.	n. b.	n. b.	n. b.	n. b.
2,8	0,24	7	17	33	11,2	118	1510	7,37	22,5	10,3	2,95	0,31	0,31
2,2	0,17	5	9	12	5,78	90	350	1,99	n. b.	n. b.	n. b.	n. b.	n. b.
1,0	0,09	3	8	40	9,70	550	192	1,94	21,0	18,5	4,90	0,15	0,35
0,6	0,06	1	3	1	2,64	1,37	151	0,56	n. b.	n. b.	n. b.	n. b.	n. b.
1,0	0,06	1	1	1	1,43	1,13	263	1,55	n. b.	n. b.	n. b.	n. b.	n. b.
2,8	0,23	2	19	46	12	1000	645	8,04	n. b.	n. b.	n. b.	n. b.	n. b.
0,6	0,04	1	2	2	1,15	37,9	64,3	5,43	n. b.	n. b.	n. b.	n. b.	n. b.
2	0,19	15	1	32	0,87	1,05	7,26	0,70	n. b.	n. b.	n. b.	n. b.	n. b.
2,7	0,14	2	10	10	2,36	61,2	155	2,19	6,43	3,46	0,68	0,38	0,40
0,6	-	1	13	7	1,17	62	225	2,51	3,42	0,67	0,25	0,32	0,093
2,0	0,10	3	6	72	11,5	1310	855	6,20	5,36	20,4	10,4	0,48	1,42
1,3	0,06	1	7	18	2,66	90	140	1,12	n. b.	n. b.	n. b.	n. b.	n. b.
2,8	0,10	1	2	2	1,12	20	104	0,98	4,29	0,43	0,01	0,08	0,34
8,9	n. b.	2	8	18	17,4	890	5420	28,5	18,3	2,51	0,45	0,082	0,23
0,7	0,06	2	3	2	0,506	4,01	>50	0,669	n. b.	n. b.	n. b.	n. b.	n. b.
0,2	0,03	2	1	1	< 0,50	14,8	54,8	0,715	n. b.	n. b.	n. b.	n. b.	n. b.

Beleuchtungsstärkemessungen				
Ort	**Datum**	**Uhrzeit**	**Bewölkung**	**Luxwerte**
Madagaskar	26.12.86	08.30	wolkenlos	114 000
Berenty		09.00	wolkenlos	121 000
Fort Dauphin	27.12.86	08.00	wolkenlos	64 000
		14.00	wolkenlos	114 700
		14.30	bewölkt	67 000
		15.00	stark bewölkt, Sonne kaum zu sehen, kurz vor Regen	25 200
		16.45	stark bewölkt, Sonne nicht zu sehen, regnerisch	4 890
Umgebung	28.12.86	07.20	klar, sehr gering bewölkt	51 700
von Fort		08.00	gering bewölkt	67 100
Dauphin		09.40	wolkenlos	104 100
		10.30	wolkenlos	116 400
		13.30	wolkenlos	108 000
			im Schatten von Bäumen	8 460– 25 000
Umgebung	29.12.86	06.15	wolkenlos	20 000
von Fort		12.00	wolkenlos	127 800
Dauphin		12.30	wolkenlos	128 500
		12.35	bewölkt	67 000
		15.00	wolkenlos	95 200
		18.15	stark bewölkt, dunkle Wolken	1 885
		18.40	leicht bewölkt, Sonne zu sehen	330
		18.45	wie vor	260
		18.50	leicht bewölkt, Sonnenuntergang	120
		18.55	wie vor	30
		19.05	wie vor	5
Umgebung	30.12.86	05.30	wolkenlos	4 890
von Fort		07.30	wolkenlos	56 300
Dauphin		07.45	wolkenlos	60 600
		08.45	wolkenlos	87 400
		11.00	wolkenlos	122 300
		11.30	wolkenlos	125 200
		11.50	wolkenlos	128 600
		12.00	wolkenlos	139 300
		12.30	leicht bewölkt	127 000
		12.55	wolkenlos	130 200
		14.00	leicht bewölkt	102 800
		14.05	wolkenlos	119 900
		14.25	wolkenlos	105 700
Andasibé	31.12.86	12.00	wolkenlos	139 300
Andasibé	01.01.87	09.00	sehr leicht bewölkt	74 800
		09.05	etwas stärker bewölkt	53 400
		09.45	stark bewölkt	24 000
		11.30	kleine, weiße Wolken, Sonne frei	137 500
		11.35	Sonne hinter Wolken	80 000
		15.00	Himmel gleichmäßig stark bewölkt, starker Regen	1 350

Beleuchtungsstärkemessungen				
Ort	**Datum**	**Uhrzeit**	**Bewölkung**	**Luxwerte**
nahe Beforona	03.01.87	10.00	Sonne klar sichtbar, kleine, weiße Wolken	70 000
900 m Höhe		10.10	Sonne klar sichtbar, fast wolkenlos	146 000
Ekuador	07.02.90	08.35	bei allen Messungen	58 300
Coca		08.50	sehr gering bewölkt, Sonne immer frei von Wolken	63 700
		09.00		68 400
		09.30		80 000
		10.00		91 200
		10.35		104 100
		10.50		106 000
		11.00		113 300
		11.35		127 500
		12.00	stärker bewölkt	77 300
		12.07	gering bewölkt	126 800
		13.30	gering bewölkt	119 200
		14.15	stark bewölkt	33 600
		15.30	gering bewölkt	90 500
Coca	08.02.90	07.30	weiße und schwarze Wolken	16 310
		08.10	weiße und schwarze Wolken	19 800
		12.45	wolkenlos	156 400
		13.00	Sonne hinter dunklen Wolken	34 600
		14.00	wolkenlos	127 700
		14.30	wolkenlos	108 600
		15.00	wolkenlos	90 100
		15.30	Sonne hinter den Wolken	19 600
		15.30	unter Bäumen bei bewölktem Himmel	8 000–13 000
		16.00	wolkenlos	62 200
		16.50	kleine weiße Wolken	32 400
		17.30	kleine weiße Wolken	13 070
		18.00	kleine weiße Wolken	2 420
		18.30	Sonnenuntergang	280
Coca	09.02.90	08.00	starker Regen	550
Quito	10.02.90	06.00	Dämmerung	–
3000 m Höhe		06.40	Sonnenaufgang	1 433
direkt am		06.42	wolkenlos	2 070
Äquator		06.45	wolkenlos	4 000
		06.50	wolkenlos	5 390
		06.55	wolkenlos	8 550
		07.00	wolkenlos	11 520
		07.15	wolkenlos	18 800
		07.30	wolkenlos	26 700
		07.45	wolkenlos	29 800
		08.00	wolkenlos	41 000
		08.15	wolkenlos	49 500
		08.30	wolkenlos	58 000

Glossar

Achäne: Schließfrucht, bei der Fruchtwand (Perikarp) und Samenschale (Testa) miteinander verwachsen sind.
Adventivknospen: Knospen an Blättern oder Wurzeln, die entweder spontan oder nach Verletzung der Pflanzen entstehen.
Ähre: Blütenstand mit gestreckter Hauptachse, an der ungestielte Einzelblüten sitzen.
amphibisch: sowohl im Wasser als auch auf dem Land lebend.
anaerob: ohne Sauerstoff.
Anatomie: Wissenschaft von dem inneren Bau der Organismen, die Zell- und Gewebelehre umfassend.
Anthere: Staubbeutel.
Anthese: Entwicklungsabschnitt der Blütenorgane vom Ende des Knospenzustandes bis zum Beginn des Verblühens.
Anthozyane: im Zellsaft gelöste Farbstoffe, deren Farbcharakter u. a. von dem pH-Wert des Zellsaftes abhängt.
Apomixis: Fortpflanzung, die scheinbar der sexuellen entspricht, tatsächlich aber ohne Befruchtung vor sich geht. Samenbildung ohne vorhergehende Befruchtung.
Assimilation: Aufbau körpereigener organischer Stoffe aus anorganischen Stoffen oder aus anderen organischen Stoffen. Häufig versteht man unter Assimilation im Besonderen die Bildung von Stärke aus Kohlendioxid und Wasser mit Hilfe von Lichtenergie und Blattgrün (siehe Photosynthese).
ausdauernd: Die Pflanze blüht und fruchtet mehrere Jahre hindurch.
bandförmige Blattform: Breite zu Länge wie 1 : 12 oder mehr, Rand parallel (Abb. S. 616).
basal: am Grunde, grundständig.
Blattrand: *ganzrandig*: ohne Einschnitte; *gesägt*: Zähne und Einschnitte sind spitzwinklig; *gezähnt*: Zähne spitz, Einschnitte rund; *gekerbt*: Zähne rund, Einschnitte spitz; *gelappt*: Einschnitte tiefer, weniger Abschnitte.
Blütenhülle: Mit Blütenhülle bezeichnet man die äußeren, sterilen Blütenblätter, die die fertilen Blütenblätter umgeben. Die Blütenhüllblätter sind entweder gleich (Perigon) oder verschieden (Perianth) gestaltet und in Kelch und Krone gegliedert.
Braktee: Deckblatt, Tragblatt einer Blüte.
bullös: blasig.

cf.: von *conferre* (lat.) = zusammentragen, in die Nachbarschaft stellen; bedeutet „zu vergleichen mit" oder „ähnlich mit".
Chasmogamie: Bestäubung bei Blüten, die sich öffnen und der Fremdbestäubung zugänglich sind. Vgl. Kleistogamie.

Dichasium: Form der Verzweigung, bei der zwei Seitenäste die Fortsetzung der Mutterachse übernehmen.
Diffusion: ohne äußere Einwirkung eintretender Ausgleich von Konzentrationsunterschieden (chem.).
diploid: Zellen mit doppeltem Chromosomensatz.
Dolde: Blütenstand mit verkürzter Hauptachse, an der die etwa von einem Punkt strahlig ausgehenden, ± gleich lang gestielten Einzelblüten stehen. Wenn an Stelle der Einzelblüten wieder kleine Dolden sitzen, spricht man von einer zusammengesetzten Dolde.

eiförmige (eirunde) Blattformen: größter Durchmesser der Spreite liegt immer unterhalb der Blattmitte; verkehrt eiförmige Formen: größter Durchmesser liegt oberhalb der Blattmitte; *schmal eiförmig*: Breite zu Länge wie 1 : 2; *eiförmig*: Breite zu Länge wie 2 : 3; *breit eirund*: Breite zu Länge wie 5 : 6; *sehr breit eirund*: Breite zu Länge wie 6 : 6 (Abb. S. 616).
eingeschlechtlich: Blüten, in denen sich entweder nur weibliche (Fruchtblätter) oder nur männliche (Staubblätter) Geschlechtsorgane befinden.
einhäusig: Blüten, die entweder nur Staubblätter (männlich) oder nur Fruchtblätter (weiblich) enthalten, befinden sich auf ein und derselben Pflanze.
einjährig: Der gesamte Lebenslauf einer Pflanze von der Keimung bis zur Fruchtreife und zum Absterben vollzieht sich innerhalb einer Vegetationsperiode.
elliptische Blattformen: größter Spreitendurchmesser in der Blattmitte, spitzwinklige Enden; *sehr schmal elliptisch*: Breite zu Länge wie 1 : 6; *schmal elliptisch*: Breite zu Länge wie 1 : 3; *elliptisch, oval*: Breite zu Länge wie 1 : 2; *breit elliptisch*: Breite zu Länge wie 2 : 3; *rundlich*: Breite zu Länge wie 5 : 6; *rund, kreisrund*: Breite zu Länge wie 6 : 6 (Abb. S. 616).
Emergenzen: mehrzellschichtige Auswüchse, wie z. B. Stacheln, Haare, Schuppen und ähnliche Oberflächenstrukturen, charakteristisch beispielsweise bei der Familie Hydrostachyaceae.

emers: über dem Wasser lebend.
Endemiten: Pflanzen, die im Gegensatz zu den Kosmopoliten nur in einem relativ eng begrenzten Gebiet einheimisch sind.
Epidermis: (gr. = Oberhaut), Oberflächenzellschicht höherer Pflanzen und Tiere.
eutroph: nährstoffreich.

fertil: fruchtbar.
fiederschnittig: Blatteinschnitte gehen bis auf den Mittelnerv.
fiederspaltig: Blatteinschnitte klein, nicht bis zur Mitte der Spreitenhälfte gehend.
fiederteilig: Blatteinschnitte gehen bis zur Mitte der Spreitenhälfte.
Filament: Staubfaden.
Fruchtblätter: (Karpelle), Blattorgane der Pflanze, die die Samenanlagen erzeugen.

gegenständige Blattstellung: Die Blätter stehen einander gegenüber. Kreuzgegenständig: die Blätter stehen kreuzweise einander gegenüber (Abb S. 617).
generative Fortpflanzung: Fortpflanzung auf geschlechtlichem Wege (z. B. durch Samen).
Genikulum: Gelenk, bei *Anubias* verdickter Blattstiel unterhalb der Blattspreite.
Glochidien: bei den Azollaceae gestielte Widerhäkchen an der Oberfläche der schwimmfähigen Mikrosporenballen.
Gynäzeum: Gesamtheit der weiblichen Blütenorgane bzw. der Fruchtblätter einer Blüte.

heteromorph: verschiedengestaltig.
heterostyl: verschiedengriffelig. Eine Art ist heterostyl, wenn ihre Blüten Griffel mit verschiedener Länge aufweisen.
Hydathoden: Wasserspalten; Gruppen kleiner, chlorophyllfreier Zellen, zur Ausscheidung von flüssigem Wasser.
Hypanthium: Blütenbecher; ein röhrenförmiges Achsenstück zwischem dem Fruchtknoten und den übrigen Blütenorganen.

Indusium: Schleier; die zarte Hülle, die bei den Farnen die Sporangiengruppe umhüllt.
Internodium: zwischen zwei Knoten liegender Teil der Sprossachse.
Interzellularen: Zellzwischenräume, die sich vor allem im Grundgewebe der Pflanze befinden und ein zusammenhängendes lufterfülltes System bilden.
Involukrum: Hüllkelch der Köpfchen- und Körbchenblütenstände (z. B. bei der Familie Asteraceae).

Karpell: Fruchtblatt.
Kleistogamie: Selbstbefruchtung innerhalb der geschlossenen Blüte.
Konnektiv: steriles Verbindungsstück zwischen den Staubbeutelhälften.
Kosmopolit: Pflanzenart, die mehr oder weniger über die ganze Erde verbreitet ist.
Kurztagpflanzen: Pflanzen, die bei einer täglichen Beleuchtungsdauer von weniger als zwölf Stunden blühen.
Kutikula: eine von der Epidermis-Oberfläche ausgeschiedene Wachsschicht; bei allen höherentwickelten Pflanzen eine für Gas und Wasser schlecht durchlässige, aus Kutin bestehende Schicht zur Herabsetzung der Verdunstung.

längliche Blattformen: Blattrand in der Mitte ziemlich parallel; *schmal länglich*: Breite zu Länge wie 1 : 3; *länglich*: Breite zu Länge wie 1 : 2; *breit länglich*: Breite zu Länge wie 2 : 3; *sehr breit länglich*: Breite zu Länge wie 5 : 6 (Abb. S. 616).
Langtagpflanzen: Pflanzen, die bei einer täglichen Beleuchtungsdauer von mehr als 12 Stunden blühen.
lanzettliche (eirunde) Blattformen: größter Durchmesser der Spreite liegt unterhalb der Blattmitte; verkehrt lanzettliche Formen: größter Durchmesser liegt oberhalb der Blattmitte; *schmal lanzettlich*: Breite zu Länge wie 1 : 6; *lanzettlich*: Breite zu Länge wie 1 : 3 (Abb S. 616).
linealische Blattform: Breite zu Länge wie 1 : 6 bis 8, Rand parallel (Abb. S. 616).

Männliche Blüten: Blüten, die nur Staubgefäße tragen.
Makrosporangium: Sporenbehälter für Makrosporen.
Makrospore: weibliche (größere) Spore.
Massulae: rundliche Ballen, zu denen die Mikrosporen z. B. von *Azolla* vereinigt sind.
Merikarp: Teilfrucht einer Spaltfrucht.
Mikrosporangium: Sporenbehälter für Mikrosporen.
Mikrospore: männliche (kleinere) Spore.
Morphologie: Wissenschaft von der äußeren Form oder Gestalt der Tiere oder Pflanzen.
Mutante: Individuum mit neuem, durch Mutation entstandenem Merkmal.
Mutation: eine spontan auftretende Änderung des Erbgutes.

Nektarien: Honigdrüsen, Sekretionsorgane, die Nektar zur Anlockung von Insekten ausscheiden.
nierenförmig: Die Spreite ist breiter als lang und an der Basis tief eingeschnitten (Abb. S. 617).
Nodus: Knoten, Sprossknoten.
nomen conservandum: ein zu schützender (konservierter) Name.
nomen illegitimum: regelwidriger, ungültiger Name.
nomen nudum: „nackter" (ungültiger) Name; ohne Beschreibung des Taxons (Typusexemplars) veröffentlichter Name.
Nomenklatur: Lehre von der Namengebung. Die von LINNÉ eingeführte Benennung der Tiere und Pflanzen nach Gattung und Art (binäre Nomenklatur). Der „Internationale Code der botanischen Nomenklatur" gibt verbindliche Regeln für die Beschreibung und Benennung der Arten.
notho-: bedeutet Bastard. Entweder wird dieser durch ein Malzeichen × oder durch Hinzufügen von notho- gekennzeichnet (z. B. nothovar. bei *Cryptocoryne ×purpurea* nothovar. *purpurea*).

Ochrea: Nebenblattscheide.
Ökologie: Wissenschaft von den Beziehungen der Organismen untereinander und zu ihrer Umwelt.
oligotroph: nährstoffarm.

Paludarium: Nachbildung eines Sumpfbiotops für feuchtigkeitsliebende Tiere und Pflanzen, gewöhnlich mit Wasser- und Landteil.
Pappus: haarförmig entwickelter Kelch, z. B. bei vielen Asteraceae.
Perianth: doppelte Blütenhülle, bestehend meist aus grünen Kelch- und auffällig gefärbten Kronblättern.
Perigon: einheitliche Blütenhülle, bestehend aus gleichgestalteten und gleichgefärbten Blütenhüllblättern.
Phänologie: Wissenschaft vom jahreszeitlichen Ablauf der Lebenserscheinungen.
Photosynthese: Physiologischer Prozess, bei dem aus anorganischen Stoffen unter katalytischer Mitwirkung des Blattgrüns und unter Ausnutzung der Sonnenenergie organische Stoffe (Kohlenhydrate) aufgebaut werden, oft auch als Assimilation in engerem Sinne bezeichnet.
Pistillodium: steriler Stempel (Pistill).
Polygamie: „Vielehigkeit"; das Vorkommen von eingeschlechtlichen neben zwittrigen Blüten bei ein und derselben Pflanzenart.
polymorph: vielgestaltig.
Primärblätter: die bei vielen Pflanzen auf die Keimblätter folgenden, von den späteren Laubblättern verschiedenen Erstlingsblätter.
Prothallium: (von griech. pro = vor und thallos = grüner Zweig, Sprössling), trägt bei Farnpflanzen die Geschlechtsorgane.

quirlständige Blattstellung: Drei oder mehr Blätter sind in einem Quirl angeordnet (Abb. S. 617).

Rheophyt: Pflanze stark strömender Flüsse.
Rhizoid: ein- oder mehrzellige Haarbildung, die die Wurzeln ersetzen. Ihre Funktion ist vorwiegend die Verankerung im Substrat.
Rhizom: Wurzelstock; unterirdische, mehr oder weniger verdickte Sprossachse. Die Rhizome speichern häufig Stärke.
Rispe: eine Traube mit verzweigten Seitenachsen.
rudimentär: rückgebildete, aber noch vorhandene Organe, die ihre ursprüngliche Funktion verloren haben.

Scheinähre: gedrängt rispiger Blütenstand.
schildförmig: Stiel ist in der Mitte der Blattspreite eingefügt (S. 617).
semi-emers: Pflanzen, die teilweise unter Wasser und teilweise mit ihren Sprossen über die Wasseroberfläche hinausragen.
sensu auct.: im Sinne des Autors.
Spadix: Blütenkolben.
Spaltöffnungen: die Öffnungsstellen der Epidermis der Pflanzen, die von zwei besonders gestalteten Schließzellen umgeben werden; regulieren die Aufnahme von Kohlendioxid und die Abgabe von Wasserdampf.
spatelförmig: Spreite länger als breit, Spitze breitrund, Spreite breit in die Basis verlaufend (Abb. S. 618).
Spatha: ein häufig auffällig gefärbtes Hochblatt; typisch für Aronstabgewächse.
Spelzen: trockenhäutige Hochblätter der Gräser, die die Einzelblüten schützend umgeben.
Sporangium: Sporenbehälter.
Sporokarpien: die von einem dicken Schleier vollständig umschlossenen Sporenhaufen der Wasserfarne.

Sporophylle: Sporenblätter; die Sporangien tragenden Blätter der Farne.
Staminodium: rückgebildetes, steriles Staubblatt, das keine fruchtbaren Pollen hervorbringt.
Stempel: weibliches Fortpflanzungsorgan der Blütenpflanzen, bestehend aus Fruchtknoten, Griffel und Narbe.
submers: untergetaucht, unter Wasser lebend.
sympatrisch: Bezeichnung für Sippen mit gleichen oder sich überschneidenden Verbreitungsgebieten.
Synandrium: Gebilde, das durch die Verwachsung sämtlicher Staubblätter entsteht.
Synkarpium: Frucht, die aus zwei bis mehreren verwachsenen Fruchtblättern einer oder mehrerer Blüten hervorgeht, z. B. bei *Cryptocoryne* oder der Ananas (aus mehreren verwachsenen Blüten gebildet).
Synonym: ungültiger Pflanzenname.
syntop: am selben Standort vorkommend.
Systematik: Fachrichtung der Biologie mit dem Aufgabenbereich, die stammesgeschichtlich bedingten Verwandtschaftsverhältnisse bei Pflanzen und Tieren zu ermitteln und sie in einem System zu ordnen. Teilgebiet der Systematik ist die Taxonomie.

tagneutrale Pflanzen: Beleuchtungsdauer ohne Einfluss auf die Blütenbildung.
Taxonomie: die Lehre von den Gesetzmäßigkeiten der Ordnung mit der Aufgabenstellung, die Organismen zu beschreiben, zu benennen und in ein System einzuordnen.
Tepalen: die gleichartigen Glieder eines Perigons, Perigonblätter; die Blütenhülle ist nicht in Kelch und Krone gegliedert.
Thallus: Pflanzenkörper der Algen, Flechten, einfacher Moose; nicht in Stängel, Blätter und Wurzeln gegliedert.
Theke: Der Staubbeutel besteht aus zwei Fächern (Theken), jede Theke wiederum aus zwei Pollensäcken.
Transpiration: Abgabe von Wasserdampf.
Traube: Blütenstand, bei dem an der gestreckten Hauptachse gestielte Blüten stehen.
triploid: Zellen mit dreifachem Chromosomensatz.
Turionen: Überwinterungsknospen (Hibernakeln) zahlreicher Wasserpflanzen. Sie werden im Herbst gebildet, überwintern auf dem Boden der Gewässer und kommen erst im Frühjahr an die Wasseroberfläche, wo sie sich zu neuen Pflanzen entwickeln.

vegetative Vermehrung: Fortpflanzung auf ungeschlechtlichem Wege (z. B. durch Seitensprosse, Ableger usw.).
Velum: Schleier.
Vorblatt: das erste Blatt bzw. die ersten Blätter eines Seitensprosses.

wechselständige Blattstellung: Die Blätter stehen abwechselnd (S. 617).
Weibliche Blüte: Blüten, die nur Fruchtblätter enthalten.

zweigeschlechtliche Blüten: Weibliche (Fruchtblätter) und männliche (Staubblätter) Geschlechtsorgane befinden sich in einer Blüte. Gewöhnlich werden solche Blüten als zwittrig bezeichnet.
zweihäusig (diözisch): Männliche und weibliche Blüten sind auf verschiedenen, eingeschlechtlichen Pflanzen verteilt.
zweizeilige Blattstellung: Die Blätter liegen alle in einer Ebene (S. 617).
zwittrige Blüten: Blüten, in denen Staub- und Fruchtblätter vorhanden sind.

Blattformen

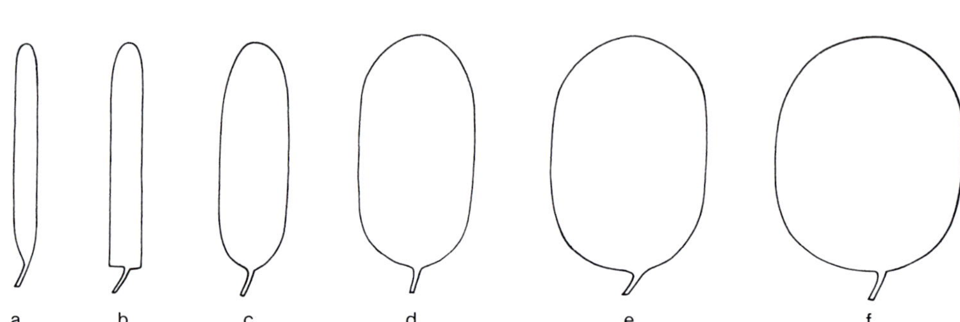

Längliche Blattformen: a) linealisch, Breite zu Länge wie 1:6 bis 1:8, Rand parallel; b) riemen- oder bandförmig, 1:12 oder mehr; c) schmal länglich, 1:3, Ränder ziemlich parallel: d) länglich, 1:2, Rand im mittleren Abschnitt parallel; e) breit länglich, 2:3; f) sehr breit länglich, 5:6, in der Mitte am breitesten, von dort nach beiden Enden etwas schmaler werdend, beide Enden jedoch rund

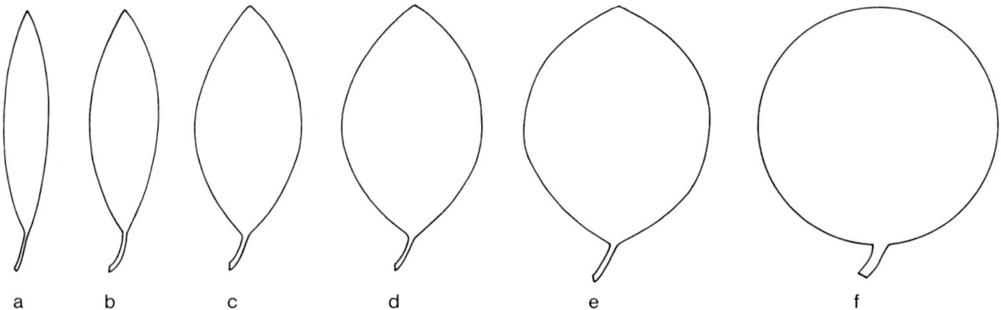

Elliptische Blattformen: a) sehr schmal elliptisch, Breite zu Länge wie 1:6; b) schmal elliptisch, 1:3; c) elliptisch oval, 1:2; d) breit elliptisch, 2:3; e) rundlich, 5:6; f) rund, kreisrund, 6:6

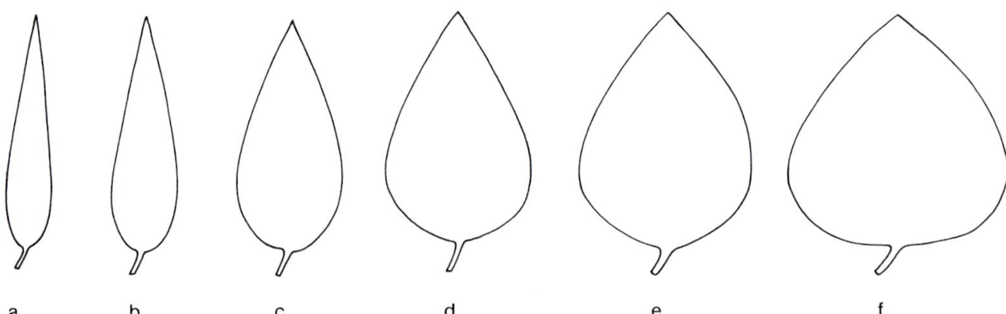

Eirunde Blattformen: a) schmal lanzettlich, Breite zu Länge wie 1:6; b) lanzettlich, 1:3; c) schmal eiförmig, 1:2; d) eiförmig, eirund, 2:3; e) breit eirund, 5:6; f) sehr breit eirund, 6:6

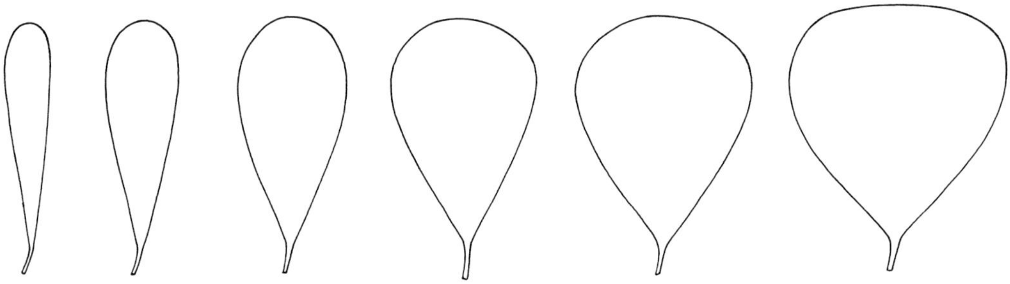

a b c d e f

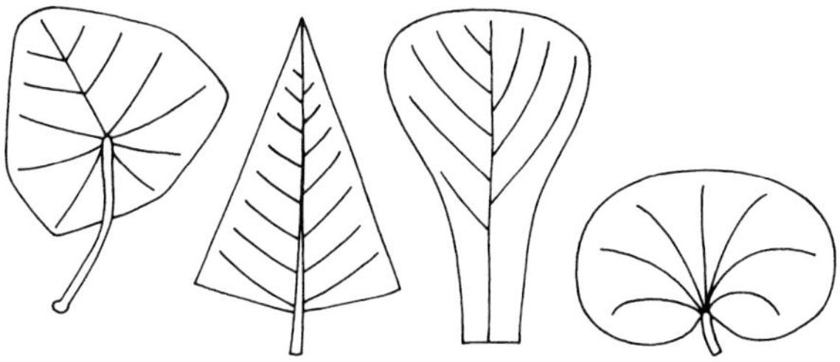

a b c d

Oben: Verkehrt eiförmige Blattformen:
a) schmal verkehrt lanzettlich, Breite zu Länge wie 1:6: b) verkehrt lanzettlich, 1:3: c) schmal verkehrt eiförmig, 1:2: d) verkehrt eiförmig, 2:3: e) breit verkehrt eiförmig, 5:6: f) sehr breit verkehrt eiförmig, 6:6

Links: Besondere Blattformen: a) schildförmig; b) dreieckig: c) spatelförmig; d) nierenförmig

Blattstellung

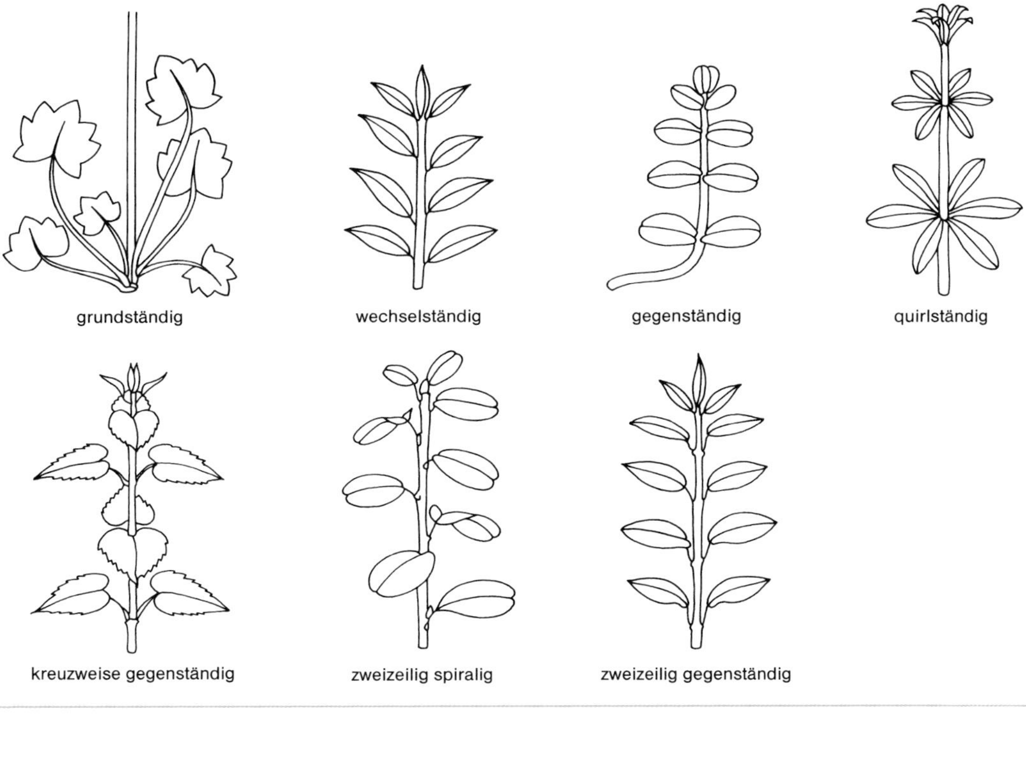

grundständig

wechselständig

gegenständig

quirlständig

kreuzweise gegenständig

zweizeilig spiralig

zweizeilig gegenständig

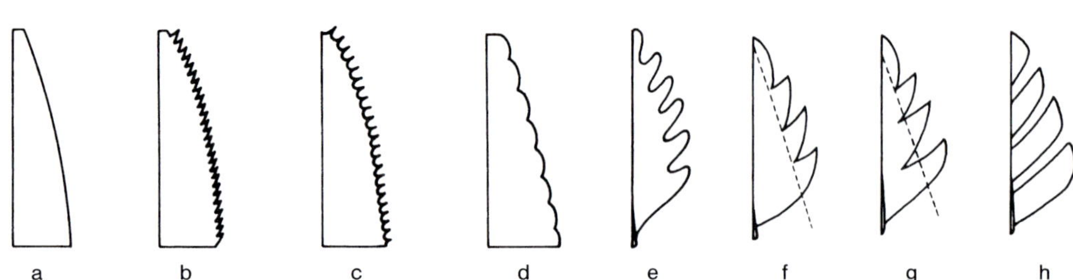

Blattrandformen: a) ganzrandig: ohne Einschnitte; b) gesägt: Zähne und Einschnitte sind spitzwinklig; c) gezähnt: Zähne spitz, Einschnitte rund; d) gekerbt: Zähne rund, Einschnitte spitz; e) gebuchtet: tiefer eingeschnitten, Einschnitte rund, Vorsprünge rund; f) fiederspaltig: Einschnitte gehen nicht bis zur Mitte der Spreitenhälfte; g) fiederteilig: Einschnitte gehen bis zur Mitte der Spreitenhälfte; h) fiederschnittig: Einschnitte gehen bis auf den Mittelnerv

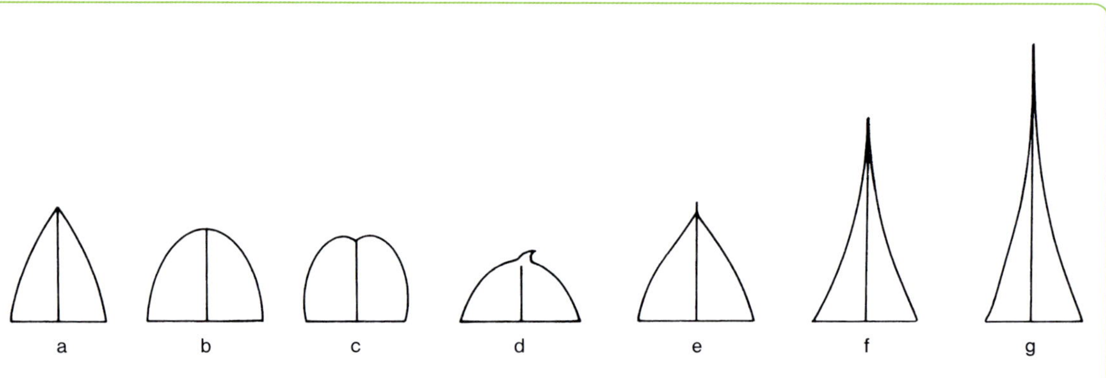

Blattspitze: a) spitz; b) stumpf; c) ausgerandet; d) fein zugespitzt; e) feinspitz; f) lang zugespitzt; g) geschwänzt

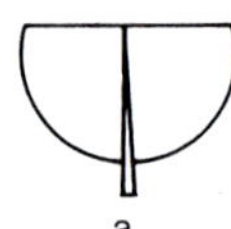

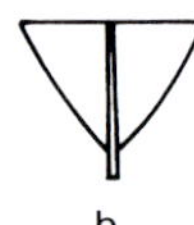

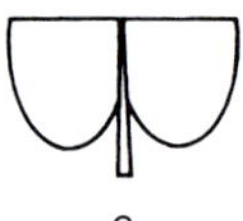

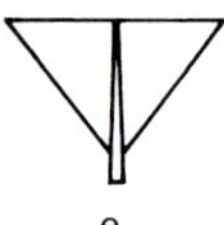

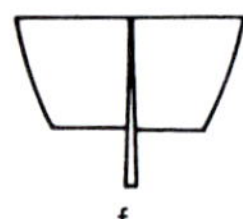

Blattbasis: a) rund: beide Hälften der Spreite bilden einen Halbkreis; b) stumpf: die Ränder beider Spreitenhälften stoßen im stumpfen oder rechten Winkel zusammen; c) herzförmig: Halbkreis mit tiefem Einschnitt; d) geöhrt: ähnlich wie die Herzform, aber länger ausgezogen und seitwärts abstehend; e) keilförmig: Rand von der Mitte bis zur Basis gerade (nicht gekrümmt) und stetig schmaler werdend; f) gestutzt: Blattbasis quer abgeschnitten

Literatur

AFFOLTER, J. M. (1985): A monograph of the genus *Lilaeopsis*. Systematic Botany Monographs 6: 1–140.

ALBERS, A. (1988): Die Kultur und Vermehrung der Gitterpflanze, *Aponogeton madagascariensis* (MIRBEL) H. BRUGGEN. Aqua Planta 13 (2): 49–60.

ALLEN, C. (2015): *Hemianthus glomeratus*. The Aquatic Gardener. 28 (2): 4–8.

ARENDS, J. C., J. D. BASTMEIJER & N. JACOBSEN (1982): Chromosome numbers and taxonomy in *Cryptocoryne* (Araceae). II. Nord. J. Bot. 2: 453–463.

ASTON, H. (1973): Aquatic Plants of Australia. Melbourne.

– (1995): A revision of the tuberous-rooted species of *Triglochin* L. (Juncaginaceae) in Australia. Muelleria 8 (3): 331–364.

BADER, H. (1992): *Barclaya longifolia* WALLICH. Datz 45 (8): 526–529.

BARTH, H. (1988): Wasserpflanzensorten – Aquarienpflanzen der Zukunft? Aquarien Terrarien 35 (11): 361, 366–367, 389, 396.

– (2002): Zwei neue Sorten für das dekorative Pflanzenaquarium. Datz 55 (10): 70–72.

BARTH, H., & H. STALLKNECHT (1990): Pflanzen fürs Aquarium. Urania-Verlag, Leipzig.

BASTMEIJER, J. D. (1986): *Cryptocoryne amicorum* DE WIT et JACOBSEN. Aqua Planta 11 (2): 51–54.

– (1989): *Cryptocoryne scurrilis* DE WIT. Aqua Planta 14 (1): 3–5.

– (1993): Das Pflanzenporträt: *Cryptocoryne fusca* DE WIT. Aqua Planta 18 (3): 108–112.

– (2002): *Cryptocoryne yujii* BASTMEIJER (Araceae), eine neue Art aus Sarawak. Aqua Planta 27 (4): 145–146.

BASTMEIJER , J. D., & B. E. E. DUYFJES (1996/1997): Zwei Cryptocorynen aus dem Gunung-Leuser-Nationalpark.
1. Teil: *Cryptocoryne minima* RIDLEY. Aqua Planta 21 (4/1996): 191–197.
2. Teil. *Cryptocoryne moehlmannii* DE WIT. Aqua Planta 22 (2/1997): 43–50.

BASTMEIJER, J. D., et al. (1984): *Cryptocoryne alba* und ihre Variationsbreite. Aqua Planta 9: 18–22.

– (2010): Notes on the *Cryptocoryne* (Araceae) of Thailand. Thai Forest Bulletin 38: 179–183.

– (2012): Eine neue *Cryptocoryne*-Art (Araceae) aus Sri Lanka (Ceylon). Aqua Planta 37 (2): 50–59.

– (2013): Eine neue Varietät der *Cryptocoryne ferruginea* ENGL. von Sekadau, West Kalimantan, Indonesien. Aqua Planta 38 (3): 84–93.

– (2014): *Cryptocoryne matakensis* (Araceae), eine neue Art von den Anambas-Inseln (Indonesien). Aqua Planta 39 (2): 64–71.

– (2016): *Cryptocoryne wongsoi* (Araceae), a new species from Sumatera, Indonesia. Aroideana 39 (2): 4–14.

BASTMEIJER, J. D., & C. KETTNER (1991): *Cryptocoryne pallidinervia* ENGLER. Aqua Planta 16 (4): 123–128.

BASTMEIJER, J. D., & R. KIEW (2001): Eine neue *Cryptocoryne*-Art (Araceae) aus dem Bukit-Timah-Reservat von Singapur. Aqua Planta 26 (4): 172–179.

BASTMEIJER, J. D., & H. MORCO (2000): *Cryptocoryne pygmaea* MERRILL (Araceae) von Busuanga und Palawan (Philippinen). Aqua Planta 25 (3): 99–107.

BASTMEIJER, J. D., & P. VAN WIJNGAARDEN (1999): *Cryptocoryne coronata* BASTMEIJER et VAN WIJNGAARDEN, spec. nov. (Araceae), eine neue Art von den Philippinen. Aqua Planta 24 (1): 23–28.

BENL, G. (1958): *Vesicularia dubyana* (C. MÜLL.) BROTH., das „Javamoos". Datz 11 (1): 17-19.

– (1969): *Glossadelphus zollingeri* (C. MÜLL.) FLEISCHER, ein zweites „Javamoos". Datz 22 (12): 369–372.

– (1972): *Rotala macrandra* KOEHNE (Lythraceae). Datz 25 (6): 198–201.

BHATTI, G. R., & M. INGROUILLE (1997): Systematics of *Pogostemon* (Labiatae). Bulletin of the Natural History Museum, Botany Series 27 (2): 77–147.

BJORÅ, C. S., KWEMBEYA, E. G., BOGNER, J. & INGER NORDAL (2009): Geophytes diverging in rivers – a study on the genus *Crinum*, with two new rheophytic taxa from Cameroon. Taxon 58 (2): 561–571.

BOGIN, C. (1955): Revision of the genus *Sagittaria* (Alismataceae). Memoirs of the New York Botanical Garden. 9 (2): 179–233.

BOGNER, J. (1968): Standorte einiger *Aponogeton*-Arten in Madagaskar. Datz 21 (8): 242–244.

– (1984): *Cryptocoryne usteriana* ENGLER und *Cryptocoryne aponogetifolia* MERRILL. Aqua Planta 9 (4): 7–13.

– (1987): Die systematische Stellung von *Lagenandra gomezii* (SCHOTT) BOGNER & JACOBSEN, comb. nov. Aqua Planta 12 (2): 43–50.

– (1988): *Schismatoglottis roseospatha* BOGNER, spec. nov. (Araceae), eine neue Art aus Sarawak. Aqua Planta 13 (3): 96–99.

– (1990): Weitere Angaben zu *Cryptocoryne hudoroi* BOGNER et JACOBSEN. Aqua Planta 15 (1): 10–13.

– (1996 a): *Ottelia acuminata* (GAGNEP.) Dandy (Hydrocharitaceae). Aqua Planta 21 (2): 47–49.

– (1996 b): *Alternanthera aquatica* (Parodi) CHODAT (Amaranthaceae). Aqua Planta 21 (3): 127–129.

– (2001): *Cryptocoryne annamica* SEREBRYANYI. Aqua Planta 26 (1): 25–28.

– (2004 a): *Najas madagascariensis* RENDLE (Madagassisches Nixkraut). Aqua Planta 29 (2): 53.

– (2004 b): *Schismatoglottis roseospatha* BOGNER (Araceae). Aqua Planta 29 (3): 86–87.

– (2005 a): *Hydrostachys* – ungewöhnliche Wasserpflanzen. Aqua Planta 30 (2): 76–77.

– (2005 b): Podostemaceae – interessante Waserpflanzen. Aqua Planta 30 (4): 136–142.

– (2006): *Landoltia punctata* (G. F. W. MEYER) D. H. LES & D. J. Crawford (Araceae-Lemnoideae). Aqua Planta 31 (1): 7–9.

– (2008): *Aponogeton womersleyi* H. BRUGGEN. Aqua Planta 33 (3): 110–114.

– (2009 a): *Cryptocoryne cruddasiana* PRAIN, eine endemische Art aus Myanmar (Burma). Aqua Planta 34 (1): 4–13.

– (2009 b): The free-floating Aroids (Araceae) – living and fossil. Zitteliana 48/49: 113-128.

Bogner, J. (2009 c): *Cryptocoryne sivadasanii* Bogner (Araceae), eine ungewöhnliche Art aus Indien. Aqua Planta 34 (3): 88–95.

– (2013): Eine neue Varietät der *Cryptocoryne spiralis* (Retzius) Fischer ex Wydler (Araceae) aus Indien. Aqua Planta 38 (4): 141–148.

– (2018 a): Ein unbekannter *Aponogeton*? Aqua Planta 43 (3): 107–110.

– (2018 b): *Aponogeton robinsonii* A. Camus und *Aponogeton eberhardtii* A. Camus. Aqua Planta 43 (4): 124–135.

Bogner, J., & H. Bruggen (2001): *Aponogeton eggersii* Bogner & H. Bruggen spec. nov. (Aponogetonaceae), eine neue Art aus Madagaskar. Aqua Planta 26 (2): 61–68.

Bogner, J., & A. Hay (2000): Schismatoglottideae (Araceae) in Malesia II. Telopea 9 (1): 179–222.

Bogner, J., & H. Heine (1968): *Hydrotriche hottoniiflora* Zucc., eine bemerkenswerte Aquarienpflanze aus Madagaskar. Datz 21 (12): 370–373.

– (1987): Eine neue Aquarienpflanze aus Kamerun: *Crinum calamistratum* Bogner et Heine, sp. nov. (Amaryllidaceae). Aqua Planta 12 (4): 123–129.

Bogner, J., & N. Jacobsen (1985): Eine neue Sorte: *Cryptocoryne cordata* Griffith 'Rosanervig'. Aqua Planta 10 (2): 12.

– (1986): *Cryptocoryne elliptica* Hooker f. Aqua Planta 11 (2): 48–50.

Bogner, J., & K.-D. Junge (1999): *Juncus repens* Michx. (Juncaceae). Aqua Planta 24 (3): 102–104.

Bogner, J. & Z. Kvacek (2009): A fossil *Vallisneria* plant (Hydrocharitaceae) from the Early Miocene freshwater deposits of the Most Basin (North Bohemia). Aquatic Botany 90: 119–123.

Boyce, P. C. & W. Sin Yeng (2012): Studies on Schismatoglottideae (Araceae) of Borneo XX. Webbia 67 (2): 139–146.

Boyce, P. C., et al. (2015): A new and remarkable aquatic species of *Schismatoglottis* (Araceae) from the Philippines. Willd. 45: 405–408.

Braun, R. (1952): Limnologische Untersuchungen an einigen Seen im Amazonasgebiet. Schweizerische Zeitschrift für Hydrologie 14 (1): 1–128.

Brotherus, V. F. (1909) in A. Engler (Hrg.): Die natürlichen Pflanzenfamilien. 1. Teil, 2. Hälfte.

Bruggen, H. W. E. van (1985): Monograph of the genus *Aponogeton* (Aponogetonaceae). Bibliotheca Botanica 137. E. Schweizerbart'sche Verlagsbuchhandlung Stuttgart.

– (1989): Algenfarngewächse – Azollaceae. Datz 42 (1): 48–49 und 42 (2): 116–117.

– (1990): Die Gattung *Aponogeton* (Aponogetonaceae). Aqua Planta Sonderheft Nr. 2. VDA-Arbeitskreis Wasserpflanzen, Berlin.

– (1991): Neue Erkenntnisse über die Aponogetonaceae. Aqua Planta 16 (2): 46–54.

– (1996): *Aponogeton angustifolius* Aiton. Aqua Planta 21 (3): 143–149.

– (1998): Drei Varietäten der Gitterpflanze, *Aponogeton madagascariensis* (Mirbel) H. W. E. van Bruggen. Aqua Planta 23 (1): 3–11.

– (2003/2004): Die Algenfarngewächse – Azollaceae. Aqua Planta 28 (4–2003): 127–134 und 29 (1–2004): 8–13.

Bruggen, H. W. E. van (2005 a): Der Name *Azolla cristata* Kaulf. ist prioritätsberechtigt. Aqua Planta 30 (2): 65.

– (2005 b): Die Verbreitung von *Aponogeton undulatus* Roxb. Aqua Planta 30 (4): 132–135.

– (2007): Bilder von neuen australischen *Aponogeton*-Arten. Aqua Planta 32 (4): 124–129.

Buchenau, F. (1903): Alismataceae. In: A. Engler, Das Pflanzenreich IV. 15: 1–66.

Budianto, H., & J. D. Bastmeijer (2004): Eine neue *Cryptocoryne*-Art (Araceae) aus Kalimantan (Indonesien). Aqua Planta 29 (4): 124–130.

Caspary, J. (1865–1866): Nymphaeaceae. Annales Musei Botanici Lugduno-Batavi, Vol. 2.

Casper, S. J., & H. D. Krausch (1980/1981): Pteridophyta und Anthophyta. In: Süßwasserflora von Mitteleuropa. Bd. 23 (I/1980) und 24 (2/1981). Jena.

Christensen, C., T. Andersen & O. Pedersen (2008): Auf der Suche nach *Pogostemon helferi* (Hook. f.) Press. Aqua Planta 33 (2): 41, 53–60.

Clasen, J. (2001): Anmerkungen zum Wasserband, *Triglochin procerum*. Aqua Planta 26 (1): 3–6.

Cook, C. D. K. (1979): A revision of the genus *Rotala* (Lythraceae). Boissiera 29: 1–156.

– (1982): Pollination mechanisms in the Hydrocharitaceae. Studies on aquatic vascular plants, eds. Symoens, Hooper & Compère, Soc. Roy. Bot. Belgique (Brussels): 1–15.

– (1985): A revision of the genus *Apalanthe* (Hydrocharitaceae). Aquatic Botany 21: 157–164.

– (1990): Aquatic Plant Book. SPB Acad. Publ. The Hague.

– (1994/1995): Die Blütenbiologie der Hydrocharitaceae (Froschbissgewächse). Aqua Planta Teil 1: 19 (2/1994): 64–75; Teil 2: 19 (3/1994): 110–118; Teil 3: 20 (1/1995): 29–38; Teil 4: 20 (2/1995): 62–67.

– (1996): Aquatic and Wetland Plants of India. Oxford, New York, Delhi.

– (2004): Aquatic and Wetland Plants of Southern Africa. Leiden.

Cook, C. D. K., & R. Lüönd (1982 a): A revision of the genus *Hydrilla* (Hydrocharitaceae). Aquatic Botany 13: 485–504.

– (1982 b): A revision of the genus *Nechamandra* (Hydrocharitaceae). Aquatic Botany 13: 505–513.

– (1983): A revision of the genus *Blyxa* (Hydrocharitaceae). Aquatic Botany 15: 1–52.

Cook, C. D. K., & K. Urmi-König (1983 a): A revision of the genus *Limnobium* including *Hydromystria* (Hydrocharitaceae). Aquatic Botany 17: 1–27.

– (1983 b): A revision of the genus *Stratiotes* (Hydrocharitaceae). Aquatic Botany 16: 213–249.

– (1984 a): A revision of the genus *Egeria* (Hydrocharitaceae). Aquatic Botany 19: 73–96.

– (1984 b): A revision of the genus *Ottelia* (Hydrocharitaceae). 2. The species of Eurasia, Australasia and America. Aquatic Botany 20: 131–177.

– (1985): A revision of the genus *Elodea* (Hydrocharitaceae). Aquatic Botany 21: 111–156.

Copeland, E. B. (1960): Fern Flora of the Philippines. Vol. 2.

COSTA, J. Y. & E. R. FORNI MARTINS (2004): A triploid cytotype of *Echinodorus tennellus* (sic!). Aquatic Botany 79: 325–332.

COWIE, I. D., P. S. SHORT & M. OSTERKAMP MADSEN (2000): Floodplain flora: a flora of the coastal floodplains of the Northern Territory, Australia. Flora of Australia suppl. ser. 10.

CRUSIO, W. (1979): A revision of *Anubias* SCHOTT (Araceae). Meded. Landbouwhogeschool Wageningen 79 (14).

– (1987, 2009): Die Gattung *Anubias* SCHOTT (Araceae). Aqua Planta Sonderheft Nr. 1. VDA-Arbeitskreis Wasserpflanzen, Frankfurt.

CRAMER, L. H. (1981): Menyanthaceae. In: A revised handbook to the Flora of Ceylon. Vol. 3: 206–212.

CUSSET, C. (1973): Révision des Hydrostachyaceae. Adansonia ser. 2, 13: 75-119.

DASSANAYAKE, M. D. (1988): *Lagenandra*. In: A revised handbook to the Flora of Ceylon. Vol. 6: 75–85.

DIETRICH, G. (2009): *Nuphar* spp. Teichrosen. Datz 62 (1): 38–43.

EGGERS, G. (1996): Die Gattung *Aponogeton*. Aqua Planta 24 (2): 75–86.

EGGERS, G., & K. SCHMIDT (1998): *Hydrotriche hottoniiflora* ZUCCARINI. Eine recht unbekannte Wasserpflanze aus Madagaskar. Aqua Planta 23 (4): 152–157.

EHRENBERG, H. (1990): Positive und negative Erfahrungen bei der emersen Haltung von Cryptocorynen. Aqua Planta 15 (4): 143–146.

EHRENBERG, H., & J. BOGNER (1992): *Cryptocoryne keei* N. JACOBSEN. Aqua Planta 17 (4): 135–138.

EITEN, L. T. (1964): *Egleria*, a new genus of Cyperaceae from Brazil. Phytologia, 9 (8): 481–487.

ENGLER, A. (1905, 1920): Araceae. In: Das Pflanzenreich IV. 23 B, Heft 21 (1905) und IV. 23 F. Heft 73 (1920).

FASSETT, N. C. (1955): *Echinodorus* in the American Tropics. Rhodora 57: 133–156, 174–188, 202–212.

FISCHER, E. (1992): Systematik der afrikanischen Lindernieae (Scrophulariaceae). Tropische und subtropische Pflanzenwelt 81. Franz Steiner Verlag, Stuttgart.

FISCHER, E., B. SCHÄFERHOFF & K. MÜLLER (2013): The phylogeny of Linderniaceae. Willldenowia 43: 209–237.

FLEISCHER, M. (1915–1922): Die Musci der Flora von Buitenzorg. Bd. 4.

FRASER-JENKINS, C. R. (2008): Taxonomic revision of three hundred Indian subcontinental pteridophytes. Bishen Singh Mahendra Pal Singh, Dehra Dun, 685 S.

FURTADO, J. I. & S. MORI (1982): Tasek Bera. The ecology of a freshwater swamp. Monographiae Biologicae 47: 1–413.

FURUKI, T. (1991): A taxonomical revision of the Aneuraceae (Hepaticae) of Japan. Journal of the Hattori Botanical Laboratory. 70: 293–397.

FORNO, I. W. (1983): Native Distribution of the *Salvinia auriculata* complex and keys to species identification. Aquatic Botany 17: 71–83.

GARTNER, O. (1997): *Anubias gigantea* HUTCHINSON aus Kamerun. Aqua Planta 22 (4):123–130.

GESSNER, F. (1955/1959): Hydrobotanik, Bd. 1 (1955), Bd. 2 (1959), VEB Deutscher Verlag der Wissenschaften, Berlin.

GLEASON, H. (1952): *Nymphoides*. In: Illustrated Flora of the Northeastern United States and adjacent Canada. Vol. 3: 68.

GRAAF, A. DE (1981): Anzahl der Chromosomen in *Echinodorus* II. Aqua Planta 6 (3): 74.

– (1988): Unsere erste Pflanzensammelreise in Südamerika. Das Aquarium 22 (5): 284–288.

– (1992): Unsere dritte Pflanzensammelreise nach Südamerika. Erstes Ergebnis: Fundorte von *Echinodorus portoalegrensis* RATAJ in Südbrasilien (1). Das Aquarium 26 (11): 22–24.

GRADSTEIN, S. R., E. REINER-DREHWALD & H. MUTH (2003): Über die Identität der neuen Aquarienpflanze „*Pellia endiviifolia*". Aqua Planta 28 (3): 88–95.

GRAEBNER, P. (1907): Potamogetonaceae. In A. ENGLER (Hrsg.): Das Pflanzenreich 31: 1–142.

GRAHAM, S. W., et al. (1998): Phylogenetic congruence and discordance among one morphological and three molecular data sets from Pontederiaceae. Syst. Biol. 47: 545–567.

– (2011): Relationships among the confounding genera *Ammannia*, *Hionanthera*, *Nesaea* and *Rotala* (Lythraceae). Bot. J. Linn. Soc. 166: 1–19.

GRAHAM, S. A., & K. GANDHI (2013): Nomenclatural changes resulting from the transfer of *Nesaea* and *Hionanthera* to *Ammannia* (Lythraceae). Harvard Pap. Bot. 18 (1): 71–90 und 18 (2): 155–156.

HANG, Z. (2005): *Cryptocoryne crispatula* ENGLER in der Provinz Guangxi, China. Aqua Planta 30 (4): 150–157.

HANG, Z., et al. (2010): Eine neue Varietät der *Cryptocoryne crispatula* ENGLER (Araceae) aus der Provinz Guangxi, China. Aqua Planta 35 (4): 134–146.

HANYUDA, T., et al. (2002): Phylogenetic relationships within Cladophorales. Jour. of Phyl. 38: 564–571.

HAYNES, R. R., (1979): Revision of North and Central American *Najas* (Naiadaceae). Sida 8 (1): 34–56.

– (1984): Alismataceae. Flora de Veracruz 37: 1–20.

HAYNES, R. R., & L. B. HOLM-NIELSEN (1986): Notes on *Echinodorus* (Alismataceae). Brittonia 38 (4): 325–332.

– (1992): The Limnocharitaceae. Flora Neotropica, Monograph 56: 1–34.

– (1994): The Alismataceae. Flora Neotropica Vol. 64: 1–112. The New York Bot. Garden.

HELLQUIST, C. B., & S. W. L. JACOBS (1998): Aponogetonaceae of Australia, with descriptions of six new taxa. Telopea 8: 7–19.

HENNIPMAN, E. (1977): A monograph of the fern genus *Bolbitis* (Lomariopsidaceae). Leiden Botanical Series 2.

HERTEL, I., & H. MÜHLBERG (1994): *Cryptocoryne vietnamensis* spec. nov. (Araceae). Aqua Planta 19 (2): 76–81.

HERZOG, R. (1935): Ein Beitrag zur Systematik der Gattung *Salvinia*. Hedwigia 74 (6): 257–284.

HINCHLIFF, C. E., et al. (2010): The origins of *Eleocharis* (Cyperaceae) and the status of *Websteria*, *Egleria* and *Chillania*. Taxon 59 (3): 709–719.

HIROE, M., & L. CONSTANCE (1958): Umbelliferae of Japan. University of California Publ. in Botany 30 (1): 1–144.

HO, T.-N. & R. ORNDUFF (1995): Menyanthaceae. Flora of China 16: 140–142.

HOEK, C. VAN DEN (1963): Revision of the europeaen species of *Cladophora*. Leiden.

HOLM-NIELSEN, L. B., & R. R. HAYNES (1986): Alismataceae. Flora of Ecuador No. 26, 191.

HORST, K. (1983): Natürliche Biotope. Aquarium Heute 1 (2): 20–23.

– (1986): Pflanzen im Aquarium. Ulmer Verlag, Stuttgart.

HUA, S. C. (2002): *Cryptocoryne purpurea* RIDL. von Tasek Bera (Malaysia). Aqua Planta 27 (2): 51–57.

IDEI, T. (2006): Die natürlichen Standorte der *Cryptocoryne hudoroi* BOGNER & JACOBSEN. Aqua Planta 31 (4): 151–161.

IDEI, T., et al. (2012): Geschichten vom Mekong: Zwei neue Cryptocorynen (Araceae). Aqua Planta 35 (4): 139–146.

– (2017): Stories from the Mekong, part 2. The *Cryptocoryne* (Araceae) of Chiang Khan District, Loei Province, Thailand. Thai Forest Bull. Bot. 45 (1): 58–78.

IPOR, I. B., et al.: Ökologie und Verbreitung der *Cryptocoryne*-Arten (Araceae) in Sarawak (Malaysia). Aqua Planta Teil 1: 32 (3–2007): 101–106; Teil 2: 32 (4–2007): 131–140; Teil 3: 33 (1–2008): 22–27; Teil 4: 33 (2–2008): 48–52.

IPOR, I. B., et al. (2006): *Cryptocoryne zaidiana* IPOR & TAWAN (Araceae), eine kürzlich neue beschriebene Art aus Sarawak (Malaysia). Aqua Planta 31 (2): 52–61.

– (2015): *Cryptocoryne ×batangkayanensis* (Araceae), a new hybrid from Sarawak. Willdenowia 45: 183–187.

IRELAND, R. R. (2004): Bryophyte Flora of North America. Missouri Botanical Garden.

IWATSUKI, Z. (1982): A new combination of an Asiatic species in *Taxiphyllum*. Miscellanea Bryologica et Lichenologica 9: (5): 115–116.

JACOBS, S. W. L. (1999): Die Gattung *Vallisneria* L (Hydrocharitaceae) in Australien. Aqua Planta. Teil 1: 24 (3): 95–101. Teil 2: 24 (4): 151–156.

– (2007): Zwei neue *Aponogeton*-Arten (Aponogetonaceae) und ein Schlüssel für die australischen Arten. Aqua Planta 32 (1): 4–11.

JACOBS, S. W. L., & K. A. FRANK (1997): Notes on *Vallisneria* (Hydrocharitaceae) in Australia, with descriptions of two new species. Telopea 7 (2): 111–118.

JACOBS, S. W. L., & C. B. HELLQUIST (2000, 2001): Die *Aponogeton*-Arten (Aponogetonaceae) Australiens. Aqua Planta 25 (4–2000): 142–147; 26 (1–2001): 14–21; 26 (3–2001): 120–126.

JACOBS, S. W. L., & K. A. MCCOLL (2011): *Vallisneria*. In: Flora of Australia 39: 25–32.

JACOBSEN, N. (1976): Notes on *Cryptocoryne* of Sri Lanka (Ceylon). Bot. Notiser 129: 179–190.

– (1977): Chromosome numbers and taxonomy in *Cryptocoryne* (Araceae). Bot. Notiser 130: 71–87.

– (1980): The *Cryptocoryne albida* group of mainland Asia (Araceae). Meded. Landbouwhogeschool Wageningen 19: 183–204.

– (1981): *Cryptocoryne undulata* WENDT und Bemerkungen zu anderen Arten. Aqua Planta 6 (2): 31–38 und 6 (4): 92–94.

– (1982): Cryptocorynen. Kernen Verlag, Stuttgart. 112 S. (Dänische Ausgabe 1979).

– (1984): *Cryptocoryne alba* und ihre Variationsbreite. Aqua Planta 9 (1): 18–22.

JACOBSEN, N. (1985 a): The *Cryptocoryne* (Araceae) of Borneo. Nord. J. Bot. 5: 31–50.

– (1985 b): Das Pflanzenporträt: *Cryptocoryne cordata* GRIFFITH. Aqua Planta 10 (2): 15–18.

– (1986): Tasek Bera. Aqua Planta 11 (4): 153–159.

– (1987 a): *Cryptocoryne*. In: A Revised Handbook to the Flora of Ceylon. Vol. VI: 85–99.

– (1987 b): Das Pflanzenporträt: *Cryptocoryne purpurea* RIDLEY. Aqua Planta 12 (2): 61–62.

– (1991): Die schmalblättrigen Cryptocorynen des asiatischen Festlandes. Aqua Planta 16 (1): 1–33.

– (1992): Die Kultur einiger schwieriger *Cryptocoryne*-Arten in Buchenlauberde. Aqua Planta 17 (1): 18–25.

– (2002): Der *Cryptocoryne cordata* GRIFFITH-Komplex (Araceae) in Malesien. Aqua Planta 27 (4): 150–151.

JACOBSEN, N., J. D. BASTMEIJER & Y. SASAKI (2002): *Cryptocoryne ×purpurea* RIDLEY nothovar. *borneoensis* N. JACOBSEN, BASTMEIJER & Y. SASAKI (Araceae), eine neue Hybridvarietät aus Kalimantan. Aqua Planta 27 (4): 152–154.

JACOBSEN, N., & J. BOGNER (1986/1987): Die Cryptocorynen der Malaiischen Halbinsel. Aqua Planta 11 (4/1986): 135–139, 12 (l/1987): 13–20, 12 (2/1987): 56–60, 12 (3/1987): 96–103.

JACOBSEN, N., M. SIVADASAN & J. BOGNER (1989): Ungewöhnliche vegetative Vermehrung bei der Gattung *Cryptocoryne*. Aqua Planta 14 (3): 83–88 und (4) 127–132.

JACOBSEN, N., & D. SOOCHALOEM (2006): *Cryptocoryne crispatula* ENGLER var. *flaccidifolia* N. JACOBSEN im südlichen Thailand. Aqua Planta 31 (1): 16–23.

JACOBSEN, N., et al. (2015 a): The identity of *Cryptocoryne crispatula* var. *tonkinensis* (Araceae). Willdenowia 45: 177–182.

– (2015 b): A new calcicolous variety of *Cryptocoryne nurii* Furtado (Araceae) from Pahang, Peninsular Malaysia. Malayan Nat. J. 2013, 65 (4): 230–239.

– (2015 c): Einige Fundorte von *Cryptocoryne crispatula* (Araceae) im nördlichen Vietnam. Aqua Planta 40 (3): 93–104.

– (2016 a): Hybrids and the Flora of Thailand revisited: Hybridization in the South-East Asian genus *Cryptocoryne* (Araceae). Thai Forest Bull., Bot. 44 (1): 53–73.

– (2016 b): *Cryptocoryne ×batangkayanensis* (Araceae). Aqua Planta 41 (2): 54–66.

– (2017): *Cryptocoryne crispatula* var. *tonkinensis* und var. *kubotae*. Aqua Planta 42 (3): 90–102.

JUNGE, C.-D. (2006): *Proserpinaca palustris* L. (Haloragaceae), Amerikanisches Kammblatt. Aqua Planta 31 (1): 4–6.

KASSELMANN, C. (1981 a): *Samolus valerandi* L. oder *Samolus parviflorus* RAF. – welche Bachbunge pflegen wir? Aqua Planta 6 (3): 64–66.

– (1981 b): *Hygrophila difformis* 'Weiß-Grün'. Datz (7): 236–238.

– (1982 a): *Nesaea pedicellata* HIERN. Datz 35 (10): 396–398.

– (1982 b): *Nesaea crassicaulis* KOEHNE, 1882. Datz 35 (12): 476–478.

– (1983 a): *Shinnersia rivularis* oder *Trichocoronis rivularis*? Aqua Planta 8 (2): 8–12.

– (1983 b): Das Selous-Wildreservat (1). Datz 36 (6): 234–237.

KASSELMANN, C. (1984/1985 a): *Limnophyton fluitans* GRAEBNER. Aqua Planta 9 (4/1984): 17–21 und 10 (1/1985): 15–23.
– (1985 b): *Ludwigia repens* FORSTER *arcuata* WALTER. Datz 38 (8): 377–380.
– (1986): *Isoetes velata*. Aqua Planta 11 (2): 40–45.
– (1987 a): Zur Ökologie der Gitterpflanze *Aponogeton madagascariensis* (MIRBEL) H. BRUGGEN. TI International 83: 31–34.
– (1987 b/1988): Neue Erkenntnisse über drei seltene *Cabomba*-Arten. 1. *Cabomba schwartzii* RATAJ. Datz 40 (12/1987[b]): 567–570; 2. *Cabomba palaeformis* 'Grün' und 'Rotbraun'. 41 (l/1988): 38–40; 3. *Cabomba warmingii* CASPARY. 41 (2/1988): 85–88.
– (1989 a): *Aponogeton loriae* MARTELLI. TI International 94: 35–38.
– (1989 b): Wasserpflanzen aus dem Malawi- und Tanganjikasee. Datz 42 (9): 567–568 und (10): 628–631.
– (1990): Eldorado für Wasserpflanzenfreunde: Rio Guaporé. D. Aqu. u. Terr. Z. (Datz) 43 (10): 620–622 und 43 (11): 691–694.
– (1991 a): *Aponogeton rigidifolius*. TI International 108: 37–40.
– (1991 b): *Ludwigia glandulosa* WALTER. Aqua Planta 16 (2): 62–66.
– (1992): *Myriophyllum mattogrossense* HOEHNE. Datz 45 (11): 712–715.
– (1994 a): Über die Vielgestaltigkeit von *Microsorum pteropus* (BLUME) CHING. Datz 47 (3): 188–192.
– (1994 b): Das Rote Tausendblatt – *Myriophyllum tuberculatum* ROXBURGH. Datz 47 (12): 808–810.
– (1996): *Salvinia oblongifolia* MARTIUS. Datz 49 (11): 722–725.
– (1997): *Bacopa reflexa* (BENTHAM) EDWALL. Aqua Planta 22 (4): 144–148.
– (1998): *Vallisneria nana*. Datz 51 (7): 460–461.
– (1993 a): *Eichhornia heterosperma* ALEXANDER. Aqua Planta 18 (1): 12–17.
– (1993 b): *Gymnocoronis spilanthoides* 'Rotstängelig'. Datz 46 (6): 390–393.
– (2000): Das Madagassische Wasserhaar *Hydrotriche hottoniiflora*. Aquarium heute 18 (3): 596–600.
– (2001): *Echinodorus*. Die beliebtesten Aquarienpflanzen. Dähne, Ettlingen.
– (2001 b): *Echinodorus horizontalis*. Neue Erkenntnisse zur Ökologie einer begehrten Schwertpflanze. Aquaristik aktuell 9 (6): 64–69.
– (2002 a): *Echinodorus decumbens*. Neue Erkenntnisse zur Ökologie und Kultur. Aquaristik aktuell 10 (1): 27–31.
– (2002 b): *Echinodorus uruguayensis* var. *minor*. Eine Zwergform aus Brasilien. Aquaristik aktuell 10 (3): 56–59.
– (2002 c): *Echinodorus glaucus*. Die größe Schwertpflanze. Aquaristik aktuell 10 (6): 58–60).
– (2002 d): Seekannengewächse der Gattung *Nymphoides*. Datz 55 (7): 28–31, (8): 46–50, (11): 68–72.
– (2003 a): *Echinodorus uruguayensis*. Ökologie und Kultur einer polymorphen Schwertpflanze. Datz 56 (1): 38–42 und (3): 68–72.
– (2003 b): *Ludwigia inclinata* (L. f.) RAVEN. Aqua Planta 28 (2): 68–75.
– (2003 c): *Hedyotis salzmannii*. Die erste Rubiaceae für die Aquarienkultur. Datz 56 (6): 16–19.
– (2003 d): *Cryptocoryne bogneri*. Bogners Wasserkelch – neue ökologische Erkenntnisse. Datz 56 (11): 26–31.
KASSELMANN, C. (2003 e): *Bacopa australis*. Ein Fettblatt mit idealen Wachstumseigenschaften. Datz 56 (12): 30–34.
– (2004 a): *Bacopa australis*. Natürliche Standorte in Südbrasilien. Datz 57 (3): 22–25.
– (2004 b): Bonito – ein Paradies für Aquarianer. Datz 57 (10): 26–31, 57 (11): 26–29 und 57 (12): 10–15.
– (2006): *Nymphaea glandulifera*. Datz 59 (5): 56–61.
– (2007 a): *Pogostemon helferi*. Ein neuer Stern im Sortiment. Datz 60 (5): 12–15.
– (2007 b): *Cryptocoryne parva*. Zur Ökologie und Kultur des Kleinen Wasserkelches. Datz 60 (6): 16–20.
– (2007 c): Verwirrung um den Namen Javamoos. Datz 60 (8): 30–33.
– (2008 a): *Nymphaea minuta*. Neu aus Madagaskar – eine unter Wasser blühende Seerose. Datz 61 (4): 44–50.
– (2008 b): *Nesaea triflora* und *Myriophyllum mezianum*. Neu aus Madagaskar – zwei pflegenswerte Stängelpflanzen. Datz 61 (5): 38–43.
– (2008/2009): Wasserähren aus Madagaskar. Datz 61 (2008 c): (I) *Aponogeton ulvaceus* 8: 44–50. (II) *A. boivianus* 9: 44–50. (III) *A. eggersii* 11: 46–50. (IV) *A. gottlebei* 12: 1, 8–14. 62 (2009): (V) *A. madagascariensis* 3: 28–34 und (VI) 4: 40–42.
– (2010): Pflanzengewässer in Thailand – von Phuket bis Ranong (I). *Limnophila rugosa*. Datz 63 (2): 38–42.
– (2011): *Myriophyllum aquaticum* (VELLOZO) VERDCOURT var. *santacatarinense* KASSELMANNN, var. nov. (Haloragaceae). Aqua Planta 36 (4): 126–133.
– (2012 a): *Hymenaspenium obscurum*. Datz 65 (6): 48–52.
– (2012 b): *Nesaea praetermissa* KASSELMANN, sp. nov. (Lythraceae) – eine übersehene Art. Aqua Planta 37 (4): 124, 128–134.
– (2013): *Pogostemon quadrifolius*. Datz 66 (5): 54–59.
– (2014 a/2015 a): *Crinum malabaricum*. Datz 67 (2): 56–59, 67 (3): 46–49, 68 (8): 40–45.
– (2014 b): *Cryptocoryne retrospiralis*. Datz 67 (8): 50–54.
– (2014 c): *Pogostemon sampsonii*. Datz 67 (10): 48–51.
– (2015): *Cryptocoryne sivadasanii*. Datz 68 (6): 44–49.
– (2016 a): *Cryptocoryne cognata* SCHOTT. Aqua Planta 41 (3): 90–103.
– (2016 b): *Hygrophila pinnatifida*. Datz 69 (8): 40-45.
– (2016 c): *Rotala serpyllifolia*. Datz 69 (10): 48–54.
– (2017 a): *Nechamandra alternifolia*. Datz 70 (1): 48–54.
– (2017 b): *Schismatoglottis prietoi*. Datz 70 (2): 42–46.
– (2017 c): *Micranthemum tweediei*. Datz 70 (11): 50–55.
– (2017 d): Neophyten und invasive Wasserpflanzen. Datz 70 (10): 16–48.
KASSELMANN, C., & J. BOGNER (2008): Eine neue *Aponogeton*-Art (Aponogetonaceae) aus Madagaskar. Aqua Planta 33 (4): 154–158 und 34 (1): 18–20.
KASSELMANN, C., & G. PETERSEN (1999): Chromosomenuntersuchungen bei *Echinodorus*-Arten. Aqua Planta 24 (4): 135–141.
– (2014): *Nechamandra alternifolia* (ROXB. ex WIGHT) THWAITES subsp. *angustifolia* KASSELMANN & G. PETERSEN, subsp. nov. (Hydrocharitaceae). Aqua Planta 39 (3): 81, 84–92.
KASSELMANN, C., & W. STAECK (1990): *Eichhornia azurea* (Sw.) KUNTH. Datz 43 (1): 54–57.

KETTNER, C. (1992): Bemerkungen zu einem natürlichen Standort von *Cryptocoryne keei* auf Borneo. Aqua Planta 17 (4): 139.

KIENER, A. (1963): Poissons, pêche et pisciculture à Madagascar. Publication No 24 du Centre Technique Forestier Tropical, Nogent-Sur-Marne (Seine).

KING, R. M. & H. ROBINSON (1970): Studies in the Eupatorieae (Compositae). XII. A new genus, *Shinnersia*. Phytologia 19 (5): 297–298.

KOEHNE, E. (1903): Lythraceae. In: A. ENGLER: Das Pflanzenreich. 17. Heft (Nr. 216).

KRAMER, H.-G. (2006): Endlich Klarheit: *Ludwigia* sp. 'weinrot' ist *Ludwigia* aff. *glandulosa*. Aquaristik Fachmagazin. 38 (4): 64.

– (2009): *Lagarosiphon cordofanus* CASPARY (1858). Erfahrungen mit einer schwierigen Schönheit. Aqua Planta 25 (1): 25–29.

KRAUSE, H. J. (1990, 2007): Handbuch Aquarienwasser. bede-Verlag, Kollnburg.

LANDOLT, E. (1986/1987): The family of Lemnaceae – a monographic study. Veröff. Geobot. Inst. ETH. Stift. Rübel, Zürich Vol. 1 (1986), Heft 71: 1–566; Vol. 2 (1987), Heft 95: 1–638.

– (1994): Taxonomy and Ecology of the Section *Wolffia* of the genus *Wolffia* (Lemnaceae). Ber. Geobot. Inst. ETH, Stift. Rübel, Zürich 60: 137–151.

LANDON, K., R. A. EDWARDS & P. I. NOZAIC (2006): A new species of waterlily (*Nymphaea minuta*: Nymphaeaceae) from Madagascar. Sida 22 (2): 887-893.

LARCHER, W. (1984): Ökologie der Pflanzen. 4. Aufl., UTB Ulmer, Stuttgart.

LEACH, G. J. (2017): A revision of Australian *Eriocaulon* (Eriocaulaceae). Telopea 20: 205–259.

LEHTONEN, S. (2006): Phylogenetics of *Echinodorus* (Alismataceae) based on morphological data. Botanical Journal of the Linnean Society 150: 291–301.

– (2007): Natural history of *Echinodorus* (Alismataceae). Annales Universitatis Turkuensis. Tom. 203: 1–58.

– (2008): An integrative approach to species delimitation in *Echinodorus* (Alismataceae) and the description of two new species. Kew Bulletin Vol. 63: 525–563.

– (2016): Shutting down the chaos engine – or, identifying some problematic *Echinodorus* (Alismataceae) types. Ann. Bot. Fennici 53: 115–129.

LEHTONEN, S., & L. MYLLYS (2008): Cladistic analysis of *Echinodorus* (Alismataceae): simultaneous analysis of molecular and morphological data. Cladistics 24: 218–239.

LEKHAK, M. M., & S. R. YADAV (2012): *Crinum malabaricum* (Amaryllidaceae), a remarkable new aquatic species from Kerala, India and lectotypification of *Crinum thaianum*. Kew Bull. 67: 521–526.

LES, D. H.: The Evolution of Achene Morphology in *Ceratophyllum* (Ceratophyllaceae). Syst. Bot. 13 (1/1988): 73–86, 13 (4/1988): 509–518, 14 (2/1989): 254–262.

LES, D. H., & D. J. CRAWFORD (1999): *Landoltia* (Lemnaceae), a new genus of duckweeds. Novon 9 (4): 530–533.

LES, D. H., M. L. MOODY & S. W. L. JACOBS (2005): Phylogeny and Systematics of *Aponogeton* (Aponogetonaceae): The Australian Species. Systematic Botany 30 (3): 503–519.

LES, D. H., JACOBS, S. W. L., et al. (2008): Systematics of *Vallisneria* (Hydrocharitaceae). Syst. Bot. 33 (1): 49–65.

LHOEST, R. (2009): Seeking *Rotala indica*. The Aquatic Gardener 22 (2): 29–37.

LLOYD, R. M. (1974): Systematics of the genus *Ceratopteris* Brongn. (Parkeriaceae). II. Taxonomy. Brittonia 26: 139–160.

LOH, K. L. (2007): A tale of two *Fissidens*. The Aquatic Gardener 20 (2): 36–39.

– (2008): Aquatische Moose. Aqua Planta 33 (1): 10–12.

LOURTEIG, A. (1971): Mayacaceae. In: Flora de Venezuela. 3 (1): 1–7.

LOWDEN, R. M. (1982): An approach to the taxonomy of *Vallisneria* L. (Hydrocharitaceae). Aquatic Botany 13: 269–298.

– (1986): Taxonomy of the genus *Najas* L. (Najadaceae) in the Neotropics. Aquatic Botany 24: 147–184.

LUMPKIN, T. A., & D. P. PLUCKNETT (1980): *Azolla*: Botany, Physiology, and Use as a Green Manure. Economic Botany 34 (2): 111–153.

MATIAS, L. Q., A. SOARES, V. L. SCATENA (2007): Systematic consideration of petiole anatomy of species of *Echinodorus* RICHARD (Alismataceae) from north-eastern Brazil. Flora 202: 395–402.

MAYO, S. J., J. BOGNER & P. C. BOYCE (1997): The genera of Araceae. Royal Botanic Gardens, Kew.

MELVILLE, R. (1955): Contributions to the Flora of Australia. Kew Bulletin, Vol. 10.

MICHELI, M. (1881): Alismataceae. In: A. DE CANDOLLE, Monographiae Phanerogam. 3: 29–83.

MILNE-REDHEAD, E., & R. M. POLHILL (1971): Flora of Tropical East Africa. Leguminosae (part 3)/Papilionoideae (1): 374–375.

MITCHELL, D. S. (1972): The Kariba weed: *Salvinia molesta*. Brit. Fern Gaz. 10 (5): 251–252.

MITSCHIK, S. (2015): Cryptos im Becher – Beginn einer Leidenschaft. Aqua Planta 40 (3): 105–107.

MÜHLBERG, H. (1984): In: ABC der Zimmerpflanzen. Neumann-Neudamm.

– (1986): *Echinodorus barthii* spec. nov. Aquarien Terrarien 33 (11): 368–369.

– (2004): Beiträge zur Kenntnis der Gattung *Echinodorus*. 2. *Echinodorus ovalis*. Schlechtendalia 12: 95–100.

MÜLLER, K. (1906–1911): Die Lebermoose. In: Rabenhorst's Kryptogamenflora. Bd. VI.

MÜNCH, R. (2001): Erfahrungen mit dem neuen *Aponogeton*. Aqua Planta 26 (2): 69–75.

MUNZ, P. A. (1965): Onagraceae. North American Flora, ser. II, 5: 1–278.

MUTH, H. (2009): *Hygrophila pinnatifida* (DALZELL) SREEMADHAVAN (Acanthaceae), ein aquaristisch neuer Wasserfreund. Aqua Planta 34 (2): 48–56.

NAIVE, M. A., & R. J. T. VILLANUEVA (2018): *Cryptocoryne joshanii* (Araceae), a new species serendipitously discovered in Sulu archipelago, Philippines. Taiwania 63 (3): 248–250.

NORDAL, I., & R. WAHLSTRØM (1980): A study of the genus *Crinum* (Amaryllidaceae) in Cameroun. Adansonia, ser. 2, 20 (2): 179–198.

OBERJATZAS, G. (2003): Beobachtungen an *Cryptocoryne*-Standorten in Thailand. Aqua Planta 28 (1): 12–17.

ORCHARD, A. E. (1981): A revision of South American *Myriophyllum* (Haloragaceae), and its repercussions on some Australian and North American Species. Brunonia 4: 27–65.

– (1986): *Myriophyllum* (Haloragaceae) in Australasia. II. The Australian Species. Brunonia 8 (2): 171–291.

ORCHARD, A. E., & C. KASSELMANN (1992): Notes on *Myriophyllum mattogrossense* Hoehne (Haloragaceae). Nord. J. Bot. 12 (1): 81–84.

ØRGAARD, M. (1991): The genus *Cabomba* (Cabombaceae) – a taxonomic study. Nord. J. Bot. 11 (2): 179–203.

– (1992): Die Familie Cabombaceae (*Cabomba* und *Brasenia*). Aqua Planta, Sonderheft Nr. 3: 1–36. VDA-Arbeitskreis Wasserpflanzen, Berlin.

ORNDUFF, R. (1969): Neotropical *Nymphoides* (Menyanthaceae): Meso-American and West Indian Species. Brittonia 21: 346–352.

– (1970): Cytogeography of *Nymphoides* (Menyanthaceae). Taxon 19 (5): 715–719.

PEDERSEN, O., T. ANDERSEN & C. CHRISTENSEN (2008): *Utricularia graminifolia* VAHL, eine interessante fleischfressende Pflanze im Aquarium. Aqua Planta 33 (1): 1, 13–16.

PELLEGRINI, M. (2017): Two new synonyms in *Heteranthera* (Pontederiaceae, Commelinales). Nord. J. Bot. 35: 124–128.

PÉRÉZ-MOREAU, R. A. (1938): Revision de las *Hydrocotyle* Argentinas. Lilloa 2: 413–463.

PETERSEN, G. (1986): Die Identität von *Lilaeopsis* (Apiaceae). Aqua Planta 11 (3): 100–103.

PETERSEN, G. & J. AFFOLTER (1999): A new species of *Lilaeopsis* (Apiaceae) from Mauritius. Novon 9: 92–94.

PHILCOX, D. (1970): A taxonomic revision of the genus *Limnophila* R. Br. (Scrophulariaceae). Kew Bulletin 24 (1): 101–170.

PLAIN, S. (1987): Australian invade threatens Britain's waterways. New Scientist.

PLOEGER, S. (2010): *Eleocharis* sp. „Caño La Pica". Datz 63 (11): 32–34.

POTT, A. (1999): Nos Jardins submersos da Bodoquena. Universidade Federal de Mato Grosso do Sul.

PRASARTKUL, A. (2004): *Pogostemon helferi* (HOOK. f.) PRESS (Lamiaceae), eine neue Aquarienpflanze aus Thailand. Aqua Planta 29 (4): 143–148.

PURSELL, R. (1987): A taxonomic revision of *Fissidens* subgenus Octodiceras (Fissidentaceae). Memoirs of the New York Botanical Garden. 45: 639–660.

– (2007): Fissidentaceae. Flora Neotropica Monograph 101. The New York Botanical Garden.

QUESTER, C. (2005): *Echinodorus tunicatus* SMALL und *Echinodorus horizontalis* RATAJ – zwei sehr ähnliche Arten aus der Sektion Longipetali. Aqua Planta 30 (1): 29–40.

RATAJ, K. (1975 a): Revizion [sic] of the genus *Echinodorus* Rich. Studie CSAV 2: 1–156.

– (1975 b): Revision of the genus *Cryptocoryne* FISCHER. Studie CSAV: 1–74. Praha.

– (2004): Neue Revision der Gattung *Echinodorus* RICHARD 1848 (Alismataceae). Aquapress, Miradolo Terme.

RAYNAL, A. (1974): Le genre *Nymphoides* (Menyanthaceae) en Afrique et á Madagascar. Adansonia sér. 2, 14 (3): 405–458.

RAYNAL, J. (1977): Le genre *Lilaeopsis* á Madagascar. Adansonia ser. 2, 17 (2): 151–154.

RAYNAL-ROQUES, A. (1979): Le genre *Hydrotriche* (Scrophulariaceae), Adansonia ser. 2, 19 (2): 145–173.

REITEL, S., et al. (2013): Die echte *Cryptocoryne scurrilis* DE WIT (Araceae). Aqua Planta 37 (4): 135–142..

RUHLAND, W. (1903): Eriocaulaceae. In A. ENGLER: Das Pflanzenreich 13.

RUTISHAUSER, R. (1983): *Hydrothrix gardneri*: Bau und Entwicklung einer eigenartigen Pontederiacee. Bot. Jahrb. Syst. 104: 115–141.

SASAKI, YUJI (2002): *Cryptocoryne uenoi* Y. SASAKI (Araceae), eie neue Art aus Sarawak. Aqua Planta 27 (4): 147–149.

SAUER, K. (1989): Richtige Aquarien- und Terrarienbeleuchtung. Engelbert Pfriem Verlag.

SCHMIDT, C. L. (1967): A biosystematic study of *Ludwigia* Sect. *Dantia* (Onagraceae): Dissertation. Stanford University.

SCHNEIDER, E. L., & P. L. WILLIAMSON (1996): *Barclaya rotundifolia* M. Hotta (Nymphaeaceae), Aqua Planta 21 (2): 87–95.

SCHUBERT, R., & G. WAGNER (1988): Pflanzennamen und botanische Fachwörter. Leipzig.

SCHULZE, J. (1968): Neue *Echinodorus*-Arten aus Südbrasilien. Datz 21: 244–248, 277–281, 309–312, 339–342.

– (1971 a): Eine neue Wasserlilie aus Südost-Asien. Datz 24 (4): 125–128.

– (1971 b): Cryptocorynen aus Sarawak I-IV. Datz 24 (7): 230–233, (8): 267–270, (9): 303–306, (10): 336–339.

– (1978): An den natürlichen Standorten von *Cryptocoryne aponogetifolia* MERRILL in den Philippinen. Datz 31 (9): 310–314.

SCHUSTER, R. M. (1992): Aneuraceae. In: The hepaticeae and anthoceratae of North America. Vol. 5.

SEREBRYANYI, M. (1991): Eine neue *Cryptocoryne*-Art (Araceae) aus Vietnam. Aqua Planta 16 (3): 98–101.

SHEVIAK, C. J. (1982): Biosystematic Study of the *Spiranthes cernua* complex. New York State Museum Bulletin 448.

SIOLI, H. (1950): Das Wasser im Amazonasgebiet. Forschungen und Fortschritte 26 (21/22): 274–280.

SIOLI, H., & H. KLINGE (1961): Über Gewässer und Böden des brasilianischen Amazonasgebietes. Die Erde 92 (3): 205–219.

SIVADASAN, M. (1986): *Lagenandra nairii*, eine ungewöhnliche Art aus Indien. Aqua Planta 11 (2): 60–64.

SMITH, A. J. E. (1990): The liverworts of Britain and Ireland. Cambridge.

SOLINGER, A. (2004): Kulturaspekte zu *Ludwigia inclinata* (L. f.) RAVEN var. *verticillata* (MUNZ) KASSELMANN. Aqua Planta 29 (2): 56–60.

SOMOGYI, J. (2006): Taxonomic, nomenclatural and chorological notes on several taxa of the genus *Echinodorus* (Alismataceae). Biologia 61 (4): 381–385.

STÄNGEL, E. (1982/1983): *Barclaya longifolia*, eine noch immer rätselhafte Schönheit. Aqua Planta 7 (3/1982): 3–5; 7 (4/1982): 6–10; 8 (l/1983): 3–6.

STEPHANI, F. (1886): Bot. Jahrb. Syst. 8: 83.

STRASBURGER, E., et al. (1991): Lehrbuch der Botanik. Gustav Fischer, Stuttgart.

Strössner, R. (2002): *Aeschynomene fluitans* Peter (Leguminosae/Fabaceae). Aqua Planta 27 (3): 92–95.

– (2006): *Echinodorus* 'Vesuvius'. Ein neuer Stern am Sortenhimmel. Aquaristik Fachmagazin 38 (5): 66–69.

Svenson, H. K. (1929/1937): Monographic studies in the genus *Eleocharis*. Rhodora 31 (1929): 167–191; 39 (1937): 236–273.

Symoens, J. J. (2009): *Ottelia*. In: Hydrocharitaceae. Flora Zambesiaca. 12 (2): 29–42. Roy. Bot. Gardens, Kew.

Symoens, J. J. & L. Triest (1983): Monograph of the African genus *Lagarosiphon* Harvey (Hydrocharitaceae). Bull. Jard. Bot. Nat. Belg. Bull. Nat. Plantentuin Belg. 53: 441–488.

Tan, B. C., & K. L. Loh (2008): Die Identität vom Javamoos und anderen tropischen Aquarienmoosen. Aqua Planta 33 (1): 4–9.

Taylor, P. (1989): The genus *Utricularia* – a taxonomic monograph. Kew Bull. additional ser. 14: 1–724.

Tippery, N. P., & D. H. Les (2011): Phylogenetic relationships and morphological evolution in *Nymphoides* (Menyanthaceae). Syst. Bot. 36 (4): 1101–1113.

Tomey, W. A. (2004): *Bucephalandra motleyana* Schott – ein Rheophyt als Aquarienpflanze? Aqua Planta 29 (3): 88–97.

Triest, L. (1987): A revision of the genus *Najas* L. (Najadaceae) in Africa and surrounding islands. Mém. Acad. Roy. Sci. Outre-Mer, Sci. Nat. 21 (4): 1–88.

Verdcourt, B. (1989): Nymphaeaceae. In: Flora of Tropical East Africa. 1–11.

Vlugt, P. J. van (1984): Eine seltene Wasserpflanze, *Egleria fluctuans* Eiten. Aqua Planta 9 (3): 21–25.

– (1987): *Myriophyllum propinquum* A. Cunningham. Aqua Planta 12 (1): 3–6.

– (1993 a): Die Kap-Seekanne: *Nymphoides thunbergiana* (Grisebach) O. Kuntze. Aqua Planta 18 (1): 1, 3–8.

– (1996): Zwei neue Aquarienpflanzen aus Taiwan. Aqua Planta 21 (2): 95–101.

– (1998): Eine nicht alltägliche Aquarienpflanze. *Triglochin procera* R. Br. Aqua Planta 23 (4): 158–163.

– (2002): Klein, kleiner, am kleinsten… – *Microcarpaea minima* (Koenig ex Retz.) Merr. Aqua Planta 27 (3): 103–107.

Wagenknecht, U. (2006): Der Seeball – Vermehrung im Aquarium. Aqua Planta 31 (3): 115–117.

– (2007): *Echinodorus opacus* Rataj „blüht". Aqua Planta 32 (2): 64–66.

Wallach, B. (2001): *Nitella microcarpa* A. Braun (Characeae). Aqua Planta 26 (1): 12–13.

Wanke, D., & S. (1994): Brasilien – *der Echinodorus*-Arten wegen! Datz 47 (9): 594–598.

– (1999): Ansichten zum „Formenkreis" um *Echinodorus cylindricus* Rataj (1975) und *Echinodorus glaucus* Rataj (1975). Aqua Planta 24 (3): 105–111.

Wannan, B. S. (1986): The correct name for *Limnophila gratioloides* sensu R. Br. non R. Br., nom. illeg. (Scrophulariaceae). Taxon 35: 597–598.

– (1992): *Limnophila* R. Br. Flora of the Kimberley Region. 819–821.

Wannan, B. S., & J. T. Waterhouse (1985): A taxonomic revision of the Australian species of *Limnophila* R. Br. (Scrophulariaceae). Australian Journal Botany 33: 367–380.

Wendt, A. (1952–1983): Die Aquarienpflanzen in Wort und Bild. 17 Lief. von 1952 bis 1959. Alfred Kernen Verlag, Stuttgart. Fortgeführt von H. C. D. de Wit: Lief. 18 (1973) und C. Kasselmann: Lief. 19 (1982) und Lief. 20 (1983).

Wiegleb, G. (1990): A redescription of *Potamogeton wrightii* (Potamogetonaceae). Pl. Syst. Evol. 170: 53–70.

Wiersema, J. H. (1987): A monograph of *Nymphaea* subgenus *Hydrocallis* (Nymphaeaceae). Systematic Botany Monographs. 16: 1–112.

Wijngaarden, P. van (2002): *Cryptocoryne annamica* Serebryanyi, eine interessante Art aus Vietnam. Aqua Planta 27 (2): 67–71.

– (2004 a): *Cryptocoryne cordata* Griffith var. *zonata* (De Wit) N. Jacobsen. Aqua Planta 29 (2): 60–66.

– (2004 b): *Cryptocoryne cognata* Schott. Aqua Planta 29 (3): 98–107.

Wilde, W. J. J. O. de (1962): Najadaceae. In: Flora Malesiana ser. I, Vol 6: 157–171.

Wilmot-Dear, M. (1985): *Ceratophyllum* revised, a study in leaf and fruit variation. Kew. Bull. 40 (2): 243–271.

Wit, H. C. D. de (1978): Revisie van het genus *Lagenandra* Dalzell (Araceae). Mededelingen Landbouwhogeschool Wageningen. 78 (13): 1–48.

– (1990): Aquarienpflanzen. Ulmer Verlag, Stuttgart. 2. Aufl. (l. Auflage 1971).

Wittlinger, M. (2001): *Scholleropsis lutea* H. Perrier (1936), eine Pontederiaceae aus Madagaskar. Aqua Planta 26 (4): 167–171.

Wong, S. Y., & P. C. Boyce: Studies on Schismatoglottideae (Araceae) of Borneo XXX (Willd. 44/2014: 149–199), XXXXI (415–421), LVII (Aroideana 39 (2), 2016): 56–60; LXVII (Webbia): doi.org/10.1080/00837792.2018.1522840.

Wongso, S., & J. D. Bastmeijer (2005): *Cryptocoryne noritoi* Wongso (Araceae), eine neue Art aus Ost-Kalimantan (Indonesien). Aqua Planta 30 (3): 92–100.

Wongso, S., et al. (2017): Six new *Cryptocoryne* taxa (Araceae) from Kalimantan, Borneo. Willd. 47 (3): 325–339.

– (2016): *Cryptocoryne aura* (Araceae), a new species from West Kalimantan, Indonesia. Willd. 46: 275–282.

Wood, R. D. (1965): Monograph of the Characeae. In: A revision of the Characeae. Vol. 1. J. Cramer, Weinheim. 904 S.

Yadav, S. R., et al. (2015): *Aponogeton nateshii* (Aponogetonaceae): a new species from India. Rheedea 25 (1): 9–13 und Aqua Planta 42 (4/2017): 134–146.

Yang, Yuen-Po & Shen-Horn Yen (1997): Notes on *Limnophila* (Scrophulariaceae) of Taiwan. Bot. Bull. Acad. Sin. 38: 285–295. und (5): 158–159.

Zhang, Z. (1999): Eriocaulonaceae. Monographie Dissertationes botanical: 313.

Register

Die jeweils wissenschaftlich gültigen Pflanzennamen sind *kursiv* gesetzt. **Halbfett** gesetzte Zahlen verweisen auf Abbildungen.

A

V

W

Z

Bildquellen

Jan D. Bastmeijer: 248 rechts, 252 links, 261
Josef Bogner: 228
Bjorn Hoorelbeke: 504 rechts
E. Landolt: 410
Wolfgang Staeck: 334
Bertram Wallach: 547 links
Alle übrigen Fotos stammen von der Autorin.

Titelfoto: Christel Kasselmann. Das Bild zeigt einen Ausschnitt aus einem holländischen Aquarium von Fred van Wezel.

Zeichnungen: Christel Kasselmann: 27
Alle übrigen Zeichnungen stammen von Kerstin Hess.

Die in diesem Buch enthaltenen Empfehlungen und Angaben sind von der Autorin mit größter Sorgfalt zusammengestellt und geprüft worden. Eine Garantie für die Richtigkeit der Angaben kann aber nicht gegeben werden. Autorin und Verlag übernehmen keine Haftung für Schäden und Unfälle. Bitte setzen Sie bei der Anwendung der in diesem Buch enthaltenen Empfehlungen Ihr persönliches Urteilsvermögen ein.
Der Verlag Eugen Ulmer ist nicht verantwortlich für die Inhalte der im Buch genannten Websites.

Bibliografische Information der Deutschen Nationalbibliothek
Die Deutsche Nationalbibliothek verzeichnet diese Publikation in der Deutschen Nationalbibliografie; detaillierte bibliografische Daten sind im Internet über http://dnb.d-nb.de abrufbar.

Wollgrasweg 41, 70599 Stuttgart (Hohenheim)
E-Mail: info@ulmer.de
Internet: www.ulmer.de
Lektorat: Michael Kokoscha, Kathrin Gutmann
Satz: Michael Kokoscha
Herstellung: Silke Reuter
Umschlagentwurf: Verlag Eugen Ulmer
Druck und Bindung: Livonia Print, Riga
Printed in Latvia

ISBN 978-3-8186-0699-2

Hier können Sie weiterlesen:

Teich kompakt.
Bauen, pflanzen, pflegen.
Peter Hagen, Martin Haberer.
4. Auflage 2019. 384 Seiten,
364 Farbfotos, 46 Zeichnungen,
ISBN 978-3-8186-0350-2.

In diesem Buch finden Sie alles, was Sie zum Thema Teich wissen müssen.

Teichbau: klare Entscheidungshilfen bei Fragen zu Bautechnik und Ausstattung des eigenen Teichs sowie praktische Anleitungen.

Teichpflege: die richtigen Maßnahmen bei trübem Teichwasser, Algen oder kränkelnder Teichbepflanzung.

Bepflanzung: über 200 Sumpf- und Moorpflanzen, Wasser- und Schwimmpflanzen, Seerosen und tropische Wasserpflanzen in Wort und Bild.